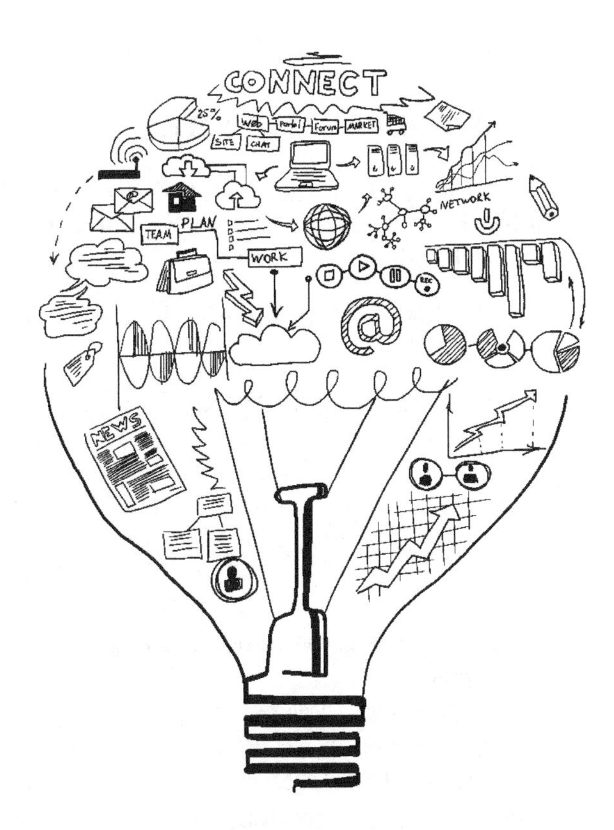

Word/Excel/PPT 2016 办公应用

从入门到精通

鼎翰文化 ⊕ 策划

王俐 ⊕ 主编

人 民 邮 电 出 版 社

北 京

图书在版编目（CIP）数据

Word/Excel/PPT 2016办公应用从入门到精通 / 王俐主编. -- 北京 : 人民邮电出版社, 2018.10（2019.6 重印）
ISBN 978-7-115-45115-6

Ⅰ. ①W… Ⅱ. ①王… Ⅲ. ①办公自动化－应用软件 Ⅳ. ①TP317.1

中国版本图书馆CIP数据核字(2018)第189791号

内容提要

本书通过精选案例组织知识点，系统地介绍了 Word 2016、Excel 2016 和 PowerPoint 2016 的相关知识和应用技巧。

全书分为 6 篇，共 20 章。第一篇【入门篇】主要介绍 Word 2016、Excel 2016 和 PowerPoint2016 的学习方法，以及如何打造个性化的办公环境等内容；第二篇【Word 文档篇】主要介绍 Word 基本文档的制作、图文混排、长文档排版，以及模板和邮件合并快速办公的方法等内容；第三篇【Excel 表格篇】主要介绍 Excel 基本工作表的制作、数据的筛选/排序/汇总、统计图表、透视图表、数据分析，以及 Excel 模板与主题的应用等内容；第四篇【PPT 演示文稿篇】主要介绍 PowerPoint 演示文稿的制作、母版、图形、图表、动画、放映、模板与超链接等内容；第五篇【网络及移动办公篇】主要介绍网络办公和移动办公的方法等内容；第六篇【高级应用篇】主要介绍 Office 各组件间的协同应用、办公设备的使用，以及 Office 的安全和保护技巧等。

本书配备视频教程，读者扫描书中的二维码即可随时进行学习。此外，本书还赠送了大量扩展学习视频教程及电子书等，帮助读者更好地学习。

本书不仅适合 Office 2016 的初、中级读者学习使用，也可以作为各类电脑培训班的教材或辅导用书。

◆ 主　　编　王　俐
责任编辑　张　翼
责任印制　马振武

◆ 人民邮电出版社出版发行　　北京市丰台区成寿寺路 11 号
邮编　100164　　电子邮件　315@ptpress.com.cn
网址　http://www.ptpress.com.cn
北京中石油彩色印刷有限责任公司印刷

◆ 开本：787×1092　1/16
印张：30.5
字数：770 千字　　2018 年 10 月第 1 版
印数：2 501 – 2 800 册　　2019 年 6 月北京第 2 次印刷

定价：69.80 元

读者服务热线：(010)81055410　印装质量热线：(010)81055316
反盗版热线：(010)81055315
广告经营许可证：京东工商广登字 20170147 号

Preface

前言

在信息科技飞速发展的今天，电脑已经走入了人们工作、学习和日常生活的各个领域，而电脑的操作水平也成为衡量一个人综合素质的重要标准之一。为满足广大读者的学习需求，我们针对当前电脑应用的特点，组织经验丰富的电脑教育专家，精心编写了本书。

本书特色

◇ 从零开始，快速上手

无论读者是否接触过 Office 2016，都能从本书获益，快速掌握相关知识和应用技巧。

◇ 面向实际，精选案例

全部内容均以真实案例为主线，在此基础上适当扩展知识点，真正实现学以致用。

◇ 图文并茂，重点突出

本书案例的每一步操作，均配有对应的插图和注释，以便读者在学习过程中能够直观、清晰地看到操作过程和效果，提高学习效率。

◇ 单双混排，超大容量

本书采用单、双栏混排的形式，大大扩充了信息容量，在有限的篇幅中为读者奉送了更多的知识和实战案例。

◇ 高手支招，举一反三

每章最后的“高手支招”和“举一反三”栏目提炼了各种高级操作技巧，帮助读者扩展应用思路。

◇ 视频教程，互动教学

本书配套的视频教程与书中知识紧密结合并互相补充，帮助读者更加高效、全面地理解知识点的运用方法。

二维码视频教程学习方法

为了方便读者学习，本书以二维码的方式提供了大量视频教程。读者打开手机上的微信、QQ 等软件，使用其“扫一扫”功能扫描二维码，即可随时通过手机观看视频教程。

扩展学习资源下载方法

除视频教程外，本书还额外赠送了扩展学习资源。读者使用微信“扫一扫”功能扫描封底二维码，关注“职场研究社”公众号，回复“45115”，根据提示进行操作，不仅可以获得海量学习资源，还可以利用“云课”进行系统学习。

本书赠送的海量学习资源如下。

配套素材库

- 配套素材文件
- 配套结果文件

视频教程库

- Windows 10 操作系统安装视频教程
- Office 2016 软件安装视频教程
- 15 小时系统安装、重装、备份与还原视频教程
- 12 小时电脑选购、组装、维护与故障处理视频教程
- 7 小时 Photoshop CC 视频教程

办公模板库

- 2000 个 Word 精选文档模板
- 1800 个 Excel 典型表格模板
- 1500 个 PPT 精美演示模板

扩展学习库

- 电脑技巧查询手册电子书
- 常用汉字五笔编码查询手册电子书
- 网络搜索与下载技巧手册电子书
- 移动办公技巧手册电子书
- Office 2016 快捷键查询手册电子书
- Word/Excel/PPT 2016 技巧手册电子书
- Excel 函数查询手册电子书
- 电脑维护与故障处理技巧查询手册电子书

《办公文档应用范例大全》电子书获取方法

读者通过微信搜索并关注“乐瑞传播”公众号，根据提示进行操作，即可获得《办公文档应用范例大全》电子书。

创作团队

本书由鼎翰文化策划，中国科学院博士、贵州理工大学大数据学院王俐老师主编。鉴于编者水平有限，书中纰漏和考虑不周之处在所难免，欢迎读者批评、指正，以便我们日后能为您编写更好的图书。读者在学习过程中有任何疑问或建议，可以发送电子邮件至 zhangyi@ptpress.com.cn。

编者

2018 年 9 月

Contents

目录

第一篇 入门篇

Chapter 01 快速掌握 Word/Excel/PPT 的学习方法

Chapter 02 打造个性化的电脑办公环境

本章视频教学时间：19 分钟

第二篇 Word 文档篇

Chapter 03 制作 Word 基本文档

本章视频教学时间：35 分钟

Chapter 04 让 Word 文档图文并茂

本章视频教学时间：81 分钟

Chapter 05

长文档排版

本章视频教学时间：39 分钟

Chapter 06

模板和邮件合并快速办公

本章视频教学时间：41 分钟

第三篇 Excel 表格篇

Chapter 07 制作基本 Excel 工作表

本章视频教学时间：43 分钟

Chapter 08

筛选、排序与汇总 Excel 表格数据

本章视频教学时间：30 分钟

Chapter 09

应用 Excel 统计图表和透视图表

本章视频教学时间：37 分钟

Chapter 10

计算、模拟分析和预测数据

本章视频教学时间：27 分钟

Chapter 11

Excel 模板与主题的应用

本章视频教学时间：12 分钟

第四篇 PPT 演示文稿篇

Chapter 12

设计与编辑 PPT 演示文稿

本章视频教学时间：49 分钟

Chapter 13

在幻灯片中应用母版、图形和图表

本章视频教学时间：64 分钟

Chapter 14

PPT 幻灯片的动画制作和放映

本章视频教学时间：34 分钟

Chapter 15

PPT 模板与超链接的应用

本章视频教学时间：13 分钟

第五篇 网络及移动办公篇

Chapter 16 使用网络高效办公

本章视频教学时间：26 分钟

Chapter 17 轻松实现移动高效办公

第六篇 高级应用篇

Chapter 18 Office 各组件间的协同应用

本章视频教学时间：21 分钟

Chapter 19 办公设备的使用

本章视频教学时间：12 分钟

Chapter 20 Office 的安全和保护技巧

本章视频教学时间：12 分钟

赠送资源

配套素材库

- 配套素材文件
- 配套结果文件

视频教程库

- Windows 10 操作系统安装视频教程
- Office 2016 软件安装视频教程
- 15 小时系统安装、重装、备份与还原视频教程
- 12 小时电脑选购、组装、维护与故障处理视频教程
- 7 小时 Photoshop CC 视频教程

办公模板库

- 2000 个 Word 精选文档模板
- 1800 个 Excel 典型表格模板
- 1500 个 PPT 精美演示模板

扩展学习库

- 电脑技巧查询手册电子书
- 常用汉字五笔编码查询手册电子书
- 网络搜索与下载技巧手册电子书
- 移动办公技巧手册电子书
- Office 2016 快捷键查询手册电子书
- Word/Excel/PPT 2016 技巧手册电子书
- Excel 函数查询手册电子书
- 电脑维护与故障处理技巧查询手册电子书

第一篇

入门篇

Chapter 01

快速掌握 Word/Excel/PPT 的学习方法

➲ 技术分析

Office 2016是Microsoft Office系列办公套件的最新版本，它既继承了早期版本的强大功能，又在很多方面进行了有力的补充，使用户能够更加便捷地完成日常办公工作。Office 2016 的组件众多、功能强大，要想熟练使用，就必须掌握一定的方法。本章主要介绍以下内容。

（1）Office 办公必备软件。

（2）Word/Excel/PPT 的学习方法。

➲ 思维导图

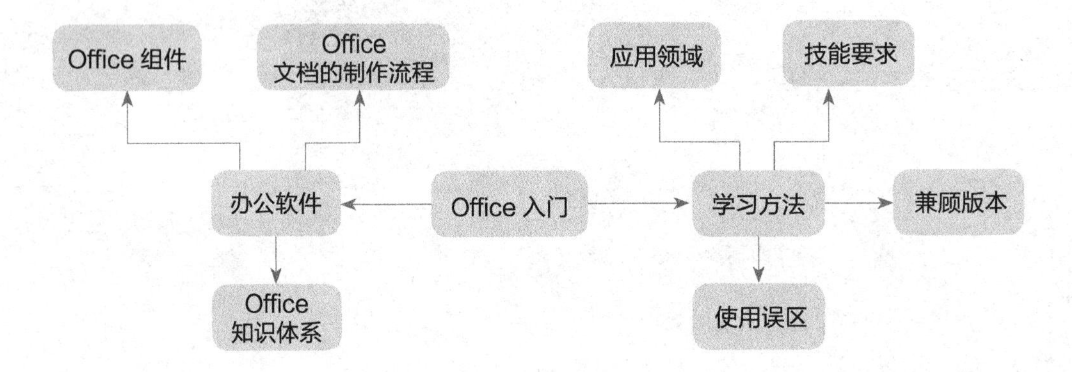

1.1 Word/Excel/PPT 必备常识

Office 2016 是一款功能强大的办公软件，集文档编辑、数据处理、图形图像设计、数据传输等功能于一体，在日常办公中发挥着非常重要的作用。

1.1.1 认识 Office 2016 三大组件

Office 2016 主要包括 Word 2016、Excel 2016、PowerPoint 2016、Access 2016 以及 Outlook 2016 等多种组件，其中最常用的三大组件就是 Word 2016、Excel 2016 和 PowerPoint 2016，下面将对它们分别进行介绍。

1.Word 2016

Word 是 Office 套件的核心程序，提供了许多易于使用的文档创建工具，同时也提供了丰富的功能集供用户在创建复杂文档时使用。在实际工作中哪怕只使用 Word 中的文本格式化操作，也可以使简单的文档变得更具吸引力。

Word 为用户提供了专业的文档工具，能够帮助用户节省办公时间，并使文档实现优雅美观的效果。下图所示为一个简单的 Word 文档。

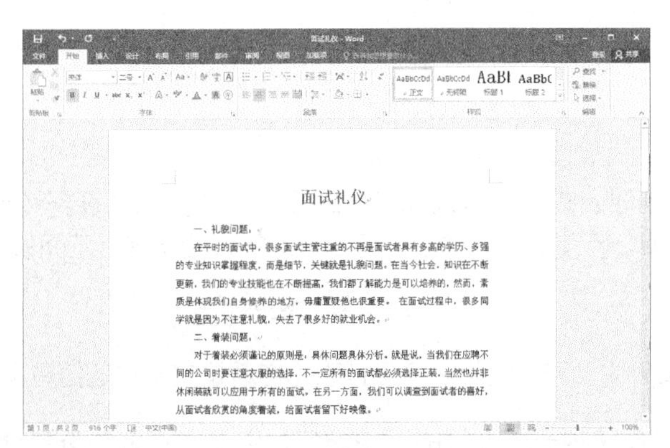

Word 并非只能使文档变得美观，它提供的功能还可以方便地增强文档效果，并创建脚注、尾注等复杂元素。后续章节会详细介绍 Word 的强大功能，下面仅对这些功能进行概述。

功能名称	功能作用
模板	模板就是起始文档，提供了文档设计和文本格式化的功能，模板中通常会有一些占位文本或者建议输入的文本等
样式	如果喜欢某种格式设置的特定组合，可以将其保存为样式，以便对其他文本应用相同的格式设置组合
表格	添加表格后，可以通过行和列组成的网格组织文本，并对这些文本应用整洁漂亮的格式。此外，还可以为表格添加标题和汇总信息，从而清晰地描述内容
图片	可以在文档中添加各种类型的图片，甚至可以使用 SmartArt 功能创建图片
邮件合并	创建自定义的“套用信函”，其中每个副本都会针对特定的收件人（或列表项）自动定制。Word 的合并功能甚至允许创建相应的信封和标签
文档安全和审阅	通过某种协作过程控制文档的内容，可以防止文档被意外修改，还可以跟踪其他用户做出的修改

2.Excel 2016

Excel 是 Office 套件中用来制作和编辑电子表格的程序。该电子表格程序是业务计算领域的一次重大技术飞跃，它提供的公式和函数可以方便地计算数值数据。在计算详细的销售或财务数据时，业务人员不再需要使用计算器或者求助于会计人员，只需要在电子表格中插入数字，然后输入公式，就可以通过自动计算功能得出结果。下图所示为一个简单的 Excel 工作表。

Excel 不仅提供了创建公式和检查公式错误的工具，还提供了许多数据格式化选项，从而使数据更专业、更便于读取。后续章节会详细介绍 Excel 的重要功能，下面仅对这些功能进行概述。

功能名称	功能作用
工作表	在每个文件中，可以利用多个工作表（也就是文件中的信息页）划分和组织数据
范围	可以为工作表中一段连续的区域命名，以便通过名称选择或使用该区域，从而节省时间。左下图所示即为工作表中的选择区域列表
格式	可以通过应用格式设置某个单元格的内容显示方式。例如，显示多少位小数或是否包含百分号等，也可以应用日期格式来确定日期的显示方式
图表	通过在 Excel 中创建图表，可以将数据转换成富有意义的图像。Excel 提供了几十种图表类型、布局和格式，以最清晰的方式展示结果。右下图所示即为工作表的图表展示效果

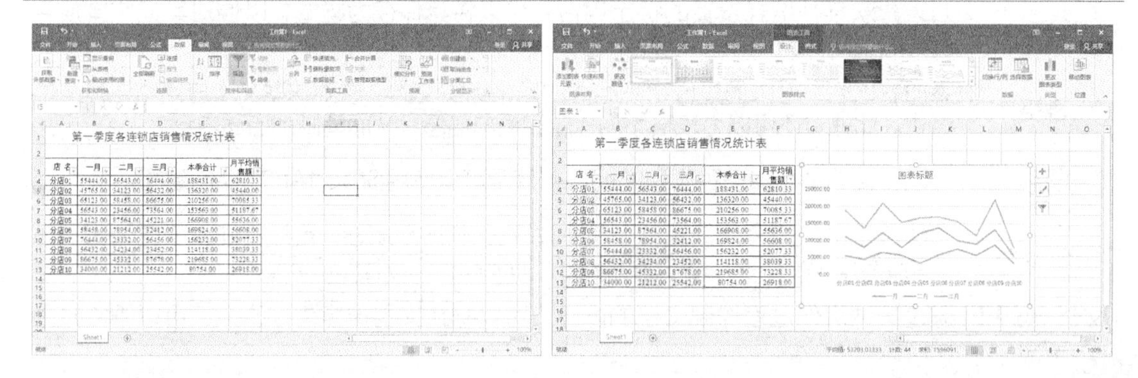

3.PowerPoint 2016

PowerPoint 是 Office 套件中的演示文稿软件。通过它制作的演示文稿，既可以在投影仪或者电脑上演示，也可以打印出来使用，更可以在召开面对面会议或远程会议时展示。PowerPoint 做出来的文件叫演示文稿，其格式后缀名为 ppt、pptx，也可以将演示文稿保存为 pdf 和图片等格式。演示文稿中的每一页都叫幻灯片，每张幻灯片都是演示文稿中既相互独立又相互联系的内容。

一个完整的 PPT 演示文稿一般包含片头、动画、封面、前言、目录、过渡页、图表页、图片页、文字页、封底、片尾动画等，所采用的素材有文字、图片、图表、动画、声音、影片等。下图所示即为一个简单的 PPT 演示文稿。

后续章节会详细介绍 PowerPoint 的重要功能，下面仅对这些功能进行概述。

功能名称	功能作用
布局、主题和母版	这些功能控制着幻灯片中显示的内容、内容的编排方式以及所有幻灯片的外观。也可以利用这些功能快速地重新设计某张幻灯片或整个演示文稿
表格和图表	类似于 Word 和 Excel，PowerPoint 允许通过行和列组成的网格安排信息，获得整洁美观的效果。PowerPoint 可以使用 Excel 来显示图表数据，所以在 Excel 中学习到的图表技能有助于用户在 PowerPoint 中更便捷地使用图表
动画和切换	幻灯片中的文本或其他项可以通过特殊方式显示，例如飞入屏幕等。除了为幻灯片中的对象应用动画效果外，还可以为整个幻灯片应用切换效果，使其以特殊方式显示和消失，例如溶解和擦除等
实时演示	PowerPoint 提供了多种不同的方法来自定义和控制演示文稿在屏幕上放映时的外观

1.1.2 Office 三大组件的知识体系

Office 2016 中的 Word、Excel、PowerPoint 三大组件都具有一定的知识体系，下面简要进行介绍。

组件名称	知识体系包含内容
Word 2016	① Word 2016 工作界面 ② Word 文档制作流程 ③文档样式编排 ④页面布局 ⑤文档加密、样式设置、图文混排及段落调整方法 ⑥不同行业文档的编排与打印
Excel 2016	① Excel 表间数据传递、编辑，表格的美化方法 ②自定义公式、函数引用方法 ③报表制作流程 ④数据统计分析 ⑤表格保护和表格间链接 ⑥图表制作、数据透视表的应用与统计功能
PowerPoint 2016	①演示文稿的创建与放映 ②背景及模板的使用 ③文字、图形、声音、动画综合效果设置 ④演示文稿的打包 ⑤不同网络文件格式转换

1.1.3 Office 文档的基本制作流程

在使用 Office 组件进行办公之前，首先要清楚办公文档的基本制作流程。Word、Excel、PowerPoint 三大组件的制作流程有很多相似之处。

1.Word 文档的制作流程

下图为一个简单的 Word 文档的制作流程。

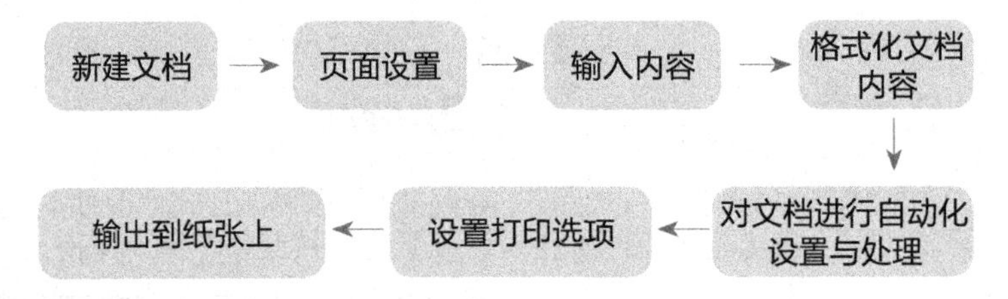

2.Excel 报表的制作流程

下图为一个简单的 Excel 报表的制作流程。

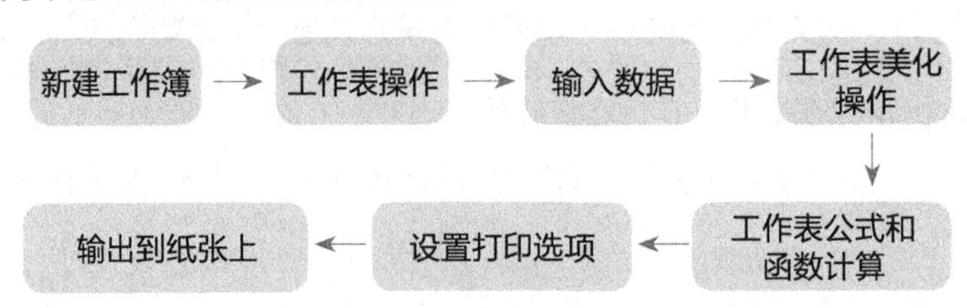

3.PowerPoint 演示文稿的制作流程

下图为一个简单的 PowerPoint 演示文稿的制作流程。

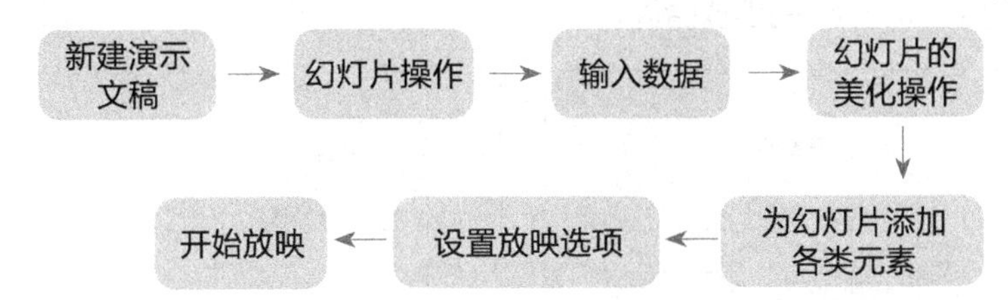

1.2 掌握正确学习 Word/Excel/PPT 的方法

Word 2016、Excel 2016、PowerPoint 2016 是常用的 Office 系列办公组件，受到广大办公人士的喜爱。本节将介绍 Word/Excel/PPT 的学习方法，帮助读者快速上手。

1.2.1 了解 Word/Excel/PPT 的应用领域

Word 2016 可以实现文档的编辑、排版和审阅；Excel 2016 可以实现数据的排序、筛选和计算；而 PowerPoint 2016 则主要用于设计和制作演示文稿。因此，总体来说 Word/Excel/PPT 可以基本涵盖人力资源管理、行政文秘、市场营销以及财务管理等多个领域的办公应用，下面将分别进行介绍。

1. 人力资源管理

在人力资源管理领域，Office 2016 可以帮助办公人员轻松、快速地完成各种文档、数据报表以及幻灯片的制作，如使用 Word 2016 制作各类规章制度、招聘启事、工作报告以及培训资料等；使用 Excel 2016 制作绩效考核表、工资表、员工基本信息表等；使用 PowerPoint 2016 制作公司培训 PPT、述职报告 PPT 等。下图所示即为使用 PowerPoint 制作的述职报告。

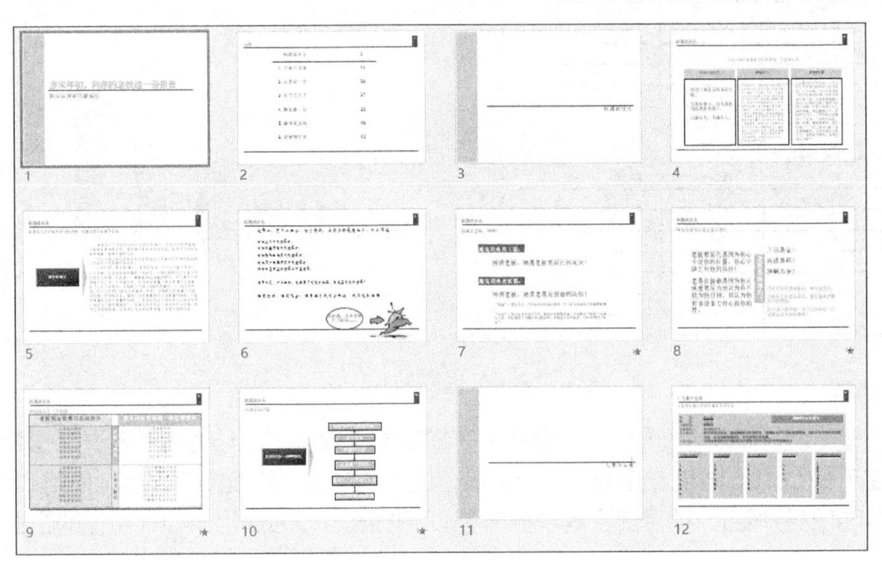

2. 行政文秘

在行政文秘领域，可以使用 Office 2016 各组件提供的批注、审阅以及错误检查等功能对制作好的文档和幻灯片等进行核查操作，如使用 Word 2016 制作委托书、合同等；使用 Excel 2016 制作项目评估表、会议议程记录表、差旅报销单等；使用 PowerPoint 2016 制作教学课件等。下图所示即为使用 Word 制作的销售合同。

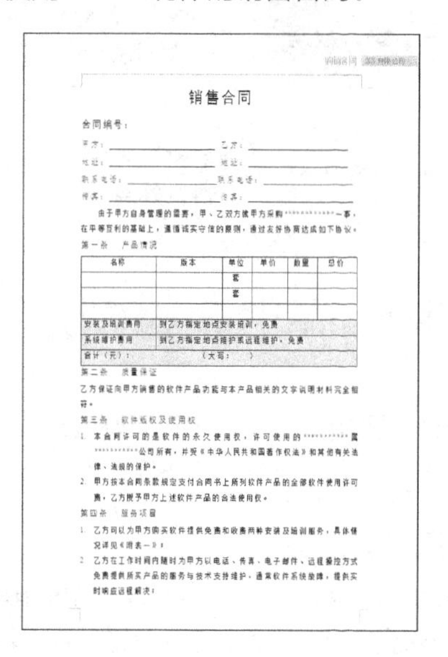

销售合同

合同编号：

甲方：__________ 乙方：__________

地址：__________ 地址：__________

联系电话：__________ 联系电话：__________

传真：__________ 传真：__________

由于甲方自身管理的需要，甲、乙双方就甲方采购…………一事，在平等互利的基础上，遵循诚实守信的原则，通过友好协商达成如下协议。

第一条　产品情况

名称	版本	单位	单价	数量	总价
		套			
		套			
安装及培训费用	到乙方指定地点安装培训，免费				
系统维护费用	到乙方指定地点维护或远程维护，免费				
合计（元）：　（大写：　）					

第二条　质量保证

乙方保证向甲方销售的软件产品功能与本产品相关的文字说明材料完全相符。

第三条　软件版权及使用权

1. 本合同许可的是软件的永久使用权，许可使用的…………属…………公司所有，并受《中华人民共和国著作权法》和其他有关法律、法规的保护。
2. 甲方按本合同条款规定支付合同书上所列软件产品的全部软件使用许可费，乙方授予甲方上述软件产品的合法使用权。

第四条　服务项目

1. 乙方可以为甲方购买软件提供免费和收费两种安装及培训服务，具体情况详见《附表一》；
2. 乙方在工作时间内随时为甲方以电话、传真、电子邮件、远程操控方式免费提供所买产品的服务与技术支持维护，遇软件系统故障，提供实时响应远程解决；

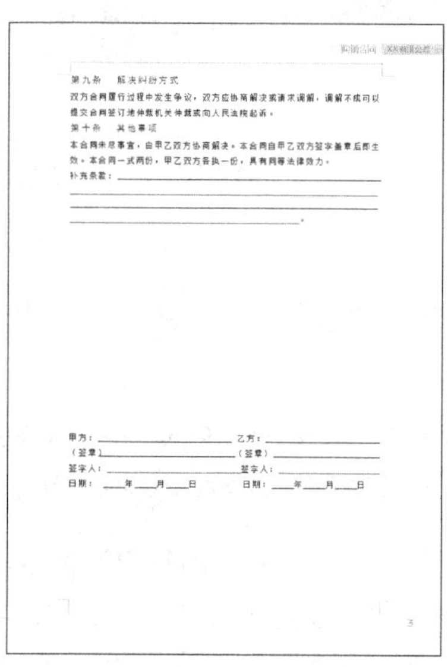

第九条　解决纠纷方式

双方合同履行过程中发生争议，双方应协商解决或请求调解，调解不成可以提交合同签订地仲裁机关仲裁或向人民法院起诉。

第十条　其他事项

本合同未尽事宜，由甲乙双方协商解决。本合同自甲乙双方签字盖章后即生效。本合同一式两份，甲乙双方各执一份，具有同等法律效力。

补充条款：__________

甲方：__________ 乙方：__________

（签章）__________（签章）__________

签字人：__________ 签字人：__________

日期：___年___月___日　日期：___年___月___日

3. 市场营销

在市场营销领域，可以使用 Word 2016 制作项目评估报告、企业营销计划书、投标书等；使用 Excel 2016 制作产品价目表、进销存数据表等；使用 PowerPoint 2016 制作市场调研报告、产品营销推广方案等。下图所示即为使用 Excel 制作的产品价目表。

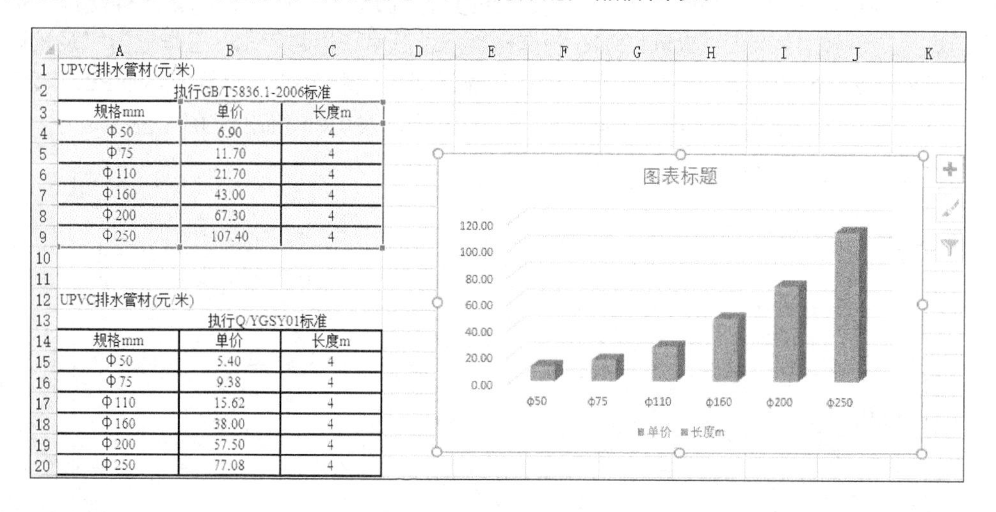

UPVC排水管材(元/米)

执行GB/T5836.1-2006标准

规格mm	单价	长度m
Φ50	6.90	4
Φ75	11.70	4
Φ110	21.70	4
Φ160	43.00	4
Φ200	67.30	4
Φ250	107.40	4

UPVC排水管材(元/米)

执行Q/YGSY01标准

规格mm	单价	长度m
Φ50	5.40	4
Φ75	9.38	4
Φ110	15.62	4
Φ160	38.00	4
Φ200	57.50	4
Φ250	77.08	4

4. 财务管理

财务管理是企业管理的核心领域，财务人员可以使用 Word 2016 制作询价单、公司财务分析报告等；使用 Excel 2016 制作企业财务查询表、成本统计表、年度预算表等；使用 PowerPoint 2016 制作年度财务报告、项目资金需求报告等。下图所示即为使用 Word 制作的企业年度财务分析报告。

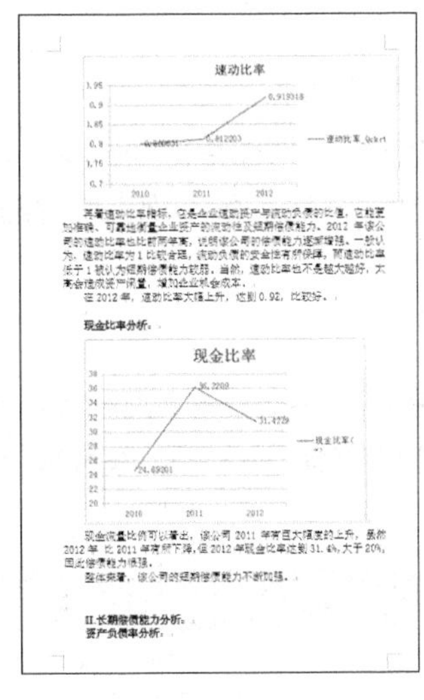

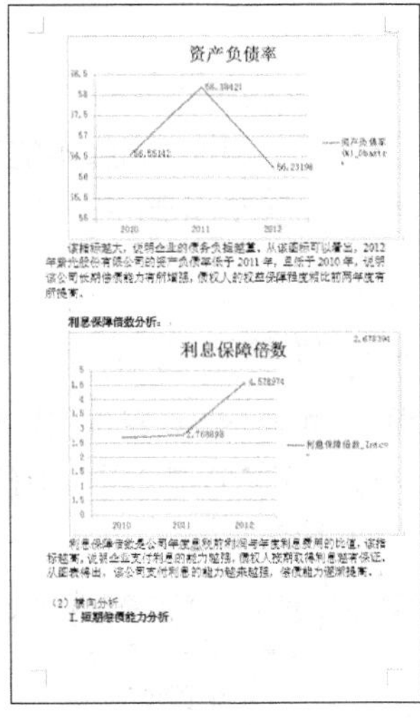

1.2.2 不同行业对 Word/Excel/PPT 技能的要求

不同行业的从业人员所需侧重掌握的 Word/Excel/PPT 技能略有不同，下面将分别进行介绍。

行业类别	Word	Excel	PPT
人力资源管理	①文本的输入与格式设置 ②图片和表格的使用 ③ Word 基本排版 ④审阅和校对	①内容的输入与设置 ②表格的基本操作 ③表格的美化 ④条件格式的使用 ⑤图表的使用	①文本的输入与设置 ②图表和图形的使用 ③设置切换效果 ④使用多媒体 ⑤放映幻灯片
行政文秘	①页面的设置 ②文本的输入与格式设置 ③使用图片、表格、艺术字 ④使用图表 ⑤审阅和校对	①内容的输入与设置 ②表格的基本操作 ③表格的美化 ④图表的使用 ⑤制作数据透视图和透视表	①文本的输入与设置 ②图表和图形的使用 ③设置动画及切换效果 ④放映幻灯片
市场营销	①页面的设置 ②文本的输入与格式设置 ③使用图片、表格和艺术字 ④使用图表 ⑤ Word 高级排版 ⑥审阅和校对	①内容的输入与设置 ②表格的基本操作 ③表格的美化 ④条件格式的使用 ⑤图表的使用 ⑥制作数据透视图和透视表 ⑦排序和筛选 ⑧简单函数的使用	①文本的输入与设置 ②图表和图形的使用 ③设置动画及切换效果 ④使用多媒体 ⑤放映幻灯片
财务管理	①文本的输入与格式设置 ②使用图片、表格 ③使用图表 ④导入 Excel 表格 ⑤审阅和校对	①数据的输入与设置 ②表格的基本操作 ③表格的美化 ④条件格式的使用 ⑤图表的使用 ⑥制作数据透视图和透视表 ⑦排序和筛选 ⑧财务函数的使用	①文本的输入与设置 ②图表和图形的使用 ③放映幻灯片

1.2.3 兼顾 Word/Excel/PPT 的多个版本

Office 的版本已经更新到 2016，高版本的软件可以直接打开低版本软件创建的文件。如果要使用低版本软件打开高版本软件创建的文件，可以先将高版本软件创建的文件另存为低版本类型，再使用低版本软件打开。

1. 用 Office 2016 打开低版本文件

以 Word 为例，使用 Office 2016 软件可以直接打开 Word 2003、Word 2007、Word 2010 和 Word 2013 版本的文件。在 Word 2016 中打开 Word 2003 版本的 Word 文件时，标题栏会显示“兼容模式”字样，如下图所示。

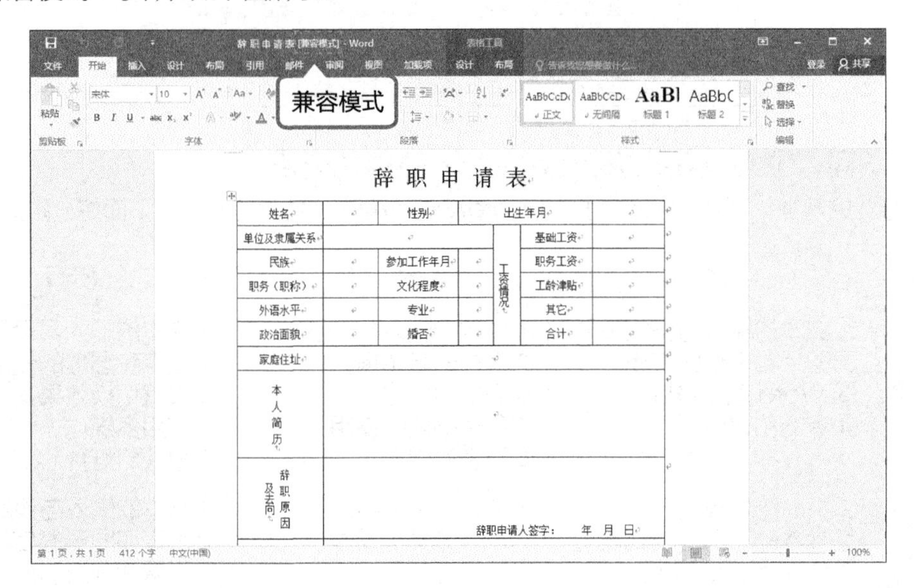

2. 用低版本 Office 打开 Office 2016 文件

仍然以 Word 为例，用户在 Word 2016 中对文件进行新建和编辑操作后，打开“另存为”对话框，在“保存类型”列表框中选择“Word 97-2003 文档”选项，将其保存为兼容 Word 2003 版本的格式，这样就可以用低版本的 Word 2003 软件打开 Word 2016 制作的文件了，如下图所示。

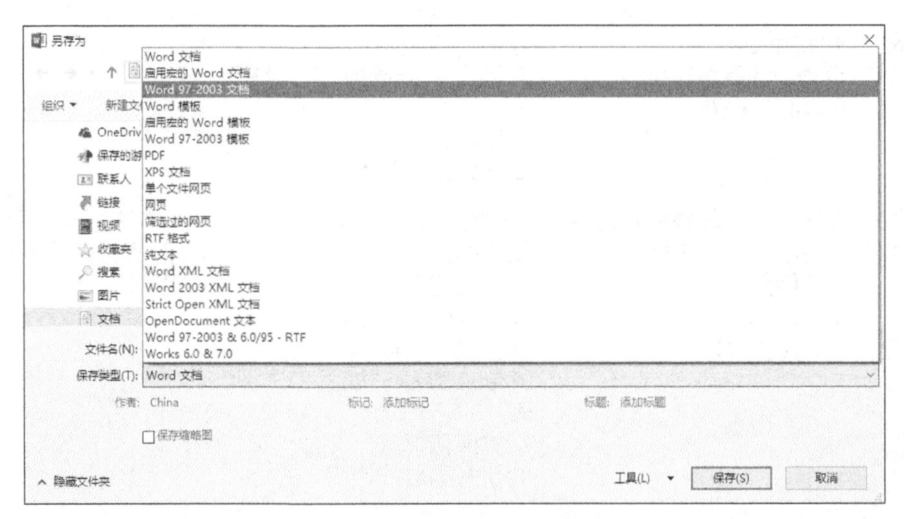

1.2.4 避开 Word/Excel/PPT 的使用误区

在使用Word/Excel/PPT进行办公时，错误的操作不仅会延长文件的制作时间，影响办公效率，而且会使文件内容看起来不美观，增加再次修改的难度。因此，在使用软件前，了解一些 Word/Excel/PPT 的常见使用误区就显得至关重要。

1.Word 的常见使用误区

● 使用格式刷修改样式

在编辑长文档时，使用格式刷编辑文字形式是不明智的，因为一旦需要修改，则需要重新刷一遍，影响文档编辑速度。这时最正确的作法就是使用“样式”。“样式”是格式的集合，用户可以预先设置好样式，然后再选择文字应用样式，如下左图所示。

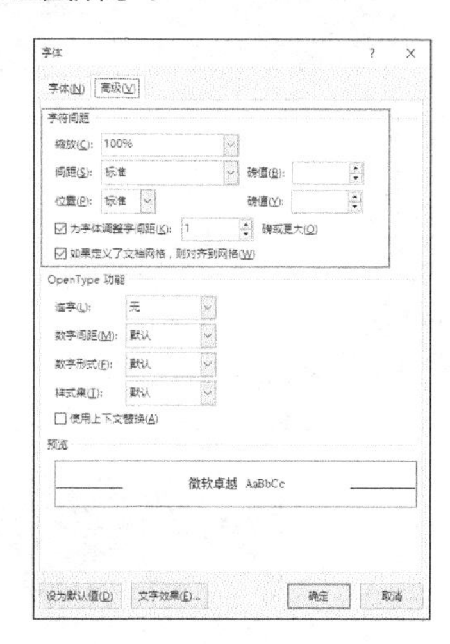

● 用空格调整字间距

标题的间距如果太小而需要调整时，有的用户会在每个字之间一个一个地按空格，这种做法不仅浪费时间，还有可能导致间距不对等。实际上，在调整字间距时，最好通过“字体”对话框中的“字符间距”选项区进行，如上右图所示。

● 一个个修改而不用替换

如果文档中出现大量空格或同类错误文本，有的用户会一个个手动删除或者修改，这样很浪费时间。此时，可以使用“查找和替换”功能，按下【Ctrl+H】组合键，如下图所示，在对话框的“查找内容”和“替换为”文本框中输入相应内容，单击“全部替换”按钮即可。

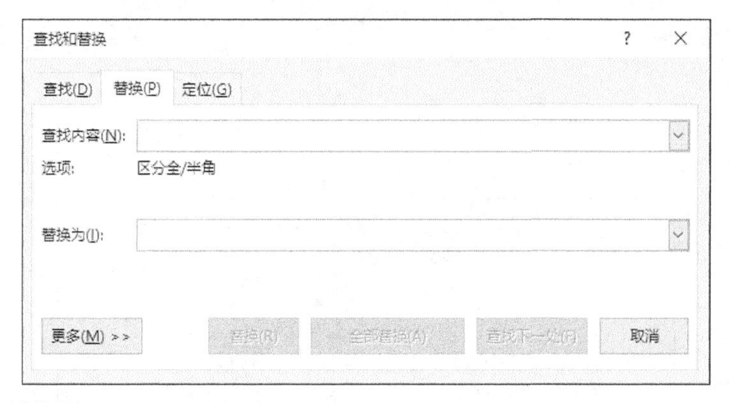

● 按【Enter】键分页

在调整文档的标题和正文之间的距离时，有些用户会习惯性地敲【Enter】键，一直到下一页，但这样调整出来的分页效果总是不理想，在删除或添加文本内容后，就会产生页面变动。该操作可以使用分页符来完成。单击“插入”选项卡下“页面”面板中的“分页”按钮，或者单击“布局”选项卡“页面设置”面板中的“分隔符”下三角按钮，在展开的列表框中，单击“分页符”命令即可，如下图所示。

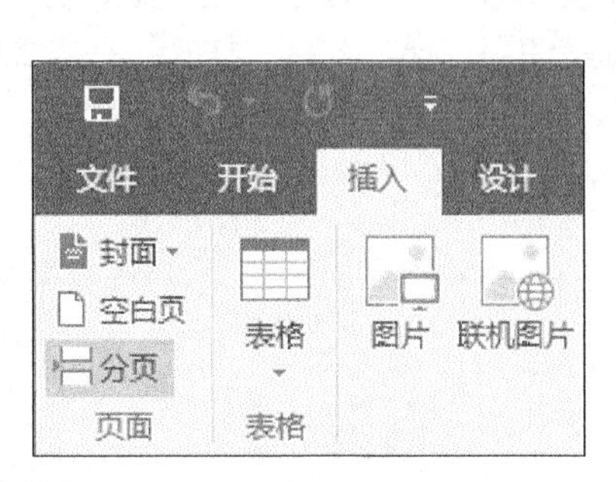

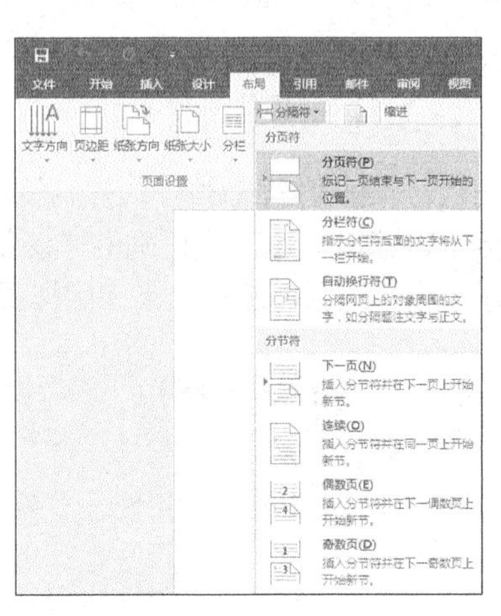

● 手动添加目录

Word 提供了自动提取目录的功能，只需要为文本设置大纲级别并为文档添加页码，即可自动生成目录，免去了手动输入目录的麻烦，如下图所示。

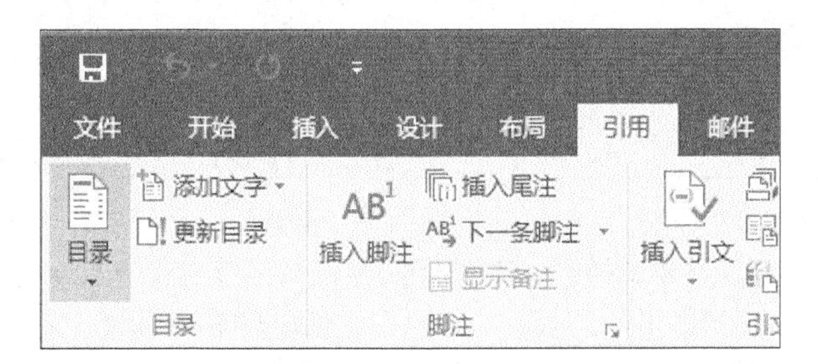

2.Excel 的常见使用误区

● 一个个输入大量重复或有规律的数据

在使用 Excel 制作数据表格时，常常需要输入一些重复或者有规律的数据，但是一个个输入会很浪费时间，此时可以使用快速填充功能。下图所示为“快速填充”命令和快速填充后的数据。

● 不善用函数功能

在计算工作表中的数据时，一些用户习惯使用计算器计算好了才输入进去，很影响工作效率。实际上，Excel 提供了求和、平均值、最大值、最小值、计数等函数，可以完全满足用户对数据的简单计算需求，不需要使用计算器。

● 不善用排序和筛选功能

排序和筛选是 Excel 的强大功能。排序功能能够将数据快速按照升序、降序或者自定义序列进行排序，而筛选功能则可以快速并准确筛选出满足条件的数据。

3.PPT 的常见使用误区

● 过度设计 PPT 封面

一个用于演讲的 PPT，封面的设计水平和内页保持一致即可。因为第一页 PPT（封面）停留在观众视线里的时间不会很久，哪个演讲者都不可能对着封面大讲特讲。演讲者需要尽快完成开场白，然后进入演讲的实质内容部分。PPT 封面仅仅是告知观众你的演讲开始了，以及题目是什么。所以封面不是 PPT 要呈现的重点。

封面设计得浓墨重彩，也许一定程度上能达到一鸣惊人的效果，可是这种做法并不聪明。精彩封面翻过去之后，如果 PPT 页面呈现平庸之态，就会让人很失望。这种金玉其外的 PPT，我们上网随时可以找到一大把。相比之下，在略显低调的封面之下，暗藏精彩的内页，在演讲过程中不断提升观众的满意度才是聪明的做法。

● 把 LOGO 放到每一页

很多高品质 PPT 仅会在纯净的背景中放上关键的内容，其他干扰视觉的小东西则都被清除掉了。在制作 PPT 时要避免把公司 LOGO 以大图标的方式放到每一页幻灯片中，以免扰乱观众的视线。

● 为 PPT 打上底纹水印

有些用户出于对自己原创内容强烈的保护心理，在通篇 PPT 上使用底纹水印。这种做法不仅使制作流程更为烦琐，而且实际上也无法真正保护幻灯片。

● 文字过多

在设计 PPT 的过程中，一张幻灯片中的文字内容如果比较多，会使整个版面显得拥挤且单调。此时，可以借助图片、表格等使 PPT 看上去丰富且简洁。

出库单号	产品编号	产品名称	单位	类别	成本单价	销售单价
2013060001	04020001	乳液	瓶	乳液	48元	58元
2013060002	04020002	面霜	瓶	面霜	36元	49元
2013060003	04020003	洗面奶	瓶	洁面	20元	27元
2013060004	04020004	爽肤水	瓶	爽肤	21元	31元
2013060005	04020005	隔离霜	瓶	隔离	43元	53元
2013060006	04020006	BB霜	瓶	美白	57元	63元

● 选择不合适的动画效果

使用动画是为了突显重点内容，引导观众的思路，从而引起重视。然而，如果选择的动画效果不合适，就会起到相反的作用。因此，使用动画的时候，要尽量遵循醒目、自然、适当、简化及创意等原则。

1.2.5 Word/Excel/PPT 的学习方法

要想在有限的时间里学到更多的知识，取得更大的进步，除了坚持不懈地努力外，最重要的就是掌握有效的学习方法。

下面总结一些 Word/Excel/PPT 的学习方法和心得体会，旨在帮助读者更有效地学习，并成为一名电脑办公高手。

● 使用帮助系统

“帮助”是软件的“说明书”，上面记载了非常全面的官方说明和操作方法，同时还提供了丰富的模板、库等资源，这种“自助式”的学习途径是读者不可忽视的。

例如，在 Word 文档的“功能区”选项板的“请告诉我”文本框中，输入需要搜索的内容，按【Enter】键即可直接搜索相关内容。

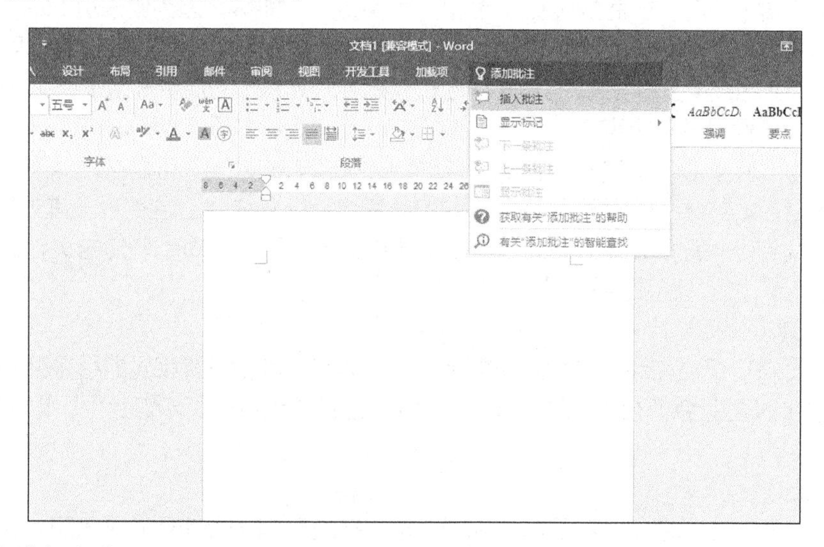

● 在论坛上进行交流

在论坛上求助和学习是提高 Office 操作水平的有效途径。用户可以直接提交自己的问题寻求他人的帮助，也可以就他人的问题同其他用户进行交流。如此一来，解决问题的同时，自己的水平也在不断地提高。

● 在搜索引擎中寻找答案

如何在海量的互联网信息中以最短的时间找到自己所需要的信息？当然是使用搜索引擎。搜索引擎扮演着帮助人们在互联网上以最节省时间的方式寻找自己需要的信息这样一个重要的角色。常用的搜索引擎有谷歌和百度等。向搜索引擎提交关键词时，关键词的选择、多关键词搜索以及高级搜索等技巧的使用，可以帮助用户准确而快速地搜索到自己想要的信息。

● 购买 Word/Excel/PPT 书籍

虽然目前很多人通过网络途径获取知识，但是传统的书籍学习方式绝对没有被淘汰，且仍然是很多新技术的主要传播途径。图书具有知识精练、准确性高、方便携带及阅读等优点，非常适合入门级读者学习使用。

打造个性化的电脑办公环境

本章视频教学时间 / 19 分钟

技术分析

几乎每一个使用电脑办公的用户都会用到办公软件。在实际工作中，用户往往会根据自己的工作习惯打造个性化的电脑办公环境。在此之前，用户需要先对电脑办公环境的相关知识点进行了解。本章主要介绍以下内容。

（1）电脑办公环境的必备要素。

（2）电脑办公的常用工具。

（3）创建 Microsoft 账户。

（4）打造符合自己使用习惯的 Office 软件环境。

思维导图

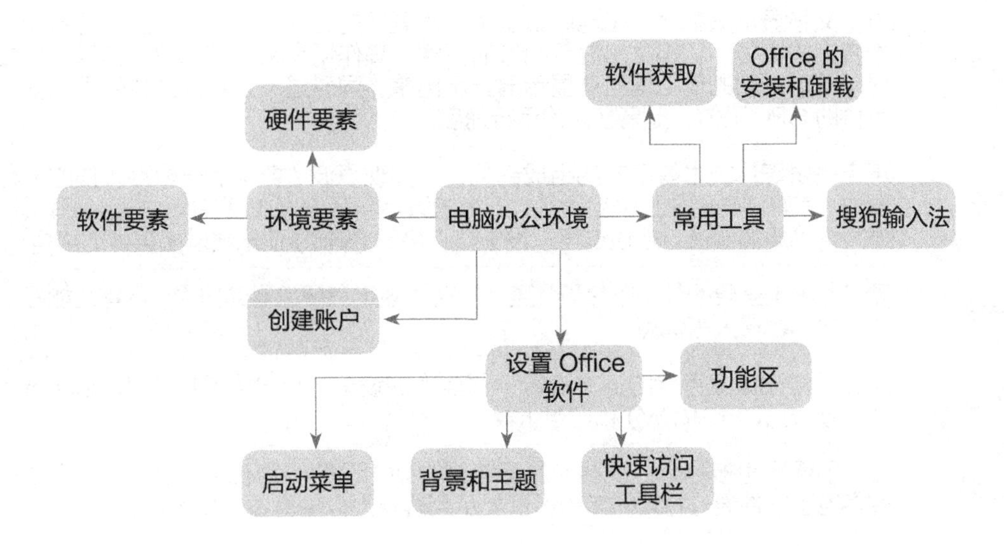

2.1 电脑办公的必备要素

电脑办公环境主要由硬件和软件两方面构成，用户在打造电脑办公环境之前，首先需要认识其构成要素。

2.1.1 电脑办公必备的硬件要素

电脑办公的硬件是指看得见的各种物理部件，是实实在在的器件。一般情况下，电脑办公必备的硬件要素包括基本设备、扩展设备和外部设备等，下面将分别进行介绍。

1. 基本设备

一台电脑的基本硬件设备包含 CPU、内存、主板、显卡、声卡、硬盘、光驱、显示器、键盘、鼠标、机箱和电源等。

名称	作用
CPU	CPU 的中文名称为中央处理器，是一台电脑的运算核心和控制核心，它的功能主要是解释电脑指令并处理软件数据
内存	内存也被称为内部存储器，是电脑的重要部件之一，电脑中所有程序的运行都要依靠内存。其作用是暂时存放 CPU 中的运算数据以及与硬盘等外部存储器交换的数据
主板	主板是复杂电子系统的中心或者主电路板，其性能的好坏，对整机的运行速度和稳定性都有极大的影响
显卡	显卡又称显示适配器，是电脑最基本、最重要的配件之一，是电脑进行数模信号转换的设备，承担输出显示图形的任务。其作用是将电脑的数字信号转换成显示器能识别的模拟信号让显示器显示出来。同时显卡还具有图像处理功能，可协助 CPU 工作，提高整体的运行速度
声卡	声卡是多媒体技术最基本的组成部分，是实现声波 / 数字信号相互转换的一种硬件。其基本功能是把来自话筒、光盘的原始声音信号加以转换，输出到耳机、扬声器等声响设备，或通过音乐设备数字接口 (MIDI) 使乐器发出美妙的声音
硬盘	硬盘是电脑重要的外部存储器，通常被密封固定在硬盘驱动器中，具有性能好、速度快、容量大等优点
光驱	光驱是对光盘上存储的信息进行读写操作的设备，可分为 CD-ROM 驱动器、DVD 光驱 (DVD-ROM) 和刻录机等
显示器	显示器通常也被称为监视器，属于电脑的 I/O 设备，即输入输出设备。它是一种将电子文件通过特定的传输设备显示到屏幕上以便查看的显示工具
键盘	键盘是电脑最基本的输入设备。用户可以使用键盘向电脑下达命令、编写程序和传输数据
鼠标	鼠标用于确定光标在屏幕上的位置。在应用软件的支持下，鼠标可以快速、方便地完成某种特定的操作
机箱	机箱主要用于放置和固定各电脑配件，起到承托和保护作用。此外，电脑机箱还可以屏蔽电磁辐射

续表

名称	作用
电源	主机电源是一种安装在主机箱内的封闭式独立部件。它的作用是将交流电通过一个开关电源变压器转换为5V、−5V、+12V、−12V、+3.3V等稳定的直流电，以供应主机箱内主板驱动、硬盘驱动及各种适配器扩展卡等系统部件的使用

2. 扩展设备

除了基本设备外，用户往往还会根据需要配置麦克风、摄像头以及音箱等扩展设备。

名称	作用
麦克风	麦克风也称话筒，可以将声音信号转换为电信号。它通过声波作用到电声元件上产生电压，再转为电能，用于各种扩音设备中
摄像头	摄像头又称为电脑相机、电脑眼等，是一种视频输入设备，被广泛地运用于视频会议、远程医疗、实时监控中。此外，通过摄像头还可以在网上进行有影像、有声音的交谈和沟通等
音箱	音箱可以对音频信号进行放大处理，之后由音箱本身回放，使其声音变大
U盘	U盘是一种使用USB接口与电脑连接的微型高容量移动存储设备，无需物理驱动器就可以实现即插即用，其优点是小巧便携、存储量大、价格便宜、性能可靠

3. 外部设备

电脑办公常用的外部设备包括打印机、复印机和扫描仪等，这些外部设备可以充分发挥电脑办公的优势。

名称	作用
打印机	打印机是重要的输出设备，一般单位都会配备。通过打印机，用户可以将在电脑中编辑好的文档、图片和报表等数据资料打印输出到纸上，从而方便长期存档或者在内部进行报送
复印机	复印机是一种利用静电技术进行文件复制的设备，可以从原稿得到等倍、放大或缩小的复印品，其优点是速度快，操作简便
扫描仪	扫描仪的作用是将稿件上的图像或者文字输入到电脑中。例如，将图像扫描到电脑中，再通过图像处理软件直接进行加工；将文字扫描到电脑中，再通过OCR软件，将图像上的文本转化为电脑可识别的文本，从而节省字符输入电脑的时间
投影仪	投影仪又称投影机，是一种能够将图像或视频投射到幕布上的设备，可以通过不同的接口同电脑、VCD、DVD、BD、游戏机、DV等相连接并播放相应的视频信号

2.1.2 电脑办公必备的软件要素

在电脑办公过程中，用户需要借助软件才能完成具体工作。

1. 文件处理类软件

电脑办公离不开文件的处理。常见的文件处理软件有Microsoft Office、WPS Office、Adobe Acrobat等。

● Microsoft Office 办公软件

Microsoft Office 是微软公司开发的一套基于 Windows 操作系统的办公软件套装，包括 Word、Excel、PowerPoint 等常用组件，拥有广泛的用户群体。下图所示为 Word 2016 的界面。

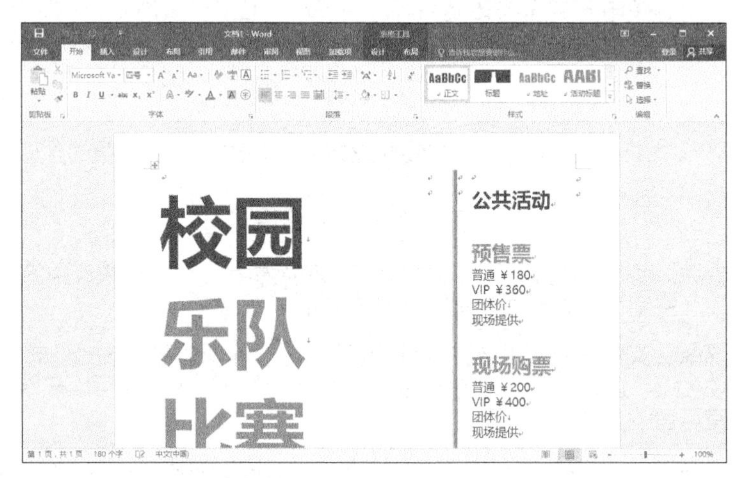

● WPS Office 软件

WPS Office 是由金山软件股份有限公司自主研发的一款办公软件套装，拥有文字处理、表格制作、文稿演示等多种功能。其具有内存占用低、运行速度快、体积小巧、强大的插件平台支持、免费提供海量在线存储空间及文档模板、支持阅读和输出 PDF 文件、全面兼容微软 Office97-2010 格式（doc/docx/xls/xlsx/ppt/pptx 等）的独特优势。

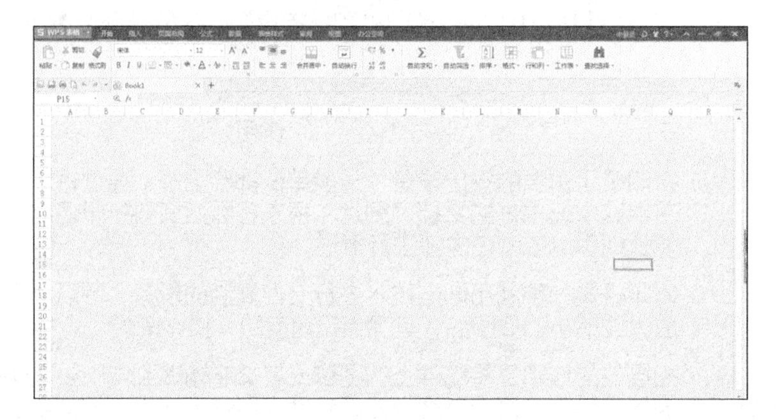

2. 文字输入类软件

文字输入是电脑办公中经常要用到的一项技能。文字输入软件通常称为输入法，常见的输入法有搜狗拼音输入法、QQ 拼音输入法、极品五笔输入法等。

● 搜狗拼音输入法

搜狗拼音输入法是目前较流行的中文输入法，具有以下特点。

①大量网络流行词汇、新词、热词：搜狗拼音输入法利用独特的搜索引擎，可以自动分析互联网上出现的新词、热词，省去了单字输入及手工造词的麻烦。

②动态升级输入法和词库：网络上的流行词汇可能每天都会发生变化，搜狗拼音输入法可以定期把搜索引擎得到的最新词汇更新到词库中去。

③互联网词频和智能算法：搜狗拼音输入法通过搜索引擎分析、统计互联网上大量的中文页面，获得合适的词频排序，以便符合互联网用户的使用习惯。

ming'tian'tian'qi　上海：晴，-10~-2℃，北风4-5级

1.明天天气　2.明天　3.名　4.明　5.命

● 极品五笔输入法

极品五笔输入法是一款简洁、纯净、专注于输入体验的输入软件，其最大的特点是集成了五笔拼音混输的功能，可以帮助五笔初学者快速上手。

3. 沟通交流类软件

办公人员经常需要使用沟通交流类软件与客户、同事等传递信息、发送文件。常见的沟通交流类软件有 QQ 和微信等。

● QQ

腾讯 QQ 拥有在线聊天、视频电话、点对点续传文件、共享文件等多种功能，是电脑办公中使用率较高的一款软件。

● 微信

微信是另一款跨平台通信工具，可以通过手机、电脑等发送文字、图片、语音甚至视频资料。

4. 网络应用类软件

办公过程中经常需要查找或者下载资料，使用合适的浏览器和下载工具可以有效提高工作效率。

● 浏览器

浏览器可以显示网页服务器或者文件系统的 HTML 文件内容，并让用户与这些文件进行交互。常见的浏览器有搜狗浏览器、360 安全浏览器和 IE 浏览器等。

①搜狗浏览器：该浏览器是国内较早发布的双核浏览器，能够在保证良好兼容性的同时极大地提升网页浏览速度。

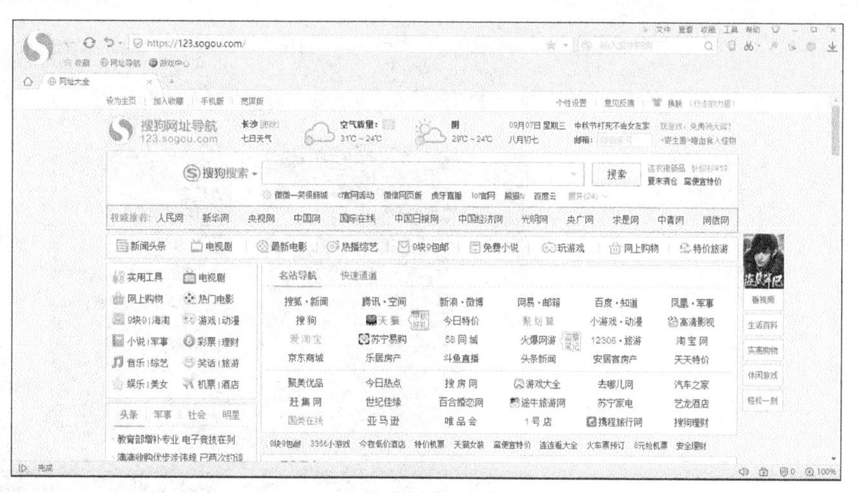

② IE 浏览器：该浏览器是微软 Windows 操作系统的默认浏览器，使用人数较多，占据非常大的市场份额。

③ 360 安全浏览器：该浏览器是 360 安全中心推出的一款基于 IE 和 Chrome 双内核的浏览器，是世界之窗开发者凤凰工作室和 360 安全中心合作的产品。360 安全浏览器拥有相当大的恶意网址库，采用恶意网址拦截技术，自动拦截挂马、欺诈、网银仿冒等恶意网址。

- 下载工具

下载软件可以帮助用户提高下载速度，并在下载中断后从中断的位置恢复下载。常用的下载工具有迅雷、腾讯 QQ 旋风等。

①迅雷：迅雷是一款功能强大的网络下载软件，支持多媒体搜索引擎、多线程和多点并发（包括服务器和节点）超速下载。

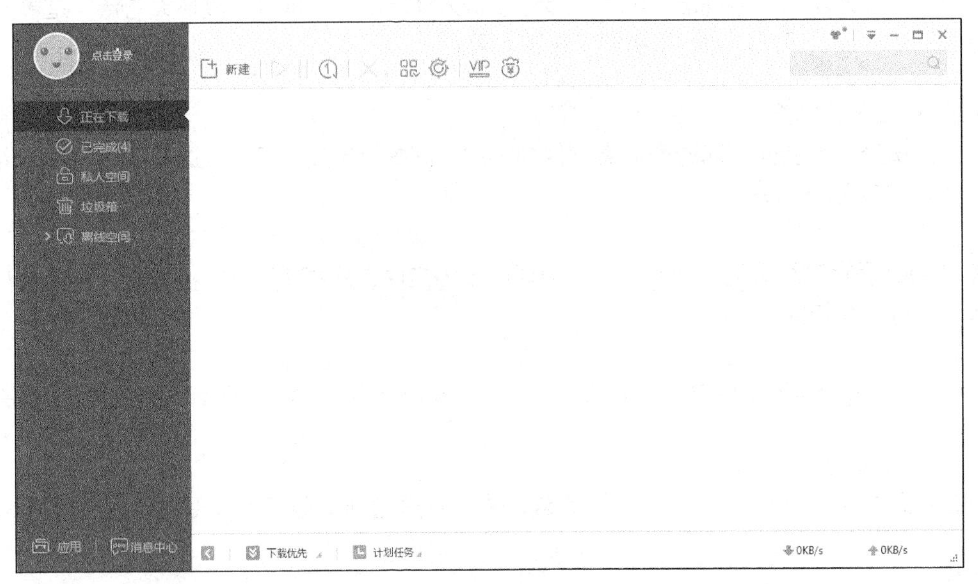

② QQ 旋风：QQ 旋风是腾讯推出的下载工具，它具有下载速度快、占用内存少、界面清爽简单等特点。

5. 安全防护类软件

在电脑办公的过程中，有时会出现电脑死机、黑屏、重新启动、反应速度慢等现象，严重的甚至会导致工作成果丢失。为了避免这些现象的发生，一定要做好电脑的安全防护工作。常见的安全防护类软件有 360 安全卫士、电脑管家等。

● 360 安全卫士

该软件是由 360 推出的安全防护软件，拥有查杀木马、清理插件、修复漏洞、电脑体检、保护隐私等多种功能，并独创了“木马防火墙”功能。

● 电脑管家

该软件是腾讯公司出品的一款免费专业安全软件，集专业病毒查杀、智能软件管理、系统安全防护于一身，同时还融合了清理垃圾、电脑加速、修复漏洞、软件管理、电脑诊所等一系列辅助管理功能，满足用户杀毒防护和安全管理的双重需求。

6. 影音图像类软件

在办公过程中，如果需要处理图片或播放音频、视频等，就需要使用影音图像类软件。常见的影音图像类软件有 Photoshop、暴风影音、会声会影等。

● Photoshop

Photoshop 常被简称为“PS”，是由 Adobe Systems 开发和发行的图像处理软件，主要处理由像素构成的数字图像。其众多的编修与绘图工具，可以有效地进行图片编辑工作。

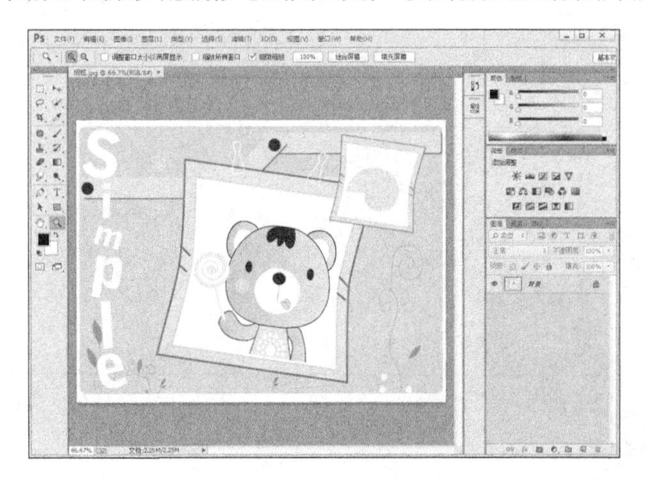

● 会声会影

会声会影是一款简单易用的视频剪辑软件，主要面向个人用户。它的应用非常广泛，既可以制作电子相册、节日贺卡、MTV 等家庭视频作品，也可以应用于商业广告、栏目片头、动画游戏等项目。

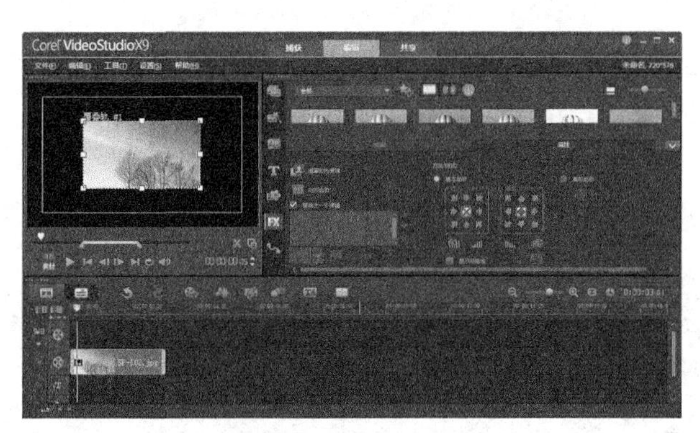

2.2 常用软件的安装方法

本节视频教学时间 / 11 分钟

2.2.1 了解软件的获取方式

软件获取的途径有很多种，如从互联网上下载、购买软件安装光盘等。本节将简要介绍获取软件安装文件的各种途径。

- **购买安装光盘：**这是比较传统的方式，通常在电脑市场的实体店中就可以购买到一些知名软件的安装光盘。
- **到官方网站下载：**软件的官方网站一般都会提供购买渠道，付款后会得到序列码等，在安装时输入即可。
- **通过软件下载网站下载：**软件下载网站通常会集中一些免费软件以及收费软件的试用版供用户下载。

2.2.2 Office 2016 的安装和卸载

本小节主要介绍 Office 2016 的安装与卸载方法。

1.Office 2016 的安装

Office 2016 的安装过程如下。

第 1 步 单击“打开”命令

解压安装程序后，选择“setup.exe”可执行文件，单击鼠标右键，打开快捷菜单，单击“打开”命令。

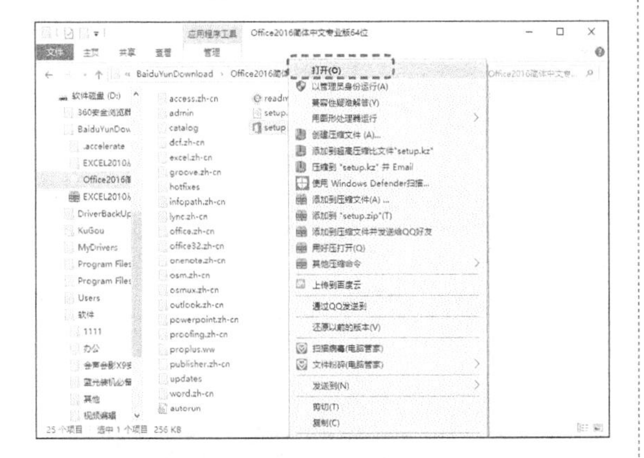

第 2 步 单击“自定义”按钮

在弹出的“选择所需的安装”对话框中单击“自定义”按钮。

第 3 步 单击“立即安装”按钮

❶ 进入“安装选项”界面，切换至“文件位置”选项卡，修改文件的安装位置；❷ 单击“立即安装”按钮。

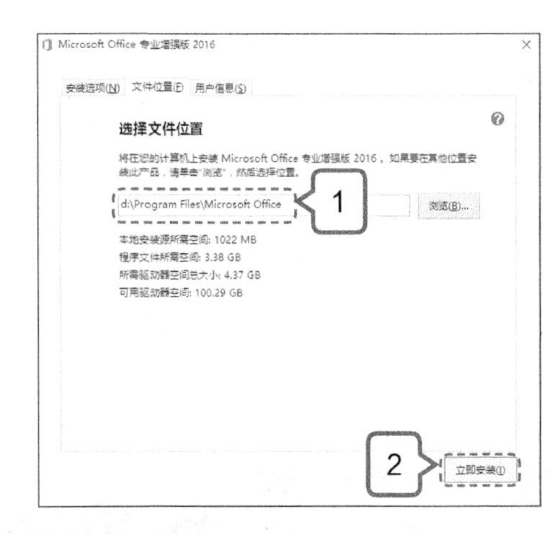

第 4 步 显示安装进度

在弹出的“安装进度”对话框中会显示软件的安装进度。

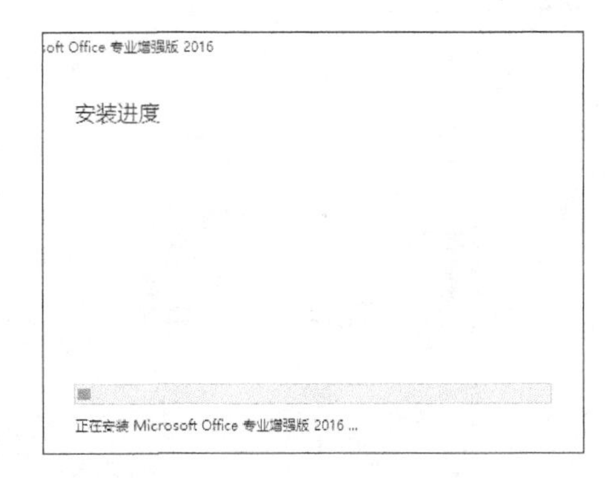

第 5 步 单击“关闭”按钮

稍后将进入 Office 界面，显示“感谢您安装”等信息，单击“关闭”按钮即可。

2.Office 2016 的卸载

在使用过程中，如果软件无法正常工作，可以将其卸载再重新安装。

第 1 步 单击“卸载程序”

打开“控制面板”窗口，单击“卸载程序”。

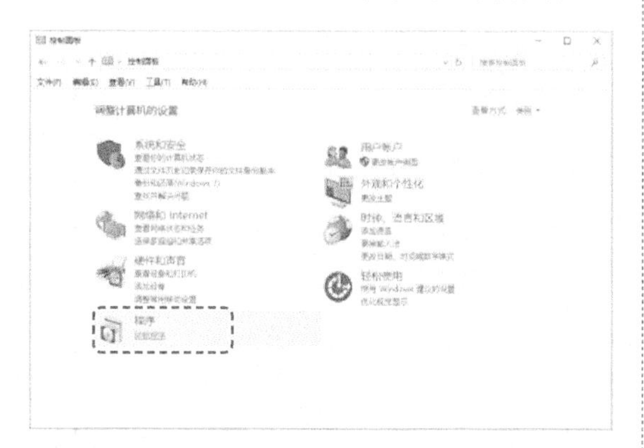

第 2 步 单击“卸载”命令

进入“程序和功能”界面，选择需要卸载的程序“Microsoft Office 专业增强版 2016”，单击鼠标右键，打开快捷菜单，单击“卸载”命令。

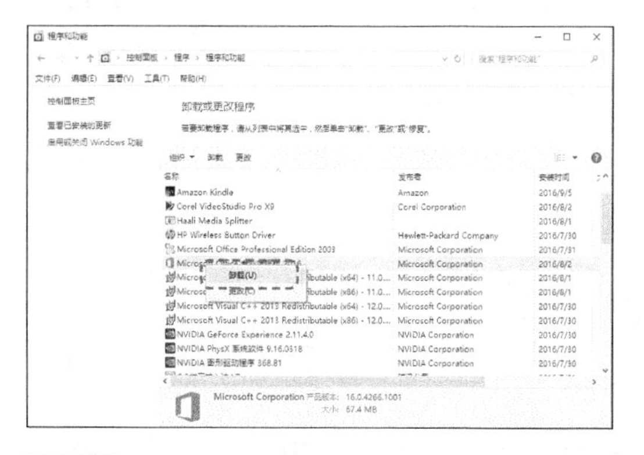

第 3 步 单击“是”按钮

在弹出的“安装”对话框中会询问是否删除 Office 2016 软件，单击“是”按钮。

第 4 步 显示卸载进度

打开“Microsoft Office 专业增强版 2016”界面，开始卸载软件程序，并显示卸载进度。

第 5 步 单击“关闭”按钮

卸载完成后显示“已成功卸载”信息，单击“关闭”按钮即可。

2.2.3 安装搜狗拼音输入法

搜狗拼音输入法的安装方法如下。

第 1 步 单击“立即安装”按钮

下载安装文件后双击即可打开安装向导对话框。❶ 修改安装路径；❷ 单击“立即安装”按钮。

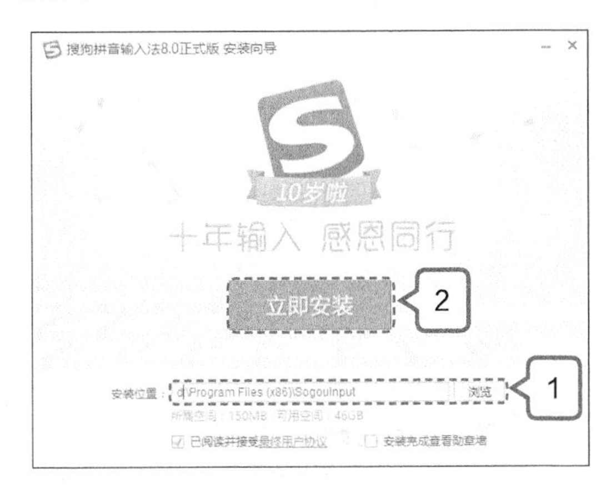

第 2 步 显示安装进度

打开“正在安装”对话框，开始安装搜狗拼音输入法程序，并显示安装进度。

第 3 步 单击“跳过”按钮

安装完成后，将弹出“用户登录”对话框，单击“跳过”按钮。

第 4 步 单击“下一步”按钮

❶ 在弹出的“推荐安装”对话框中，取消勾选“体验搜狗浏览器，上网更快”复选框；❷ 单击“下一步”按钮。

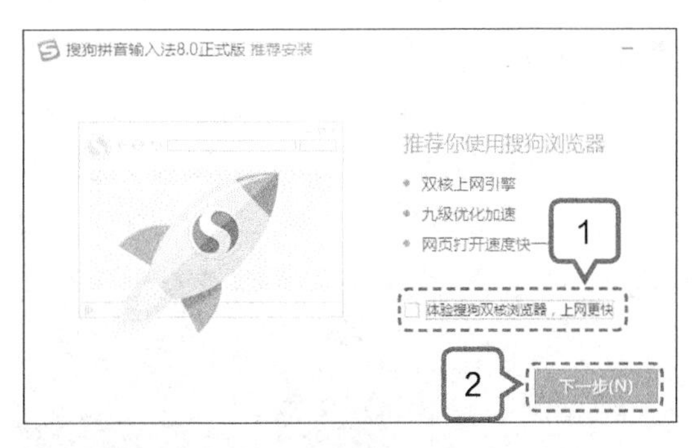

第 5 步 单击“完成”按钮

❶ 在弹出的“安装完成”对话框中，取消勾选所有复选框；❷ 单击“完成”按钮即可。

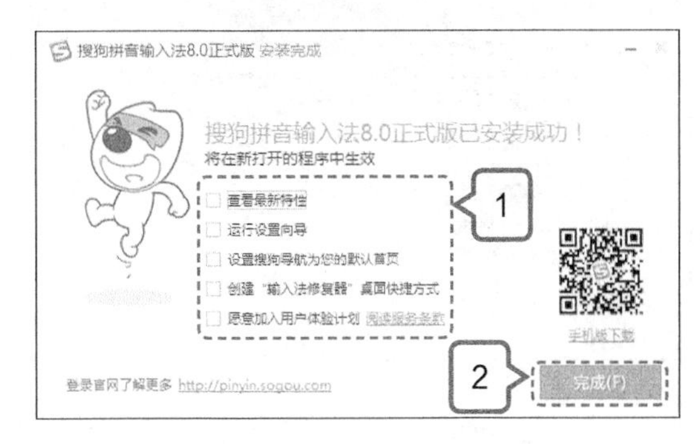

2.2.4 安装 QQ

腾讯 QQ 的安装方法如下。

第 1 步 单击“自定义选项”按钮

下载安装文件后双击即可打开腾讯 QQ 安装对话框，单击“自定义选项”按钮。

第 2 步 单击“立即安装”按钮

❶ 展开对话框，修改软件的安装路径；❷ 取消勾选“开机自动启动”复选框；❸ 单击“立即安装”按钮。

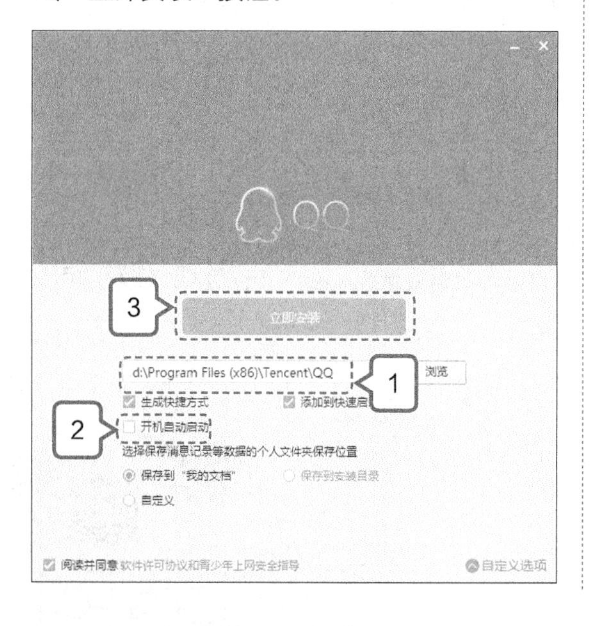

第 3 步 显示安装进度

进入“正在安装”界面，开始安装 QQ 程序，并显示安装进度。

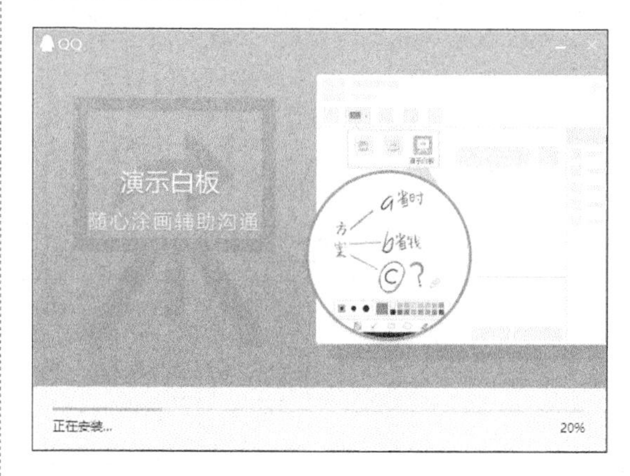

第 4 步 单击“完成安装”按钮

❶ 稍后将进入“安装完成”界面，取消勾选所有复选框；❷ 单击“完成安装”按钮，完成 QQ 的安装。

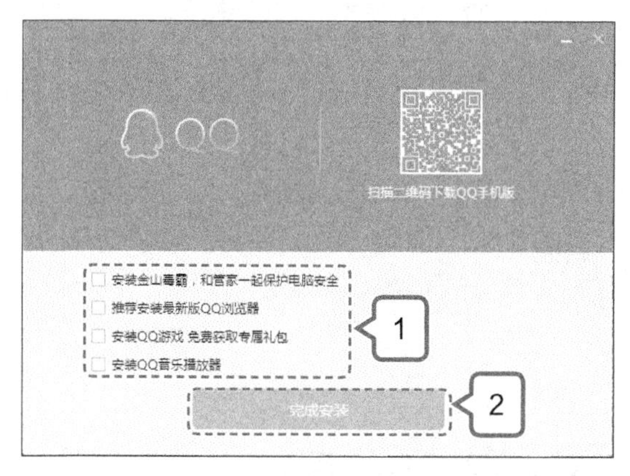

2.2.5 安装迅雷

迅雷的安装方法如下。

第 1 步 单击“一键安装”按钮

下载安装文件后双击。❶ 在弹出的对话框中，单击“自定义安装”右侧的按钮，展开对话框，设置安装路径；❷ 取消勾选“开机自动启动”复选框；❸ 单击“一键安装”按钮。

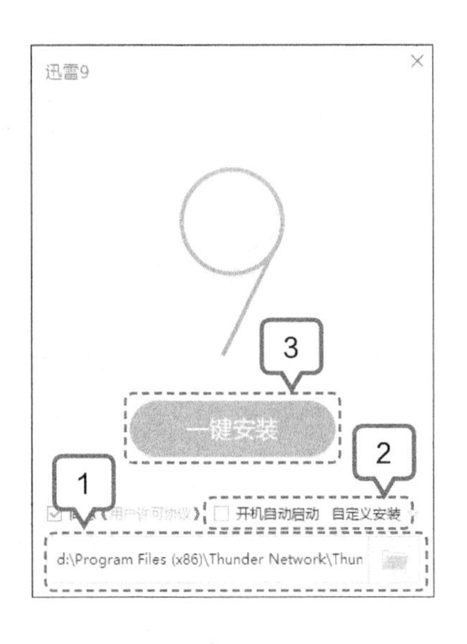

第 2 步 显示安装进度

进入正在安装界面，开始安装迅雷，并显示安装进度，稍候即可完成安装。

2.2.6 安装电脑管家

电脑管家的安装方法如下。

第 1 步 单击“立即安装”按钮

❶ 在弹出的“腾讯电脑管家在线安装”对话框中，保持默认安装位置；❷ 单击“立即安装”按钮。

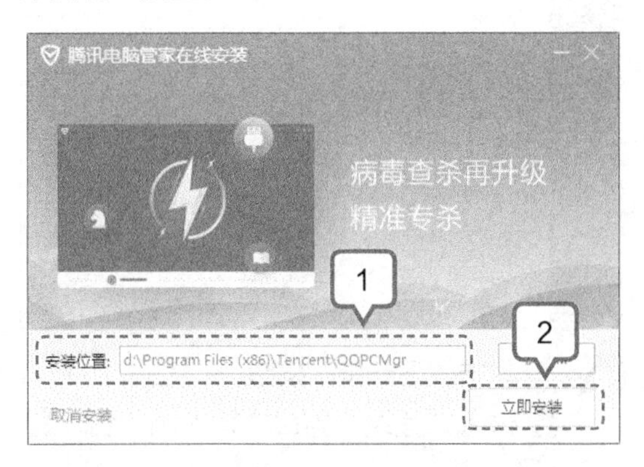

第 2 步 显示下载进度

开始下载软件安装程序，并显示下载进度。

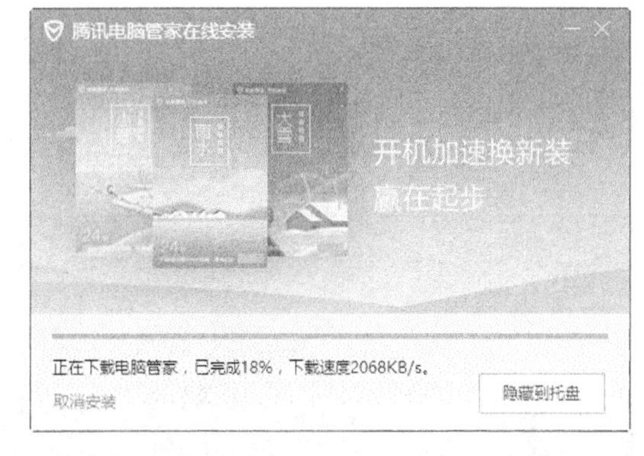

第 3 步 单击“完成”按钮

稍后将进入安装完成界面，显示安装完成信息，单击“完成”按钮即可。

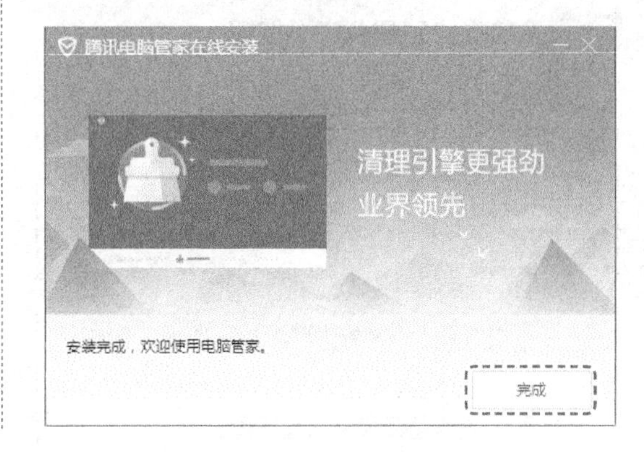

创建 Microsoft 账户

本节视频教学时间 / 3 分钟

在安装好 Office 2016 后，可以创建自己的 Microsoft 账户。任何电子邮件地址（包括来自 Outlook .com、Yahoo 或 Gmail 的地址）都可以作为 Microsoft 账户的用户名。

第 1 步 单击“创建一个”按钮

登录 Microsoft 账户注册网址，直接单击“创建一个”按钮。

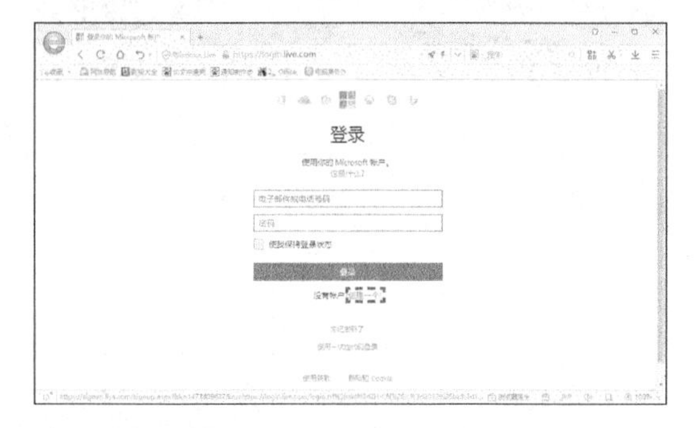

第 2 步 填写注册信息

进入“创建账户”界面，填写注册信息。

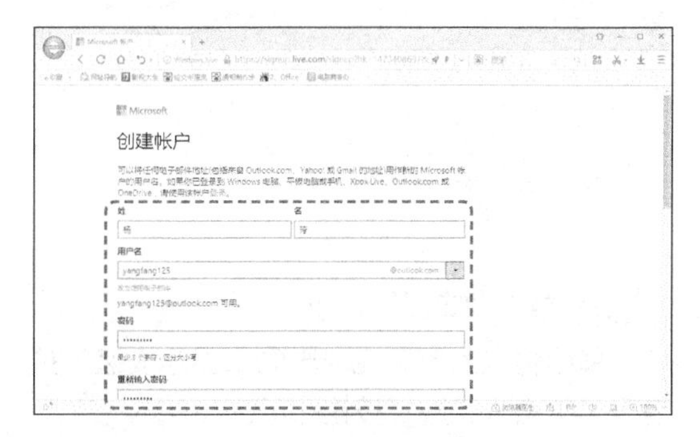

第 3 步 单击“创建账户”按钮

填写完毕后单击“创建账户”按钮。

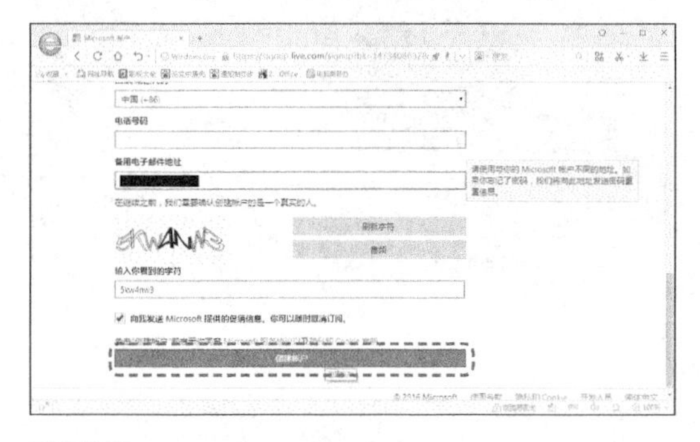

第 4 步 进入账户界面

注册成功后，进入“Microsoft 账户”界面，即可查看注册的账户信息。

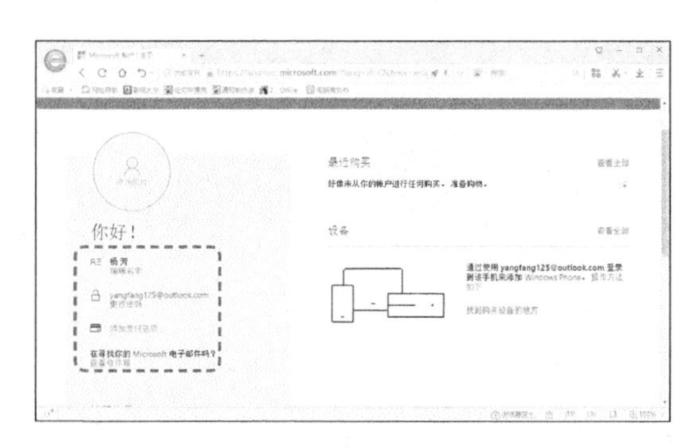

第 5 步 单击“登录”按钮

打开 Word 2016。❶ 在“文件”界面中，单击“账户”命令；❷ 在右侧的界面中，单击“登录”按钮。

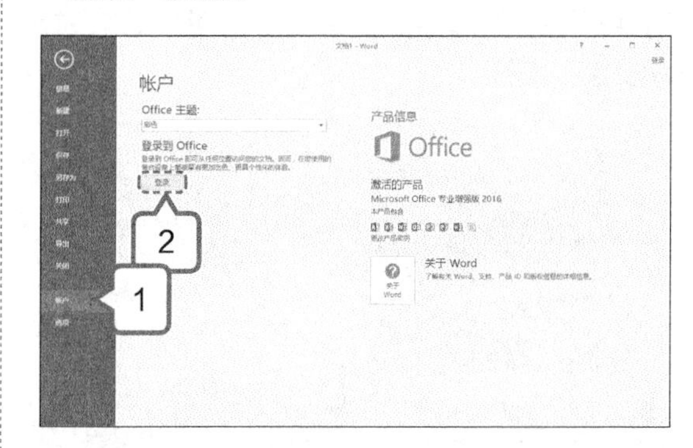

第 6 步 单击“下一步”按钮

❶ 进入“登录”窗口，输入用户名；❷ 单击“下一步”按钮。

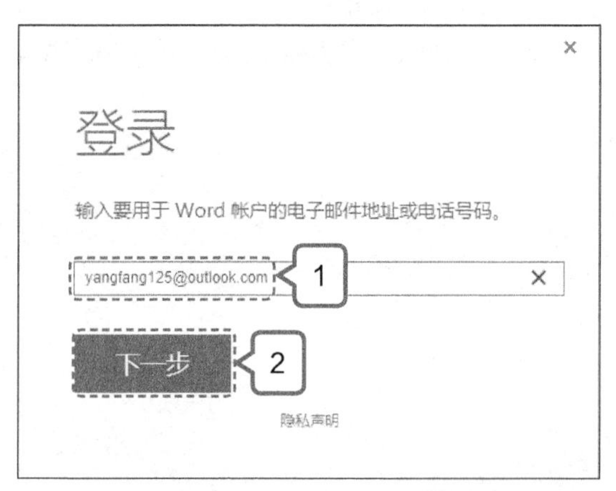

第7步 单击"登录"按钮

❶ 输入密码；❷ 单击"登录"按钮。

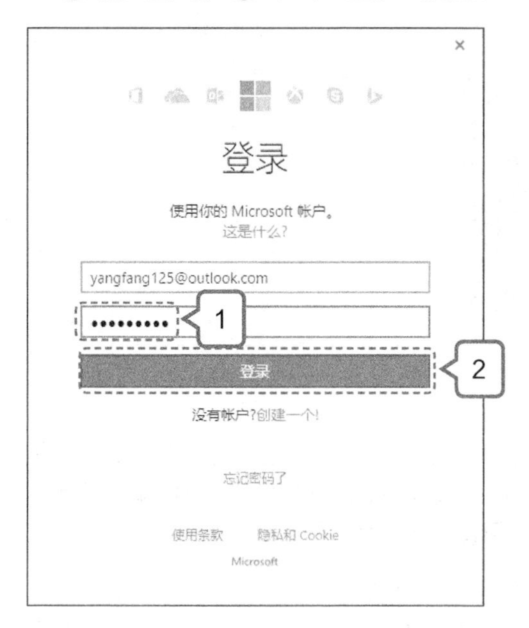

第8步 登录账户

此时即可登录 Microsoft 账户。

2.4 让 Office 软件符合自己的使用习惯

本节视频教学时间 / 5 分钟

安装好 Office 2016 后，接下来可以对其操作环境进行初步设置，如设置 Office 背景和主题、启动菜单、功能区和快速访问工具栏等。通过这些设置，可以打造出符合自己使用习惯的软件环境。

2.4.1 设置 Office 背景和主题

Office 2016 提供了多种背景和主题，用户可以根据个人喜好进行选择。

第1步 选择"书法"选项

❶ 进入"文件"界面，单击"账户"命令；❷ 在右侧界面的"Office 背景"下拉列表中选择"书法"选项。

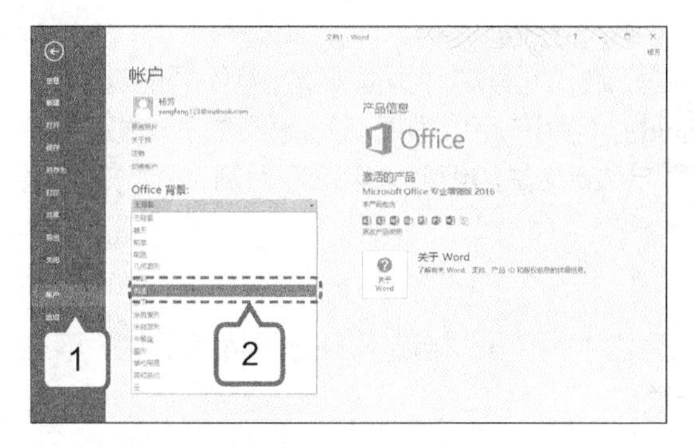

第2步 显示"书法"样式背景

此时文档顶部就会显示"书法"样式的背景。

第3步 选择"白色"选项

❶ 进入"文件"界面，单击"账户"命令；❷ 在右侧界面的"Office 主题"下拉列表中选择"白色"选项。

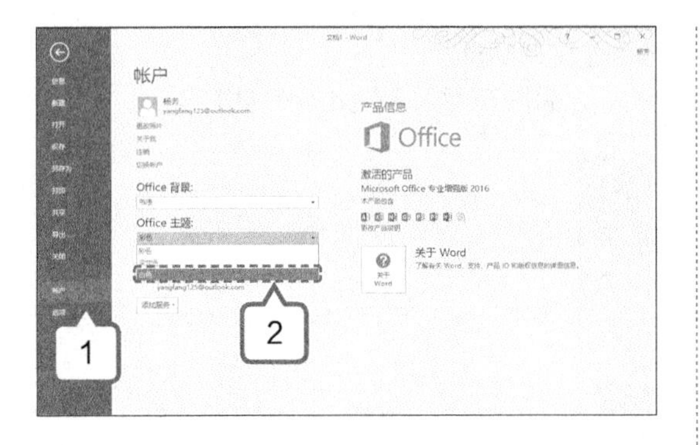

第 4 步 修改主题颜色

此时文档的主题颜色就变成了“白色”。

2.4.2 设置启动菜单

Office 2016 在启动时，不会像早期版本那样直接进入空白文档，而是会进入一个欢迎界面。为了更加方便地使用 Word、Excel、PPT 等常用组件，可以对 Office 2016 启动菜单的显示选项进行设置，使其启动时直接进入空白文档。下面将介绍设置启动菜单的具体步骤。

第 1 步 选择“打开”选项

在“文件”界面中，单击“选项”命令。

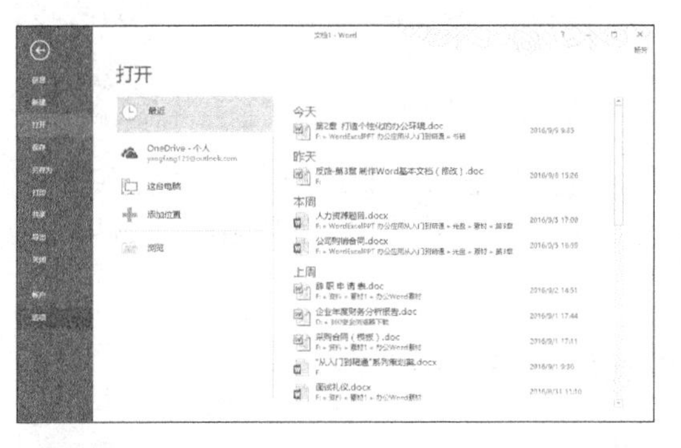

第 2 步 单击“确定”按钮

❶ 打开“Word 选项”对话框，在左侧的列表框中选择“常规”选项；❷ 在右侧的列表框中，取消勾选“此应用程序启动时显示开始屏幕”复选框；❸ 单击“确定”按钮即可。

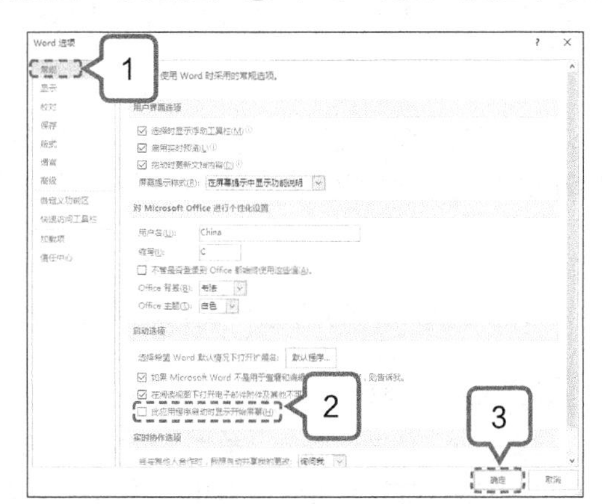

2.4.3 设置功能区

Office 2016 各组件的功能区通常包括“文件”“开始”“插入”“页面布局”等不同的选项卡。默认情况下，功能区中选项卡的排列方式是完全相同的，但用户可以根据不同需要进行个性定制。接下来以在 Excel 2016 中自定义“常用工具”选项卡、添加常用组和常用命令为例，介绍功能区的设置方法。

第 1 步 单击“其他命令”按钮

❶ 进入 Excel 2016 工作界面，在快速访问工具栏中，单击“自定义快速访问工具栏”下三角按钮 ；❷ 展开列表框，选择“其他命令”选项。

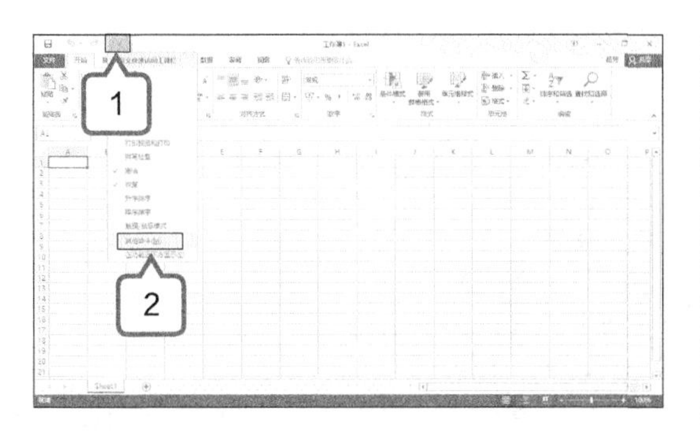

第 2 步 单击“新建选项卡”按钮

❶ 打开“Excel 选项”对话框，在左侧列表框中选择“自定义功能区”选项；❷ 在右侧单击“新建选项卡”按钮。

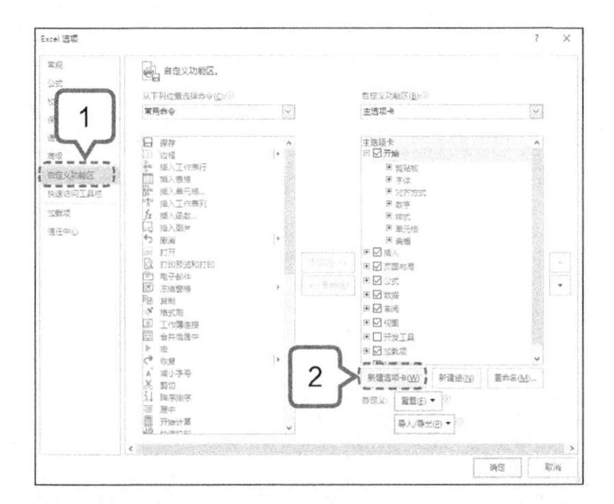

第 3 步 单击“重命名”命令

新建选项卡和组后，选择新建的选项卡，单击鼠标右键，打开快捷菜单，单击“重命名”命令。

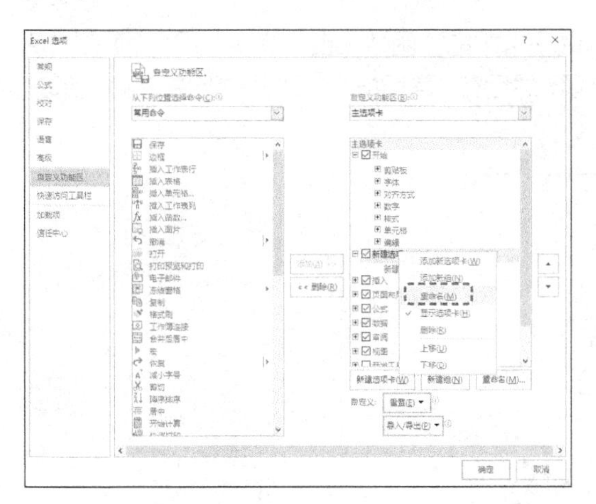

第 4 步 单击“确定”按钮

❶ 打开“重命名”对话框，在“显示名称”文本框中输入“常用工具”；❷ 单击“确定”按钮。

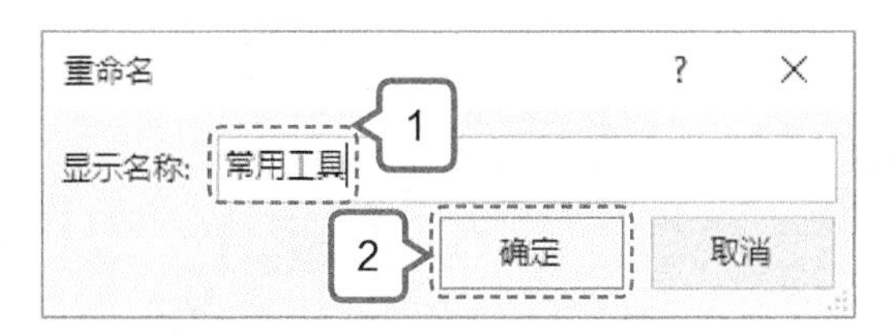

第 5 步 完成新建选项卡的重命名操作

返回到“Excel 选项”对话框，完成新建选项卡的重命名操作。

第 6 步 单击“重命名”命令

选择新建的组，单击鼠标右键，打开快捷菜单，单击“重命名”命令。

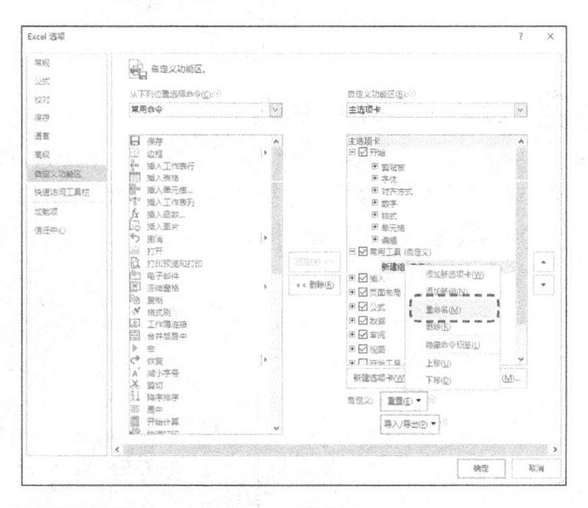

第 7 步 单击“确定”按钮

❶ 打开“重命名”对话框，在“显示名称”文本框中输入“函数”；❷ 单击“确定”按钮。

第 8 步 完成新建组的重命名操作

返回到“Excel 选项”对话框，完成新建组的重命名操作。

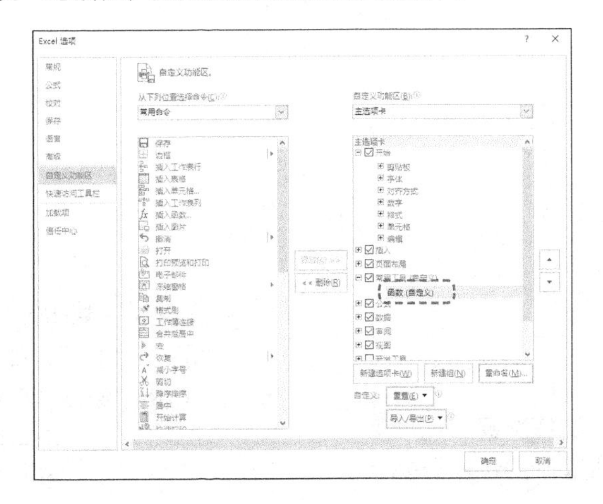

第 9 步 单击“添加”按钮

❶ 在“主选项卡”列表中，选中“常用工具”选项卡中的“函数（自定义）”组；❷ 在“从下列位置选择命令”下拉列表中选择“常用命令”选项，然后在“常用命令”列表中选中“插入函数”命令；❸ 单击“添加”按钮。

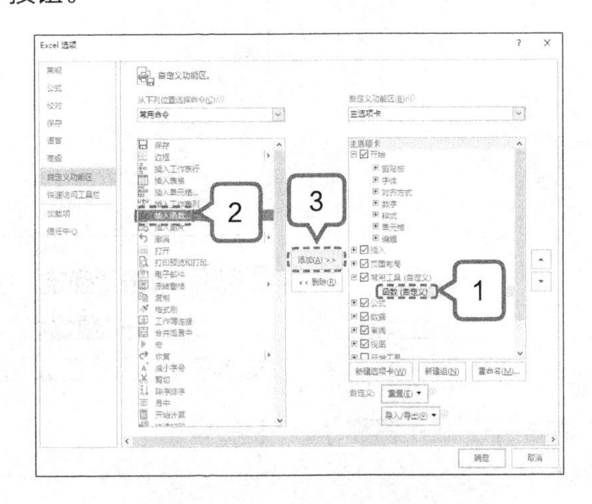

第 10 步 单击“确定”按钮

将选择的命令添加至新建的“函数”组中，单击“确定”按钮。

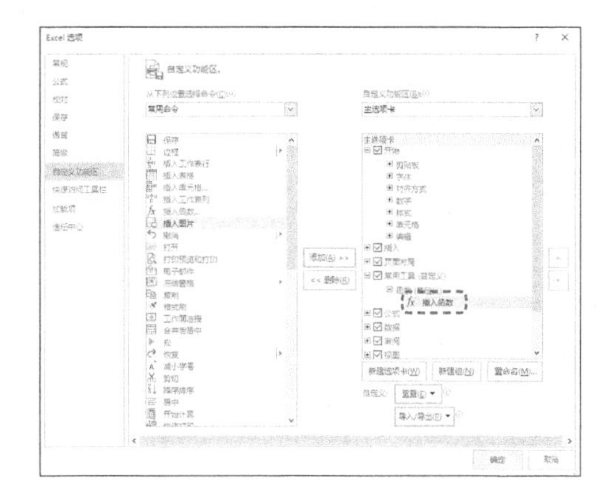

第 11 步 查看自定义的功能区

返回工作簿，即可在功能区中看到自定义的“常用工具”选项卡、“函数”组以及添加的常用命令。

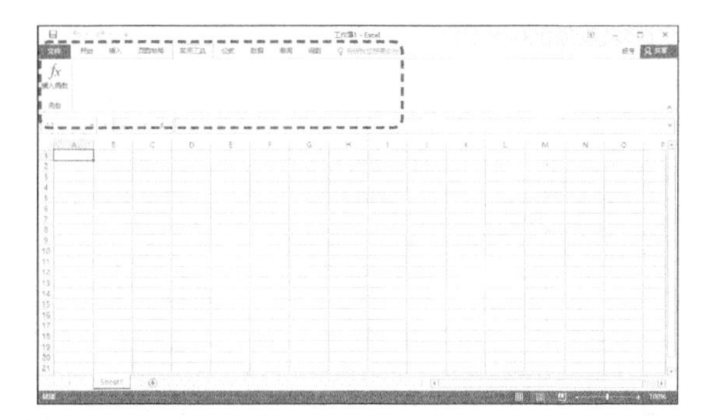

2.4.4 设置快速访问工具栏

在日常工作中，除了可以自定义功能区外，用户还可以将一些常用命令添加到“快速访问工具栏”中。接下来以向 Excel 2016“快速访问工具栏”中添加“边框”命令为例进行详细介绍，具体操作方法如下。

第 1 步 单击“其他命令”选项

❶ 进入 Excel 2016 工作界面，在快速访问工具栏中，单击“自定义快速访问工具栏”下三角按钮 ；❷ 展开列表框，单击“其他命令”选项。

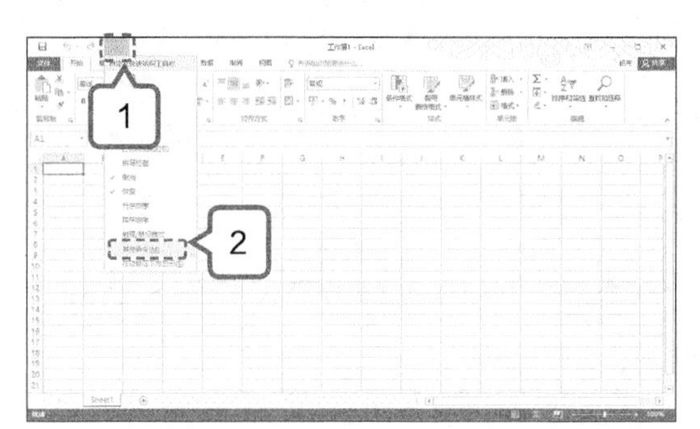

第 2 步 单击“添加”按钮

❶ 打开“Excel 选项”对话框，在“常用命令”列表框中选择“边框”命令；

❷ 单击“添加”按钮。

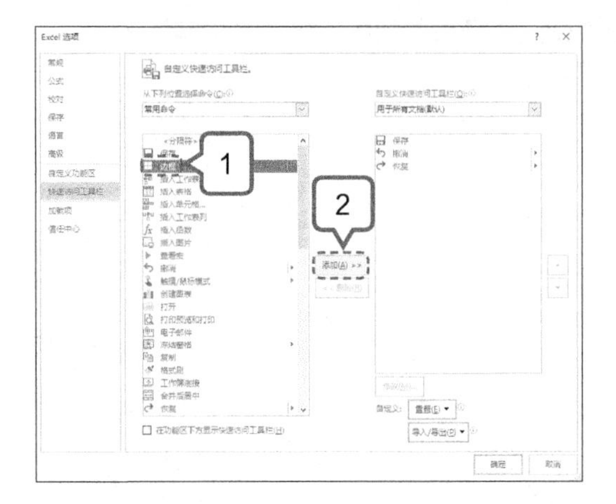

第 3 步 单击“确定”按钮

❶ 此时选中的“边框”命令就添加到了“自定义快速访问工具栏”列表中；❷ 单击“确定”按钮。

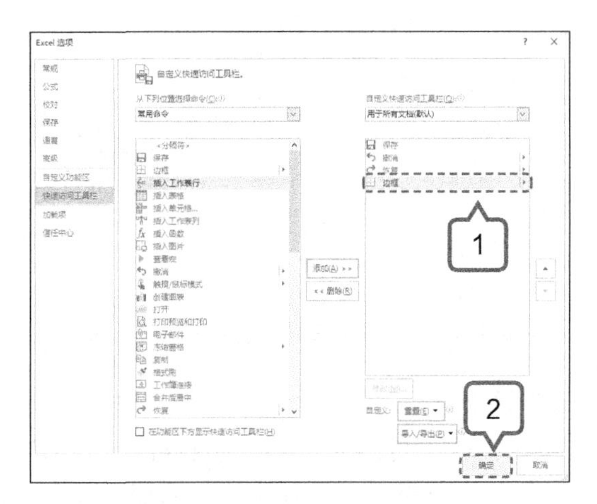

第 4 步 显示新添加命令

返回到 Excel 2016 工作界面，并在快速访问工具栏上显示新添加的命令。

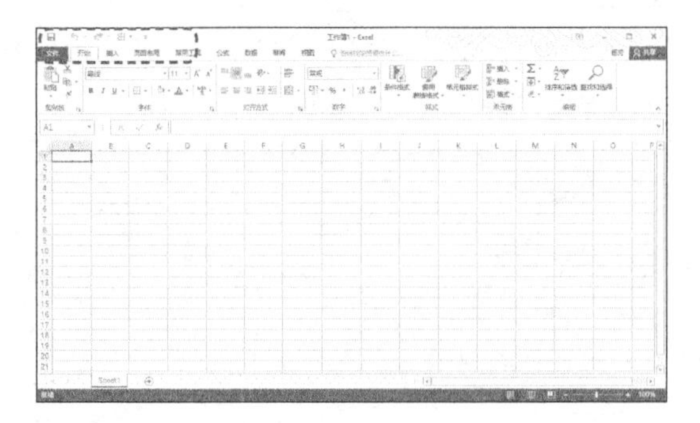

第二篇

Word 文档篇

Chapter 03

制作 Word 基本文档

本章视频教学时间 / 35 分钟

技术分析

Word 的主要作用是处理文字以及制作简单的表格与图形。一般来说，制作基本文档主要涉及以下知识点。

（1）文档的基本操作。

（2）文本的录入技巧。

（3）文本的字体格式、段落格式等的设置。

（4）文档的加密与打印。

（5）页面、页眉和页脚的设置。

思维导图

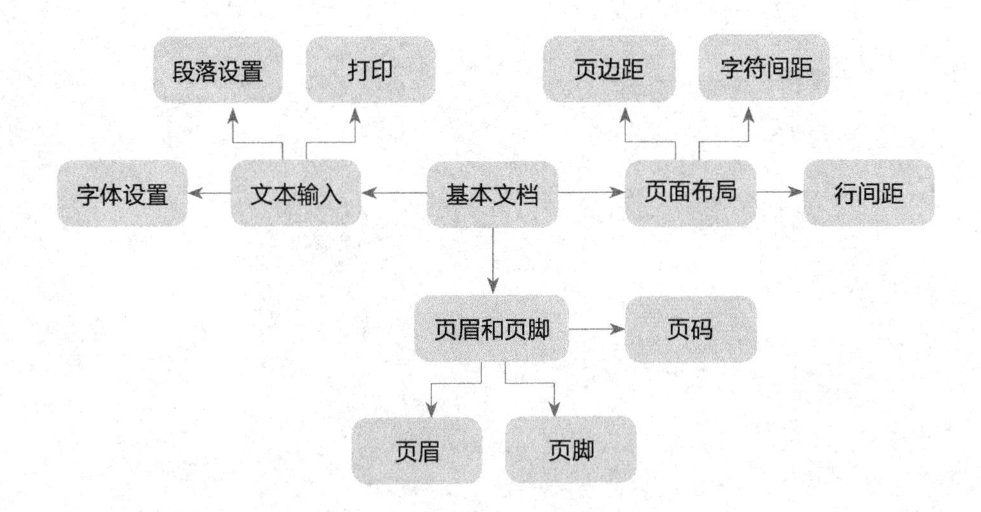

3.1 制作“通知”——《公司30周年庆活动通知》

本节视频教学时间 / 8 分钟

案例名称	公司 30 周年庆活动通知
素材文件	素材 \ 第 3 章 \ 公司 30 周年庆活动通知 .txt
结果文件	结果 \ 第 3 章 \ 公司 30 周年庆活动通知 .docx
扩展模板	扩展模板 \ 第 3 章 \ 通知类模板

“通知”类文档主要在单位内部使用，是用来向公司员工告知或传达有关事项，让员工知道或遵照执行的文档。根据适用范围的不同，通知一般可分为发布性通知、批转性通知、转发性通知、指示性通知、任免性通知和事务性通知六大类。在本案例中，我们要为 XX 公司制作 30 周年庆活动通知。

最后的效果如下图所示。

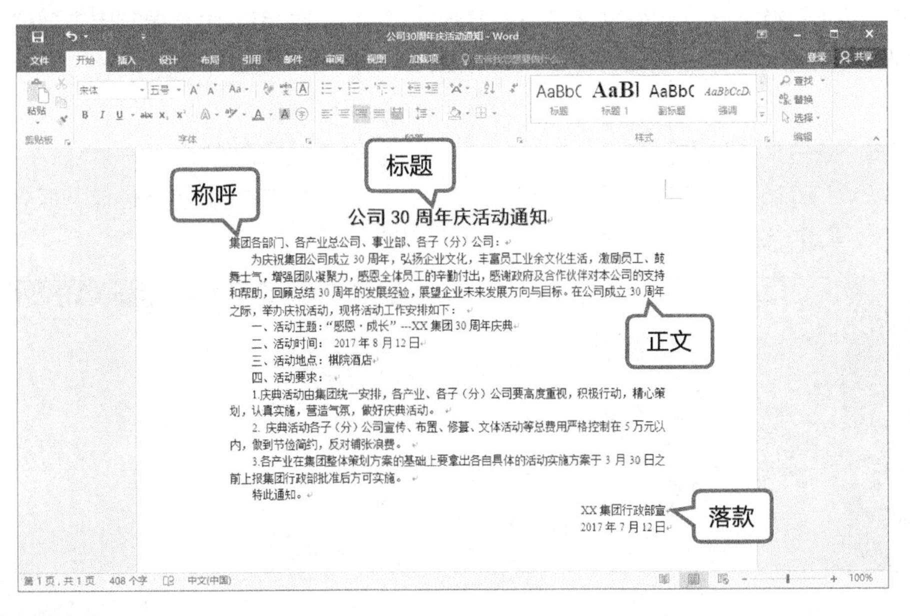

公司 30 周年庆活动通知

集团各部门、各产业总公司、事业部、各子（分）公司：

为庆祝集团公司成立 30 周年，弘扬企业文化，丰富员工业余文化生活，激励员工、鼓舞士气，增强团队凝聚力，感恩全体员工的辛勤付出，感谢政府及合作伙伴对本公司的支持和帮助，回顾总结 30 周年的发展经验，展望企业未来发展方向与目标。在公司成立 30 周年之际，举办庆祝活动，现将活动工作安排如下：

一、活动主题：“感恩 · 成长” ---XX 集团 30 周年庆典

二、活动时间： 2017 年 8 月 12 日

三、活动地点：棋院酒店

四、活动要求：

1.庆典活动由集团统一安排，各产业、各子（分）公司要高度重视，积极行动，精心策划，认真实施，营造气氛，做好庆典活动。

2. 庆典活动各子（分）公司宣传、布置、修葺、文体活动等总费用严格控制在 5 万元以内，做到节俭简约，反对铺张浪费。

3.各产业在集团整体策划方案的基础上要拿出各自具体的活动实施方案于 3 月 30 日之前上报集团行政部批准后方可实施。

特此通知。

XX 集团行政部宣

2017 年 7 月 12 日

/ 通知的组成要素

名称	是否必备	要求
标题	必备	①可以只是“通知”两个字； ②如有需要，可以是“紧急通知”或“重要通知”； ③标题可以体现发通知单位的名称
称呼	可选	①可以是被通知者姓名、职称或单位名称； ②通知内容简单时，可以不用称呼
正文	必备	①另起一行，空两行写正文； ②正文因内容而异，开会的通知要写清开会的时间、地点、参加会议的对象以及会议内容，还要写清要求等；布置工作的通知，要写清所通知事件的目的、意义以及具体要求和做法等
落款	必备	①分两行写在正文右下方，一行署名，一行写日期； ②写通知一般采用条款式行文，简明扼要，使被通知者能一目了然，便于遵照执行

/ 技术要点

（1）通过“新建”功能新建空白文档。
（2）文档的保存。
（3）中、英文的输入。
（4）标点符号的输入。
（5）日期和时间的输入。
（6）文本的字体样式、字号和颜色等设置。
（7）文本的段落行距、间距和缩进方式等设置。
（8）文档的打印。

/ 【操作流程】

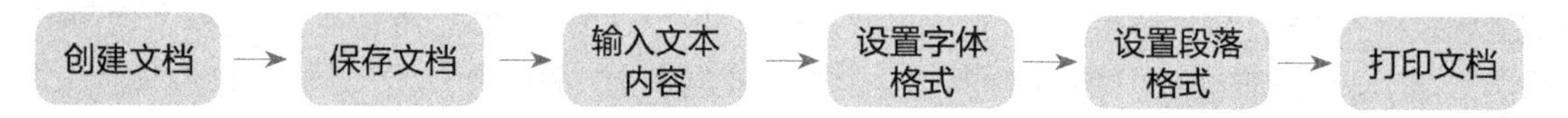

3.1.1 使用“新建”功能创建文档

在启动 Word 2016 后，软件默认打开的是欢迎页面，在该页面中会提示用户创建文档。此时用户需要使用“新建”功能创建好文档，才能进行文本的录入与编辑。

第 1 步 单击“空白文档”图标

启动 Word 2016，显示欢迎页面，在右侧的列表中，单击“空白文档”图标。

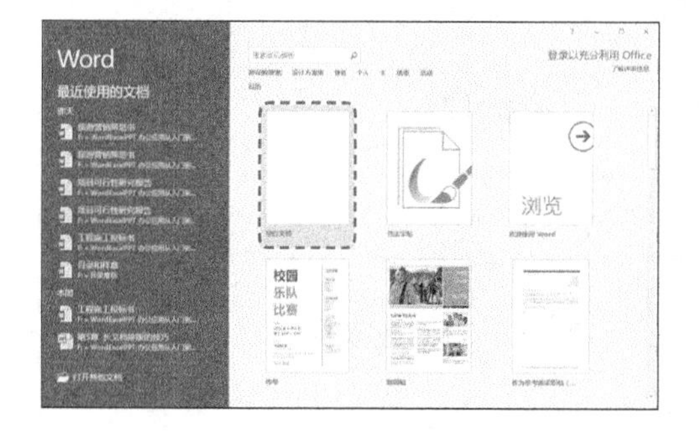

第 2 步 新建空白文档

完成空白文档的新建操作，其默认名称显示为“文档 1”。

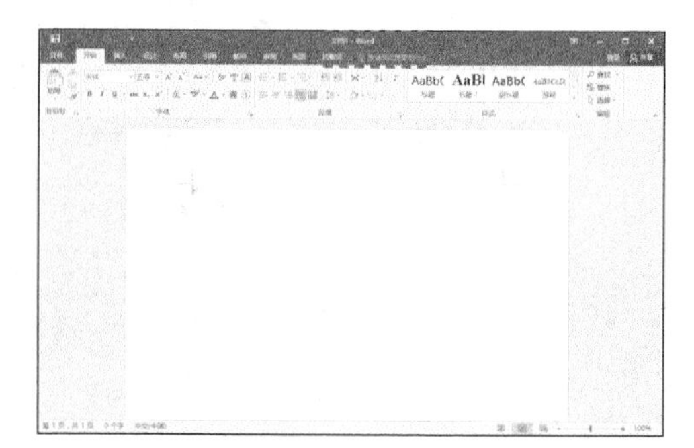

3.1.2 使用“保存”功能保存文档

在完成公司通知文档的制作后，需要使用“保存”功能将文档保存在磁盘中，以防止丢失。

第 1 步 单击“浏览”选项

❶ 单击“文件”选项卡，在展开的列表中，单击“保存”命令，再次展开列表框；❷ 单击“浏览”选项。

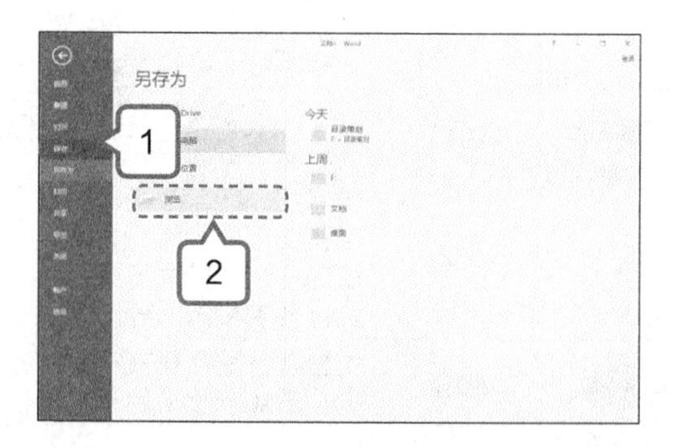

第 2 步 设置“另存为”对话框

❶ 打开“另存为”对话框，设置文件保存位置；❷ 输入文件名称；❸ 单击“保存”按钮即可完成保存。

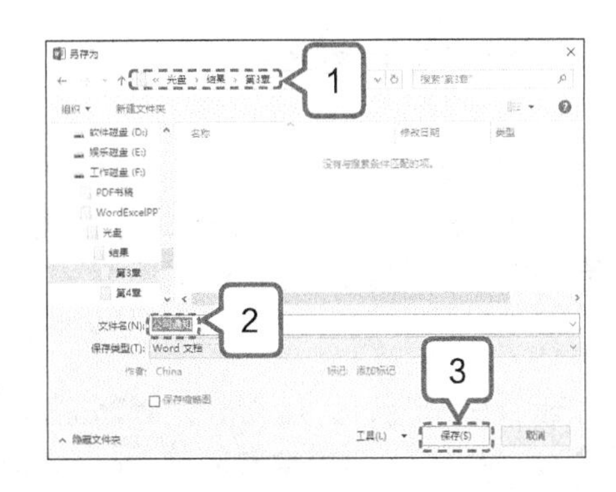

3.1.3 快速输入文本内容

在完成文档的新建操作后，就可以对文本内容进行输入，这里主要包含文字和日期的两种类型。

1. 输入文字

文字的输入很简单，通过定位光标就可以快速输入文字。以下将具体介绍操作方法。

第 1 步 定位光标

在文档的开端定位光标，输入文字“公司 30 周年庆活动通知”，并按【Enter】键，将光标定位至下一行的行首。

第 2 步 输入文本

打开“素材 \ 第 3 章 \ 文本素材 1.txt”文档，选择文本内容，按组合键【Ctrl + C】，复制文本内容，然后按组合键【Ctrl + V】，粘贴文本内容，完成文本输入。

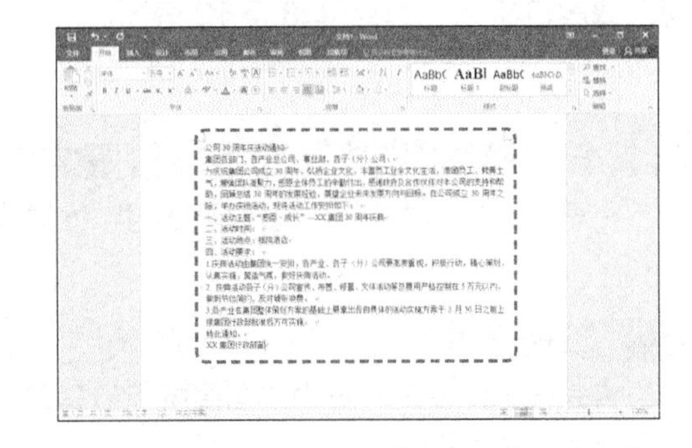

2. 输入日期

在制作企业内部通知文档时，一般需要加上日期和时间，整个通知才算完成。下面具体介绍操作方法。

第 1 步 单击“日期和时间”按钮

❶ 将光标定位在“活动时间：”文本后，切换至“插入”选项卡；❷ 单击“文本”面板中的“日期和时间”按钮。

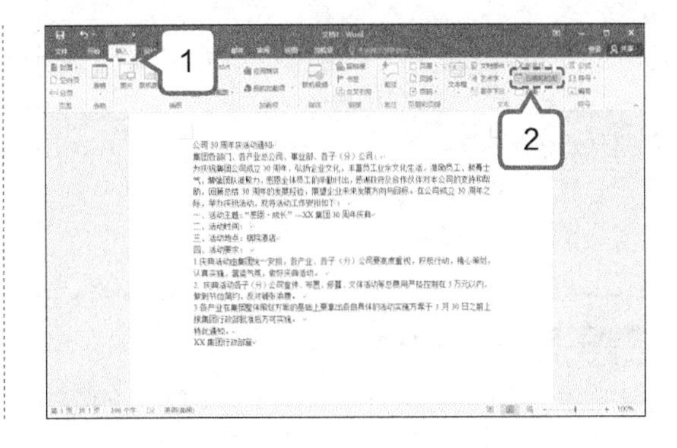

第 2 步 选择合适的选项

❶ 打开“日期和时间”对话框，在“语言（国家/地区）”列表框中，选择“中文（中国）”选项；❷ 在左侧“可用格式”列表框中，选择“2016 年 8 月 12 日”选项。

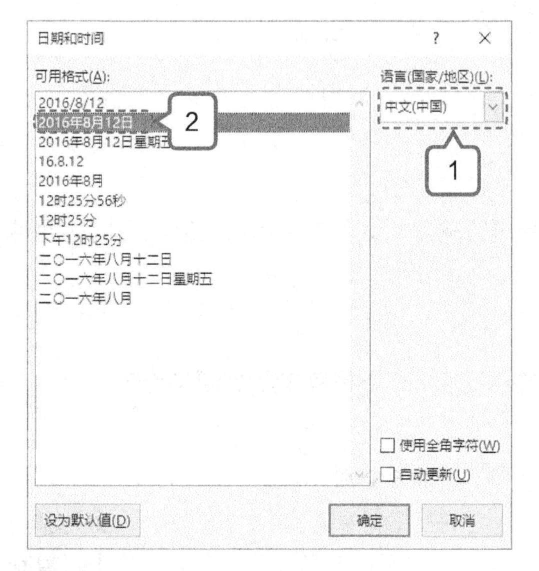

第 3 步 插入文本日期

单击“确定”按钮，即可插入文本日期，然后修改日期为“2017 年 8 月 12 日”。

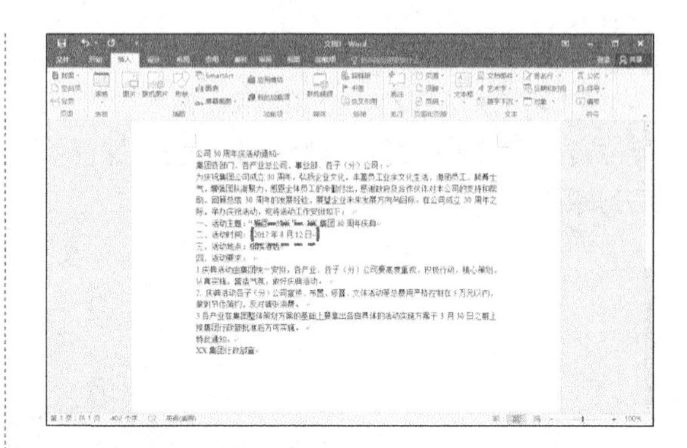

第 4 步 插入其他日期

用同样的方法，将光标定位在最下方一行的末端，按【Enter】键，添加新行，使用“日期和时间”按钮插入日期“2017 年 7 月 12 日”。

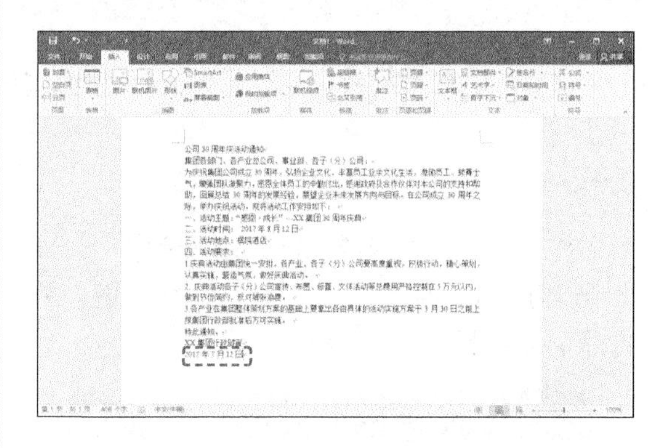

3.1.4 使用“字体”对话框设置文字样式

在录入完文档内容后，通常需要对字体样式进行设置，使其更加整齐、美观。

第 1 步 选中标题

将光标定位在第一行中，当鼠标指针呈箭头形状时，选中标题。

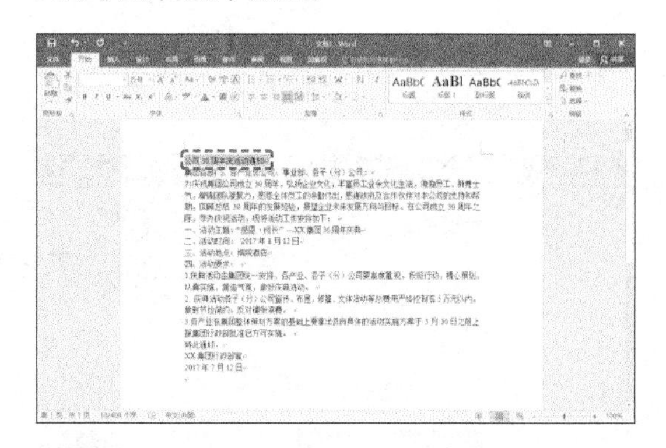

第 2 步 选择“黑体”选项

在“字体”面板中，单击“字体”右侧的下三角按钮，展开列表框，选择“黑体”选项。

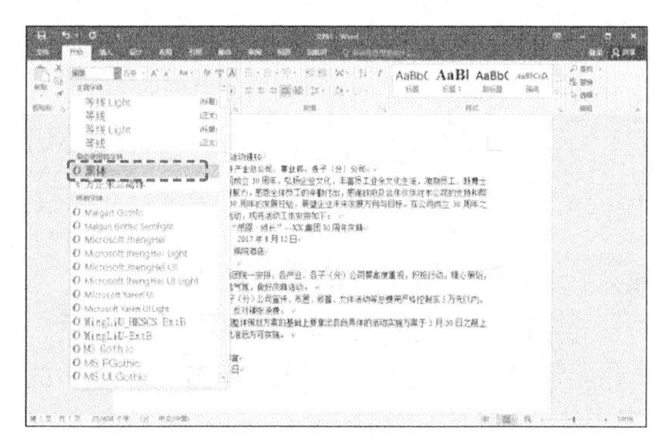

第 3 步 查看字体设置效果

将字体样式设置为“黑体”并查看设置字体后的效果。

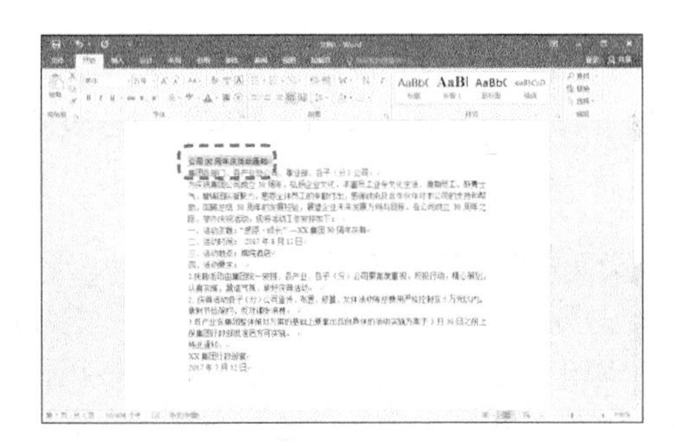

第 4 步 选择“二号”选项

在“字体”面板中，单击“字号”右侧的下三角按钮，展开列表框，选择“二号”选项。

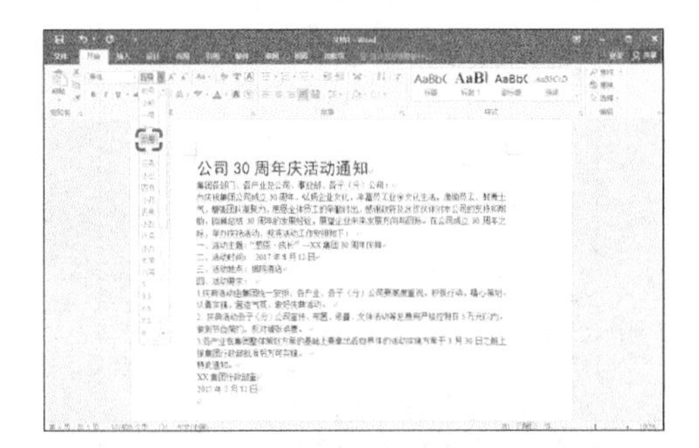

第 5 步 查看字号设置效果

将字体大小设置为“二号”并查看设置字体后的效果。

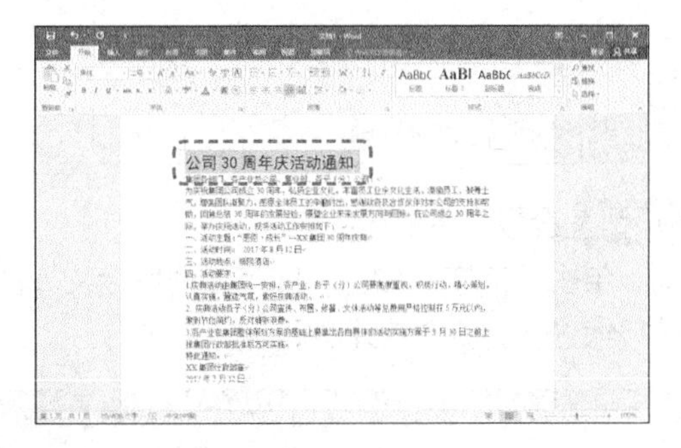

第 6 步 选中多行文本

在文档中，单击鼠标并拖曳，选中多行文本对象。

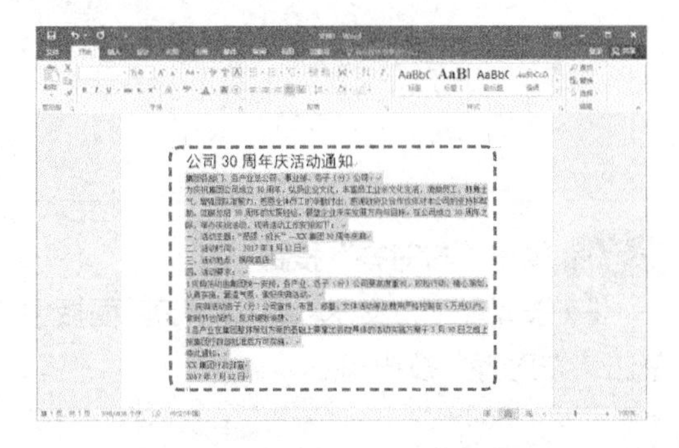

第 7 步 选择字体样式选项

在“字体”面板中，单击“字体”右侧的下三角按钮，展开列表框，选择“仿宋_GB2312”选项。

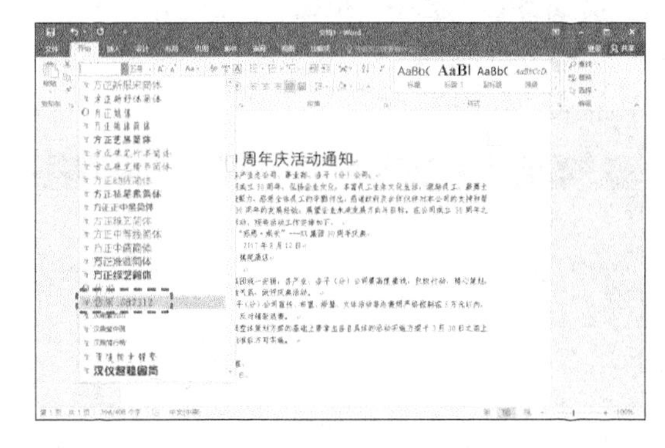

第 8 步 选择“小四”选项

在“字体”面板中，单击“字号”右侧的下三角按钮，展开列表框，选择“小四”选项。

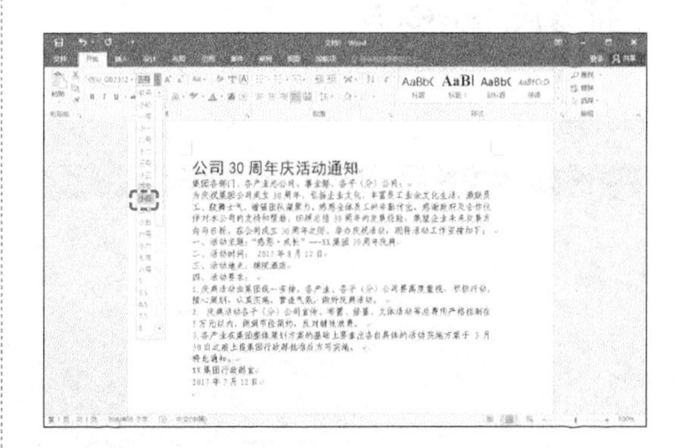

第 9 步 查看文档效果

完成正文文本的字体设置，并查看文档效果。

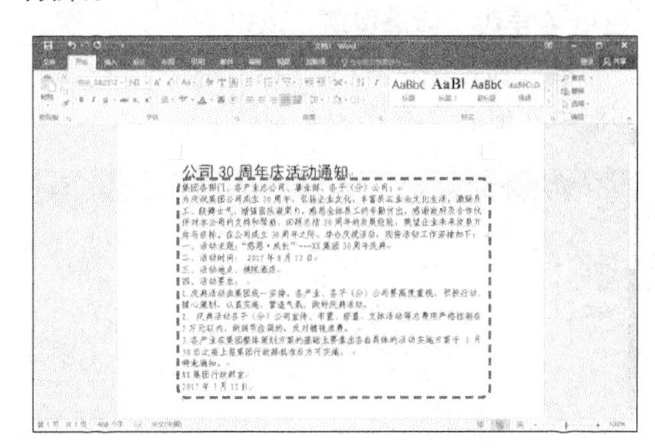

3.1.5 使用“段落”对话框设置段落格式

完成字体设置后，还需要对段落格式进行整体设计。这样不但能够让通知看起来更加协调美观，还可以有效突出重点内容，增强通知的效果。

第 1 步 单击“居中”按钮

❶ 选中标题文本；❷ 在“段落”面板中，单击“居中”按钮 。

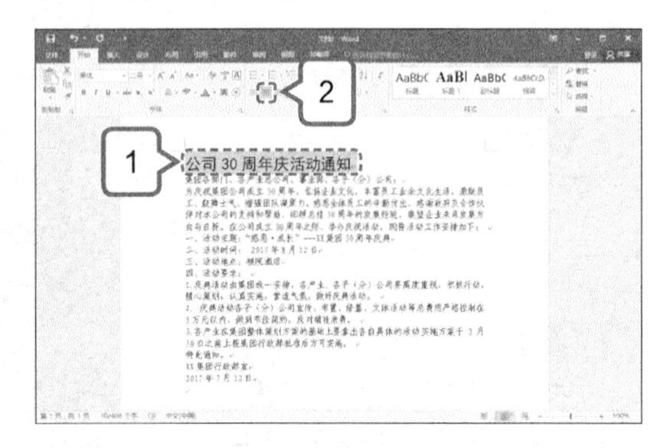

第 2 步 居中对齐文本

完成上述操作即可将选中的文本进行居中对齐操作。

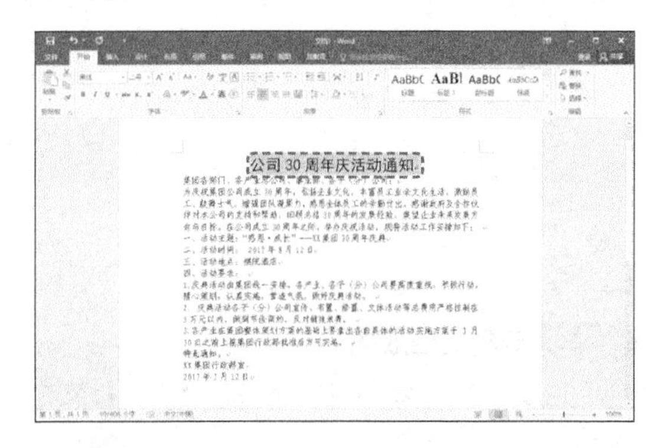

第 3 步 单击“段落设置”按钮

❶ 选择合适的段落文本；❷ 在“段落”面板中，单击“段落设置”按钮 。

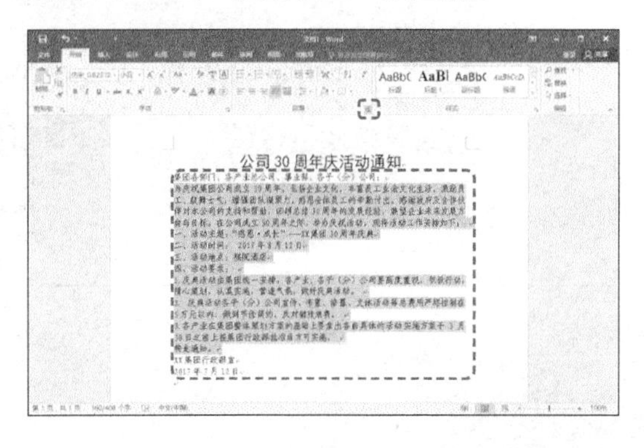

第 4 步 选择“首行缩进”选项

打开“段落”对话框，在“缩进”选项区中，单击“特殊格式”右侧的下三角按钮，展开列表框，选择“首行缩进”选项。

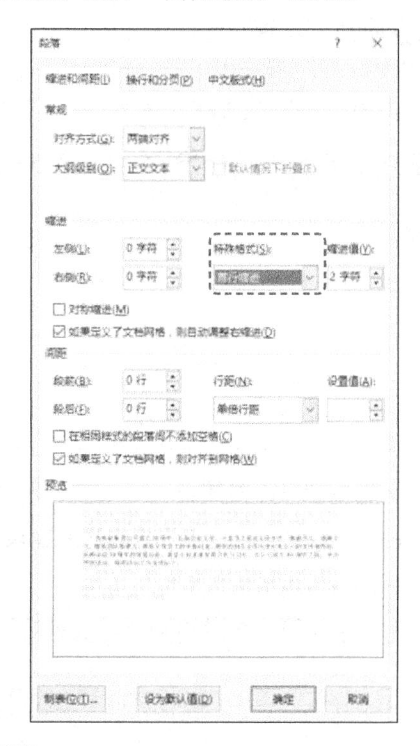

第 5 步 设置文本首行缩进

单击“确定”按钮，即可完成段落文本的首行缩进，并查看文本效果。

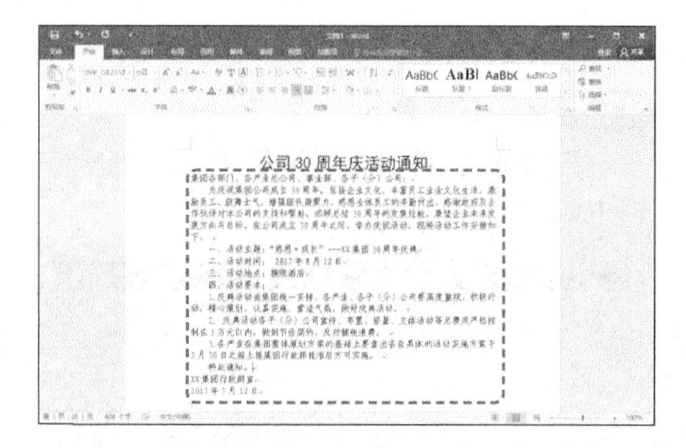

第 6 步 单击“右对齐”按钮

❶ 选择最下方文本；❷ 在“段落”面板中，单击“右对齐”按钮 。

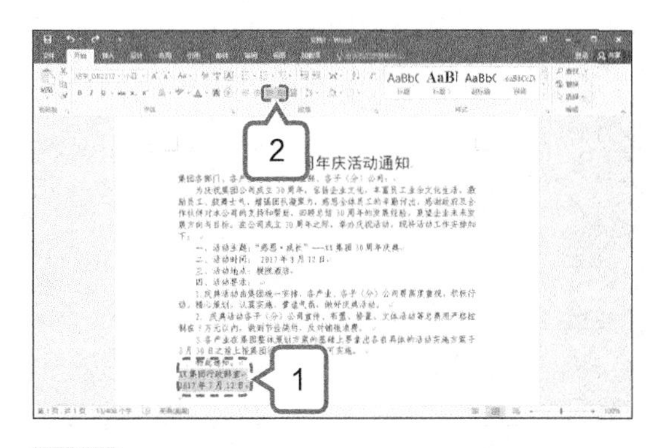

第 7 步 右对齐文本

将选中的文本进行右对齐操作，完成公司通知文档的文本段落设置。

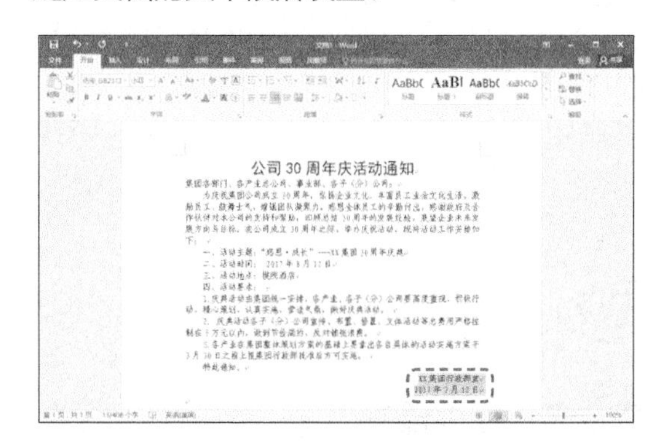

3.1.6 使用“打印”功能打印“通知”

在完成公司通知文档的制作后，还需要使用“打印”功能将文档打印出来，以便在公司内部张贴和发放。

第 1 步 单击“打印”命令

单击“文件”选项卡，在展开列表中，单击“打印”命令。

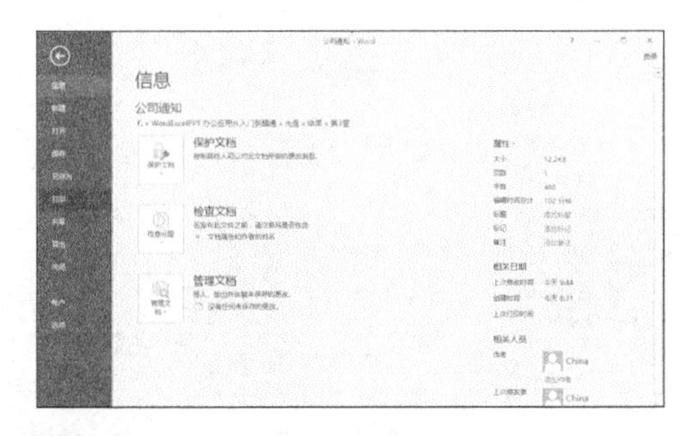

第 2 步 单击“打印当前页面”选项

进入“打印”界面，单击“打印所有页”下三角按钮，展开列表框，单击“打印当前页面”选项。

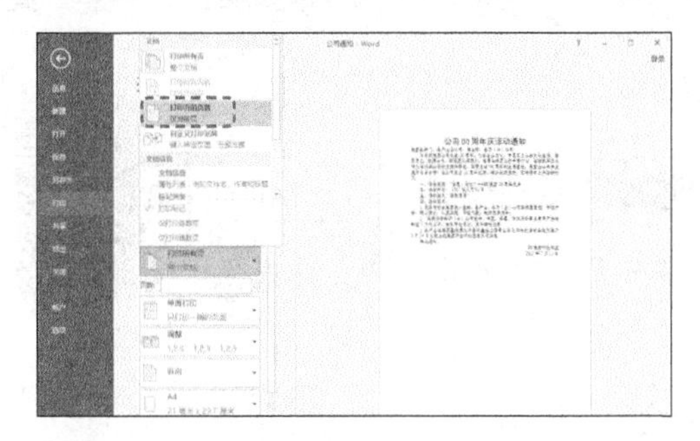

第 3 步 单击“其他纸张大小”选项

单击“A4”下三角按钮，展开列表框，单击“其他纸张大小”选项。

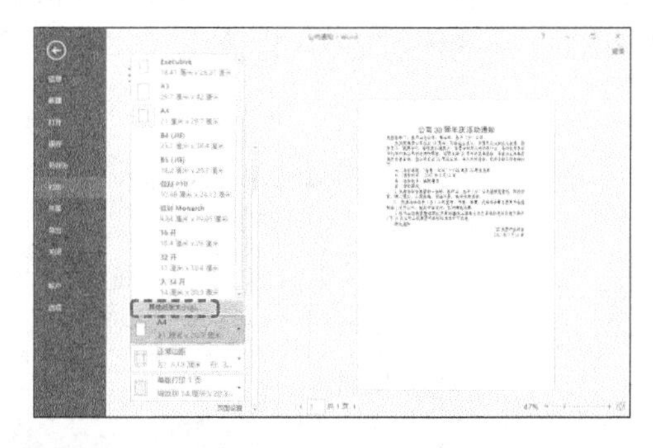

第 4 步 设置参数

打开“页面设置”对话框，在“纸张”选项卡中，设置“宽度”为“18 厘米”，“高度”为“21 厘米”。单击“确定”按钮，完成页面纸张的设置。

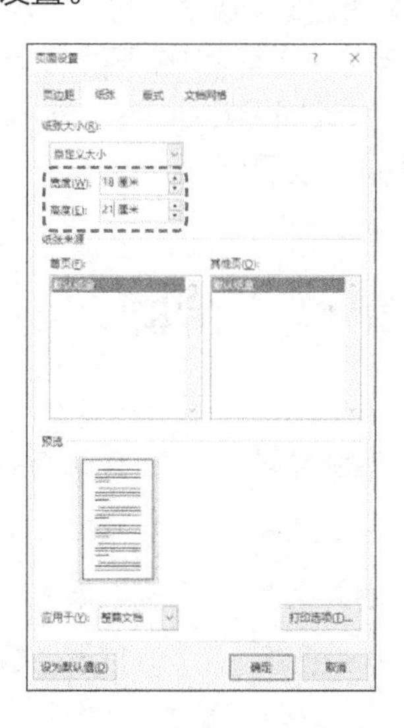

第 5 步 打印通知文档

单击“打印”界面左上方的“打印”按钮，即可打印通知文档。

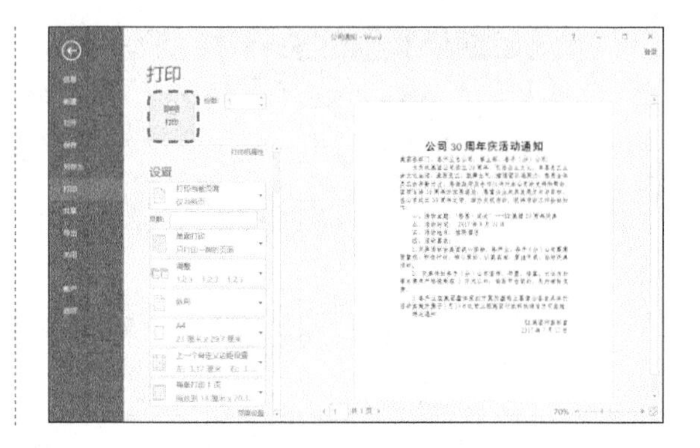

3.1.7 其他通知

除了本节介绍的通知外，平时常用的还有很多种通知。用户可以根据以下思路，结合实际需要进行制作。

1. 节日类通知——《中秋节放假通知》

节日类通知是一种条例条令，用于向员工告知假期时间、假期内的工作安排等。此类通知的整体风格要简洁大方，不要过于花哨，结构上通常包括标题、称呼、正文、落款等。在制作节日类通知时，会使用到文本内容输入、字体样式设置以及段落设置等操作。具体的效果如左下图所示。

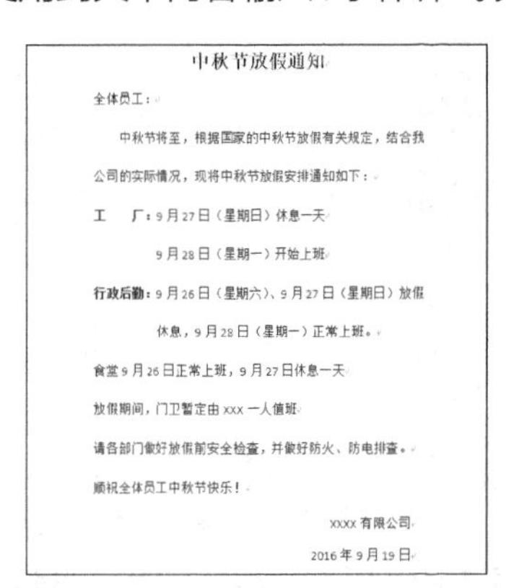

中秋节放假通知

全体员工：

中秋节将至，根据国家的中秋节放假有关规定，结合我公司的实际情况，现将中秋节放假安排通知如下：

工　厂：9 月 27 日（星期日）休息一天

9 月 28 日（星期一）开始上班

行政后勤：9 月 26 日（星期六）、9 月 27 日（星期日）放假休息，9 月 28 日（星期一）正常上班。

食堂 9 月 26 日正常上班，9 月 27 日休息一天

放假期间，门卫暂定由 xxx 一人值班

请各部门做好放假前安全检查，并做好防火、防电排查。

顺祝全体员工中秋节快乐！

xxxx 有限公司

2016 年 9 月 19 日

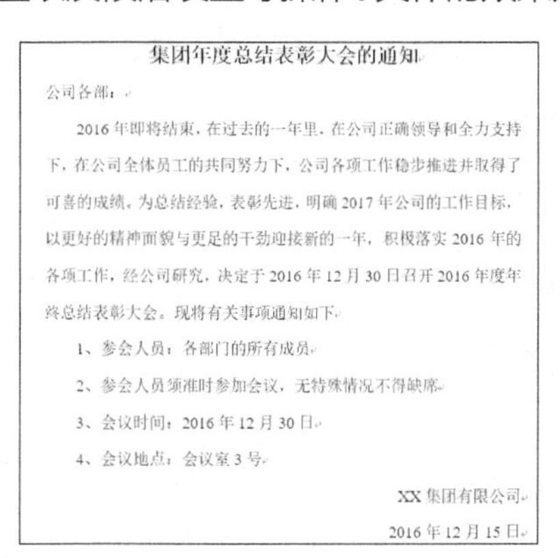

集团年度总结表彰大会的通知

公司各部：

2016 年即将结束，在过去的一年里，在公司正确领导和全力支持下，在公司全体员工的共同努力下，公司各项工作稳步推进并取得了可喜的成绩。为总结经验，表彰先进，明确 2017 年公司的工作目标，以更好的精神面貌与更足的干劲迎接新的一年，积极落实 2016 年的各项工作，经公司研究，决定于 2016 年 12 月 30 日召开 2016 年度年终总结表彰大会。现将有关事项通知如下：

1、参会人员：各部门的所有成员。

2、参会人员须准时参加会议，无特殊情况不得缺席。

3、会议时间：2016 年 12 月 30 日。

4、会议地点：会议室 3 号。

XX 集团有限公司

2016 年 12 月 15 日

2. 会议类通知——《公司表彰会议通知》

会议类通知是上级对下级、组织对成员或平行单位之间部署工作、传达事情或召开会议等所使用的应用文。此类通知的要求是言简意赅、措辞得当、发布及时。会议通知应包括会议内容、参会人员、会议时间及地点等。如果事情重要，还可以加上“某某某务必准时参加”等字样。具体的效果如右上图所示。

3.2 制作“合同”——《公司购销合同》

本节视频教学时间 / 19 分钟

案例名称	公司购销合同
素材文件	素材 \ 第 3 章 \ 公司购销合同 .docx
结果文件	结果 \ 第 3 章 \ 公司购销合同 .docx
扩展模板	扩展模板 \ 第 3 章 \ 合同类模板

本案例制作公司购销合同。该类合同文档是买卖合同的变化形式，与买卖合同的要求基本一致。主要是指供方（卖方）同需方（买方）根据协商一致的意见，由供方将一产品交付给需方，需方接受产品并按规定支付价款的协议文档。在本案例中，我们要为 XX 公司制作购销合同。

最后的效果如下图所示。

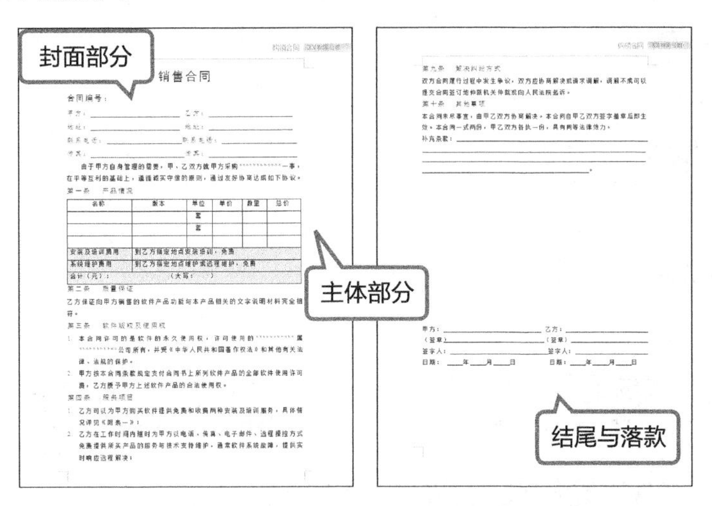

/ 合同的组成要素

名称	是否必备	要求
基本架构	必备	合同标的、合同标的的数量与质量、双方权利义务、收费数额与方式、商品或服务交付的数额和方式、违约责任、解除条件、争议解决条款、合同生效期间、合同签订日期和地点、签字和盖章
标的	必备	标的是订立合同的目的，没有标的或者标的不明确的合同是不能成立的，也是容易引起纠纷的合同。买卖合同的标的就是货物，在起草合同时应当对买卖货物的名称、型号、产地、规格、花色等尽量详细地进行描述，做到没有任何变动的空间或替换的可能
标的的数量和质量	必备	①数量应当注意单位，如重量是克、千克还是吨，如果只能使用如“捆、包、袋、箱”等作为单位的，要对“捆、包、袋、箱”再行定义是多少克、千克、吨等。另外存在毛重、净重、正负误差的，也应当明确 ②质量条款应当写明质量验收标准，一般包括按照产品说明书验收、按照样品验收或抽查验收。另外应当就质量异议提出的程序进行约定，如异议提出的期限和方式等
价款付款方式	必备	价款条款应当明确每单位产品的价格，是人民币还是外币，还应当写明运输费、包装费等中间费用由谁承担。付款方式应当写明付款的进度，分批付款的应当写明每一期付款的条件和数额。条件可以是日期，也可以是完成一定的工作量或交付一定数量的产品，尽量避免歧义产生
双方权利义务	必备	一般产品买卖合同的权利义务相对简单，只要将付款和交付的事情说清楚就可以。但是对于服务合同，权利与义务就相对较复杂，其主要内容围绕双方应当负责何事展开，一方的权利就是另一方的义务
交付方式	必备	商品交付或服务履行的方式是合同的重要条款，必须明确，确保没有歧义。要有履行地点、履行期限、验收和异议的程序和方式等
违约责任	必备	没有违约责任的合同如同没有牙齿的老虎，没有任何威慑力，在一方违反合同时，另一方很难获得权利救济。所以违约责任必须要考虑周全，约定具体

/ 技术要点

（1）已有文档的打开。
（2）页面边距、字符间距以及行间距的设置。
（3）页码的插入。
（4）页眉和页脚的插入。
（5）字体字号的规范。
（6）文本编号的添加。
（7）使用格式刷复制文本。
（8）错误文本的查找与替换。
（9）文档的阅览。
（10）合同的加密与打印。

/ 操作流程

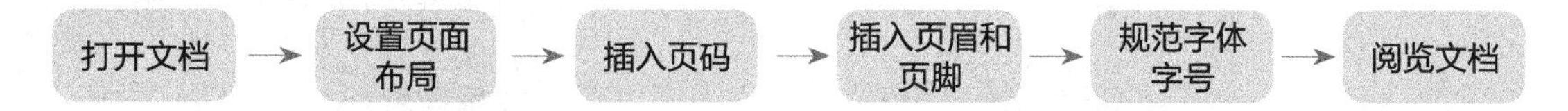

3.2.1　使用“打开”功能直接调用已有文档

在制作合同范本时，需要对合同范本的页面、字体字号、页眉和页脚以及合同分层条款等进行编辑。但在执行这些编辑操作之前，用户需要使用“打开”功能打开以前创建并保存的合同范本文件。

第 1 步　单击“打开”命令

在 Word 2016 界面中，单击“文件”选项卡，并单击“打开”命令。

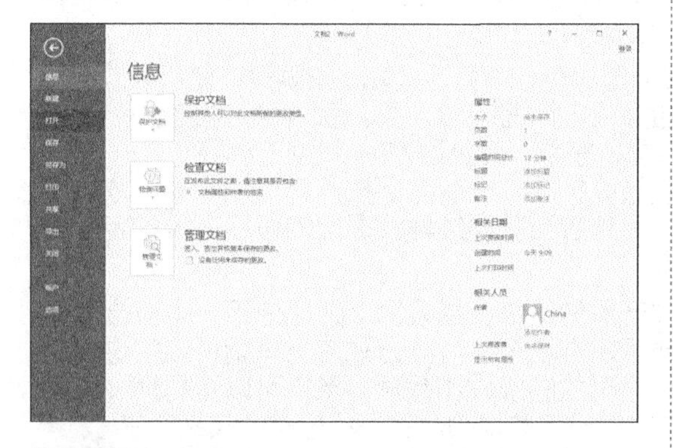

第 2 步　单击“浏览”选项

进入“打开”界面，单击“浏览”选项。

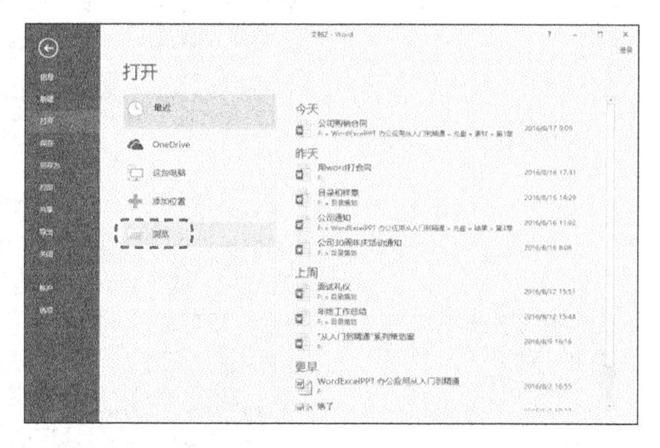

第 3 步　选择文件

在弹出的“打开”对话框中，选择“素材 \ 第 3 章 \ 公司购销合同 .docx”文件。

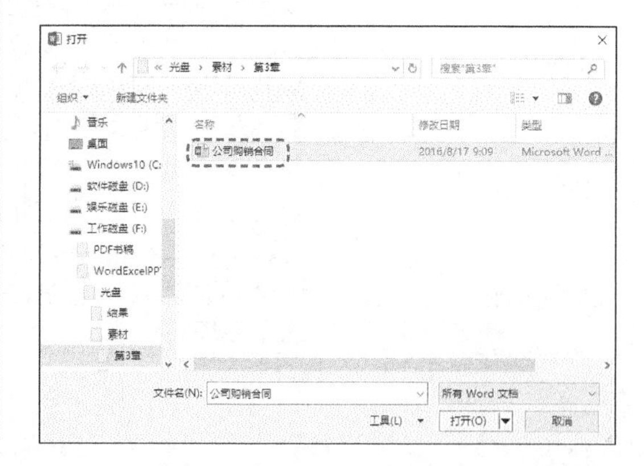

第 4 步 打开文档

单击“打开”按钮，即可打开已有的文档文件。

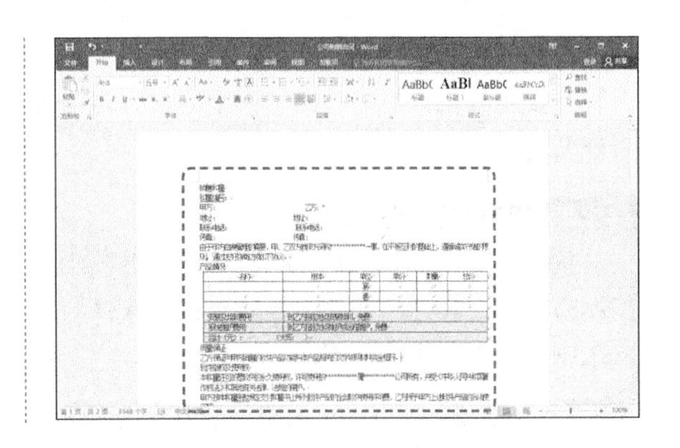

3.2.2 使用“页面布局”选项卡设置页面

在制作购销合同时，首先需要对文档的页边距、字符间距以及行间距等进行设置。

1. 设置页面的页边距

合同范本的页边距要按照标准的排版版式来进行修改。以下将具体介绍操作方法。

第 1 步 单击“自定义边距”命令

❶ 单击“布局”选项卡，在“页面设置”面板中，单击“页边距”下三角按钮，展开列表框；❷ 单击“自定义边距”命令。

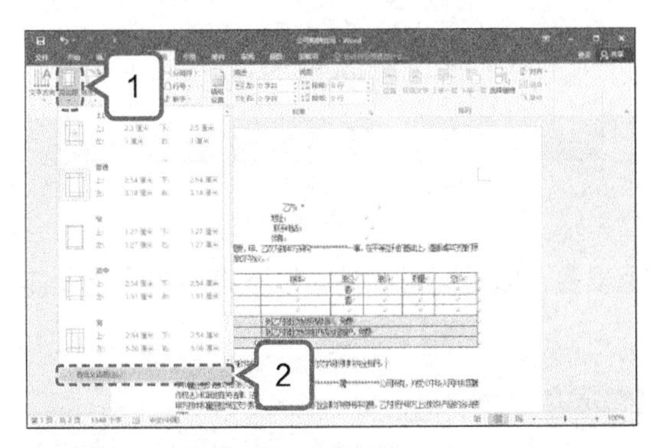

第 2 步 设置页边距参数

打开“页面设置”对话框，在“页边距”选项区中，设置“上”和“下”均为 2.5 厘米，“左”和“右”均为 3 厘米。

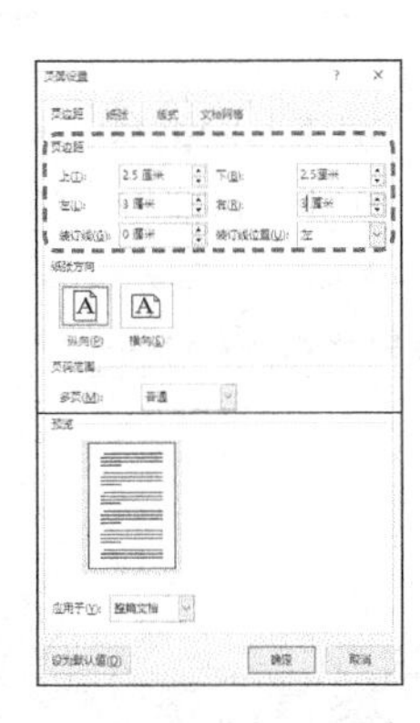

第 3 步 查看文档效果

单击“确定”按钮，即可完成页边距参数的设置，并查看文档效果。

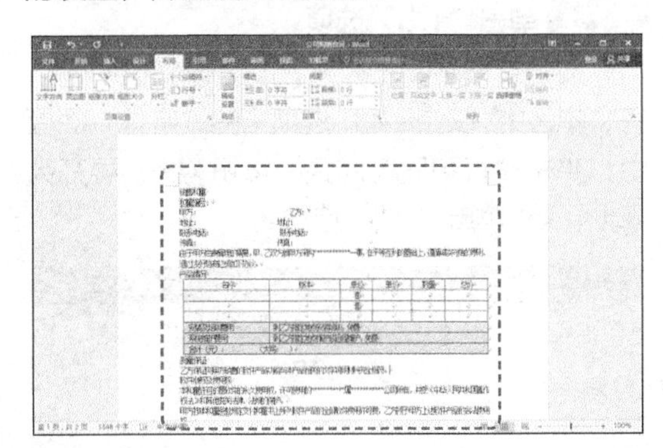

2. 设置页面的字符间距

在编辑购销合同时，需要对文本的字符间距进行修改，以使页面更加美观。以下将具体介绍操作方法。

第 1 步 单击“字体”按钮

❶ 按组合键【Ctrl + A】，全选文档中的所有文本；❷ 在“开始”选项卡的“字体”面板中，单击“字体”按钮。

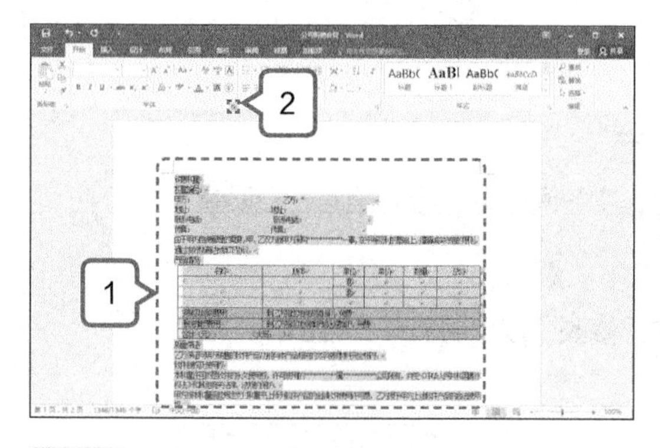

第 2 步 设置“字体”对话框

❶ 打开“字体”对话框，切换至“高级”选项卡；❷ 在“间距”列表框中，选择“加宽”选项，并修改其右侧的“磅值”为“1.2 磅”。

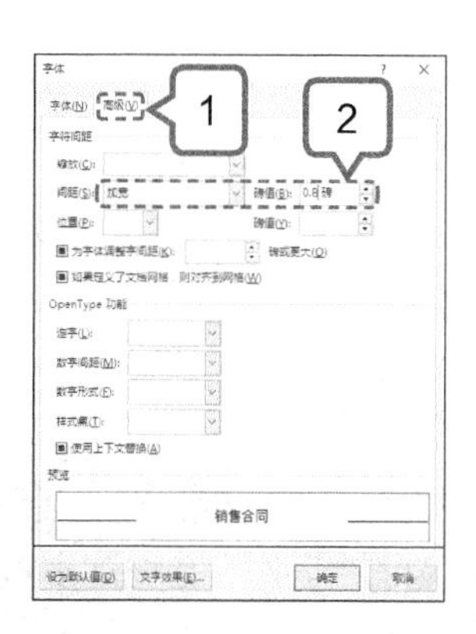

第 3 步 查看文档效果

单击“确定”按钮，即可完成字符间距的设置，并查看文档效果。

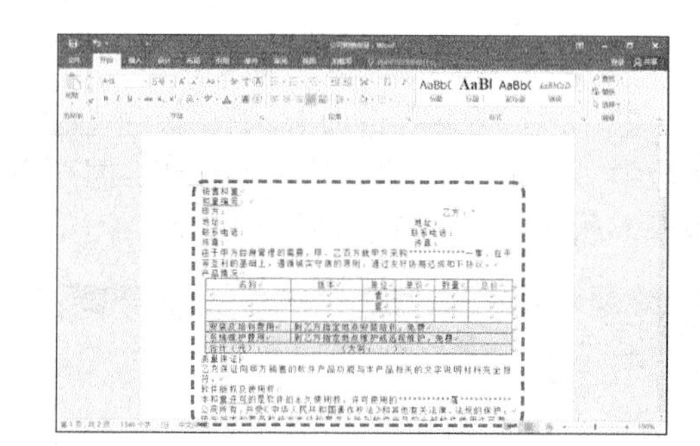

3. 设置页面的行间距

在编辑购销合同时，还可以改变文档的段落行距设置，以提高可读性。以下将具体介绍操作方法。

第 1 步 单击“1.5”选项

按组合键【Ctrl + A】，全选文档中的所有文本。❶ 在“开始”选项卡的“字体”面板中，单击“行和段落间距”按钮 ，展开列表框；❷ 单击“1.5”选项。

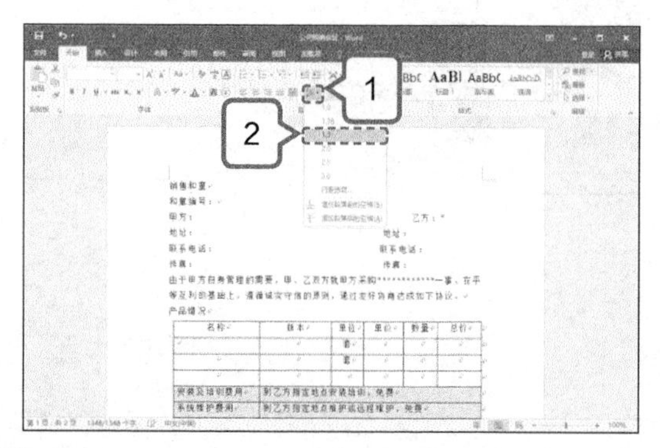

第 2 步 查看文档效果

完成行间距的设置，并查看文档效果。

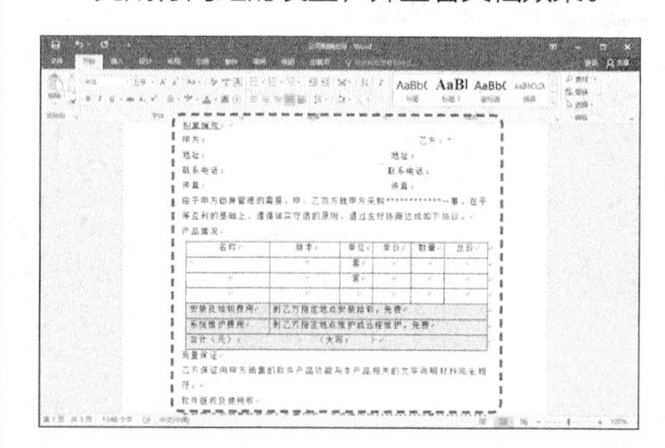

3.2.3 使用“插入”功能为正文插入页码

在制作购销合同时，需要为页面添加页码，这样才不会把合同的顺序弄乱。

第 1 步 选择“大型 2”页码样式

❶ 单击“插入”选项卡，在“页眉和页脚”面板中，单击“页码”下三角按钮，展开列表框，选择“页面底端”选项；❷ 展开下拉列表框，选择“大型 2”页码样式。

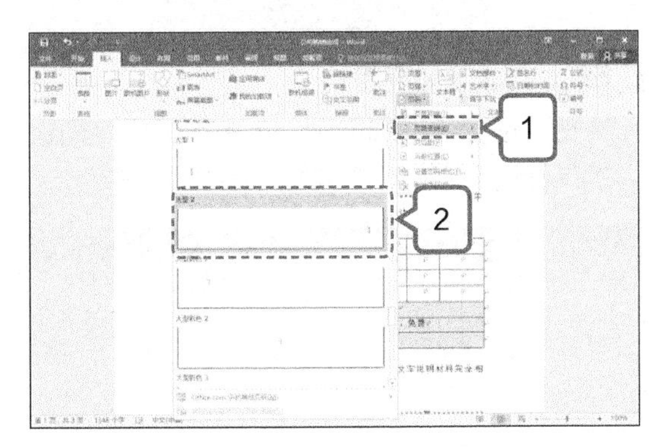

第 2 步 选择“四号”选项

❶ 自动插入页码后，选择页码中的数字；❷ 单击“开始”选项卡，在“字体”面板中，单击“字号”下三角按钮，选择“四号”选项。

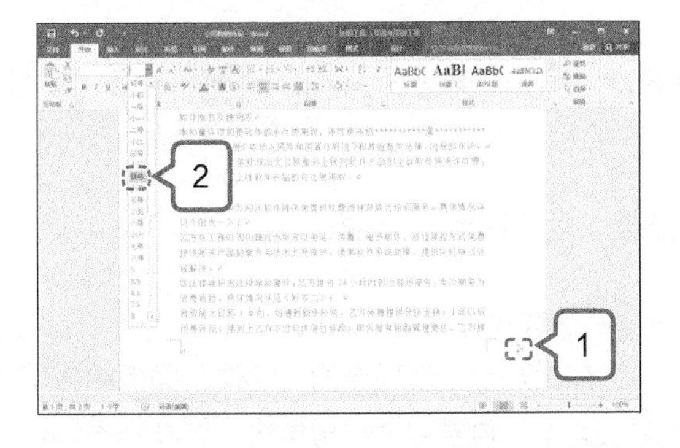

第 3 步 单击“关闭页眉和页脚”按钮

在“设计”选项卡的“关闭”面板中，单击“关闭页眉和页脚”按钮。

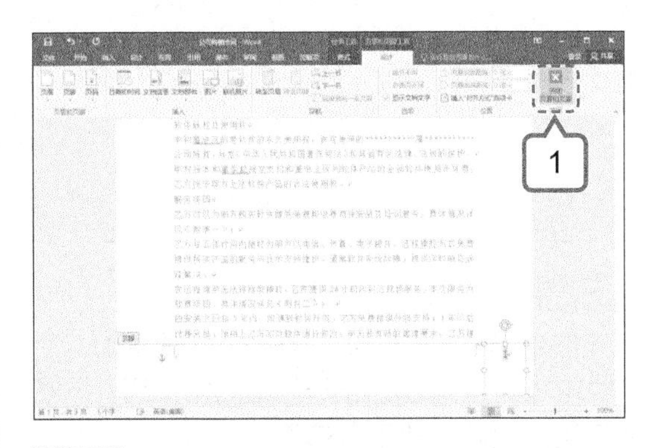

第 4 步 完成插入页码

完成页码的插入操作，并查看其他页码效果。

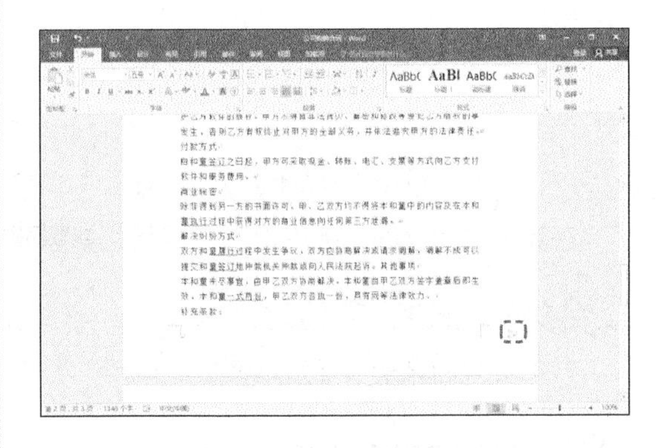

3.2.4 使用“页眉和页脚”添加公司 LOGO

在制作购销合同时，用户可以使用“页眉和页脚”功能，为整个文档快速添加统一的 LOGO，以节省时间。

第 1 步 选择“运动型（奇数页）”选项

❶ 单击“插入”选项卡，在“页眉和页脚”面板中，单击“页眉”下三角按钮；❷ 展开下拉列表框，选择“运动型（奇数页）”选项。

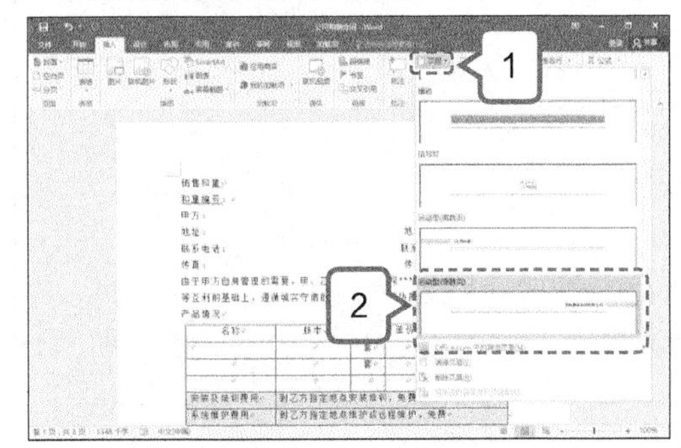

第 2 步 修改文本内容

显示页眉输入框，并修改相应的文本内容。

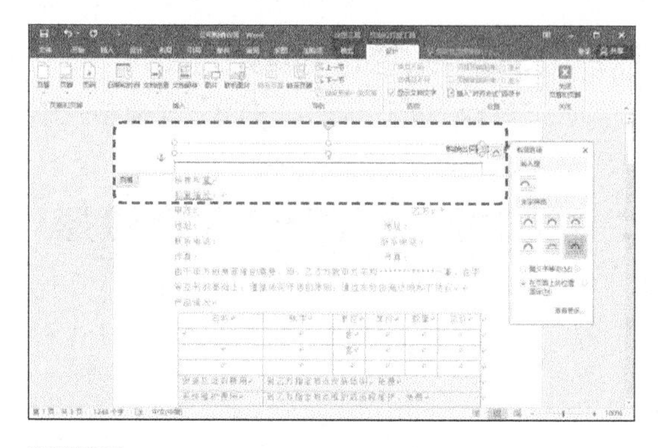

第 3 步 选择“小四”选项

依次选择文本，在“开始”选项卡的“字体”面板中，单击“字号”下三角按钮，展开列表框，选择“小四”选项。

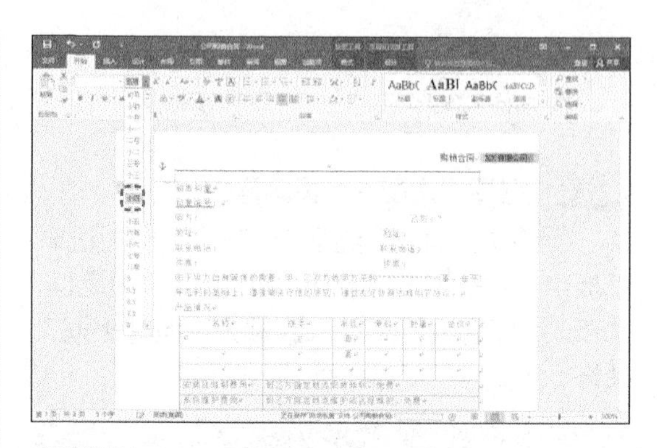

第 4 步 完成添加页眉

在“设计”选项卡中，单击“关闭”面板中的“关闭页眉和页脚”按钮，完成页眉的添加。

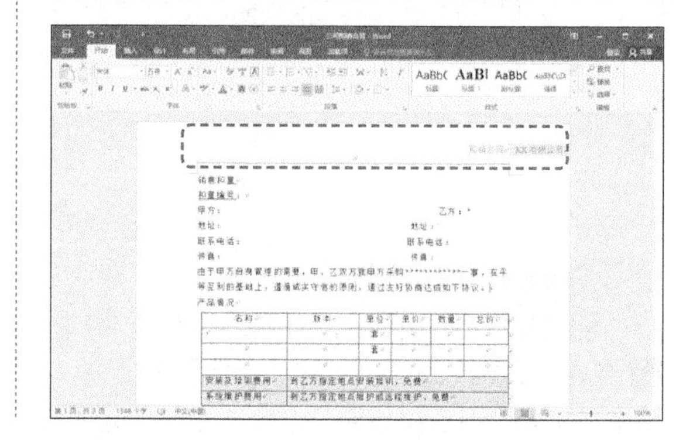

3.2.5 规范合同中的字体字号

在完成购销合同的相关页面设置后，就需要对合同范本中的字体字号等进行处理。

1. 合同封面的文字处理

合同封面的文字字体要根据标准版式的要求来处理。以下将具体介绍操作方法。

第 1 步 选择“黑体”选项

在购销合同中，将光标定位在第一行首端，选中第一行文本。在“开始”选项卡的“字体”面板中，单击“字体”右侧的下三角按钮，展开列表框，选择“黑体”选项。

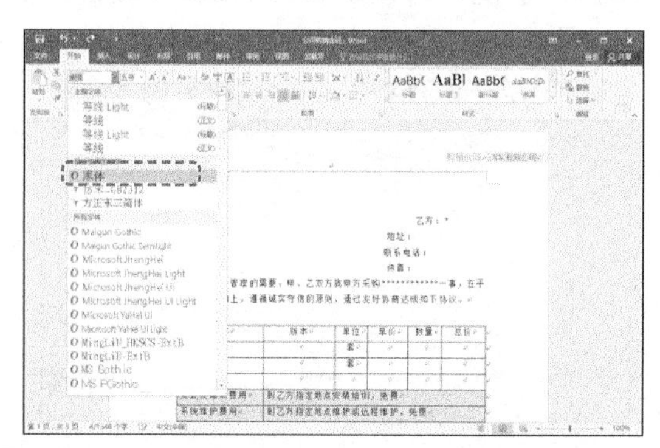

第 2 步 选择“二号”选项

在“开始”选项卡的“字体”面板中，单击“字体”右侧的下三角按钮，展开列表框，选择“二号”选项。

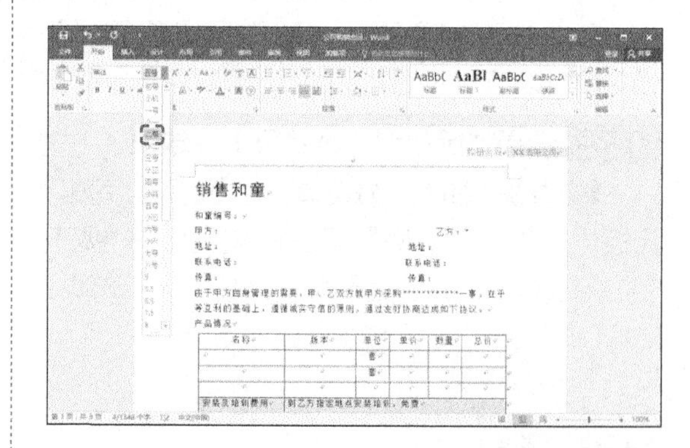

第 3 步 居中对齐文本

完成第一行文本的字体设置。❶ 在“开始”选项卡的“段落”面板中，单击“居中”按钮 ；❷ 居中对齐文本。

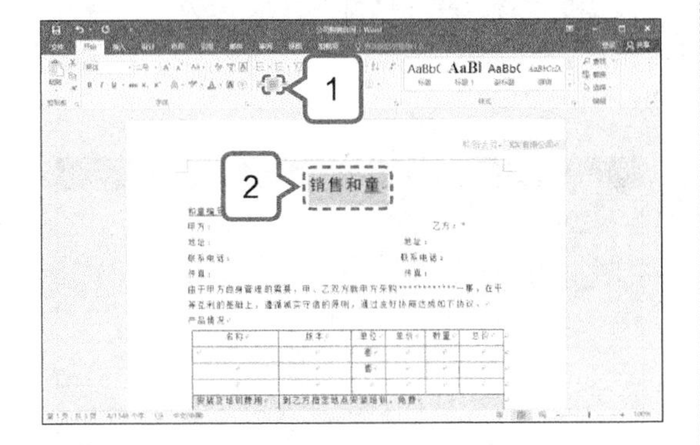

第 4 步 设置第二行文本

选择第二行文本，在“开始”选项卡中，设置“字体”为“黑体”，“字号”为“四号”。

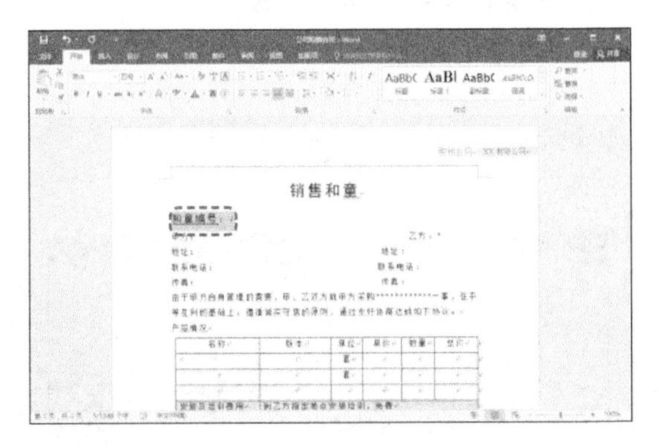

第 5 步 选择文本

在合同文档中，单击鼠标并拖曳，选择合适的文本。

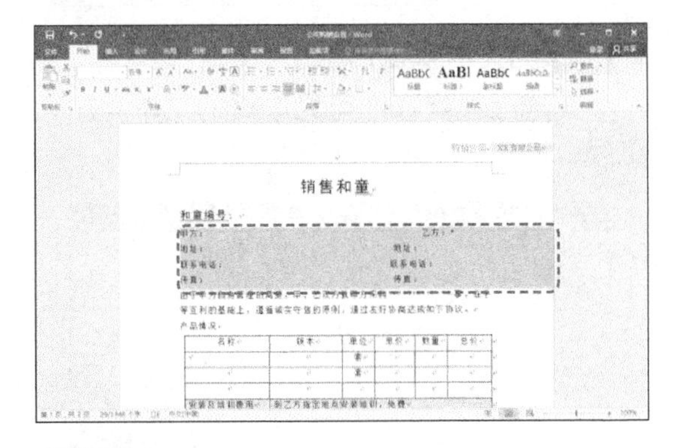

第 6 步 修改文本字体字号

修改“字体”为“仿宋_GB2312”，“字号”为“小四”。

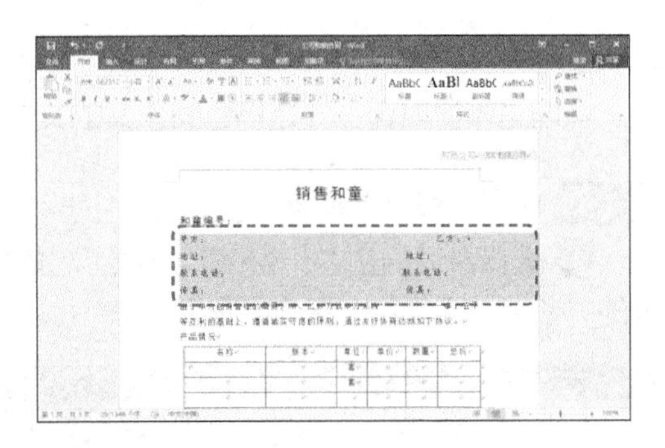

第 7 步 调整文本位置

选择多余的空格对象，按【Delete】键删除，调整文本的位置。

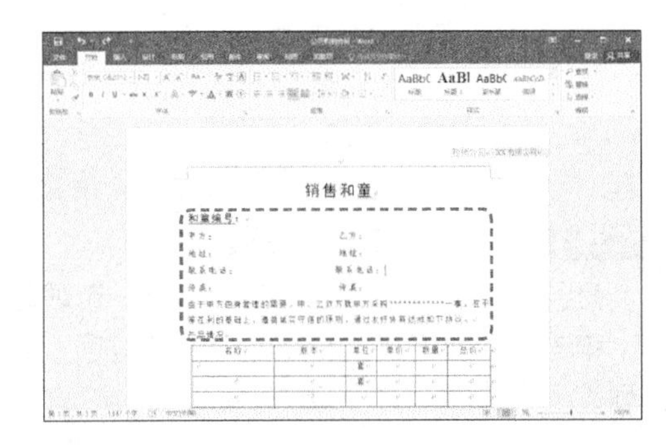

第 8 步 单击“下划线”按钮

❶ 按住【Ctrl】键选择多个空白区域；❷ 在“开始”选项卡的“字体”面板中，单击“开始”面板中的“下划线”按钮 U 。

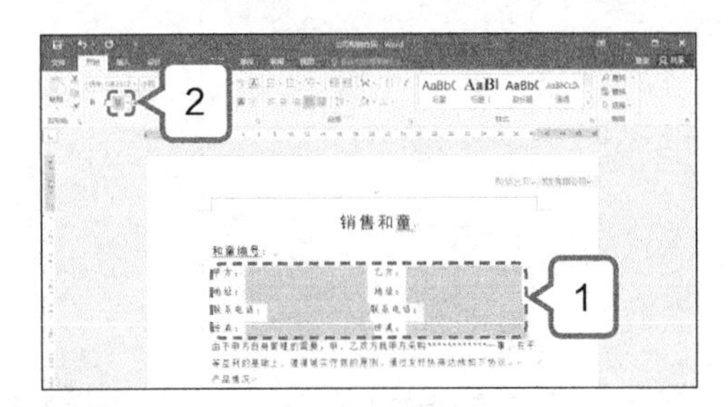

第 9 步 为文本添加下划线

完成为选择的文本添加下划线的操作，并查看文档效果。

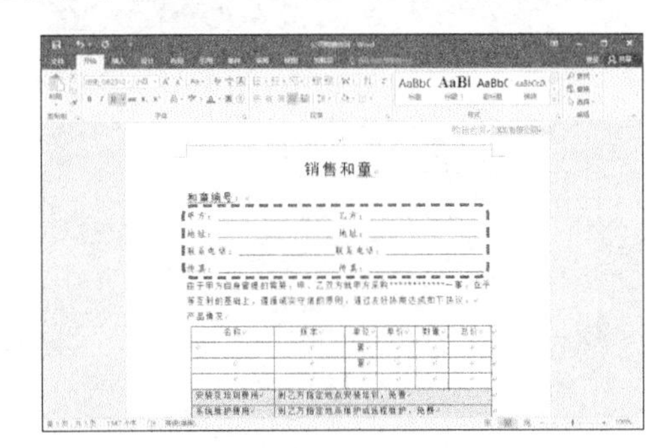

2. 合同主体的文字处理

合同主体的内容主要是指合同正文的文本内容。以下将具体介绍合同主体的文字处理方法。

第 1 步 单击“段落”按钮

❶ 选择合适的文本；❷ 在“开始”选项卡的“段落”面板中，单击“段落”按钮。

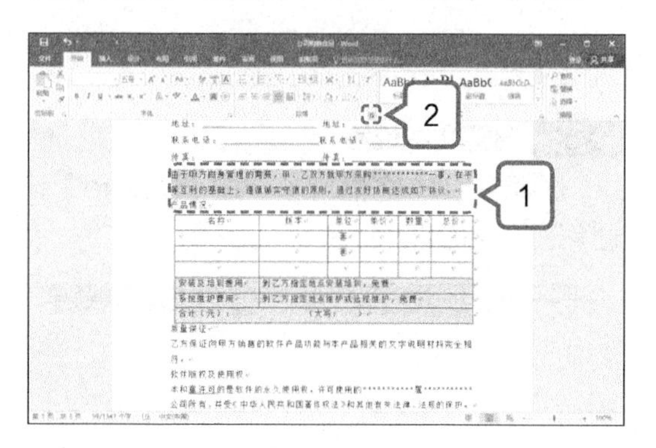

第 2 步 选择“首行缩进”选项

打开“段落”对话框，在“缩进”选项区中，单击“特殊格式”右侧的下三角按钮，展开列表框，选择“首行缩进”选项。

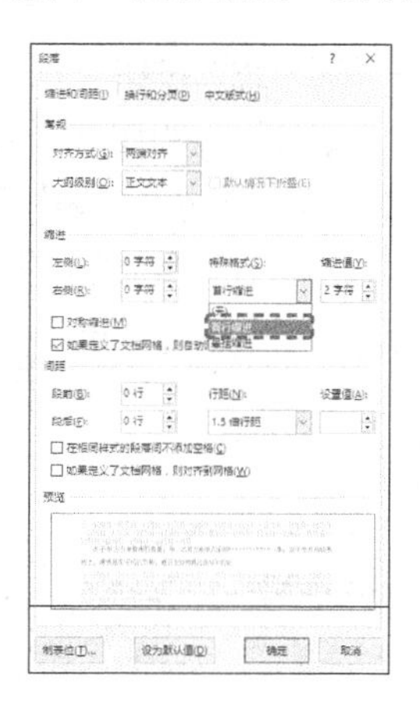

第 3 步 设置文本缩进

单击“确定”按钮，即可设置文本的缩进方式。

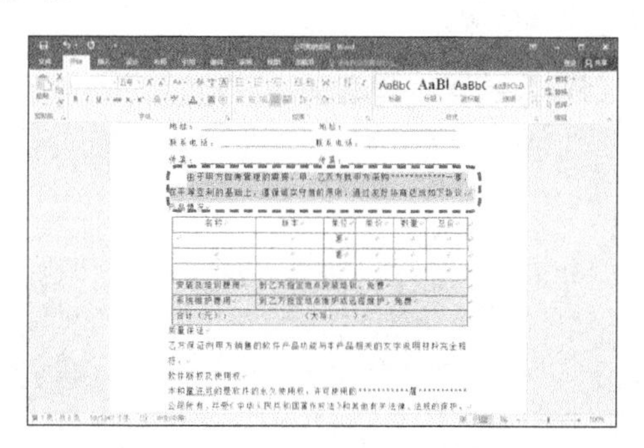

第 4 步 修改文本字体

❶ 选择“产品情况”文本；❷ 在“开始”选项卡中，修改“字体”为“黑体”，“字号”为“小四”。

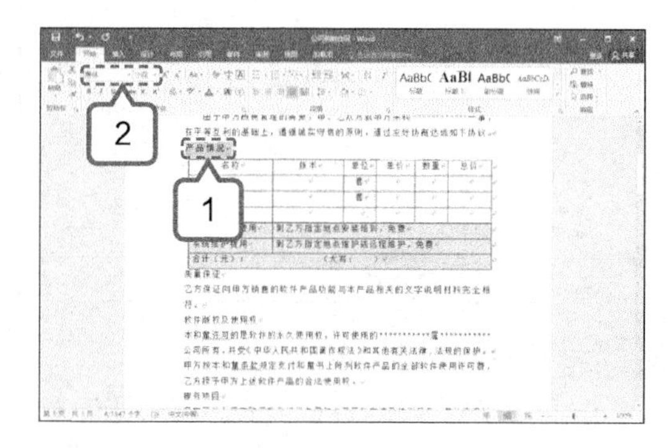

第 5 步 单击“下划线”按钮

❶ 将光标定位在“补充条款：”后，单击鼠标并拖曳，选择合适的区域；❷ 在“开始”选项卡的“字体”面板中，单击“下划线”按钮 U 。

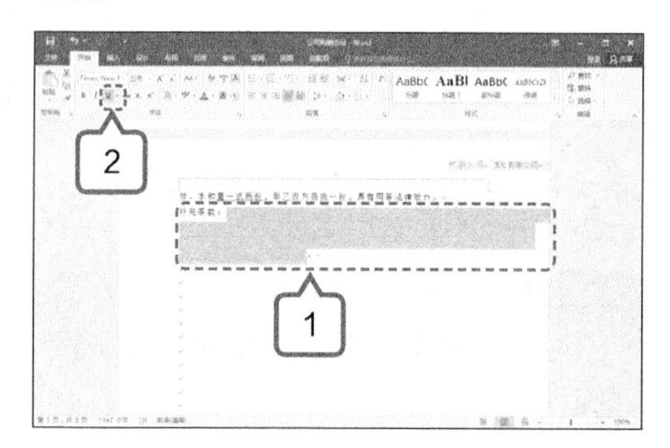

第 6 步 为文本添加下划线

完成上述步骤即可为选择的文本添加下划线。

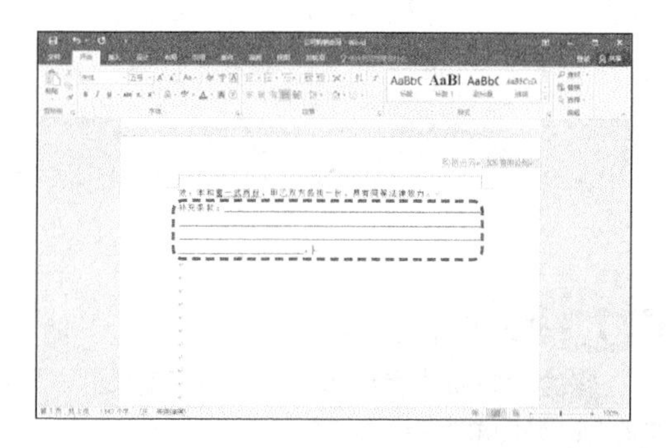

3. 结尾与落款的文字处理

以下将具体介绍操作方法。

第 1 步 修改文本字体字号

❶ 选择结尾与落款文本；❷ 修改"字体"为"宋体"，"字号"为"五号"。

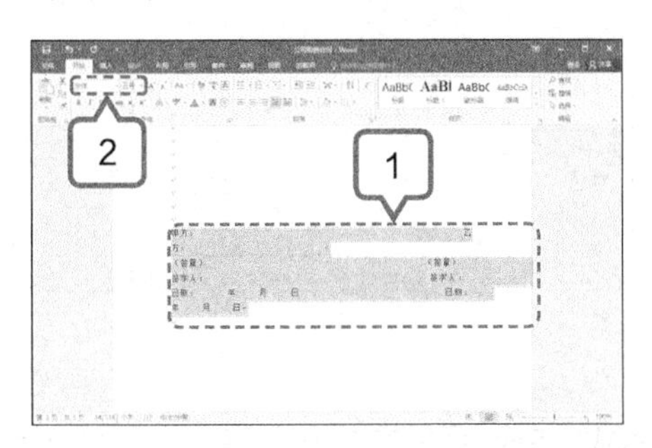

第 2 步 添加下划线

删除多余的空格，并为相应的空格文本添加下划线。

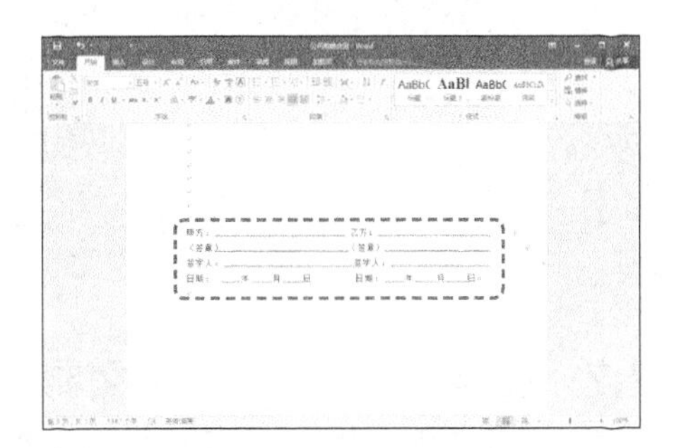

3.2.6 为合同中的文本添加编号

编号是指段落前添加的编号。合理使用编号不但可以美化合同文档，而且还可以使合同文档层次清楚、条理清晰。

第 1 步 单击"定义新编号格式"按钮

按住【Ctrl】键，选定需要设定编号的段落文本。❶ 在"开始"选项卡的"段落"面板中，单击"编号"下三角按钮；❷ 展开列表框，选择"定义新编号格式"选项。

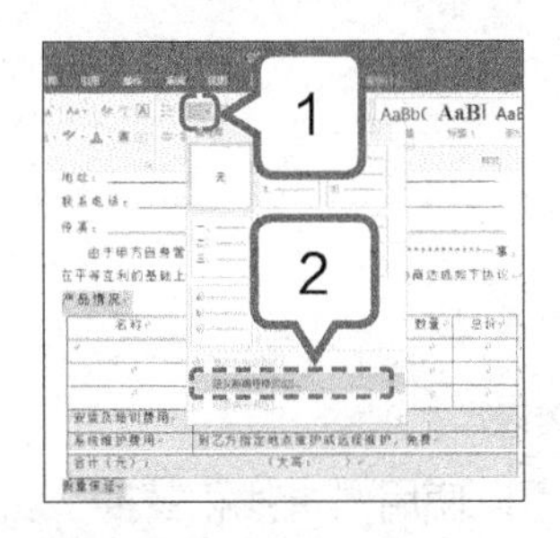

第 2 步 修改编号格式

在"编号格式"文本框中，修改编号格式，单击"确定"按钮。

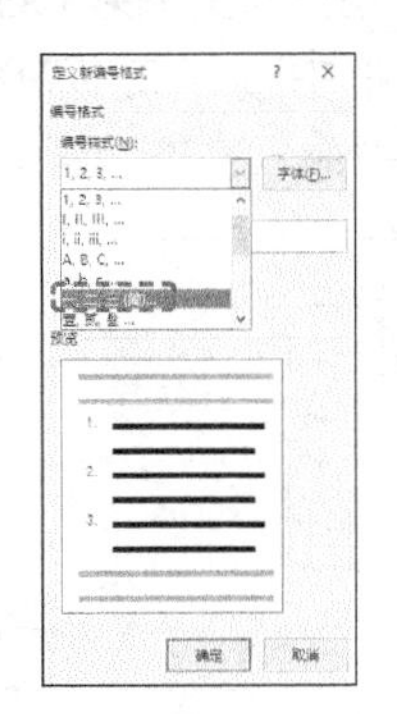

第 3 步 选择编号样式

弹出"定义新编号格式"对话框，在"编号样式"列表框中，选择合适的编号样式。

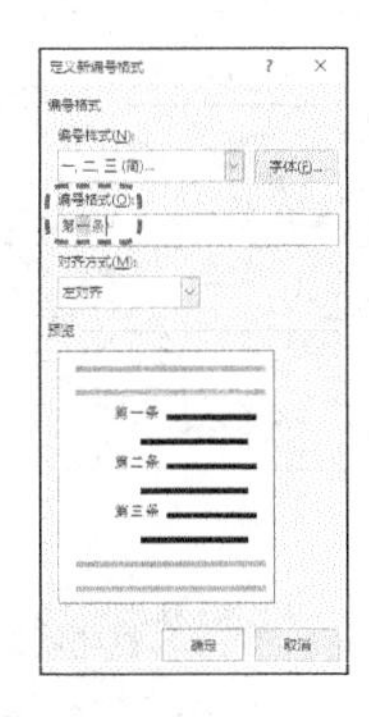

第 4 步 为文本添加编号

为选择的文本添加编号，并单击"确定"按钮。

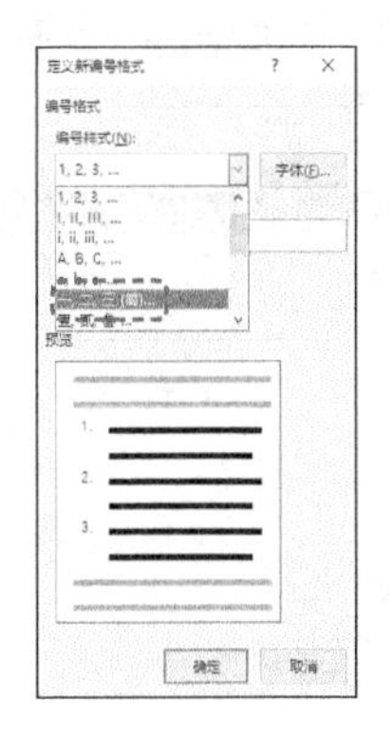

第 5 步 查看效果

完成上述操作，查看文档效果。

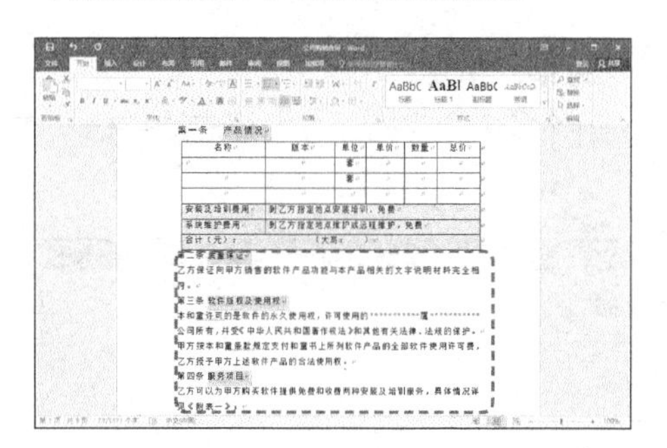

第 6 步 为其他文本添加编号

用同样的方法，为其他的合同文本添加编号样式为 1.2.3……的编号。

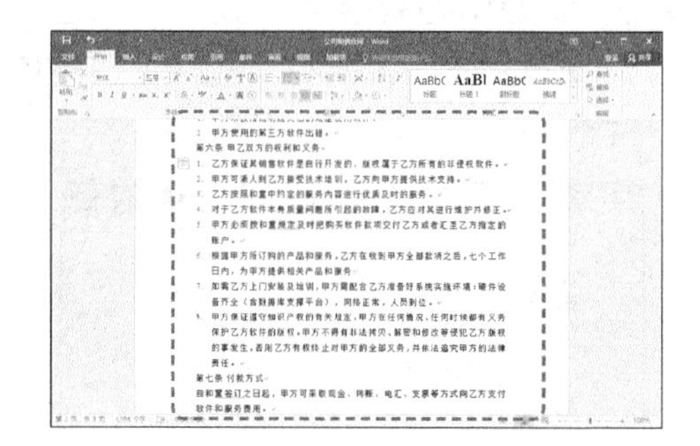

3.2.7 使用“格式刷”快速复制文本

使用“格式刷”功能可以快速地将文本、段落等格式复制到目标文本和段落中，大大提高了工作效率。

第 1 步 单击“格式刷”按钮

❶ 选中要复制其格式的文本；❷ 在“开始”选项卡中，双击“剪贴板”面板中的“格式刷”按钮 。

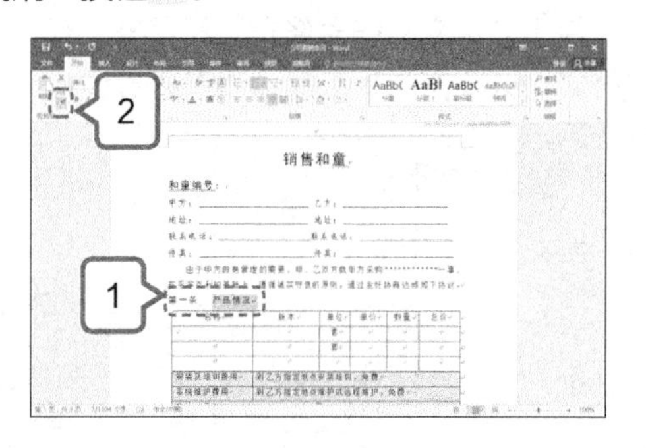

第 2 步 使用格式刷复制文本格式

当鼠标光标呈 形状时，拖动鼠标依次选中目标文本即可。

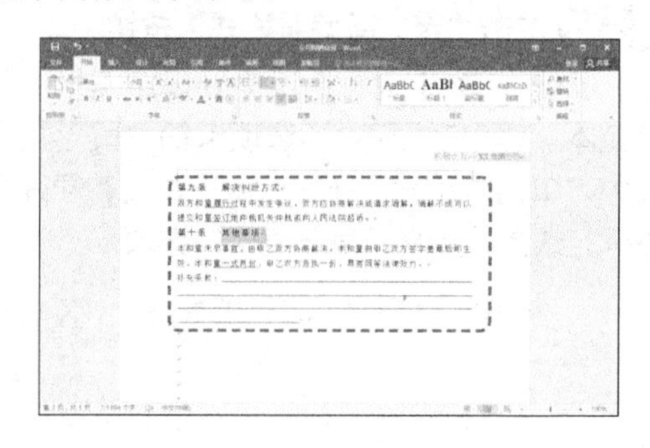

3.2.8 使用“查找和替换”功能快速修改错误文本

在对合同文本内容进行检查时，如果发现文本有错误，可以使用“查找和替换”功能快速进行替换和更改操作。

第 1 步 单击“替换”按钮

在“开始”选项卡的“编辑”面板中，单击“替换”按钮。

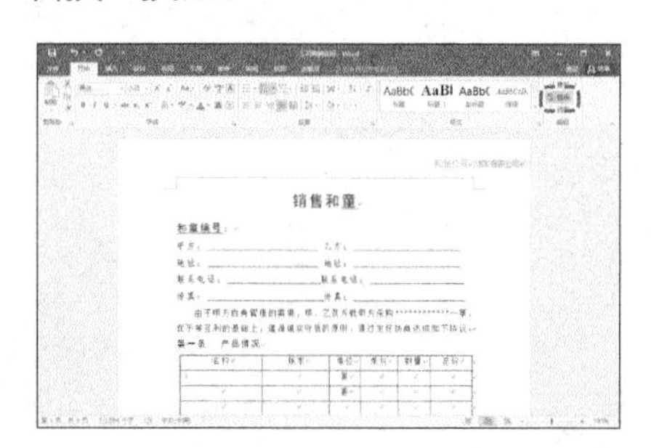

第 2 步 输入文本内容

❶ 打开“查找和替换”对话框，在“查找内容”文本框中输入文本内容；❷ 在“替换为”文本框中输入文本内容。

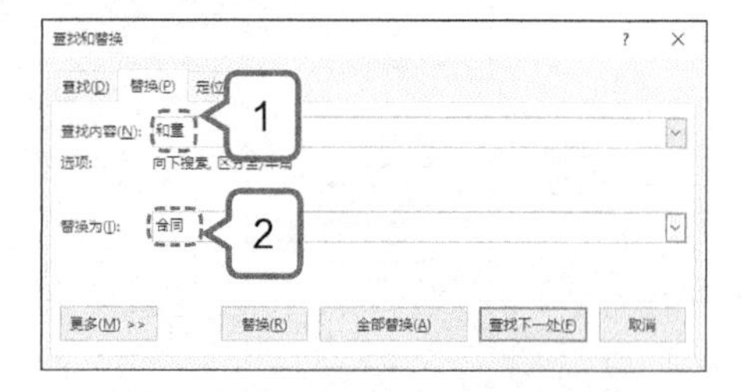

第3步 单击“是”按钮

单击“全部替换”按钮，弹出提示对话框，提示是否搜索文档的其余部分，单击“是”按钮。

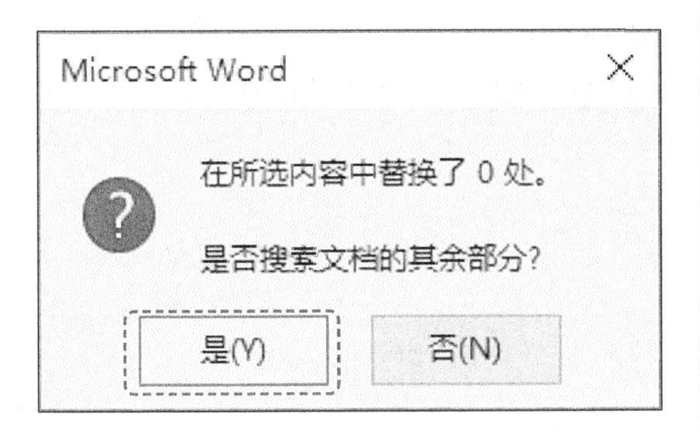

第4步 单击“是”按钮

打开提示对话框，提示是否从头继续搜索，单击“是”按钮。

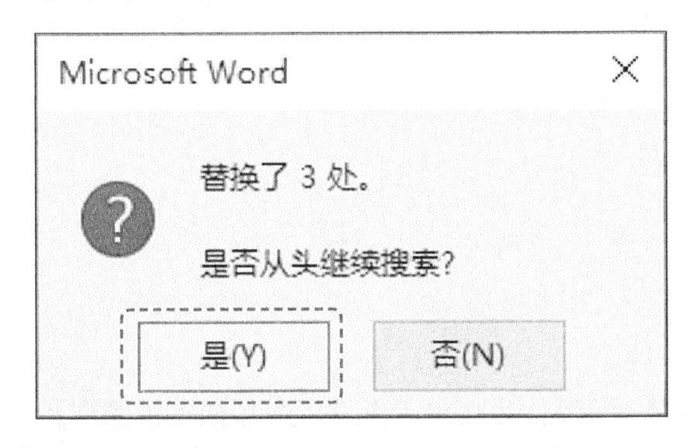

第5步 单击“确定”按钮

再次打开提示对话框，提示全部替换完成，单击“确定”按钮。

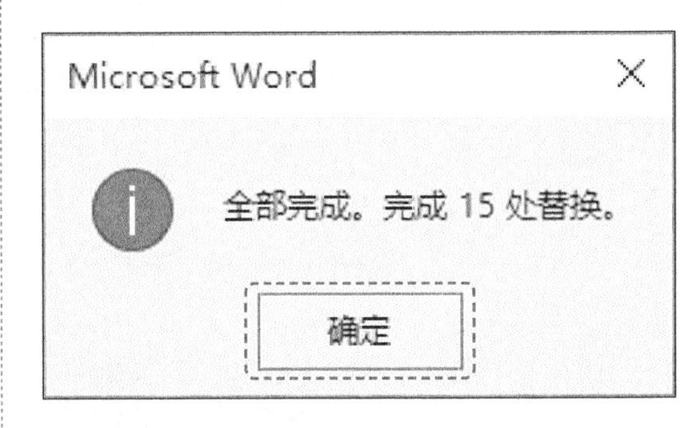

第6步 修改错误文本

按照上述步骤操作即可使用“查找”和“替换”功能快速修改错误的文本，并得到最终文本效果。

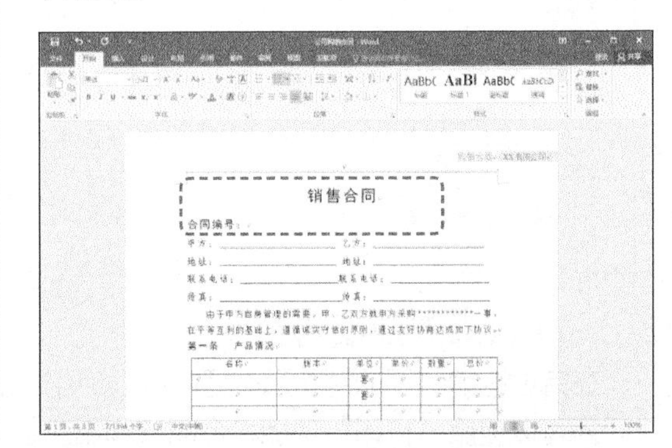

3.2.9 使用“视图”阅览文档

在完成购销合同的文档制作后，可以需要使用“视图”功能对文档进行预览。

第1步 单击“阅读视图”按钮

❶ 单击“视图”选项卡；❷ 在“视图”面板中，单击“阅读视图”按钮。

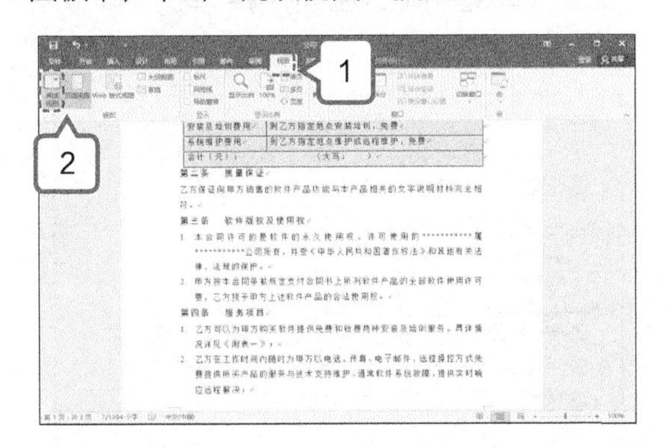

第2步 阅览文档

以“阅读视图”模式阅览文档。

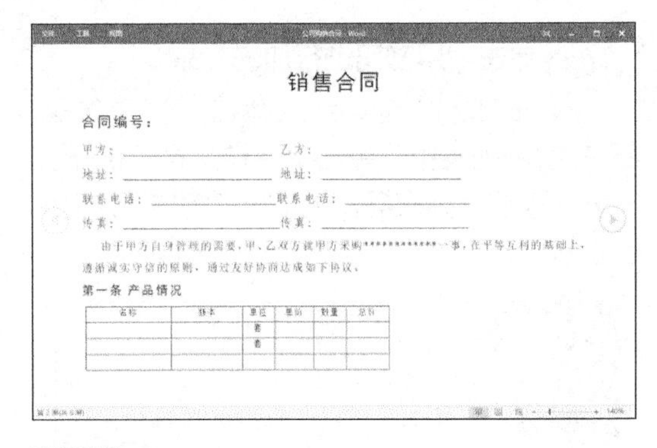

第3步 阅览文档

❶ 单击“视图”选项卡，在“视图”面板中，单击“Web 版式视图”按钮；❷ 以“Web 版式视图”模式阅览文档。

第 4 步 阅览文档

❶ 单击“视图”选项卡，在“视图”面板中，单击“大纲视图”按钮；❷ 以“大纲视图”模式阅览文档。

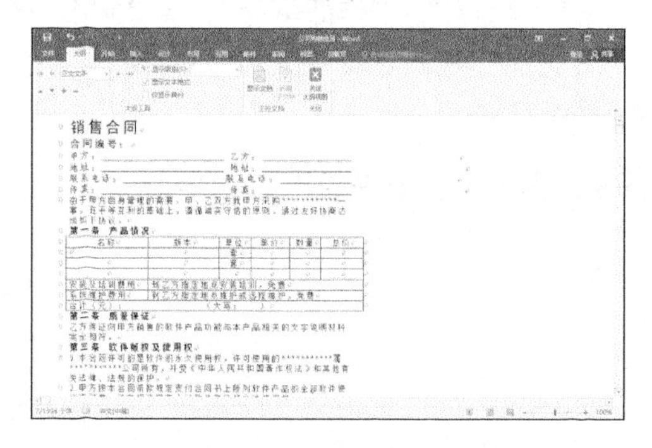

第 5 步 阅览文档

❶ 单击“视图”选项卡；❷ 在“视图”面板中，单击“草稿”按钮，以“草稿”模式阅览文档。

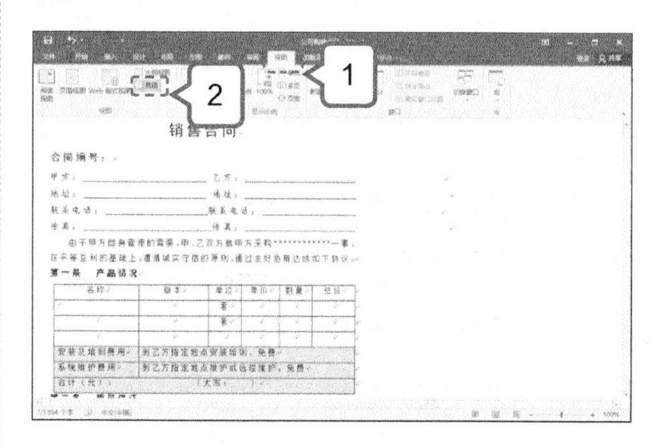

3.2.10 合同的加密与打印

在完成购销合同的制作后，用户可以使用“加密”功能对购销合同进行加密，以防别人偷窥。最后还可以使用“打印”功能将合同打印出来。

1. 加密合同

使用“用密码进行加密”功能可以对编辑好的文档进行加密操作。以下将具体介绍操作方法。

第 1 步 单击“用密码进行加密”命令

❶ 在“文件”选项卡下，单击“信息”命令；❷ 在右侧列表中，单击“保护文档”的下拉按钮；❸ 展开列表框，单击“用密码进行加密”命令。

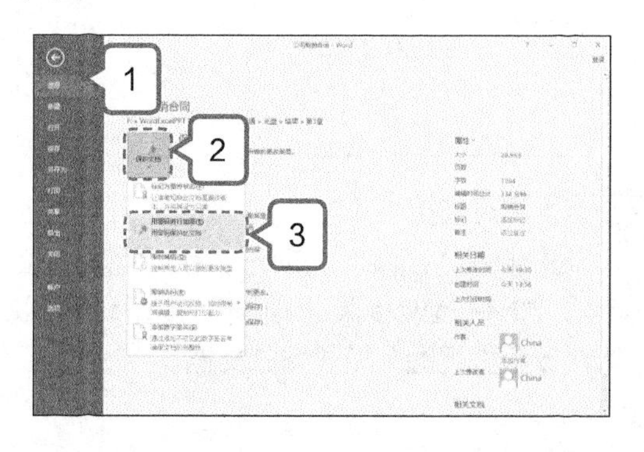

第 2 步 单击“确定”按钮

❶ 打开“加密文档”对话框，在“密码”下方的文本框中输入密码；❷ 单击“确定”按钮。

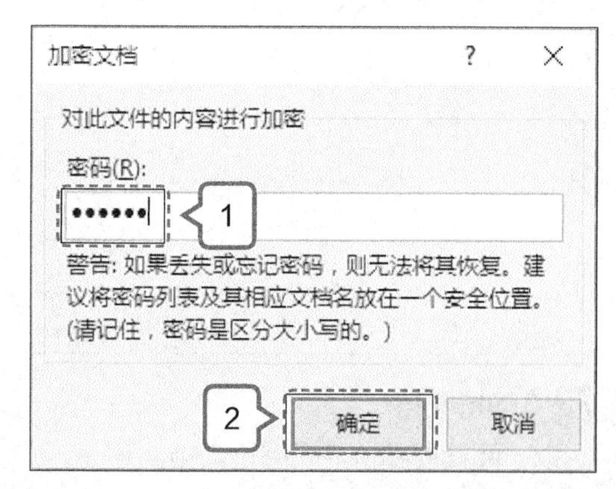

第 3 步 单击“确定”按钮

❶ 打开“确认密码”对话框，在“重新输入密码”下方的文本框中再次输入密码；❷ 单击“确定”按钮。

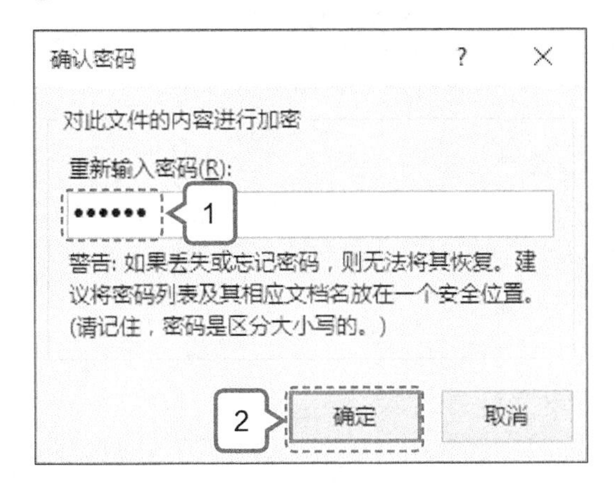

第 4 步 完成合同加密

完成文档密码的创建，并显示“必须提供密码才能打开此文档”信息。

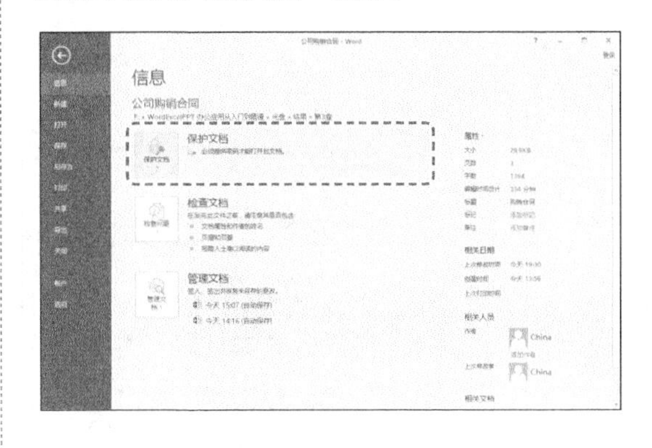

2. 打印合同

使用“打印”功能可以将合同打印出来。以下将具体介绍操作方法。

第 1 步 单击“打印”命令

单击“文件”选项卡，在展开列表中，单击“打印”命令。

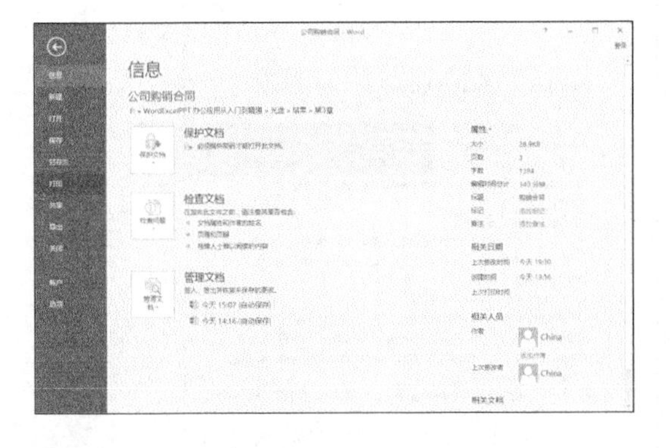

第 2 步 打印两份合同

❶ 进入“打印”界面，修改“份数”为 2；❷ 单击“打印”按钮，即可打印两份合同。

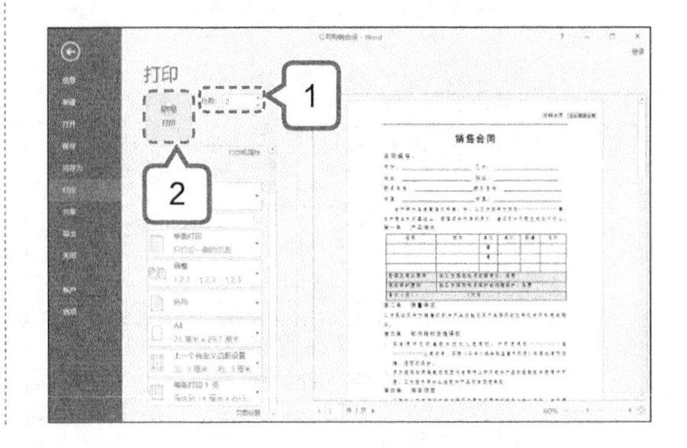

3.2.11 其他合同

除了本节介绍的合同外，平时常用的还有很多种合同。读者可以根据以下思路，结合实际需要进行制作。

1. 劳动类合同——《试用期劳动合同》

劳动类合同是指劳动者与用人单位之间确立劳动关系、明确双方权利和义务的协议。此类合同的整体风格要简洁大方，不要过于花哨，结构上往往包括基本结构、标的以及双方权利义务等。在制作劳动类合同时，会使用到页面布局设置、添加页码、规范字体字号以及添加编号等操作。具体的效果如下图所示。

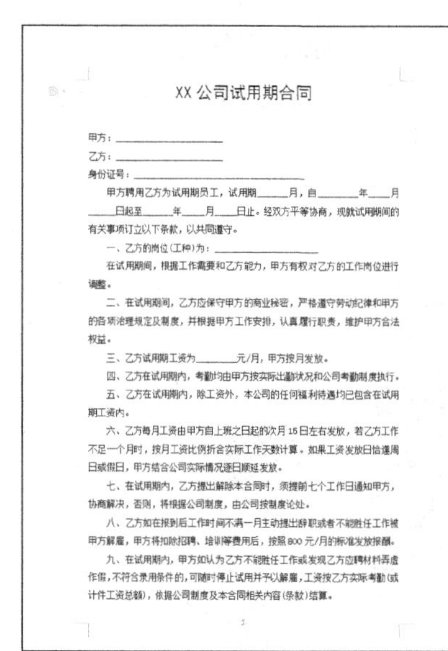

XX 公司试用期合同

甲方：____________

乙方：____________

身份证号：____________________

甲方聘用乙方为试用期员工，试用期_____月，自_______年____月_____日起至_____年____月____日止。经双方平等协商，现就试用期间的有关事项订立以下条款，以共同遵守。

一、乙方的岗位(工种)为：____________

在试用期间，根据工作需要和乙方能力，甲方有权对乙方的工作岗位进行调整。

二、在试用期间，乙方应保守甲方的商业秘密，严格遵守劳动纪律和甲方的各项治理规定及制度，并根据甲方工作安排，认真履行职责，维护甲方合法权益。

三、乙方试用期工资为_______元/月，甲方按月发放。

四、乙方在试用期内，考勤均由甲方按实际出勤状况和公司考勤制度执行。

五、乙方在试用期内，除工资外，本公司的任何福利待遇均已包含在试用期工资内。

六、乙方每月工资由甲方自上班之日起的次月 15 日左右发放，若乙方工作不足一个月时，按月工资比例折合实际工作天数计算。如果工资发放日恰逢周日或假日，甲方结合公司实际情况逐日顺延发放。

七、在试用期内，乙方提出解除本合同时，须提前七个工作日通知甲方，协商解决，否则，将根据公司制度，由公司按制度论处。

八、乙方如在报到后工作时间不满一月主动提出辞职或者不能胜任工作被甲方解雇，甲方将扣除招聘、培训等费用后，按照 800 元/月的标准发放报酬。

九、在试用期内，甲方如认为乙方不能胜任工作或发现乙方应聘材料弄虚作假，不符合录用条件的，可随时停止试用并予以解雇，工资按乙方实际考勤(或计件工资总额)，依据公司制度及本合同相关内容(条款)结算。

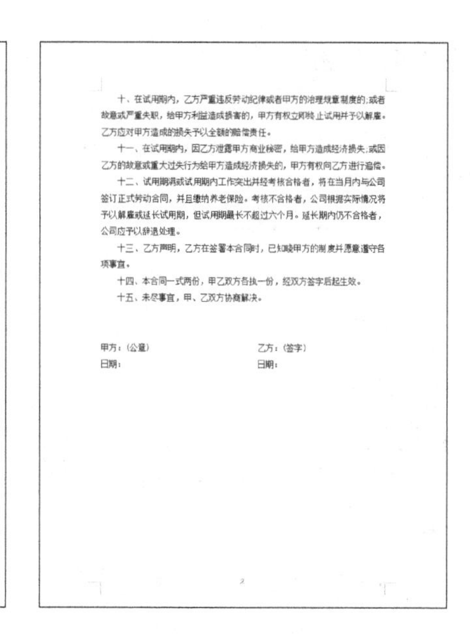

十、在试用期内，乙方严重违反劳动纪律或者甲方的治理规章制度的；或者故意或严重失职，给甲方利益造成损害的，甲方有权立即终止试用并予以解雇。乙方应对甲方造成的损失予以全额的赔偿责任。

十一、在试用期内，因乙方泄露甲方商业秘密，给甲方造成经济损失；或因乙方的故意或重大过失行为给甲方造成经济损失的，甲方有权向乙方进行追偿。

十二、试用期满或试用期内工作突出并经考核合格者，将在当月内与公司签订正式劳动合同，并且缴纳养老保险。考核不合格者，公司根据实际情况将予以解雇或延长试用期，但试用期最长不超过六个月。延长期内仍不合格者，公司应予以辞退处理。

十三、乙方声明，乙方在签署本合同时，已知晓甲方的制度并愿意遵守各项事宜。

十四、本合同一式两份，甲乙双方各执一份，经双方签字后起生效。

十五、未尽事宜，甲、乙双方协商解决。

甲方：(公章)　　乙方：(签字)

日期：　　日期：

2. 租赁类合同——《门面房屋租赁合同》

租赁合同是指出租人将租赁物交付给承租人使用、收益，承租人支付租金的合同。在当事人中，提供物的使用或收益权的一方为出租人，对租赁物有使用权或收益权的一方为承租人。此类合同是财产租赁合同的一种重要形式，对格式有着严格的要求。完整的租赁合同应包括房屋租赁当事人的姓名和住所，房屋的坐落、面积、结构、附属设置等室内设施，租金和押金数额、支付方式，租赁用途和房屋使用要求，租赁期限等内容。具体的效果如下图所示。

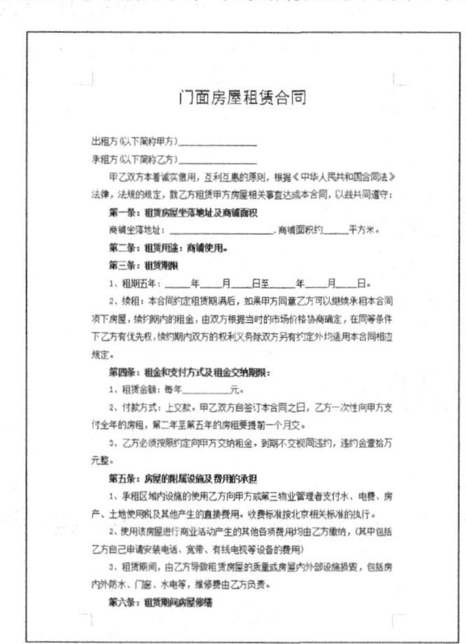

门面房屋租赁合同

出租方(以下简称甲方)____________

承租方(以下简称乙方)____________

甲乙双方本着诚实信用，互利互惠的原则，根据《中华人民共和国合同法》法律，法规的规定，就乙方租赁甲方房屋相关事宜达成本合同，以兹共同遵守：

第一条：租赁房屋坐落地址及商铺面积

商铺坐落地址：____________________，商铺面积约_____平方米。

第二条：租赁用途：商铺使用。

第三条：租赁期限

1、租期五年：_____年____月____日至_____年____月____日。

2、续租：本合同约定租赁期满后，如果甲方同意乙方可以继续承租本合同项下房屋，续约期内的租金，由双方根据当时的市场价格协商确定，在同等条件下乙方有优先权，续约期内双方的权利义务除双方另有约定外均适用本合同相应规定。

第四条：租金和支付方式及租金交纳期限：

1、租赁金额：每年_________元。

2、付款方式：上交款。甲乙双方自签订本合同之日，乙方一次性向甲方支付全年的房租，第二年至第五年的房租要提前一个月交。

3、乙方必须按照约定向甲方交纳租金。到期不交视同违约，违约金壹拾万元整。

第五条：房屋的附属设施及费用的承担

1、承租区域内设施的使用乙方向甲方或第三物业管理者支付水、电费、房产、土地使用税及其他产生的直接费用。收费标准按北京相关标准的执行。

2、使用该房屋进行商业活动产生的其他各项费用均由乙方缴纳，(其中包括乙方自己申请安装电话、宽带、有线电视等设备的费用)

3、租赁期间，由乙方导致租赁房屋的质量或房屋内外部设施损毁，包括房内外防水、门窗、水电等，维修费由乙方负责。

第六条：租赁期间房屋修缮

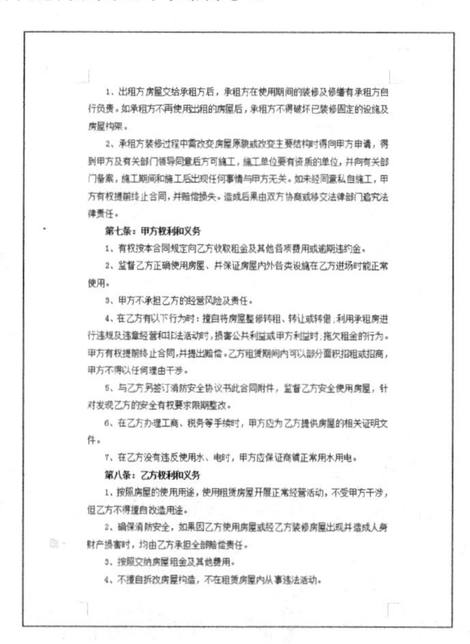

1、出租方房屋交给承租方后，承租方在使用期间的装修及修缮有承租方自行负责。如承租方不再使用出租的房屋后，承租方不得破坏已装修固定的设施及房屋构架。

2、承租方装修过程中需改变房屋原貌或改变主要结构时得向甲方申请，得到甲方及有关部门领导同意后方可施工，施工单位要有资质的单位，并向有关部门备案，施工期间和施工后出现任何事情与甲方无关。如未经同意私自施工，甲方有权提前终止合同，并赔偿损失。造成后果由双方协商或移交法律部门追究法律责任。

第七条：甲方权利和义务

1、有权按本合同规定向乙方收取租金及其他各项费用或逾期违约金。

2、监督乙方正确使用房屋、并保证房屋内外各类设施在乙方进场时能正常使用。

3、甲方不承担乙方的经营风险及责任。

4、在乙方有以下行为时：擅自将房屋整修转租、转让或转借；利用承租房进行违规及违章经营和非法活动时，损害公共利益或甲方利益时；拖欠租金的行为。甲方有权提前终止合同，并提出赔偿。乙方租赁期间内可以部分面积招租或招商，甲方不得以任何理由干涉。

5、与乙方另签订消防安全协议书此合同附件，监督乙方安全使用房屋，针对发现乙方的安全有权要求限期整改。

6、在乙方办理工商、税务等手续时，甲方应为乙方提供房屋的相关证明文件。

7、在乙方没有违反使用水、电时，甲方应保证商铺正常用水用电。

第八条：乙方权利和义务

1、按照房屋的使用用途，使用租赁房屋开展正常经营活动，不受甲方干涉，但乙方不得擅自改造用途。

2、确保消防安全，如果因乙方使用房屋或经乙方装修房屋出现并造成人身财产损害时，均由乙方承担全部赔偿责任。

3、按照交纳房屋租金及其他费用。

4、不擅自拆改房屋构造，不在租赁房屋内从事违法活动。

3. 借款类合同——《银行借款合同》

借款类合同是当事人约定一方将一定种类和数额的货币所有权移转给他方，他方于一定期限内返还同种类同数额货币的合同。此类合同要包含借款人、受委托贷款人、借款金额、用途、贷款利率和利息等内容。具体的效果如下图所示。

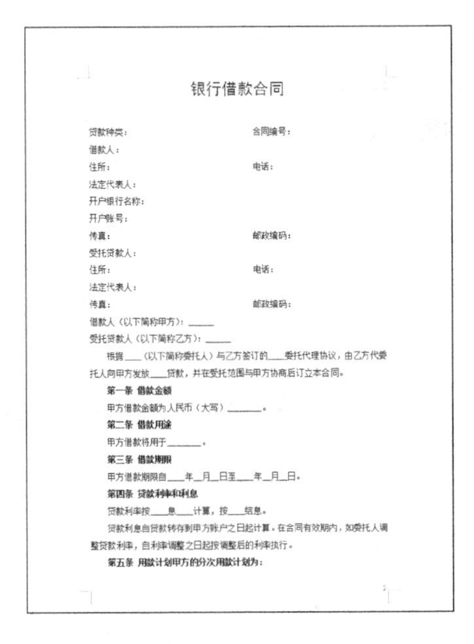

银行借款合同

贷款种类： 合同编号：
借款人：
住所： 电话：
法定代表人：
开户银行名称：
开户账号：
传真： 邮政编码：
受托贷款人：
住所： 电话：
法定代表人：
传真： 邮政编码：
借款人（以下简称甲方）：______
受托贷款人（以下简称乙方）：______

根据____（以下简称委托人）与乙方签订的____委托代理协议，由乙方代委托人向甲方发放____贷款，并在受托范围与甲方协商后订立本合同。

第一条 借款金额

甲方借款金额为人民币（大写）________。

第二条 借款用途

甲方借款将用于________。

第三条 借款期限

甲方借款期限自____年__月__日至____年__月__日。

第四条 贷款利率和利息

贷款利率按____息____计算，按____结息。

贷款利息自贷款转存到甲方账户之日起计算。在合同有效期内，如委托人调整贷款利率，自利率调整之日起按调整后的利率执行。

第五条 用款计划甲方的分次用款计划为：

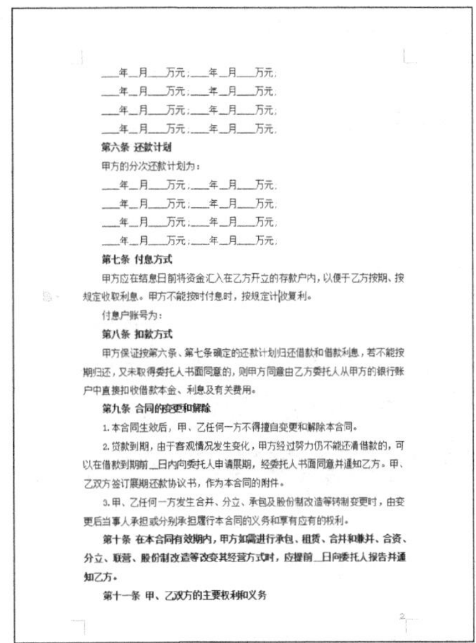

____年__月____万元；____年__月____万元；
____年__月____万元；____年__月____万元；
____年__月____万元；____年__月____万元；
____年__月____万元；____年__月____万元。

第六条 还款计划

甲方的分次还款计划为：

____年__月____万元；____年__月____万元；
____年__月____万元；____年__月____万元；
____年__月____万元；____年__月____万元；
____年__月____万元；____年__月____万元。

第七条 付息方式

甲方应在结息日前将资金汇入在乙方开立的存款户内，以便于乙方按期、按规定收取利息。甲方不能按时付息时，按规定计收复利。

付息户账号为：

第八条 扣款方式

甲方保证按第六条、第七条确定的还款计划归还借款和借款利息，若不能按期归还，又未取得委托人书面同意的，则甲方同意由乙方委托人从甲方的银行账户中直接扣收借款本金、利息及有关费用。

第九条 合同的变更和解除

1.本合同生效后，甲、乙任何一方不得擅自变更和解除本合同。

2.贷款到期，由于客观情况发生变化，甲方经过努力仍不能还清借款的，可以在借款到期前__日内向委托人申请展期，经委托人书面同意并通知乙方。甲、乙双方签订展期还款协议书，作为本合同的附件。

3.甲、乙任何一方发生合并、分立、承包及股份制改造等转制变更时，由变更后当事人承担或分别承担履行本合同的义务和享有应有的权利。

第十条 在本合同有效期内，甲方如需进行承包、租赁、合并和兼并、合资、分立、联营、股份制改造等改变其经营方式时，应提前__日向委托人报告并通知乙方。

第十一条 甲、乙双方的主要权利和义务

举一反三

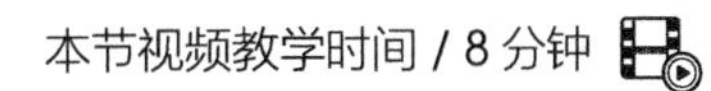

本节视频教学时间 / 8 分钟

本章所选择的案例均为典型的基础文档，主要利用Word进行文档的创建操作，涉及文本输入、日期和时间、字体格式、段落格式、对齐方式及文档保存等知识点。基础文档类别很多，本书配套资源中赠送了若干基础文档模板，读者可以根据不同要求将模板改编成自己需要的形式。以下列举 2 个典型基础文档的制作思路。

1. 完善《个人工作总结》

个人工作总结类文档，会涉及文本输入及字体和段落格式设置等操作，可以按照以下思路进行制作。

第 1 步 新建文档并输入文本

新建文档并输入文本。

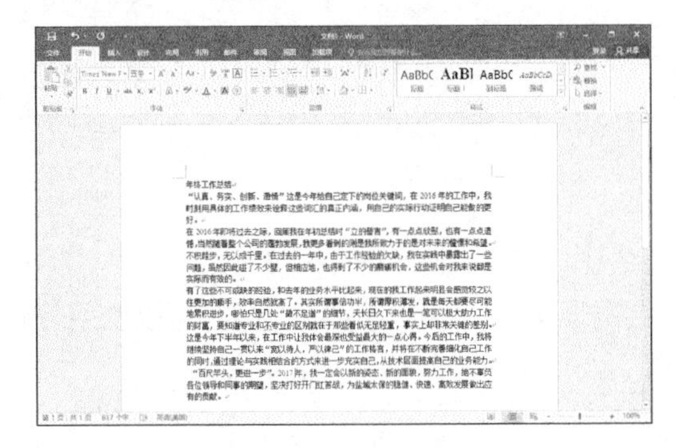

第 2 步 设置总结标题的字体格式

设置总结标题的字体格式。

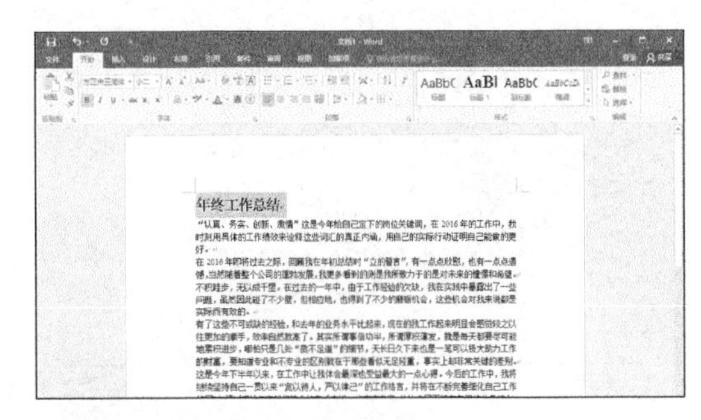

第 3 步 设置文本段落格式

设置文本的段落格式。

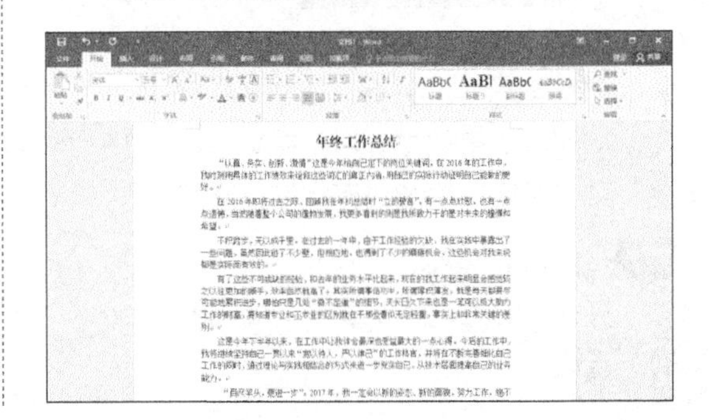

2. 制作《房屋租赁合同》

房屋租赁合同是指承租人与出租人就房屋租赁的相关权利义务达成一致而签订的协议。该类文档会涉及文档的协议标题、协议内容的制作，为相关正文修改字体格式、添加字体效果，设置段落格式、添加项目符号和编号等。可以按照以下思路进行制作。

第 1 步 设置标题文本

使用“打开”功能，打开“扩展模板 \ 第 3 章 \ 房屋租赁合同 .docx”文件，并设置标题文本的字体、字号和对齐方式。

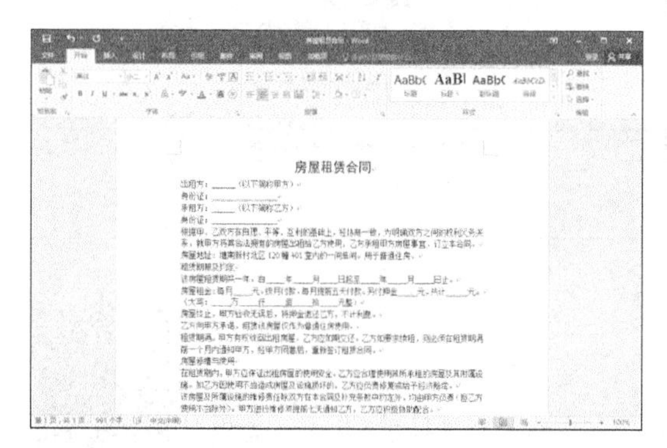

第 2 步 添加编号

选择合适的文本，为其添加相应的编号（一、二……）。

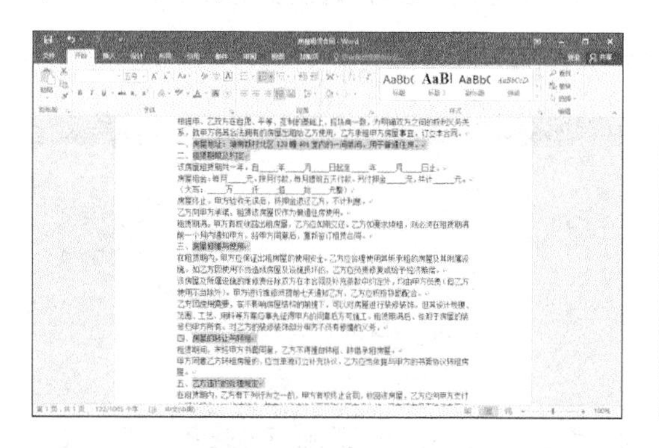

第 3 步 添加编号

选择合适的文本，为其添加编号（1、2、3……）。

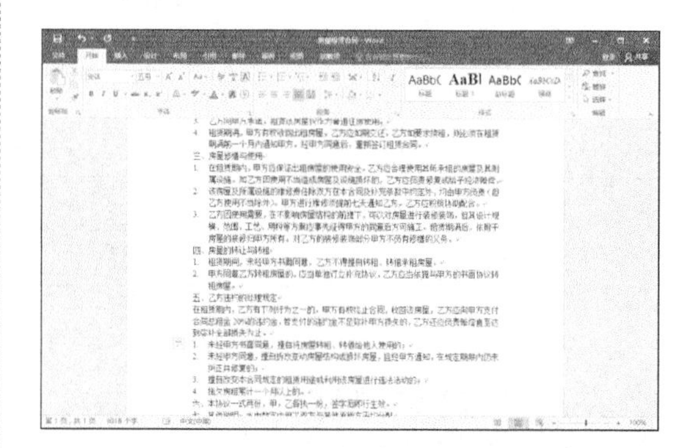

第 4 步 设置段落格式

选择相应的段落文本，为其设置段落格式。

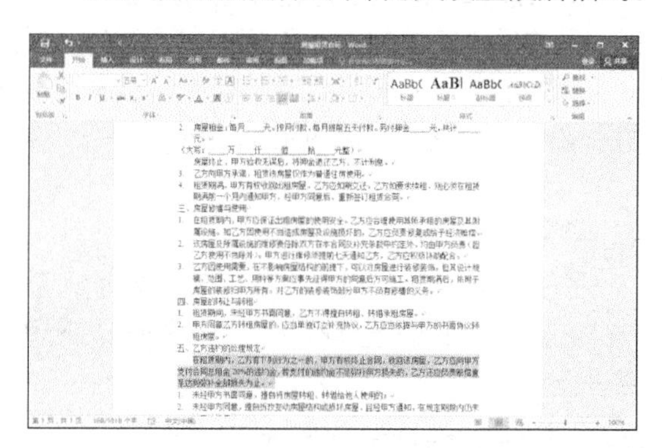

高手支招

1. 查找与替换空行

从网络上复制文字粘贴在Word 2016文档中后，会发现文档中有很多空行。此时，可以使用“查找”和“替换”功能快速将空行删除。

第 1 步 单击“替换”按钮

打开“素材 \ 第 3 章 \ 面试礼仪 .docx”文档，在“开始”选项卡的“编辑”面板中，单击“替换”按钮。

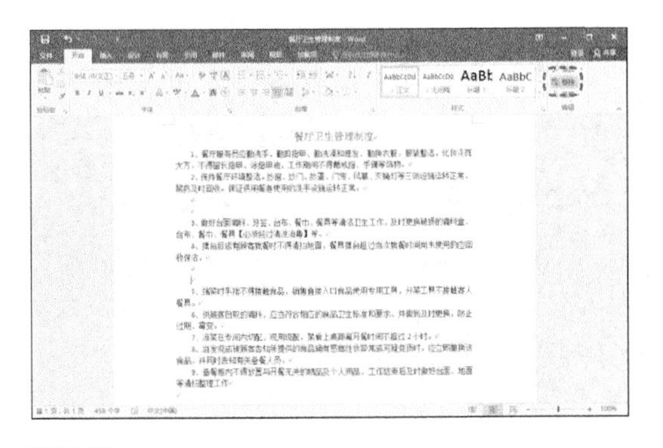

第 2 步 单击“更多”按钮

打开“查找和替换”对话框，单击“更多”按钮。

第 3 步 选择“段落标记”选项

展开对话框，定位“查找内容”文本框，单击“特殊格式”按钮，展开列表框。选择 3 次“段落标记”选项，用于添加 3 次换行符。

第 4 步 添加文本

切换到“替换为”文本框，单击“特殊格式”按钮，展开列表框。选择“段落标记”选项，添加文本。

第 5 步 打开提示对话框

单击“全部替换”按钮，即可替换空行。随后会弹出提示对话框，并提示已替换完成信息。

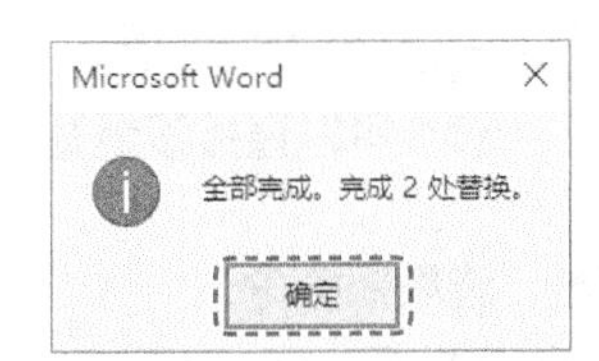

第 6 步 查看文档效果

单击“确定”按钮，即可完成空行的查找与替换操作，并查看文档效果。

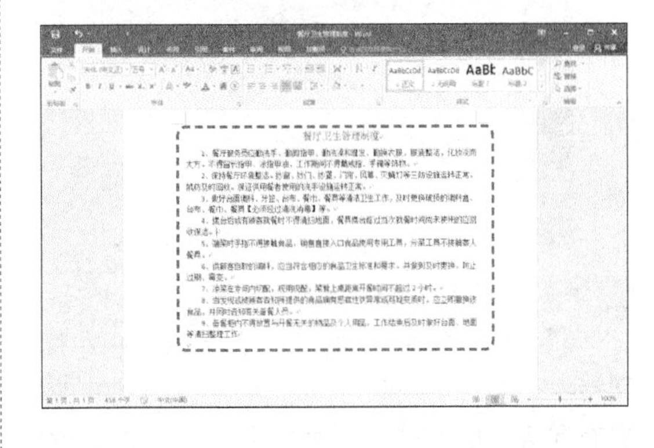

2. 暂时隐藏文档中的部分文字

使用“字体”对话框中的“隐藏”功能，可以将文档中的部分内容隐藏起来，例如隐藏试卷中的参考答案等。

第 1 步 选择文档

打开“素材\第3章\人力资源题目.docx”文档，按住【Ctrl】键，单击鼠标并拖曳，选择合适的文档。

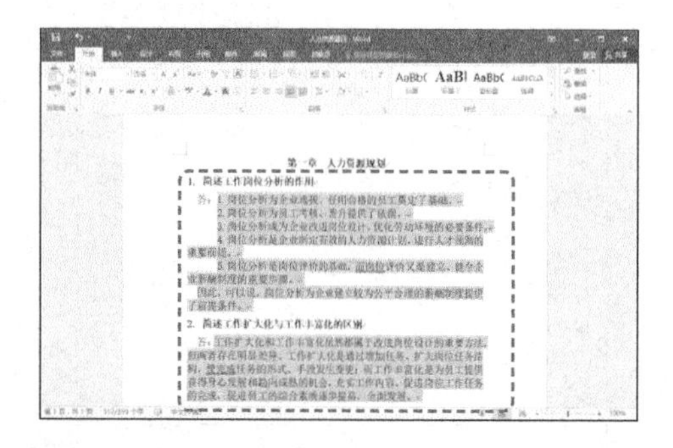

第 2 步 勾选“隐藏”复选框

在“开始”选项卡的“字体”面板中，单击“字体”按钮，打开“字体”对话框，在“效果”选项区中，勾选“隐藏”复选框。

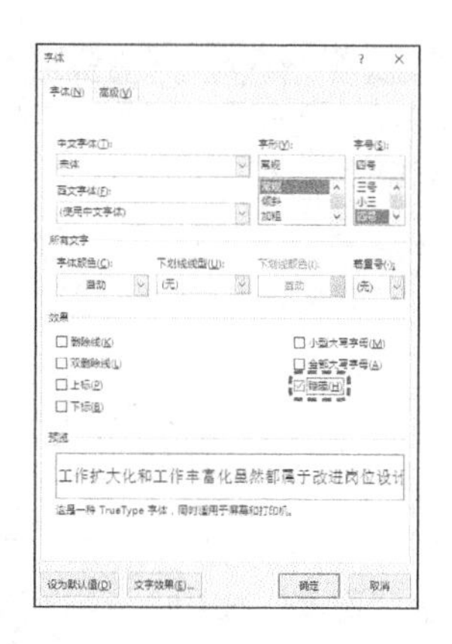

第 3 步 隐藏部分文字

单击“确定”按钮，即可隐藏文档中的部分文字，然后调整相应文本的位置。

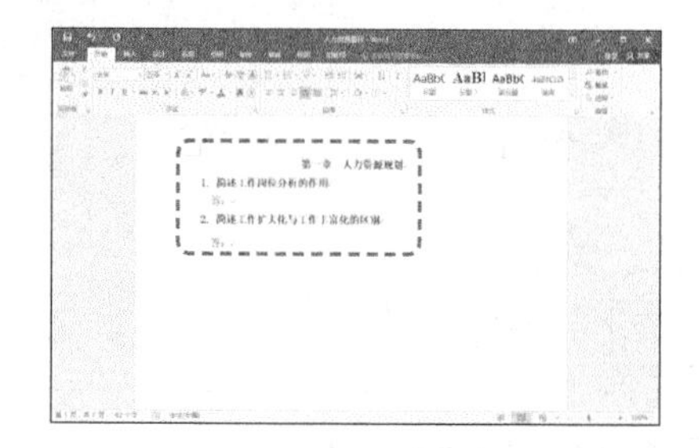

3. 设置文档的默认保存格式

在保存文档时，可以直接设置默认的保存格式，这样就不用每次保存文件时都修改保存格式了。

第 1 步 单击“选项”命令

打开“素材\第3章\面试礼仪.docx”文档，在“文件”选项卡下，单击“选项”命令。

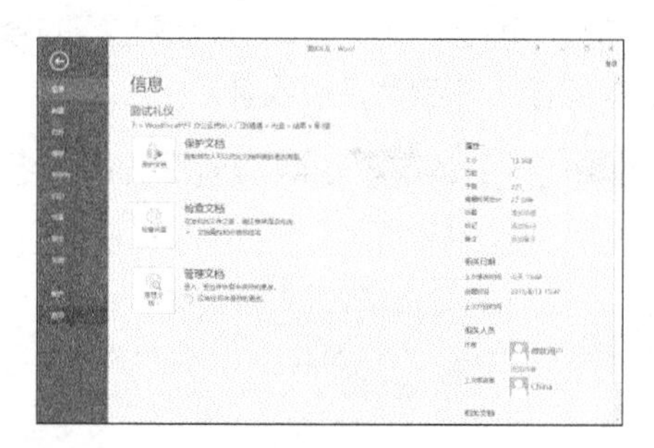

第 2 步 选择合适的保存选项

❶ 打开“Word 选项”对话框，在左侧列表中，选择“保存”选项；❷ 在右侧的“将文本保存为此格式”列表框中，选择“Word 97-2003 文档（*.doc）”选项。

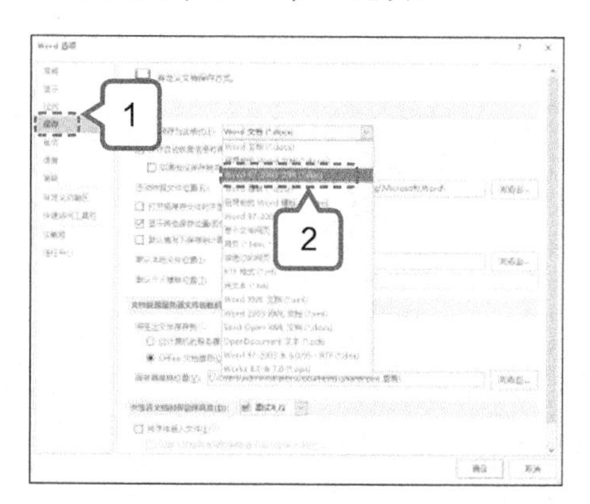

第 3 步 设置默认保存格式

单击“确定”按钮，即可完成默认保存格式的设置。

让 Word 文档图文并茂

本章视频教学时间 / 81 分钟

技术分析

如果文档中只有文字，不仅枯燥，还很难将问题说清楚。此时，若能合理使用表格、图片等，则可以使文档更简洁明了，也更具有说服力。一般来说，制作图文并茂的文档主要涉及以下知识点。

（1）文档的页面设置技巧。

（2）艺术字的添加和编辑。

（3）文本框文字的添加。

（4）插入和编辑图片。

（5）绘制自选图形。

（6）绘制 SmartArt 图形。

思维导图

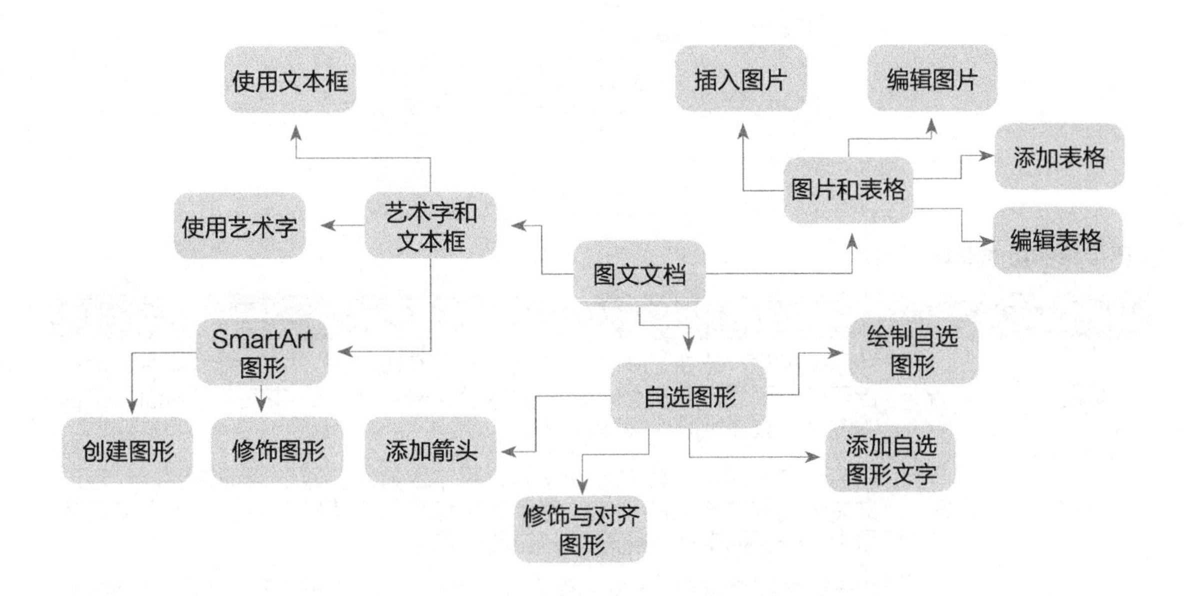

4.1 制作“宣传单”——《家教辅导宣传单》

本节视频教学时间 / 12 分钟

案例名称	家教辅导宣传单
素材文件	素材 \ 第 4 章 \ 家教辅导宣传单 .docx、背景 .jpg、图片 1.jpg、图片 2.jpg
结果文件	结果 \ 第 4 章 \ 家教辅导宣传单 .docx
扩展模板	扩展模板 \ 第 4 章 \ 宣传单类模板

宣传单是商家宣传自己的一种印刷品。使用宣传单能够有效提升企业形象，更好地展示企业产品和服务，说明产品的功能、用途、使用方法及特点。在本实例中，我们要制作出图文并茂的家教辅导宣传单。

最后的效果如图所示。

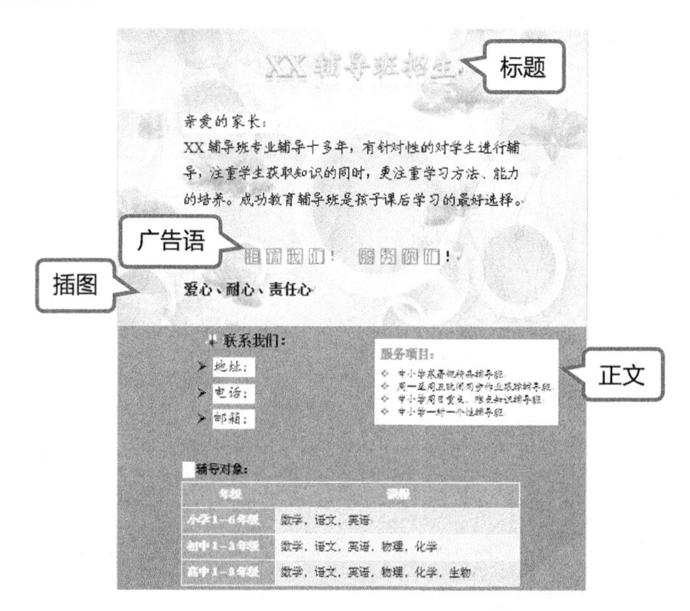

/ 宣传单的组成要素

名称	是否必备	要求
标题	必备	标题是表达广告主题的文字内容，应具有吸引力，以便引导读者阅读广告正文、观看广告插图。标题要用较大号字体，安排在广告画面最醒目的位置，应注意配合插图造型
正文	必备	广告正文是说明广告内容的文体，基本上是对标题的详细说明。广告正文具体地叙述真实的事实，使读者相信广告宣传的内容。广告正文文字居中，一般都安排在插画的左右或上下方
广告语	必备	广告语是配合标题、正文加强商品形象的短语，应顺口易记，且反复使用，使之成为文章标志和语言标志。广告语必须言简意赅，在设计时可放在版面的任何位置
插图	必备	彩色版鲜艳绚丽，黑白版层次丰富，可印制各种照片、图案和详细的说明文字。插图要具有较强的艺术感染力和诱惑力，突出主题，与广告标题相配合

续表

名称	是否必备	要求
标志	可选	标志有商品标志和企业形象标志两大类，是广告对象借以识别商品或企业的主要符号。在广告设计中，标志不是广告版面的装饰物，而是重要的构成要素。在整个版面广告中，标志造型最单纯、最简洁，其视觉效果最强烈，瞬间就能给消费者留下深刻的印象
公司名称	可选	一般都放在广告版面的下方次要的位置，也可以和商标放在一起
色彩	可选	色彩的表现力可以增强广告的注目效果，从整体来说，有时为了塑造更集中、更强烈、更单纯的广告形象，以加深消费者的认识，可针对具体情况对上述某一个或几个要素进行夸张或强调

/ 技术要点

（1）为文档设置“页边距”。

（2）使用“页面颜色”功能添加页面背景。

（3）使用艺术字美化标题。

（4）使用“表格”功能添加和编辑表格。

（5）使用“文本框”功能添加文字。

（6）使用“插入”功能插入和编辑图片。

/ 操作流程

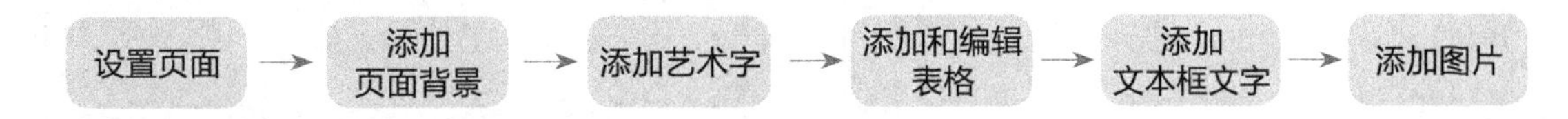

4.1.1 为文档设置“页边距”

页面实际上就是文档的一个版面，文档内容编辑得再好，如果没有恰当的页边距，打印出来的文档也会逊色不少。要使打印效果令人满意，就应该根据实际需要对页面的页边距进行设置。

第 1 步 单击“自定义边距”命令

打开“素材\第 4 章\家教辅导宣传单.docx”文档。❶切换至“布局”选项卡，在“页面设置”面板中，单击“页边距”下拉按钮；❷展开列表框，单击“自定义边距”命令。

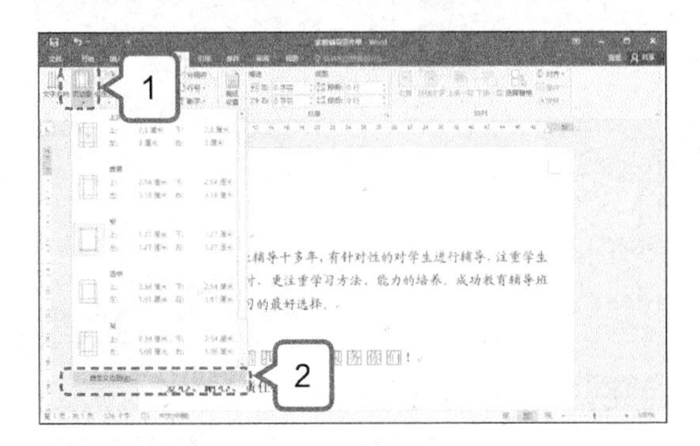

第 2 步 单击“确定”按钮

❶打开“页面设置”对话框，在“页边距”选项区中修改“上”“下”均为 2.3 厘米，“左”“右”均为 3 厘米；❷单击“确定”按钮。

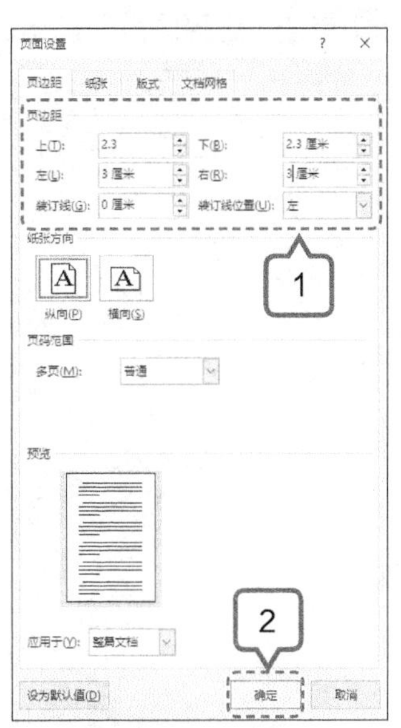

第 3 步 **查看页边距设置效果**

完成页面边距的设置，并查看设置页边距后的文档效果。

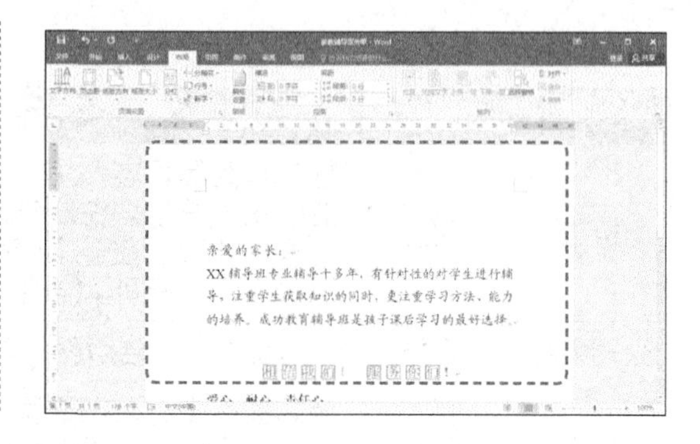

4.1.2 使用“页面颜色”功能为宣传单添加页面背景

前面讲解了页边距的设置，接下来将讲解页面背景的添加方法。使用页面背景功能可以制作出许多色彩亮丽的文档，使读者在阅读过程中有一种美的享受。

第 1 步 **单击“填充效果”命令**

❶ 单击“设计”选项卡，在“页面背景”面板中，单击“页面颜色”下三角按钮；❷ 展开颜色面板，单击“填充效果”命令。

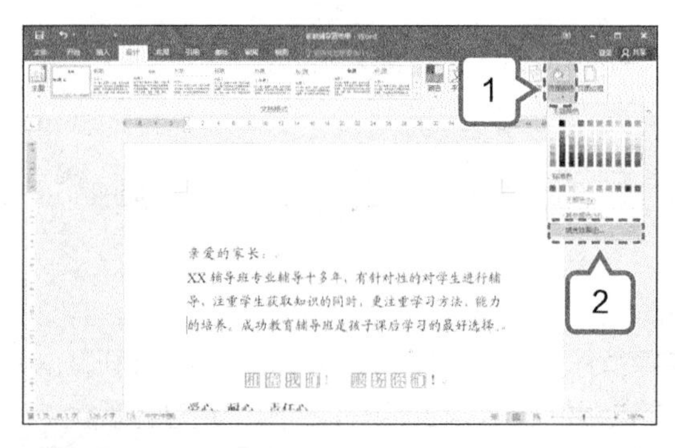

第 2 步 **单击“选择图片”按钮**

❶ 打开“填充效果”对话框，单击“图片”选项卡；❷ 单击“选择图片”按钮。

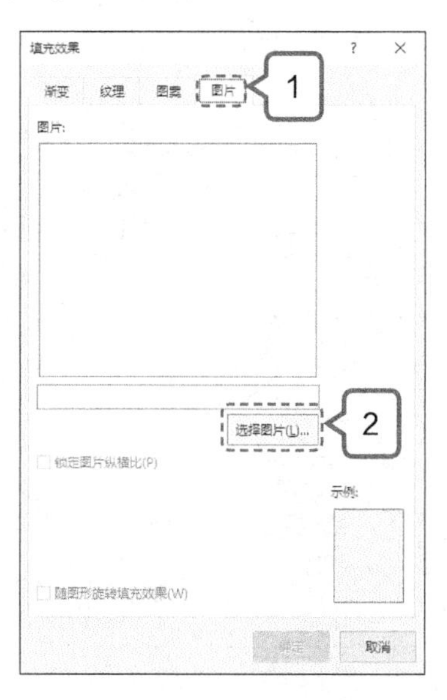

第 3 步 **单击“浏览”按钮**

弹出“插入图片”对话框，在“来自文件”选项的右侧，单击“浏览”按钮。

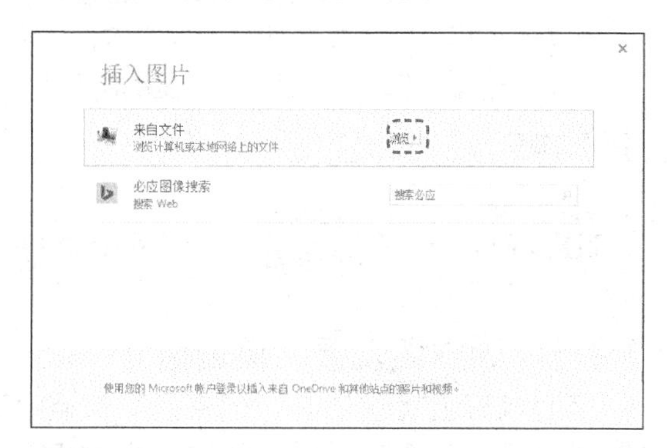

第 4 步 **单击“插入”按钮**

❶ 打开“选择图片”对话框，选择“背景”图片；❷ 单击“插入”按钮。

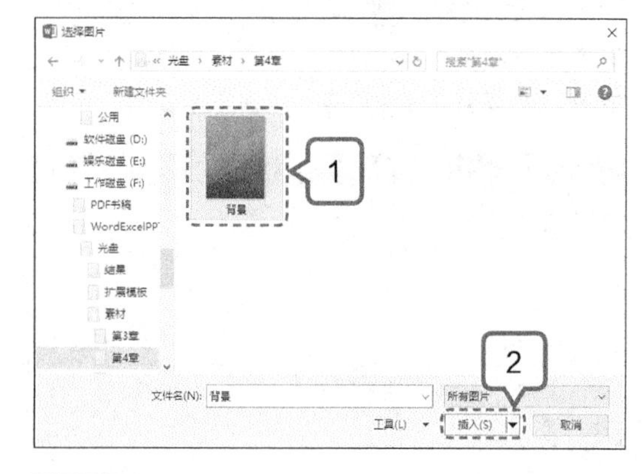

第 5 步 **单击“确定”按钮**

返回到“填充效果”对话框，单击“确定”按钮。

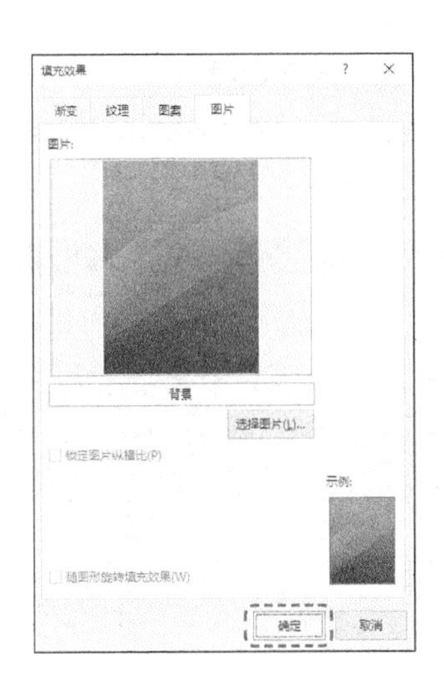

第 6 步 查看文档效果

返回到 Word 文档，完成页面背景的设置，并查看文档效果。

4.1.3 使用艺术字美化标题

在完成页面的边距和背景设置后，接下来可以使用“艺术字”功能在 Word 文档中插入一些具有艺术效果的装饰性文字，使文档内容更丰富多彩，达到吸引读者的目的。

第 1 步 选择艺术字样式

❶ 切换至“开始”选项卡，在“文本”面板中，单击“艺术字”下三角按钮；❷ 展开列表框，选择合适的艺术字样式。

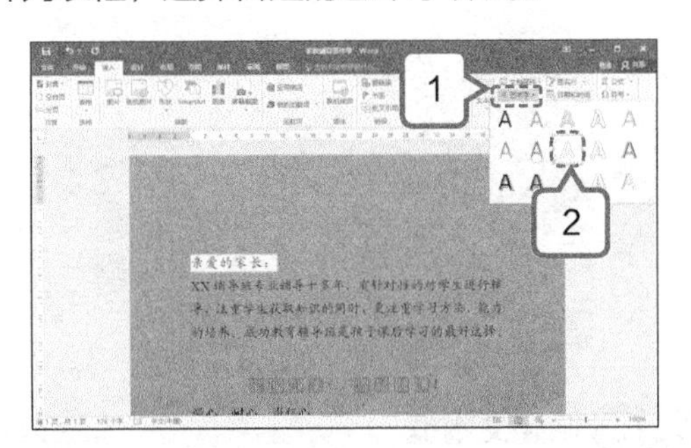

第 2 步 插入艺术字

在文档中将显示一个艺术字文本框，将文本框移动到合适的位置。

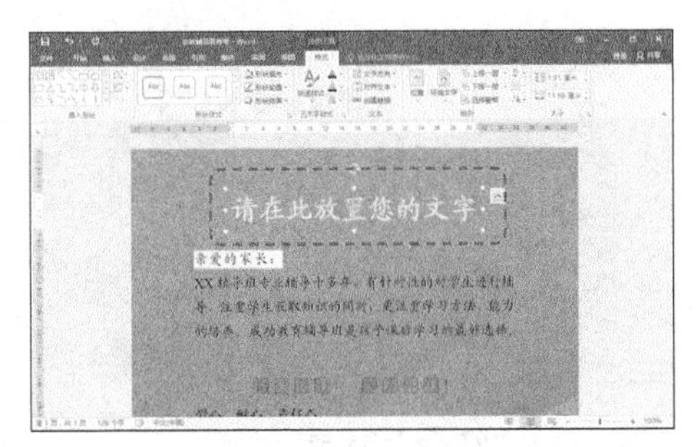

第 3 步 修改艺术字

选择文本框中的艺术字，将其修改为“XX 辅导班招生”。

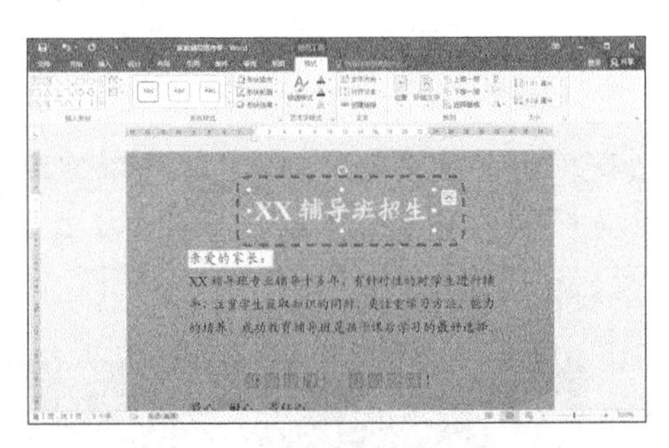

第 4 步 选择“向下阴影”选项

❶ 选择艺术字对象，切换至“格式”选项卡，在“艺术字样式”面板中，单击“文字效果”下三角按钮，展开列表框，单击“阴影”命令；❷ 再次展开列表框，选择“向下阴影”选项。

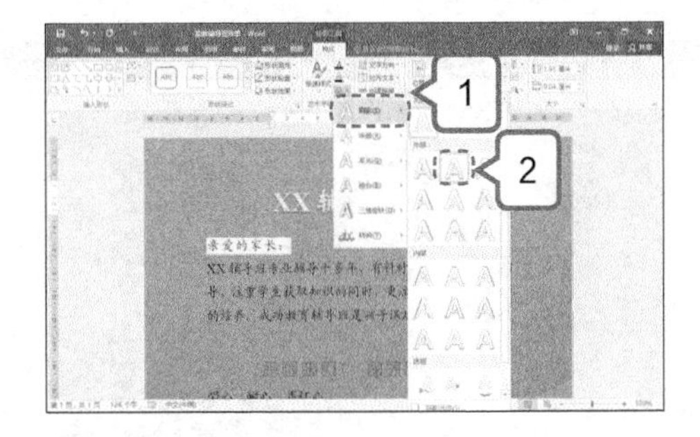

第 5 步 选择映像选项

❶ 单击“文字效果”下三角按钮，展开

列表框，单击“映像”命令；❷ 再次展开列表框，选择“紧密映像，8pt 偏移量”选项。

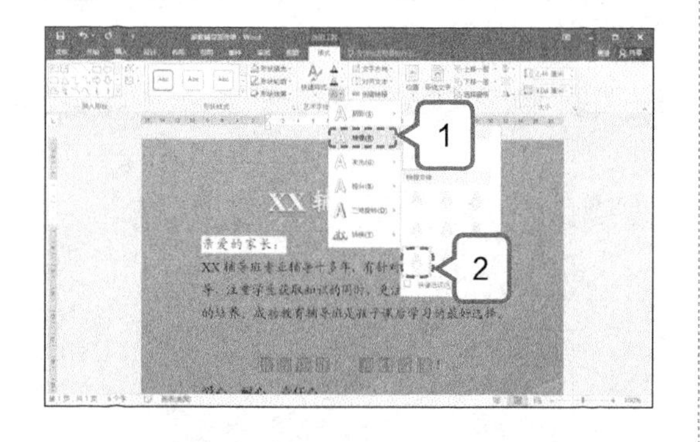

第 6 步 修改艺术字效果

完成修改艺术字的阴影和映像效果，并调整艺术字的位置。

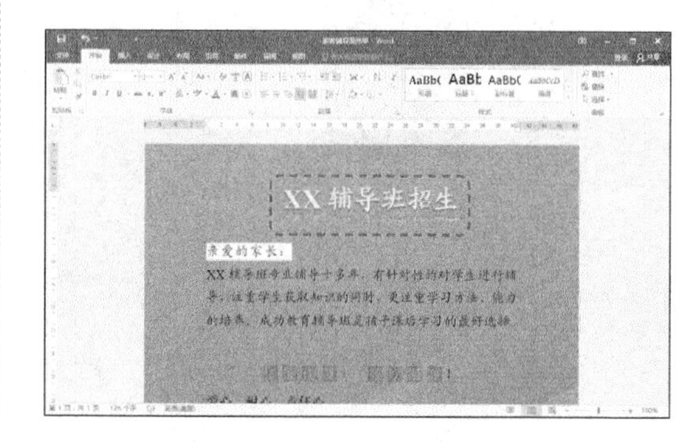

4.1.4 使用“文本框”功能添加文字

添加了艺术字标题后，接下来可以使用“文本框”功能完善宣传单中的文字内容。文本框是一个盛放文本或图形的“容器”，可以放置在页面上的任何位置，也可以任意调整其大小。

第 1 步 单击“绘制文本框”命令

❶ 切换至“插入”选项卡，在“文本”面板中，单击“文本框”下三角按钮；❷ 展开下拉列表框，单击“绘制文本框”命令。

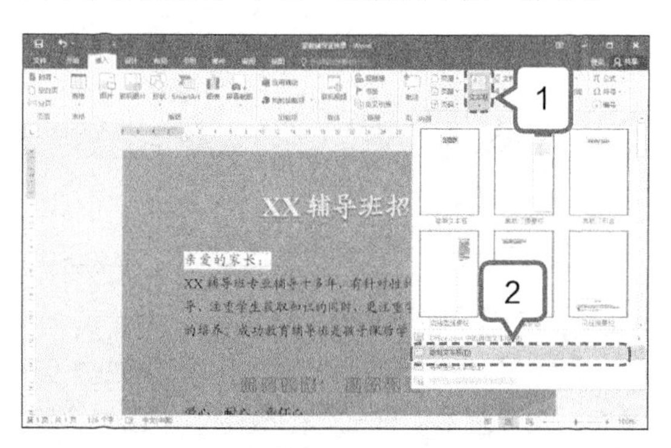

第 2 步 绘制文本框

在文档中的合适位置，单击鼠标并拖曳，绘制一个文本框。

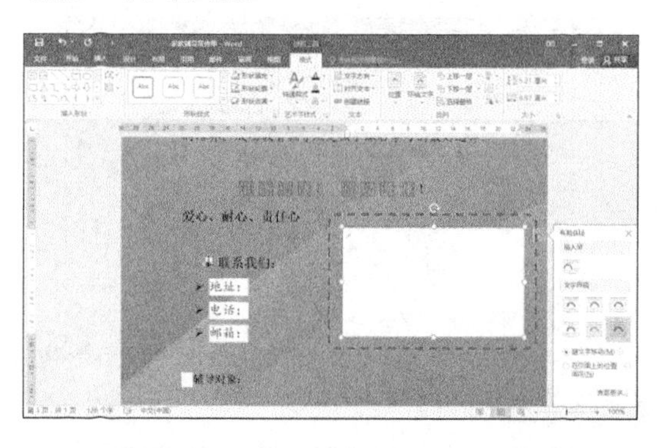

第 3 步 添加文本

在新绘制的文本框中输入文本内容，并修改文本的字体样式、颜色、字号和项目符号等。

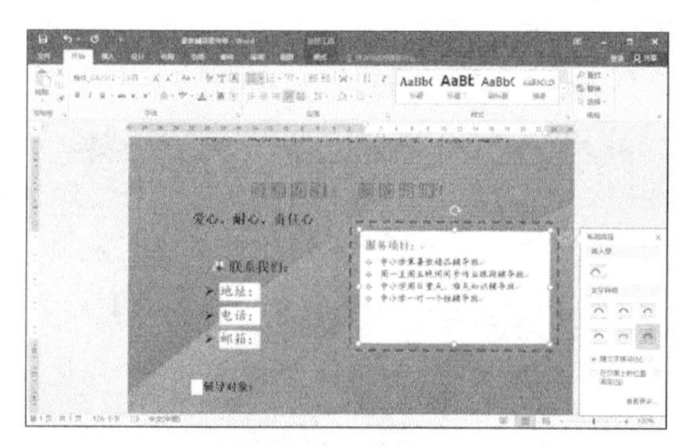

第 4 步 调整文本框

使用鼠标拖曳，调整文本框的大小和位置。

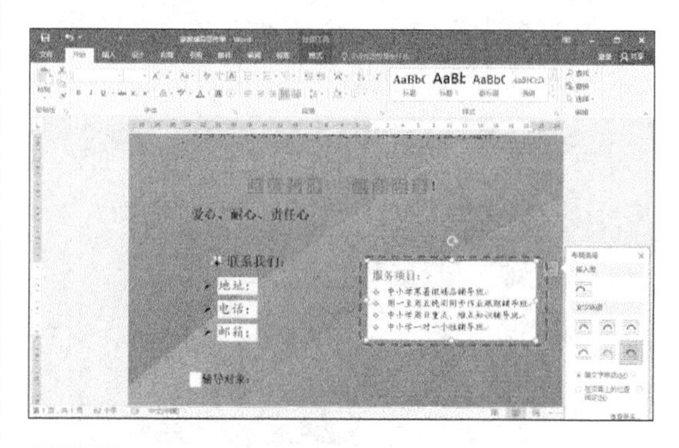

第 5 步 选择“红色”颜色

❶ 切换至“格式”选项卡，在“形状样式”面板中，单击“形状轮廓”下三角按钮；

❷ 展开列表框，选择“红色”颜色。

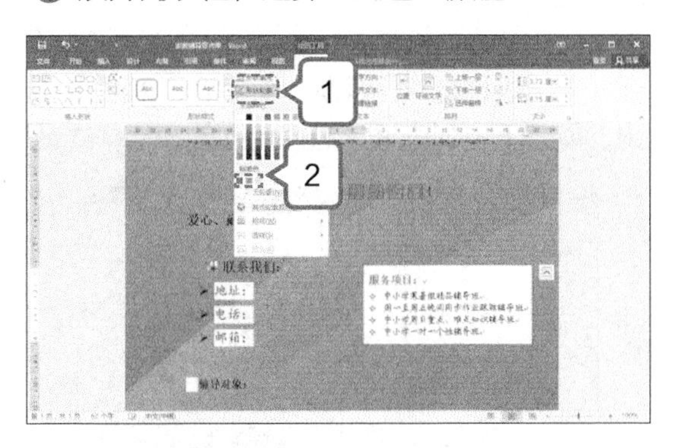

第 6 步 单击“1.5 磅”命令

❶ 在“形状样式”面板中，单击“形状轮廓”下三角按钮；❷ 展开列表框，单击“粗细”→“1.5 磅”选项。

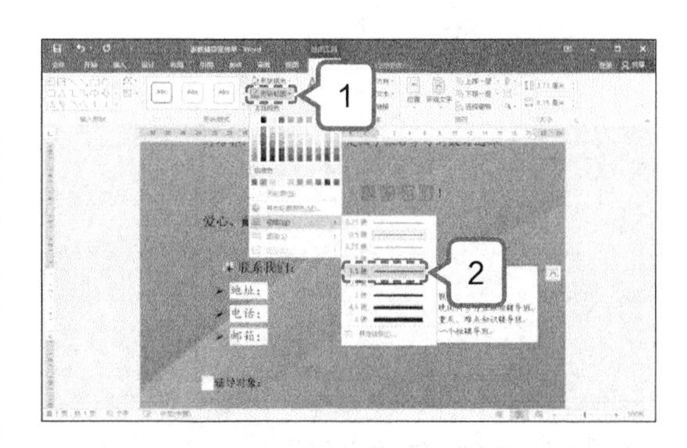

第 7 步 查看文档效果

完成文本框形状样式的修改，并查看文档效果。

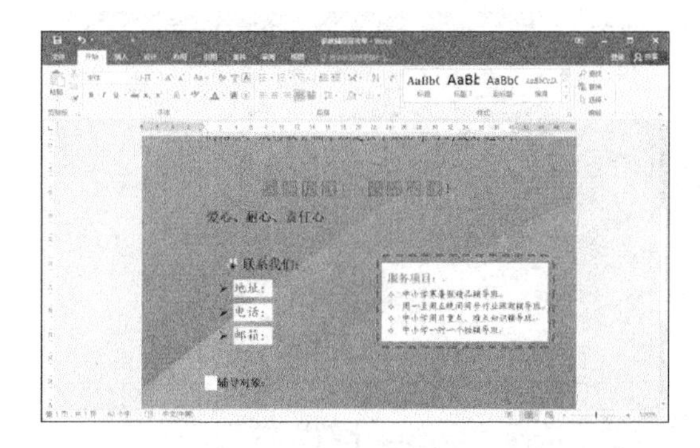

4.1.5 使用“表格”功能添加和编辑表格

宣传单中的内容还包含表格，使用“表格”功能可以制作出更加具有说服力的文本内容。

第 1 步 单击“插入表格”命令

❶ 定位表格的插入位置，切换至“插入”选项卡，在“表格”面板中，单击“表格”下三角按钮；❷ 展开列表框，单击“插入表格”命令。

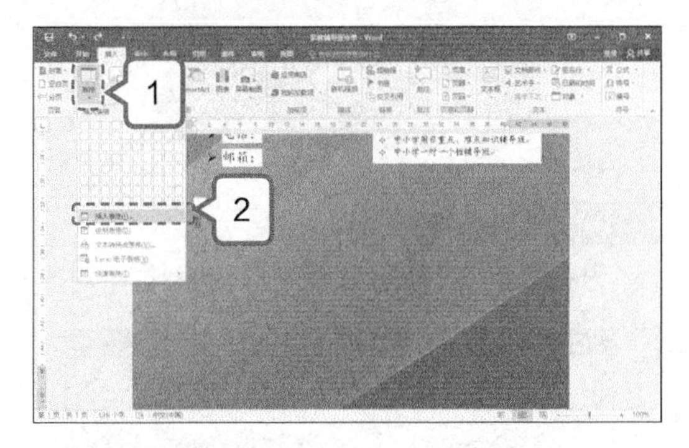

第 2 步 单击“确定”按钮

❶ 打开“插入表格”对话框，在“表格尺寸”选项区中，修改“列数”为 2，“行数”为 4；❷ 单击“确定”按钮。

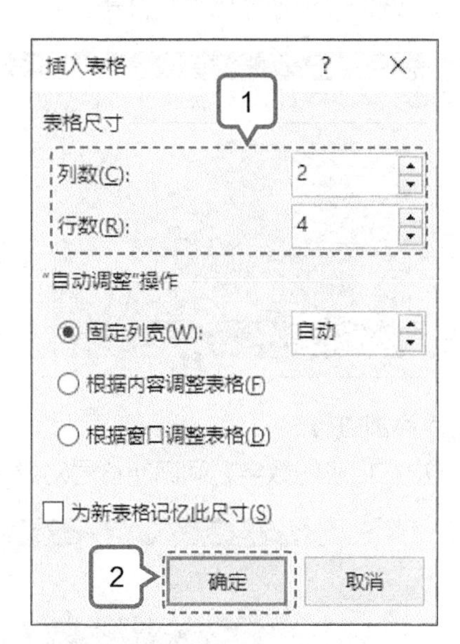

第 3 步 插入表格

在文档中插入表格对象，并在新插入的表格内输入文本内容。

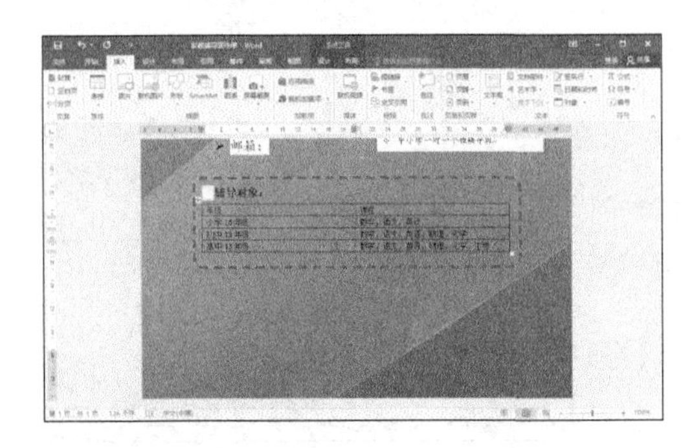

第 4 步 修改文本字体字号

❶ 选中整个表格；❷ 修改表格中文本“字体”为“方正宋三简体”，“字号”为“四号”。

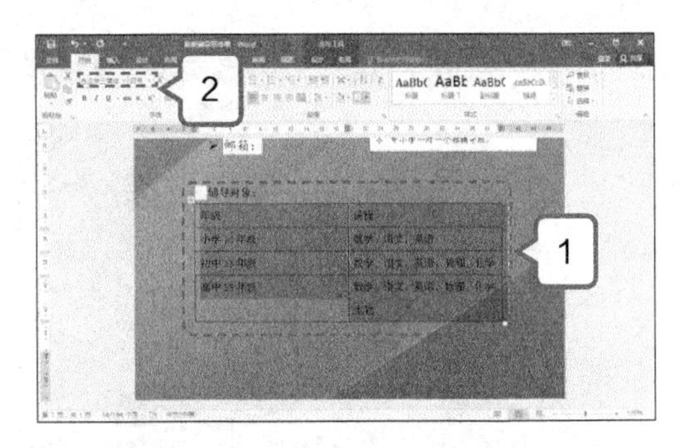

第 5 步 选择“全形颚化符”符号

❶ 切换至“插入”选项卡，在“符号”面板中，单击“符号”下三角按钮；❷ 展开列表框，选择“全形颚化符”符号。

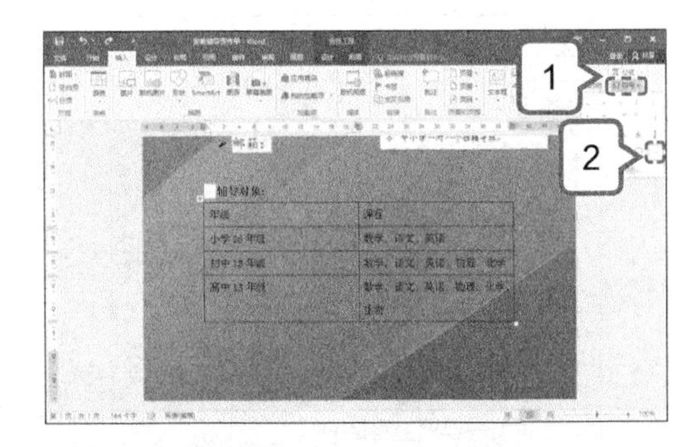

第 6 步 添加符号

依次在相应的数字之间添加符号对象。

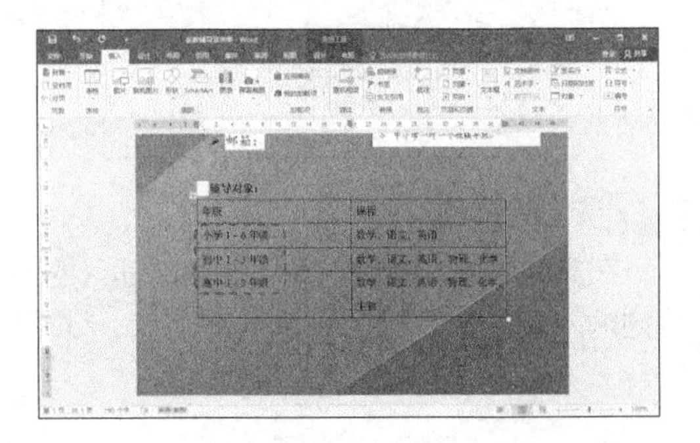

第 7 步 选择表格样式

再次选中整个表格，切换至“设计”选项卡，在“表格样式”面板中，单击“其他”按钮，展开下拉列表框，选择合适的表格样式。

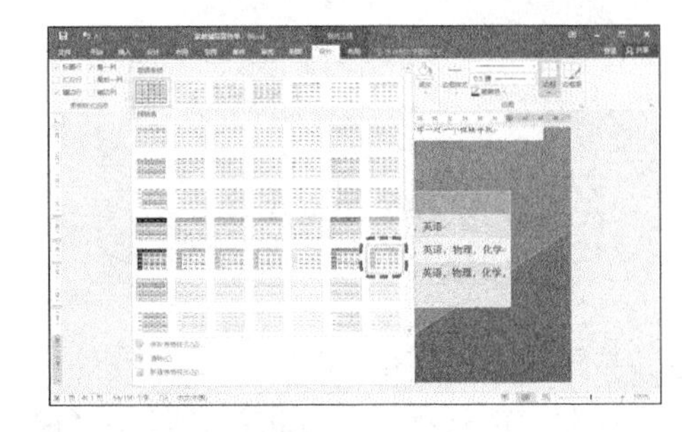

第 8 步 修改表格样式

完成表格样式的修改，并查看效果。

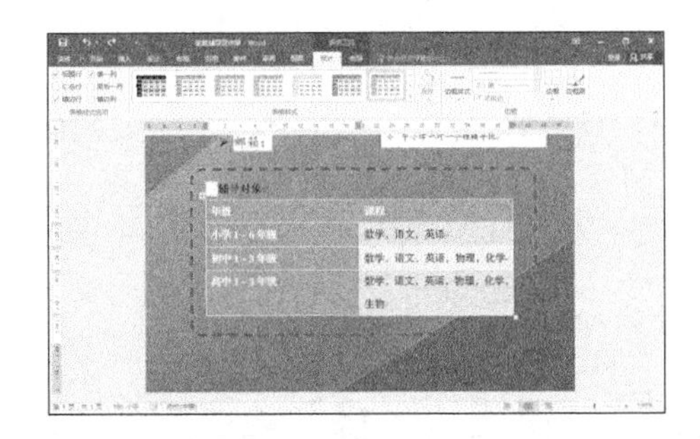

第 9 步 调整表格列宽

选择表格中间的垂直直线，将其向右进行拖曳，调整表格的列宽。

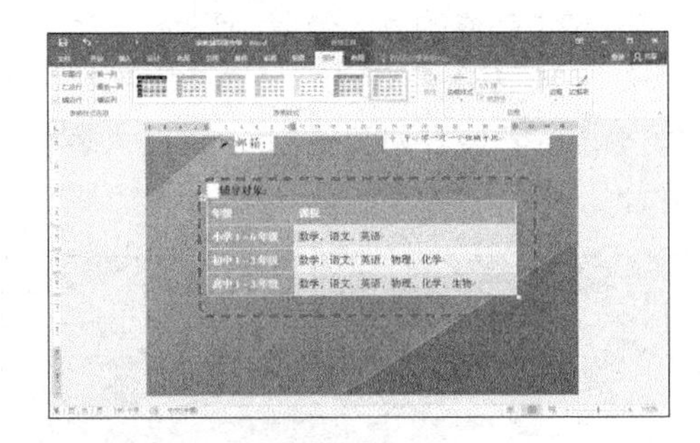

第 10 步 居中对齐文本

选择最上方的一行表格文本，将其居中对齐。

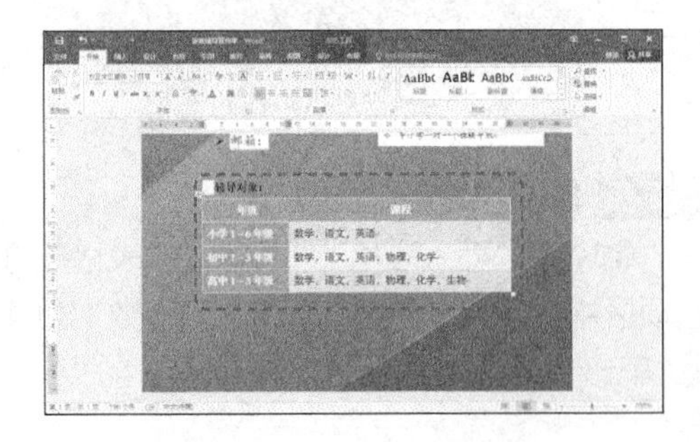

4.1.6 使用“插入”功能插入和编辑图片

在制作宣传单时，除了添加表格、艺术字等元素外，还可以插入图片元素，这不仅可以美化版面，还可以更好地表达文档中的内容，做到图文并茂。

第 1 步 单击“图片”按钮

切换至“插入”选项卡，单击“插图”面板中的“图片”按钮。

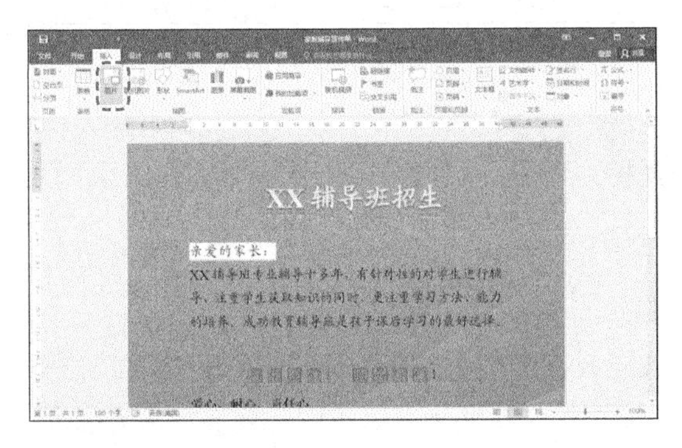

第 2 步 单击“插入”按钮

❶ 打开“插入图片”对话框，选择需要插入的图片；❷ 单击“插入”按钮。

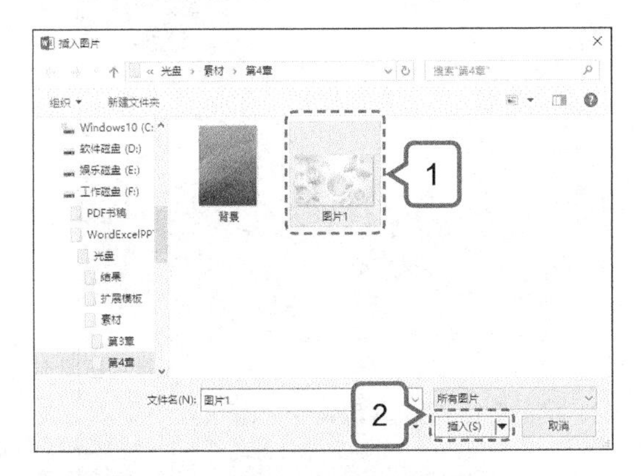

第 3 步 单击“衬于文字下方”命令

插入图片，切换至“格式”选项卡，在“排列”面板中，单击“环绕文字”下三角按钮，展开列表框，单击“衬于文字下方”命令。

第 4 步 修改形状宽度

将图片衬于文字下方，在“格式”选项卡的“大小”面板中，修改“形状宽度”为 22。

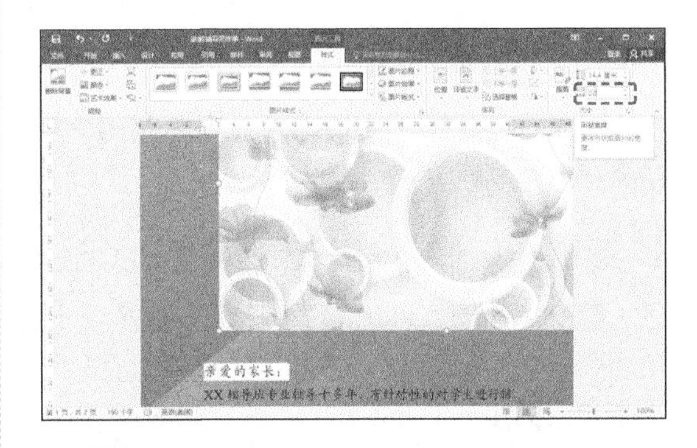

第 5 步 调整图片

完成图片大小的调整，并将图片移动到合适的位置。

第 6 步 选择“十字图案蚀刻”选项

❶ 在“格式”选项卡的“调整”面板中，单击“艺术效果”下三角按钮；❷ 展开列表框，选择“十字图案蚀刻”选项。

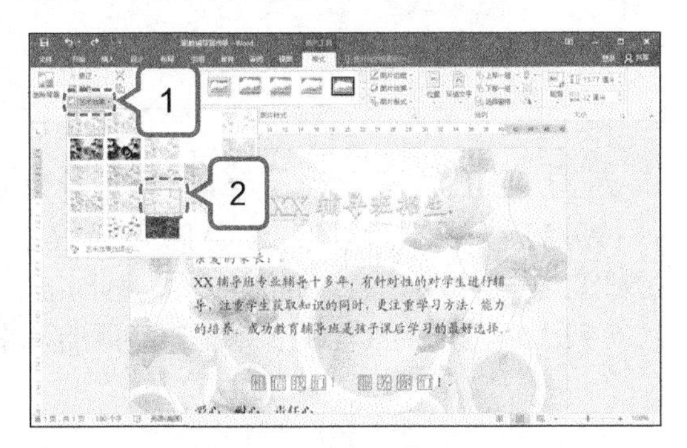

第 7 步 查看文档效果

完成图片艺术效果的更改，并查看文档效果。

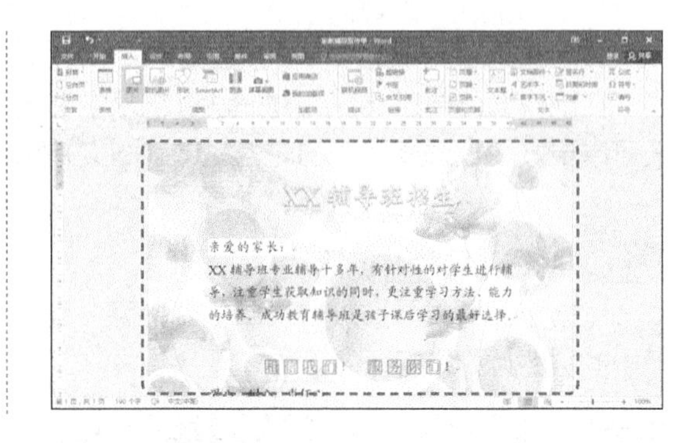

4.1.7 其他宣传单

除了本节介绍的宣传单外，平时常用的还有很多种宣传单。读者可以根据以下思路，结合实际需要进行制作。

1. 活动类宣传单——《健身房活动宣传单》

健身房活动宣传单需要传递一种时尚、动感的效果，在结构上往往包括标题、正文、广告语和插图等。在制作活动类的宣传单时，会使用到文本内容输入、字体样式设置以及段落设置等操作。具体的效果如左下图所示。

2. 开业类宣传单——《冰淇淋店开业宣传单》

新店开张讲究打响开头炮，打出宣传效应，为日后的良好业绩打下基础。因此该类的宣传单在制作上一定要突出店铺的优势，如开业礼包等。在制作开业类宣传单时，会使用到图片插入、艺术字添加、形状绘制以及文本框文字添加等操作。具体的宣传单效果如右上图所示。

4.2 制作“流程图”——《培训总体流程图》

本节视频教学时间 / 38 分钟

案例名称	培训总体流程图
素材文件	素材 \ 第 4 章 \ 培训总体流程图 .docx
结果文件	结果 \ 第 4 章 \ 培训总体流程图 .docx
扩展模板	扩展模板 \ 第 4 章 \ 流程类模板

流程图是流经一个系统的信息流、观点流或部件流的图形代表。在企业中，流程图主要用来说明某一过程，这个过程既可以是生产线上的工艺流程，也可以是完成一项任务必需的管理过程。在本实例中，我们要制作出培训总体流程图。

最后的效果如图所示。

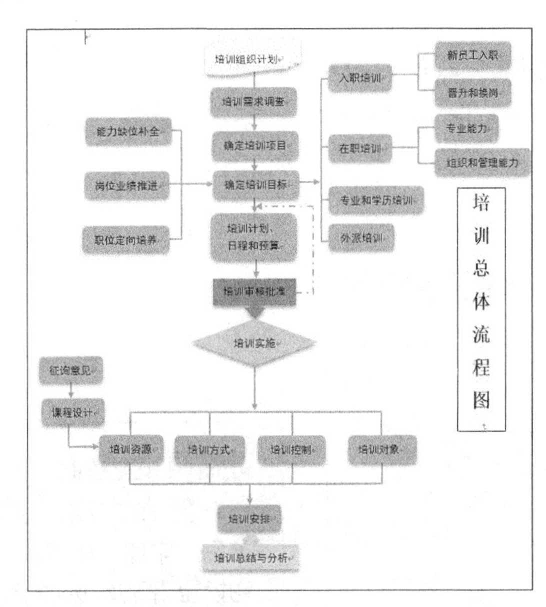

/ 流程图的组成要素

名称	是否必备	要求
客户	必备	流程中的服务对象，对外来讲是单位服务的个人或组织，对内来讲是流程的下一个环节
动作	必备	流程运作为客户带来的好处，很多情况下不是用货币来衡量的，它可以表现为提高了效率、降低了成本等
输入	必备	运作流程所必需的资源，不仅包括传统的人、财、物，而且包括信息、计划等
活动	必备	流程运作的环节
活动之间的相互作用	必备	环节之间的关系，把流程从头到尾串联起来
输出	必备	流程运作的结果，它应该承载流程的价值

/ 技术要点

（1）为流程图添加标题。

（2）使用自选图形绘制流程图框架。

（3）在自选图形中添加与编辑文字。

（4）使用“格式”选项卡修饰与对齐流程图。

（5）使用自选图形添加连接线箭头。

/ 操作流程

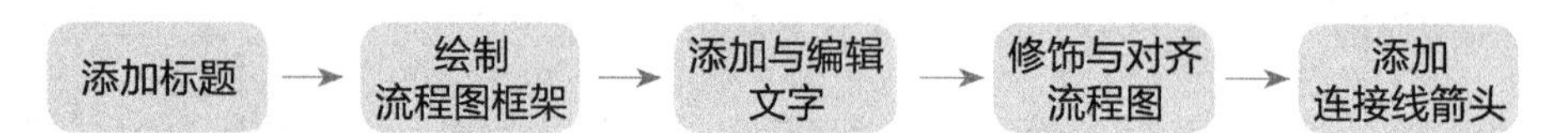

4.2.1 为流程图添加标题

标题是文档中起引导作用的重要元素，标题应醒目，突出主题，同时可以为其加上一些特殊的修饰效果。

第 1 步 单击“绘制竖排文本框”命令

新建一个空白文档。❶ 切换至“插入”选项卡，在“文本”面板中，单击“文本框”下三角按钮；❷ 展开列表框，单击“绘制竖排文本框”命令。

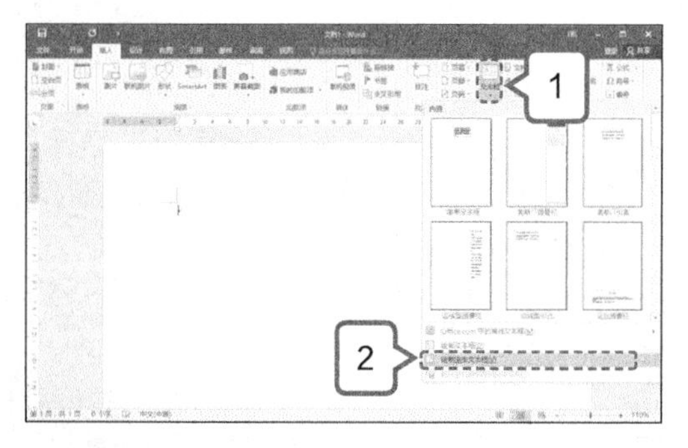

第 2 步 添加文本

在文档中，单击鼠标并拖曳，绘制一个竖排的文本框，并在文本框中输入文本“培训总体流程图”。

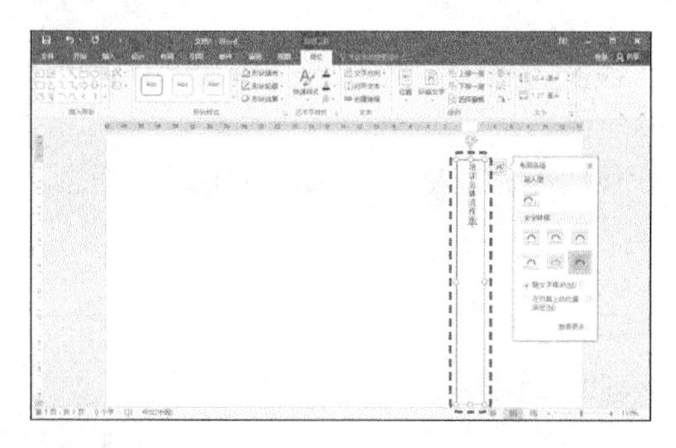

第 3 步 修改文本格式

❶ 选择文本框中的文本；❷ 修改“字体”为“宋体”，“字号”为“小二”，并加粗文本。

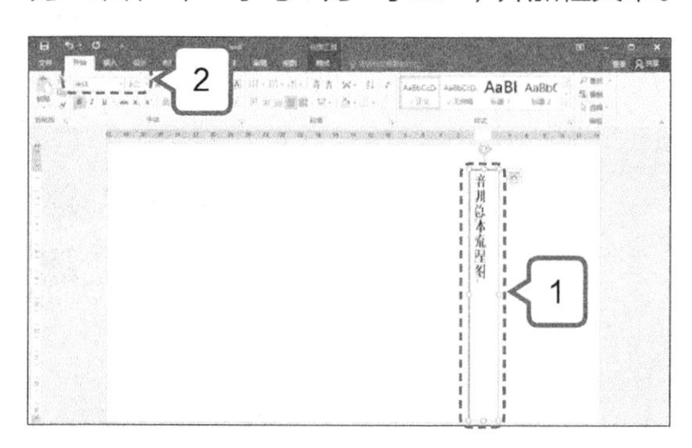

第 4 步 设置参数

❶ 在“开始”选项卡的“字体”面板中，单击“字体”按钮，弹出“字体”对话框，切换至“高级”选项卡；❷ 在“间距”列表框中，选择“加宽”选项，在右侧的“磅值”数值框中，设置其数值为“6 磅”，单击“确定”按钮。

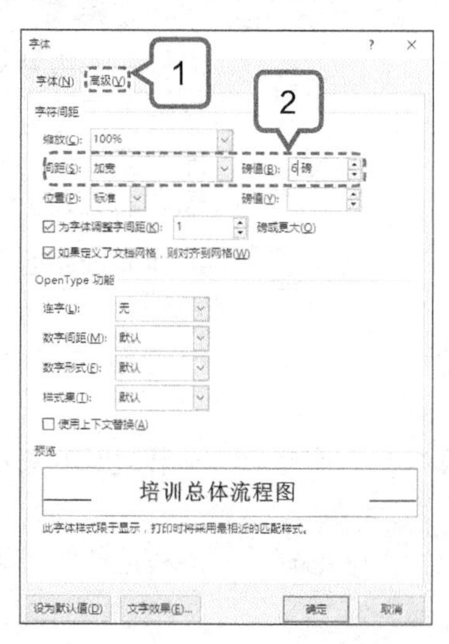

第 5 步 添加标题

完成字体间距的设置，并拖曳文本框，调整其大小和位置，完成标题的添加。

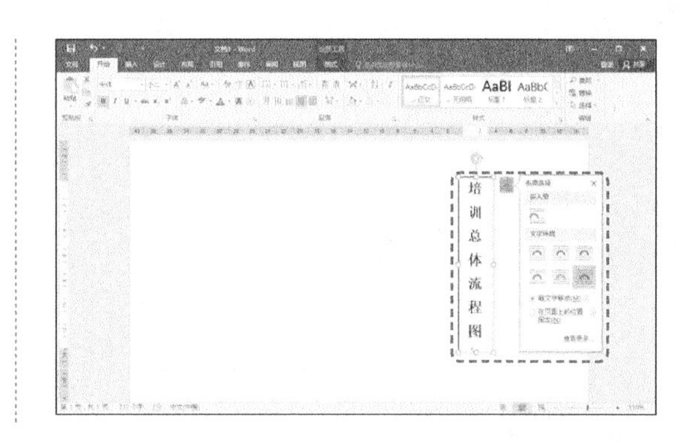

4.2.2 使用自选图形绘制流程图框架

在完成流程图标题的添加后，接下来就需要对流程图的框架进行绘制。在办公应用中，使用流程图展示工作过程，可以使读者能够更加清晰地查看和理解工作过程。

第 1 步 选择“流程图：多文档”形状

❶ 切换至“插入”选项卡，在“插图”面板中，单击“形状”下三角按钮；❷ 展开列表框，选择“流程图：多文档”形状。

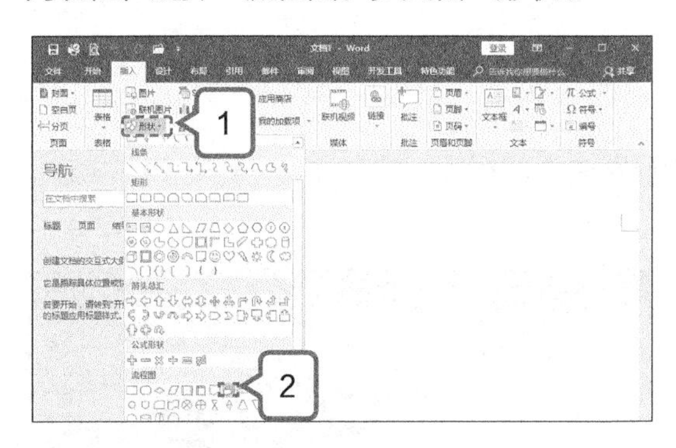

第 2 步 绘制流程图对象

❶ 在文档中，单击鼠标并拖曳，绘制一个流程图对象；❷ 在“格式”选项卡的“大小”面板中，修改“形状高度”为 1.1 厘米，“形状宽度”为 3.1 厘米。

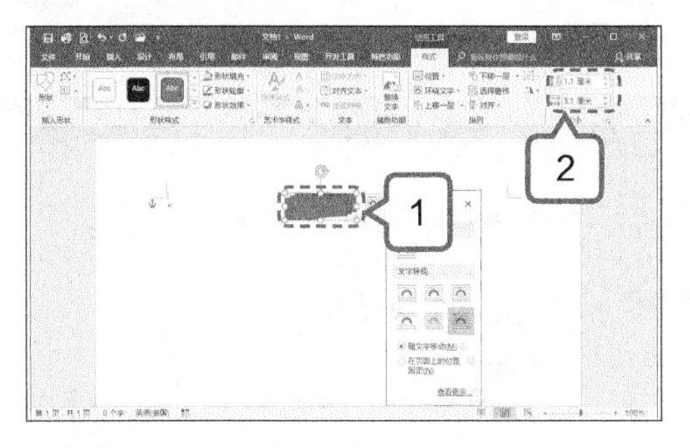

第 3 步 选择“圆角矩形”形状

❶ 切换至“插入”选项卡，在“插图”面板中，单击“形状”下三角按钮；❷ 展开列表框，选择“圆角矩形”形状。

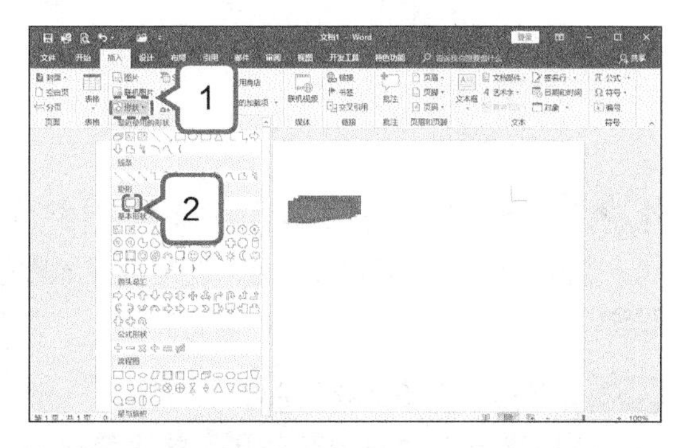

第 4 步 绘制圆角矩形

在文档中，单击鼠标并拖曳，绘制一个圆角矩形对象。

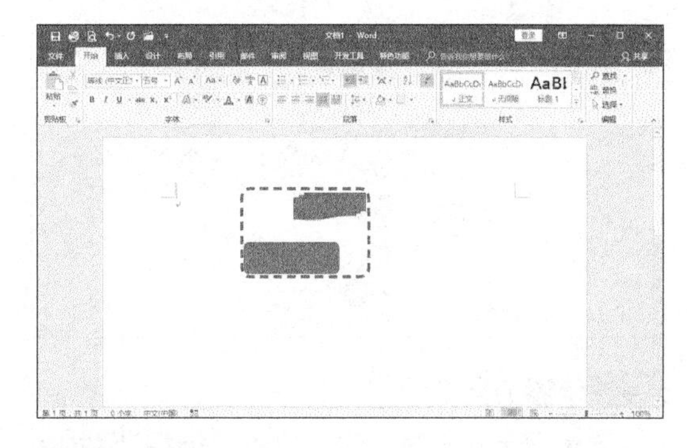

第 5 步 选择“菱形”形状

❶ 切换至“插入”选项卡，在“插图”面板中，单击“形状”下三角按钮；❷ 展开列表框，选择“菱形”形状。

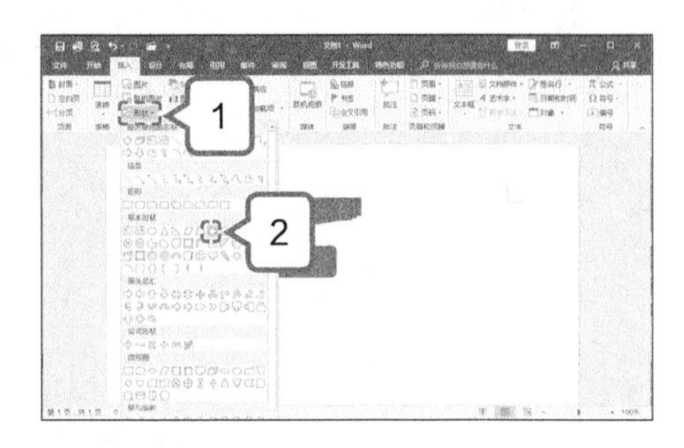

第 6 步 绘制菱形

在文档中，单击鼠标并拖曳，绘制一个菱形对象。

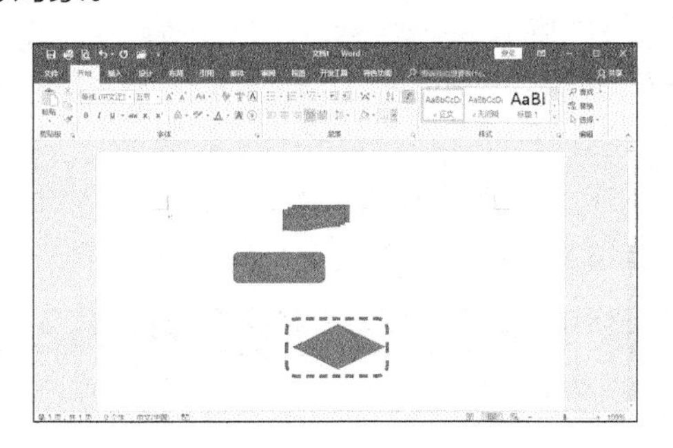

第 7 步 复制图形

使用同样的方法，在文档中依次绘制“标注：上箭头”和“标注：下箭头”形状，然后选择绘制的圆角矩形形状，对其进行复制和粘贴操作，并调整各图形的位置。

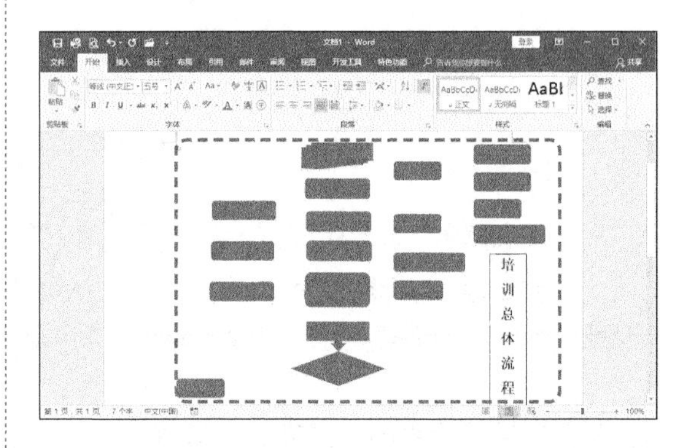

4.2.3 在自选图形中添加与编辑文字

完成流程图框架的绘制后，还需要在流程图的形状中添加相应的文字说明，对每个流程进行解说。

第 1 步 单击“添加文字”命令

选择最上方的流程图形状，单击鼠标右键，打开快捷菜单，单击“添加文字”命令。

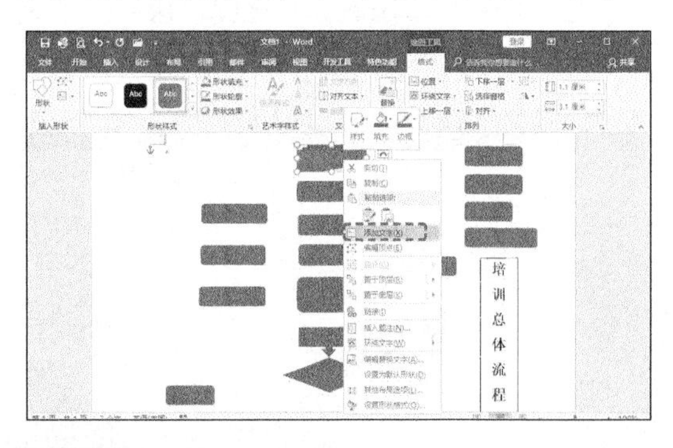

第 2 步 添加文本

❶ 显示文本框，输入文本“组织计划”；❷ 设置“字体”为“黑体”，“字号”为 10，“字体颜色”为“黑色”，完成文本添加。

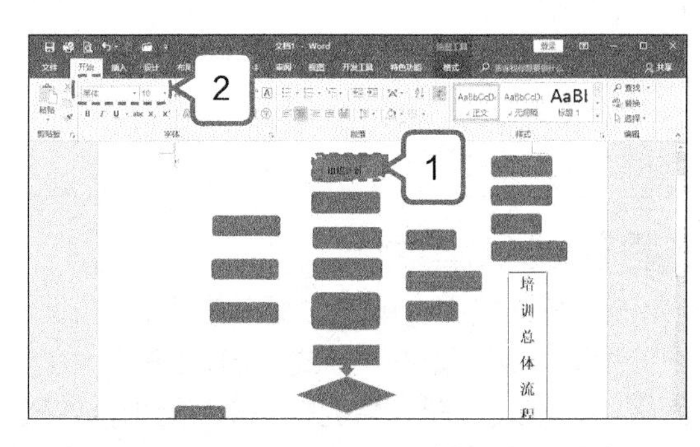

第 3 步 修改文本

用同样的方法，为其他形状添加文本。

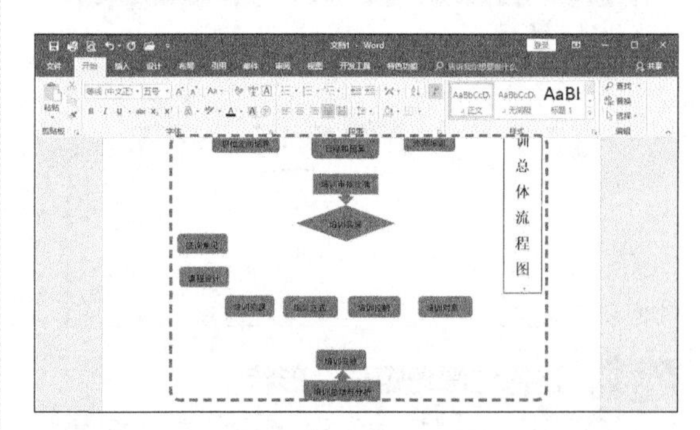

4.2.4 使用“格式”选项卡修饰与对齐流程图

流程图的框架和文字绘制完成后，常常需要在流程图上添加各种修饰元素，使图形更具艺术效果，从而更加具有吸引力和感染力。

第 1 步 调整图形大小

选择文档中的图形，将图形调整到合适的大小。

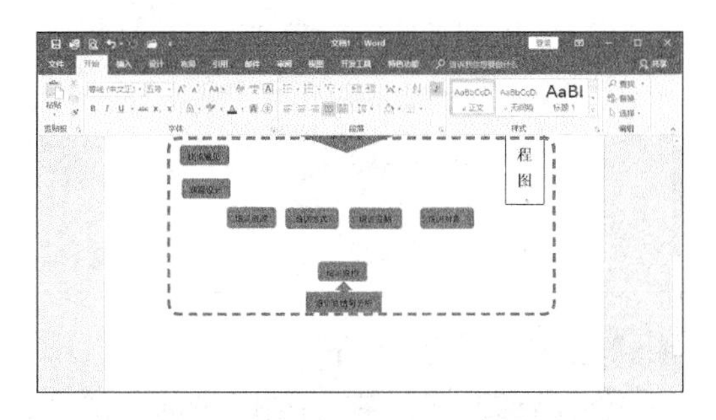

第 2 步 单击“水平居中”命令

❶ 在文档中，选择合适的形状，切换至“格式”选项卡，在“排列”面板中，单击“对齐对象”下三角按钮 ；❷ 展开列表框，单击“水平居中”命令。

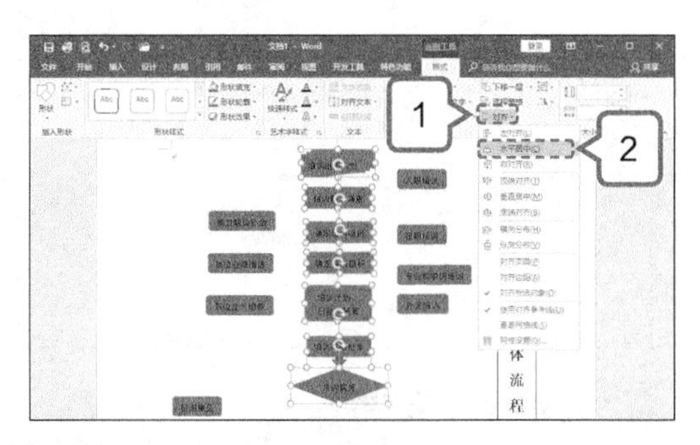

第 3 步 水平居中对齐文本

水平居中对齐文本，并将选择的形状移动到合适位置。

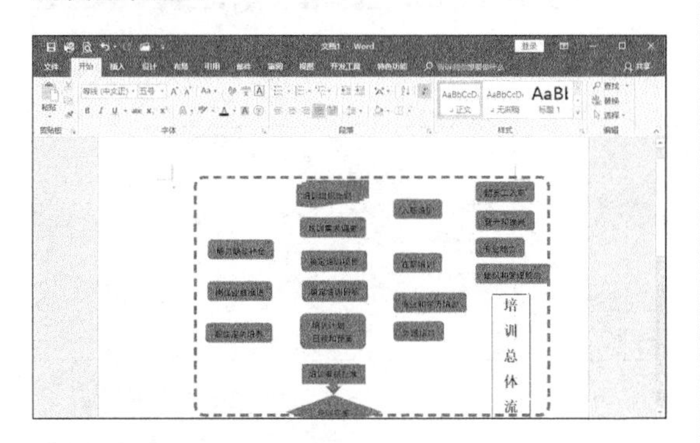

第 4 步 对齐和移动图形

用同样的方法，对其他图形形状的位置进行对齐和移动操作。

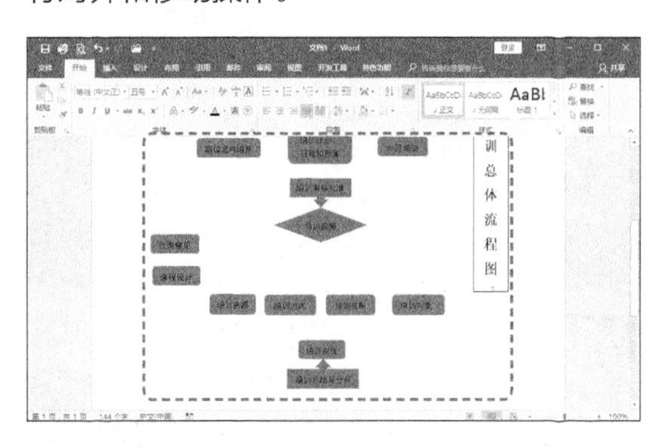

第 5 步 选择“黄色”颜色

❶ 选择最上方的流程图形状，切换至“格式”选项卡，在“形状样式”面板中，单击“形状填充”下三角按钮；❷ 展开列表框，选择“黄色”颜色。

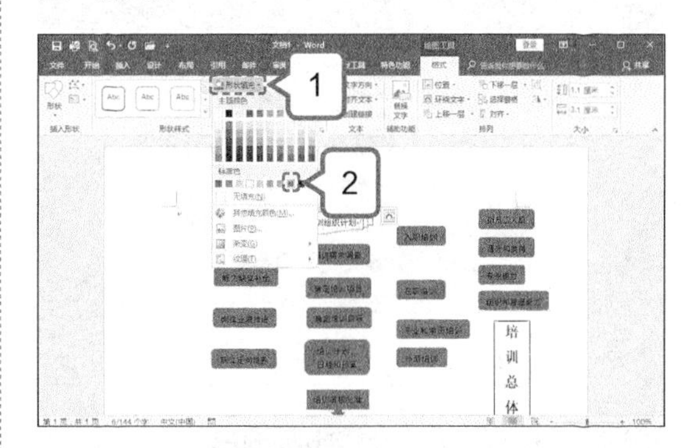

第 6 步 更改形状轮廓颜色

在“形状轮廓”列表框中，选择“黄色”颜色，更改形状的轮廓颜色。

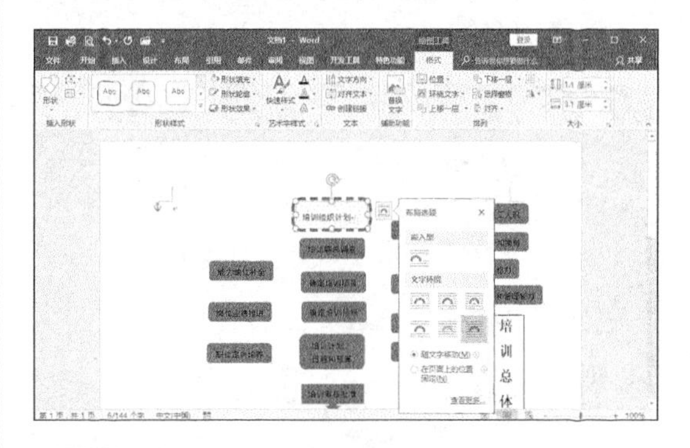

第 7 步 更改形状填充和轮廓颜色

选择下箭头形状，在“格式”选项卡的“形

状样式”面板中，修改其“形状填充”和“形状轮廓”颜色均为“红色”。

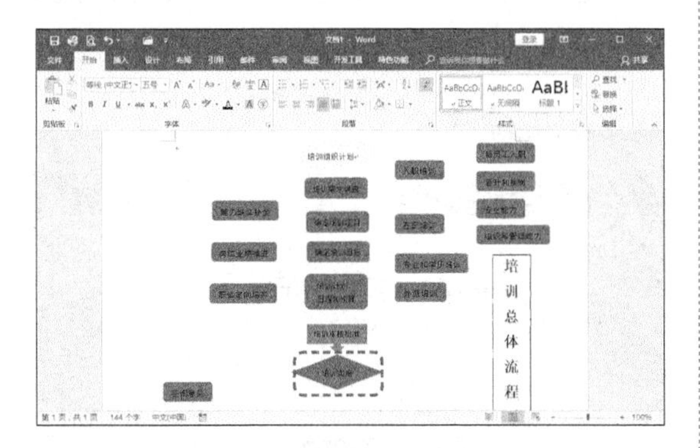

第 8 步 更改形状填充和轮廓颜色

选择菱形形状，在“格式”选项卡的“形状样式”面板中，修改其“形状填充”和“形状轮廓”颜色均为“浅绿”；选择上头形状，在“格式”选项卡的“形状样式”面板中，修改其“形状填充”和“形状轮廓”颜色均为“橙色”。

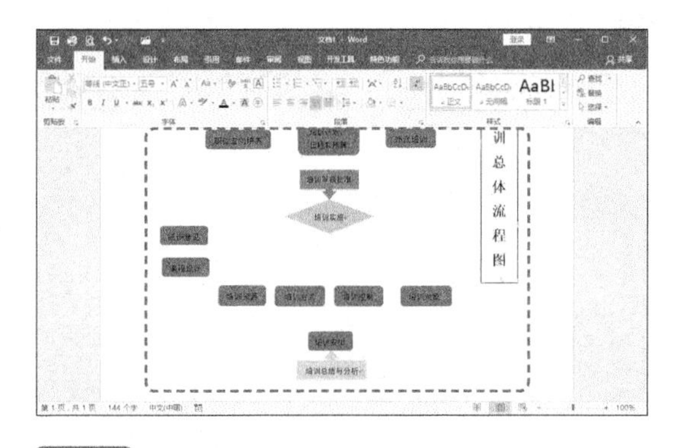

第 9 步 更改形状填充和轮廓颜色

选择所有的圆角矩形形状，在“格式”选项卡的“形状样式”面板中，修改其“形状填充”和“形状轮廓”颜色均为“蓝色，个性化1，淡色 40%”。

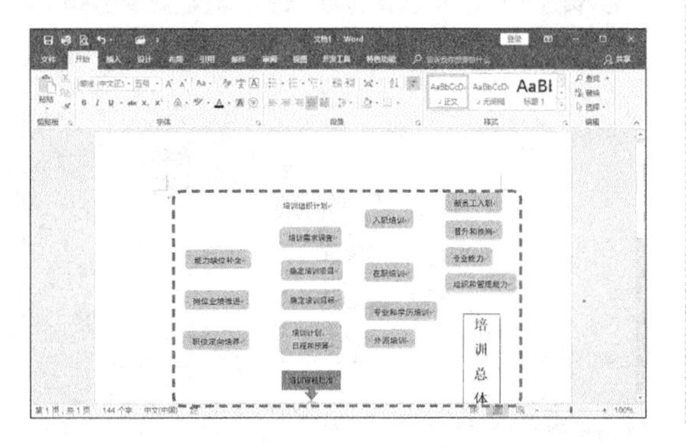

第 10 步 单击“组合”命令

选择所有的图形形状，切换至“格式”选项卡，在“排列”面板中，单击“组合对象”下三角按钮，展开列表框，单击“组合”命令。

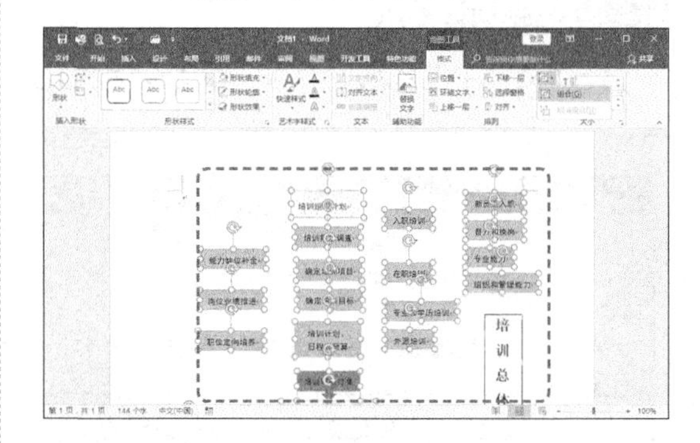

第 11 步 选择“偏移：下”选项

❶ 组合图形后，在“格式”选项卡的“形状样式”面板中，单击“形状效果”下三角按钮，展开列表框，单击“阴影”命令；❷ 再次展开列表框，选择“偏移：下”选项。

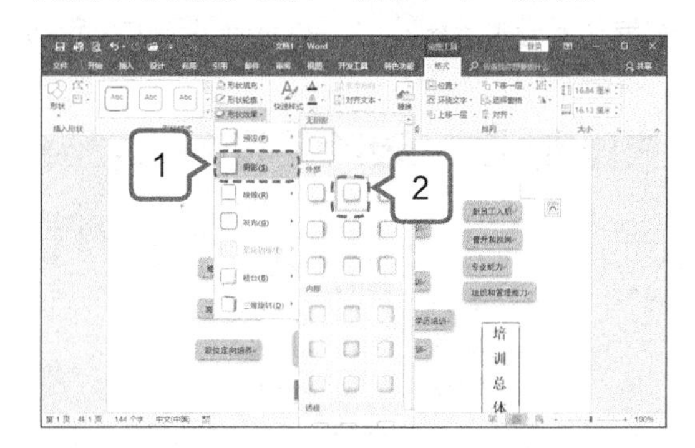

第 12 步 查看文档效果

完成上述操作即可为选择的图形添加阴影效果，并查看文档效果。

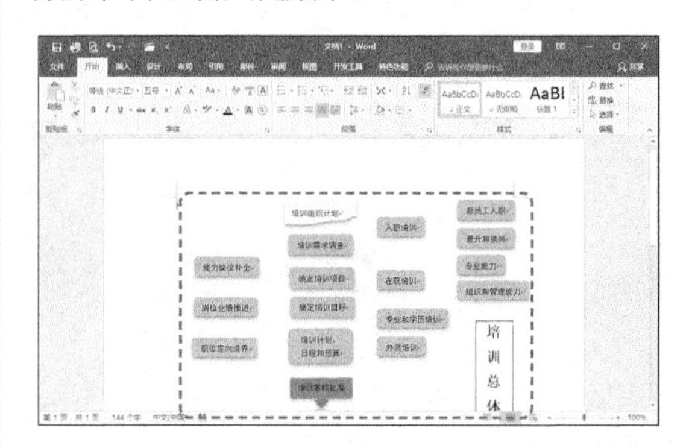

4.2.5 使用自选图形添加连接线箭头

在完成流程图图形的绘制与修饰操作后，还需要利用线条工具绘制出流程图中的箭头线条，将每个图形连接起来。

第 1 步 选择“箭头”形状

❶ 切换至“插入”选项卡，在“插图”面板中，单击“形状”下三角按钮；❷ 展开列表框，选择“箭头”形状。

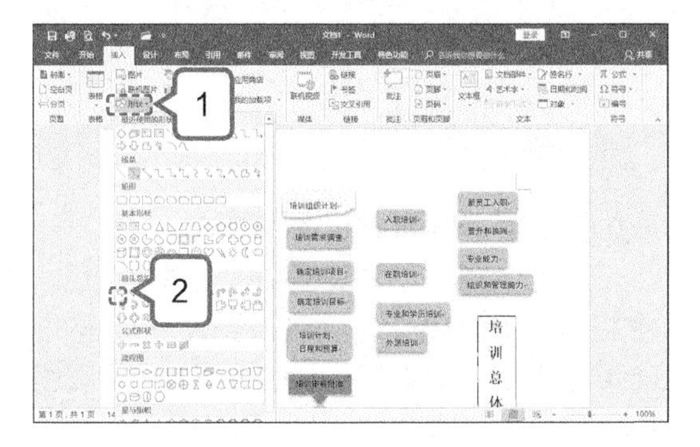

第 2 步 绘制箭头形状

在文档中相应的形状之间，按住【Shift】键，单击鼠标并拖曳，完成箭头形状的绘制。

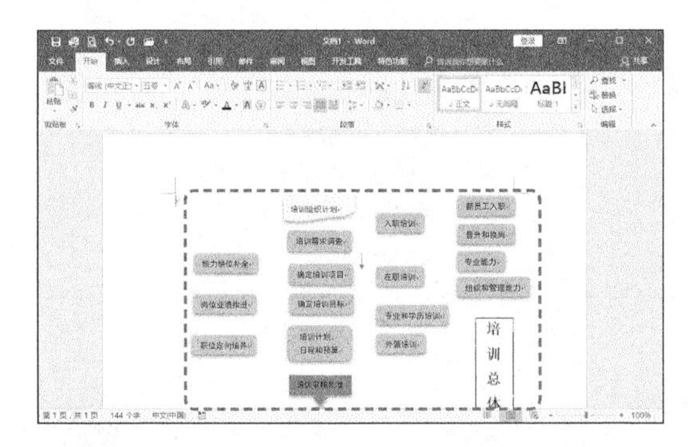

第 3 步 绘制箭头形状

用同样的方法，在其他图形形状之间绘制箭头形状。

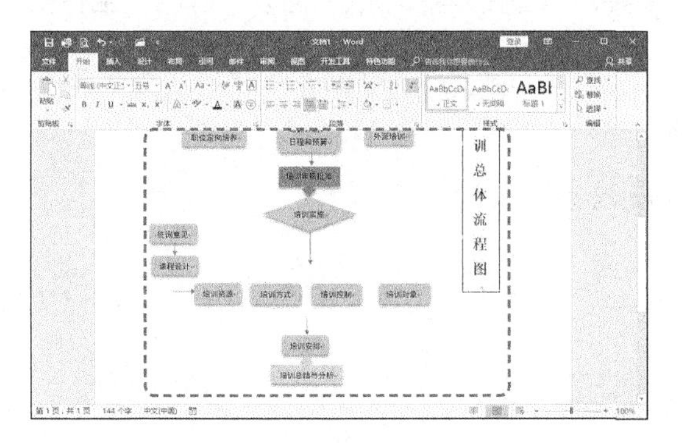

第 4 步 选择“直线”形状

❶ 切换至“插入”选项卡，在“插图”面板中，单击“形状”下三角按钮；❷ 展开列表框，选择“直线”形状。

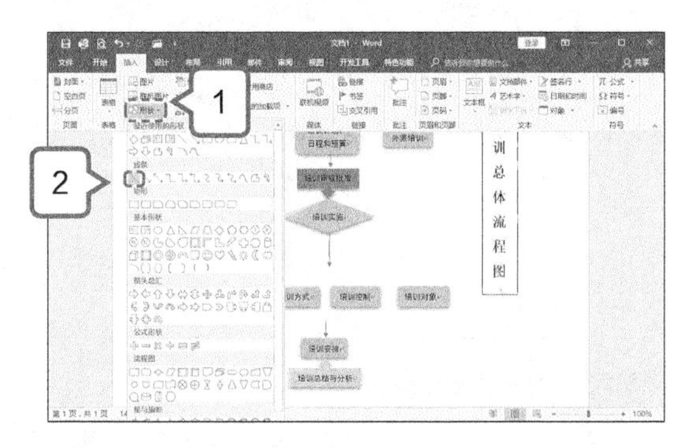

第 5 步 绘制直线形状

在文档中相应的形状之间，按住【Shift】键，单击鼠标并拖曳，完成直线形状的绘制。

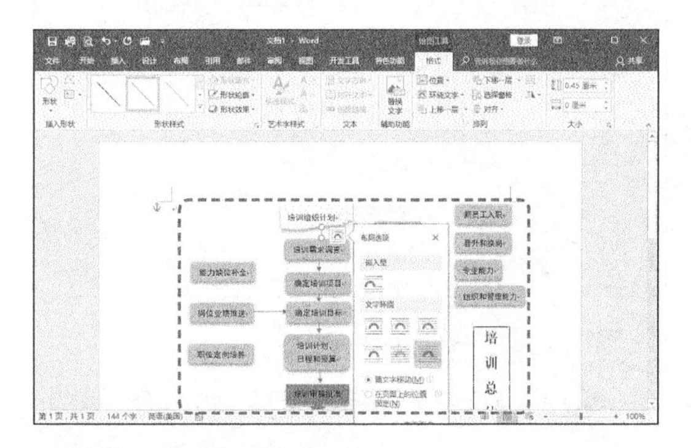

第 6 步 完善图形形状

使用“直线”和“箭头”形状，对图形进行完善。

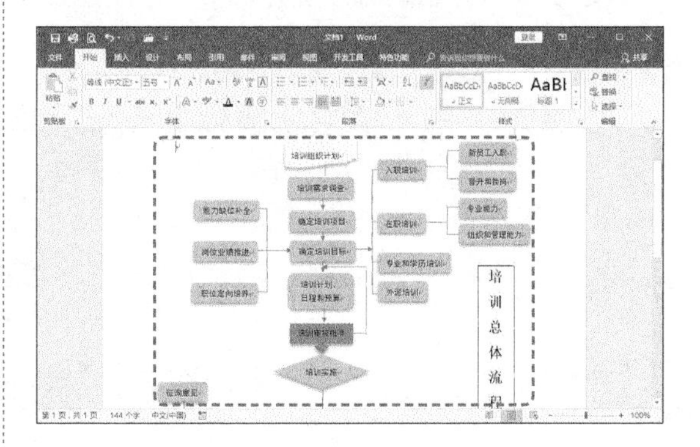

第 7 步 选择合适的线型

❶ 选择相应的直线形状和箭头形状，切换至“格式”选项卡，在“形状样式”面板中，单击“形状轮廓”下三角按钮；❷ 展开列表框，单击“虚线”命令；❸ 在展开的列表框中，选择合适的线型。

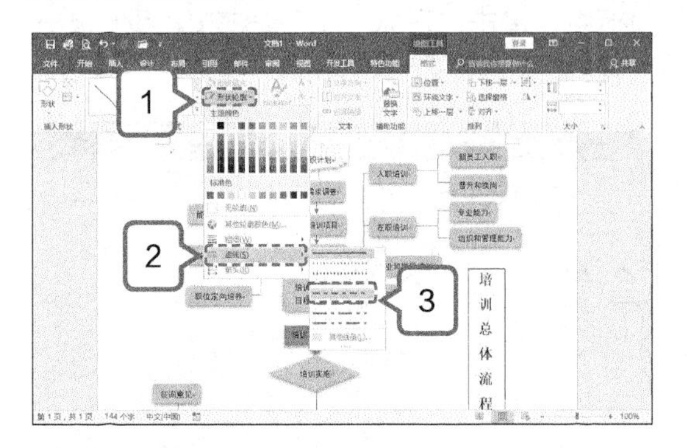

第 8 步 更改形状线型

更改选择形状的线型，并查看图形效果。

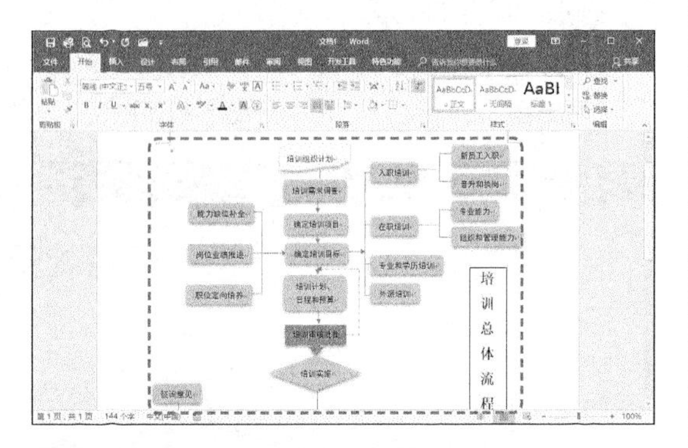

第 9 步 单击“1.5 磅”命令

❶ 选择所有的连接线箭头，切换至“格式”选项卡，在“形状样式”面板中，单击“形状轮廓”下三角按钮；❷ 展开列表框，选择“粗细→ 1.5 磅”选项。

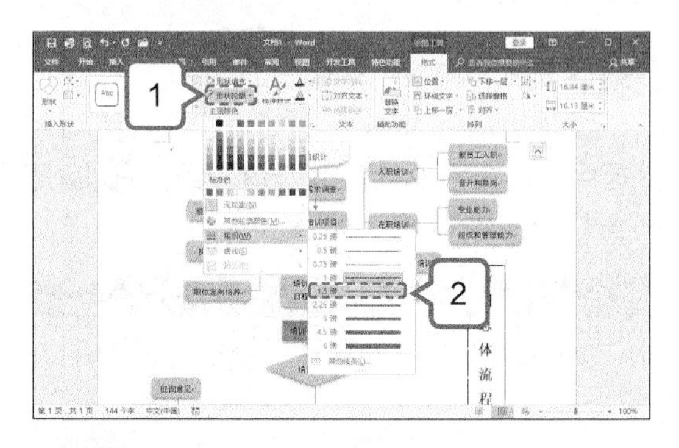

第 10 步 更改线条形状粗细和颜色

在“形状轮廓”列表框中，选择“金色，个性色 4，深色 25%”，更改连接线形状的线条粗细和颜色，并调整形状的位置，得到最终效果。

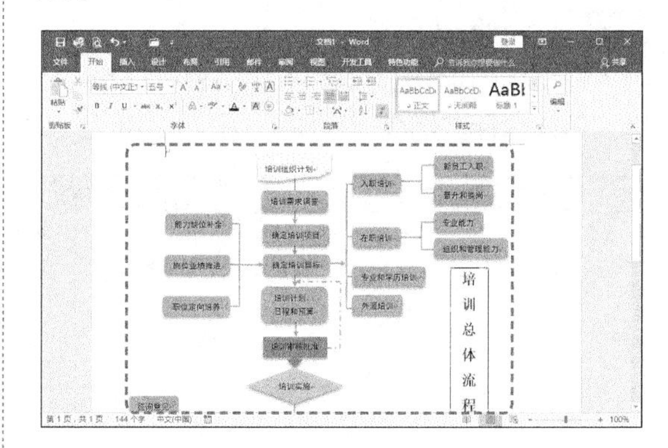

4.2.6 其他流程图

除了本节介绍的流程图外，平时常用的还有很多种流程图。读者可以根据以下思路，结合实际需要进行制作。

1. 数据类——《学生成绩单数据流程图》

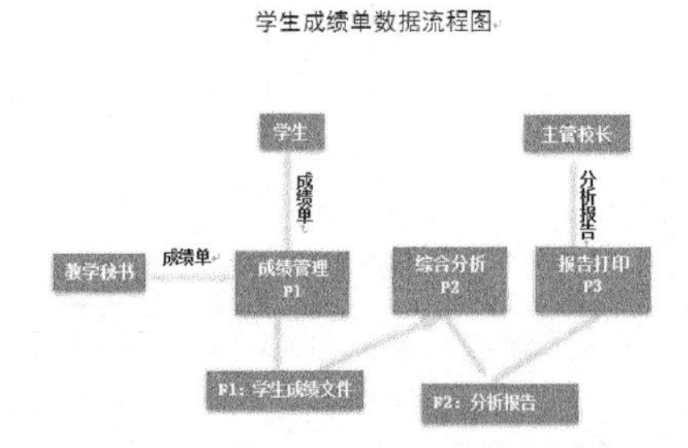

数据类流程图用于表示求解某一问题的数据通路，同时还规定了处理的主要阶段和所用的各种数据媒体。在进行数据类流程图的制作时，会使用到矩形形状绘制、箭头形状绘制以及文本框的使用等操作。具体的效果如上图所示。

2. 系统类——《人事招聘流程图》

使用系统类流程图的目的是达成目标或解决问题，以“目的→方法或结果→原因”的思路层层展开分析，以寻找最恰当的方法和最根本的原因。在进行系统类的招聘流程图制作时，会使用到自选图形的绘制、美化以及文本的添加等操作。具体的效果如左下图所示。

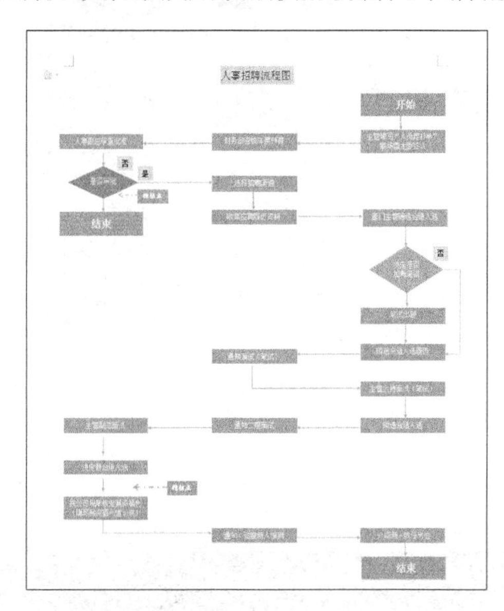

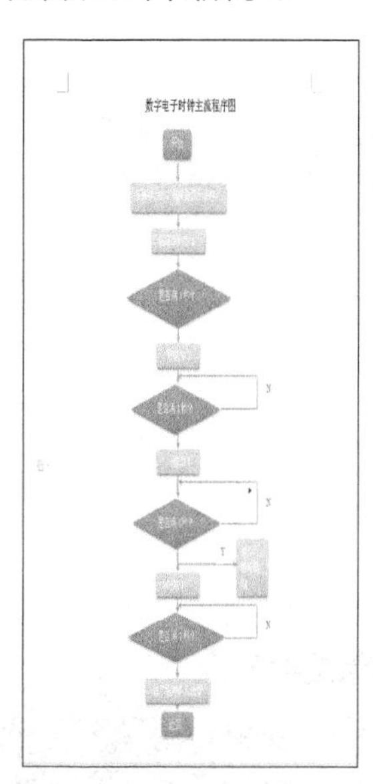

3. 程序类——《数字电子时钟程序图》

程序类流程图主要运用工序图示符号对生产现场的整个制造过程做详细的记录，以便对零部件、产品在整个制造过程中的生产、加工、检验、储存等环节做详细的研究与分析。这类流程图特别适用于分析生产过程中的成本浪费，从而找出提高经济效益的方法。在进行数字电子时钟程序图的制作时，会使用到自选图形的绘制、美化以及文本的添加等操作。具体的效果如右上图所示。

4.3 制作“组织结构图”——《公司职位结构图》

本节视频教学时间 / 14 分钟

案例名称	公司职位结构图
素材文件	素材 \ 第 4 章 \ 公司职位结构图 .docx
结果文件	结果 \ 第 4 章 \ 公司职位结构图 .docx
扩展模板	扩展模板 \ 第 4 章 \ 结构图类模板

组织结构图是企业流程运转、部门设置及职能规划的结构依据，常见的组织结构形式包括中央集权式、分权式、直线式以及矩阵式等。在本实例中，我们要制作出公司职位结构图。

最后的效果如图所示。

公司职位结构图

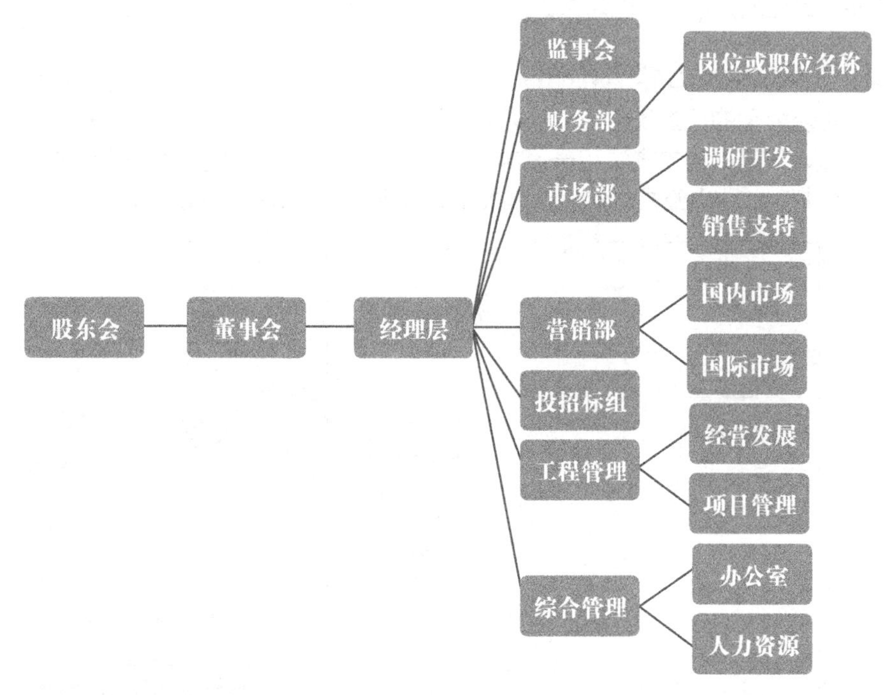

/ 组织结构图的组成要素

名称	是否必备	要求
框	必备	用于承载部门或者岗位名称的容器，可以是矩形形状，也可以是圆形或者其他形状
线	必备	用于连接每个框的连接线
部门或岗位名称	必备	用于根据岗位职责来命名岗位

/ 技术要点

（1）使用 SmartArt 功能直接创建图形。

（2）使用“设计”选项卡修饰组织结构图。

/ 操作流程

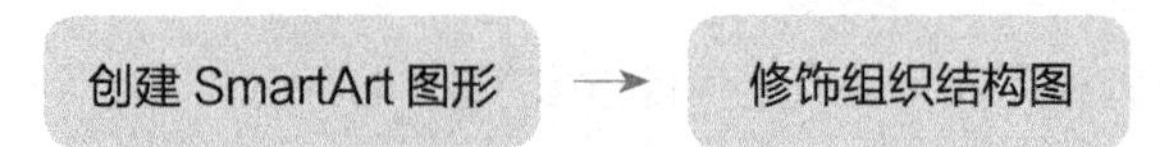

4.3.1 使用 SmartArt 功能直接创建图形

在制作企业组织结构图时，首先需要应用 SmartArt 图形制作出整体的组织结构框架，并添加上相应文字内容。

第 1 步 添加标题文本

❶ 新建一个空白文档，输入标题文本“公司职位结构图”；❷ 设置文本“字体”为“楷体_GB2312”，“字号”为“小一”，并居中对齐文本。

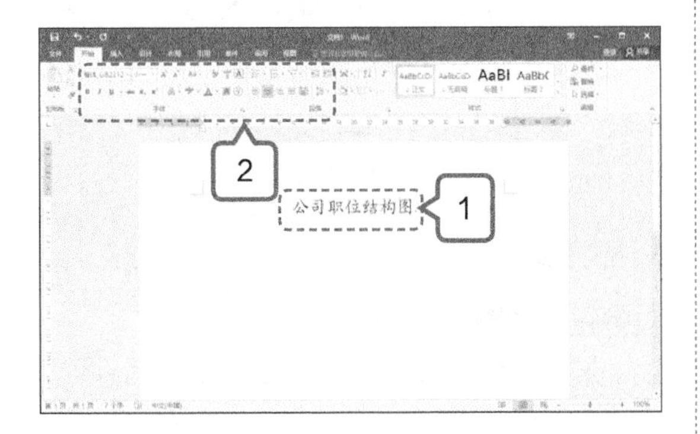

第 2 步 单击“SmartArt”按钮

❶ 按 Enter 键，切换至下一行；❷ 切换至“插入”选项卡，在“插图”面板中，单击“SmartArt”按钮。

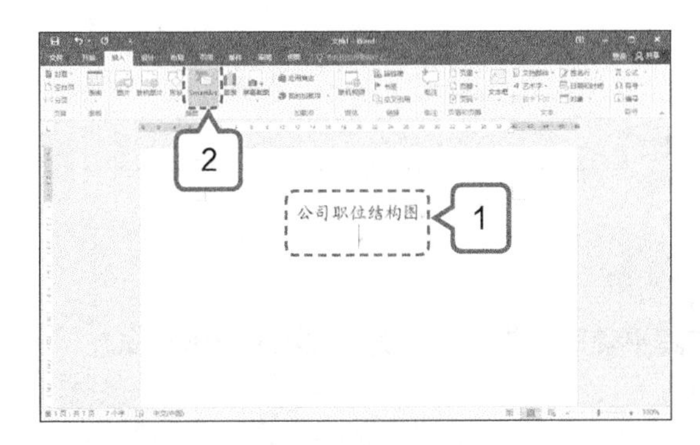

第 3 步 选择“组织结构图”选项

❶ 弹出“选择 SmartArt 图形”对话框，在左侧列表中，选择“层次结构”选项；❷ 在右侧列表中，选择“组织结构图”选项。

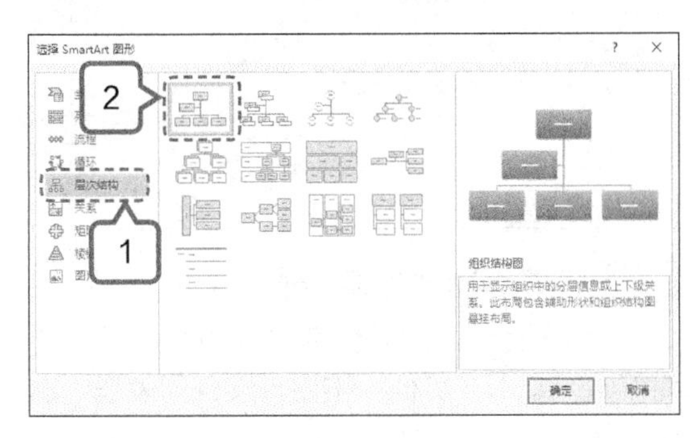

第 4 步 插入 SmartArt 图形

单击“确定”按钮，即可插入 SmartArt 图形。

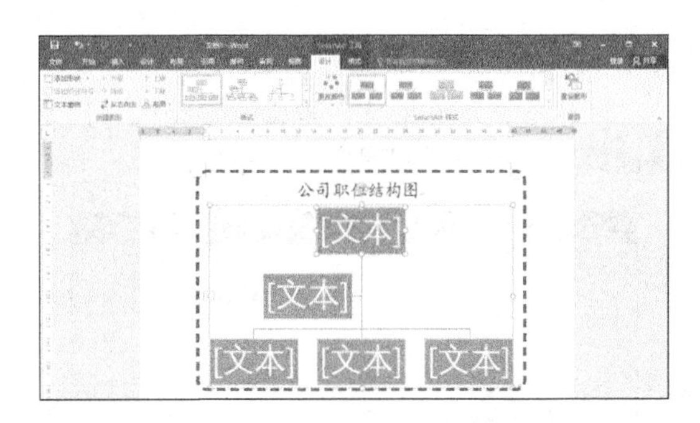

第 5 步 单击“在下方添加形状”命令

❶ 在“设计”选项卡的“创建图形”面板，单击“添加形状”下三角按钮；❷ 展开列表框，单击“在下方添加形状”命令。

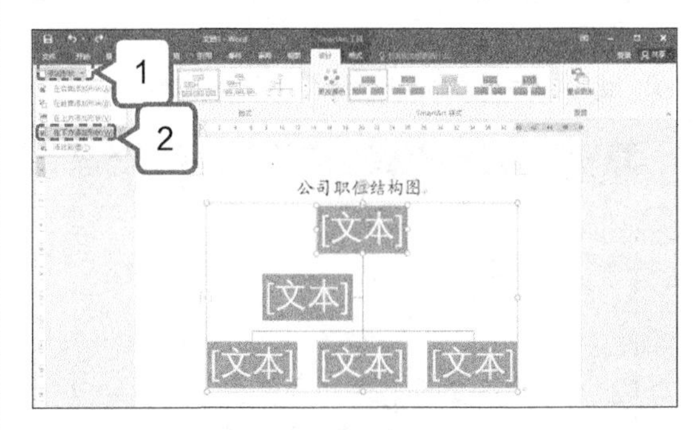

第 6 步 添加形状

完成上述操作即可在 SmartArt 图形中，再次添加一个形状。

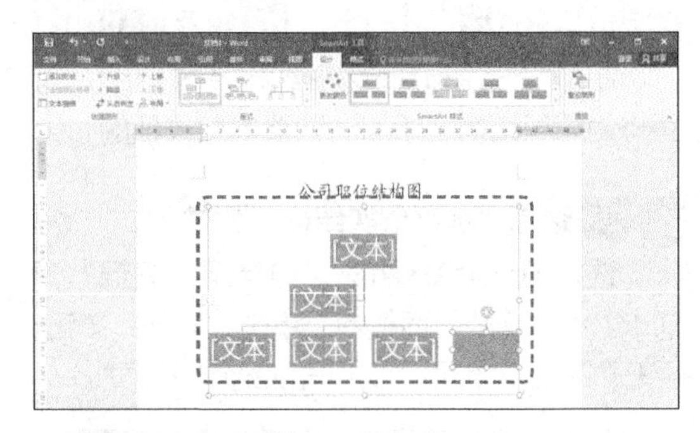

第 7 步 添加多个形状

用同样的方法，依次在 SmartArt 图形中添加多个形状。

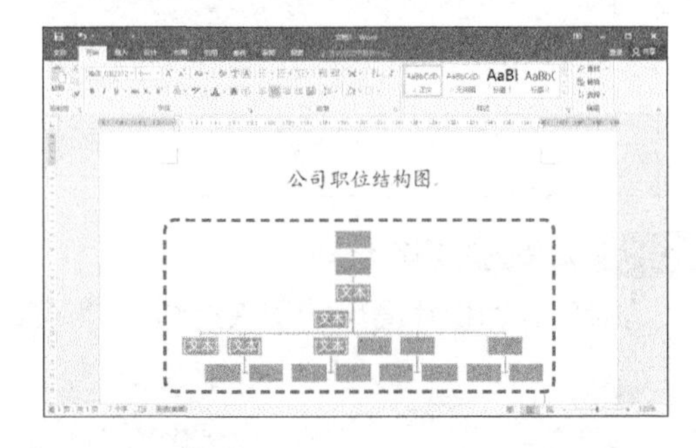

第 8 步 选择“编辑文字”选项

选择最上方的形状，单击鼠标右键，打开快捷菜单，单击“编辑文字”命令。

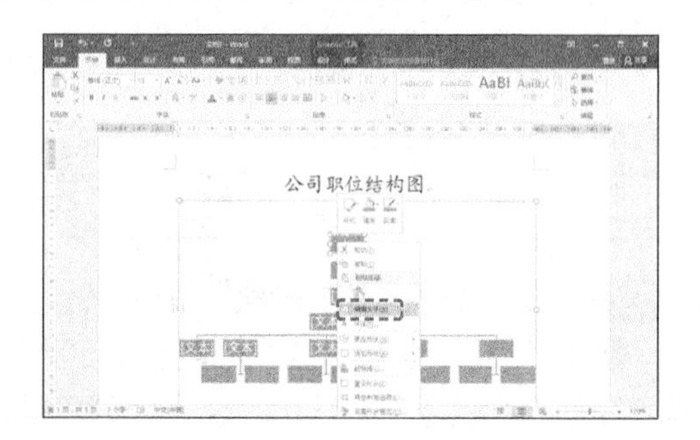

第 9 步 输入文本

❶ 显示出文本框，输入“股东会”；❷ 修改“字体”为“宋体”，“字号”为11。

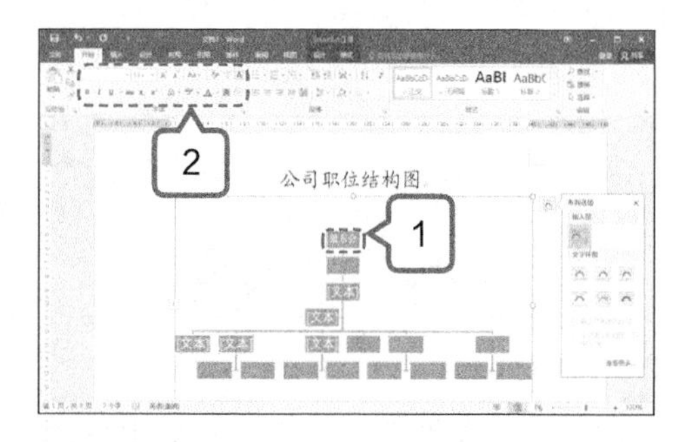

第 10 步 输入文本

用同样的方法，在其他形状内输入文本对象。

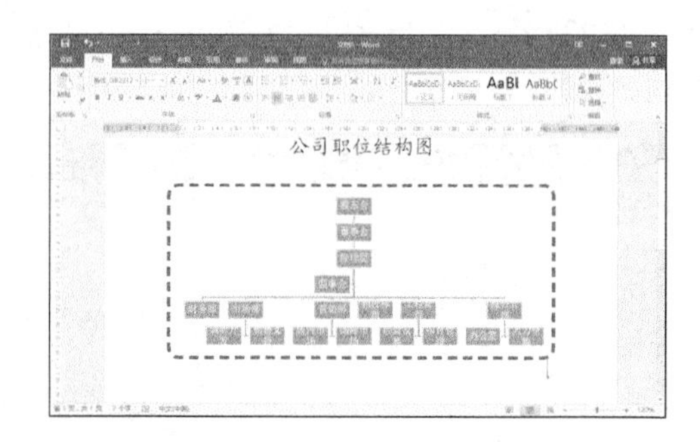

第 11 步 调整形状大小

选择合适的形状，单击鼠标并拖曳，调整其大小。

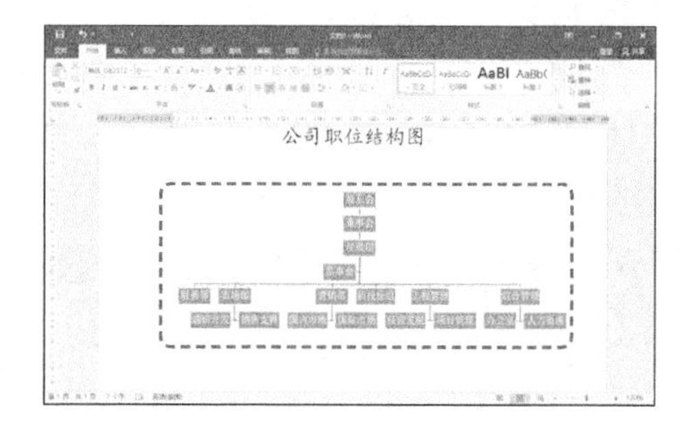

4.3.2 使用“设计”选项卡修饰组织结构图

制作好 SmartArt 图形结构及内容后，为了使其更美观，常常需要为图形应用一些修饰，下面将为组织结构图添加一些整体和局部的修饰效果。

第 1 步 选择“水平层次结构”版式

选择 SmartArt 图形，切换至“设计”选项卡，在“版式”面板中，单击“其他”按钮，展开列表框，选择“水平层次结构”版式。

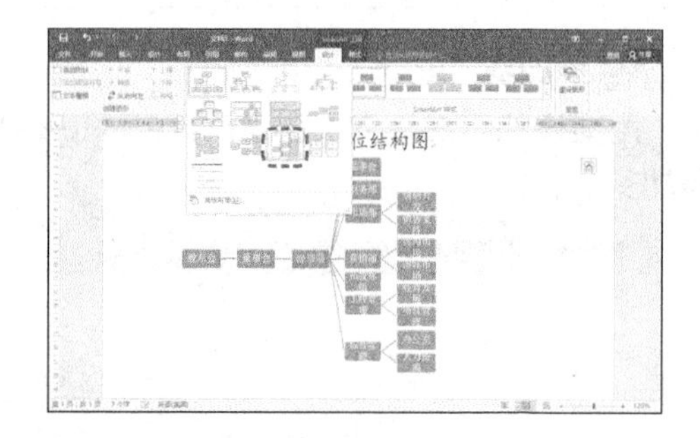

第 2 步 调整图形层次结构

调整 SmartArt 图形的层次结构，并调整相应形状的大小。

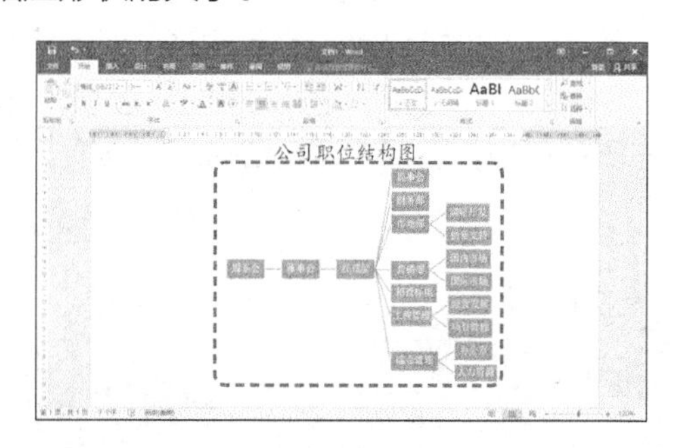

第 3 步 选择“强烈效果”样式

在“设计”选项卡的“SmartArt 样式”面板中，单击“其他”按钮，展开列表框，选择“强烈效果”样式。

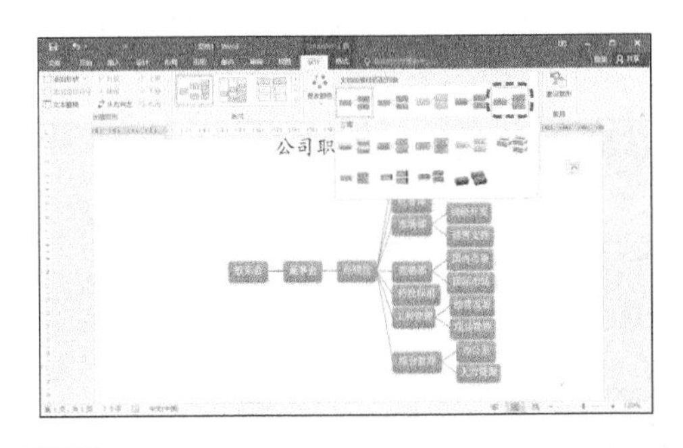

第 4 步 更改 SmartArt 样式

更改 SmartArt 图形的样式，并查看更改后的效果。

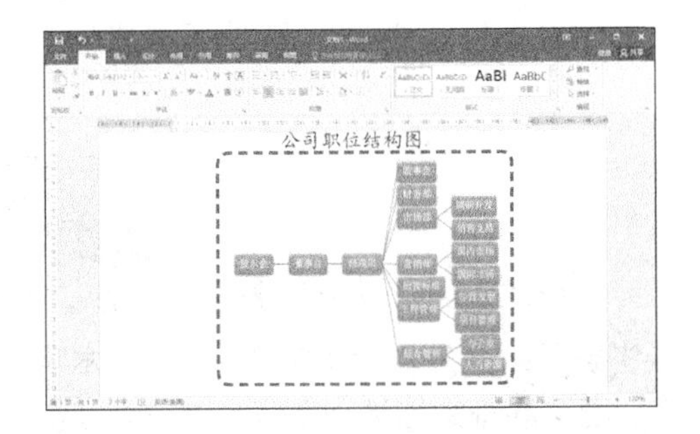

第 5 步 选择颜色

❶ 在“设计”选项卡的“SmartArt 样式”面板中，单击“更改颜色”下三角按钮；❷展开列表框，选择“彩色范围 个性色 3-4”颜色。

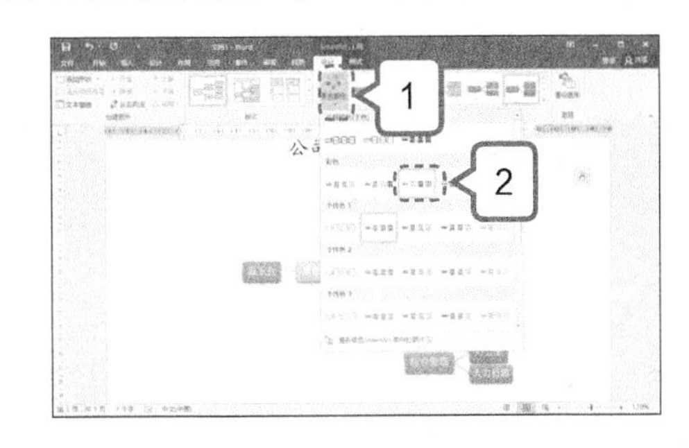

第 6 步 更改 SmartArt 颜色

更改 SmartArt 图形的颜色，并查看更改后的效果。

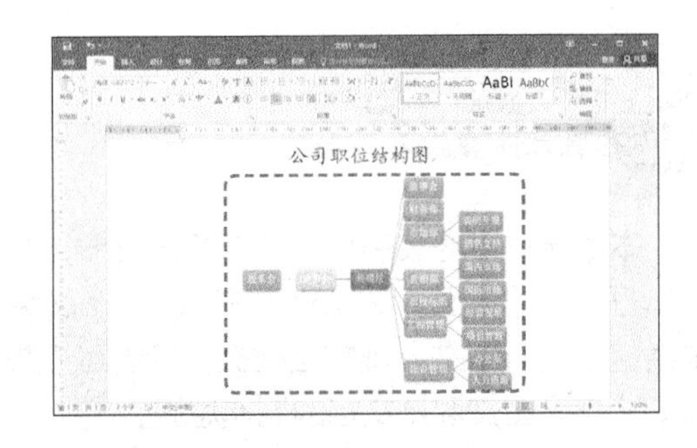

4.3.3 其他 SmartArt 结构图

除了本节介绍的组织结构图外，平时常用的还有很多种 SmartArt 结构图。读者可以根据以下思路，结合实际需要进行制作。

1. 循环类——《提高工作效率》

循环类的 SmartArt 图形主要用于表示阶段、任务或者事件的连续序列，主要强调重复过程。在进行循环类的 SmartArt 图形的制作时，会使用到 SmartArt 图形的创建、修饰以及文本输入等操作。具体的效果如下图所示。

2. 列表类——《公关洽谈艺术》

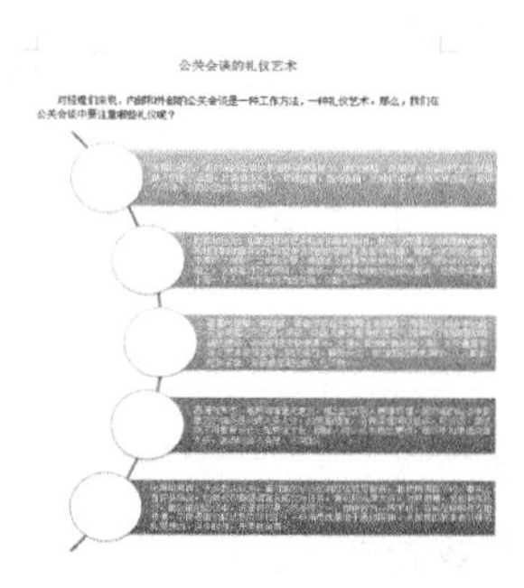

列表类的SmartArt图形主要用于显示非有序信息块或者分组信息块，主要强调信息的重要性。在进行列表类的 SmartArt 图形的制作时，会使用到 SmartArt 图形的创建、修饰以及文本输入等操作。具体的效果如上图所示。

本节视频教学时间 / 17 分钟

本章所选择的案例均为典型的图文混排文档，主要讲解了如何在 Word 文档中添加艺术字、文本框、表格、图片、自选图形以及 SmartArt 图形等。图文混排文档类别很多，本书配套资源中赠送了若干图文混排文档模板，读者可以根据不同要求将模板改编成自己需要的形式。以下列举 2 个典型图文混排文档的制作思路。

1. 制作《个人工作简历》

工作简历类文档，会涉及文本输入、表格制作、表格编辑等操作，可以按照以下思路进行制作。

第 1 步 新建文档并输入文本

新建文档并输入文本。

第 2 步 插入表格

使用“表格”功能插入“列”为 7、“行”为 13 的表格。

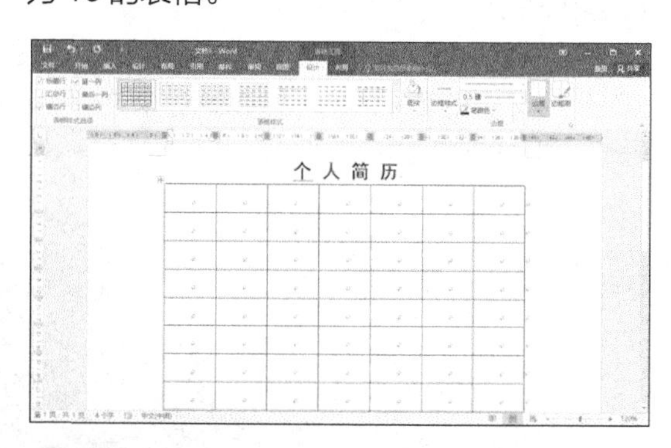

第 3 步 合并单元格

使用“合并单元格”功能，对相应的单元格进行合并操作。

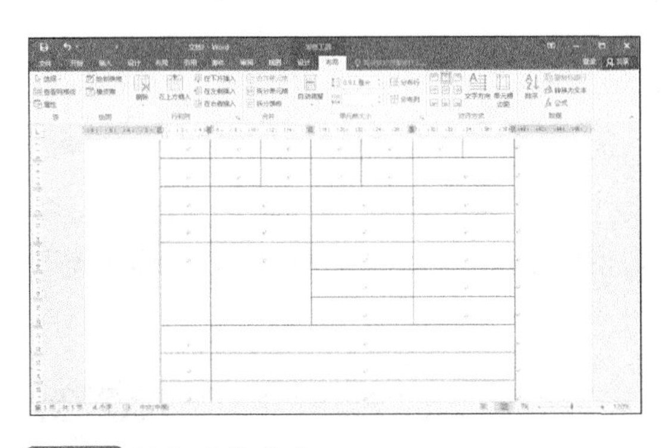

第 4 步 输入表格文本

在单元格中输入文本内容，设置各文字的字体格式，并根据文本内容调整表格宽度。

2. 制作《电子印章》

电子印章类文档，会涉及图形输入、文本框编辑等操作，可以按照以下思路进行制作。

第 1 步 绘制圆形

绘制圆形。

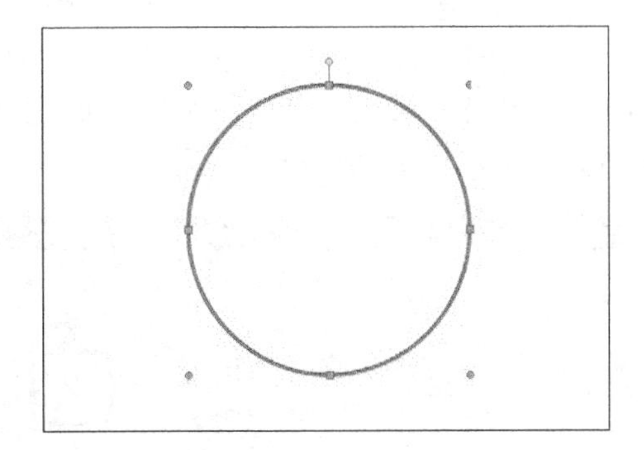

第 2 步 编辑文字

编辑公章上的弧形文字。

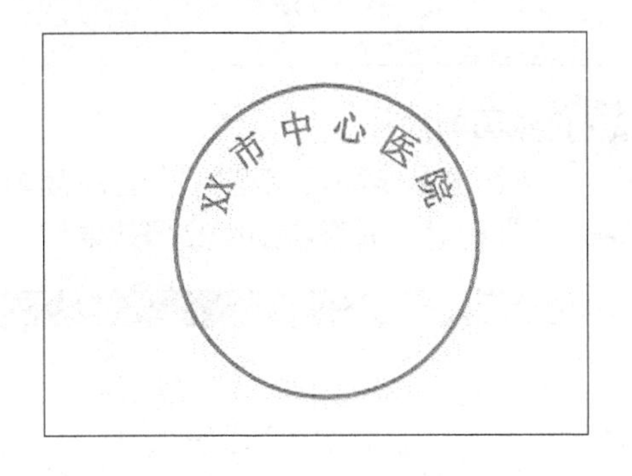

第 3 步 绘制五角星

绘制五角星图形。

第 4 步 添加文字

使用“文本框”功能添加水平文字。

高手支招

1. 在 Word 中裁剪图片

如果在 Word 中插入的图片有多余之处，就可以使用裁剪工具对图片进行裁剪，以达到想要的效果。

第 1 步 选择左侧图片

打开“素材\第4章\旅游营销策略.docx”文档，选择左侧的图片对象。

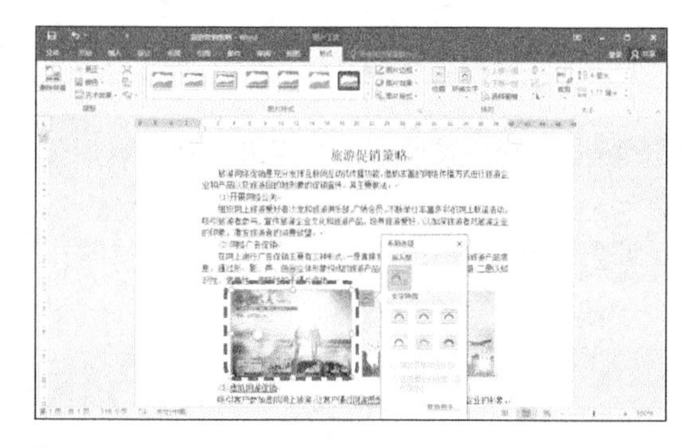

第 2 步 选择“圆角矩形”选项

❶ 切换至“格式”选项卡，在“大小”面板中，单击“裁剪”下三角按钮；❷ 展开列表框，单击“裁剪为形状”命令；❸ 再次展开列表框，选择“圆角矩形”选项。

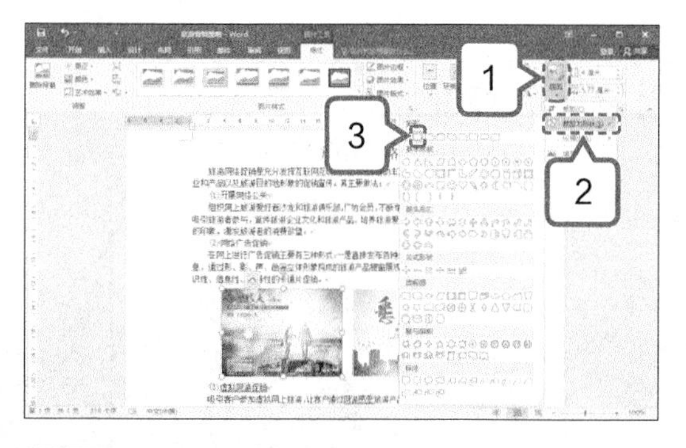

第 3 步 选择右侧图片

❶ 将选择的图片裁剪为“圆角矩形”形状；❷ 选择右侧的图片。

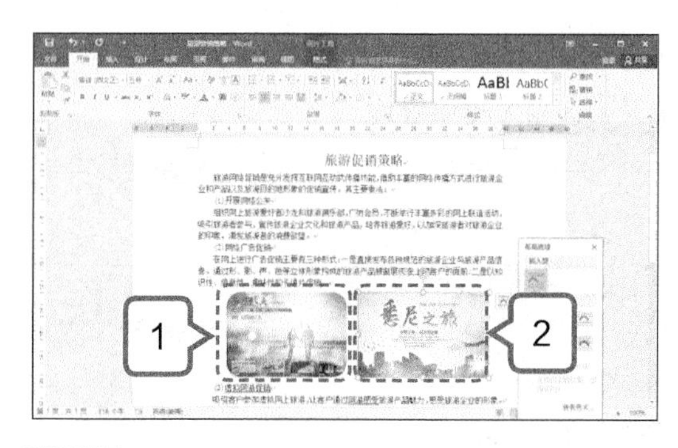

第 4 步 选择“泪滴形”选项

❶ 切换至“格式”选项卡，在“大小”面板中，单击“裁剪”下三角按钮；❷ 展开列表框，单击“裁剪为形状”命令；❸ 再次展开列表框，选择“泪滴形”选项。

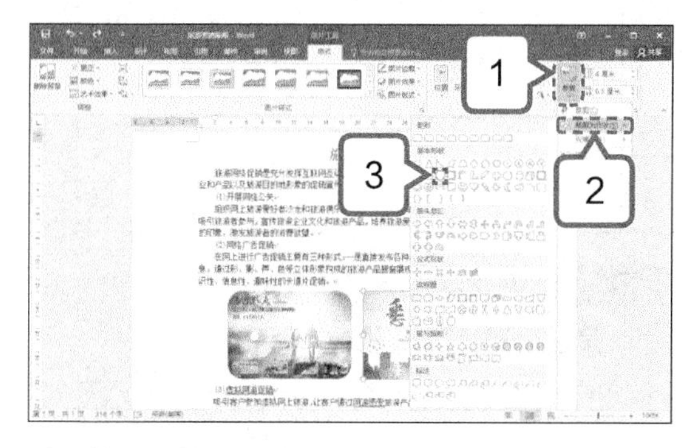

第 5 步 裁剪图片

完成上述操作即可将选择的图片裁剪为“泪滴形”形状，并查看最终文档效果。

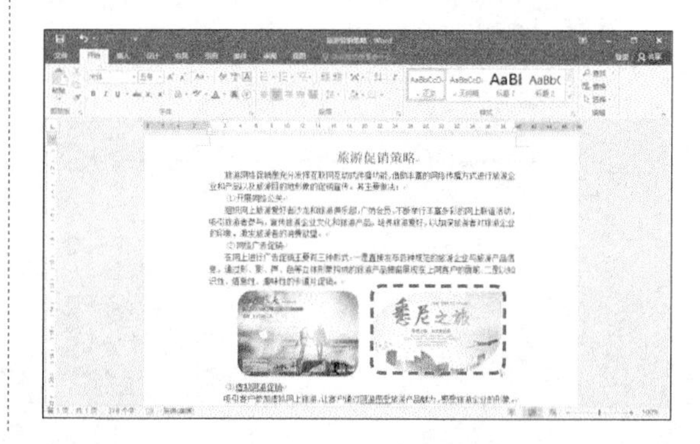

2. 直接删除图片的背景

有时插入到文档中的图片四四方方，显得非常呆板和难看，如果能将图片的背景去掉的话，显示出来的效果可能会更好。此时，用户可以使用“删除背景”功能，将图片中的背景抠除。

第1步 单击“删除背景”按钮

打开“素材\第4章\面试服饰礼仪.docx”文档。❶ 选择文档中的图片对象；❷ 切换至“格式”选项卡，在“调整”面板中，单击“删除背景”按钮。

第2步 调整并移动背景框

❶ 弹出“背景消除”选项卡；❷ 调整并移动背景框。

第3步 删除图片背景

调整完成后，在“背景消除”选项卡中，单击“保留更改”按钮，即可删除图片背景，得到最终文档效果。

3. 对表格与文字进行互换

在 Word 文档中输入文本时，一般是以文本形式输入，但是有时为了能够方便阅读，也可以使用“将文本转换为表格”功能将输入到文档中的文本以表格形式显示出来。

第1步 选择文本对象

打开“素材\第4章\物品采购金额说明.docx”文档，选择合适的文本对象。

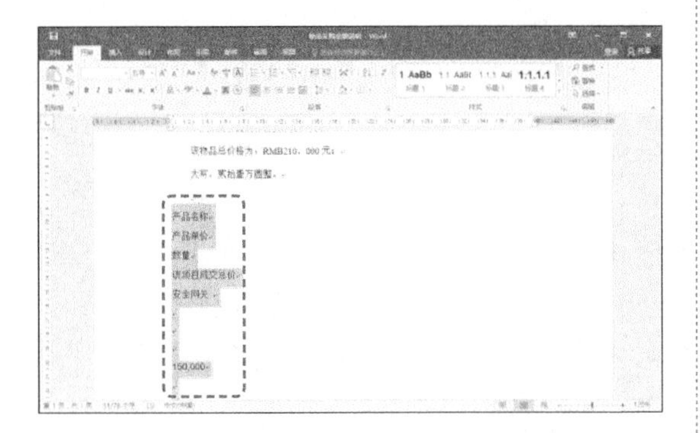

第2步 单击“文本转换成表格”命令

❶ 切换至“插入”选项卡，在“表格”面板中，单击“表格”下三角按钮；❷ 展开列表框，单击“文本转换成表格”命令。

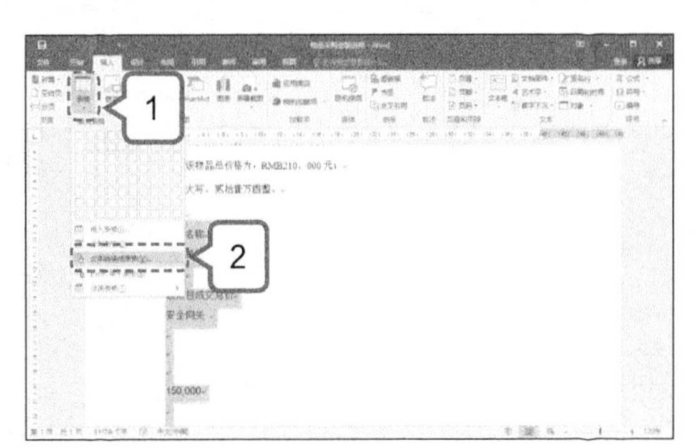

第 3 步 修改参数值

打开“将文字转换成表格”对话框，在“表格尺寸”选项区中，修改“列数”为 5。

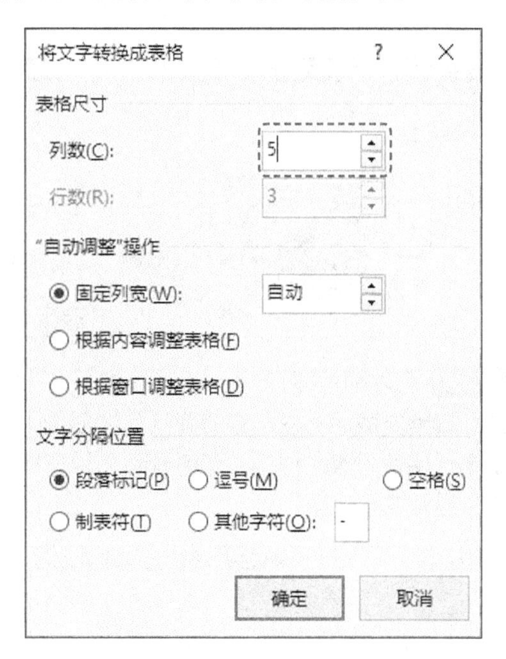

第 4 步 将文本转换为表格

单击“确定”按钮，即可将文字转换成表格，然后再调整表格中相应单元格中文本的位置。

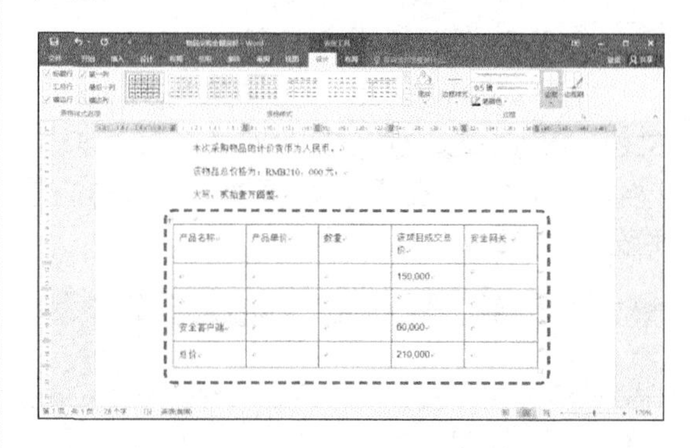

长文档排版

本章视频教学时间 / 39 分钟

技术分析

长文档的篇幅较大，且结构复杂，一般需要有完整的封面、目录、正文，甚至摘要、序、索引、附录、后记等。在制作长文档前，要先掌握好长文档的排版技巧。一般来说，长文档排版主要涉及以下知识点。

（1）分页和分栏排版。

（2）为文档加入“页眉”和“页脚”。

（3）设置页面布局。

（4）使用“样式”统一标题的字体和段落的格式。

（5）使用“制表符”调整文档位置。

思维导图

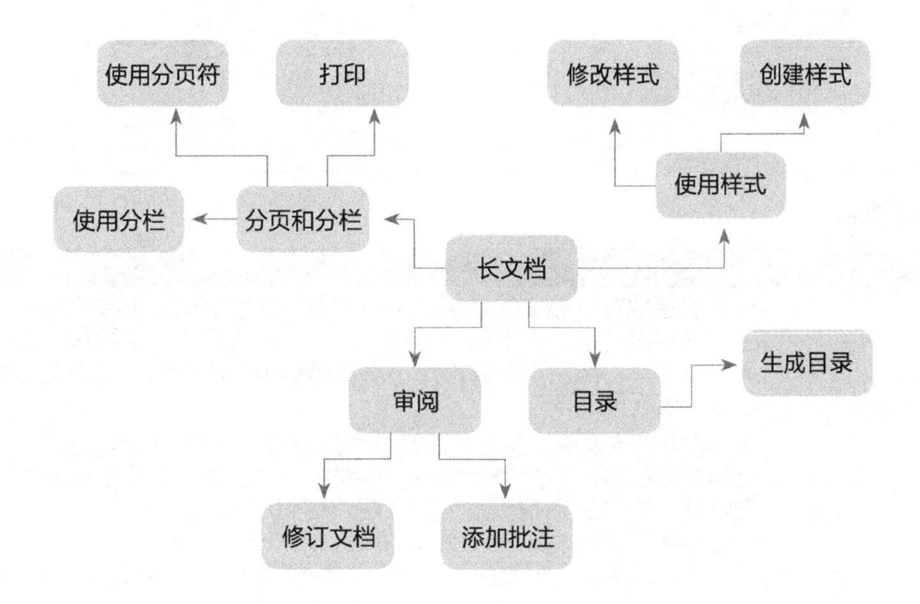

5.1 制作“报刊”——《芳草地》

本节视频教学时间 / 5 分钟

案例名称	芳草地
素材文件	素材 \ 第 5 章 \ 芳草地 .docx
结果文件	结果 \ 第 5 章 \ 芳草地 .docx
扩展模板	扩展模板 \ 第 5 章 \ 报刊类模板

报刊是利用纸张传播文字资料的一种工具，它可以起到解释、宣传等作用，也可以维护形象。在本实例中，我们要制作出《芳草地》报刊的两个版面。

最后的效果如图所示。

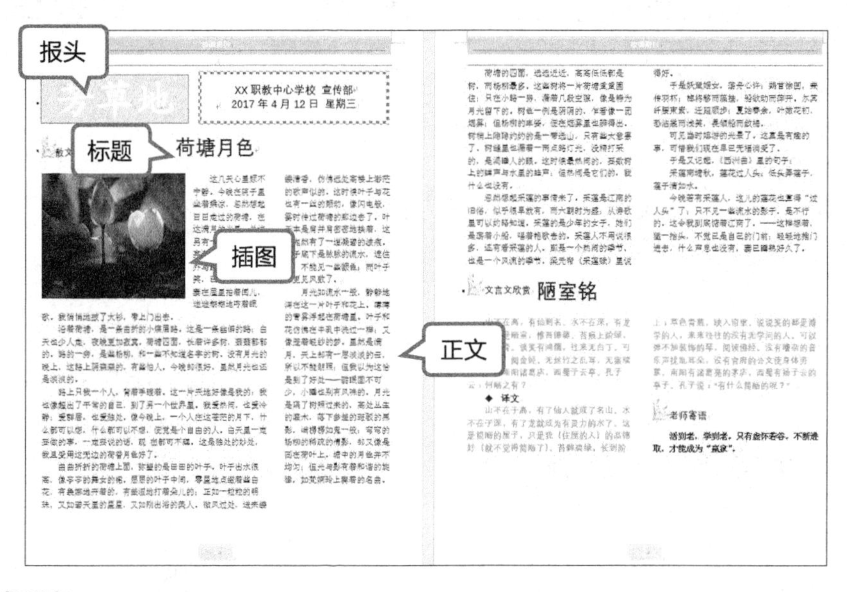

/ 报刊的组成要素

名称	是否必备	要求
报头	必备	报头总是放在最显著的位置，大都放在一版左上角，也有的放在一版最上面的中间。报头上最主要的是报名，一般由名人书法题写，也可用普通印刷字体。报头下面常常用小字注明编辑出版部门、出版登记号、总期号、出版日期等
标题	必备	①标题字要有文采，达到鲜明而有力的效果，但是字数不宜太多； ②标题字的颜色不要变化太多，特别是一个版面上有几个标题的，一定要注意，不要在单个标题中还有多种颜色上的变化； ③标题字不宜做太多的电脑技术处理，以方便阅读为主； ④标题字的字体一定要规范，不要使用不规范字体，以防误导读者
正文	必备	正文是构成报纸版面的基本素材，无论多么重要的信息，都要通过正文才能表达和传递得更加明确和充分。正文首先要考虑读者对象，然后就是阅读的方便性和习惯
插图	必备	现在报纸版面的优劣标准，多以运用图片、图表、插图的情况而论。图片等在报纸版面上的位置、大小、多少以及运用得恰当与否，都成了评价一张报纸综合水平的重要标志

/ 技术要点

（1）使用“分页符”提前把文档“分页”。
（2）使用“分栏”将文档分栏排版。
（3）通过“样式”设置文本外观。
（4）为文档加入“页眉”和“页脚”。
（5）长文档都需要“页码”。

/ 操作流程

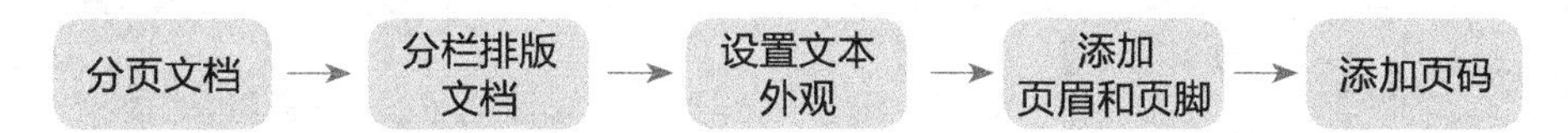

5.1.1 使用“分页符”提前把文档“分页”

如果整篇文档使用的格式是一致的，只是在不同的地方需要从新的一页开始，就要用到分页符。例如，第一章和第二章的格式设置一样，但第二章需要另起一页，这时就最好使用分页符。

第 1 步 单击“分隔符”下三角按钮

❶ 打开“素材 \ 第 5 章 \ 芳草地 .docx”文档，将光标定位在合适的位置；❷ 单击“布局”选项卡，在“页面设置”面板中，单击“分隔符”下三角按钮。

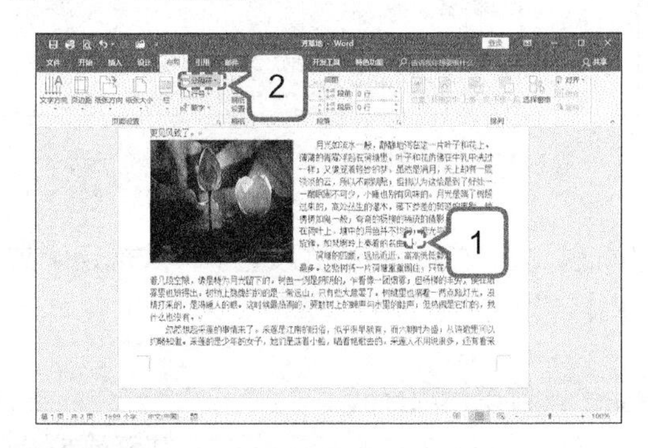

第 2 步 单击“分页符”命令

展开列表框，单击“分页符”命令。

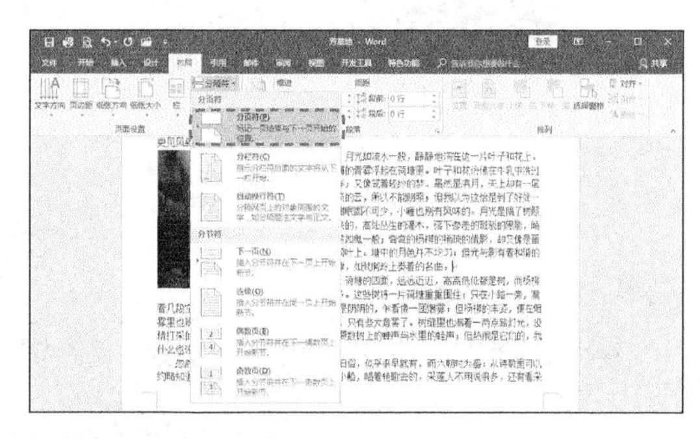

第 3 步 添加“分页”效果

完成上述操作，即可为文档添加“分页”效果。

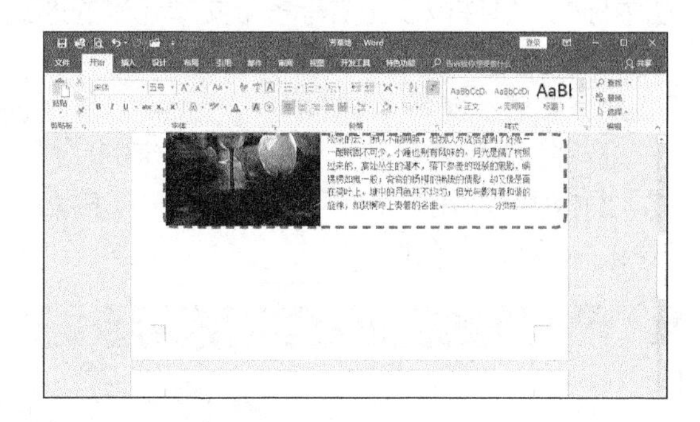

5.1.2 使用“分栏”将文档分栏排版

在一些书籍、报纸、杂志中常常要用到多栏样式，通过 Word 2016 可以轻松实现分栏效果。利用分栏排版功能，可以在文档中建立不同数量或不同版式的栏，文档内容将逐栏排列。

第 1 步 单击“偏右”命令

❶ 在文档中选择合适的文本对象；❷ 切换至“布局”选项卡，在“页面设置”面板中，单击“分栏”下三角按钮；❸ 展开列表框，单击“偏右”命令。

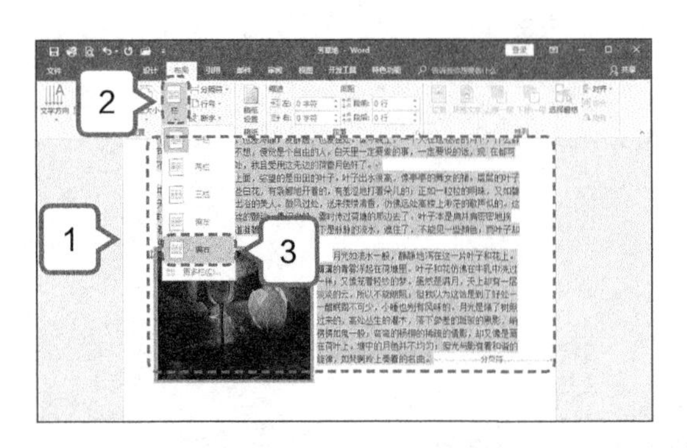

第 2 步 分栏文档

可将选择的文本进行“偏右”分栏操作，并查看文档效果。

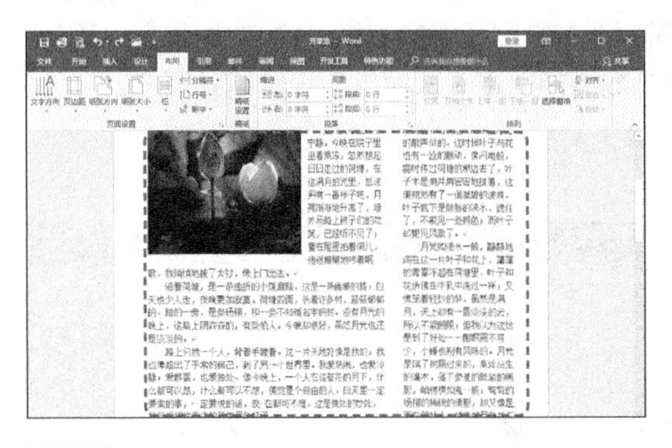

第 3 步 单击“两栏”命令

❶ 在文档中选择合适的文本对象；❷ 切换至“布局”选项卡，在“页面设置”面板中，单击“分栏”下三角按钮；❸ 展开列表框，单击“两栏”命令。

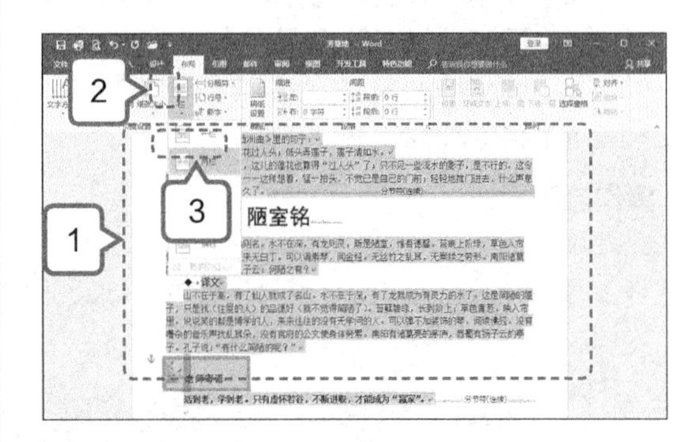

第 4 步 分栏文档

完成上述操作，即可将选择的文本进行“两栏”分栏操作，并查看文档效果。

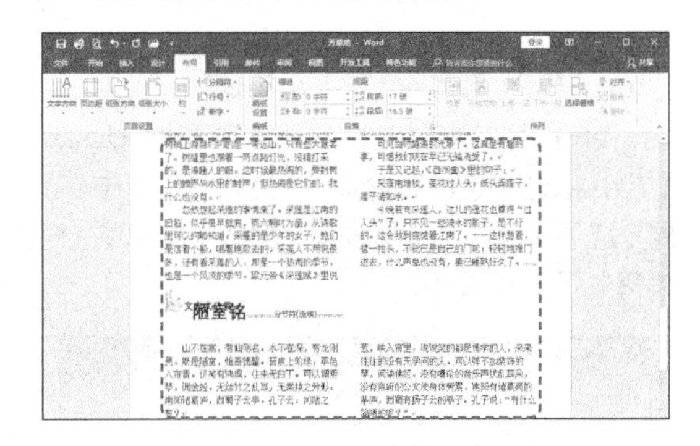

5.1.3 通过“样式”设置文本外观

在完成了报刊的版面设置后，还需要对报刊中的标题、正文等进行样式设置。样式规定了文档中标题、题注以及正文等各个文本元素的形式，使用样式可以使文档格式统一。

第 1 步 选择“标题 2”样式

选择标题文本，在“开始”选项卡的“样式”面板中，单击“其他”按钮，展开列表框，选择“标题 2”样式。

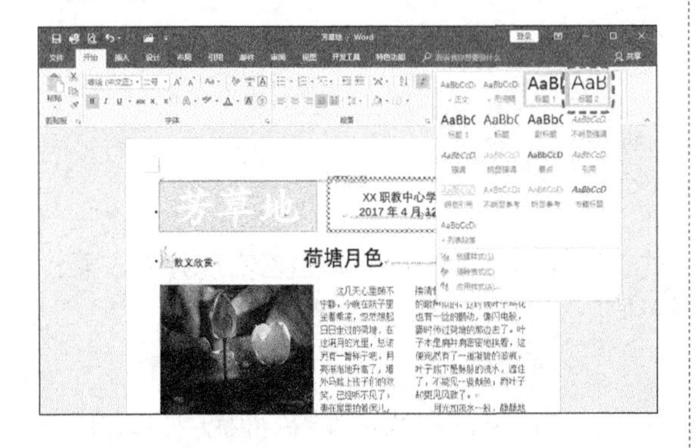

第 2 步 修改标题样式

修改选择文本的标题样式，并查看文档效果。

第 3 步 修改标题样式

用同样的方法，将右侧的标题文本修改为

“标题 2”样式。

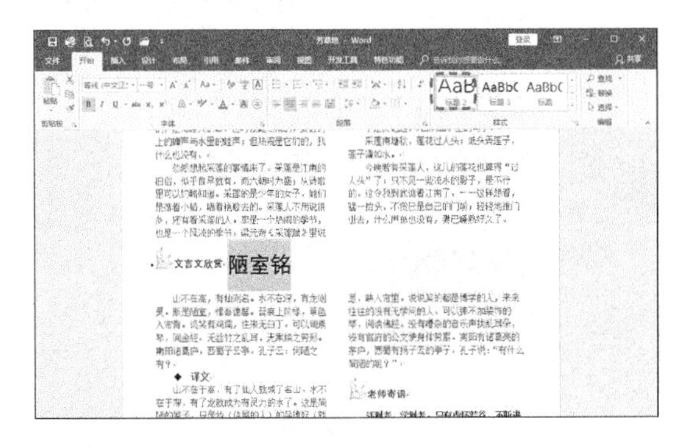

第 4 步 选择“明显参考”样式

选择正文文本，在“开始”选项卡的“样式”面板中，单击“其他”按钮，展开列表框，选择“明显参考”样式。

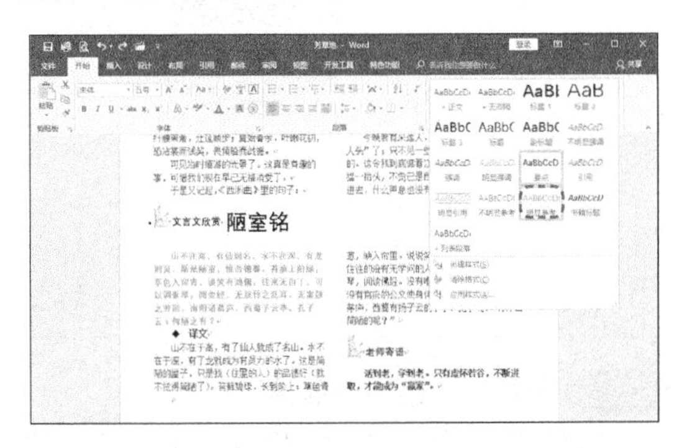

第 5 步 修改正文样式

完成上述操作即可修改选择文本的正文样式，并查看文档效果。

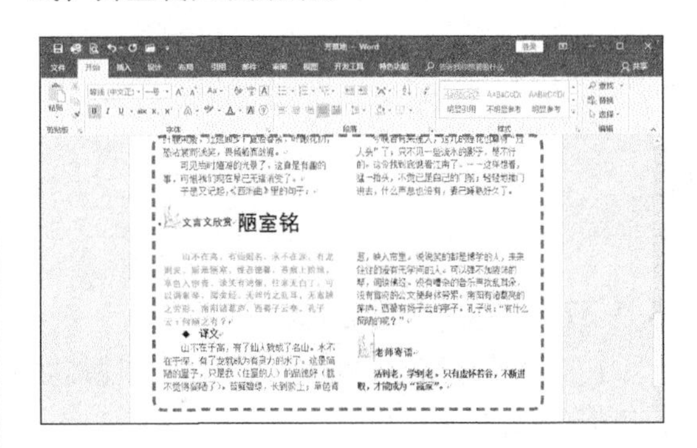

第 6 步 修改正文样式

用同样的方法，依次为文档中的正文文本修改正文样式。

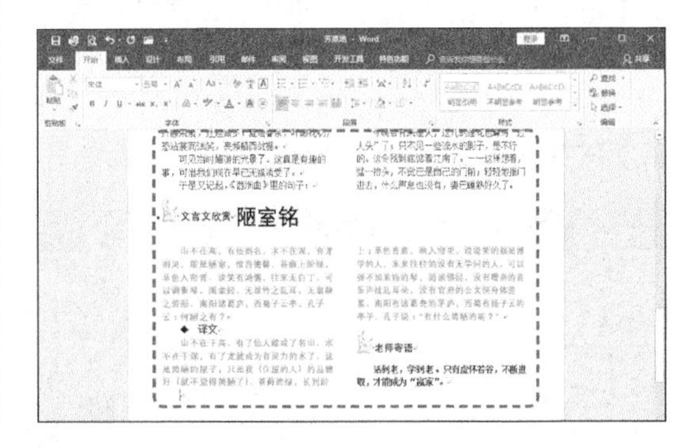

5.1.4 为文档加入“页眉”和“页脚”

在制作报刊时，需要添加页眉和页脚内容，以显示文档的页数和一些相关的信息，方便用户阅读。

第 1 步 选择“镶边”选项

❶ 切换至“插入”选项卡，在“页眉和页脚”面板中，单击“页眉”下三角按钮；❷ 展开列表框，选择“镶边”选项。

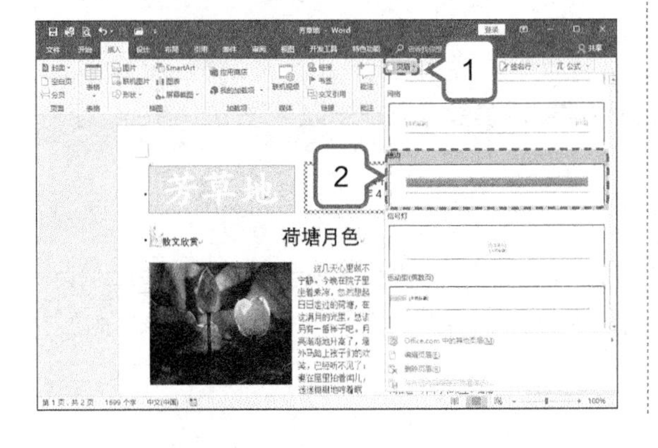

第 2 步 输入页眉标题

弹出“页眉和页脚”输入文本框，选中“文本标题”，输入新文本“校园期刊”。

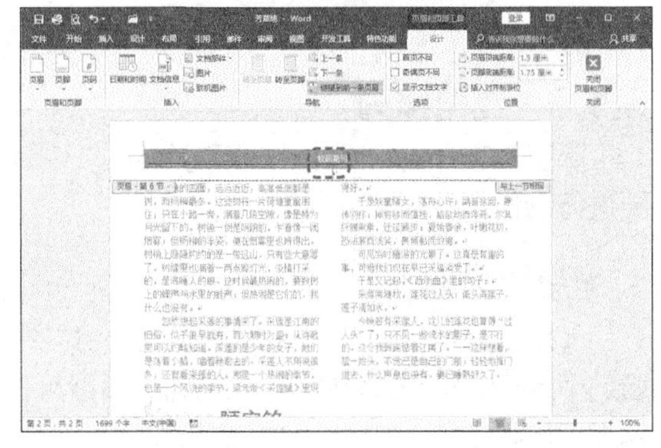

第 3 步 **添加页眉**

在“设计”选项卡的“关闭”面板中，单击“关闭页眉和页脚”按钮，完成页眉的添加。

5.1.5 长文档都需要“页码”

在完成《芳草地》报刊的制作后，还需要为报刊类的长文档添加页码，这样才能清楚地知道具体的页数和内容的位置。

第 1 步 **选择“圆角矩形 2”选项**

❶ 双击页眉和页脚，弹出“页眉和页脚”文本框，切换至“设计”选项卡，在“页眉和页脚”面板中，单击“页码”下三角按钮；❷ 展开列表框，单击“页面底端”命令；❸ 再次展开列表框，选择“圆角矩形 2”选项。

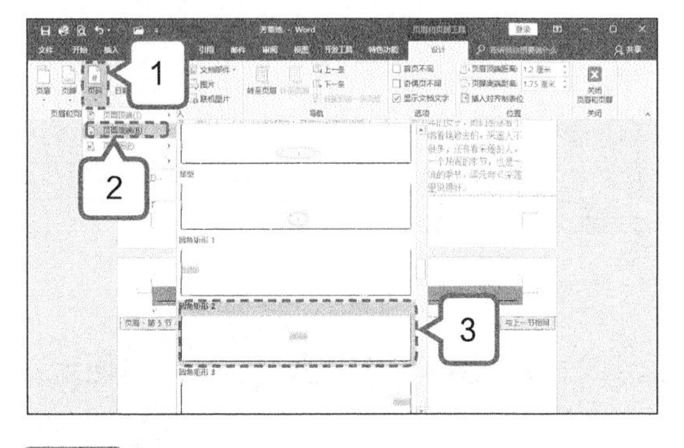

第 2 步 **单击“关闭页眉和页脚”按钮**

❶ 弹出“页码”文本框；❷ 在“设计”选项卡的“关闭”面板中，单击“关闭页眉和页脚”按钮。

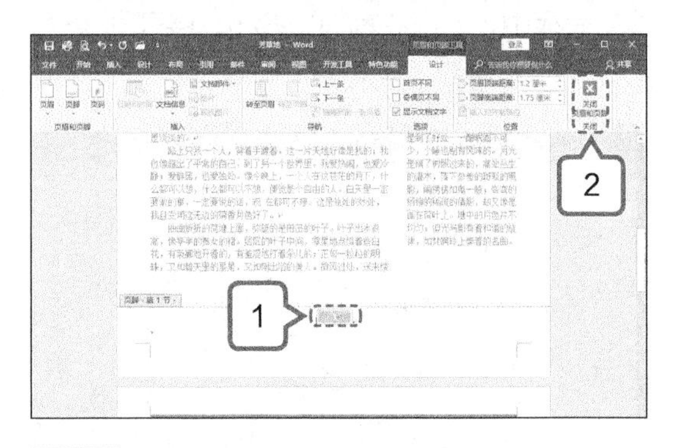

第 3 步 **查看页边距设置效果**

完成页码的添加，并删除文本中多余的空行。

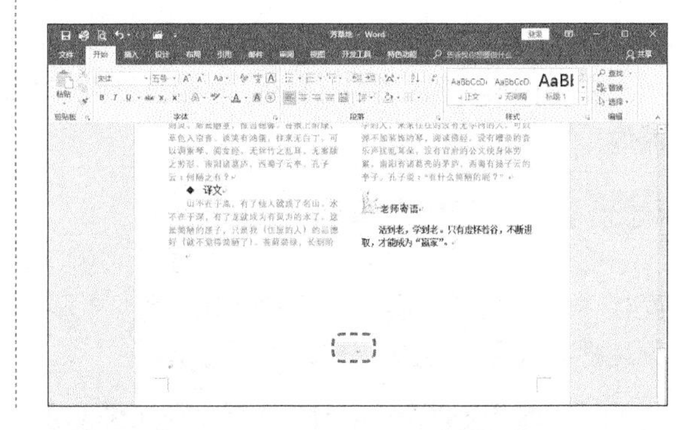

5.1.6 其他报刊

除了本节介绍的报刊外，平时常用的还有很多种报刊。读者可以根据以下思路，结合实际需要进行制作。

1.《质量月刊》

《质量月刊》是一个月出版一次的、传递“质量”的报刊，里面的内容丰富多样，包含小广告、小故事以及示例图片等。在进行《质量月刊》的制作时，会使用到分页排版、设置文本样式、添加页码等操作。具体的效果如下图所示。

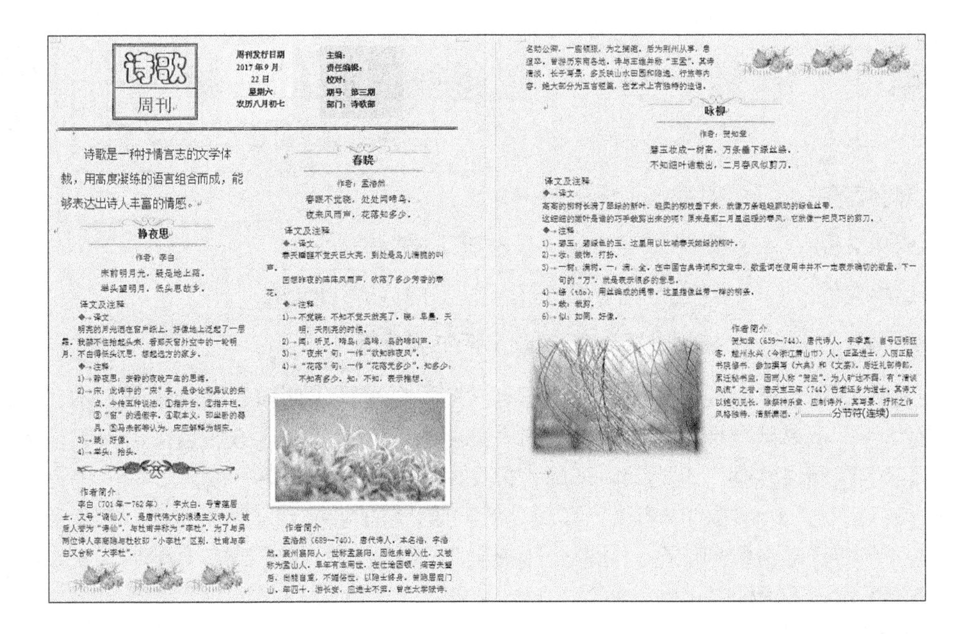

诗歌
周刊

周刊发行日期
2017年9月
22日
星期六
农历八月初七

主编:
责任编辑:
校对:
期号:第三期
部门:诗歌部

诗歌是一种抒情言志的文学体裁，用高度凝练的语言组合而成，能够表达出诗人丰富的情感。

静夜思

作者：李白

床前明月光，疑是地上霜。
举头望明月，低头思故乡。

译文及注释

◆ 译文

明亮的月光洒在窗户纸上，好像地上泛起了一层霜。我禁不住抬起头来，看那天窗外空中的一轮明月，不由得低头沉思，想起远方的家乡。

◆ 注释

1) 静夜思：安静的夜晚产生的思绪。
2) 床：此诗中的“床”字，是争论和异议的焦点。今传五种说法。①指井台。②指井栏。③“窗”的通假字。④取本义，即坐卧的器具。⑤马未都等认为，床应解释为胡床。
3) 疑：好像。
4) 举头：抬头。

作者简介

李白（701年—762年），字太白，号青莲居士，又号“谪仙人”，是唐代伟大的浪漫主义诗人，被后人誉为“诗仙”，与杜甫并称为“李杜”，为了与另两位诗人李商隐与杜牧即“小李杜”区别，杜甫与李白又合称“大李杜”。

春晓

作者：孟浩然

春眠不觉晓，处处闻啼鸟。
夜来风雨声，花落知多少。

译文及注释

◆ 译文

春天睡醒不觉天已大亮，到处是鸟儿清脆的叫声。

回想昨夜的阵阵风雨声，吹落了多少芳香的春花。

◆ 注释

1) 不觉晓：不知不觉天就亮了。晓：早晨，天明，天刚亮的时候。
2) 闻：听见。啼鸟：鸟啼，鸟的啼叫声。
3) “夜来”句：一作“欲知昨夜风”。
4) “花落”句：一作“花落无多少”。知多少：不知有多少。知：不知，表示推想。

作者简介

孟浩然（689—740），唐代诗人，本名浩，字浩然，襄州襄阳人，世称孟襄阳。因他未曾入仕，又被称为孟山人。早年有志用世，在仕途困顿、痛苦失望后，尚能自重，不媚俗世，以隐士终身。曾隐居鹿门山。年四十，游长安，应进士不第。曾在太学赋诗，名动公卿，一座倾服，为之搁笔。后为荆州从事。患疽卒。曾游历东南各地。诗与王维并称“王孟”。其诗清淡，长于写景，多反映山水田园和隐逸、行旅等内容，绝大部分为五言短篇，在艺术上有独特的造诣。

咏柳

作者：贺知章

碧玉妆成一树高，万条垂下绿丝绦。
不知细叶谁裁出，二月春风似剪刀。

译文及注释

◆ 译文

高高的柳树长满了翠绿的新叶，轻柔的柳枝垂下来，就像万条轻轻飘动的绿色丝带。
这细细的嫩叶是谁的巧手裁剪出来的呢？原来是那二月里温暖的春风，它就像一把灵巧的剪刀。

◆ 注释

1) 碧玉：碧绿色的玉。这里用以比喻春天嫩绿的柳叶。
2) 妆：装饰，打扮。
3) 一树：满树。一：满，全。在中国古典诗词和文章中，数量词在使用中并不一定表示确切的数量。下一句的“万”，就是表示很多的意思。
4) 绦（tāo）：用丝编成的绳带。这里指像丝带一样的柳条。
5) 裁：裁剪。
6) 似：如同，好像。

作者简介

贺知章（659—744），唐代诗人，字季真，晚号四明狂客，越州永兴（今浙江萧山市）人。证圣进士，入丽正殿书院修书，参加撰写《六典》和《文纂》，后迁礼部侍郎，累迁秘书监，因而人称“贺监”。为人旷达不羁，有“清谈风流”之誉。唐天宝三年（744）告老还乡为道士。其诗文以绝句见长，除祭神乐章、应制诗外，其写景、抒怀之作风格独特，清新潇洒。分节符(连续)

2.《环保宣传报》

《环保宣传报》是对环保知识进行宣传的报刊，该类报刊可以引起读者对环保知识的重视。在进行《环保宣传报》的制作时，会使用到分页排版、分栏排版、设置文本样式、添加页眉和页脚等操作。具体的效果如下图所示。

BAO·HU·DI·QIU

保护地球

统一刊号：BN29——0142
2017年12月20日星期二

分节符(连续)

关爱地球，保护地球

地球是一个光芒璀璨的星球，是人类赖以生存的家园，地球上有蓝蓝的大海，绿绿的森林，广阔的草原，加上长长的河流，湛蓝的天空，洁白的云朵，组成了一幅美丽柔和的画卷。

为了保护我们的家园，我们每个人都要关爱地球，保护地球，不要随意破坏森林，更要爱护地球上的生物，让蓝天更蓝，让白云更白，让鸟儿有可爱的家，让鱼儿游的更加欢畅，让生命之水长流，让生命之绿永驻，才能让我们拥有一个和谐美丽的家园。

节约用水

水是地球上最常见的物质之一，在生命演化中起到了重要作用。水中包含了无机化合物、人类在内所有生命生存的重要资源，也是生物体最重要的组成部分。为了保证植物的生长、生活需要等，我们每个人都要珍惜这宝贵的水源。

节约用水，人人有责，只有大家都注意节约用水了，水荒才能远离我们，生活才会安全和谐，环境才会优美舒适。

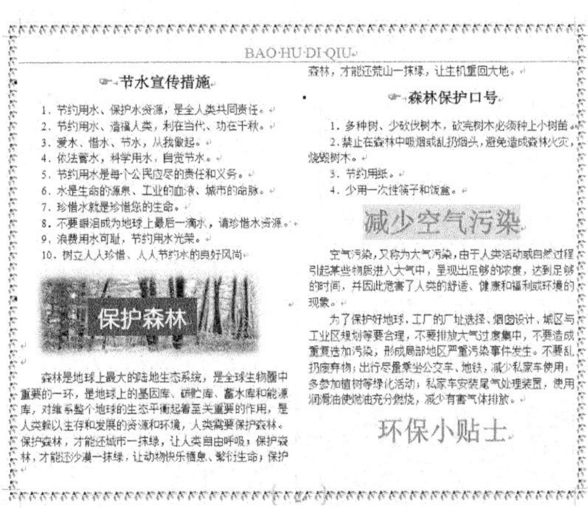

BAO·HU·DI·QIU

节水宣传措施

1. 节约用水、保护水资源，是全人类共同责任。
2. 节约用水、造福人类，利在当代、功在千秋。
3. 爱水、惜水、节水，从我做起。
4. 依法管水，科学用水，自觉节水。
5. 节约用水是每个公民应尽的责任和义务。
6. 水是生命的源泉、工业的血液、城市的命脉。
7. 珍惜水就是珍惜您的生命。
8. 不要眼泪成为地球上最后一滴水，请珍惜水资源。
9. 浪费用水可耻，节约用水光荣。
10. 树立人人珍惜、人人节约水的良好风尚

保护森林

森林是地球上最大的陆地生态系统，是全球生物圈中重要的一环，是地球上的基因库、碳贮库、蓄水库和能源库，对维系整个地球的生态平衡起着至关重要的作用，是人类赖以生存和发展的资源和环境，人类需要保护森林。保护森林，才能还城市一抹绿，让人类自由呼吸；保护森林，才能还沙漠一抹绿，让动物快乐栖息、繁衍生命；保护森林，才能还荒山一抹绿，让生机重回大地。

森林保护口号

1. 多种树、少砍伐树木，砍完树木必须种上小树苗。
2. 禁止在森林中吸烟或乱扔烟头，避免造成森林火灾，烧毁树木。
3. 节约用纸。
4. 少用一次性筷子和饭盒。

减少空气污染

空气污染，又称为大气污染，由于人类活动或自然过程引起某些物质进入大气中，呈现出足够的浓度，达到足够的时间，并因此危害了人类的舒适、健康和福利或环境的现象。

为了保护好地球，工厂的厂址选择、烟囱设计、城区与工业区规划等要合理，不要排放大气过度集中，不要造成重复迭加污染，形成局部地区严重污染事件发生。不要乱扔废弃物；出行尽量乘坐公交车、地铁，减少私家车使用；多参加植树等绿化活动；私家车安装尾气处理装置，使用润滑油使燃油充分燃烧，减少有害气体排放。

环保小贴士

5.2 制作“标书”——《工程施工投标书》

本节视频教学时间 / 14 分钟

案例名称	工程施工投标书
素材文件	素材 \ 第 5 章 \ 工程施工投标书 .docx
结果文件	结果 \ 第 5 章 \ 工程施工投标书 .docx
扩展模板	扩展模板 \ 第 5 章 \ 标书类模板

标书是由发标单位编制或委托设计单位编制，向投标者提供对该工程的主要技术、质量、工期等要求的文件。标书是招标工作时采购当事人都要遵守的具有法律效应且可执行的投标行为标准文件。标书的逻辑性要强，不能前后矛盾、模棱两可；用语要精炼、简短。标书也是投标商投标的依据，投标商必须对标书的内容进行实质性的响应，否则会被判定为无效标（按废弃标处理）。此外，标书还是评标最重要的依据。标书一般有至少一个正本，两个或多个副本。在本实例中，我们要制作出工程施工投标书。

最后的效果如图所示。

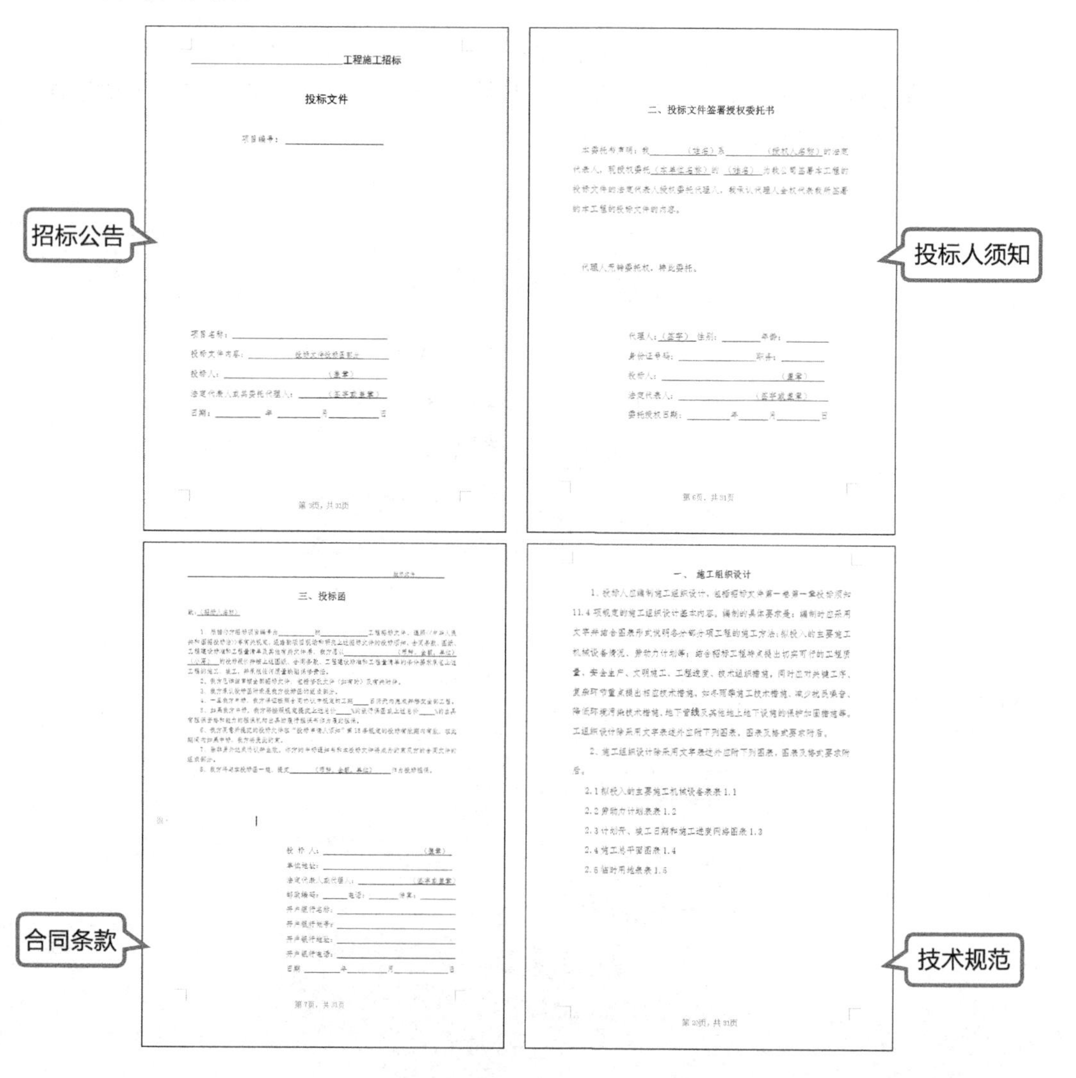

/ 标书的组成要素

名称	是否必备	要求
招标公告	必备	招标公告要包含项目名称、概况；招标内容；招标编号；招标方式、评标方法；招标单位名称、地址；合格的投标人资格要求、投标保证金要求；交（截）标时间、地点；开（唱）标时间、地点；招标单位联系方式、账户以及投标人须知前附表等内容
投标人须知	必备	投标人须知的主要内容包含投标人须知及前附表（同邀标书、招标公告）；投标书的编制要求、技术方案的要求、商务文件的要求；合格投标人、最低资格标准；投标书的组成、目录顺序及签署；投标报价、投标保证金；投标书的递交要求；投标书的密封、标记要求；开标与评标；中标相关失意以及合同前附表等
技术规范	必备	技术规范的内容包含通用技术规范和专有技术规范；项目工程概况及总体要求；讲标主要依据；技术要求细则；点对点应答以及其他要求
合同条款	必备	合同条款的内容包含履约保证金；交货期、工期；验收方式；违约及索赔、误期赔偿；付款方式以及承担内容及交付内容等
投标格式	必备	投标格式的内容包含投标函（书）；开标一览表、分项报价表、法人代表授权书、投标单位情况表以及资格声明、厂商授权书等

/ 技术要点

（1）设置页面布局。
（2）标书的页码格式。
（3）使用“样式”统一标题的字体、段落的格式。
（4）使用“自动目录”快速生成目录。
（5）使用“插入制表符”调整文档位置。
（6）使用“批注”功能提示需注意的内容。
（7）使用“修订”功能修改文档。
（8）双面打印标书。

/【操作流程】

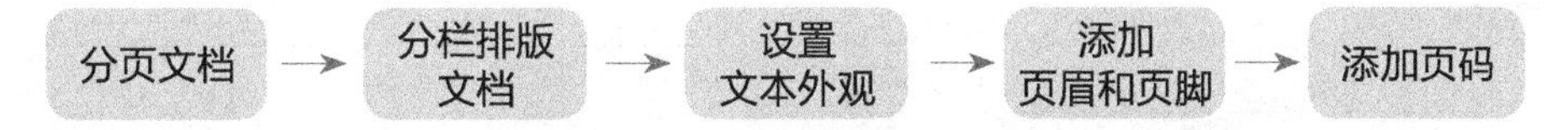

5.2.1 设置页面布局

设计标书时，首先要对标书的页面进行设计，确定纸张大小、纸张方向等要素。通常情况下标书采用的是 A4 纸张。

1. 设置纸张方向

标书的纸张方向是纵向，用户可以使用“纸张方向”功能来进行设置。以下将通过设置纵向纸张来具体介绍操作方法。

第 1 步 单击“纵向”命令

打开“素材 \ 第 5 章 \ 工程施工投标书 .docx”文档。❶ 切换至“布局”选项卡，在“页面设置”面板中，单击“纸张方向”下三角按钮；❷ 展开列表框，单击“纵向”命令。

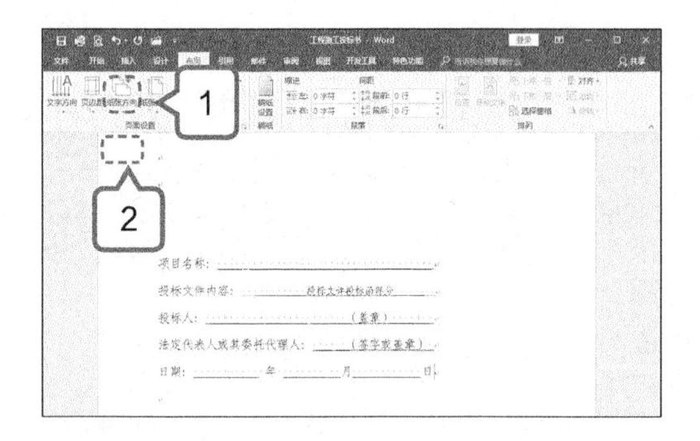

第 2 步 设置纸张方向

完成上述操作即可将文档的纸张方向设置为“纵向”显示。

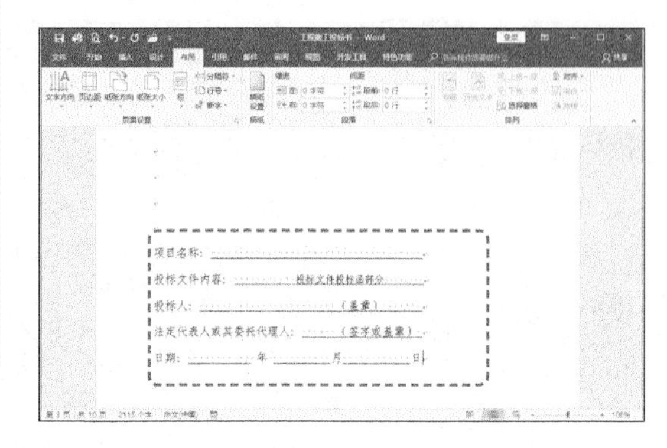

2. 设置纸张大小

在打印标书时，要根据纸张大小对标书进行打印，但纸张大小的不同会影响Word的排版效果，因此可以预先设置好标书的纸张的大小再进行排版。以下具体介绍操作方法。

第 1 步 单击“A4”命令

❶ 切换至“布局”选项卡，在“页面设置”面板中，单击“纸张大小”下三角按钮；❷ 展开列表框，单击“A4”命令。

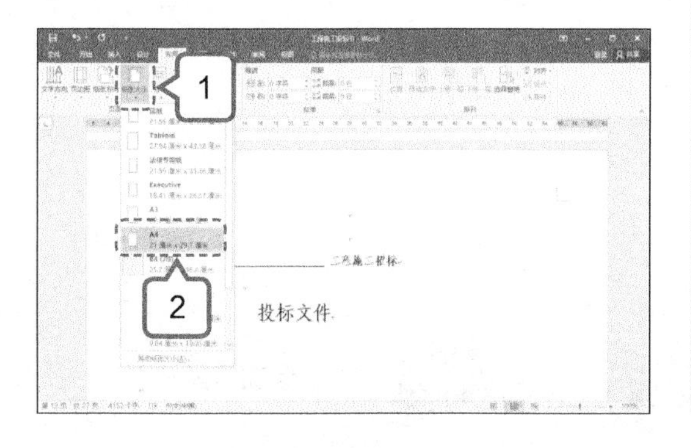

第 2 步 设置纸张大小

完成上述操作即可将文档的纸张大小设置为“A4”显示。

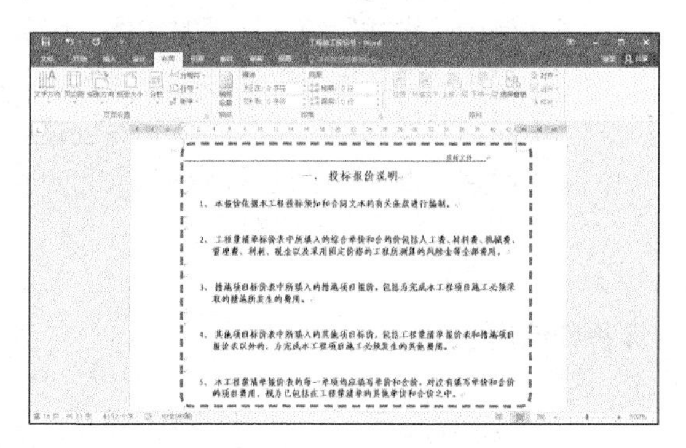

5.2.2 标书的页码格式

在完成标书的页面布局设置后，还需要为标书添加页码。页码是每一页面上标明次第的数字，用于统计标书的面数，便于读者检索。

第 1 步 选择“空白”选项

❶ 切换至“插入”选项卡，在“页眉和页脚”面板中，单击“页脚”下三角按钮；❷ 展开列表框，选择“空白”选项。

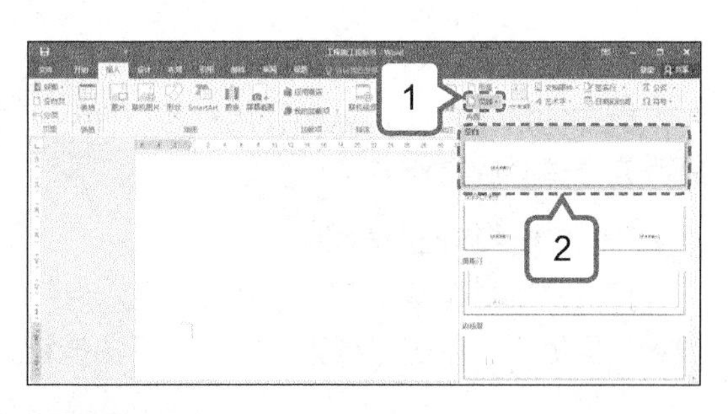

第 2 步 输入文本

❶ 弹出“页眉和页脚”文本框，在“在

此处键入”文本处输入“第页，共页”；❷修改文本的字体和对齐格式。

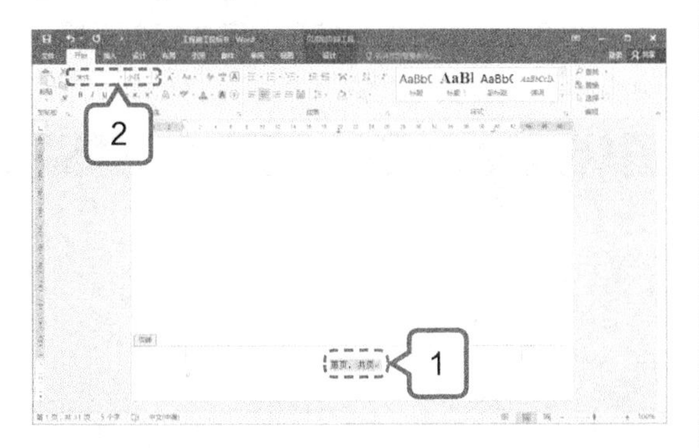

第3步 单击“域”命令

❶将光标定位在“第”和“页”文本之间；❷切换至“插入”选项卡，在“文本”面板中，单击“文档部件”下三角按钮；❸展开列表框，单击“域”命令。

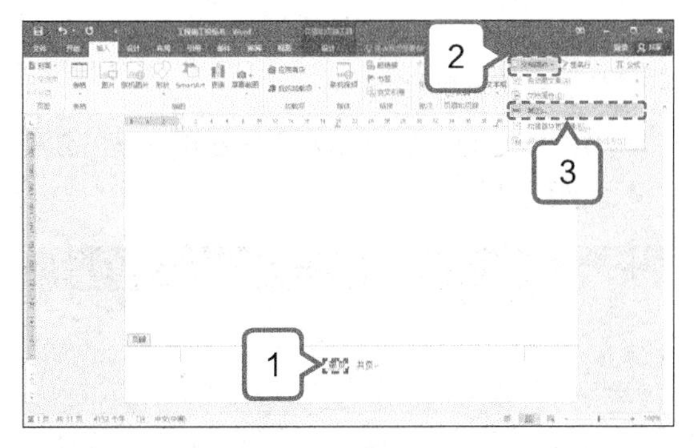

第4步 设置“域”对话框

❶打开“域”对话框，在“类别”列表框中，选择“编号”选项；❷在“域名”下拉列表框中，选择“Page”选项；❸在“格式”列表框中，选择“1,2,3……”选项。

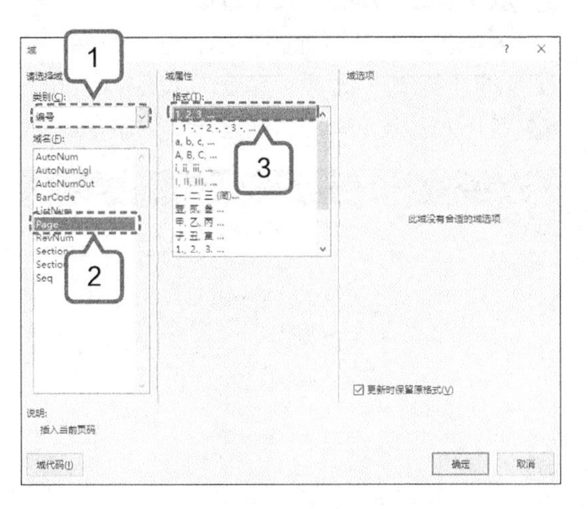

第5步 添加页码数字

单击“确定”按钮，即可添加页码数字，并在“第”和“页”文本中间显示。

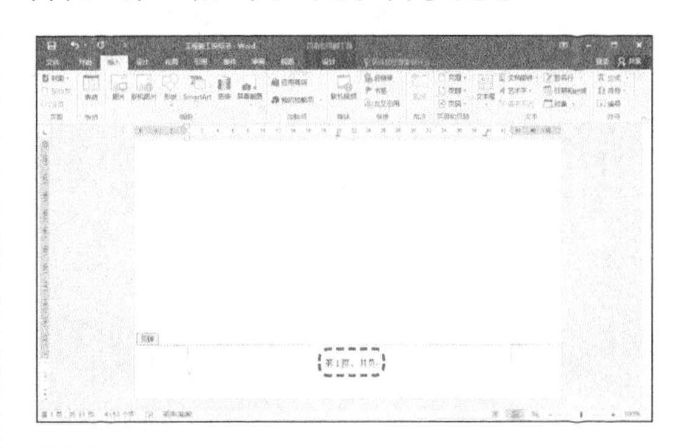

第6步 单击“域”命令

❶将光标定位在“共”和“页”文本之间；❷切换至“插入”选项卡，在“文本”面板中，单击“文档部件”下三角按钮；❸展开列表框，单击“域”命令。

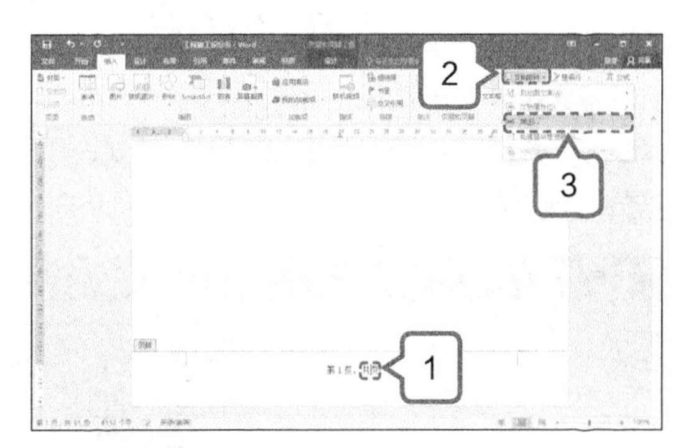

第7步 设置“域”对话框

❶打开“域”对话框，在“类别”列表框中，选择“全部”选项；❷在“域名”下拉列表框中，选择“NumPage”选项；❸在“格式”下拉列表框中，选择“1,2,3,…”选项；❹在“数字格式”下拉列表框中，选择“0”选项。

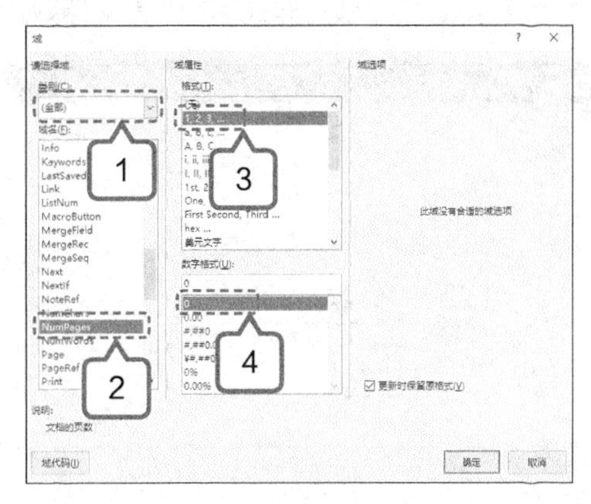

第 8 步 添加页码数字

单击“确定”按钮，即可添加页码数字，并在“共”和“页”文本中间显示。

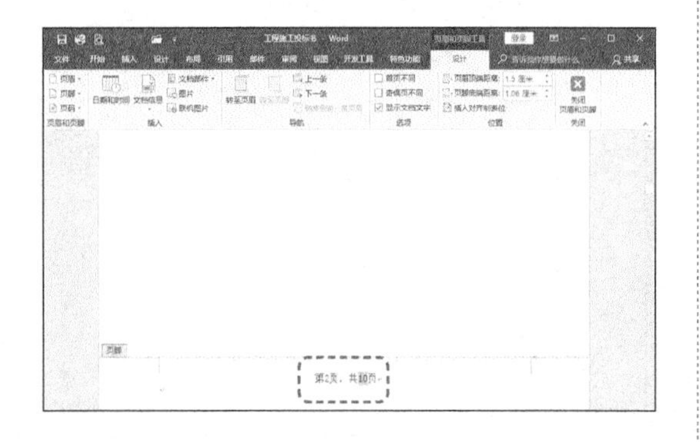

第 9 步 添加标书页码

在“设计”选项卡的“关闭”面板中，单击“关闭页眉和页脚”按钮，完成标书页码的添加。

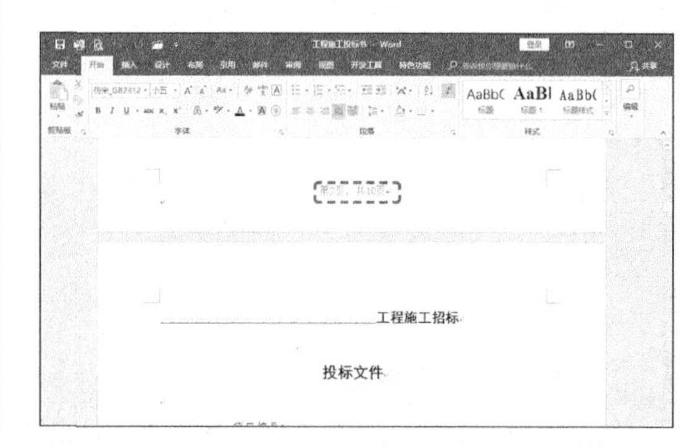

5.2.3 使用“样式”统一标题的字体和段落的格式

标书的页码格式设置完成后，还需要对标书中标题的字体和段落进行格式设置。使用“样式”功能可以对字体和段落格式进行统一规范。

第 1 步 选择“副标题”样式

❶ 在标书文档中，将光标定位在第 5 页的首行；❷ 在“开始”选项卡的“样式”面板中，选择“副标题”样式。

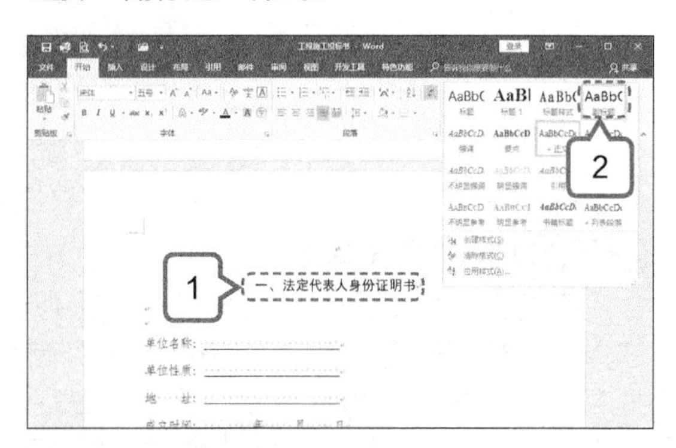

第 2 步 设置第 5 页标题样式

设置第 5 页标题的样式后，查看文档效果。

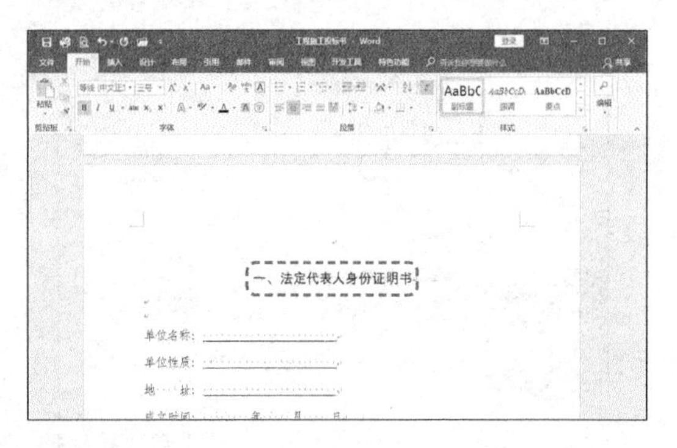

第 3 步 修改标题样式

用同样的方法，依次为第 6 页～第 12 页的标题修改标题样式。

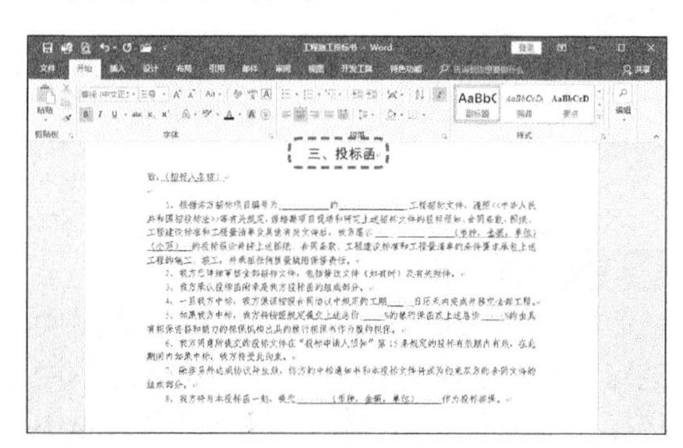

第 4 步 单击“创建样式”命令

❶ 选择第 2 页标题文本，在“开始”选项卡的“样式”面板，单击“其他”按钮；❷ 展开列表框，单击“创建样式”命令。

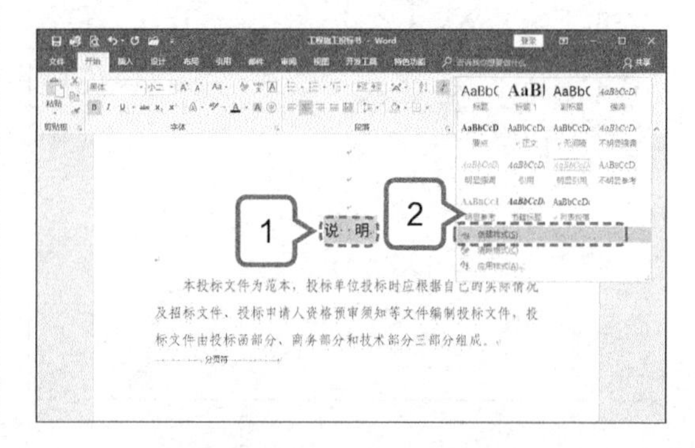

第 5 步 单击“修改”按钮

❶ 打开“根据格式设置创建新样式”对话框，修改“名称”为“标题样式”；❷ 单击“修改”按钮。

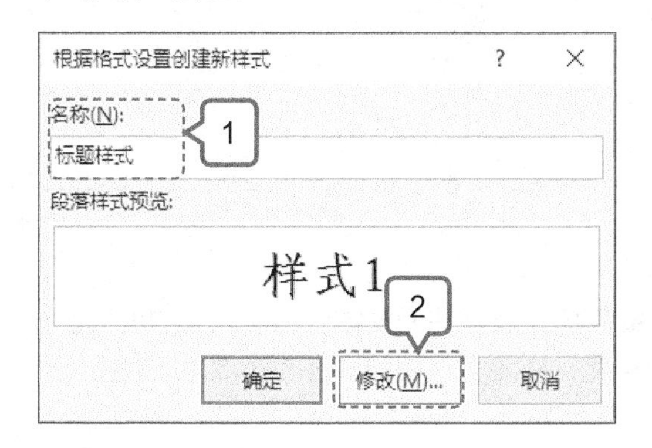

第 6 步 设置参数

打开“根据格式设置创建新样式”对话框，在“格式”选项区中，修改“字体”为“黑体”，“字号”为“小二”。

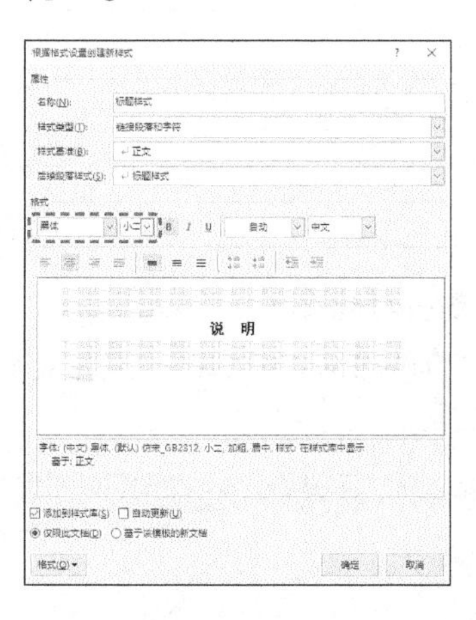

第 7 步 修改标题样式

单击“确定”按钮，即可完成标题样式的修改，并查看文档效果。

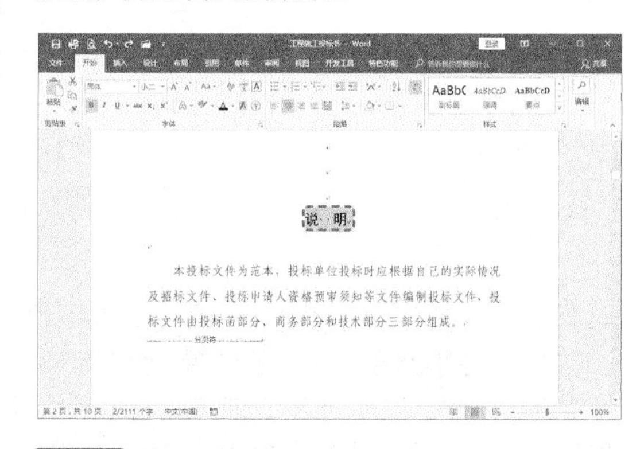

第 8 步 修改标题样式

用同样的方法，修改其他页文档中的标题样式。

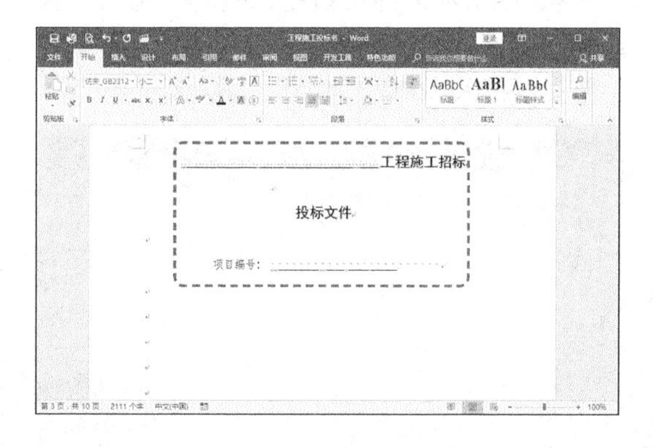

5.2.4 使用“自动目录”快速生成目录

标书创建完成后，为了便于阅读，用户需要为标书添加一个目录。目录可以使文档的结构更加清晰，便于阅读者对整个文档进行定位。

第 1 步 选择“自动目录 1”选项

❶ 将光标定位在第 3 页的文档处，切换至“引用”选项卡，在“目录”面板中，单击“目录”下三角按钮；❷ 展开列表框，选择“自动目录 1”选项。

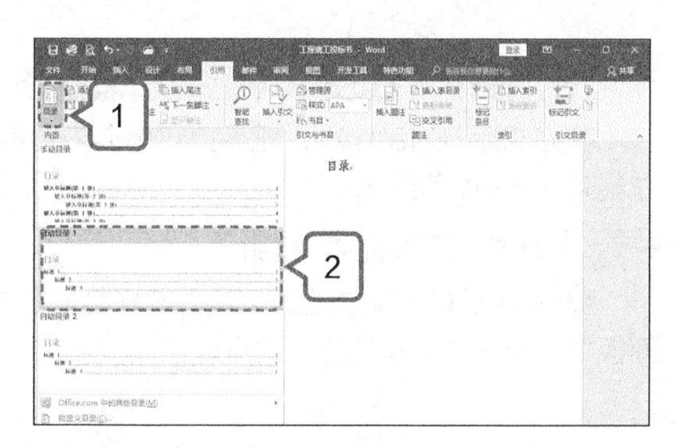

第 2 步 生成目录

快速生成目录，并删除多余的文本，完成目录的生成。

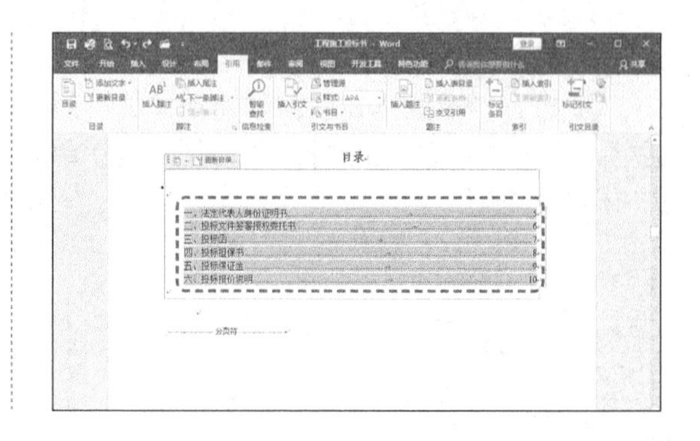

5.2.5 使用“制表符”调整文档位置

制表符是指水平标尺上的位置，即按【Tab】键后插入点所在的文字向右移动到的位置。在不同行的文字按【Tab】键，即可向右移动相同的距离，从而实现按列对齐。通常可以直接拖曳制表符到水平标尺上要插入制表位的位置，具体操作步骤如下。

第 1 步 插入制表符

❶ 单击水平标尺最左端的制表符，将其切换至“右对齐制表符”⌟；❷ 在水平标尺上单击要插入的制表符位置，插入制表符。

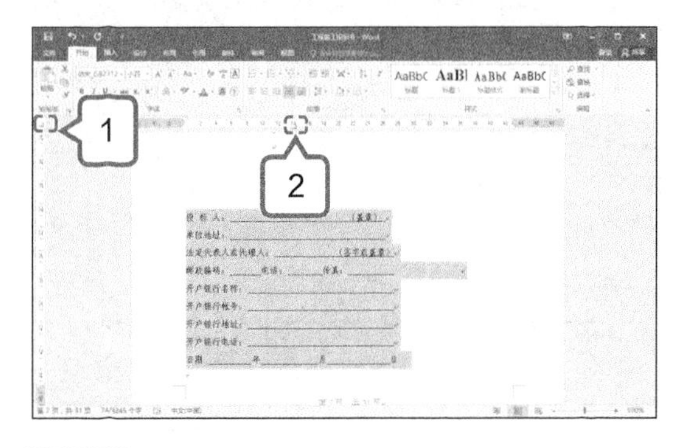

第 2 步 按【Tab】键对齐

将光标移动到“投标人”文字的最前面，按 3 次【Tab】键，这时该文字就会与已设置的制表符处对齐。

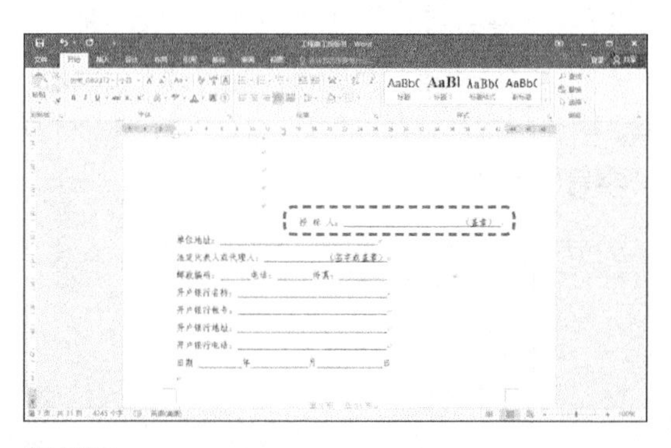

第 3 步 对齐其他文本

用同样的方法，依次对齐其他文本，并查看文档效果。

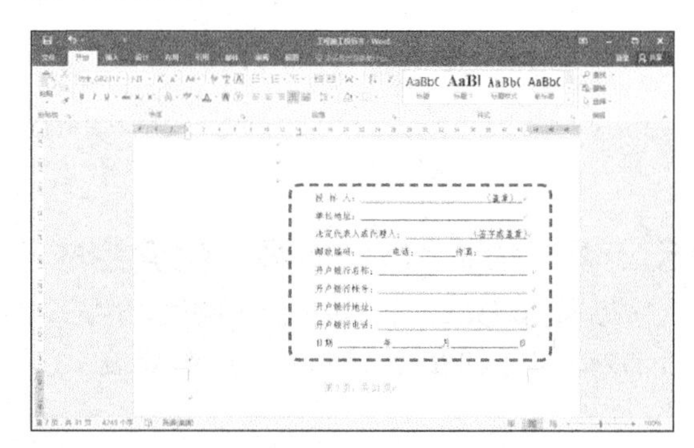

5.2.6 使用“批注”功能提示需要注意的内容

在完成标书的制作后，还需要对标书内容进行审阅，并将需要注意的内容或者错误的内容批注出来，方便后期修改。

第 1 步 单击“新建批注”按钮

❶ 切换至标书文档的第 2 页，选择合适的文本对象；❷ 切换至“审阅”选项卡，在“批注”面板中，单击“新建批注”按钮。

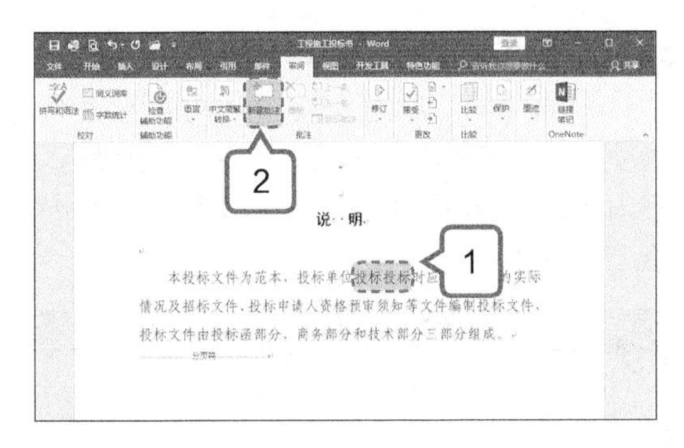

第 2 步 输入批注内容

此时页面右侧将出现批注框，用户可以在其中输入批注的内容。

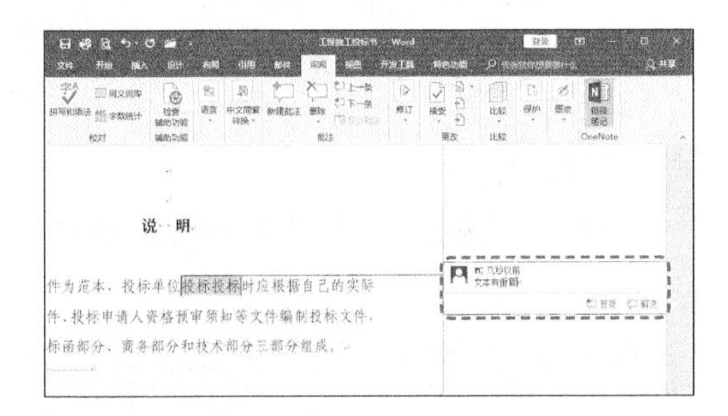

第 3 步 添加批注

选择文档中第 6 页的“法定法定”文本，为其添加批注。

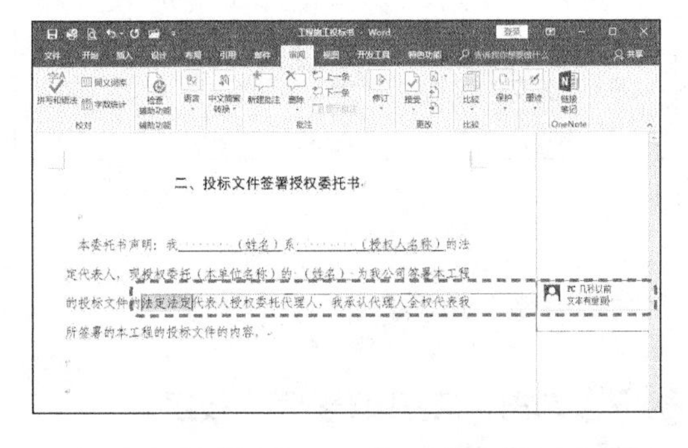

第 4 步 添加批注

选择文档中第 7 页的“组成组成部分”文本，为其添加批注。

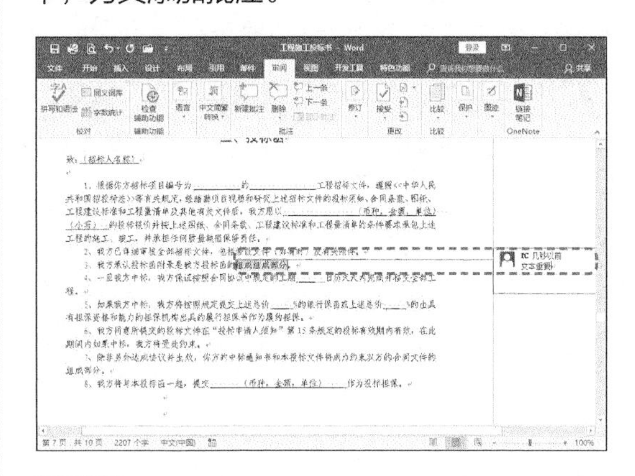

第 5 步 添加批注

选择文档中第 7 页的相应文本，为其添加批注。

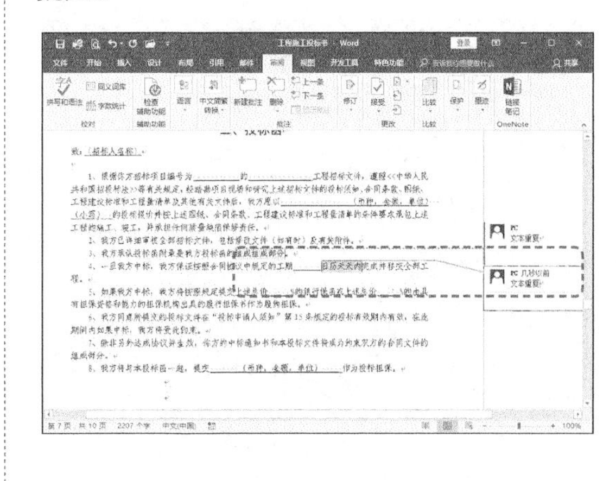

5.2.7 使用“修订”功能修改文档

将标书中的错误文本批注出来后，就需要对错误的文本进行修订。使用“修订”功能可以在保留文档原有格式或内容的同时，在页面中对文档内容进行修订，便于进行协同工作。

第 1 步 单击“修订”命令

❶ 切换至“审阅”选项卡，在“修订”面板中，单击“修订”下三角按钮，展开列表框；❷ 单击“修订”命令。

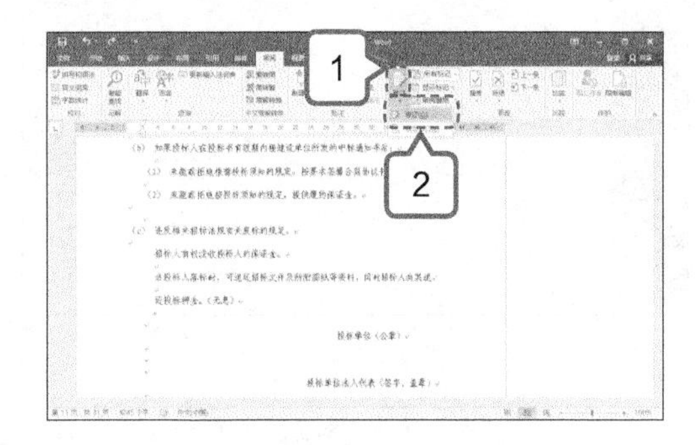

第 2 步 修改文本

进入修订状态，选择第一个批注的文本，对文本内容进行修改，被删除的文字会添加删除线，修改的文字会以红色显示。

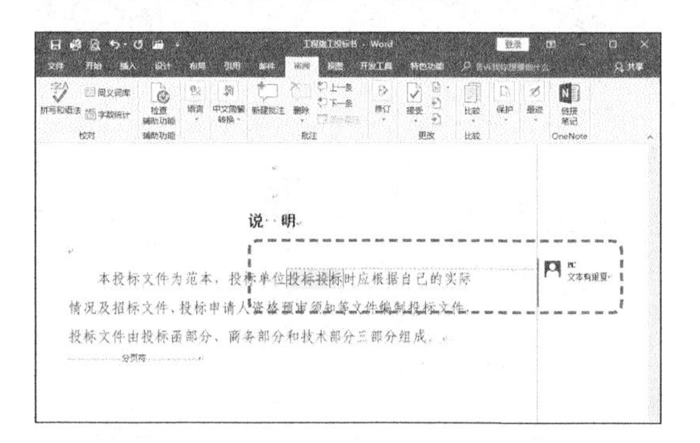

第 3 步 修改文本

用同样的方法，对其他批注文本进行修改。

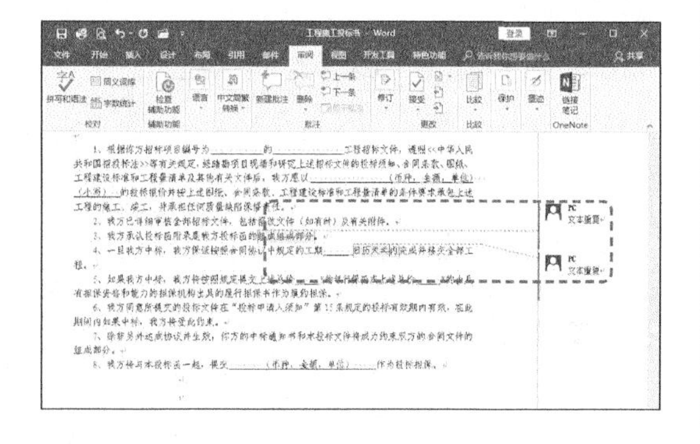

第 4 步 单击“接受所有修订”命令

❶ 选中修订后的所有内容，切换至“审阅”选项卡，在“更改”面板中，单击“接受”下三角按钮；❷ 展开列表框，单击“接受所有修订”命令。

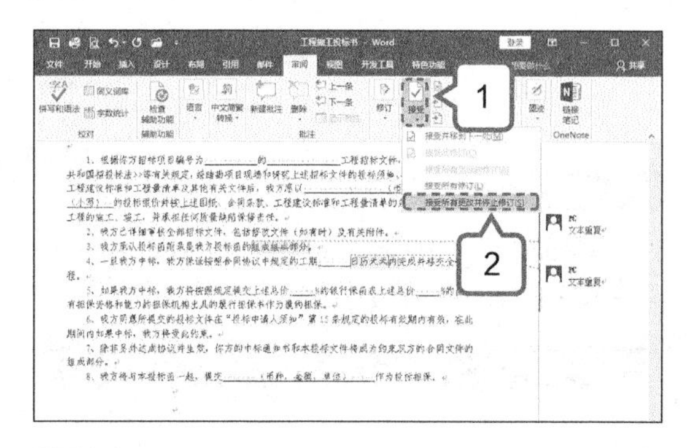

第 5 步 修订文档

完成所有文档的修订，然后删除批注文本框，并查看修订后的文档效果。

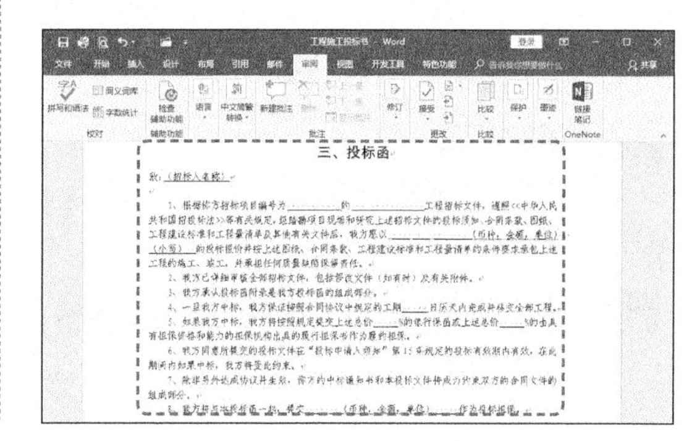

5.2.8 双面打印标书

在完成标书的制作后，需要将标书打印出来。为了节约纸张，可以使用“双面打印”功能打印。

第 1 步 单击“打印”命令

切换至“文件”选项卡，单击“打印”命令。

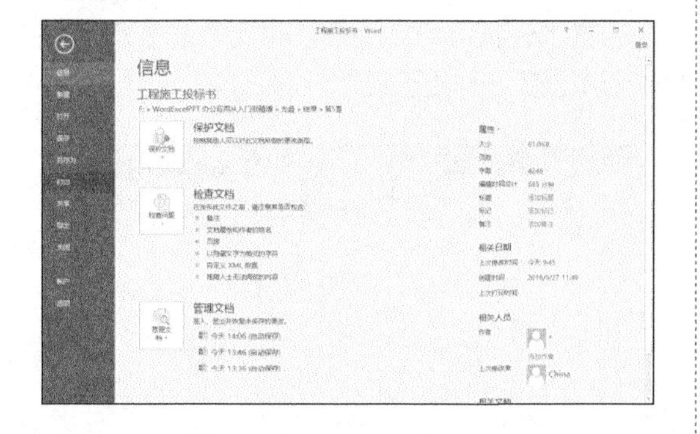

第 2 步 单击“仅打印奇数页”按钮

❶ 打开“打印”窗格，单击“打印所有页”右侧下三角按钮；❷ 展开列表框，单击“仅打印奇数页”选项，单击“打印”按钮。

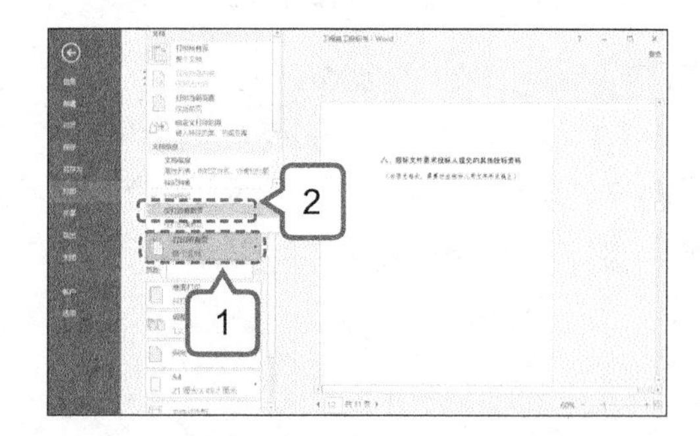

第 3 步 单击“打印”按钮

❶ 将已打印好一面的纸取出，根据打印机进纸的实际情况将其放回到送纸器中，单击“打印所有页”右侧的下三角按钮，展开列表框，单击“仅打印偶数页”选项；❷ 在“打印”窗格中，单击“打印”按钮即可。

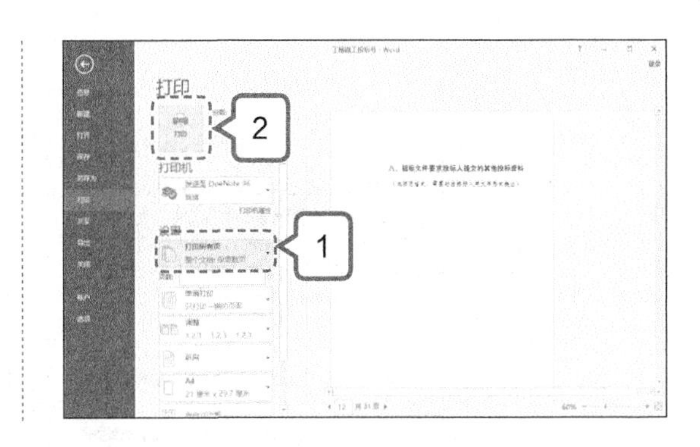

5.2.9 其他标书

除了本节介绍的标书外，平时常用的还有很多种标书。读者可以根据以下思路，结合实际需要进行制作。

1. 货物类——《货物采购投标书》

在进行货物类标书的制作时，会使用到设置页面布局、设置标书页码格式、统一标题的字体、段落的格式等操作。具体的效果如下图所示。

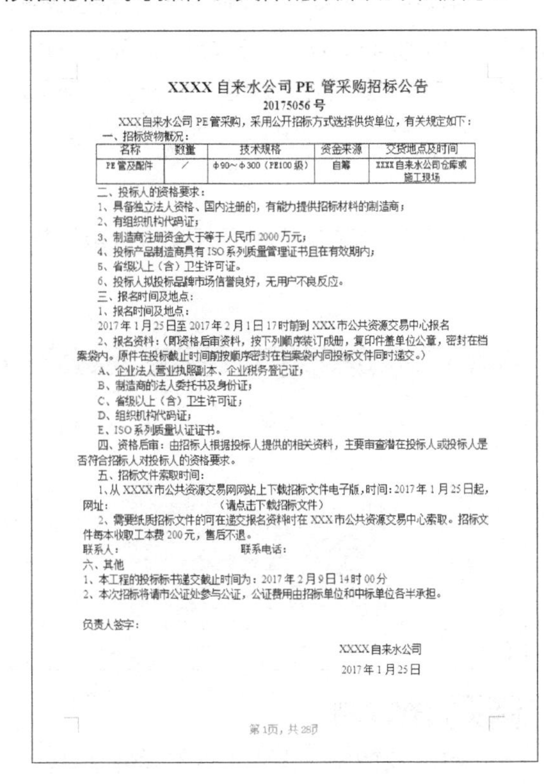

XXXX 自来水公司 PE 管采购招标公告

20175056 号

XXX自来水公司 PE 管采购，采用公开招标方式选择供货单位，有关规定如下：

一、招标货物概况：

名称	数量	技术规格	资金来源	交货地点及时间
PE 管及配件	/	Φ90～Φ300（PE100 级）	自筹	XXXX 自来水公司仓库或施工现场

二、投标人的资格要求：

1、具备独立法人资格、国内注册的，有能力提供招标材料的制造商；

2、有组织机构代码证；

3、制造商注册资金大于等于人民币 2000 万元；

4、投标产品制造商具有 ISO 系列质量管理证书且在有效期内；

5、省级以上（含）卫生许可证。

6、投标人拟投标品牌市场信誉良好，无用户不良反应。

三、报名时间及地点：

1、报名时间及地点：

2017 年 1 月 25 日至 2017 年 2 月 1 日 17 时前到 XXX 市公共资源交易中心报名

2、报名资料：（即资格后审资料，按下列顺序装订成册，复印件盖单位公章，密封在档案袋内。原件在投标截止时间前按顺序密封在档案袋内同投标文件同时递交。）

A、企业法人营业执照副本、企业税务登记证；

B、制造商的法人委托书及身份证；

C、省级以上（含）卫生许可证；

D、组织机构代码证；

E、ISO 系列质量认证证书。

四、资格后审：由招标人根据投标人提供的相关资料，主要审查潜在投标人或投标人是否符合招标人对投标人的资格要求。

五、招标文件索取时间：

1、从 XXXX 市公共资源交易网网站上下载招标文件电子版，时间：2017 年 1 月 25 日起，网址：（请点击下载招标文件）

2、需要纸质招标文件的可在递交报名资料时在 XXX 市公共资源交易中心索取。招标文件每本收取工本费 200 元，售后不退。

联系人：　　联系电话：

六、其他

1、本工程的投标标书递交截止时间为：2017 年 2 月 9 日 14 时 00 分

2、本次招标将请市公证处参与公证，公证费用由招标单位和中标单位各半承担。

负责人签字：

XXXX 自来水公司

2017 年 1 月 25 日

第 1页，共 28页

一、投标须知前附表

工程名称			
交货地点		招标单位	
货物数量及技术规格、要求	PE 管：规格Φ90～Φ300（PE100 级）		
承包方式	单价承包		
工期要求	总供货期两年，每单批次 72 小时内	质量要求	合格
投标人资格要求	1、具备独立法人资格、国内注册的，有能力提供招标材料的制造商； 2、有组织机构代码证； 3、制造商注册资金大于等于人民币 2000 万元； 4、投标产品制造商具有 ISO 系列质量管理证书且在有效期内； 5、省级以上（含）卫生许可证。 6、投标人拟投标品牌市场信誉良好，无用户不良反应。		
资格审查方法	采用资格后审	投标有效期	30 天（从投标截止之日算起）
踏勘现场	/	投标答疑 投标确认	地点：XXX 公共资源交易中心 （技术方面询问请书面形式提交） 时间：2017 年 2 月 2 日 15 时
投标担保金	人民币 10 万元整。必须从投标人帐户汇出。并须于投标截止时间前进入以下帐户内（户名：（保证金专户），帐号：，开户行：）		
投标文件份数	正本 1 份，副本 3 份	投标文件递交 投标截止时间	
开标时间及地点	地址： 时间：2017 年 2 月 9 日 14 时 00 分正。		
评标方法	综合评分法	投标最高限价	详见招标文件第 14.2 条
定标办法	详见招标文件第 21.1 条		
资金来源	自筹	履约担保金额	人民币 10 万元整

第 2页，共 28页

2. 服务类——《物业服务管理投标书》

在进行服务类标书的制作时，会使用到设置页面布局、设置标书页码格式、快速生成目录、统一标题的字体、段落的格式等操作。具体的效果如下图所示。

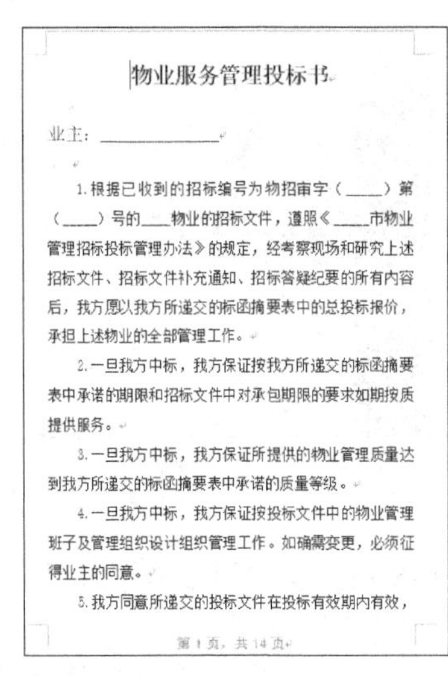

物业服务管理投标书

业主：________

1.根据已收到的招标编号为物招审字（____）第（____）号的____物业的招标文件，遵照《____市物业管理招标投标管理办法》的规定，经考察现场和研究上述招标文件、招标文件补充通知、招标答疑纪要的所有内容后，我方愿以我方所递交的标函摘要表中的总投标报价，承担上述物业的全部管理工作。

2.一旦我方中标，我方保证按我方所递交的标函摘要表中承诺的期限和招标文件中对承包期限的要求如期按质提供服务。

3.一旦我方中标，我方保证所提供的物业管理质量达到我方所递交的标函摘要表中承诺的质量等级。

4.一旦我方中标，我方保证按投标文件中的物业管理班子及管理组织设计组织管理工作。如确需变更，必须征得业主的同意。

5.我方同意所递交的投标文件在投标有效期内有效，

第 1 页，共 14 页

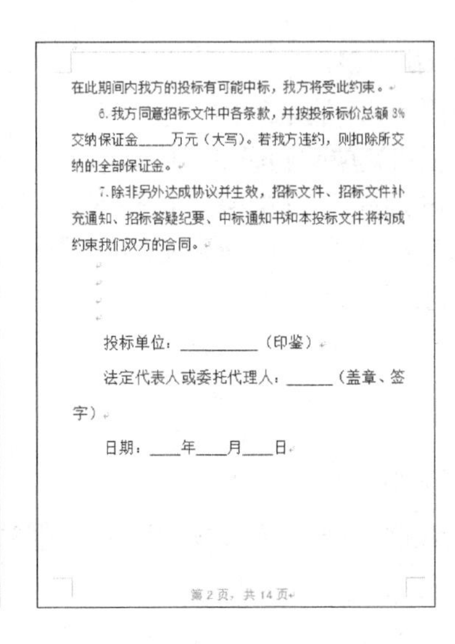

在此期间内我方的投标有可能中标，我方将受此约束。

6.我方同意招标文件中各条款，并按投标标价总额 3% 交纳保证金____万元（大写）。若我方违约，则扣除所交纳的全部保证金。

7.除非另外达成协议并生效，招标文件、招标文件补充通知、招标答疑纪要、中标通知书和本投标文件将构成约束我们双方的合同。

投标单位：________（印鉴）

法定代表人或委托代理人：______（盖章、签字）

日期：____年____月____日

第 2 页，共 14 页

本节视频教学时间 / 20 分钟

本章所选择的案例均为典型的长文档，主要讲解了如何利用 Word 进行排版，涉及分隔符、样式、页眉、页脚、目录及审阅等知识点。长文档类别很多，本书配套资源中赠送了若干长文档模板，读者可以根据不同需求将模板改编成自己需要的形式。以下列举 2 个典型长文档的制作思路。

1. 注重细节的《可行性研究报告》

研究报告类长文档会涉及设置标题、正文样式、目录以及页码等操作，需要特别注重细节，制作报告可以按照以下思路进行。

第 1 步 设置标题和正文样式

打开文档并设置标题和正文样式。

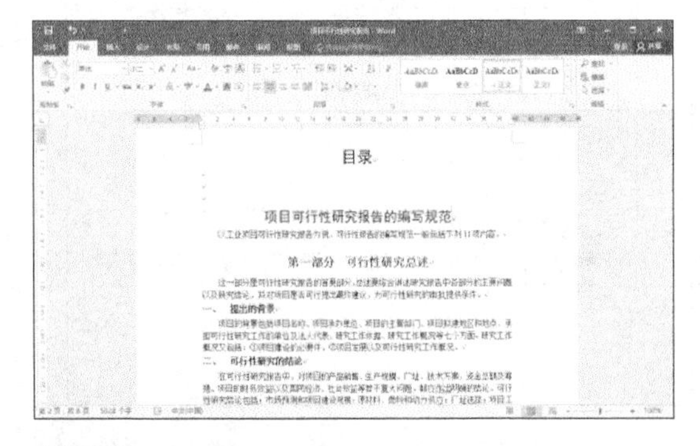

第 2 步 快速生成目录

快速生成目录，并对生成后的目录进行调整。

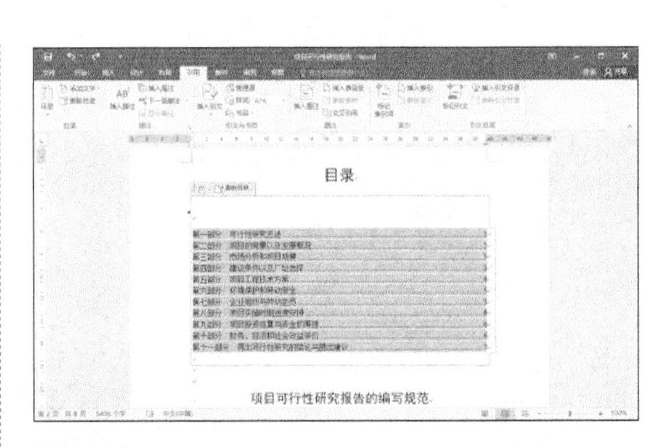

第 3 步 分页文档

使用“分页符”功能对文档进行分页。

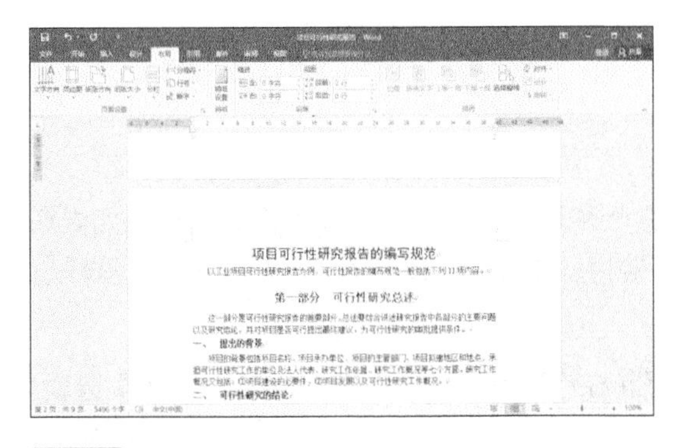

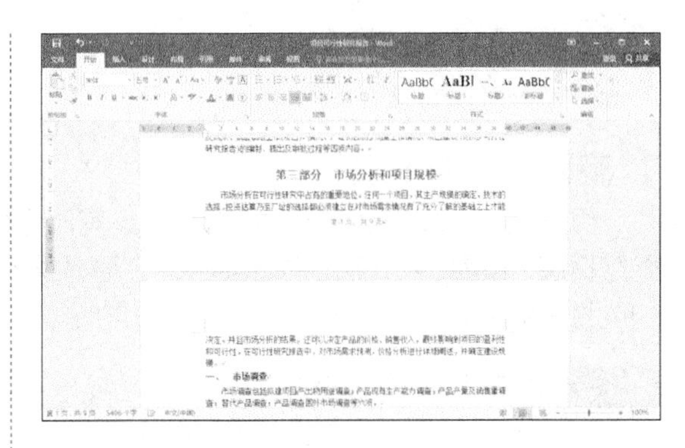

第 4 步 添加页码

为研究报告添加页码。

2.《旅游营销策划书》要突出重点

策划书类长文档会涉及页眉和页脚、批注、修订等操作，需要特别注意突出重点，制作策划书可以按照以下思路进行。

第 1 步 添加页眉和页脚

使用“页眉和页脚”功能为策划书添加页眉和页脚。

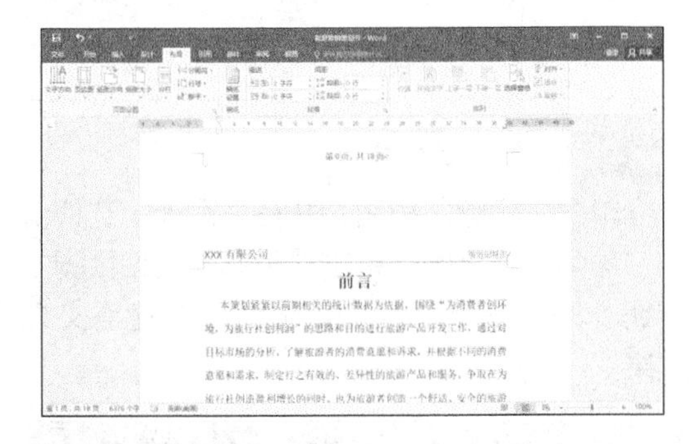

第 2 步 添加目录

使用“目录”功能快速生成目录。

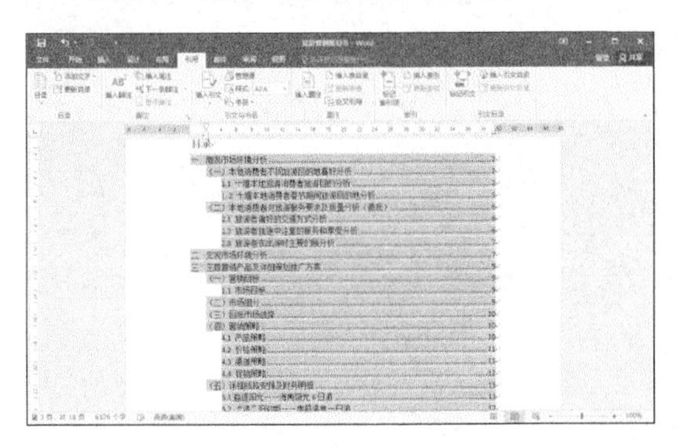

第 3 步 添加批注

使用“批注”功能将错误文本标注出来。

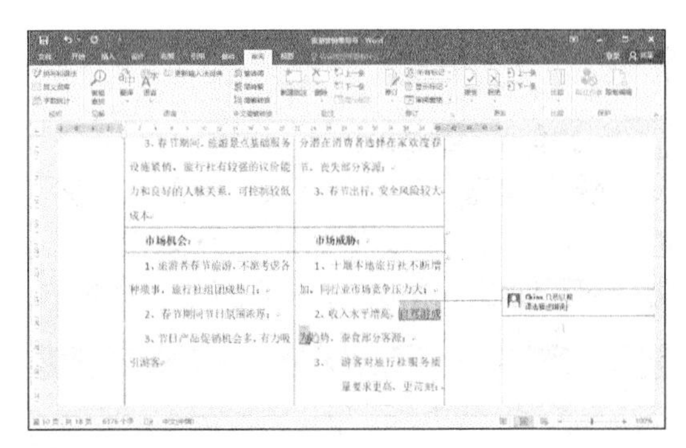

第 4 步 修订文档

使用“修订”功能对文档进行修订操作。

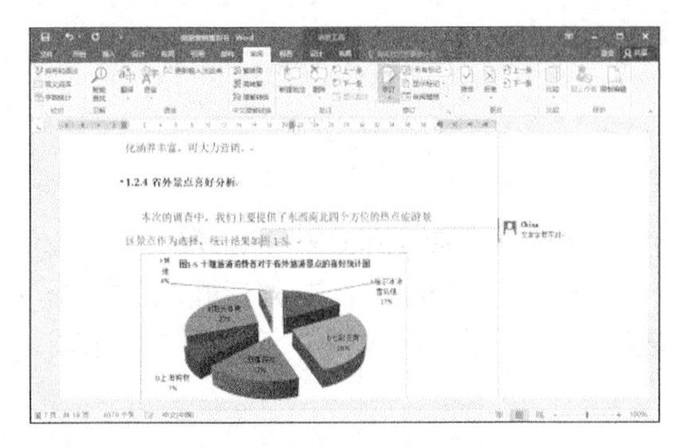

高手支招

1. 删除页眉中的横线

页眉横线一般在插入页眉后会出现，有时也会在删除页眉、页脚、页码后出现。但是如果在删除页眉、页脚、页码后也显示横线，会显得整个文档特别不美观，此时可以使用“边框和底纹”功能将其删除。

第 1 步 展开“设计”选项卡

打开“素材 \ 第 5 章 \ 员工手册 .docx”文档，在页眉上双击鼠标左键，展开“设计”选项卡和文本框。

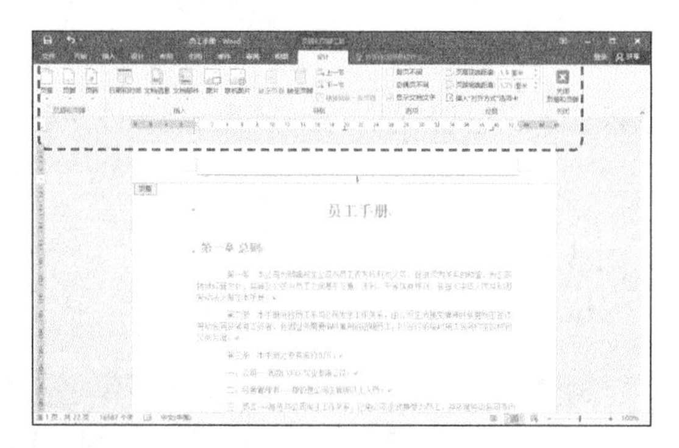

第 2 步 单击“边框和底纹”命令

❶ 切换至“开始”选项卡，在“段落”面板中，单击“边框”下三角按钮 ；❷ 展开列表框，单击“边框和底纹”命令。

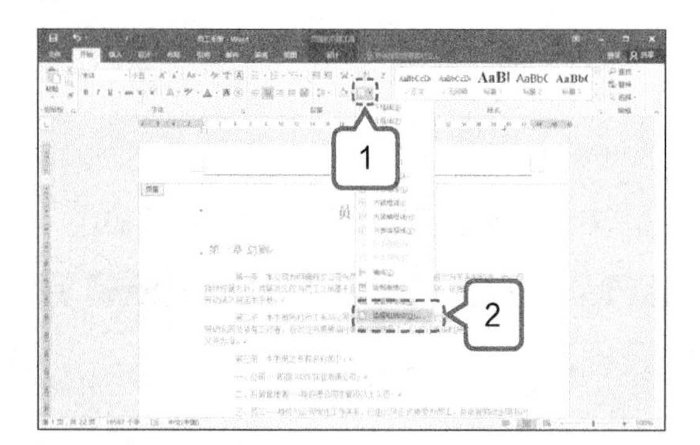

第 3 步 设置“边框和底纹”对话框

❶ 打开“边框和底纹”对话框，在“边框”选项卡的“设置”列表框中，选择“无”选项；❷ 在“应用于”列表框中，选择“段落”选项。

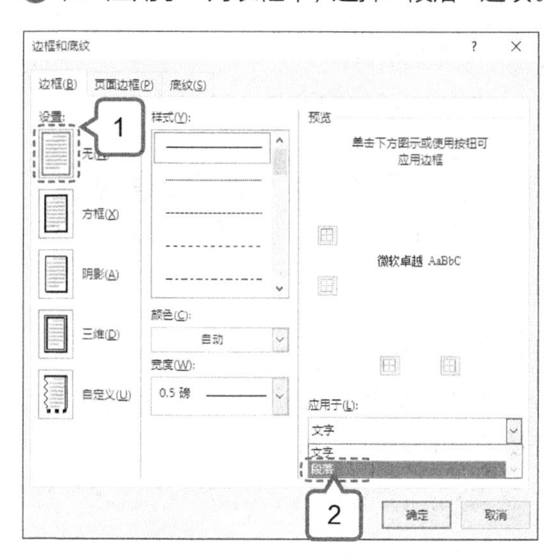

第 4 步 删除页眉横线

单击“确定”按钮，并在“设计”选项卡的“关闭”面板中，单击“关闭页眉和页脚”按钮，即可删除页眉中的横线，并查看文档效果。

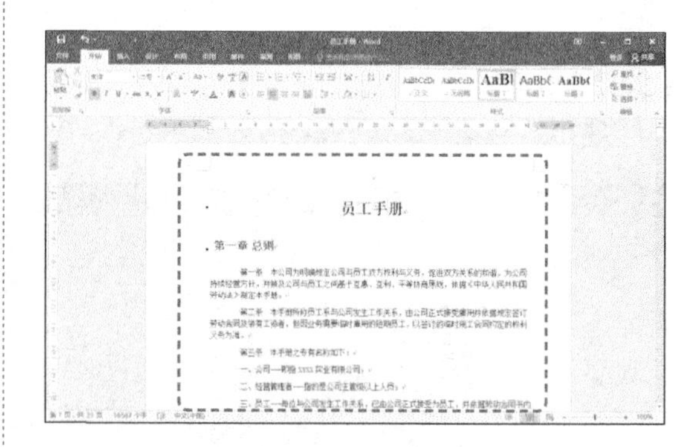

2. 一键解决目录“错误！未定义书签”问题

某些有目录的 Word 文档，打印时目录中可能不会出现页码，而是会显示“错误！未定义书签”，此时可以使用“更新域”功能对目录进行更新。

第 1 步 单击“更新域”命令

打开“素材 \ 第 5 章 \ 员工行为规范 .docx”文档，将光标定位在“错误！未定义书签”文本中，单击鼠标右键，弹出快捷菜单，单击“更新域”命令。

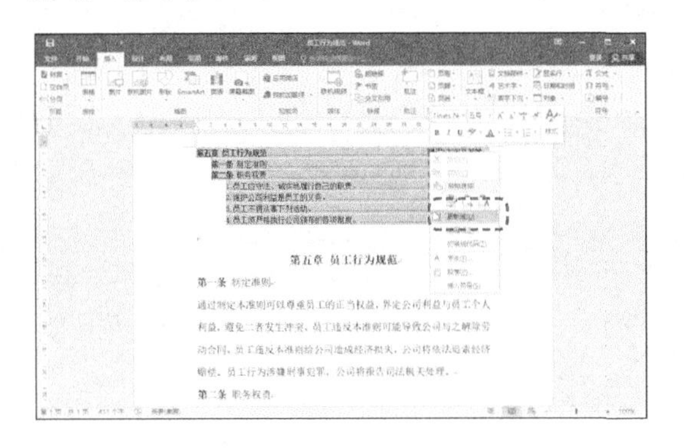

第 2 步 更新目录

完成上述操作即可对目录的域进行更新，并查看文档效果。

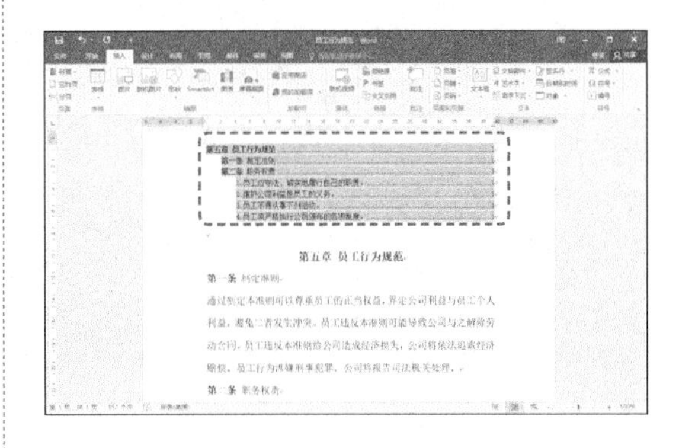

3. 自定义文档的批注文本框

使用“修订选项”功能中的“高级选项”对批注和批注框进行修改，可以得到更为美观的批注文本框效果。

第 1 步 单击“修订选项”按钮

打开“素材 \ 第 5 章 \ 销售合同 .docx”文档。❶ 在文档中选择批注文本框对象；❷ 切换至“审阅”选项卡，在“修订”面板中，单击“修订选项”按钮 。

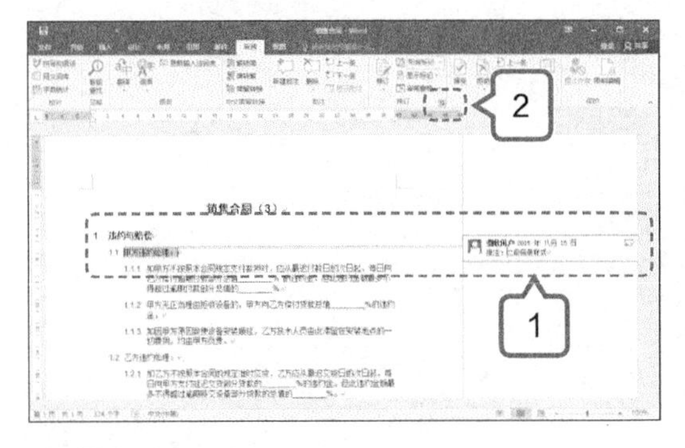

第 2 步 单击“高级选项”按钮

打开“修订选项”对话框，单击“高级选项”按钮。

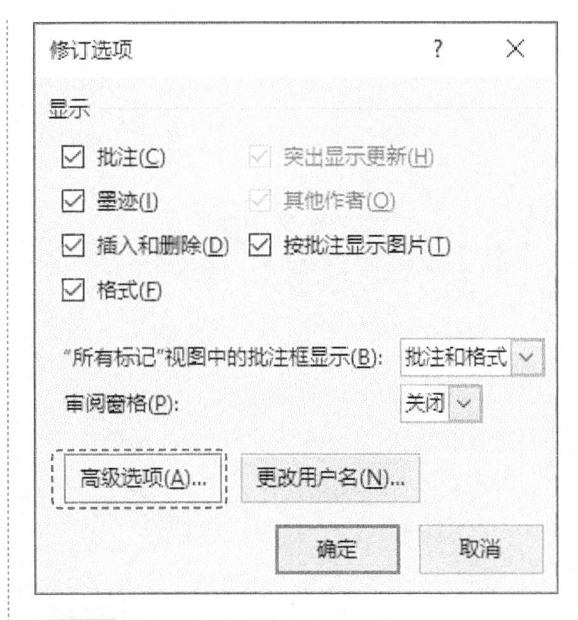

第 3 步 选择“深黄”选项

打开“高级修订选项”对话框，单击“批注”右侧的下三角按钮，展开列表框，选择“深黄”选项。

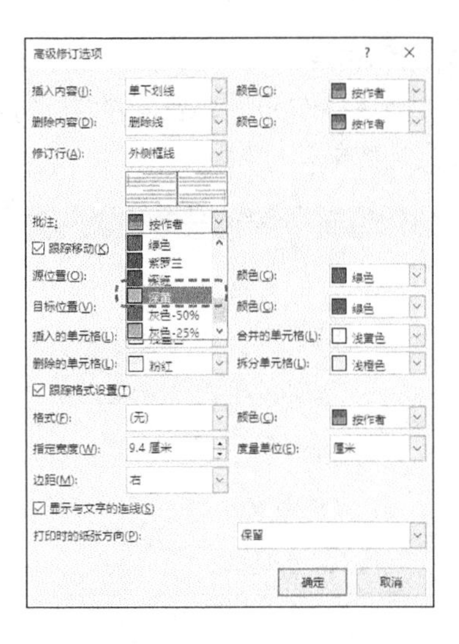

第 4 步 修改批注框颜色

单击“确定”按钮，即可修改批注框文本的颜色。

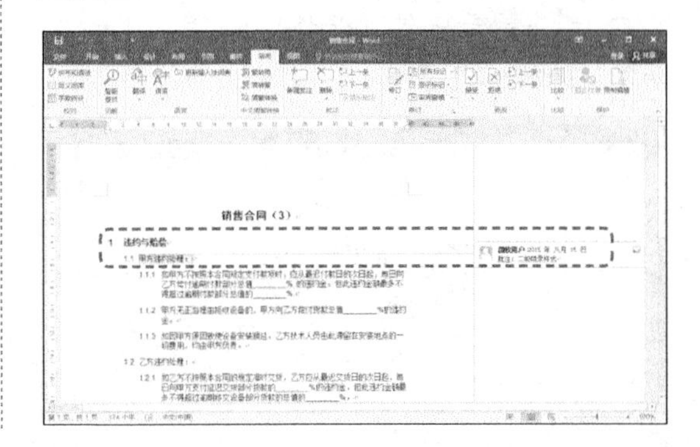

Chapter 06

模板和邮件合并快速办公

本章视频教学时间 / 41 分钟

技术分析

在日常电脑办公过程中，许多文档的格式是统一的，因此可以将这些常用的文档格式制作成文档模板，以便在编写新文档时应用相应的格式。在完成文档的编写后，用户可以使用邮件合并功能，将文档进行批量处理和打印。本章主要介绍以下知识点。

（1）创建模板文件。

（2）添加模板内容。

（3）自定义文本样式。

（4）保护模板文件。

（5）设置主题样式。

（6）设计名片模板。

（7）制作并导入数据表。

（8）插入合并域。

思维导图

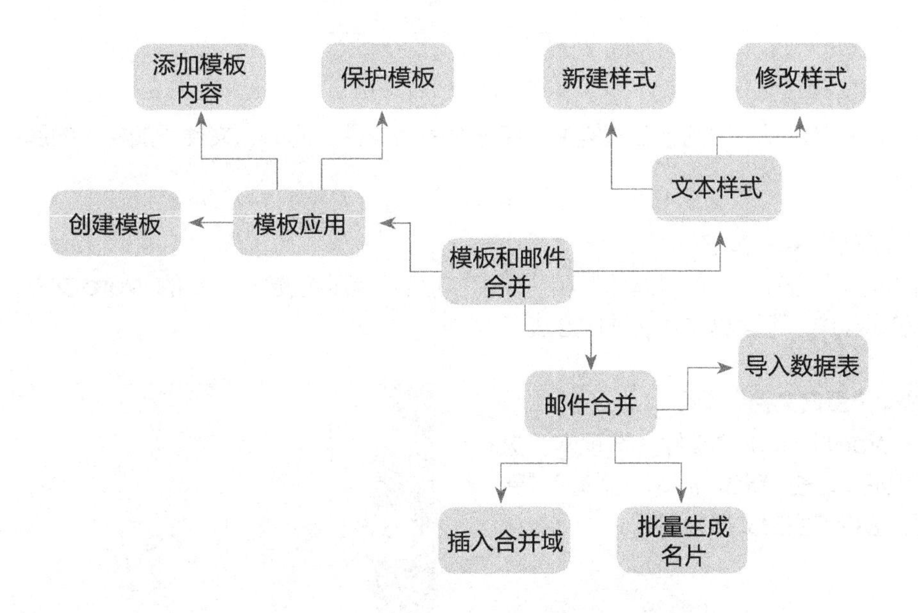

6.1 制作企业文件模板

本节视频教学时间 / 22 分钟

案例名称	企业文件模板
素材文件	素材 \ 第 6 章 \LOGO 图片 .jpg
结果文件	结果 \ 第 6 章 \ 企业文件模板 .docx

企业内部文件通常具有相同的格式及标准，例如具有相同的页眉页脚内容、相同的背景、相同的修饰、相同的字体及样式等。因此，可以将这些相同的元素制作在一个模板文件中，方便以后调用。在本实例中，我们要制作出企业文件模板效果。

最后的效果如图所示。

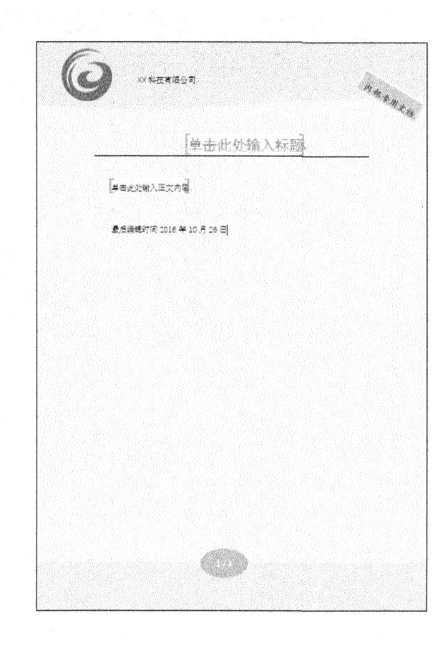

6.1.1 创建模板文件

在制作企业文件模板之前，首先需要新建一个模板文件，同时为文件添加相关的属性以进行说明和备注。

1. 新建并保存模板文件

使用“文件”选项卡中的“新建”和“保存”功能，可以创建一个新的 Word 文档，并将其保存到电脑磁盘中。下面具体介绍操作方法。

第 1 步 选择“空白文档”图标

❶ 在 Word 中单击“文件”选项卡，进入“文件”界面，单击“新建”命令；❷ 进入“新建”界面，选择“空白文档”图标。

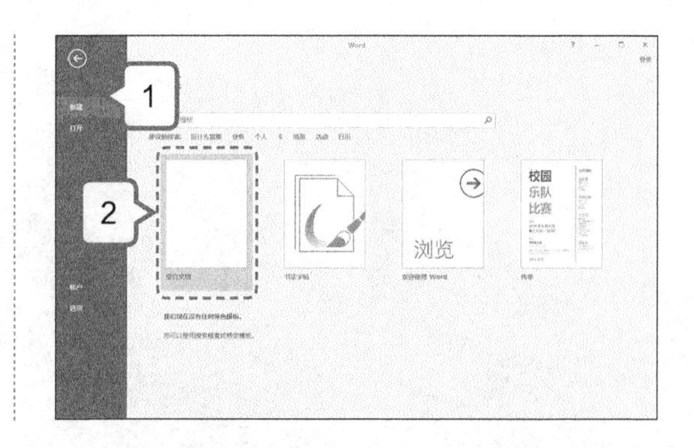

第 2 步 新建空白文档

新建一个空白文档，此时系统自动将文档名称命名为“文档 2”。

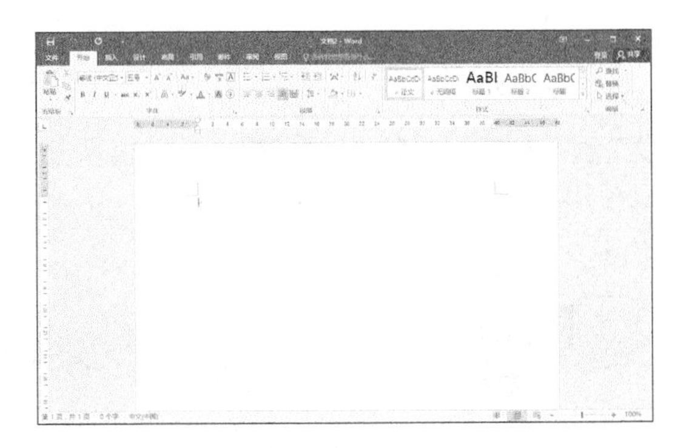

第 3 步 单击“浏览”命令

❶ 单击“文件”选项卡，进入“文件”界面，单击“另存为”命令；❷ 在右侧的“另存为”界面中，单击“浏览”命令。

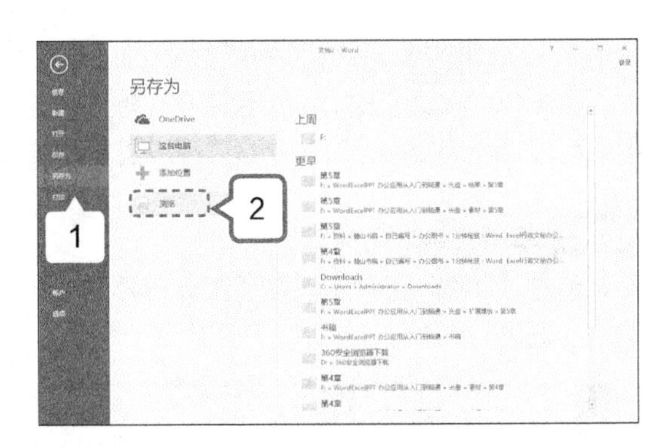

第 4 步 设置文件名和保存路径

❶ 打开“另存为”对话框，设置文件名和保存路径；❷ 单击“保存”按钮。

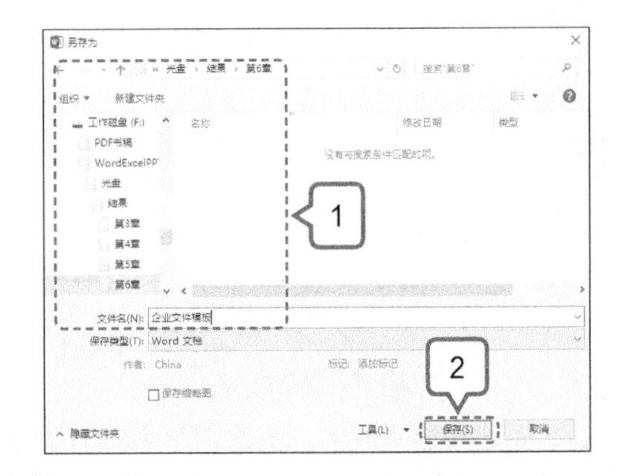

2. 设置模板的文件属性

在完成模板的新建与保存后，还可以为模板文档添加一些附加信息，对文件进行说明或备注，以方便日后查找和使用。下面具体介绍操作方法。

第 1 步 单击“显示所有属性”按钮

❶ 单击“文件”选项卡，在“文件”界面中，单击“信息”命令；❷ 并在右侧的“信息”界面的“属性”选项区中，单击“显示所有属性”按钮。

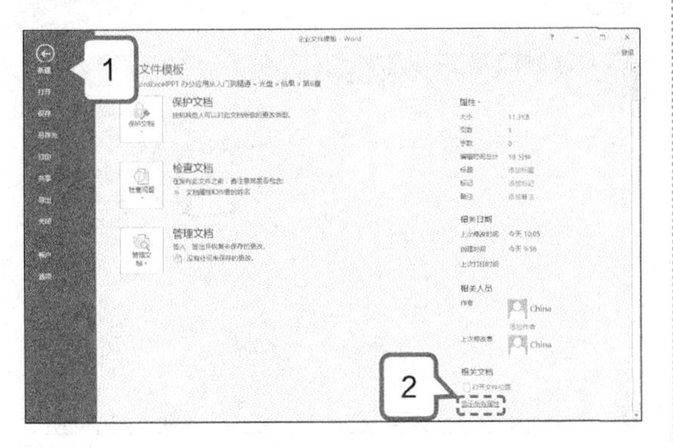

第 2 步 输入文档属性内容

在界面右侧的“属性”选项区中输入相关的文档属性内容。

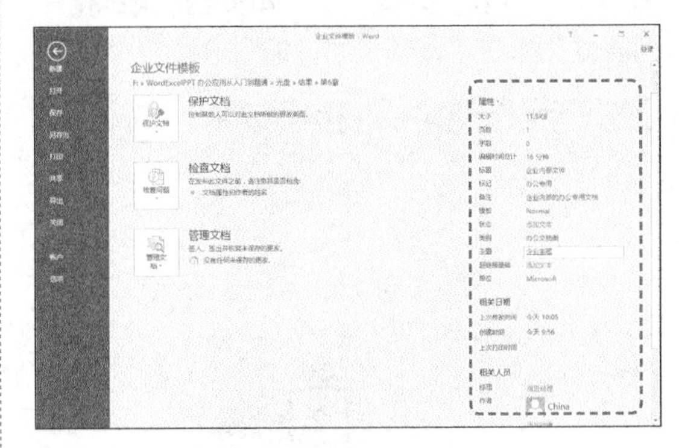

3. 在“功能区”中显示“开发工具”选项卡

在制作文档模板时，常常会使用一些文档控件，这些控件需要在“开发工具”选项卡中进行选择，用户可以调出 Word 2016 中的“开发工具”选项卡。下面具体介绍操作方法。

第 1 步 单击“选项”命令

单击“文件”选项卡，在“文件”界面中，单击“选项”命令。

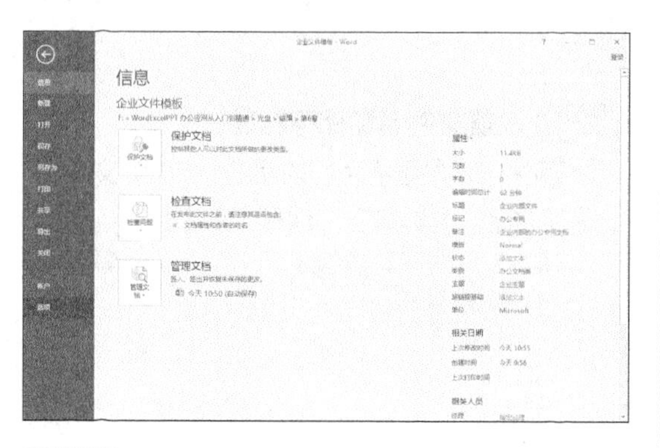

第 2 步 自定义功能区

❶ 打开“Word 选项”对话框，在左侧列表框中，选择“自定义功能区”选项；❷ 在右侧的“主选项卡”下拉列表框中，勾选“开发工具”复选框；❸ 单击“确定”按钮。

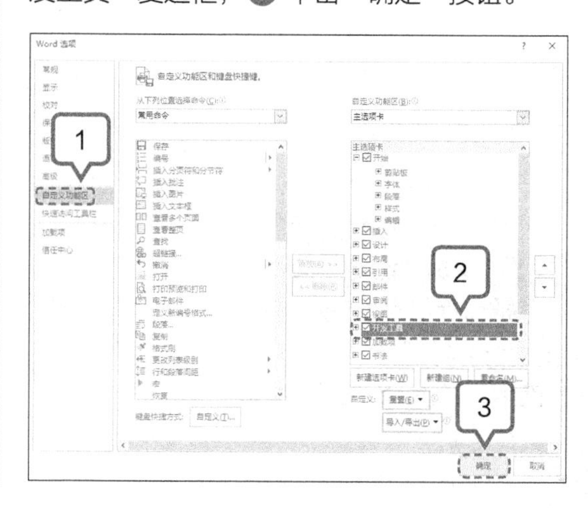

6.1.2 添加模板内容

创建好模板文件后，需要将模板的内容添加和设置到该文件中，以便今后应用该模板直接创建文件。通常模板中的内容应该是一些固定的修饰成分，如固定的标题、背景、页面版式等。

1. 制作模板页面内容

在模板中添加页眉内容后，可以让应用模板创建出的文件都具有相同的“头部”。下面来具体介绍操作方法。

第 1 步 单击“编辑页眉”命令

❶ 单击“插入”选项卡，在“页眉和页脚”面板中，单击“页眉”下三角按钮；❷ 展开列表框，单击“编辑页眉”命令。

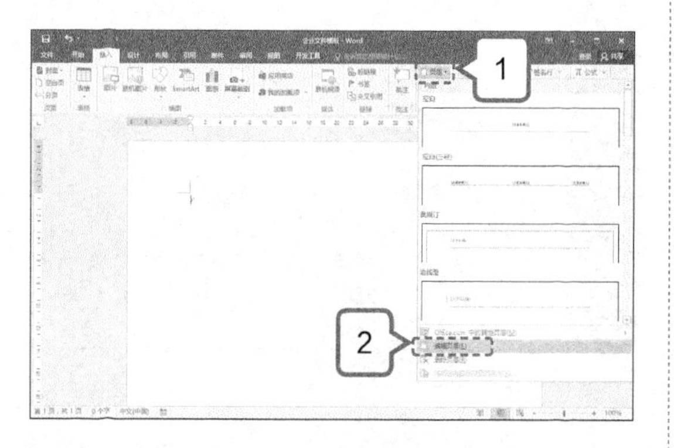

第 2 步 单击“无框线”命令

❶ 双击选择页眉区域中的空白段落，在“开始”选项卡的“段落”面板中，单击“框线”下三角按钮；❷ 展开列表框，单击“无框线”命令。

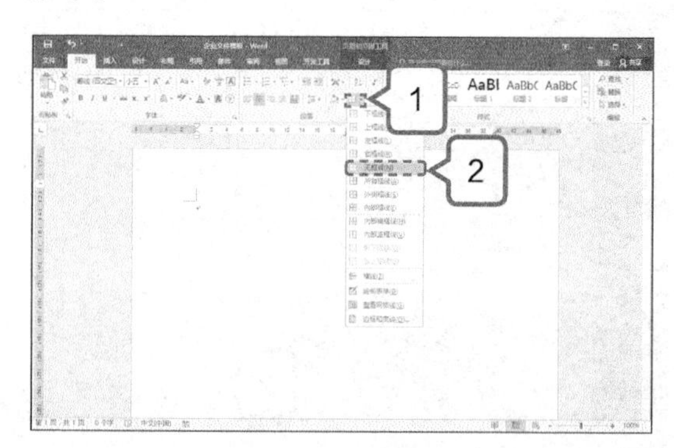

第 3 步 去除框线

去除页眉区域中的框线。

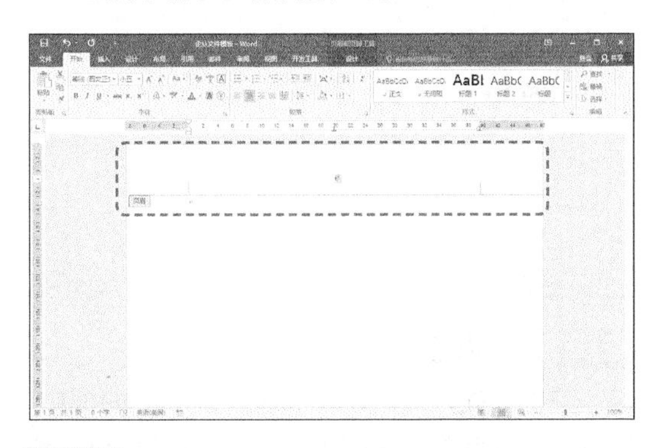

第 4 步 选择“流程图：文档”形状

❶ 单击“插入”选项卡，在“插图”面板中，单击“形状”下三角按钮；❷ 展开列表框，选择“流程图：文档”形状。

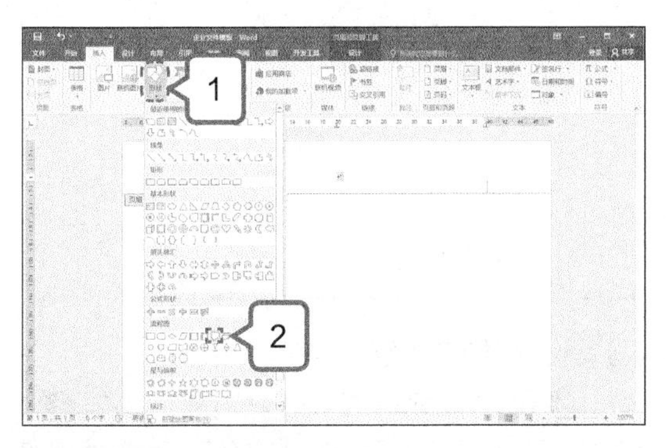

第 5 步 绘制流程图形状

❶ 在页眉区域中，单击鼠标并拖曳，绘制流程图形状；❷ 在“格式”选项卡的“大小”面板中，修改“形状高度”为 3.5 厘米，“形状宽度”为 21 厘米。

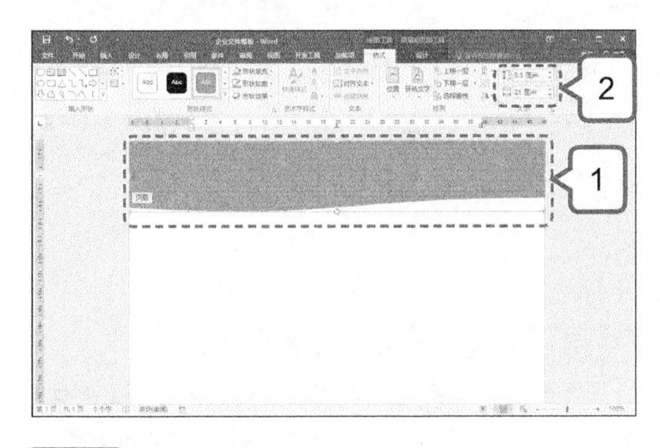

第 6 步 修改形状颜色

在“格式”选项卡的“形状样式”面板中，修改“形状填充”和“形状轮廓”颜色均为“橙色”。

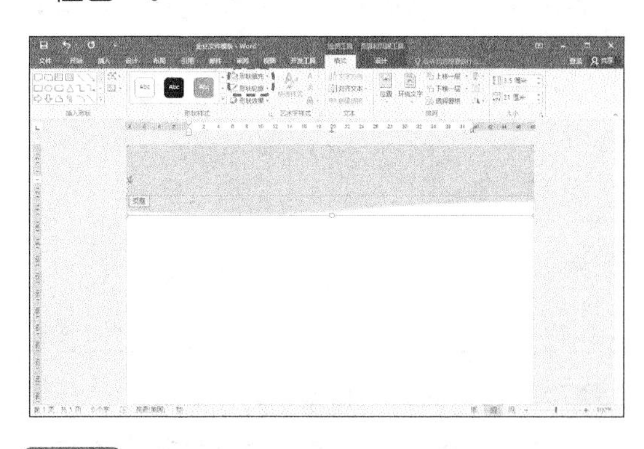

第 7 步 单击“图片”按钮

双击页面空白处退出页眉编辑状态，单击“插入”选项卡，在“插图”面板中，单击“图片”按钮。

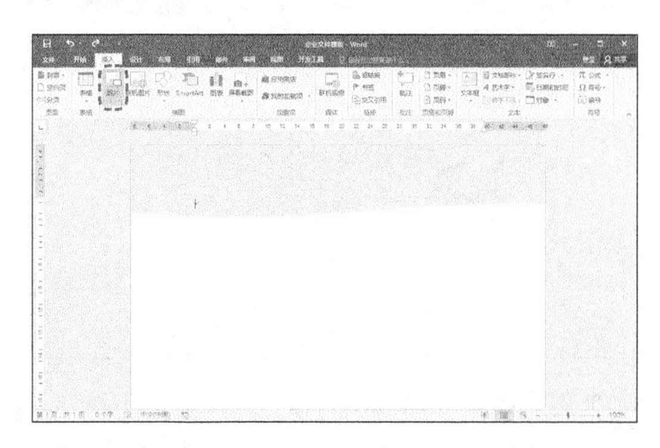

第 8 步 单击“插入”按钮

❶ 打开“插入图片”对话框，选择“素材 \ 第 6 章 \LOGO 图片”素材；❷ 单击“插入”按钮。

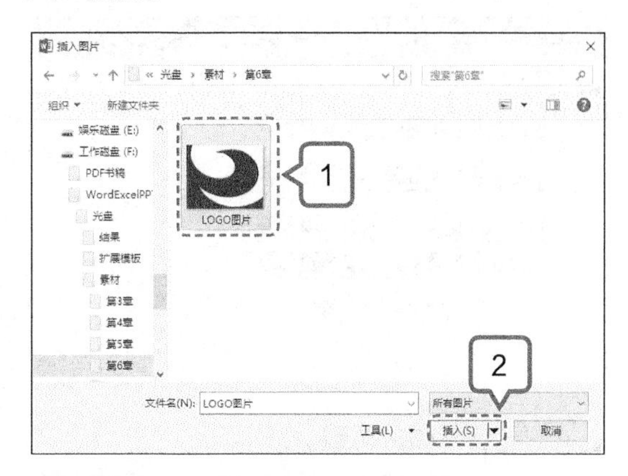

第 9 步 插入图片

插入图片，在“格式”选项卡的“大小”面板中，修改“形状高度”为 2.5 厘米。

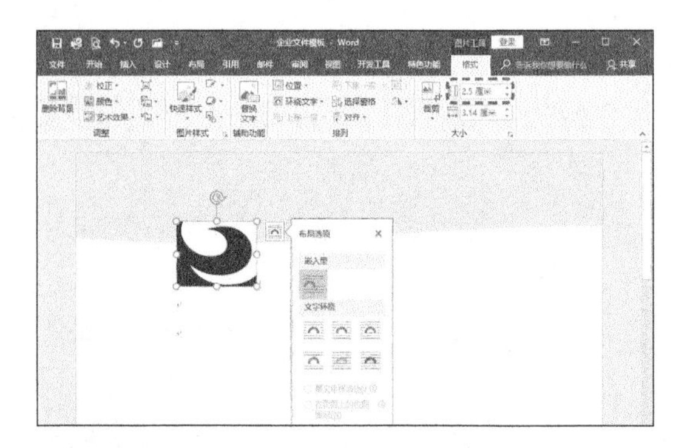

第 10 步 单击“衬于文字上方”命令

❶ 在“格式”选项卡的“排列”面板，单击“环绕文字”下三角按钮；❷ 展开列表框，单击“衬于文字上方”命令。

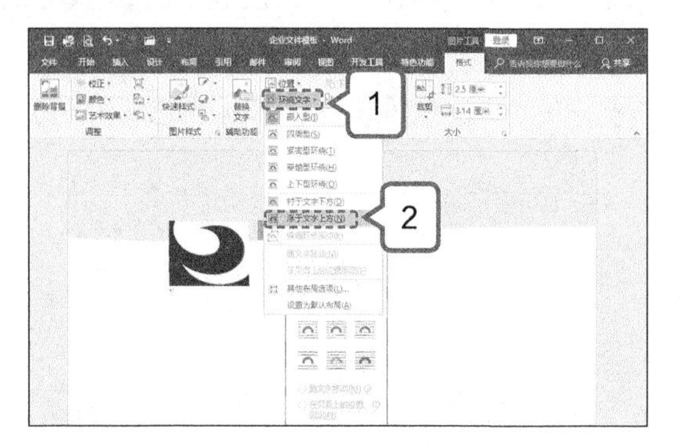

第 11 步 单击“设置透明色”命令

将图片衬于文字上方，并调整图片的位置。❶ 在“格式”选项卡的“调整”面板中，单击“颜色”下三角按钮，❷ 展开列表框，单击“设置透明色”命令。

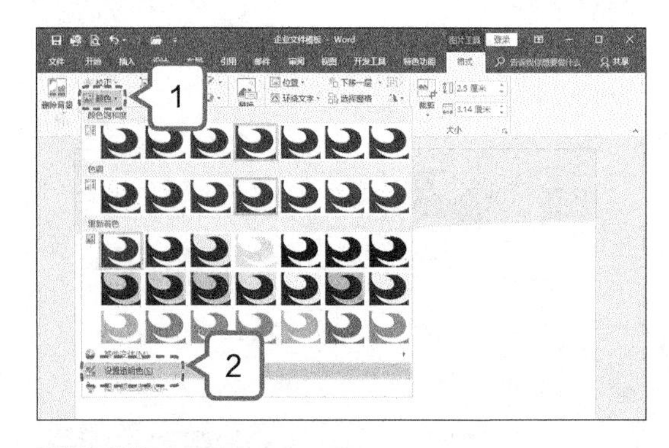

第 12 步 删除图片背景

当鼠标指针呈相应的形状时，在图像的白色背景上单击鼠标左键，即可删除图片的背景色。

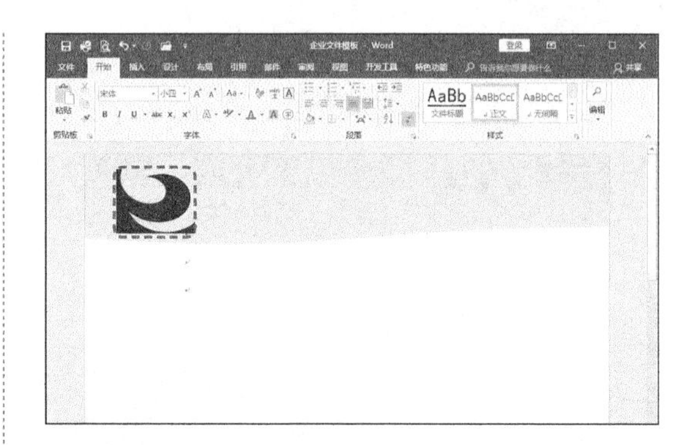

第 13 步 选择艺术字样式

单击“插入”选项卡，在“文本”面板中，单击“艺术字”下三角按钮，展开列表框，选择相应的艺术字样式。

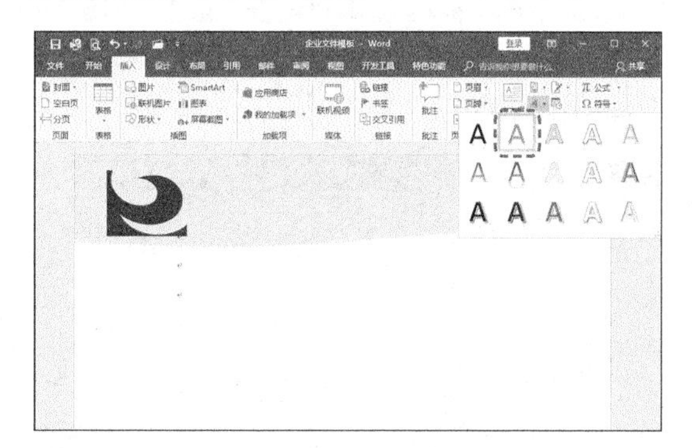

第 14 步 添加艺术字

❶ 修改艺术字文本框中的文本内容；❷ 在“开始”选项卡的“字体”面板中，修改“字号”为“小一”，“字体”为“楷体_GB2312”，并调整艺术字位置。

第 15 步 单击“绘制文本框”命令

❶ 单击“插入”选项卡，在“文本”面板中，单击“文本框”下三角按钮；❷ 展开列表框，单击“绘制文本框”命令。

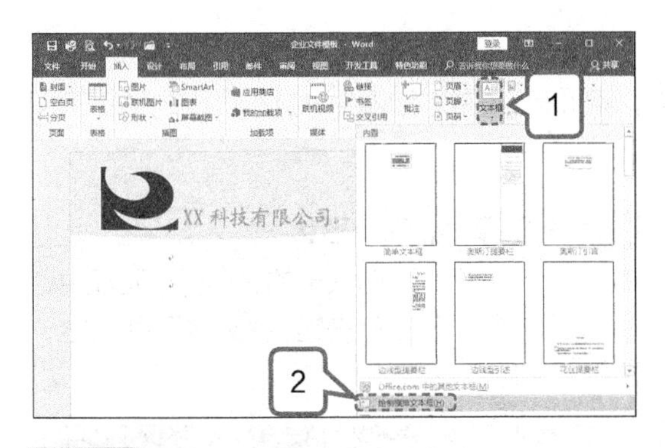

第 16 步 添加文本框文本

❶ 在文档中单击鼠标左键并拖曳，绘制一个文本框，在文本框中添加文本内容；❷ 在“开始”选项卡的“字体”面板中，修改“字号”为“四号”，“字体”为“楷体_GB2312”，并加粗文本。

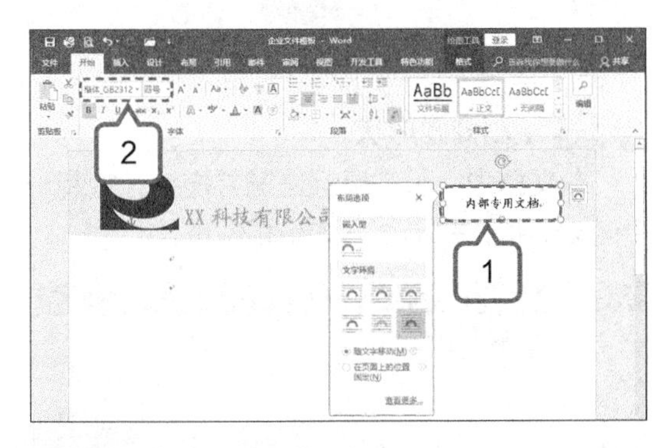

第 17 步 修改文本框形状样式

在“格式”选项卡的“形状样式”面板中，修改“形状填充”颜色为“蓝色，个性色 1，淡色 40%”，“形状轮廓”颜色为“白色”，“形状轮廓粗细”为“2.25 磅”。

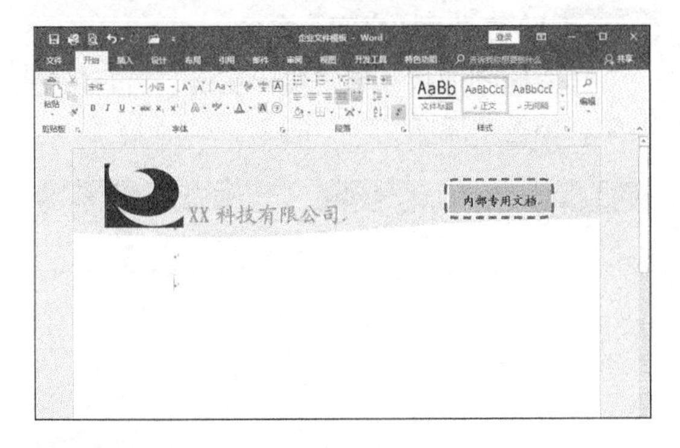

第 18 步 单击“其他旋转选项”命令

选择文本框，在“格式”选项卡的“排列”面板中，单击“旋转对象”下三角按钮，展开列表框，单击“其他旋转选项”命令。

第 19 步 修改旋转参数

打开“布局”对话框，在“大小”选项卡中的“旋转”选项区中，修改“旋转”参数为 30。

第 20 步 旋转文本框

单击“确定”按钮，旋转文本框，并调整文本框的位置。

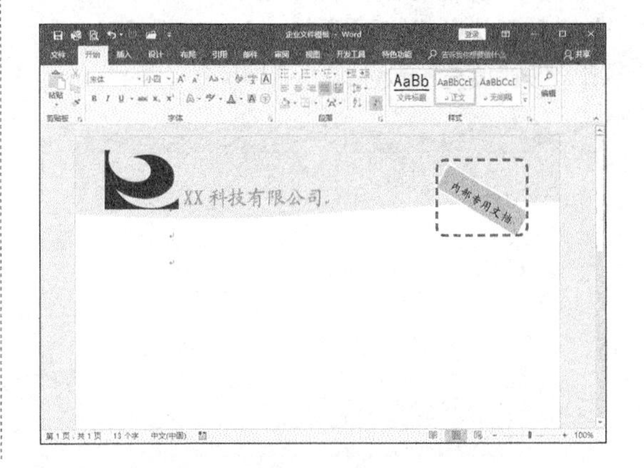

2. 制作模板页脚内容

在公司文档中会有相同的页脚修饰及页码内容，因此可以在模板文件中制作页脚内容。下面来具体介绍操作方法。

第 1 步 单击“编辑页脚”命令

❶ 单击“插入”选项卡，在“页眉和页脚”面板中，单击“页脚”下三角按钮；❷ 展开列表框，单击“编辑页脚”命令。

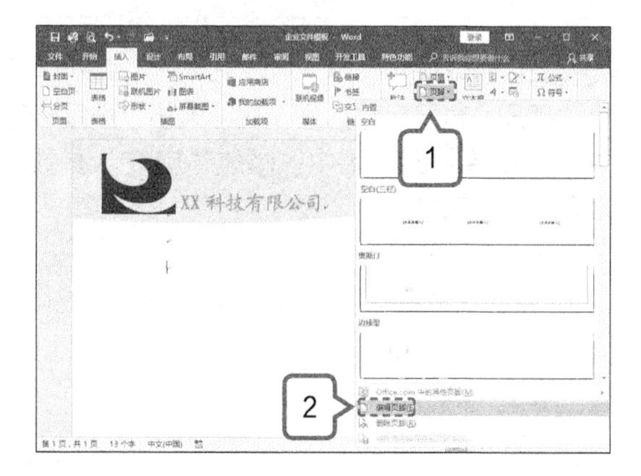

第 2 步 绘制矩形形状

在页脚区域中，使用“矩形形状”功能绘制一个矩形形状，并设置该矩形的大小和位置。

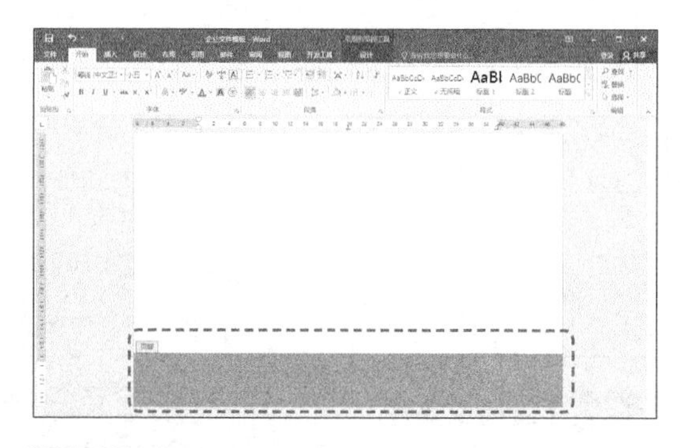

第 3 步 修改形状颜色

选择新绘制的矩形形状，在“格式”选项卡的“形状样式”面板中，修改“形状轮廓”和“形状填充”颜色均为“橙色”。

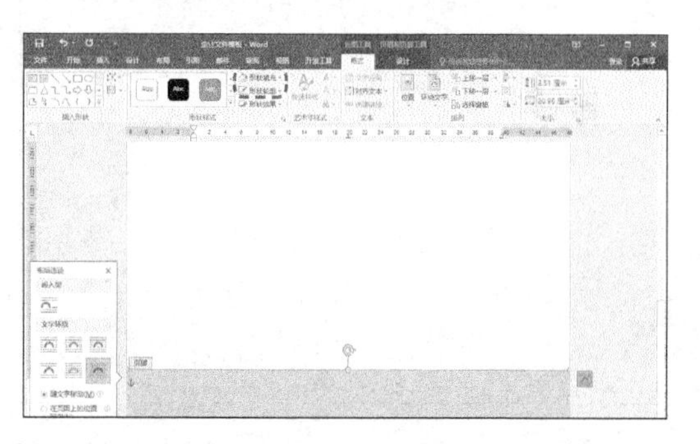

第 4 步 选择“椭圆”形状

❶ 在“插入”选项卡的“插图”面板中，单击“形状”下三角按钮；❷ 展开列表框，选择“椭圆”形状。

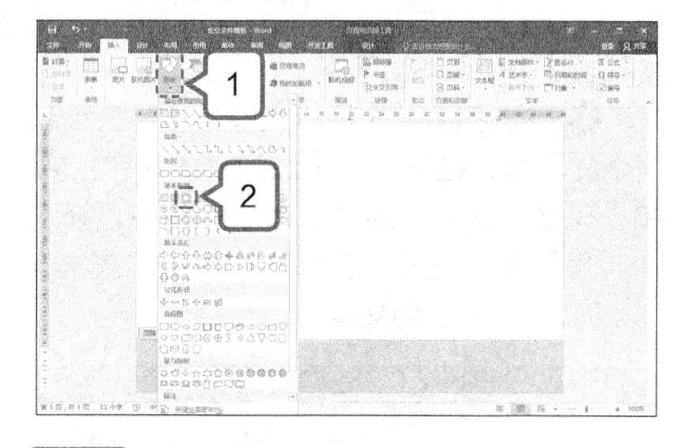

第 5 步 绘制椭圆形状

在文档中，单击鼠标左键并拖曳，绘制一个椭圆形状，并调整其大小和位置。

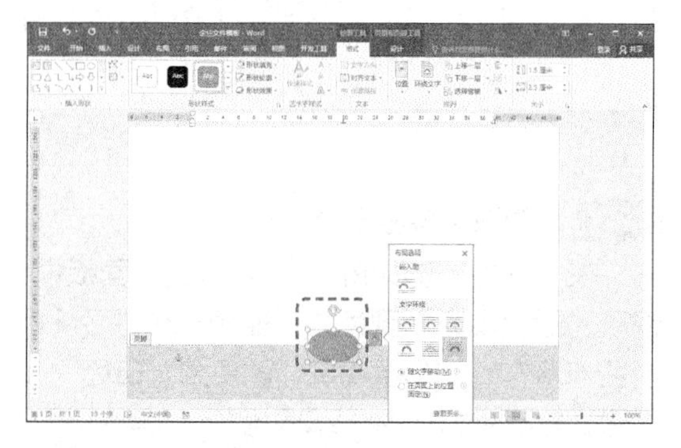

第 6 步 单击“添加文字”命令

选择椭圆形状，单击鼠标右键，打开快捷菜单，单击“添加文字”命令。

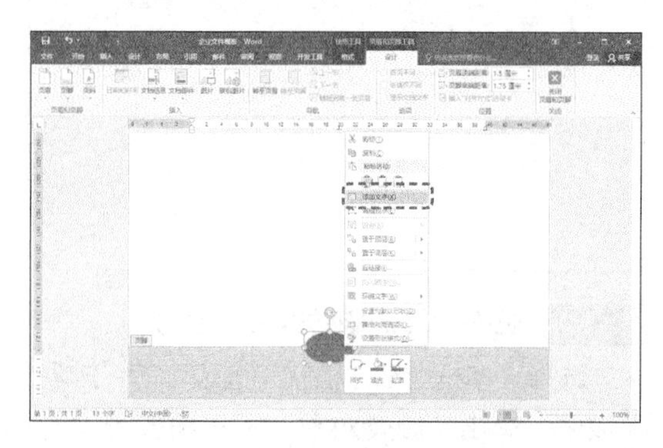

第 7 步 选择“加粗显示的数字”选项

❶ 单击“插入”选项卡，在“页眉和页脚”面板中，单击“页码”下三角按钮；❷ 展开列表框，单击“当前位置”命令；❸ 再次展开列表框，选择“加粗显示的数字”选项。

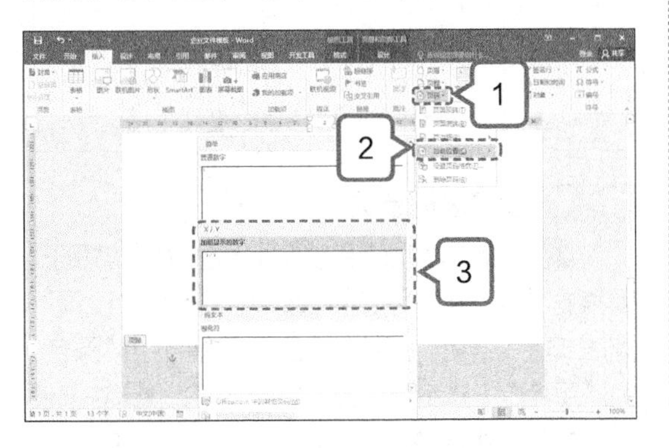

第 8 步 添加页码

添加页码后，在“设计”选项卡的“关闭”面板中，单击“关闭页眉和页脚”按钮即可。

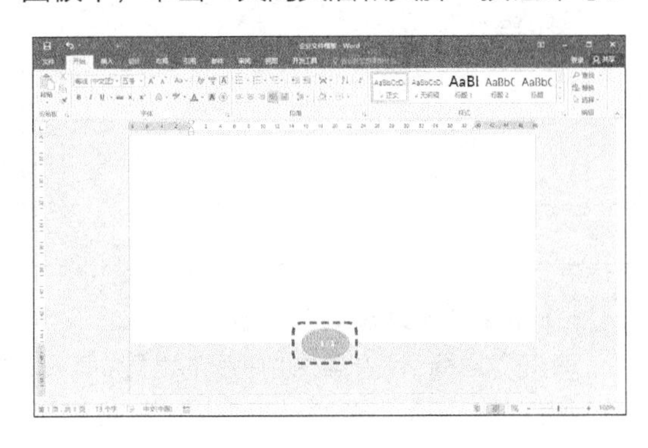

3. 制作模板背景

完成页眉和页脚内容的添加之后，用户还可以为模板文档添加页面背景，使文档中的每一页都具有相同的背景效果或图片。下面具体介绍操作方法。

第 1 步 选择颜色

❶ 单击“设计”选项卡，在“页面背景”面板中，单击“页面颜色”下三角按钮；❷ 展开列表框，选择“白色，背景 1，深色 5%”颜色。

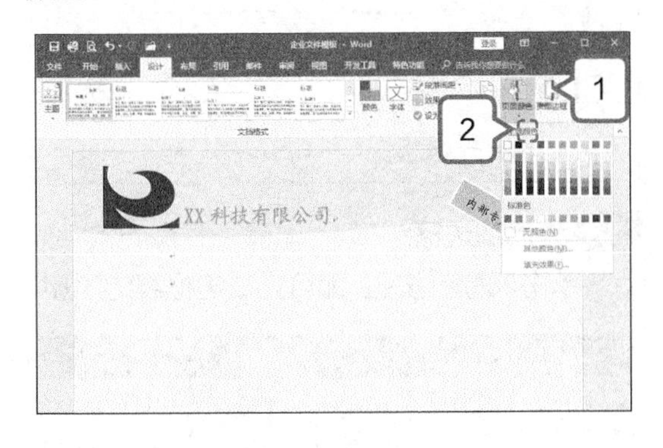

第 2 步 添加背景颜色

为页面背景添加背景颜色，并查看文档效果。

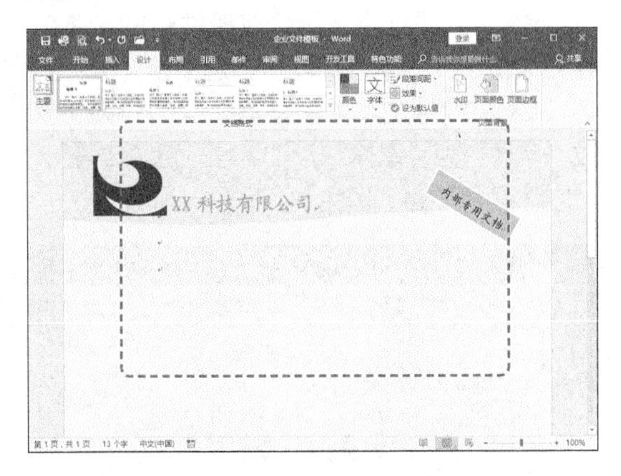

4. 利用文本内容控件制作模板内容

在完成模板的背景修饰后，用户还可以利用“开发工具”选项卡中的格式文本内容控件，在模板中制作出一些固定的格式，以便在应用模板新建文件时，只需要修改少量文字内容。下面具体介绍操作方法。

第 1 步 单击相应的按钮

单击“开发工具”选项卡，在“控件”面板中，单击“格式文本内容控件”按钮Aa。

第 2 步 单击“设计模式”按钮

显示文本框，再次单击“开发工具”选项卡，在“控件”面板中，单击“设计模式”按钮。

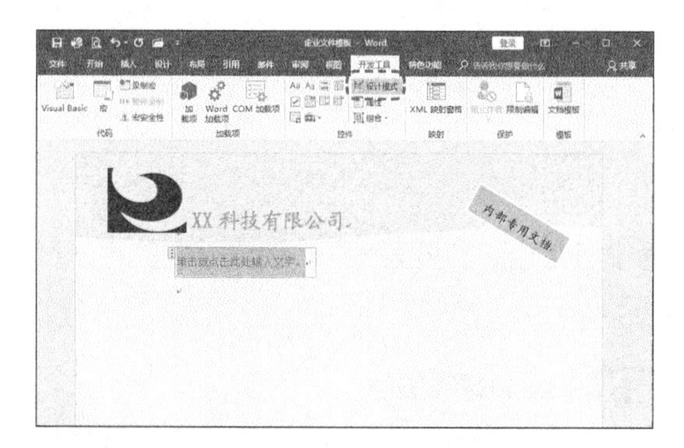

第 3 步 设置控件格式

❶ 进入设计模式，修改控件中的文本内容为“单击此处输入标题”，选中整个文本内容；❷ 将控件文本内容设置为居中对齐，修改“字体”为“黑体”，“字号”为“二号”，“字体颜色”为“黑色”。

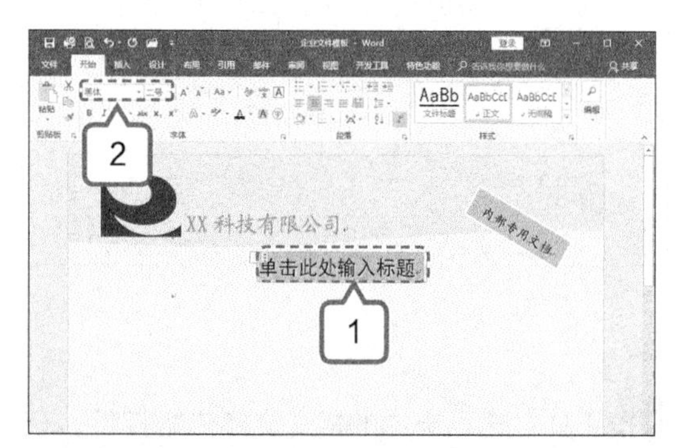

第 4 步 单击“边框和底纹”命令

❶ 选择标题控件文本，在“开始”选项卡的“段落”面板中，单击“边框”下三角按钮 ；❷ 展开列表框，单击“边框和底纹”命令。

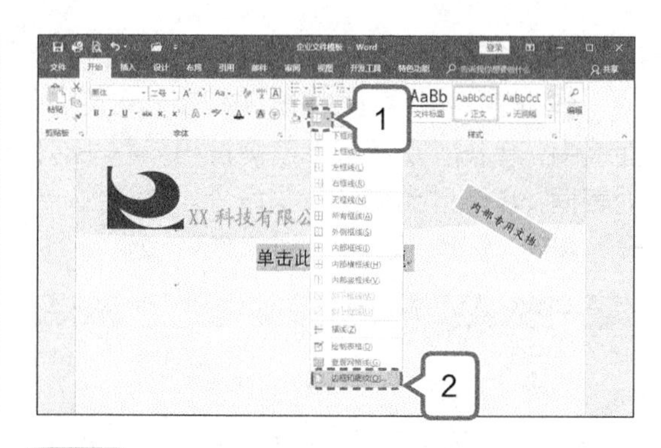

第 5 步 设置边框参数

❶ 打开“边框和底纹”对话框，在“应用于”列表框中，选择“段落”选项；❷ 在“设置”列表框中，选择“自定义”选项；❸ 设置“颜色”为“黑色”，“宽度”为“2.25 磅”；❹ 在“预览”选项区中单击“下框线”按钮，添加下框线。

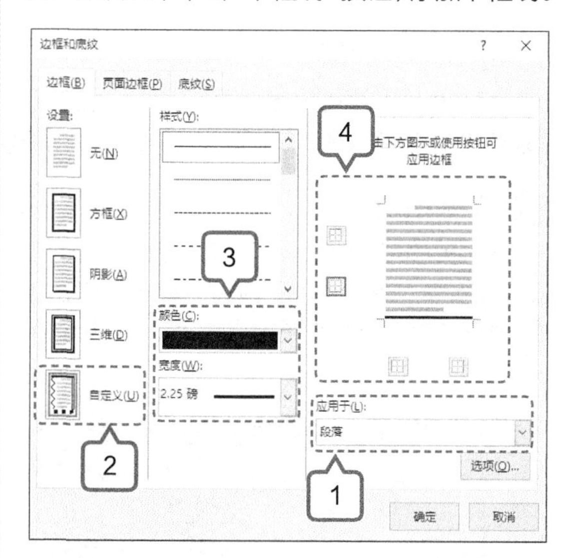

第 6 步 添加边框

单击“确定”按钮，即可完成边框线的添加。

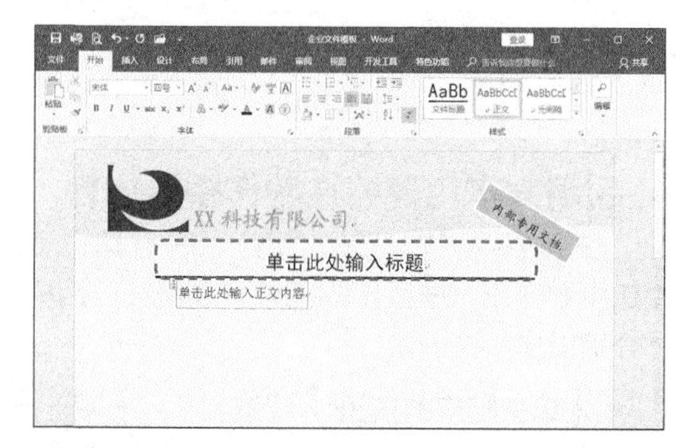

第 7 步 输入正文控件

❶ 在第三行处插入第 2 个格式文本内容

控件，修改其文本内容为“单击此处输入正文内容”，选中整个文本内容；❷ 修改“字体”为“宋体”，“字号”为“四号”，“字体颜色”为“黑色”。

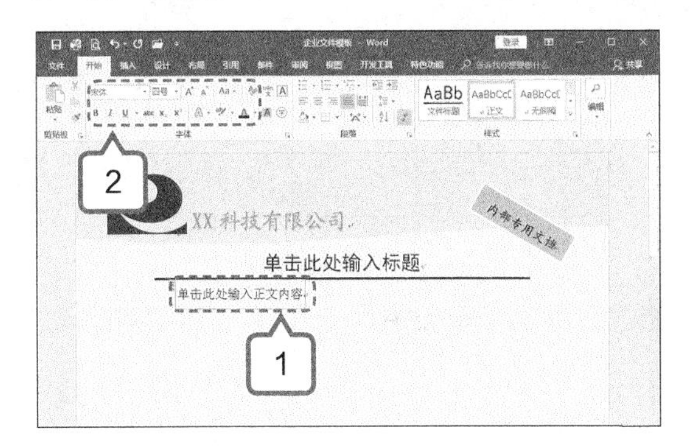

第 8 步 单击“属性”按钮

选择正文控件文本，单击“开发工具”选项卡，在“控件”面板中，单击“属性”按钮。

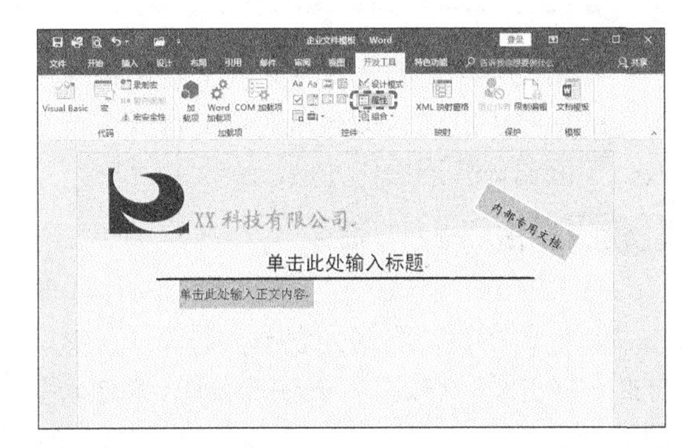

第 9 步 勾选复选框

❶ 打开“内容控件属性”对话框，在“标题”文本框中输入“正文”；❷ 勾选“内容被编辑后删除内容控件”复选框。

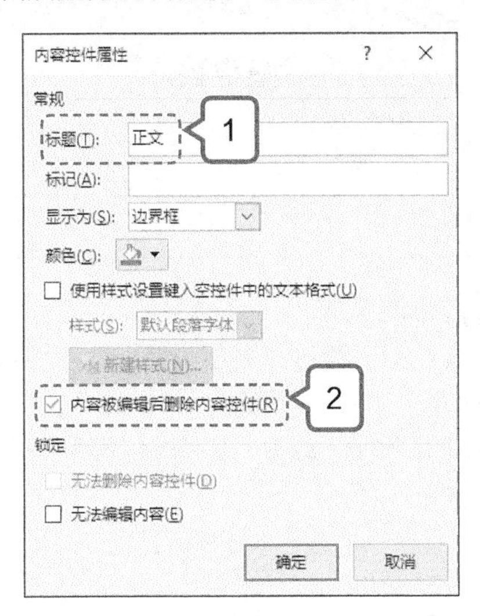

第 10 步 修改内容控件属性

单击“确定”按钮，即可修改内容控件的属性。

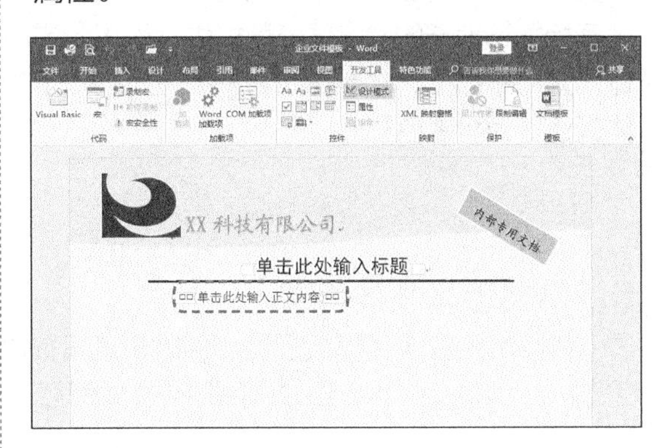

第 11 步 单击“日期和时间”按钮

❶ 选择最后一行段落，输入文本“最后编辑时间”；❷ 单击“插入”选项卡，在“文本”面板中，单击“日期和时间”按钮。

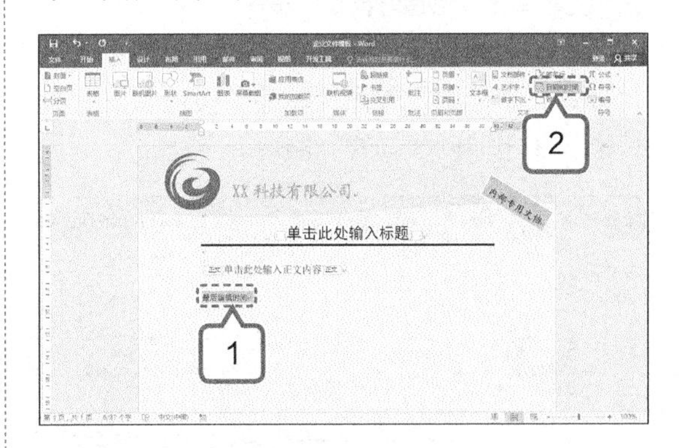

第 12 步 选择日期选项

❶ 打开“日期和时间”对话框，在“可用格式”列表框中，选择“2016 年 10 月 26 日”选项；❷ 勾选“自动更新”复选框。

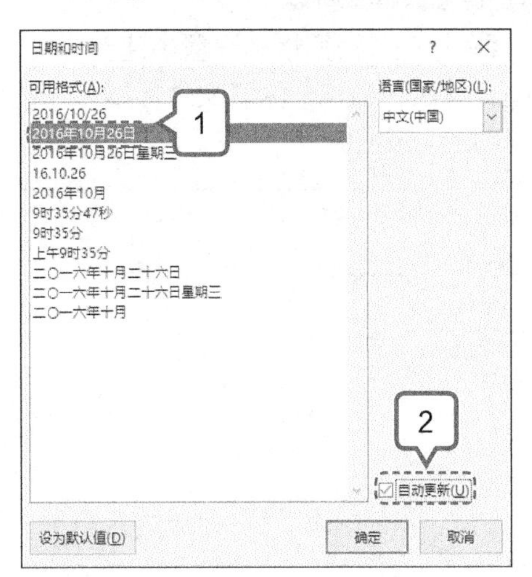

第 13 步 设置文本字体格式

❶ 单击“确定”按钮，即可将日期插入到文档中，选择最后一行的段落文本；❷ 在“开始”选项卡的“字体”面板中，设置“字体”为“宋体”，“字号”为“小五”，“字体颜色”为“黑色”。

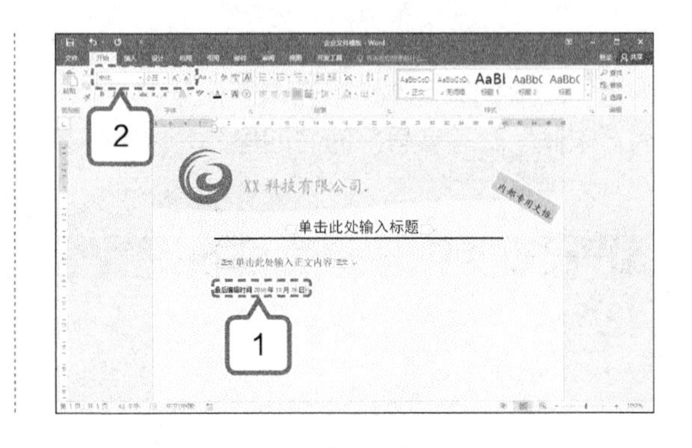

6.1.3 定义文本样式

为了方便在应用模板创建文件时快速设置内容格式，可以在模板中预先设置一些可用的样式效果，在编辑文件时，直接选用相应样式即可。

1. 将标题内容格式新建为样式

为了方便创建文本时快速设置标题的格式，可以将模板中的标题格式创建为一个样式。下面具体介绍操作方法。

第 1 步 单击“创建样式”命令

选择顶部标题段落，在“开始”选项卡的“样式”面板中，单击“其他”按钮，展开列表框，单击“创建样式”命令。

第 2 步 修改样式标题

❶ 打开“根据格式设置创建新样式”对话框，修改“名称”为“文件标题”；❷ 单击“确定”按钮。

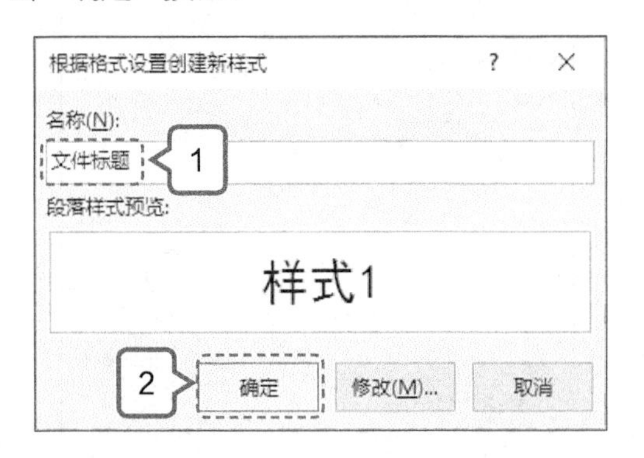

2. 修改正文文本样式

如果文件中所有的正文内容需要设置一种特定的格式，此时可以直接对正文样式进行修改。下面具体介绍操作方法。

第 1 步 单击“修改”命令

在“开始”选项卡的“样式”面板中，单击“其他”按钮，展开列表框，选择“正文”样式，单击鼠标右键，打开快捷菜单，单击“修改”命令。

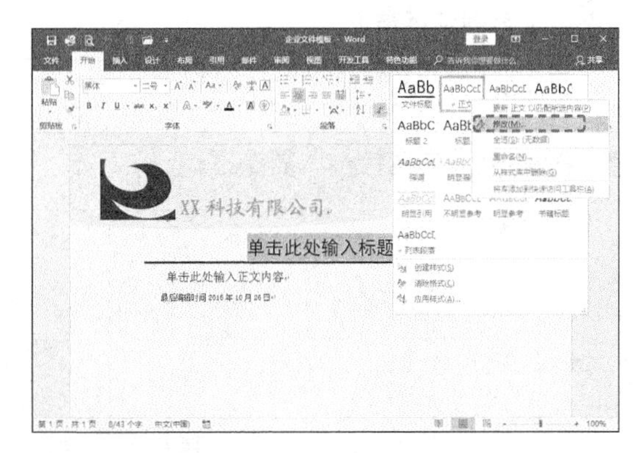

第 2 步 修改样式

❶ 打开“修改样式”对话框，在“格式”选项区中，设置“字体”为“宋体”，“字号”为“小四”；❷ 勾选“基于该模板的新文档”单选按钮。

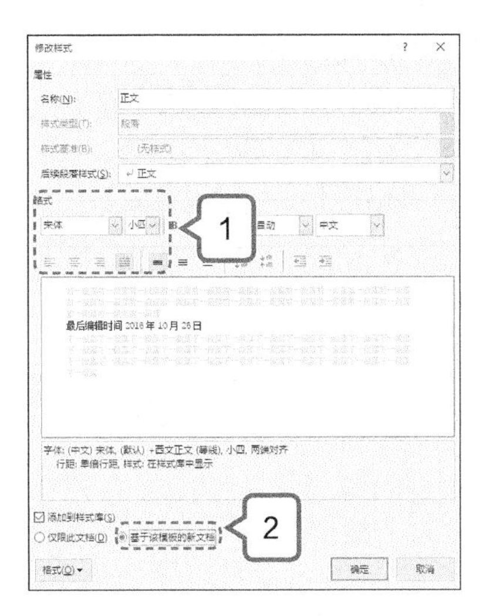

第 3 步 选择“段落”选项

❶ 在“修改样式”对话框的底部，单击“格式”下三角按钮；❷ 展开列表框，选择“段落”选项。

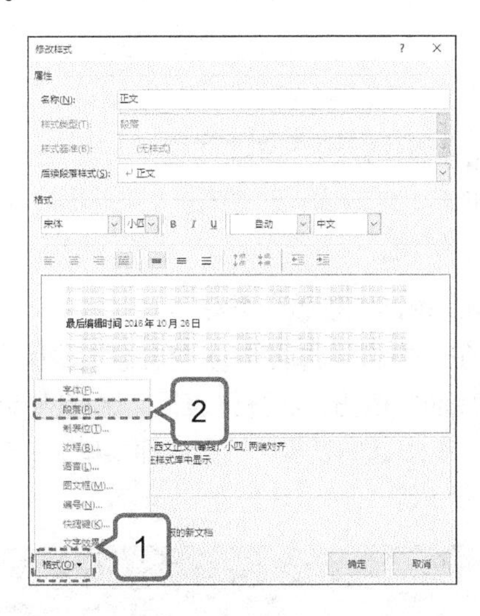

第 4 步 选择“首行缩进”选项

打开“段落”对话框，在“特殊格式”列表框中，选择“首行缩进”选项。

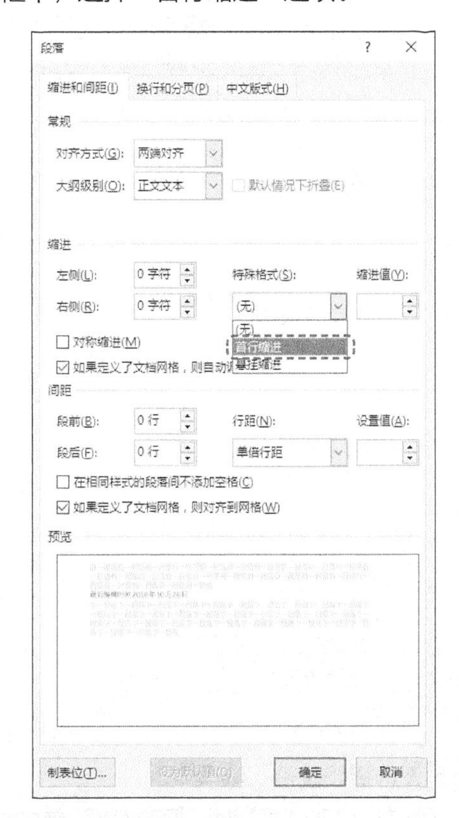

第 5 步 修改正文文本样式

依次单击“确定”按钮，完成正文文本样式的修改。

3. 修改标题样式

通过修改模板的标题样式，可以对应用该模板创建出的文档标题快速应用特定的样式。下面具体介绍操作方法。

第 1 步 单击“修改”命令

在“开始”选项卡的“样式”面板中，单击“其他”按钮，展开列表框，选择“标题 1”样式，单击鼠标右键，打开快捷菜单，单击“修改”命令。

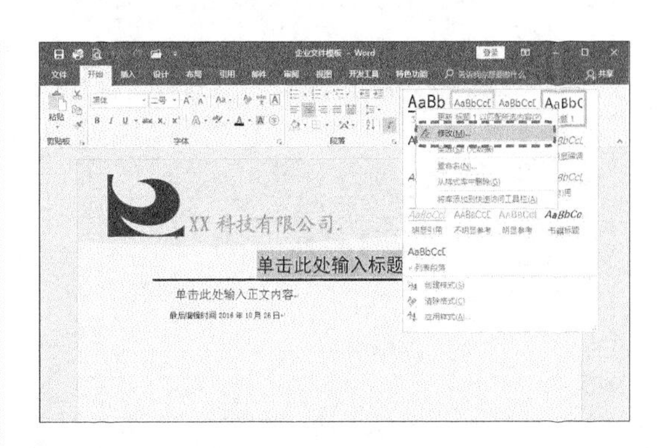

第 2 步 修改样式

❶ 打开“修改样式”对话框，在“格式”选项区中，设置“字体”为“黑体”，“字号”为“三号”，加粗文本；❷ 勾选“自动更新”复选框，勾选“基于该模板的新文档”单选按钮。

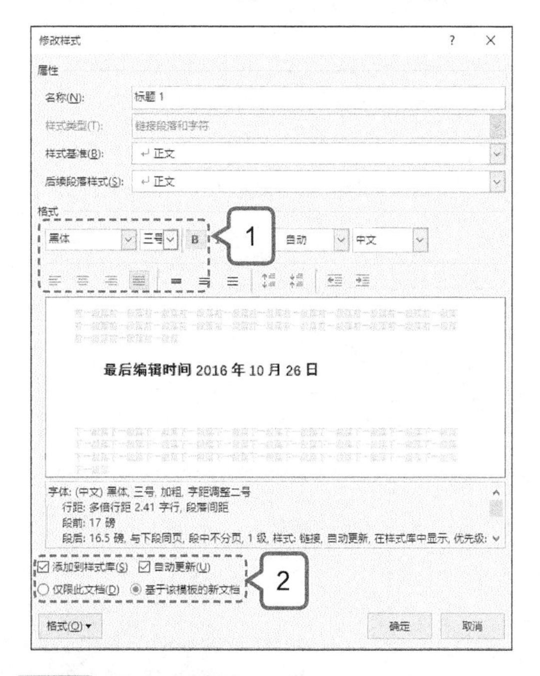

第 3 步 选择“段落”选项

❶ 在“修改样式”对话框的底部，单击“格式”下三角按钮；❷ 展开列表框，选择“段落”选项。

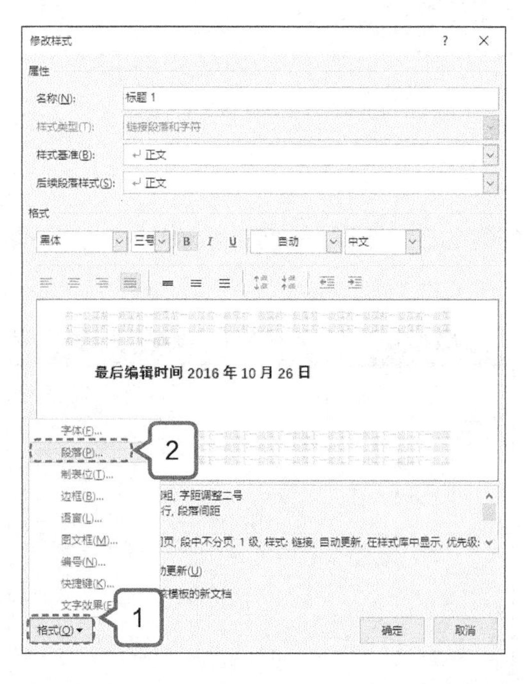

第 4 步 设置间距参数

打开“段落”对话框，在“间距”选项区中，修改“段前”和“段后”均为“7 磅”，“行距”为“多倍行距”，“设置值”为 1.5。

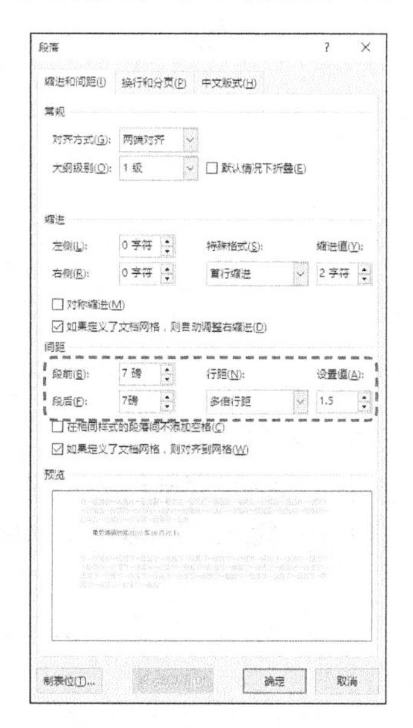

第 5 步 修改标题 1 文本样式

依次单击“确定”按钮，完成标题 1 文本样式的修改。

第 6 步 单击“修改”命令

在“开始”选项卡的“样式”面板中，单击“其他”按钮，展开列表框，选择“标题 2”样式，单击鼠标右键，打开快捷菜单，单击“修改”命令。

第 7 步 修改样式参数

❶ 打开“修改样式”对话框，在“格式”选项区中，设置“字体”为“黑体”，“字号”为“四号”，加粗文本，单击“左对齐”按钮；❷ 勾选“自动更新”复选框，勾选“基于该

模板的新文档”单选按钮。

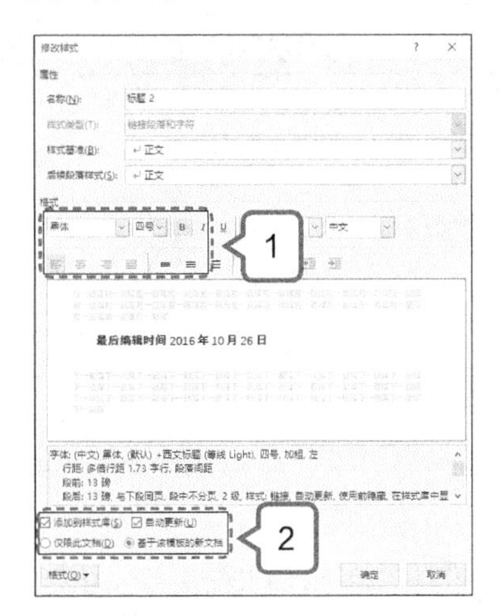

第 8 步 选择“段落”选项

❶ 在“修改样式”对话框的底部，单击“格式”下三角按钮；❷ 展开列表框，选择“段落”选项。

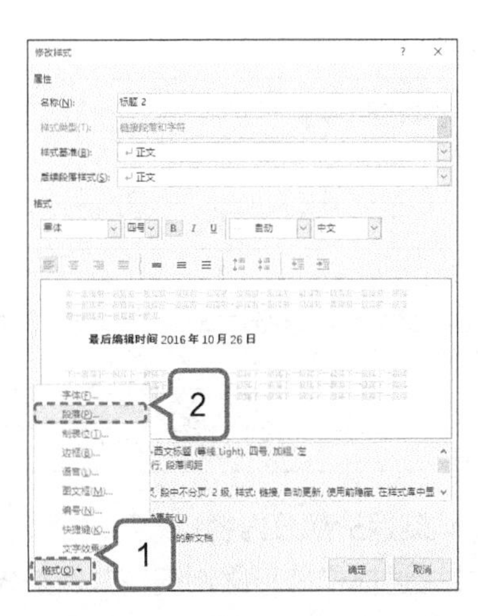

第 9 步 设置间距参数

打开“段落”对话框，在“间距”选项区中，修改“段前”和“段后”均为“3 磅”，“行距”为“多倍行距”，“设置值”为 1.2。

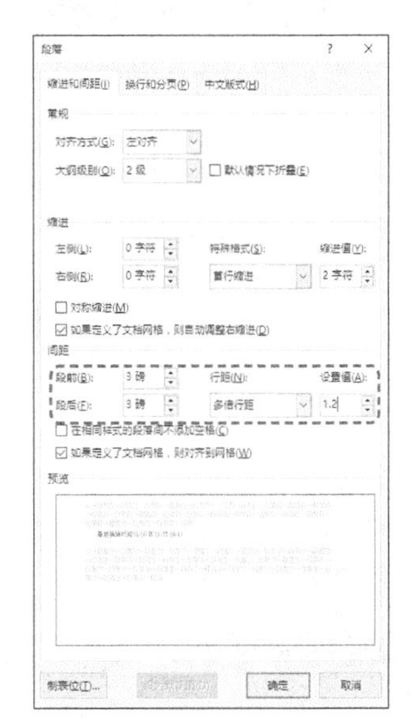

第 10 步 修改标题 2 文本样式

依次单击“确定”按钮，完成标题 2 文本样式的修改。

6.1.4 保护模板文件

使用 Word 文档中的“保护”功能，可以在应用该模板创建新文档后，只对特定内容进行修改，而不影响到整体的模板结构及其修饰效果。

第 1 步 单击“限制编辑”命令

❶ 单击“文件”选项卡，在“信息”界面中，单击“保护文档”下三角按钮；❷ 展开列表框，单击“限制编辑”命令。

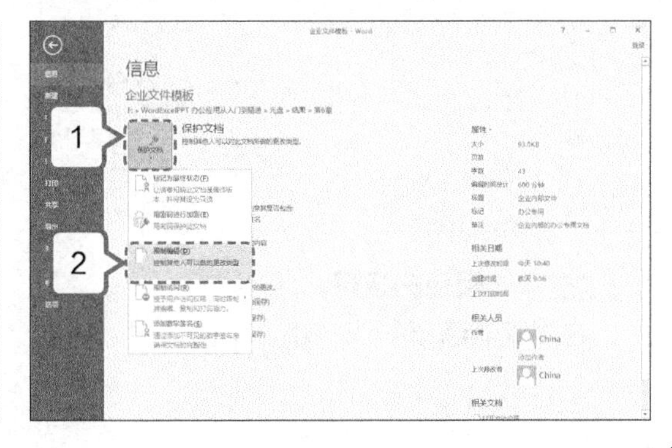

第 2 步 勾选复选框

打开“限制编辑”窗格，勾选“仅允许在文档中进行此类型的编辑”复选框。

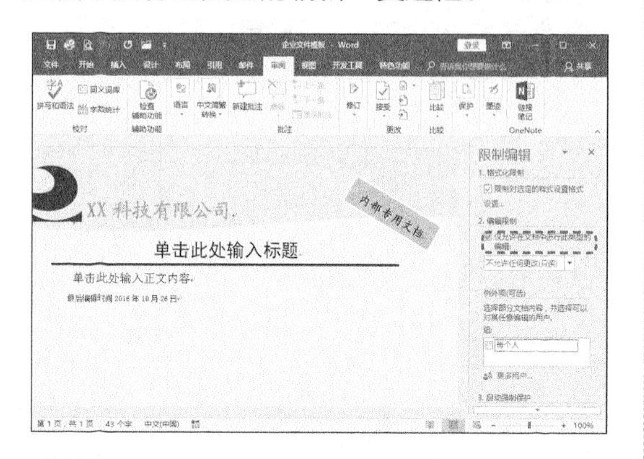

第 3 步 设置可编辑区域

选择文档中的标题文本控件，在“例外项（可选）”列表框中，勾选“每个人”复选框。

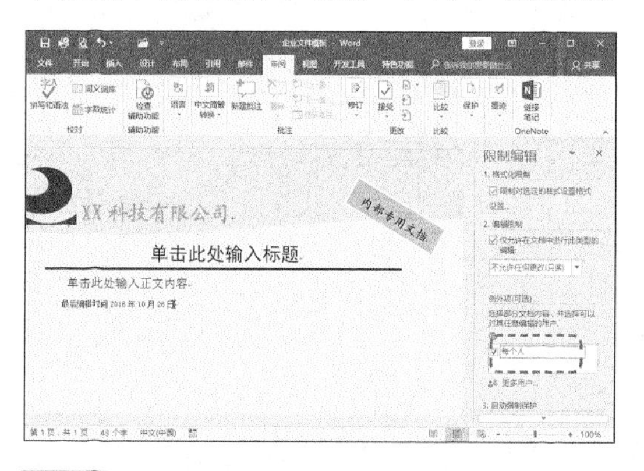

第 4 步 设置可编辑区域

选择文档中的正文文本控件，在“例外项（可选）”列表框中，勾选“每个人”复选框。

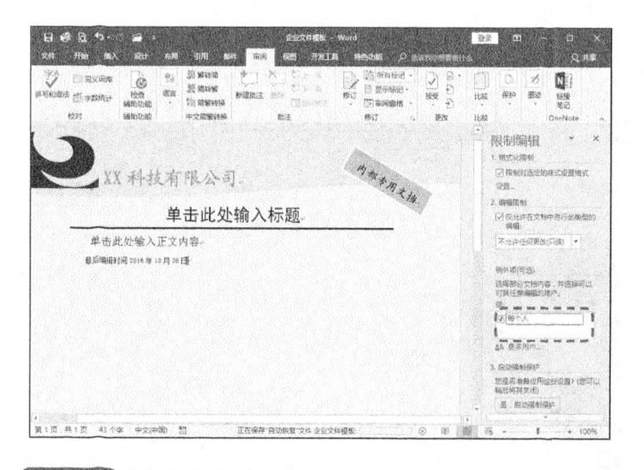

第 5 步 单击相应的按钮

在“限制编辑”窗格中，单击“是，启动强制保护”按钮。

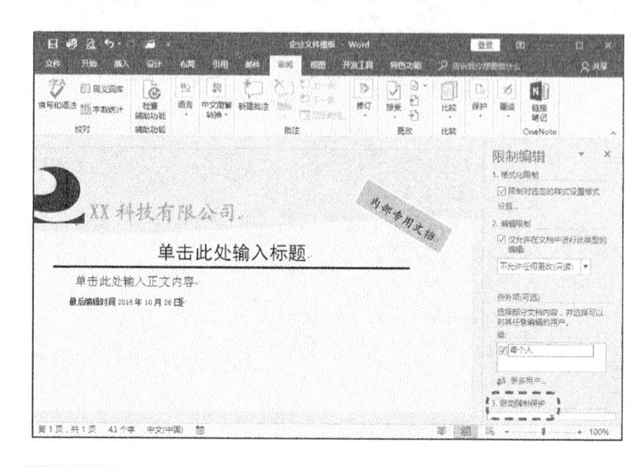

第 6 步 输入密码

❶ 打开“启动强制保护”对话框，在“新密码”和“确认新密码”文本框中依次输入密码；❷ 单击“确定”按钮。

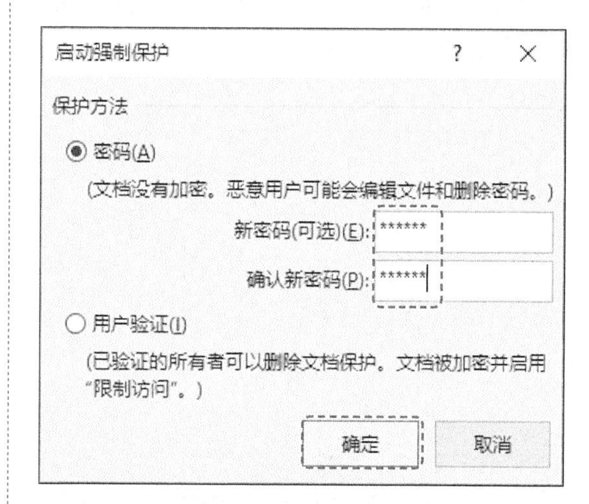

第 7 步 限制保护部分内容

完成上述操作即可限制编辑并保护模板文件中的部分内容。

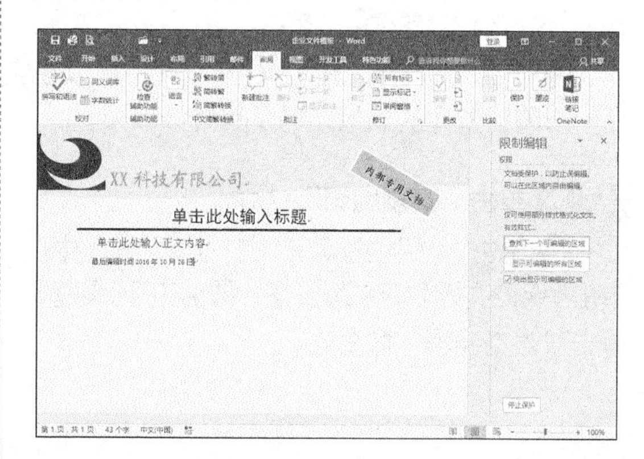

6.2 应用模板快速排版公司绩效考评制度

本节视频教学时间 / 6 分钟

案例名称	公司绩效考评制度
素材文件	素材 \ 第 6 章 \ 公司绩效考评制度 .txt
结果文件	结果 \ 第 6 章 \ 公司绩效考评制度 .docx

公司绩效考评制度是公司内部编写的，对照工作目标或绩效标准，采用一定的考评方法，评价员工的工作任务完成情况、员工的工作制度履行程度和员工的发展情况，并将上述评定结果反馈给员工的一种制度。在编写这一类制度文档时，用户可以直接通过企业文件模板进行创建和更改。在本实例中，我们要制作出公司绩效考评制度模板效果。

最后的效果如图所示。

6.2.1 使用模板新建文件

要应用模板创建文件，可以在系统资源管理器中双击打开模板文件，然后在模板中添加相应的内容，最后保存即可。下面具体介绍操作方法。

第 1 步 单击“浏览”命令

❶ 单击“文件”选项卡，进入“文件”界面，单击“打开”命令；❷ 在右侧的“打开”界面中，单击“浏览”命令。

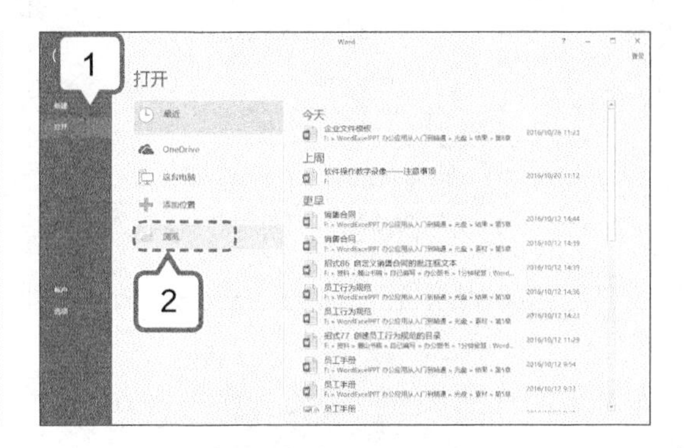

第 2 步 选择模板文档

❶ 打开“打开”对话框，选择“结果 \ 第 6 章 \ 企业文件模板 .docx”文档；❷ 单击“打开”按钮。

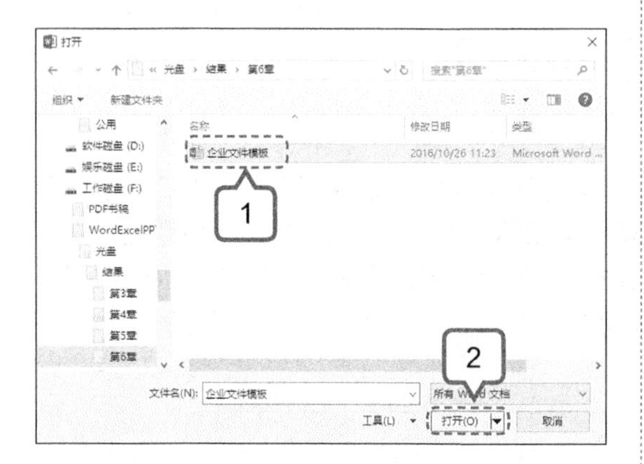

第 3 步 添加标题内容

打开模板文件，单击标题区域的格式文本内容控件，输入标题内容“公司绩效考评制度”。

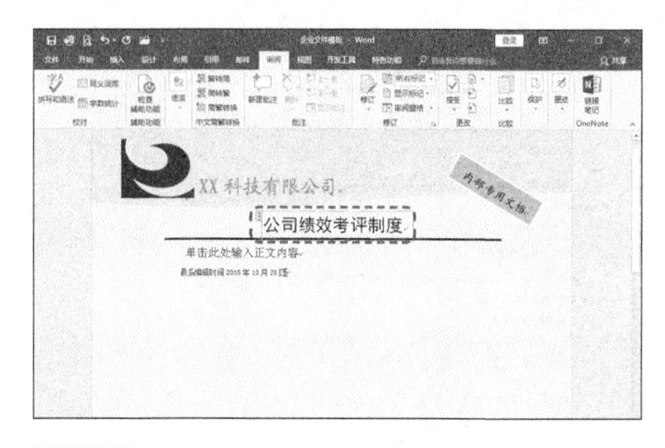

第 4 步 添加正文内容

单击文档中的正文的格式文本内容控件，将素材文件“公司绩效考评制度 .txt”文本文档中的文字复制于该控件中。

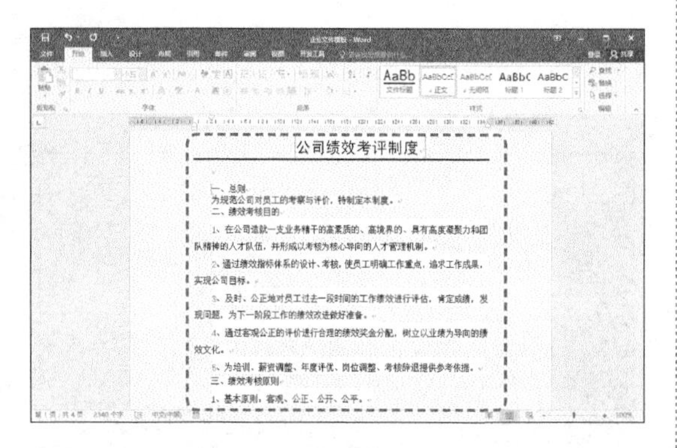

第 5 步 单击“另存为”命令

单击“文件”选项卡，进入“文件”界面，单击“另存为”命令。

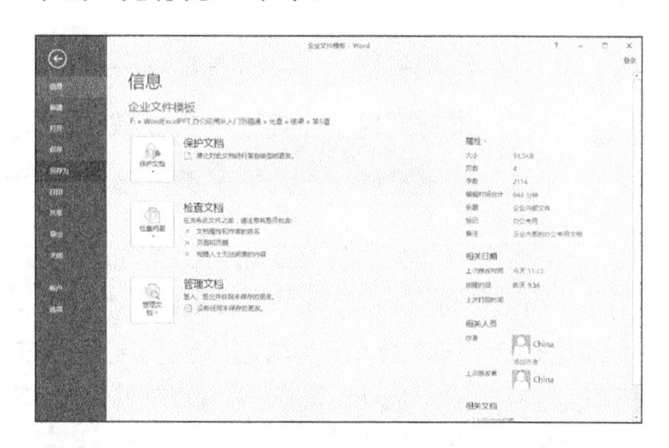

第 6 步 单击“浏览”命令

进入“另存为”界面，单击“浏览”命令。

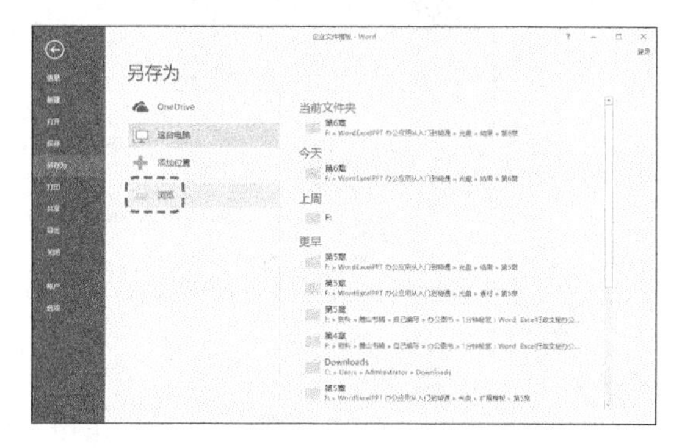

第 7 步 另存为文档

❶ 打开“另存为”对话框，修改文件名；❷ 单击“保存”按钮。

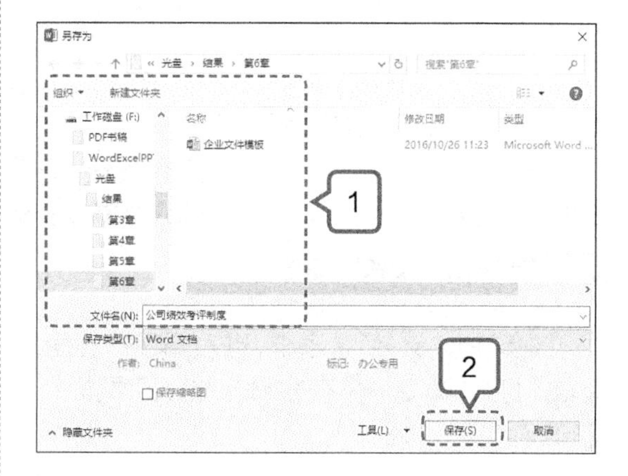

6.2.2 在新文档中使用样式

在应用模板创建文件时，可以应用创建于模板中的样式对文档内容进行快速修改，同时也可以修改和应用新样式。下面具体介绍操作方法。

第 1 步 选择“标题 1”样式

❶ 选择正文内容区域中要应用标题样式的段落；❷ 在“开始”选项卡的“样式”面板中，选择“标题 1”样式。

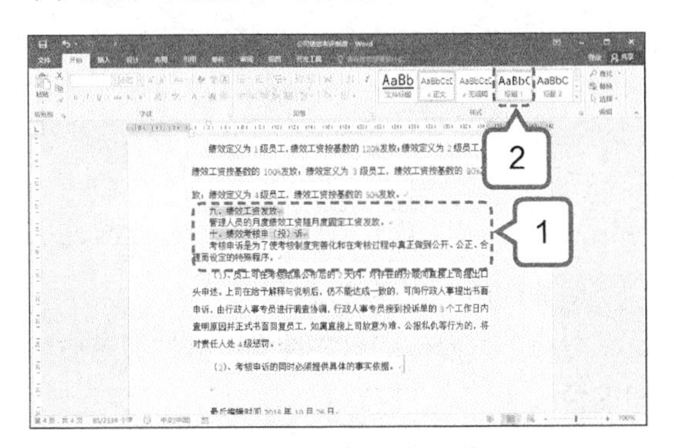

第 2 步 应用“标题 1”样式

快速为选择的段落应用“标题 1”样式。

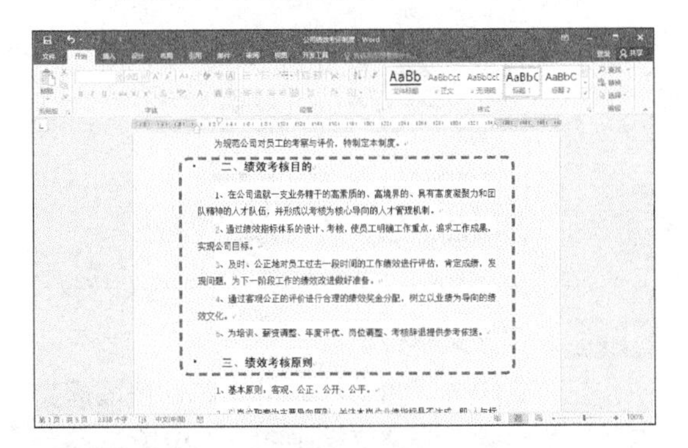

第 3 步 单击“停止保护”按钮

❶ 单击“审阅”选项卡，在“保护”面板中，单击“限制编辑”按钮；❷ 打开“限制编辑”窗格，单击“停止保护”按钮。

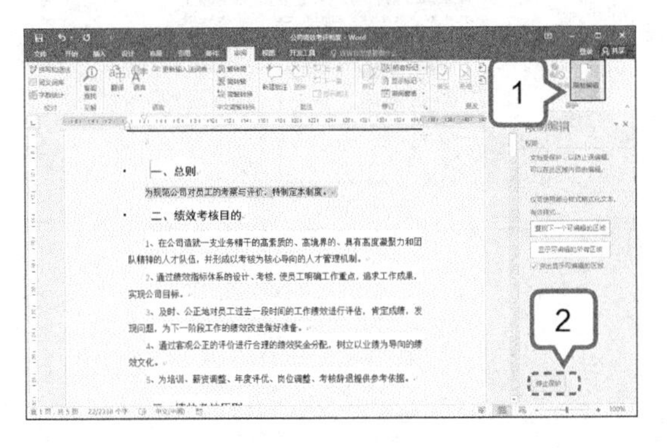

第 4 步 输入密码

❶ 打开“取消保护文档”对话框，在“密码”文本框中输入密码；❷ 单击“确定”按钮。

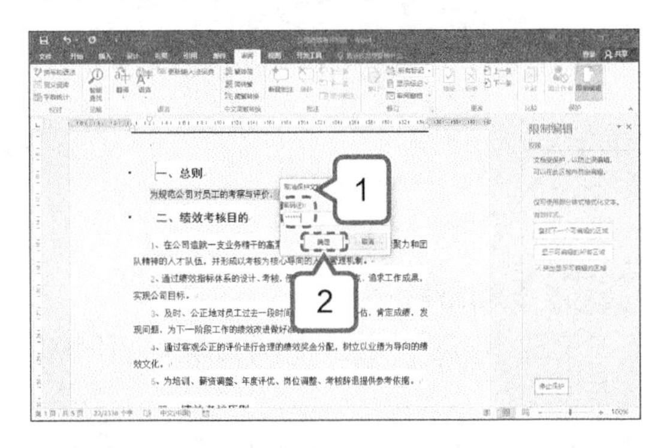

第 5 步 设置字体格式

❶ 取消文档的限制编辑，并关闭“限制编辑”窗格，选择相应的段落文本；❷ 在“开始”选项卡的“字体”面板中，设置“字号”为“五号”；❸ 单击“段落”面板中的“段落设置”按钮。

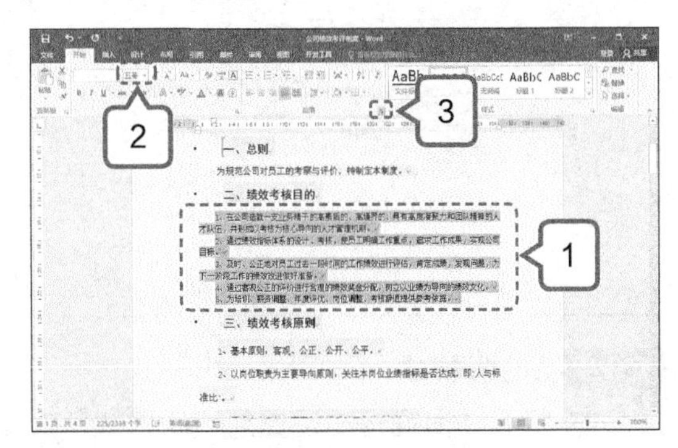

第 6 步 选择“1.5 倍行距”选项

打开“段落”对话框，在“行距”选项区中，单击“单倍行距”下三角按钮，展开列表框，选择“1.5 倍行距”选项。

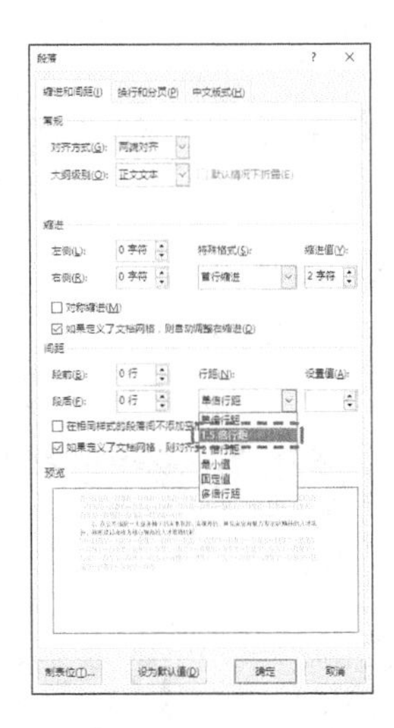

第 7 步 **设置段落行距**

单击“确定”按钮，即可完成文本段落的行距设置。

第 8 步 **单击“创建样式”命令**

在“开始”选项卡的“样式”面板中，单击“其他”按钮，展开列表框，单击“创建样式”命令。

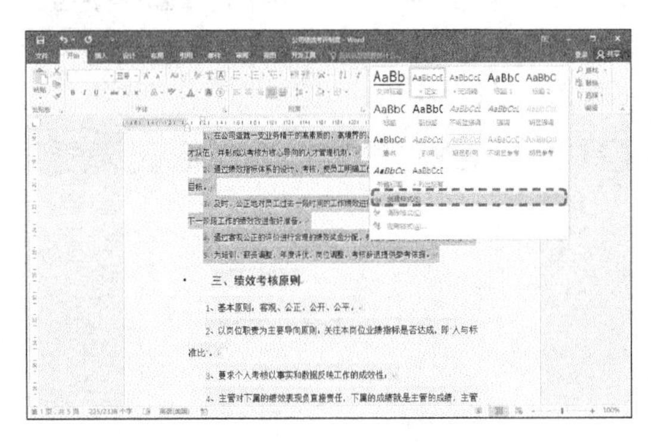

第 9 步 **创建新样式**

❶ 打开“根据格式设置创建新样式”对话框，在“名称”文本框中输入“内容段落样式”；❷ 单击“确定”按钮。

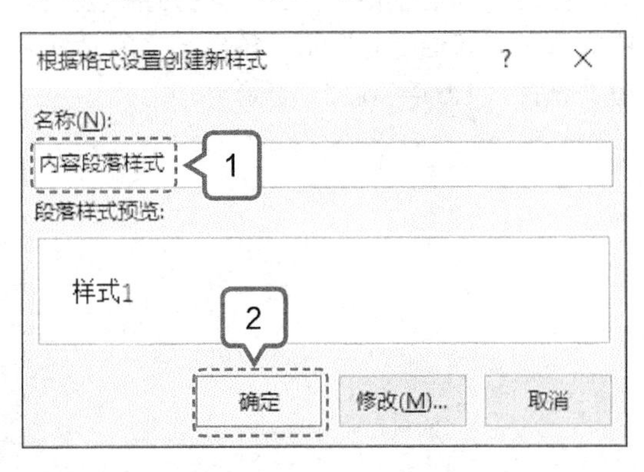

第 10 步 **选择“内容段落样式”样式**

完成新样式的创建，选择正文内容区域中的相应段落文本，在“开始”选项卡的“样式”面板中，选择“内容段落样式”样式。

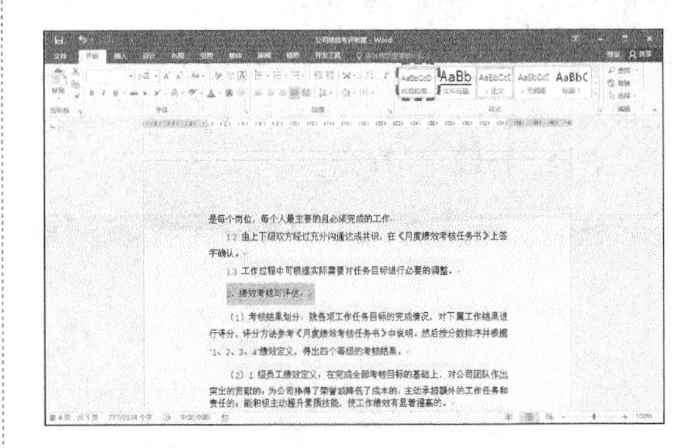

第 11 步 **应用内容段落样式**

完成上述操作即可快速为选择的段落应用“内容段落样式”样式。

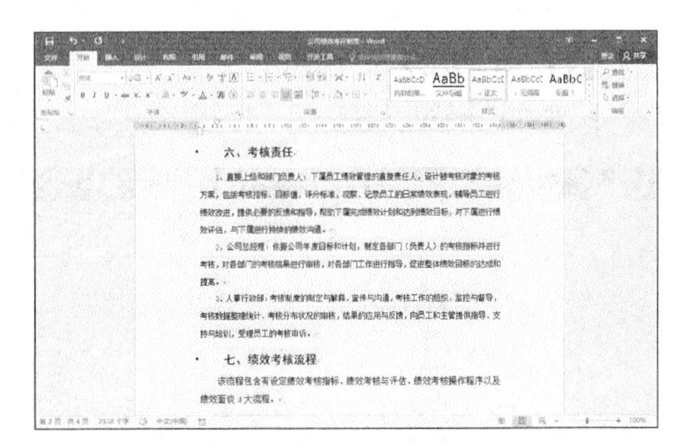

第 12 步 **调整文本位置**

在正文中选择合适的段落文本，在段落文本后按空格键，调整文档中的文本位置。

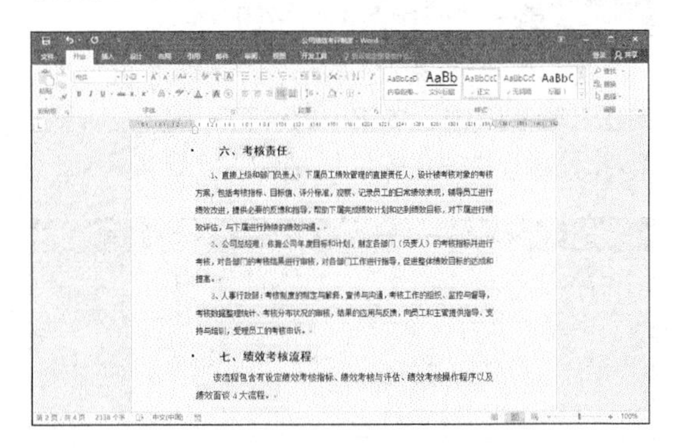

6.3 制作营销计划模板

本节视频教学时间 / 5 分钟

案例名称	营销计划模板
素材文件	素材 \ 第 6 章 \ 营销计划模板 .docx
结果文件	结果 \ 第 6 章 \ 营销计划模板 .docx

营销计划是指在对企业市场营销环境进行调研分析的基础上，对企业及各业务单位制定的营销目标以及实现这一目标所应采取的策略、措施和步骤的明确规定和详细说明。在制作营销计划文档之前，可以应用模板进行创建，在对文档内容或模板内容进行格式设置时，可以应用主题颜色和样式快速对文档内容进行修饰。而在对营销计划模板的整体效果进行更改时，无需逐一修改，可以直接选择文档主题，快速更改文档整体的修饰效果。在本实例中，我们要制作出年度报告模板效果。

最后的效果如图所示。

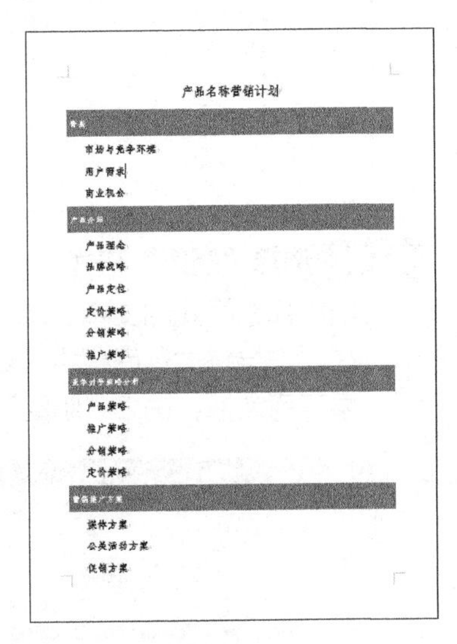

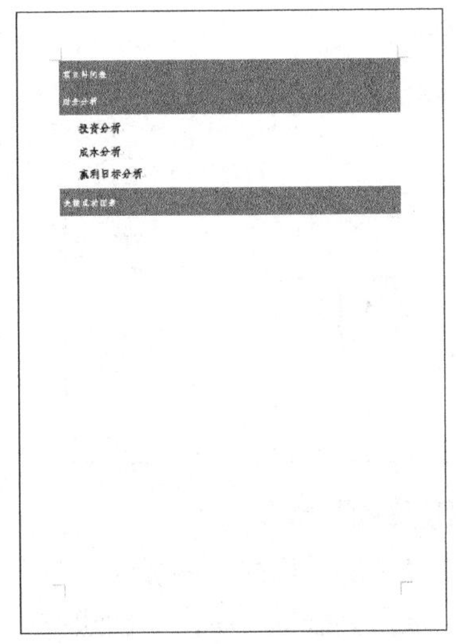

6.3.1 在模板中应用文档格式

Word 2016 提供了主题功能，通过主题功能可以快速更改整个文档的总体设计，包括颜色、字体和图形效果。在文档中应用主题中的颜色、字体和图形效果后，在更改主题时，应用了主题样式的内容会随主题的变化而变化。下面具体介绍操作方法。

第 1 步 选择“标题 1”样式

打开“素材 \ 第6章 \ 年度报告模板 .docx”文档。❶ 选择合适的段落文本；❷ 在“开始”选项卡的“样式”面板中，选择“标题 1”样式。

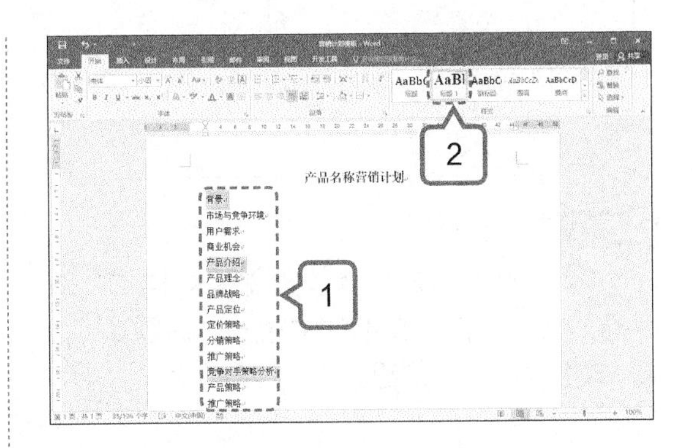

第 2 步 **应用“标题 1”样式**

快速为选择的段落文本应用“标题 1”样式。

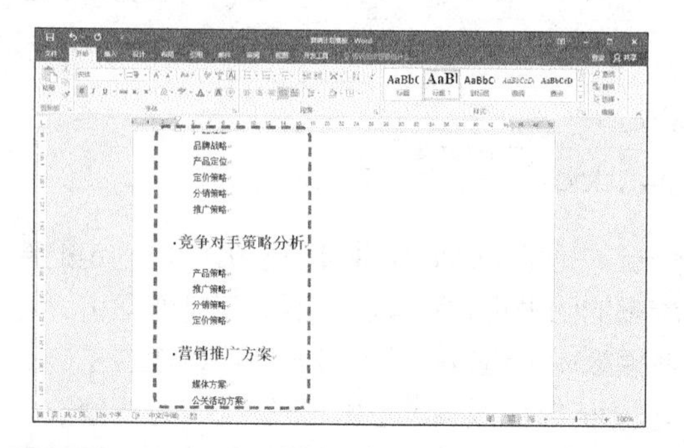

第 3 步 **设置文本格式**

❶ 选择相应的段落文本；❷ 在“开始”选项卡的“字体”面板中，修改“字号”为“小三”，并加粗文本。

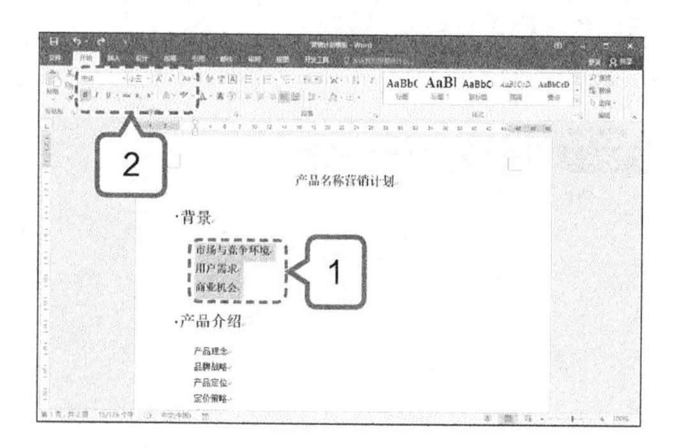

第 4 步 **单击“创建样式”命令**

在“开始”选项卡的“样式”面板中，单击“其他”按钮，展开列表框，单击“创建样式”命令。

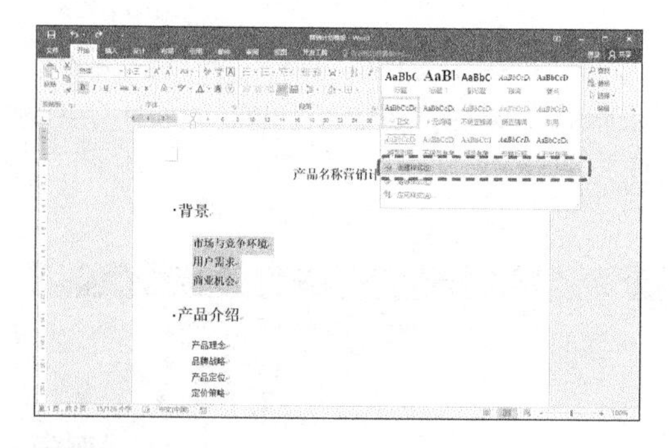

第 5 步 **创建新样式**

❶ 打开“根据格式设置创建新样式”对话框，在“名称”文本框中输入“标题 2”；❷ 单击“确定”按钮。

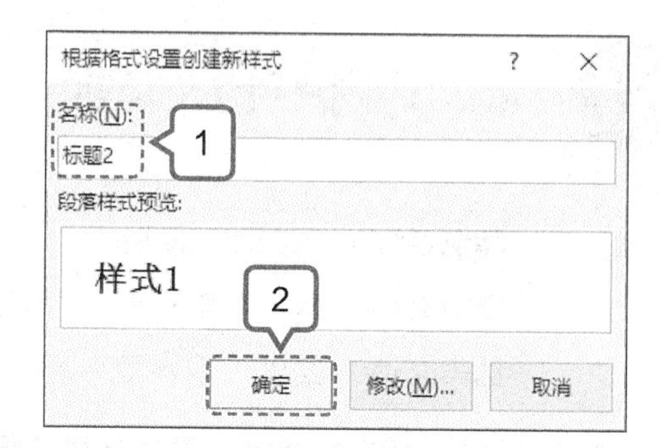

第 6 步 **应用“标题 2”样式**

完成新样式的创建，并选择相应的段落文本，为其快速应用“标题 2”样式。

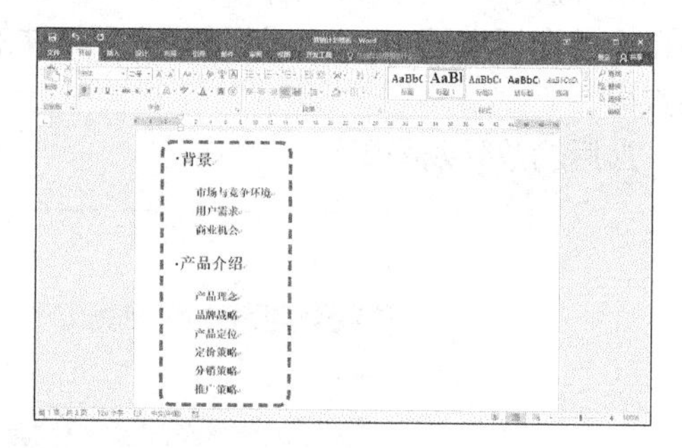

第 7 步 **选择“阴影”格式**

选择标题样式的文本，单击“设计”选项卡，在“文档格式”面板中，单击“其他”按钮，展开列表框，选择“阴影”格式。

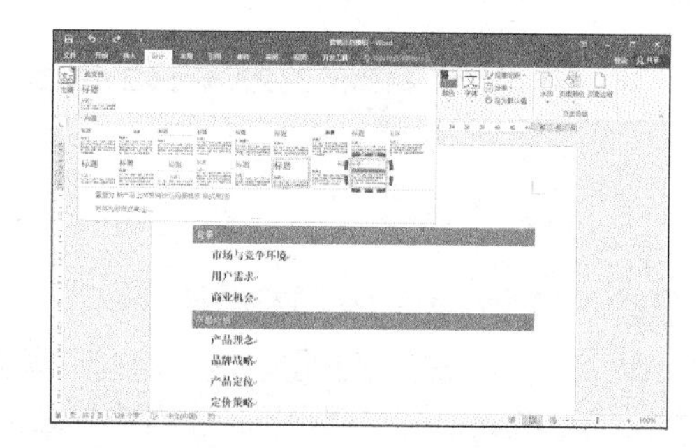

第 8 步 **设置主题样式**

在模板文档中快速设置主题样式，并查看文档效果。

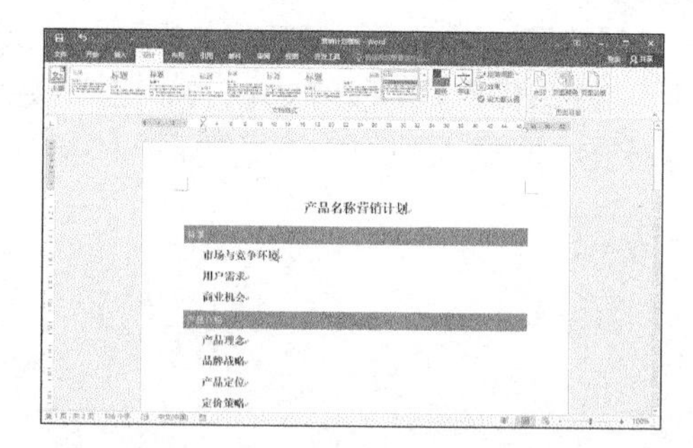

6.3.2 修改文档主题

当文档中的内容样式应用了主题文档格式后，用户还可以通过修改主题快速修改整个文档的样式。下面具体介绍操作方法。

第 1 步 选择“积分”主题

❶ 单击“设计”选项卡，在“文档格式”面板中，单击“主题”下三角按钮；❷ 展开列表框，选择“积分”主题。

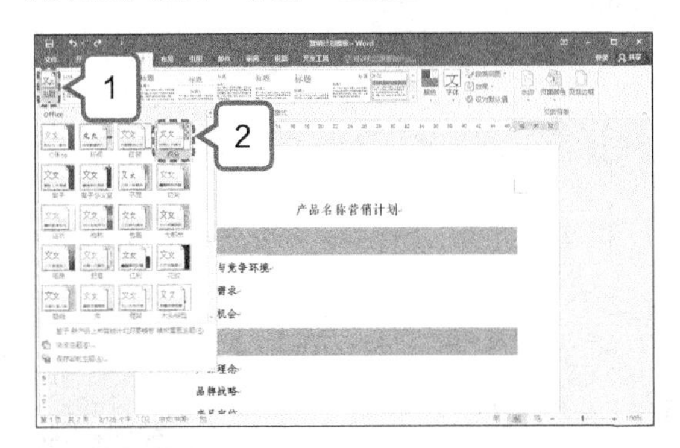

第 2 步 应用“积分”主题

为模板文档快速应用“积分”主题，并查看应用主题后的文档效果。

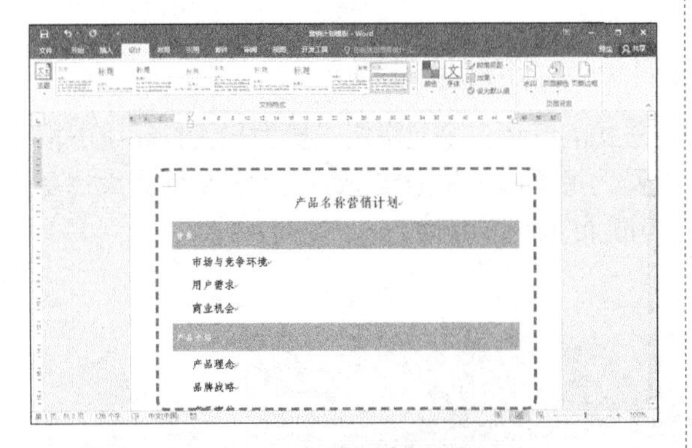

第 3 步 选择“紫罗兰色 2”选项

❶ 在“设计”选项卡的“文档格式”面板中，单击“颜色”下三角按钮；❷ 展开列表框，选择“紫罗兰色 2”选项。

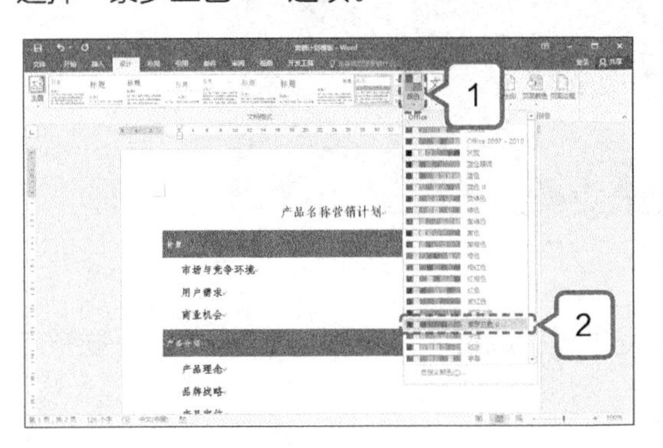

第 4 步 更改主题颜色

为模板文档快速更改主题颜色，并查看应用主题颜色后的文档效果。

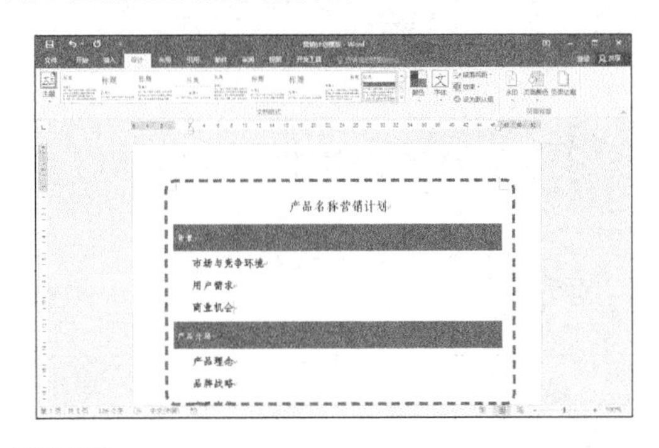

第 5 步 单击“自定义字体”命令

❶ 在“设计”选项卡的“文档格式”面板中，单击“字体”下三角按钮；❷ 展开列表框，单击“自定义字体”命令。

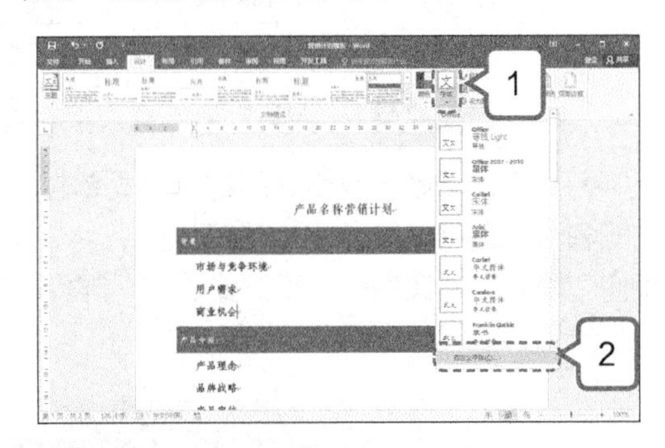

第 6 步 设置主题字体

❶ 打开“新建主题字体”对话框，在“标题字体（中文）”列表框中，选择“方正宋黑简体”字体；❷ 在“名称”文本框中输入“标题字体”；❸ 单击“保存”按钮。

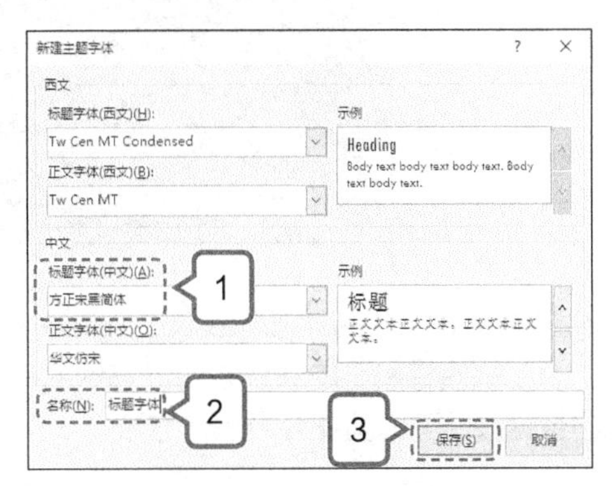

第 7 步 单击“保存当前主题”命令

❶ 完成主题颜色、样式和字体的更改后，在“设计”选项卡的“文档格式”面板中，单击“主题”下三角按钮；❷ 展开列表框，单击“保存当前主题”命令。

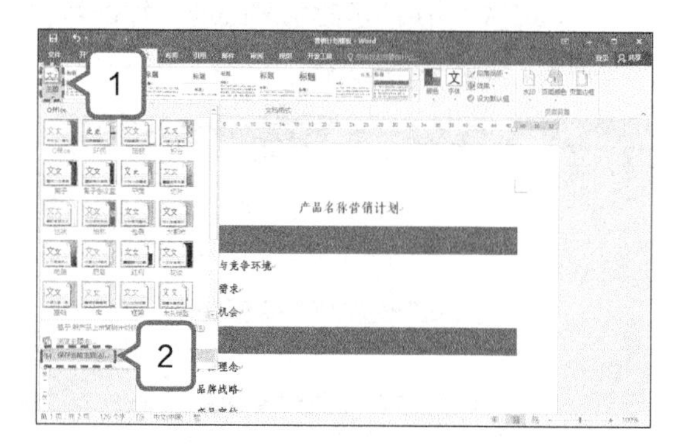

第 8 步 保存当前主题

❶ 打开“保存当前主题”对话框，设置文件名和保存路径；❷ 单击“保存”按钮。

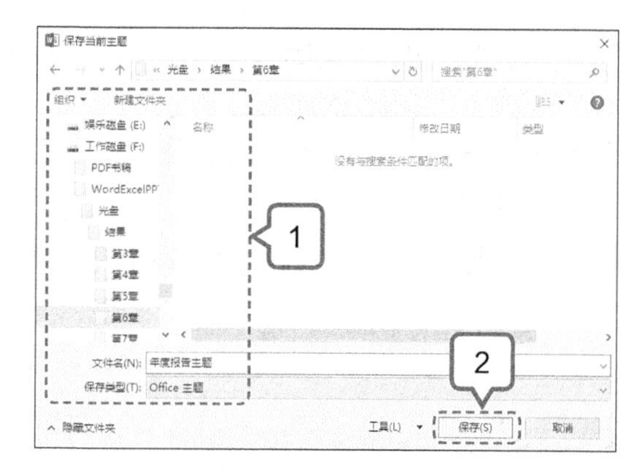

6.4 使用“邮件合并”功能批量制作名片

本节视频教学时间 / 8 分钟

案例名称	名片模板
素材文件	素材 \ 第 6 章 \ 员工数据 .docx
结果文件	结果 \ 第 6 章 \ 名片模板 .docx、名片模板 1.docx

名片是标示姓名及所属组织、公司单位和联系方式的纸片。企业常常需要为员工打印统一格式的名片。使用 Word 可以快速设计名片，同时批量为每个员工生成自己的名片，从而大大提高工作效率。在本实例中，我们要通过“邮件合并”功能批量制作名片。

最后的效果如图所示。

6.4.1 制作并导入数据表

为了快速将员工的联系方式添加到名片中，从而批量生成名片，首先需要准备好员工联系方式的数据表。下面具体介绍操作方法。

第1步 单击“插入表格”命令

打开“素材\第6章\员工数据.docx”文档。❶ 选择所有的文本内容；❷ 单击“插入”选项卡，在“表格”面板中，单击“表格”下三角按钮，展开列表框，单击“插入表格”命令。

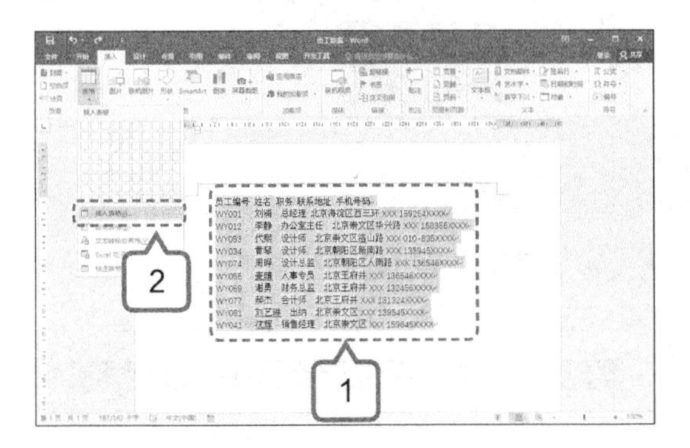

第2步 添加表格

为选择的文本内容快速添加表格，调整表格的列宽，并将该文档进行“另存为”操作。

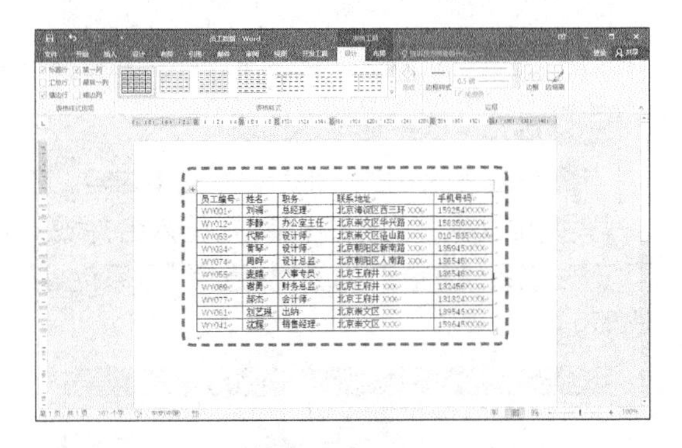

第3步 单击“使用现有列表”命令

❶ 打开“素材\第6章\名片模板.docx”文档，单击“邮件”选项卡，在“开始邮件合并”面板中，单击“选择收件人”下三角按钮；❷ 展开列表框，单击“使用现有列表”命令。

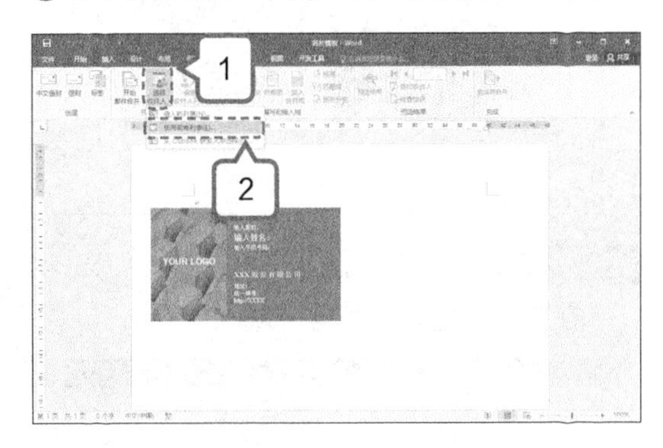

第4步 选择数据源

❶ 打开“选择数据源”对话框，选择“员工数据”文档；❷ 单击“打开”按钮。

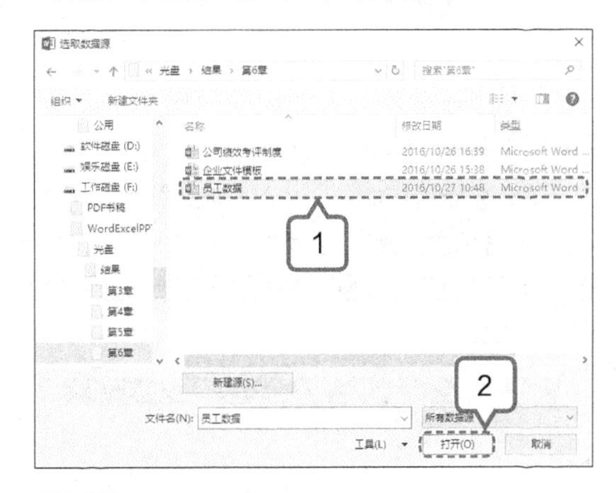

第5步 导入数据表

在文档中导入数据表。

6.4.2 插入合并域并批量生成名片

将数据表格中的数据导入名片模板文档后，需要将表格中的各项数据插入名片中相应的位置，之后再应用相关的功能批量生成名片。

1. 添加邮件合并域

要将数据表中的数据分别放置于指定的位置，需要应用“插入合并域”命令进行邮件合并操作。下面具体介绍操作方法。

第1步 选择“职务”选项

❶ 选择名片中的“输入职称：”文本内容，在“编写和插入域”面板中，单击“插入合并域”下三角按钮；❷ 展开列表框，选择“职务”选项。

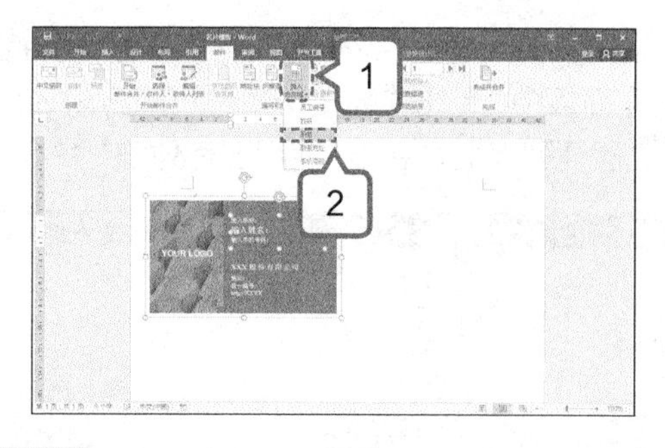

第 2 步 插入“职务”域

在文档中插入“职务”域。

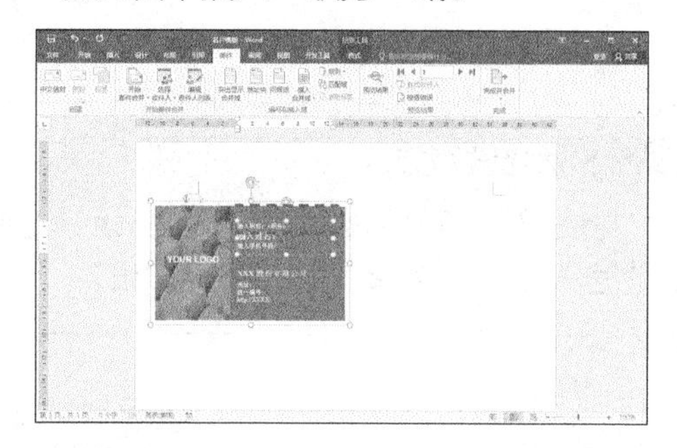

第 3 步 选择“姓名”选项

❶ 选择名片中的“输入姓名：”文本内容，在“编写和插入域”面板中，单击“插入合并域”下三角按钮；❷ 展开列表框，选择“姓名”选项。

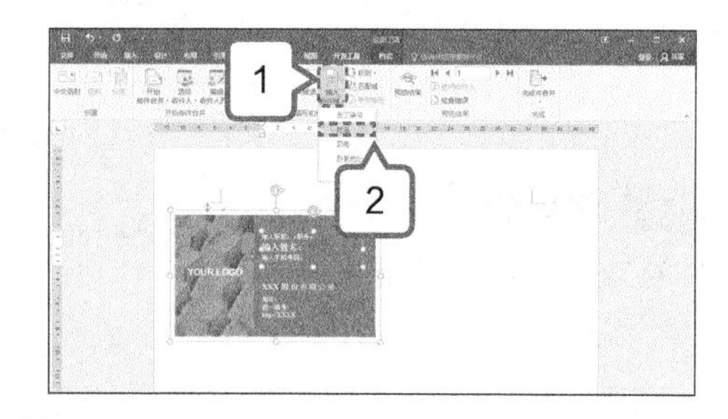

第 4 步 插入“姓名”域

在文档中插入“姓名”域。

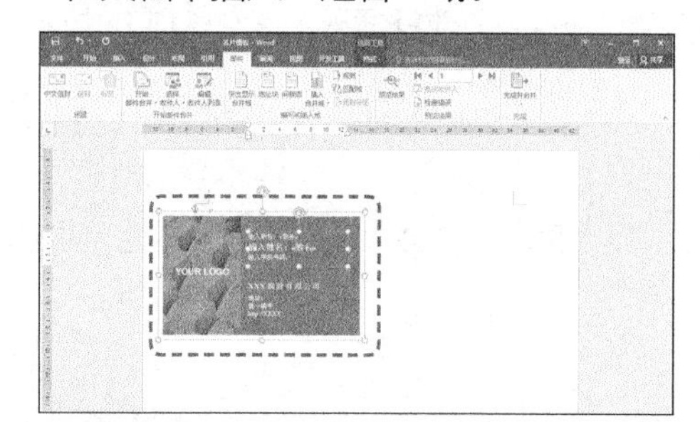

第 5 步 选择“手机号码”选项

❶ 选择名片中的“输入手机号码：”文本内容，在“编写和插入域”面板中，单击“插入合并域”下三角按钮；❷ 展开列表框，选择“手机号码”选项。

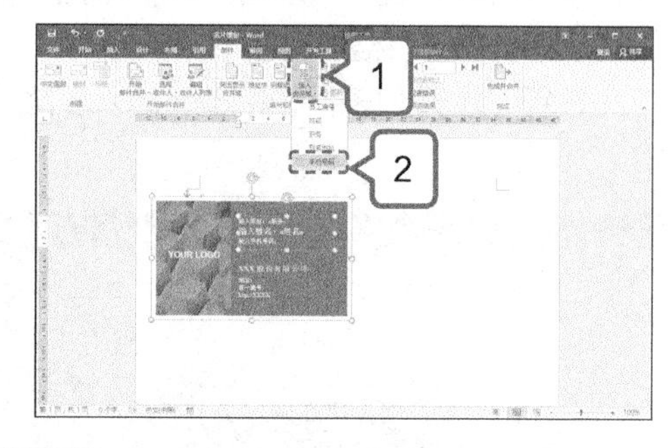

第 6 步 插入“手机号码”域

在文档中插入“手机号码”域。

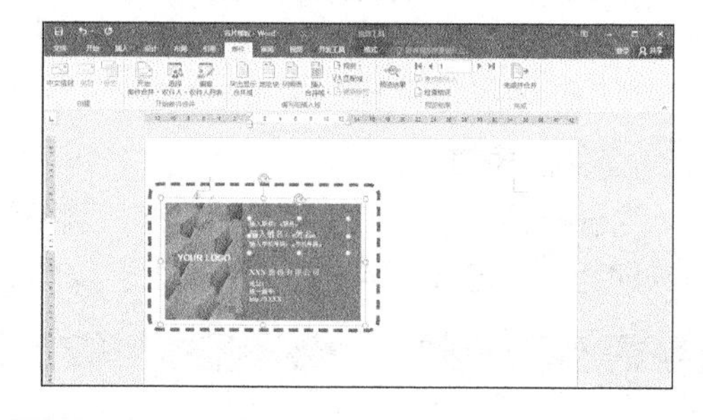

第 7 步 选择“联系地址”选项

❶ 选择名片中的“地址：”文本内容，在“编写和插入域”面板中，单击“插入合并域”下三角按钮；❷ 展开列表框，选择“联系地址”选项。

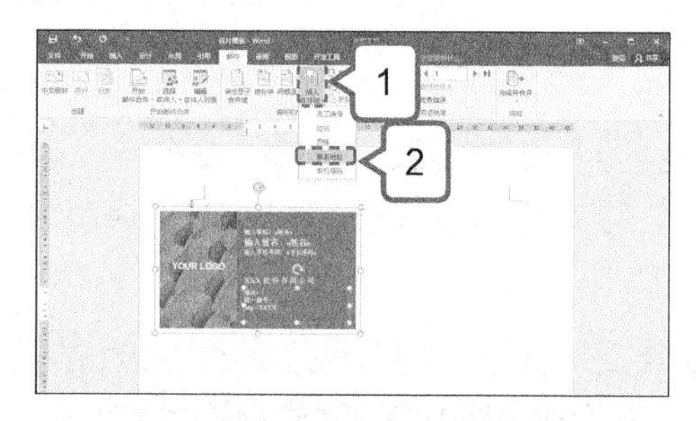

第 8 步 插入“联系地址”域

在文档中插入“联系地址”域。

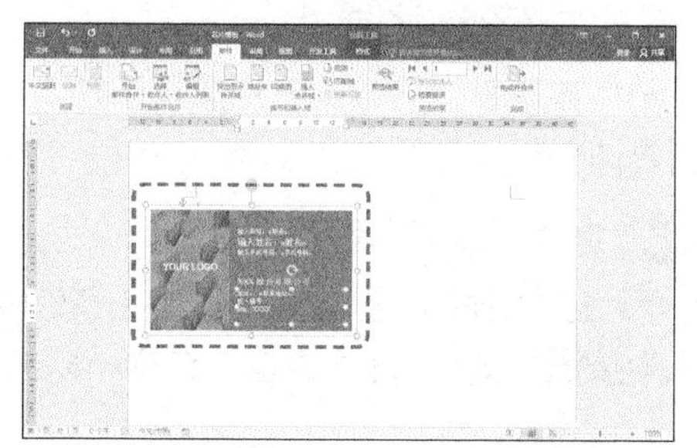

第 9 步 选择“员工编号”选项

❶ 选择名片中的“统一编号：”文本内容，在“编写和插入域”面板中，单击“插入合并域”下三角按钮；❷ 展开列表框，选择“员工编号”选项。

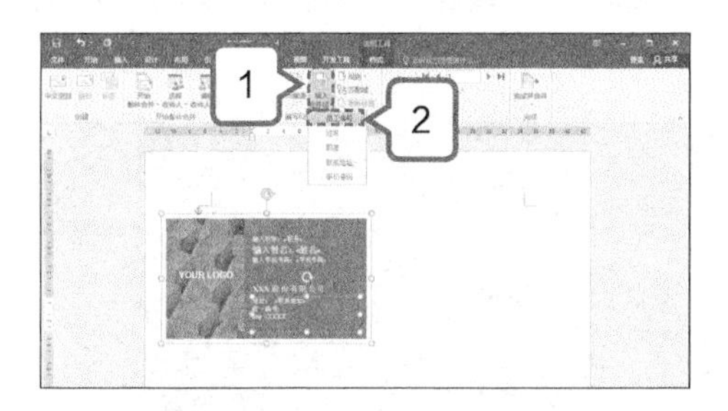

第 10 步 插入“员工编号”域

在文档中插入“员工编号”域。

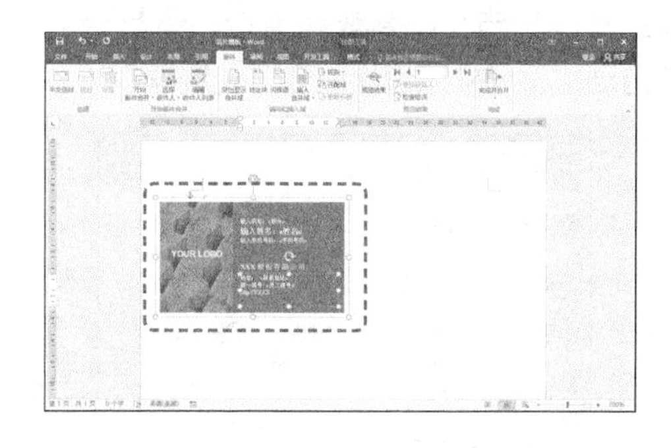

2. 应用邮件合并功能批量生成名片

添加好合并域后将第一个单元格中的内容复制到所有单元格中，然后执行“完成并合并”命令，即可为数据表中的所有联系人生成内容不同的名片，下面具体介绍操作方法。

第 1 步 插入表格

把光标定位在名片背景图片的上方空行上；❶ 单击“插入”选项卡，在“表格”面板中，单击“表格”下三角按钮；❷ 展开列表框，选择 2*4 表格；❸ 插入表格。

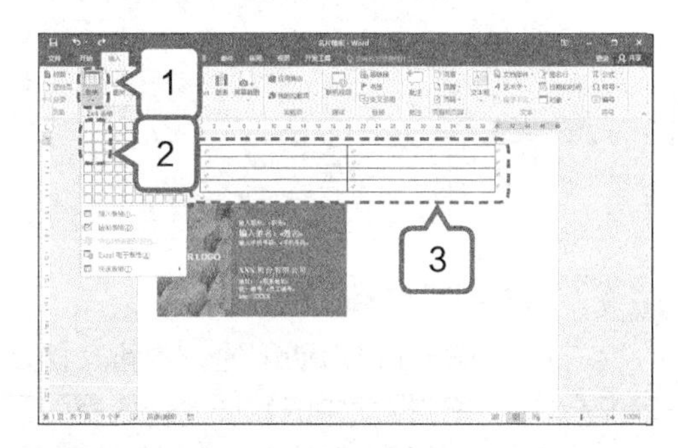

第 2 步 调整表格行高和列宽

选择所有表格，单击“布局”选项卡，在“单元格大小”面板中，修改“表格行高”为 5.5，“表格列宽”为 9.5，调整表格行高和列宽。

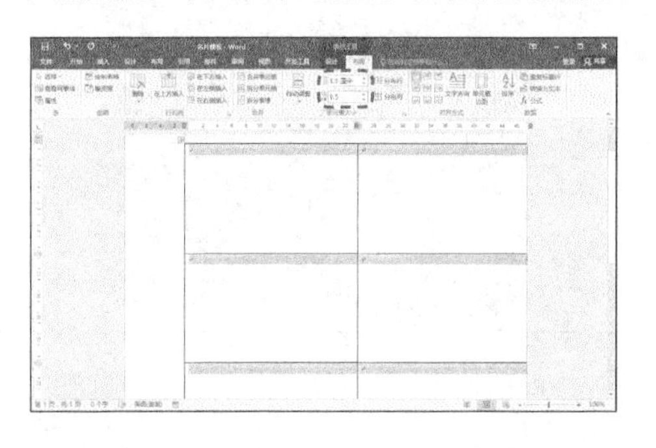

第 3 步 居中对齐表格

再次选择所有表格，在“开始”选项卡的“段落”面板中，单击“居中”按钮，居中对齐表格。

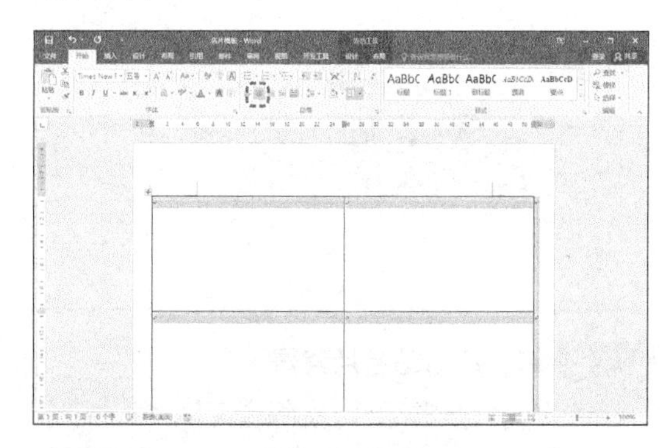

第 4 步 单击“单元格边距”按钮

单击“布局”选项卡，在“对齐方式”面板中，单击“单元格边距”按钮。

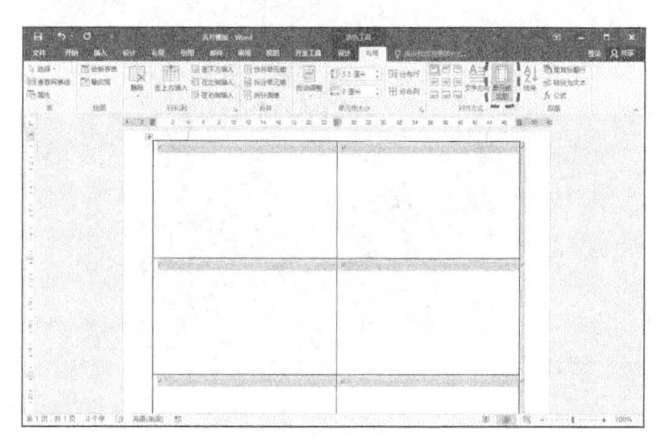

第 5 步 设置表格选项

❶ 打开“表格选项”对话框，设置“默认单元格边距”的参数均为 0；❷ 取消勾选“自动重调尺寸以适应内容”复选框。

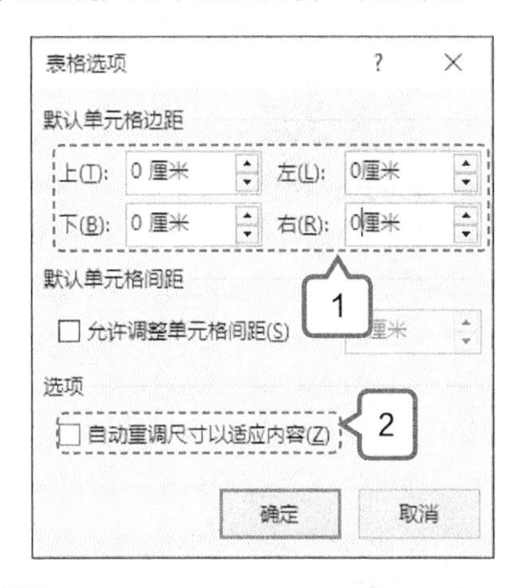

第 6 步 调整名片背景图片位置

单击“确定”按钮，调整表格边距，选择名片背景图片，将其拖曳至第一个单元格中。

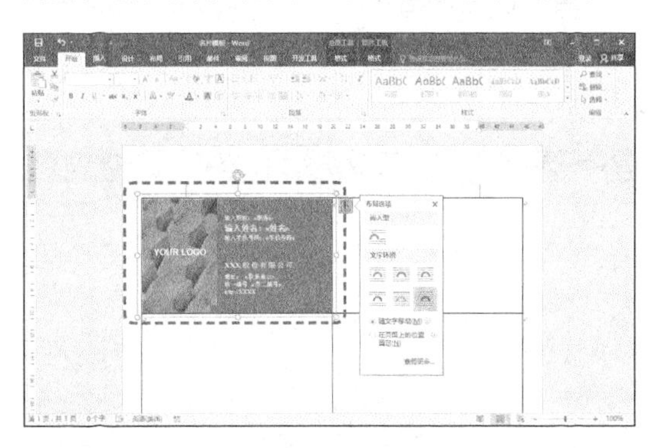

第 7 步 复制并粘贴名片背景

选择名片背景图片，按组合键【Ctrl + C】，进行复制操作，按组合键【Ctrl + V】，进行粘贴操作。

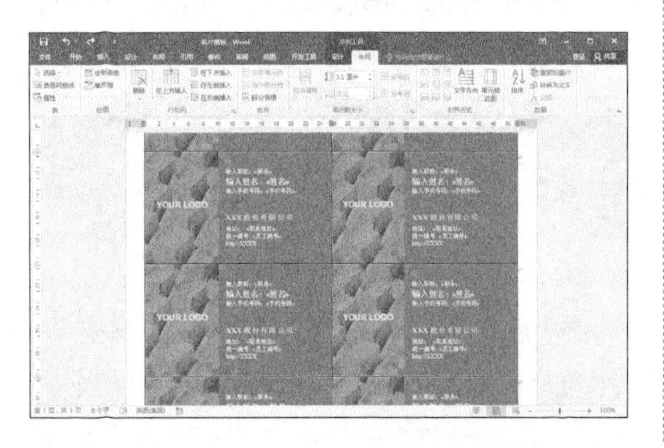

第 8 步 单击“编辑单个文档”命令

❶ 单击“邮件”选项卡，在“完成”面板单击“完成并合并”下三角按钮；❷ 展开列表框，单击“编辑单个文档”命令。

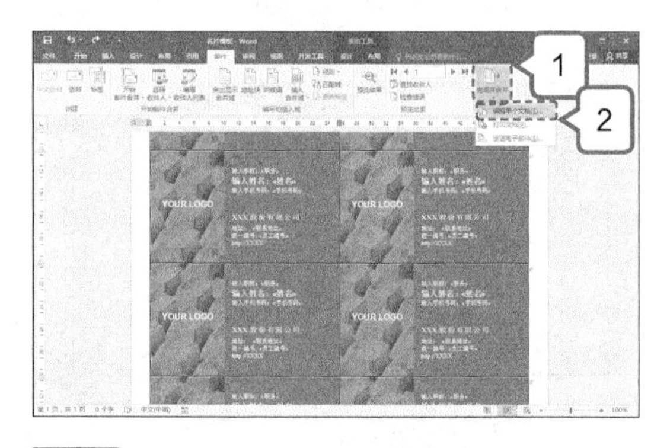

第 9 步 单击“确定”按钮

❶ 打开“合并到新文档”对话框，勾选“全部”单选按钮；❷ 单击“确定”按钮。

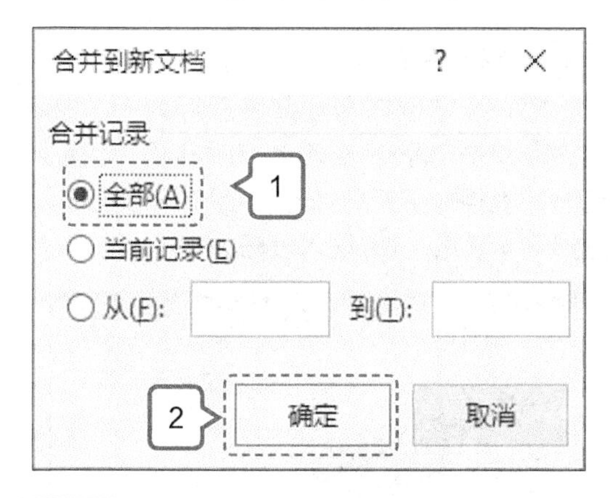

第 10 步 合并到新文档

合并后，Word 将自动创建一个新文档，在该文档中已将数据表中的数据分别放置到了对应的合并域的位置，并为数据表中的每一条记录生成一页。

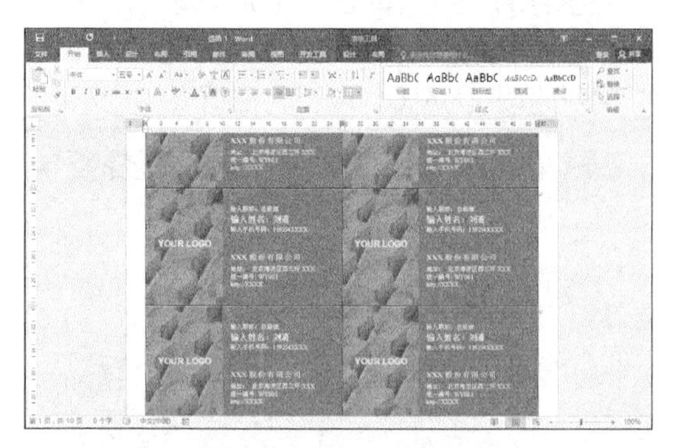

第三篇

Excel 表格篇

Chapter 07

制作基本 Excel 工作表

本章视频教学时间 / 43 分钟

➲ 技术分析

Excel 是微软公司推出的一款集电子表格、数据存储、数据处理和分析等功能于一体的办公应用软件。一般来说，制作 Excel 报表主要涉及以下知识点。

（1）工作簿的创建。

（2）工作表数据的输入、复制与验证。

（3）单元格的合并与冻结。

（4）表格和单元格样式的快速套用。

（5）表格数据的处理与突出。

（6）工作表的保护与保存。

➲ 思维导图

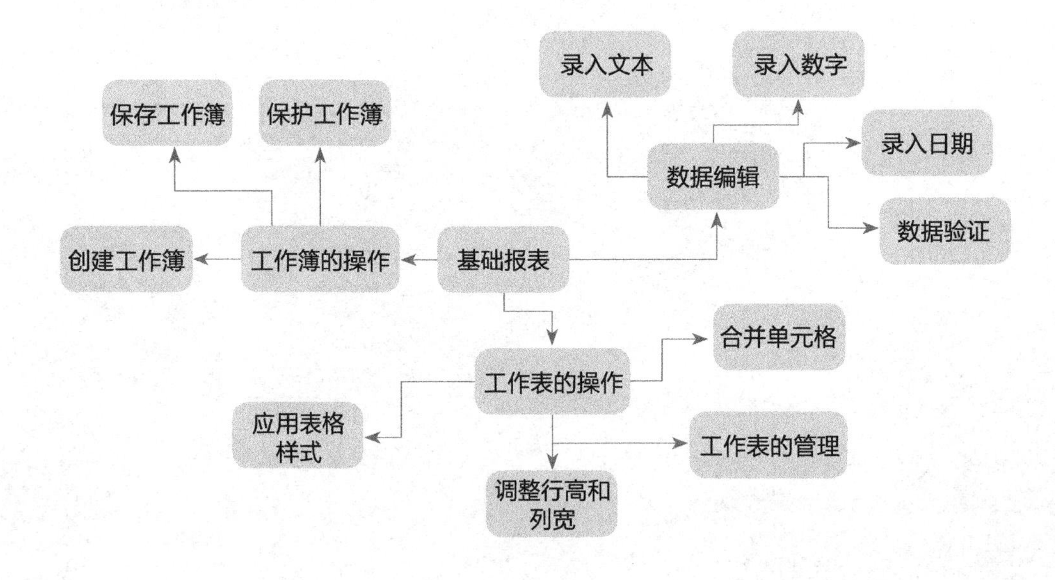

制作“信息表”——《员工信息表》

本节视频教学时间 / 16 分钟

案例名称	员工信息表
素材文件	无
结果文件	结果 \ 第 7 章 \ 员工信息表 .xlsx
扩展模板	扩展模板 \ 第 7 章 \ 信息表类模板

员工信息表是公司用来登记员工的部门、职务、姓名、入职日期、身份证号码等信息的工作表。在本实例中，我们要制作出员工信息表。

最后的效果如图所示。

/ 员工信息表的组成要素

名称	是否必备	要求
编号	必备	公司给每个员工分配的编号，在公司内部是唯一的
基本信息类	必备	每个员工的真实姓名、部门和职务，遇到同名同姓的员工要备注出来
身份信息类	必备	每个员工的身份证号码和性别
生活信息类	可选	每个员工的入职时间、婚姻状况和学历等，虽为可选项，但入职时间很重要，一定要登记清楚
联系电话	必备	每个员工的电话号码，要保证电话号码的有效性

/ 技术要点

（1）使用多种方法创建工作簿文件。

（2）使用“保存”功能保存工作簿。

（3）在工作表中输入数据。

（4）使用“数据验证”功能规范数据。

（5）使用“合并”功能合并单元格。

（6）使用“字体”面板设置字体效果。

（7）使用“边框”功能为行和列添加边框。

/ 操作流程

创建工作簿 → 保存工作簿 → 输入数据 → 复制数据 → 规范数据 → 设置字体 → 添加边框

7.1.1 使用多种方法创建工作簿文件

在制作员工信息表之前，首先需要对工作簿文件进行创建。新建工作簿的方式有多种，比如可以通过启动 Excel 2016 来新建工作簿。也可以通过快捷菜单来新建工作簿。还可以使用 Excel 操作界面中的“文件”选项卡来新建工作簿。本节将对这几种新建方法分别进行介绍。

第 1 步 通过启动 Excel 2016 程序新建

❶ 单击桌面左下角的“开始”按钮；❷ 在弹出的“开始”菜单列表中单击“Excel 2016”命令。

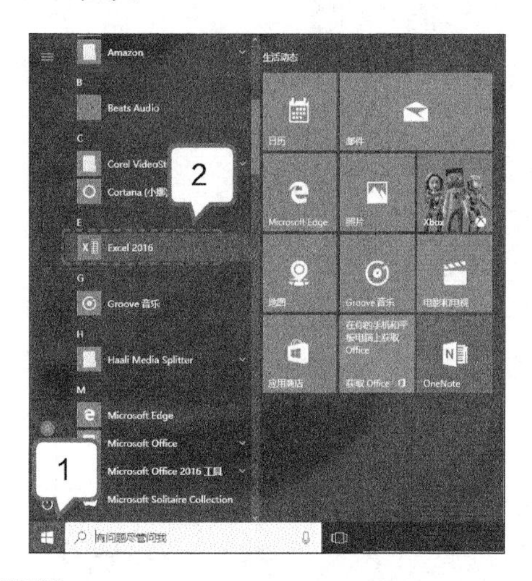

第 2 步 使用“新建”快捷菜单创建

❶ 在桌面上的空白区域单击鼠标右键，从弹出的快捷菜单中，单击“新建”命令；❷ 再次展开菜单，单击“Microsoft Excel 工作表”命令。

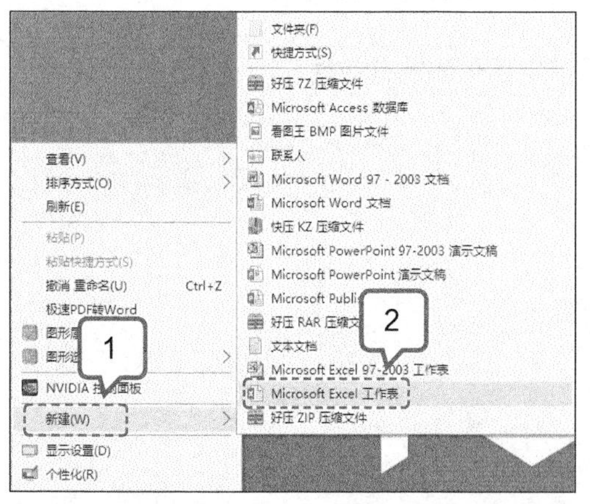

第 3 步 选择“空白工作簿”选项

❶ 在 Excel 工作簿窗口中单击“文件”选项卡，并在左侧列表中，单击“新建”命令；❷ 在右侧的“新建”界面中，选择“空白工作簿”选项。

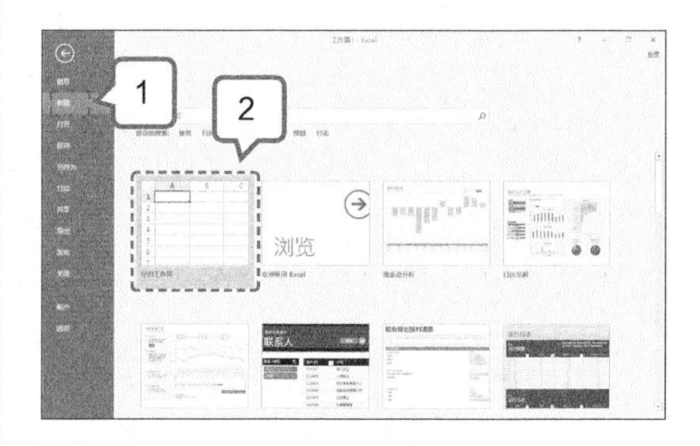

第 4 步 完成空白工作簿的创建

上述操作均可完成空白工作簿的创建操作，并得到一个工作簿。

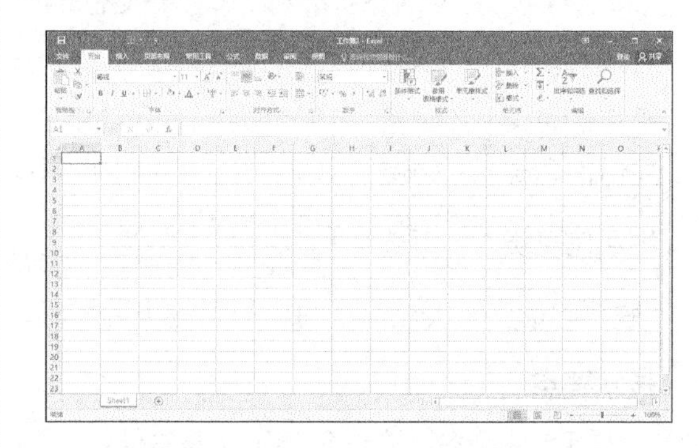

7.1.2 使用“保存”功能保存工作簿

创建Excel工作簿后，通常需要将工作簿保存到磁盘上，并在编辑其内容的同时经常保存文件，以避免软件或系统出现故障导致文件丢失或无法恢复。

第 1 步 单击“保存”命令

单击“文件”选项卡，在展开的界面中，单击“保存”命令。

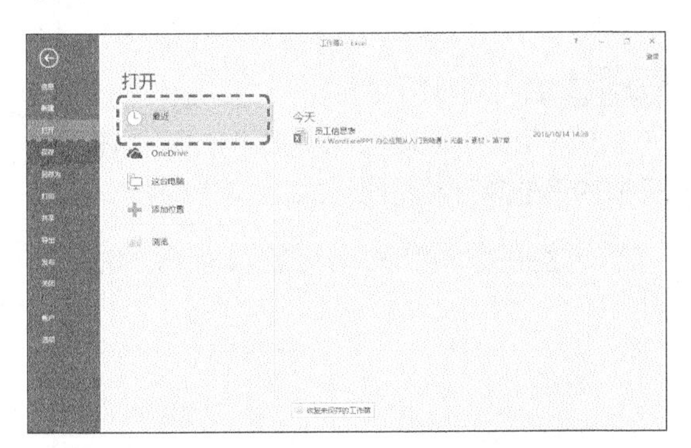

第 2 步 单击“浏览”命令

展开“另存为”菜单界面，单击“浏览”命令。

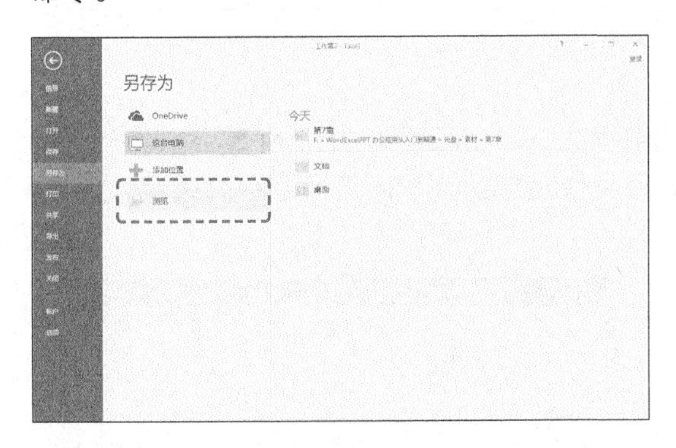

第 3 步 单击“保存”按钮

❶ 打开“另存为”对话框，设置保存路径和文件名称；❷ 单击“保存”按钮。

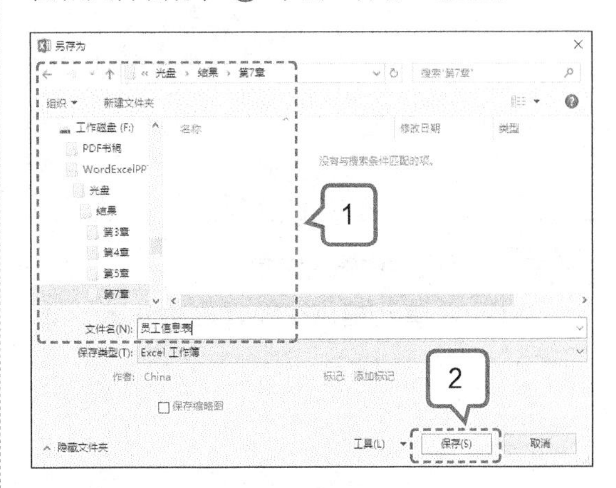

第 4 步 显示新保存工作簿名称

保存工作簿，并在 Excel 工作界面的上方显示新保存的工作簿名称。

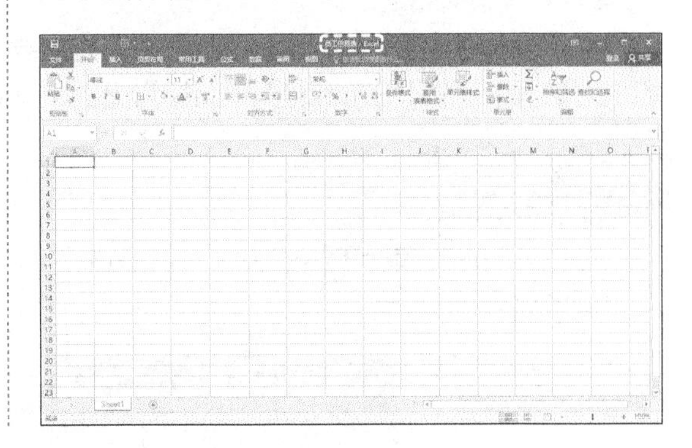

7.1.3 在工作表中输入数据

完成工作簿的创建后，就需要对工作簿中的数据进行输入。工作表中的单元格可以被看作数据的最小容器，用户可以在这个容器中输入多种类型的数据，如文本、数值、日期等。下面将详细介绍不同类型数据的输入方法。

1. 录入文本内容

文本包含汉字、英文字母、具有文本性质的数字、空格以及其他键盘能键入的符号。文本类型的数据是在工作表中输入的常见数据类型之一，可以直接选择单元格输入，也可以在编辑栏中输入。下面具体介绍操作方法。

第 1 步 在单元格中输入文本

选择 A1 单元格，然后输入文本“企业员工信息表”。

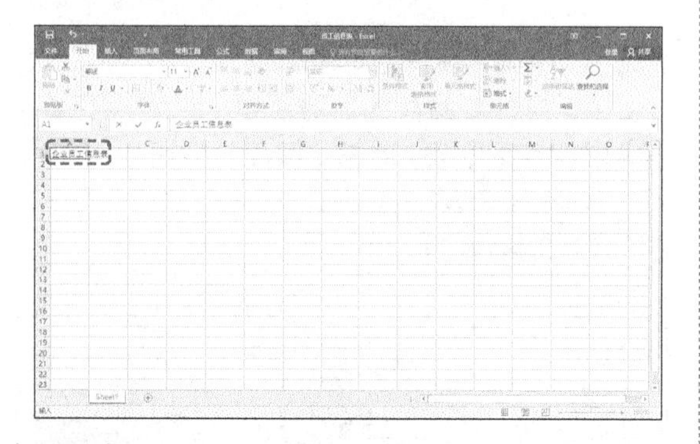

第 2 步 在编辑栏中输入文本

选择 A2 单元格，在编辑栏中输入文本“编号”。

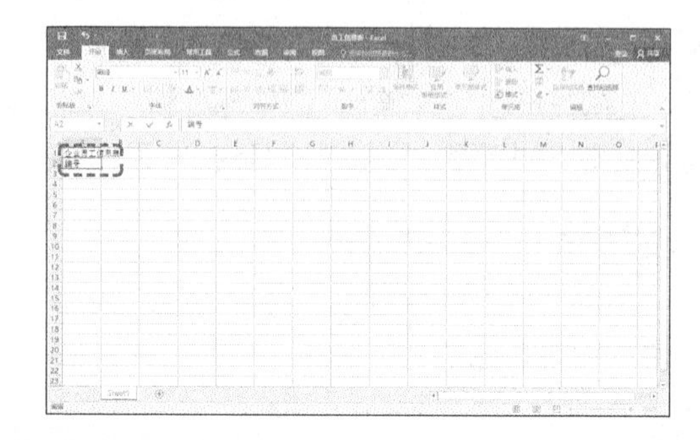

第 3 步 输入文本内容

参考第 1 步和第 2 步的操作方法，在工作表中的其他单元格中依次输入文本内容。

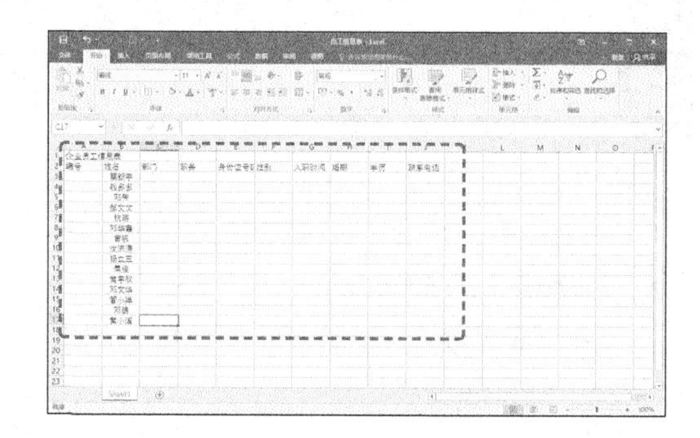

2. 录入数字内容

数字类型的数据是 Excel 工作表中最为重要的数据之一。众所周知，Excel 最突出的一项功能是对数据的运算、分析和处理，而最常见的数据处理类型就是数字类型。下面具体介绍操作方法。

第 1 步 输入数据

选择 A3 和 A4 单元格，依次输入“WY001”和“WY002”。

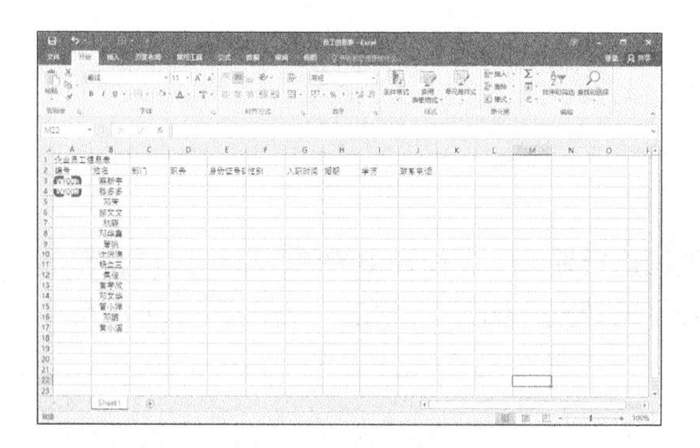

第 2 步 自动填充数据

选择 A3 和 A4 单元格，将光标移动到 A4 单元格的右下角，此时鼠指针标呈十字形状，单击鼠标并向下拖曳，至 A17 单元格释放鼠标，即可自动填充数据。

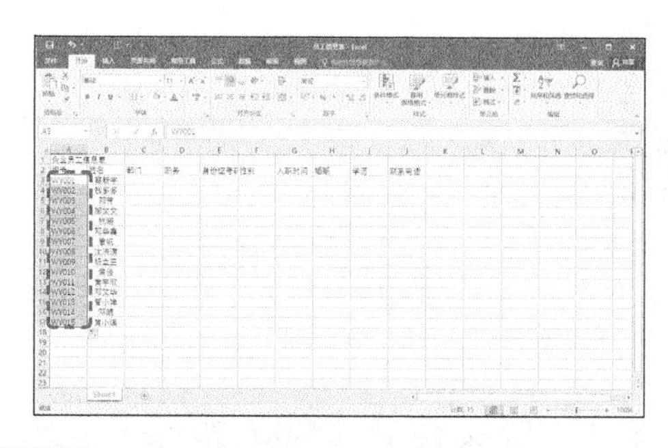

第 3 步 输入身份证号码

选择 E3:E17 单元格，依次输入身份证号码，并调整单元格的列宽。

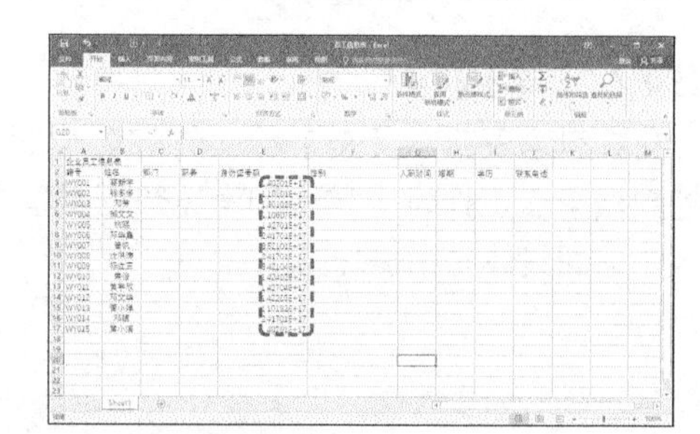

第 4 步 单击“设置单元格格式”命令

选择 E3:E17 单元格中的数据，单击鼠标右键，打开快捷菜单，单击“设置单元格格式”命令。

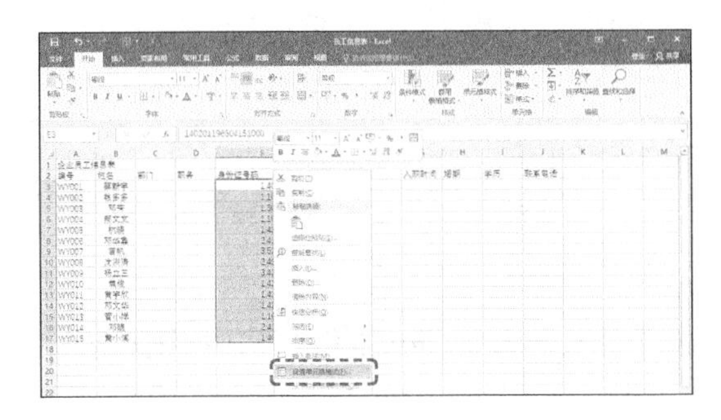

第 5 步 单击“确定”按钮

❶ 打开“设置单元格格式”对话框，在“数字”选项卡的“分类”列表框中，选择“文本”选项；❷ 单击“确定”按钮。

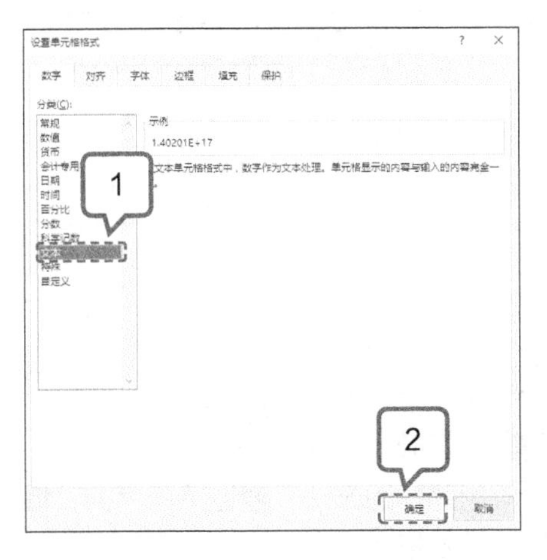

第 6 步 修改数据单元格格式

修改数据的单元格格式，并双击工作表中的单元格，让数据以文本格式显示。

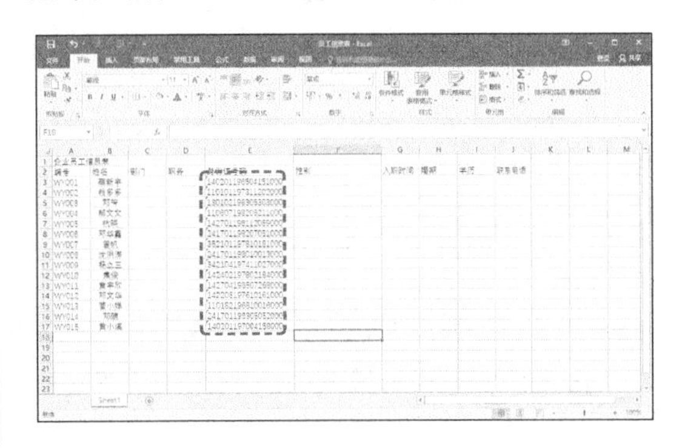

第 7 步 输入手机号码

选择 J3:J17 单元格，依次输入手机号码。

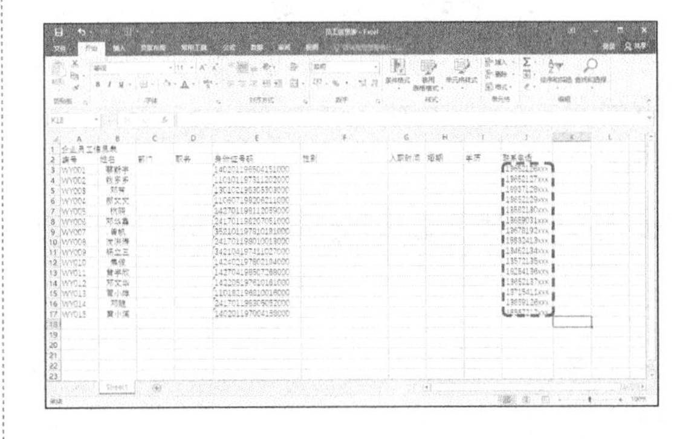

3. 录入日期

日期也是一种常见的数据类型，在单元格中输入日期数据时，通常使用斜线“/”或连接符“-”分隔日期的“年”“月”“日”各部分。下面具体介绍操作方法。

第 1 步 输入数值

选择 G3 单元格，输入数值“1992-8-1”。

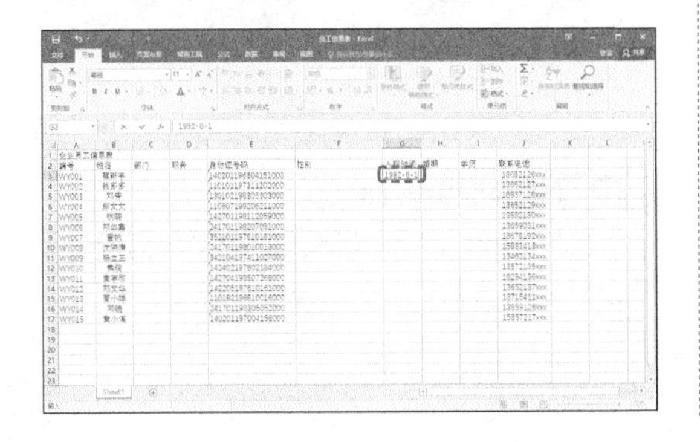

第 2 步 完成日期输入

按【Enter】键，完成日期的输入。

第 3 步 输入其他日期

用同样的方法，在其他单元格中依次输入日期，并调整单元格的列宽。

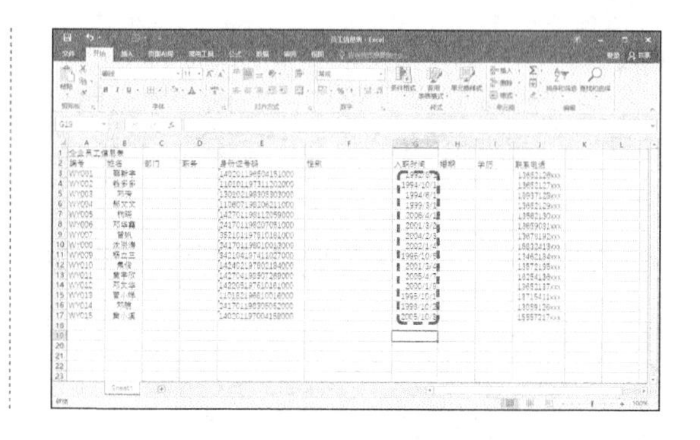

7.1.4 使用“数据验证”功能规范数据

在工作表中输入数据后，可以使用“数据验证”功能中的数据序列，通过提供的下拉按钮对学历、部门、职务等进行选择。

第 1 步 单击“数据验证”命令

❶ 选择 C3:C17 单元格；❷ 切换至“数据”选项卡，在“数据工具”面板中，单击“数据验证”下三角按钮，展开列表框，单击“数据验证”命令。

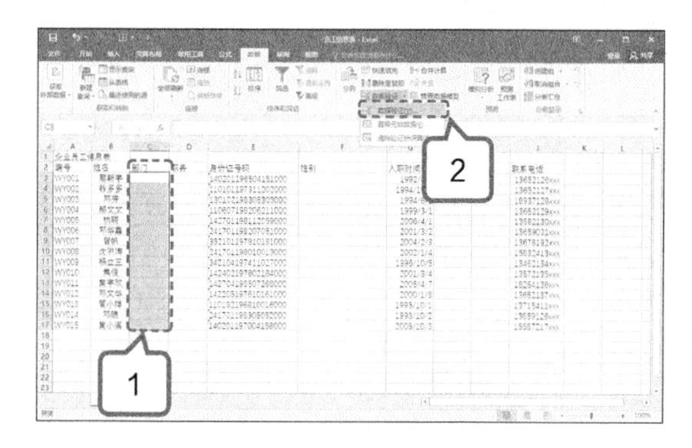

第 2 步 选择“序列”选项

❶ 打开“数据验证”对话框，单击“允许”右侧的下三角按钮，展开列表框，选择“序列”选项；❷ 在“来源”文本框输入内容。

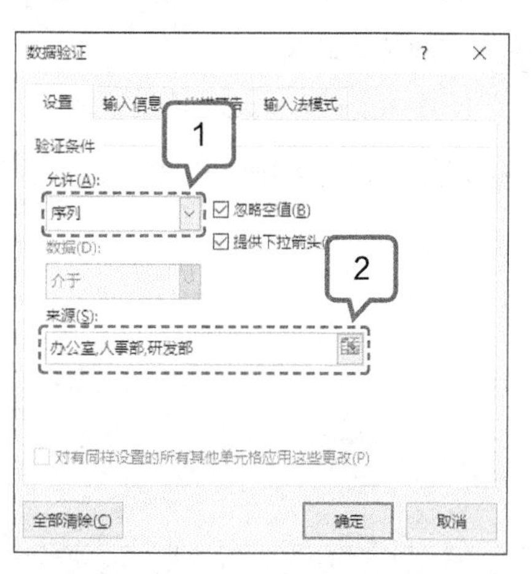

第 3 步 选择“办公室”选项

单击“确定”按钮，创建下拉序列，单击下拉按钮，展开列表框，选择“办公室”选项。

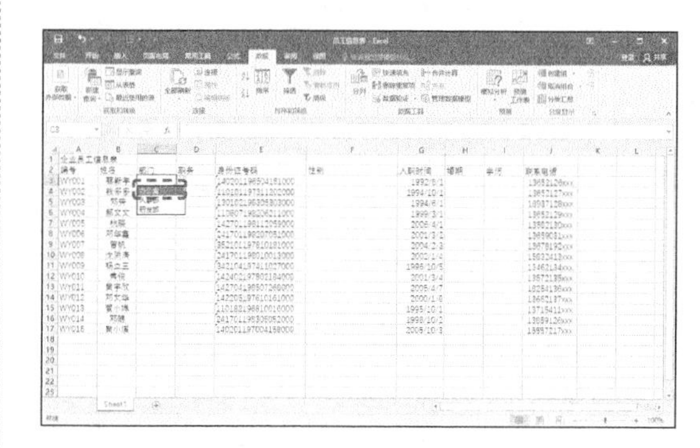

第 4 步 填充部门名称

应用同样的方法，通过下拉序列，填充其他的部门名称。

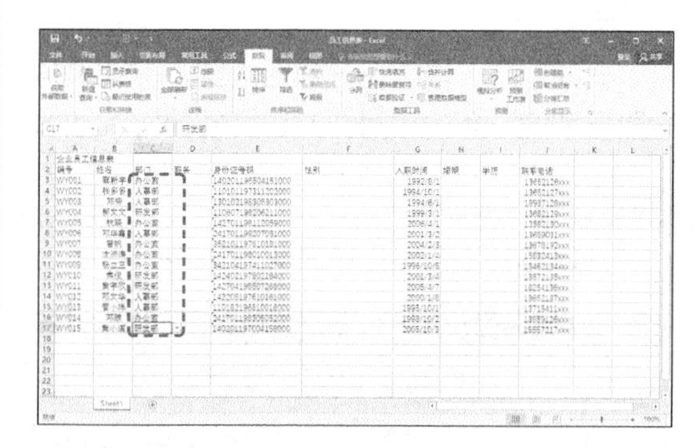

第 5 步 填充职务名称

选择 D3:D17 单元格，使用“数据验证”命令填充职务名称。

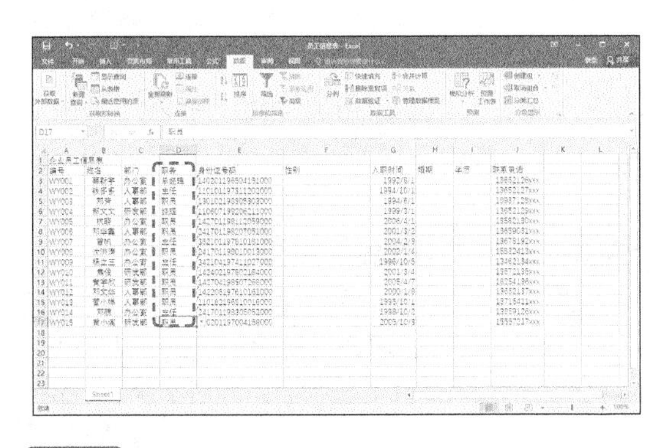

第 6 步 填充员工性别

选择 F3:F17 单元格，使用“数据验证”命令填充员工的性别。

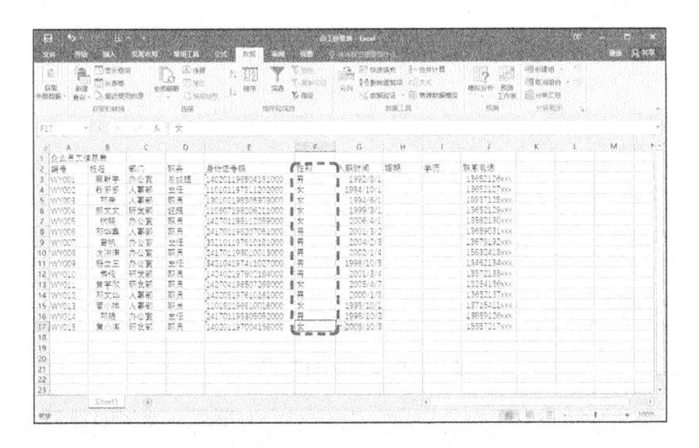

第 7 步 填充员工婚姻状况

选择 H3:H17 单元格，使用“数据验证”命令填充员工的婚姻状况。

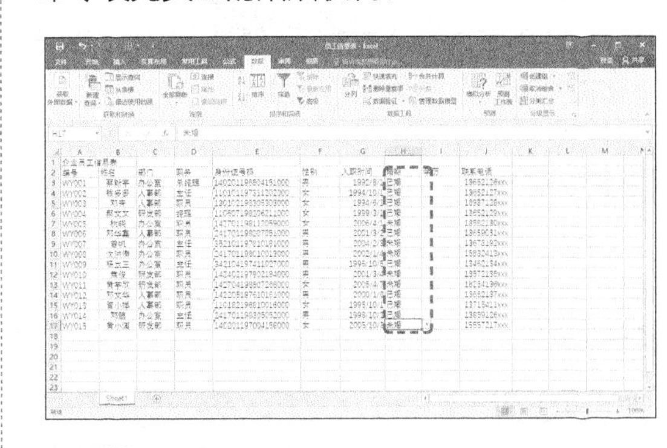

第 8 步 填充员工学历

选择 I3:I17 单元格，使用“数据验证”命令填充员工的学历。

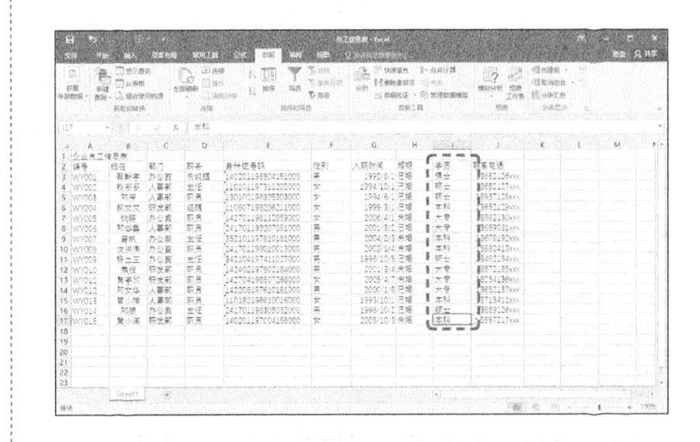

7.1.5 使用“合并”功能合并单元格

完成单元格中数据内容的录入后，接下来就需要对单元格的布局进行调整。在调整单元格布局的时候，往往需要将某些相邻的单元格合并成一个单元格，以便这个单元格区域能够适应工作表的内容。

第 1 步 单击“合并后居中”按钮

❶ 选择 A1:J1 单元格；❷ 在“开始”选项卡的“对齐方式”面板中，单击“合并后居中”按钮。

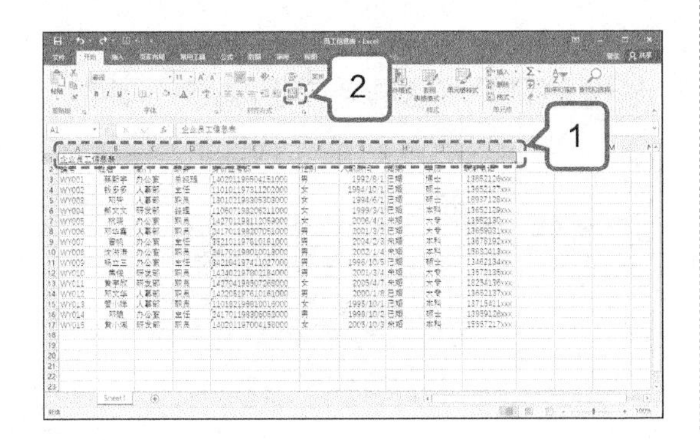

第 2 步 合并单元格

对单元格进行合并操作，并查看合并后的工作表效果。

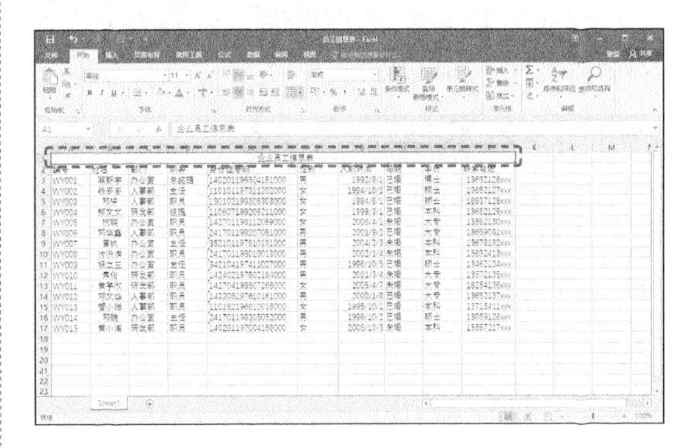

7.1.6 使用“字体”面板设置字体效果

在工作表中输入数据后，数据都是以默认的字体格式显示的，此时可以使用“字体”面板对字体的样式、字号等进行设置。

第 1 步 设置 A1 单元格字体

❶ 选择 A1 单元格；❷ 在“开始”选项卡的“字体”面板中，设置“字体”为“方正黑体简体”，“字号”为 20。

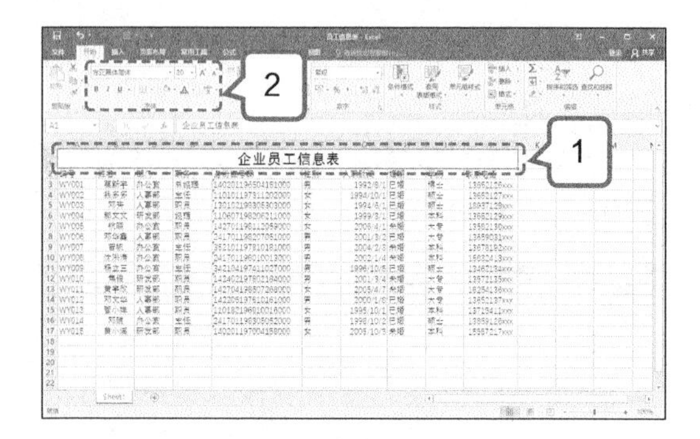

第 2 步 设置 A2 单元格字体

❶ 选择 A2 单元格；❷ 在“开始”选项卡的“字体”面板中，设置“字体”为“黑体”，“字号”为 14。

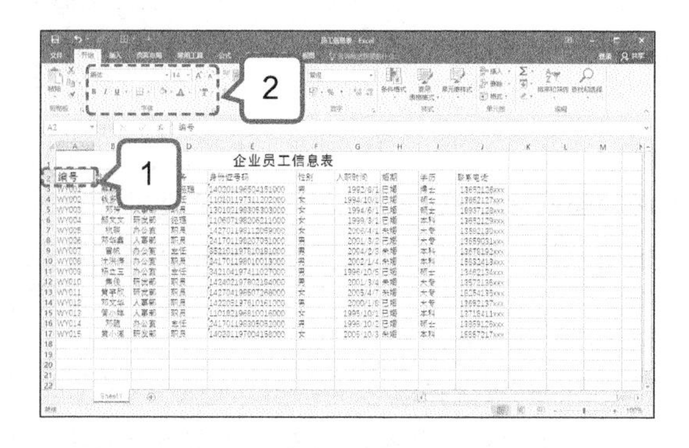

第 3 步 双击“格式刷”按钮

❶ 选择 A2 单元格；❷ 在“开始”选项卡的“剪贴板”面板中，双击“格式刷”按钮 。

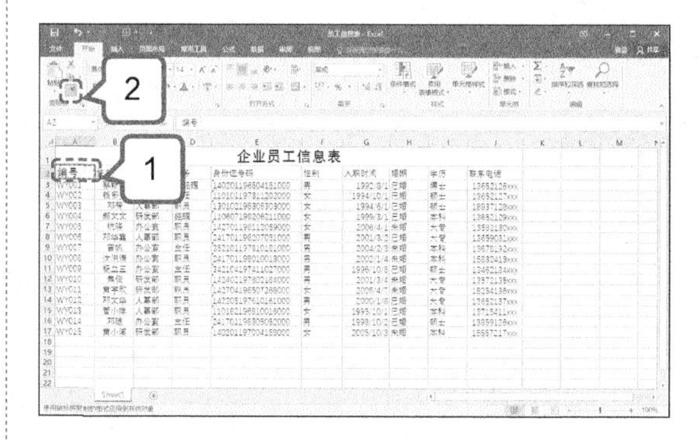

第 4 步 复制粘贴字体格式

在 A2:J2 单元格中，依次单击鼠标左键，最后按【Esc】键退出，即可复制粘贴字体格式。

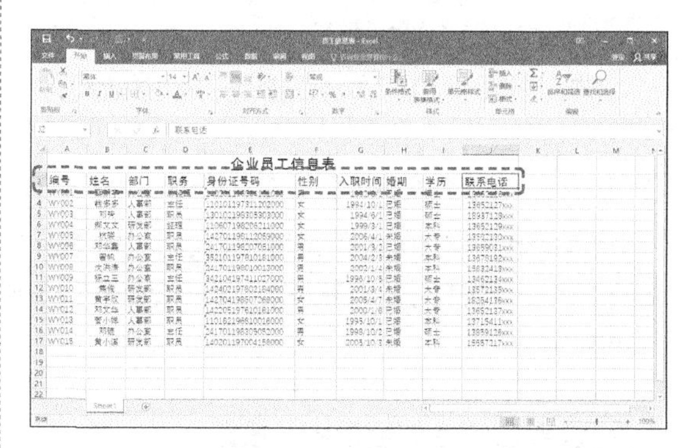

7.1.7 使用“边框”功能为行和列添加边框

完成员工信息表的制作后，还需要为工作表添加边框，这样才可以在打印工作表时，将表格的边框也一并打印出来。

第 1 步 单击“所有边框”命令

❶ 选择 A1:J17 单元格区域；❷ 在“开始”选项卡的“字体”面板中，单击“边框”下三角按钮，展开列表框，单击“所有边框”命令。

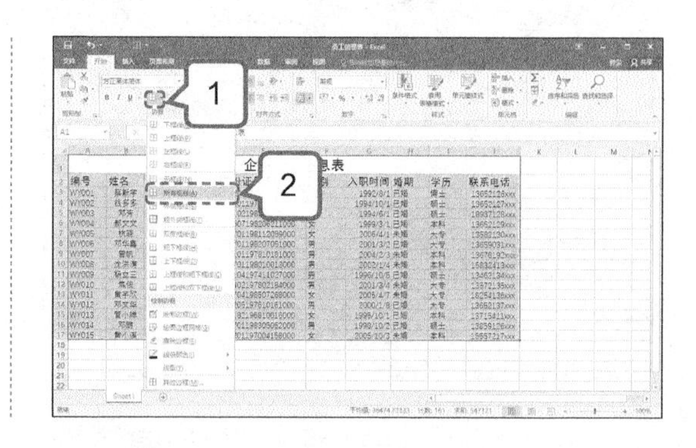

第 2 步 添加边框

为所选的单元格区域添加边框，得到员工信息表的最终效果。

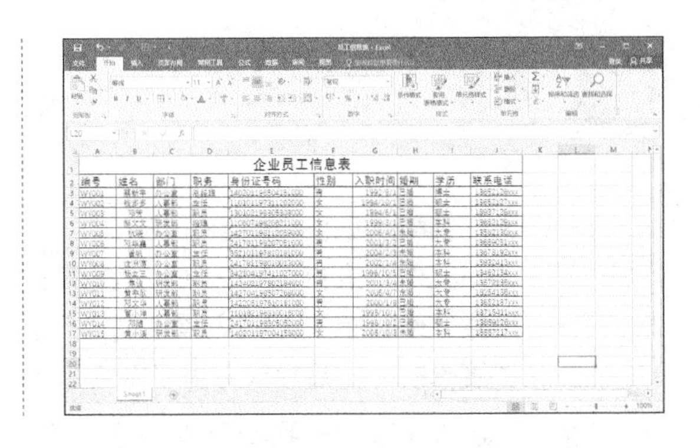

7.1.8 其他信息表

除了本节介绍的信息表外，平时常用的还有很多种信息表。读者可以根据以下思路，结合实际需要进行制作。

1.《学生基本信息表》

学生基本信息表是学校用来登记学生的个人基本信息、学籍基本信息以及个人联系信息等信息的数据表。在进行学生基本信息表的制作时，会使用到工作簿的新建、单元格的合并、数据的输入、边框的添加等操作。具体的效果如下图所示。

学生基本信息表

学校名称:

编号	项目名称	单位	基础数据	编号	项目名称	单位	基础数据
学生个人基础信息							
1	姓名★			8	身份证件类型★		户口簿
2	性别★		男	9	身份证件号★		123456789012345678
3	出生日期★		2004/05/20	10	港澳台侨外★		否
4	出生地★		四川省绵阳市	11	政治面貌		
5	籍贯★		四川省绵阳市	12	健康状况★		健康或良好
6	民族★		汉族	13	照片★		
7	国籍/地区★		中国				
学生学籍基本信息							
20	学籍辅号			24	入学年月★	年/月	2010/09
21	班内学号		20	25	入学方式★		就近入学
22	年级		2016级	26	就读方式★		走读
23	班级		6班	27	学生来源		正常入学
学生个人联系信息							
28	现住址★			32	邮政编码★		610045
29	通信地址★			33	电子信箱		
30	家庭地址★			34	主页地址		
31	联系电话★		02885555555				

2.《客户信息表》

客户信息表是公司用来登记客户的名称、联系人、地址、联系方式以及客户所在企业的经营范围等信息的数据表。在进行客户信息表的制作时，会使用到工作簿的新建、单元格的合并、数据的输入、字体效果的设置以及边框的添加等操作。具体的效果如下图所示。

客 户 资 料 信 息 表

编号	客户名称	联系人	地址	邮编	电话与传真	经营范围
0001	好吃食品	陈阳	华夏路88号	310000	010-12345678	零食食品
0002	鑫达贸易	邓九	青海路12号	210000	010-12345670	日常用品
0003	美味零食食品	戚琪	建设路9号	200190	021-21345689	进口零食
0004	美丽服装	王三	春阳路53号	610003	030-40101023	服装用品
0005	体育用品公司	李四	解放路16号	410500	020-36526320	体育用品
0006	文化用品公司	邓六	宝山街32号	300805	023-25615222	文化用品
0007	针织服装	柳柳	盘山路7-9号	360000	031-36543332	针织服装
0008	刺绣织品	清月	临海大街8号	370200	022-26957711	苏绣、湘绣等
0009	华信贸易	江心	公羊大街11号	413000	027-45868711	日常用品

7.2 制作“销售表”——《销售产品定价表》

本节视频教学时间 / 9 分钟

案例名称	销售产品定价表
素材文件	素材 \ 第 7 章 \ 销售产品定价表 .xlsx
结果文件	结果 \ 第 7 章 \ 销售产品定价表 .xlsx
扩展模板	扩展模板 \ 第 7 章 \ 销售表类模板

销售产品定价表是公司用来登记销售产品的名称、型号、单价以及厂商代码的工作簿。在本实例中，我们要制作出销售产品定价表。

最后的效果如图所示。

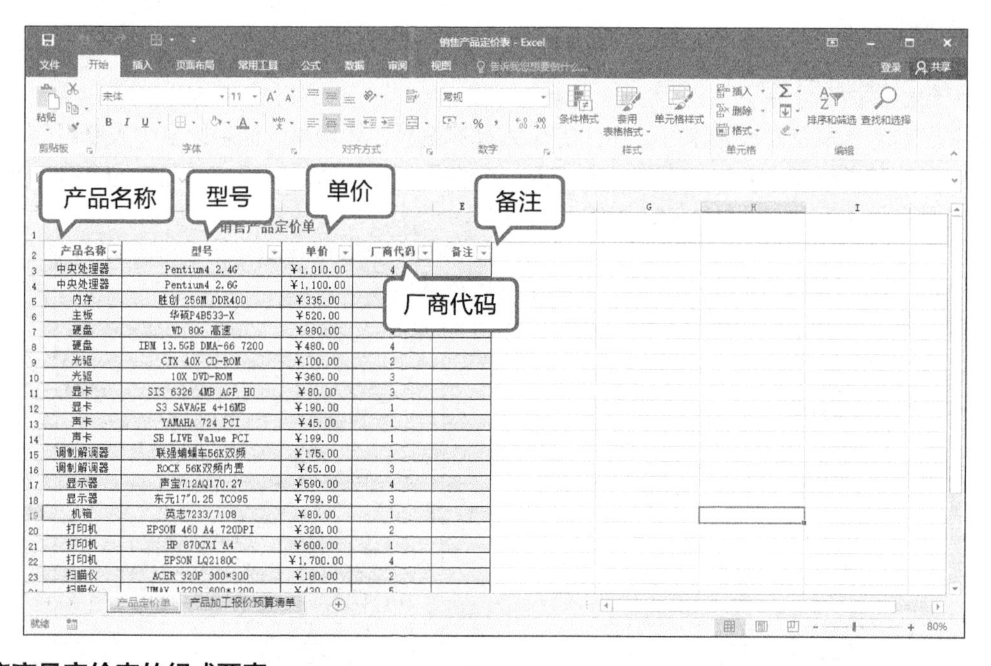

/ 销售产品定价表的组成要素

名称	是否必备	要求
产品名称	必备	每个销售产品的产品名称
型号	必备	每个销售产品的产品型号，在录入型号时，一定要录入正确
单价	必备	每个产品的销售价格
厂商代码	必备	每个产品的厂商代码
备注	可选	对于产品的一些附加信息进行输入

/ 技术要点

（1）使用“对齐”功能对齐单元格文本。

（2）使用“删除”功能删除多余的行和列。

（3）使用“行高”和“列宽”功能调整工作表。

（4）对工作簿中的工作表进行管理。
（5）使用“冻结窗格”功能冻结工作表表头。
（6）使用“样式”面板快速套用表格样式。
（7）使用“样式”面板直接应用单元格样式。

/ 操作流程

7.2.1 使用“对齐”功能对齐单元格文本

在工作表中输入数据后，数据是以默认的左对齐的方式显示的，这会使工作表看上去不美观。此时，可以使用“对齐方式”的“对齐”功能将单元格中的文本进行对齐。

第 1 步 单击“居中”按钮

打开“素材\第7章\销售产品定价表.xlsx”工作簿。❶ 选择所有的单元格；❷ 在“开始”选项卡的“对齐方式”面板中，单击“居中”按钮 。

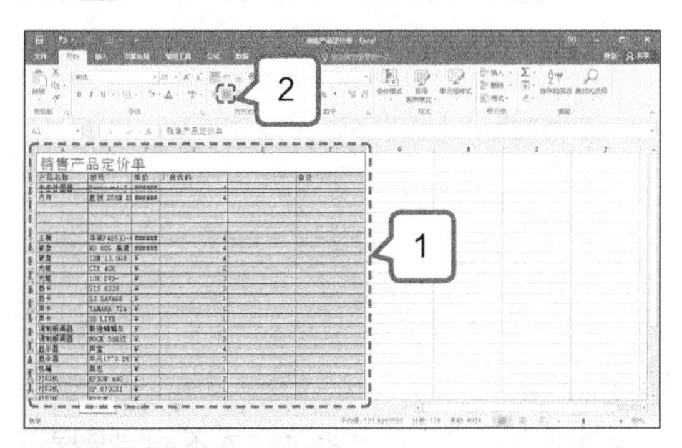

第 2 步 居中对齐文本

居中对齐单元格文本，并查看对齐效果。

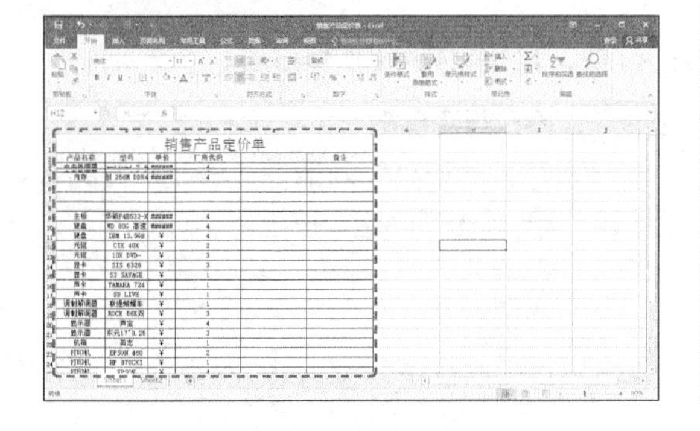

第 3 步 单击“垂直居中”按钮

❶ 再次选择所有单元格；❷ 在“开始”选项卡的“对齐方式”面板中，单击“垂直居中”按钮 。

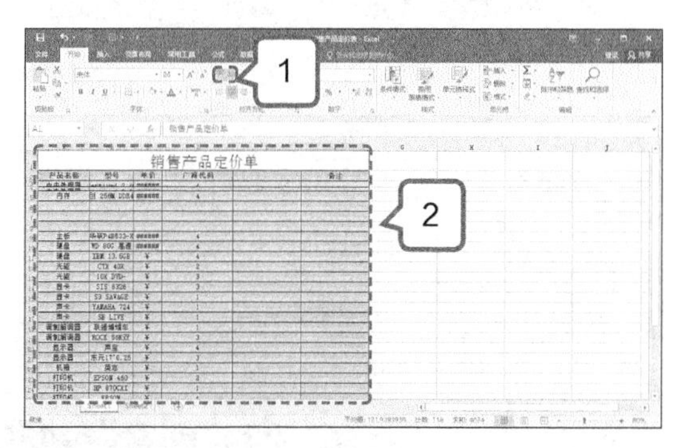

第 4 步 垂直居中对齐文本

垂直居中对齐单元格文本，并查看对齐效果。

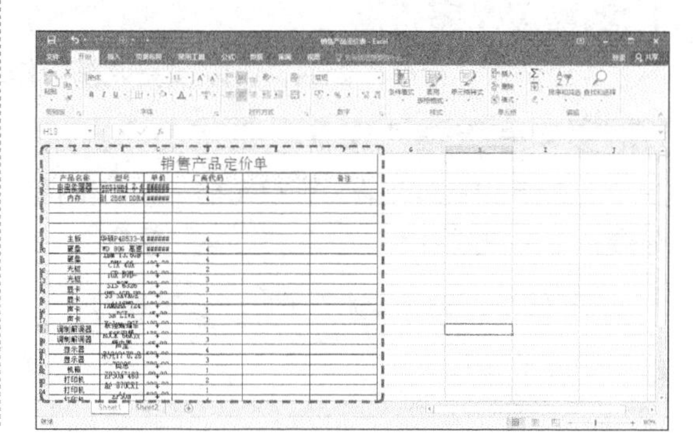

7.2.2 使用“删除”功能删除多余的行和列

在编辑工作表时，有时会遇到出现多余行和列的情况，此时，可以使用“删除”功能将多余的行和列删除。

第 1 步 单击“删除”命令

在工作表中，选择 5—6 行对象，单击鼠标右键，弹出快捷菜单，单击“删除”命令。

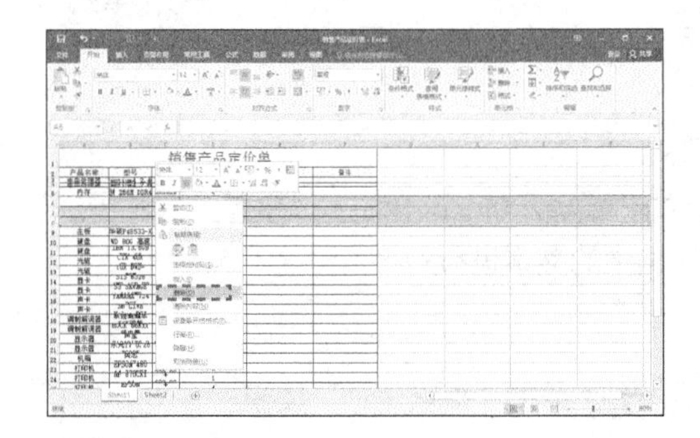

第 2 步 删除多余行

删除多余的行对象，并查看工作表效果。

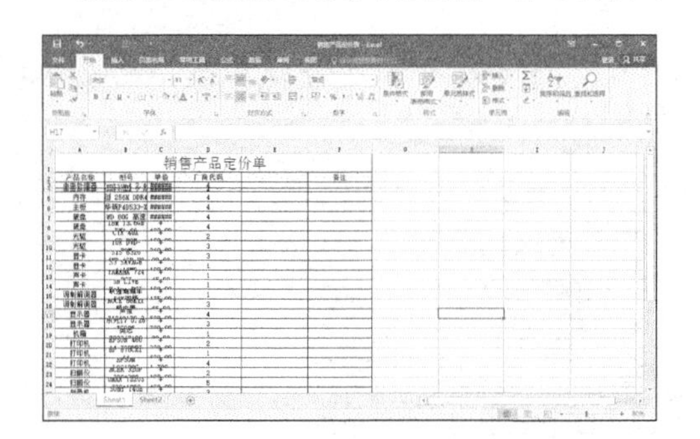

第 3 步 单击“删除工作表列”命令

❶ 选择 E 列单元格；❷ 在“单元格”面板中，单击“删除”下三角按钮；❸ 展开列表框，单击“删除工作表列”命令。

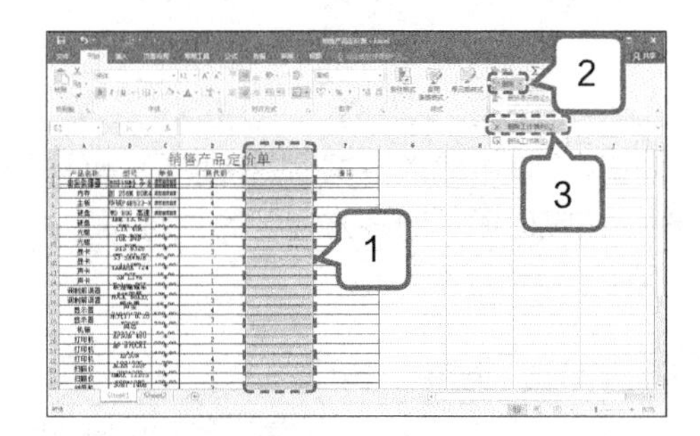

第 4 步 删除多余列

删除多余的列对象，并查看工作表效果。

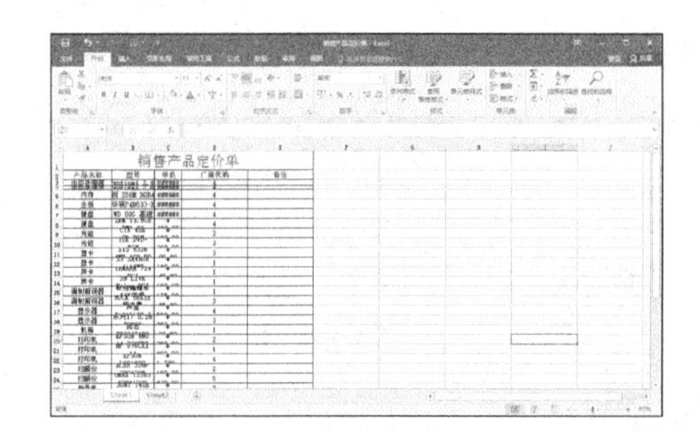

7.2.3 使用“行高”和“列宽”功能调整工作表

在工作表中输入数据后，有时因为表格太小，会使某些单元格中的数据或文本不能完全显示出来，这时就需要适当调整行高与列宽。

1. 调整工作表行高

通过设置“行高”参数，可以重新调整工作表的行高。下面具体介绍操作方法。

第 1 步 单击“行高”命令

在工作表中选择第 2 行单元格，单击鼠标右键，打开快捷菜单，单击“行高”命令。

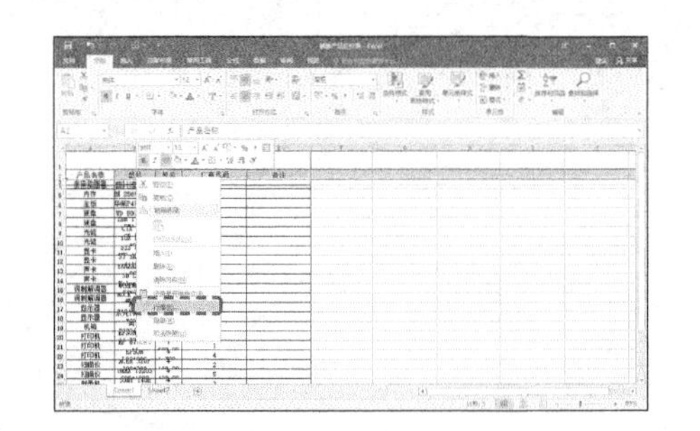

第 2 步 修改行高参数

❶ 打开“行高”对话框，修改“行高”为 22；❷ 单击“确定”按钮。

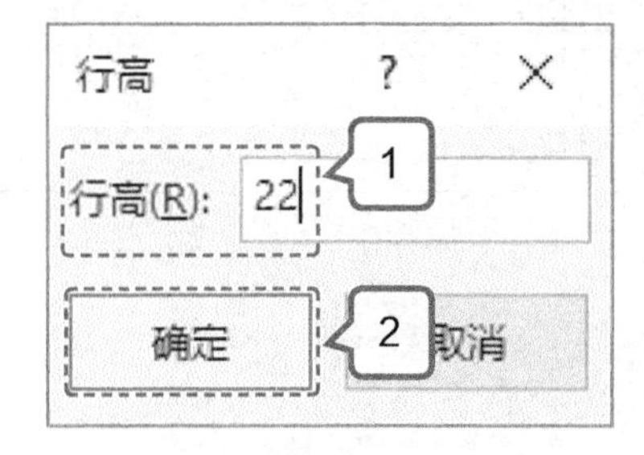

第 3 步 更改行高

更改选择单元格的行高，并查看更改后的工作表效果。

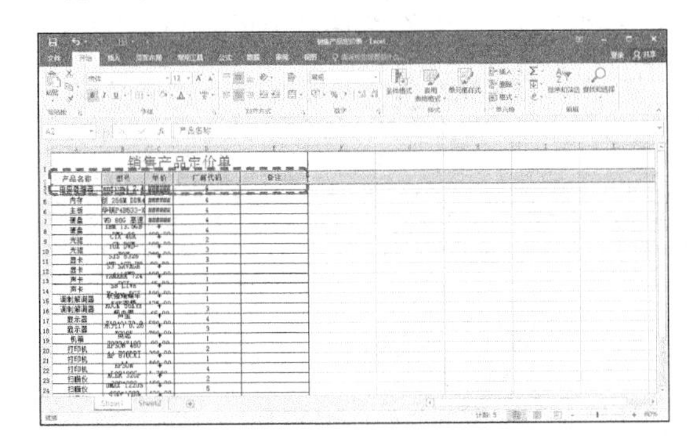

第 4 步 单击“行高”命令

选择第 3 行和第 4 行单元格，单击鼠标右键，打开快捷菜单，单击“行高”命令。

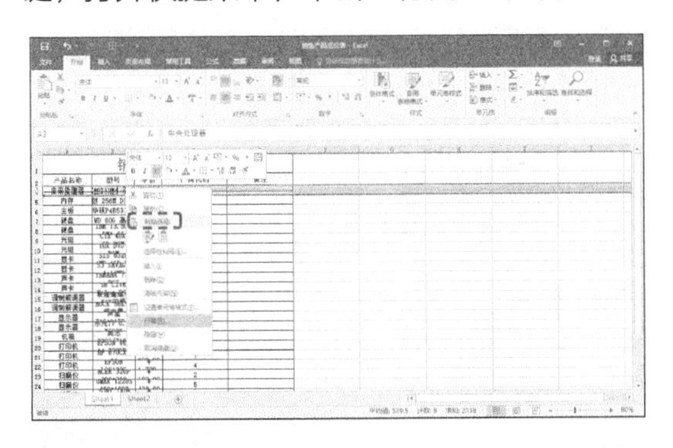

第 5 步 修改行高参数

❶ 打开“行高”对话框，修改“行高”为 17；❷ 单击“确定”按钮。

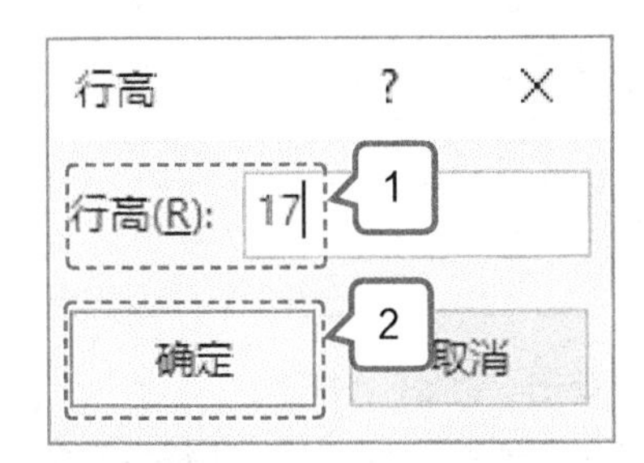

第 6 步 更改行高

更改选择单元格的行高，并查看更改后的工作表效果。

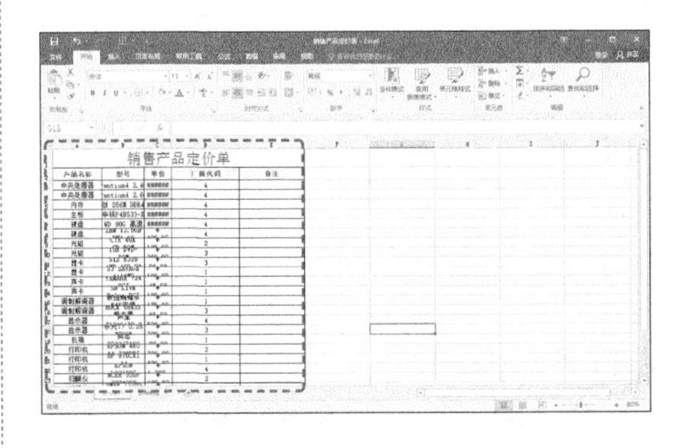

2. 调整工作表列宽

通过设置“列宽”参数，可以重新调整工作表的列宽。下面具体介绍操作方法。

第 1 步 单击“列宽”命令

在工作表中选择 B 列单元格，单击鼠标右键，打开快捷菜单，单击“列宽”命令。

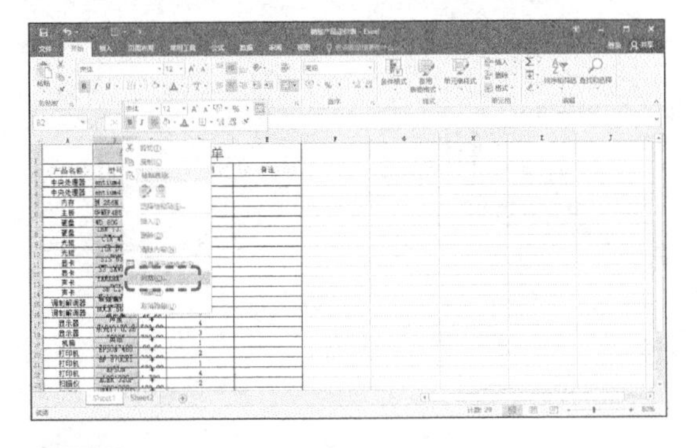

第 2 步 修改列宽参数

❶ 打开“列宽”对话框，修改“列宽”为 30；❷ 单击“确定”按钮。

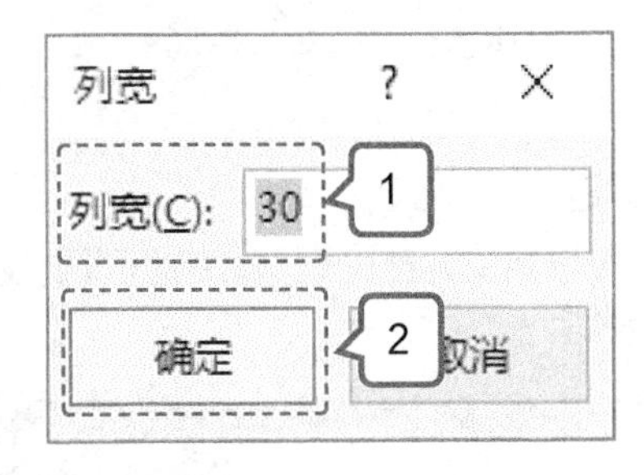

第 3 步 更改列宽

更改选择单元格的列宽，并查看更改后的工作表效果。

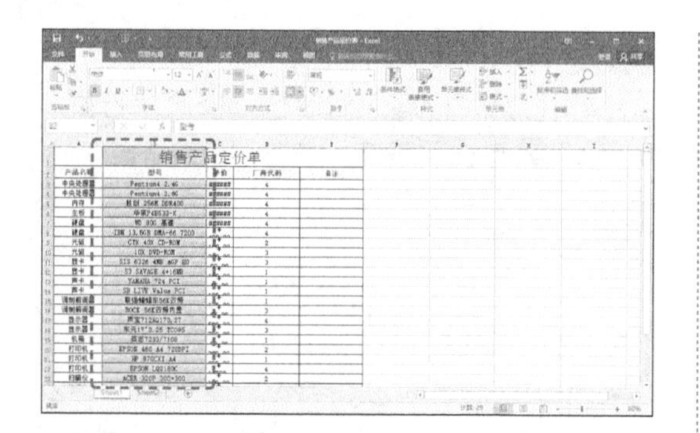

第 4 步 单击“列宽”命令

选择 C 列单元格，单击鼠标右键，打开快捷菜单，单击“列宽”命令。

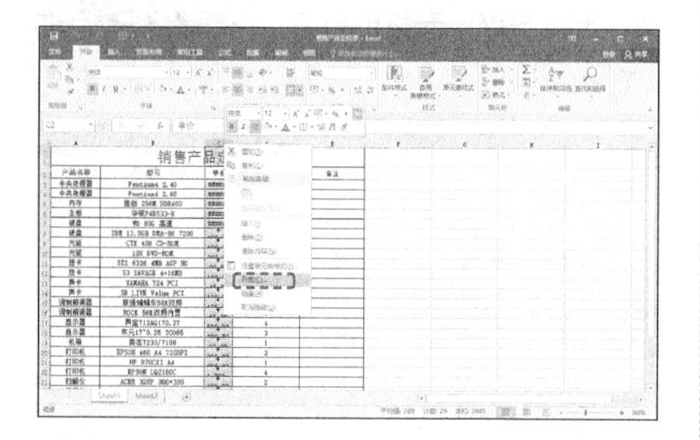

第 5 步 修改列宽参数

❶ 打开“列宽”对话框，修改“列宽”为 13；❷ 单击“确定”按钮。

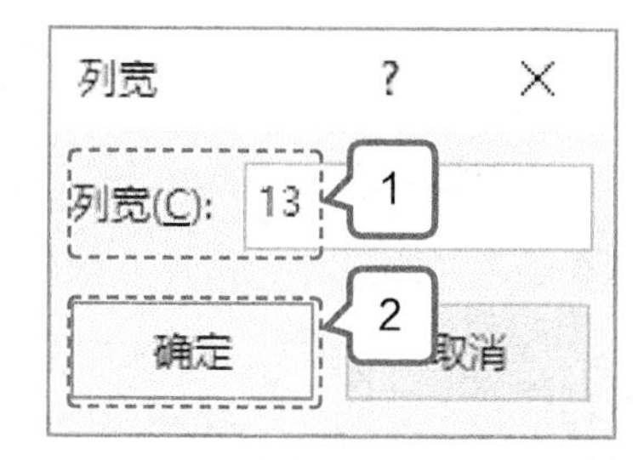

第 6 步 更改列宽

更改选择单元格的列宽，并查看更改后的工作表效果。

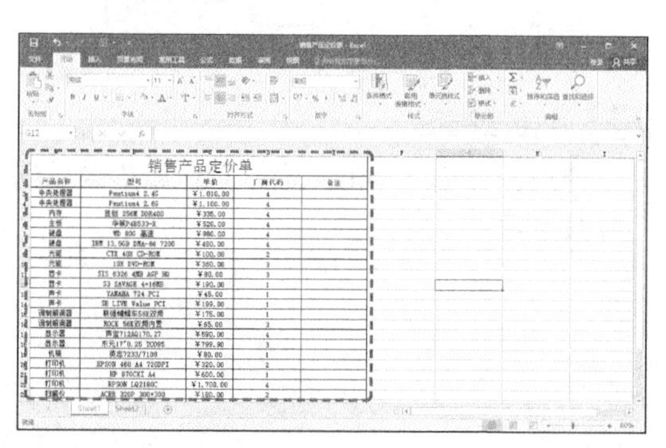

第 7 步 拖曳鼠标

选择 D 列单元格，将光标移至该列的右侧边框线上，此时鼠标指针呈黑色十字形状，向左拖曳鼠标指针至合适的位置。

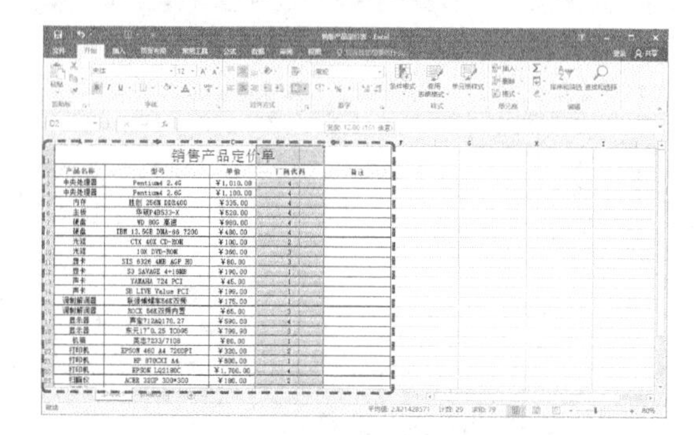

第 8 步 调整单元格列宽

释放鼠标后，即可调整单元格的列宽。

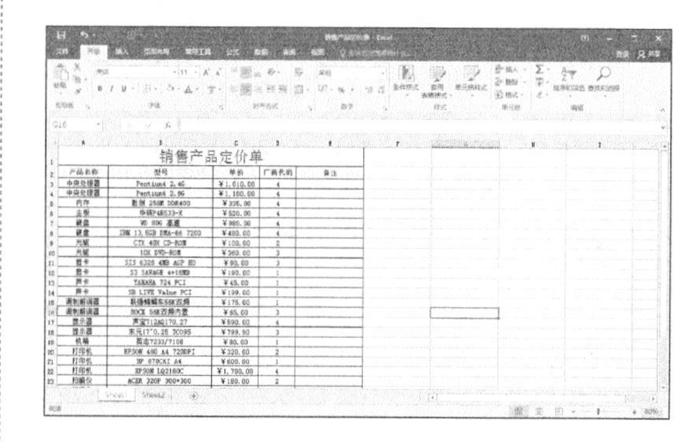

第 9 步 调整单元格列宽

采用同样方法，调整 E 列单元格的列宽，并查看工作表效果。

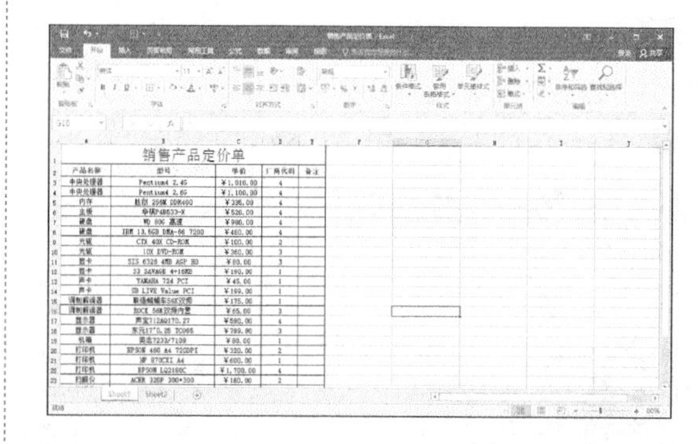

7.2.4 对工作簿中的工作表进行管理

如果工作簿中包含了多张工作表，可以对工作簿中的工作表进行重命名、更改标签颜色等操作。

1. 重命名工作表

在新建工作簿或工作表时，系统会自动以 Sheet1、Sheet2……来对工作表命名，但这样的名称很不直观，为了方便用户管理和记忆，可以对工作表重新命名。下面具体介绍操作方法。

第 1 步 单击“重命名”命令

选择 Sheet1 工作表，单击鼠标右键，打开快捷菜单，单击“重命名”命令。

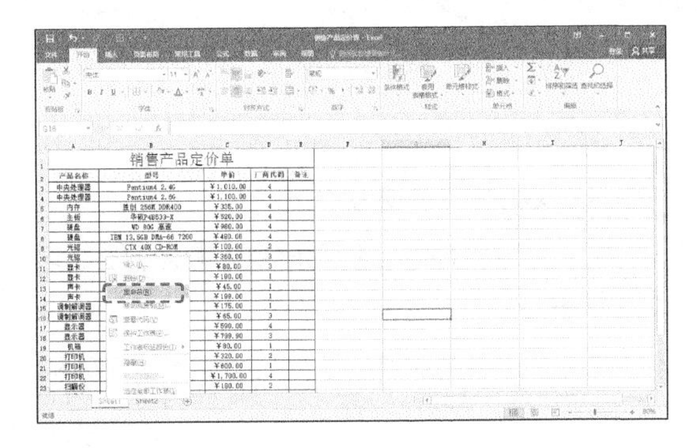

第 2 步 修改工作表名称

弹出文本框，输入“销售产品定价单”，修改工作表名称。

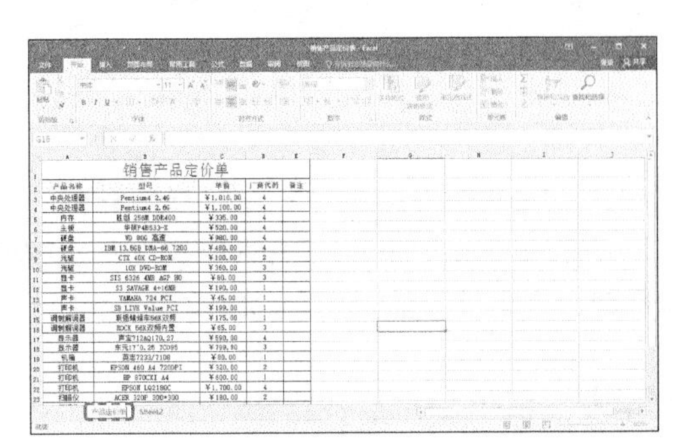

第 3 步 重命名工作表

用同样的方法，对其他工作表进行重命名操作。

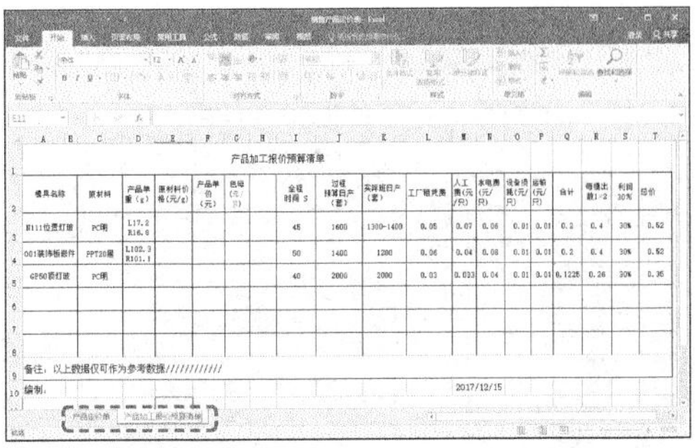

2. 修改工作表标签颜色

若工作簿中的工作表太多，可以更改工作表标签的颜色，以达到突出工作表的目的。下面具体介绍操作方法。

第 1 步 选择“红色”颜色

① 选择 Sheet1 工作表，单击鼠标右键，打开快捷菜单，单击“工作表标签颜色”命令；② 展开颜色面板，选择“红色”颜色。

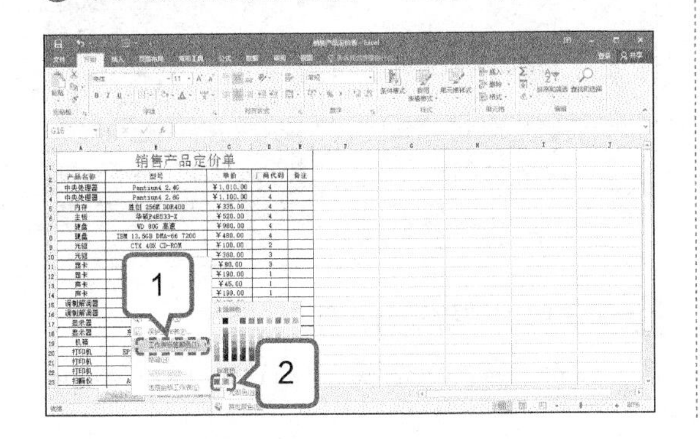

第 2 步 修改工作表标签颜色

修改工作表的标签颜色，并查看修改后的工作表效果。

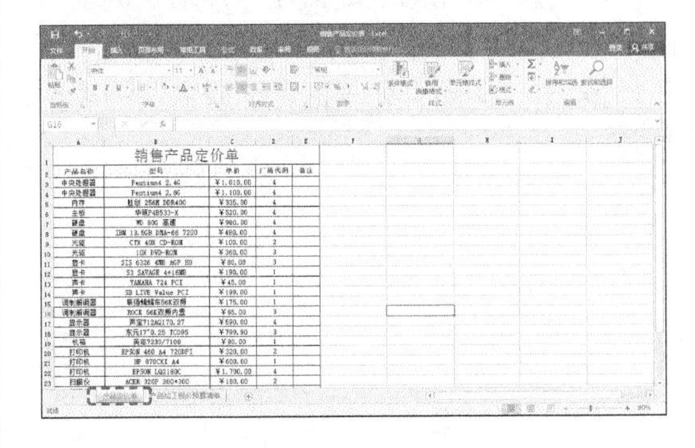

第 3 步 修改工作表标签颜色

用同样的方法，对其他工作表的标签颜色进行更换操作。

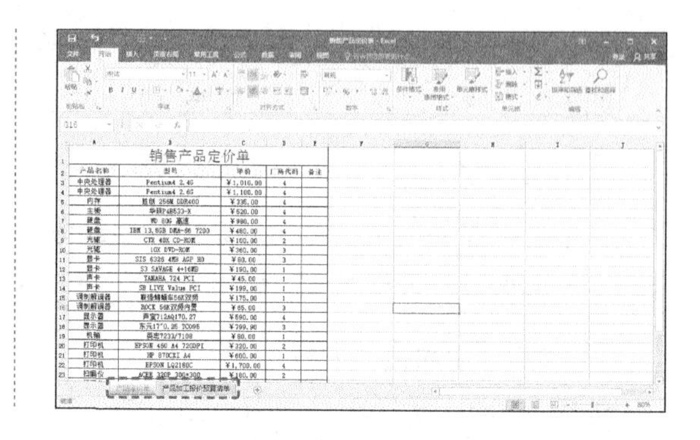

7.2.5 使用“冻结窗格”功能冻结工作表表头

在查看工作表时，常常会遇到表头随着鼠标指针的移动而滚动的情况，导致看不到表头。此时，用户可以使用“冻结窗口”功能将工作表的表头冻结。

第 1 步 单击“冻结首行”命令

❶ 选择第一行的单元格，切换至“视图”选项卡，在“窗口”面板中，单击“冻结窗格”下三角按钮；❷ 展开列表框，单击“冻结首行”命令。

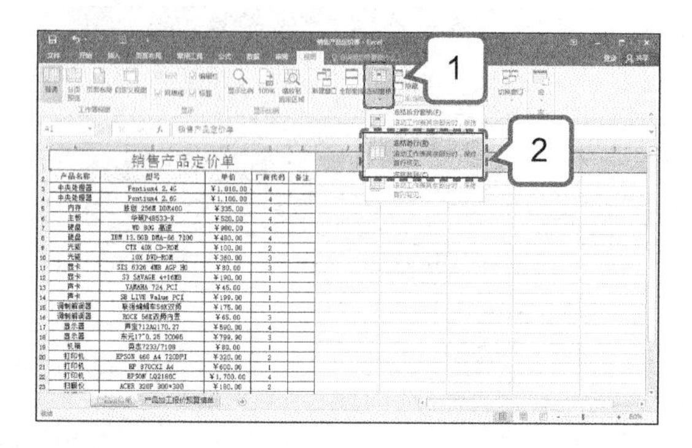

第 2 步 冻结工作表表头

将工作表的表头进行冻结，并滚动工作表查看效果。

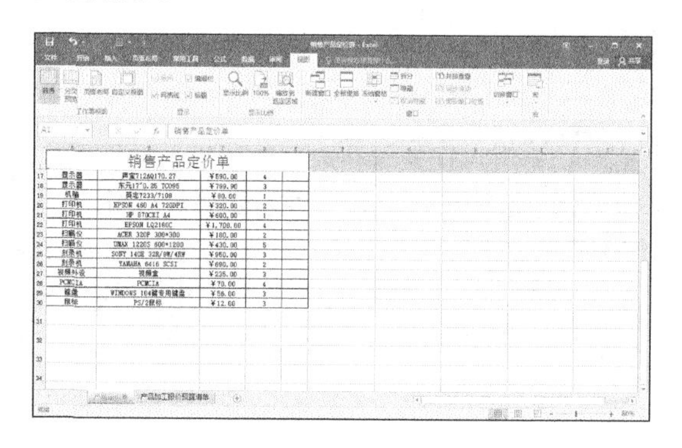

7.2.6 使用“样式”面板快速套用表格样式

在完成工作簿的修改后，还可以对表格样式进行套用。在“样式”面板中，使用“套用表格格式”功能即可快速套用。

第 1 步 选择表格样式

❶ 选择单元格区域，在“开始”选项卡的“样式”面板中，单击“套用表格格式”下三角按钮；❷ 展开列表框，选择合适的表格样式。

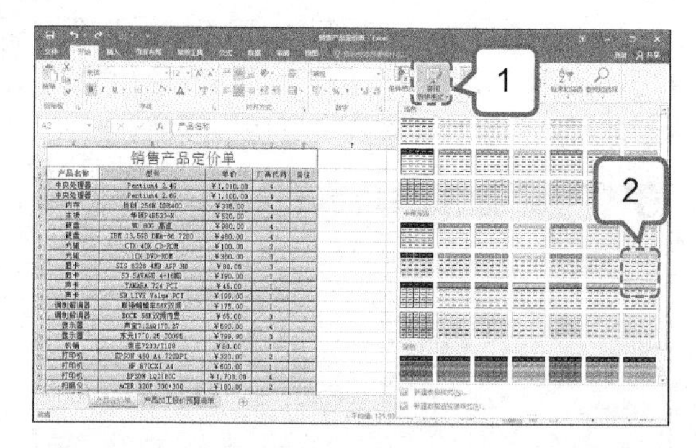

第 2 步 单击“确定”按钮

打开“套用表格式”对话框，保持默认选

项设置，单击“确定”按钮。

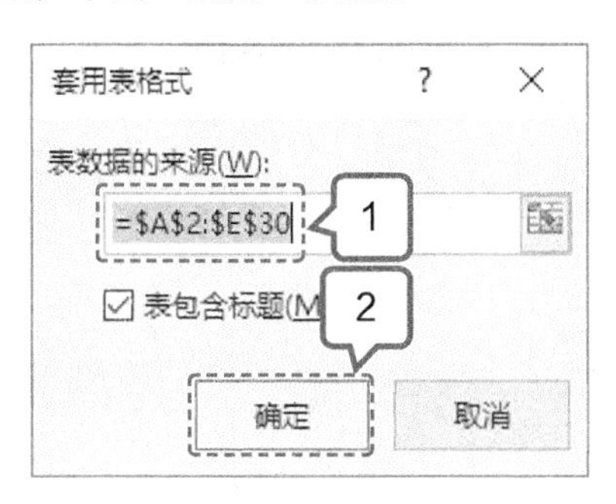

第 3 步 更改表格样式

更改表格的样式，并查看工作表效果。

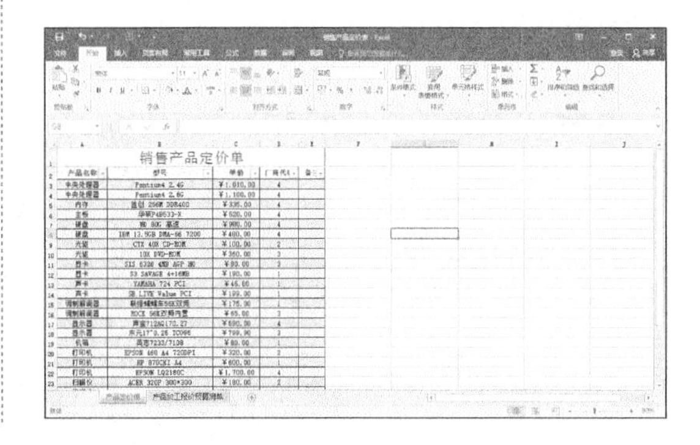

7.2.7 使用“样式”面板直接应用单元格样式

完成表格样式的套用后，还需要套用单元格样式。在“样式”面板中，使用“单元格样式”功能即可实现快速套用。

第 1 步 选择单元格样式

❶ 选择A1单元格，在“开始”选项卡的“样式”面板中，单击“单元格样式”下三角按钮；❷ 展开列表框，选择合适的单元格样式。

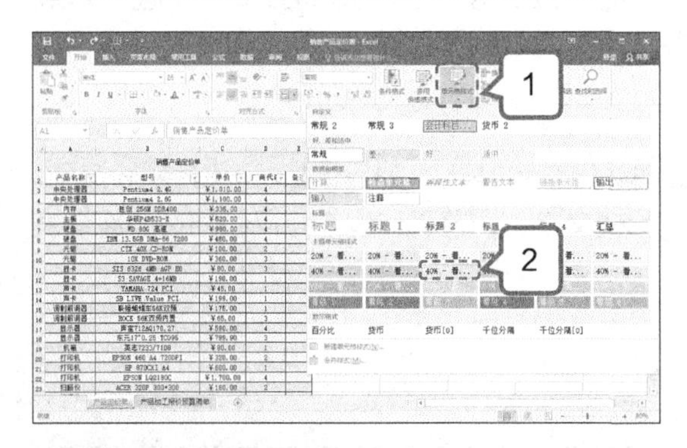

第 2 步 修改单元格样式

更改选择单元格的单元格样式，并查看修改后的效果。

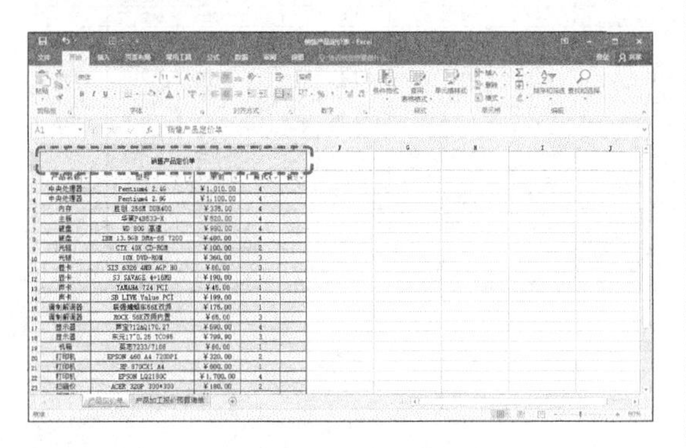

第 3 步 选择单元格样式

❶ 再次选择A1单元格，在“开始”选项卡的“样式”面板中，单击“单元格样式”下三角按钮；❷ 展开列表框，选择合适的单元格样式。

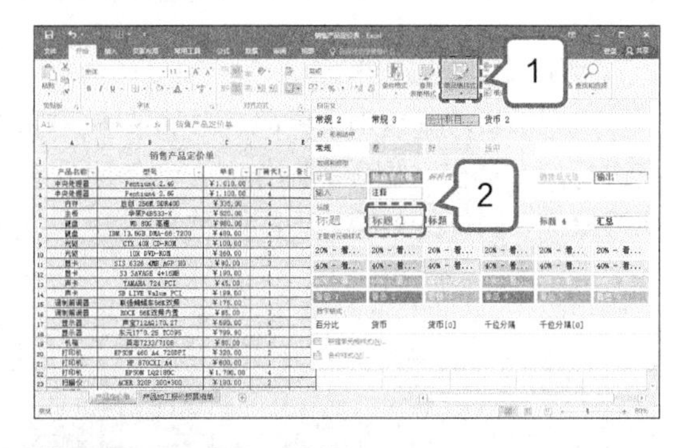

第 4 步 修改单元格样式

更改选择单元格的单元格样式，调整相应列的列宽，并查看修改后的效果。

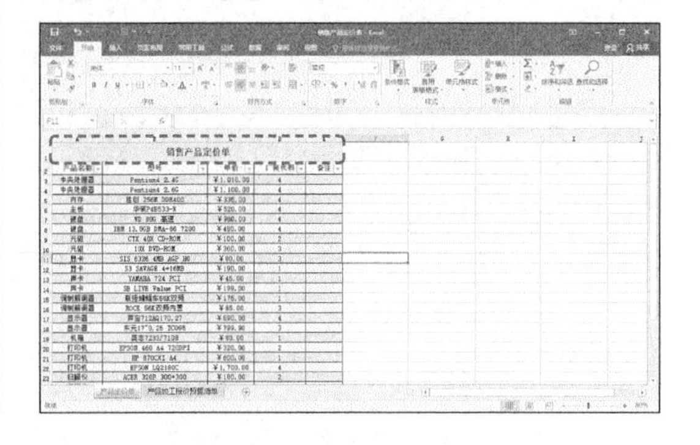

7.2.8 其他销售表

除了本节介绍的销售表外，平时常用的还有很多种销售表。读者可以根据以下思路，结合实际需要进行制作。

1.《超市商品销售日报表》

百货商品六月份销售统计表

序号	销售日期	商品种类	商品名称	单价（元）	销售量	销售金额
1	2017/6/1	食品	方便面	¥2.50	100	¥250.00
2	2017/6/1	化工	牙刷	¥3.00	50	¥150.00
3	2017/6/1	化工	牙膏	¥13.50	20	¥270.00
4	2017/6/1	化工	香皂	¥4.50	15	¥67.50
5	2017/6/1	针织	毛巾	¥5.50	35	¥192.50
6	2017/6/1	化工	洗发水	¥29.90	30	¥897.00
7	2017/6/1	化工	润肤露	¥19.90	20	¥398.00
8	2017/6/1	针织	睡衣	¥39.90	10	¥399.00
9	2017/6/1	化工	洗衣液	¥27.50	38	¥1,045.00
10	2017/6/1	化工	洗衣粉	¥10.50	49	¥514.50
11	2017/6/1	食品	五香瓜子	¥6.55	105	¥687.75
12	2017/6/1	食品	香辣零食	¥6.00	130	¥780.00
13	2017/6/1	食品	矿泉水	¥2.00	180	¥360.00
14	2017/6/1	食品	糖果	¥15.00	90	¥1,350.00
15	2017/6/1	食品	饼干	¥16.90	70	¥1,183.00
16	2017/6/1	食品	饮料	¥8.00	200	¥1,600.00

超市商品销售日报表是超市用来登记每天销售的商品种类、商品名称、销售数量以及销售金额等信息的表格。在进行超市商品销售日报表的制作时，会使用到对齐单元格文本、调整工作表的行高和列宽、重命名工作表以及应用单元格样式等操作。具体的效果如上图所示。

2.《汽车销售数据表》

汽车销售数据表用来登记汽车的销售日期、汽车型号、车系、售价、销售数量、销售金额等信息。在进行汽车销售数据表的制作时，会使用到对齐单元格文本、调整工作表的行高和列宽、冻结表头等操作。具体的效果如下图所示。

汽 车 销 售 统 计 表

销售日期	汽车型号	车系	售价	销售数量	销售员	所属部门	销售金额
2012/6/1	WMT14	五菱宏光	6.5	8	陈诗芸	销售1部	52
2012/6/1	WMT14	五菱宏光	6.5	6	杨磊	销售1部	39
2012/6/1	SRX50	凯迪拉克SRX	58.6	2	金伟伟	销售2部	117.2
2012/6/2	BAT14	北斗星	5.8	9	陈斌霞	销售3部	52.2
2012/6/2	A6L	奥迪A6L	56.9	2	苏光刚	销售1部	113.8
2012/6/2	BKAT20	君威	18.5	10	孙琳伟	销售2部	185
2012/6/5	CR200	本田CR-V	25.4	4	叶风华	销售1部	101.6
2012/6/5	C280	奔驰C级	36.5	2	詹婷婷	销售3部	73
2012/6/6	X60	宝马X6	184.5	1	陈剑寒	销售2部	184.5
2012/6/6	SRX50	凯迪拉克SRX	58.6	3	鲁迪庆	销售1部	175.8
2012/6/7	BAT14	北斗星	5.8	8	陈诗芸	销售1部	46.4
2012/6/7	A6L	奥迪A6L	56.9	2	杨磊	销售3部	113.8
2012/6/8	BKAT20	君威	18.5	4	金伟伟	销售1部	74
2012/6/8	WMT14	五菱宏光	6.5	3	陈斌霞	销售1部	19.5
2012/6/9	SRX50	凯迪拉克SRX	58.6	5	苏光刚	销售2部	293
2012/6/9	BAT14	北斗星	5.8	4	孙琳伟	销售3部	23.2
2012/6/9	A6L	奥迪A6L	56.9	4	叶风华	销售1部	227.6
2012/6/12	BKAT20	君威	18.5	2	詹婷婷	销售1部	37
2012/6/12	WMT14	五菱宏光	6.5	8	陈剑寒	销售1部	52
2012/6/13	SRX50	凯迪拉克SRX	58.6	3	鲁迪庆	销售2部	175.8
2012/6/13	BAT14	北斗星	5.8	5	叶风华	销售2部	29
2012/6/14	A6L	奥迪A6L	56.9	4	詹婷婷	销售1部	227.6
2012/6/15	BKAT20	君威	18.5	2	陈剑寒	销售1部	37
2012/6/15	CR200	本田CR-V	25.4	3	鲁迪庆	销售2部	76.2

汽 车 销 售 统 计 表

2012/6/15	CR200	本田CR-V	25.4	3	鲁迪庆	销售2部	76.2
2012/6/16	C280	奔驰C级	36.5	3	陈诗芸	销售1部	109.5
2012/6/16	X60	宝马X6	184.5	5	陈斌霞	销售1部	922.5
2012/6/17	SRX50	凯迪拉克SRX	58.6	4	苏光刚	销售2部	234.4
2012/6/17	BAT14	北斗星	5.8	15	孙琳伟	销售2部	87
2012/6/20	A6L	奥迪A6L	56.9	4	杨磊	销售1部	227.6
2012/6/22	BKAT20	君威	18.5	3	詹婷婷	销售3部	55.5
2012/6/23	WMT14	五菱宏光	6.5	5	陈剑寒	销售2部	32.5
2012/6/23	SRX50	凯迪拉克SRX	58.6	4	陈诗芸	销售1部	234.4
2012/6/26	BAT14	北斗星	5.8	4	詹婷婷	销售3部	23.2
2012/6/26	A6L	奥迪A6L	56.9	2	金伟伟	销售2部	113.8
2012/6/27	BKAT20	君威	18.5	3	陈斌霞	销售2部	55.5
2012/6/27	SRX50	凯迪拉克SRX	58.6	5	苏光刚	销售1部	293
2012/6/28	BAT14	北斗星	5.8	4	孙琳伟	销售3部	23.2
2012/6/28	A6L	奥迪A6L	56.9	1	叶风华	销售2部	56.9
2012/6/29	BKAT20	君威	18.5	3	詹婷婷	销售1部	55.5
2012/6/29	CR200	本田CR-V	25.4	3	陈剑寒	销售1部	76.2
2012/6/30	C280	奔驰C级	36.5	2	鲁迪庆	销售2部	73
2012/6/30	X60	宝马X6	184.5	4	叶风华	销售2部	738

制作“费用表”——《日常费用统计表》

本节视频教学时间 / 4 分钟

案例名称	日常费用统计表
素材文件	素材 \ 第 7 章 \ 日常费用统计表 .xlsx
结果文件	结果 \ 第 7 章 \ 日常费用统计表 .xlsx
扩展模板	扩展模板 \ 第 7 章 \ 费用表类模板

日常费用统计表是公司每月的记账凭证，它记录了公司下半年每个月的办公、接待、差旅、通信以及业务所花费的费用。在本实例中，我们要制作出日常费用统计表。

最后的效果如图所示。

月份

项目

2017年下半年日常费用统计

项目 \ 月份	7月份	8月份	9月份	10月份	11月份	12月份
办公费	¥10,760.00	¥10,900.00	¥11,720.00	¥11,160.00	¥11,280.00	¥13,200.00
接待费	¥14,400.00	¥15,600.00	¥18,000.00	¥19,200.00	¥16,800.00	¥18,000.00
差旅费	¥19,200.00	¥20,400.00	¥34,800.00	¥28,800.00	¥34,800.00	¥36,000.00
通信费	¥12,120.00	¥13,200.00	¥13,800.00	¥12,120.00	¥13,200.00	¥13,800.00

/ 日常费用统计表的组成要素

名称	是否必备	要求
编号	必备	录入公司每个月份的花费金额
基本信息类	必备	录入公司每个月的花费项目

/ 技术要点

（1）使用“数字格式”功能处理数据。

（2）使用“格式”功能设置单元格格式。

（3）为工作表数据添加边框和底纹。

（4）使用“条件格式”突出显示工作表中的数据。

（5）使用“保护工作表”功能保护工作表。

/ 操作流程

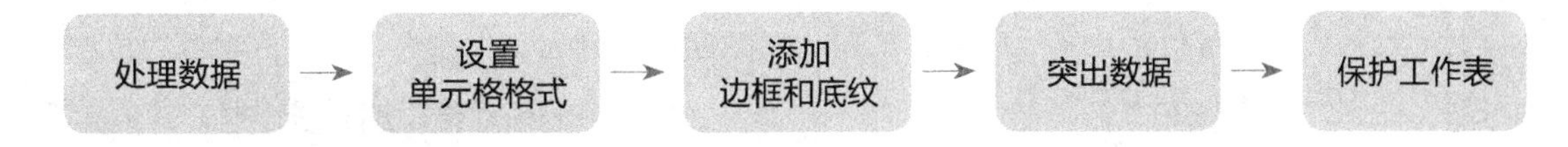

7.3.1 使用“数字格式”功能处理数据

在工作表中输入金额数据后，金额数据会以常规数据状态显示。用户可以使用“数字格式”功能下的“货币”选项为金额数据添加货币符号，以区分金额和数据。

第 1 步 选择“货币”选项

打开“素材 \ 第 7 章 \ 日常费用统计表 .xlsx”工作簿，选择 B3:G7 单元格区域，在“开始”选项卡的“数字”面板中，单击“数字格式”下三角按钮，展开列表框，选择“货币”选项。

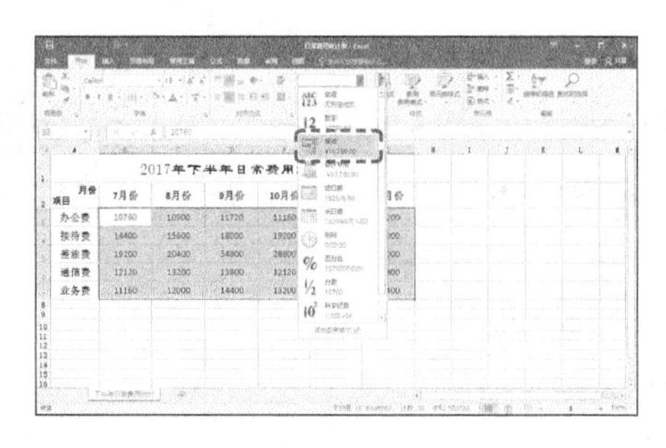

第 2 步 添加货币符号

为选择的单元格区域添加货币符号，并查看工作表效果。

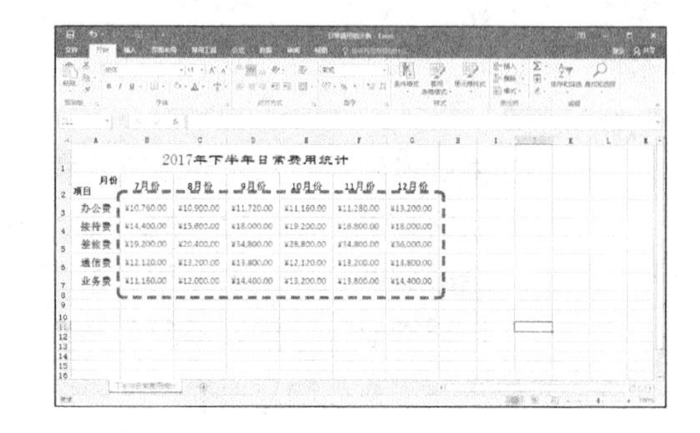

7.3.2 为工作表添加边框和底纹

为工作表中的数据添加数字格式后，还需要为工作表添加边框和底纹，对其进行美化。

第 1 步 单击“所有框线”命令

❶ 选择单元格区域，在“开始”选项卡的“字体”面板中，单击“边框”下三角按钮 ；❷ 展开列表框，单击“所有框线”命令。

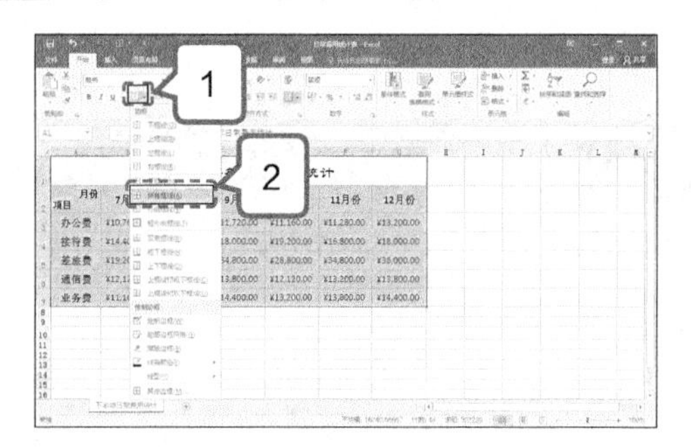

第 2 步 添加边框效果

为选择的单元格区域添加边框，并查看工作表效果。

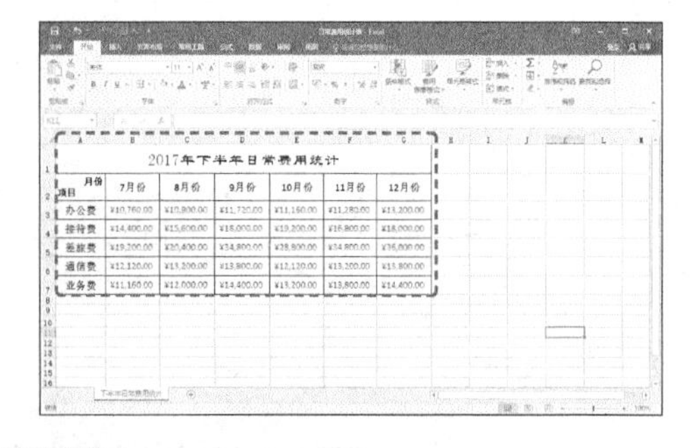

第 3 步 单击“其他边框”命令

❶ 选择A2单元格，在“开始”选项卡的“字体”面板中，单击“边框”下三角按钮 ；❷ 展开列表框，单击“其他边框”命令。

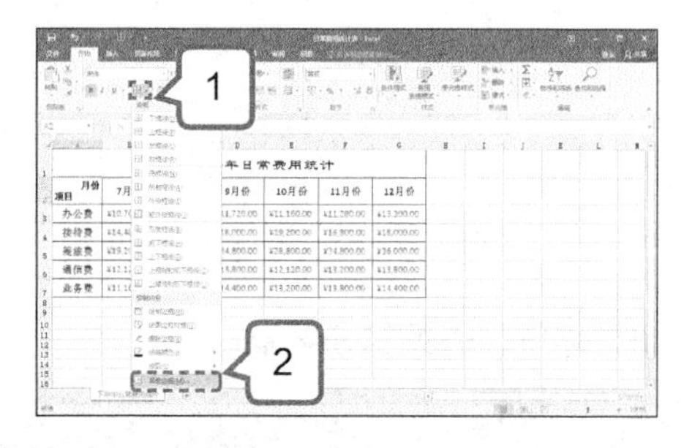

第 4 步 单击“确定”按钮

❶ 弹出“设置单元格格式”对话框，在“边框”选项区中，单击斜线边框按钮 ；❷ 单击“确定”按钮。

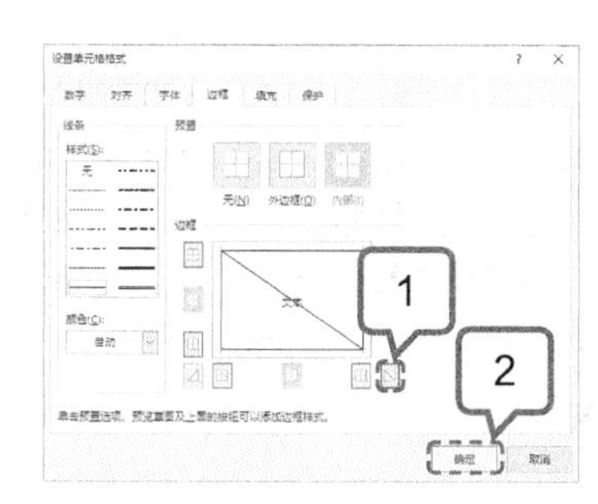

第 5 步 添加斜线边框

为选择的单元格添加斜线边框，并查看工作表效果。

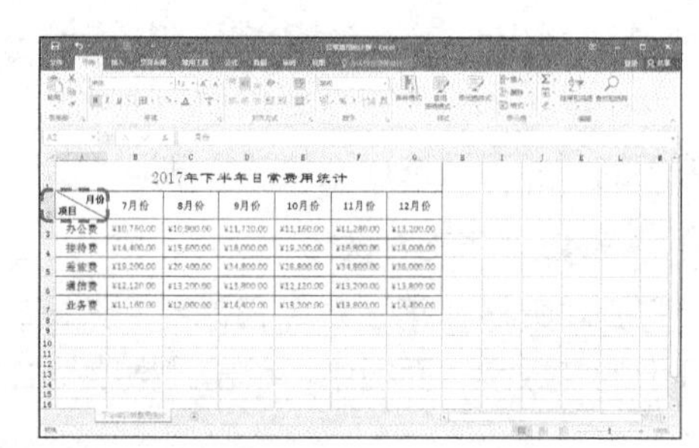

第 6 步 选择颜色

❶ 再次选择单元格区域，在“开始”选项卡的“字体”面板中，单击“填充颜色”下三角按钮 ；❷ 展开颜色面板，选择合适的颜色。

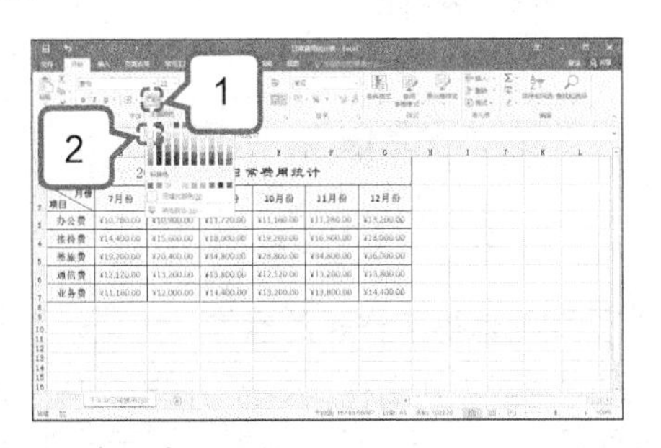

第 7 步 添加底纹

为选择的单元格区域添加底纹，并查看工作表效果。

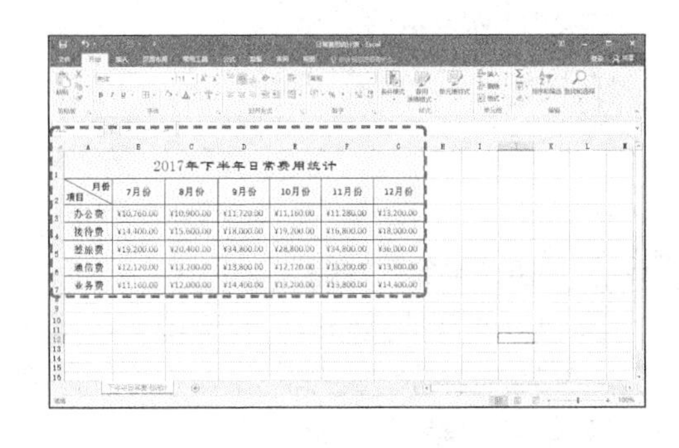

7.3.3 使用“条件格式”突出显示工作表中的数据

完成工作表的制作后，还需要将工作表中的一些数据突出显示出来。此时，用户可以使用“条件格式”功能突出显示数据，例如，突出显示大于、小于或者等于某个值的数据。

第 1 步 单击“条件格式”下三角按钮

❶ 选择 B3:G7 单元格区域；❷ 在“开始”选项卡的“样式”面板中，单击“条件格式”下三角按钮。

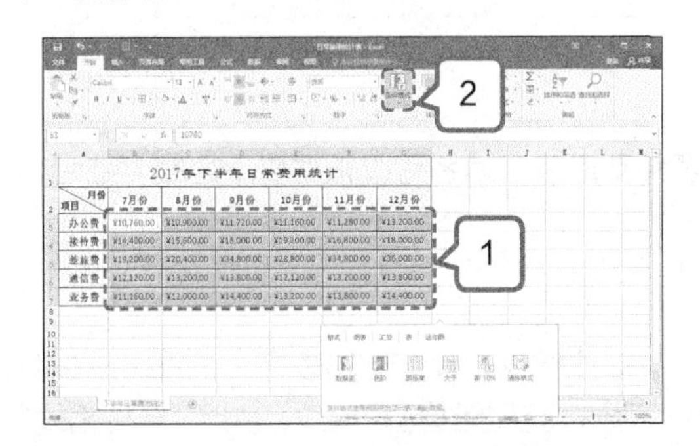

第 2 步 单击“蓝－白－红色阶”图标

❶ 展开列表框，单击“色阶”命令；❷ 再次展开列表框，单击“蓝-白-红色阶”图标。

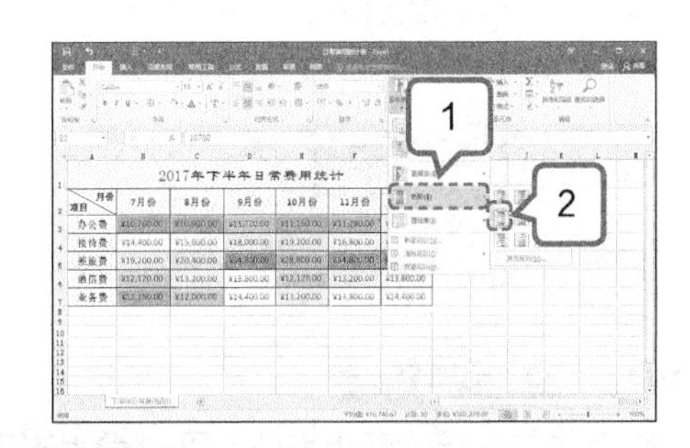

第 3 步 突出显示工作表数据

以色阶的方式突出显示工作表数据，并查看工作表效果。

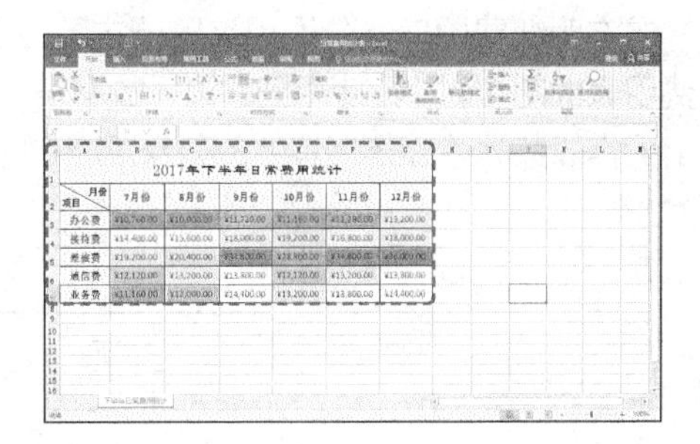

7.3.4 使用“保护工作表”功能保护工作表

完成工作表的制作后，还需要对工作表进行保护，以防止其他用户对工作表中的数据进行修改。

第 1 步 单击“保护工作表”按钮

❶ 选择 B3:G7 单元格区域；❷ 切换至“审阅”选项卡，在“更改”面板中，单击“保护工作表”按钮。

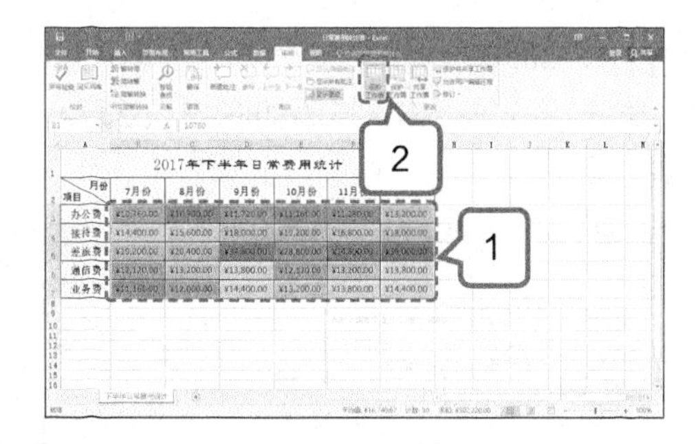

第 2 步 单击“确定”按钮

❶ 打开“保护工作表”对话框，在“取消工作表保护时使用的密码”文本框中输入密码；❷ 单击“确定”按钮。

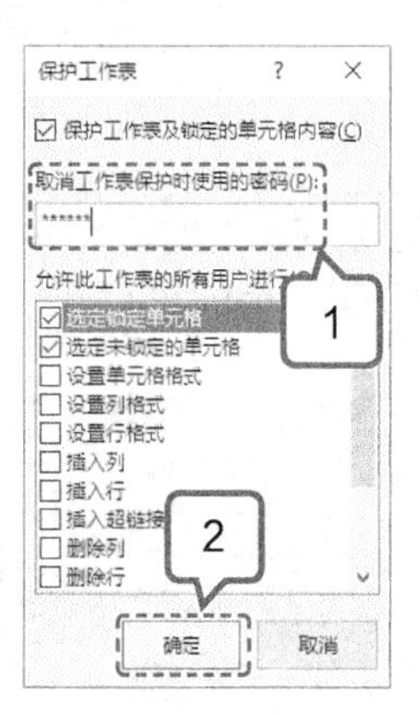

第 3 步 单击“确定”按钮

❶ 打开“确认密码”对话框，再次输入相同的密码；❷ 单击“确定”按钮。

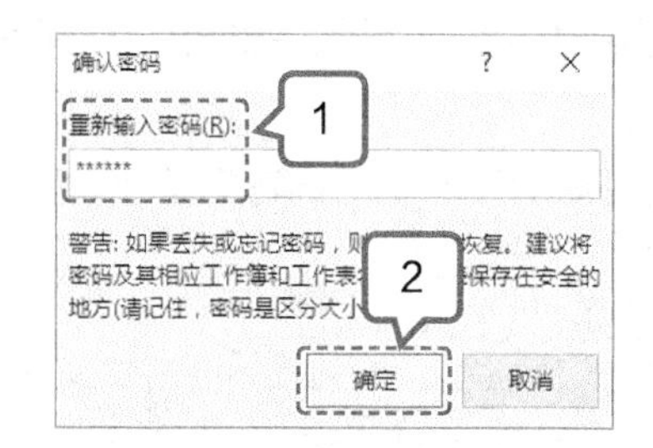

第 4 步 完成保护工作表的操作

完成保护工作表操作，选定保护的单元格，删除数据，则弹出提示对话框，提示输入保护密码信息。

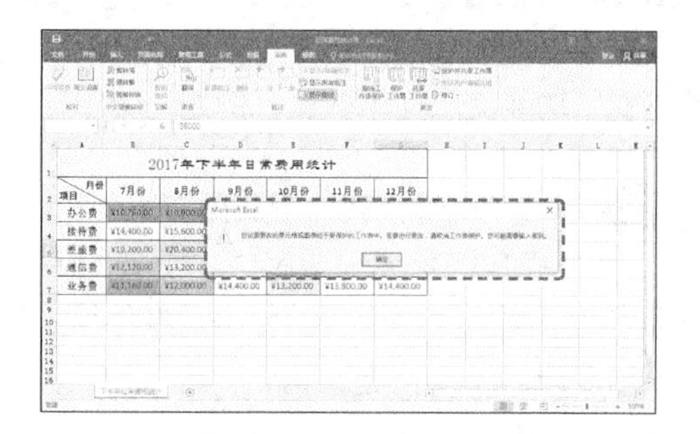

7.3.5 其他费用表

除了本节介绍的费用表外，平时常用的还有很多种费用表。读者可以根据以下思路，结合实际需要进行制作。

1.《成本明细费用表》

成本明细费用表是公司用来登记主营业务成本、其他业务成本等信息的表格。在进行成本明细费用表的制作时，会使用到通过“数据格式”功能处理数据、添加边框和底纹、使用“条件格式”突出工作表数据等操作。具体的效果如下图所示。

	A	B	C
1	成本费用明细表		
2			金额单位：元(列至角分)
3	行次	项　　目	金　额
4	1	一、销售（营业）成本合计（2+7+13）	36,622,441.00
5	2	1、主营业务成本（3+4+5+6）	18,500,000.00
6	3	（1）销售商品成本	1,500,000.00
7	4	（2）提供劳务成本	3,000,000.00
8	5	（3）让渡资产使用权成本	6,500,000.00
9	6	（4）建造合同成本	7,500,000.00
10	7	2、其他业务支出（8+9+10+11+12）	18,122,441.00
11	8	（1）材料销售成本	8,156,000.00
12	9	（2）代购代销费用	7,510,000.00
13	10	（3）包装物出租成本	1,576,041.00
14	11	（4）相关税金及附加	814,700.00
15	12	（5）其他	65,700.00

2.《日常费用支出表》

日常费用支出表								
日期	财务费用		管理费用		营业费用		合计	备注
	用途	金额	用途	金额	用途	金额		
2018/7/1	银行手续费	20.00	办公费	300.00			320.00	
2018/7/2			办公费	500.00			500.00	
2018/7/3	利息净支出	100.00	办公费	600.00			700.00	
2018/7/5					差旅费	1800.00	1800.00	
2018/7/6	汇兑净损失	200.00	办公费	700.00			900.00	
2018/7/7					广告费	3200.00	3200.00	
2018/7/8			招聘费	1500.00			1500.00	
	小计	320.00	小计	3600.00	小计	5000.00	8920.00	

日常费用支出表用来登记每日财务、管理和营业项目所花费的费用金额和用途等内容。在制作时，会使用到通过“数据格式”功能处理数据、添加边框、保护工作表等操作。具体的效果如上图所示。

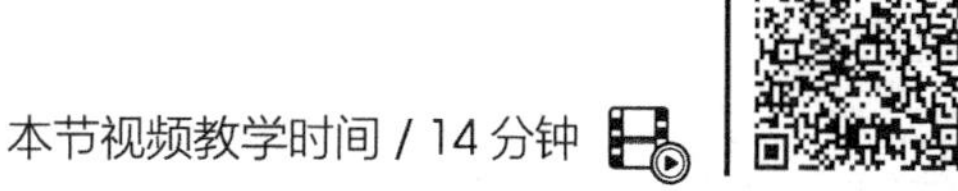

本章所选择的案例均为常用的工作簿，主要包含利用 Excel 进行工作表管理、编辑以及数据输入、数据处理等知识点。工作簿类别很多，本书配套资源中赠送了若干工作簿模板，读者可以根据不同要求将模板改编成自己需要的形式。以下列举 2 个典型工作表的制作思路。

1. 制作《员工考评成绩表》

员工考评成绩表类工作簿，会涉及工作簿新建、数据输入、边框和底纹添加、单元格文本对齐等操作，制作员工考评成绩表可以按照以下思路进行。

第 1 步 录入数据

新建工作簿并录入文本和数据。

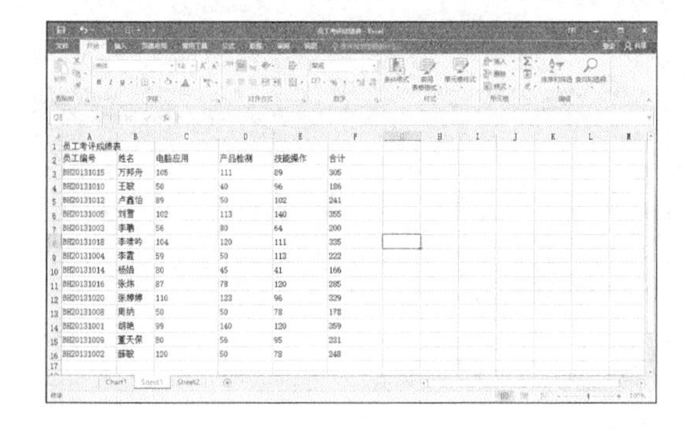

第 2 步 合并单元格

合并首行中的 A1:F1 单元格。

第 3 步 对齐文本

将单元格区域中的文本进行居中对齐。

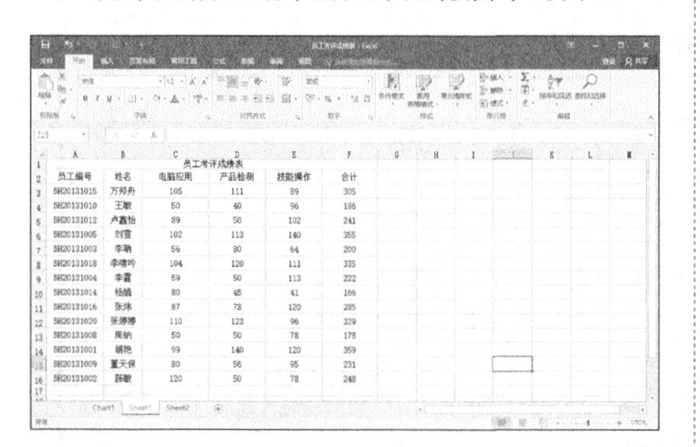

第 4 步 应用单元格样式

为单元格文本应用单元格样式。

第 5 步 添加边框

为单元格添加边框效果。

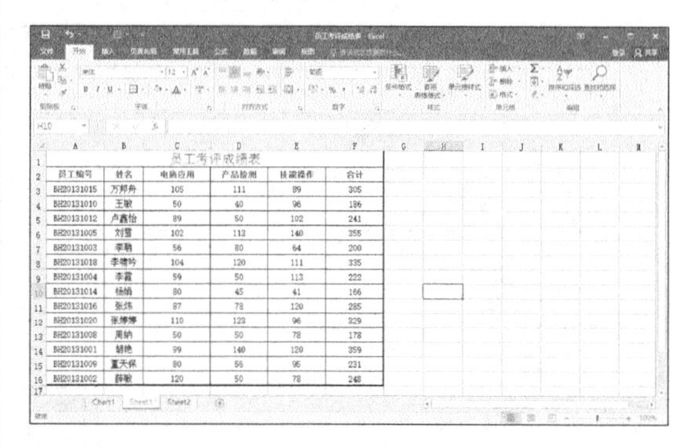

第 6 步 添加底纹

为单元格添加底纹效果。

2. 制作《简历表模板》

简历表模板类工作簿，会涉及工作簿新建、数据录入、合并单元格、调整表格行高和列宽、添加边框等操作，制作简历表模板可以按照以下思路进行。

第 1 步 录入数据

新建工作簿，录入文本和数据，并修改文本的字体效果。

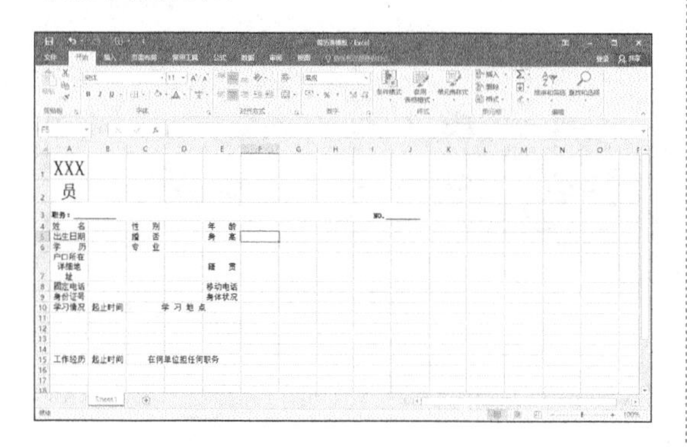

第 2 步 合并单元格

对单元格进行合并操作。

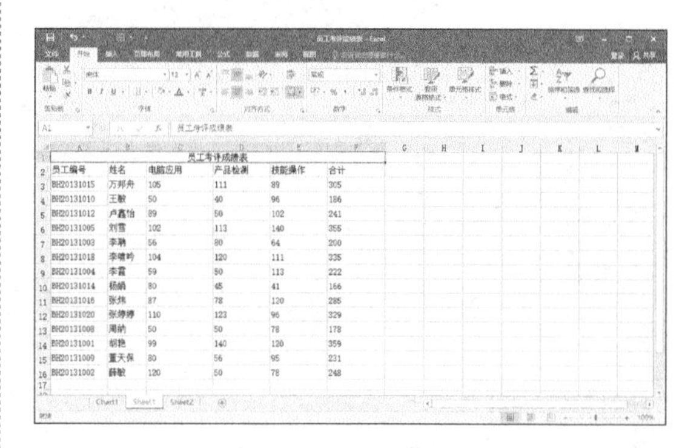

第 3 步 添加边框

为单元格区域添加边框。

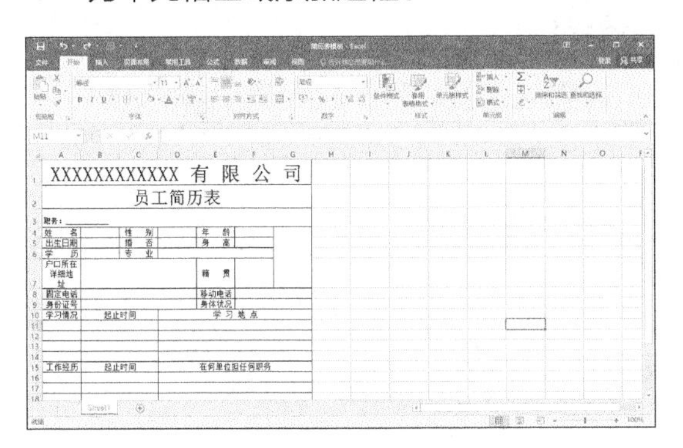

第 4 步 调整行高和列宽

对单元格的行高和列宽分别进行调整。

高手支招

1. 删除最近使用过的工作簿

打开工作簿时，会在“打开”命令下的“最近使用的工作簿”列表中显示很多最近使用过的工作簿记录，这样别人就会看到最近使用过的文件列表。此时，可以使用“清除列表”功能将文件列表进行删除。

第 1 步 单击“选项”命令

切换至“文件”选项卡，单击“选项”命令。

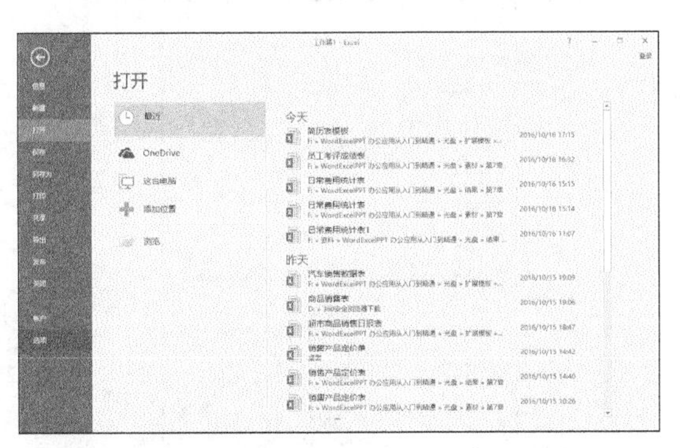

第 2 步 修改参数值

❶ 打开“Excel 选项”对话框，在左侧列表中，选择“高级”选项；❷ 在右侧列表的“显示”选项区中，修改“显示此数目的‘最近使用的工作簿’”为 0；❸ 单击“确定”按钮。

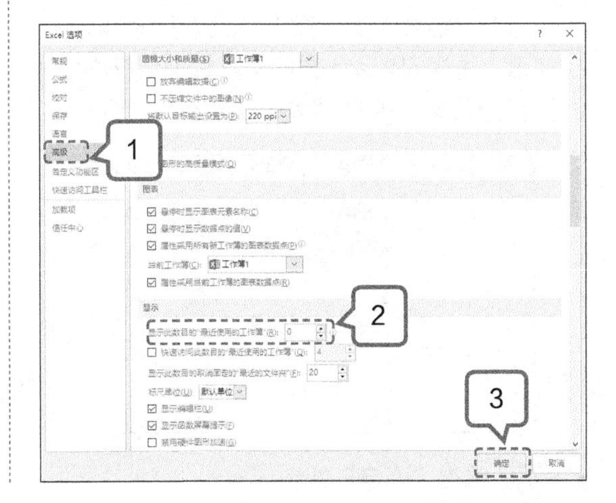

2. 插入新的工作表

如果用户所需的工作表超过了 Excel 2016 中默认的 3 个，可以直接在工作簿中使用“插入”功能插入更多数目的工作表。

第 1 步 单击“插入”命令

打开“素材 \ 第 7 章 \ 办公费用表 .xlsx”工作簿，选择 Sheet1 选项卡，单击鼠标右键，打开快捷菜单，单击“插入”命令。

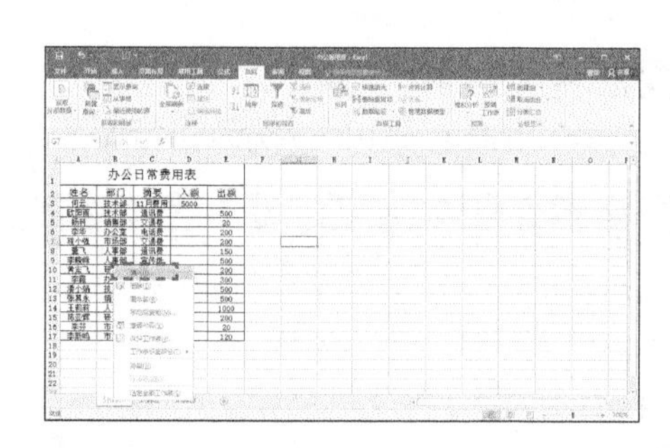

第 2 步　单击“确定”按钮

❶ 弹出“插入”对话框，选择“工作表”选项；❷ 单击“确定”按钮。

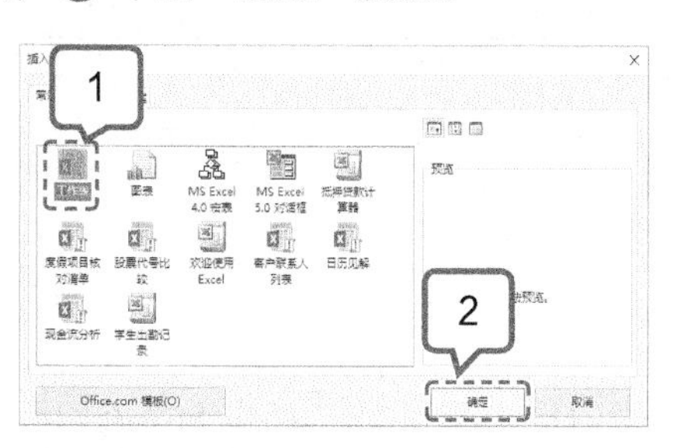

第 3 步　插入新工作表

插入一张新的工作表，并自动命名为 Sheet4。

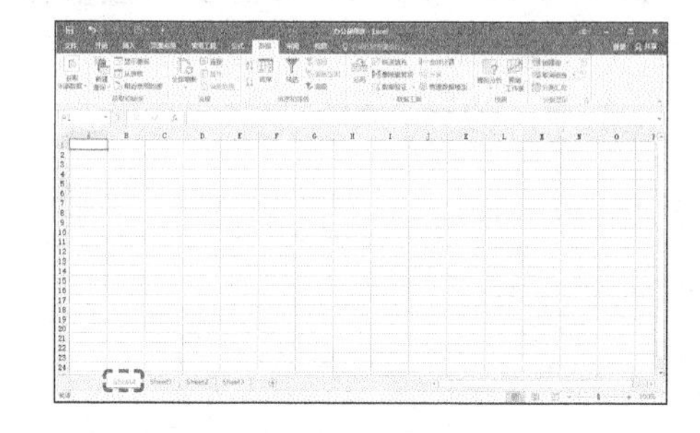

3. 对工作表进行移动

在工作簿内可以随意移动工作表、调整工作表的次序，甚至还可以在不用的工作簿之间移动。下面将介绍其操作步骤。

第 1 步　单击“移动或复制”命令

打开“结果 \ 第 7 章 \ 办公费用表 .xlsx”工作簿，选择 Sheet4 选项卡，单击鼠标右键，打开快捷菜单，单击“移动或复制”命令。

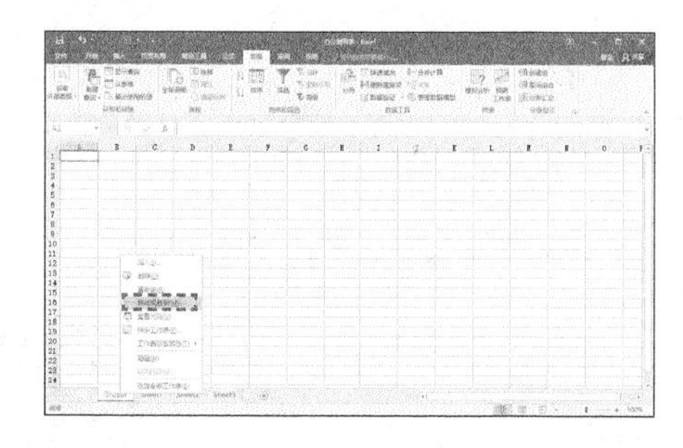

第 2 步　单击“确定”按钮

❶ 打开“移动或复制工作表”对话框，在列表框中，选择“移至最后”选项；❷ 单击“确定”按钮。

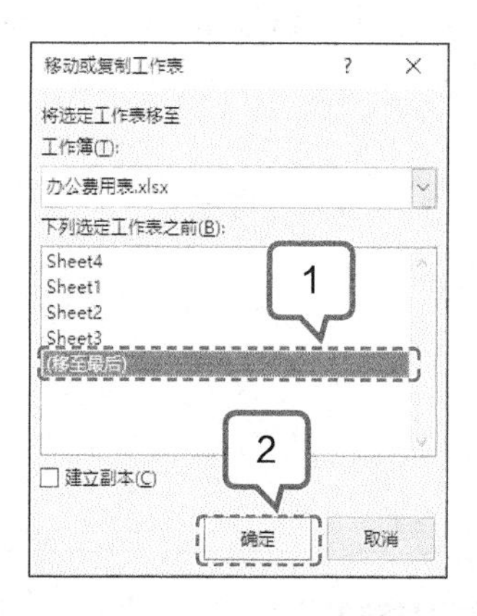

第 3 步　移动工作表

将选择的工作表移至最后，并查看效果。

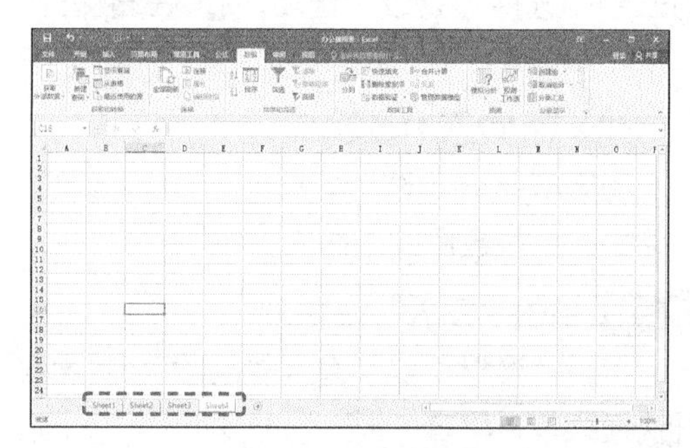

筛选、排序与汇总 Excel 表格数据

本章视频教学时间 / 30 分钟

技术分析

在对表格数据进行查看和分析时，常常需要将数据按照一定的顺序排列，或筛选出符合条件的数据，也有可能要对数据进行分类。利用 Excel 可以轻松完成这些操作。一般来说，筛选、排序与汇总 Excel 表格数据主要涉及以下知识点。

（1）排序表格数据。

（2）利用自动筛选功能筛选数据。

（3）利用高级筛选功能筛选数据。

（4）应用合并计算功能汇总数据。

（5）应用分类汇总功能汇总数据。

思维导图

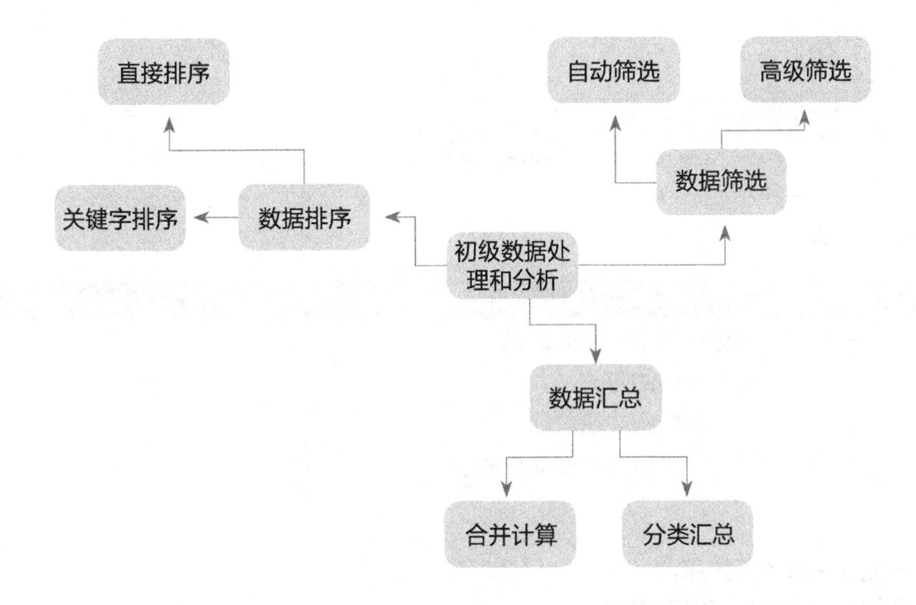

8.1 制作“成绩表”——《班级期末成绩表》

本节视频教学时间 / 10 分钟

案例名称	班级期末成绩表
素材文件	素材 \ 第 8 章 \ 班级期末成绩表 .xlsx
结果文件	结果 \ 第 8 章 \ 班级期末成绩表 .xlsx
扩展模板	扩展模板 \ 第 8 章 \ 成绩表类模板

班级期末成绩表是学校用来登记某个班级的学生期末考试的各科成绩以及总成绩的工作表。在本实例中，我们要制作出班级期末考试成绩表。

最后的效果如图所示。

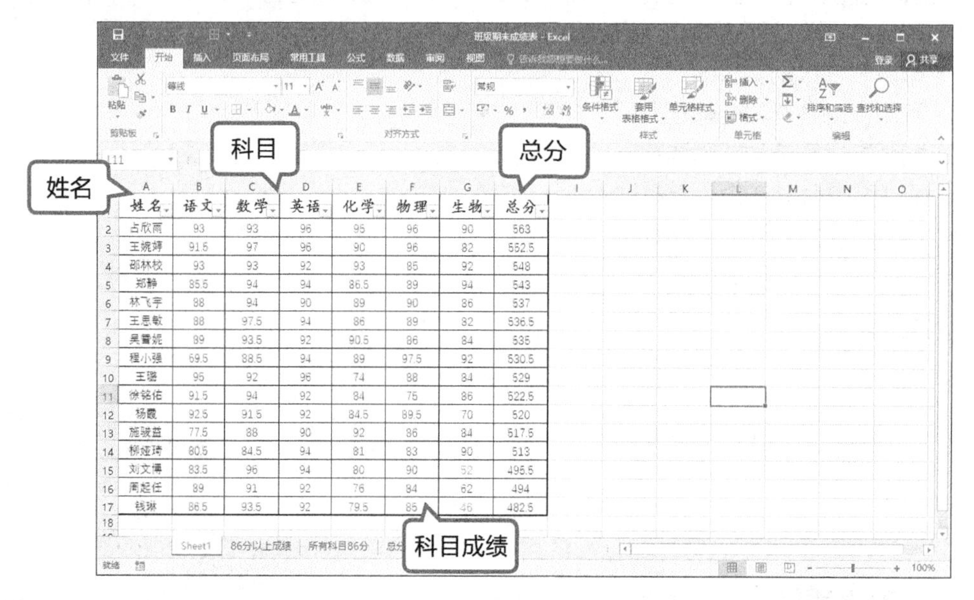

/ 成绩表的组成要素

名称	是否必备	要求
姓名	必备	班级中每个学生的姓名
科目	必备	每个科目的名称
科目成绩	必备	每个科目的成绩分数
总分	必备	每个学生所有科目的总成绩

/ 技术要点

（1）按成绩高低进行排序。

（2）利用自动筛选功能筛选数据。

（3）利用高级筛选功能筛选数据。

/ 操作流程

排序数据 → 自动筛选数据 → 高级筛选数据

8.1.1 按成绩高低进行排序

为了方便根据成绩高低查看记录，需要使用排序功能对指定列中的数据按成绩高低进行排序。

1. 应用“排序”按钮排序数据

应用“排序”按钮可以快速对表格数据进行排序。下面具体介绍操作方法。

第1步 单击“升序”命令

打开“素材\第8章\班级期末成绩表.xlsx”工作簿。❶ 选择 B2 单元格；❷ 在“开始”选项卡的“编辑”面板中，单击“排序和筛选”下三角按钮；❸ 展开列表框，单击“升序”命令。

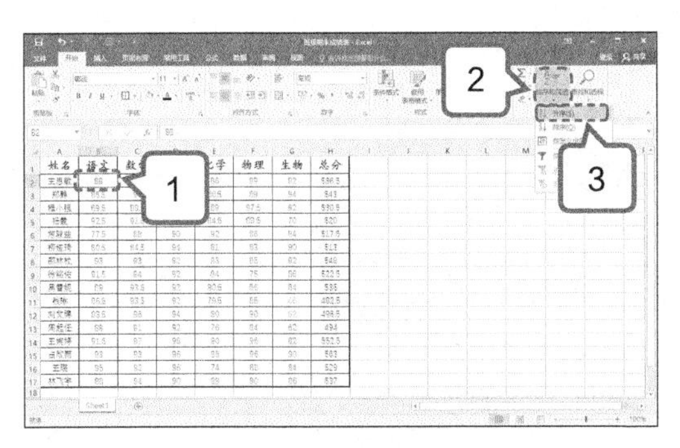

第2步 从低到高排序数据

根据当前列中的数据，按从低到高的顺序排序数据。

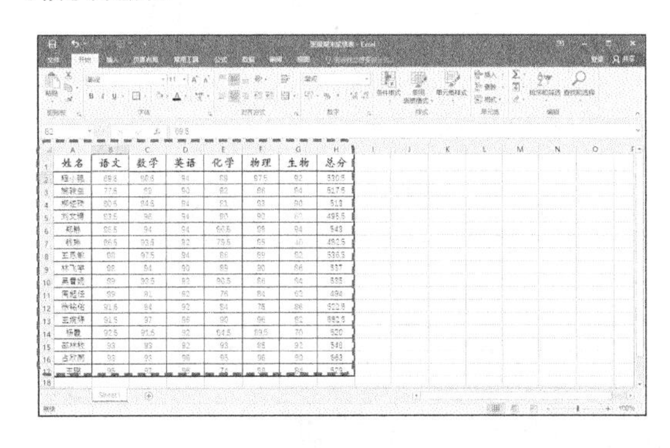

2. 根据多个关键字排序数据

在对表格数据进行排序时，有时进行排序的列中会存在多个相同数据，需要使数据相同的按另一个列中的数据进行排序。下面具体介绍操作方法。

第1步 单击“自定义排序”命令

❶ 选择 B2 单元格；❷ 在“开始”选项卡的“编辑”面板中，单击“排序和筛选”下三角按钮；❸ 展开列表框，单击“自定义排序”命令。

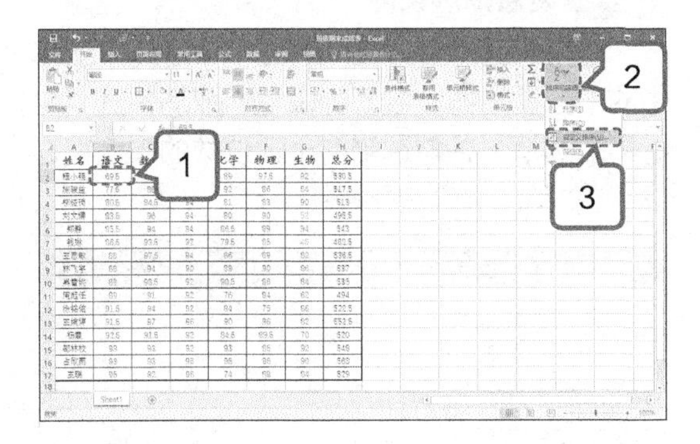

第2步 设置排序条件

❶ 打开“排序”对话框，在“主要关键字”行中，设置“列”为“总分”，“排序依据”为“数值”，“次序”为“降序”；❷ 单击“添加条件”按钮。

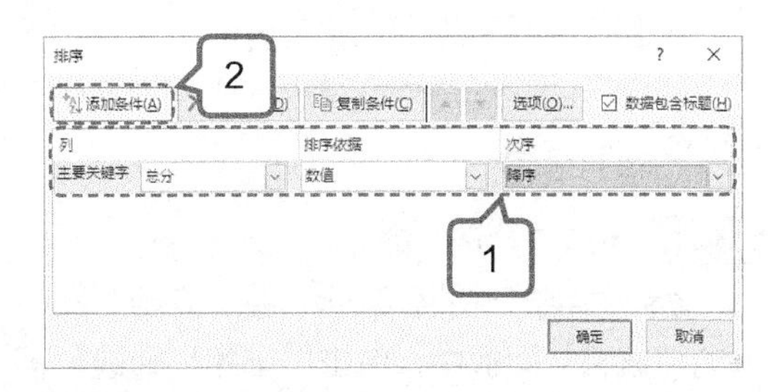

第3步 设置排序条件

❶ 在“次要关键字”行中，设置“列”为“姓名”，“排序依据”为“数值”，“次序”为“升序”；❷ 单击“选项”按钮。

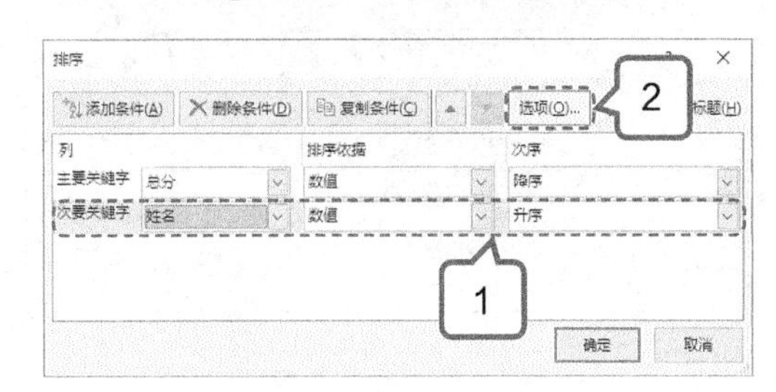

第 4 步 设置排序选项

❶ 打开“排序选项”对话框，在“方法”选项区中，勾选“笔划排序”单选按钮；❷ 单击“确定”按钮。

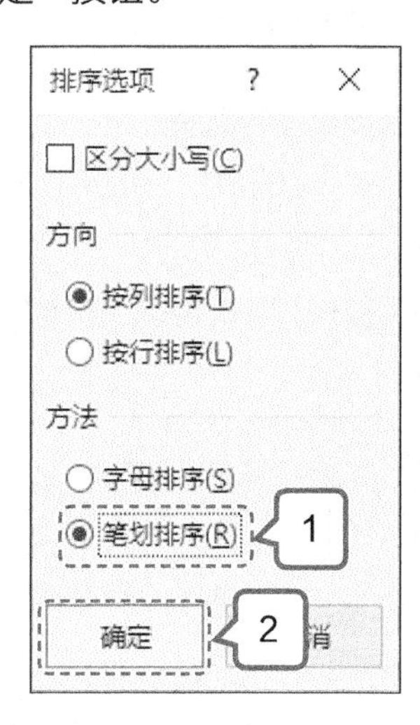

第 5 步 单击“确定”按钮

返回到“排序”对话框，单击“确定”按钮。

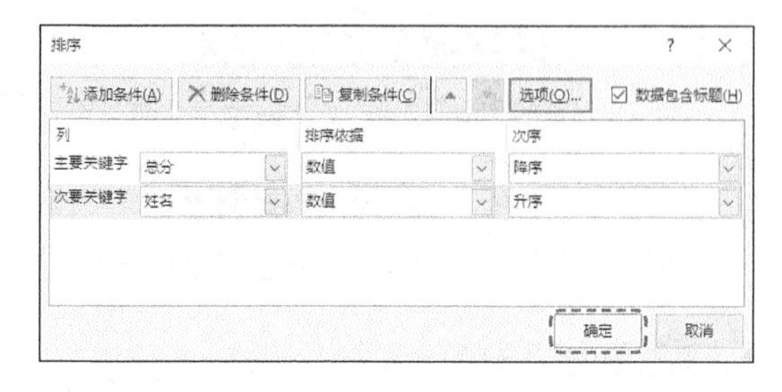

第 6 步 排序数据

通过多个关键字排序数据，并查看排序数据后的工作表效果。

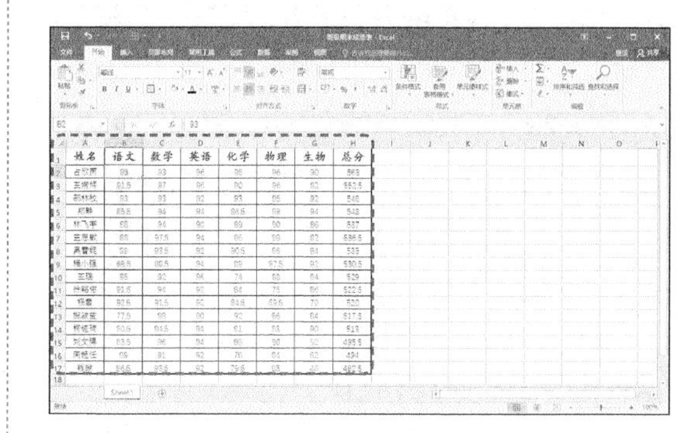

8.1.2 利用自动筛选功能筛选数据

在制作成绩表时，有时为了方便查看数据，可以将暂时不需要的数据隐藏，此时可以使用“筛选”功能快速隐藏不符合条件的数据，以便快速复制出符合条件的数据。本节将根据不同的情况对成绩表中的数据进行筛选。

1. 筛选出指定类别的数据

使用自动筛选功能，可以在表格对象中开启自动筛选功能，并快速筛选出表格数据。下面具体介绍操作方法。

第 1 步 单击“筛选”命令

❶ 选择单元格区域；❷ 在“开始”选项卡的“编辑”面板中，单击“排序和筛选”下三角按钮；❸ 展开列表框，单击“筛选”命令。

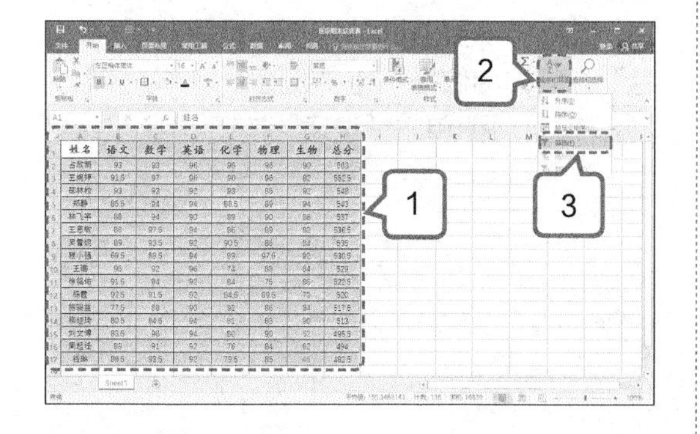

第 2 步 设置筛选条件

❶ 开启筛选功能，单击“总分”单元格中的下三角按钮，展开列表框，取消勾选“全选”复选框，并勾选带有小数位数的数值复选框；❷ 单击“确定”按钮。

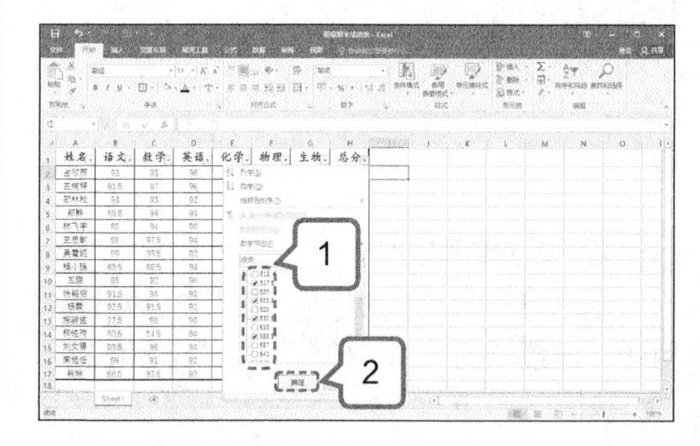

第 3 步 **筛选出总分数据**

筛选出带有小数位数的总分数据，并查看工作表效果。

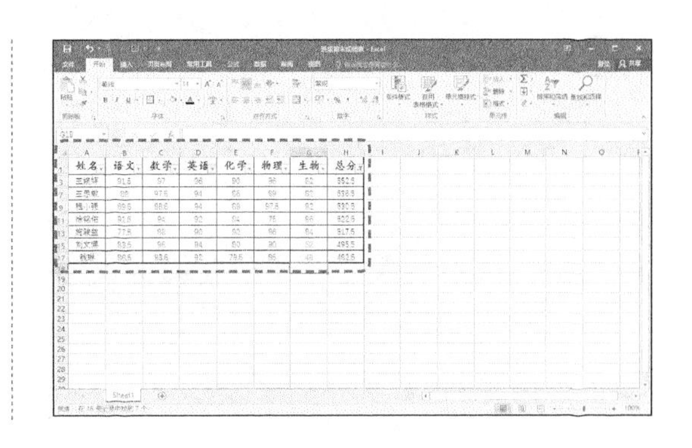

2. 筛选出指定范围的数据

在以数值类型的数据为筛选条件时，常常需要筛选出一定范围的数据而非确切的多个数值。下面具体介绍操作方法。

第 1 步 **单击“大于或等于”命令**

❶ 单击“语文”单元格右侧的下三角按钮；❷ 展开列表框，单击“数字筛选”命令；❸ 再次展开列表框，单击“大于或等于”命令。

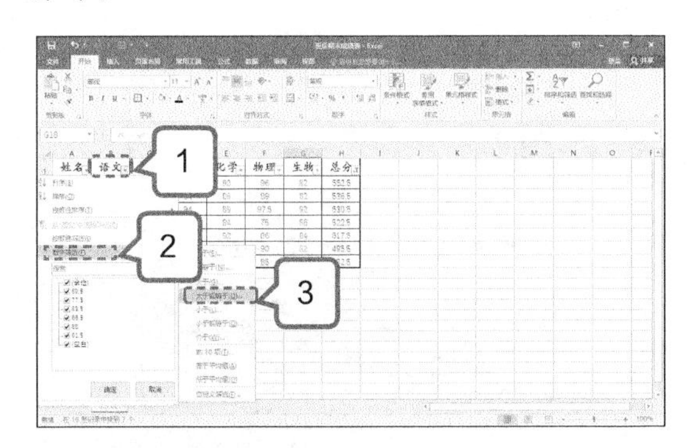

第 2 步 **设置筛选条件**

❶ 打开“自定义自动筛选方式”对话框，在“大于或等于”右侧的文本框中输入 86；❷ 单击“确定”按钮。

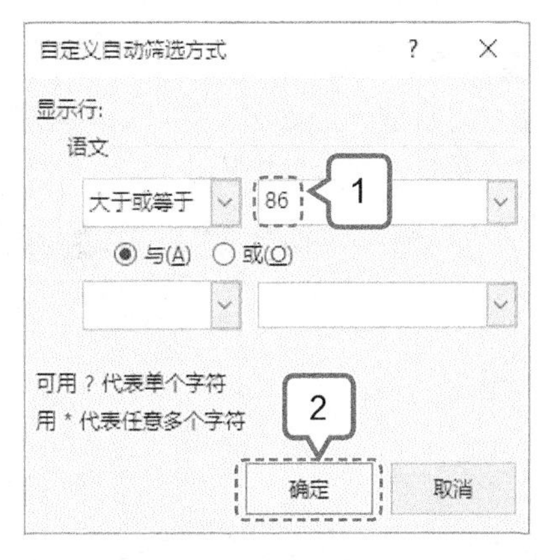

第 3 步 **筛选出语文 86 分以上的数据**

筛选出指定范围内的数据，并查看工作表效果。

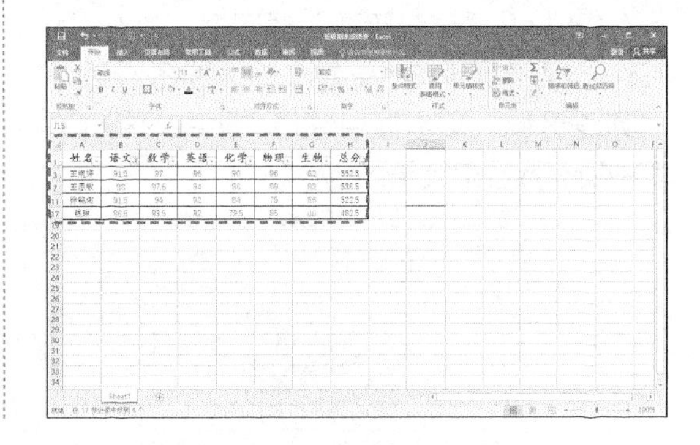

8.1.3 利用高级筛选功能筛选数据

在对表格中的数据进行筛选时，为不影响原数据表的显示，常常需要将筛选结果放置到指定工作表或其他单元格区域，此时可以应用高级筛选功能筛选数据。

1. 将语文 86 分以上的数据筛选到新工作表

使用“高级筛选”功能，可以将所有语文 86 分以上的数据筛选到新工作表中。下面具体介绍操作方法。

第 1 步 输入文本

新建一个名为“86 分以上成绩”的工作表，在 A1 和 A2 单元格中分别输入“语文”和“>=86”。

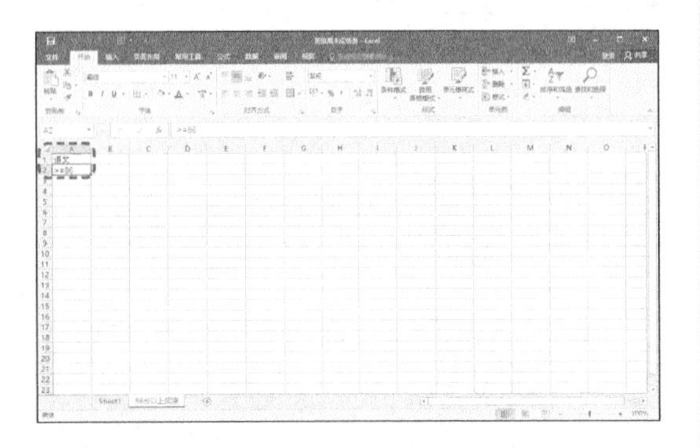

第 2 步 单击“高级”按钮

单击“数据”选项卡，在“排序和筛选”面板中，单击“高级”按钮。

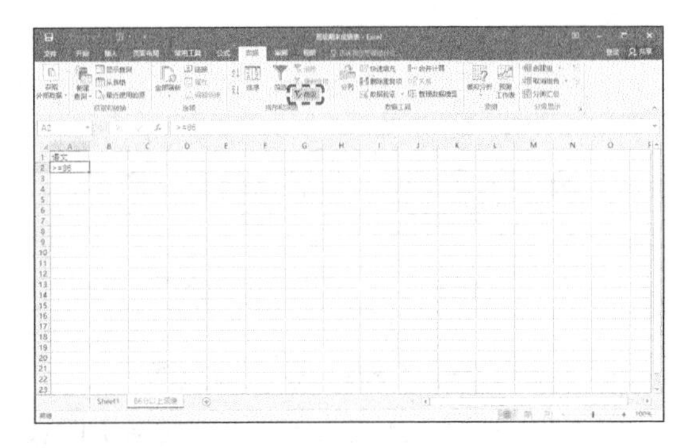

第 3 步 设置筛选条件

❶ 打开“高级筛选”对话框，勾选“将筛选结果复制到其他位置”单选按钮；❷ 在“列表区域”文本框中选择“Sheet1”工作表中所有数据单元格区域。

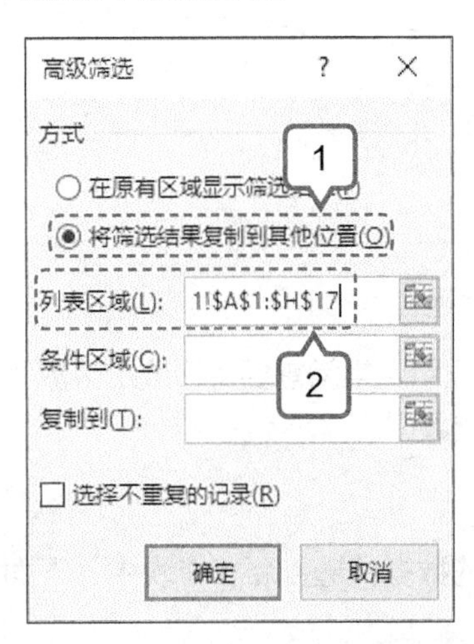

第 4 步 设置筛选条件

在“条件区域”文本框中选择“86 分以上成绩”工作表中的 A1:A2 单元格区域。

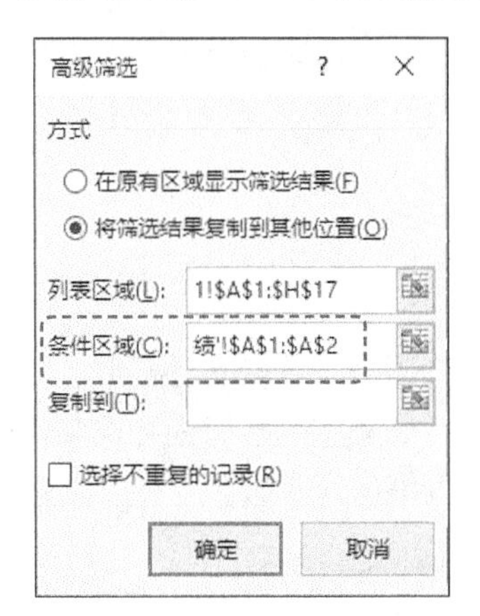

第 5 步 设置筛选条件

❶ 在“复制到”文本框中选择“86 分以上成绩”表中的 A3 单元格；❷ 单击“确定”按钮。

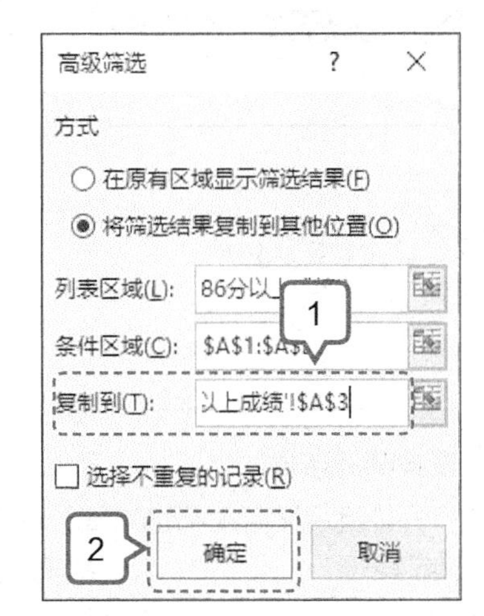

第 6 步 筛选出结果

在“86 分以上成绩”表中得到筛选结果，该结果列表的位置从 A3 单元格开始。

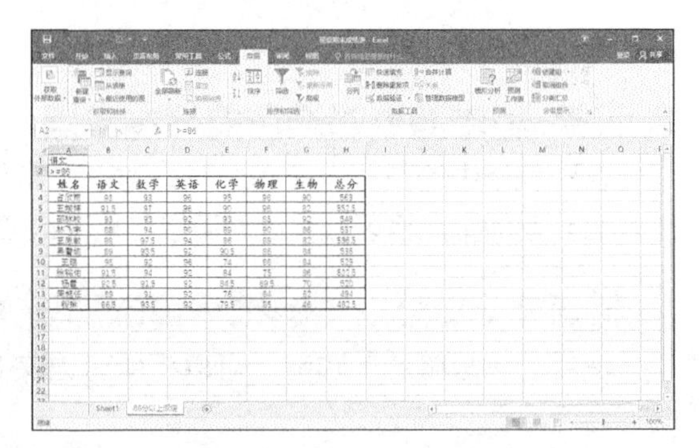

2. 将所有科目 86 分以上的数据筛选到新工作表

使用“高级筛选”功能，可以将所有科目中 86 分以上的数据筛选到新工作表中。下面具体介绍操作方法。

第 1 步 输入文本

新建一个名为“所有科目 86 分”的工作表，并依次在单元格中输入文本内容。

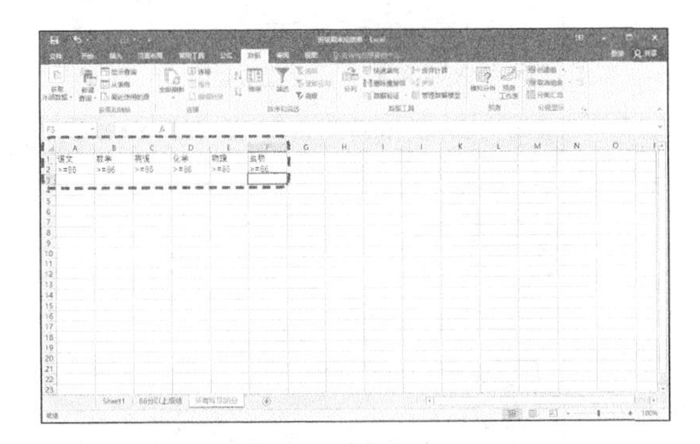

第 2 步 设置筛选条件

❶ 单击“数据”选项卡，在“排序和筛选”面板中，单击“高级”按钮，打开“高级筛选”对话框，勾选“将筛选结果复制到其他位置”单选按钮；❷ 依次在“列表区域”“条件区域”和“复制到”文本框中添加单元格区域。

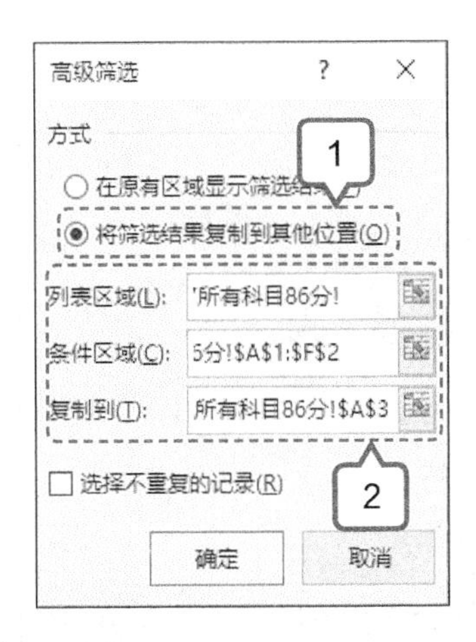

第 3 步 筛选结果

筛选条件设置完成后，单击“确定”按钮，即可在“所有科目 86 分”表中得到筛选结果，该结果列表的位置从 A3 单元格开始。

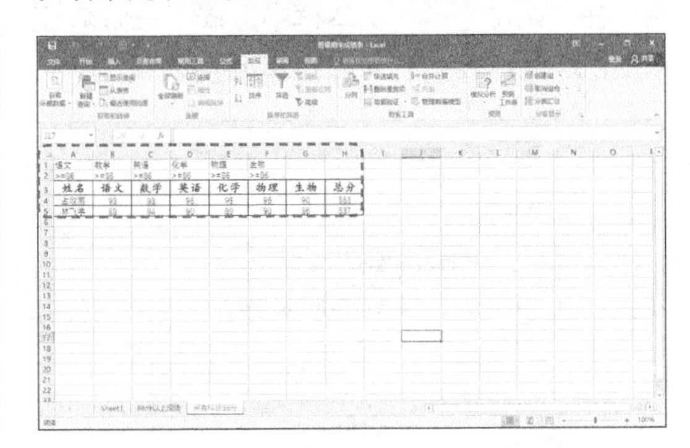

3. 同时筛选总分最高和最低的数据

在应用高级筛选时，可以借助公式运算设置条件区域，还可以依据同一个字段中的多个条件进行数据筛选，本例将需要同时筛选出总分最高和最低的数据作为独立的表格。下面具体介绍操作方法。

第 1 步 单击“高级”按钮

❶ 新建一个名为“总分最高和最低”的工作表，并依次在单元格中输入文本内容；❷ 单击“数据”选项卡，在“排序和筛选”面板中，单击“高级”按钮。

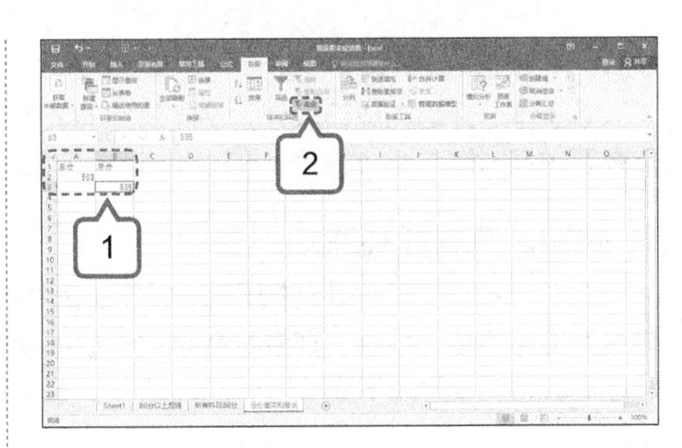

第 2 步 设置筛选条件

❶ 打开“高级筛选”对话框，勾选“将筛选结果复制到其他位置”单选按钮；❷ 在“列表区域”文本框中选择“Sheet1”工作表中所有数据单元格区域。

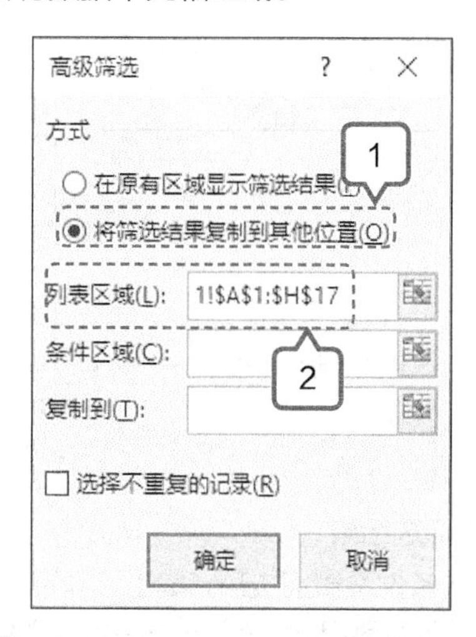

第 3 步 设置筛选条件

在“条件区域”文本框中选择“总分最高和最低”工作表中的 A1:B3 单元格区域。

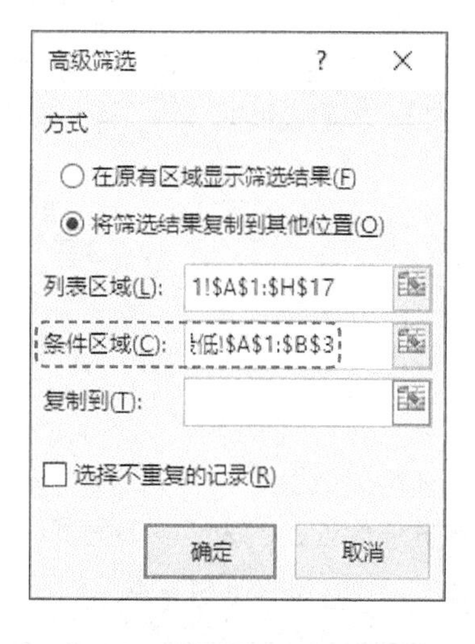

第 4 步 设置筛选条件

❶ 在“复制到”文本框中选择“总分最高和最低”表中的 A4 单元格；❷ 单击“确定”按钮。

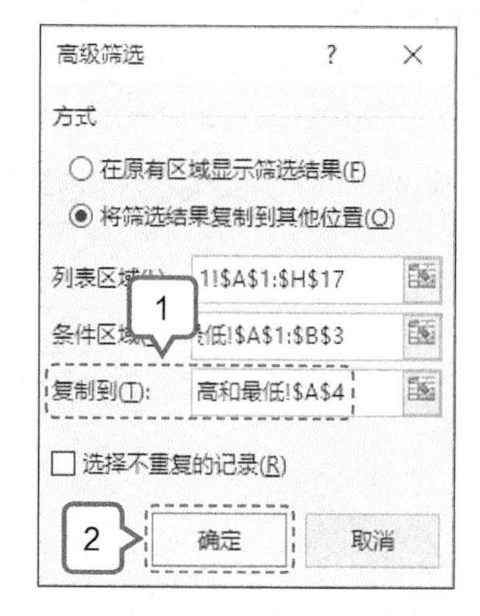

第 5 步 筛选结果

在“总分最高和最低”表中得到筛选结果，该结果列表的位置从 A4 单元格开始。

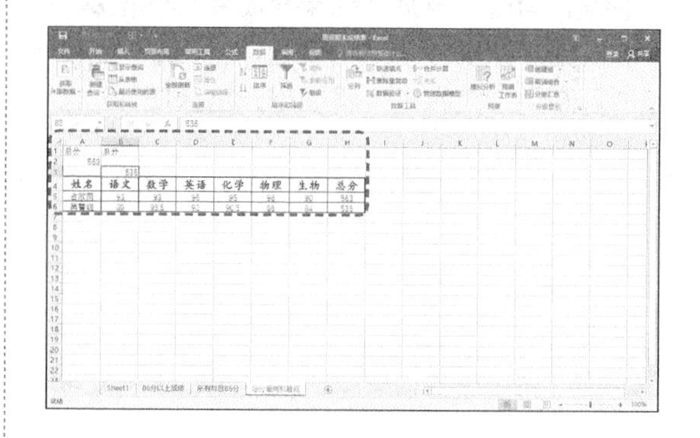

8.1.4 其他成绩表

除了本节介绍的成绩表外，平时常用的还有很多种成绩表。读者可以根据以下思路，结合实际需要进行制作。

1.《数学竞赛成绩表》

数学竞赛成绩表是组织方用来登记学生的数学竞赛成绩、姓名、性别、学校名称、所学专业、参赛类型等信息的表格。在进行数学竞赛成绩表的制作时，会使用到数据的升序和自定义功能等操作。具体的效果如下图所示。

大学生数学竞赛非数学类成绩表						
序号	姓名	性别	学校名称	所学专业	参赛专业	获奖等级
1601	史三	男	滨工大学	通信工程	非数学专业	三等
1602	任宇	男	滨工大学	通信工程	非数学专业	三等
1603	向璇	女	滨工大学	复合材料与工程	非数学专业	三等
1604	李辰	男	滨工大学	机械设计制造及其自动化	非数学专业	三等
1605	君临	男	滨工大学	通信工程	非数学专业	三等
1606	王阳	男	滨工大学	电气专业	非数学专业	三等
1607	柳柳	女	滨工大学	飞行器动力工程	非数学专业	二等
1608	王五	男	滨工大学	电子信息工程	非数学专业	二等
1609	陈磊	男	滨工大学	电气专业	非数学专业	二等
1610	郑杨	男	滨工大学	土木工程	非数学专业	二等
1611	黄九九	女	滨工大学	物理系	非数学专业	二等
1612	赵毅	男	滨工大学	机械设计制造及其自动化	非数学专业	二等
1613	韩宇	男	滨工大学	材料成型及控制工程	非数学专业	二等
1614	孙雪	女	滨工大学	机械设计制造及其自动化	非数学专业	一等
1615	赵东	男	滨工大学	电气专业	非数学专业	一等
1616	陈志	男	滨工大学	机械设计制造及其自动化	非数学专业	一等
1617	王家国	男	滨工大学	复合材料与工程	非数学专业	一等

2.《语文成绩表》

语文成绩表是学校用来登记学生的语文科目中的基础题、阅读理解、文言文、背诵和作文等题型成绩信息的表格。在进行语文成绩表的制作时，会使用到数据的自动筛选和高级筛选等操作。具体的效果如下图所示。

姓名	基础题	阅读理解	文言文	背诵	作文1	作文2
艾新宇	88	65	82	85	82	89
蔡洋	89	41	77	85	83	92
邓瑶	90	86	55	89	75	64
杨鱼儿	73	79	87	83	87	88
刘思婷	81	43	89	90	89	92
苏青	86	76	81	86	85	80
杨帆	85	68	56	74	85	81
苏欣欣	95	89	85	87	94	48
曹光宇	74	84	95	89	84	94
杨平	92	67	47	84	91	92

基础题						
>=85						
姓名	基础题	阅读理解	文言文	背诵	作文1	作文2
艾新宇	88	65	82	85	82	89
蔡洋	89	41	77	85	83	92
邓瑶	90	86	55	89	75	64
苏青	86	76	81	86	85	80
杨帆	85	68	56	74	85	81
苏欣欣	95	89	85	87	94	48
杨平	92	67	47	84	91	92

8.2 制作“分析表”——《销售情况分析表》

本节视频教学时间 / 13 分钟

案例名称	销售情况分析表
素材文件	素材 \ 第 8 章 \ 销售情况分析表 .xlsx
结果文件	结果 \ 第 8 章 \ 销售情况分析表 .xlsx
扩展模板	扩展模板 \ 第 8 章 \ 分析表类模板

在进行销售情况分析表的制作时，常常需要对大量的数据按不同的类别进行筛选。在本实例中，我们要制作出销售情况分析表。

最后的效果如图所示。

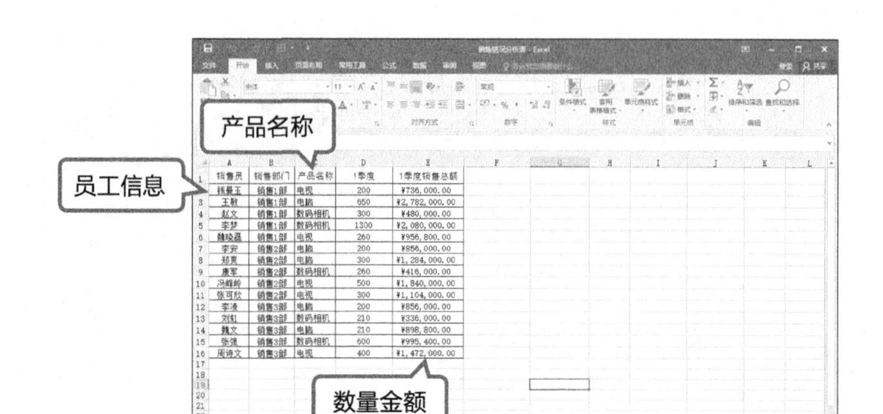

/【销售情况分析表的组成要素】

名称	是否必备	要求
员工信息	必备	准确录入每个销售员工的姓名和所处的部门
产品名称	必备	准确录入每个产品的名称
数量总额	必备	准确录入每个季度产品销售的数量和总金额

/【技术要点】

（1）应用合并计算功能汇总。

（2）应用分类汇总功能汇总数据。

（3）使用“筛选”功能筛选数据。

/ 操作流程

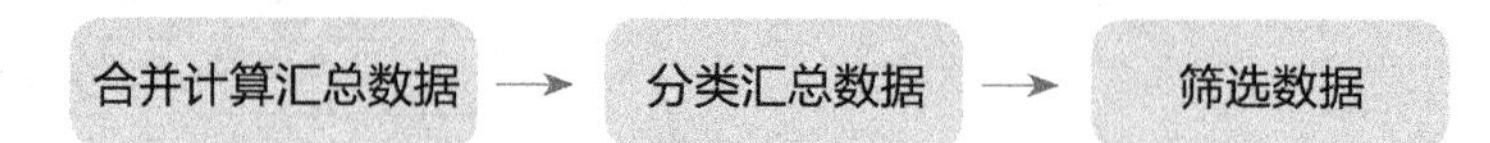

8.2.1 应用合并计算功能汇总销售额

要按某一个分类将数据结果进行汇总计算，可以应用 Excel 中的合并计算功能，它可以将一个或多个工作表中具有相同标签的数据进行汇总运算。

1. 按季度汇总销售数量

在《销售情况分析表》中列举了各产品各季度的销售情况，现在需要计算出一年四个季度每个产品的销售总数量，并将结果列举到新工作表中，具体操作步骤如下。

第 1 步 添加文本内容

打开“素材 \ 第 8 章 \ 销售情况分析表 .xlsx”工作簿。❶ 新建一个名为“年度销量汇总”的工作表；❷ 在工作表中添加文本内容。

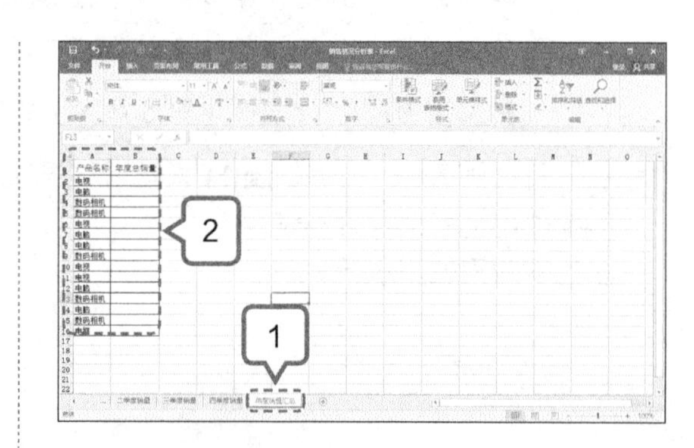

第 2 步 单击“合并计算”按钮

❶ 在“年度销量汇总”表中，选择单元格区域；❷ 单击“数据”选项卡，在“数据工具”面板中，单击“合并计算”按钮。

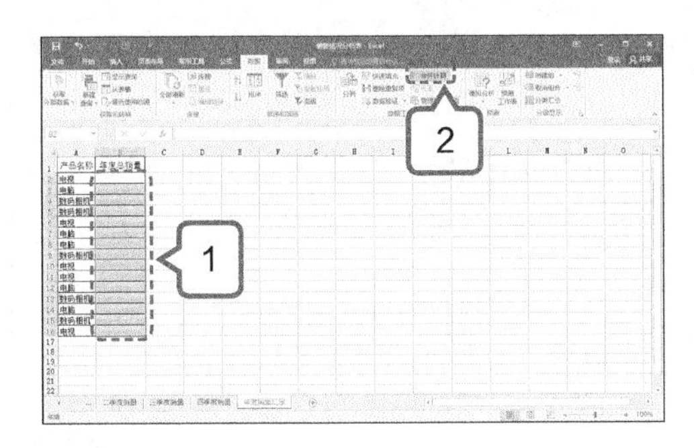

第 3 步 单击相应按钮

打开“合并计算”对话框，在“引用位置”选项区中，单击相应的按钮。

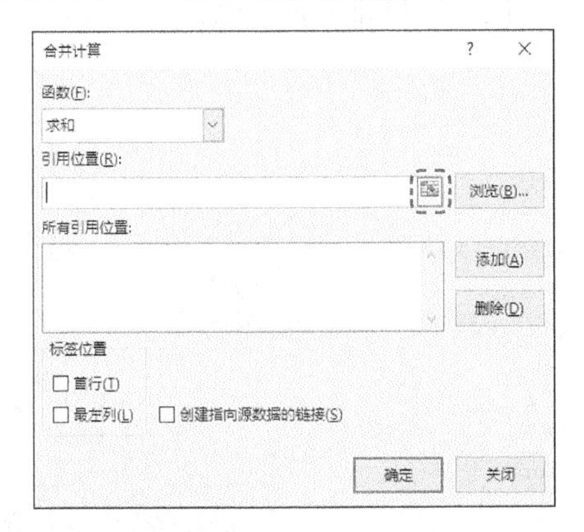

第 4 步 选择单元格区域

打开“合并计算 - 引用位置”对话框，切换至“一季度销量”工作表，选择合适的单元格区域。

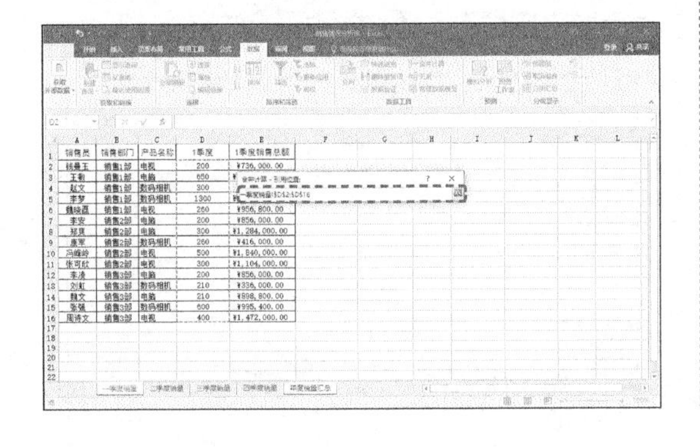

第 5 步 添加引用位置

❶ 返回到“合并计算”对话框，单击“添加”按钮；❷ 添加引用位置。

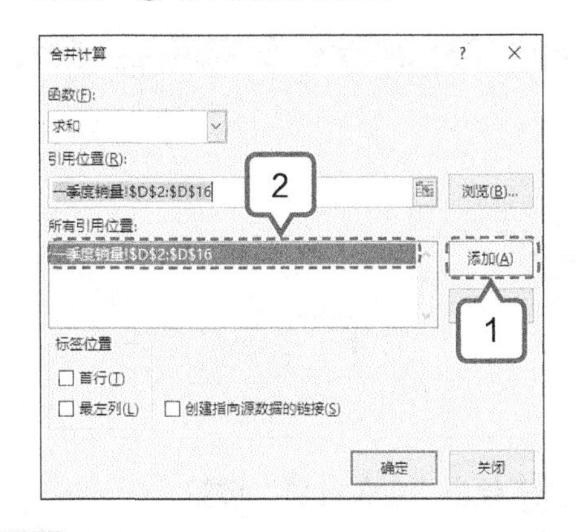

第 6 步 添加引用位置

❶ 用同样的方法，依次在其他的工作表中添加引用位置；❷ 单击“确定”按钮。

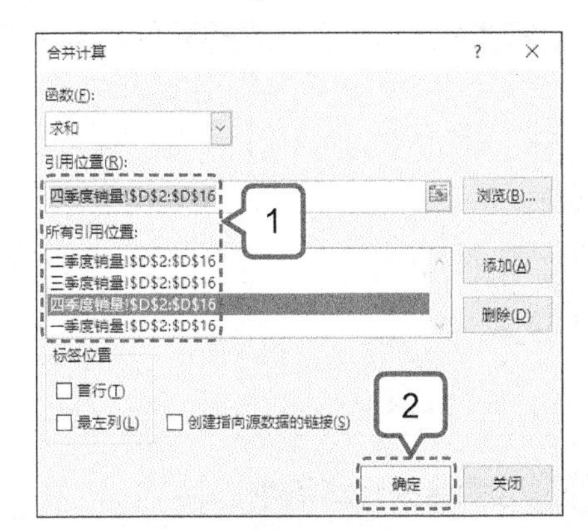

第 7 步 合并计算销售数量

合并计算出销售数量，并查看工作表的汇总结果。

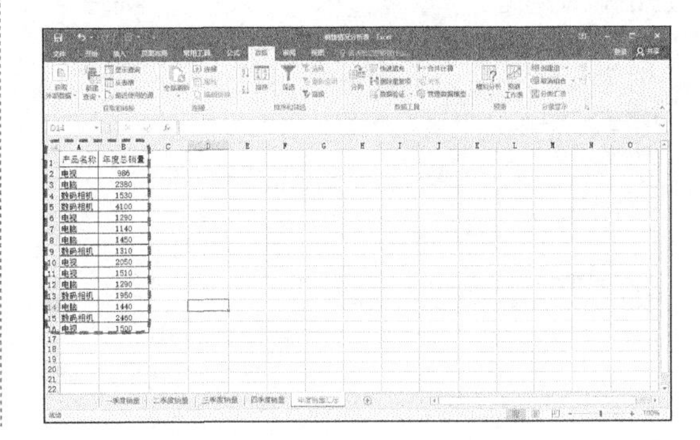

2. 合并计算出年平均销售额

在《销售情况分析表》中列举了各产品各季度的销售情况，现在需要计算出一年四个季度每个产品的平均销售金额，并将结果列举到新工作表中。具体操作步骤如下。

第 1 步 添加文本内容

❶ 新建一个名为“年度平均销售额”的工作表；❷ · 在工作表中添加文本内容。

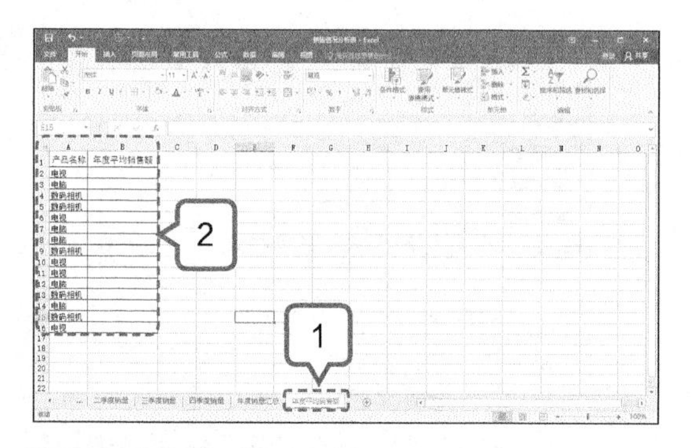

第 2 步 单击“合并计算”按钮

❶ 在“年度平均销售额”表中，选择B2:B16 单元格区域；❷ 单击“数据”选项卡，在“数据工具”面板中，单击“合并计算”按钮。

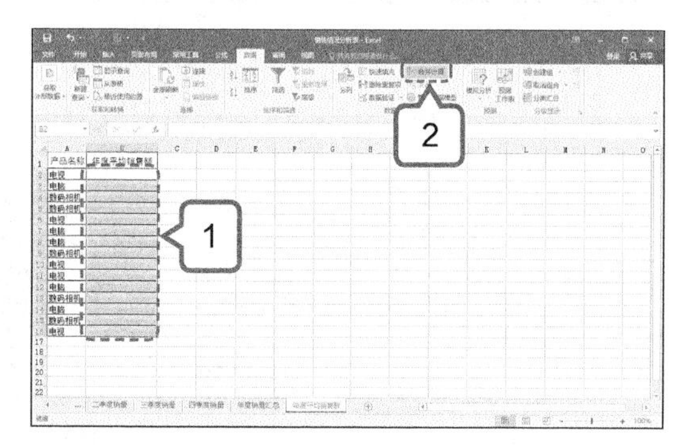

第 3 步 设置合并计算条件

打开“合并计算”对话框，单击“函数”右侧的下三角按钮，展开列表框，选择“平均值”选项，在“引用位置”选项区中，单击相应的按钮。

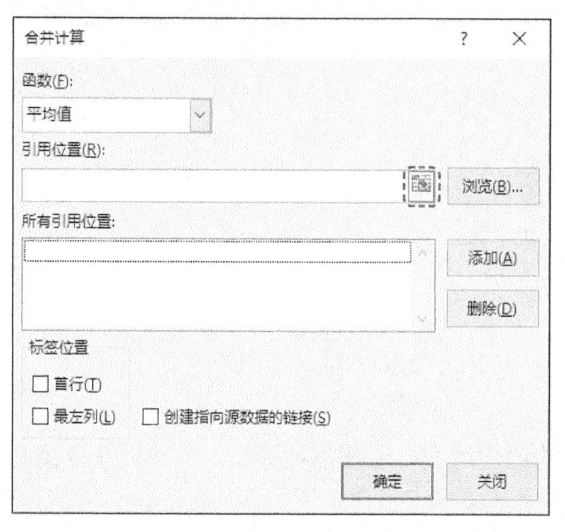

第 4 步 选择单元格区域

打开“合并计算 - 引用位置”对话框，切换至“一季度销量”工作表，选择合适的单元格区域。

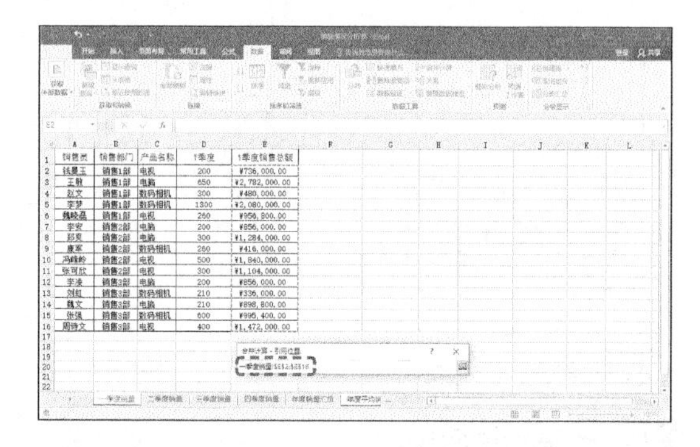

第 5 步 添加引用位置

❶ 返回到“合并计算”对话框，单击“添加”按钮；❷ 添加引用位置。

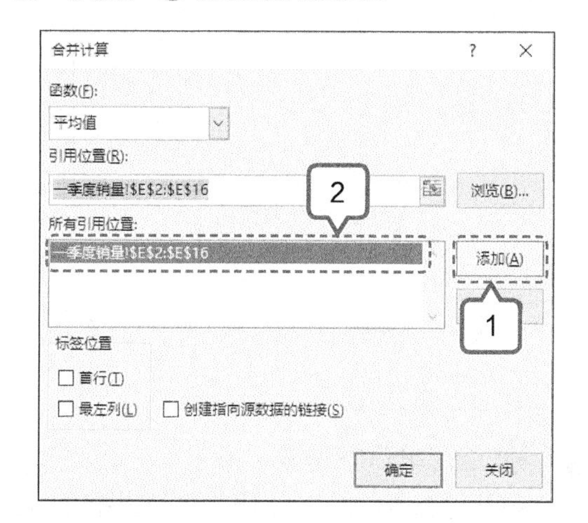

第 6 步 添加引用位置

❶ 用同样的方法，依次在其他的工作表中添加引用位置；❷ 单击“确定”按钮。

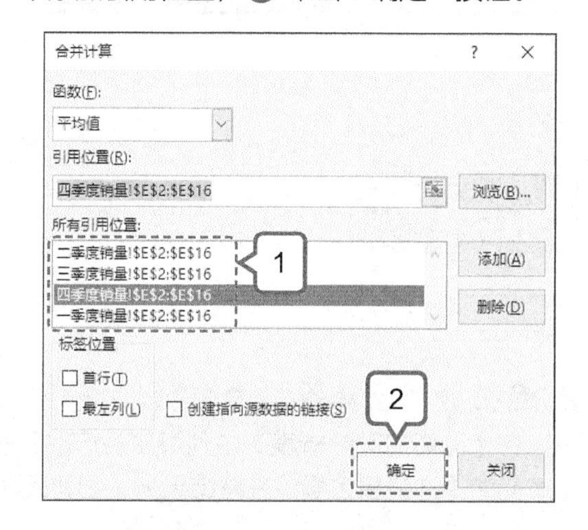

第 7 步 合并计算平均销售额

合并计算出产品的平均销售额，并查看工作表的汇总结果。

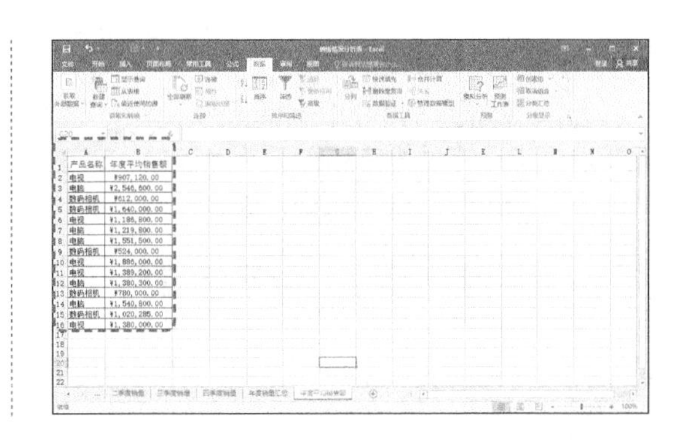

8.2.2 应用分类汇总功能汇总数据

数据的合并计算重在体现其计算结果，但无法清晰地显示出其明细数据。如果要对不同类别的数据进行汇总，同时要能更清晰地查看汇总后的明细数据，可以使用分类汇总功能。在使用分类汇总前，需要将要进行分类汇总的数据进行排序，使类别相同的数据位置排列在一起，从而实现分类汇总的功能。

1. 按部门分类汇总销售额

为了清晰地查看各部门的销售情况，可以按“销售部门”字段进行分类，并汇总销售额，具体操作步骤如下。

第 1 步 单击“移动或复制”命令

选择“一季度销量”工作表，单击鼠标右键，打开快捷菜单，单击“移动或复制”命令。

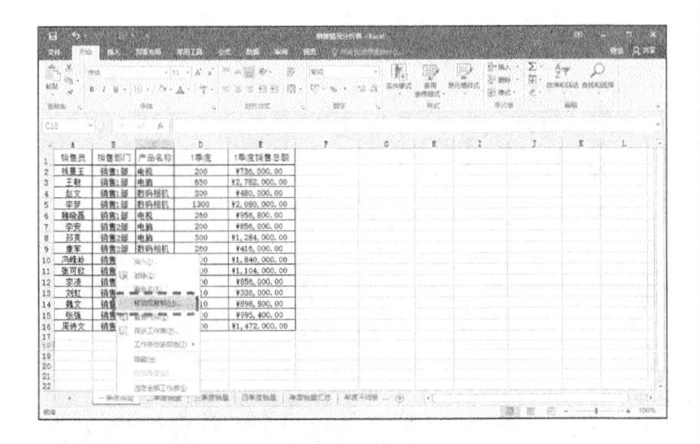

第 2 步 设置复制条件

❶ 打开“移动或复制工作表”对话框，在“下列选定工作表之前”列表框中，选择“(移至最后)”选项；❷ 勾选“建立副本”复选框。

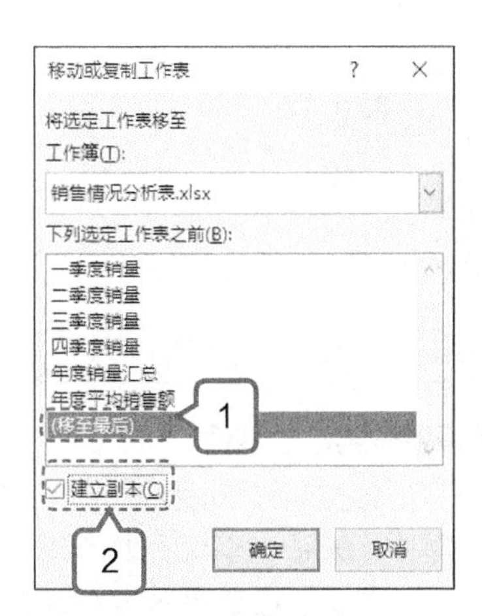

第 3 步 复制并重命名工作表

单击“确定”按钮，完成复制工作表操作，并将其重命名为“按部门汇总”。

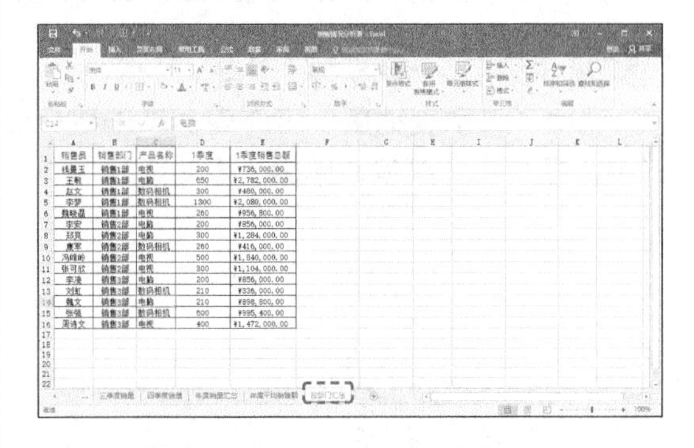

第 4 步 **降序排列数据**

选择“部门”列中的任意单元格，单击“数据”选项卡，在“排序和筛选”面板中，单击“降序”按钮，降序排列数据。

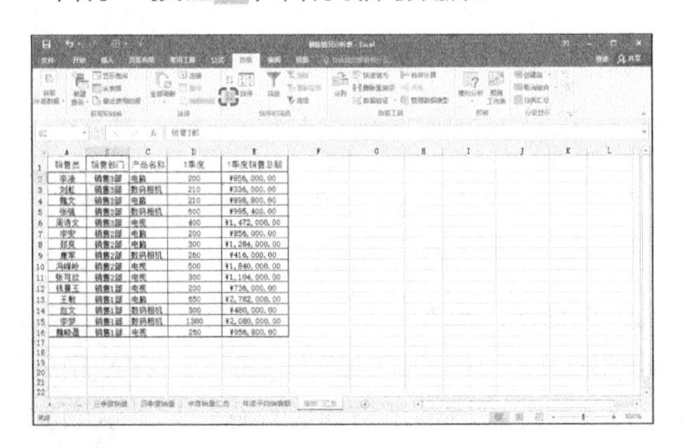

第 5 步 **单击“分类汇总”按钮**

单击“数据”选项卡，在“分级显示”面板中，单击“分类汇总”按钮。

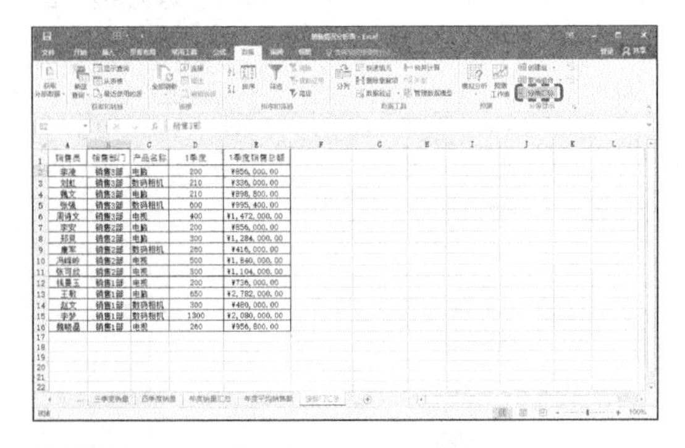

第 6 步 **设置分类汇总条件**

❶ 打开“分类汇总”对话框，在“分类字段”下拉列表框中，选择“销售部门”选项；❷ 在“汇总方式”下拉列表框中，选择“求和”选项；❸ 在“选定汇总项”下拉列表框中，勾选“1 季度”和“1 季度销售总额”复选框。

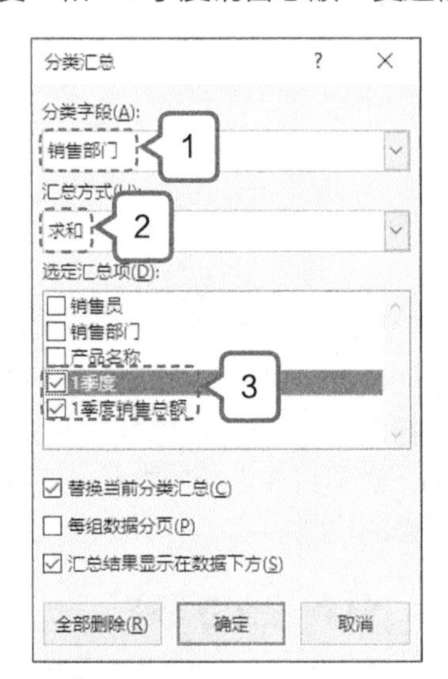

第 7 步 **分类汇总数据**

单击“确定”按钮，即可分类汇总数据，并将分类汇总后的工作表数据分级显示。

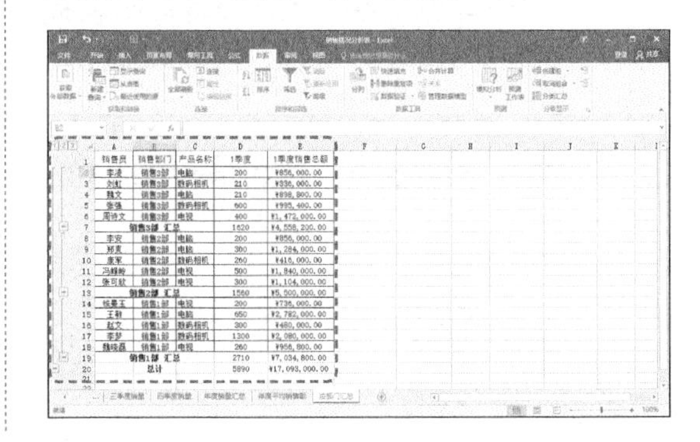

2. 按产品分类汇总平均销售额

为了清晰地查看各产品每个季度的平均销售情况，可以利用分类汇总功能按“产品”字段进行分类，并以平均值方式汇总销售额。具体操作步骤如下。

第 1 步 **单击“移动或复制”命令**

选择“二季度销量”工作表，单击鼠标右键，打开快捷菜单，单击“移动或复制”命令。

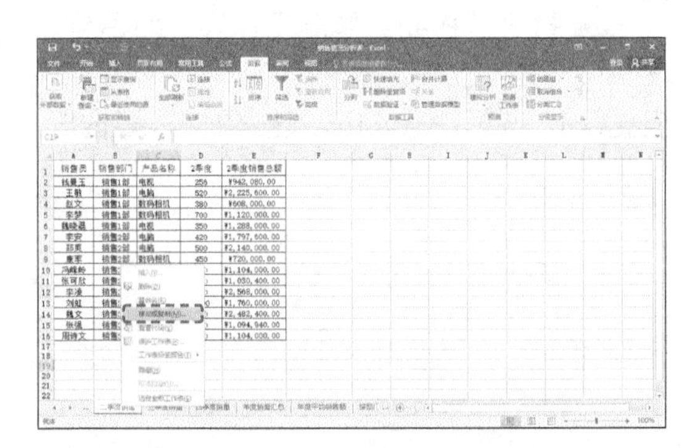

第 2 步 设置复制条件

❶ 打开“移动或复制工作表”对话框，在“下列选定工作表之前”列表框中，选择“（移至最后）”选项；❷ 勾选“建立副本”复选框。

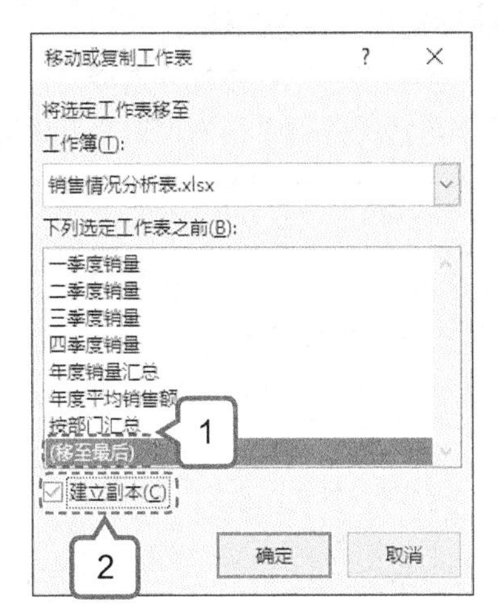

第 3 步 复制并重命名工作表

单击“确定”按钮，完成复制工作表操作，并将其重命名为“按产品汇总”。

	销售员	销售部门	产品名称	2季度	2季度销售总额
2	钱曼玉	销售1部	电视	256	¥942, 080. 00
3	王敏	销售1部	电脑	520	¥2, 225, 600. 00
4	赵文	销售1部	数码相机	380	¥608, 000. 00
5	李梦	销售1部	数码相机	700	¥1, 120, 000. 00
6	魏晓磊	销售1部	电视	350	¥1, 288, 000. 00
7	李安	销售2部	电脑	420	¥1, 797, 600. 00
8	郑爽	销售2部	电脑	500	¥2, 140, 000. 00
9	康军	销售2部	数码相机	450	¥720, 000. 00
10	冯峰岭	销售2部	电视	300	¥1, 104, 000. 00
11	张可欣	销售2部	电视	280	¥1, 030, 400. 00
12	李凌	销售3部	电脑	600	¥2, 568, 000. 00
13	刘虹	销售3部	数码相机	1100	¥1, 760, 000. 00
14	魏文	销售3部	电脑	580	¥2, 482, 400. 00
15	张强	销售3部	数码相机	660	¥1, 094, 940. 00
16	周诗文	销售3部	电视	300	¥1, 104, 000. 00

四季度销量 | 年度销量汇总 | 年度平均销售额 | 按部门汇总 | 按产品汇总

第 4 步 升序排列数据

选择“产品名称”列中的任意单元格，单击“数据”选项卡，在“排序和筛选”面板中，单击“升序”按钮，升序排列数据。

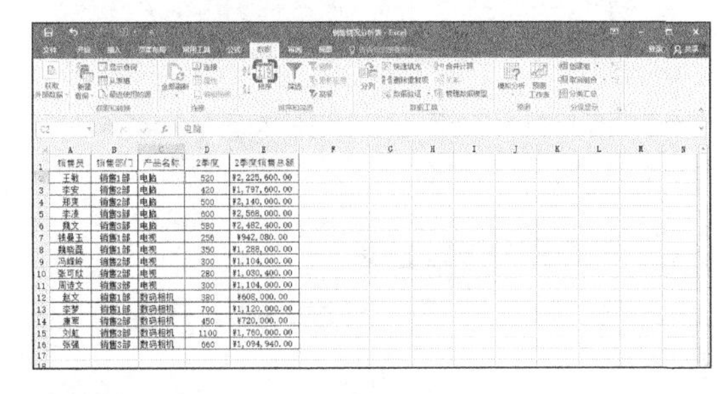

第 5 步 单击“分类汇总”按钮

单击“数据”选项卡，在“分级显示”面板中，单击“分类汇总”按钮。

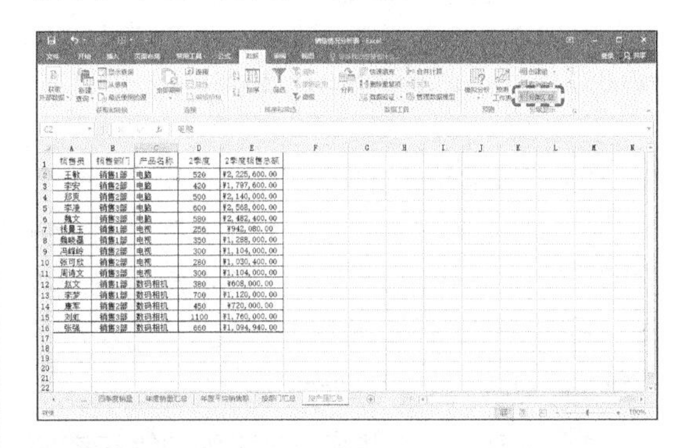

第 6 步 设置分类汇总条件

❶ 打开“分类汇总”对话框，在“分类字段”下拉列表框中，选择“产品名称”选项；❷ 在“汇总方式”下拉列表框中，选择“平均值”选项；❸ 在“选定汇总项”下拉列表框中，勾选“2 季度销售总额”复选框。

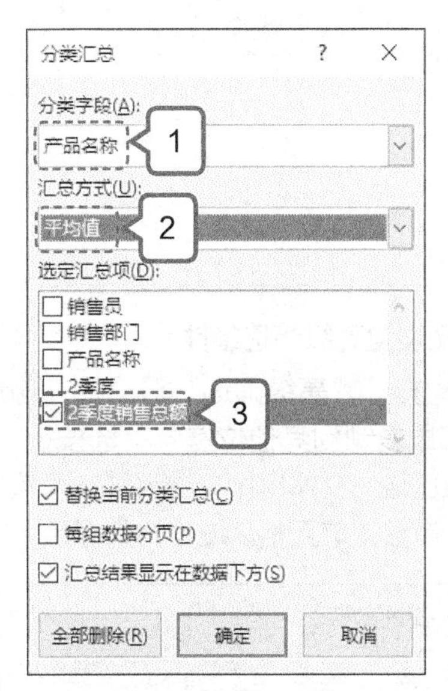

第 7 步 分类汇总数据

单击“确定”按钮，即可分类汇总数据，并将分类汇总后的工作表数据分级显示。

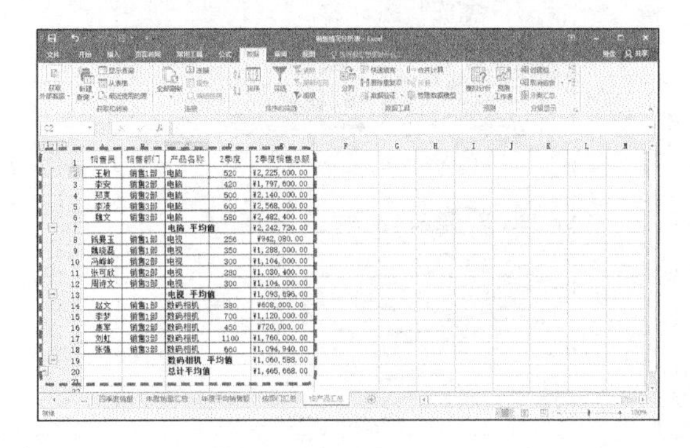

8.2.3 使用“筛选”功能筛选数据

在进行数据汇总后，要从大量数据中快速找出需要的数据，可以使用筛选功能，本例将对销售情况分析表中的数据进行筛选。

1. 筛选指定部门的数据

为快速查看“销售二部”在一季度的销售情况，可以应用高级筛选功能筛选出相应的数据。具体操作步骤如下。

第1步 单击“高级”按钮

❶ 新建工作表并修改名称为“销售二部一季度销售情况”；❷ 在 A1:B2 单元格中输入数据内容；❸ 在“数据”选项卡的“排序和筛选”面板中，单击“高级”按钮。

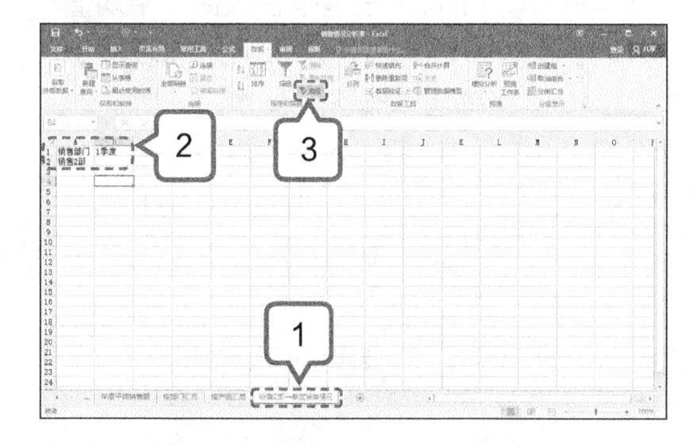

第2步 设置高级筛选条件

❶ 打开“高级筛选”对话框，勾选“将筛选结果复制到其他位置”单选按钮；❷ 在“列表区域”文本框中，选择“一季度销量”表中所有数据单元格区域（含列标题）。

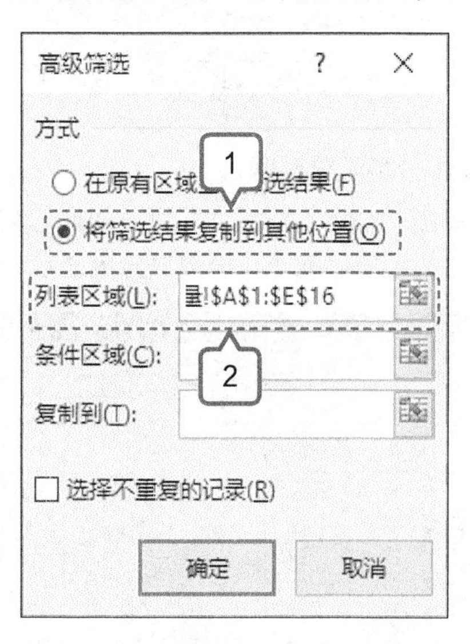

第3步 设置高级筛选条件

在“条件区域”文本框中选择“销售二部一季度销售情况”表中的 A1:B2 单元格区域。

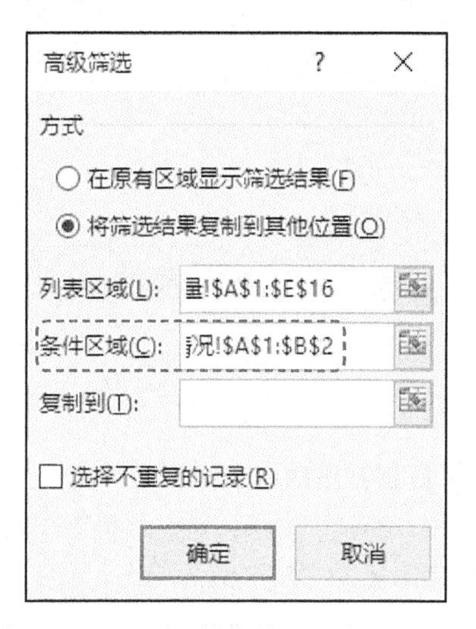

第4步 设置高级筛选条件

❶ 在“复制到”文本框中选择“销售二部一季度销售情况”表中的 A3 单元格；❷ 单击“确定”按钮。

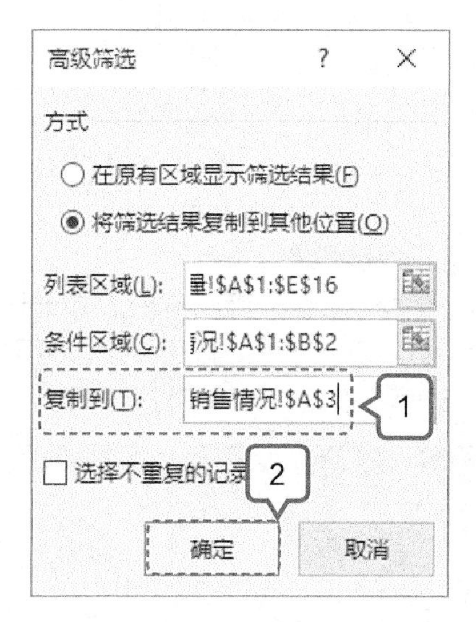

第5步 筛选工作表数据

完成筛选，调整工作表列宽，并查看工作表效果。

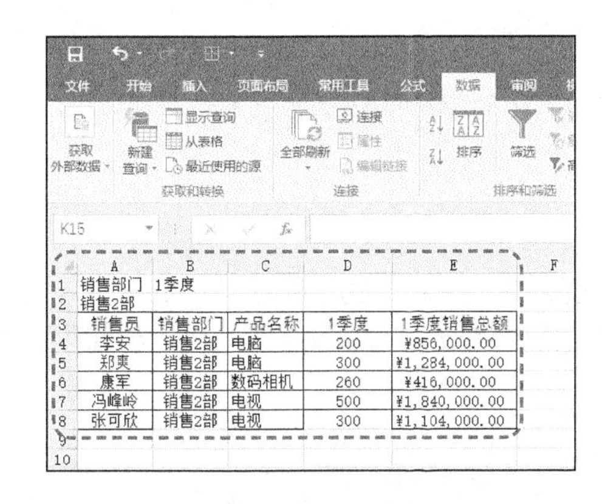

2. 筛选出销售总额最高的前 3 项数据

在对数据进行筛选时，有时需要筛选出数据中某项数据值最大或最小的多个数据。例如，筛选出第四季度表中销售总额最高的 3 项数据，此时可以应用自动筛选功能中的数字筛选功能。具体操作步骤如下。

第 1 步 单击“筛选”按钮

选择“四季度销量”表中的任意单元格，在“数据”选项卡的“排序和筛选”面板中，单击“筛选”按钮。

第 2 步 单击“前 10 项”命令

❶ 开启筛选功能，在“4 季度销售总额”单元格中，单击其右侧的下三角按钮；❷ 展开列表框，单击“数字筛选”命令；❸ 再次展开列表框，单击“前 10 项”命令。

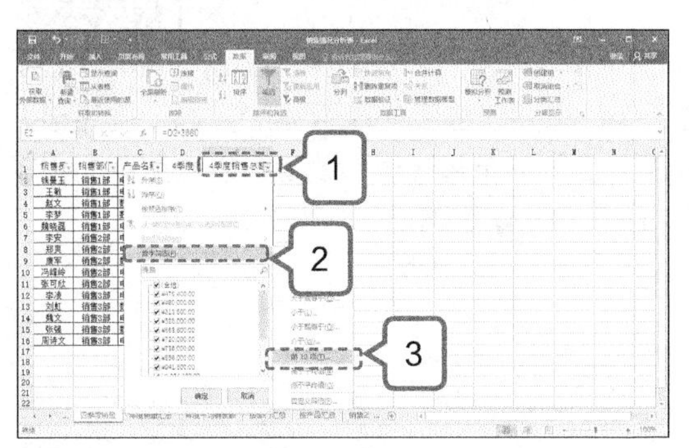

第 3 步 设置参数值

❶ 打开“自动筛选前 10 个”对话框，在数值框中输入 3；❷ 单击“确定”按钮。

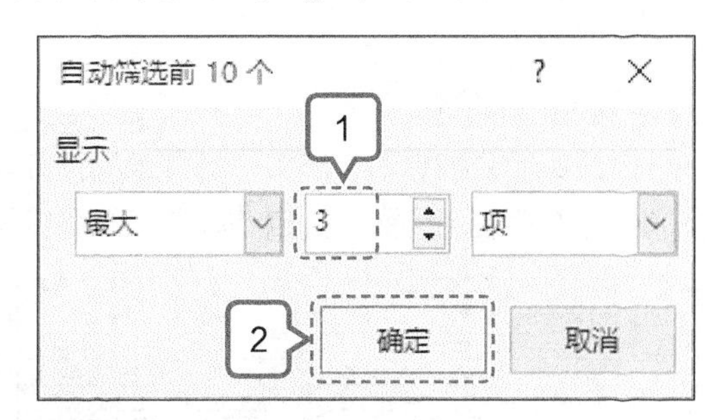

第 4 步 筛选出前 3 项数据

筛选出销售总额的前 3 项数据，并查看工作表效果。

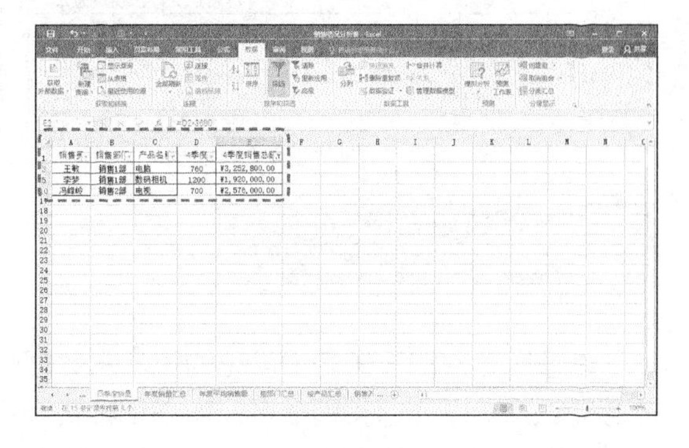

8.2.4 其他分析表

除了本节介绍的分析表外，平时常用的还有很多种分析表。读者可以根据以下思路，结合实际需要进行制作。

1.《装修单价分析表》

装修单价分析表是用来登记装修空调时的定额单位、数量、人工费、材料费、机械费以及管理费和利润等信息的表格。在进行装修单价分析表的制作时，会使用到分类汇总和筛选功能等操作。具体的效果如下图所示。

	A	B	C	D	E	F	G	H
1	定额编号	定额名称	定额单位	数量	人工费	材料费	机械费	管理费和利润
2	CI0035	空调器安装 落地式 质量≤1.5t	台	1.000	581.76	4.05	19.68	232.70
3			581.76 汇总	0	0	0	0	0
4	CI0081	金属壳体制作安装 设备支架CG327 ≤50kg 制作	100kg	0.500	191.77	496.05	21.98	76.71
5			191.77 汇总	0	0	0	0	0
6	CI0082	金属壳体制作安装 设备支架CG327 ≤50kg 安装	100kg	0.500	31.21	10.12	1.16	12.48
7			31.21 汇总	0	0	0	0	0
8	CN0007	手工除锈 一般钢结构 轻锈	100kg	0.500	11.68	3.20	7.50	4.67
9			11.68 汇总	0	0	0	0	0
10	CN0117	金属结构刷油一般钢结构 红丹防锈漆 第一遍	100kg	0.500	8.11	1.85	7.50	3.24
11			8.11 汇总	0	0	0	0	0
12	CN0118	金属结构刷油一般钢结构 红丹防锈漆 第二遍	100kg	0.500	7.79	1.59	7.50	3.12
13	CN0126	金属结构刷油一般钢结构 调和漆 第一遍	100kg	0.500	7.79	0.55	7.50	3.12
14	CN0127	金属结构刷油一般钢结构 调和漆 第二遍	100kg	0.500	7.79	0.49	7.50	3.12
15			7.79 汇总	0	0	0	0	0
16			总计	0	0	0	0	0

	A	B	C	D	E	F	G	H
1	定额编号	定额名称	定额单位	数量	人工费	材料费	机械费	管理费和利润
2	CI0035	空调器安装 落地式 质量≤1.5t	台	1.000	581.76	4.05	19.68	232.70
3	CI0081	金属壳体制作安装 设备支架CG327 ≤50kg 制作	100kg	0.500	191.77	496.05	21.98	76.71

2.《订单明细分析表》

订单明细分析表主要用来登记订单的合同编号、客户、产品名称、数量、单价以及总金额数据。在制作时，会使用到数据的自动筛选和高级筛选等操作。具体的效果如下图所示。

	A	B	C	D	E	F
1	合同编号	客户	产品名称	数量	单价	总金额
2	JZ1306004	福运商贸	无线键盘	1236	¥110.00	¥135,960.00
3	JZ1306005	福运商贸	台式机	180	¥3,120.00	¥561,600.00
4	JZ1306006	福运商贸	数码相机	370	¥5,600.00	¥2,072,000.00
5	福运商贸 汇总			1786	¥8,830.00	¥2,769,560.00
6	JZ1306009	鸿达科技	液晶显示器	652	¥2,700.00	¥1,760,400.00
7	JZ1306010	鸿达科技	数码相机	356	¥5,400.00	¥1,922,400.00
8	JZ1307011	鸿达科技	平板电脑	785	¥3,350.00	¥2,629,750.00
9	鸿达科技 汇总			1793	¥11,450.00	¥6,312,550.00
10	JZ1306007	商景科技	平板电脑	420	¥3,700.00	¥1,554,000.00
11	JZ1306008	商景科技	无线键盘	864	¥130.00	¥112,320.00
12	商景科技 汇总			1284	¥3,830.00	¥1,666,320.00
13	JZ1306001	伟运科贸	台式机	250	¥2,650.00	¥662,500.00
14	JZ1306002	伟运科贸	平板电脑	642	¥2,990.00	¥1,919,580.00
15	JZ1306003	伟运科贸	液晶显示器	251	¥2,740.00	¥687,740.00
16	伟运科贸 汇总			1143	¥8,380.00	¥3,269,820.00
17		总计		6006	¥32,490.00	¥14,018,250.00

	A	B	C	D	E	F
1	合同编号	客户	产品名称	数量	单价	总金额
2	JZ1306004	福运商贸	无线键盘	1236	¥110.00	¥135,960.00
3	JZ1306005	福运商贸	台式机	180	¥3,120.00	¥561,600.00
4	JZ1306006	福运商贸	数码相机	370	¥5,600.00	¥2,072,000.00
5	JZ1306009	鸿达科技	液晶显示器	652	¥2,700.00	¥1,760,400.00
6	JZ1306010	鸿达科技	数码相机	356	¥5,400.00	¥1,922,400.00
7	JZ1307011	鸿达科技	平板电脑	785	¥3,350.00	¥2,629,750.00
8	JZ1306007	商景科技	平板电脑	420	¥3,700.00	¥1,554,000.00
10	JZ1306001	伟运科贸	台式机	250	¥2,650.00	¥662,500.00
11	JZ1306002	伟运科贸	平板电脑	642	¥2,990.00	¥1,919,580.00
12	JZ1306003	伟运科贸	液晶显示器	251	¥2,740.00	¥687,740.00

本节视频教学时间 / 7 分钟

本章所选择的案例均为常见的工作表数据处理工作，主要包含工作表数据的筛选、排序与汇总等知识点。工作簿类别很多，本书配套资源中赠送了若干工作簿模板，读者可以根据不同要求将模板改编成自己需要的形式。以下列举 2 个典型工作表的制作思路。

1.《员工销售业绩表》中的数据汇总和排序

员工销售业绩表类工作簿，会涉及工作表中数据的排序、汇总等操作，制作员工销售业绩表可以按照以下思路进行。

第 1 步 升序排序数据

打开工作簿并按销售地区进行升序排序。

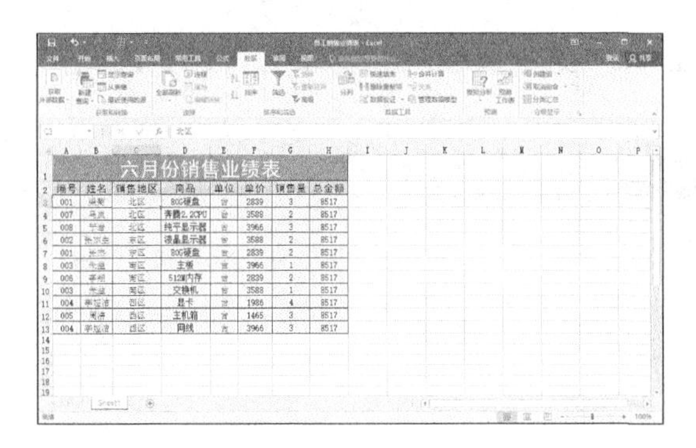

第 2 步 汇总数据

使用“分类汇总”功能按“销售地区”字段进行汇总。

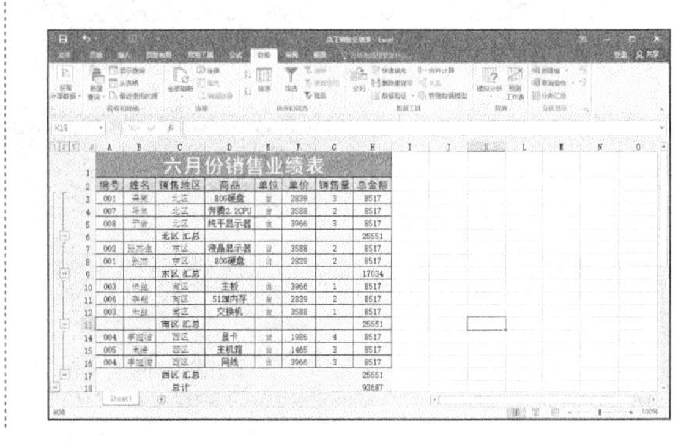

2.《库存明细表》中的数据筛选

库存明细表类工作簿，会涉及工作表中数据的筛选和高级筛选等功能，制作库存明细表可以按照以下思路进行。

第 1 步 筛选数据

开启筛选功能，并筛选出“出库金额”为零的数据。

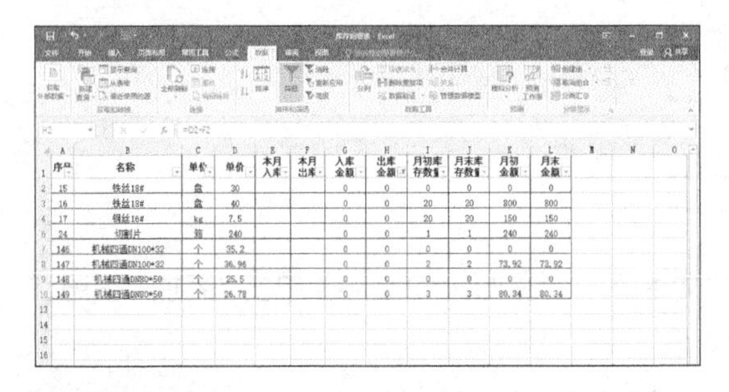

第 2 步 添加文本

重命名工作表，并添加文本内容。

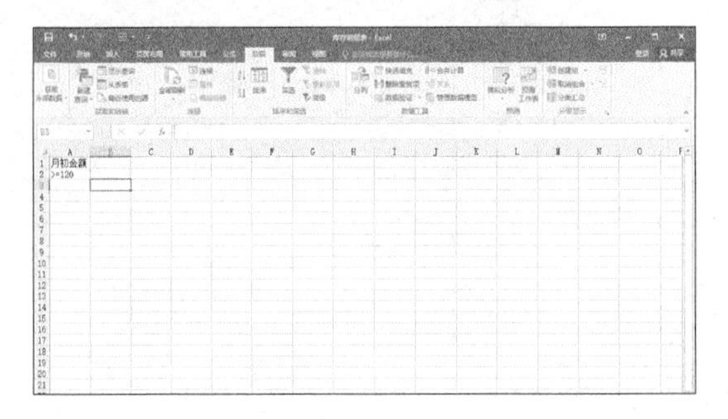

第 3 步 筛选数据

使用“高级筛选”功能筛选出月初金额大于或等于 120 的数据。

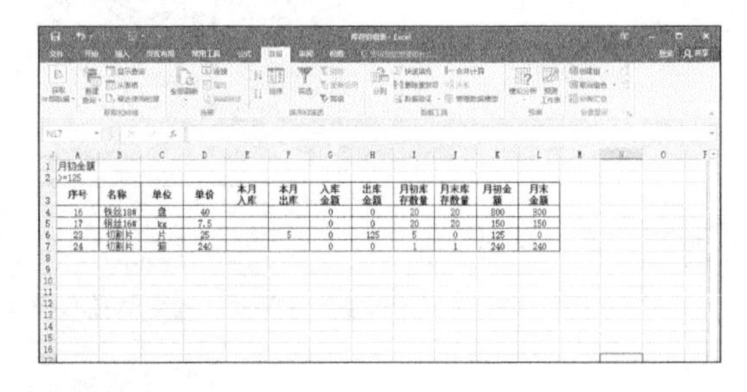

第 4 步 筛选数据

使用“高级筛选”功能筛选出月末金额大于或等于 150 的数据。

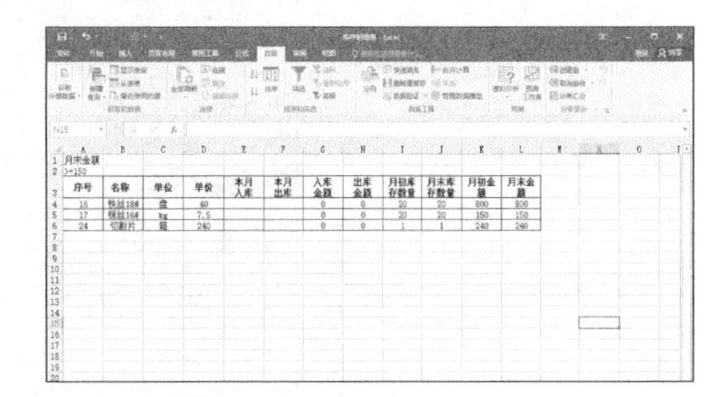

1. 按自定义序列排序

在对工作表中的数据进行排序时，还可以使用“自定义序列”功能，根据自己新建的序列进行排序。

第 1 步 单击“排序”按钮

打开“素材 \ 第 8 章 \ 办公日常费用表 .xlsx”工作簿，选择单元格区域，单击“数据”选项卡，在“排序和筛选”面板中，单击“排序”按钮。

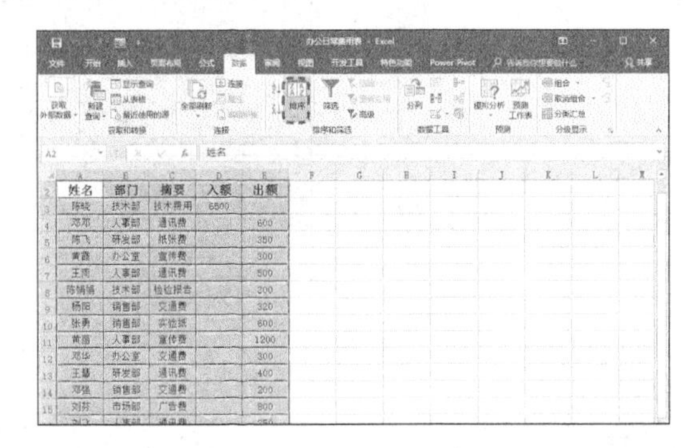

第 2 步 选择“自定义序列”选项

❶ 打开“排序”对话框，单击“主要关键字”下三角按钮，展开列表框，选择“部门”选项；❷ 单击“次序”右侧下三角按钮，展开列表框，选择“自定义序列”选项。

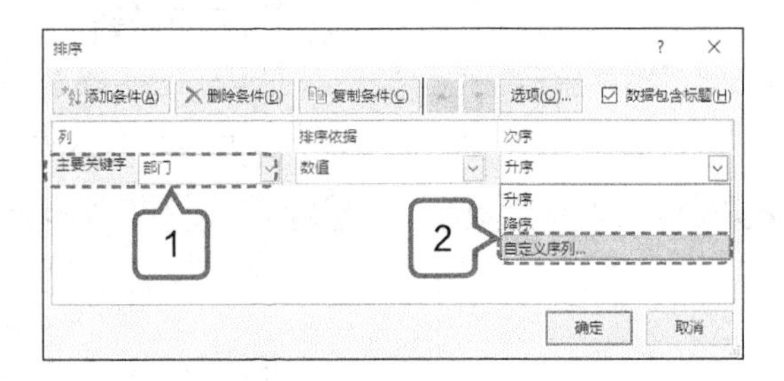

第 3 步 添加序列

❶ 打开“自定义序列”对话框，在“输入序列”文本框中，输入新序列；❷ 单击“添加”按钮，添加序列。

第 4 步 按自定义序列排序

单击“确定”按钮，返回到“排序”对话框，再次单击“确定”按钮，即可按自定义序列排序工作表数据。

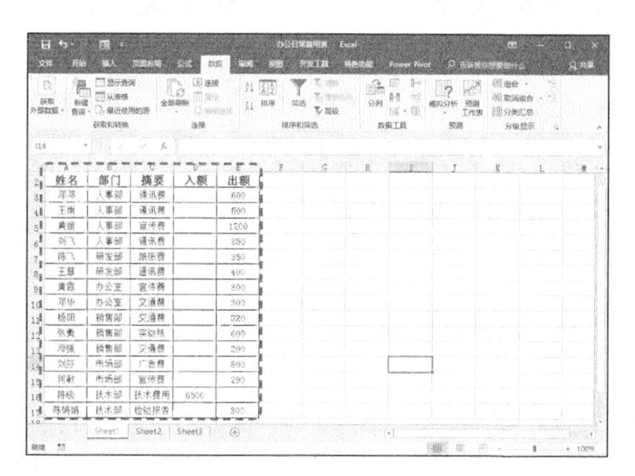

姓名	部门	摘要	入额	出额
邓邓	人事部	通讯费		600
王刚	人事部	通讯费		500
黄丽	人事部	宣传费		1200
刘飞	人事部	通讯费		850
陈飞	研发部	纸张费		350
王慧	研发部	通讯费		400
黄霞	办公室	宣传费		300
邓华	办公室	交通费		300
杨阳	销售部	交通费		320
张勇	销售部	实验纸		600
邓强	销售部	交通费		200
刘芬	市场部	广告费		800
何斌	市场部	宣传费		290
陈晓	技术部	技术费用	6500	
陈娟娟	技术部	检验报告		300

2. 筛选出空值的单元格

在筛选工作表数据时，除了筛选出指定数据外，还可以将工作表中含有空值的数据筛选出来。

第 1 步 单击“筛选”按钮

打开“素材 \ 第 8 章 \ 利润表 .xlsx”工作簿，单击“数据”选项卡，在“排序和筛选”面板中，单击“筛选”按钮。

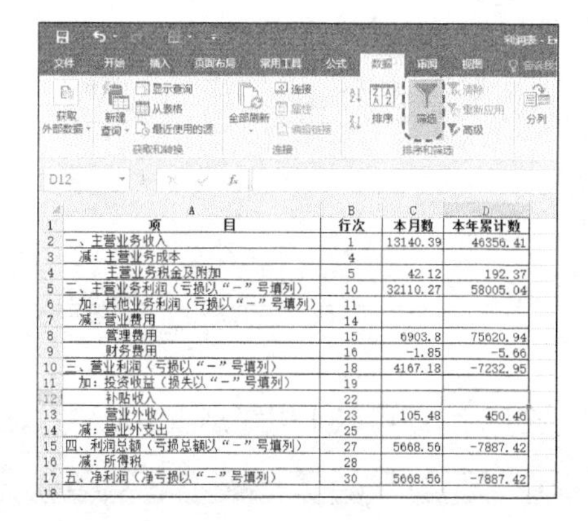

项 目	行次	本月数	本年累计数
一、主营业务收入	1	13140.39	46356.41
减：主营业务成本	4		
主营业务税金及附加	5	42.12	192.37
二、主营业务利润（亏损以“－”号填列）	10	32110.27	58005.04
加：其他业务利润（亏损以“－”号填列）	11		
减：营业费用	14		
管理费用	15	6903.8	75620.94
财务费用	16	-1.85	-5.66
三、营业利润（亏损以“－”号填列）	18	4167.18	-7232.95
加：投资收益（损失以“－”号填列）	19		
补贴收入	22		
营业外收入	23	105.48	450.46
减：营业外支出	25		
四、利润总额（亏损总额以“－”号填列）	27	5668.56	-7887.42
减：所得税	28		
五、净利润（净亏损以“－”号填列）	30	5668.56	-7887.42

第 2 步 勾选“空白”复选框

❶ 开启筛选功能，在“本年累计数”单元格中，单击下三角按钮；❷ 展开列表框，只勾选“空白”复选框。

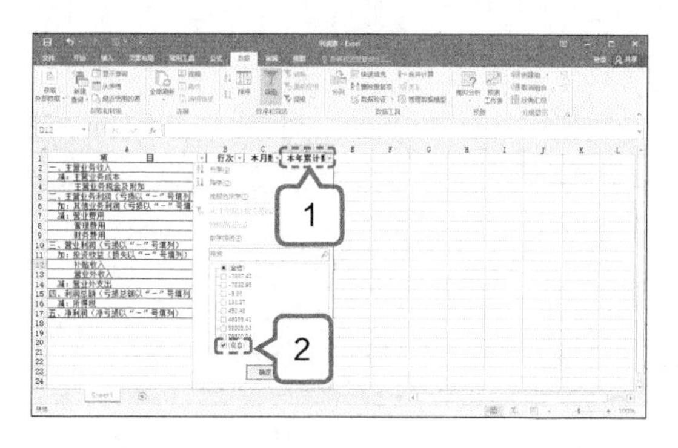

第 3 步 筛选空值单元格

单击“确定”按钮，筛选出空值的单元格，并查看工作表效果。

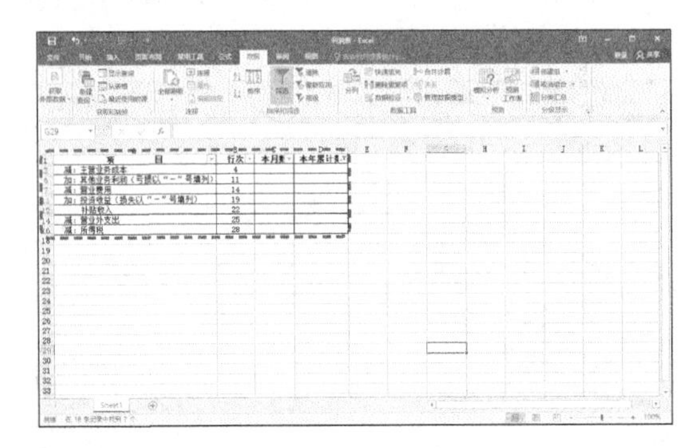

3. 对汇总后的数据进行分级查看

在对工作表数据进行汇总后，可以使用“分级显示”功能对工作表数据进行分级查看。

第 1 步 查看汇总数据

打开“素材 \ 第 8 章 \ 岗位工资记录表 .xlsx”工作簿，在工作表的左上方，单击按钮 2 ，即可以 2 级级别查看汇总数据。

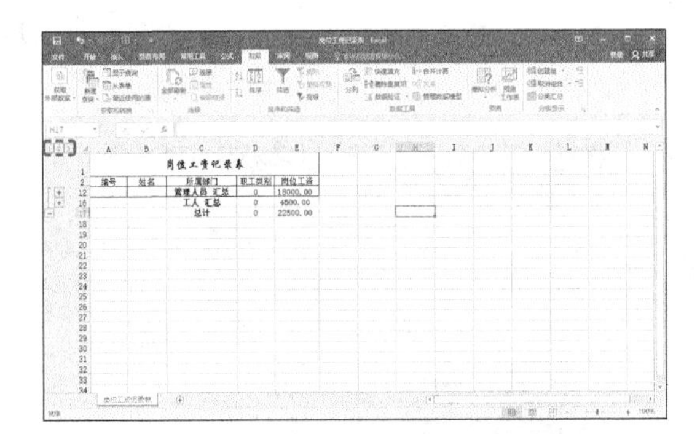

第 2 步 查看汇总数据

在工作表的左上方，单击按钮 1 ，即可以 1 级级别查看汇总数据。

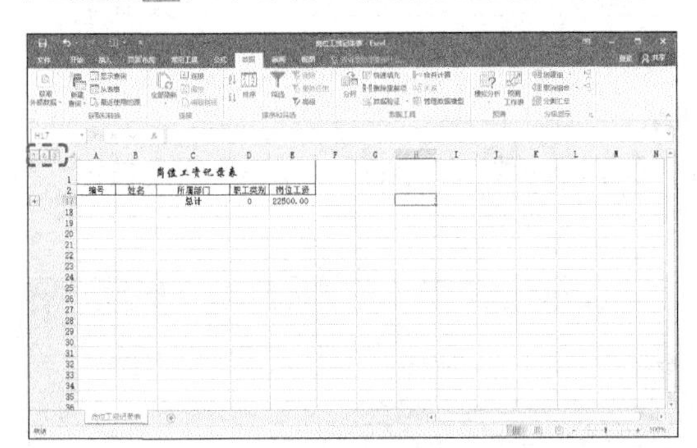

应用 Excel 统计图表和透视图表

本章视频教学时间 / 37 分钟

技术分析

在对表格数据进行查看和分析时，使用各种类型的图表，可以更直观地展示数据及数据间的比例关系。一般来说，应用 Excel 统计图表和透视图表主要涉及以下知识点。

（1）创建图表。

（2）调整图表的大小、位置、图表类型等。

（3）创建迷你图表。

（4）创建数据透视图表。

思维导图

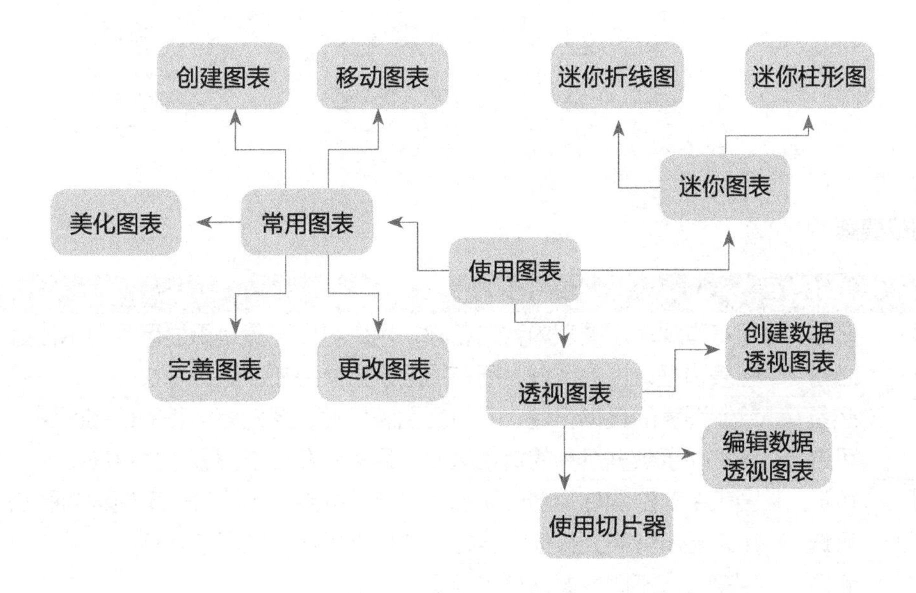

9.1 制作“图表”——《员工工资图表》

本节视频教学时间 / 9 分钟

案例名称	员工工资图表
素材文件	素材 \ 第 9 章 \ 员工工资图表 .xlsx
结果文件	结果 \ 第 9 章 \ 员工工资图表 .xlsx
扩展模板	扩展模板 \ 第 9 章 \ 图表类模板

员工工资表是公司用来登记每个员工的基本工资、奖金、扣款额以及实发工资等信息的工作簿，员工工资图表是为其中的数据创建的图表。在本实例中，我们要制作出员工工资图表。

最后的效果如图所示。

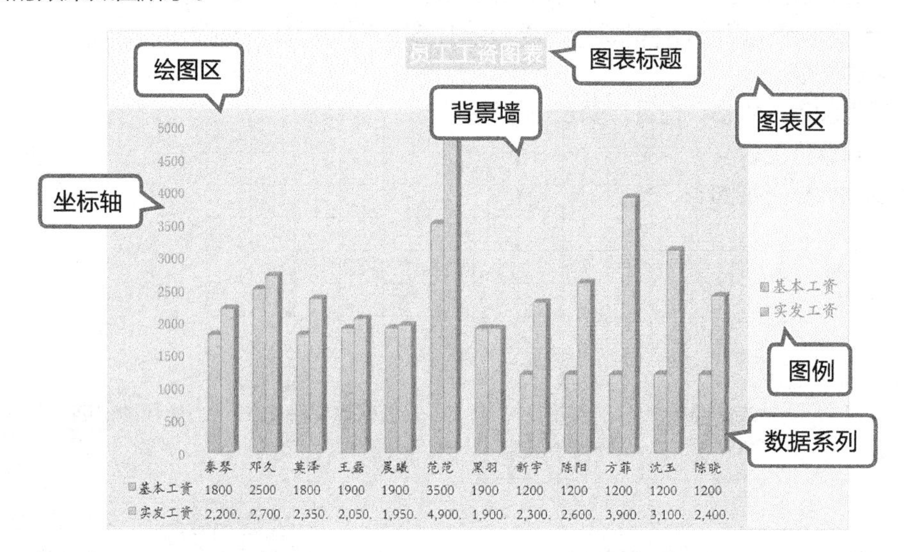

/ 图表的组成要素

名称	是否必备	要求
图表标题	必备	用来直观表示图表内容的名称，用户可以设置是否显示及显示位置
图表区	必备	图表边框以内的区域，所有的图表元素都在该区域内
绘图区	必备	绘制图表的具体区域，不包括图表标题、图例等标签的绘图区域
背景墙	可选	用来显示数据系列的背景区域，通常只在三维图表中才存在
数据系列	可选	图表中对应的柱形图或饼图，没有数据系列的图表就不能称为图表
坐标轴	可选	用来显示分类或数值的坐标，包括水平坐标和垂直坐标
图例	必备	用来区分不同数据系列的标识

/ 技术要点

（1）使用“图表”功能创建图表。

（2）使用“移动图表”功能移动图表。

（3）使用“类型”面板重新更改图表类型。

（4）使用“图表样式”面板美化图表。

（5）使用“快速布局”功能重新更改图表布局。

（6）使用“添加图表元素”功能完善图表。

（7）使用“字体”面板美化图表文本。

/ 操作流程

9.1.1 使用“图表”功能创建图表

要想对员工的工资进行查看与分析，首先需要将考评成绩创建为图表。本例将员工工资表中的数据创建为柱形图，通过柱形图可以清楚地查看到各员工工资的高低情况。

第 1 步 选择单元格区域

打开“素材 \ 第 9 章 \ 员工工资图表 .xlsx”工作簿，选择相应的单元格区域。

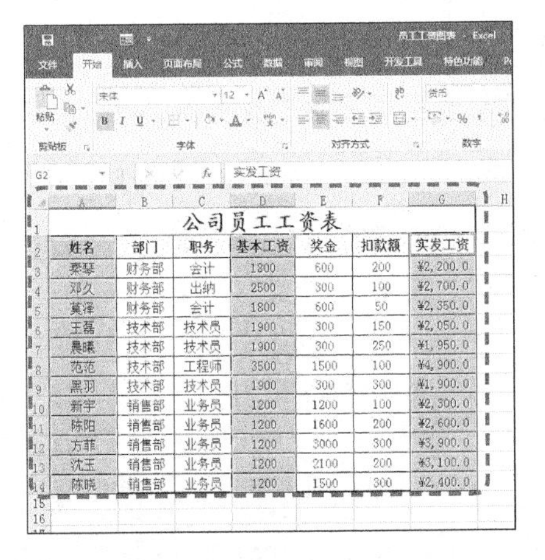

公司员工工资表

姓名	部门	职务	基本工资	奖金	扣款额	实发工资
秦琴	财务部	会计	1800	600	200	¥2,200.0
邓久	财务部	出纳	2500	300	100	¥2,700.0
莫泽	财务部	会计	1800	600	50	¥2,350.0
王磊	技术部	技术员	1900	300	150	¥2,050.0
晨曦	技术部	技术员	1900	300	250	¥1,950.0
范范	技术部	工程师	3500	1500	100	¥4,900.0
黑羽	技术部	技术员	1900	300	300	¥1,900.0
新宇	销售部	业务员	1200	1200	100	¥2,300.0
陈阳	销售部	业务员	1200	1600	200	¥2,600.0
方菲	销售部	业务员	1200	3000	300	¥3,900.0
沈玉	销售部	业务员	1200	2100	200	¥3,100.0
陈晓	销售部	业务员	1200	1500	300	¥2,400.0

第 2 步 选择“簇状柱形图”选项

单击“插入”选项卡，在“图表”面板中，单击“插入柱形图或条形图”下三角按钮，展开列表框，选择“簇状柱形图”选项。

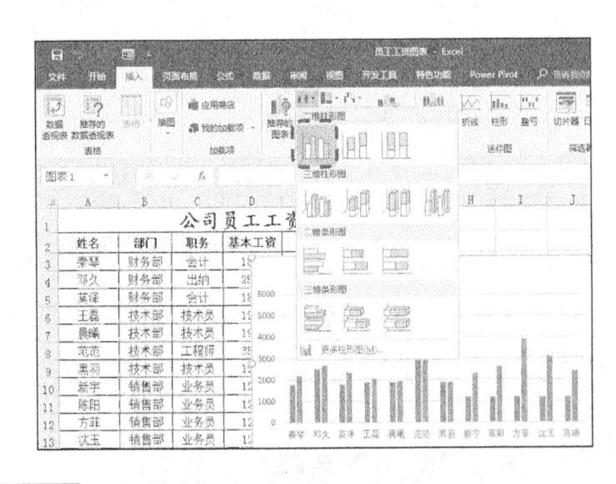

第 3 步 创建簇状柱形图

完成簇状柱形图的创建，并修改“图表标题”为“员工工资图表”。

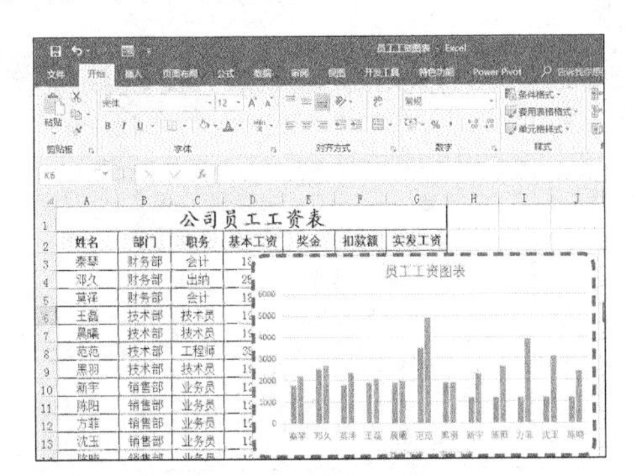

9.1.2 使用“移动图表”功能移动图表

在创建好图表后，常常会发现图表的位置不是很理想，遮盖了工作表中的数据。此时，可以使用“移动图表”功能对图表位置进行移动。

第 1 步 单击“移动图表”按钮

❶ 在工作表中选择图表对象；❷ 单击“设计”选项卡，在“位置”面板中，单击“移动图表”按钮。

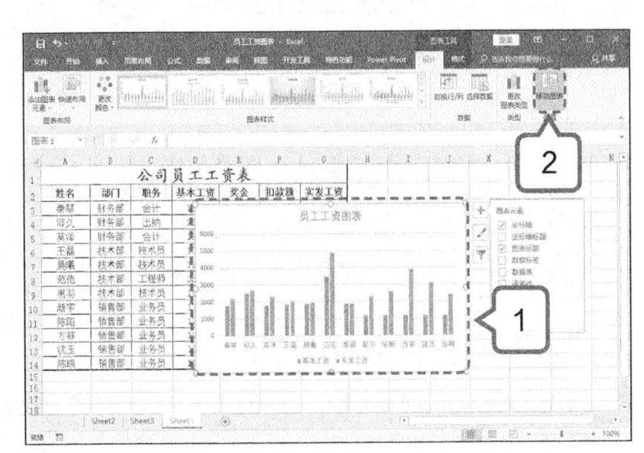

第 2 步 设置移动图表位置

❶ 打开“移动图表”对话框，勾选“新工作表”单选按钮；❷ 单击“确定”按钮。

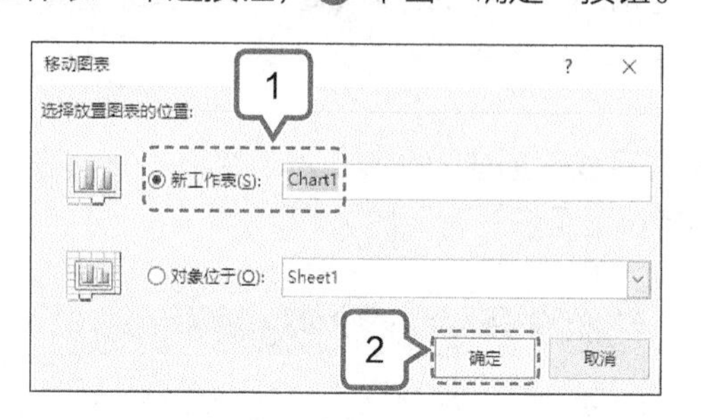

第 3 步 移动图表

将图表移动到新工作表中。

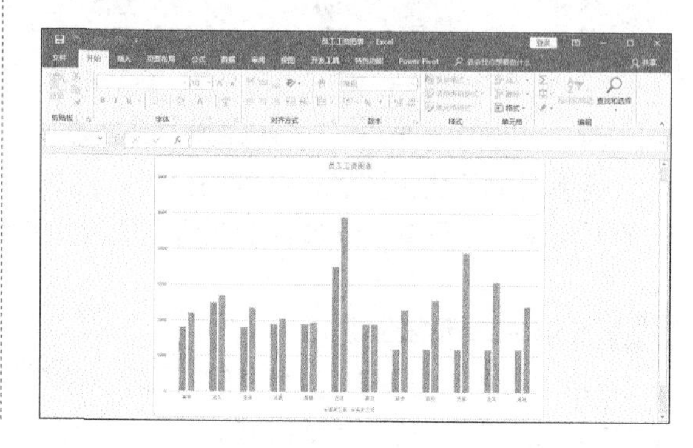

9.1.3 使用“类型”面板重新更改图表类型

由于本例中数据较多，通过簇状柱形图不能很好地展示出各员工的工资情况，可以通过“更改图表类型”功能将图表更改为三维形状。

第 1 步 单击“更改图表类型”按钮

❶ 选择图表对象；❷ 单击“设计”选项卡，在“类型”面板中，单击“更改图表类型”按钮。

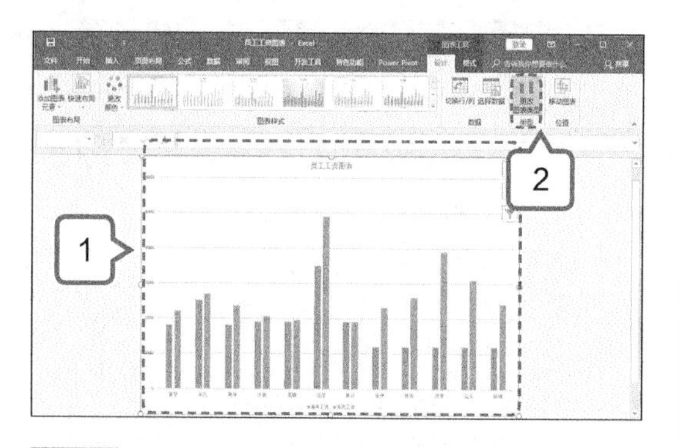

第 2 步 选择“三维堆积柱形图”选项

❶ 打开“更改图表类型”对话框，在“所有图表”选项卡的左侧列表框中，选择“柱形图”选项；❷ 在右侧的列表框中，选择“三维堆积柱形图”选项。

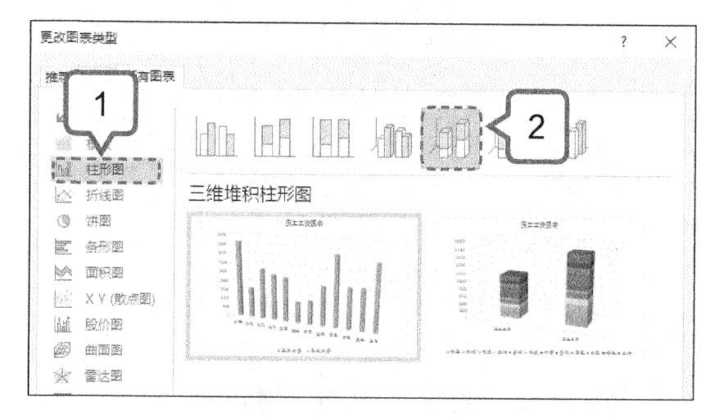

第 3 步 更改图表类型

单击“确定”按钮，完成图表类型的更改操作，并查看工作表效果。

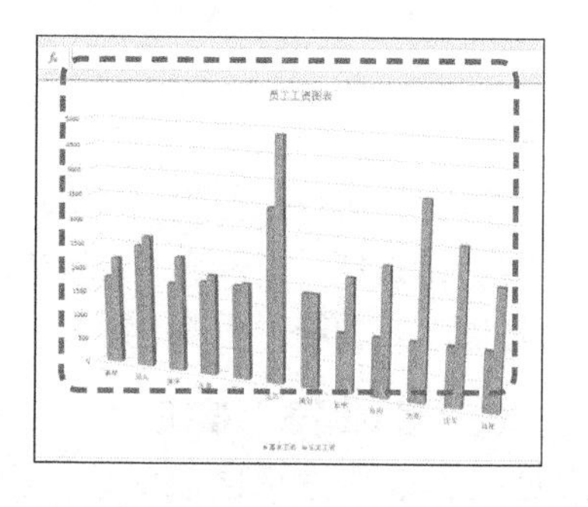

9.1.4 使用“图表样式”面板美化图表

在 Excel 中应用图表时，为了提高图表的美观度，使图表具有更好的视觉效果，可以设置图表中各元素的格式，并为图表添加各种修饰。

1. 为图表应用快速样式

要为图表快速添加修饰效果，可以为图表应用快速样式。下面具体介绍操作方法。

第 1 步 选择"样式 4"选项

❶ 选择图表对象；❷ 单击"设计"选项卡，在"图表样式"面板中，选择"样式 4"选项。

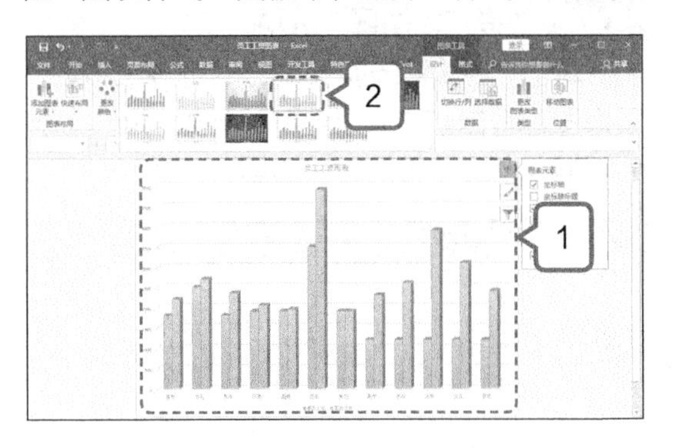

第 2 步 为图表应用样式

为选择的图表快速应用"样式 4"样式，并查看图表效果。

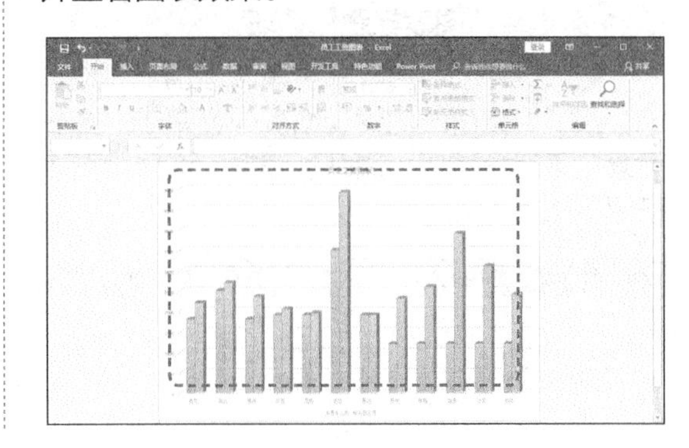

2. 设置图表区背景

图表区指工作表中放置图表的整个矩形区域，在对图表进行修饰时可以设置图表区背景颜色或背景图片。下面具体介绍操作方法。

第 1 步 选择合适颜色

❶ 选择图表，在"格式"选项卡的"形状样式"面板中，单击"形状填充"下三角按钮；❷ 展开列表框，选择合适的颜色。

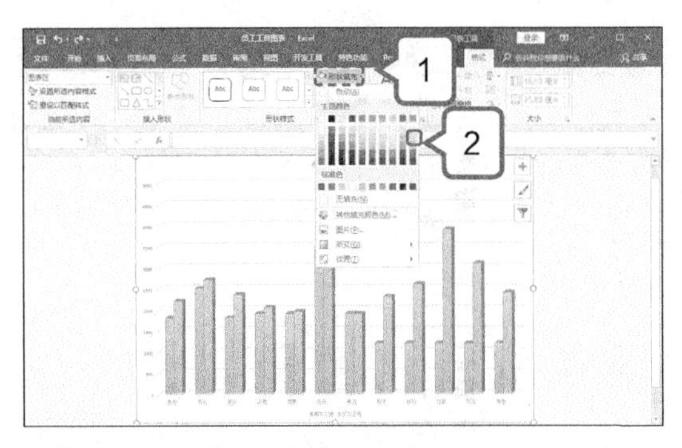

第 2 步 为图表添加背景填充颜色

为图表添加背景填充颜色，并查看工作表效果。

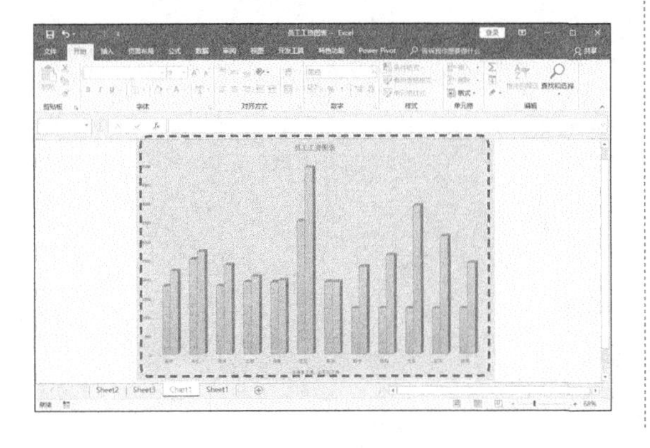

第 3 步 选择渐变颜色

❶ 在"形状样式"面板中的"形状填充"列表框中，单击"渐变"命令；❷ 再次展开列表框，选择合适的渐变颜色。

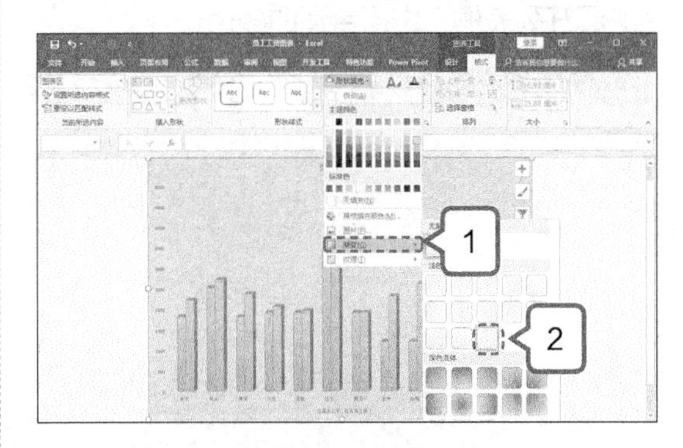

第 4 步 添加渐变填充颜色

为图表添加渐变填充颜色，并查看工作表效果。

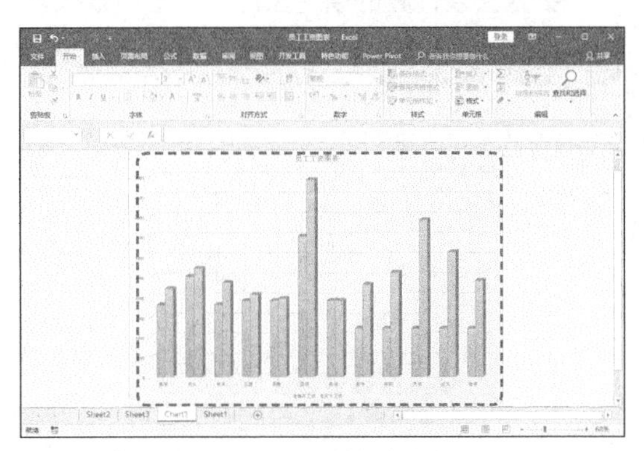

3. 更改系列颜色

图表中的每一类数据都称为一个系列，用同一种颜色显示。下面具体介绍操作方法。

第 1 步 选择“图表标题”选项

❶ 选择图表对象；❷ 单击“格式”选项卡，在“当前所选内容”面板中，单击“图表元素”下三角按钮，展开列表框，选择“图表标题”选项。

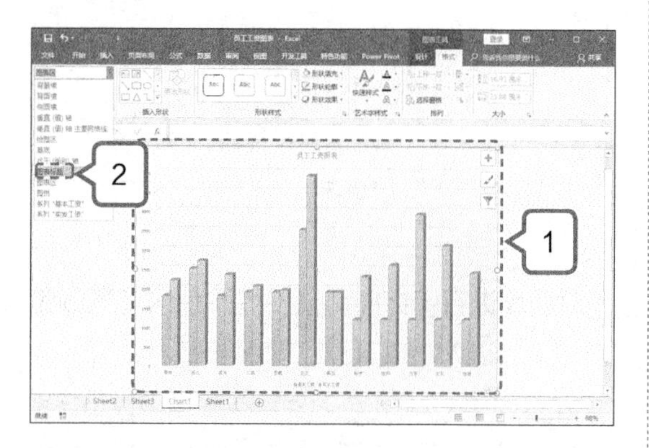

第 2 步 选择合适颜色

❶ 选择图表标题，在“形状样式”面板中，单击“形状填充”下三角按钮，❷ 展开列表框，选择合适的颜色。

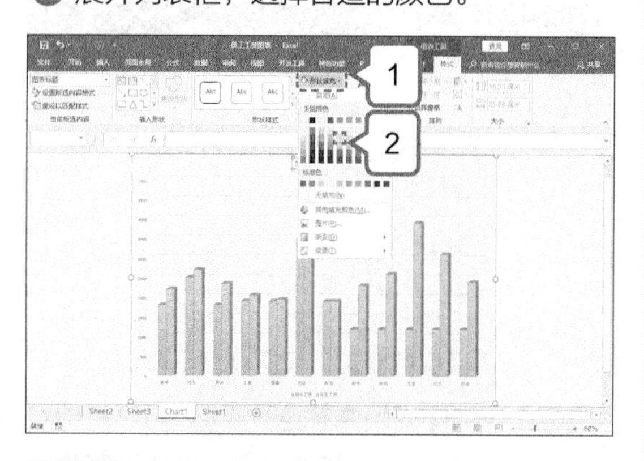

第 3 步 更改填充颜色

更改图表标题的填充颜色，并查看效果。

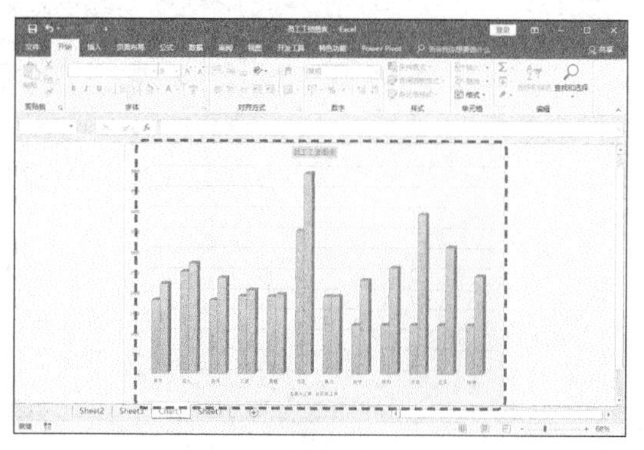

第 4 步 选择“绘图区”选项

单击“格式”选项卡，在“当前所选内容”面板中，单击“图表元素”下三角按钮，展开列表框，选择“绘图区”选项。

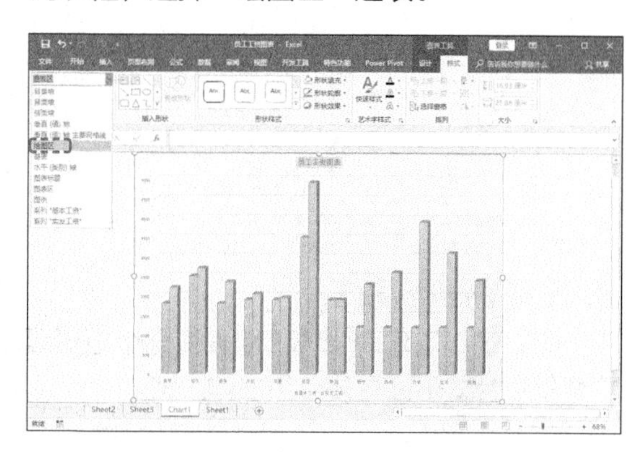

第 5 步 选择形状样式

选择图表中的绘图区，在“形状样式”面板中，单击“其他”按钮，展开列表框，选择合适的形状样式。

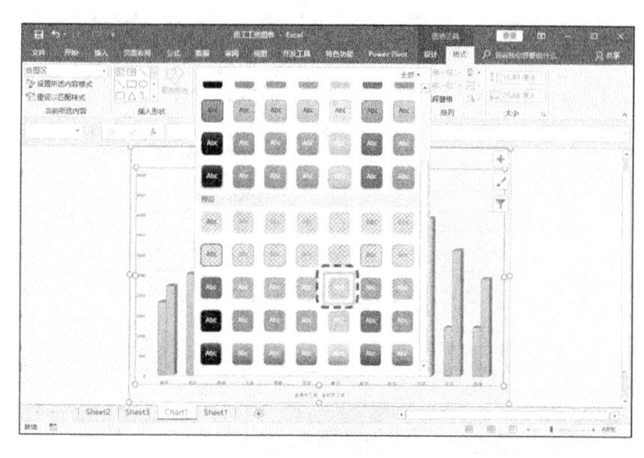

第 6 步 修改绘图区形状样式

更改绘图区的形状样式，并查看效果。

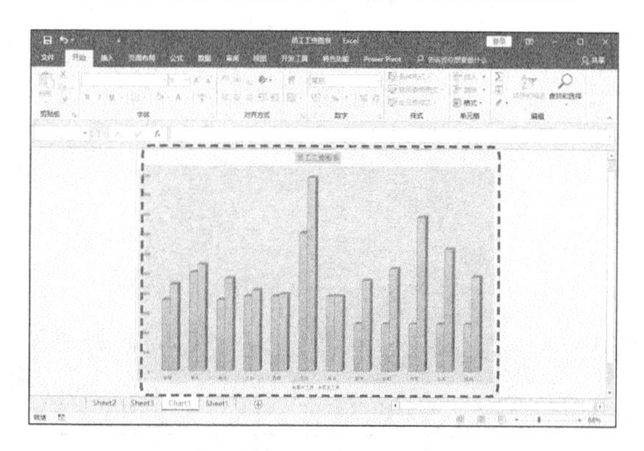

9.1.5 使用“快速布局”功能重新更改图表布局

完成图表样式的更改后，用户还可以使用“快速布局”功能对图表进行布局。下面具体介绍操作方法。

第1步 选择“布局 1”选项

❶选择图表对象；❷单击“设计”选项卡，在“图表布局”面板中，单击“快速布局”下三角按钮，展开列表框，选择“布局 1”选项。

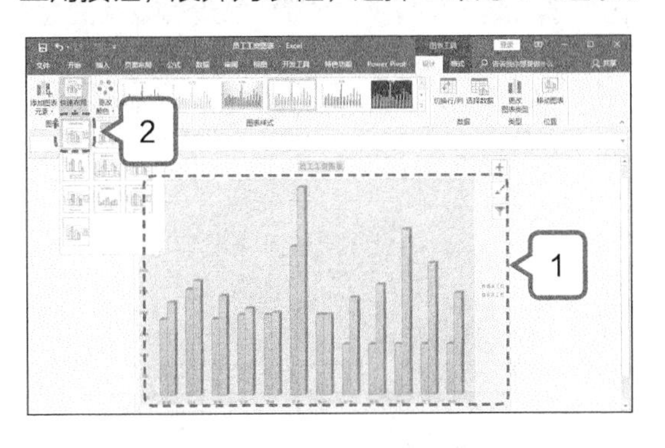

第2步 更改图表布局

重新更改图表的布局，并查看更改图表布局后的效果。

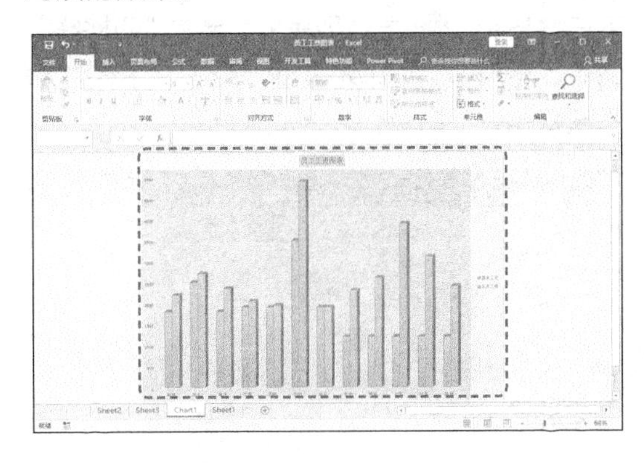

9.1.6 使用“添加图表元素”功能完善图表

完成图表样式和布局的更改后，还需要为图表添加一定的元素，从而得到更加完整的图表效果。

1. 添加数据表

在图表中通常没有显示出图形表示的具体数值，为了查看图表中各员工的工资图表所表示的数据值，可以显示出数据表。下面具体介绍操作方法。

第1步 单击“显示图例项标示”命令

❶选择图表对象，单击“设计”选项卡，在“图表布局”面板中，单击“添加图表元素”下三角按钮；❷展开列表框，单击“数据表”命令；❸再次展开列表框，单击“显示图例项标示”命令。

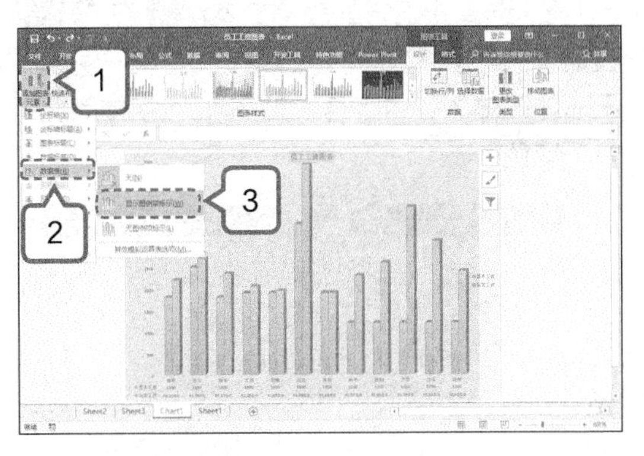

第2步 添加数据表

在选择的图表的下方，添加数据表，并查看图表效果。

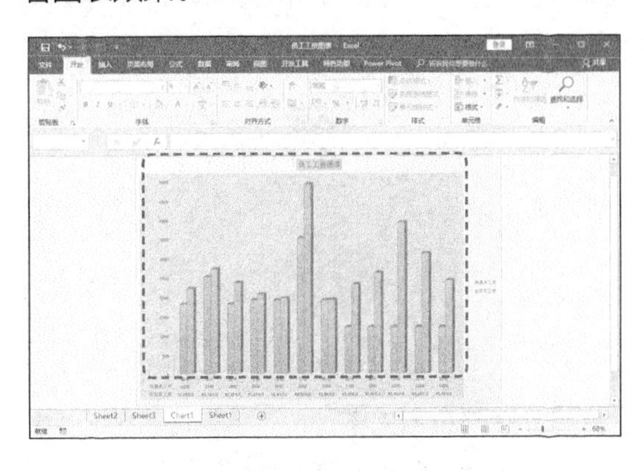

2. 添加网格线

为了更清楚地显示图表中的数据值或数据分类，可以显示或隐藏主要网格线及次要网格线。下面具体介绍操作方法。

第 1 步 单击相应的命令

❶ 选择图表对象，单击“设计”选项卡，在“图表布局”面板中，单击“添加图表元素”下三角按钮；❷ 展开列表框，单击“网格线”命令；❸ 再次展开列表框，单击“主轴主要垂直网格线”命令。

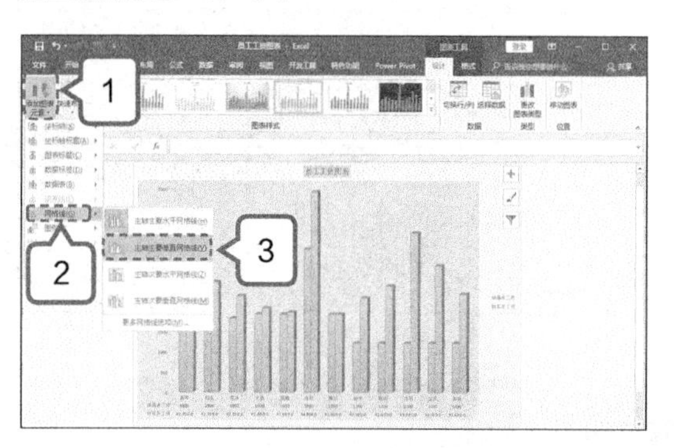

第 2 步 添加垂直网格线

在选择的图表中添加垂直网格线，并查看图表效果。

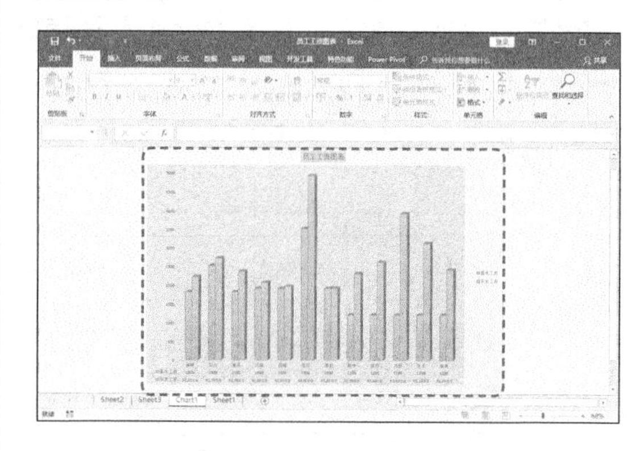

9.1.7 使用“字体”面板美化图表文本

将图表进行放大后，图表中的文本可能会太小，有些甚至看不清楚。用户可以使用“字体”面板中的字体、字号等功能对图表中的文本进行美化。

第 1 步 修改图表标题

❶ 选择图表标题；❷ 在“开始”选项卡的“字体”面板中，修改“字体”为“黑体”，“字号”为 22，“字体颜色”为“白色”。

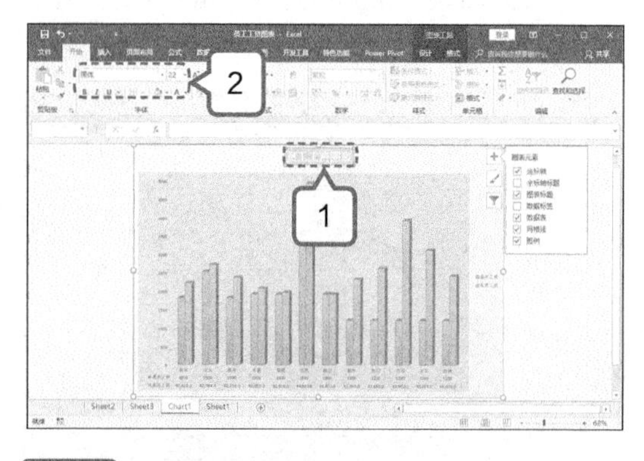

第 2 步 修改左侧文本

❶ 选择左侧的文本；❷ 在“开始”选项卡的“字体”面板中，修改“字体”为“宋体”，“字号”为 14，“字体颜色”为“绿色”。

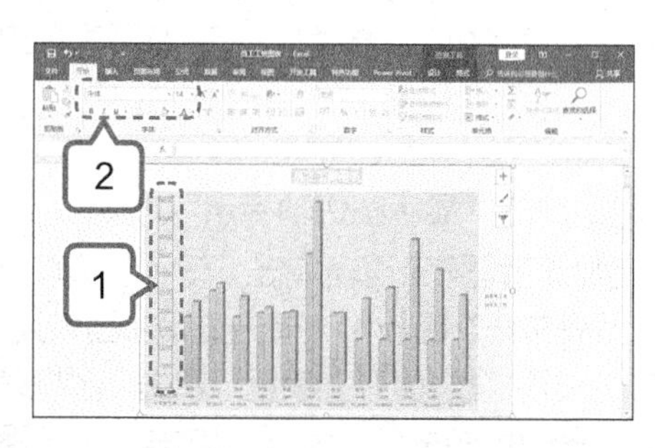

第 3 步 修改文本

❶ 选择最下方的表格文本；❷ 在“开始”选项卡的“字体”面板中，修改“字体”为“方正楷体简体”，“字号”为 14，“字体颜色”为“黑色”。

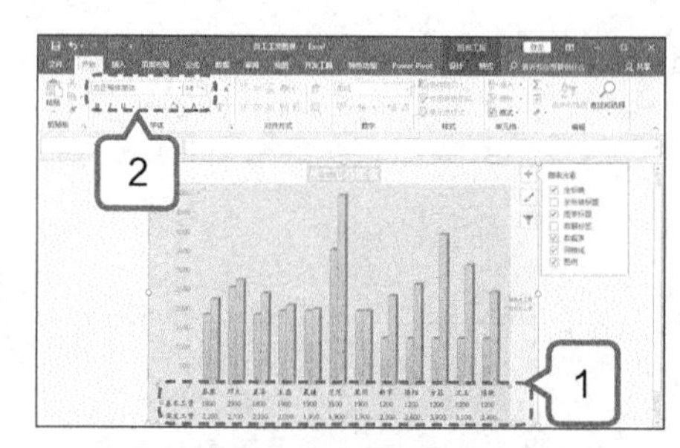

第 4 步 修改文本

❶ 选择右侧文本；❷ 在“开始”选项卡的“字体”面板中，修改“字体”为“方正楷体简体”，“字号”为 16。

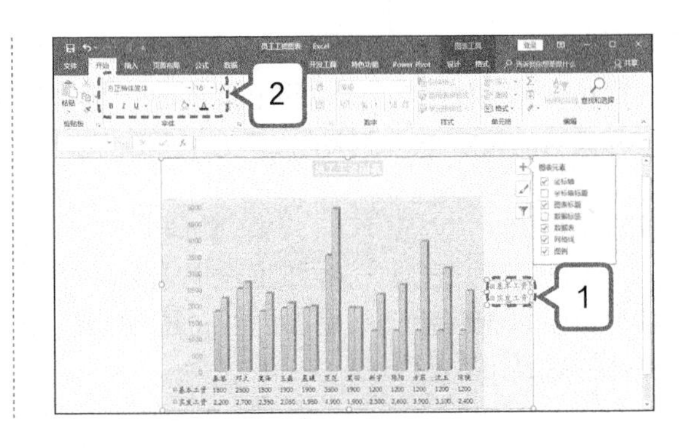

9.1.8 其他图表

除了本节介绍的图表外，平时常用的还有很多种图表。读者可以根据以下思路，结合实际需要进行制作。

1. 条形图——《装修总价图表》

装修总价图表是一种用条形图来展示数据的图表。在进行装修总价图表的制作时，会使用到条形图创建、图表类型更改、移动图表以及图表元素添加等操作。具体的效果如下图所示。

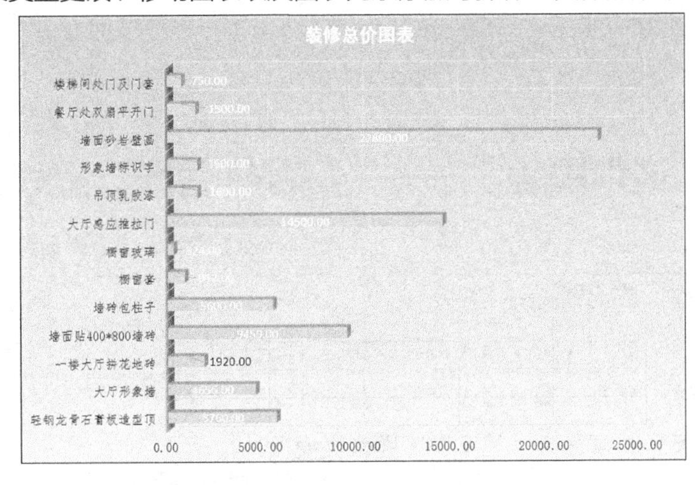

2. 面积图——《产品销售情况统计图表》

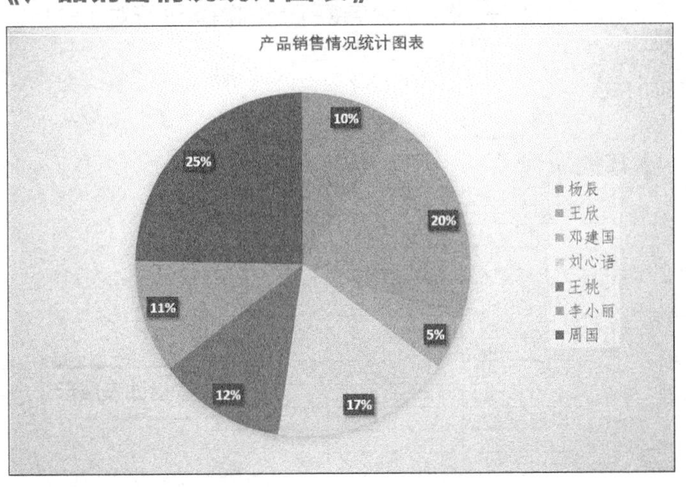

产品销售情况统计图表是一种用面积图来显示每个员工对应每款产品销售数据变化量的图表。在进行产品销售情况统计图表的制作时，会使用到面积图创建、图表类型更改、移动图表以及图表元素添加等操作。具体的效果如上图所示。

3. 曲面图——《资产负债图表》

资产负债图表是一种用曲面图来显示不同平面上的资产负债数据变化和趋势的图表。在进行资产负债图表的制作时，会使用到曲面图创建、图表类型更改、移动图表以及图表元素添加等操作。具体的效果如下图所示。

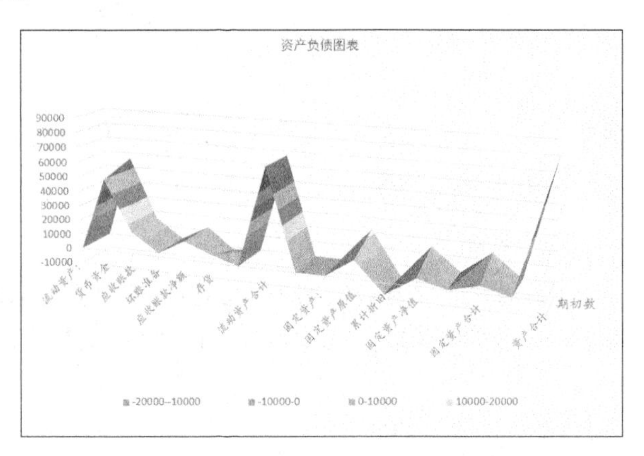

9.2 制作“迷你图表”——《商品销售统计图表》

本节视频教学时间 / 10 分钟

案例名称	商品销售统计图表
素材文件	素材 \ 第 9 章 \ 商品销售统计图表 .xlsx
结果文件	结果 \ 第 9 章 \ 商品销售统计图表 .xlsx
扩展模板	扩展模板 \ 第 9 章 \ 图表类模板

商品销售统计图表展示了各个连锁店第一季度内每个月的销售情况，通过图表可以表现出销量的变化情况，经营者可以利用图表对各个分店每个月的销量进行对比分析。在本实例中，我们要制作出商品销售统计图表。

最后的效果如图所示。

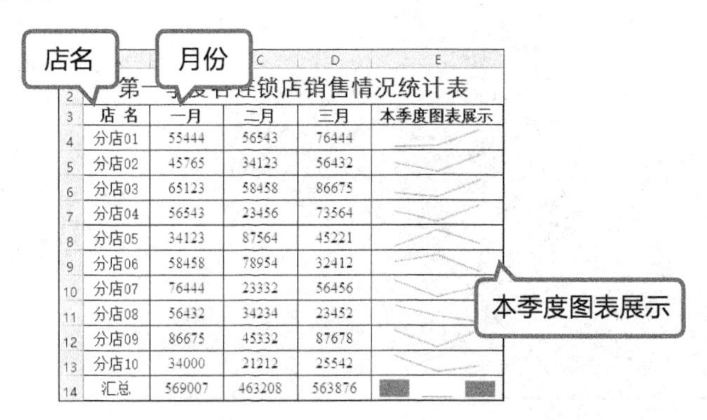

第一季度各连锁店销售情况统计表

店 名	一月	二月	三月	本季度图表展示
分店01	55444	56543	76444	
分店02	45765	34123	56432	
分店03	65123	58458	86675	
分店04	56543	23456	73564	
分店05	34123	87564	45221	
分店06	58458	78954	32412	
分店07	76444	23332	56456	
分店08	56432	34234	23452	
分店09	86675	45332	87678	
分店10	34000	21212	25542	
汇总	569007	463208	563876	

/ 商品销售统计图表的组成要素

名称	是否必备	要求
店名	必备	用于对连锁店中各个分店的名称进行说明
月份	必备	用于对连锁店中每个季度所包含的月份进行说明
本季度图表展示	必备	用于使用折线图、柱形图等迷你图表展示销售数据

/ 技术要点

（1）使用迷你图分析销量变化趋势。

（2）使用迷你图创建销量对比图。

（3）创建各季度总销量比例图。

/ 操作流程

9.2.1 使用迷你图分析销量变化趋势

使用迷你图可以在单元格中创建出表现一组数据变化趋势的图表。本例应用迷你图查看不同分店的销量在第一季度每个月的变化情况。

1. 为各店数据创建迷你图

为了查看各个分店第一季度每个月的销量变化情况，可以针对每一条数据创建折线迷你图。下面具体介绍操作方法。

第 1 步 单击“折线图”按钮

打开“素材 \ 第 9 章 \ 商品销售统计图表 .xlsx”工作簿。❶ 选择 E4 单元格；❷ 单击“插入”选项卡，在“迷你图”面板中，单击“折线图”按钮。

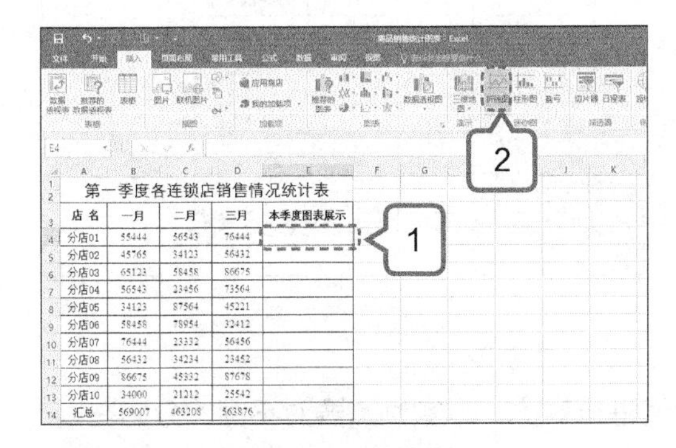

第 2 步 设置迷你图创建区域

❶ 打开“创建迷你图”对话框，在“数据范围”文本框中选择单元格区域 B4:D4；❷ 单击“确定”按钮。

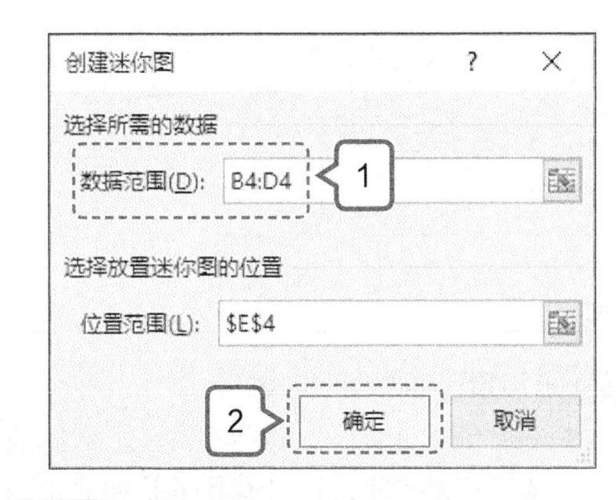

第 3 步 创建迷你图

在所选单元格内创建出迷你图图表效果。

第 4 步 将光标移至单元格右下角

选择 E4 单元格，将光标移至单元格的右下角，此时鼠标指针呈黑色十字形状。

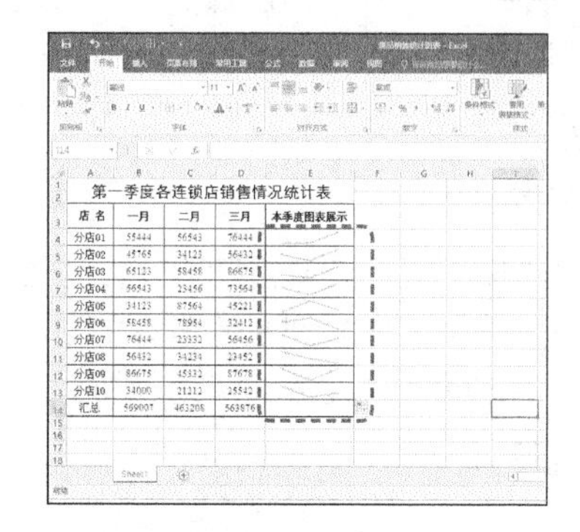

第 5 步 添加迷你图

单击鼠标左键并向下拖曳，至 E13 单元格，释放鼠标，即可为各店的数据添加迷你图。

2. 为汇总数据创建迷你图

为查看各店在第一季度每个月的总销量变化情况，并比较各月的销量，可以对汇总行的数据创建柱形迷你图。下面具体介绍操作方法。

第 1 步 单击“柱形图”按钮

❶ 选择 E14 单元格；❷ 在“插入”选项卡“迷你图”面板，单击“柱形图”按钮。

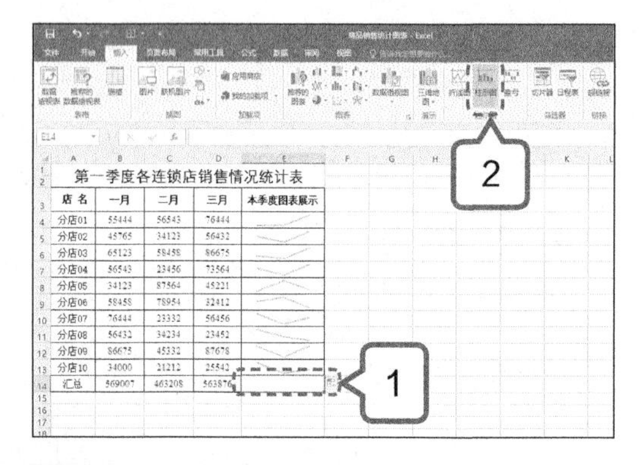

第 2 步 设置迷你图创建区域

打开“创建迷你图”对话框，在“数据范围”文本框中选择单元格区域 B14:D14。

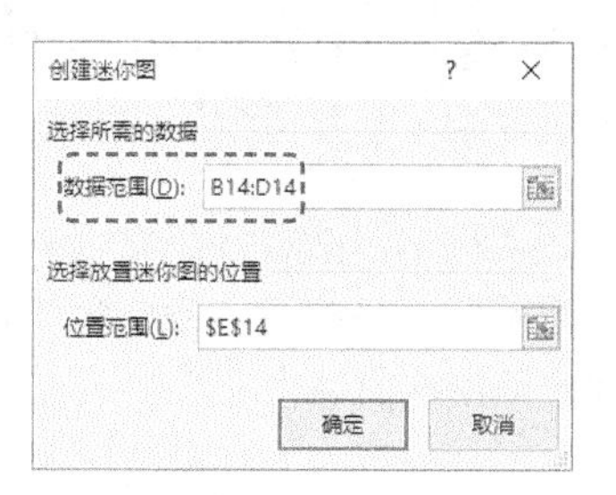

第 3 步 创建迷你图

单击“确定”按钮，在所选单元格内创建出迷你图图表效果。

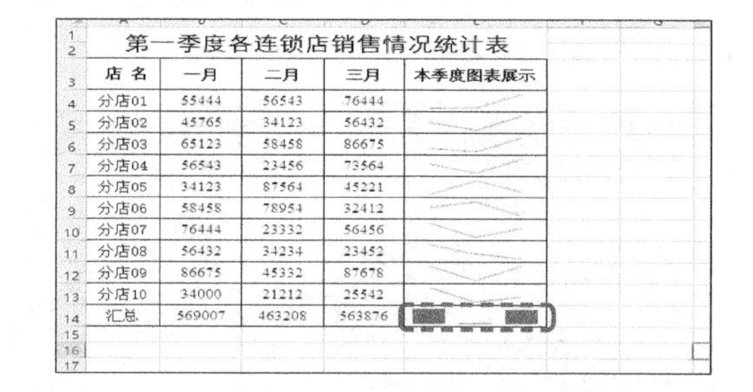

第一季度各连锁店销售情况统计表

店 名	一月	二月	三月	本季度图表展示
分店01	55444	56543	76444	
分店02	45765	34123	56432	
分店03	65123	58458	86675	
分店04	56543	23456	73564	
分店05	34123	87564	45221	
分店06	58458	78954	32412	
分店07	76444	23332	56456	
分店08	56432	34234	23452	
分店09	86675	45332	87678	
分店10	34000	21212	25542	
汇总	569007	463208	563876	

9.2.2 使用迷你图创建销量对比图

在对数据进行分析时，常常需要将不同的数据值进行对比。本实例需要对不同的分店在同一个月的销量进行对比，此时可以使用“插入柱形图”功能创建柱形图图表。

1. 创建三维簇状柱形图

三维簇状柱形图通常可以用于对数据的趋势进行分析，以及对数据值大小进行比较。下面具体介绍操作方法。

第 1 步 选择“三维簇状柱形图”选项

选择单元格区域 A3:D13，单击“插入”选项卡，在“图表”面板中，单击“插入柱形图或条形图”按钮，展开列表框，选择“三维簇状柱形图”选项。

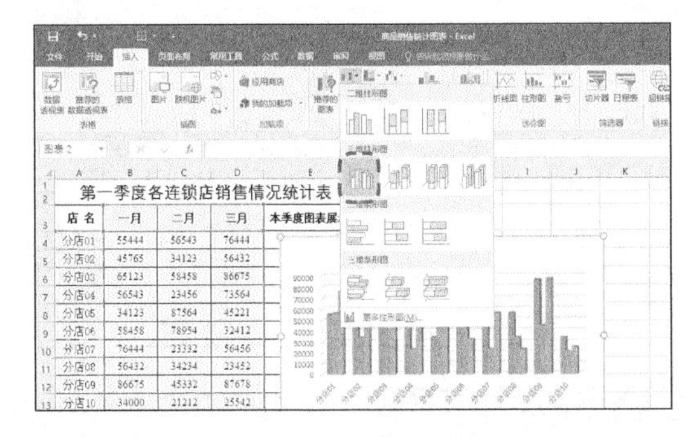

第 2 步 创建三维簇状柱形图图表

在工作表中创建出三维簇状柱形图图表，并修改图表标题名称。

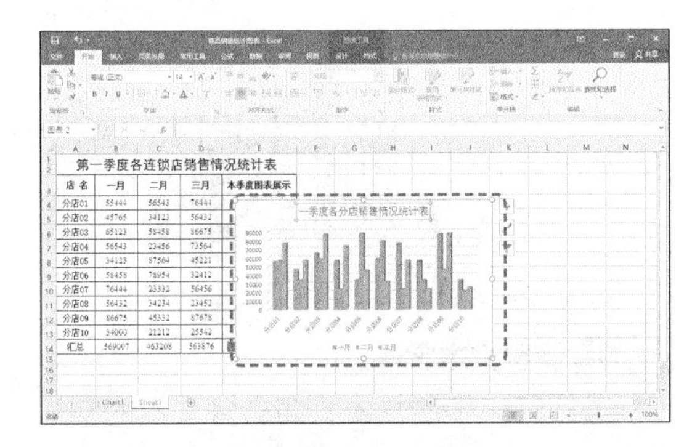

第 3 步 单击“移动图表”按钮

① 选择图表；② 在“设计”选项卡的“位置”面板中，单击“移动图表”按钮。

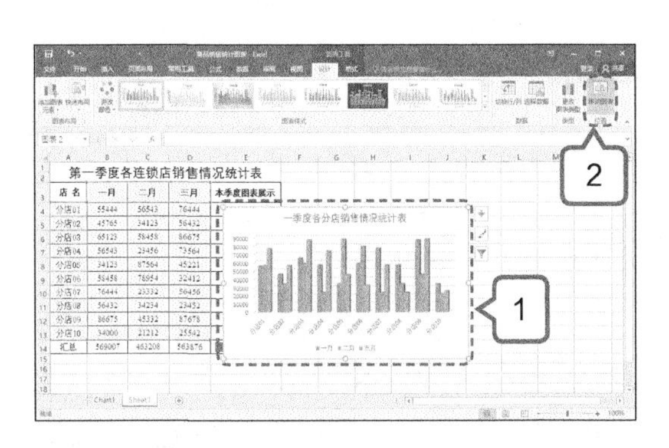

第 4 步 单击“确定”按钮

① 打开“移动图表”对话框，勾选“新工作表”单选按钮；② 单击“确定”按钮。

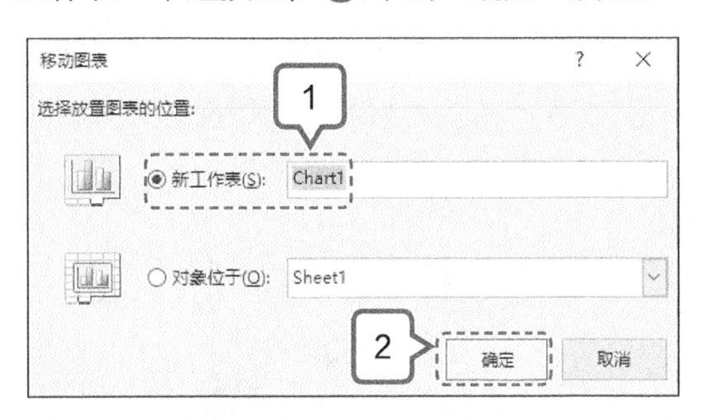

第 5 步 移动图表

将图表移至新创建的工作表中。

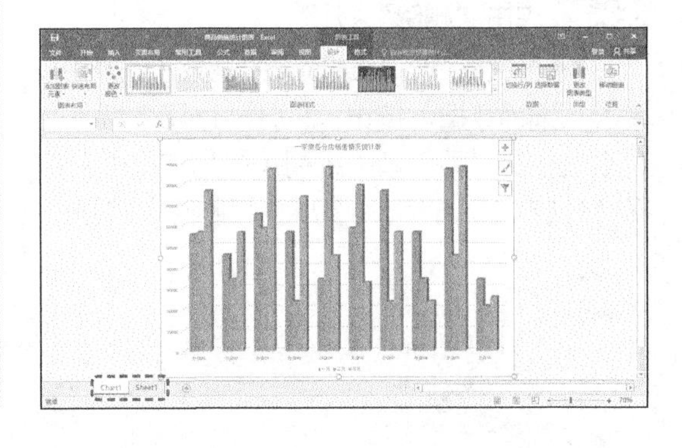

2. 删除系列

为更清晰地对比图表中少量系列的数据，可将不需要显示的系列删除，例如本例中只保留前 5 家分店的销量。下面具体介绍操作方法。

第 1 步 单击“选择数据”按钮

① 选择图表；② 在“设计”选项卡的“数据”面板中，单击“选择数据”按钮。

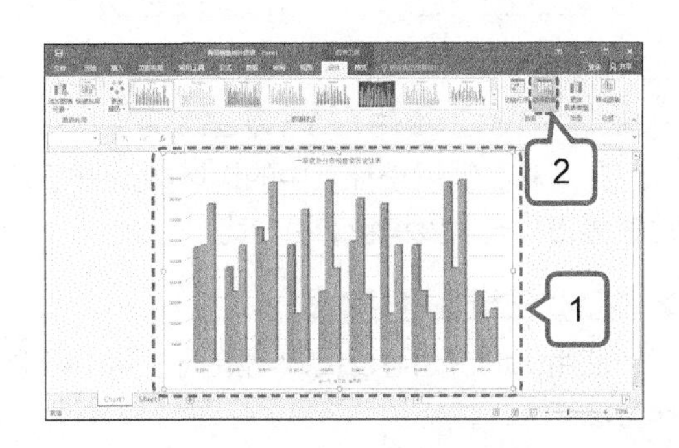

第 2 步 单击"切换行 / 列"按钮

打开"选择数据源"对话框，单击"切换行 / 列"按钮。

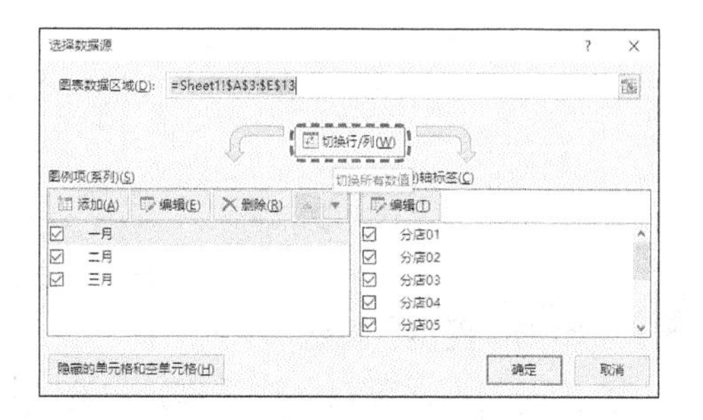

第 3 步 切换工作表的行和列

单击"确定"按钮，切换工作表的行和列。

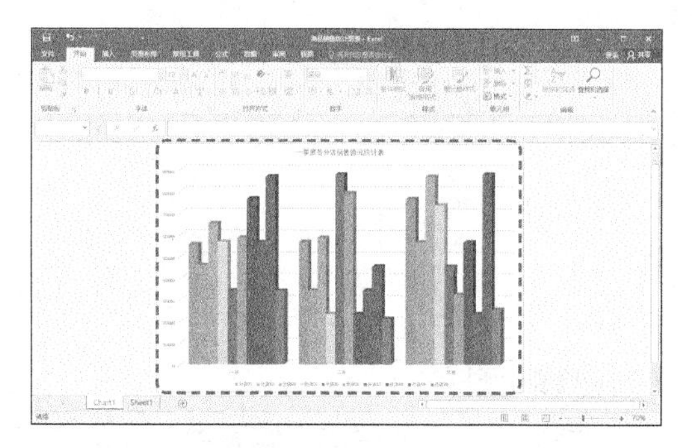

第 4 步 单击"删除"按钮

❶ 再次在"设计"选项卡的"数据"面板中，单击"选择数据"按钮，打开"选择数据源"对话框，在"图例项（系列）"列表框中，选择"分店 06"选项；❷ 单击"删除"按钮。

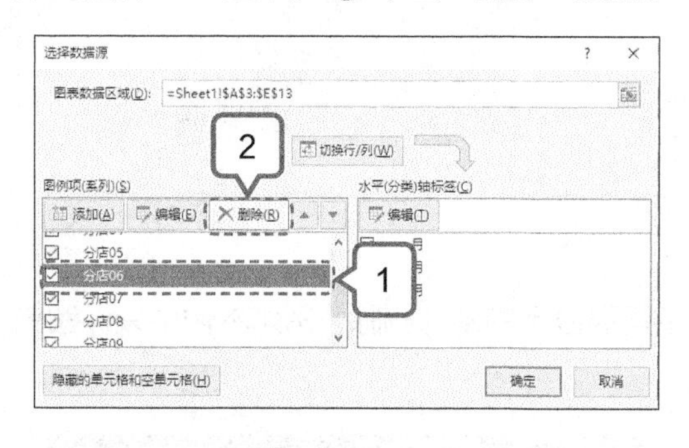

第 5 步 删除系列

删除工作表中的"分店 06"系列，用同样的方法，对"分店 07"~"分店 10"系列都进行删除操作。

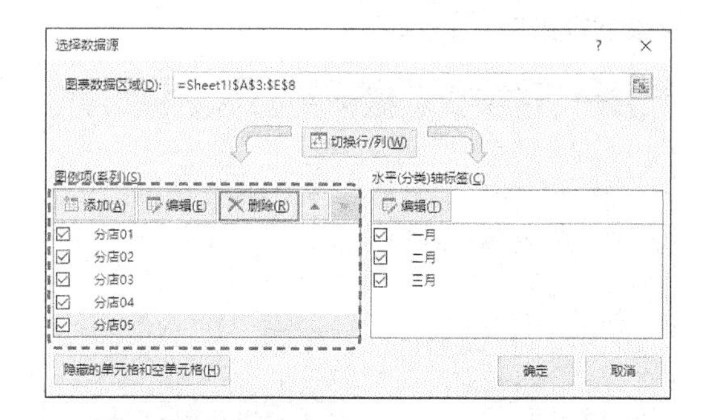

第 6 步 删除图表系列

单击"确定"按钮，删除图表中的系列。

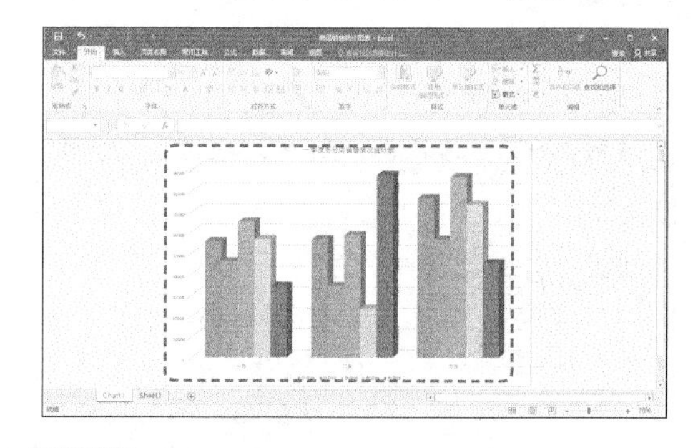

第 7 步 调整文本字号

选择图表中的文本，调整各文本的字号大小。

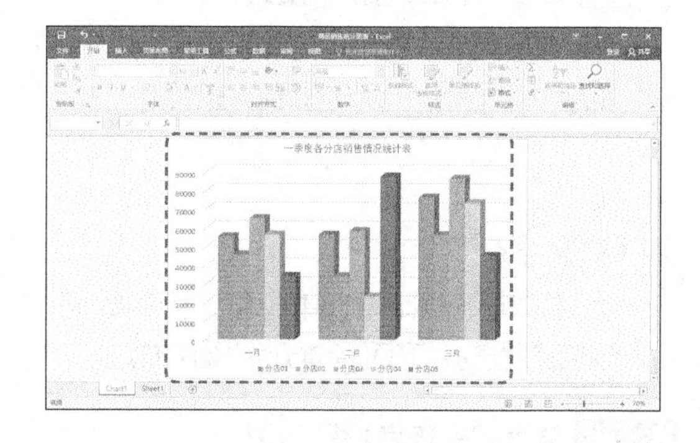

9.2.3 创建各月总销量比例图

在对商品销量统计表中的销量数据进行分析时，还可以使用"饼图"功能来查看总销量中各月销量占第一季度销量的百分比。

1. 创建三维饼图图表

使用三维饼图可以反映出数据系列中各个项目与项目总和之间的比例关系。下面具体介绍操作方法。

第 1 步 选择“三维饼图”选项

选择 Sheet1 工作表中的单元格区域 A14:D14，单击“插入”选项卡，在“图表”面板中，单击“插入饼图或圆环图”按钮，展开列表框，选择“三维饼图”选项。

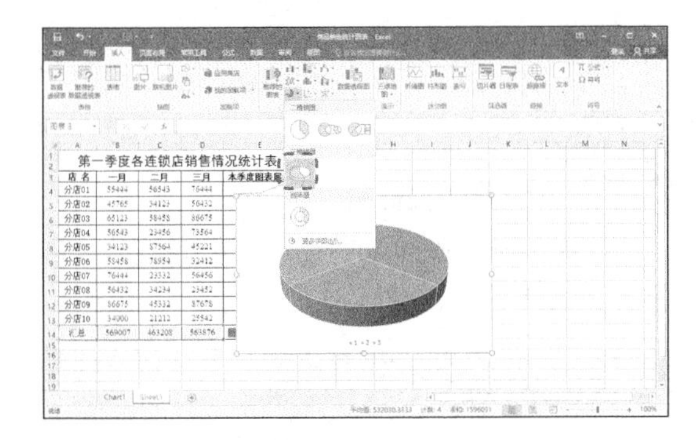

第 2 步 创建三维饼图图表

在工作表中创建出三维饼图图表，并修改图表标题名称。

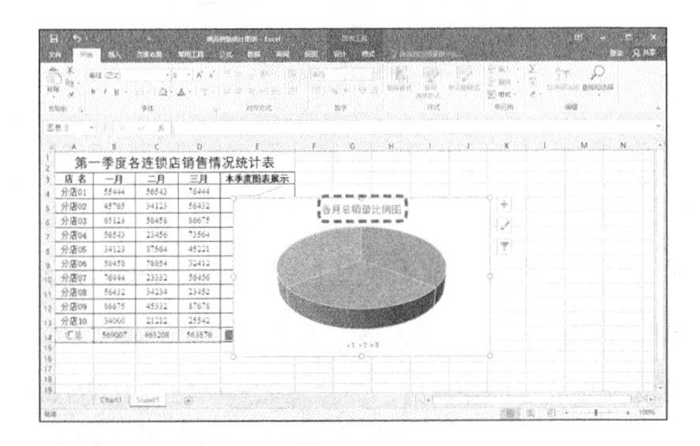

第 3 步 单击“移动图表”按钮

❶ 选择图表；❷ 在“设计”选项卡的“位置”面板中，单击“移动图表”按钮。

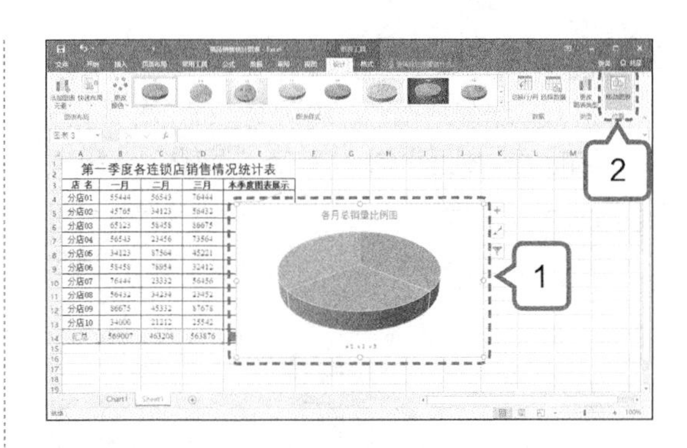

第 4 步 单击“确定”按钮

❶ 打开“移动图表”对话框，勾选“新工作表”单选按钮；❷ 单击“确定”按钮。

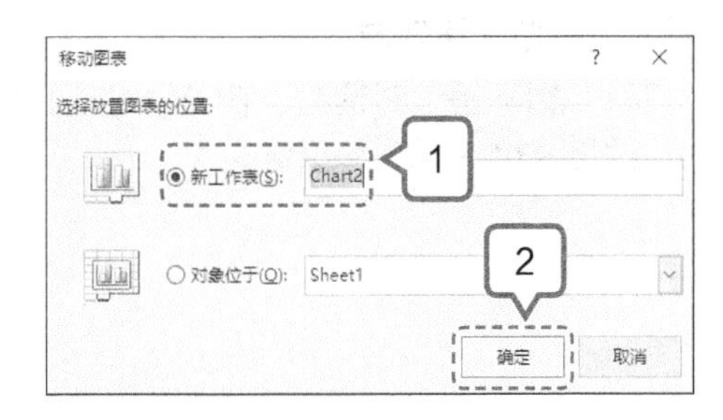

第 5 步 移动图表

将图表移至新创建的工作表中。

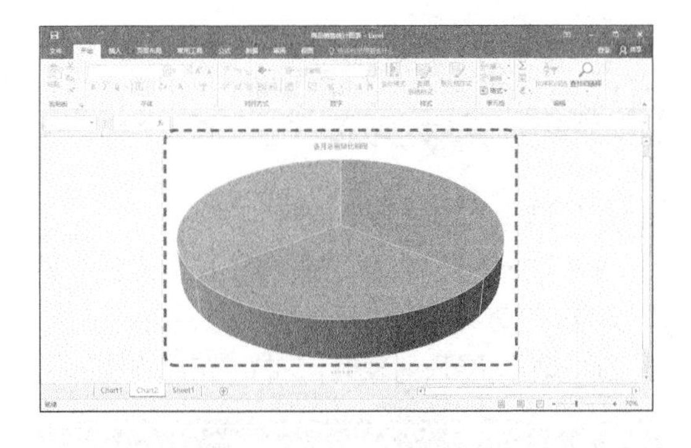

2. 编辑分类轴标签

在上一步创建的三维饼图中，各类数据均没有相应的名称，系统自动以数字 1、2、3 命名分类轴标签，为了使图表数据更为清晰，用户可以对分类轴标签进行编辑，以更确切的文字代替分类轴标签。下面具体介绍操作方法。

第 1 步 单击“选择数据”按钮

❶ 选择图表；❷ 在“设计”选项卡的“数据”面板中，单击“选择数据”按钮。

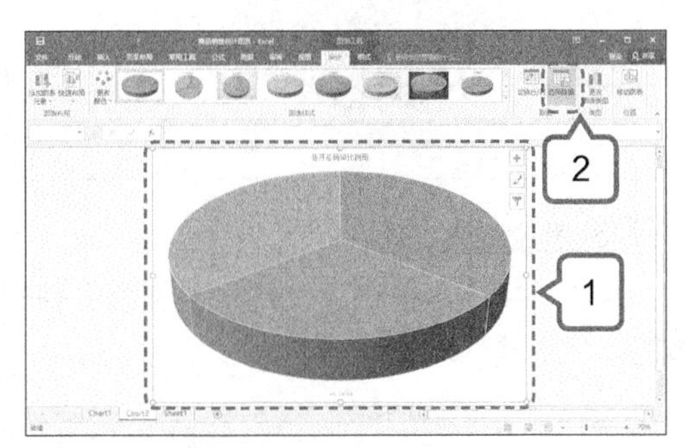

第 2 步 单击“编辑”按钮

打开“选择数据源”对话框，在“水平（分类）轴标签”列表框中，单击“编辑”按钮。

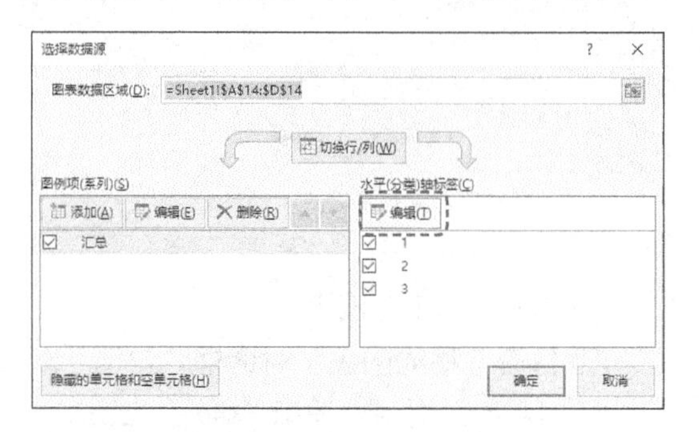

第 3 步 选择单元格区域

打开“轴标签”对话框，在 Sheet1 工作表中，选择 B3:D3 单元格区域。

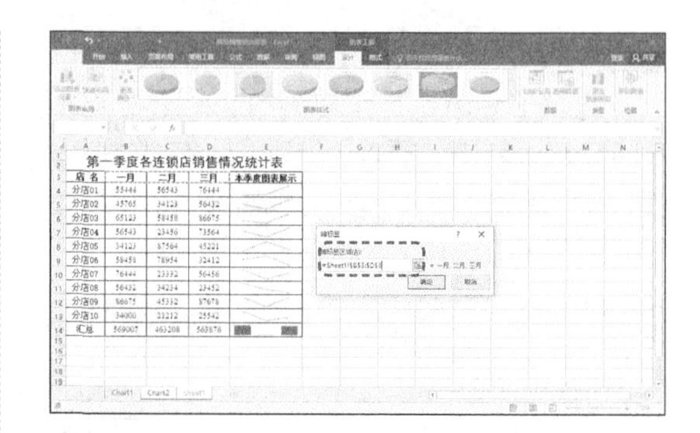

第 4 步 编辑分类轴标签

依次单击“确定”按钮，即可完成分类轴标签的编辑操作。

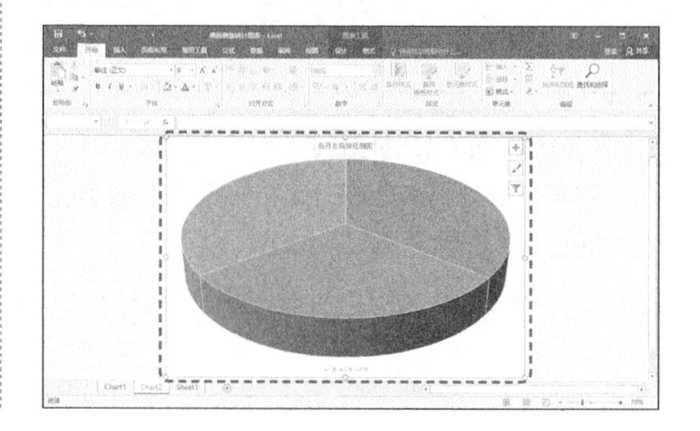

3. 分离数据点

在三维饼图中，为了强调图表中某一个月的数据，可以将该数据点从饼图中分离，使表示该数据的扇形与整体形状间产生距离。下面具体介绍操作方法。

第 1 步 选择“布局 6”布局

❶ 选择三维饼图图表；❷ 在“设计”选项卡的“图表布局”面板中，单击“快速布局”下三角按钮，展开列表框，选择“布局 6”布局。

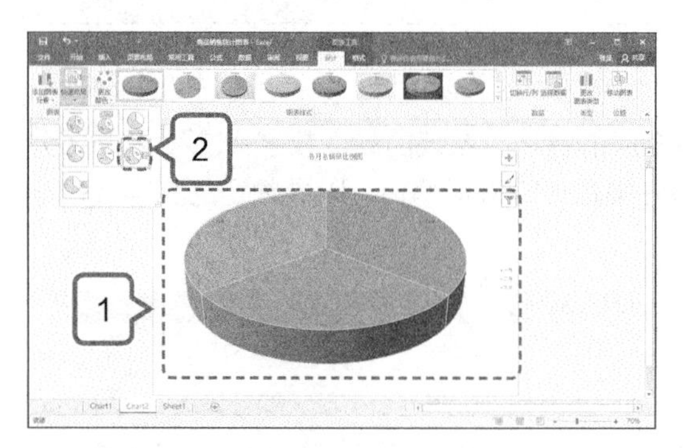

第 2 步 更改图表布局

更改选择图表的布局，并调整图表中各文本的字体格式。

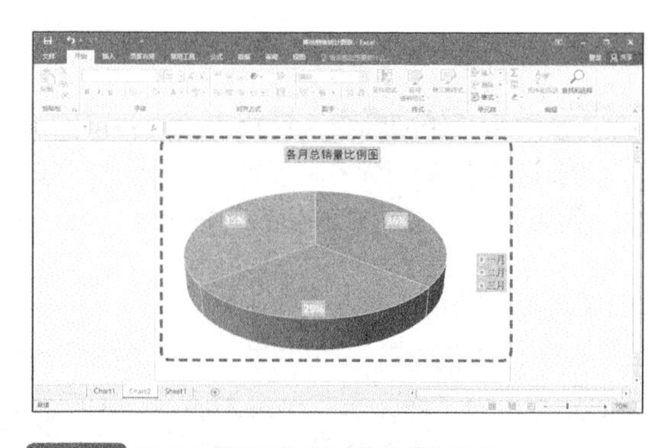

第 3 步 选择“系列‘汇总’”选项

再次选择图表，单击“格式”选项卡，在“当前所选内容”面板中，单击“图表元素”下三角按钮，展开列表框，选择“系列‘汇总’”选项。

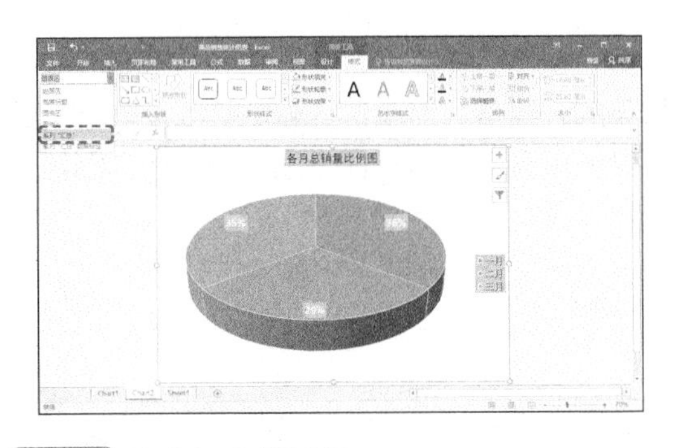

第 4 步 单击相应的按钮

❶ 在图表中，选择蓝色图块；❷ 在“格式”选项卡的“当前所选内容”面板中，单击“设置内容所选格式”按钮。

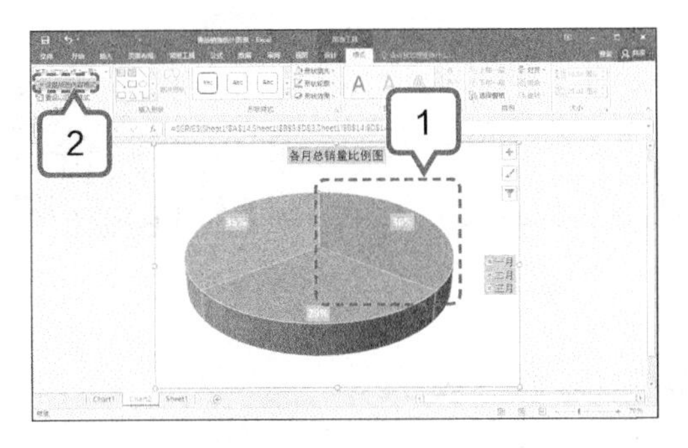

第 5 步 输入参数值

打开“设置数据点格式”窗格，在“点爆炸型”文本框中输入 30%。

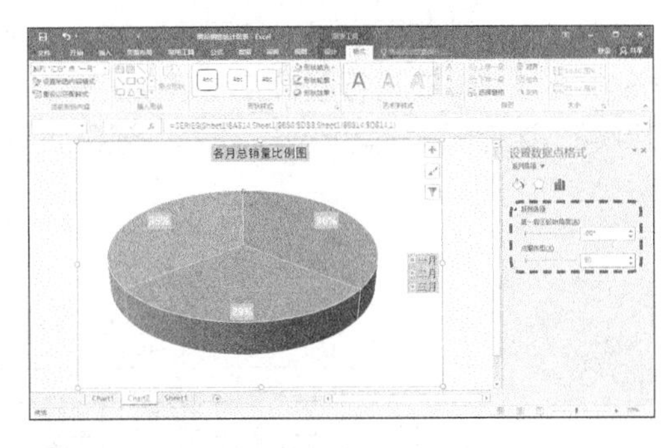

第 6 步 分离数据点

输入完成后，即可分离数据点，并查看图表效果。

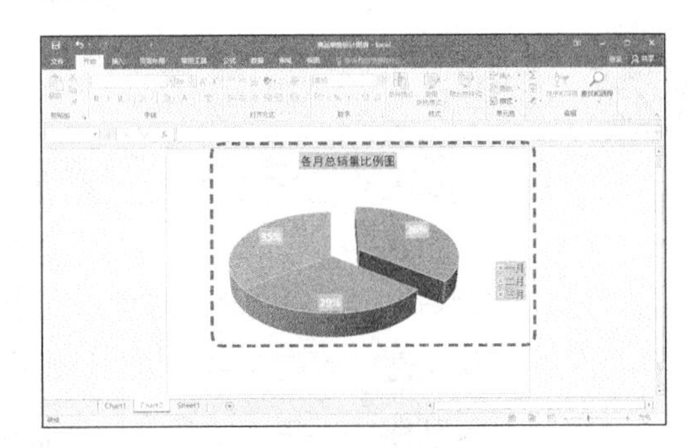

9.2.4 其他迷你图表

除了本节介绍的迷你图表外，平时常用的还有很多种迷你图表。读者可以根据以下思路，结合实际需要进行制作。

1. 柱形图——《年利润迷你图表》

年利润迷你图表是一种在单元格内展示每年中每个月的利润金额，以及每年累计金额数据的微型图表。在进行年利润迷你图表的制作时，会使用到添加柱形图迷你图、编辑迷你图显示以及编辑迷你图样式等操作。具体的效果如下图所示。

	A	B	C	D	E
1	利润表				
2	项目	行次	本月数	本年累计数	迷你图表展示
3	一、主营业务收入	1	19200.00	1820000.00	
4	减：主营业务成本	4	11000.00	1567000.00	
5	营业务税金及附加	5	0.00	8000.00	
6	二、主营业务利润	6	1500.00	8200.00	
7	加：其他业务利润	7	350.00	2750.00	
8	减：营业费用	9	210.00	860.00	
9	管理费用	10	200.00	960.00	
10	财务费用	11	20.00	3100.00	
11	三：营业利润	12	7480.00	7480.00	
12	加：投资收益	13		0.00	
13	补贴收入	14		0.00	
14	营业外收入	15		0.00	
15	减：营业外支出	16		0.00	
16	四：利润总额	17	7480.00	7480.00	
17	减：所得税	18	0.00	0.00	
18	五、净利润	19	7480.00	7480.00	

2. 盈亏图——《股价波动迷你图表》

股价波动迷你图表是一种用盈亏的方式来展示每天的开盘价、最高价、最低价以及收盘价数据的微型图表。在进行股价波动迷你图表的制作时，会使用到添加盈亏迷你图、编辑迷你图显示以及编辑迷你图样式等操作。具体的效果如下图所示。

	A	B	C	D	E	F
1-2	股价波动分析表					
3	日期	开盘价	最高价	最低价	收盘价	迷你图表展示
4	9月1日	27.49	27.97	27.45	27.94	
5	9月2日	26.3	28.45	27.08	27.35	
6	9月3日	29.64	28.69	27.16	28.53	
7	9月4日	28.83	29.52	27.53	29.26	
8	9月5日	29.12	29.15	28.33	28.35	
9	9月6日	28.36	28.9	26.3	27.65	
10	9月7日	28.5	29.25	28.02	28.99	

9.3 制作“透视图表”——《产品销售数据透视图表》

本节视频教学时间 / 9 分钟

案例名称	产品销售数据透视图表
素材文件	素材 \ 第 9 章 \ 产品销售数据透视图表 .xlsx
结果文件	结果 \ 第 9 章 \ 产品销售数据透视图表 .xlsx
扩展模板	扩展模板 \ 第 9 章 \ 图表类模板

产品销售数据透视图表是为了展示各月份，每件产品在不同的销售区域所销售的数量和销售额数据的工作表。在该工作表中，用户需要使用数据透视表或数据透视图，以交互方式或交叉方式显示数据表中不同类别数据的汇总结果。在本实例中，我们要制作出产品销售数据透视图表。

最后的效果如图所示。

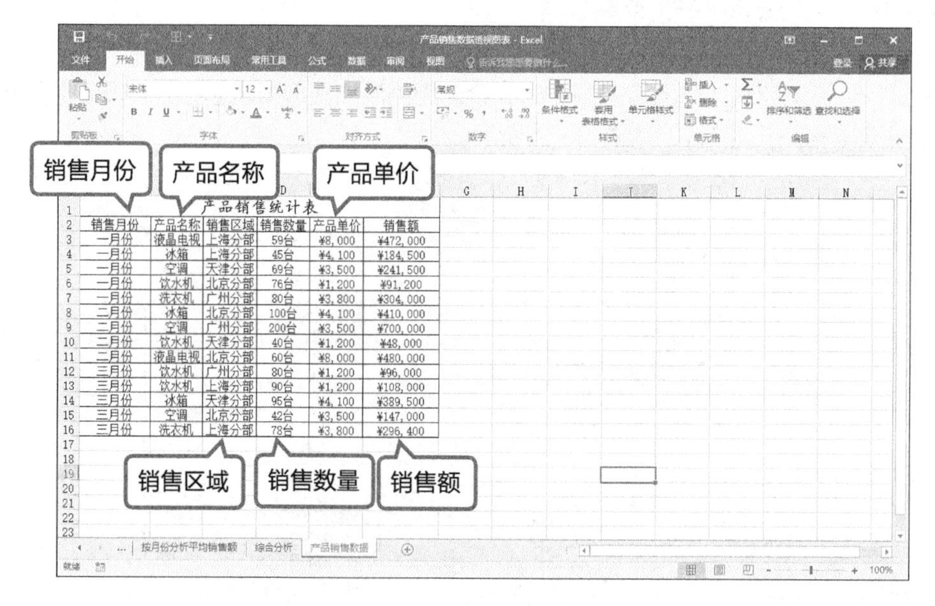

产品销售统计表

销售月份	产品名称	销售区域	销售数量	产品单价	销售额
一月份	液晶电视	上海分部	59台	¥8,000	¥472,000
一月份	冰箱	上海分部	45台	¥4,100	¥184,500
一月份	空调	天津分部	69台	¥3,500	¥241,500
一月份	饮水机	北京分部	76台	¥1,200	¥91,200
一月份	洗衣机	广州分部	80台	¥3,800	¥304,000
二月份	冰箱	北京分部	100台	¥4,100	¥410,000
二月份	空调	广州分部	200台	¥3,500	¥700,000
二月份	饮水机	天津分部	40台	¥1,200	¥48,000
二月份	液晶电视	北京分部	60台	¥8,000	¥480,000
三月份	饮水机	广州分部	80台	¥1,200	¥96,000
三月份	饮水机	上海分部	90台	¥1,200	¥108,000
三月份	冰箱	天津分部	95台	¥4,100	¥389,500
三月份	空调	北京分部	42台	¥3,500	¥147,000
三月份	洗衣机	上海分部	78台	¥3,800	¥296,400

/ 产品销售数据透视图表的组成要素

名称	是否必备	要求
销售月份	可选	用于对各月份每件产品的销售时间进行说明
产品名称	必备	用于对公司每件产品的产品名称进行说明
销售区域	必备	用于对每个销售区域进行说明
销售数量	必备	用于对每件产品在各销售区域的销售数量进行说明
产品单价	可选	用于对每件产品的销售单价进行说明
销售额	必备	用于对每件产品在各销售区域的销售总额进行说明

/ 技术要点

（1）按区域分析产品销售情况。

（2）按月份分析各产品平均销售额。

（3）创建综合分析数据透视图。

/ 操作流程

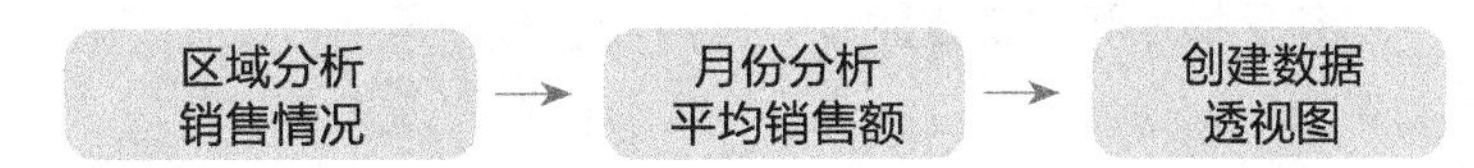

9.3.1 按区域分析产品销售情况

在素材“产品销售数据透视图表”中，存储了不同区域不同产品在 12 月份的总销售额，为了更清晰地看到各区域不同产品的销售情况，可以应用数据透视图对数据进行分析。

1. 创建数据透视图

要应用数据透视图对数据进行分析，首先需要应用数据区域创建数据透视图。下面具体介绍操作方法。

第 1 步 单击“数据透视图”命令

打开“素材\第 9 章\产品销售数据透视图表.xlsx”工作簿，任选单元格。❶ 单击“插入”选项卡，在“图表”面板中，单击“数据透视图”下三角按钮；❷ 展开列表框，单击“数据透视图”命令。

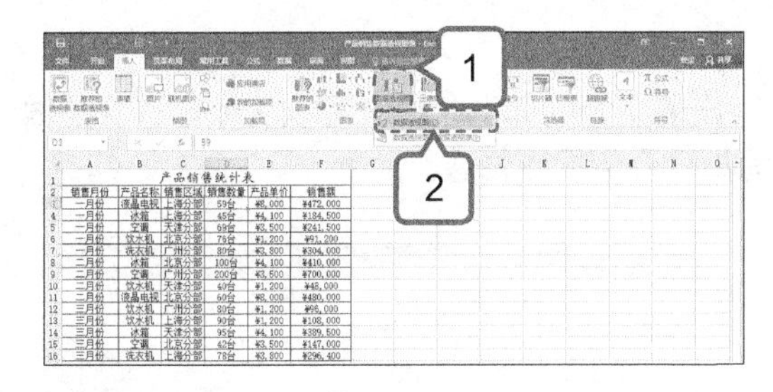

第 2 步 设置迷你图创建区域

❶ 打开“创建数据透视图”对话框，选择单元格区域；❷ 单击“确定”按钮。

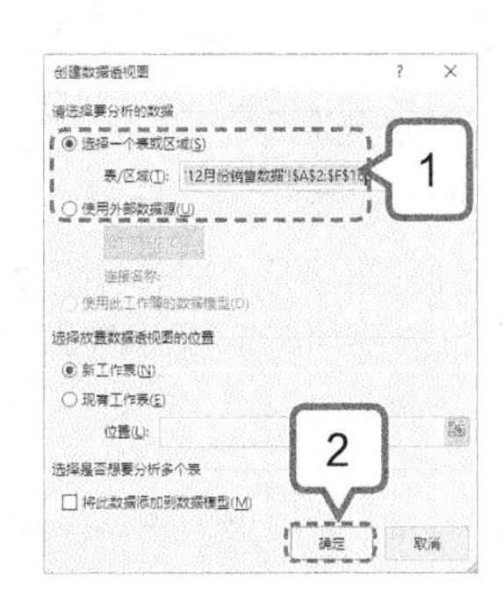

第 3 步 创建迷你图

新建一张工作表，并在工作表中显示出新创建的数据透视表和数据透视图。

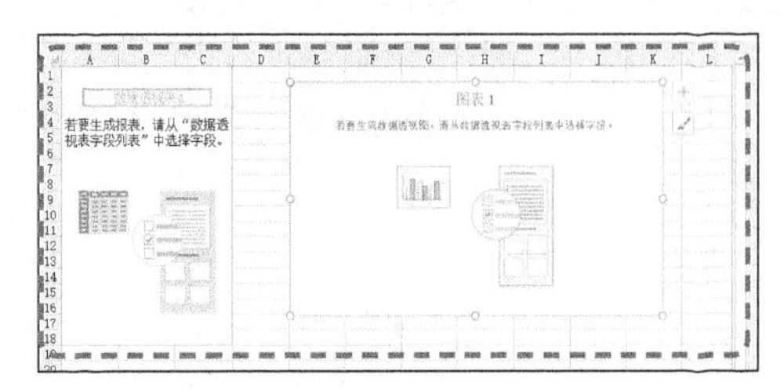

第 4 步 重命名工作表

选择新创建的工作表，将其重命名为“按区域分析产品销售情况”。

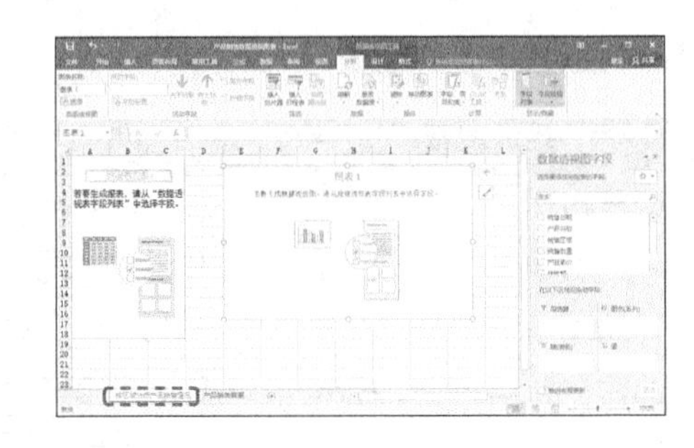

2. 为数据透视图添加字段

在默认情况下，创建出的数据透视表或数据透视图中并没有任何数据，需要在其中添加进行分析和统计的字段才可以得到相应的分析结果。下面具体介绍操作方法。

第 1 步 添加字段

在工作表右侧的“数据透视图字段”窗格中的“选择要添加到报表的字段”列表框中，勾选“产品名称”“销售区域”和“销售额”复选框，添加字段。

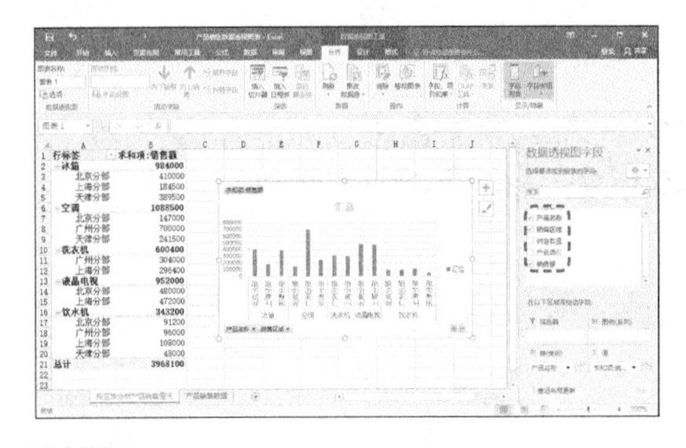

第 2 步 选择合适的选项

在“数据透视图字段”窗格中的“轴（类别）”列表框中，单击“产品名称”下三角按钮，展开列表框，选择“移到图例字段（系列）”选项。

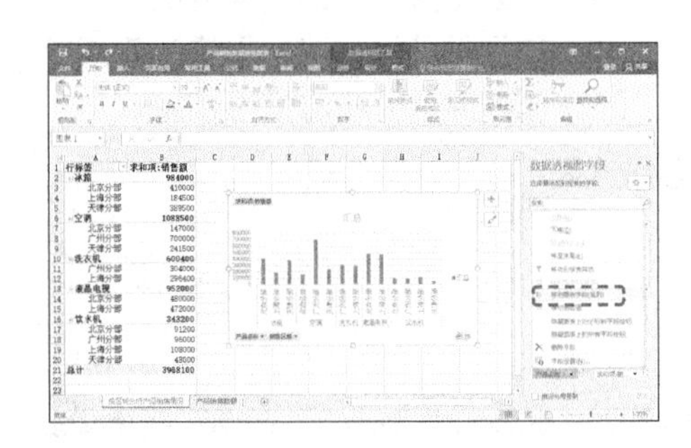

第 3 步 移动字段

移动选择的字段，则数据透视表和数据透视图中的字段位置也随之发生变化，再调整图表的位置。

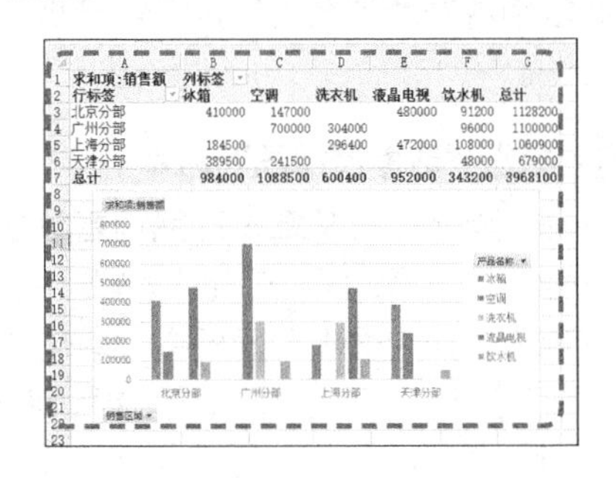

求和项:销售额	列标签					
行标签	冰箱	空调	洗衣机	液晶电视	饮水机	总计
北京分部	410000	147000		480000	91200	1128200
广州分部		700000	304000		96000	1100000
上海分部	184500		296400	472000	108000	1060900
天津分部	389500	241500			48000	679000
总计	984000	1088500	600400	952000	343200	3968100

3. 分析单个产品各区域的销售情况

在数据透视图中，应用各分类字段上的筛选功能设置不同的筛选条件，可以使数据透视图根据不同的条件显示不同的数据汇总和分析结果。下面具体介绍操作方法。

第 1 步 取消勾选复选框

在图表中，单击图例区中的“产品名称”下三角按钮，展开列表框，取消勾选除“冰箱”外的所有产品复选框。

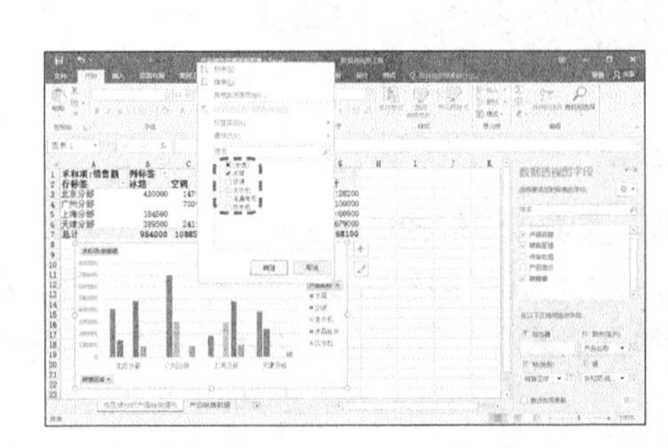

第 2 步 只显示“冰箱”销售情况

单击“确定”按钮，只显示“冰箱”字段的产品销售情况，并查看图表效果。

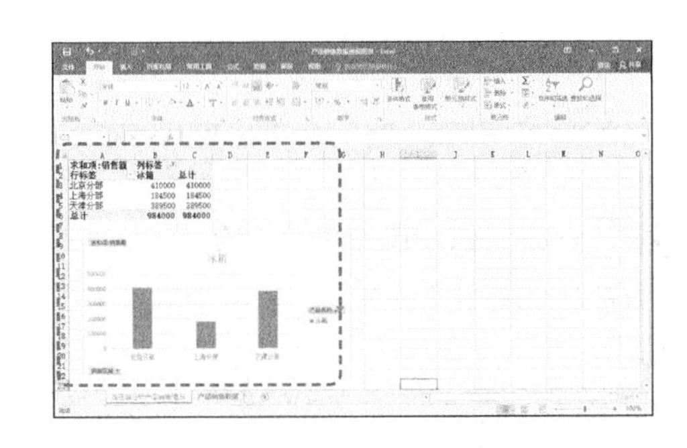

9.3.2 按月份分析各产品平均销售额

为更清晰地查看各商品的月平均销售情况，可以应用数据透视图对数据进行分析。

1. 创建数据透视图

要对表格数据中的各产品的月销售额进行分析，首先应使用“产品销售数据”表中的数据创建出数据透视图，并在数据透视图表中添加“销售月份”“产品名称”和“销售额”字段。下面具体介绍操作方法。

第 1 步 单击“数据透视图”命令

打开“素材 \ 第 9 章 \ 产品销售数据透视图表 .xlsx”工作簿，任选单元格。❶ 单击“插入”选项卡，在“图表”面板中，单击“数据透视图”下三角按钮；❷ 展开列表框，单击“数据透视图”命令。

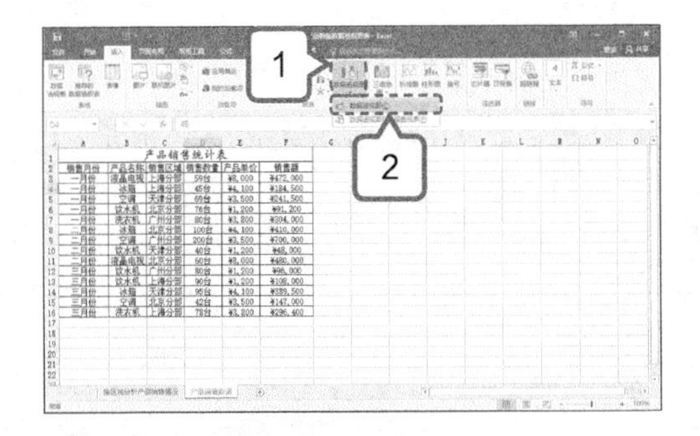

第 2 步 设置迷你图创建区域

❶ 打开“创建数据透视图”对话框，选择单元格区域；❷ 单击“确定”按钮。

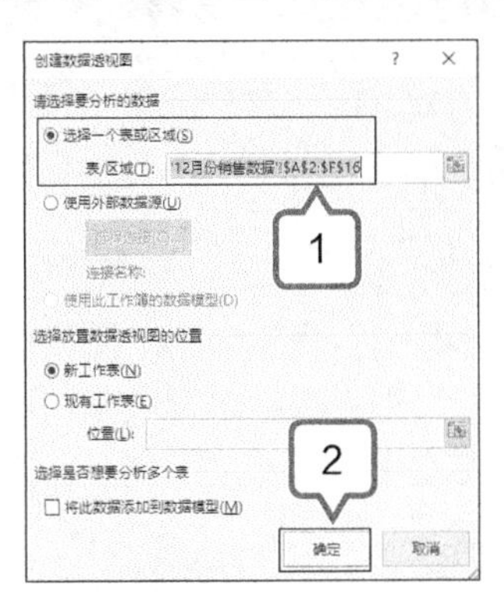

第 3 步 创建迷你图

新建一张工作表，在工作表中显示出新创建的数据透视表和数据透视图，并将其命名为“按月份分析平均销售额”。

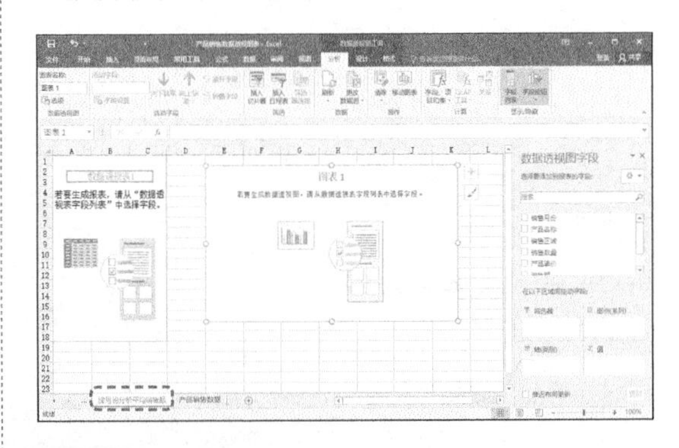

第 4 步 添加字段

在“数据透视图字段”窗格中的“选择要添加到报表的字段”列表框中，勾选“销售月份”“产品名称”和“销售额”复选框，添加字段。

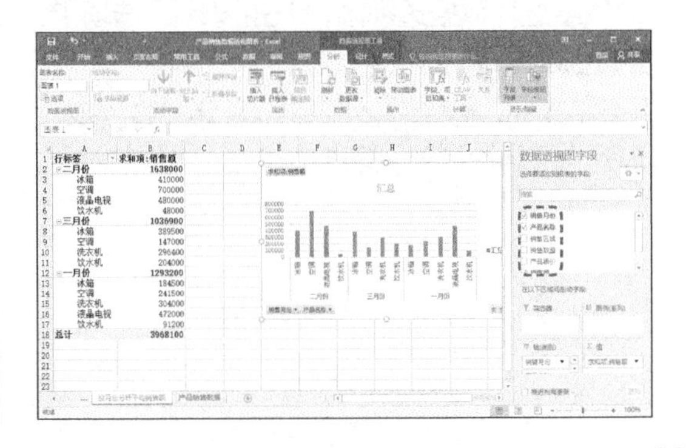

2. 修改值字段设置

本例要分析各产品的月平均销售情况，因此需要将数值字段的值汇总方式设置为“平均值”。下面具体介绍操作方法。

第 1 步 单击“值字段设置”命令

在“数据透视图字段”窗格中的“值”列表框中，单击“求和项：销售额”下三角按钮，展开列表框，单击“值字段设置”命令。

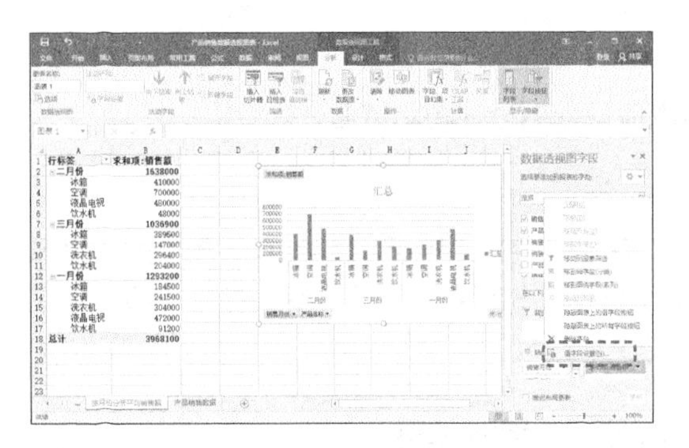

第 2 步 选择“平均值”选项

打开“值字段设置”对话框，在“计算类型”列表框中，选择“平均值”选项。

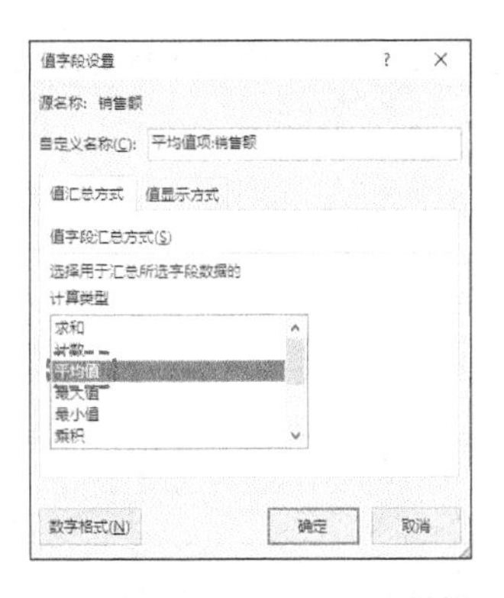

第 3 步 更改汇总方式

单击“确定”按钮，完成汇总方式更改。

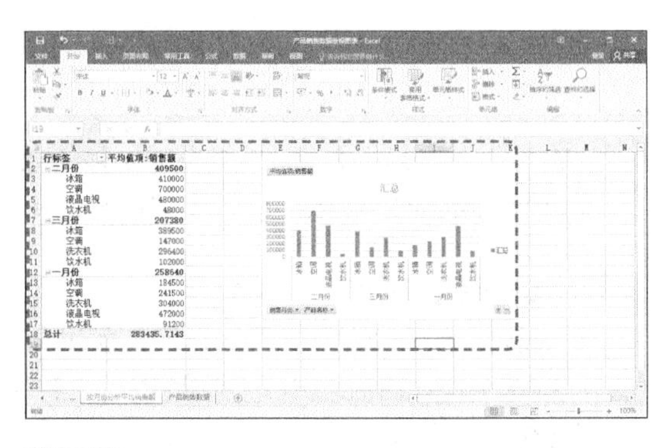

第 4 步 查看各月平均销售额

单击数据透视表中各月标签前的“-”按钮，将明细数据隐藏，以便查看各产品的月平均销售额，并调整图表的位置。

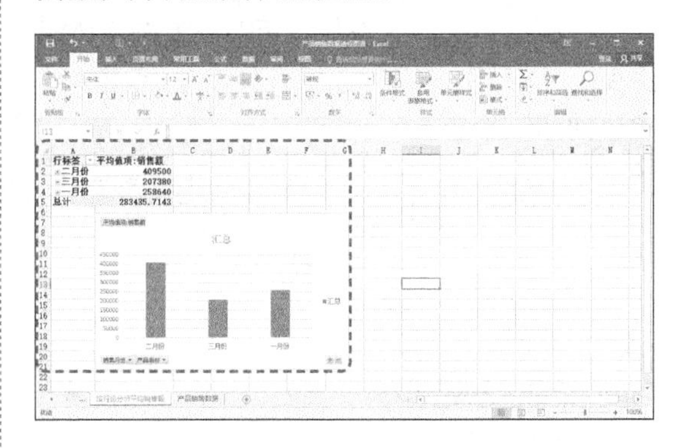

3. 添加趋势线

为了查看各月产品平均销售额的变化趋势，可以在数据透视图中添加趋势线。下面具体介绍操作方法。

第 1 步 单击“线性”命令

❶ 选择数据透视图，单击“设计”选项卡，在“图表布局”面板中，单击“添加图表元素”下三角按钮；❷ 展开列表框，单击“趋势线”命令；❸ 再次展开列表框，单击“线性”命令。

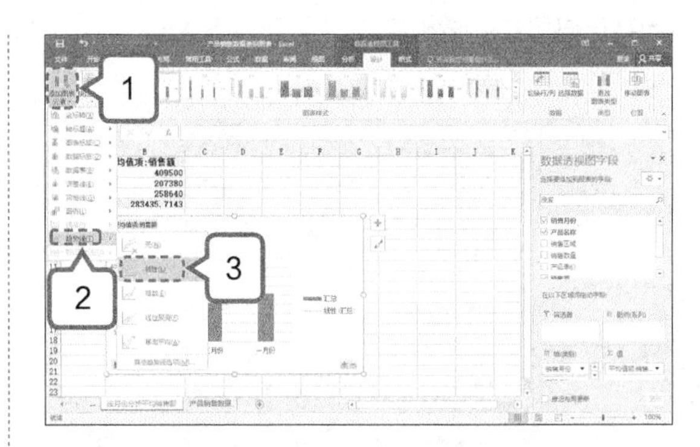

第 2 步 添加趋势线

为选择的数据透视图添加趋势线，并查看效果。

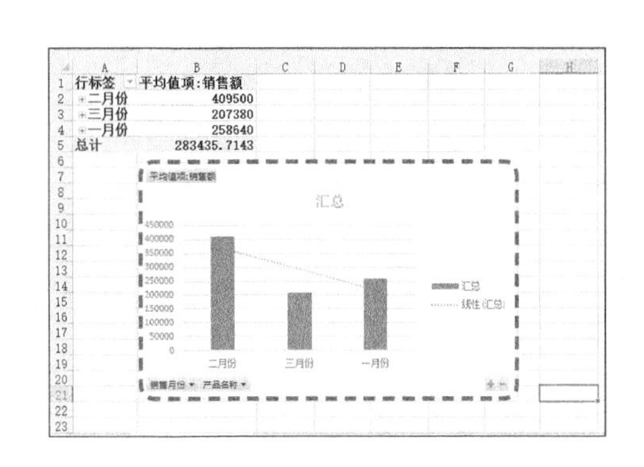

9.3.3 创建综合分析数据透视图

使用数据透视图，可以对数据表中的数据按各种不同的方式进行快速分析，将所有字段合理地添加至各透视表区域中。

1. 利用切片器查看各产品的销售情况

在对数据透视图中的数据进行筛选时，除了应用数据透视图上各分类字段的筛选功能外，还可以使用 Excel 2016 中提供的切片器对单个数据的分析结果进行查看。下面具体介绍操作方法。

第 1 步 创建数据透视图

使用“数据透视图”功能，在新工作表中创建一个数据透视图，并将工作表名称修改为“综合分析”。

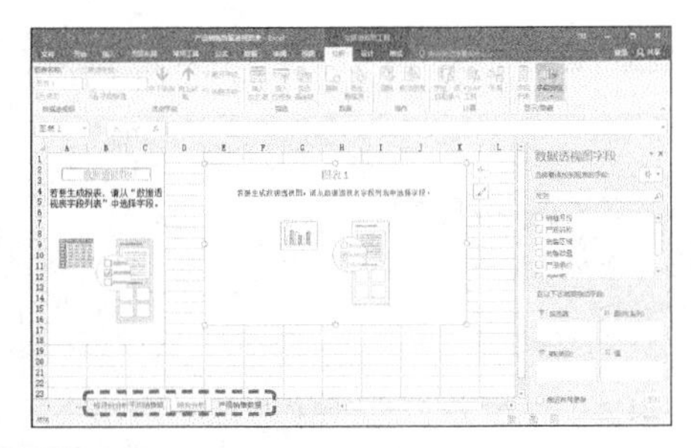

第 2 步 添加字段

在“数据透视图字段”窗格中的“选择要添加到报表的字段”列表框中，勾选“销售月份”“产品名称”“销售区域”“销售数量”和“销售额”复选框，添加字段。

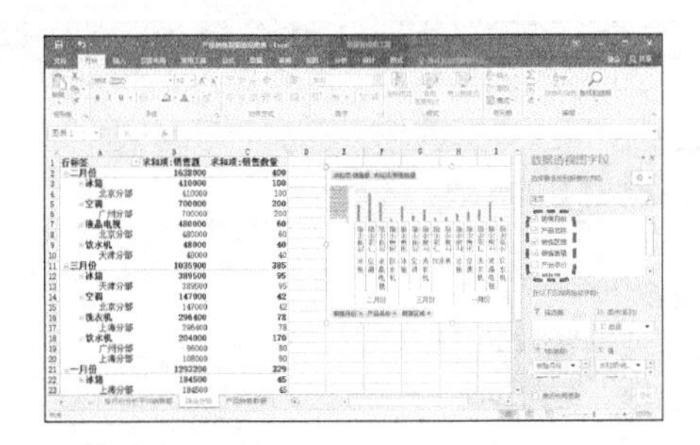

第 3 步 移动字段

在“数据透视图字段”窗格中，将“产品名称”字段移动到“筛选器”中，将“销售区域”字段移动到“图例（系列）”中，并调整图表的位置。

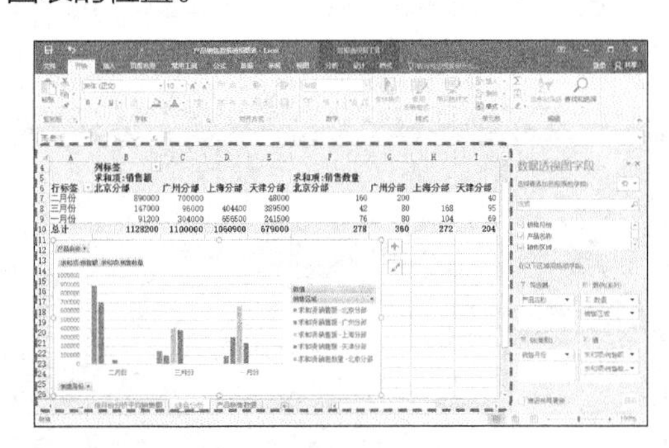

第 4 步 单击“切片器”按钮

选择数据透视图，在“插入”选项卡的“筛选器”面板中，单击“切片器”按钮。

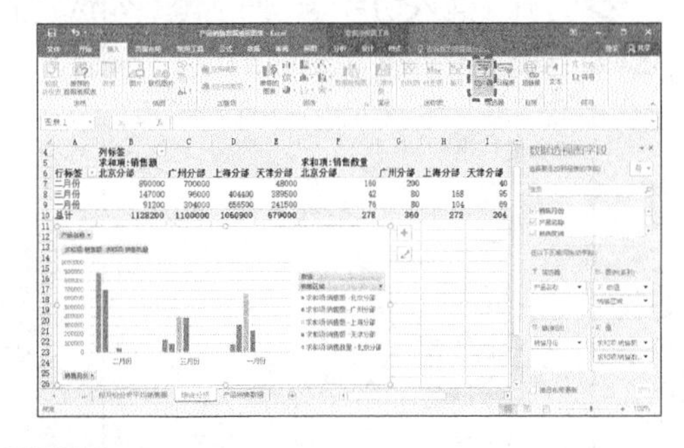

第 5 步 设置切片器

❶ 打开“插入切片器”对话框，勾选“产品名称”复选框；❷ 单击“确定”按钮。

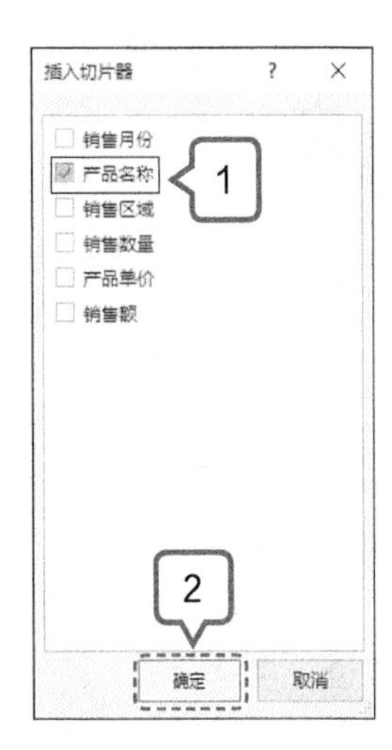

第 6 步 查看空调销售情况

插入切片器，在工作表中调整切片器的位置，在“产品名称”切片器中，选择“空调”选项，则只查看空调的销售情况。

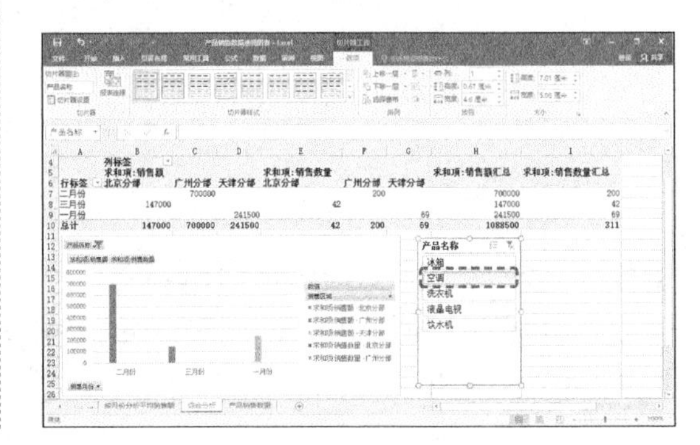

2. 利用切片器查看各区域的销售情况

为了快速了解各区域各产品的销售情况，可以使用“销售区域”字段切片器进行查看。下面具体介绍操作方法。

第 1 步 单击“切片器”按钮

选择数据透视图，在“插入”选项卡的“筛选器”面板中，单击“切片器”按钮。

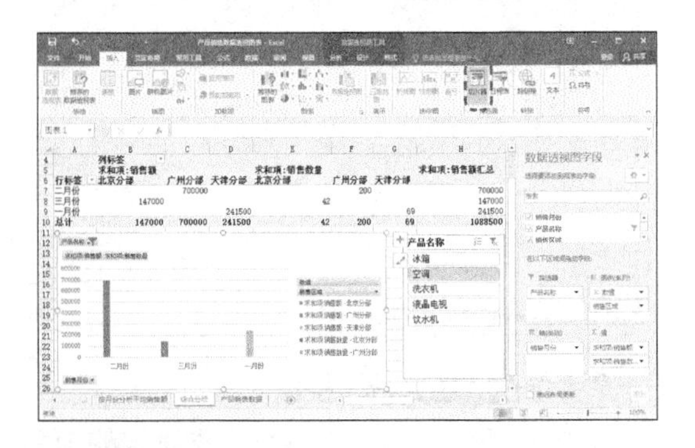

第 2 步 设置切片器

❶ 打开“插入切片器”对话框，勾选“销售区域”复选框；❷ 单击“确定”按钮。

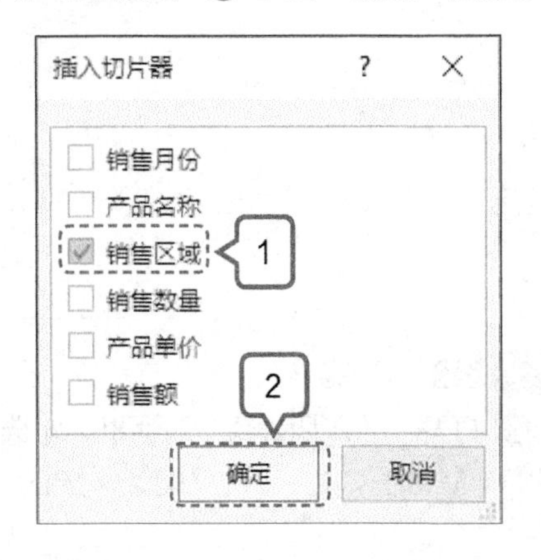

第 3 步 插入切片器

插入切片器，在工作表中调整切片器的位置。

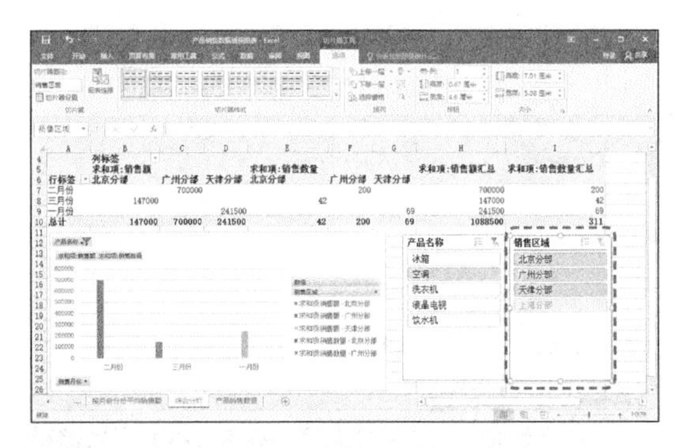

第 4 步 查看天津分部的销售情况

在“产品名称”切片器中，选择“天津分部”选项，则只查看天津分部的销售情况。

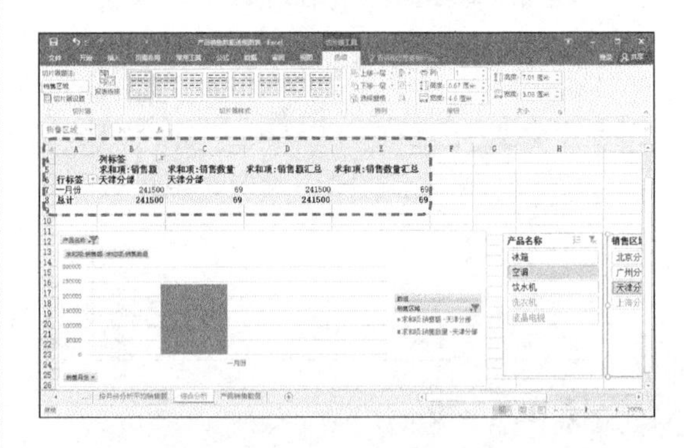

9.3.4 其他透视图表

除了本节介绍的透视图表外，平时常用的还有很多种透视图表。读者可以根据以下思路，结合实际需要进行制作。

1.《办公用品领用透视图表》

办公用品领用透视图表是一种使用数据透视图对办公室中的办公用品领用记录进行分析的图表。在进行办公用品透视图表的制作时，会使用到创建数据透视图、添加字段以及移动字段等操作。具体的效果如下图所示。

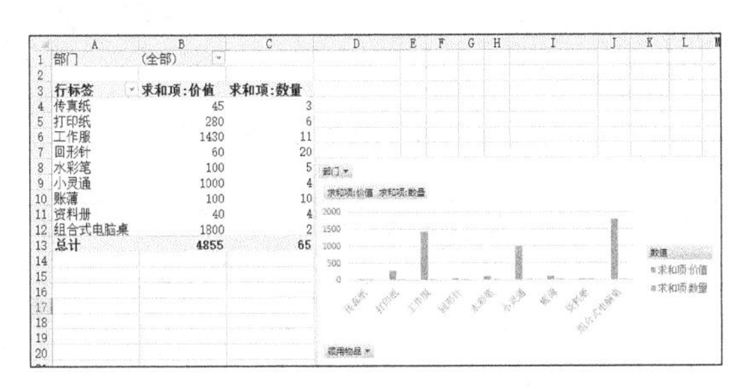

部门	(全部)	
行标签	求和项:价值	求和项:数量
传真纸	45	3
打印纸	280	6
工作服	1430	11
回形针	60	20
水彩笔	100	5
小灵通	1000	4
账薄	100	10
资料册	40	4
组合式电脑桌	1800	2
总计	4855	65

2.《成本计算透视图表》

成本计算透视图表是在材料采购时，对材料的买价、采购费用、总成本、入库数等数据进行分析的图表。在进行成本计算透视图表的制作时，会使用到创建数据透视图、添加字段、移动字段以及添加图表元素等操作。具体的效果如下图所示。

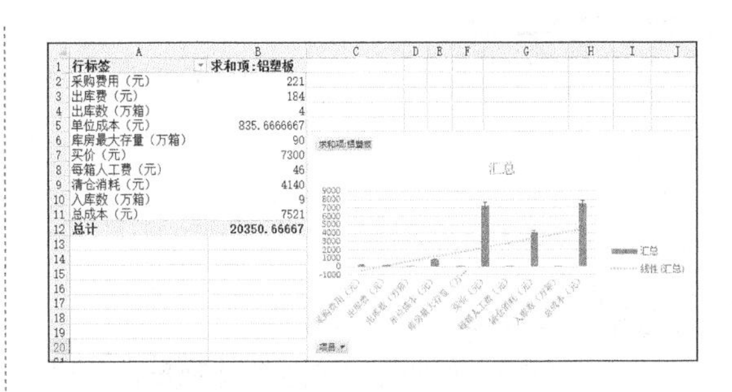

行标签	求和项:铝塑板
采购费用（元）	221
出库费（元）	184
出库数（万箱）	4
单位成本（元）	835.6666667
库房最大存量（万箱）	90
买价（元）	7300
每箱人工费（元）	46
清仓消耗（元）	4140
入库数（万箱）	9
总成本（元）	7521
总计	20350.66667

3.《采购统计明细透视图表》

采购统计明细透视图表是一种对采购产品的采购单价、采购数量、折扣率以及采购总额等数据进行分析查看的图表。在进行采购统计明细透视图表的制作时，会使用到创建数据透视图、添加字段以及插入切片器等操作。具体的效果如下图所示。

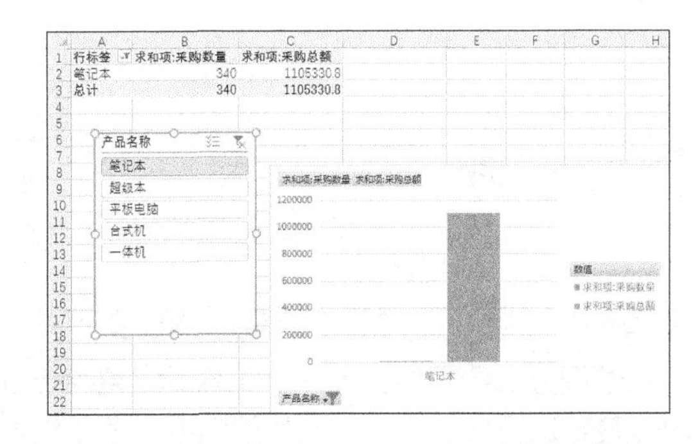

行标签	求和项:采购数量	求和项:采购总额
笔记本	340	1105330.8
总计	340	1105330.8

本节视频教学时间 / 9 分钟

本章所选择的案例均为常见的图表类工作，主要讲解了利用 Excel 进行工作表中图表、迷你图表以及透视图表的创建与编辑等操作。工作簿类别很多，本书配套资源中赠送了若干工作簿模板，读者可以根据不同要求将模板改编成自己需要的形式。以下列举 2 个典型工作簿的制作思路。

1. 制作《销售业绩透视表》

销售业绩透视表类工作簿，会涉及工作表中透视图表的创建、编辑等操作，制作销售业绩透视表可以按照以下思路进行。

第 1 步 打开工作簿

打开“扩展模板 \ 第 9 章 \ 销售业绩透视表 .xlsx”工作簿。

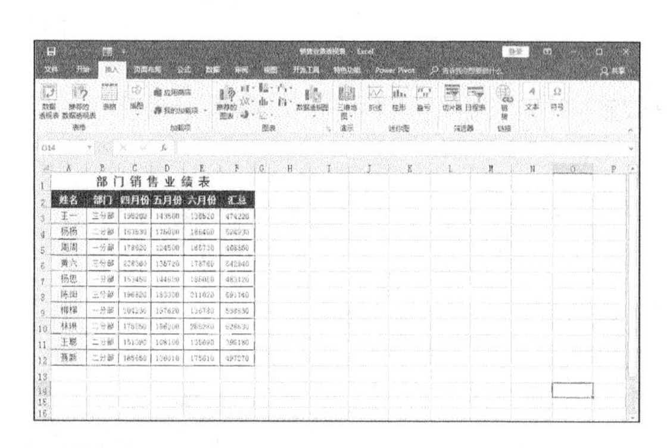

第 2 步 添加字段

使用“数据透视图”功能创建数据透视图和数据透视表，并添加字段。

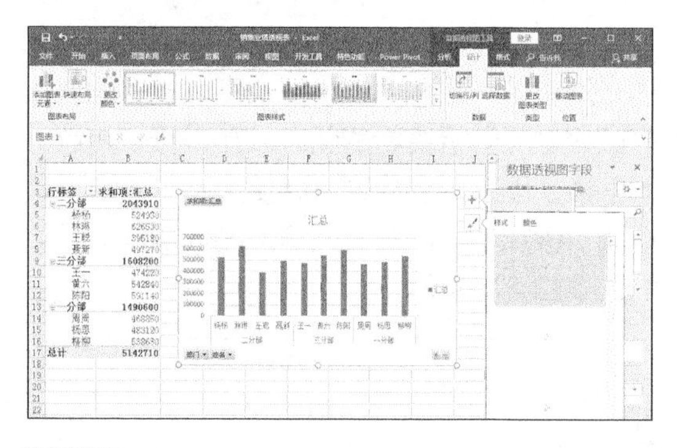

第 3 步 移动字段

对“数据透视图字段”窗格中的字段进行移动操作。

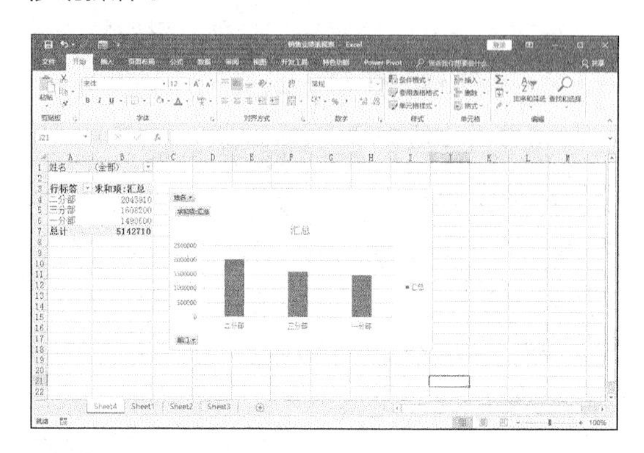

第 4 步 添加趋势线

使用“添加图表元素”功能添加趋势线。

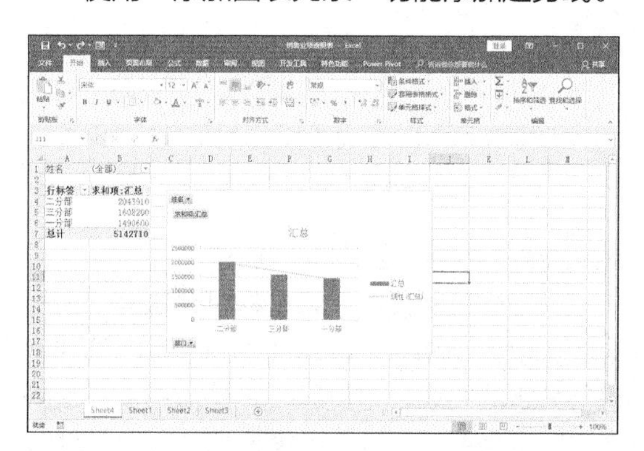

2. 制作《部门办公费用组合图表》

部门办公费用组合图表类工作簿，会涉及工作表中图表的创建、图表类型更改、图表样式更改以及移动图表等操作，制作部门办公费用组合图表可以按照以下思路进行。

第 1 步 选择单元格区域

打开工作簿，选择单元格区域。

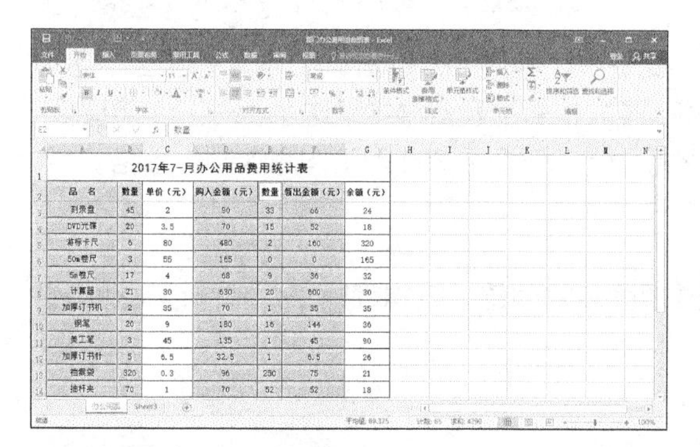

第 2 步 插入组合图图表

使用“插入组合图”功能插入簇状柱形图——次坐标轴上的折线图图表。

第 3 步 移动图表

使用“移动图表”功能将图表移动到新工作表中。

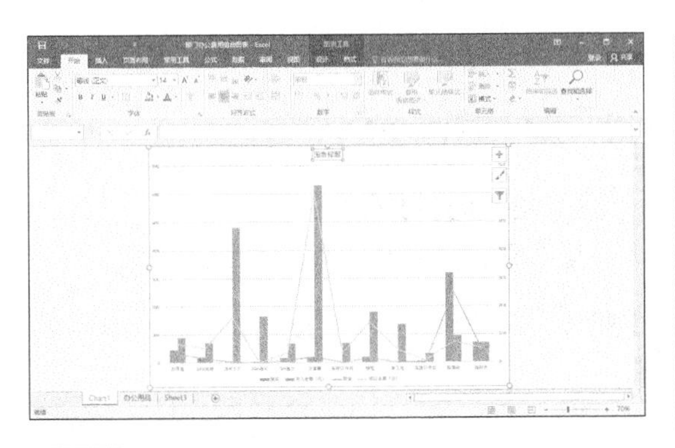

第 4 步 修改字体格式

修改图表标题和文本的字体格式。

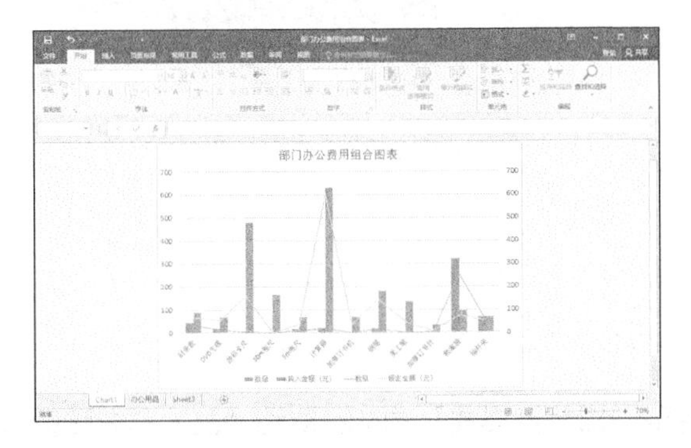

第 5 步 添加图表元素

使用“添加图表元素”功能添加网格线和误差线。

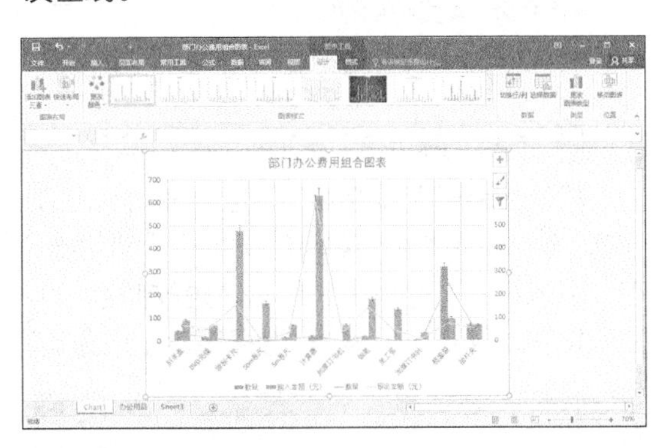

第 6 步 填充渐变背景

使用“形状填充”功能为图表填充渐变背景。

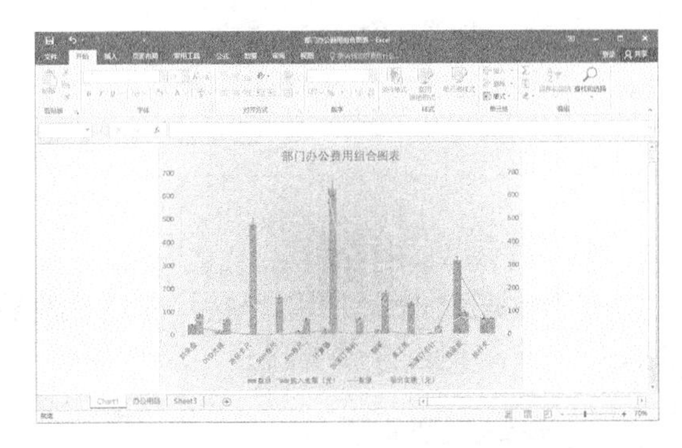

高手支招

1. 将图表保存为模板

在 Excel 2016 中编辑好图表的样式和布局等参数后，可以使用“另存为模板”功能将图表保存为模板，以备以后使用。

第 1 步 单击“另存为模板”命令

打开“素材 \ 第 9 章 \ 工资图表 .xlsx”工作簿，选择图表，单击鼠标右键，打开快捷菜单，单击“另存为模板”命令。

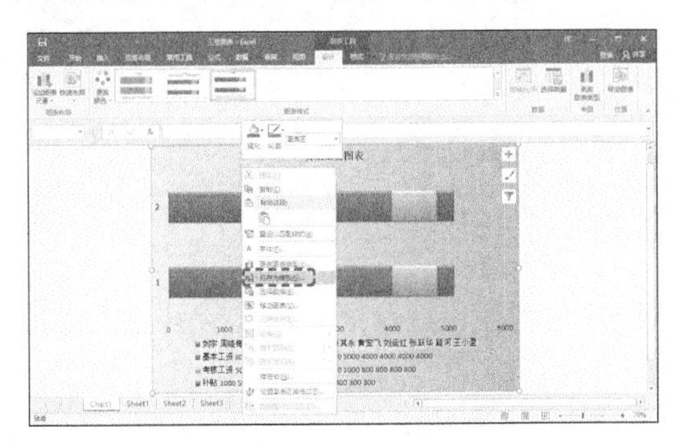

第 2 步 单击“保存”按钮

❶ 打开“保存图表模板”对话框，设置文件名和保存路径；❷ 单击“保存”按钮即可。

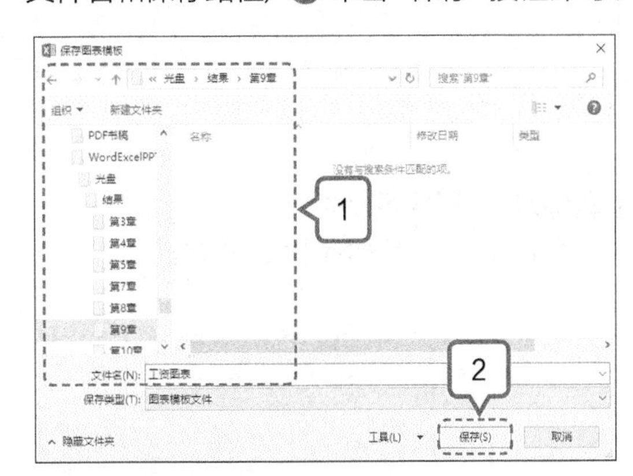

2. 重新更改图表颜色

创建好图表后，用户还可以使用“更改颜色”功能重新对图表颜色进行设置。

第 1 步　选择“颜色 3”选项

打开“素材 \ 第 9 章 \ 工资图表 .xlsx”工作簿。❶ 选择图表对象，单击“设计”选项卡，在“图表样式”面板中，单击“更改颜色”下三角按钮；❷ 展开列表框，选择“颜色 3”选项。

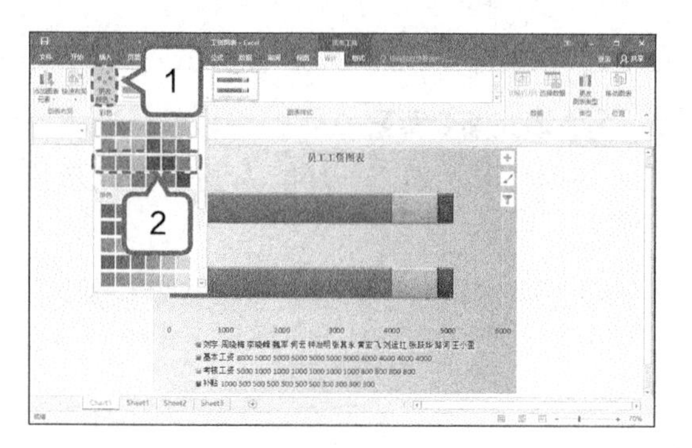

第 2 步　更改图表颜色

更改图表的颜色，并查看图表效果。

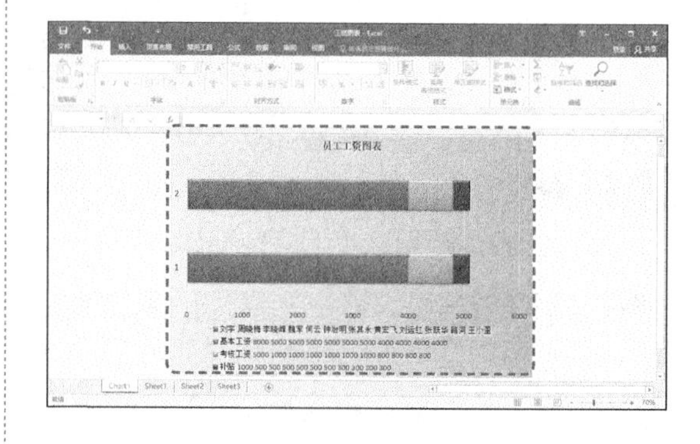

3. 为切片器应用样式

在为数据透视表添加切片器后，有时也需要使用“切片器样式”功能，对切片器的样式和颜色进行更改，以便进行数据区分。

第 1 步　选择相应的选项

打开“素材 \ 第 9 章 \ 药品管理图表 .xlsx”工作簿。❶ 选择“现有库存”切片器；❷ 单击“选项”选项卡，在“切片器样式”面板中，单击“其他”按钮，展开列表框，选择“切片器样式深色 6”选项。

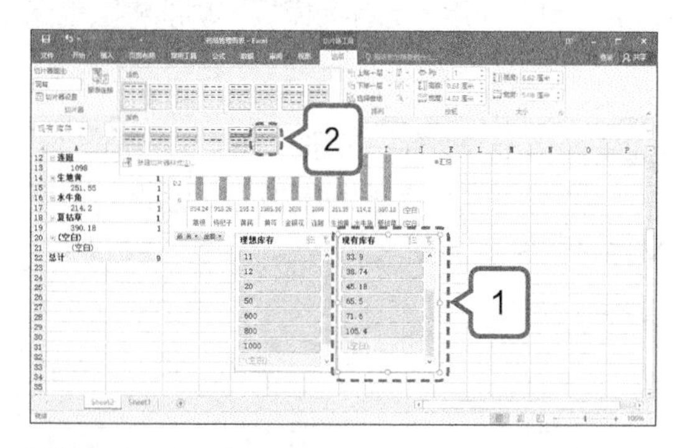

第 2 步　更改切片器样式

更改选择切片器的切片器样式。

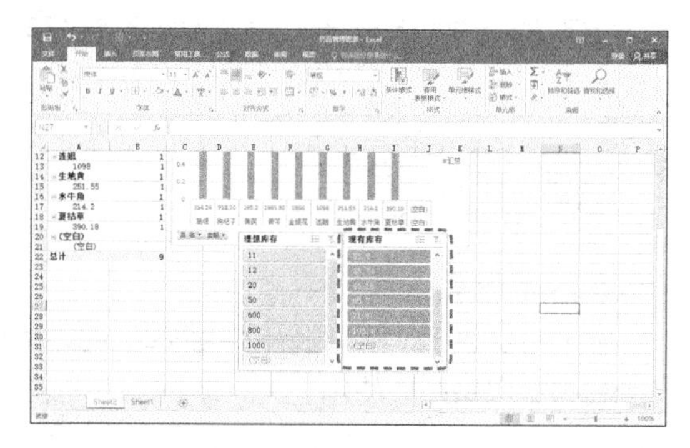

第 3 步　更改其他切片器样式

用同样的方法，修改其他切片器的样式。

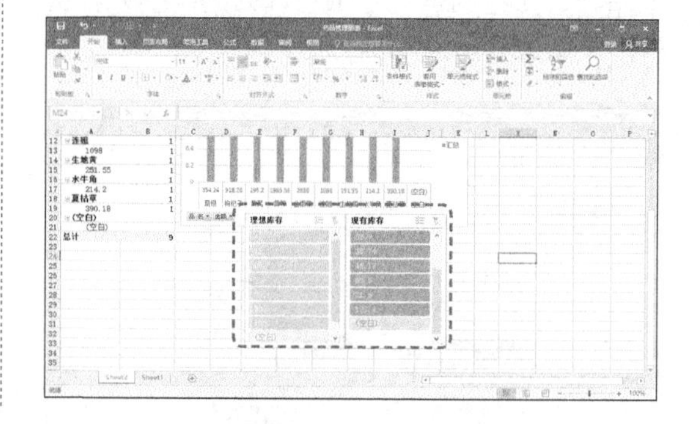

Chapter 10

计算、模拟分析和预测数据

本章视频教学时间 / 27 分钟

技术分析

Excel 不仅可以制作表格，还具有强大的计算和分析功能。它既可以对工作表中的数据进行分析和计算，也可以对数据的变化情况进行模拟，更可以通过数据假设预测结果。一般来说，在Excel 工作表中进行数据的计算、模拟分析和预测操作主要涉及以下知识点。

（1）计算净残值、计算已提折旧月数等。

（2）使用方案制订销售计划。

（3）计算要达到目标利润的数据。

（4）预测数据变化导致的结果变化。

思维导图

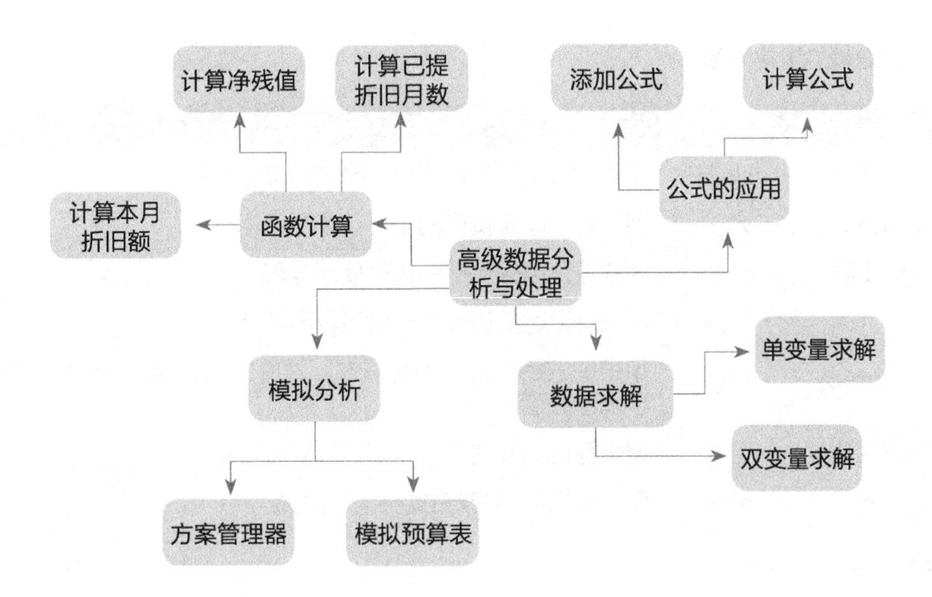

10.1 制作“折旧表”——《固定资产折旧表》

本节视频教学时间 / 5 分钟

案例名称	固定资产折旧表
素材文件	素材 \ 第 10 章 \ 固定资产折旧表 .xlsx
结果文件	结果 \ 第 10 章 \ 固定资产折旧表 .xlsx
扩展模板	扩展模板 \ 第 10 章 \ 折旧表类模板

固定资产是企业长期使用的财产，在使用过程中会逐渐损耗，转移到产品和劳务中，所以固定资产都需要折旧，折旧的金额不同也会影响到公司的利润。固定资产折旧表主要是公司用来登记固定资产名称、开始使用日期、预计使用年限、原值和折旧额等数据的工作簿。在本实例中，我们要制作出固定资产折旧表。

最后的效果如图所示。

开始使用日期　预计使用年限　残值率和净残值　本月折旧额

固定资产名称	开始使用日期	预计使用年限	原值	残值率	净残值	已提折旧月数	直线折旧法计提本月折旧额	单倍余额递减法计提本月折旧额	双倍余额递减法计提本月折旧额	年数总和法计提本月折旧额
[illegible]	[illegible]	20	¥100,000.00	5%	¥5,000.00	67	¥395.83	¥545.31	¥479.68	¥571.58
[illegible]	[illegible]	20	¥150,000.00	5%	¥7,500.00	67	¥593.75	¥817.96	¥719.53	¥857.37
[illegible]	[illegible]	6	¥4,800.00	5%	¥240.00	66	¥63.33	¥13.36	¥21.36	¥12.15
电脑	2010/9/3	6	¥5,000.00	5%	¥250.00	66	¥65.97	¥13.92	¥22.26	¥12.65
电脑	2010/9/5	6	¥6,000.00	5%	¥300.00	66	¥79.17	¥16.71	¥26.71	¥15.18
空调	2011/6/25	8	¥4,500.00	5%	¥225.00	56	¥44.53	¥25.08	¥29.45	¥37.64
空调	2011/6/25	8	¥9,000.00	5%	¥450.00	56	¥89.06	¥50.15	¥58.90	¥75.29
传真机	2010/10/11	7	¥2,000.00	5%	¥100.00	65	¥22.62	¥7.38	¥10.19	¥10.64
打印扫描一体	2010/11/10	8	¥10,000.00	5%	¥500.00	64	¥98.96	¥43.88	¥55.30	¥67.33

固定资产名称　原值　已提折旧月数

/ 固定资产折旧表的组成要素

名称	是否必备	要求
固定资产名称	必备	用来对公司的每件固定资产进行登记说明
开始使用日期	必备	用来登记固定资产的第一天使用日期
预计使用年限	必备	用来登记每件资产的预估使用年限
原值	可选	用来登记购买每件资产时所花费的金额
残值率和净残值	可选	用来登记每件资产的残值率，并通过残值率计算出每件资产的净残值数值
已提折旧月数	可选	用来登记每件资产的已提折旧月数数据
本月折旧额	必备	用来登记每件资产的月折旧额数据

/ 技术要点

（1）计算出净残值。

（2）计算出已提折旧月数。

（3）计算出各种本月折旧额数值。

/ 操作流程

计算净残值 → 计算已提折旧月数 → 计算本月折旧额

10.1.1 计算出净残值

净残值是指固定资产使用期满后，残余的价值减去应支付的固定资产清理费用后的那部分价值。固定资产净残值属于固定资产的不转移价值，不应计入成本、费用中去，在计算固定资产折旧时，采取预估的方法，从固定资产原值中扣除，到固定资产报废时直接回收。本例将使用公式，将工作表中的净残值计算出来。

第 1 步 选择 G3 单元格

打开“素材 \ 第 10 章 \ 固定资产折旧表 .xlsx”工作簿，选择 G3 单元格。

固定资产折旧表

原值	残值率	净残值	已提折旧月数
¥100,000.00	5%		
¥150,000.00	5%		
¥4,800.00	5%		
¥5,000.00	5%		
¥6,000.00	5%		
¥4,500.00	5%		
¥9,000.00	5%		
¥2,000.00	5%		
¥10,000.00	5%		

第 2 步 输入公式

在选择的单元格中输入公式“=E3*F3”。

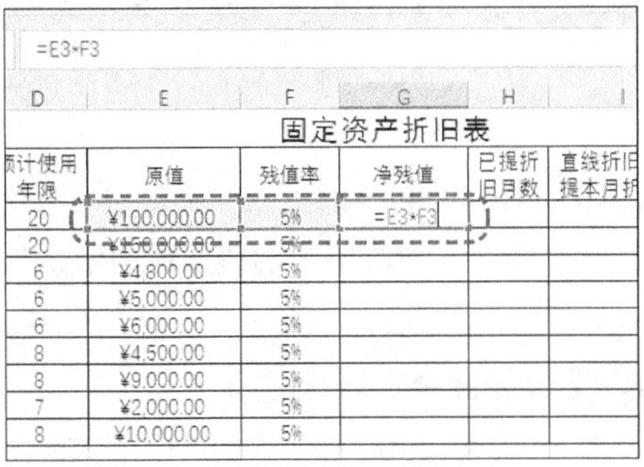

=E3*F3

固定资产折旧表

预计使用年限	原值	残值率	净残值	已提折旧月数	直线折旧提本月折
20	¥100,000.00	5%	=E3*F3		
20	¥150,000.00	5%			
6	¥4,800.00	5%			
6	¥5,000.00	5%			
6	¥6,000.00	5%			
8	¥4,500.00	5%			
8	¥9,000.00	5%			
7	¥2,000.00	5%			
8	¥10,000.00	5%			

第 3 步 计算 G3 单元格的净残值

按【Enter】键，计算出 G3 单元格中的净残值。

固定资产折旧表

固定资产名称	开始使用日期	预计使用年限	原值	残值率	净残值	已提折旧月数
仓库	2010/8/1	20	¥100,000.00	5%	¥5,000.00	
办公室	2010/8/1	20	¥150,000.00	5%		
电脑	2010/9/3	6	¥4,800.00	5%		
电脑	2010/9/3	6	¥5,000.00	5%		
电脑	2010/9/5	6	¥6,000.00	5%		
空调	2011/6/25	8	¥4,500.00	5%		
空调	2011/6/25	8	¥9,000.00	5%		
传真机	2010/10/11	7	¥2,000.00	5%		
打印扫描一体	2010/11/10	8	¥10,000.00	5%		

第 4 步 计算其他单元格净残值

选择 G3 单元格，将鼠标指针移至 G3 单元格的右下角，当鼠标指针呈黑色十字形状时，单击鼠标左键并向下拖曳至 G11 单元格，计算出其他单元格中的净残值。

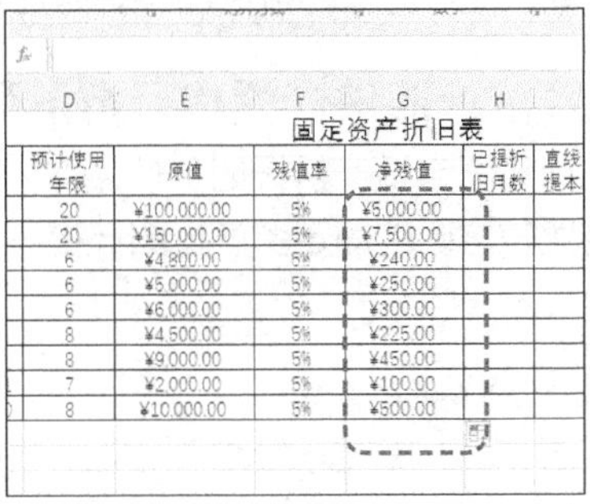

固定资产折旧表

预计使用年限	原值	残值率	净残值	已提折旧月数	直线提本
20	¥100,000.00	5%	¥5,000.00		
20	¥150,000.00	5%	¥7,500.00		
6	¥4,800.00	5%	¥240.00		
6	¥5,000.00	5%	¥250.00		
6	¥6,000.00	5%	¥300.00		
8	¥4,500.00	5%	¥225.00		
8	¥9,000.00	5%	¥450.00		
7	¥2,000.00	5%	¥100.00		
8	¥10,000.00	5%	¥500.00		

10.1.2 计算出已提折旧月数

已提折旧月数是公司财务在处理固定资产折旧数据时，预先计入的折旧月数，该数值是通过组合使用 INT 函数、DAY 函数以及 DATE 函数生成的。

第 1 步 输入函数公式

在工作表中选择 H3 单元格，在单元格中输入函数公式“=INT(DAYS360(C3,DATE(2016,3,20))/30)”。

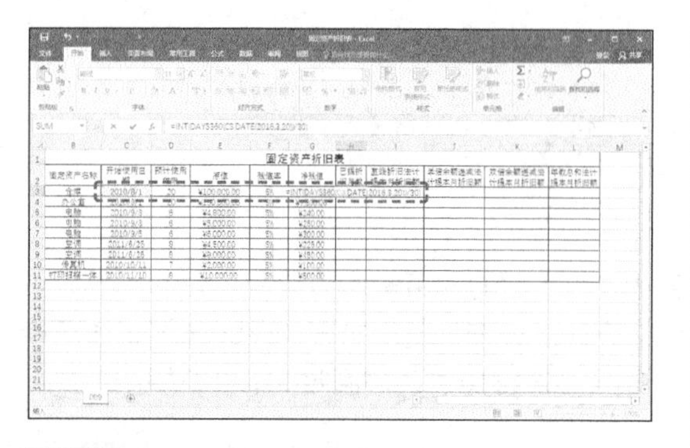

第 2 步 计算已提折旧月数

按【Enter】键，计算出 H3 单元格中的已提折旧月数。

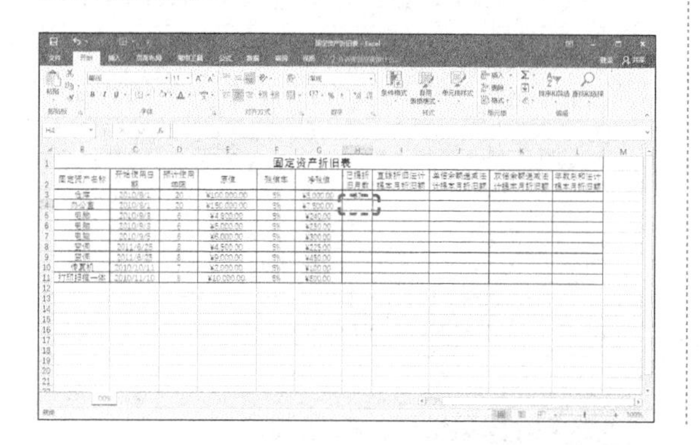

第 3 步 计算其他已提折旧月数

选择 H3 单元格，将鼠标指针移至 G3 单元格的右下角，当鼠标指针呈黑色十字形状时，单击鼠标左键并向下拖曳至 H11 单元格，计算出其他单元格中的已提折旧月数。

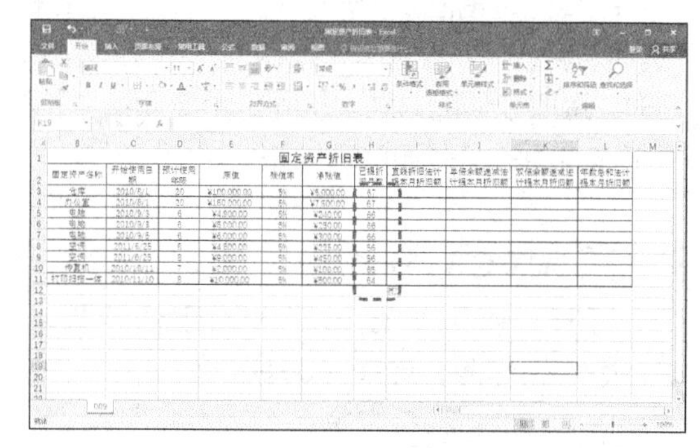

10.1.3 计算出各种本月折旧额数值

计提本月折旧额是指公司在进行财务处理时，预先计入某些已经发生但是未实际支付的折旧费用。计算本月折旧额的方法有直接折旧法、单倍余额递减法、双倍余额递减法以及年数总和法 4 种，本节将对这 4 种折旧额计算方法进行介绍。

1. 用直接折旧法计提本月折旧额

在计算固定资产折旧时，使用 SLN 函数是最直接、最简单的折旧计提方法。一般在使用期限内消耗比较均衡的固定资产折旧计提，使用 SLN 函数最为合适。下面具体介绍其操作方法。

第 1 步 输入公式

在工作表中，选择 I3 单元格，输入公式“=SLN(E3,G3,D3*12)”。

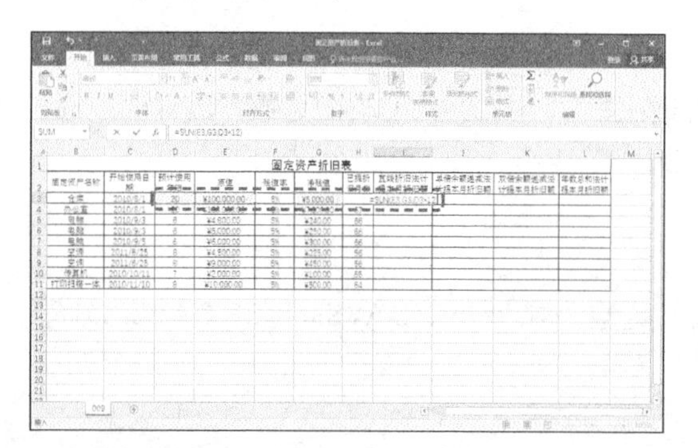

第 2 步 计算计提本月折旧额

按【Enter】键，使用直线折旧法计算出 I3 单元格中的计提本月折旧额。

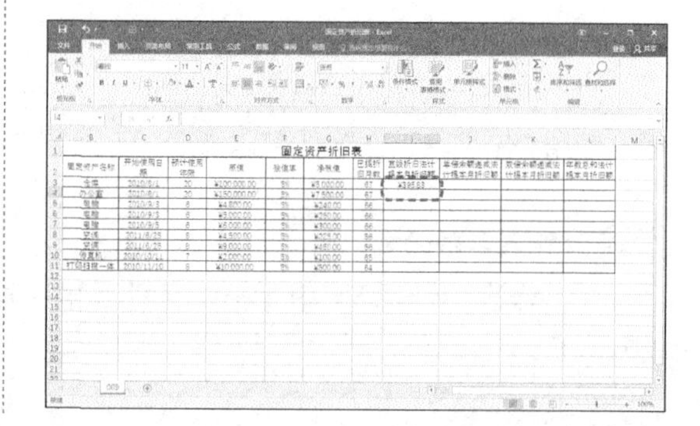

第 3 步 计算其他计提本月折旧额

选择 I3 单元格，将鼠标指针移至 I3 单元格的右下角，当鼠标指针呈黑色十字形状时，单击鼠标左键并向下拖曳至 I11 单元格，计算出其他单元格中的计提本月折旧额。

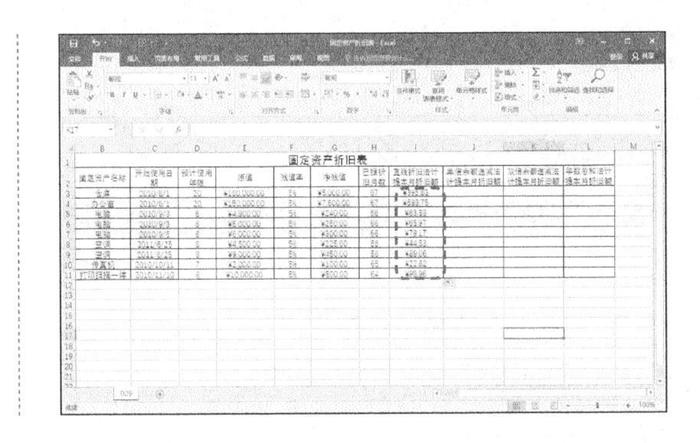

2. 用单倍余额递减法计提本月折旧额

单倍余额递减法是加速计提折旧法的一种，主要适用于固定资产初期折旧额度比后期折旧额度大的情况，而 DB 函数是将固定资产加速计提折旧的方法之一。下面具体介绍其操作方法。

第 1 步 输入公式

在工作表中，选择 J3 单元格，输入公式“=DB(E3,G3,D3*12,H3,12-MONTH(C3))”。

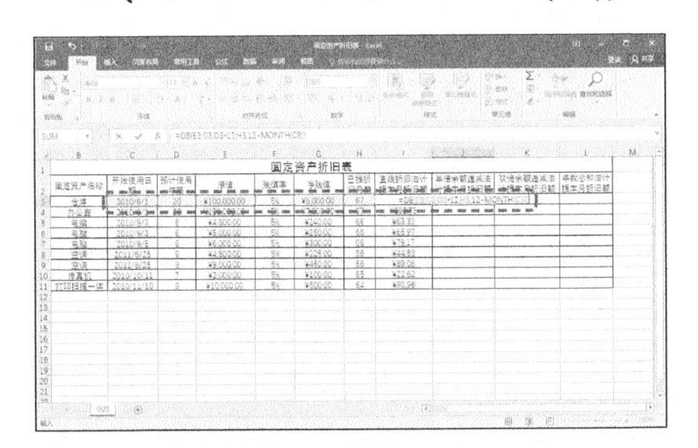

第 2 步 计算计提本月折旧额

按【Enter】键，使用单倍余额递减法计算出 J3 单元格中的计提本月折旧额。

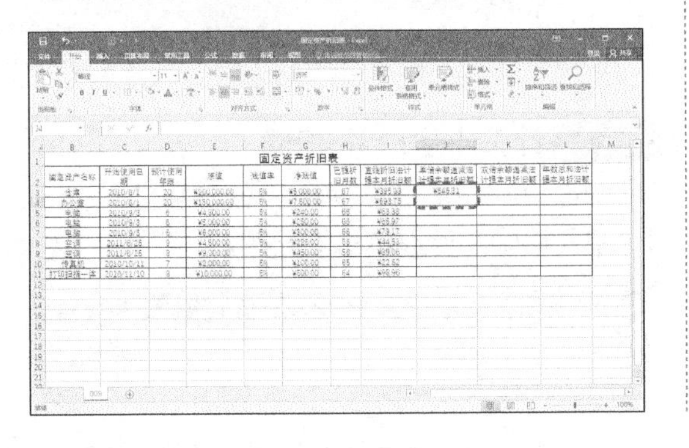

第 3 步 计算其他的计提本月折旧额

选择 J3 单元格，将鼠标指针移至 J3 单元格的右下角，当鼠标指针呈黑色十字形状时，单击鼠标左键并向下拖曳至 J11 单元格，计算出其他单元格中的计提本月折旧额。

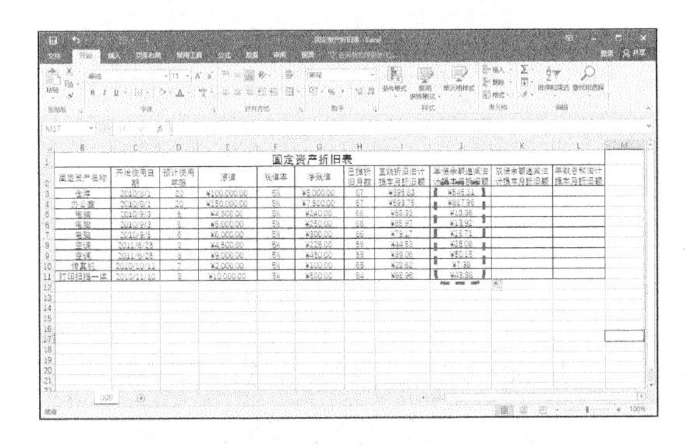

3. 用双倍余额递减法计提本月折旧额

折旧在第一阶段是最高的，在后续阶段中会减少，双倍余额递减法以加速的比率计算折旧。双倍余额递减法可以借助 DDB 函数，使用该函数可以计算一笔资产在给定期间内的折旧值。下面具体介绍其操作方法。

第 1 步 输入公式

在工作表中，选择 K3 单元格，输入公式“=DDB(E3,G3,D3*12,H3)”。

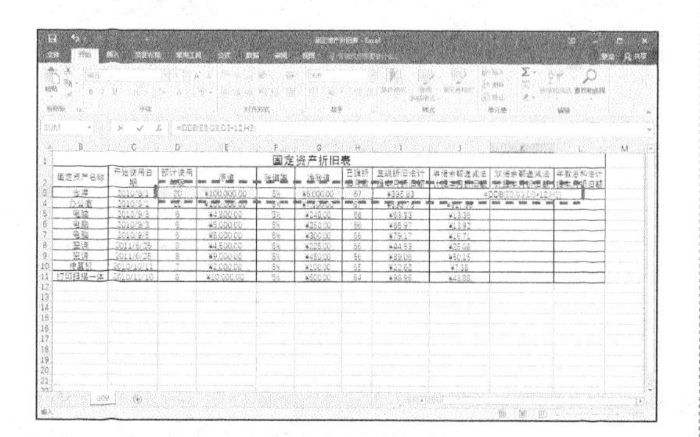

第 2 步 计算计提本月折旧额

按【Enter】键，使用双倍余额递减法计算出 K3 单元格中的计提本月折旧额。

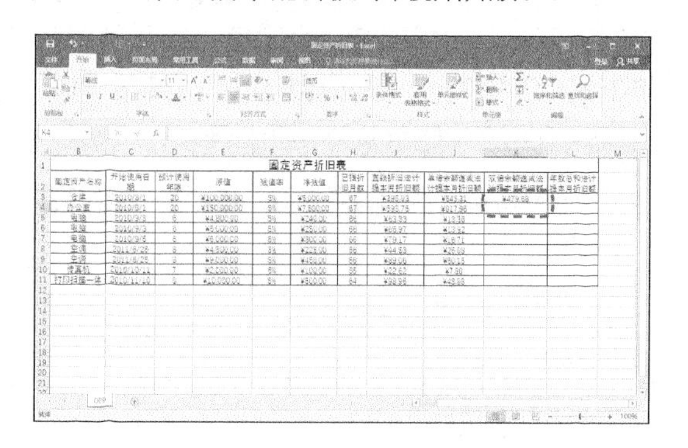

第 3 步 计算其他计提本月折旧额

选择 K3 单元格，将鼠标指针移至 K3 单元格的右下角，当鼠标指针呈黑色十字形状时，单击鼠标左键并向下拖曳至 K11 单元格，计算出其他单元格中的计提本月折旧额。

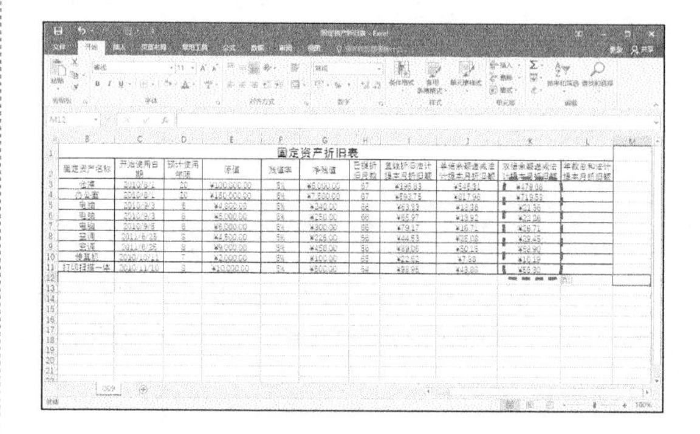

4. 用年数总和法计提本月折旧额

年数总和法又称为合计年限法，是固定资产加速折旧的方法之一，该计算方法是用 SYD 函数来实现的。SYD 函数的作用是将固定资产的原值减去预计净残值后的值乘以逐年递减的分数计算出每年折旧额。下面具体介绍其操作方法。

第 1 步 输入公式

在工作表中，选择 L3 单元格，输入公式“=SYD(E3,G3,D3*12,H3)”。

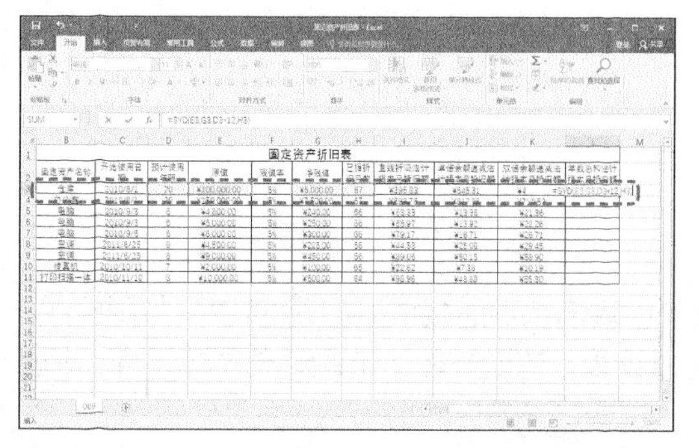

第 2 步 计算计提本月折旧额

按【Enter】键，使用年数总和法计算出 L3 单元格中的计提本月折旧额。

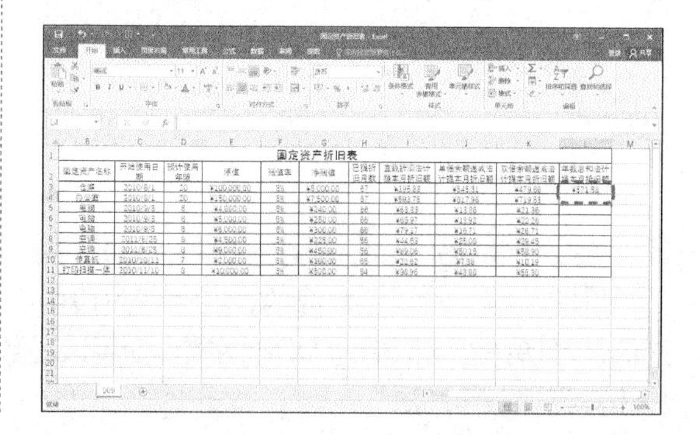

第 3 步 计算其他计提本月折旧额

选择 L3 单元格，将鼠标指针移至 L3 单元格的右下角，当鼠标指针呈黑色十字形状时，单击鼠标左键并向下拖曳至 L11 单元格，计算出其他单元格中的计提本月折旧额。

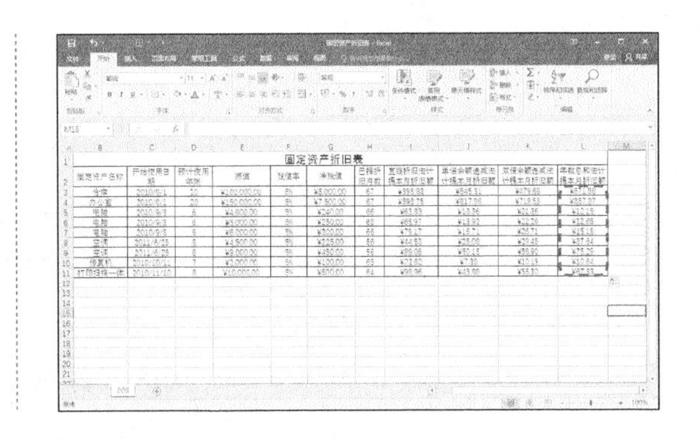

10.1.4 其他折旧表

除了本节介绍的折旧表外，平时常用的还有很多种折旧表。读者可以根据以下思路，结合实际需要进行制作。

1.《年中计提折旧表》

年中计提折旧表是用来记录资产原值、残值、使用年数以及第一年折旧月数的工作簿，在该工作簿中，用户可以使用 SUM 函数和 DB 函数等计算出年折旧额和累计折旧额等数值。在进行年中计提折旧表的制作时，会使用计算年折旧额、计算累计折旧额以及计算资产净值等操作。具体的效果如下图所示。

	A	B	C	D
1	年中计提折旧			
2	资产原值	资产残值	使用年数	第一年折旧月数
3	¥2,300,000.00	¥320,000.00	9	7
4	年度	年折旧额	累计折旧额	资产净值
5	1	¥264,308.33	¥264,308.33	¥2,035,691.67
6	2	¥401,031.26	¥665,339.59	¥1,634,660.41
7	3	¥322,028.10	¥987,367.69	¥1,312,632.31
8	4	¥258,588.56	¥1,245,956.26	¥1,054,043.74
9	5	¥207,646.62	¥1,453,602.87	¥846,397.13
10	6	¥166,740.23	¥1,620,343.11	¥679,656.89
11	7	¥133,892.41	¥1,754,235.52	¥545,764.48
12	8	¥107,515.60	¥1,861,751.12	¥438,248.88

2.《机器折旧情况表》

机器折旧情况表是用来登记某个机器的资产原值、资产残值、使用寿命、第一年 6 个月折旧额等数据的工作簿。在进行机器折旧情况表的制作时，会使用到 DB 函数计算第一年 6 个月折旧额、第 3 年折旧额以及第 7 年 10 个月折旧额等操作。具体的效果如下图所示。

	A	B
1	某机器折旧情况	
2	资产原值	¥80,000.00
3	资产残值	¥7,500.00
4	使用寿命	8
5	第一年6个月折旧额	¥10,240.00
6	第3年折旧额	¥11,336.42
7	第7年10个月折旧额	¥3,672.70

3.《年折旧额表》

年折旧额表是用来记录资产原值、残值、使用年限、年折旧率以及年折旧额等数据的工作簿，在该工作簿中，用户可以使用 SUM 函数和 DB 函数等计算出折旧额和年折旧额等数值。在进行年中计提折旧表的制作时，会使用计算折旧额、计算年折旧率以及计算年折旧额等操作。具体的效果如下图所示。

	A	B	C	D	E
1	年折旧额				
2	资产原值	资产残值	使用年限	计提折旧时间	折旧额
3	¥1,000,000.00	¥150,000.00	7	5	¥80,324.22
4					
5	资产原值	资产残值	使用年限	年折旧率	
6	¥1,000,000.00	¥150,000.00	7	23.74%	
7					
8	折旧年限	年折旧额			
9	0				
10	1	¥237,396.58			
11	2	¥181,039.44			
12	3	¥138,061.30			
13	4	¥105,286.02			
14	5	¥80,291.48			
15	6	¥61,230.56			
16	7	¥46,694.63			

10.2 制作“计划表”——《年度销售计划表》

本节视频教学时间 / 11 分钟

案例名称	年度销售计划表
素材文件	素材 \ 第 10 章 \ 年度销售计划表 .xlsx
结果文件	结果 \ 第 10 章 \ 年度销售计划表 .xlsx
扩展模板	扩展模板 \ 第 10 章 \ 计划表类模板

在年初或者年尾时，公司常常会提出新一年的各种计划和目标，通常要依据上一年的销售情况，为新一年的销售额提出要求并制作出年度销售计划表。通过年度销售计划表可以对新一年的销售情况做出规划，确定要完成的总目标、各部门需要完成的目标、各部门各月需要完成的目标等。在本实例中，我们要制作出年度销售计划表。

最后的效果如图所示。

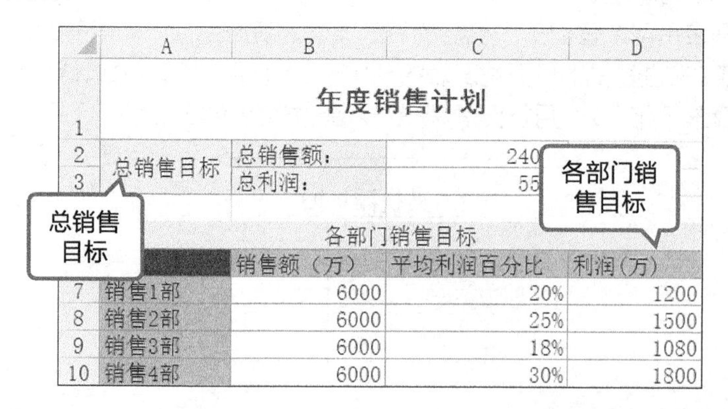

	A	B	C	D
1	年度销售计划			
2	总销售目标	总销售额：	240	
3		总利润：	55	
5	各部门销售目标			
6		销售额（万）	平均利润百分比	利润（万）
7	销售1部	6000	20%	1200
8	销售2部	6000	25%	1500
9	销售3部	6000	18%	1080
10	销售4部	6000	30%	1800

/ 销售计划表的组成要素

名称	是否必备	要求
总销售目标	必备	用来记录一年的总销售目标，包含总销售额目标和总利润目标
各部门销售目标	必备	用来登记每个部门的销售额以及利润等销售目标

/ 技术要点

（1）制作年度销售计划表。

（2）计算要达到目标利润的销售额。

（3）使用方案指定销售计划。

/ 操作流程

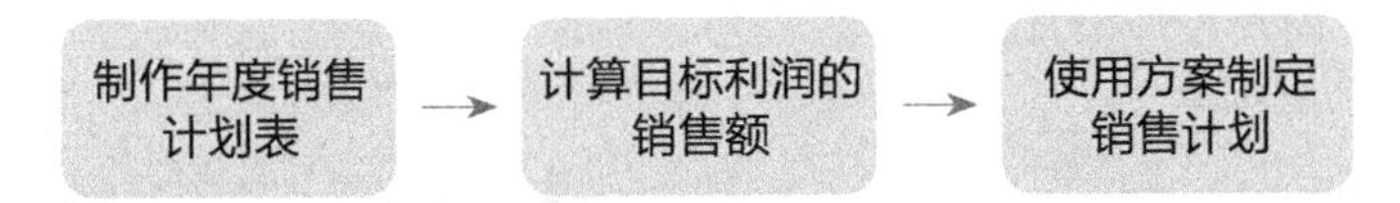

10.2.1 制作年度销售计划表

在对年度销量进行规划时，首先需要制作出年度销售计划表，在该表中体现出各部门本年度需要完成的总销售额及其产生的利润，同时添加相应的公式以确定各数据间的关系。

1. 添加公式统计年度销售额及利润

为了制订各部门的销售计划，需要在表格中添加用于计算年度总销售额和总利润的公式。下面具体介绍其操作方法。

第 1 步 输入公式

打开“素材 \ 第 10 章 \ 年度销售计划表 .xlsx”工作簿，选择 C2 单元格，输入公式“=SUM(B7:B10)”。

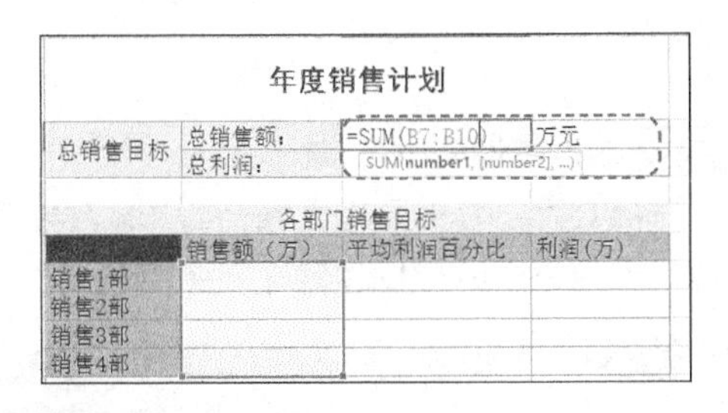

第 2 步 添加公式

按【Enter】键完成公式添加，并显示数值为 0。

第 3 步 输入公式

选择 C3 单元格，输入公式“=SUM(D7:D10)”。

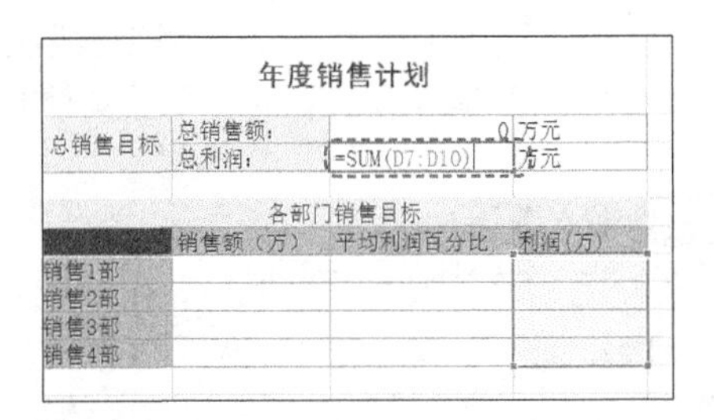

第 4 步 添加公式

按 Enter 键完成公式添加，并显示数值为 0。

2. 添加公式统计各部门销售利润

各部门的销售利润是根据各部门的销售额与平均利润百分比计算出来的，因此在计算各部门销售利润时，需要添加计算公式。下面具体介绍其操作方法。

第 1 步 输入公式

选择 D7 单元格，在单元格中输入公式“=B7*C7”。

年度销售计划			
总销售目标	总销售额：	0	万元
	总利润：	0	万元
各部门销售目标			
	销售额（万）	平均利润百分比	利润（万）
销售1部			=B7*C7
销售2部			
销售3部			
销售4部			

第 2 步 添加公式

按【Enter】键完成公式添加，并显示数值为 0。

年度销售计划			
总销售目标	总销售额：	0	万元
	总利润：	0	万元
各部门销售目标			
	销售额（万）	平均利润百分比	利润（万）
销售1部			0
销售2部			
销售3部			
销售4部			

第 3 步 填充公式

选择 D7 单元格，将鼠标指针移至 D7 单元格的右下角，当鼠标指针呈黑色十字形状时，单击鼠标左键并向下拖曳至 D10 单元格，为其他单元格填充公式。

年度销售计划			
总销售目标	总销售额：	0	万元
	总利润：	0	万元
各部门销售目标			
	销售额（万）	平均利润百分比	利润（万）
销售1部			0
销售2部			0
销售3部			0
销售4部			0

3. 初步设定销售计划

公式添加完成后，可以在表格中设置部门的目标销售额及其平均利润百分比，以便查看该计划能达到的总销售额及总利润。下面具体介绍其操作方法。

第 1 步 输入数值

❶ 选择 B7:B10 单元格区域，依次输入数值 40000；❷C2 单元格中的数据也随之发生变化。

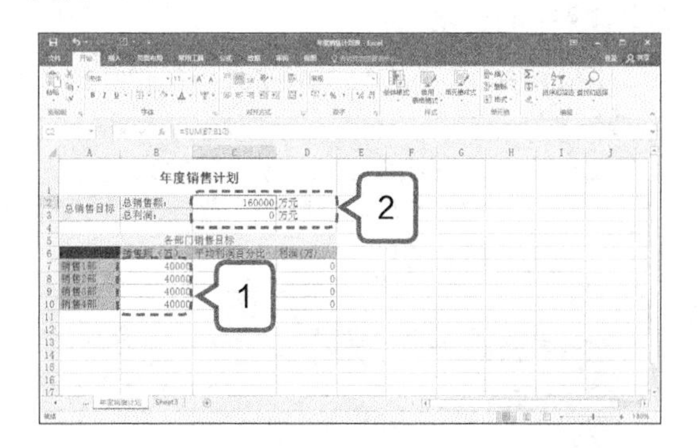

第 2 步 输入数值

选择 C7:C10 单元格区域，依次输入数值，则其他单元格中的数据也随之发生变化。

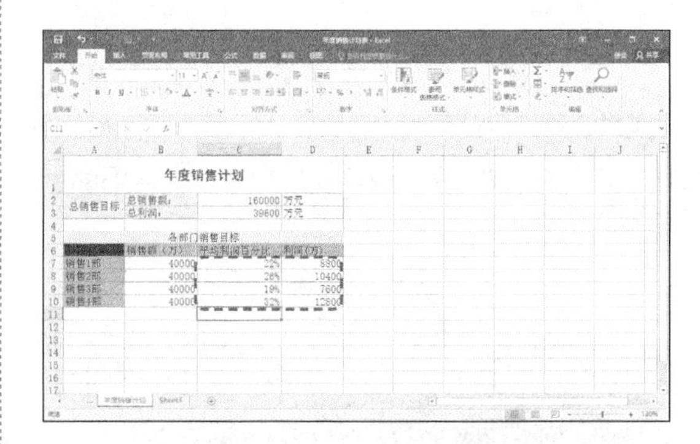

10.2.2 计算要达到目标利润的销售额

在制订计划时，通常以最终利润为目标，继而设定该部门需要完成的销售目标。因此，在进行此类运算时，可以应用 Excel 中的“单变量求解”命令，以使公式结果达到目标值，并自动计算出公式中的变量结果。

1. 计算各部门要达到目标利润的销售额

为了使各部门能达到 1200 万的利润，可以应用“单变量求解”命令，计算出各部门需要达到的销售额。下面具体介绍其操作方法。

第 1 步 单击“单变量求解”命令

❶ 选择 D7 单元格；❷ 单击“数据”选项卡，在“预测”面板中，单击“模拟分析”下三角按钮；❸ 展开列表框，单击“单变量求解”命令。

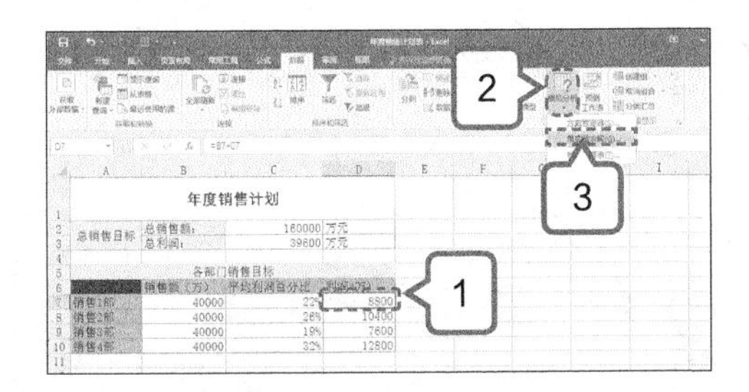

第 2 步 输入目标值

打开“单变量求解”对话框，在“目标值”文本框中输入 1200。

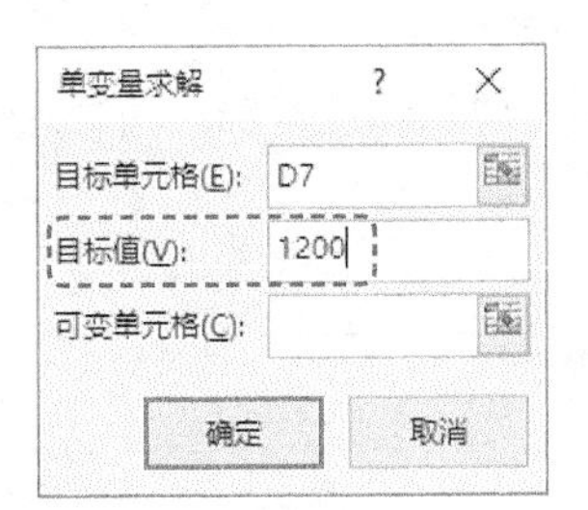

第 3 步 选择 B7 单元格

单击“可变单元格”右侧的按钮，在工作表中选择 B7 单元格。

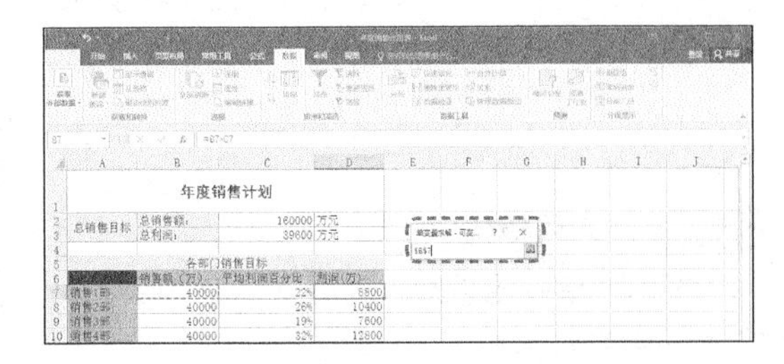

第 4 步 查看求解结果

单击“确定”按钮，Excel 将自动计算出公式单元格 D7 结果达到目标值 1200 时，B7 单元格应该达到的值。

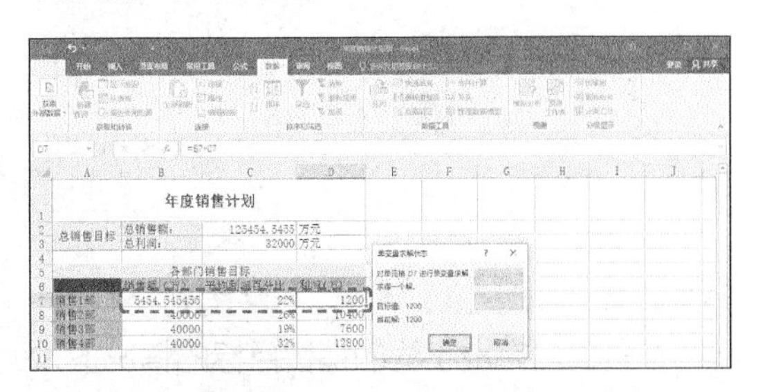

第 5 步 计算部门要达到目标的销售额

用相同的方式计算出各部门利润要达到 1200 万时的销售额。

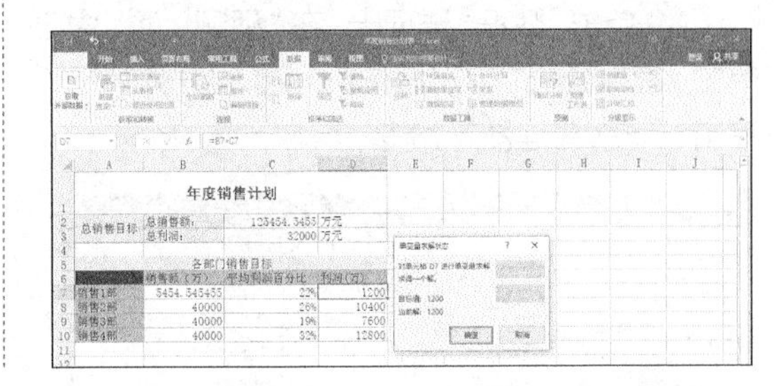

2. 以总利润为目标制订一个部门的销售计划

在为部门制订销售计划时，还可以使用“单变量求解”命令，以总利润为目标，计算出部门的销售额。下面具体介绍其操作方法。

第 1 步 单击“单变量求解”命令

❶ 在工作表中选择 C3 单元格；❷ 单击“数据”选项卡，在“预测”面板中，单击“模拟分析”下三角按钮；❸ 展开列表框，单击“单变量求解”命令。

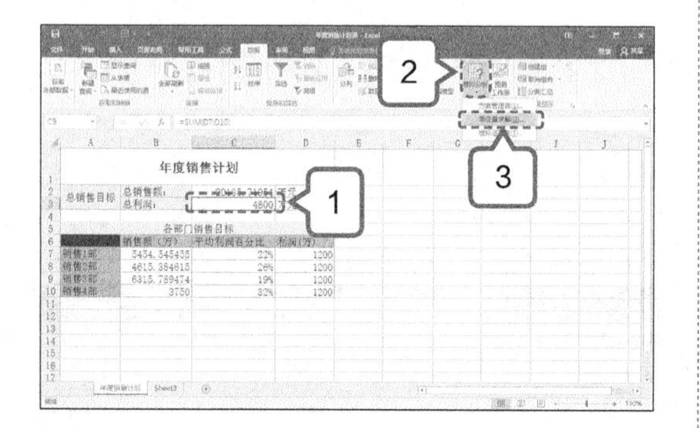

第 2 步 输入目标值

打开“单变量求解”对话框，在“目标值”文本框中输入 6000。

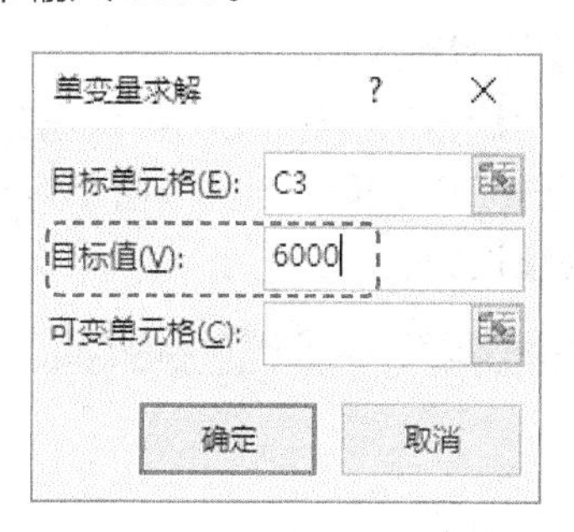

第 3 步 选择 B9 单元格

单击“可变单元格”右侧的按钮，在工作表中选择 B9 单元格。

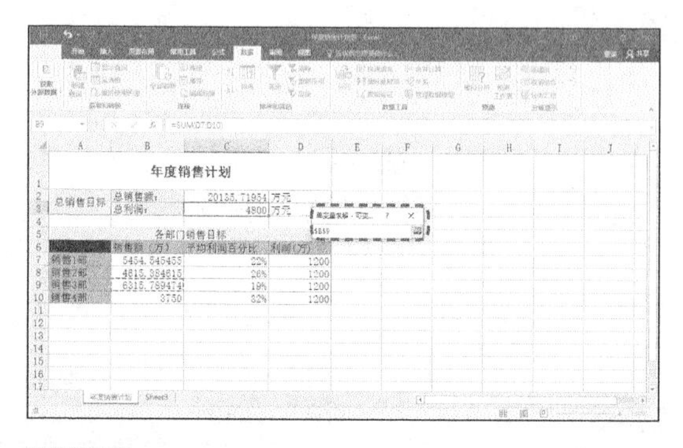

第 4 步 查看求解结果

单击“确定”按钮，Excel 将自动计算出公式单元格 C3 结果达到目标值 6000 时，B9 单元格应达到的值。

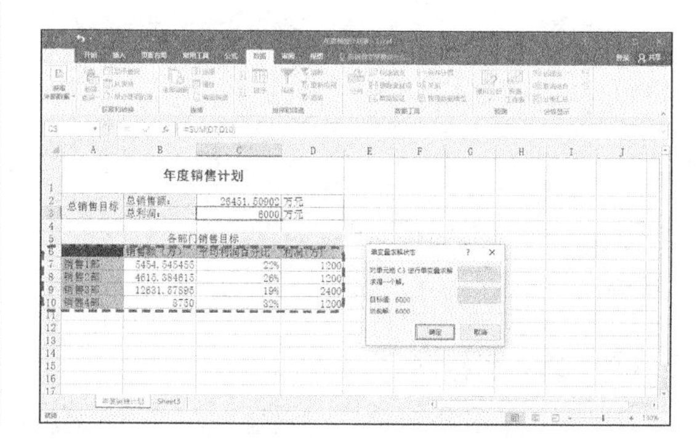

10.2.3 使用方案制订销售计划

在各部门完成不同的销售目标的情况下，为了查看总销售额、总利润及各部门利润的变化情况，可以为各部门要达到的不同销售额制订不同的方案。

第 1 步 单击“方案管理器”命令

❶ 单击“数据”选项卡，在“预测”面板中，单击“模拟分析”下三角按钮；❷ 展开列表框，单击“方案管理器”命令。

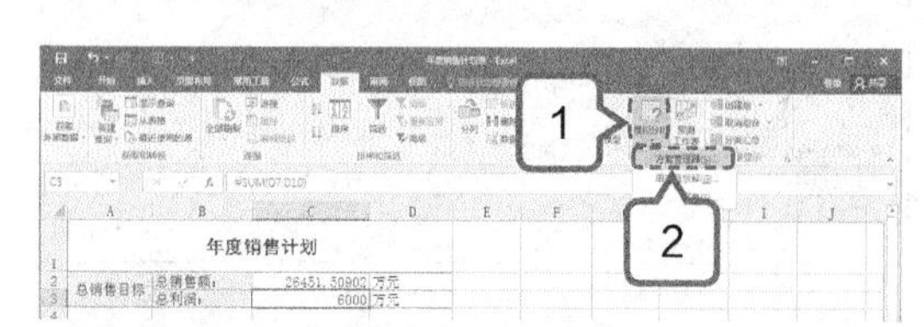

第 2 步 单击“添加”按钮

打开“方案管理器”对话框，单击“添加”按钮。

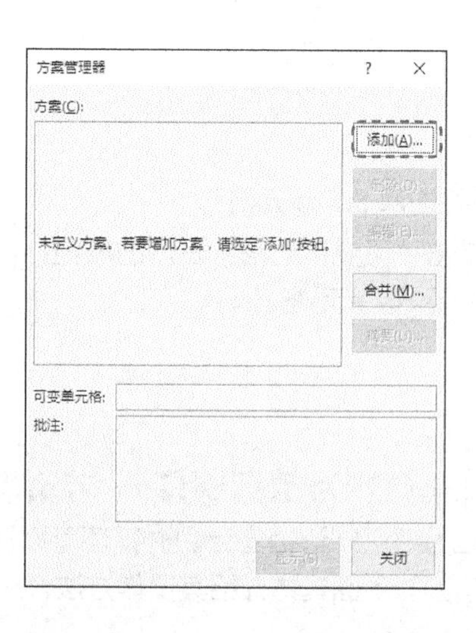

第 3 步 编辑方案一

❶ 打开“编辑方案”对话框，在“方案名”文本框中输入“方案一”；❷ 在“可变单元格”中引用单元格区域 B7:B10；❸ 单击“确定”按钮。

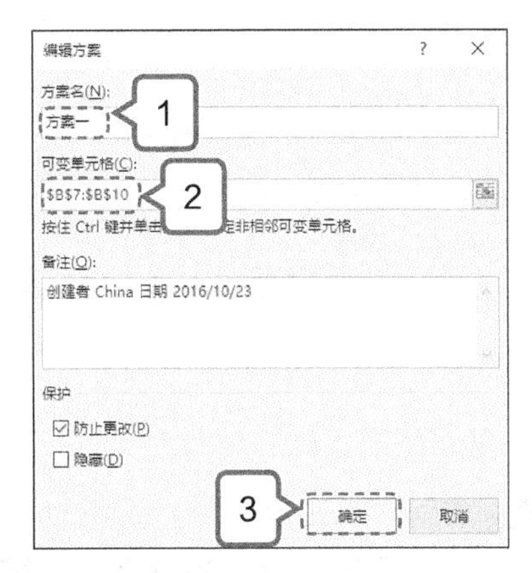

第 4 步 设置方案变量值

❶ 打开“方案变量值”对话框，保存默认参数值设置；❷ 单击“确定”按钮。

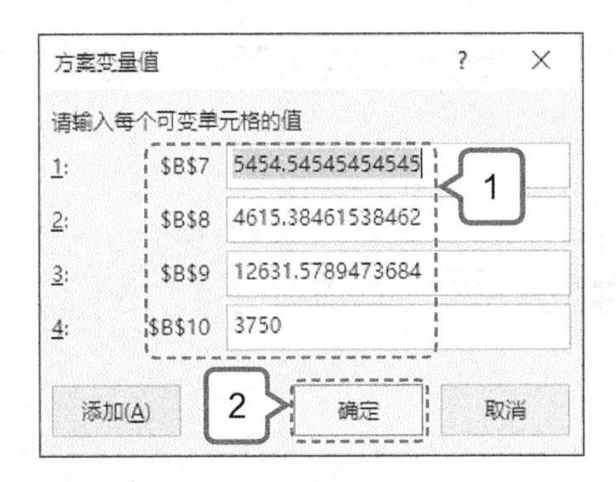

第 5 步 添加方案一

❶ 返回到“方案管理器”对话框，完成方案一添加；❷ 再次单击“添加”按钮。

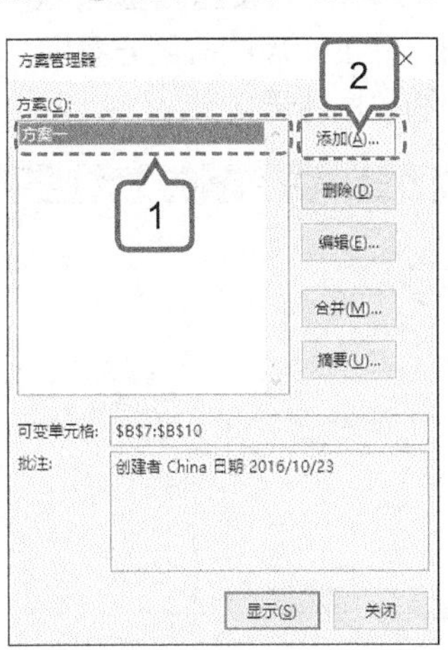

第 6 步 设置方案二

❶ 打开“编辑方案”对话框，在“方案名”文本框中输入“方案二”；❷ 在“可变单元格”中引用单元格区域 B7:B10；❸ 单击“确定”按钮。

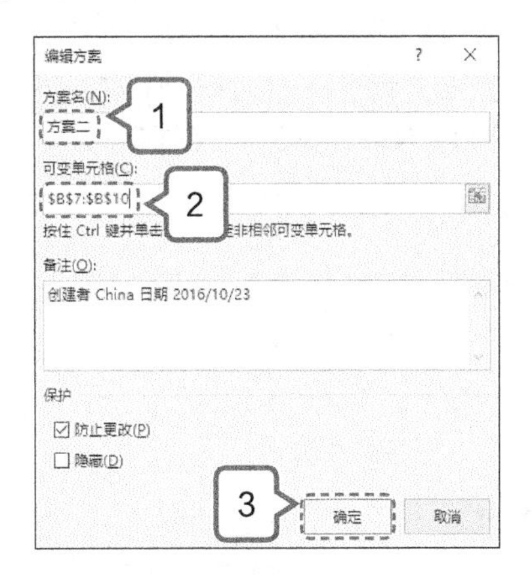

第 7 步 设置方案变量值

❶ 打开“方案变量值”对话框，依次在文本框输入 6000；❷ 单击“确定”按钮。

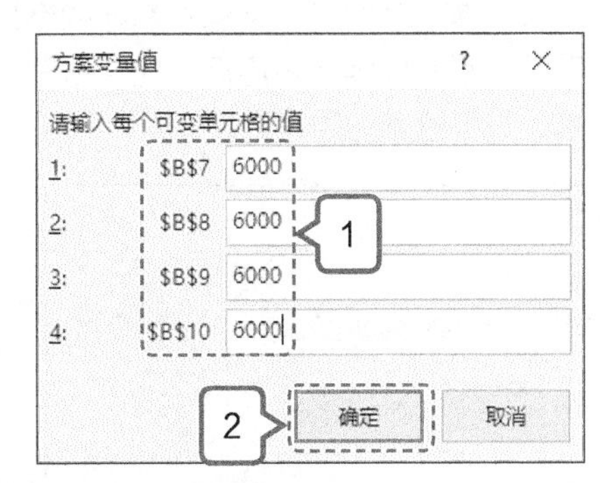

第 8 步 设置方案变量值

返回到“方案管理器”对话框，完成方案二的添加，再次单击“添加”按钮，打开“编辑方案”对话框，在“方案名”文本框中输入“方案三”，在“可变单元格”中引用单元格区域 B7:B10，单击“确定”按钮，打开“方案变量值”对话框，依次在文本框中输入 7000。

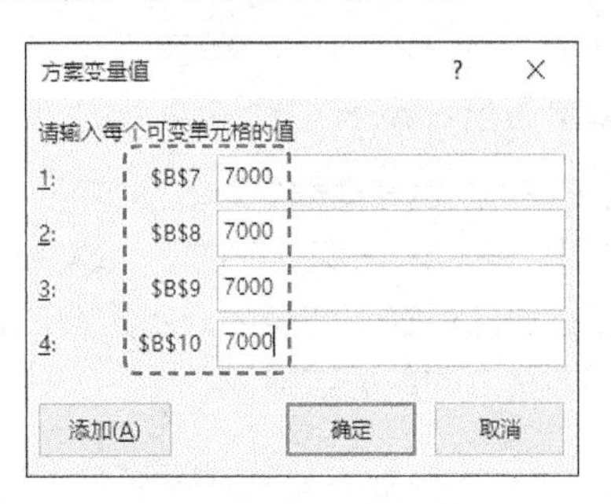

第 9 步 设置方案变量值

单击“确定”按钮，返回到“方案管理器”对话框，完成方案三的添加，再次单击“添加”按钮，打开“编辑方案”对话框，在“方案名”文本框中输入“方案四”，在“可变单元格”中引用单元格区域 B7:B10，单击“确定”按钮，打开“方案变量值”对话框，依次在文本框中输入 5000、6000、7000、8000。

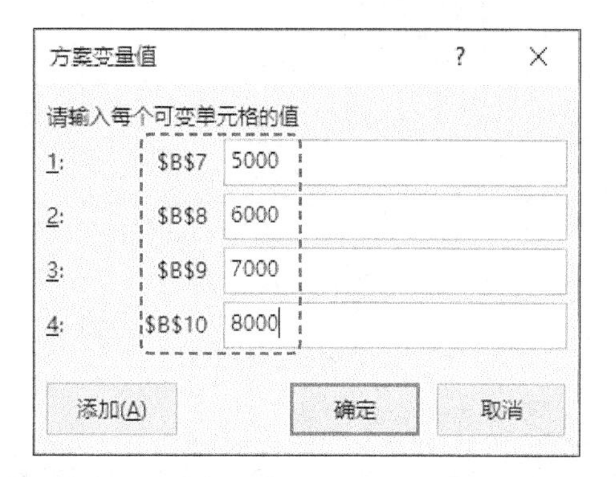

第 10 步 添加方案四

单击“确定”按钮，完成方案四的添加，返回到“方案管理器”对话框，在“方案”列表框中，查看已添加的方案。

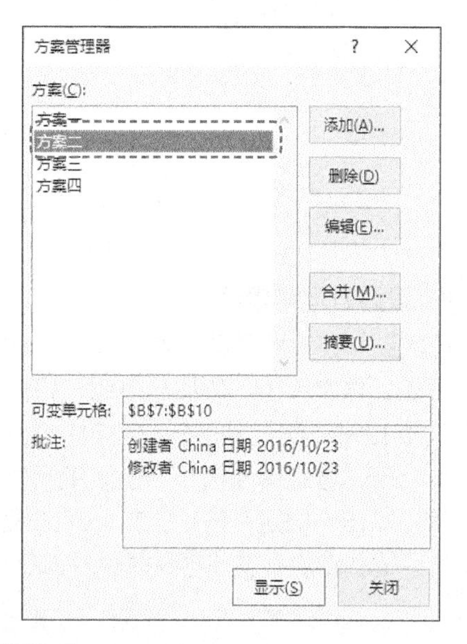

第 11 步 应用方案二

❶ 在“方案管理器”对话框中的“方案”列表框中，选择“方案二”选项；❷ 单击“显示”按钮，即可在工作表中应用方案二，并显示应用方案二的数据结果。

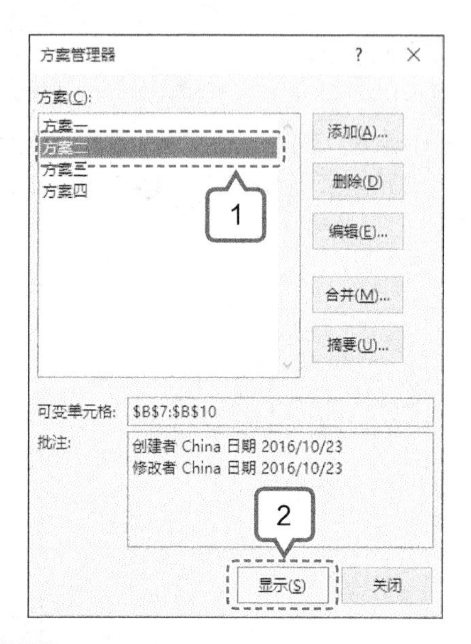

第 12 步 应用方案三

❶ 在“方案管理器”对话框中的“方案”列表框中，选择“方案三”选项；❷ 单击“显示”按钮，在工作表中应用方案三，并显示应用方案三的数据结果。

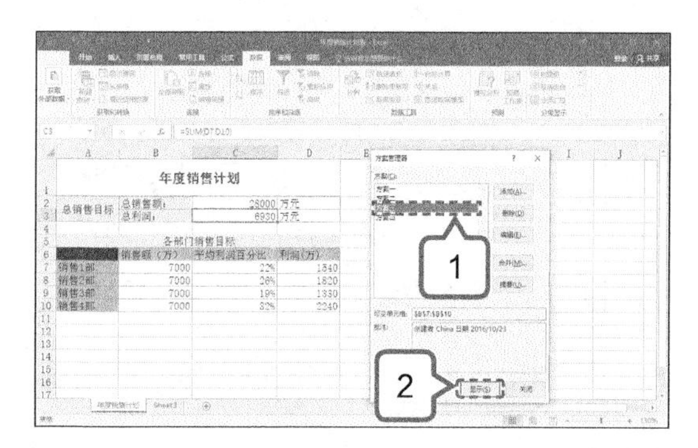

第 13 步 应用方案四

❶ 在“方案管理器”对话框中的“方案”列表框中，选择“方案四”选项；❷ 单击“显示”按钮，在工作表中应用方案四，并显示应用方案四的数据结果。

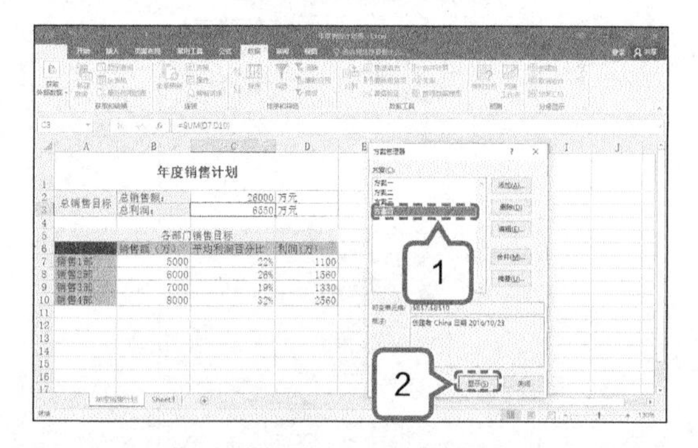

第 14 步 单击“摘要”按钮

在“方案管理器”对话框中，单击“摘要”按钮。

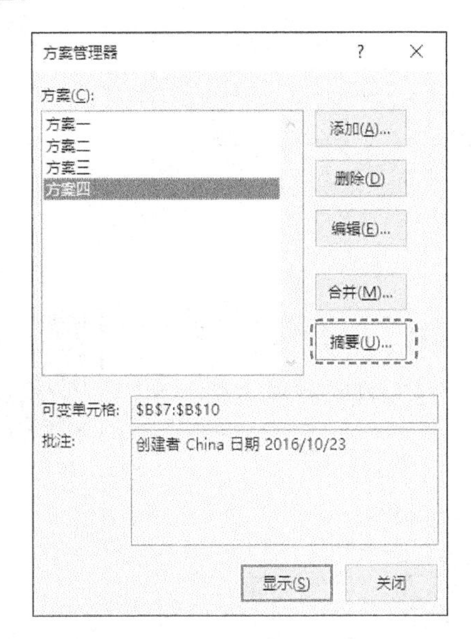

第 15 步 引用单元格区域

打开“方案摘要”对话框，在“结果单元格”中引用单元格区域 C2:C3。

第 16 步 生成方案摘要

单击“确定”按钮，自动新建一张“方案摘要”工作表，生成方案摘要，并对表格中的行、列和文本格式进行修改和设置。

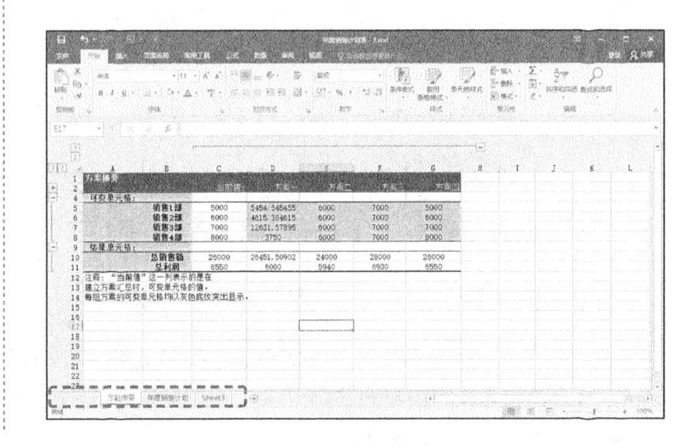

10.2.4 其他计划表

除了本节介绍的计划表外，平时常用的还有很多种计划表。读者可以根据以下思路，结合实际需要进行制作。

1.《预期存款计划表》

预期存款计划表是一种通过年利率和 15 年总计数据来计算出预期存入金额的工作表。在进行预期存款计划表的制作时，会使用单变量求解的操作。具体的效果如下图所示。

	A	B	C
1	银行存款计算		
2	预期存入	年利率	15年总计
3	1288.245	3.50%	20000
4	1351.351	3.60%	21000
5	2121.504	3.70%	33000
6	2376.365	3.80%	37000
7	2630.735	3.90%	41000
8	2756.41	4.00%	43000
9	2817.803	4.10%	44000

2.《投资计划表》

投资计划表是通过到期回收额来计算出所设领域需要投入的本金的计划工作表，在进行投资计划表的制作时，会使用单变量求解的操作。具体的效果如下图所示。

投资计划表						
项目编号	所设领域	本金（万元）	年利率	回报期限（年）	月回收额（元）	到期回收额（万元）
JX－001	服装领域	94.2132539	5%	2	1200	2500.00
JX－002	餐饮业	199.0875156	5.50%	1	5400	5600.00
JX－003	房地产	229.0456432	5.00%	1	12000	12230.00
JX－004	广告界	338.3084577	6%	1	4000	4340.00
JX－005	百货	99.43652635	6.80%	1	3000	3100.00
JX－006	水产	291.5491559	6.82%	1.5	2800	4500.00
JX－007	图书业	290.7874341	6.20%	2	1200	2700.00
JX－008	IT行业	453.874721	7.20%	0.5	7000	3950.00
JX－009	汽车美容	285.7141611	5%	1.5	1600	2690.00

10.3 制作“预测表”——《销售利润预测表》

本节视频教学时间 / 3 分钟

案例名称	销售利润预测表
素材文件	素材 \ 第 10 章 \ 销售利润预测表 .xlsx
结果文件	结果 \ 第 10 章 \ 销售利润预测表 .xlsx
扩展模板	扩展模板 \ 第 10 章 \ 预测表类模板

销售利润预测表是在清楚地知道单位售价、固定成本、单位变动成本以及销售量的情况下，对销量及单价变化进行预测的工作表。在对销售情况进行分析和统计时，常常需要分析商品不同销量及不同售价时的利润情况，可以通过 Excel 中的模拟运算表进行分析。在本实例中，我们要制作出销售利润预测表。

最后的效果如图所示。

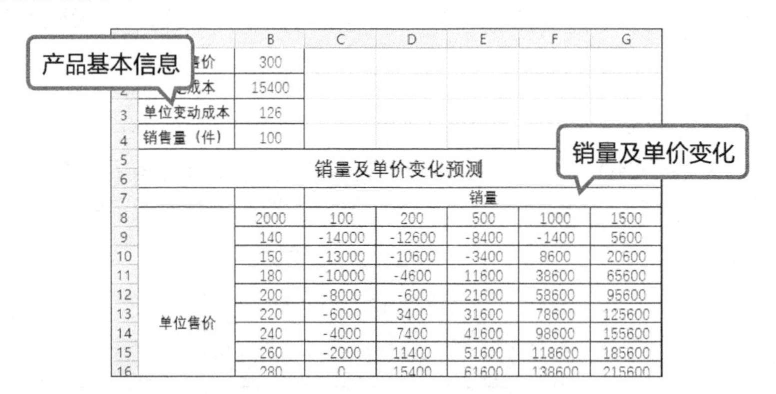

	B	C	D	E	F	G
价	300					
成本	15400					
单位变动成本	126					
销售量（件）	100					
销量及单价变化预测						
		销量				
单位售价	2000	100	200	500	1000	1500
	140	-14000	-12600	-8400	-1400	5600
	150	-13000	-10600	-3400	8600	20600
	180	-10000	-4600	11600	38600	65600
	200	-8000	-600	21600	58600	95600
	220	-6000	3400	31600	78600	125600
	240	-4000	7400	41600	98600	155600
	260	-2000	11400	51600	118600	185600
	280	0	15400	61600	138600	215600

/ 销售利润预测表的组成要素

名称	是否必备	要求
产品基本信息	必备	登记产品的单价，固定成本，单价变动成本以及销售数量等信息
销量及单价变化	必备	登记每当销量及单价发生变化时的预测销售情况

/ 技术要点

（1）预测销量变化时的成本。

（2）预测销量及单价变化时的成本。

/ 操作流程

预测销量变化成本 → 预测销量及单价变化时的成本

10.3.1 预测销量变化时的利润

使用“模拟运算表”功能可以对产品销量不同时的销售利润进行预测。例如，已知产品的单价、销量、固定成本、单位变动成本，预测出当产品销量达到 120、240、580、1200、1700 时的利润变化。

第 1 步 输入公式

打开“素材 \ 第 10 章 \ 销售利润预测表 .xlsx”工作簿，选择“销售预测表”中的 B8 单元格，输入公式“=(B1-B3)*B4-B2”。

	A	B
1	单位售价	400
2	固定成本	16580
3	单位变动成本	172
4	销售量（件）	120
5	销量变化预测	
6		
7	销售量（件）	利润
8		=(B1-B3)*B4-B2
9	120	
10	240	
11	580	
12	1200	
13	1700	

第 2 步 显示计算结果

按【Enter】键完成公式添加，显示出计算结果，并将“数字格式”设置为“货币”显示。

	A	B
1	单位售价	400
2	固定成本	16580
3	单位变动成本	172
4	销售量（件）	120
5	销量变化预测	
6		
7	销售量（件）	利润
8		¥10,780.00
9	120	
10	240	
11	580	
12	1200	
13	1700	

第 3 步 单击“模拟运算表”命令

❶ 选择 A8:B13 单元格区域；❷ 单击“数据”选项卡，在“预测”面板中，单击“模拟分析”下三角按钮；❸ 展开列表框，单击“模拟运算表”命令。

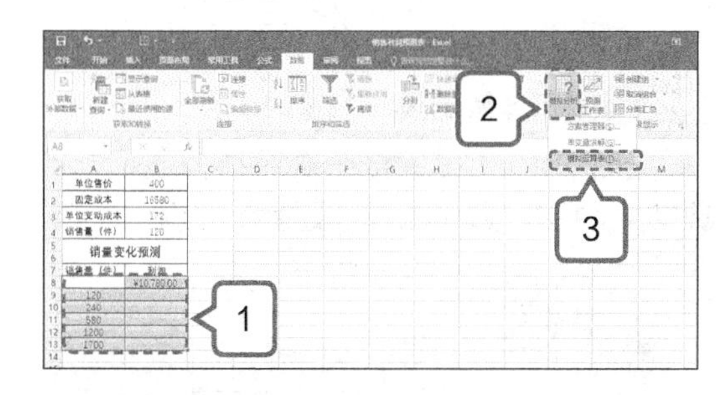

第 4 步 引用单元格

打开“模拟运算表”对话框，在“输入引用列的单元格”中引用单元格 B4。

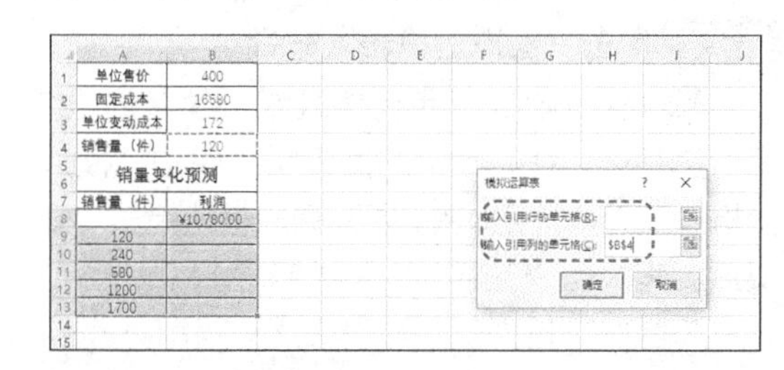

第 5 步 得到模拟运算结果

单击“确定”按钮，即可得到模拟运算表结果。

	A	B
1	单位售价	400
2	固定成本	16580
3	单位变动成本	172
4	销售量（件）	120
5	销量变化预测	
6		
7	销售量（件）	利润
8		¥10,780.00
9	120	10780
10	240	38140
11	580	115660
12	1200	257020
13	1700	371020

10.3.2 预测销量及单价变化时的利润

为了分析出产品的销量及单价均发生变化时所得到的利润，可以应用双变量模拟运算表对两组数据的变化进行分析，计算出两组数据分别为不同值时的公式结果。

第 1 步 输入公式

在工作簿中选择“销量及单价变化预测表”中的 B8 单元格，输入公式“=(B1-B3)*B4-B2”。

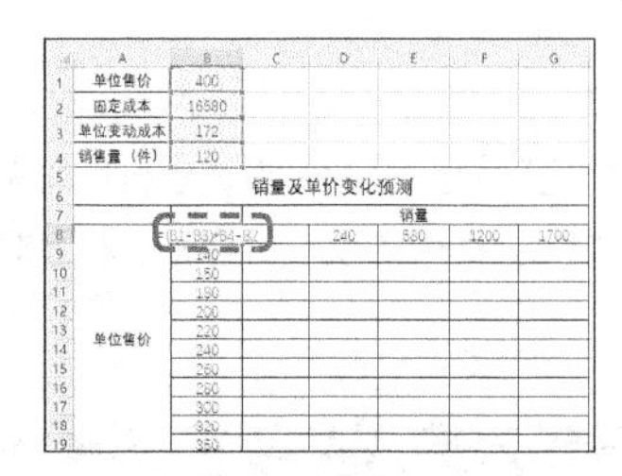

第 2 步 显示计算结果

按【Enter】键完成公式添加，显示出计算结果，并将“数字格式”设置为“货币”显示。

第 3 步 单击“模拟运算表”命令

❶ 选择 B8:G19 单元格区域；❷ 单击“数据”选项卡，在“预测”面板中，单击“模拟分析”下三角按钮；❸ 展开列表框，单击“模拟运算表”命令。

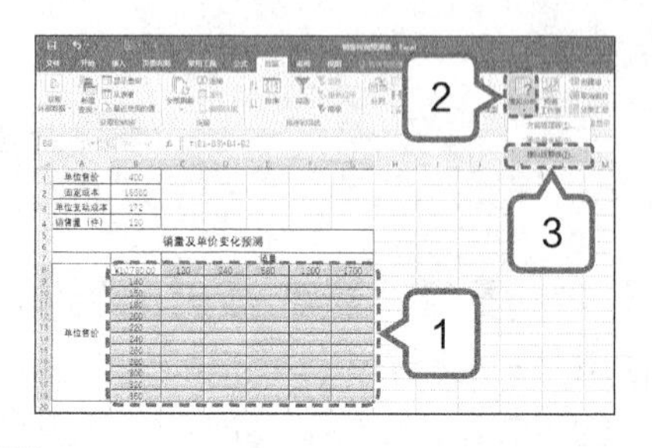

第 4 步 引用单元格

打开“模拟运算表”对话框，在“输入引用行的单元格”中引用单元格 B4，在“输入引用列的单元格”中引用单元格 B1。

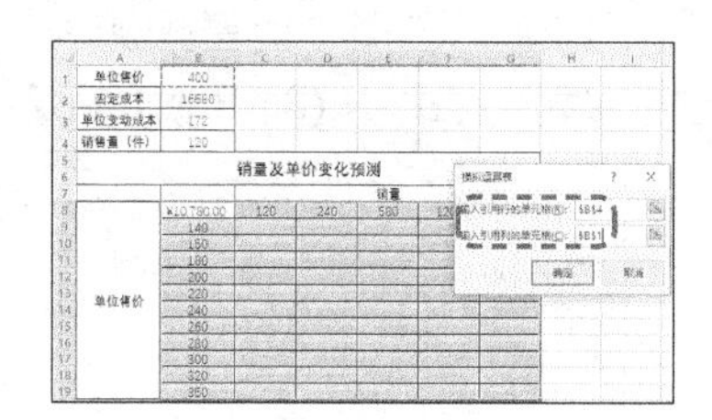

第 5 步 得到模拟运算结果

单击“确定”按钮，即可得到模拟运算表结果。

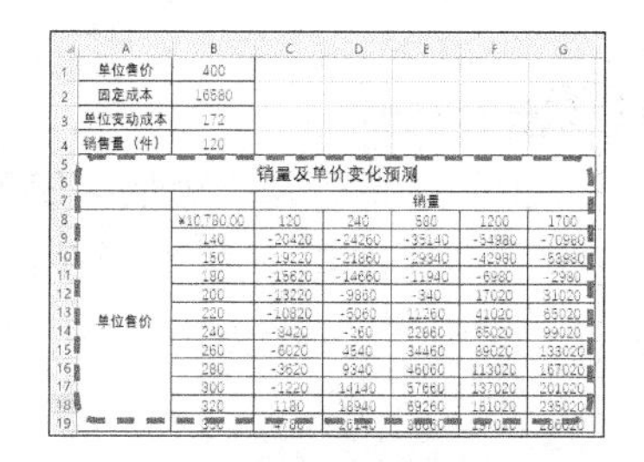

10.3.3 其他预测表

除了本节介绍的预测表外，平时常用的还有很多种预测表。读者可以根据以下思路，结合实际需要进行制作。

1.《贷款偿还预测表》

贷款偿还预测表是在已知贷款金额、贷款年限、年利率的情况下，通过模拟运算表，根据不同利率，预测出不同的月还款金额的工作表。在进行贷款偿还预测表的制作时，会使用数据输入、公式添加以及使用模拟运算表等操作。具体的效果如右图所示。

	A	B	C	D	E
1	贷款偿预测表				
2	贷款金额	1000000		利率	
3	贷款年限	10			¥-149,029.49
4	年利率	8%		5.50%	¥ -132,667.77
5				6.00%	¥ -135,867.96
6				6.50%	¥ -139,104.69
7				7.00%	¥ -142,377.50
8				7.50%	¥ -145,685.93
9				8.00%	¥ -149,029.49
10				8.50%	¥ -152,407.71
11				9.00%	¥ -155,820.09
12				9.50%	¥ -159,266.15
13				10.00%	¥ -162,745.39

2.《投资收益预测表》

投资收益预测表是在已知初始投资、年收益率、投资时间的情况下，通过模拟运算表，根据不同的年利率，预测出不同的总收益的工作表。在进行投资收益预测表的制作时，会使用数据输入、公式添加以及使用模拟运算表等操作。具体的效果如下图所示。

	A	B	C	D	E	F	G	H	I	J	K	L
1	投资收益预测表											
2	初始投资	50000		3.0%	3.5%	4.0%	4.5%	5.0%	5.5%	6.0%	6.5%	7.0%
3	年收益率	7%		90305.56	99489.44	109556.2	120585.7	132664.9	145887.9	160356.8	176182.3	193484.2
4	投资时间(年)	20		80.6%	99.0%	119.1%	141.2%	165.3%	191.8%	220.7%	252.4%	287.0%
5												
6	到期总额	193484.2		3.0%	3.5%	4.0%	4.5%	5.0%	5.5%	6.0%	6.5%	7.0%
7	总收益	143484.2	193484.2	90305.56	99489.44	109556.2	120585.7	132664.9	145887.9	160356.8	176182.3	193484.2
8	总收益率	287%										

举一反三

本节视频教学时间 / 8 分钟 

本章所选择的案例均为常见的数据分析工作，主要介绍了利用 Excel 进行工作表中公式添加、数据计算、单变量求解、方案添加以及模拟运算分析表分析数据等操作。工作簿类别很多，本书配套资源中赠送了若干工作簿模板，读者可以根据不同要求将模板改编成自己需要的形式。以下列举 2 个典型工作簿的制作思路。

1. 利用公式计算《还款计划表》

还款计划表类工作簿，会涉及工作表中 PPMT 函数、IPMT 函数、求和计算以及减法计算等公式的应用，制作还款计划表可以按照以下思路进行。

第 1 步 输入公式

打开“扩展模板 \ 第 10 章 \ 还款表 .xlsx”工作簿，在 C11 单元格中输入公式。

	A	B	C	D	E	F
4		月利率	0.38%			
5		还款期数	192			
6		贷款日期	2016/10/25			
7		每月还款	¥0.00			
8						
9	还款计划列表					
10	期数	还款日期	偿还本金	偿还利息	本息合计	贷款余额
11	1		=-PPMT(C4,A11,C5,C3,0)			
12	2	2016/12/25				
13	3	2017/1/25				
14	4	2017/2/25				
15	5	2017/3/25				
16	6	2017/4/25				
17	7	2017/5/25				
18	8	2017/6/25				
19	9	2017/7/25				
20	10	2017/8/25				
21	11	2017/9/25				
22	12	2017/10/25				
23	13	2017/11/25				
24	14	2017/12/25				

第 2 步 填充公式

完成公式添加，并向下填充公式。

	A	B	C	D	E	F
4		月利率	0.38%			
5		还款期数	192			
6		贷款日期	2016/10/25			
7		每月还款	¥0.00			
8						
9	还款计划列表					
10	期数	还款日期	偿还本金	偿还利息	本息合计	贷款余额
11	1	2016/11/25	¥998.41			
12	2	2016/12/25	¥1,002.16			
13	3	2017/1/25	¥1,005.92			
14	4	2017/2/25	¥1,009.69			
15	5	2017/3/25	¥1,013.47			
16	6	2017/4/25	¥1,017.27			
17	7	2017/5/25	¥1,021.09			
18	8	2017/6/25	¥1,024.92			
19	9	2017/7/25	¥1,028.76			
20	10	2017/8/25	¥1,032.62			
21	11	2017/9/25	¥1,036.49			
22	12	2017/10/25	¥1,040.38			
23	13	2017/11/25	¥1,044.28			
24	14	2017/12/25	¥1,048.20			

第 3 步 计算偿还利息金额

在“偿还利息”列中选择 D11 单元格，输入公式，并向下填充公式，计算偿还本金金额。

	A	B	C	D	E	F
4		月利率	0.38%			
5		还款期数	192			
6		贷款日期	2016/10/25			
7		每月还款	¥0.00			
8						
9	还款计划列表					
10	期数	还款日期	偿还本金	偿还利息	本息合计	贷款余额
11	1	2016/11/25		=-IPMT(C4,A11,C5,C3,0)		
12	2	2016/12/25	¥1,002.1	IPMT(rate, per, nper, pv, [fv], [type])		
13	3	2017/1/25	¥1,005.92	¥1,042.50		
14	4	2017/2/25	¥1,009.69	¥1,038.73		
15	5	2017/3/25	¥1,013.47	¥1,034.94		
16	6	2017/4/25	¥1,017.27	¥1,031.14		
17	7	2017/5/25	¥1,021.09	¥1,027.32		
18	8	2017/6/25	¥1,024.92	¥1,023.49		
19	9	2017/7/25	¥1,028.76	¥1,019.65		
20	10	2017/8/25	¥1,032.62	¥1,015.79		
21	11	2017/9/25	¥1,036.49	¥1,011.92		
22	12	2017/10/25	¥1,040.38	¥1,008.03		
23	13	2017/11/25	¥1,044.28	¥1,004.13		
24	14	2017/12/25	¥1,048.20	¥1,000.22		

第 4 步 计算本息合计金额

使用求和公式计算本息合计金额。

月利率	0.38%
还款期数	192
贷款日期	2016/10/25
每月还款	¥2,048.41

还款计划列表

期数	还款日期	偿还本金	偿还利息	本息合计	贷款余额
1	2016/11/25	¥998.41	¥1,050.00	=C11+D11	
2	2016/12/25	¥1,002.16	¥1,046.26	¥2,048.41	
3	2017/1/25	¥1,005.92	¥1,042.50	¥2,048.41	
4	2017/2/25	¥1,009.69	¥1,038.73	¥2,048.41	
5	2017/3/25	¥1,013.47	¥1,034.94	¥2,048.41	
6	2017/4/25	¥1,017.27	¥1,031.14	¥2,048.41	
7	2017/5/25	¥1,021.09	¥1,027.32	¥2,048.41	
8	2017/6/25	¥1,024.92	¥1,023.49	¥2,048.41	
9	2017/7/25	¥1,028.76	¥1,019.65	¥2,048.41	
10	2017/8/25	¥1,032.62	¥1,015.79	¥2,048.41	
11	2017/9/25	¥1,036.49	¥1,011.92	¥2,048.41	
12	2017/10/25	¥1,040.38	¥1,008.03	¥2,048.41	
13	2017/11/25	¥1,044.28	¥1,004.13	¥2,048.41	
14	2017/12/25	¥1,048.20	¥1,000.22	¥2,048.41	

第 5 步 计算贷款余额

使用减法公式计算贷款余额。

每月还款	¥2,048.41

还款计划列表

期数	还款日期	偿还本金	偿还利息	本息合计	贷款余额
1	2016/11/25	¥998.41	¥1,050.00	¥2,048.41	¥ 279,001.59
2	2016/12/25	¥1,002.16	¥1,046.26	¥2,048.41	¥ 278,997.84
3	2017/1/25	¥1,005.92	¥1,042.50	¥2,048.41	¥ 278,994.08
4	2017/2/25	¥1,009.69	¥1,038.73	¥2,048.41	¥ 278,990.31
5	2017/3/25	¥1,013.47	¥1,034.94	¥2,048.41	¥ 278,986.53
6	2017/4/25	¥1,017.27	¥1,031.14	¥2,048.41	¥ 278,982.73
7	2017/5/25	¥1,021.09	¥1,027.32	¥2,048.41	¥ 278,978.91
8	2017/6/25	¥1,024.92	¥1,023.49	¥2,048.41	¥ 278,975.08
9	2017/7/25	¥1,028.76	¥1,019.65	¥2,048.41	¥ 278,971.24
10	2017/8/25	¥1,032.62	¥1,015.79	¥2,048.41	¥ 278,967.38
11	2017/9/25	¥1,036.49	¥1,011.92	¥2,048.41	¥ 278,963.51
12	2017/10/25	¥1,040.38	¥1,008.03	¥2,048.41	¥ 278,959.62
13	2017/11/25	¥1,044.28	¥1,004.13	¥2,048.41	¥ 278,955.72
14	2017/12/25	¥1,048.20	¥1,000.22	¥2,048.41	¥ 278,951.80

2.《产销预算分析表》中数据的合并计算与求解

产销预算分析表类工作簿，会涉及工作表中工作表的合并计算、单变量求解等操作，制作产销预算分析表可以按照以下思路进行。

第 1 步 复制并修改工作表

打开“扩展模板 \ 第 10 章 \ 产销预算分析表 .xlsx”工作簿，复制一张工作表，将其重命名为“生产总销量”，并修改工作表中的数据和文本内容。

生产总销量

产品	1月	2月	3月	4月	5月	6月
单肩包						
双肩包						
手拎包						
钱包						

第 2 步 合并计算数据

使用“合并计算”功能，汇总“生产 1 部销量”和“生产 2 部销量”表中的数据。

生产总销量

产品	1月	2月	3月	4月	5月	6月
单肩包	1300	1460	1100	1100	1110	1200
双肩包	1250	1240	1060	1200	1300	1310
手拎包	1300	1200	1300	1240	1400	1200
钱包	1400	1300	1200	1100	1360	1210

第 3 步 输入数据

在工作表中的相应单元格中输入文本和数据，并添加边框。

生产总销量

产品	1月	2月	3月	4月	5月	6月
单肩包	1300	1460	1100	1100	1110	1200
双肩包	1250	1240	1060	1200	1300	1310
手拎包	1300	1200	1300	1240	1400	1200
钱包	1400	1300	1200	1100	1360	1210

预计生产量	1500
单位产品直接材料成本（元）	120
直接材料成本（元）	180000

第 4 步 计算预计生产量

使用“单变量求解”命令，计算预计生产量。

生产总销量

产品	1月	2月	3月	4月	5月	6月
单肩包	1300	1460	1100	1100	1110	1200
双肩包	1250	1240	1060	1200	1300	1310
手拎包	1300	1200	1300	1240	1400	12
钱包	1400	1300	1200	1100	1360	12

预计生产量	2500
单位产品直接材料成本（元）	120
直接材料成本（元）	300000

单变量求解状态

对单元格 E10 进行单变量求解

求得一个解。

目标值：300000

当前解：300000

确定 取消

第 5 步 输入数据

在工作表中的相应单元格中输入文本和数据，并添加边框。

预计生产量	2500
单位产品直接材料成本（元）	120
直接材料成本（元）	300000

单位产品直接材料成本（元）		预计生产量
单肩包	120	2500
双肩包	150	
手拎包	100	
钱包	70	

第 6 步 计算出预计生产量

使用“模拟运算表”命令，计算出预计生产量。

预计生产量	2500
单位产品直接材料成本（元）	120
直接材料成本（元）	300000

单位产品直接材料成本（元）		预计生产量
单肩包	120	2500
双肩包	150	2000
手拎包	100	3000
钱包	70	4285

高手支招

1. 在公式中引用单元格名称

在单元格中输入公式时，可以先为公式设置好公式名称，在公式计算时，输入单元格名称进行计算即可。

第 1 步 修改单元格名称

❶ 打开“素材\第 10 章\水果销售表.xlsx”工作簿，选择单元格区域；❷ 修改其单元格名称为“水果合计”。

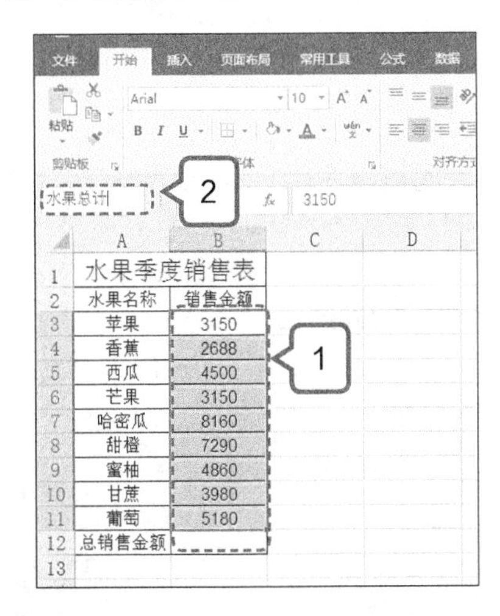

第 2 步 输入公式

选择 B12 单元格，输入公式“=SUM(水果总计)”。

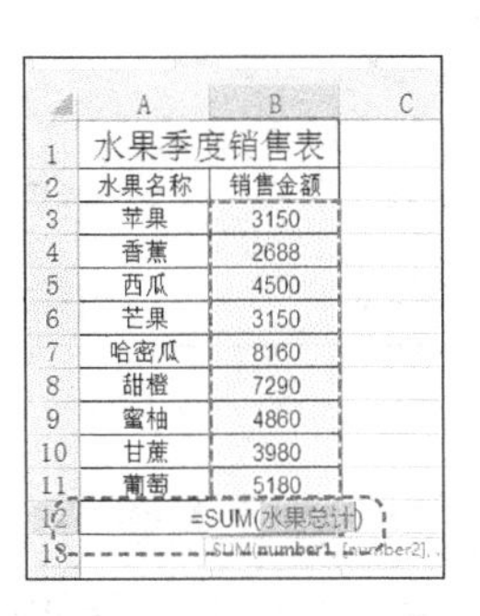

第 3 步 得到结果

按【Enter】键，即可通过输入的公式名称计算出结果。

	A	B
1	水果季度销售表	
2	水果名称	销售金额
3	苹果	3150
4	香蕉	2688
5	西瓜	4500
6	芒果	3150
7	哈密瓜	8160
8	甜橙	7290
9	蜜柚	4860
10	甘蔗	3980
11	葡萄	5180
12	总销售金额	42958

2. 快速检查公式错误

在工作表中编辑公式时，需要使用“错误检查”功能对公式进行检查，以避免数据错误。

第 1 步 单击“错误检查”命令

打开“素材\第 10 章\员工月工资结算单.xlsx”工作簿，在“公式”选项卡的“公式审核”面板中，单击“错误检查”下三角按钮，展开列表框，单击“错误检查”命令。

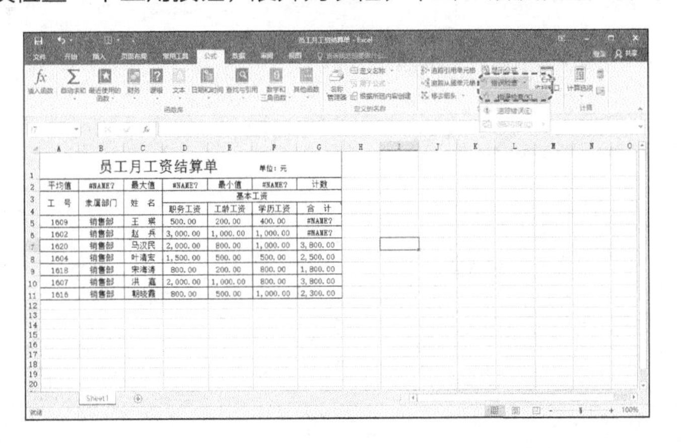

第 2 步 检查错误

打开“错误检查”对话框，即可检查出错误。

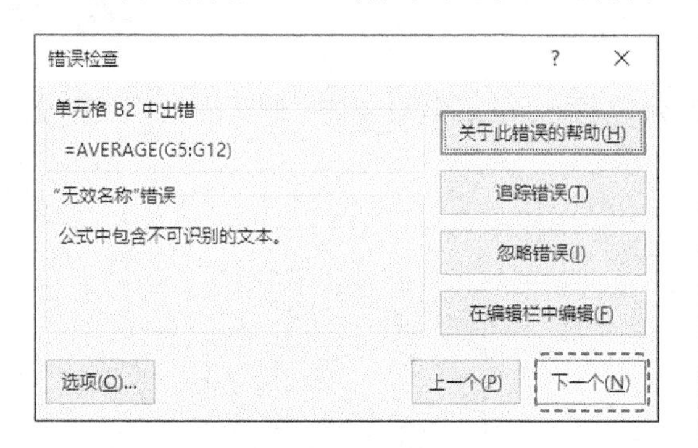

第 3 步 继续检查公式错误

单击“下一个”按钮即可继续检查出公式错误。

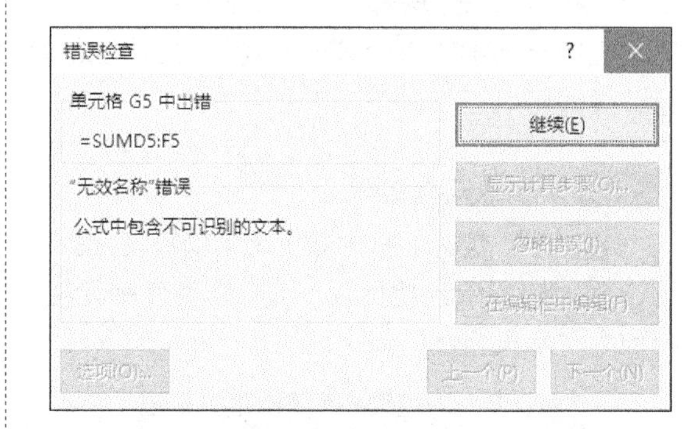

3. 函数也可以玩“搜索”

函数的功能十分强大，但是格式过于生硬，难以记忆，此时可以使用 Excel 的函数搜索功能，搜索出所需要的函数。

第 1 步 单击“插入函数”按钮

在 Excel 工作界面中，切换至“公式”选项卡，单击“插入函数”按钮 f_x 。

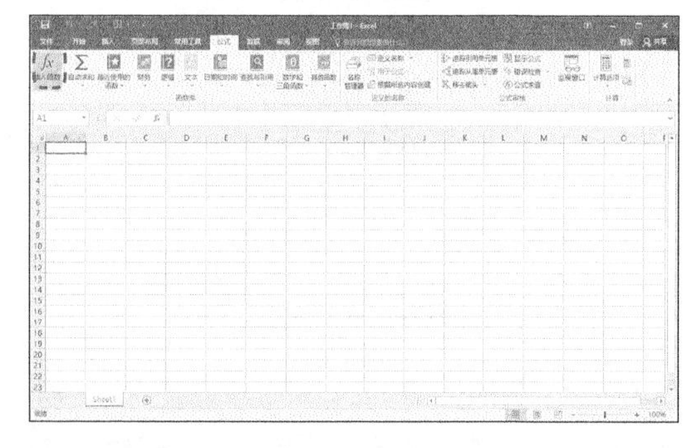

第 2 步 输入函数名称

打开“插入函数”对话框，在“搜索函数”文本框中输入“计算”。

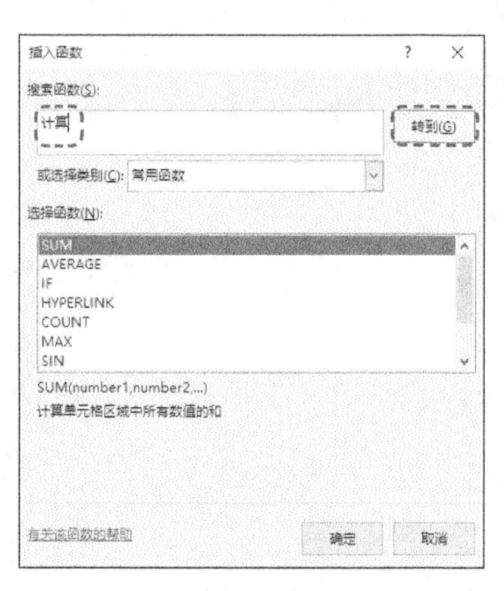

第 3 步 显示搜索结果

单击“转到”按钮，即可搜索函数，并显示出搜索结果。

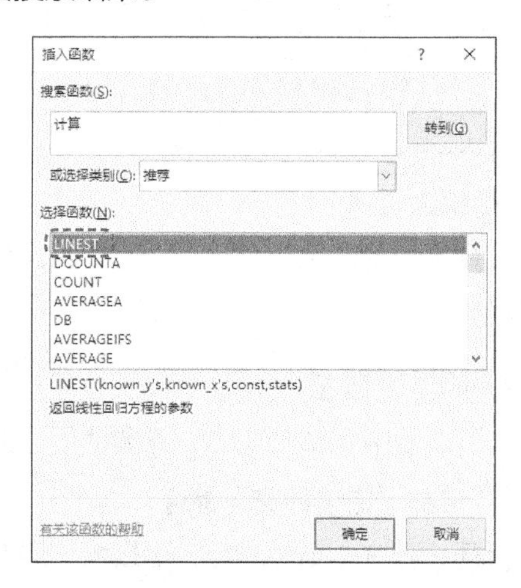

Chapter 11

Excel 模板与主题的应用

本章视频教学时间 / 12 分钟

技术分析

在日常电脑办公过程中，许多工作簿的格式是统一的。此时，就可以将一些常用的工作簿格式制作成工作簿模板，以便在制作新工作簿时应用相应的格式，从而节省办公时间。Excel 模板与主题的应用涉及以下知识点。

（1）使用模板新建文件。

（2）删除多余的工作表。

（3）修改工作表中的数据。

（4）使用系统自带的主题。

（5）自定义主题样式。

思维导图

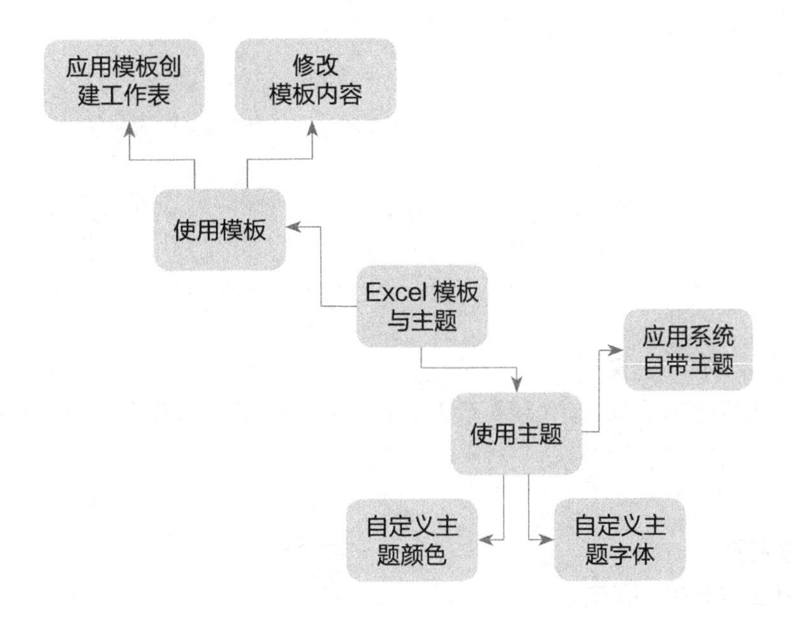

11.1 通过“学生出勤记录”模板制作工作表

本节视频教学时间 / 5 分钟

案例名称	学生出勤记录表
素材文件	无
结果文件	结果 \ 第 11 章 \ 学生出勤记录表 .xlsx

学生出勤记录表是用来记录学生的迟到、早退、旷课等信息的工作簿。通过“学生出勤记录”模板进行工作簿创建，可以节省表格样式、文字样式的设置时间。在本实例中，我们要制作出学生出勤记录表。

最后的效果如图所示。

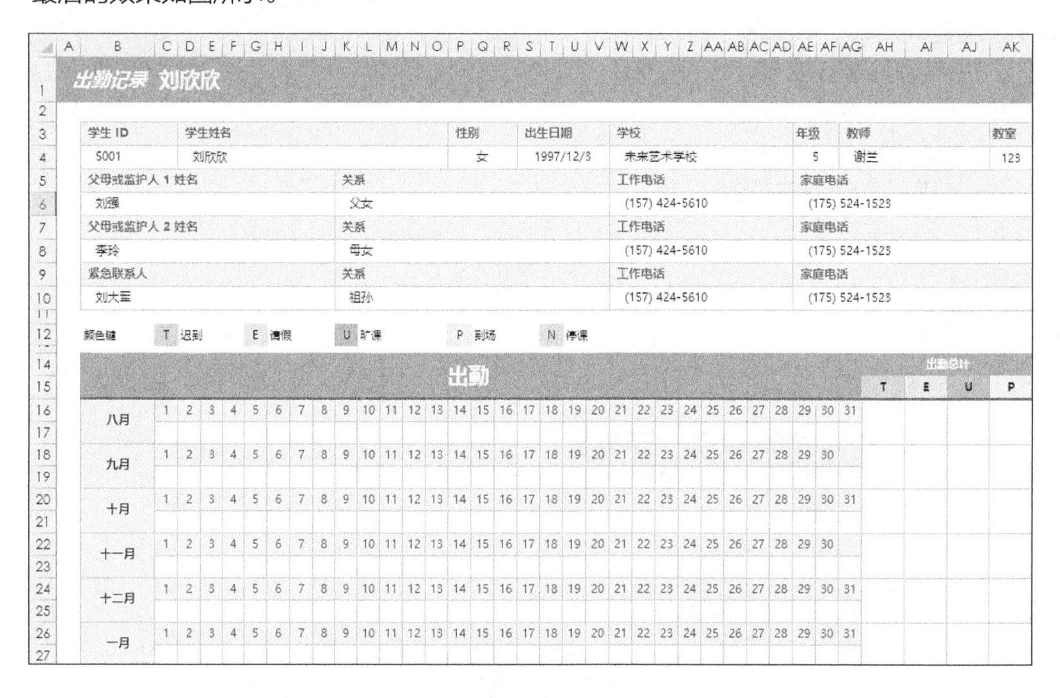

11.1.1 使用模板新建文件

在制作学生出勤记录表之前，首先需要新建一个模板文件，同时对模板文件进行另存为操作。

第 1 步 输入搜索名称

❶ 在 Excel 工作簿中，单击“文件”选项卡，进入“文件”界面，单击“新建”命令；❷ 进入“新建”界面，在“搜索”文本框中输入“出勤”，单击“搜索”按钮。

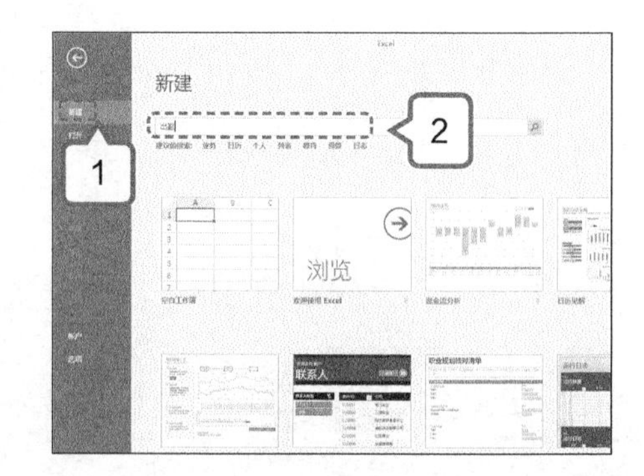

第 2 步 选择“学生出勤记录”图标

开始搜索联机模板，稍后将显示出搜索结果，选择“学生出勤记录”图标。

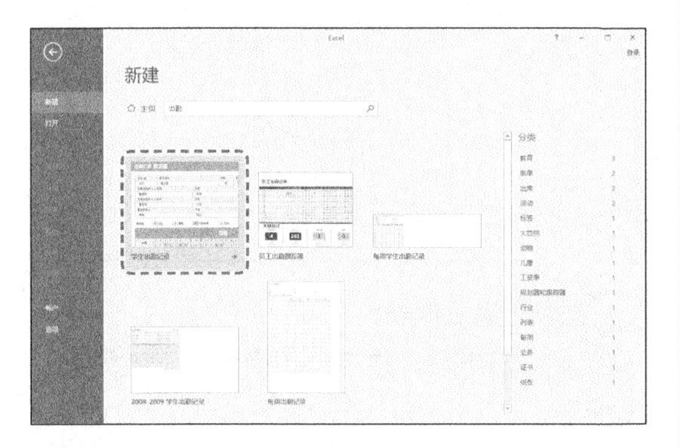

第 3 步 单击“创建”按钮

打开“学生出勤记录表”对话框，单击“创建”按钮。

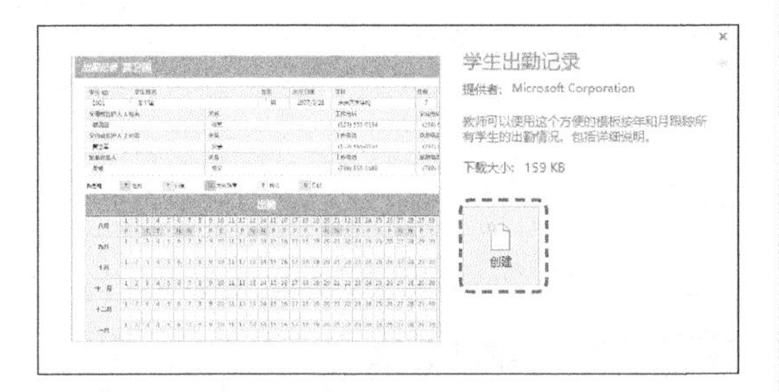

第 4 步 下载模板文件

开始下载模板文件，并显示下载进度。

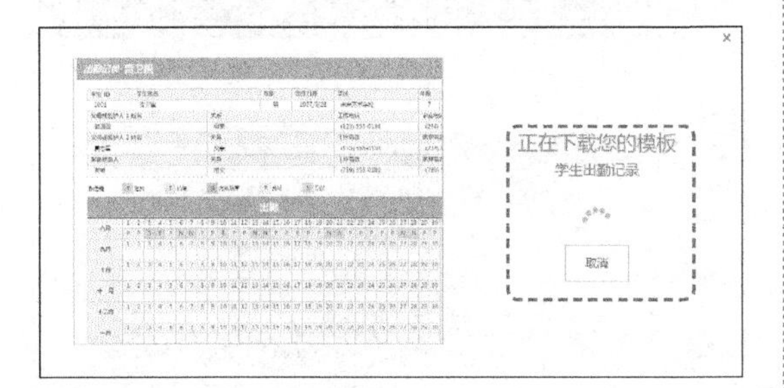

第 5 步 创建模板工作簿

稍后将自动完成模板工作簿的创建操作。

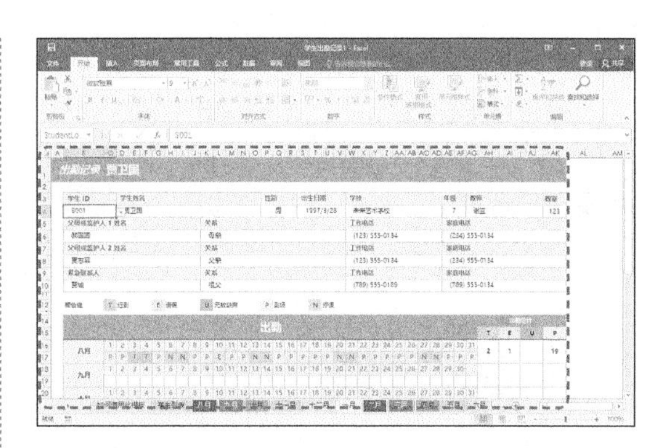

第 6 步 单击“浏览”命令

❶ 单击“文件”选项卡，进入“文件”界面，单击“另存为”命令；❷ 在右侧的界面中，单击“浏览”命令。

第 7 步 另存为工作簿

❶ 打开“另存为”对话框，设置文件名和保存路径；❷ 单击“保存”按钮即可。

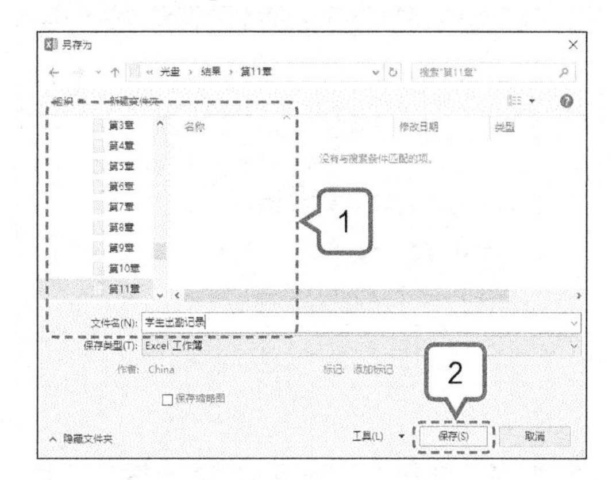

11.1.2 删除多余的工作表

完成工作簿模板的创建后，常常会发现工作簿中包含了很多用不上的工作表，造成工作表查找困难。此时，用户可以使用“删除”功能将多余的工作表删除。

第 1 步 选择相应的选项

在工作簿的左下方，右键单击相应的按钮，弹出“激活”对话框，选择“如何使用此模板”选项。

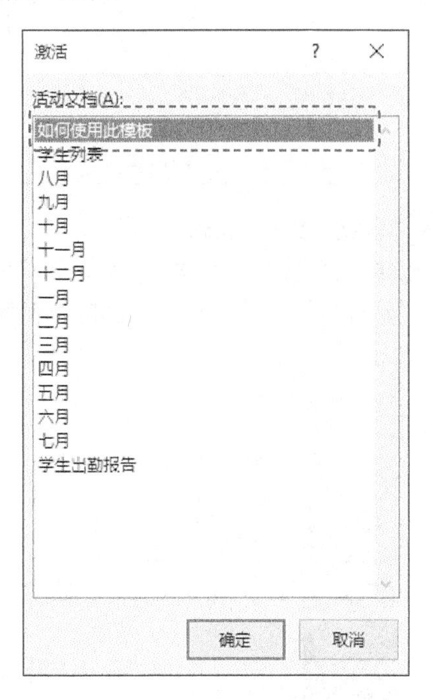

第 2 步 单击“删除”命令

单击“确定”按钮，切换至“如何使用此模板”工作表，单击鼠标右键，打开快捷菜单，单击“删除”命令。

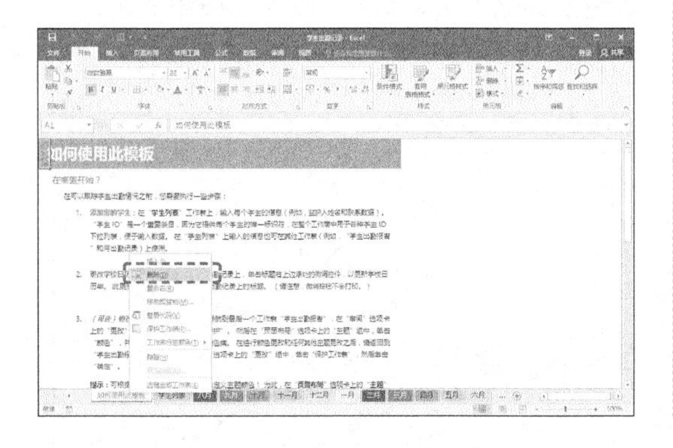

第 3 步 单击“删除”按钮

打开提示对话框，提示是否永久删除此工作表，单击“删除”按钮。

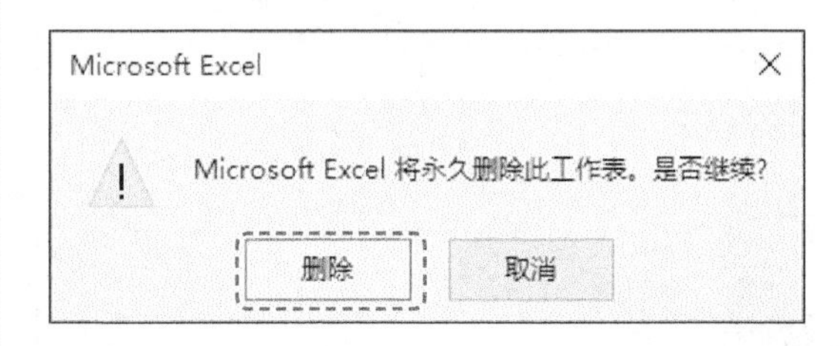

第 4 步 删除工作表

删除工作表，并自动切换至“学生列表”工作表。

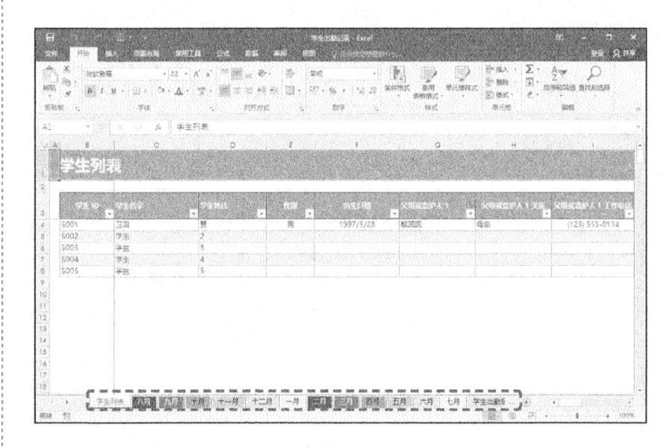

第 5 步 删除其他工作表

用同样的方法，依次删除其他工作表，只保留“学生出勤报告”工作表。

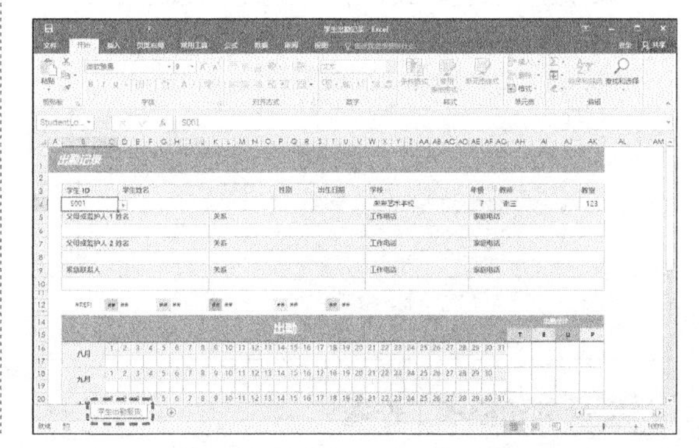

11.1.3 修改工作表中的数据

完成工作表的删除操作后，还需要对工作表中的数据内容进行修改操作，才能完成整个工作表的制作。

第 1 步 单击“撤销工作表保护”按钮

单击“审阅”选项卡，在“更改”面板中，单击“撤销工作表保护”按钮。

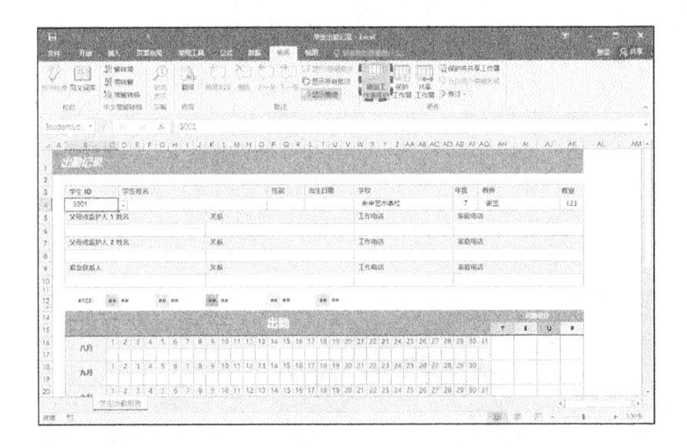

第 2 步 选中 D4 单元格

撤销工作表保护后，选中 D4 单元格。

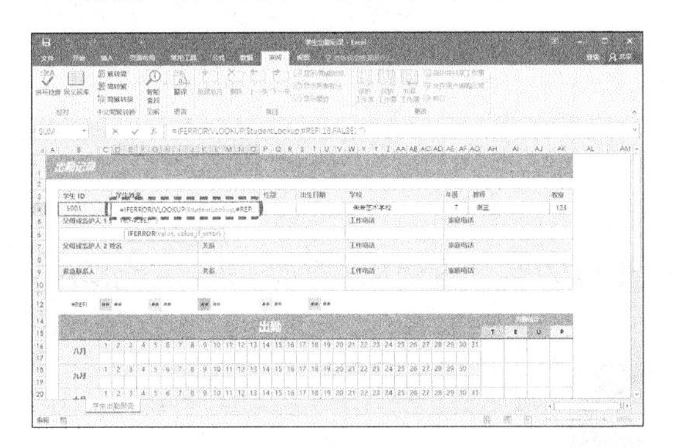

第 3 步 输入姓名

按【Delete】键，删除单元格中的文本，并重新输入姓名。

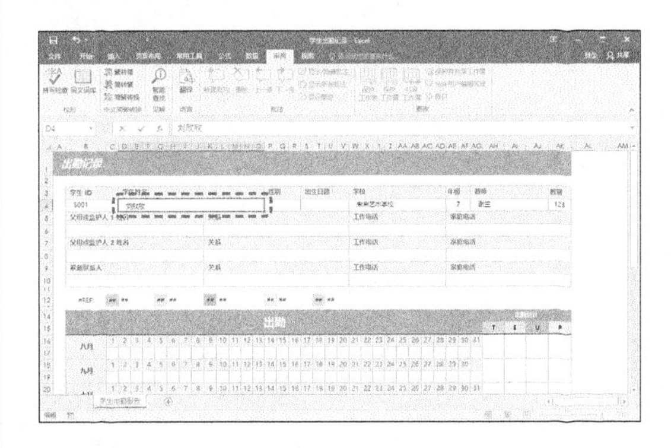

第 4 步 填充其他数据

用同样的方法，依次在工作表的相应单元格中填充数据。

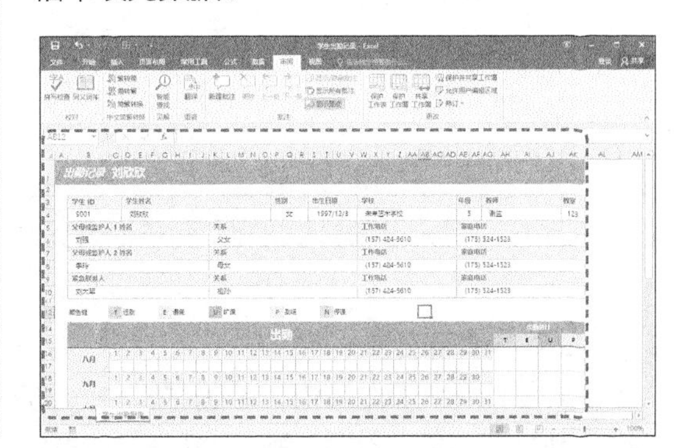

11.2 通过“每月大学预算”模板制作工作表

本节视频教学时间 / 4 分钟

案例名称	每月大学预算表
素材文件	无
结果文件	结果 \ 第 11 章 \ 每月大学预算表 .xlsx

每月大学预算表是用来记录学生每个月的财务状况、支出以及收入等情况的工作簿。通过“每月大学预算”模板进行工作簿创建，可以节省表格样式、文字样式的设置时间。在本实例中，我们要制作出每月大学预算表。

最后的效果如图所示。

11.2.1 使用模板新建文件

在制作每月大学预算表之前，首先需要新建一个模板文件，同时对模板文件进行另存为操作。

第 1 步 输入搜索名称

❶ 在 Excel 工作簿中，单击“文件”选项卡，进入“文件”界面，单击“新建”命令；❷ 进入“新建”界面，在“搜索”文本框中输入“预算”，单击“搜索”按钮。

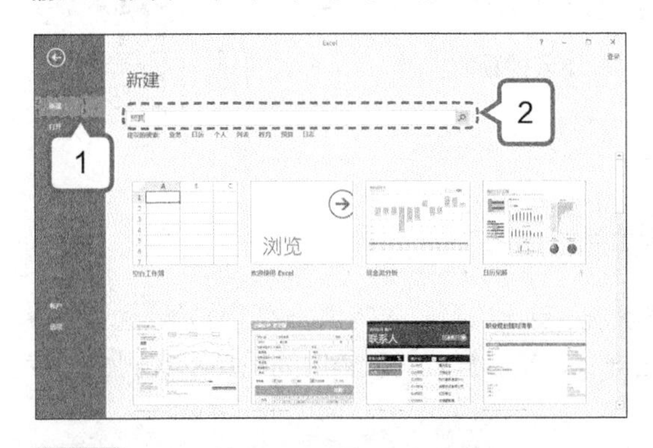

第 2 步 选择“每月大学预算”图标

开始搜索联机模板，稍后将显示出搜索结果，选择“每月大学预算”图标。

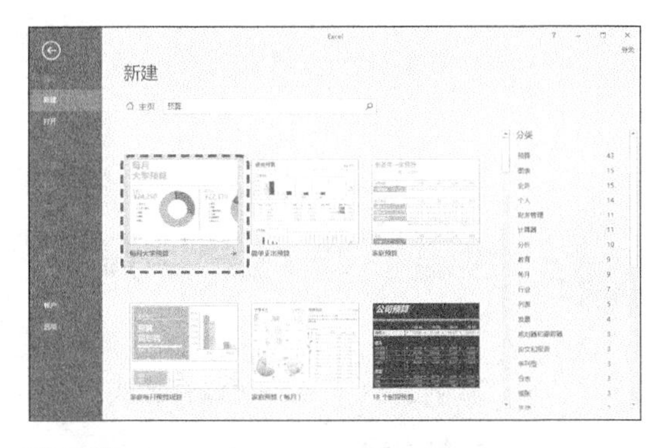

第 3 步 单击“创建”按钮

打开“每月大学预算”对话框，单击“创建”按钮。

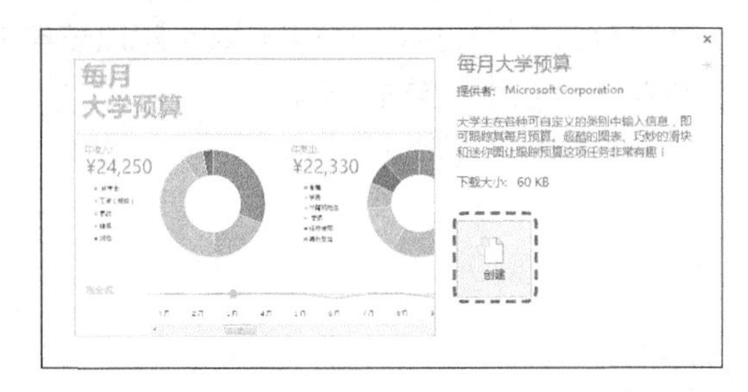

第 4 步 下载模板文件

开始下载模板文件，并显示下载进度。

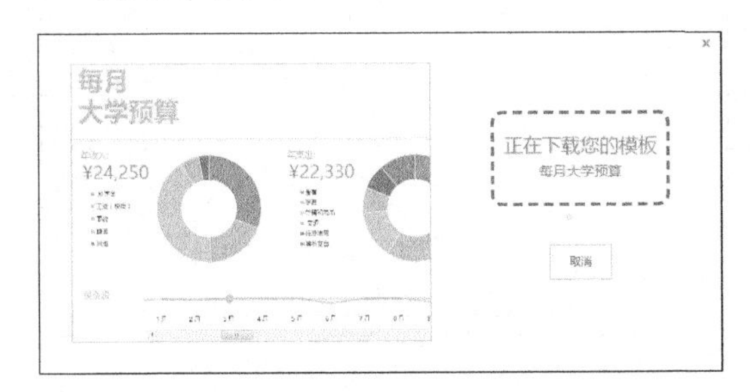

第 5 步 创建模板工作簿

稍后将自动完成模板工作簿的创建操作。

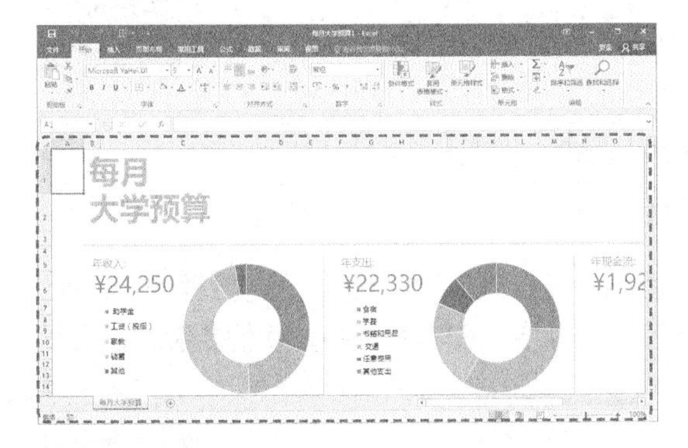

第 6 步 单击“浏览”命令

❶单击“文件”选项卡，进入“文件”界面，单击“另存为”命令；❷在右侧的界面中，单击“浏览”命令。

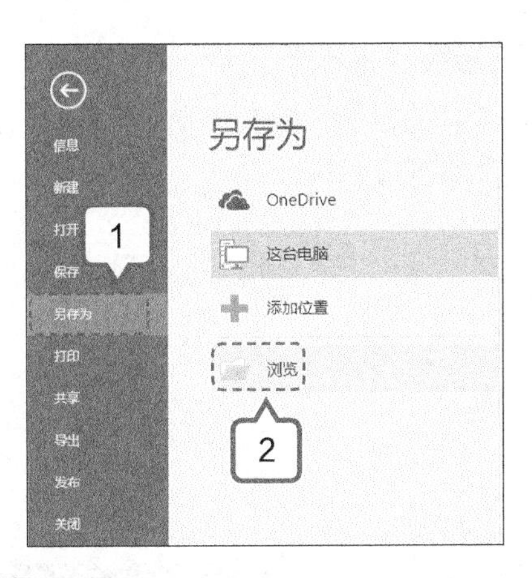

第 7 步 另存为工作簿

❶打开“另存为”对话框，设置文件名和保存路径；❷单击“保存”按钮即可。

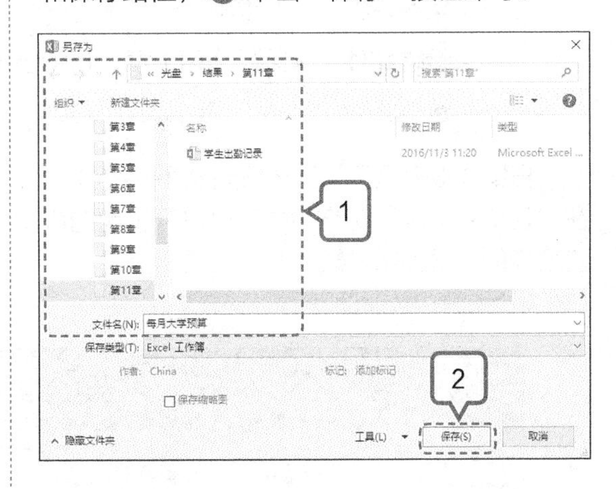

11.2.2 修改工作表中的数据

在新建好每月大学预算表之后，还需要将该工作表中的数据进行更改。

第 1 步 修改数据

在工作表中，选择 F33 单元格，修改其数据为 8500。

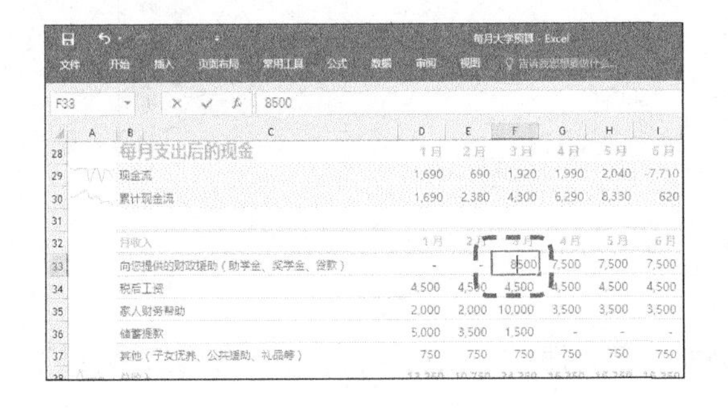

第 2 步 更改数据

按【Enter】键确认，则其他的数据也随之发生变化。

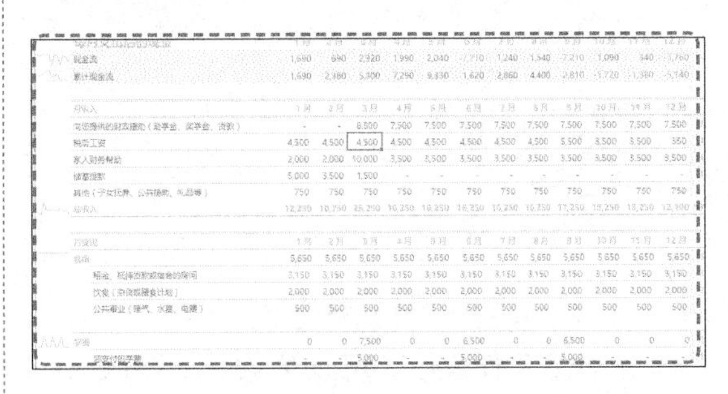

第 3 步 修改其他数据

用同样的方法，依次修改工作表中的其他数据，得到最终效果。

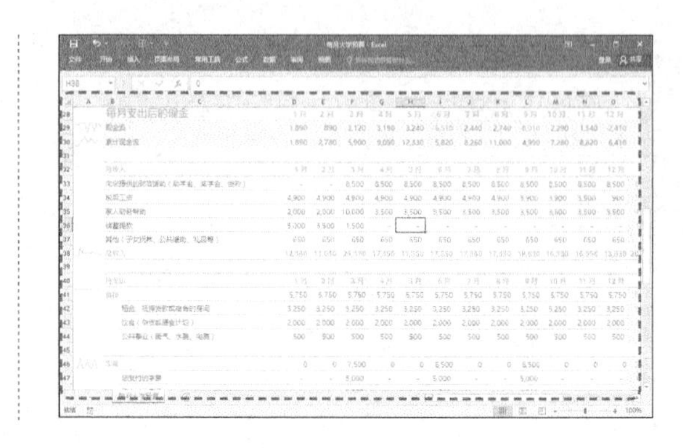

11.3 Excel 主题的使用

本节视频教学时间 / 3 分钟

案例名称	日销售报表
素材文件	素材 \ 第 11 章 \ 日销售报表 .xlsx
结果文件	结果 \ 第 11 章 \ 日销售报表 .xlsx

日销售报表是用来记录每天销售的货号、单价、数量、折扣、总价以及经手人等数据的工作簿。在“日销售报表”工作簿中可以进行主题的应用与自定义操作。在本实例中，我们要制作出日销售报表的主题应用效果。

最后的效果如图所示。

货号	单价	数量	折扣	总价	经手人
A3002	¥269	30	0.65	¥5,245.50	陈晨
A3003	¥189	25	0.65	¥3,071.25	柳柳
A3004	¥109	80	0.65	¥5,668.00	范范
B4001	¥205	85	0.65	¥11,326.25	黄六
B4002	¥195	75	0.65	¥9,506.25	刘欣
B4003	¥179	45	0.65	¥5,235.75	李四

11.3.1 使用系统自带的主题

制作好工作表后，可以像 Word 和 PowerPoint 一样，使用“主题”功能为工作簿应用各种漂亮的主题效果。

第 1 步 选择“框架”主题

打开“素材 \ 第 11 章 \ 日销售报表 .xlsx”工作簿。❶ 单击“页面布局”选项卡，在“主题”面板中，单击“主题”下三角按钮；❷ 展开列表框，选择“框架”主题。

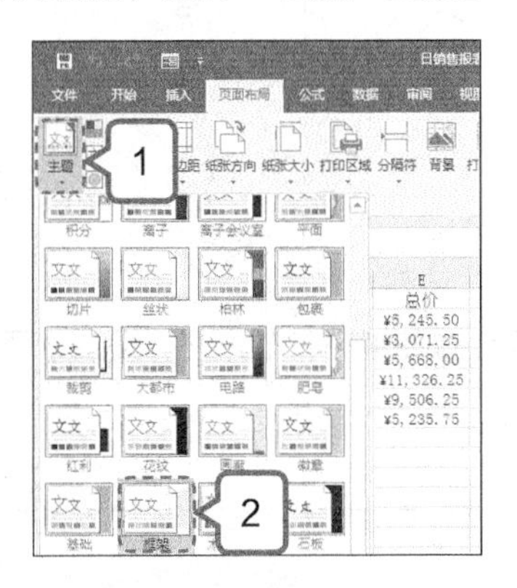

第 2 步 应用“框架”主题

快速应用系统自带的主题，并查看应用主题后的工作表效果。

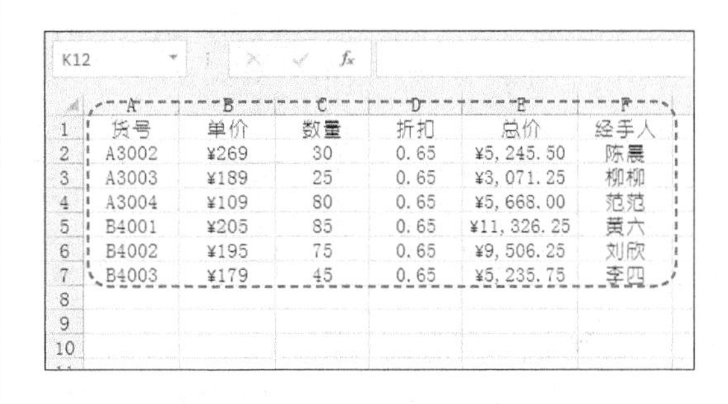

	A	B	C	D	E	F
1	货号	单价	数量	折扣	总价	经手人
2	A3002	¥269	30	0.65	¥5,245.50	陈晨
3	A3003	¥189	25	0.65	¥3,071.25	柳柳
4	A3004	¥109	80	0.65	¥5,668.00	范范
5	B4001	¥205	85	0.65	¥11,326.25	黄六
6	B4002	¥195	75	0.65	¥9,506.25	刘欣
7	B4003	¥179	45	0.65	¥5,235.75	李四

11.3.2 自定义主题样式

在对 Excel 中的主题进行应用时，除了可以使用系统自带的主题以外，还可以使用自定义主题的样式来增加工作表的美观度。

1. 自定义主题的颜色

在自定义主题样式时，可以使用“自定义颜色”功能对主题颜色进行设置。下面具体介绍操作方法。

第 1 步 单击“自定义颜色”命令

❶ 在“页面布局”选项卡的“主题”面板中，单击“颜色”下三角按钮；❷ 展开列表框，单击“自定义颜色”命令。

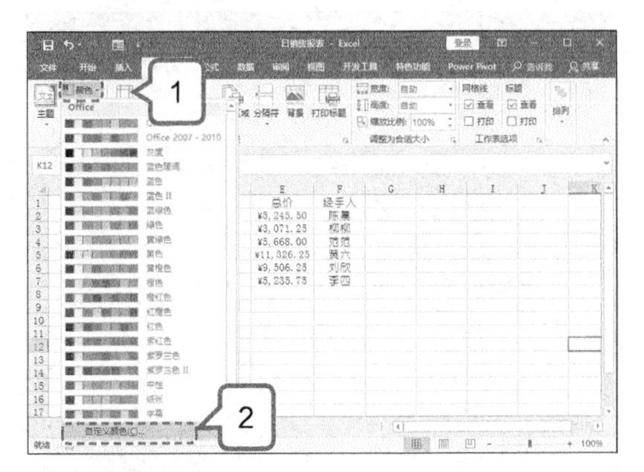

第 2 步 设置主题颜色

❶ 打开“新建主题颜色”对话框，修改“名称”为“新主题颜色”；❷ 修改“着色 1”为“红色”，“着色 2”为橙色。

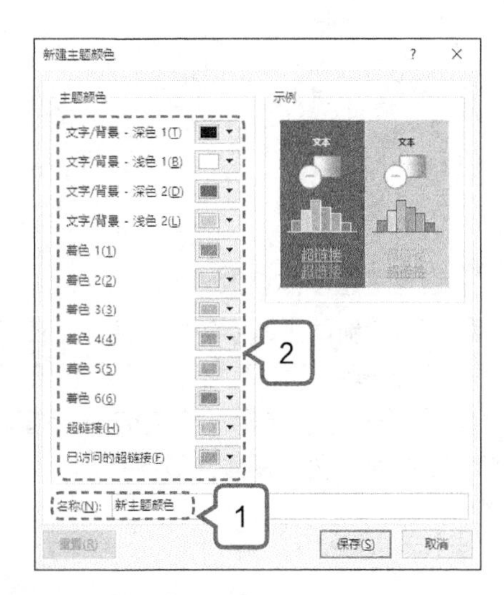

第 3 步 新建主题颜色

单击“保存”按钮，新建主题颜色，并在“颜色”列表框中，选择新创建的主题颜色。

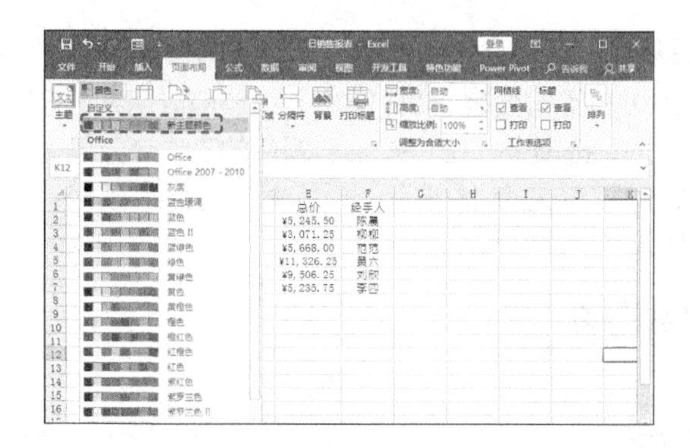

2. 自定义主题的字体

在自定义主题样式时，可以使用“自定义字体”功能对主题的字体样式进行设置。下面具体介绍操作方法。

第 1 步 单击“自定义字体”命令

❶ 在“页面布局”选项卡的“主题”面板中，单击“字体”下三角按钮；❷ 展开列表框，单击“自定义字体”命令。

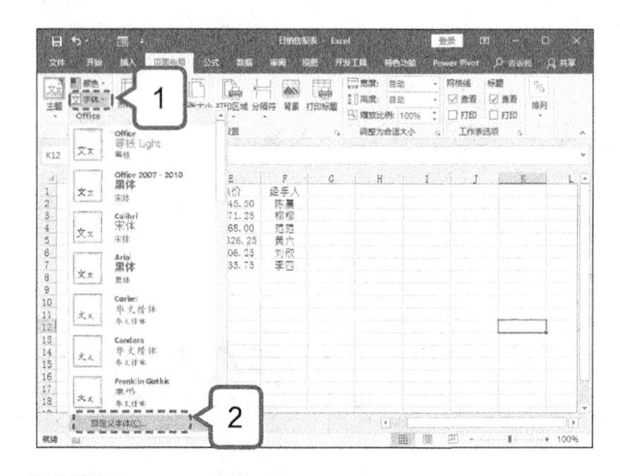

第 2 步 设置主题字体参数

❶ 打开“新建主题字体”对话框，在“标题字体”列表框中，选择“楷体”选项，在“正文字体”列表框中，选择“华文仿宋”选项；❷ 修改“名称”为“新建主题字体”。

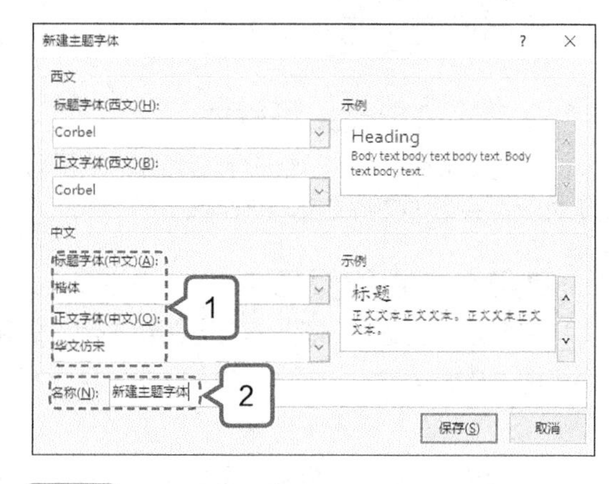

第 3 步 单击“创建”按钮

单击“保存”按钮，完成主题字体的自定义操作，并查看自定义主题字体后的效果。

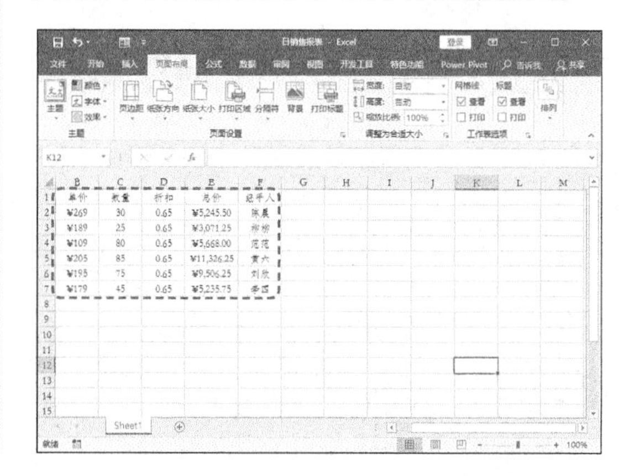

第四篇

PPT演示文稿篇

- 第 12 章 设计与编辑 PPT 演示文稿
- 第 13 章 在幻灯片中应用母版、图形和图表
- 第 14 章 PPT 幻灯片的动画制作和放映
- 第 15 章 PPT 模板与超链接的应用

Chapter 12

设计与编辑 PPT 演示文稿

本章视频教学时间 / 49 分钟

技术分析

PowerPoint 是 Office 系列产品中用于制作和演示幻灯片的软件，可以将用户所要表达的信息组织在一组图文并茂的画面中。一般来说，在 PowerPoint 演示文稿中设计、编辑幻灯片的操作主要涉及以下知识点。

（1）新建演示文稿。

（2）新建幻灯片。

（3）为演示文稿应用主题。

（4）使用“字体”面板设置字体样式效果。

（5）使用“段落”面板设置文本的对齐方式。

（6）为演示文稿添加项目符号和编号。

（7）在幻灯片中插入和编辑图片。

（8）设置幻灯片的统一格式。

思维导图

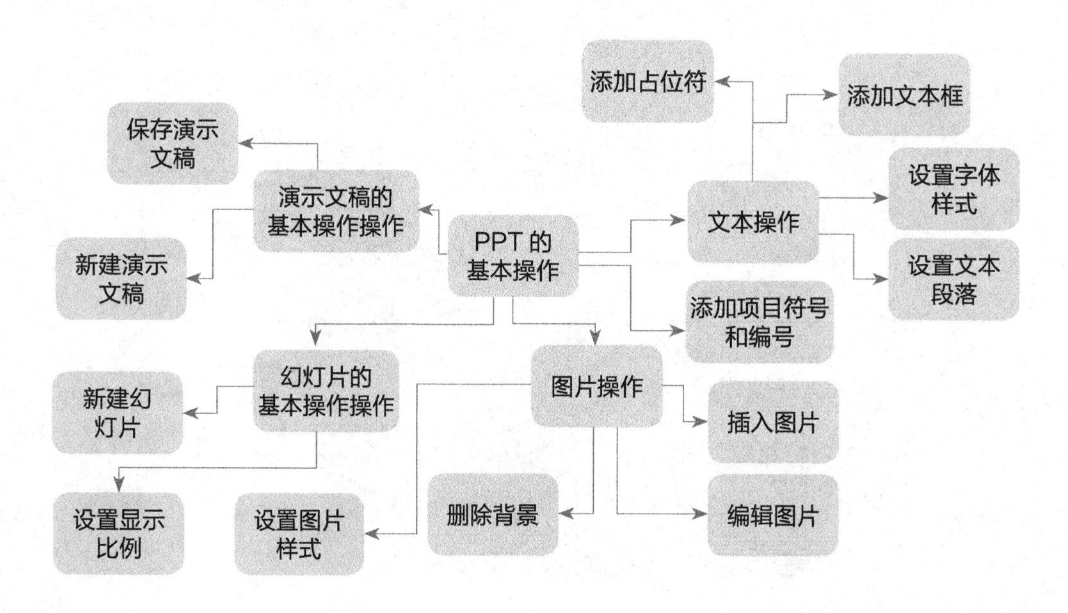

12.1 制作“课件”——《十五夜望月》

本节视频教学时间 / 17 分钟

案例名称	十五夜望月
素材文件	无
结果文件	结果 \ 第 12 章 \ 十五夜望月 .pptx
扩展模板	扩展模板 \ 第 12 章 \ 课件类模板

课件是根据教学大纲的要求，经过教学目标确定、教学内容和任务分析、教学活动结构及界面设计等环节，而加以制作的课程软件，是具有共同教学目标的、可在电脑上展现的文字、声音、图像、视频等素材的集合。在本实例中，我们要制作十五夜望月的课件。

最后的效果如图所示。

首页

十五夜望月

十五夜望月
王建
中庭地白树栖鸦
冷露无声湿桂花
今夜月明人尽望
不知秋思落谁家

课文

思考

思考：
1.你可知诗人的秋思落于何处？
2.诗人又是通过什么方法表现他的秋思的？

赏析　借景抒情

在唐代咏月诗中，这是比较著名的一篇。
诗人在万籁俱寂的深夜，仰望明月，凝想入神，丝丝寒意，轻轻袭来，不觉浮想联翩，广寒宫中的露珠一定也沾湿了桂花树吧？这样，“冷露无声湿桂花”的意境就更显得悠远，耐人寻味。诗人怅然于家人离散因而由月宫的凄凉，引发了入骨的思念，他的秋思必然是最浓挚的。
诗人运用了丰富的想象，形象地语言，渲染了中秋望月、思深情长的意境，将别离思聚的情意表现的委婉动人。

赏析

/ 十五夜望月课件的组成要素

名称	是否必备	要求
首页	必备	首页是正式上课前使用的一个页面，该页面不需要太多内容，只要简洁、点明主题即可
课文	必备	该页面用来记录课件中的具体内容
思考	可选	该页面用来记录学习课文后需要思考的题目
赏析	可选	该页面用来记录对课文内容的赏析和说明

/ 技术要点

（1）使用“新建”功能新建演示文稿。
（2）使用“保存”功能保存演示文稿。
（3）使用“新建幻灯片”功能新建幻灯片。
（4）使用“主题”面板为演示文稿应用主题。
（5）使用占位符在幻灯片首页输入标题。
（6）为幻灯片添加文本框并输入内容。
（7）使用“字体”面板设置字体样式效果。
（8）使用“段落”面板设置文本的对齐方式。
（9）使用“段落”对话框设置文本的段落格式。
（10）使用“格式”选项卡美化文本框。

/ 操作流程

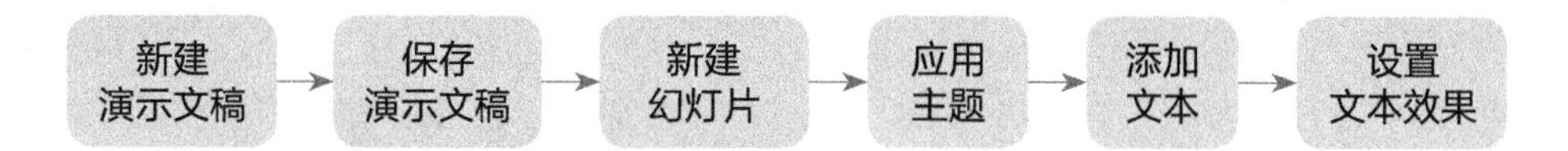

12.1.1 使用“新建”功能新建演示文稿

启动 PowerPoint 2016 后，软件默认打开的是欢迎页面，在打开的页面中会提示用户创建演示文稿，用户可以根据需要新建空白演示文稿。下面介绍其具体操作方法。

第 1 步 单击“空白演示文稿”图标

启动 PowerPoint 2016 后，将显示欢迎页面，在右侧的列表中，单击“空白演示文稿”图标。

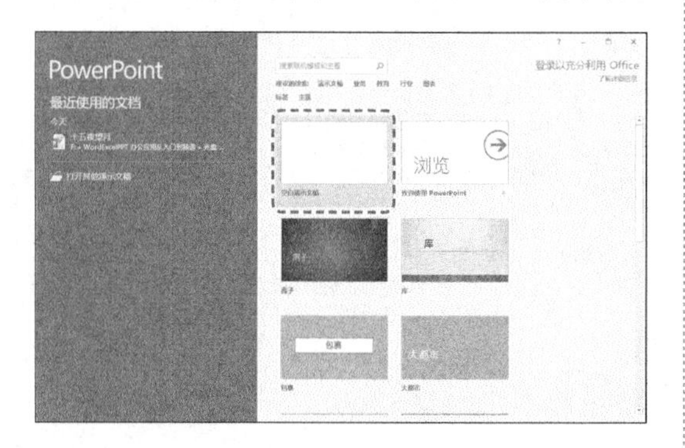

第 2 步 新建演示文稿

新建一个空白的演示文稿，此时默认文件名为“演示文稿 1”。

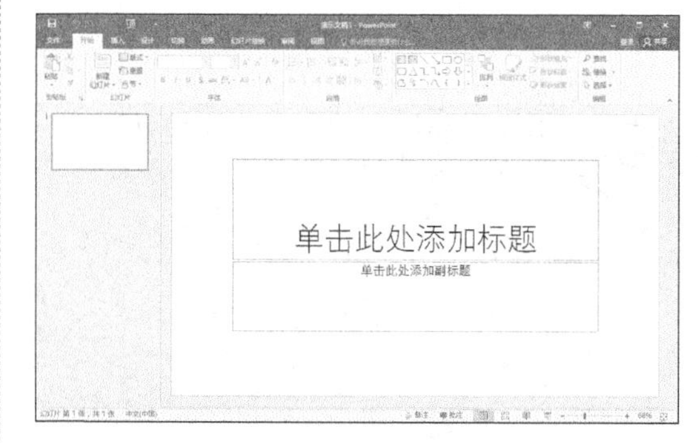

12.1.2 使用“保存”功能保存演示文稿

完成演示文稿的创建操作后，最好随时保存，这样既方便了日后使用，也可以避免因断电等故障造成演示文稿的丢失。

第 1 步 单击“浏览”命令

❶ 单击“文件”选项卡，进入“文件”界面，单击“保存”命令；❷ 在右侧的“另存为”界面中，单击“浏览”命令。

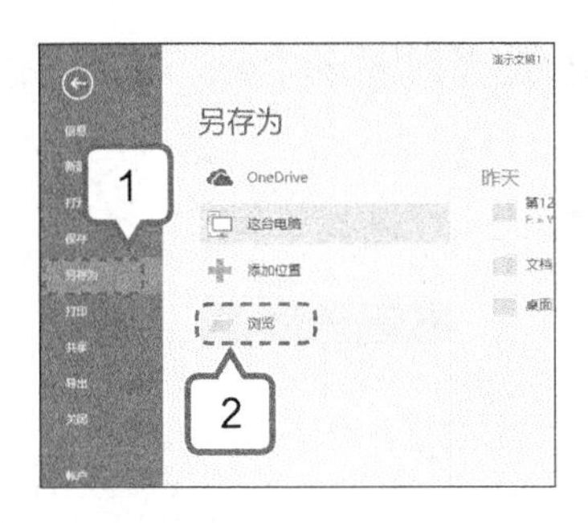

第 2 步 设置保存条件

❶ 打开“另存为”对话框，设置文件名和保存路径；❷ 单击“保存”按钮即可。

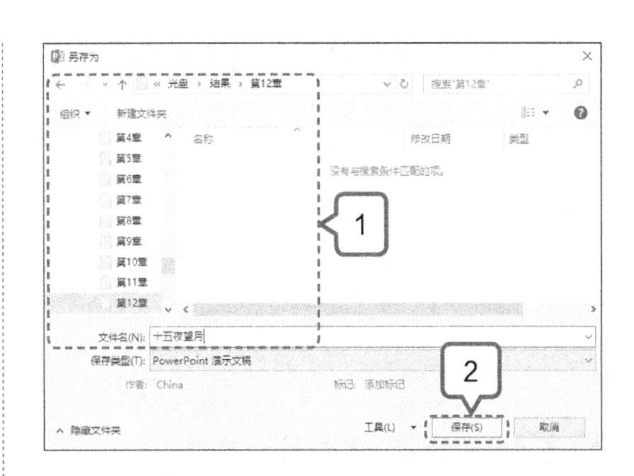

12.1.3 使用“新建幻灯片”功能新建幻灯片

创建好演示文稿后，有时演示文稿中只有 1 张幻灯片，可以通过“添加幻灯片”功能添加多张幻灯片。下面介绍其具体操作方法。

第 1 步 单击“空白演示文稿”图标

❶ 选择第 1 张幻灯片，在“幻灯片”面板中，单击“新建幻灯片”下三角按钮；❷ 展开列表框，单击“空白”图标。

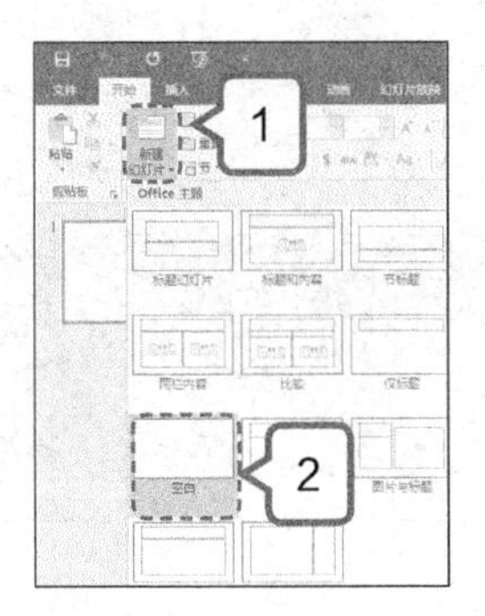

第 2 步 新建第 2 张幻灯片

完成第 2 张幻灯片的新建操作。

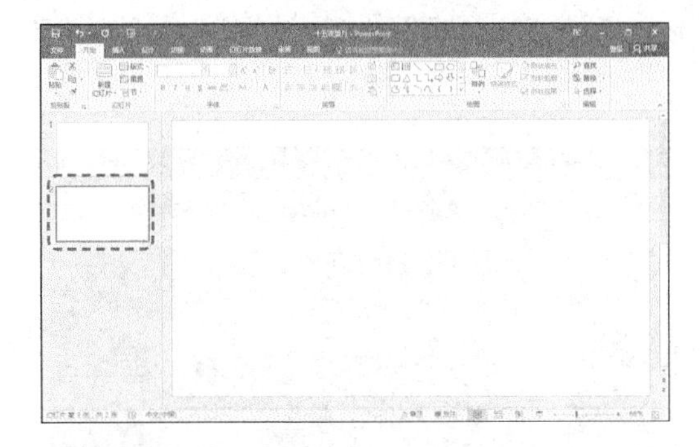

第 3 步 单击“新建幻灯片”命令

选择第 2 张幻灯片，单击鼠标右键，打开快捷菜单，单击“新建幻灯片”命令。

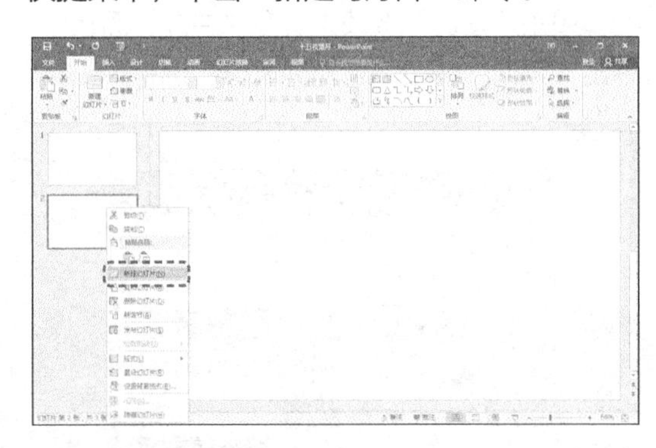

第 4 步 新建第 3 张幻灯片

完成第 3 张幻灯片的新建操作。

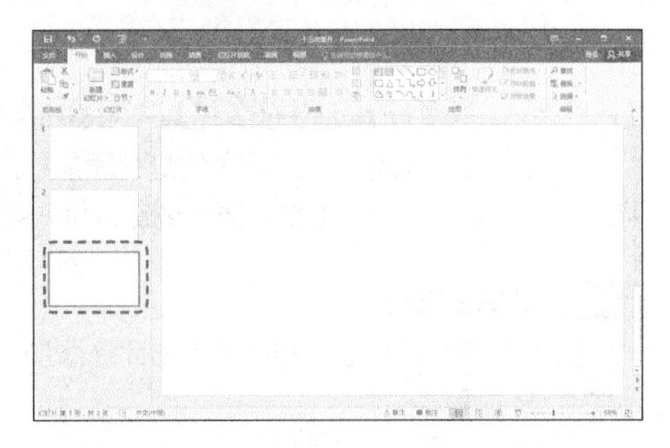

第 5 步 单击“新建幻灯片”命令

选择第 3 张幻灯片，单击鼠标右键，打开快捷菜单，单击“新建幻灯片”命令。

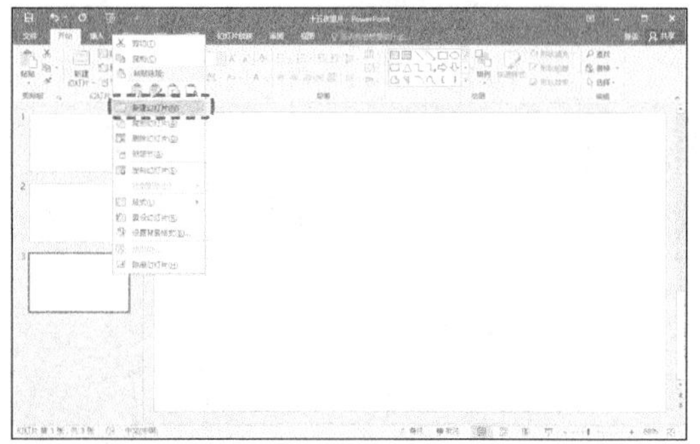

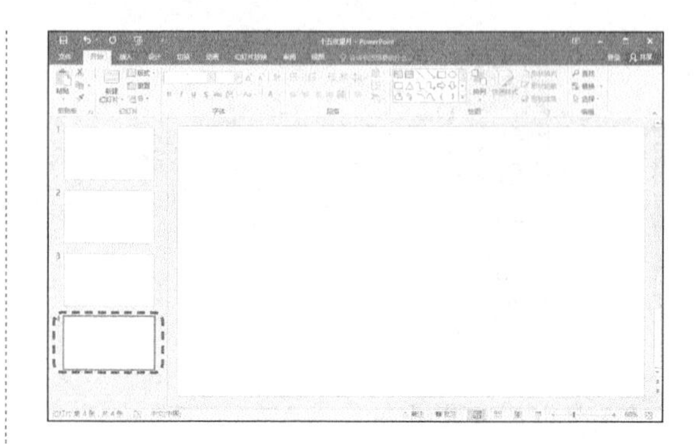

第 6 步 新建第 4 张幻灯片

完成第 4 张幻灯片的新建操作。

12.1.4 使用“主题”面板为演示文稿应用主题

默认创建的演示文稿采用的是空白页，因此为所建幻灯片的内容选择一个主题也是首要的工作。下面介绍其具体操作方法。

第 1 步 选择“柏林”主题

单击“设计”选项卡，在“主题”面板中，单击“其他”按钮，展开列表框，选择“柏林”主题。

第 2 步 应用“柏林”主题效果

为演示文稿中的所有幻灯片应用“柏林”主题。

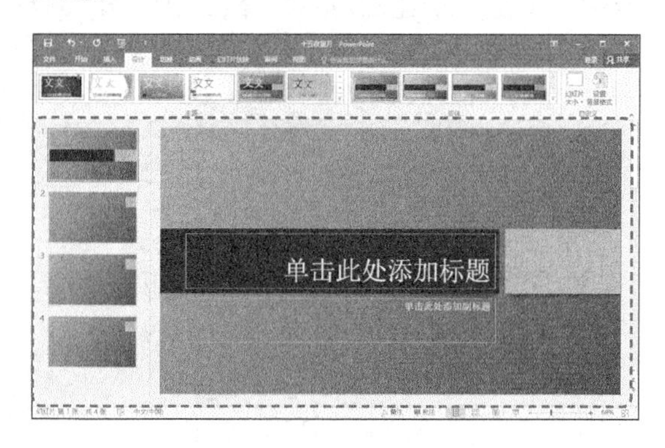

12.1.5 使用占位符在幻灯片首页输入标题

完成主题的应用后，需要为幻灯片添加标题。标题的输入是在占位符中进行的，在占位符中可以插入文本、图片、表格、声音或影片等对象。

第 1 步 选择占位符

在第 1 张幻灯片上，选择“单击此处添加标题”占位符。

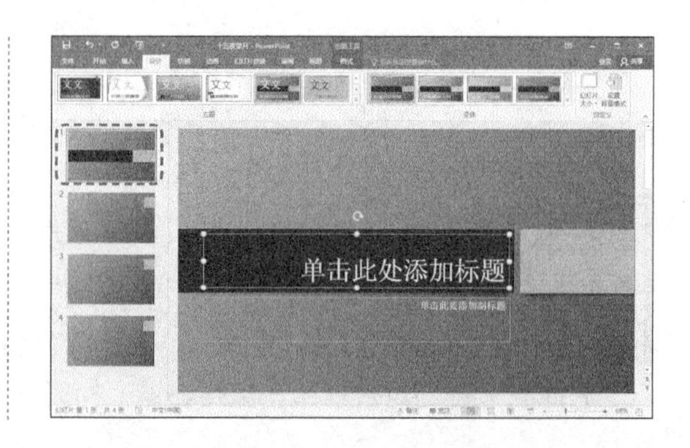

第 2 步 输入文本

在选择的占位符中，单击鼠标，即可输入文本“十五夜望月”。

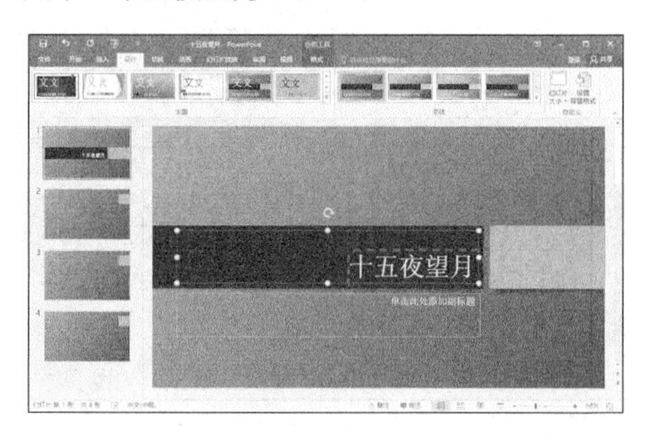

第 3 步 输入文本

选择“单击此处添加副标题”占位符，输入文本“讲解人：杨老师”，完成占位符文本的输入。

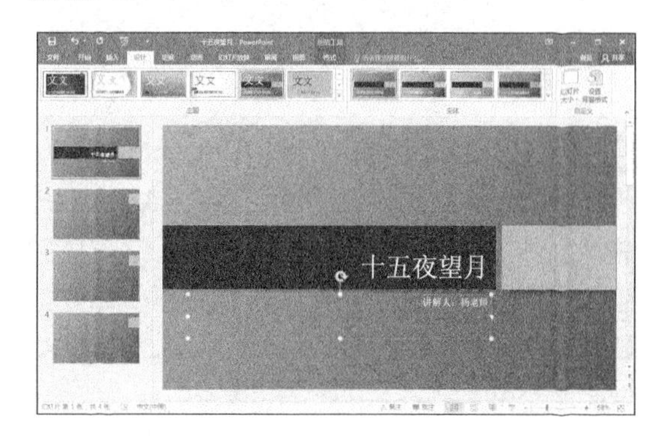

12.1.6 为幻灯片添加文本框并输入内容

在演示文稿的空白幻灯片中没有占位符对象，此时用户可以使用“文本框”来实现空白幻灯片中文本的输入，文本框是承载文字的主要工具。下面介绍其具体操作方法。

第 1 步 单击“横排文本框”命令

❶ 选择第2张幻灯片，单击“插入”选项卡，在“文本”面板中，单击“文本框”下三角按钮；❷ 展开列表框，单击“横排文本框”命令。

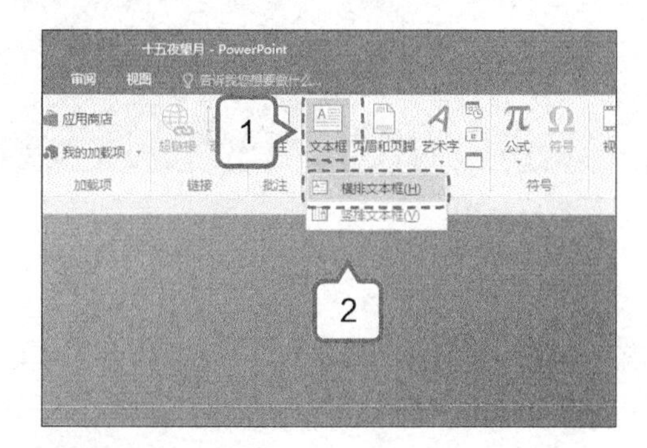

第 2 步 添加文本框

在幻灯片中的相应位置，单击鼠标左键并拖曳，绘制文本框，输入文本内容“诗文内容”。

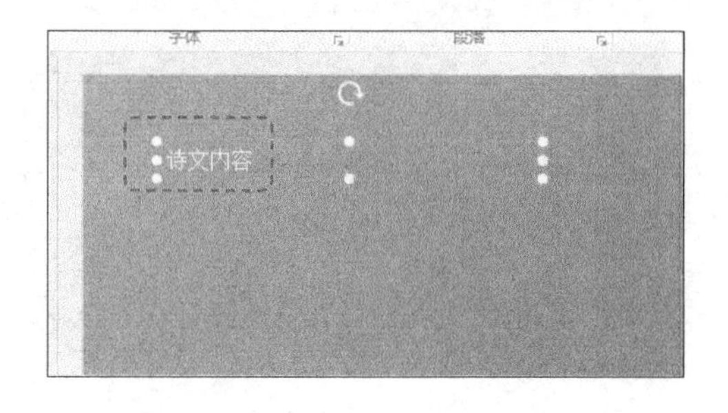

第 3 步 单击“横排文本框”命令

在“插入”选项卡的“文本”面板中，单击“文本框”下三角按钮，展开列表框，单击“横排文本框”命令，在幻灯片中的相应位置，单击鼠标左键并拖曳，绘制文本框，依次输入相应的文本内容。

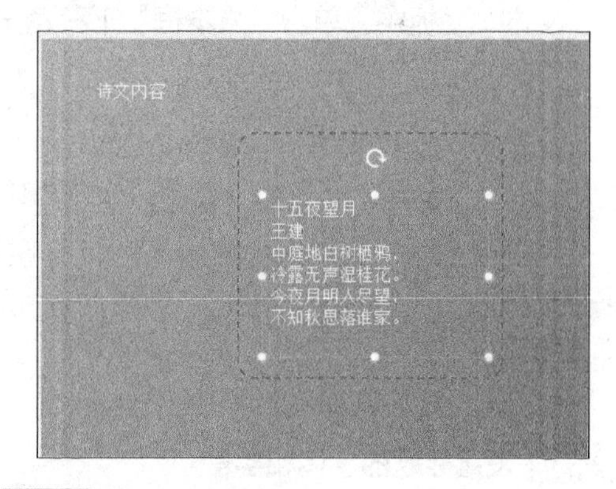

第 4 步 输入文本内容

选择第 3 张幻灯片，单击“插入”选项卡，在“文本”面板中，单击“文本框”下三角按钮，展开列表框，单击“横排文本框”命令，在幻灯片中的相应位置，单击鼠标左键并拖曳，绘制文本框，输入文本内容。

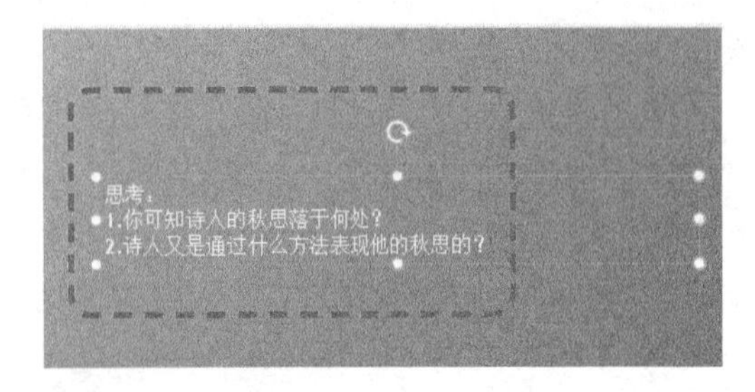

第 5 步 输入文本内容

选择第 4 张幻灯片，单击“插入”选项卡，在“文本”面板中，单击“文本框”下三角按钮，展开列表框，单击“横排文本框”命令，在幻灯片中的相应位置，单击鼠标左键并拖曳，绘制文本框，输入文本内容“赏析”。

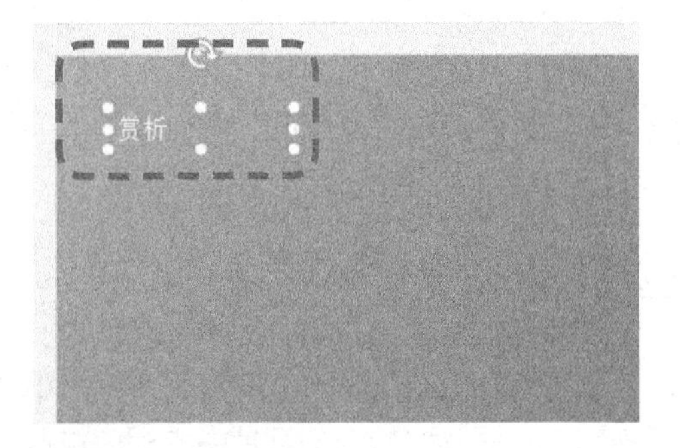

第 6 步 输入文本内容

选择第 4 张幻灯片，单击“插入”选项卡，在“文本”面板中，单击“文本框”下三角按钮，展开列表框，单击“横排文本框”命令，在幻灯片中的相应位置，单击鼠标左键并拖曳，绘制文本框，输入文本“借景抒情”。

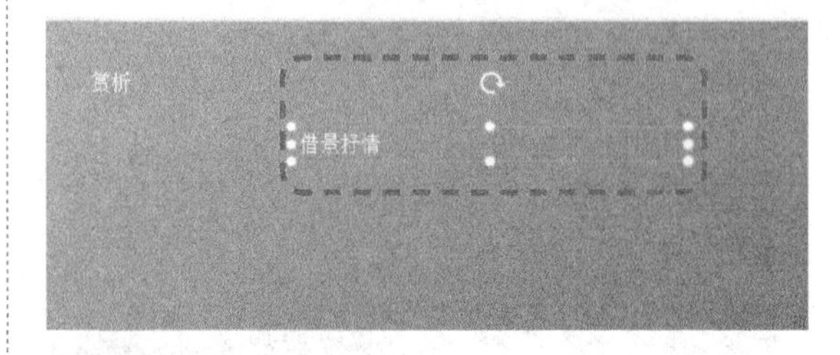

第 7 步 输入文本内容

选择第 4 张幻灯片，单击“插入”选项卡，在“文本”面板中，单击“文本框”下三角按钮，展开列表框，单击“横排文本框”命令，在幻灯片中的相应位置，单击鼠标左键并拖曳，绘制文本框，依次输入文本内容。

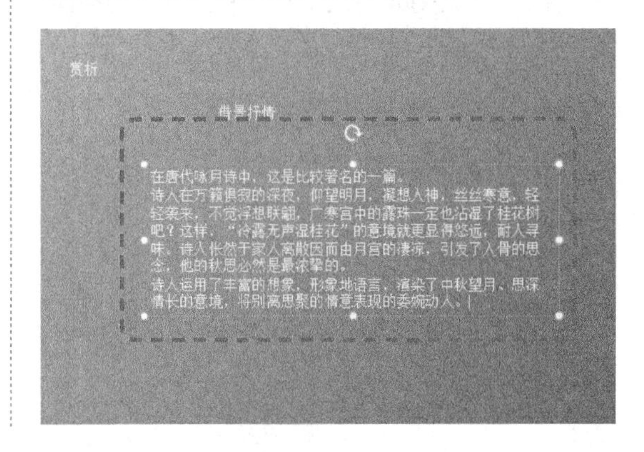

12.1.7 使用“字体”面板设置字体样式效果

完成了标题和文本内容的输入后，还需要为这些文本的字体设置字体样式，使整体效果看起来更加美观。在 PowerPoint 2016 中，使用“字体”面板中对应的各个功能，可以快速设置字体样式效果。

第 1 步 设置标题的字体和字号

❶ 选择第 1 张幻灯片中的“标题”占位符；❷ 在“开始”选项卡的“字体”面板中，设置“字体”为“方正宋黑简体”，“字号”为 80。

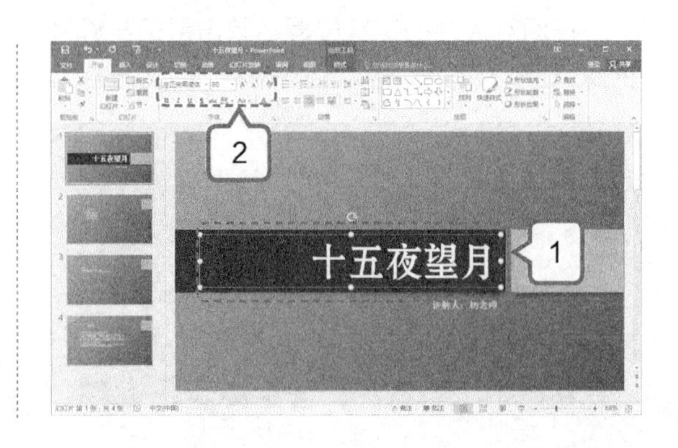

第 2 步 单击“其他间距”命令

❶ 在“开始”选项卡的“字体”面板中，单击“字符间距”下三角按钮，展开列表框；❷ 单击“其他间距”命令。

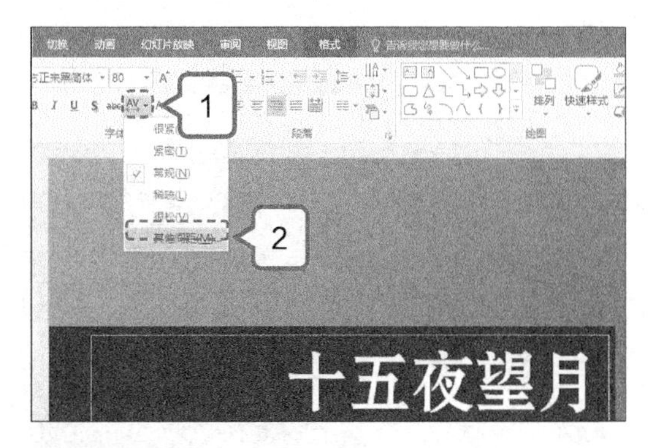

第 3 步 设置字体间距参数

打开“字体”对话框，在“间距”列表框中，选择“加宽”选项，设置“度量值”为“12 磅”。

第 4 步 设置字体间距

单击“确定”按钮，设置字体的间距。

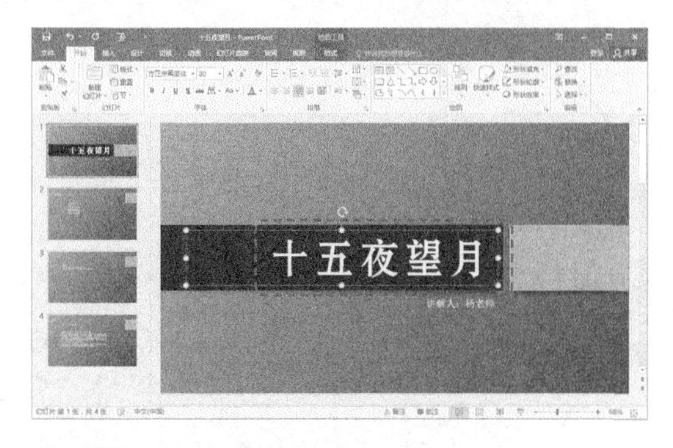

第 5 步 设置副标题字体和字号

❶ 选择第 1 张幻灯片中的“副标题”占位符；❷ 在“开始”选项卡的“字体”面板中，设置“字体”为“黑体”，“字号”为 28。

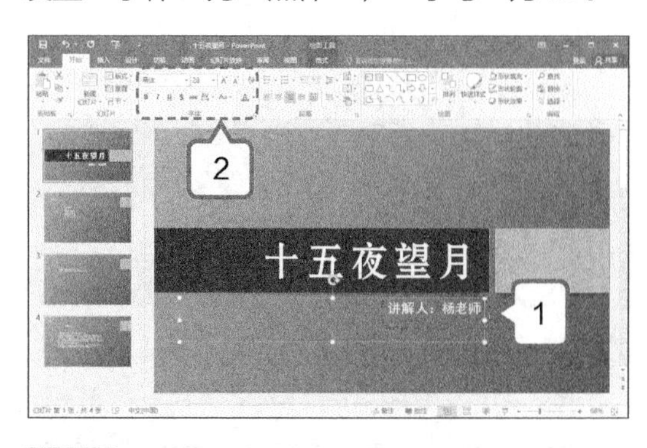

第 6 步 设置文本的字体和字号

❶ 选择第 2 张幻灯片中的“诗文内容”文本框；❷ 在“开始”选项卡的“字体”面板中，设置“字体”为“方正宋黑简体”，“字号”为 44。

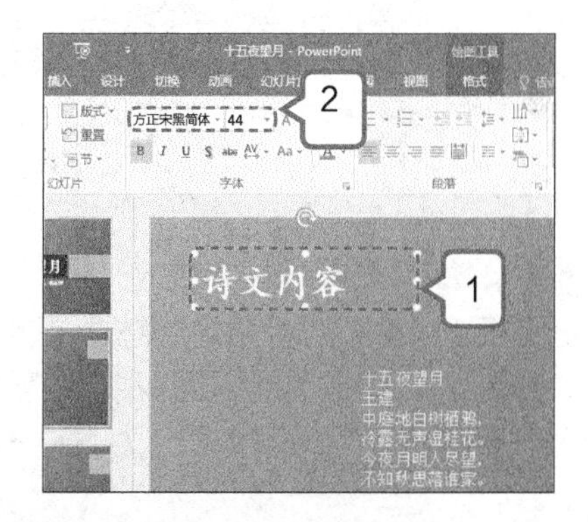

第 7 步 设置文本的字体和字号

❶ 选择第 2 张幻灯片中的其他文本框；❷ 在“字体”面板中，设置“字体”为“汉仪楷体简”，“字号”为 40。

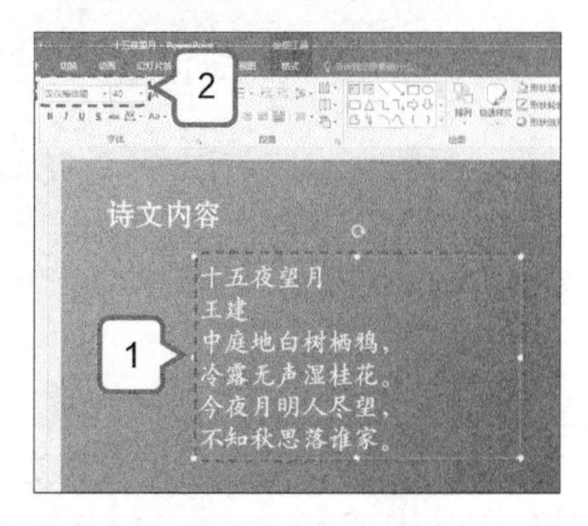

第 8 步 设置文本的字体和字号

❶ 选择第 3 张幻灯片中的文本框；❷ 在“开始”选项卡的“字体”面板中，设置“字体”为“方正宋黑简体”，“字号”为 40。

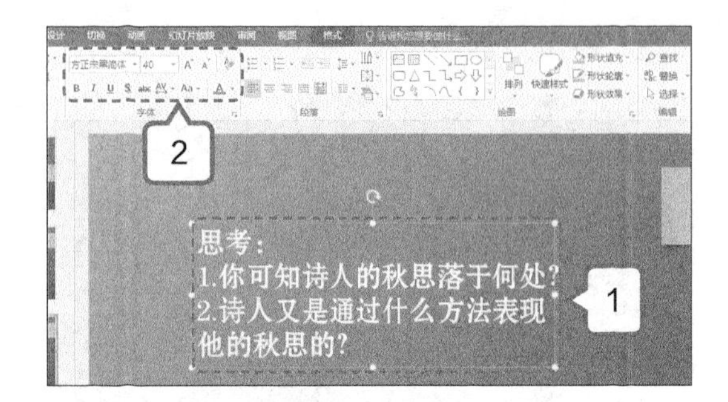

第 9 步 设置文本的字号

❶ 选择文本框中的“思考：”内容，在“开始”选项卡的“字体”面板中，单击“字号”下三角按钮，展开列表框，选择 60 选项；❷ 调整字号。

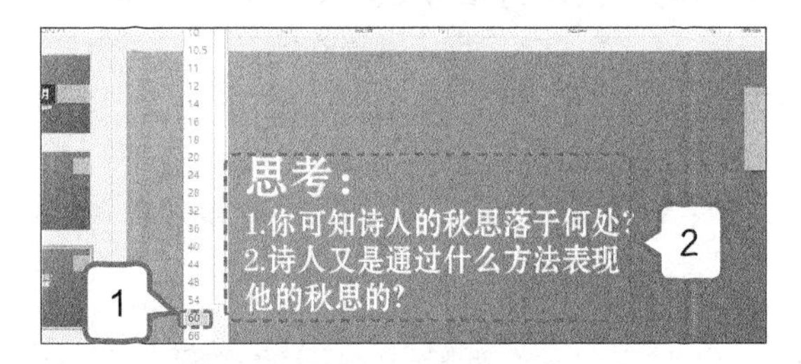

第 10 步 设置文本的字体和字号

❶ 选择第 4 张幻灯片中的“赏析”文本框；❷ 在“开始”选项卡的“字体”面板中，设置“字体”为“华文楷体”，“字号”为 60，并加粗文本。

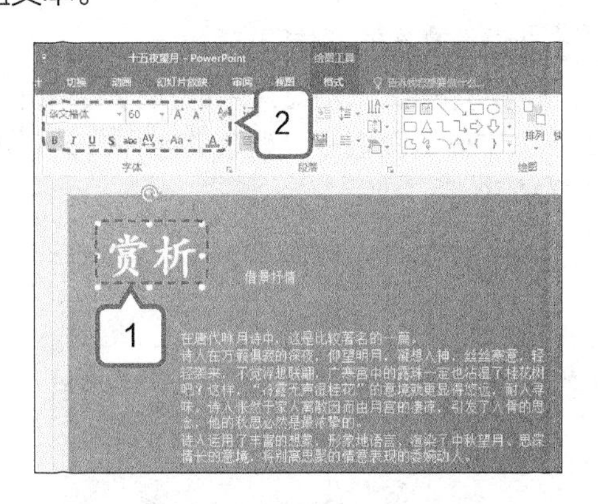

第 11 步 设置文本的字体和字号

❶ 选择第 4 张幻灯片中的“借景抒情”文本框；❷ 在“开始”选项卡的“字体”面板中，设置“字体”为“汉仪中楷简”，“字号”为 48。

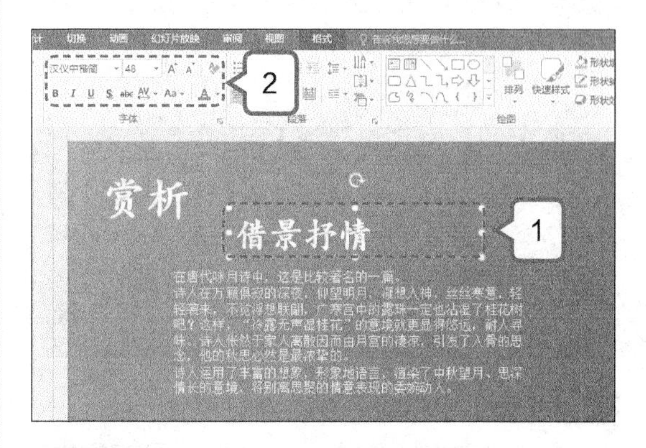

第 12 步 设置文本的字体和字号

❶ 选择第 4 张幻灯片中的其他文本框；❷ 在“开始”选项卡的“字体”面板中，设置“字体”为“宋体”，“字号”为 24。

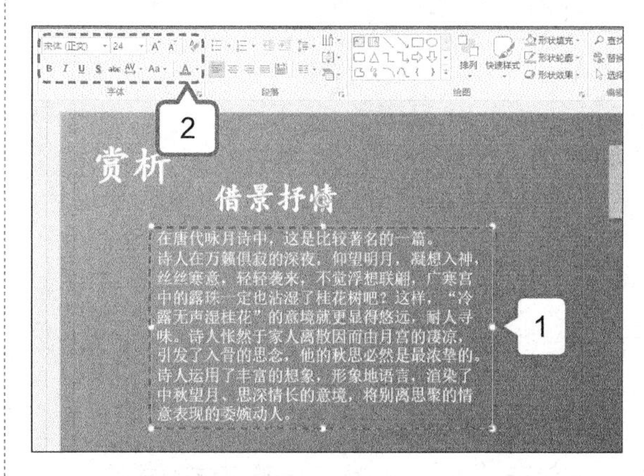

2
赏析
借景抒情
在唐代咏月诗中，这是比较著名的一篇。
诗人在万籁俱寂的深夜，仰望明月，凝想入神，
丝丝寒意，轻轻袭来，不觉浮想联翩，广寒宫
中的露珠一定也沾湿了桂花树吧？这样，“冷
露无声湿桂花”的意境就更显得悠远，耐人寻
味。诗人怅然于家人离散因而由月宫的凄凉，
引发了入骨的思念，他的秋思必然是最浓挚的。
诗人运用了丰富的想象，形象地语言，渲染了
中秋望月、思深情长的意境，将别离思聚的情
意表现的委婉动人。
1

12.1.8 使用“段落”面板设置文本的对齐方式

完成字体样式的设置后，用户还需要对文本的对齐方式进行调整，以保证文本的美观度。下面介绍其具体操作方法。

第1步 选择文本

选择第 2 张幻灯片，并在幻灯片中，选择合适的文本对象。

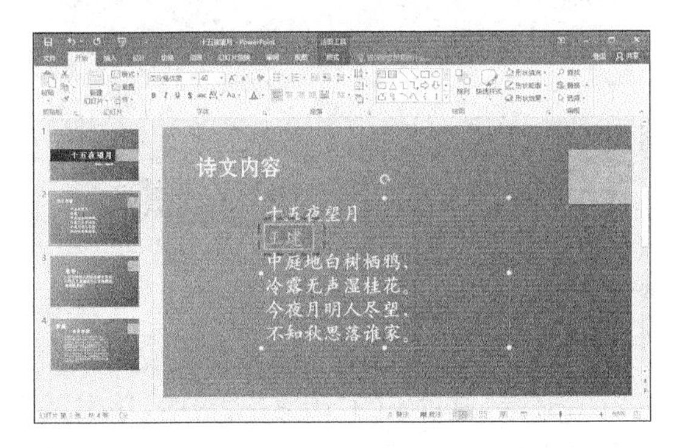

第2步 右对齐文本

❶ 在“段落”面板中，单击“右对齐”按钮；❷ 右对齐文本。

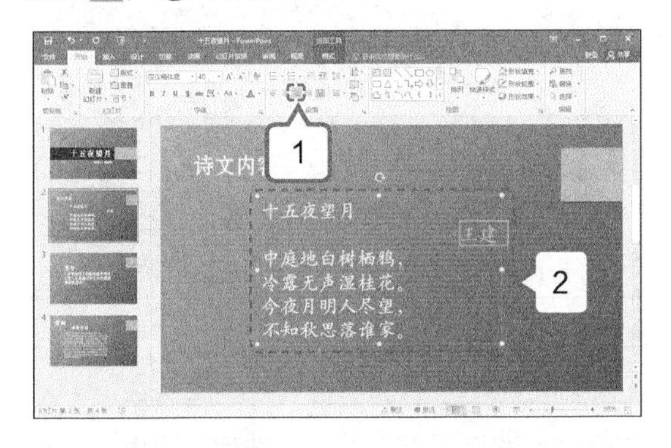

第3步 单击“居中”按钮

❶ 按住【Ctrl】键的同时，选择相应的文本；❷ 在“开始”选项卡的“段落”面板中，单击“居中”按钮。

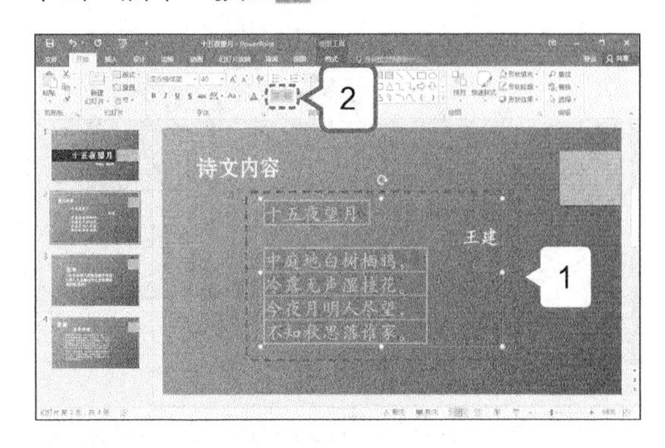

第4步 居中对齐文本

居中对齐选择的文本。

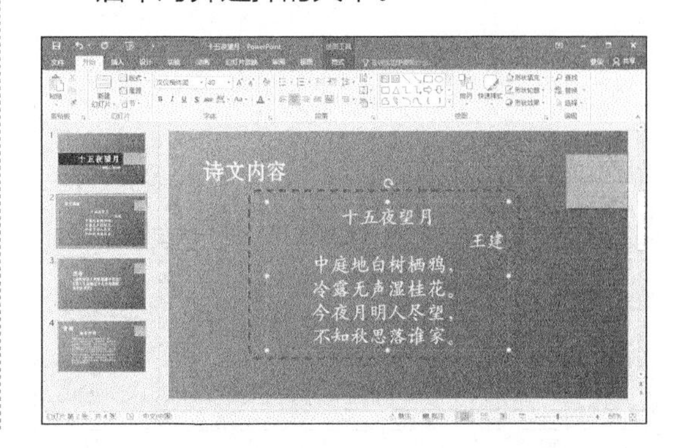

12.1.9 使用“段落”对话框设置文本的段落格式

完成文本对齐方式的设置后，用户还需要使用“段落”对话框，对文本的段落格式重新进行设置，使得文本的排版效果显得更加美观、醒目。下面介绍其具体操作方法。

第1步 单击“段落”按钮

❶ 选择第 2 张幻灯片中的文本框；❷ 在“开始”选项卡的“段落”面板中，单击“段落”按钮。

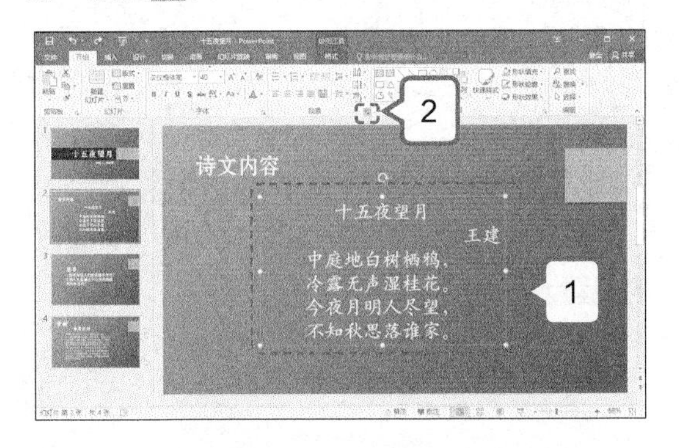

第2步 设置间距参数

打开“段落”对话框，在“间距”选项区中，设置“段前”和“段后”均为“3.5 磅”。

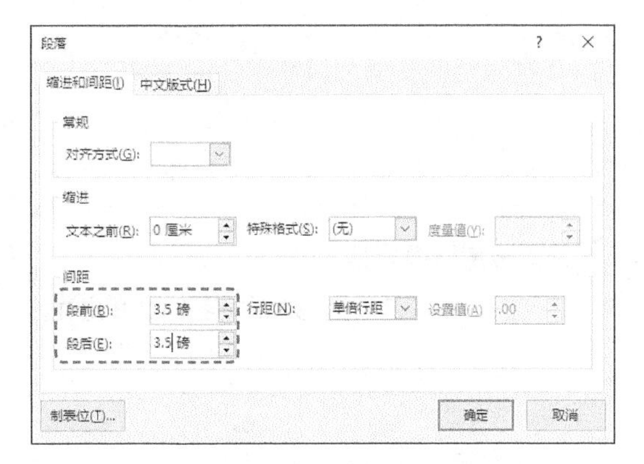

第 3 步 设置段落间距

单击“确定”按钮，完成段落间距的设置。

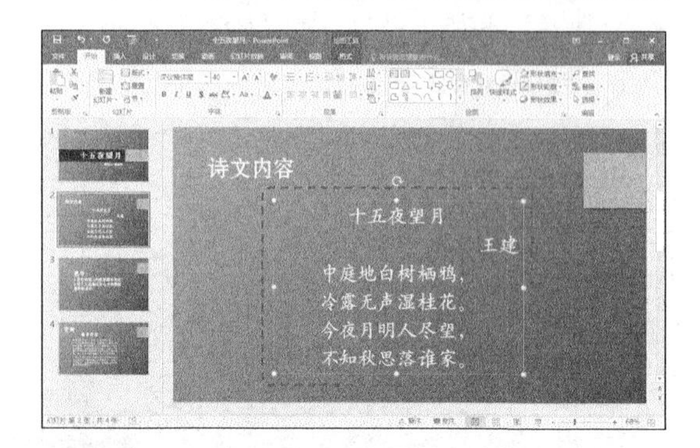

第 4 步 单击“段落”按钮

❶ 选择第 3 张幻灯片中的文本框；❷ 在“开始”选项卡的“段落”面板中，单击“段落”按钮 。

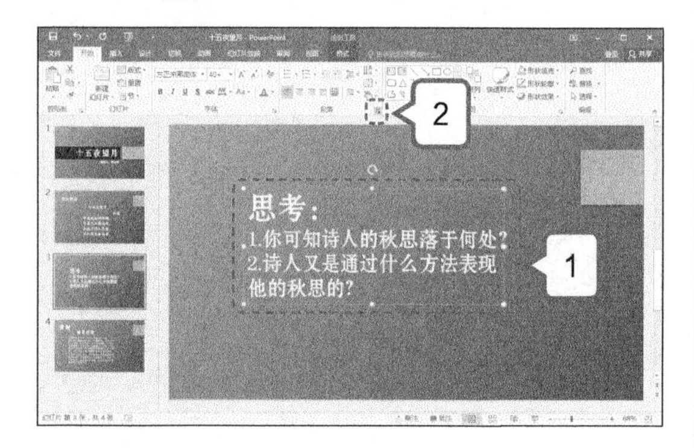

第 5 步 选择“1.5 倍行距”选项

打开“段落”对话框，在“行距”列表框中，选择“1.5 倍行距”选项。

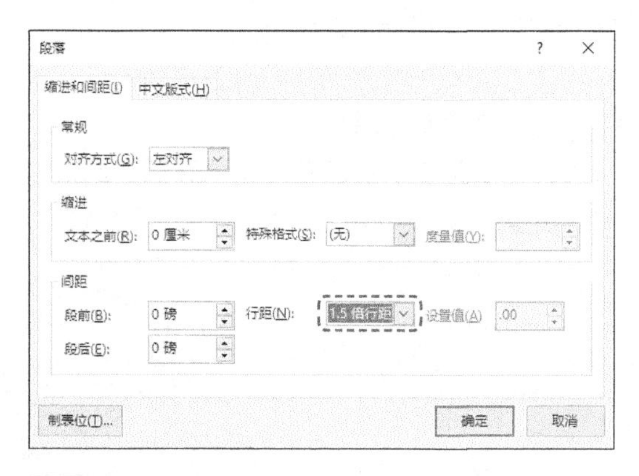

第 6 步 设置段落行距

单击“确定”按钮，完成段落行距的设置。

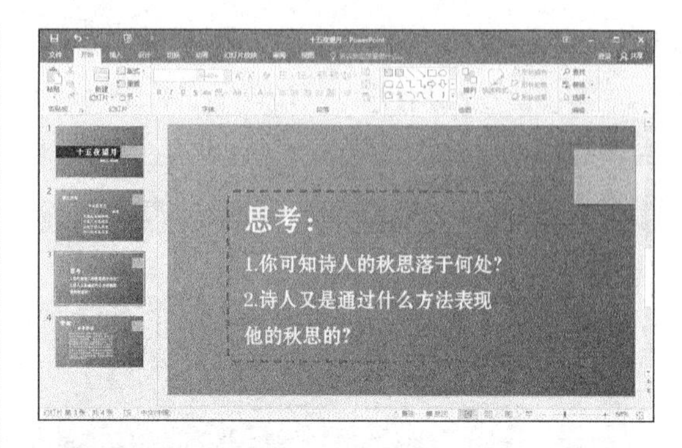

第 7 步 单击“段落”按钮

❶ 选择第 4 张幻灯片中的文本框；❷ 在“开始”选项卡的“段落”面板中，单击“段落”按钮 。

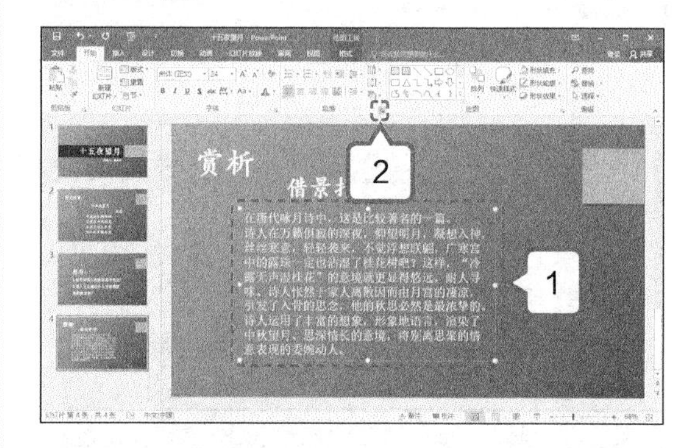

第 8 步 设置段落参数

打开“段落”对话框，在“特殊格式”列表框中，选择“首行缩进”选项，设置“度量值”为“2 厘米”，“段前”和“段后”均为“4 磅”。

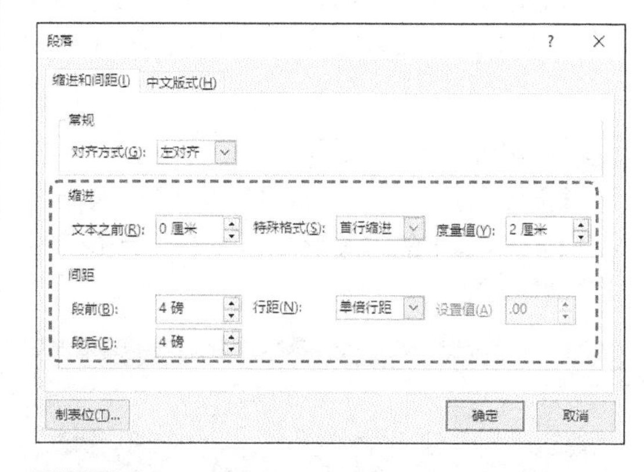

第 9 步 完成段落缩进和间距的设置

单击“确定”按钮，完成段落缩进和间距的设置。

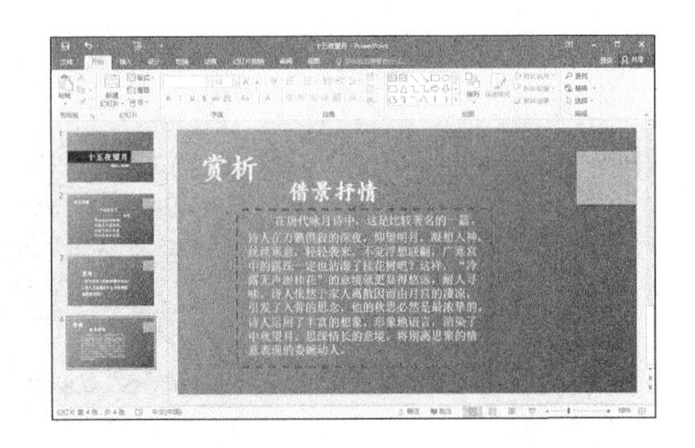

12.1.10 使用“格式”选项卡美化文本框

完成文本的字体样式、对齐方式和段落格式设置后，用户还需要通过“格式”选项卡中的“形状样式”功能对文本框的阴影、轮廓和填充等进行美化操作。

第 1 步 选择“紫色”颜色

❶ 选择第 1 张幻灯片中的副标题占位符，单击“格式”选项卡，在“形状样式”面板中，单击“形状填充”下三角按钮；❷ 展开列表框，选择“紫色”颜色。

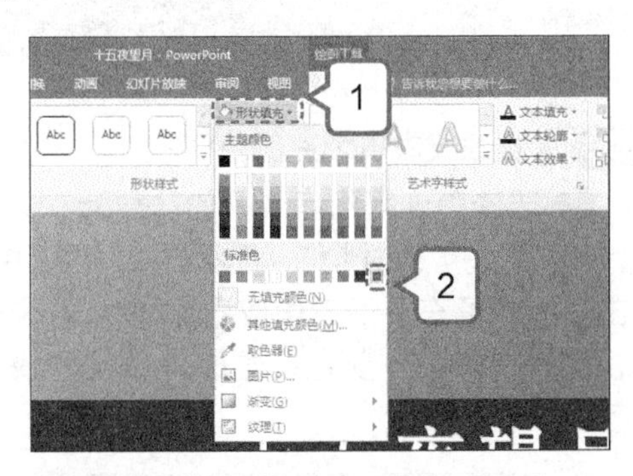

第 2 步 调整占位符颜色和大小

更改占位符的形状轮廓颜色，并调整占位符的大小和位置。

第 3 步 选择“浅蓝”颜色

❶ 在第 2 张幻灯片中，选择合适的文本框，在“格式”选项卡的“形状样式”面板中，单击“形状填充”下三角按钮；❷ 展开列表框，选择“浅蓝”颜色。

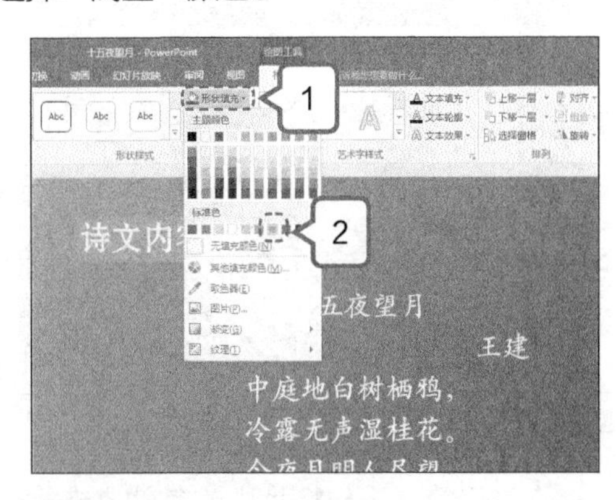

第 4 步 调整占位符颜色和大小

更改占位符的形状轮廓颜色，并调整占位符的大小和位置。

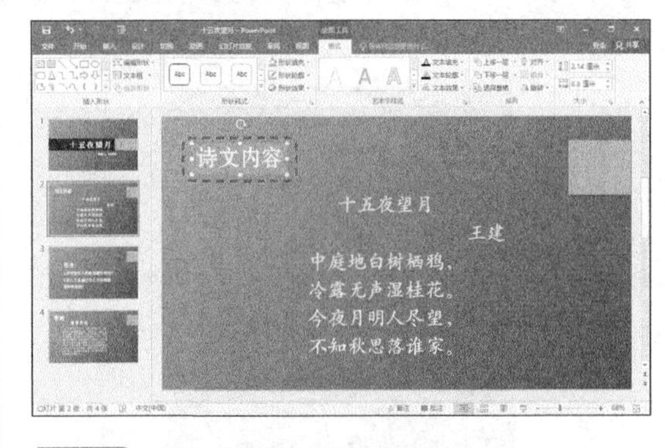

第 5 步 选择“居中偏移”阴影

❶ 在“格式”选项卡的“形状样式”面板中，单击“形状效果”下三角按钮，展开列

表框，单击“阴影”命令；❷ 再次展开列表框，选择“居中偏移”阴影。

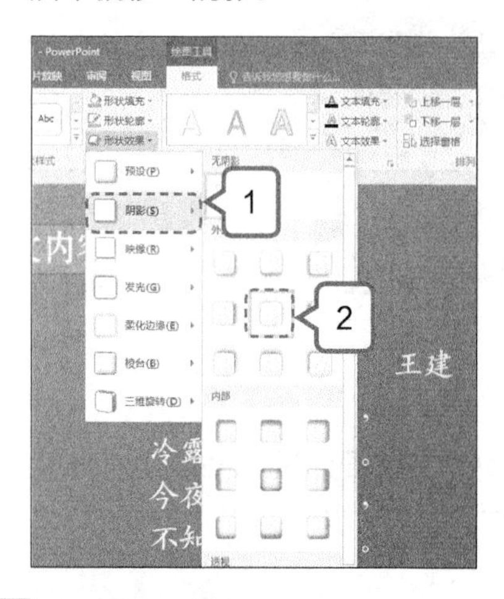

第 6 步 添加阴影效果

为选择的文本框添加阴影效果。

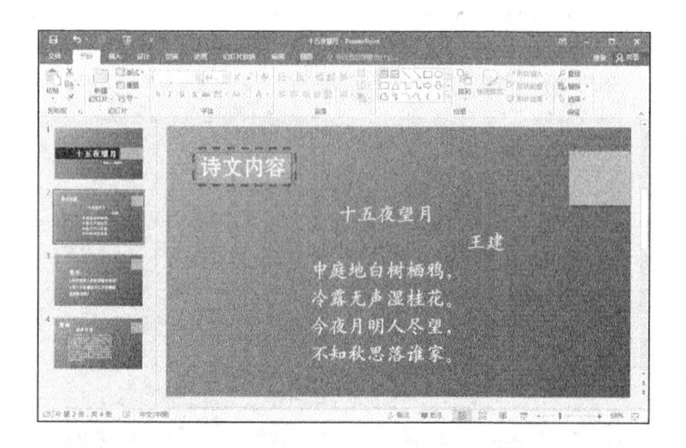

第 7 步 选择“预设 4”效果

❶ 选择第 2 张幻灯片中的其他文本框，在“格式”选项卡的“形状样式”面板中，单击“形状效果”下三角按钮，展开列表框，单击“预设”命令；❷ 再次展开列表框，选择“预设 4”效果。

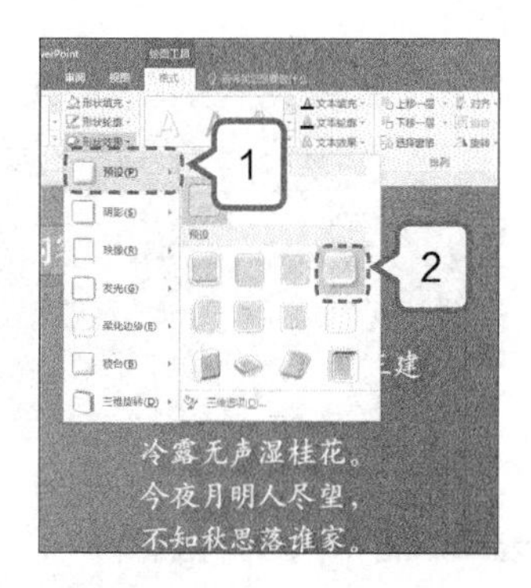

第 8 步 添加预设效果

为选择的文本框添加预设效果。

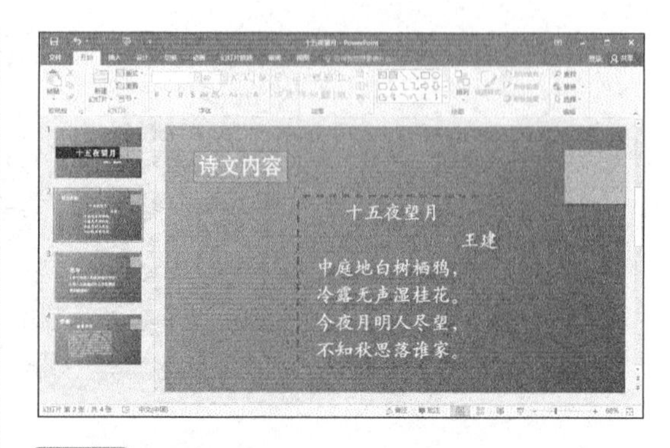

第 9 步 调整文本框大小和位置

选择第 3 张幻灯片中的文本框，单击鼠标并拖曳，调整其大小和位置。

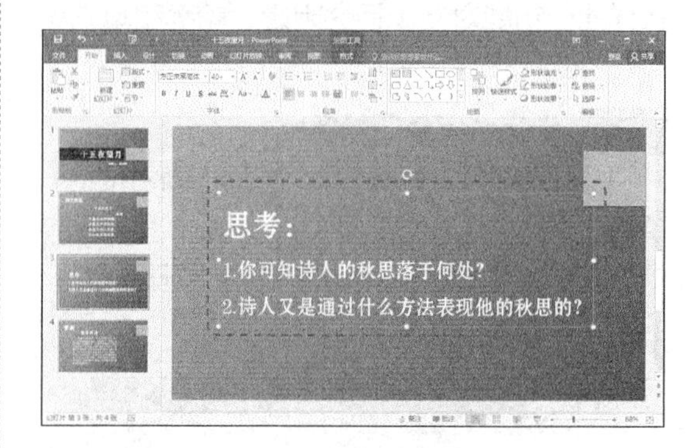

第 10 步 更改文本框填充颜色

❶ 选择第 4 张幻灯片中的“赏析”文本框，在“格式”选项卡的“形状样式”面板中，单击“形状填充”下三角按钮；❷ 展开列表框，选择“绿色”颜色，更改文本框的填充颜色。

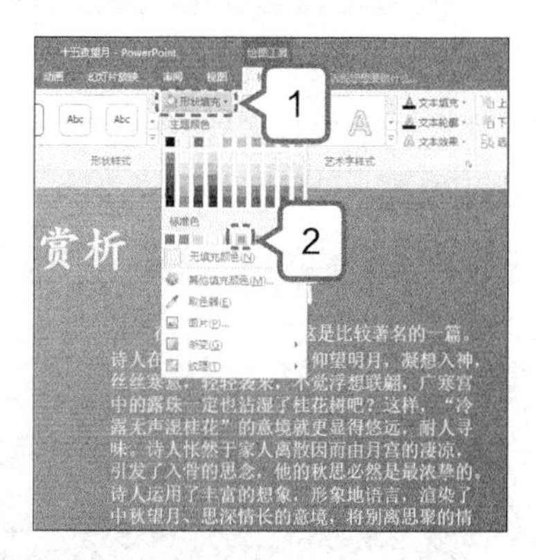

第 11 步 添加阴影效果

❶ 在“格式”选项卡的“形状样式”面板中，单击“形状效果”下三角按钮，展开列表框，单击“阴影”命令；❷ 再次展开列表框，选择“居中偏移”阴影，添加阴影

效果。

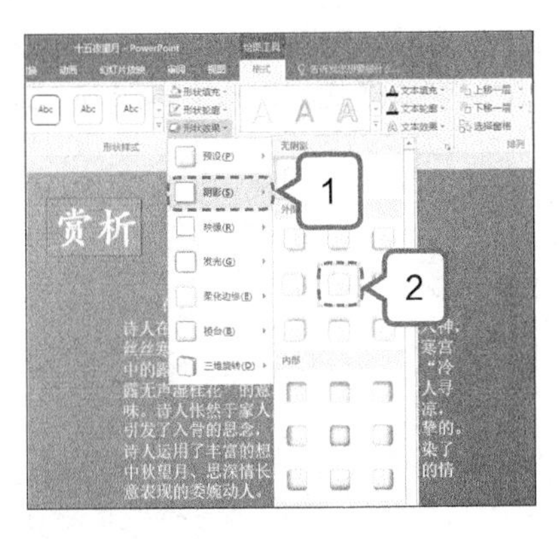

第 12 步 选择“蓝色”颜色

❶ 选择第 4 张幻灯片中的“借景抒情”文本框，在“格式”选项卡的“形状样式”面板中，单击“形状填充”下三角按钮；❷ 展开列表框，选择“蓝色”颜色。

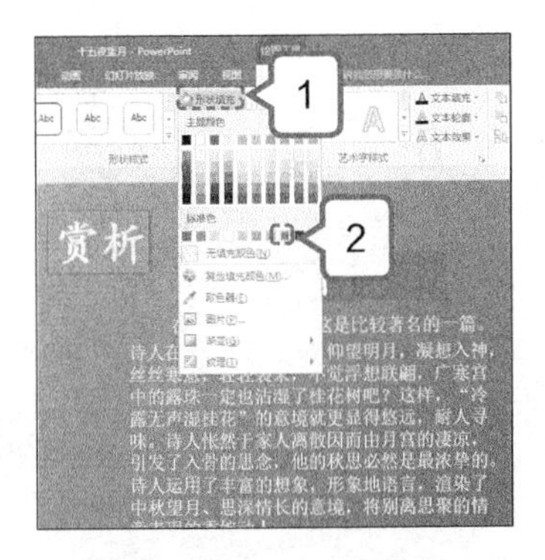

第 13 步 调整文本框的颜色和位置

更改文本框的形状轮廓颜色，并调整文本框的大小和位置。

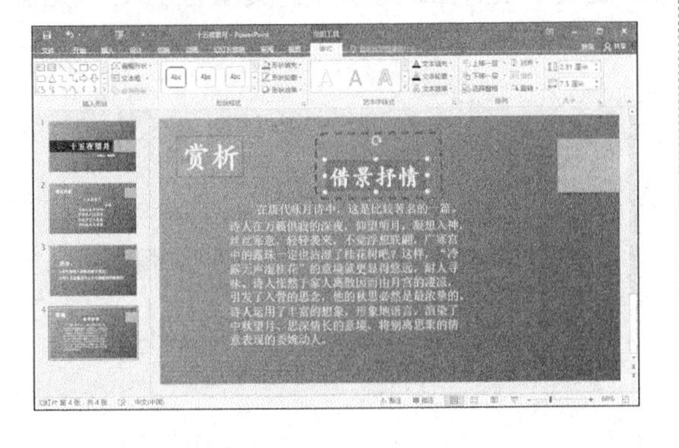

第 14 步 调整文本框大小和位置

选择第 4 张幻灯片中的相应文本框，调整其大小和位置。

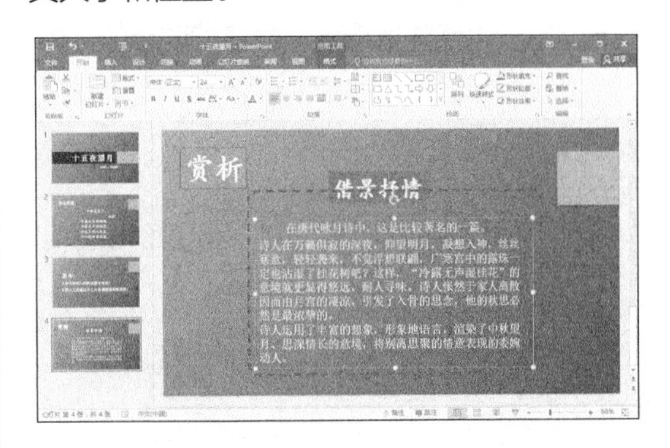

第 15 步 选择“预设 5”效果

❶ 在“格式”选项卡的“形状样式”面板中，单击“形状效果”下三角按钮，展开列表框，单击“预设”命令；❷ 再次展开列表框，选择“预设 5”效果。

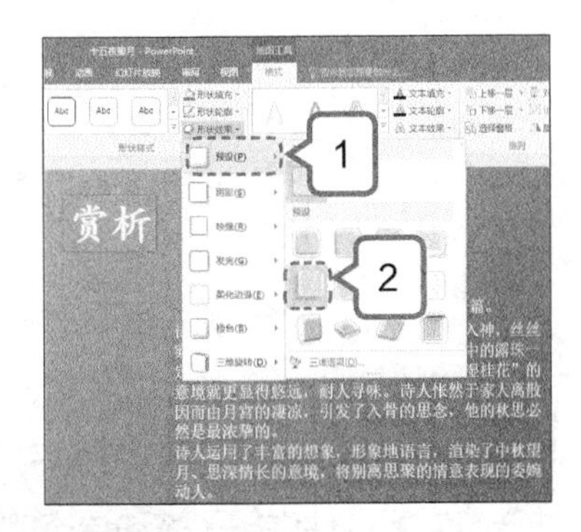

第 16 步 更改预设效果

更改选择文本框的预设效果。

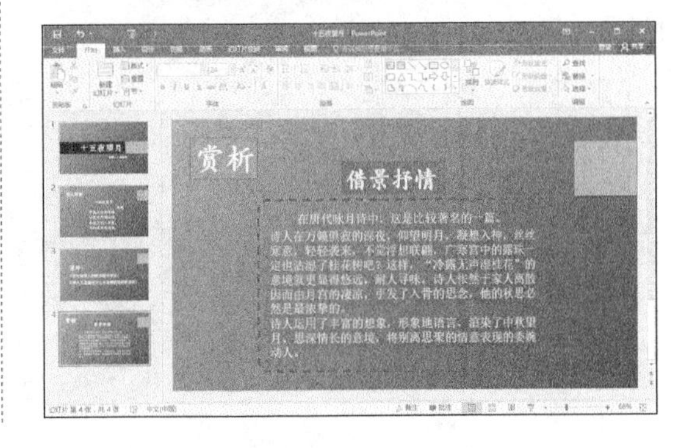

12.1.11 其他课件

除了本节介绍的课件外，平时常用的还有很多种课件。读者可以根据以下思路，结合实际需要进行制作。

1. 数学课件——《整十数的加减法》

整十数的加减法课件是用来讲解 10 的加法和减法的课件文稿。在进行整十数的加减法课件的制作时，会使用主题应用、新建幻灯片、添加文本框、设置字体样式、设置文本对齐方式以及设置文本段落格式等操作。具体的效果如下图所示。

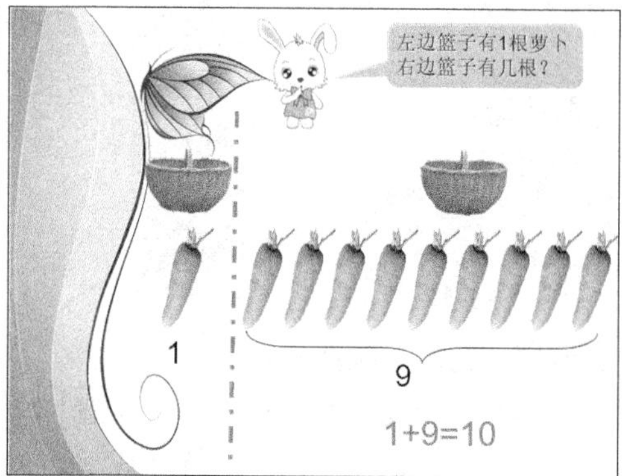

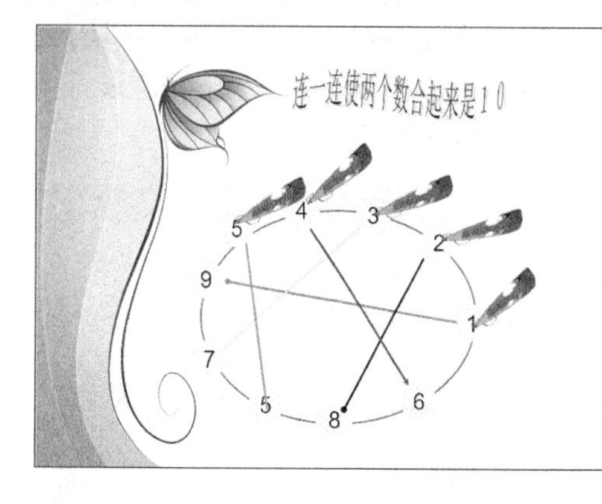

2. 英语课件——《被动语态详解》

被动语态详解课件讲解了被动语态的分类、被动语态的时态、人称和数的变化以及被动语态的八种常见应用等内容。在进行被动语态详解课件的制作时，会使用主题应用、新建幻灯片、添加文本框、设置字体样式、设置文本对齐方式以及设置文本段落格式等操作。具体的效果如下图所示。

（一）语态分类

英语动词有两种语态，主动语态和被动语态。主动语态表示主语是动作的执行者，被动语态表示主语是动作的承受者。如：

They will build a new bridge over the river. (主动)

A new bridge will be built over the river. (被动)

汉语中常用“被”、“给”、“由”、“受”等词用来表示被动，而英语用：助动词be + 及物动词的过去分词构成。

（二）被动语态的时态、人称和数的变化

主要体现在be的变化上，其形式与系动词be的变化形式完全一样。

以give 为例，列表如下：

一般现在时：	am / is / are + given
一般过去时：	was / were +given
一般将来时：	shall / will + given
一般过去将来时：	should / would + given
现在进行时：	am / is / are + being + given
过去进行时：	was / were + being + given
现在完成时：	have / has + been + given
过去完成时：	had + been + given
将来完成时：	shall / will + have been + given
过去将来完成时：	should / would + have been + given

［注］被动语态没有将来进行时和过去将来进行时。

（三）被动语态常用的八种时态

1. 一般现在时：

People grow rice in the south of the country.

Rice is grown in the south of the country.

The school doesn't allow us to enter the chemistry lab without a teacher.

We are not allowed to enter the chemistry lab without a teacher.

2. 一般过去时：

They agreed on the building of a new car factory last month.

The building of a new car factory was agreed on last month.

The students didn't forget his lessons easily.

His lessons were not easily forgotten.

3. 化学课件——《金属与金属矿物》

金属与金属矿物课件包含了金属与氧气的反应、回忆与思考、课后作业等内容。在进行金属与金属矿物课件制作时，会使用主题应用、新建幻灯片、添加文本框、设置字体样式、设置文本对齐方式以及设置文本段落格式等操作。具体的效果如下图所示。

第一节 金属与金属矿物

回忆与思考

1、看看作业完成的情况如何？回去查阅有关的资料看看你可以知道金属的那些之最？

地壳中含量最高的金属：铝　硬度最高的金属：铬

人体中含量最高的金属：钙　熔点最高的金属：钨

目前世界年产量最高的金属：铁　熔点最低的金属：汞

导电、导热性最好的金属：银　密度最大的金属：锇

密度最小的金属：锂

你可以写出以上的化学反应方程式吗？

铁在空气中燃烧

$3Fe + 2O_2 \xrightarrow{点燃} Fe_3O_4$

铝在空气中加热

$4Al + 3O_2 \xrightarrow{\triangle} 2Al_2O_3$

铜在空气中加热

$2Cu + O_2 \xrightarrow{\triangle} 2CuO$

铁与稀硫酸反应

$Fe + H_2SO4 = FeSO_4 + H_2\uparrow$

铝与稀硫酸反应

$2Al + 3H_2SO_4 = Al_2(SO_4)_3 + 3H_2\uparrow$

许多金属都能跟氧气化合生成：金属氧化物

活泼的金属能跟酸反应生成氢气和相应的金属化合物

课后作业

在常温下，金属可以跟稀酸发生置换反应生成氢气。氢气密度小，难溶于水。请设计一个简便的实验，制取少量氢气。

思考的问题：

选择什么药品？

根据什么来选择制取的装置？

根据什么原理怎么收集氢气？

制取和收集需要什么仪器？

12.2 制作“报告”——《人力资源部工作总结报告》

本节视频教学时间 / 13 分钟

案例名称	人力资源部工作总结报告
素材文件	素材 \ 第 12 章 \ 人力资源部工作总结报告 .pptx、图片 1.jpg、图片 2.jpg、图片 3.jpg
结果文件	结果 \ 第 12 章 \ 人力资源部工作总结报告 .pptx

工作总结报告是将一个时间段内的工作进行一次全面系统的总检查、总评价、总分析、总研究，从而得出引以为戒的经验后形成的报告。工作总结报告的写作，既是对自身社会实践活动的回顾过程，又是一个思想认识提高的过程。总结既可以帮助工作人员改正缺点，也可以吸取经验教训，使今后的工作少走弯路，多出成绩。在本实例中，我们要制作出人力资源部工作总结报告。

最后的效果如图所示。

/ 工作总结报告的组成要素

名称	是否必备	要求
首页	必备	首页是一个欢迎页面，该页面只要点明主题内容即可
目录	必备	用来对工作总结报告中的内容进行目录索引
主体	必备	用来对工作总结幻灯片中的内容进行详细讲解
结尾	必备	用来对工作总结报告进行一个结束语说明

/ 技术要点

（1）使用“显示比例”功能设置文稿显示比例。

（2）使用“项目符号”功能添加项目符号。

（3）使用“编号”功能为文本添加编号。

（4）在幻灯片中插入和编辑图片。

（5）使用“删除背景”功能抠出图片背景。

（6）使用“图片样式”面板设置图片样式。

（7）使用“调整”面板设置图片艺术效果。

（8）使用“排列”功能排列图片和文本框。

/ 操作流程

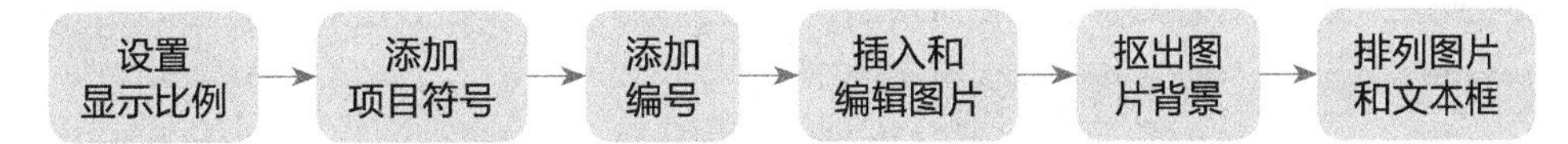

12.2.1 使用“显示比例”功能设置文稿显示比例

使用“显示比例”功能可以设置演示文稿的显示比例，并对演示文稿中的内容进行显示操作。下面介绍其具体操作方法。

第 1 步 单击“浏览”命令

❶ 单击“文件”选项卡，进入“文件”界面，单击“打开”命令；❷ 在右侧的“打开”界面中，单击“浏览”命令。

第 2 步 选择演示文稿

打开“打开”对话框，选择“素材 \ 第 12 章 \ 人力资源部工作总结报告 .pptx”演示文稿。

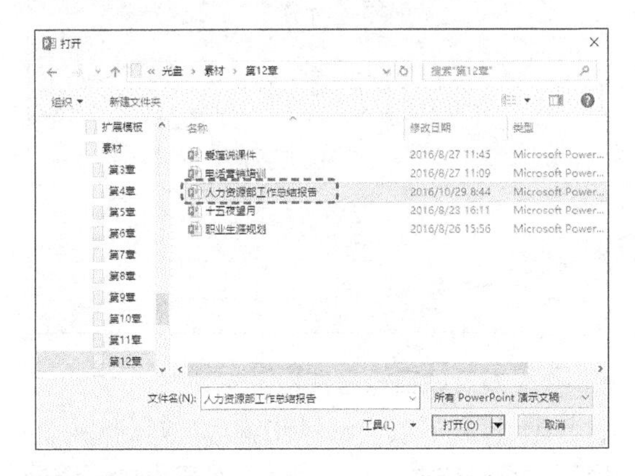

第 3 步 打开演示文稿

单击“打开”按钮，打开选择的演示文稿。

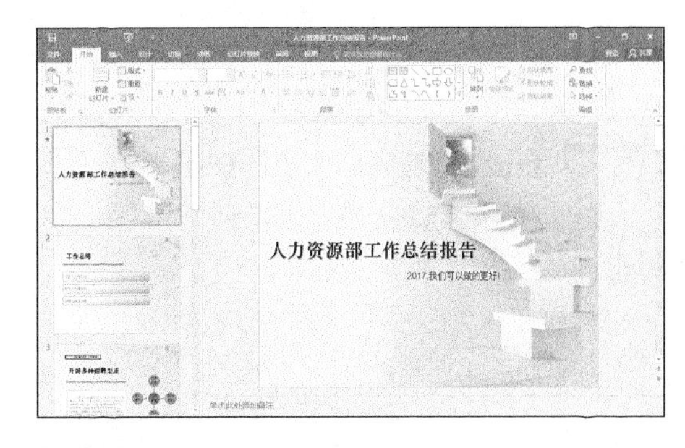

第 4 步 单击“显示比例”按钮

单击“视图”选项卡，在“显示比例”面板中，单击“显示比例”按钮。

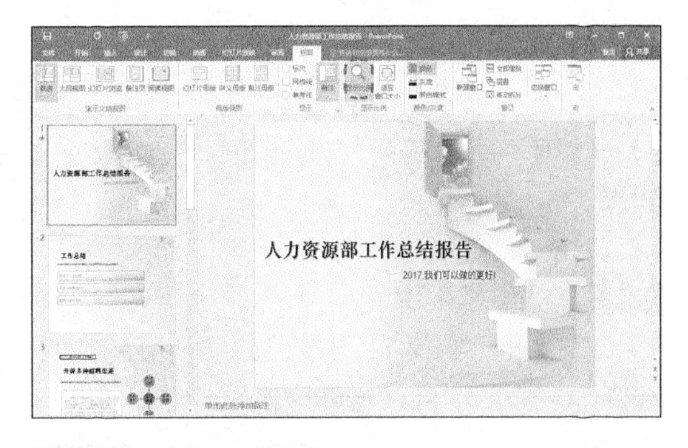

第 5 步 点选单选按钮

打开“缩放”对话框，勾选“33%”单选按钮。

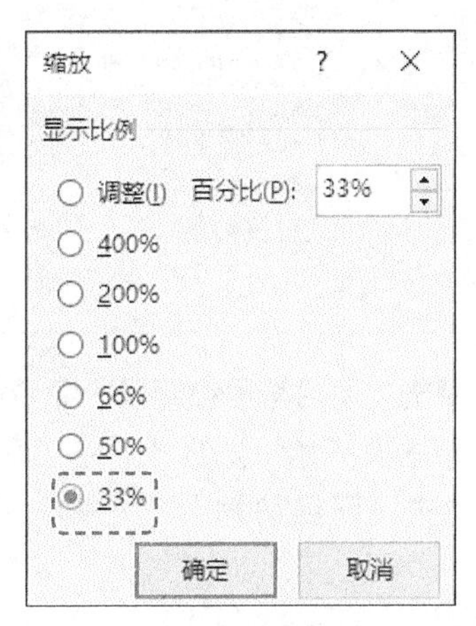

第 6 步 设置文稿的显示比例

单击“确定”按钮，设置文稿的显示比例。

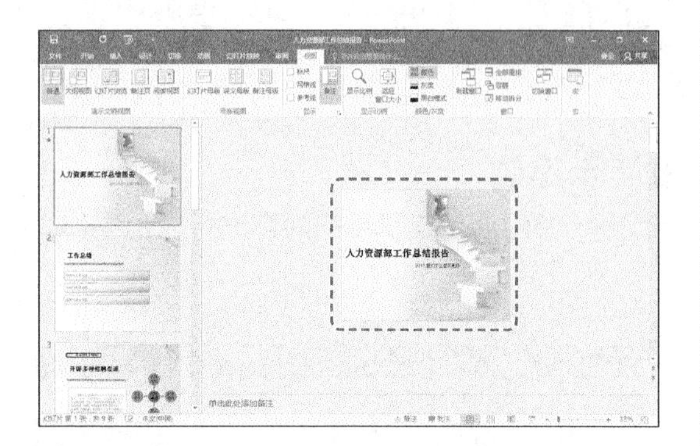

第 7 步 单击“适应窗口大小”按钮

在“视图”选项卡的“显示比例”面板中，单击“适应窗口大小”按钮。

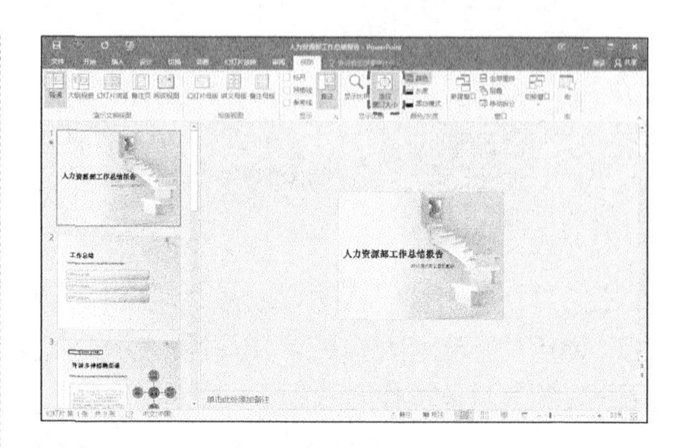

第 8 步 以合适比例显示幻灯片

将幻灯片在演示文稿窗口中以合适的比例显示。

12.2.2 使用“项目符号”功能添加项目符号

使用“项目符号”功能可以快速为文本添加统一的符号，以使文章变得层次分明，容易阅读。

第 1 步 选择文本框

选择第 5 张幻灯片，按住【Ctrl】键的同时，选择需要添加项目符号的文本框。

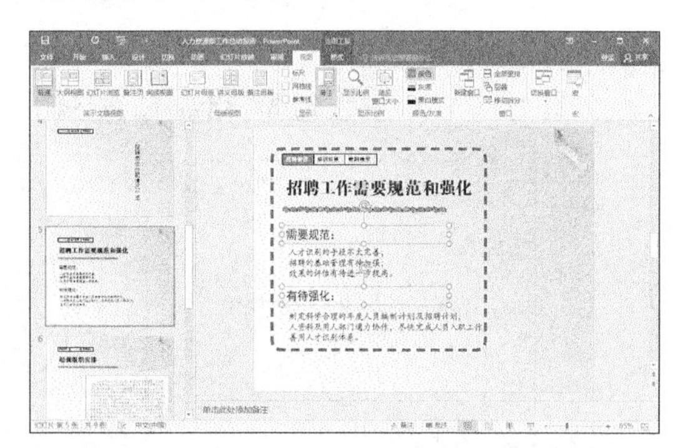

第 2 步 单击“项目符号和编号”命令

❶ 单击“开始”选项卡，在“段落”面板中，单击“项目符号”下三角按钮 ☰▾；

❷ 展开列表框，单击“项目符号和编号”命令。

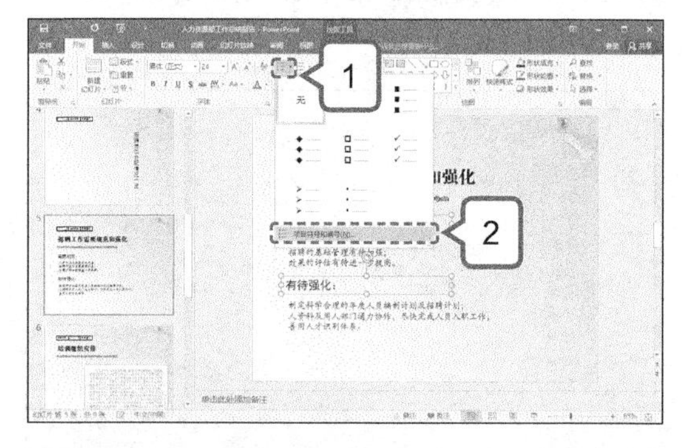

第 3 步 设置项目符号参数

❶ 打开“项目符号和编号”对话框，选择项目符号样式，在“颜色”列表框中，选择“紫色”颜色；❷ 设置“大小”为 120。

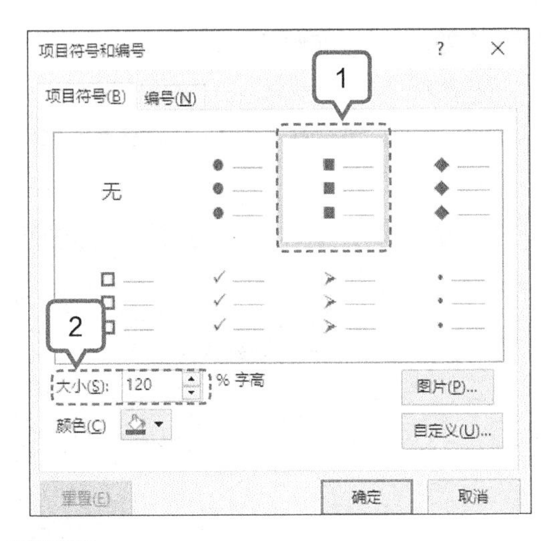

第 4 步 添加项目符号

单击“确定”按钮，完成项目符号的添加操作。

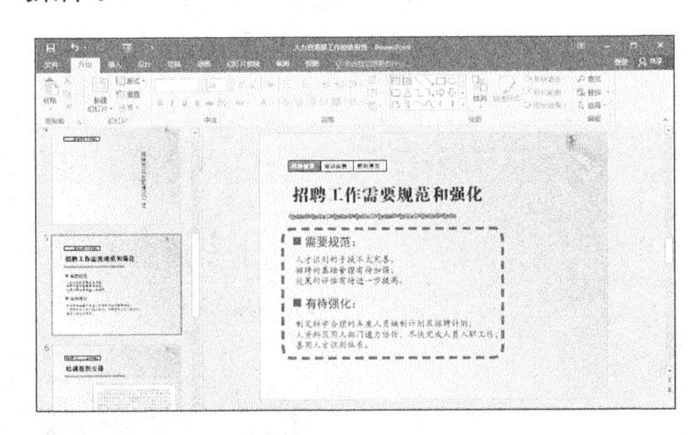

第 5 步 添加项目符号

选择第 9 张幻灯片，按住【Ctrl】键的同时，选择需要添加项目符号的文本框。

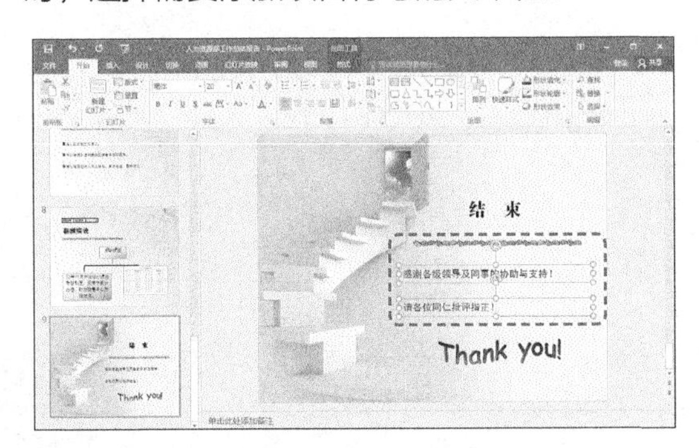

第 6 步 单击“项目符号和编号”命令

❶ 在“段落”面板中，单击“项目符号”下三角按钮 ；❷ 展开列表框，单击“项目符号和编号”命令。

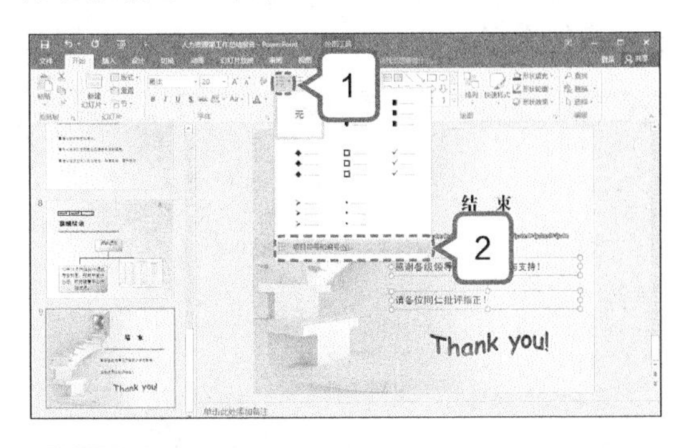

第 7 步 设置项目符号参数

打开“项目符号和编号”对话框，选择合适的项目符号样式，在“颜色”列表框中，选择“蓝色”颜色。

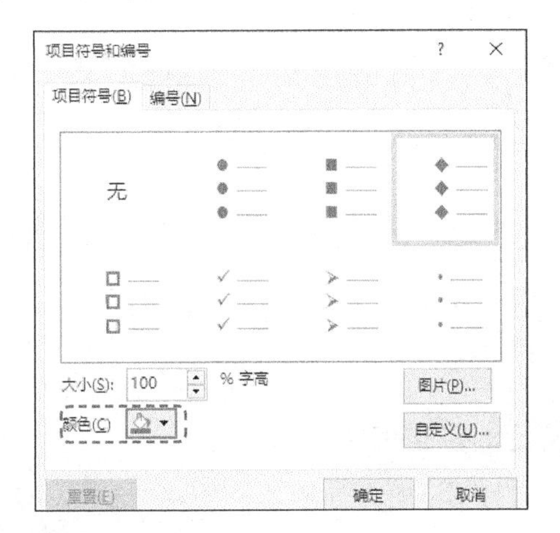

第 8 步 添加项目符号

单击“确定”按钮，完成项目符号的添加操作。

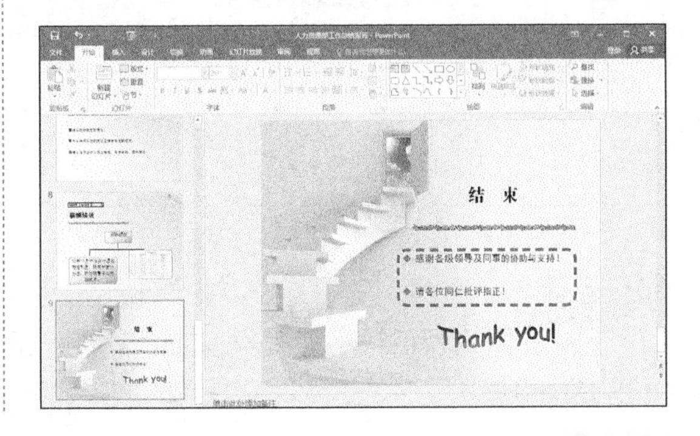

12.2.3 使用“编号”功能为文本添加编号

完成项目符号的添加后，还需要为幻灯片中的文本添加编号样式。使用“编号”功能，可以为不同级别的段落设置编号。默认情况下，项目编号由阿拉伯数字 1、2、3……构成。

第 1 步 选择文本框内容

选择第 5 张幻灯片，并选择幻灯片中的相应文本框内容。

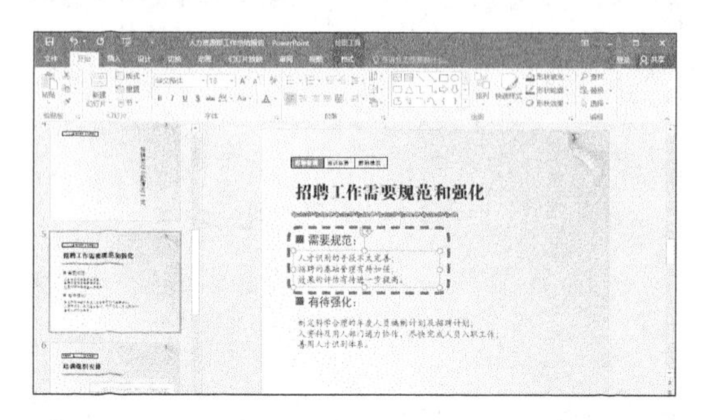

第 2 步 选择编号样式

❶ 在“开始”选项卡的“段落”面板中，单击“编号”下三角按钮；❷ 展开列表框，选择合适的编号样式。

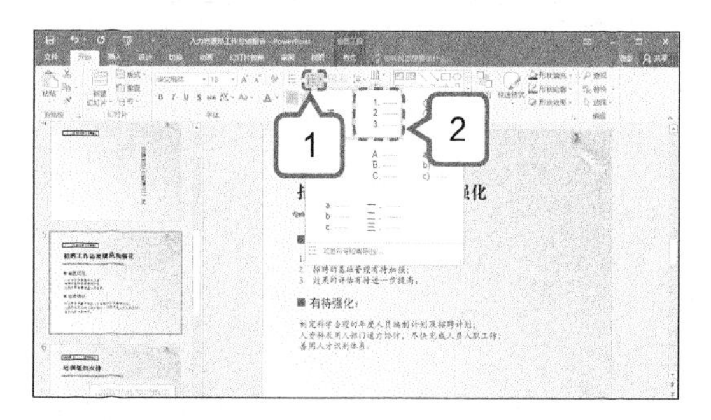

第 3 步 添加编号样式

快速为幻灯片中的文本添加编号样式。

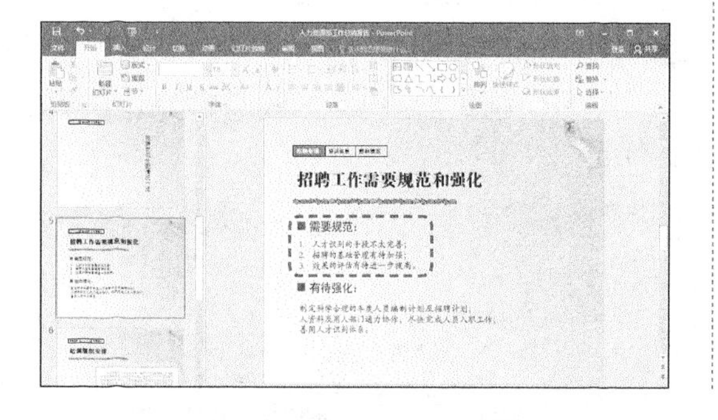

第 4 步 双击“格式刷”按钮

❶ 选择添加编号样式的文本框；❷ 在“开始”选项卡的“剪贴板”面板中，双击“格式刷”按钮。

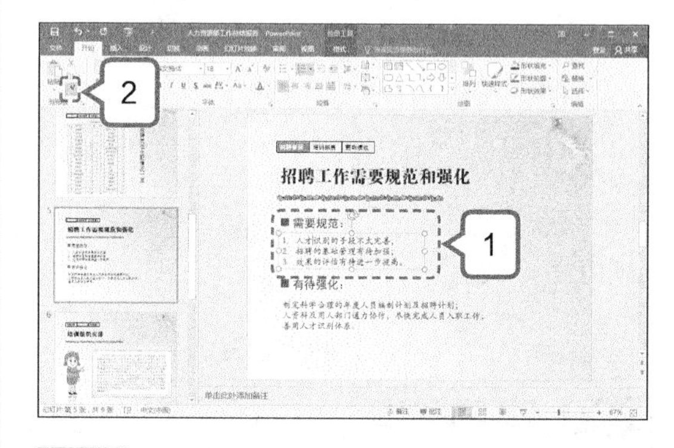

第 5 步 复制编号样式

选择幻灯片中最下方的文本框，使用“格式刷”功能将文本框中的编号样式进行复制操作。

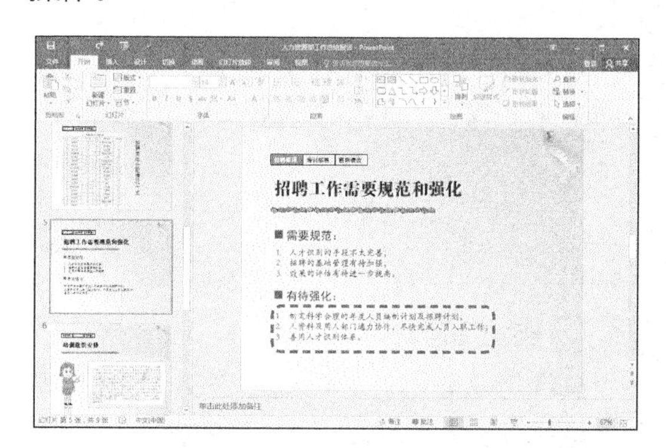

12.2.4 在幻灯片中插入和编辑图片

完成文本的项目符号和编号添加后，用户还需要为幻灯片添加图片对象，以便更生动形象地阐述主题和表达思想，达到图文并茂的效果。

第 1 步 单击“图片”按钮

选择第 1 张幻灯片，单击“插入”选项卡，在“图像”面板中，单击“图片”按钮。

第 2 步 选择图片

❶ 打开"插入图片"对话框，选择"图片 1"图片；❷ 单击"插入"按钮。

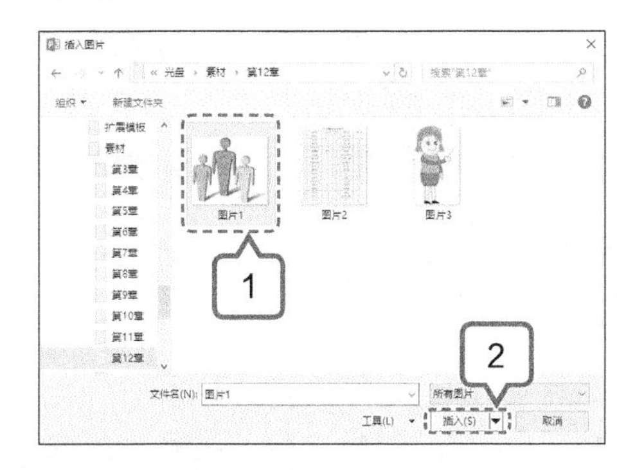

第 3 步 调整图片大小和位置

❶ 在幻灯片中插入图片，在"格式"选项卡的"大小"面板中，修改"形状高度"为 4；❷ 调整图片的位置。

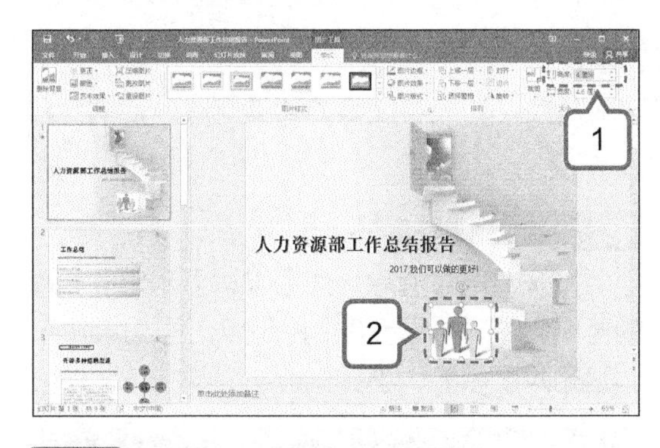

第 4 步 复制并粘贴图片

选择新插入的图片，按组合键【Ctrl + C】，复制图片，选择第 9 张幻灯片，按组合键【Ctrl + V】，粘贴图片，并调整图片的位置。

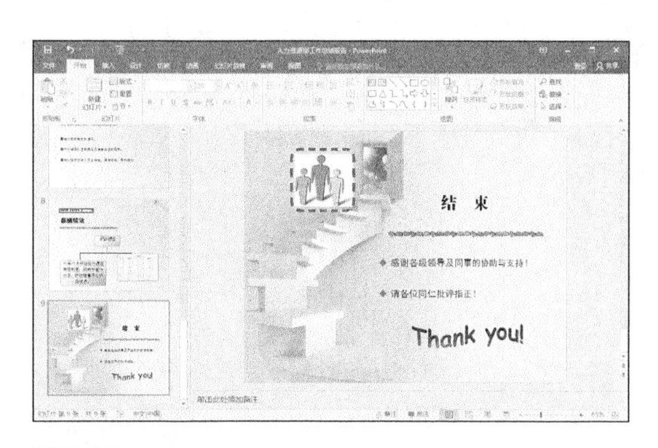

第 5 步 单击"图片"按钮

选择第 4 张幻灯片，单击"插入"选项卡，在"图像"面板中，单击"图片"按钮。

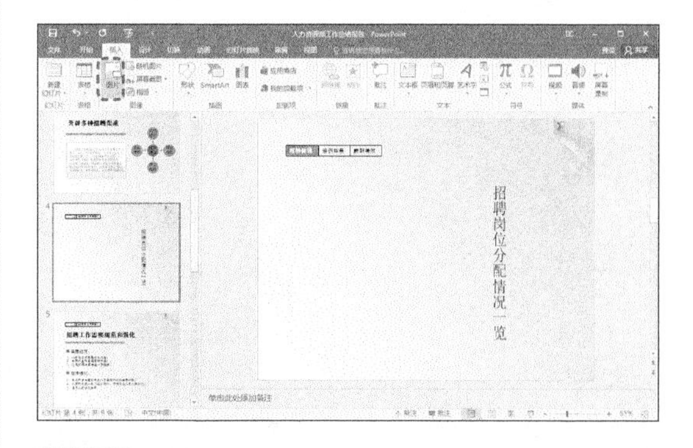

第 6 步 选择图片

打开"插入图片"对话框，选择"图片 2"图片，单击"插入"按钮。

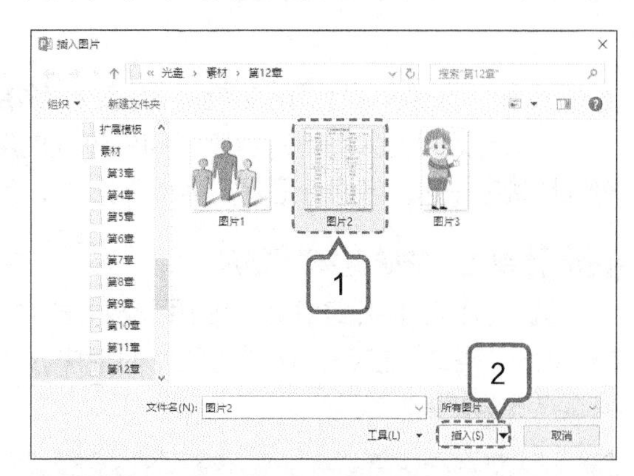

第 7 步 调整图片大小和位置

❶ 在幻灯片中插入图片，在"格式"选项卡的"大小"面板中，修改"形状高度"为 15；❷ 调整图片的位置。

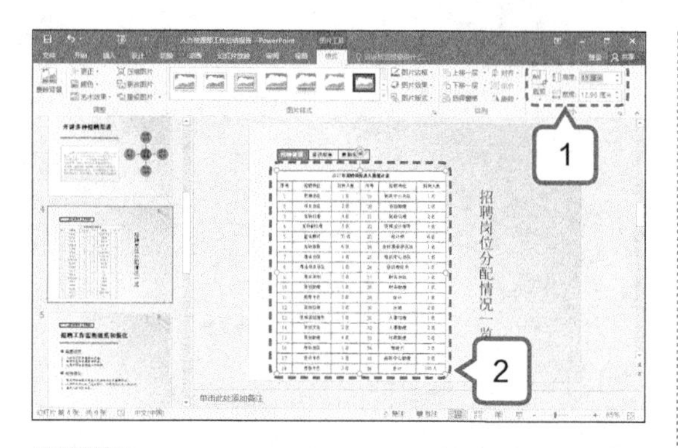

第 8 步 单击“图片”按钮

选择第 6 张幻灯片，单击“插入”选项卡，在“图像”面板中，单击“图片”按钮。

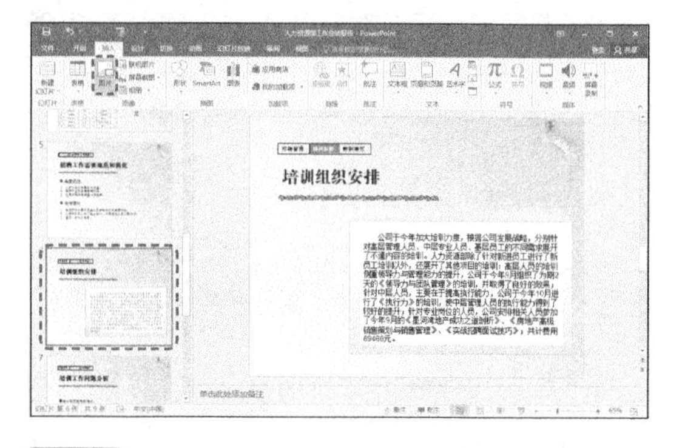

第 9 步 选择图片

❶ 打开“插入图片”对话框，选择“图片 3”图片；❷ 单击“插入”按钮。

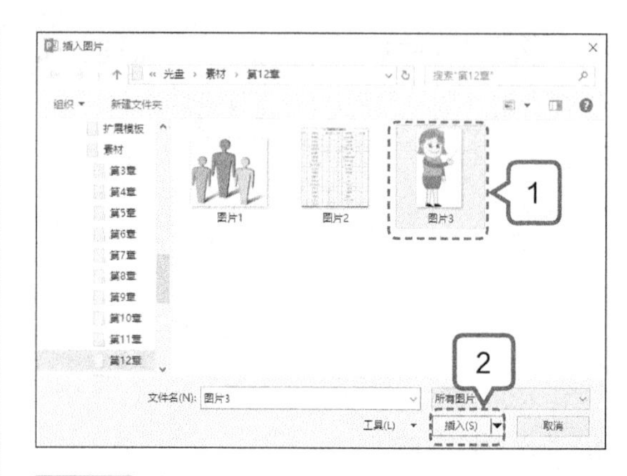

第 10 步 调整图片大小和位置

❶ 在幻灯片中插入图片，在“格式”选项卡的“大小”面板中，修改“形状高度”为 15；❷ 调整图片的位置。

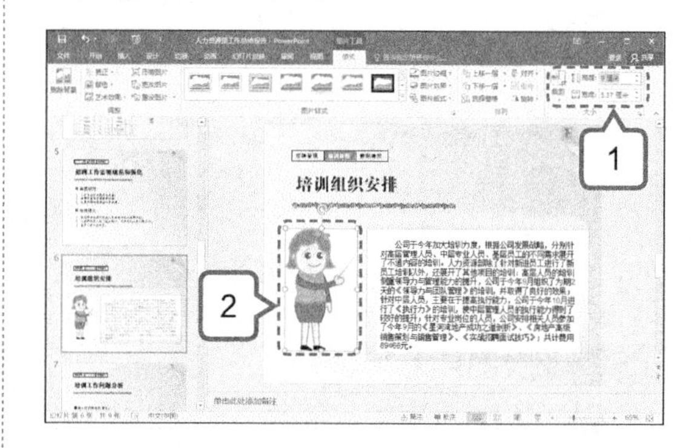

12.2.5 使用“删除背景”功能抠出图片背景

在幻灯片中插入图片对象后，用户可以使用“删除背景”功能将图片的背景删除，使图片和幻灯片融在一起。下面介绍其具体操作方法。

第 1 步 单击“删除背景”按钮

❶ 选择第 1 张幻灯片中的图片对象；❷ 单击“格式”按钮，在“调整”面板中，单击“删除背景”按钮。

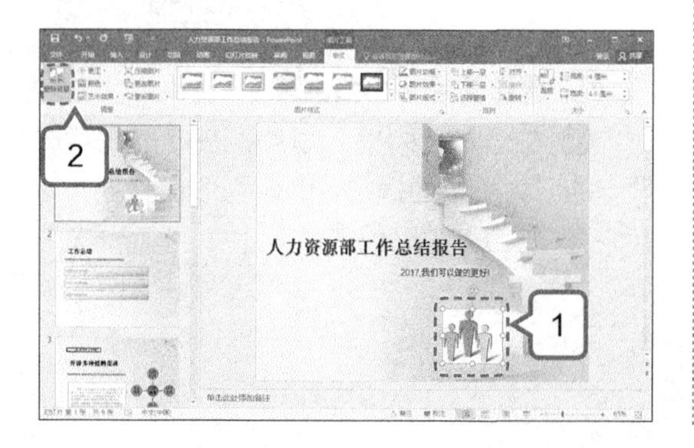

第 2 步 调整删除区域大小

打开“背景消除”选项卡，显示出要删除的背景区域，并显示 8 个控制点，通过控制点，调整删除区域的大小。

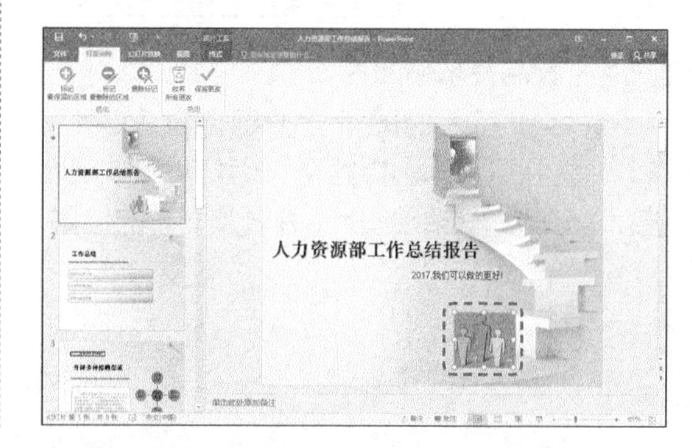

第 3 步 删除图片背景

在“背景删除”选项卡中，单击“保留更改”按钮，完成图片背景的删除操作。

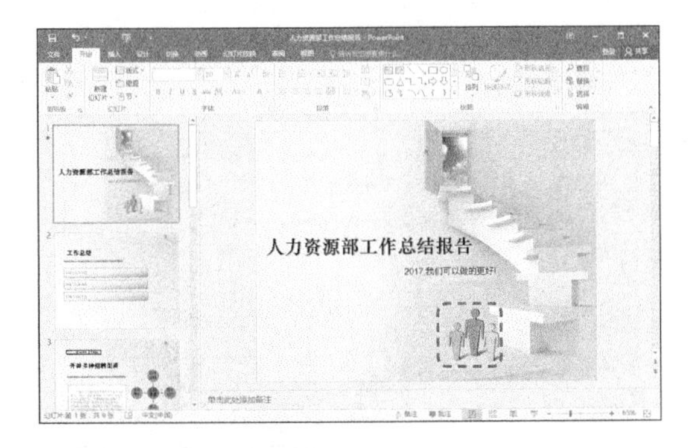

第 4 步 单击“删除背景”按钮

❶ 选择第 6 张幻灯片中的图片对象；❷ 单击“格式”按钮，在“调整”面板中，单击“删除背景”按钮。

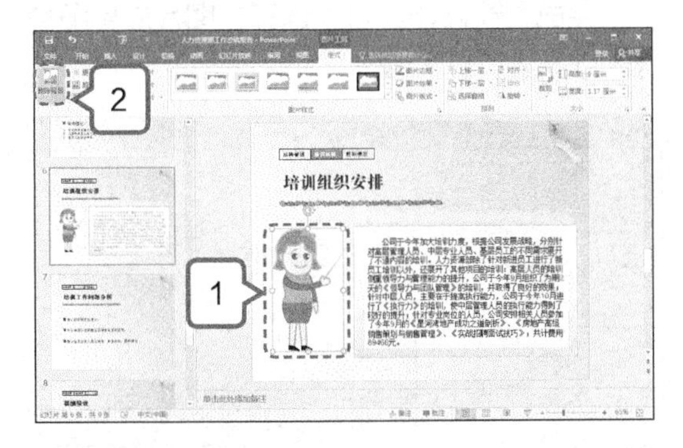

第 5 步 调整删除区域大小

打开“背景消除”选项卡，显示出要删除的背景区域，并显示 8 个控制点，通过控制点，调整删除区域的大小。

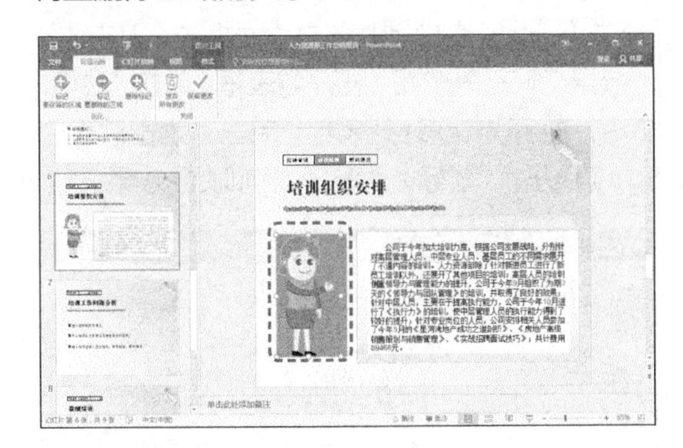

第 6 步 删除图片背景

在“背景删除”选项卡中，单击“保留更改”按钮，完成图片背景的删除操作。

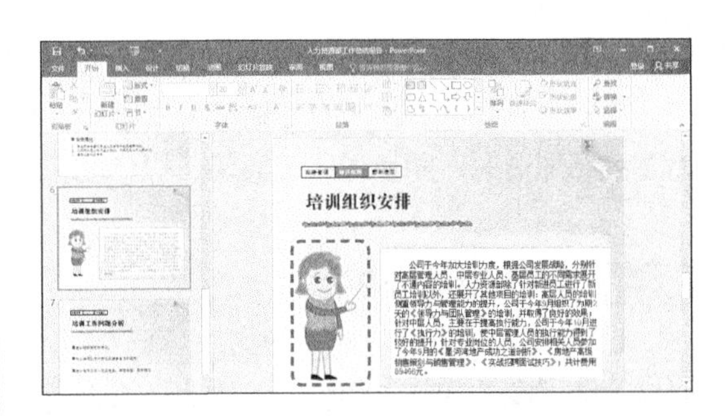

第 7 步 单击“删除背景”按钮

选择第 9 张幻灯片中的图片对象，单击“格式”按钮，在“调整”面板中，单击“删除背景”按钮。

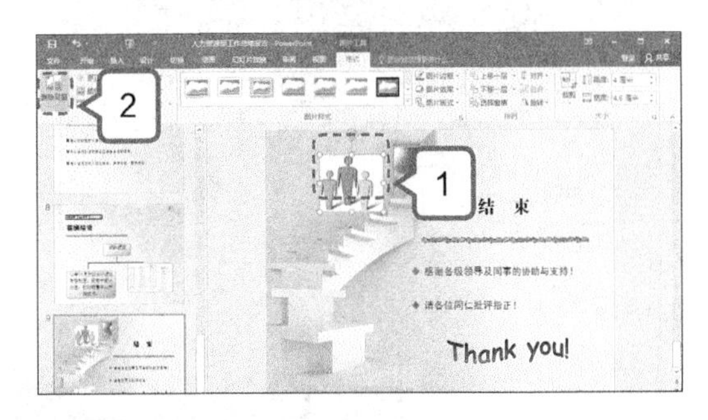

第 8 步 调整删除区域大小

打开“背景消除”选项卡，显示出要删除的背景区域，并显示 8 个控制点，通过控制点，调整删除区域的大小。

第 9 步 删除图片背景

在“背景删除”选项卡中，单击“保留更改”按钮，完成图片背景的删除操作。

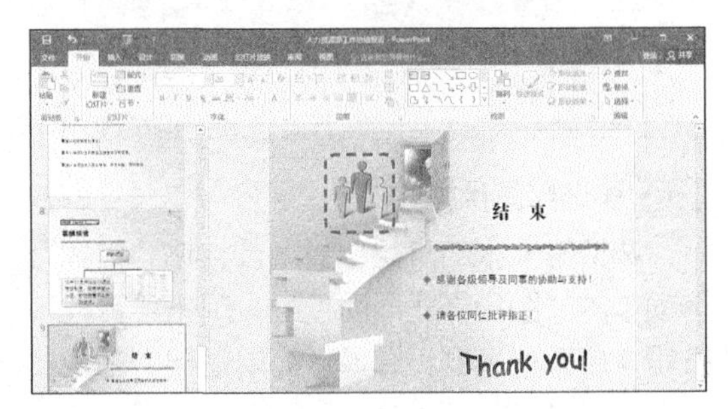

12.2.6 使用“图片样式”面板设置图片样式

在幻灯片中插入图片后，除了编辑图片的大小和位置外，还需要对图片样式进行设置，例如为图片添加边框、图片样式效果等，以使图片更加美观。下面介绍其具体操作方法。

第 1 步 为图片添加阴影效果

❶ 选择第 1 张幻灯片中的图片，在“格式”选项卡的“图片样式”面板中，单击“图片效果”下三角按钮，展开列表框，单击“阴影”命令；❷ 再次展开列表框，单击“居中偏移”图标，为图片添加阴影效果。

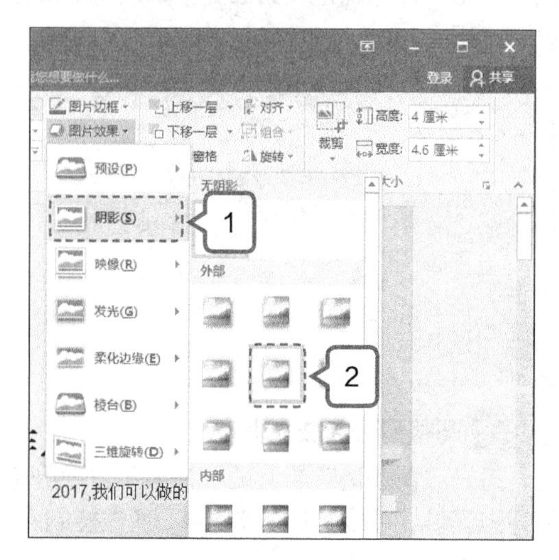

第 2 步 应用图片样式效果

在“格式”选项卡的“图片样式”面板中，单击“其他”按钮，展开列表框，选择“棱台矩形”图片样式，为图片应用图片样式效果。

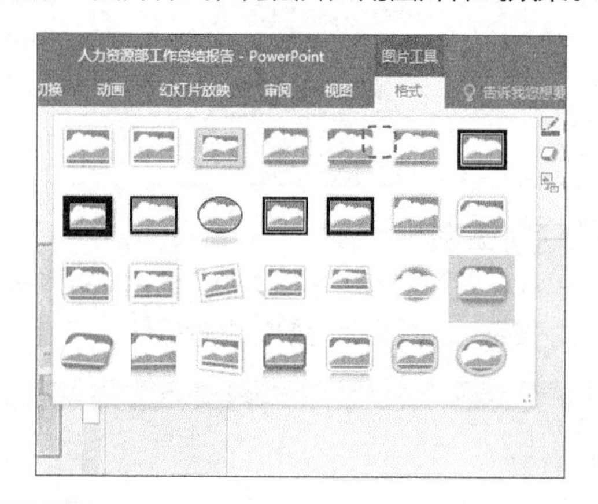

第 3 步 选择图片样式

选择第 4 张幻灯片中的图片，在“格式”选项卡的“图片样式”面板中，单击“其他”按钮，展开列表框，选择“简单框架，白色”图片样式。

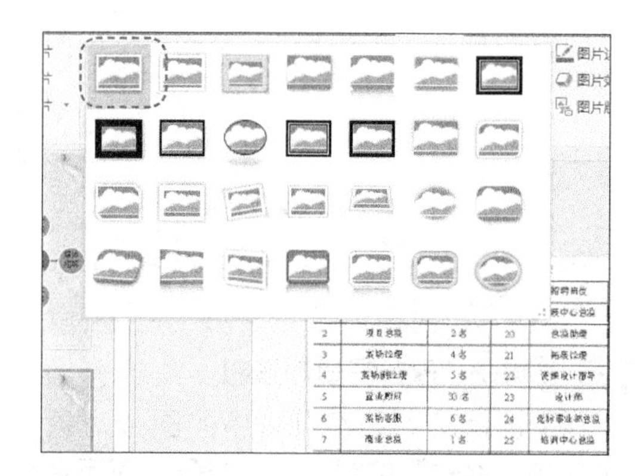

第 4 步 应用图片样式效果

完成上述操作即可为选择的图片应用图片样式效果。

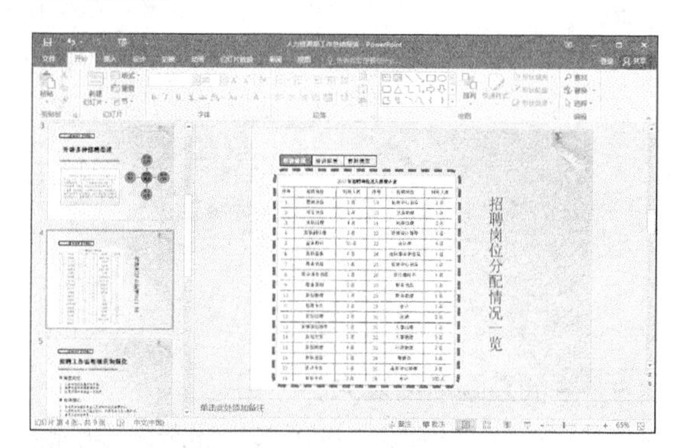

第 5 步 为图片添加映像效果

❶ 选择第 6 张幻灯片中的图片对象，在“格式”选项卡的“图片样式”面板中，单击“图片效果”下三角按钮，展开列表框，单击“映像”命令；❷ 再次展开列表框，单击“紧密映像，8pt 偏移量”图标，为图片添加映像效果。

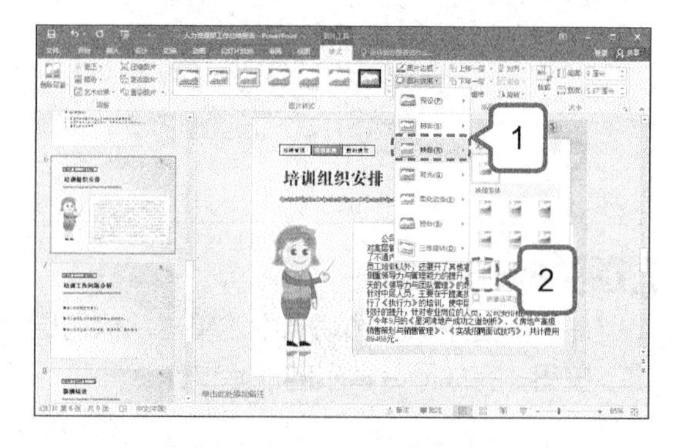

第 6 步 为图片添加预设效果

❶ 选择第 9 张幻灯片中的图片对象，在“格式”选项卡的“图片样式”面板中，单击“图片效果”下三角按钮，展开列表框，单击“预设”命令；❷ 再次展开列表框，单击“预设 7”图标，为图片添加预设效果。

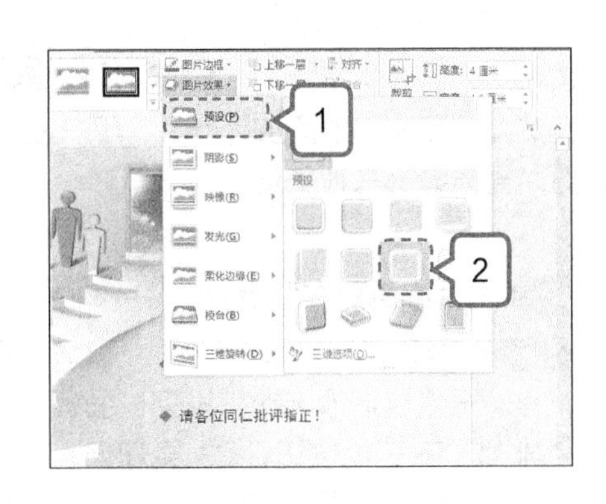

12.2.7 使用“调整”面板设置图片艺术效果

完成图片样式效果的设置后，用户还可以使用“艺术效果”功能，为图片添加纹理化、水彩海绵等艺术效果，使其更加美观。

第 1 步 选择“胶片颗粒”效果

❶ 选择第 4 张幻灯片中的图片对象，在“格式”选项卡的“调整”面板中，单击“艺术效果”下三角按钮；❷ 展开列表框，选择“胶片颗粒”效果。

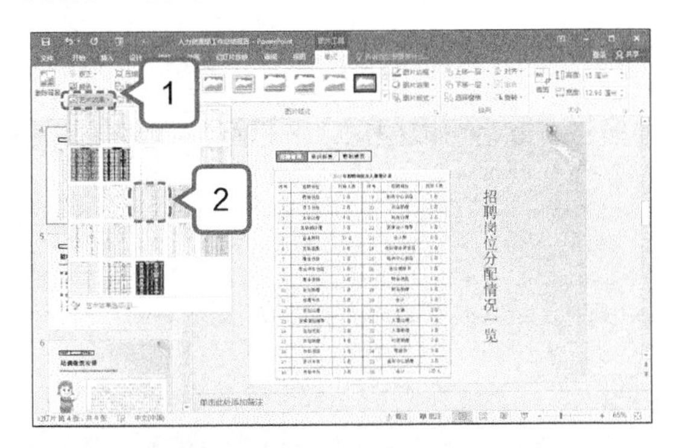

第 2 步 为图片添加艺术效果

为选择的图片添加艺术效果。

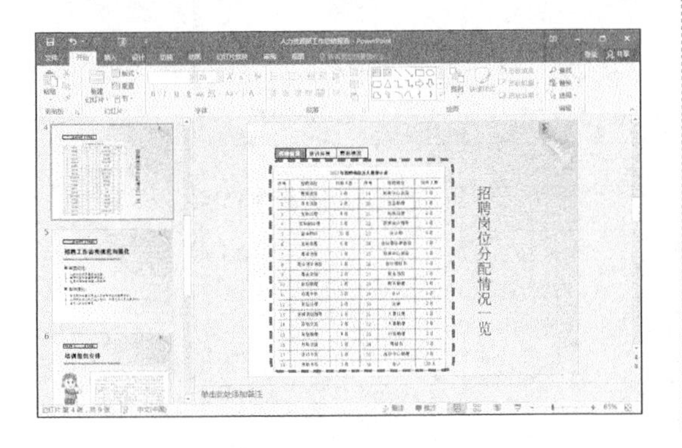

第 3 步 选择“图样”效果

❶ 选择第 6 张幻灯片中的图片对象，在“格式”选项卡的“调整”面板中，单击“艺术效果”下三角按钮；❷ 展开列表框，选择“图样”效果。

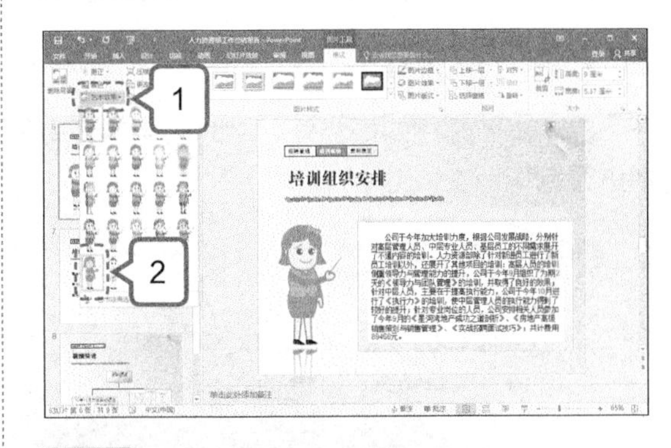

第 4 步 为图片添加艺术效果

为选择的图片添加艺术效果。

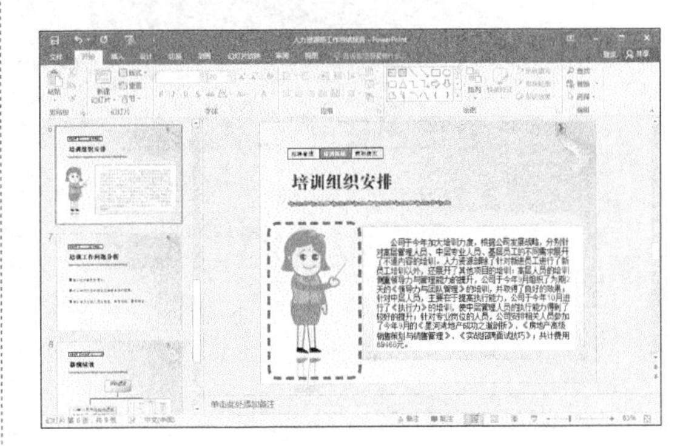

12.2.8 使用“排列”功能排列图片和文本框

完成图片和文本的添加操作后，用户还需要使用“排列”功能对图片和文本框进行排列操作，使幻灯片整体看上去很美观。

第1步 单击“底端对齐”命令

❶ 选择第 8 张幻灯片中的图片和文本框对象，在“开始”选项卡的“排列”面板中，单击“排列”下三角按钮；❷ 展开列表框，单击“对齐”命令；❸ 再次展开列表框，单击“底端对齐”命令。

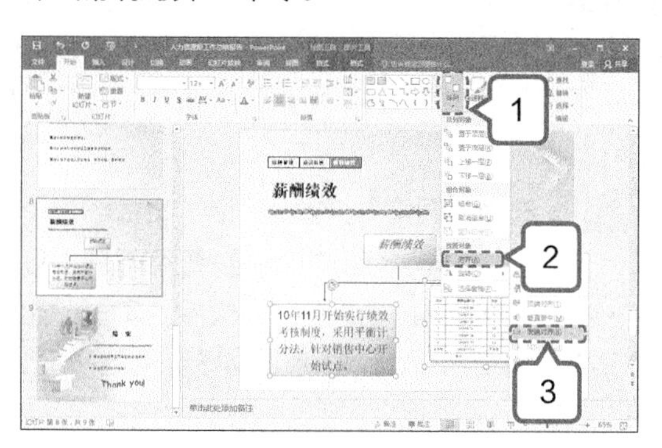

第2步 底端对齐图片和文本框

将选择的图片和文本框进行底端对齐。

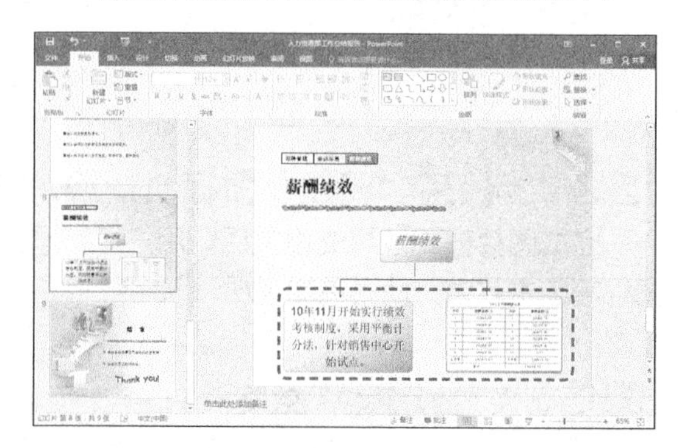

12.2.9 其他报告

除了本节介绍的报告外，平时常用的还有很多种报告。读者可以根据以下思路，结合自身需要进行制作。

1.《个人述职报告》

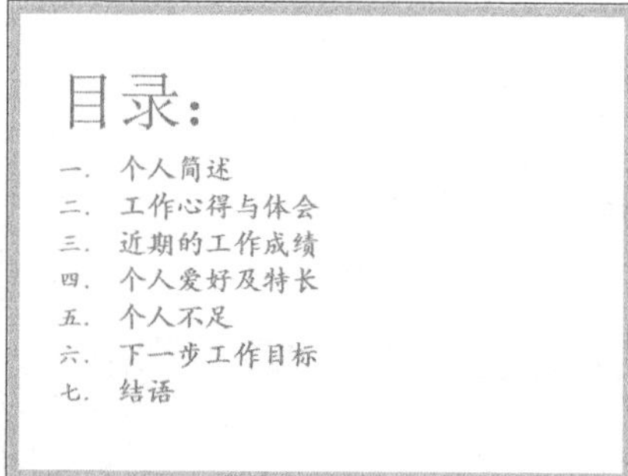

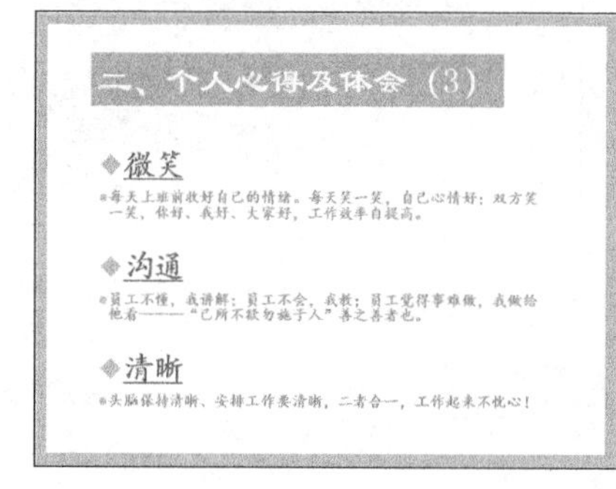

个人述职报告是各员工在人事考评活动中，向公司陈述任职情况、汇报工作实绩时，进行自我总结和自我评估的书面汇报文稿。在进行个人述职报告的制作时，会使用项目符号添加、编号添加、插入和编辑图片、设置图片样式等操作。具体的效果如上图所示。

2.《项目总结报告》

在进行项目总结报告的制作时，会使用项目符号添加、编号添加、插入和编辑图片、设置图片样式等操作。具体的效果如下图所示。

IT项目管理总结报告

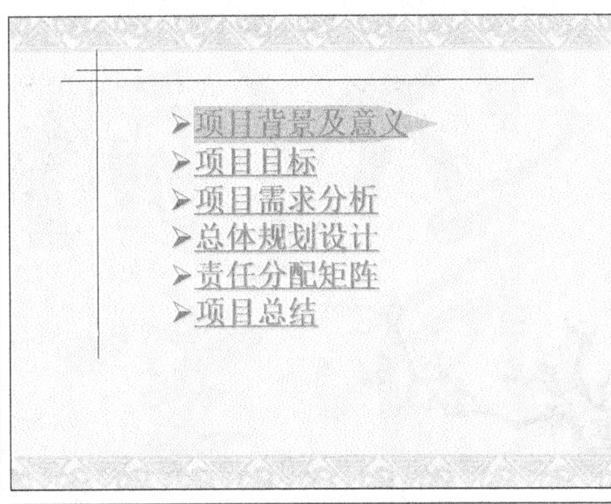

项目背景及意义

- Internet的发展历程以及目前的应用状况和发展趋势，可以充分地相信网络技术正极大的影响和改变我们的生活和工作方式
- 网上书店作为电子商务的一种表现形式，是互联网日臻成熟的产物
- 人们对网上购物的认同度也越来越高，可以相信，开展网上书店业务具有非常大的市场空间

12.3 制作“规划文稿”——《职业生涯规划》

本节视频教学时间 / 8 分钟

案例名称	职业生涯规划
素材文件	素材 \ 第 12 章 \ 职业生涯规划 .pptx、背景图片 .jpg
结果文件	结果 \ 第 12 章 \ 职业生涯规划 .pptx

职业生涯规划是指个人与组织相结合，在对一个人职业生涯的主客观条件进行测定、分析、总结的基础上，对自己的兴趣、爱好、能力、特点进行综合分析与权衡，结合时代特点，根据自己的职业倾向，确定最佳的职业奋斗目标，并为实现这一目标做出行之有效的安排。在本实例中，我们要制作出职业生涯规划演示文稿。

最后的效果如图所示。

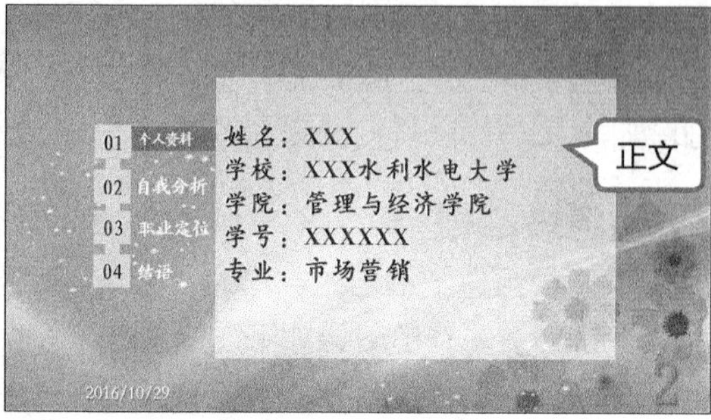

/ 职业生涯规划演示文稿的组成要素

名称	是否必备	要求
首页	必备	首页是一个点明主题的页面
规划主体	必备	用来对职业生涯规划中的个人资料、自我分析、MBIT 测试、职业分析以及直接定位等知识点进行规划和解说
结尾	必备	用来总结职业生涯规划文稿中的结束语，如“谢谢观赏”等

/ 技术要点

（1）设置好幻灯片的页面大小。

（2）设置幻灯片的统一背景格式。

（3）为幻灯片添加艺术字标题。

（4）为幻灯片添加统一的页眉和页脚。

/ 操作流程

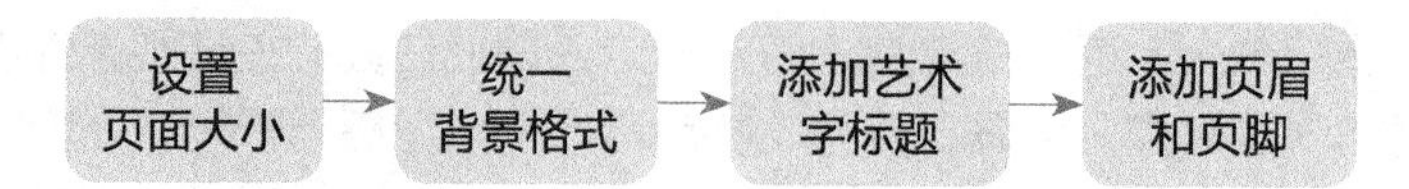

12.3.1 设置幻灯片的页面大小

使用“幻灯片大小”功能可以重新设置幻灯片的页面大小，以使得幻灯片中的内容能够全部显示出来，增加视觉效果。

第 1 步 单击相应的命令

打开“素材 \ 第 12 章 \ 职业生涯 .pptx”演示文稿。❶ 在“设计”选项卡的“自定义”面板中，单击“幻灯片大小”下三角按钮；❷ 展开列表框，单击“自定义幻灯片大小”命令。

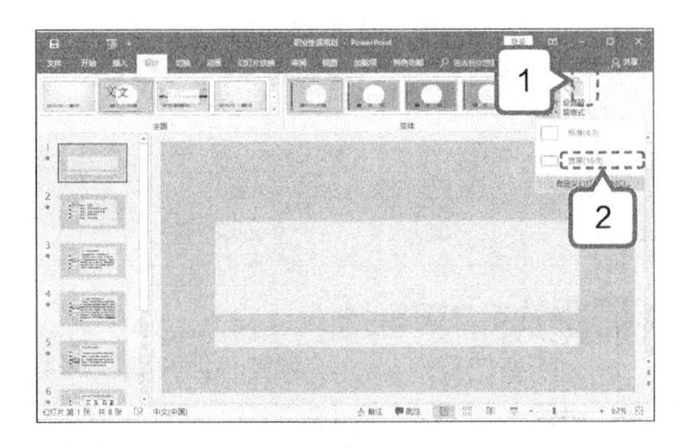

第 2 步 设置幻灯片大小参数

打开“幻灯片大小”对话框，设置“宽度”为“25.4 厘米”，“高度”为“14.2 厘米”。

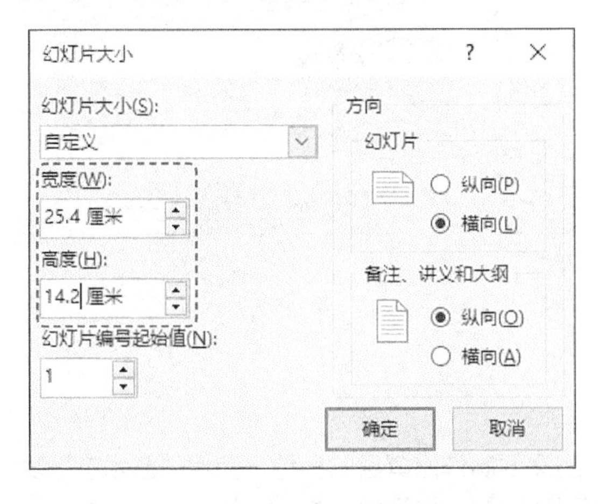

第 3 步 单击“最大化”按钮

单击“确定”按钮，打开提示对话框，单击“最大化”按钮。

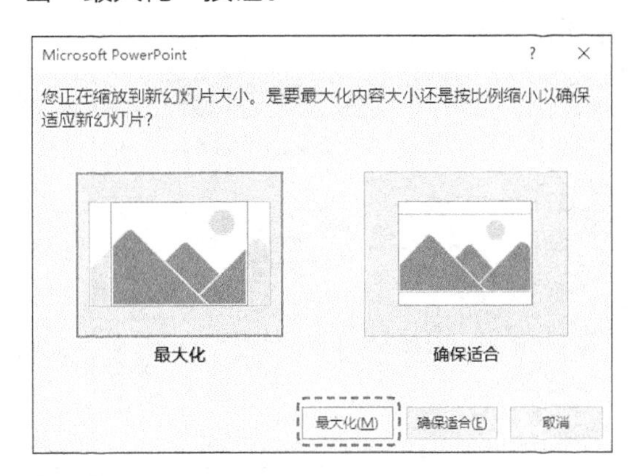

第 4 步 设置幻灯片页面大小

重新设置幻灯片的页面大小，并以最大化的比例显示。

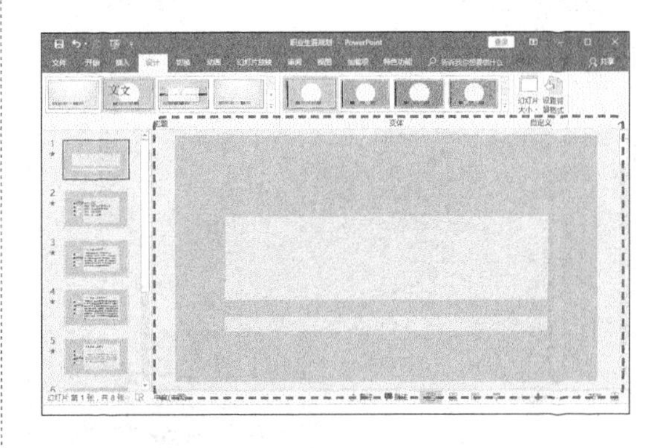

12.3.2 设置幻灯片的统一背景格式

一个好的幻灯片要吸引人，不仅需要内容充实、明确，外表的“装潢”也很重要，本节将介绍幻灯片的统一背景格式的设置方法。

第 1 步 单击“设置背景格式”按钮

单击“设计”选项卡，在“自定义”面板中，单击“设置背景格式”按钮。

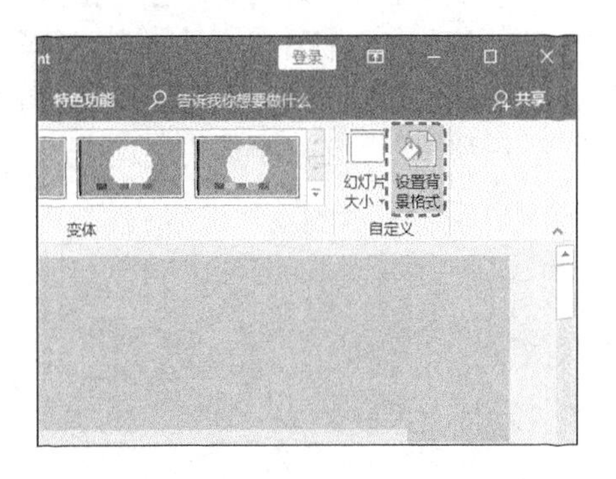

第 2 步 设置背景填充选项

打开“设置背景格式”窗格，勾选“图片或纹理填充”单选按钮，单击“文件”按钮。

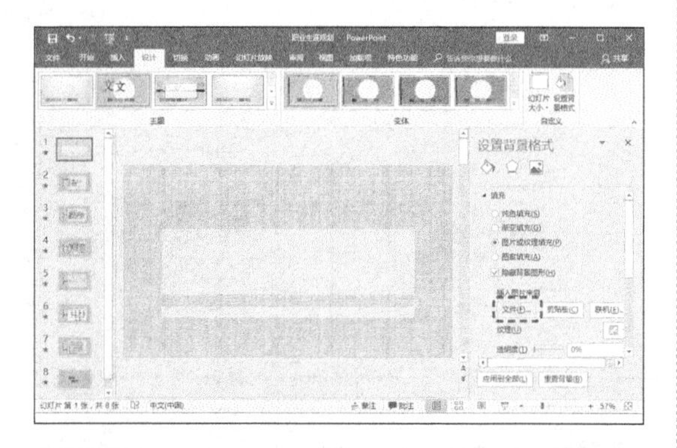

第 3 步 选择背景图片

❶ 打开“插入图片”对话框，选择“背景图片”图片；❷ 单击“插入”按钮。

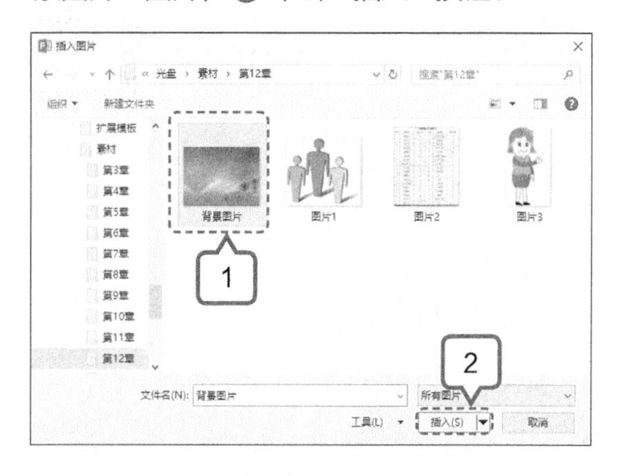

第 4 步 单击“全部应用”按钮

❶ 添加背景图片，勾选“隐藏背景图形”复选框；❷ 单击“全部应用”按钮。

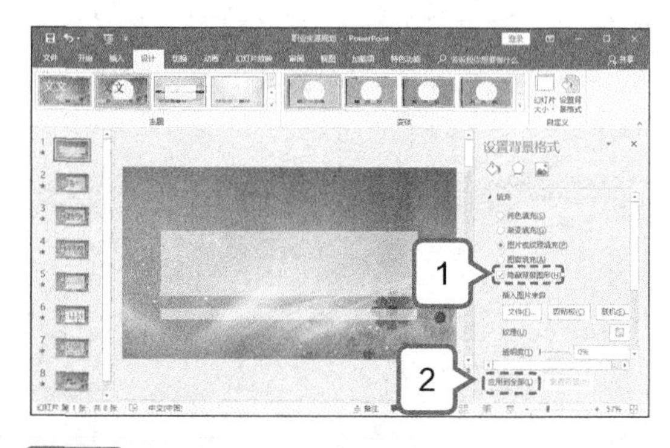

第 5 步 应用背景图片效果

为所有的幻灯片应用背景图片效果，并关闭“设置背景格式”窗格。

12.3.3 为幻灯片添加艺术字标题

完成幻灯片的页面大小和背景格式的设置后，还需要制作出醒目的标题。使用“艺术字”功能可以快速制作出符合文字含义、美观有趣、容易识别、醒目张扬的标题。

第 1 步 选择艺术字样式

❶ 选择第 1 张幻灯片，单击“插入”选项卡，在“文本”面板中，单击“艺术字”下三角按钮；❷ 展开列表框，选择“填充 - 青色，着色 3，锋利棱台”艺术字样式。

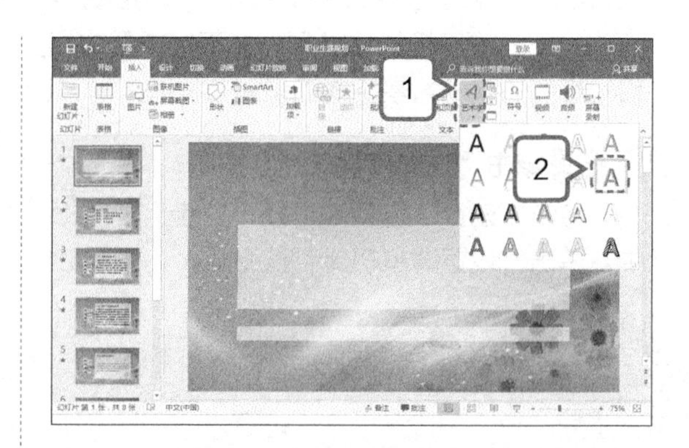

第 2 步 输入文本

在幻灯片中添加一个艺术字文本框，选择文本框中的文本，按【Delete】键删除，并重新输入文本“XXX 职业生涯规划”。

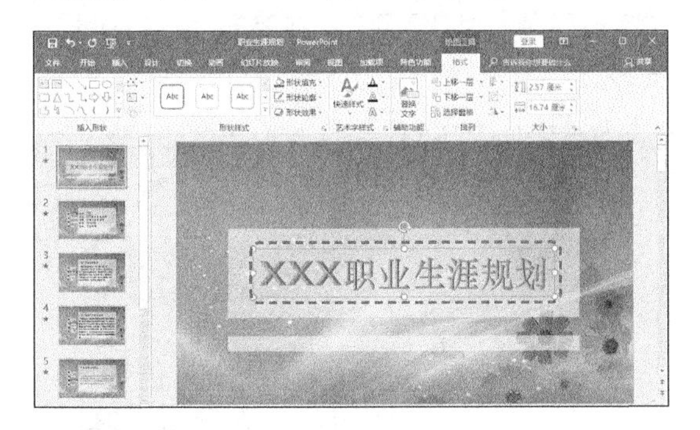

第 3 步 更改艺术字填充颜色

❶ 选择艺术字文本，在“格式”选项卡的“艺术字样式”面板中，单击“文本填充”下三角按钮；❷ 展开列表框，选择“橙色”颜色，更改艺术字的填充颜色。

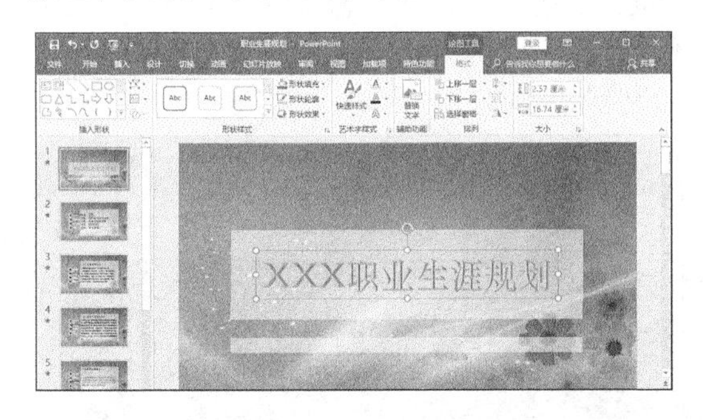

第 4 步 更改艺术字轮廓颜色

❶ 在“格式”选项卡的“艺术字样式”面板中，单击“文本轮廓”下三角按钮；❷ 展开列表框，选择“粉红”颜色，更改艺术字的轮廓颜色。

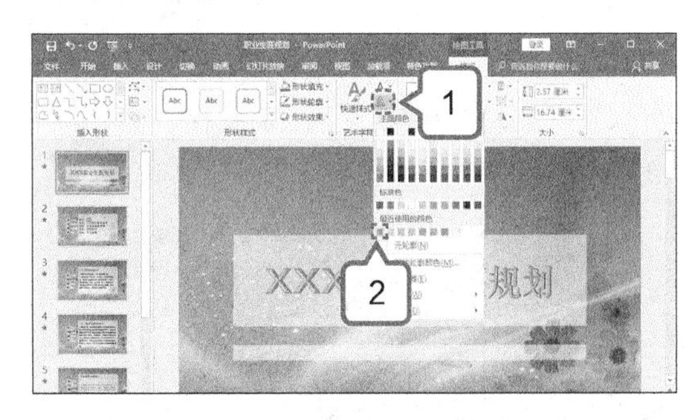

第 5 步 调整艺术字的大小及位置

在幻灯片中调整艺术字的大小及位置。

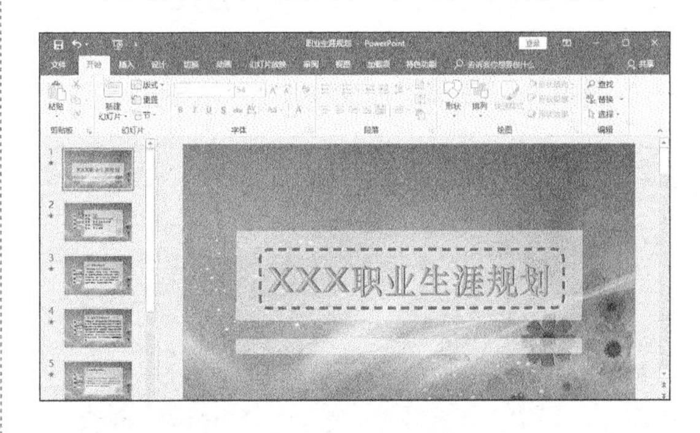

12.3.4 为幻灯片添加统一的页眉和页脚

幻灯片也可以像 Word 那样，添加统一的页眉和页脚，体现出规范化。使用“页眉和页脚”功能，可以为幻灯片添加统一的日期、页脚以及编号等。

第 1 步 单击“页眉和页脚”按钮

选择第 1 张幻灯片，单击“插入”选项卡，在“文本”面板中，单击“页眉和页脚”按钮。

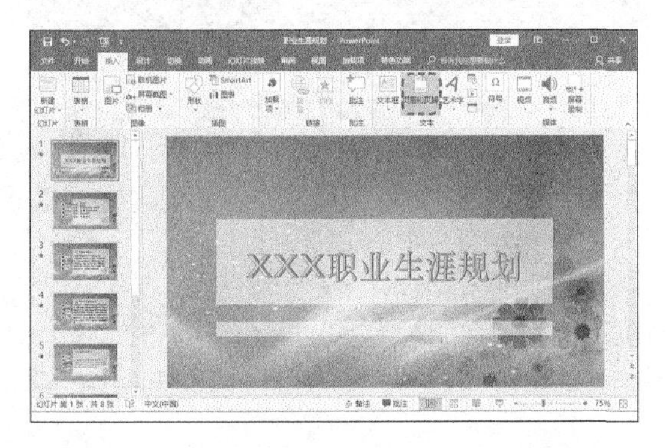

第 2 步 设置页眉和页脚

打开“页眉和页脚”对话框，勾选“日期和时间”和“幻灯片编号”复选框。

第 3 步 添加统一的日期和编号

单击“全部应用”按钮，为幻灯片添加统一的日期和编号。

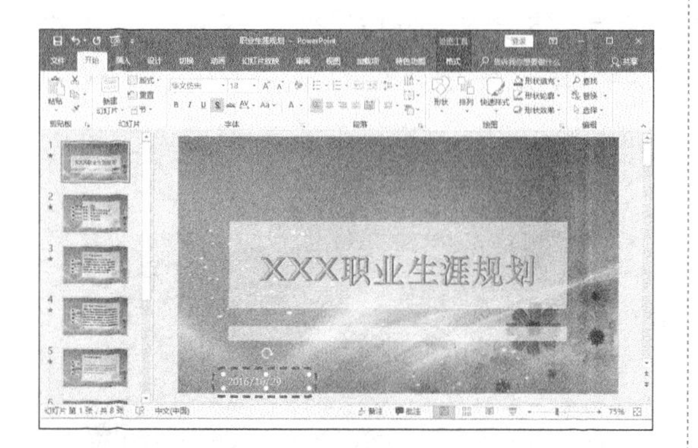

第 4 步 设置日期字体效果

❶ 选择新添加的日期文本框；❷ 在“开始”选项卡的“字体”面板中，修改“字体”为“华文仿宋”，“字号”为 18，“字体颜色”为“白色”，并单击“文字阴影”按钮。

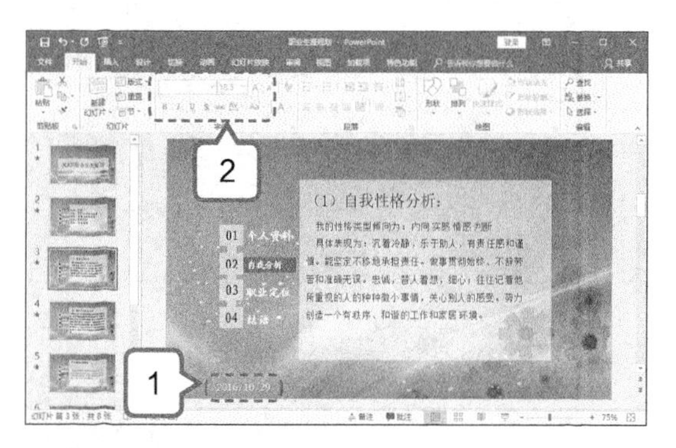

第 5 步 复制字体格式

选择该文本框，在“开始”选项卡的“剪贴板”面板中，双击“格式刷”按钮，在其他幻灯片中的日期文本框中依次单击鼠标左键，复制字体格式。

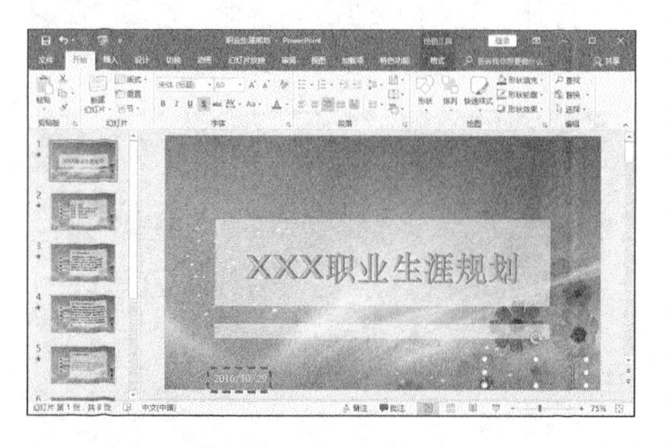

第 6 步 设置编号字体效果

❶ 选择第 1 张幻灯片中新添加的编号文本框；❷ 在“开始”选项卡的“字体”面板中，修改“字体”为“宋体”，“字号”为 60，“字体颜色”为“红色”，并单击“文字阴影”按钮。

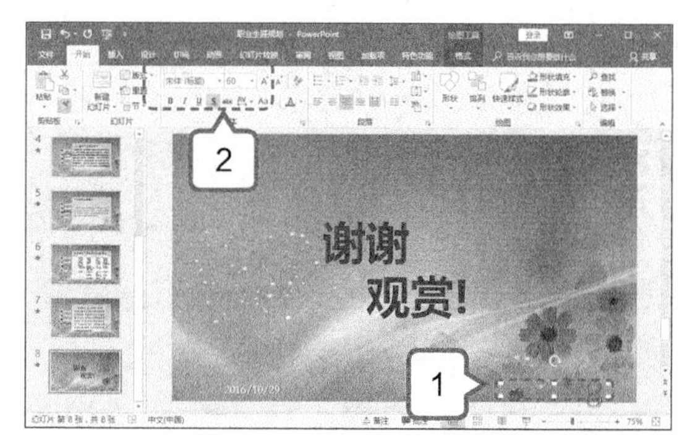

第 7 步 复制字体格式

选择该文本框，在“开始”选项卡的“剪贴板”面板中，双击“格式刷”按钮，在其他幻灯片中的日期文本框中依次单击鼠标左键，复制字体格式。

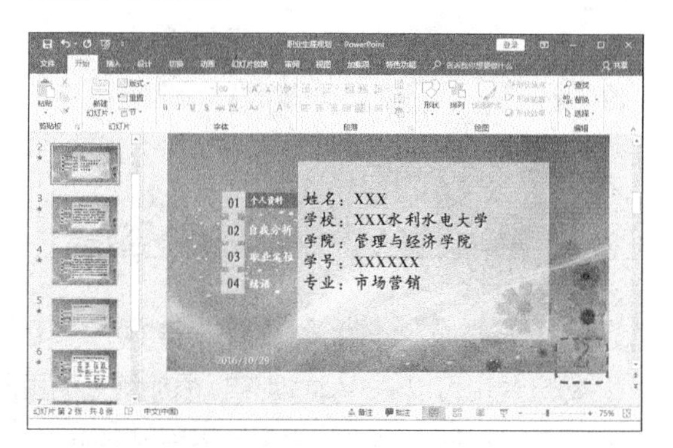

第 8 步 调整文本框位置

在幻灯片中依次调整各幻灯片中的文本框位置。

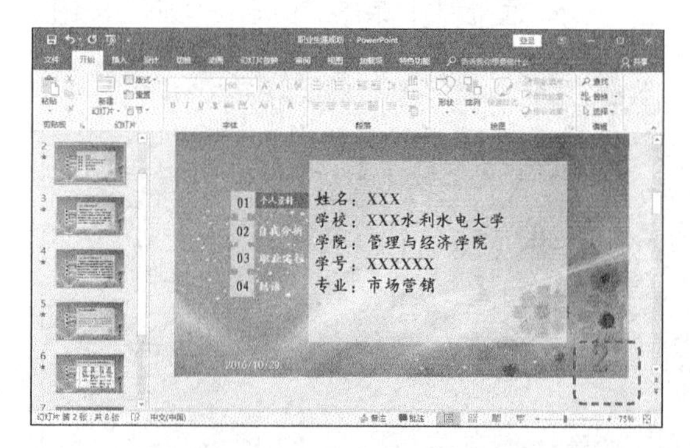

12.3.5 其他规划文稿

除了本节介绍的规划文稿外，平时常用的还有很多种规划文稿。读者可以根据以下思路，结合实际需要进行制作。

1.《个人职业发展规划》

个人职业发展规划是用来对个人的 SWOT 分析、环境允许我做什么以及我自己想做什么 3 个方面进行规划的文稿。在进行个人职业发展规划演示文稿制作时，会使用设置幻灯片页面大小、统一背景格式以及添加统一页眉和页脚等操作。具体的效果如下图所示。

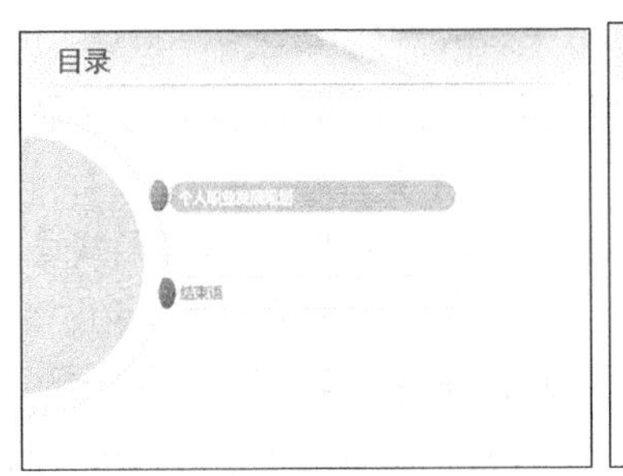

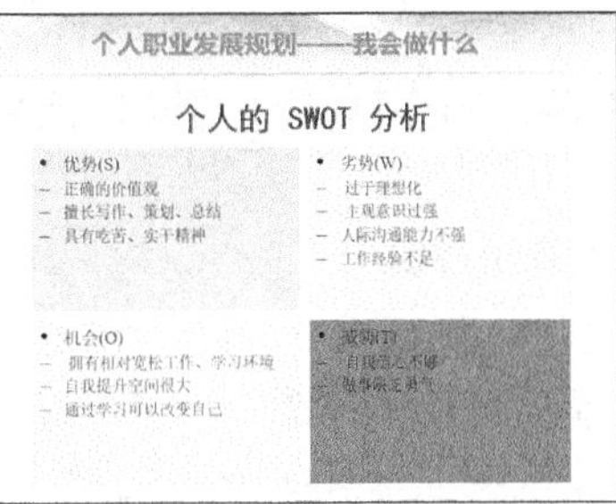

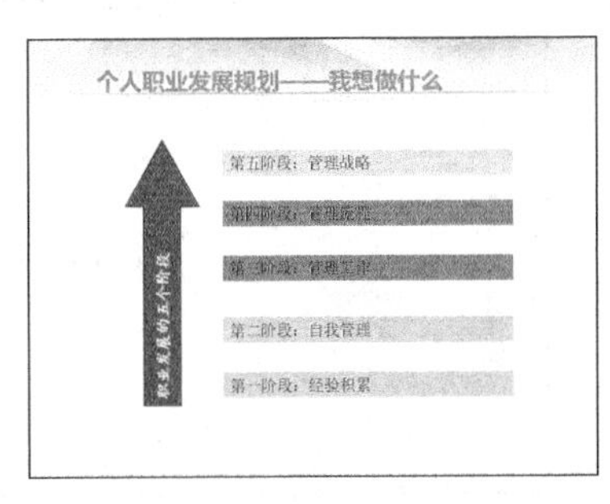

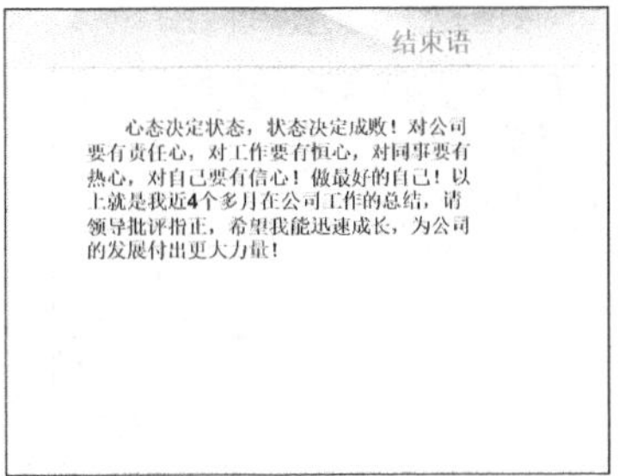

2.《工作规划文稿》

工作规划文稿是用来对某一年的部门工作方针、整体部署以及年度工作计划 3 个方面进行规划的文稿。在进行工作规划的演示文稿制作时，会使用设置幻灯片页面大小、统一背景格式以及添加统一页眉和页脚等操作。具体的效果如下图所示。

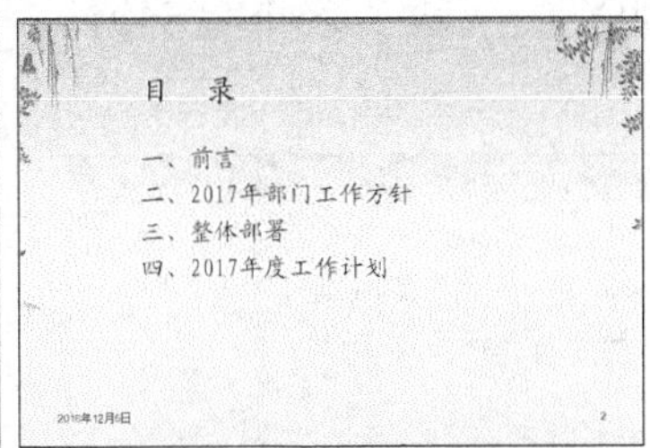

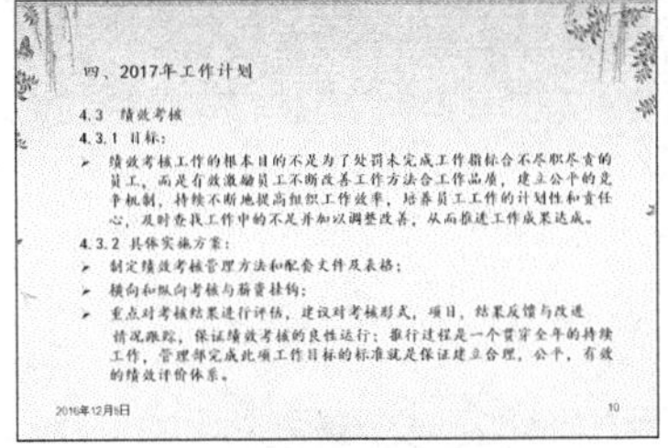

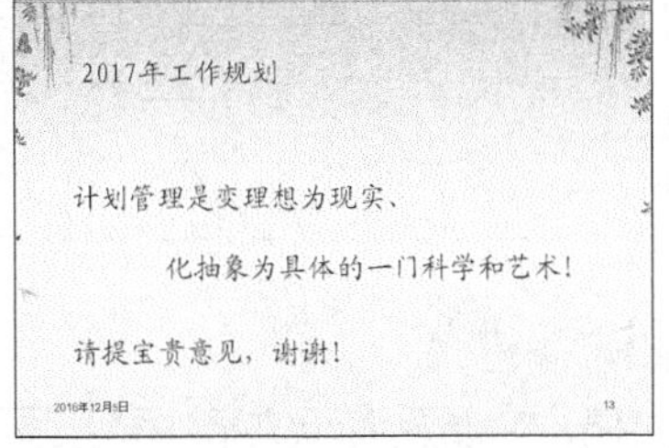

本节视频教学时间 / 11 分钟

本章所选择的案例均为常见的演示文稿，主要讲解了利用 PowerPoint 进行演示文稿中幻灯片的添加、主题应用、文本的添加、图片的插入与编辑、图片样式设置以及背景格式设置等操作。演示文稿类别很多，本书配套资源中赠送了若干演示文稿，读者可以根据不同要求将模板改编成自己需要的形式。以下将列举 2 个典型演示文稿的制作思路。

1. 制作《电话营销培训》

电话营销培训类演示文稿，会涉及幻灯片中文本框的添加与编辑、图片的插入与编辑、项目符号的添加以及主题的应用等内容，制作电话营销培训演示文稿可以按照以下思路进行。

第 1 步 添加统一主题和背景

打开“扩展模板 \ 第 12 章 \ 电话营销培训 .pptx”演示文稿，使用“主题”和“设置背景格式”功能，为幻灯片添加统一的主题和背景。

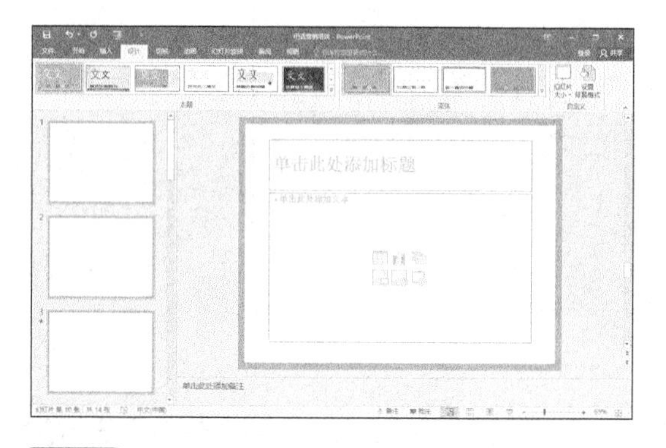

第 2 步 添加文本效果

使用“占位符”和“文本框”功能，分别在各幻灯片中添加文本，并设置文本的字体样式。

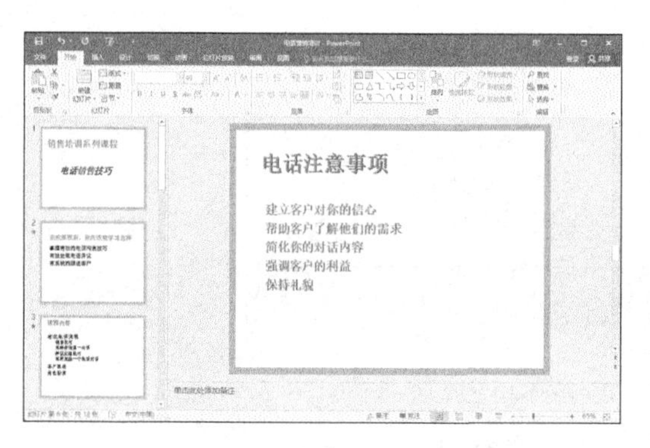

第 3 步 添加项目符号和编号

使用“项目符号”和“编号”功能，为幻灯片中的文本添加项目符号和编号。

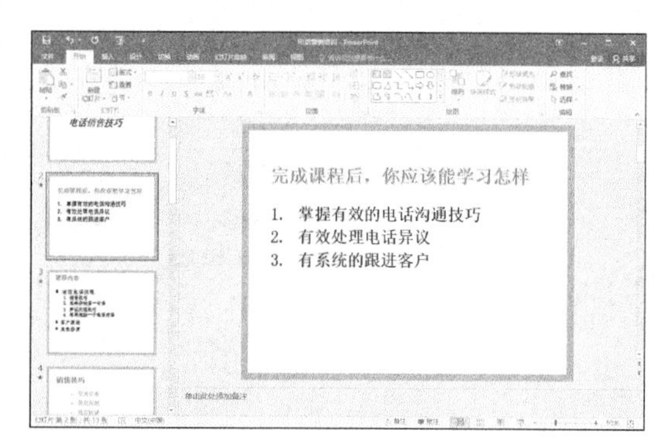

第 4 步 插入并编辑图片

使用“图片”功能依次在幻灯片中插入图片，并对图片进行背景删除、图片样式设置等操作。

2. 制作《爱莲说课件》

课件类演示文稿，会涉及演示文稿中背景图片的添加、文本框的添加、图片的插入与编辑以及编号的插入等应用，制作《爱莲说课件》可以按照以下思路进行。

第 1 步 添加背景图片

打开“扩展模板 \ 第 12 章 \ 爱莲说课件 .pptx”演示文稿，使用“设置背景格式”功能，为幻灯片添加统一的背景图片。

第 2 步 添加文本效果

使用“占位符”和“文本框”功能，分别在各幻灯片中添加文本，并设置文本的字体样式。

第 3 步 插入和编辑图片

使用“图片”功能依次在幻灯片中插入图片，并对插入的图片进行编辑操作。

第 4 步 添加编号

使用“页眉和页脚”功能在幻灯片中添加编号，并为编号设置字体样式。

高手支招

1. 调整多张幻灯片的位置

在编辑演示文稿时，常常会发现演示文稿中的幻灯片排列顺序不合理，此时用户可以使用鼠标拖曳来调整幻灯片的位置。

第 1 步 选择并拖曳幻灯片

打开“素材 \ 第 12 章 \ 人生规划 .pptx”演示文稿，选择第 3 张幻灯片，单击鼠标左键并向上拖曳。

第 2 步 调整幻灯片位置

至最上方的位置处，释放鼠标左键，即可调整幻灯片的位置。

第 3 步 调整幻灯片位置

用同样的方法，将第 4 张幻灯片调整到第 2 张幻灯片的上方。

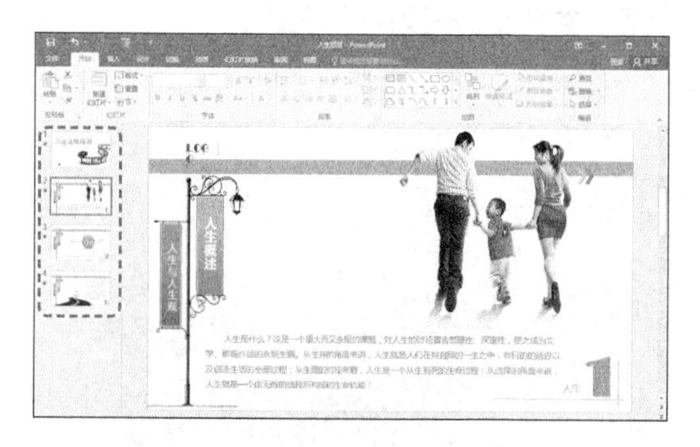

2. 重新更改幻灯片版式

完成演示文稿中的内容编辑后，还可以使用“版式”功能重新更改幻灯片版式，以得到自己喜欢的版式效果。

第 1 步 选择版式

❶打开“素材\第 12 章\职场应聘.pptx”演示文稿，在“开始”选项卡的“幻灯片”面板中，单击“版式”下三角按钮；❷展开列表框，选择“标题和竖排文字”版式。

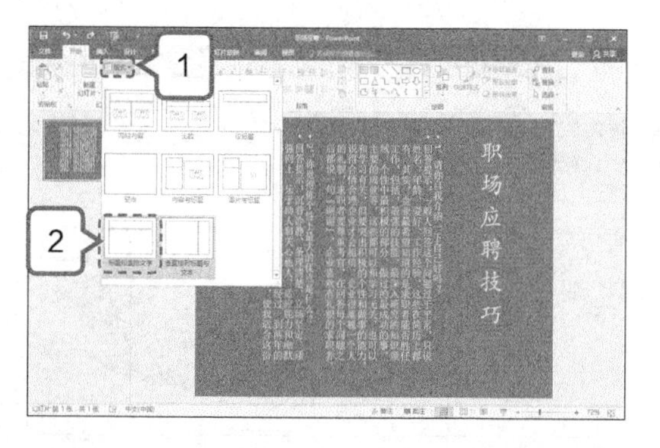

第 2 步 更改幻灯片版式

完成幻灯片版式的更改操作。

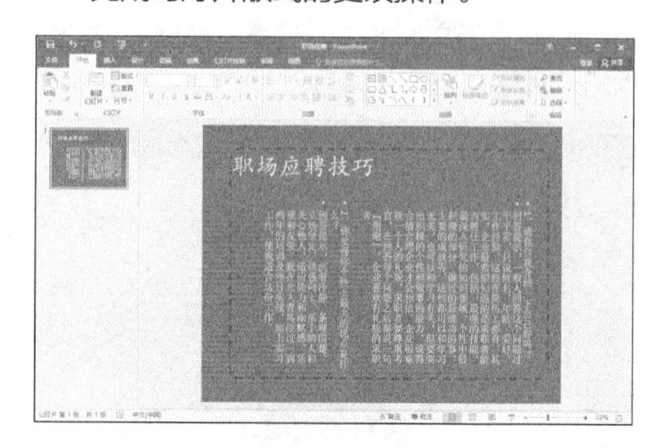

3. 将常用主题设置为默认主题

在制作演示文稿时，用户可以将常用主题设置为默认主题，为以后新建演示文稿节省应用主题的时间。

第 1 步 单击“设置默认主题”命令

在演示文稿中，单击“设计”选项卡，在“主题”面板中，单击“其他”按钮，展开列表框，选择“环保”主题，单击鼠标右键，打开快捷菜单，单击“设置默认主题”命令。

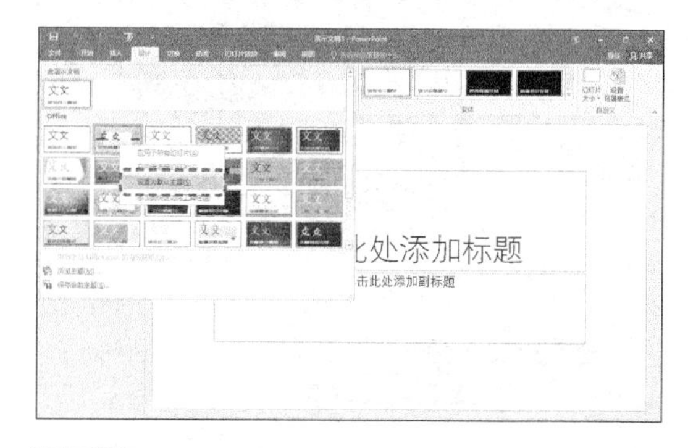

第 2 步 设置为默认主题

将常用的主题设置为默认主题，再次在“主题”列表框中，查看新添加的默认主题。

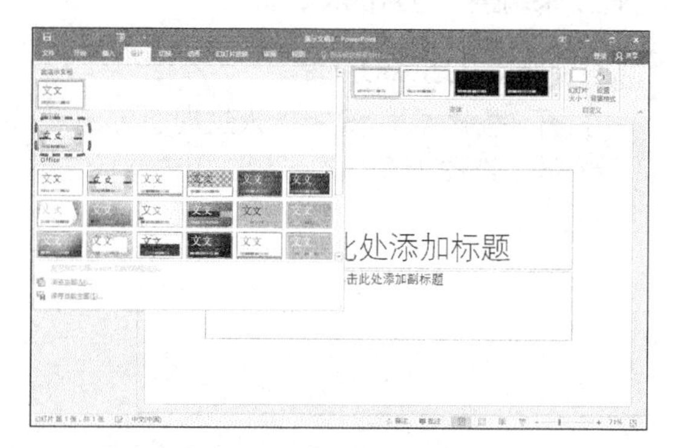

Chapter 13

在幻灯片中应用母版、图形和图表

本章视频教学时间 / 64 分钟

技术分析

在制作幻灯片时，应用母版、图形和图表是必不可少的操作。图文并茂的幻灯片不仅形象生动，而且更容易引起观众的兴趣，能够更清晰地表达演讲人的思想。一般来说，在 PowerPoint 演示文稿中应用母版、图形和图表的操作主要涉及以下知识点。

（1）设计母版版式。

（2）在母版中添加自选图形。

（3）提取幻灯片母版。

（4）添加和编辑 SmartArt 图形。

（5）添加和编辑表格。

（6）添加和编辑图表。

思维导图

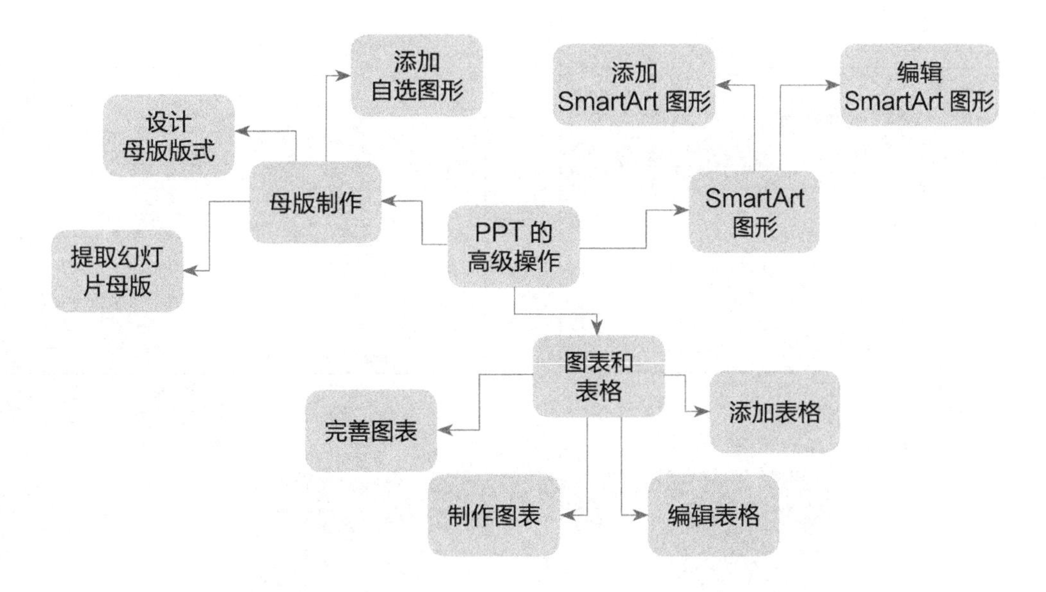

13.1 制作“母版”——《网店运营母版》

本节视频教学时间 / 20 分钟

案例名称	网店运营母版
素材文件	无
结果文件	结果 \ 第 13 章 \ 网店运营母版 .pptx
扩展模板	扩展模板 \ 第 13 章 \ 母版类模板

母版中包含可以出现在每一张幻灯片上的显示元素，如文本占位符、图片、动作按钮等。幻灯片母版上的对象将出现在每张幻灯片的相同位置上，使用母版可以方便地统一幻灯片的风格。在本实例中，我们要制作网店运营 PPT 的母版。

最后的效果如图所示。

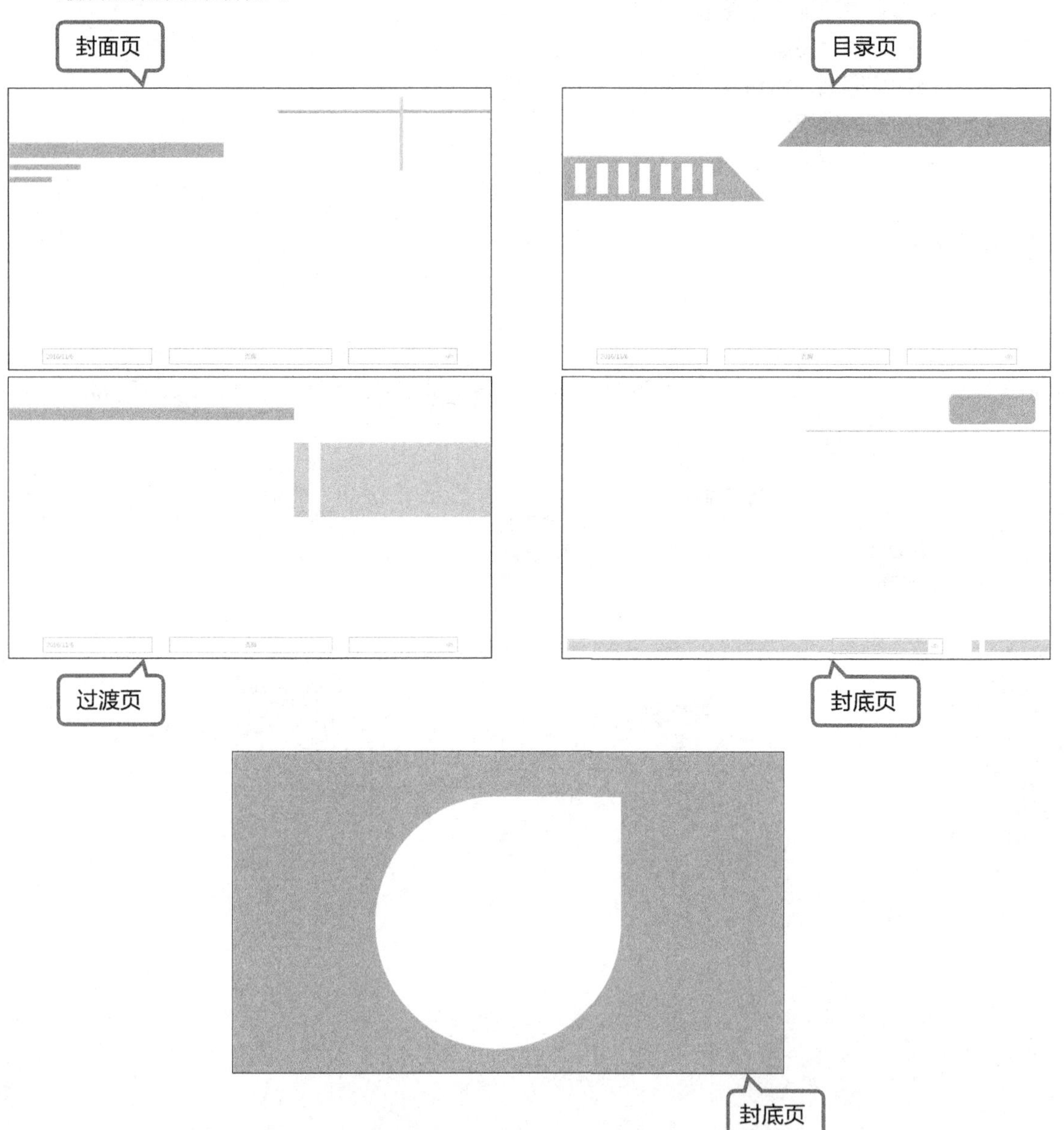

/ 幻灯片母版的组成要素

名称	是否必备	要求
封面页	必备	该页面一般要突出主标题、弱化副标题，也应包含公司名称、公司 LOGO，以及演示文稿的制作者等信息
目录页	必备	该页面包含目录标识、目录内容、页码等元素
过渡页	必备	该页面中包含页面标识、页码、颜色、字体等元素，其布局和目录页保持统一
标题页	必备	该页面包含两级以上的标题内容和文本内容
封底页	必备	该页面的风格与封面页的风格一致，但是不能与封面页重复

/ 技术要点

（1）使用“编辑母版”功能设计母版版式。

（2）使用“形状”功能在母版中添加自选图形。

（3）使用“另存为”功能提取幻灯片母版。

/ 操作流程

13.1.1 使用“编辑母版”功能设计母版版式

在使用幻灯片母版之前，首先需要对母版版式的设计方法进行了解和掌握。本小节将详细讲解设计母版版式的操作方法。

1. 新建母版

在插入母版版式之前，首先需要使用“幻灯片母版”功能进入幻灯片母版，才可以进行母版的新建操作。下面介绍其具体的操作方法。

第 1 步 单击“浏览”命令

❶ 新建一个空白演示文稿，单击“文件”选项卡，进入“文件”界面，单击“保存”命令；❷ 在右侧的“保存”界面中，单击“浏览”命令。

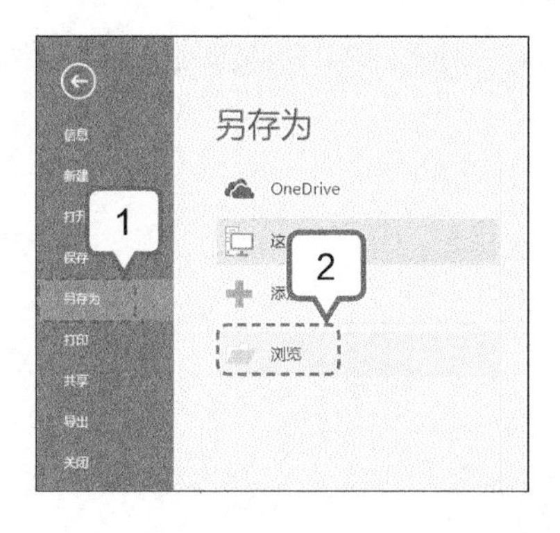

第 2 步 设置保存参数

❶ 打开“另存为”对话框，设置文件名和保存路径；❷ 单击“保存”按钮。

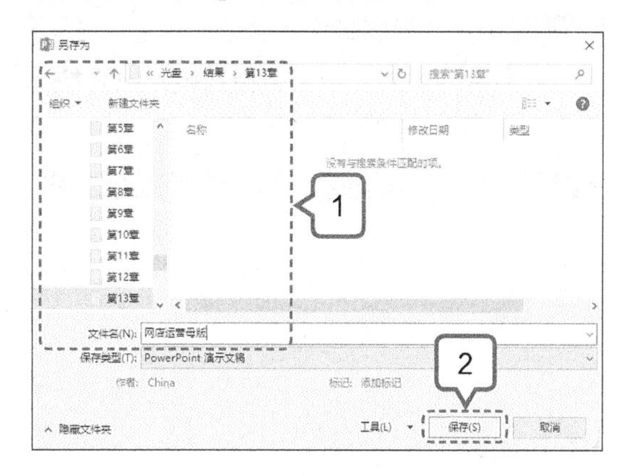

第 3 步 **单击“幻灯片母版”按钮**

保存演示文稿，单击“视图”选项卡，在“母版视图”面板中，单击“幻灯片母版”按钮。

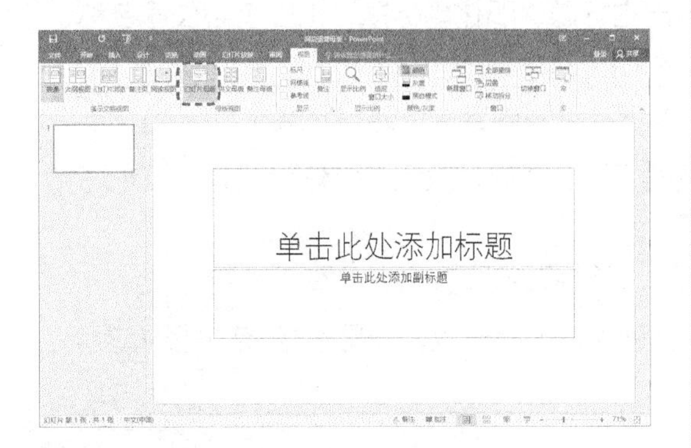

第 4 步 **单击“插入幻灯片母版”按钮**

进入母版视图，在“幻灯片母版”选项卡的“编辑母版”面板中，单击“插入幻灯片母版”按钮。

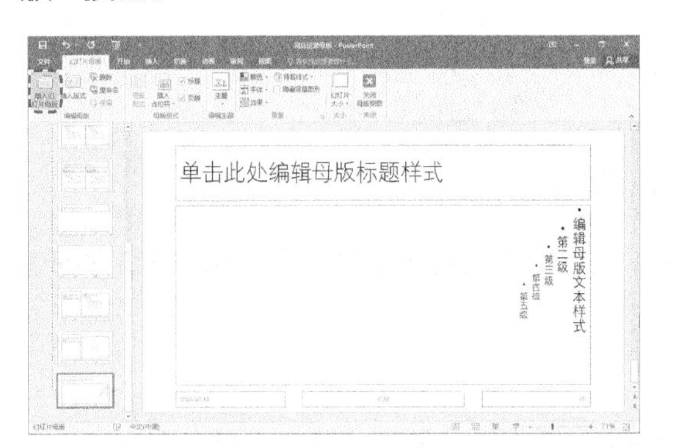

第 5 步 **单击“删除版式”命令**

新建一个母版 2，选择母版 2 中的第一个版式，单击鼠标右键，打开快捷菜单，单击“删除版式”命令。

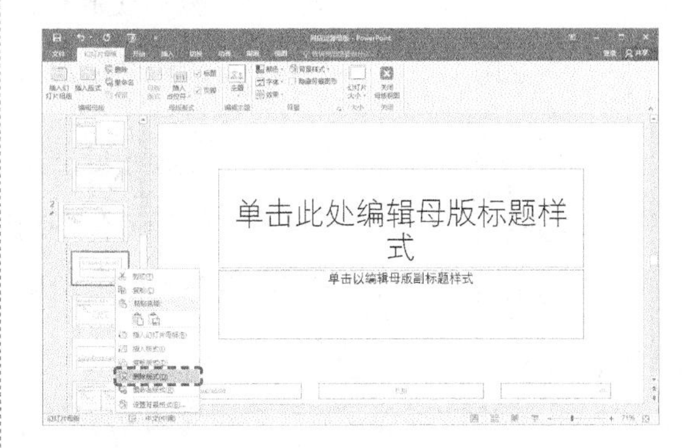

第 6 步 **删除多余的版式**

用同样的方法，依次删除其他的版式，只剩余空白版式。

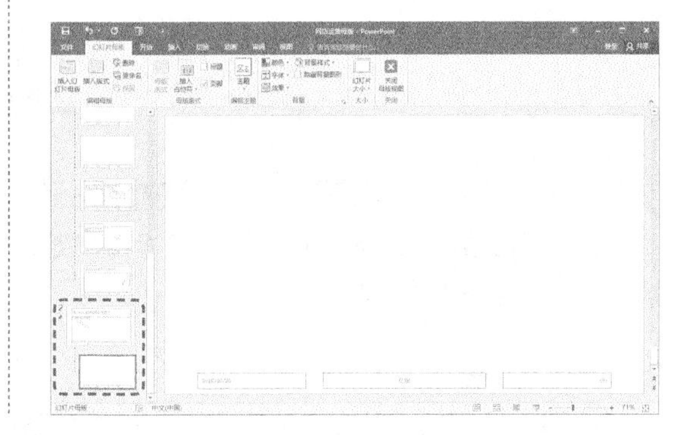

2. 复制版式

完成母版的新建操作以及版式删除操作后，用户还可以使用“复制版式”功能对母版中的版式进行复制操作。下面介绍其具体的操作方法。

第 1 步 **单击“复制版式”命令**

选择空白版式，单击鼠标右键，打开快捷菜单，单击“复制版式”命令。

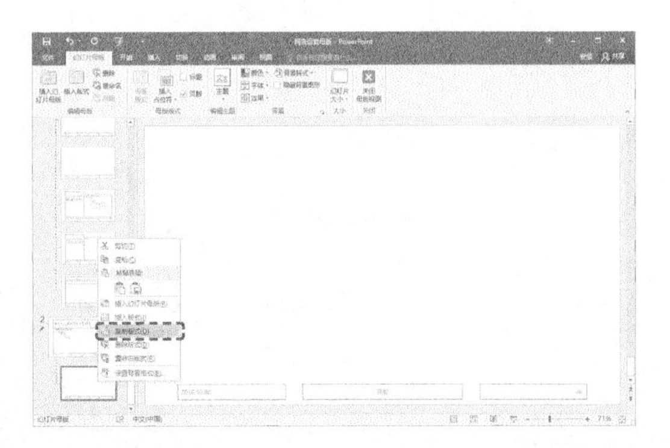

第 2 步 **复制版式**

复制出一张空白的版式。

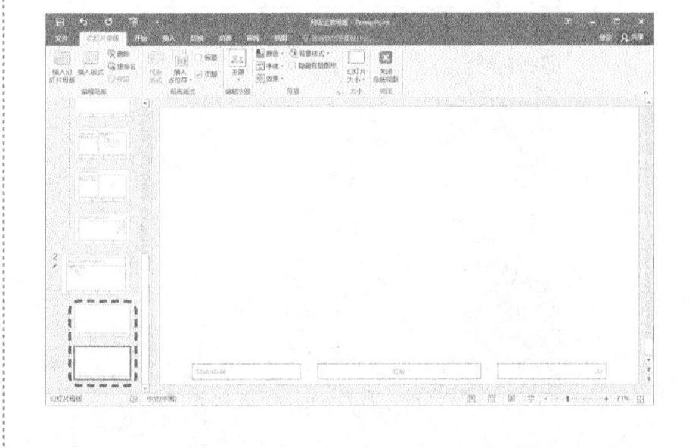

第 3 步 复制 3 次版式

用同样的方法，依次再对空白版式进行 3 次复制操作。

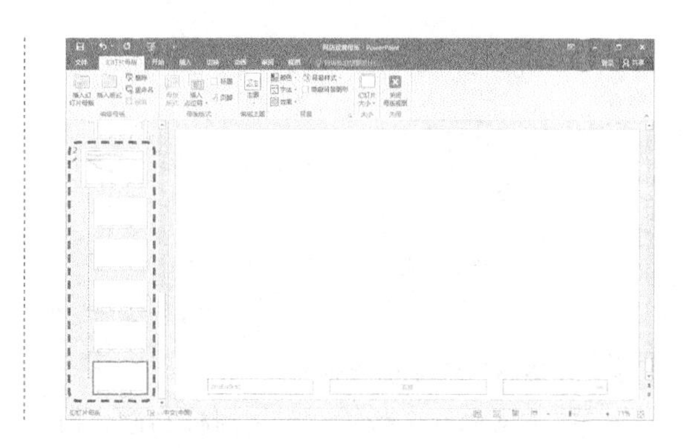

3. 重命名版式

复制版式后，用户还需要使用“重命名版式”功能，对每个版式进行重命名操作，以便进行区分。下面介绍其具体的操作方法。

第 1 步 单击“重命名版式”命令

选择第 1 个空白版式，单击鼠标右键，打开快捷菜单，单击“重命名版式”命令。

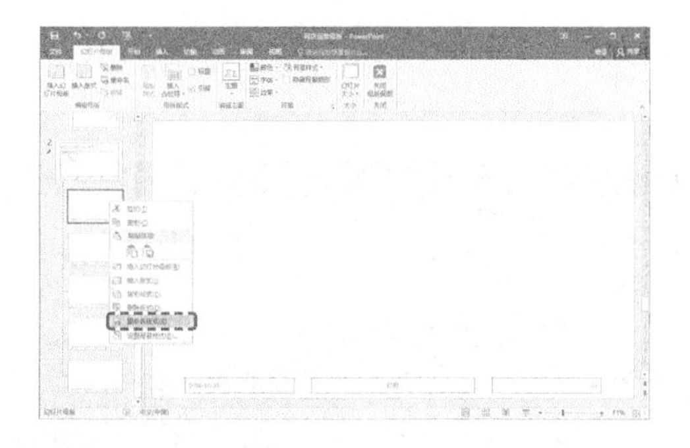

第 2 步 设置版式名称

打开“重命名版式”对话框，在“版式名称”文本框中输入“封面页”。

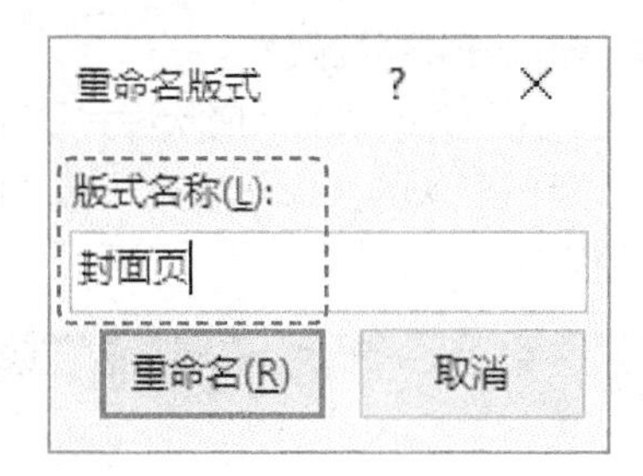

第 3 步 重命名版式

单击“重命名”按钮，重命名为“封面页”版式。

第 4 步 重命名目录页版式

❶ 选择第 2 个版式，单击鼠标右键，打开快捷菜单，单击“重命名版式”命令，打开“重命名版式”对话框，在“版式名称”文本框中输入“目录页”；❷ 单击“重命名”按钮即可。

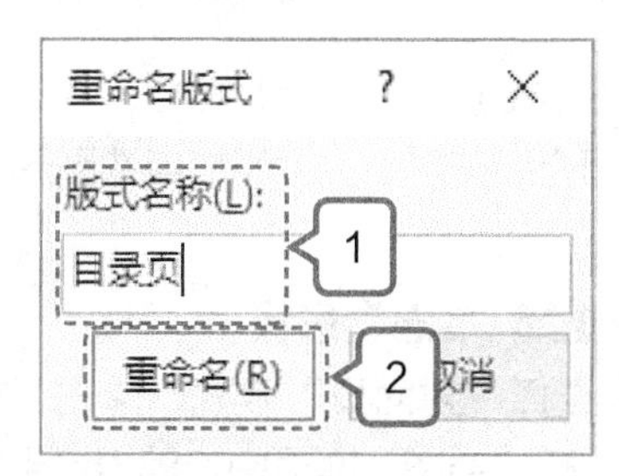

第 5 步 重命名过渡页版式

❶ 选择第 3 个版式，单击鼠标右键，打开快捷菜单，单击“重命名版式”命令，打开“重命名版式”对话框，在“版式名称”文本框中输入“过渡页”；❷ 单击“重命名”按钮即可。

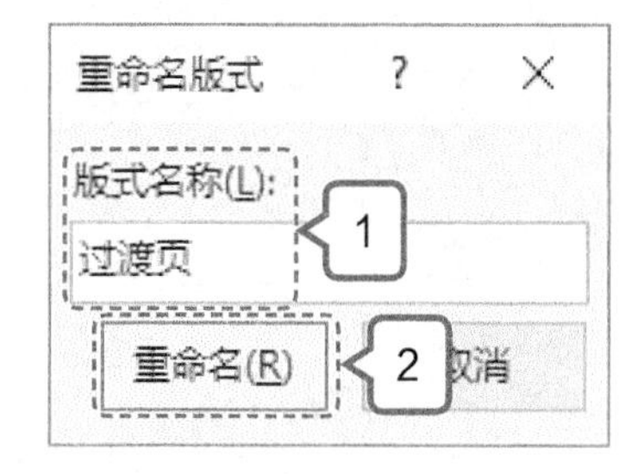

第 6 步 重命名标题页版式

❶ 选择第 4 个版式，单击鼠标右键，打开快捷菜单，单击“重命名版式”命令，打开“重命名版式”对话框，在“版式名称”文本框中输入“标题页”；❷ 单击“重命名”按钮即可。

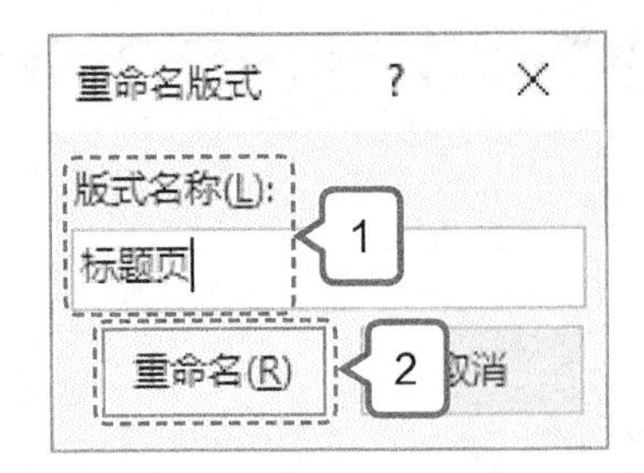

第 7 步 重命名封底页版式

❶ 选择第 5 个版式，单击鼠标右键，打开快捷菜单，单击“重命名版式”命令，打开“重命名版式”对话框，在“版式名称”文本框中输入“封底页”；❷ 单击“重命名”按钮即可。

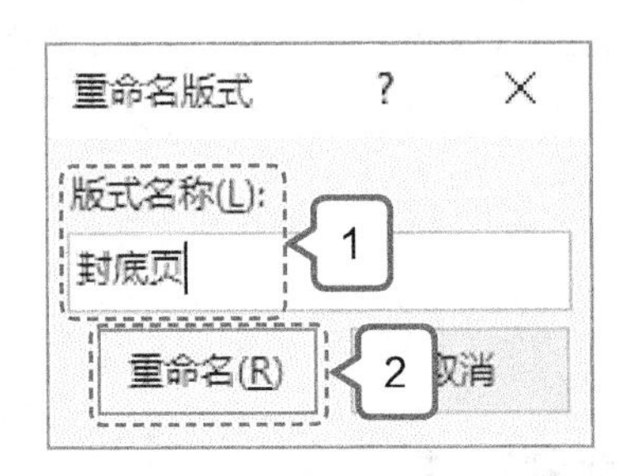

13.1.2 使用“形状”功能在母版中添加自选图形

使用“形状”功能可以很方便地绘制出直线、圆、矩形等基本图形，以及箭头和公式等复杂图形。在完成形状图形的绘制后，还可以使用“形状样式”功能，对形状进行美化操作。母版中包含大量的自选图形，本节将对自选图形的添加方法进行介绍。

1. 在封面页中添加自选图形

下面介绍在封面页中添加自选图形的具体操作方法。

第 1 步 选择“矩形”形状

❶ 选择“封面页”版式，单击“插入”选项卡，在“插图”面板中，单击“形状”下三角按钮；❷ 展开列表框，选择“矩形”形状。

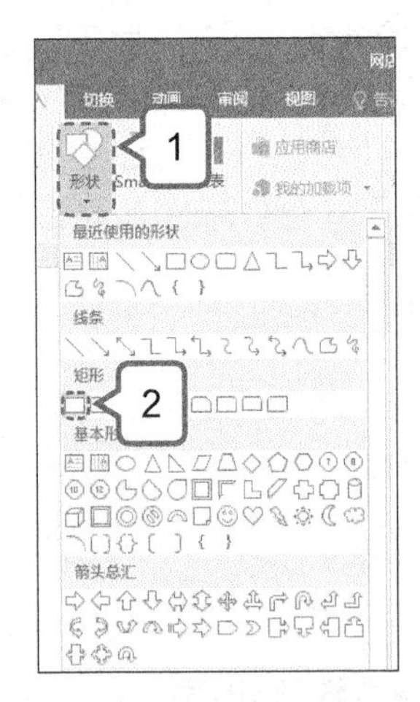

第 2 步 绘制矩形形状

❶ 在幻灯片中，单击鼠标左键并拖曳，完成矩形的绘制；❷ 在“格式”选项卡的“大小”面板中，修改“形状高度”为 1，“形状宽度”为 15。

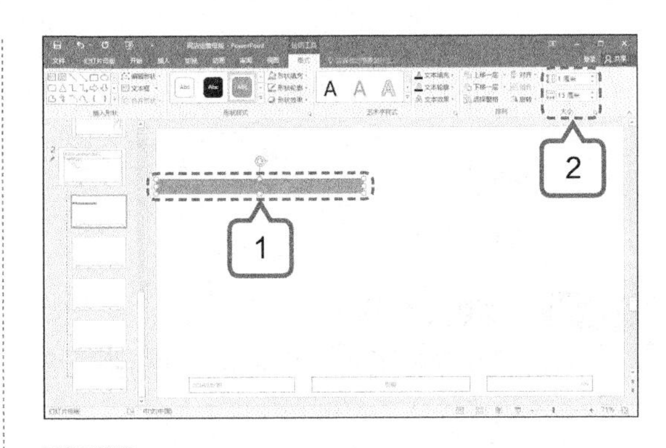

第 3 步 修改矩形形状颜色

在“格式”选项卡的“形状样式”面板中，依次修改矩形形状的“形状填充”和“形状轮廓”颜色均为“浅蓝”。

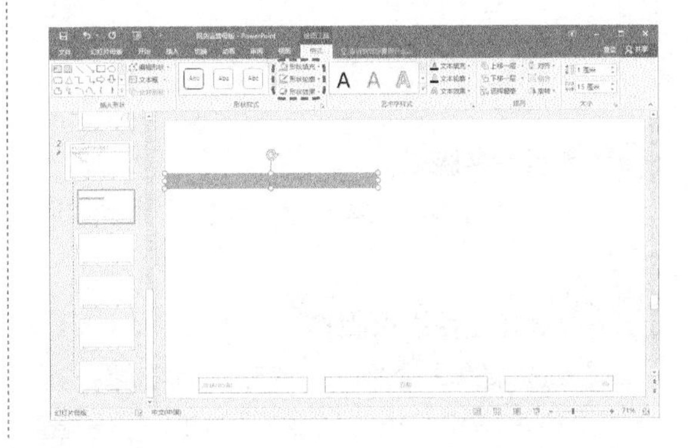

第4步 绘制直线

单击“插入”选项卡，在“插图”面板中，单击“形状”下三角按钮，展开列表框，选择“直线”形状，在幻灯片中单击鼠标左键并拖曳，绘制一条长度为5的直线。

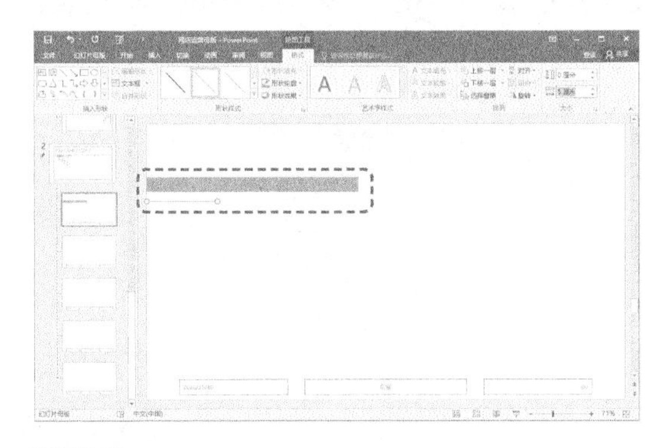

第5步 单击“其他线条”命令

❶ 在“格式”选项卡的“形状样式”面板中，修改直线的“形状轮廓”颜色为“浅蓝”；❷ 单击“粗细”命令；❸ 再次展开列表框，单击“其他线条”命令。

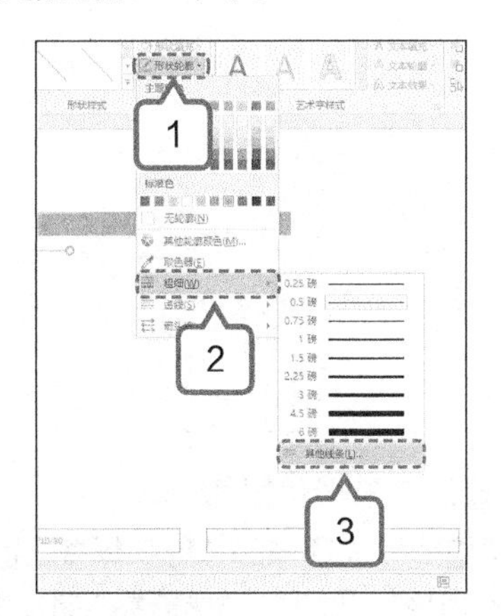

第6步 修改线条宽度

打开“设置形状格式”窗格，修改“宽度”为“11磅”，即可修改线条宽度。

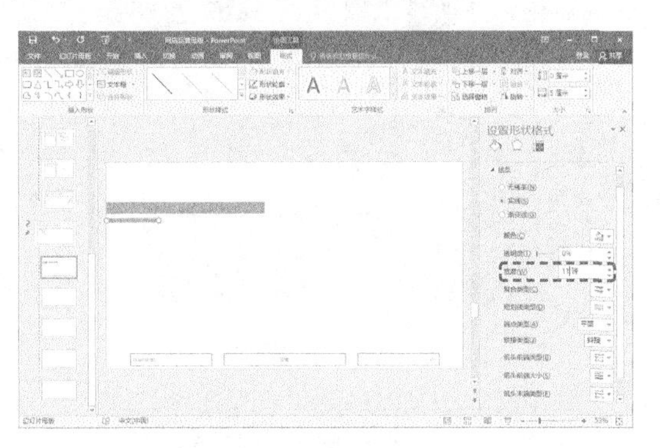

第7步 复制直线

❶ 选择新绘制的直线，将其向下进行复制操作，并修改复制后的直线“形状宽度”为3；❷ 调整各形状的位置。

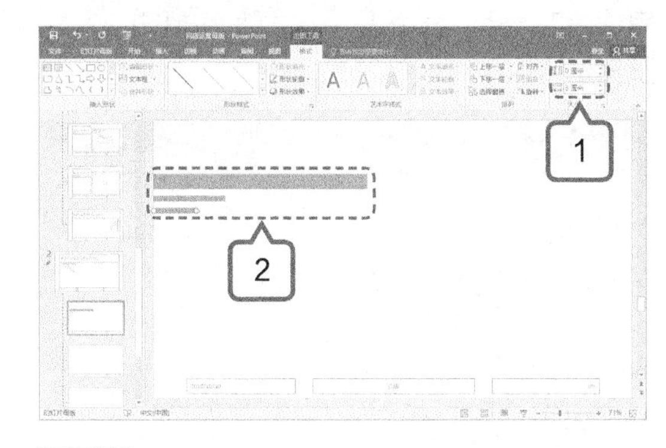

第8步 绘制直线

单击“插入”选项卡，在“插图”面板中，单击“形状”下三角按钮，展开列表框，选择“直线”形状，在幻灯片中单击鼠标左键并拖曳，即可绘制一条长度为15的直线。

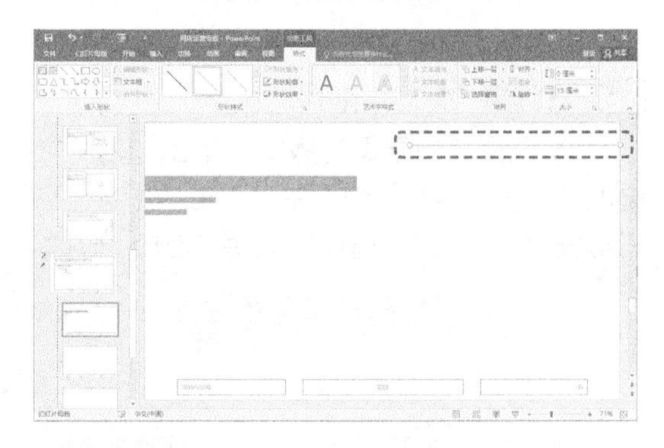

第9步 修改直线的颜色和宽度

在“格式”选项卡的“形状样式”面板中，修改直线的“形状轮廓”颜色为“浅蓝”，并设置“粗细”为“6磅”。

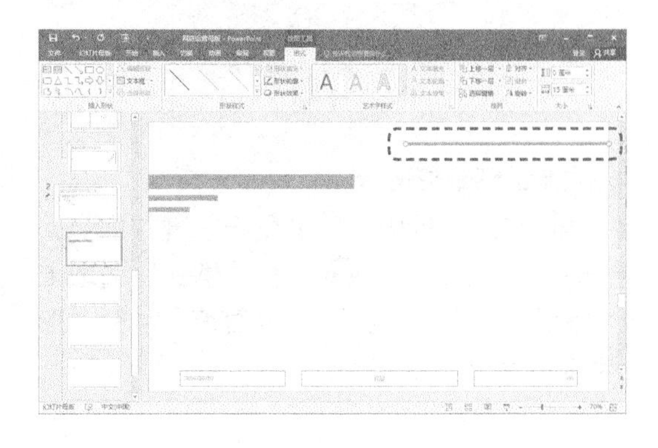

第 10 步 绘制直线

单击“插入”选项卡，在“插图”面板中，单击“形状”下三角按钮，展开列表框，选择“直线”形状，在幻灯片中单击鼠标左键并拖曳，绘制一条“形状高度”为 5 的直线，并调整其位置。

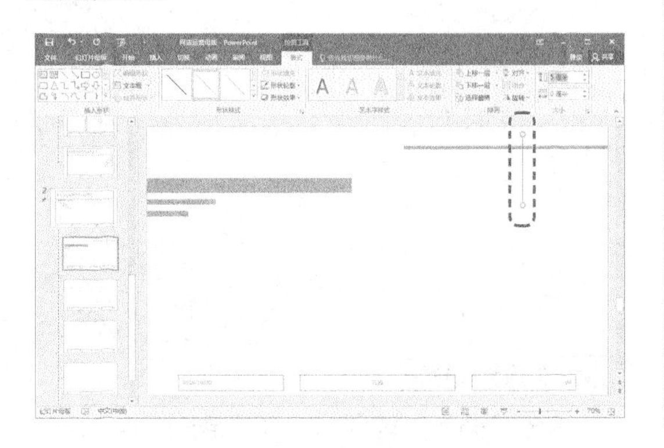

第 11 步 修改直线的颜色和宽度

在“格式”选项卡的“形状样式”面板中，修改直线的“形状轮廓”颜色为“浅绿”，并设置“粗细”为“6 磅”。

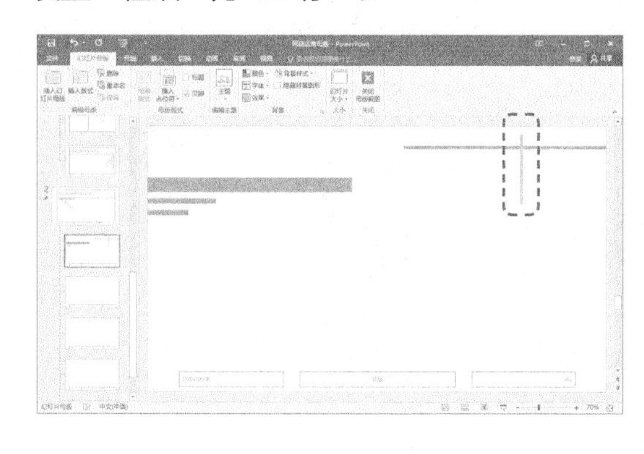

2. 在目录页中添加自选图形

下面将介绍在目录页中添加自选图形的具体操作方法。

第 1 步 选择“矩形”形状

❶ 选择“目录页”版式，单击“插入”选项卡，在“插图”面板中，单击“形状”下三角按钮；❷ 展开列表框，选择“矩形”形状。

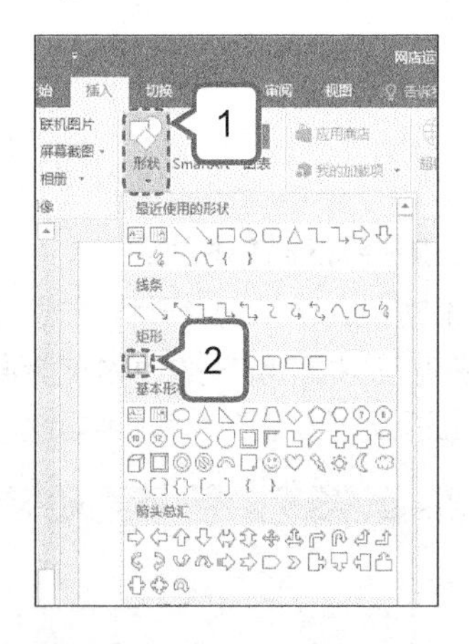

第 2 步 绘制矩形形状

❶ 在幻灯片中，单击鼠标左键并拖曳，绘制一个矩形形状；❷ 并在“格式”选项卡的“大小”面板中，修改“形状高度”为 3，“形状宽度”为 14。

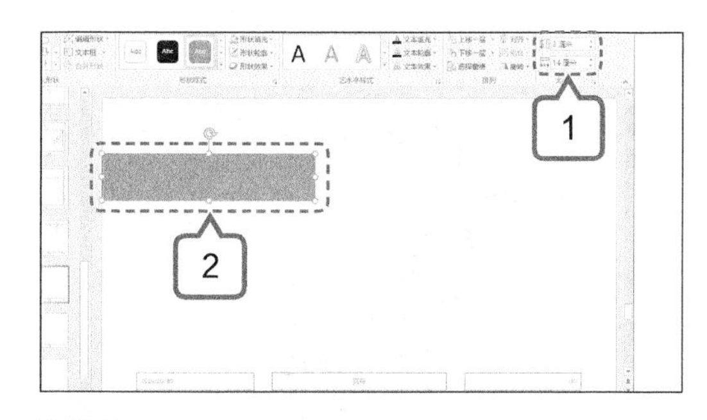

第 3 步 修改矩形形状颜色

在“格式”选项卡的“形状样式”面板中，依次修改矩形形状的“形状填充”和“形状轮廓”颜色均为“浅蓝”。

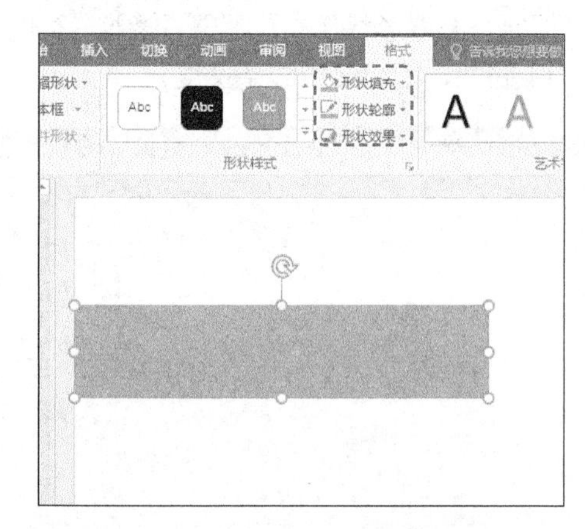

第 4 步 复制矩形形状

❶ 选择新绘制的矩形对象，将其进行复制，并在“格式”选项卡的“大小”面板中，修改“形状高度”为 2，“形状宽度”为 19；❷ 调整其位置。

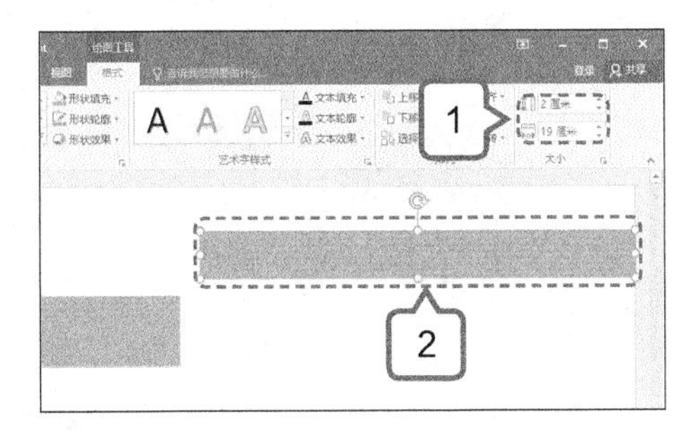

第 5 步 选择“直角三角形”选项

❶ 单击“插入”选项卡，在“插图”面板中，单击“形状”下三角按钮；❷ 展开列表框，选择“直角三角形”选项。

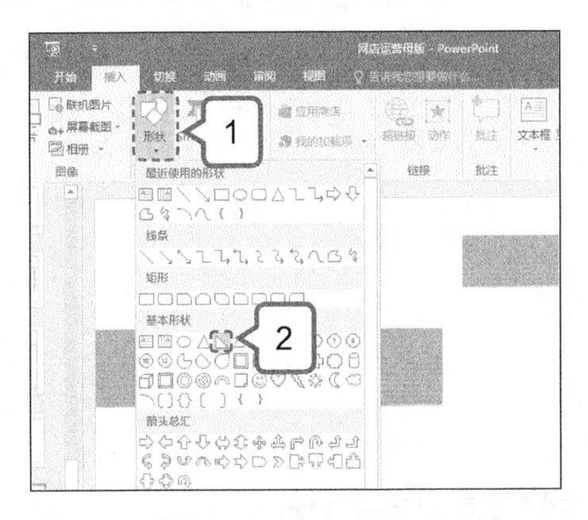

第 6 步 绘制直角三角形

在幻灯片中，单击鼠标左键并拖曳，绘制一个“形状高度”和“形状宽度”均为 3 的直角三角形。

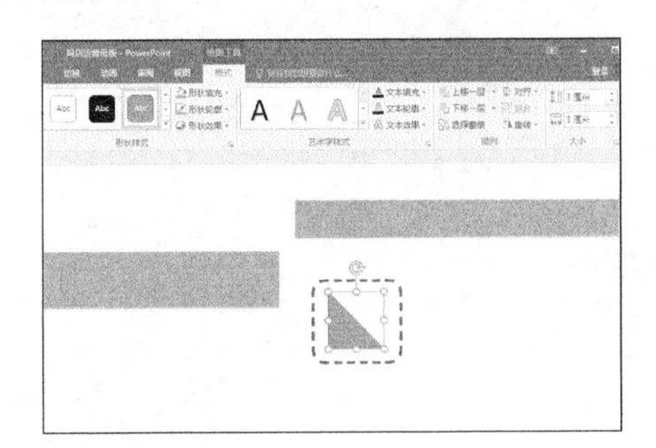

第 7 步 复制形状

❶ 选择新绘制的直角三角形；❷ 将其进行复制，并在“大小”面板中，修改“形状高度”和“形状宽度”均为 2。

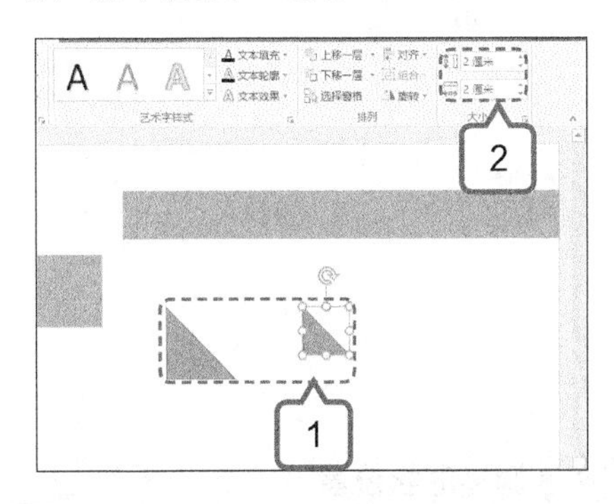

第 8 步 单击“其他旋转选项”命令

❶ 选择左侧的直角三角形，在“格式”选项卡的“排列”面板中，单击“旋转”下三角按钮；❷ 展开列表框，单击“其他旋转选项”命令。

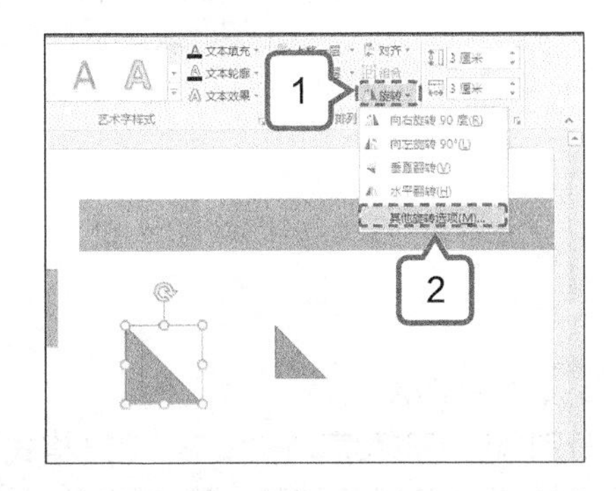

第 9 步 旋转形状

打开“设置形状格式”窗格，修改“旋转”参数为 180°，旋转形状。

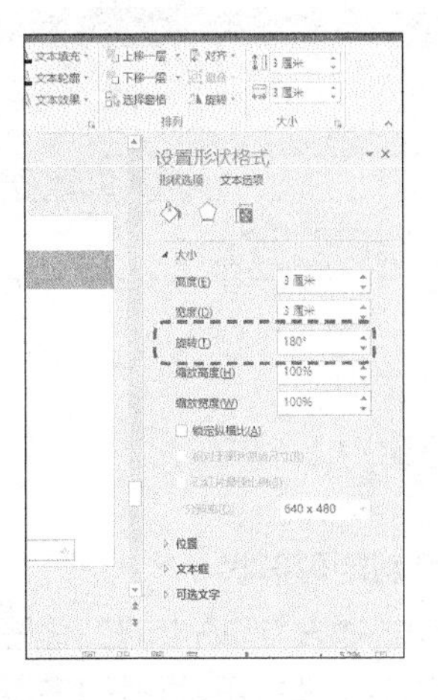

第 10 步 旋转形状

选择右侧的直角三角形形状，在“设置形状格式”窗格中，修改“旋转”参数为 90°，旋转形状。

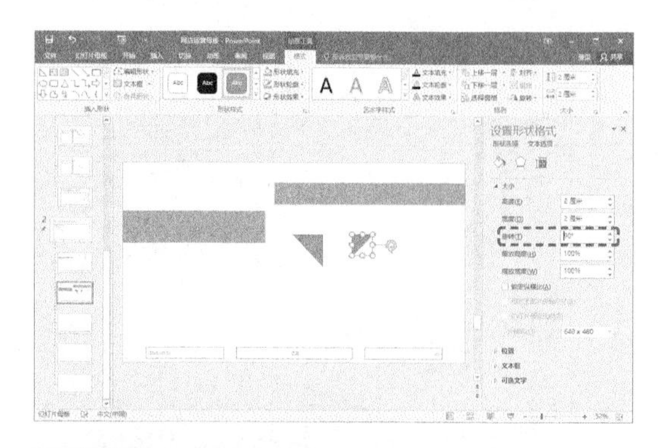

第 11 步 调整形状位置

关闭“设置形状格式”窗格，选择两个直角三角形，分别调整其位置。

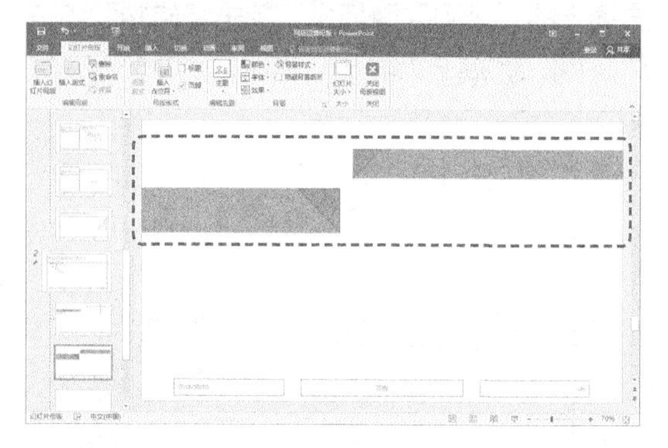

第 12 步 组合形状

分别选择矩形和直角三角形，在“格式”选项卡的“插入形状”面板中，单击“合并形状”下三角按钮，展开列表框，单击“组合”命令，组合形状。

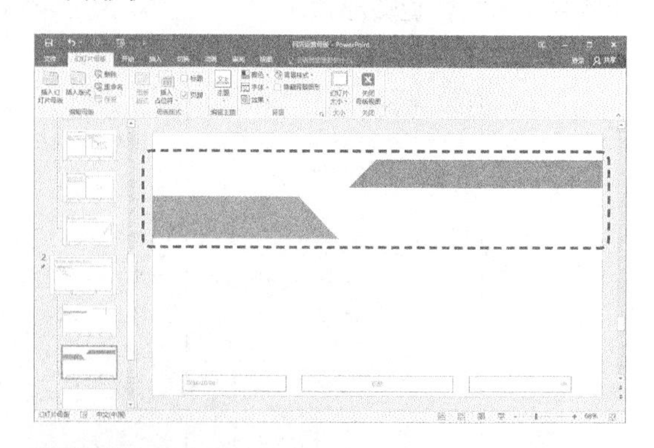

第 13 步 绘制矩形形状

❶ 单击“插入”选项卡，在“插图”面板中，单击“形状”下三角按钮，展开列表框，选择“矩形”形状，在幻灯片中单击鼠标左键并拖曳，绘制一个矩形；❷ 在“格式”选项卡的“大小”面板中，修改“形状高度”为 2，“形状宽度”为 0.7。

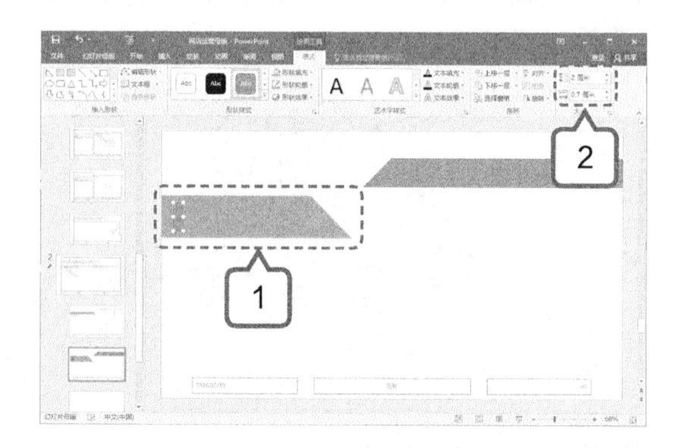

第 14 步 修改矩形形状颜色

在“格式”选项卡的“形状样式”面板中，依次修改矩形形状的“形状填充”和“形状轮廓”颜色均为“白色”。

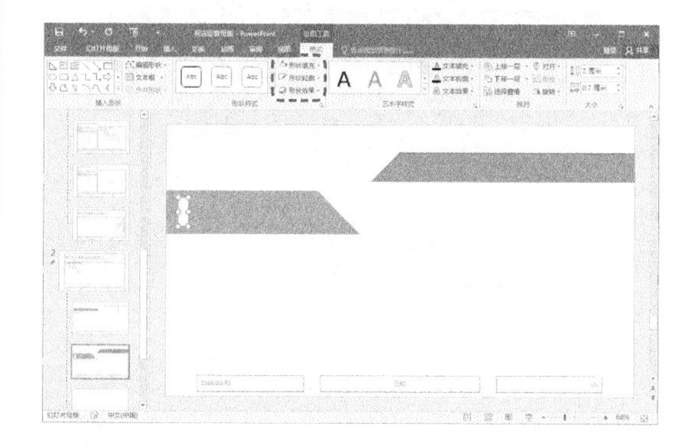

第 15 步 复制矩形形状

选择新绘制的矩形，将其进行 6 次复制操作，并调整复制后矩形的位置。

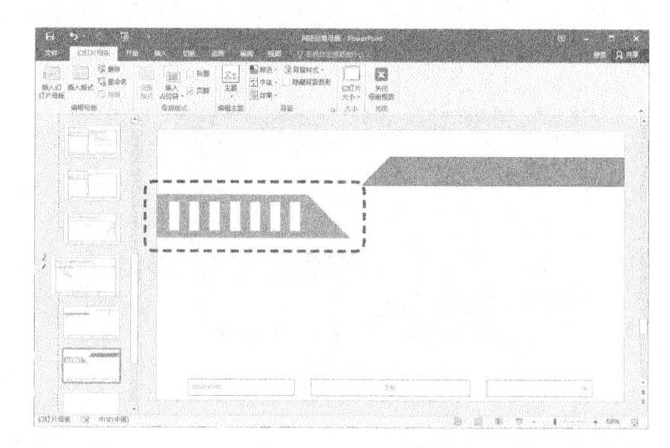

3. 在过渡页中添加自选图形

下面将介绍在过渡页中添加自选图形的具体操作方法。

第1步 选择“矩形”形状

❶选择“过渡页”版式，在“插图”面板中，单击“形状”下三角按钮；❷展开列表框，选择“矩形”形状。

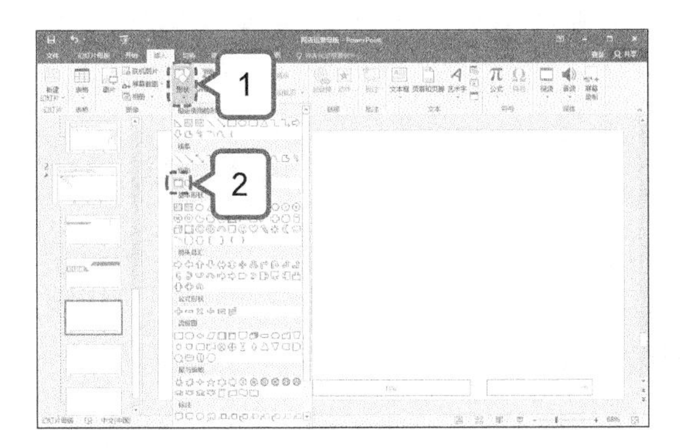

第2步 绘制矩形形状

❶在幻灯片中，单击鼠标左键并拖曳，绘制一个矩形形状；❷在“格式”选项卡的“大小”面板中，修改“形状高度”为0.8，“形状宽度”为20。

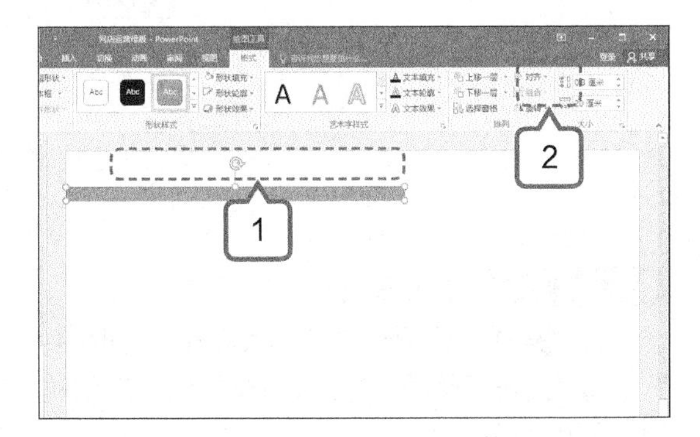

第3步 修改矩形形状颜色

在“格式”选项卡的“形状样式”面板中，依次修改矩形形状的“形状填充”和“形状轮廓”颜色均为“浅蓝”。

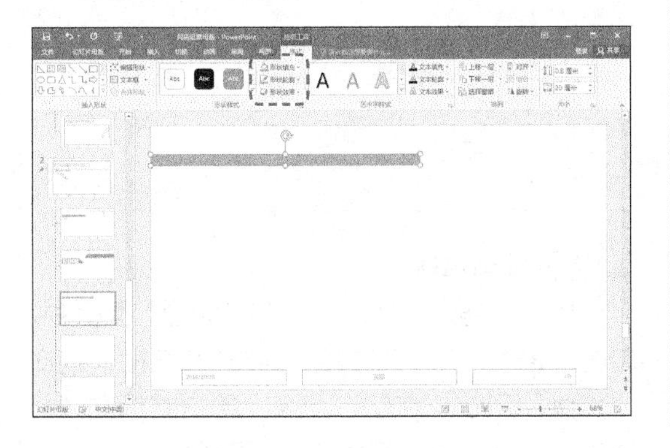

第4步 绘制矩形形状

单击“插入”选项卡，在“插图”面板中，单击“形状”下三角按钮，展开列表框，选择“矩形”形状，在幻灯片中，单击鼠标左键并拖曳，绘制一个矩形形状。

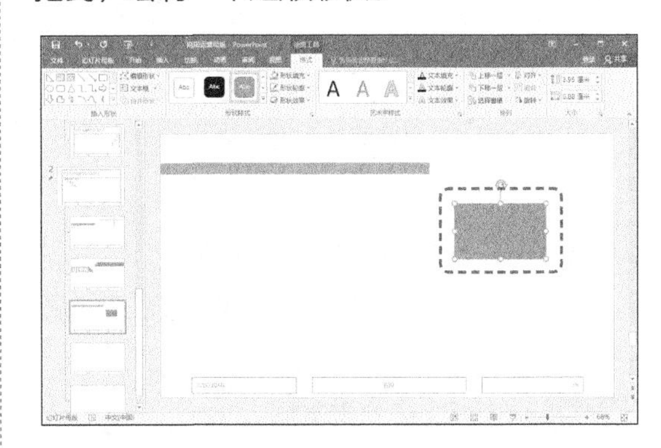

第5步 调整矩形的大小和位置

❶在“格式”选项卡的“大小”面板中，修改“形状高度”为5，“形状宽度”为12；❷调整矩形的位置。

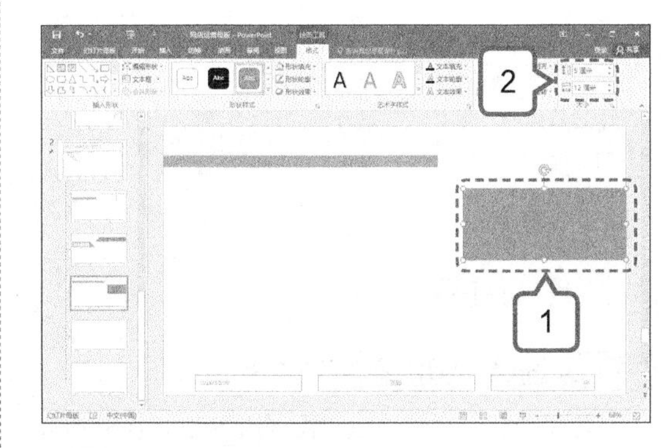

第6步 修改矩形形状颜色

在“格式”选项卡的“形状样式”面板中，依次修改矩形形状的“形状填充”和“形状轮廓”颜色均为“浅绿”。

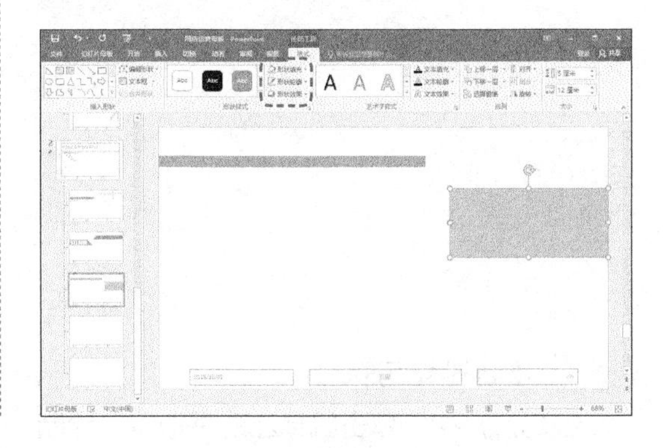

第 7 步 复制矩形形状

❶ 选择新绘制的矩形形状，将其进行复制操作，在“格式”选项卡的“大小”面板中，修改“形状宽度”为 1；❷ 调整复制后矩形的位置。

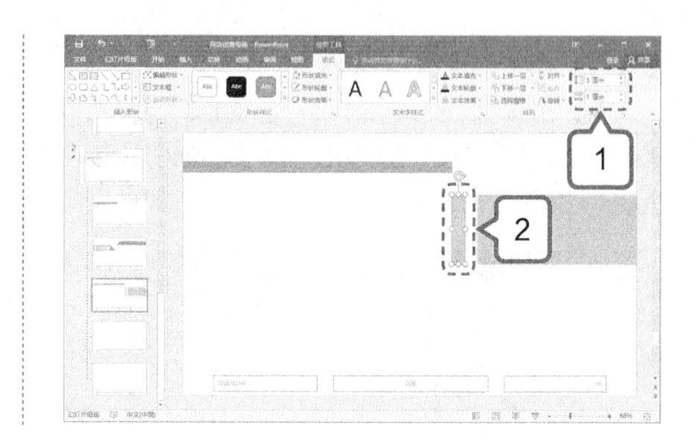

4. 在标题页中添加自选图形

下面将介绍在标题页中添加自选图形的具体操作方法。

第 1 步 删除版式中的文本框

❶ 选择“标题页”版式；❷ 删除版式中的日期和页脚文本框。

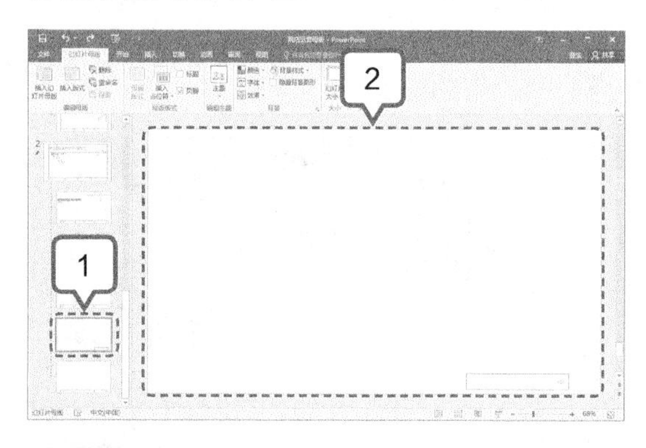

第 2 步 选择“圆角矩形”形状

❶ 单击“插入”选项卡，在“插图”面板中，单击“形状”下三角按钮；❷ 展开列表框，选择“圆角矩形”形状。

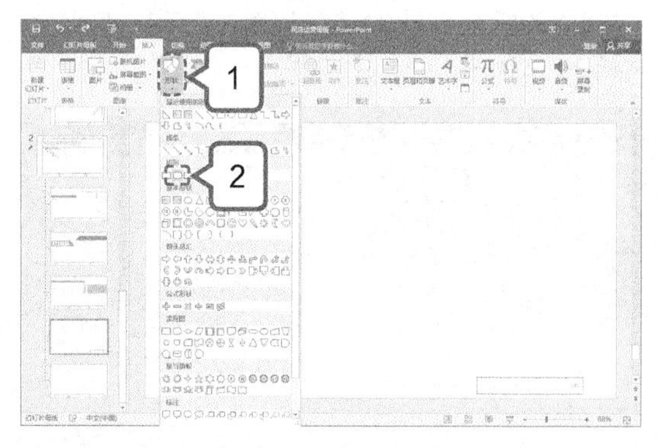

第 3 步 绘制圆角矩形

在幻灯片中，单击鼠标左键并拖曳，绘制一个圆角矩形，并在“格式”选项卡的“大小”面板中，修改“形状高度”为 2，“形状宽度”为 6。

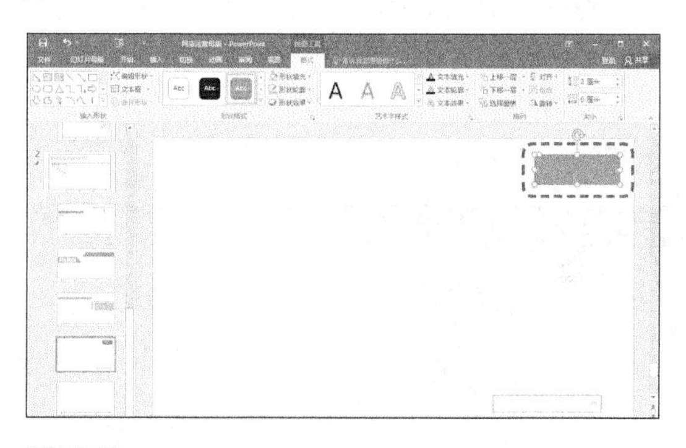

第 4 步 修改圆角矩形颜色

在“格式”选项卡的“形状样式”面板中，依次修改矩形形状的“形状填充”和“形状轮廓”颜色均为“浅蓝”。

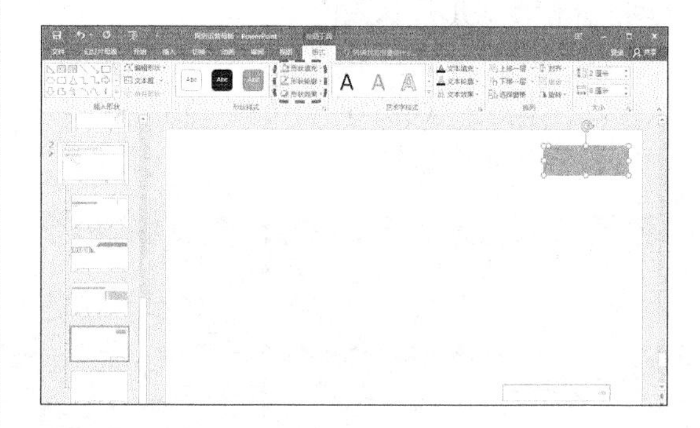

第 5 步 绘制直线

单击“插入”选项卡，在“插图”面板中，单击“形状”下三角按钮，展开列表框，选择“直线”形状，在幻灯片中，单击鼠标左键并拖曳，绘制一条长度为 17 的直线。

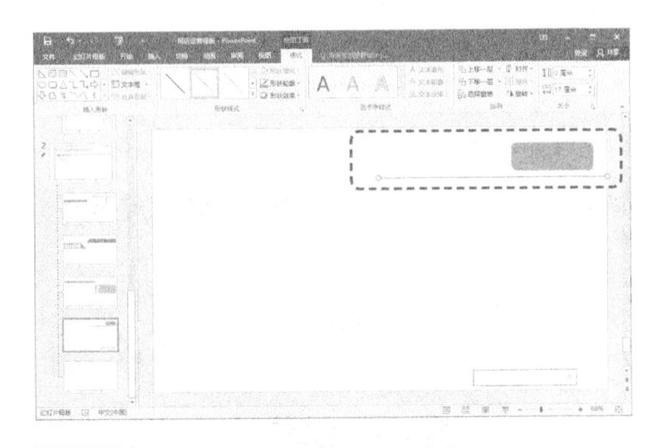

第 6 步 设置直线的颜色和粗细

在“格式”选项卡的“形状样式”面板中，修改新绘制直线的“形状轮廓”颜色为“浅蓝”，“粗细”为“3 磅”。

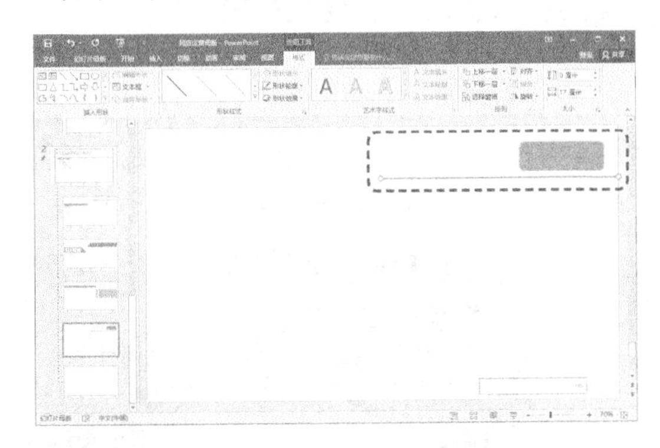

第 7 步 绘制矩形形状

在“插入”选项卡的“插图”面板中，单击“形状”下三角按钮，展开列表框，选择“矩形”形状，在幻灯片中，单击鼠标左键并拖曳，绘制一个矩形形状。

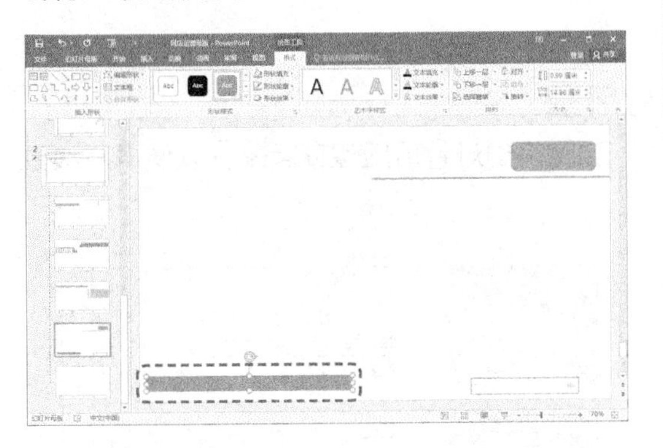

第 8 步 修改矩形的大小和颜色

❶ 选择新绘制的矩形形状，修改“形状高度”为 0.8，“形状宽度”为 25；❷ 在“形状样式”面板中，修改“形状轮廓”和“形状填充”颜色均为“浅绿”。

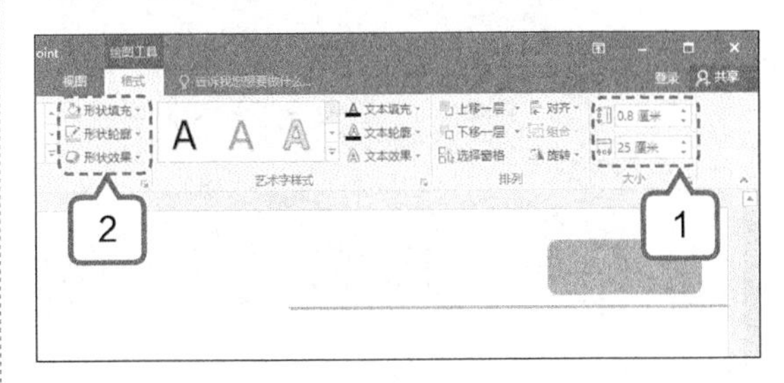

第 9 步 复制矩形形状

选择新绘制的矩形，将其进行两次复制操作，并分别修改“形状宽度”为 0.5 和 4.5，调整矩形和文本框的位置。

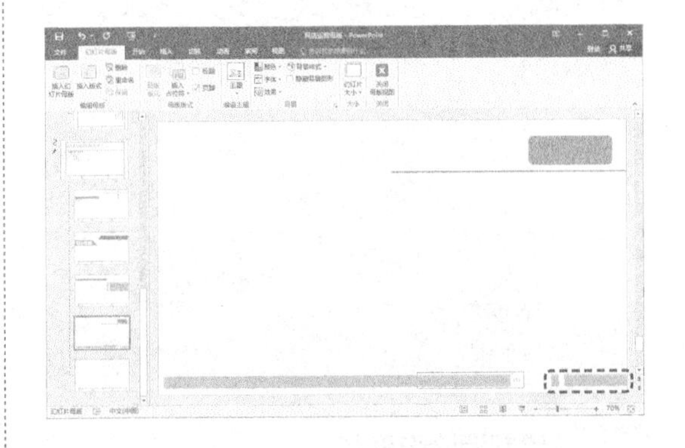

5. 在封底页中添加自选图形

下面将介绍在封底页中添加自选图形的具体操作方法。

第 1 步 绘制矩形形状

选择“封底页”版式，单击“插入”选项卡，在“插图”面板中，单击“形状”下三角按钮，展开列表框，选择“矩形”形状，在幻灯片中，单击鼠标左键并拖曳，绘制一个矩形形状。

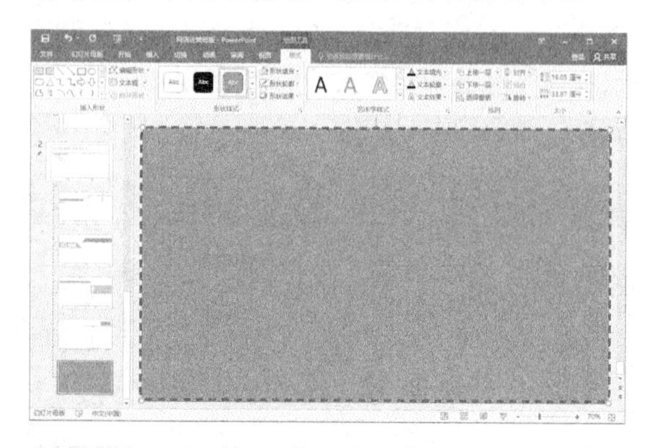

第 2 步 修改矩形形状颜色

选择新绘制的矩形，在“格式”选项卡的“形状样式”面板中，修改“形状填充”和“形状轮廓”颜色均为“浅蓝”。

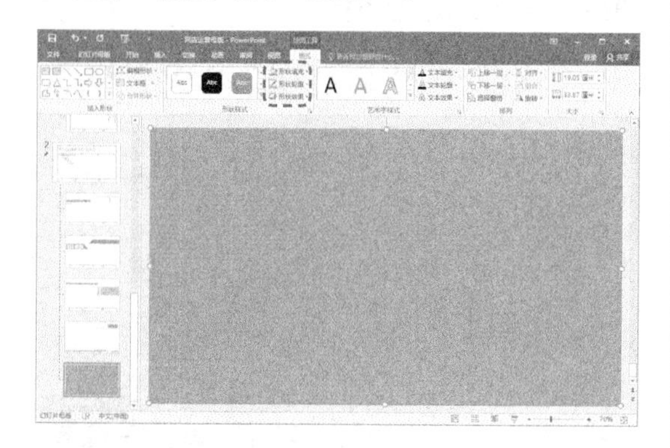

第 3 步 绘制泪滴形形状

单击“插入”选项卡，在“插图”面板中，单击“形状”下三角按钮，展开列表框，选择“泪滴形”形状，在幻灯片中，单击鼠标左键并拖曳，绘制一个泪滴形形状。

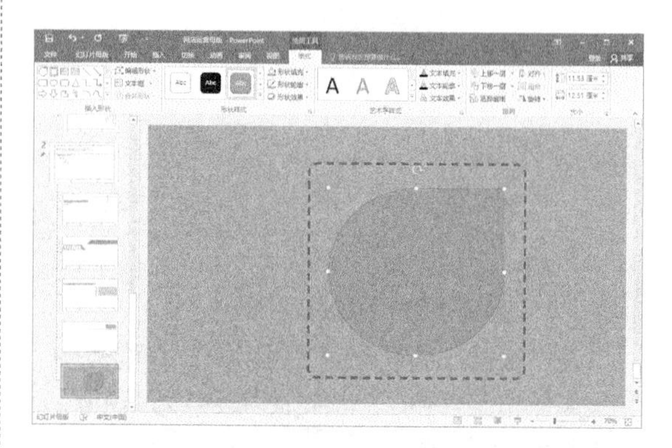

第 4 步 修改形状的颜色、大小和位置

❶ 在“格式”选项卡中，修改“形状宽度”和“形状高度”为 15；❷ 在“形状样式”面板中，修改“形状轮廓”和“形状填充”颜色均为“白色”，并调整其位置。

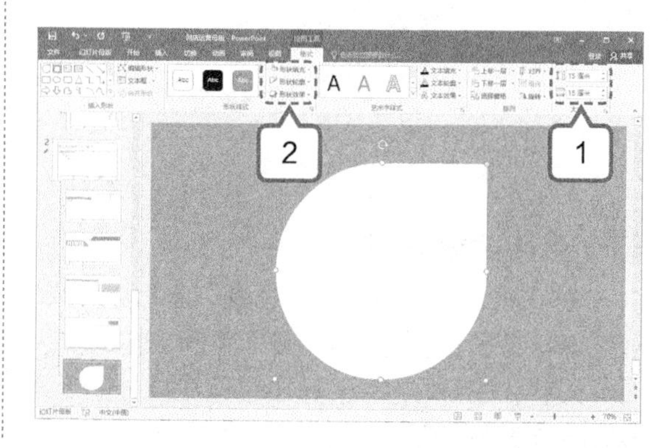

13.1.3 使用“另存为”功能提取幻灯片母版

完成幻灯片母版的制作后，可以使用“另存为”功能将幻灯片母版保存起来，以便下一次直接使用。

第 1 步 单击“浏览”命令

❶ 单击“文件”选项卡，进入“文件”界面，单击“另存为”命令；❷ 在右侧的“另存为”界面中，单击“浏览”命令。

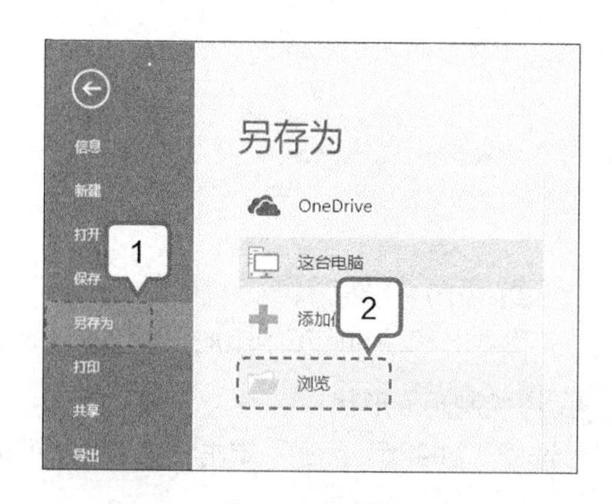

第 2 步 设置保存类型

打开“另存为”对话框，在“保存类型”下拉列表中，选择“PowerPoint 模板(*.potx)”选项。

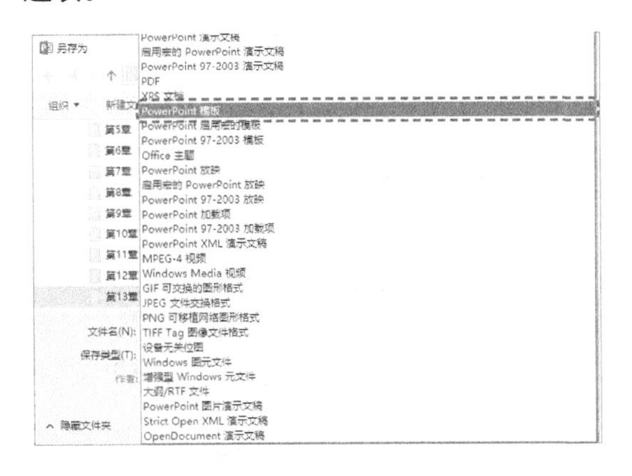

第 3 步 设置文件名和保存路径

❶设置好文件名和保存路径；❷单击“保存”按钮即可。

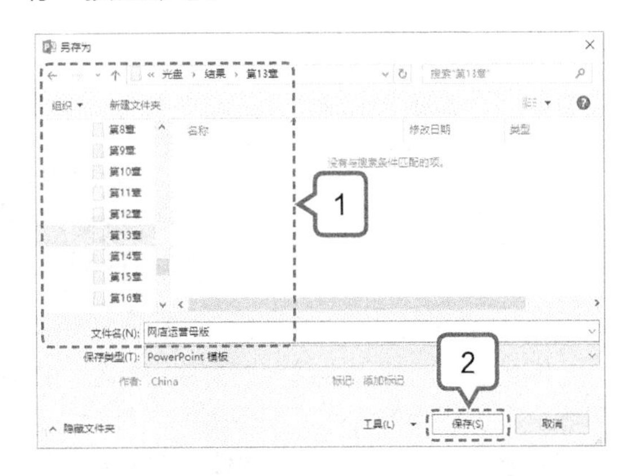

13.1.4 其他母版

除了本节介绍的母版外，平时常用的还有很多种母版。读者可以根据以下思路，结合自身实际进行制作。

1.《口才生产力演讲母版》

口才生产力演讲母版是为该演讲文稿添加统一的封面页、目录页、过渡页和标题页等幻灯片版式的母版。在进行口才生产力演讲母版的制作时，会使用新建母版、删除版式、复制版式、添加自选图形以及添加文本框等操作。具体的效果如下图所示。

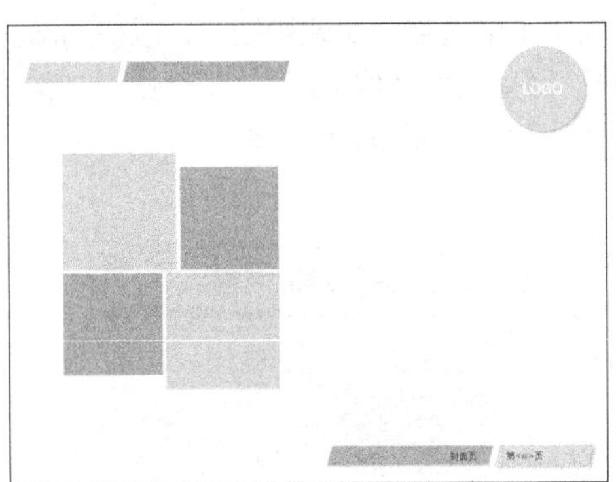

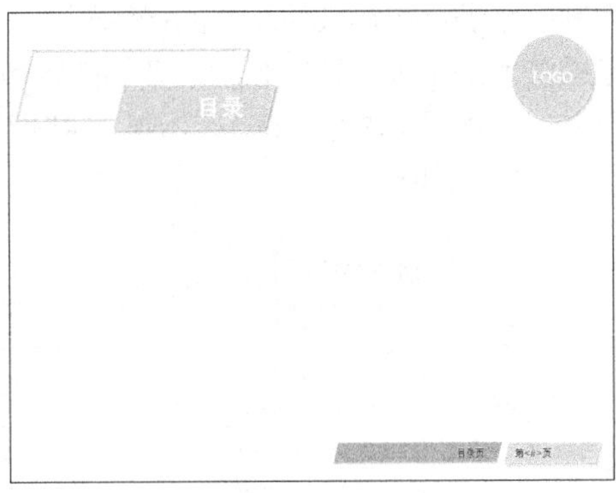

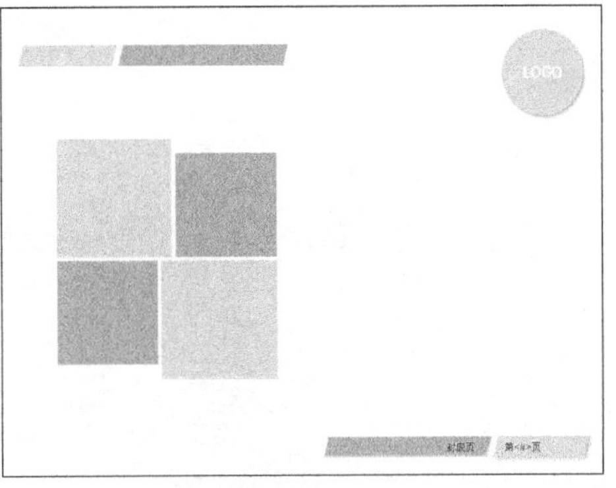

2.《商务工作汇报母版》

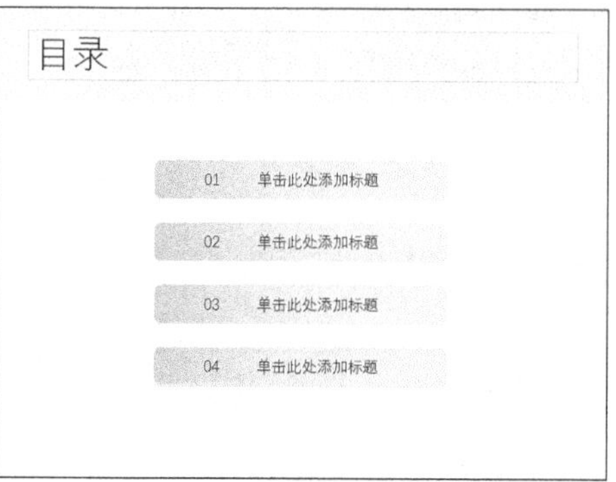

商务工作汇报母版是为该文稿添加统一的封面页、目录页、过渡页和标题页等幻灯片版式的母版。在进行商务工作汇报母版的制作时，会使用新建母版、删除版式、复制版式、添加自选图形以及添加文本框等操作。具体的效果如上图所示。

13.2 制作“培训文稿”——《管理制度培训》

本节视频教学时间 / 10 分钟

案例名称	管理制度培训
素材文件	素材 \ 第 13 章 \ 管理制度培训 .pptx
结果文件	结果 \ 第 13 章 \ 管理制度培训 .pptx
扩展模板	扩展模板 \ 第 13 章 \ 培训文稿类模板

管理制度培训是按照公司职位的具体要求，向员工传授专业知识和技能，以提高员工的知识水平和工作能力的培训。管理制度培训的内容包含任免管理、考勤管理、薪酬管理、奖罚管理以及日常行为规范管理等内容。在本实例中，我们要制作管理制度培训文稿。

最后的效果如图所示。

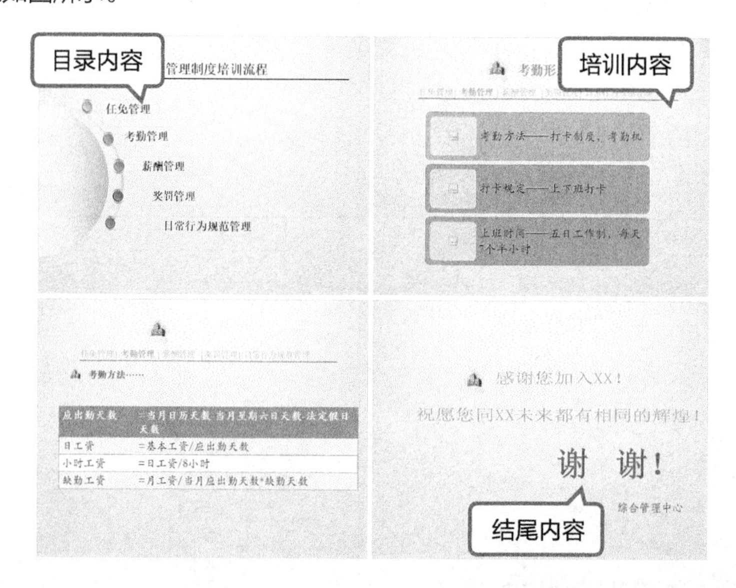

/ 管理制度培训演示文稿的组成要素

名称	是否必备	要求
目录内容	必备	该页面包含管理制度的培训流程目录
培训内容	必备	该页面根据每个管理培训的知识点来布局对应的内容
结尾内容	必备	该页面包含感谢内容以及相关的制作部门等

/ 技术要点

（1）使用“SmartArt”功能添加 SmartArt 图形。

（2）使用选项卡编辑 SmartArt 图形。

（3）使用“表格”功能在幻灯片中添加表格。

（4）使用选项卡编辑表格效果。

/ 操作流程

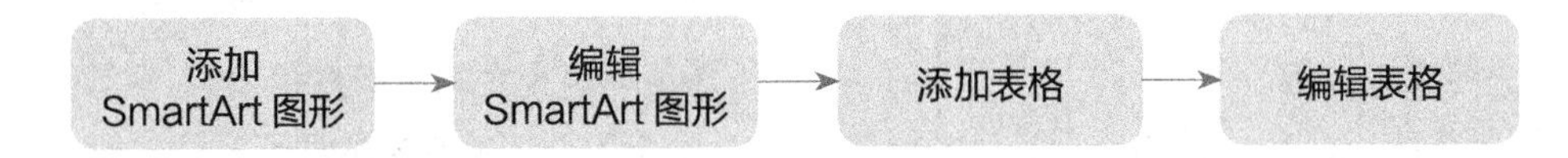

13.2.1 使用“SmartArt”功能添加 SmartArt 图形

SmartArt 图形是信息和观点的视觉表现形式，是 PowerPoint 2016 中的一种功能强大、种类丰富、效果生动的图形。PowerPoint 2016 中提供了 8 种类别的 SmartArt 图形。下面介绍其具体的操作方法。

第 1 步 单击“SmartArt”按钮

打开“素材 \ 第 13 章 \ 管理制度培训 .pptx”演示文稿，选择第 7 张幻灯片，单击“插入”选项卡，在“插图”面板中，单击“SmartArt”按钮。

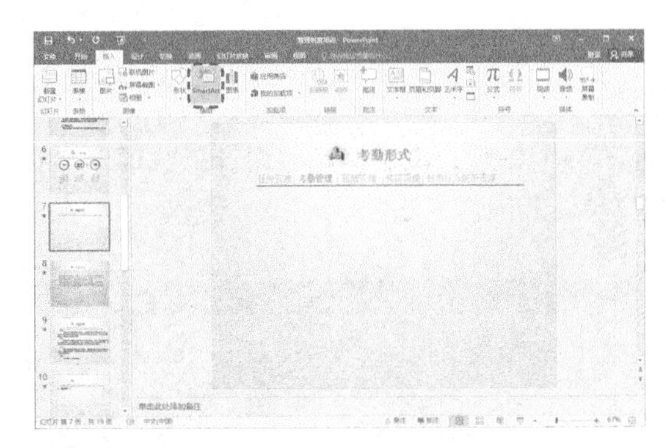

第 2 步 选择 SmartArt 图形形状

❶ 打开“选择 SmartArt 图形”对话框，在左侧的列表框中，选择“列表”选项；❷ 在右侧的下拉列表框中，选择“垂直曲形列表”选项。

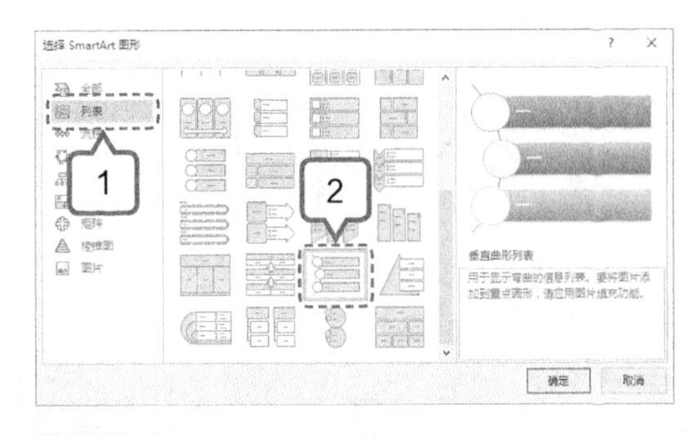

第 3 步 插入 SmartArt 图形

单击“确定”按钮，在幻灯片中插入 SmartArt 图形，并调整其位置。

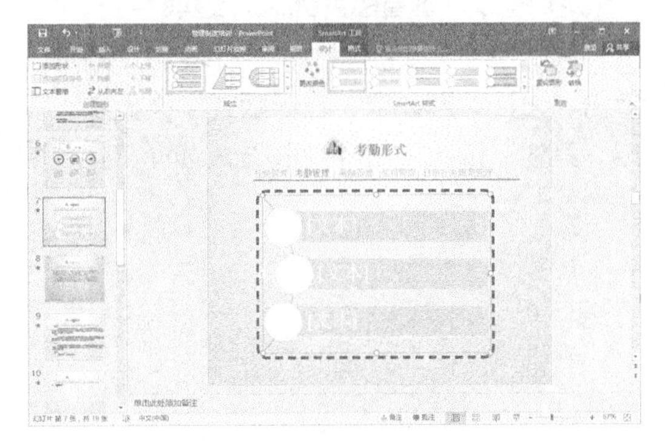

第 4 步 输入文本内容

在 SmartArt 图形中，依次单击文本框，输入文本内容，并在“开始”选项卡“字体”面板中，修改“字体”为“华文楷体”，“字号”为“25”，“字体颜色”为“深蓝”。

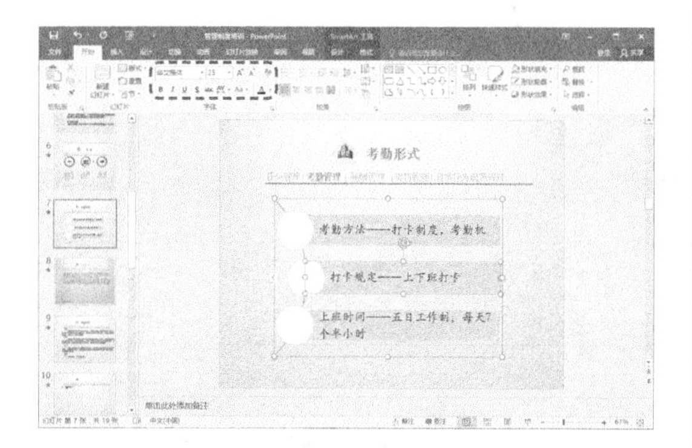

第 5 步 选择文本内容

选择第 8 张幻灯片，并选择幻灯片中相应的文本内容。

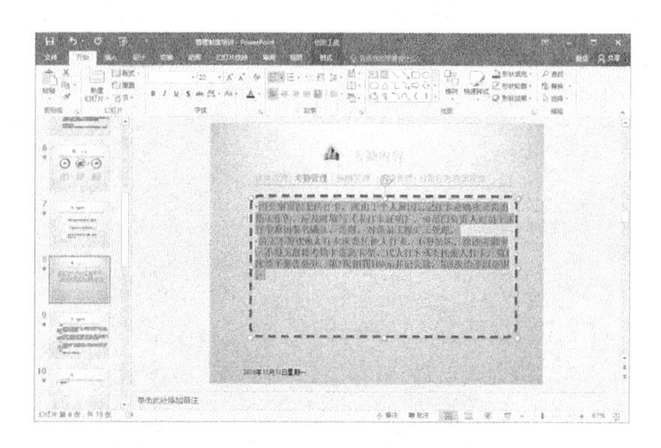

第 6 步 选择相应的选项

❶ 在“开始”选项卡的“段落”面板中，单击“转换为 SmartArt 图形”下三角按钮 ；❷ 展开列表框，选择“连续块状流程”选项。

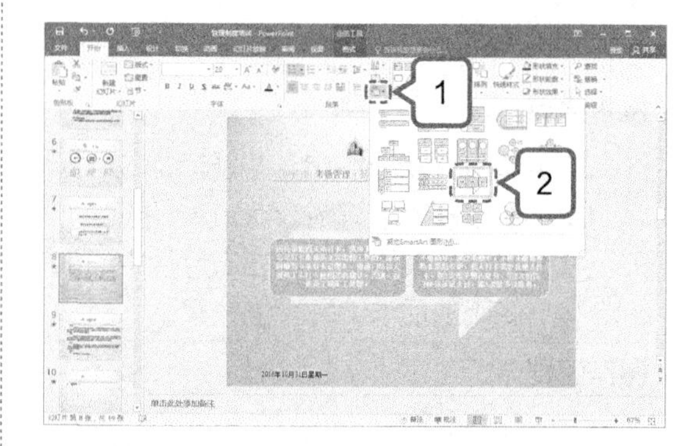

第 7 步 更改文本显示方式

更改选择的文本的显示方式。

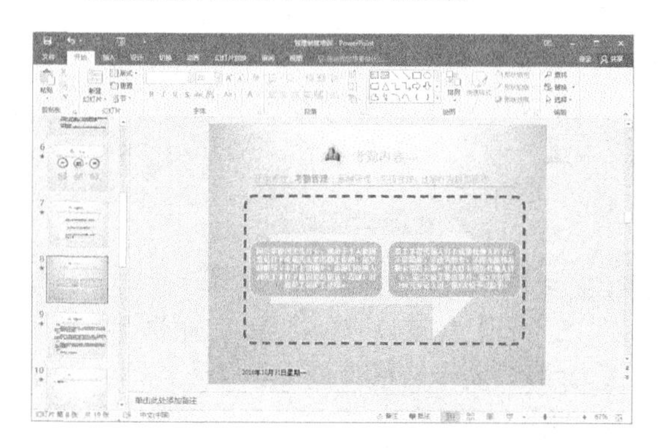

13.2.2 使用选项卡编辑 SmartArt 图形

完成 SmartArt 图形的添加后，SmartArt 图形还不是很美观，需要使用“设计”选项卡中的相应功能对 SmartArt 图形进行编辑操作。下面介绍其具体的操作方法。

第 1 步 选择“垂直图片列表”选项

选择第 7 张幻灯片中的 SmartArt 图形，单击“设计”选项卡，在“版式”面板中，单击“其他”按钮，展开列表框，选择“垂直图片列表”选项。

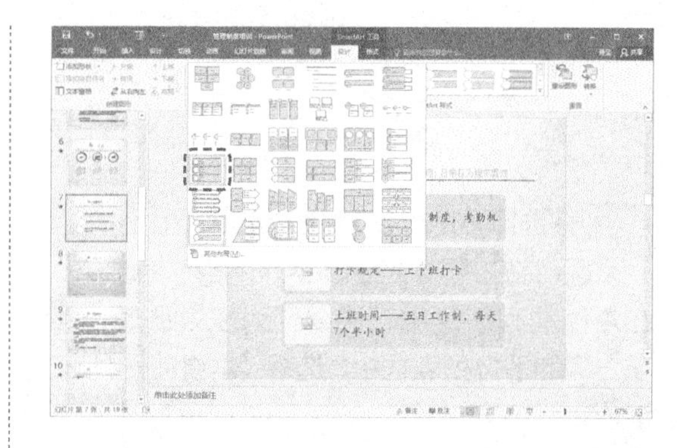

第 2 步 **更改 SmartArt 图形版式**

完成上述操作即可重新更改 SmartArt 图形的版式效果。

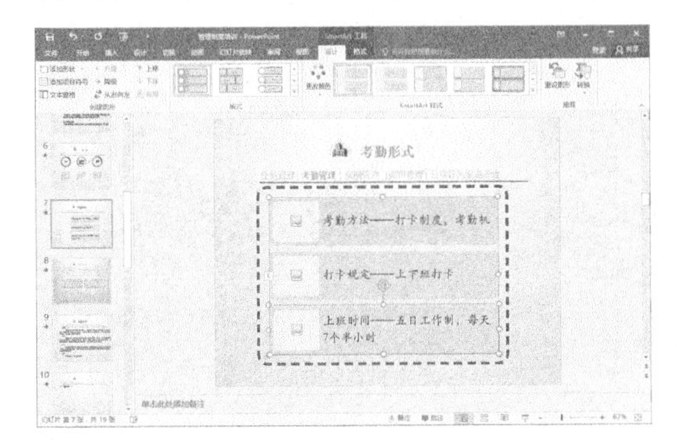

第 3 步 **更改 SmartArt 图形样式**

在“设计”选项卡的“SmartArt 样式”面板中，单击“其他”按钮，展开列表框，选择“细微效果”样式，更改 SmartArt 的图形样式。

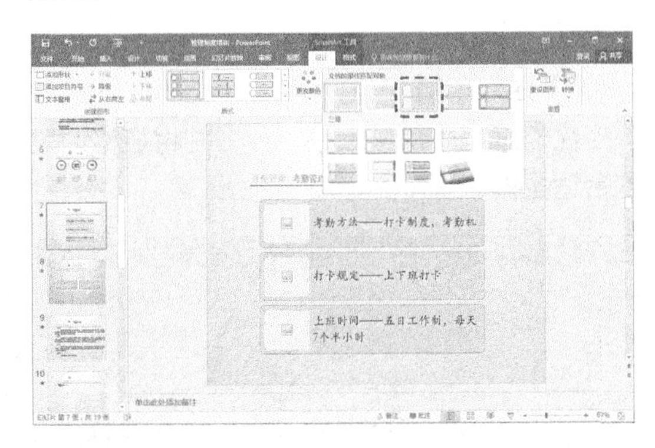

第 4 步 **选择“彩色 - 个性色”颜色**

❶ 在“设计”选项卡的“SmartArt 样式”面板中，单击“更改颜色”下三角按钮；❷ 展开列表框，选择“彩色 - 个性色”颜色。

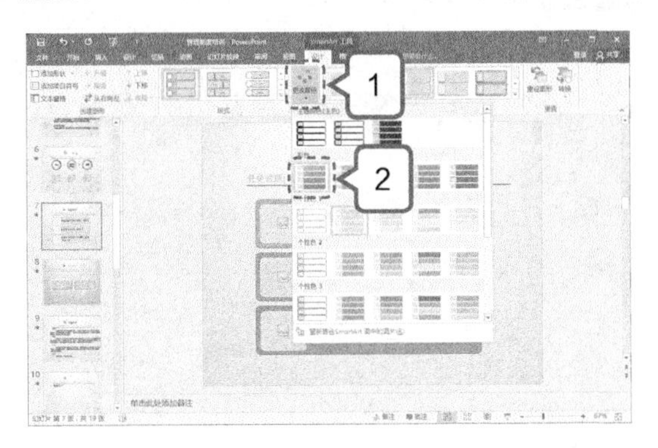

第 5 步 **更改 SmartArt 图形颜色**

完成上述操作即可重新更改 SmartArt 图形的颜色效果。

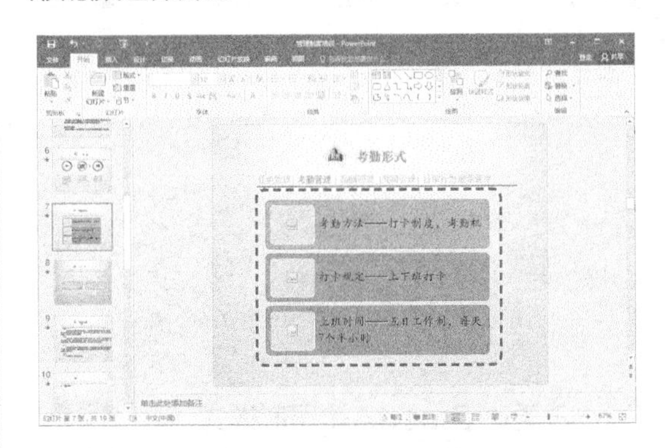

第 6 步 **调整 SmartArt 图形大小和位置**

❶ 选择第 8 张幻灯片的 SmartArt 图形，在“格式”选项卡的“大小”面板中，修改“形状宽度”为 23；❷ 调整图形的位置。

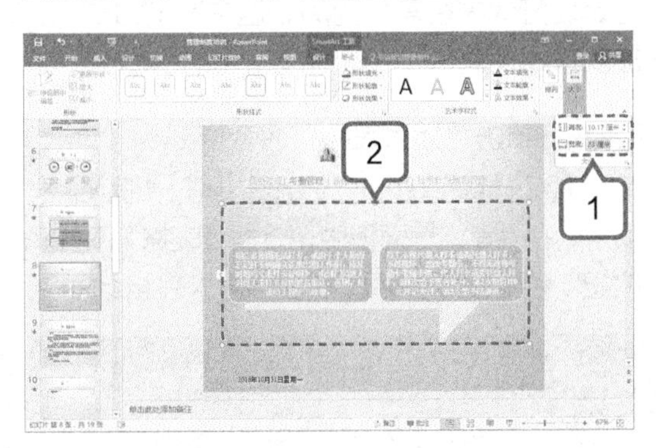

第 7 步 **选择合适的颜色**

❶ 单击“设计”选项卡，在“SmartArt 样式”面板中，单击“更改颜色”下三角按钮；❷ 展开列表框，选择“透明渐变范围 - 个性色 2”颜色。

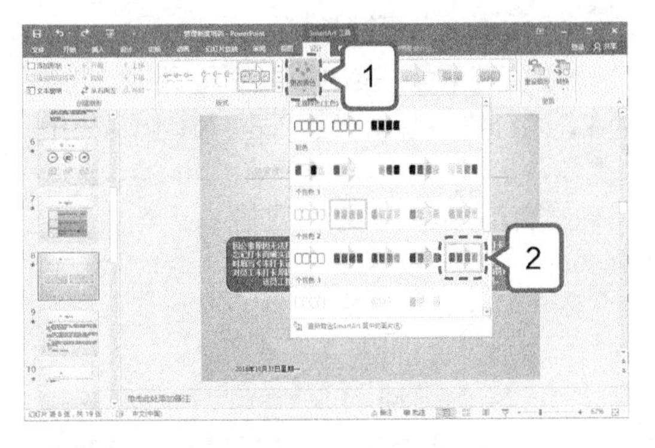

第 8 步 **更改 SmartArt 图形颜色**

完成上述操作即可重新更改 SmartArt 图形的颜色效果。

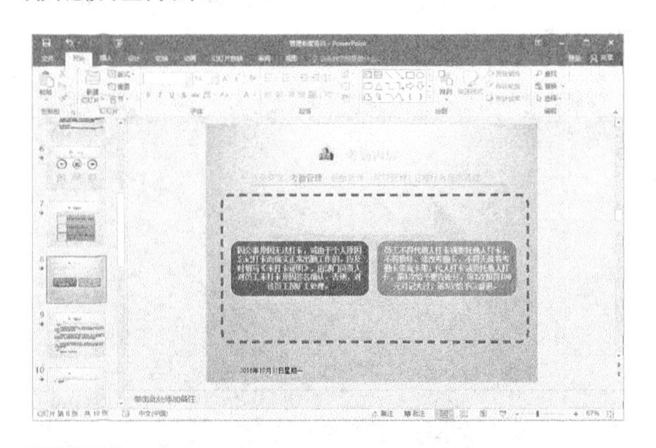

第 9 步 更改 SmartArt 图形样式

在“设计”选项卡的“SmartArt 样式”面板中，单击“其他”按钮，展开列表框，选择“潜入”样式，更改 SmartArt 的图形样式。

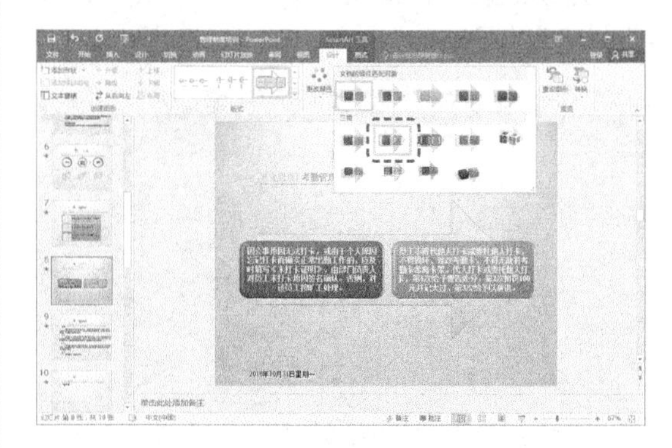

13.2.3 使用“表格”功能在幻灯片中添加表格

在幻灯片中，除了添加 SmartArt 图形外，还需要添加表格图形。表格是重要的数据分析工具，也是幻灯片中经常使用的表达主题的方式。使用表格，能够让复杂的数据显得更加整齐规范、更加简单易读。

第 1 步 单击“插入表格”命令

❶ 选择第 10 张幻灯片，单击“插入”选项卡，在“表格”面板中，单击“表格”下三角按钮；❷ 展开列表框，单击“插入表格”命令。

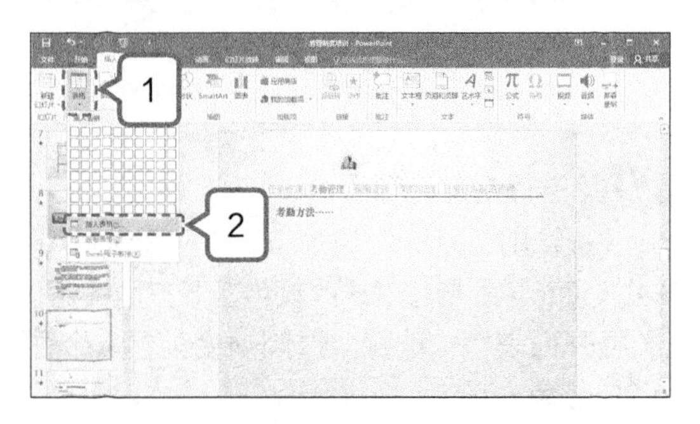

第 2 步 设置插入表格参数

❶ 打开“插入表格”对话框，修改“列数”为 2，“行数”为 4；❷ 单击“确定”按钮。

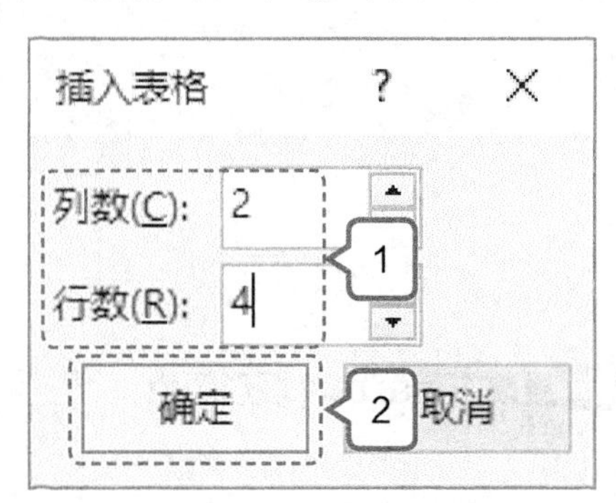

第 3 步 插入表格

在幻灯片中插入表格对象，并将表格调整到合适位置。

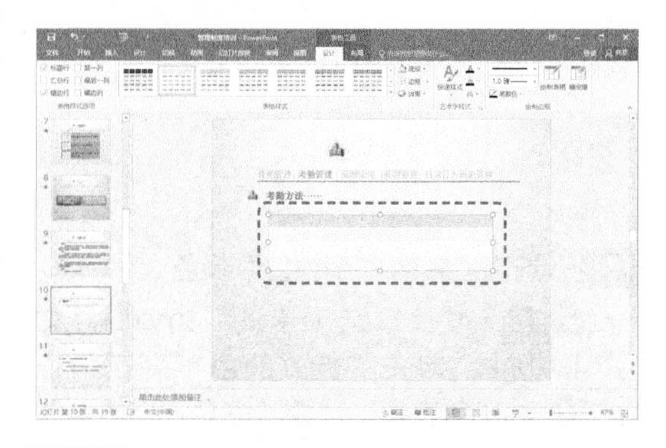

第 4 步 输入文本内容

在新插入的表格中，依次输入文本内容。

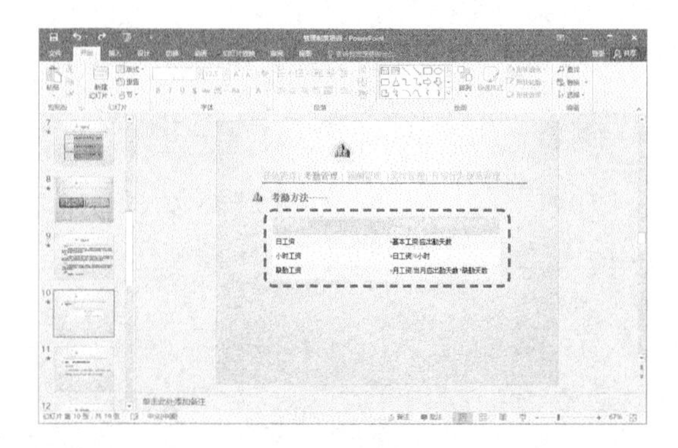

13.2.4 使用选项卡编辑表格效果

完成表格的添加操作后，用户还需要对表格中的文本字体、段落格式、列宽、行高以及表格样式等进行编辑操作。

1. 应用表格样式

表格样式是指表格的边框和底纹的显示效果，使用“表格样式”功能可以快速为表格应用表格样式效果。下面介绍其具体的操作方法。

第 1 步 选择合适的样式

选择表格对象，单击“设计”选项卡，在“表格样式”面板中，单击“其他”按钮，展开列表框，选择“中度样式 1- 强调 5”样式。

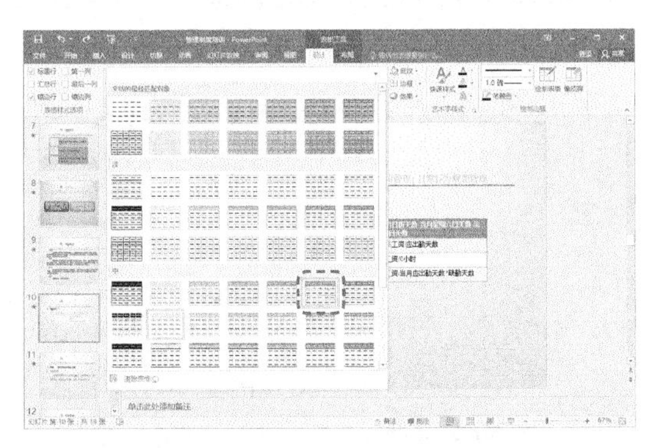

第 2 步 应用表格样式效果

为选择的表格快速应用“中度样式 1- 强调 5”样式效果。

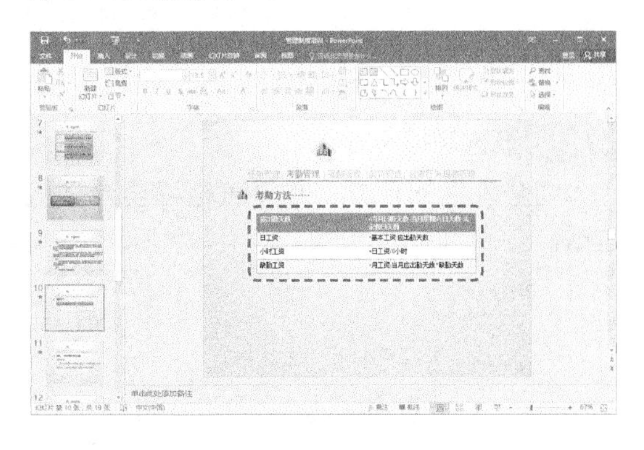

2. 设置表格文本的字体效果

在对表格进行美化操作时，还需要对表格中文本的字体、字号和颜色等参数进行设置。下面介绍其具体的操作方法。

第 1 步 设置表格文本字体

❶ 选择表格对象，在“开始”选项卡的“字体”面板中，单击“字体”下三角按钮；❷ 展开列表框，选择“华文楷体”选项，设置表格文本的字体。

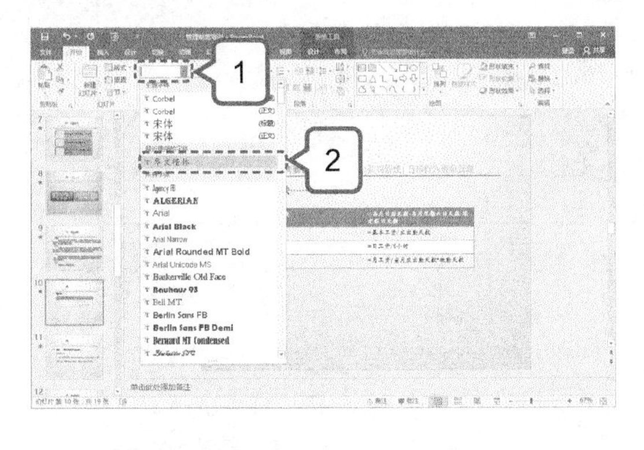

第 2 步 设置表格文本的字号

❶ 在“开始”选项卡的“字体”面板中，单击“字号”下三角按钮；❷ 展开列表框，选择“24”选项，设置表格文本的字号。

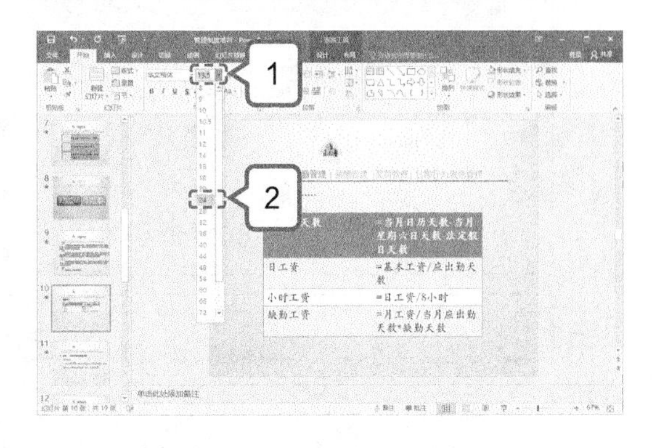

3. 调整表格的尺寸

定好表格的基本框架后，需要对表格的行高和列宽进行调整，以使表格更加美观。下面介绍其具体的操作方法。

第 1 步 **修改表格尺寸参数**

❶ 选择表格对象; ❷ 单击“布局”选项卡，在“表格尺寸”面板中，修改“宽度”为“23 厘米”。

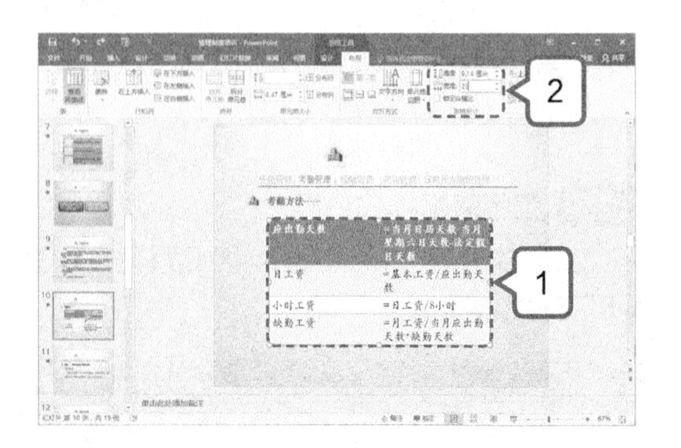

第 2 步 **调整表格尺寸**

调整表格的尺寸，并将表格移至合适的位置。

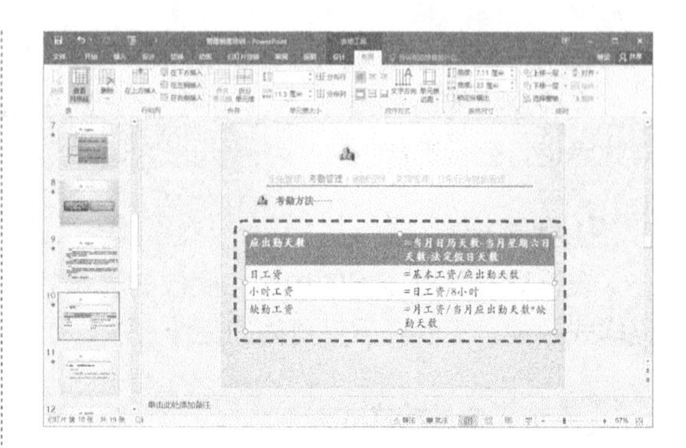

第 3 步 **调整单元格列宽**

选中左侧列的单元格对象，将鼠标指针移至单元格的右侧线上，单击鼠标左键并向左拖曳至合适的位置，调整单元格的列宽。

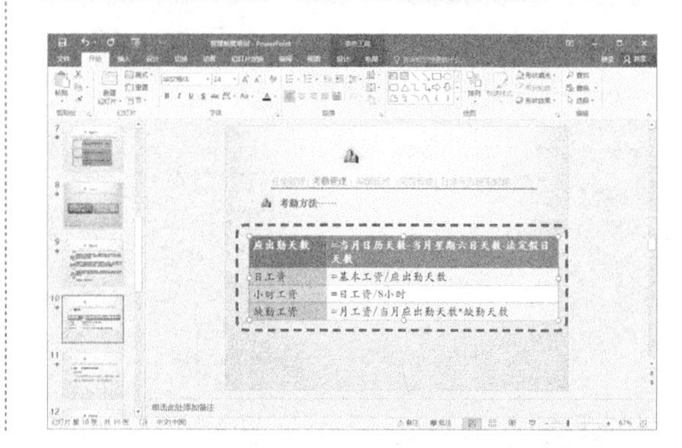

13.2.5 其他培训文稿

除了本节介绍的培训文稿外，平时常用的还有很多种培训文稿。读者可以根据以下思路，结合实际需要进行制作。

1.《员工培训六大要素》

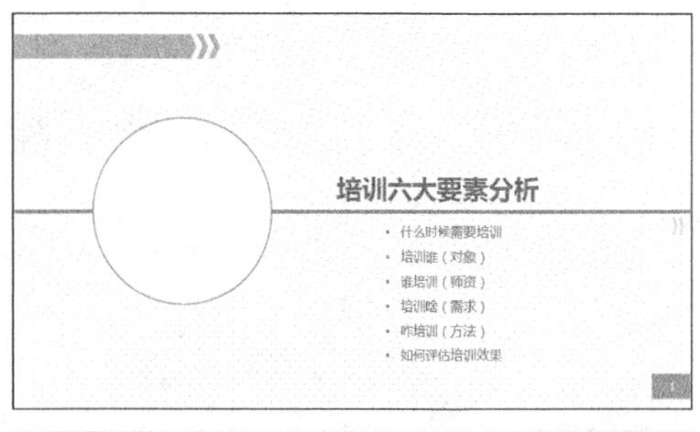

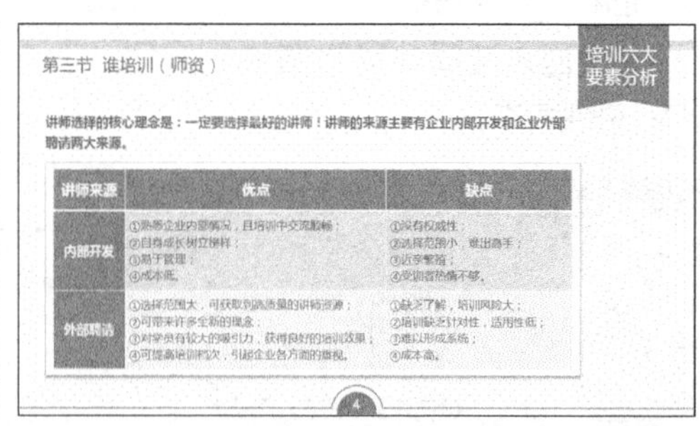

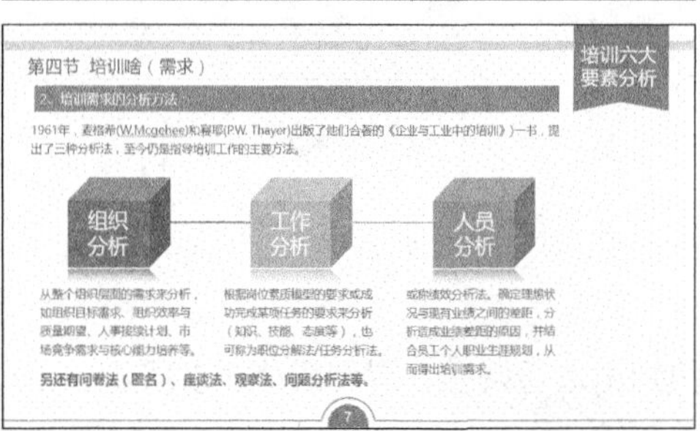

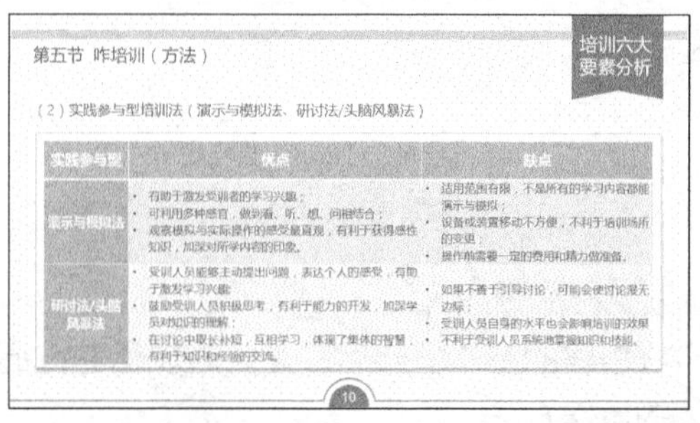

员工培训六大要素培训文稿是对培训时间、培训对象、培训师资、培训需求、培训方法以及评估培训效果等六大要素进行展示的演示文稿。在进行员工培训六大要素文稿的制作时，会使用添加表格、编辑表格等操作。具体的效果如上图所示。

2.《情商知识培训》

情商知识培训文稿是对情商的基础知识、包含的能力、重要性以及如何提升情商等知识进行展示的演示文稿。在进行情商知识培训文稿的制作时，会使用添加 SmartArt 图形、编辑 SmartArt 图形等操作。具体的效果如下图所示。

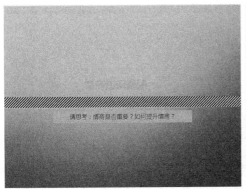

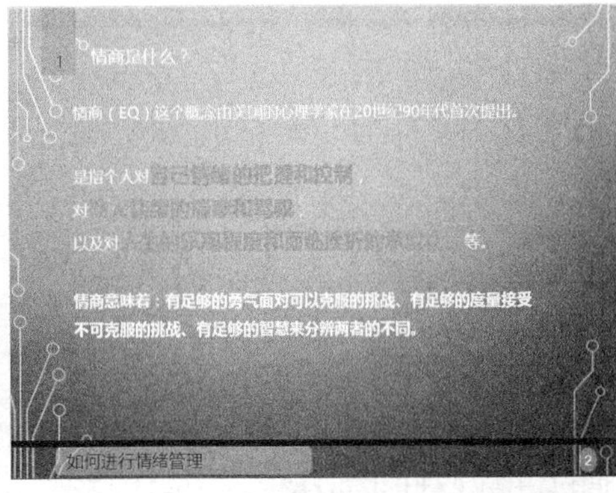

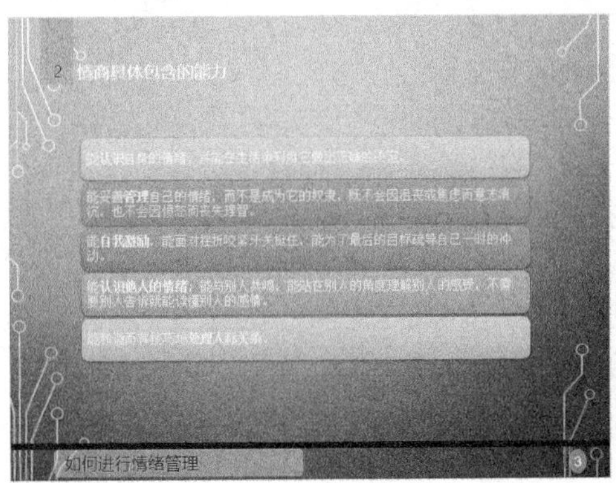

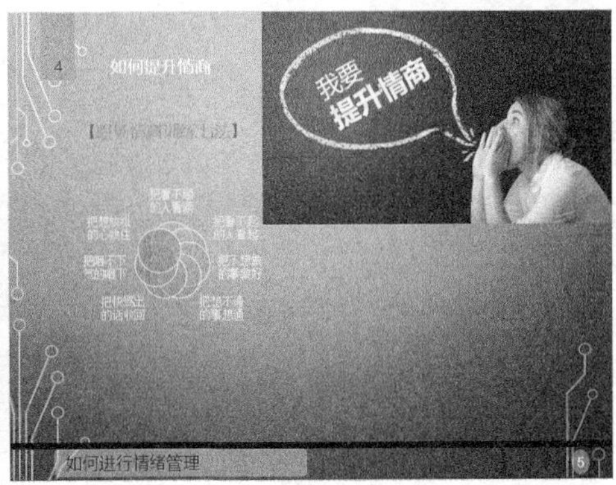

13.3 制作“财务图表”——《月度销售分析报告》

本节视频教学时间 / 15 分钟

案例名称	月度销售分析报告
素材文件	素材 \ 第 13 章 \ 月度销售分析报告 .pptx
结果文件	结果 \ 第 13 章 \ 月度销售分析报告 .pptx
扩展模板	扩展模板 \ 第 13 章 \ 财务图表类模板

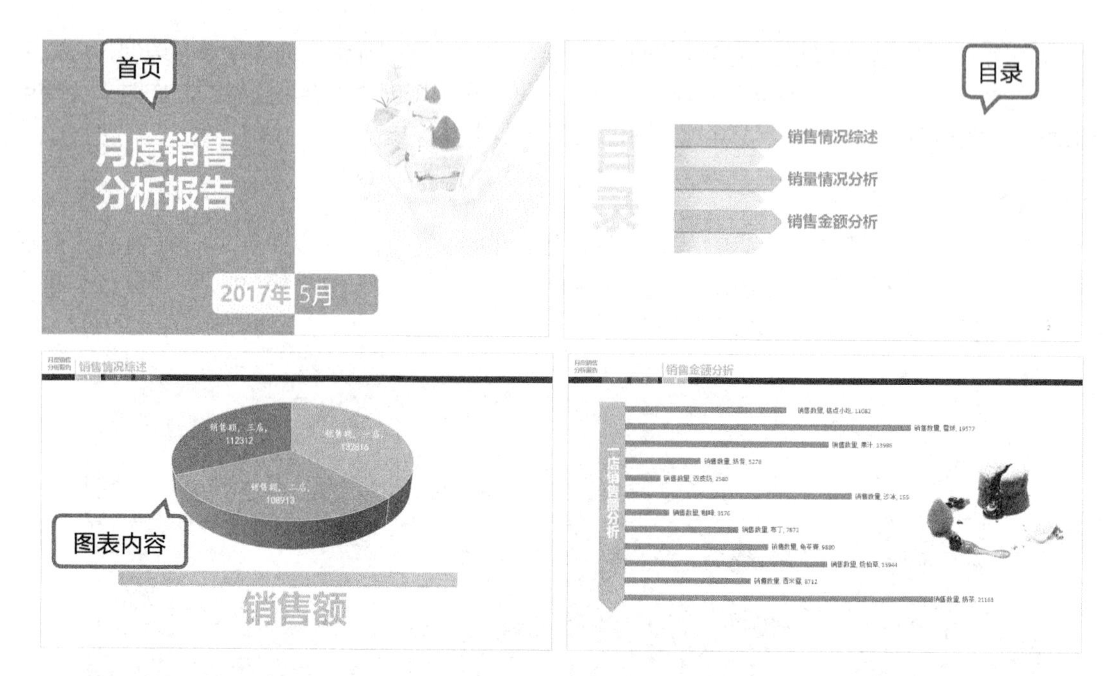

月度销售分析报告是用来对各分店每个月的销售数量进行分析报告的演示文稿，在该演示文稿中，通过饼图、柱形图以及条形图等图表对销售数量数据进行展示。在本实例中，我们要制作月度销售分析报告演示文稿。

最后的效果如上图所示。

/ 月度销售分析报告的组成要素

名称	是否必备	要求
首页	必备	该页面包含了主题和日期内容
目录	必备	该页面包含了内容目录索引
图表内容	必备	该页面包含了每个图表的数据展示

/ 技术要点

（1）使用“饼图”制作图表。

（2）使用“柱形图”制作图表。

（3）使用“条形图”制作图表。

/ 操作流程

13.3.1 使用“饼图”制作图表

饼图主要用来反映每一个数值占总数值的比例。它只能显示一个系列的数据比例关系，即使制作图表时选择了多个系列的数据，也只会在饼图中显示其中一个数据系列，而且饼图中没有分类轴和数值轴。

第 1 步 选择第 3 张幻灯片

打开“素材 \ 第 13 章 \ 月度销售分析报告 .pptx”演示文稿，选择第 3 张幻灯片。

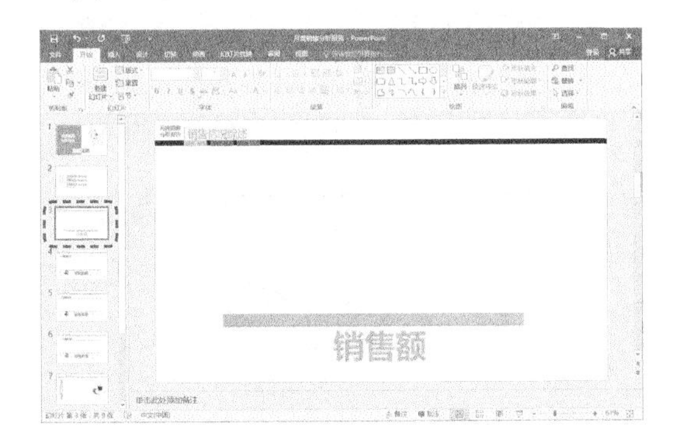

第 2 步 单击“图表”按钮

单击“插入”选项卡，在“插图”面板中，单击“图表”按钮。

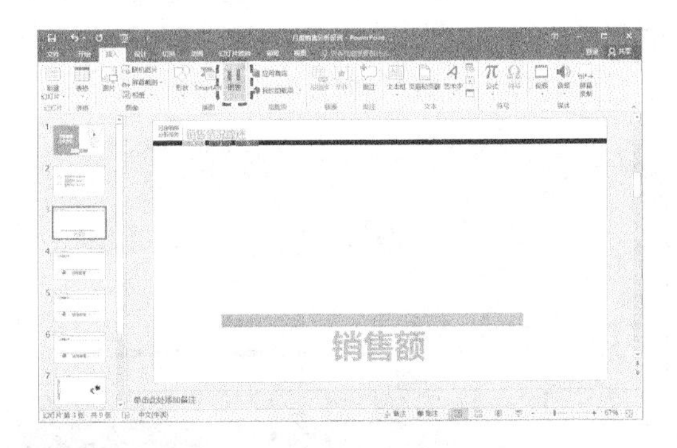

第 3 步 选择“三维饼图”选项

❶ 打开“插入图表”对话框，在左侧列表框中，选择“饼图”选项；❷ 在右侧列表框中，选择“三维饼图”选项。

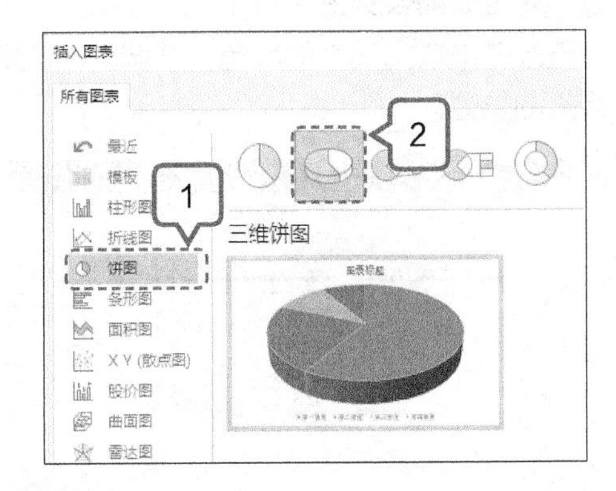

第 4 步 输入数据

单击“确定”按钮，插入一个三维饼图图表，同时会出现一个单独的“Microsoft PowerPoint 中的图表”的电子表格，在电子表格中输入相应的数据。

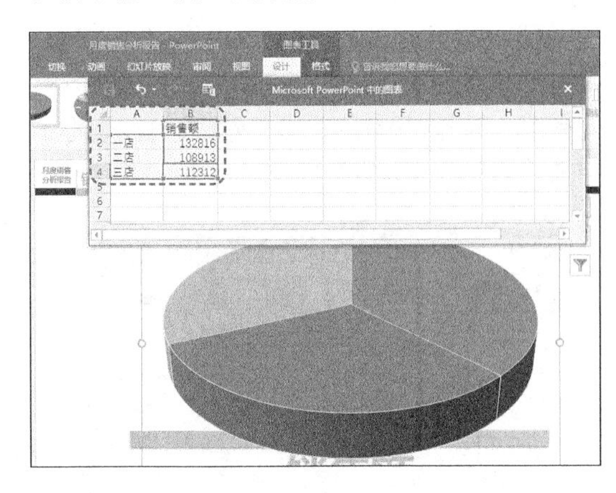

第 5 步 插入三维饼图图表

❶ 关闭电子表格，完成三维饼图图表的插入操作；❷ 在“格式”选项卡的“大小”面板中，修改“形状高度”为 12，调整图表的大小。

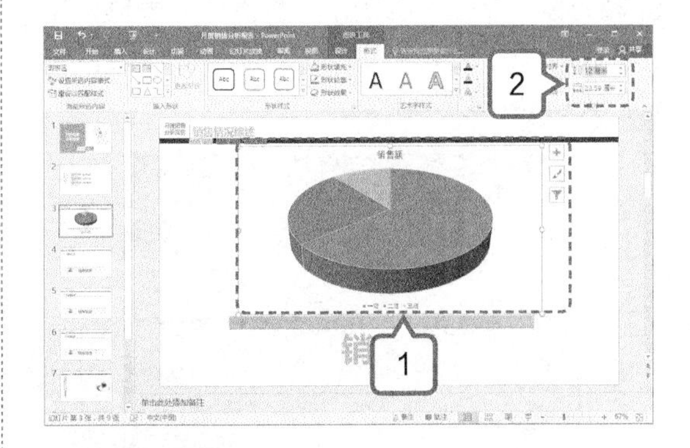

第 6 步 隐藏图表标题

❶ 选择新插入的饼图图表，单击“设计”选项卡，在“图表布局”面板中，单击“添加图表元素”下三角按钮；❷ 展开列表框，单击“图表标题”命令；❸ 展开列表框，单击“无”命令，隐藏图表标题。

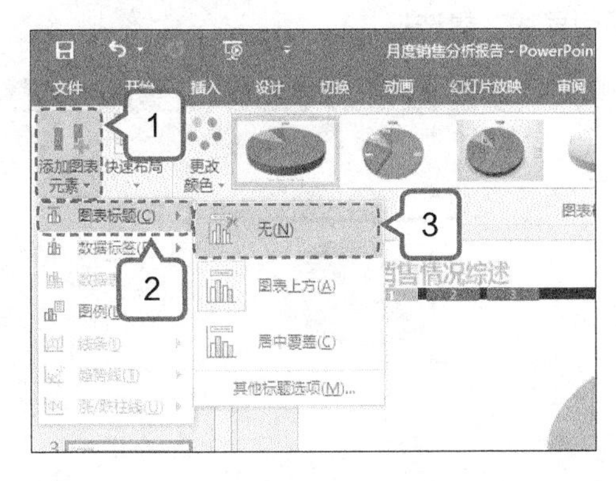

第 7 步 隐藏图例

❶ 在“设计”选项卡的“图表布局”面板中，单击“添加图表元素”下三角按钮；❷ 展开列表框，单击“图例”命令；❸ 展开列表框，单击“无”命令，隐藏图例。

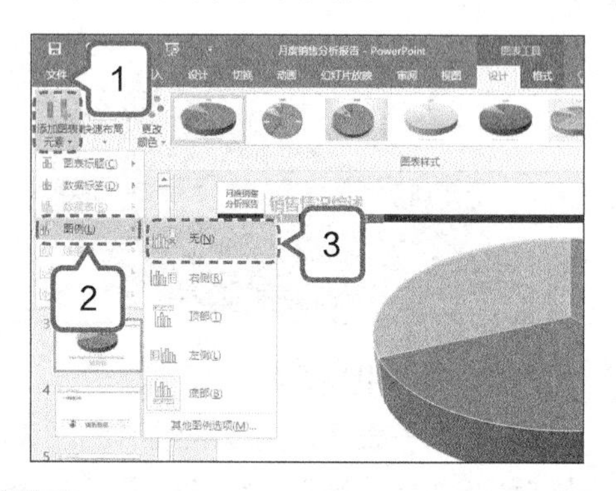

第 8 步 单击相应的命令

❶ 在“图表布局”面板中，单击“添加图表元素”下三角按钮；❷ 展开列表框，单击“数据标签”命令；❸ 展开列表框，单击“其他数据标签选项”命令。

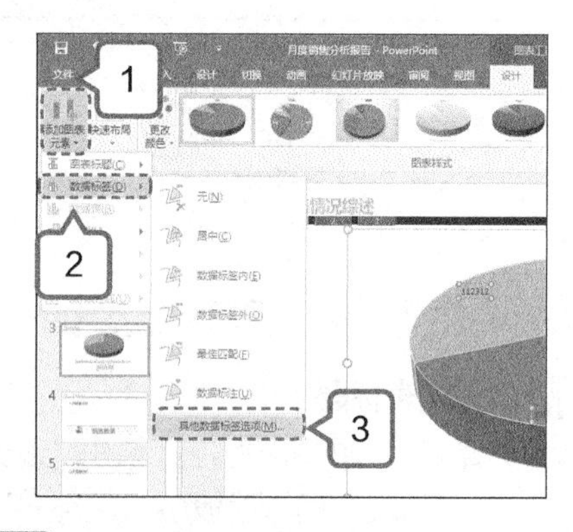

第 9 步 设置标签选项

打开“设置数据标签格式”窗格，依次勾选“系列名称”“类别名称”“值”以及“显示引导线”复选框。

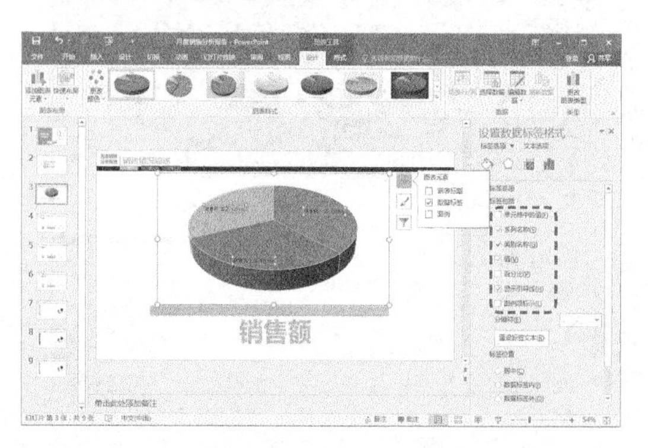

第 10 步 设置数据标签字体效果

关闭“设置数据标签格式”窗格，在“开始”选项卡的“字体”面板中，修改“字体”为“楷体”，“字号”为18，“字体颜色”为“白色”。

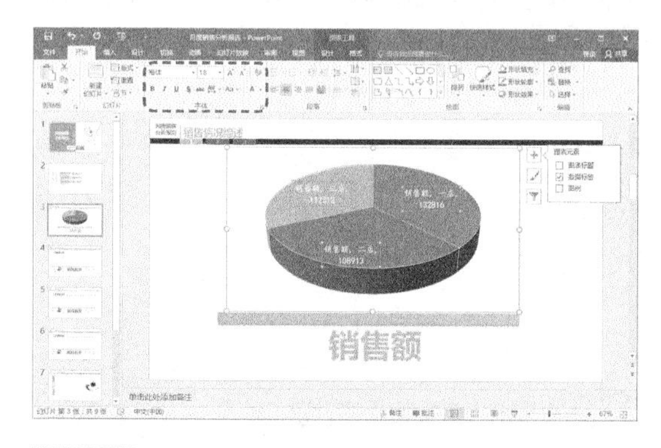

第 11 步 选择“颜色 4”选项

❶ 单击“设计”选项卡，在“图表样式”面板中，单击“更改颜色”下三角按钮；❷ 展开列表框，选择“颜色 4”选项。

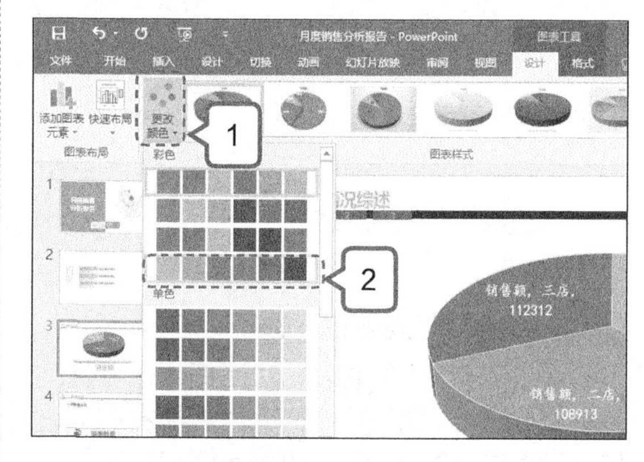

第 12 步 更改图表颜色

更改三维饼图图表的颜色，并调整相应数据标签的位置。

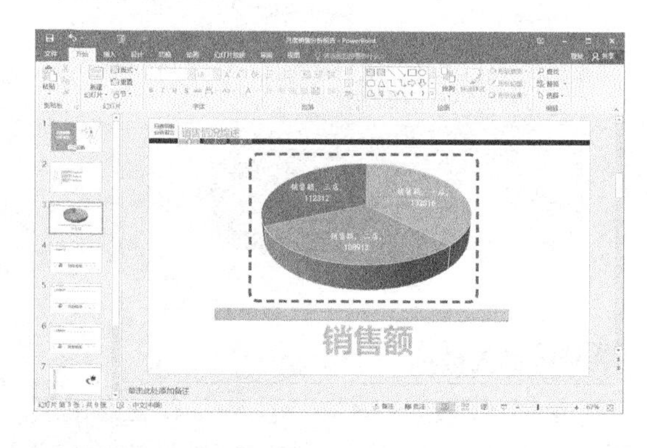

13.3.2 使用“柱形图”制作图表

柱形图是在垂直方向绘制出的长条图，可以包含多组数据系列，其中分类为 x 轴，数值为 y 轴。

1. 制作一店销售数量分析柱形图表

下面将根据一店的销售业绩情况，来介绍制作柱形图图表具体的操作方法。

第 1 步 单击“图表”按钮

选择第 4 张幻灯片，单击“插入”选项卡，在“插图”面板中，单击“图表”按钮。

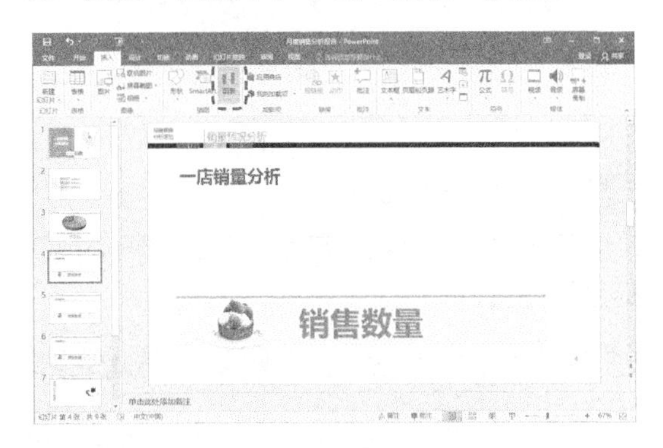

第 2 步 选择“簇状柱形图”选项

❶ 打开“插入图表”对话框，在左侧列表框中，选择“柱形图”选项；❷ 在右侧列表框中，选择“簇状柱形图”选项。

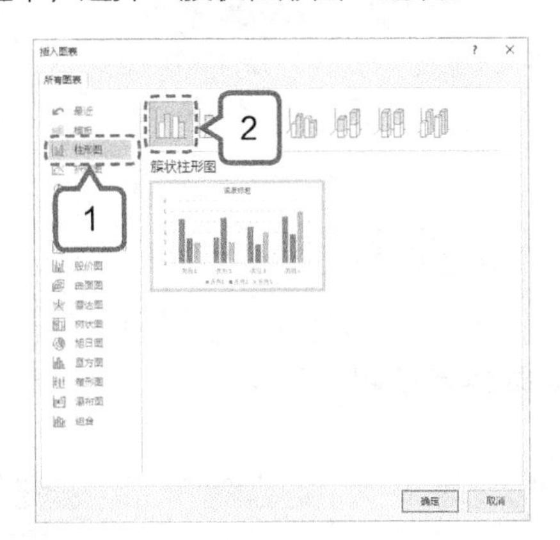

第 3 步 输入相应的数据

单击“确定”按钮，插入一个簇状柱形图图表，同时会出现一个单独的“Microsoft PowerPoint 中的图表”的电子表格，在电子表格中输入相应的数据。

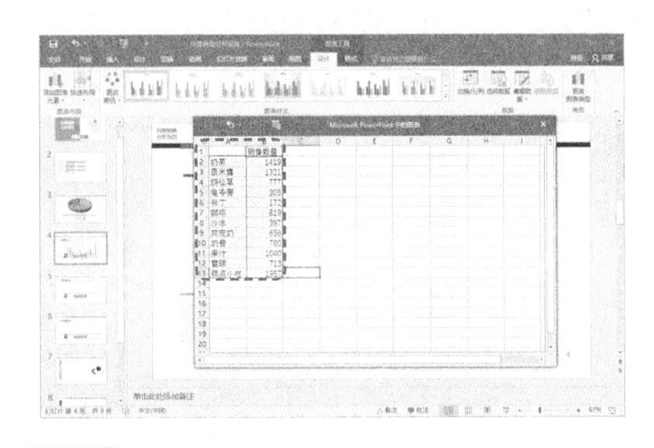

第 4 步 插入柱形图图表

❶ 关闭电子表格，完成柱形图图表的插入，在“格式”选项卡的“大小”面板中，修改“形状高度”为 8.5，“形状宽度”为 28；❷ 调整图表的位置。

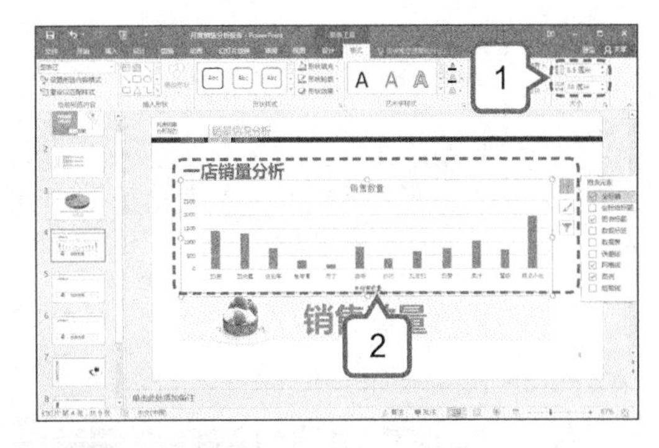

第 5 步 隐藏图表元素

选择图表，并单击其右侧的按钮 ＋，取消勾选“坐标轴”和“图表标题”复选框，隐藏图表元素。

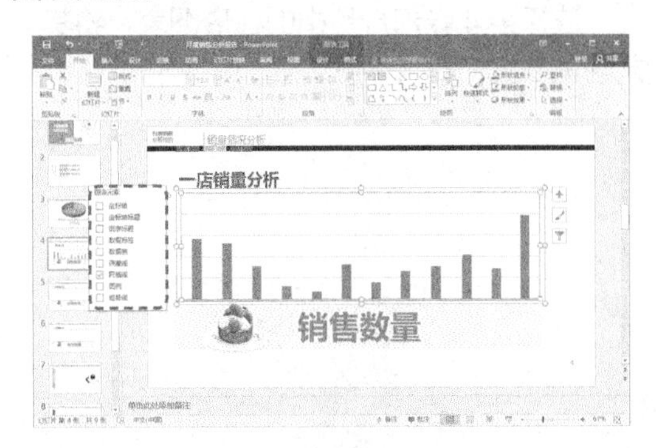

第 6 步 单击相应的命令

❶ 单击“设计”选项卡，在“图表布局”面板中，单击“添加图表元素”下三角按钮；❷ 展开列表框，单击“数据标签”命令；❸ 再次展开列表框，单击“其他数据标签选项”命令。

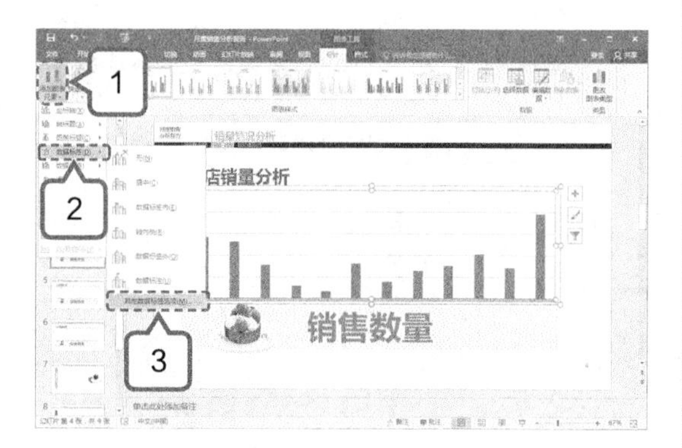

第 7 步 添加数据标签

打开“设置数据标签格式”窗格，勾选“系列名称”和“类别名称”复选框，添加数据标签。

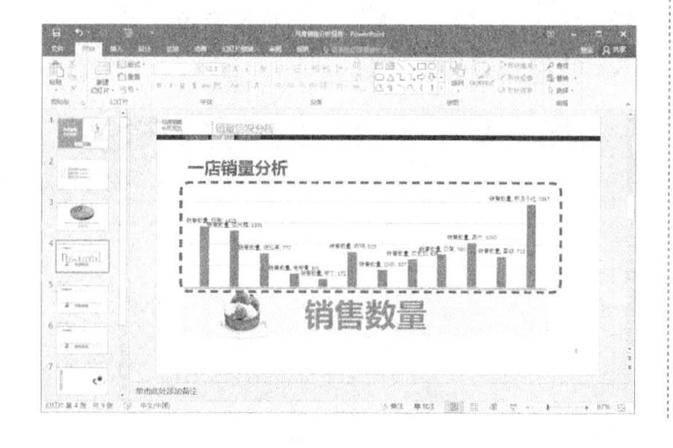

第 8 步 选择“颜色 4”选项

❶ 单击“设计”选项卡，在“图表样式”面板中，单击“更改颜色”下三角按钮；❷ 展开列表框，选择“颜色 4”选项。

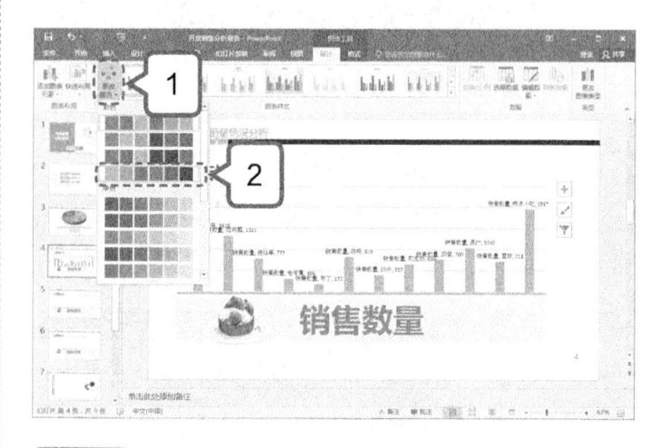

第 9 步 更改图表颜色

更改柱形图图表的颜色，并调整相应数据标签的位置。

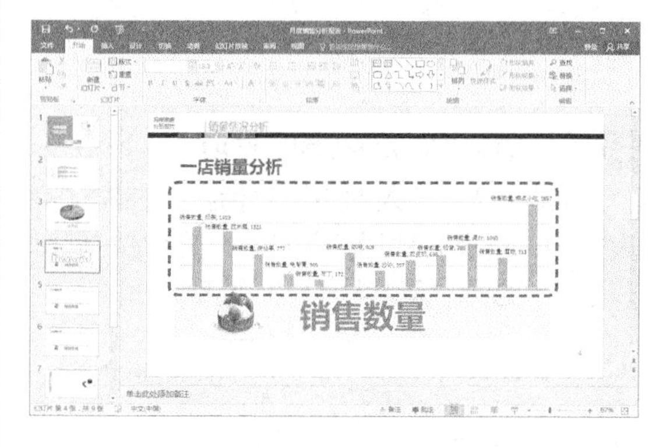

2. 制作二店销售数量分析柱形图表

下面将根据二店的销售业绩情况，介绍制作柱形图图表具体的操作方法。

第 1 步 复制图表

选择第 4 张幻灯片中的柱形图表，将其复制到第 5 张幻灯片中。

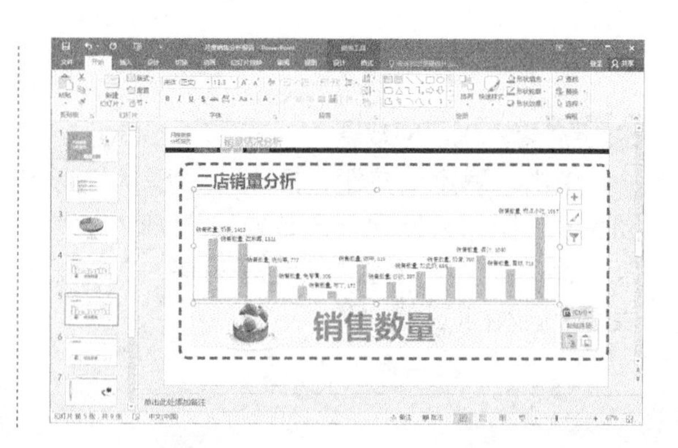

第2步 单击“编辑数据”命令

❶ 选择第 5 张幻灯片中的图表对象，单击“设计”选项卡，在“数据”面板中，单击“编辑数据”下三角按钮；❷ 展开列表框，单击“编辑数据”命令。

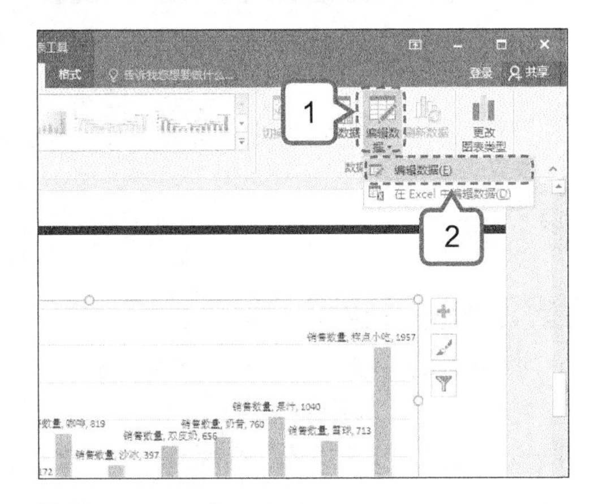

第3步 输入相应的数据

打开“Microsoft PowerPoint 中的图表”的电子表格，并在电子表格中重新输入相应的数据。

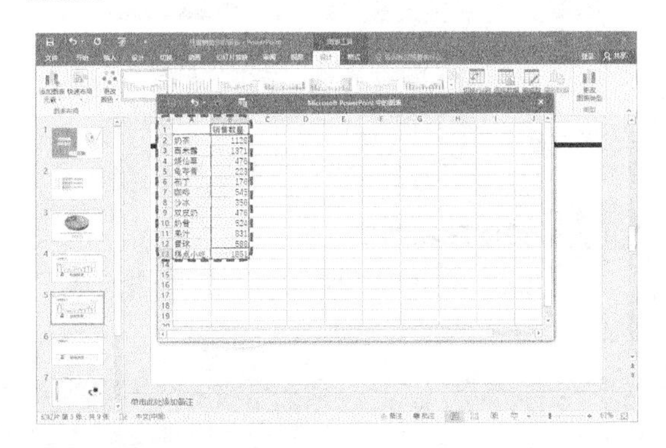

第4步 更改图表数据

关闭电子表格，完成图表数据的更改。

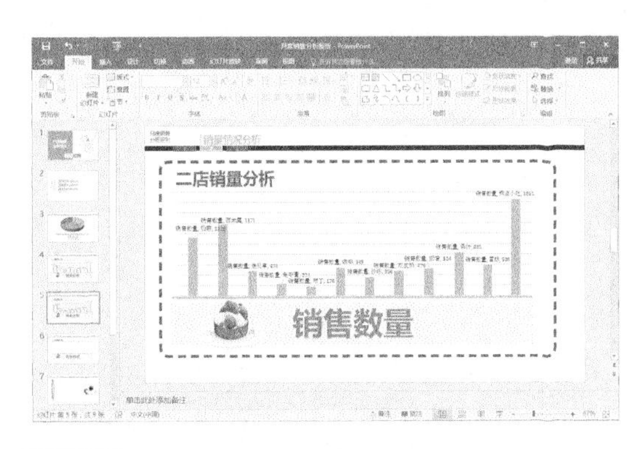

第5步 选择“颜色 7”选项

❶ 再次选中图表，单击“设计”选项卡，在“图表样式”面板中，单击“更改颜色”下三角按钮；❷ 展开列表框，选择“颜色 7”选项。

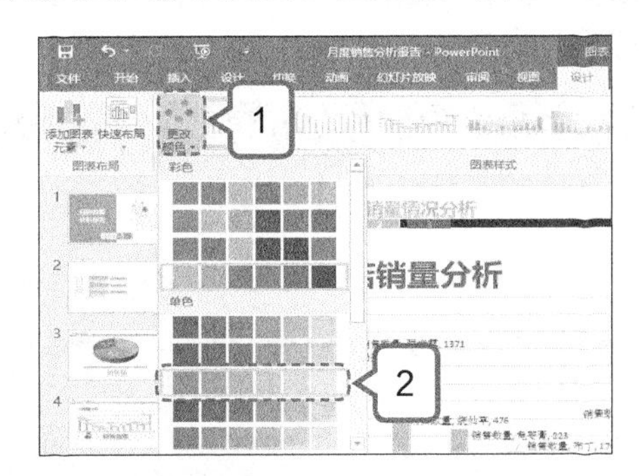

第6步 更改图表颜色

完成上述操作即可更改柱形图图表的颜色。

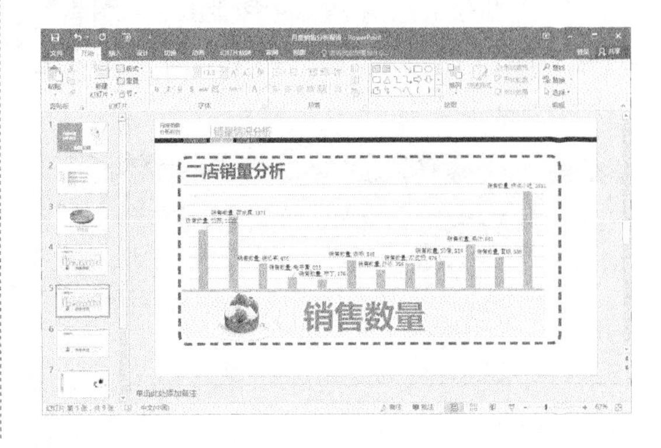

3. 制作三店销售数量分析柱形图表

下面将根据三店的销售业绩情况，介绍制作柱形图图表具体的操作方法。

第1步 复制图表

选择第 5 张幻灯片中的柱形图表，将其复制到第 6 张幻灯片中。

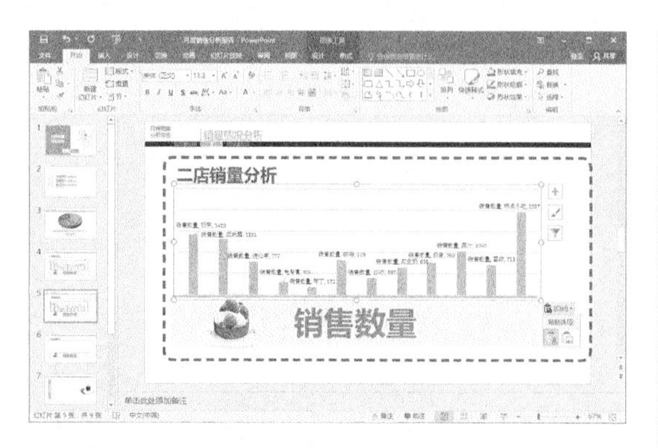

第 2 步　单击“编辑数据”命令

❶ 选择第 6 张幻灯片中的图表对象，单击“设计”选项卡，在“数据”面板中，单击“编辑数据”下三角按钮；❷ 展开列表框，单击“编辑数据”命令。

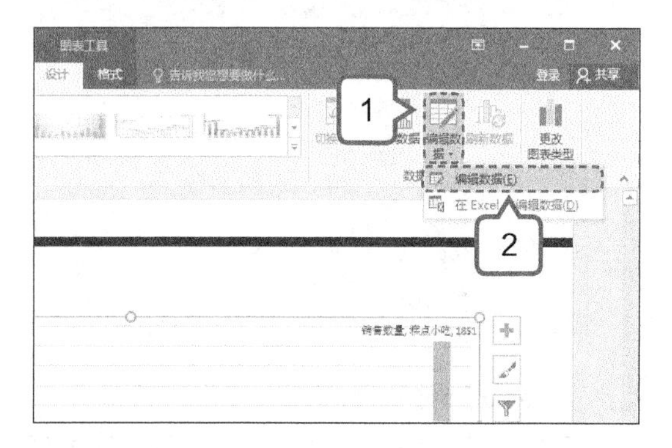

第 3 步　输入相应的数据

打开“Microsoft PowerPoint 中的图表”的电子表格，并在电子表格中重新输入相应的数据。

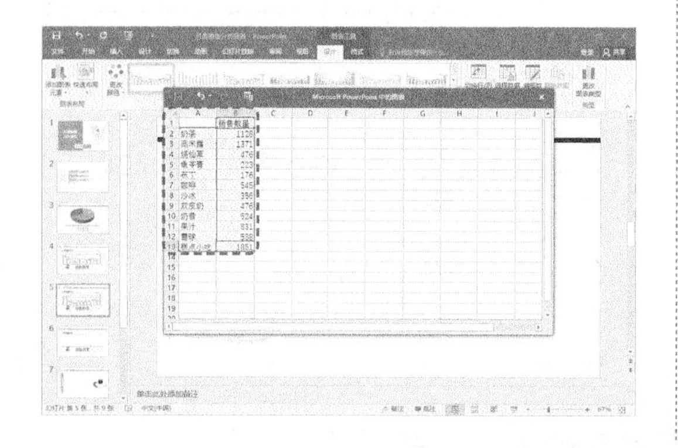

第 4 步　更改图表数据

关闭电子表格，完成图表数据的更改。

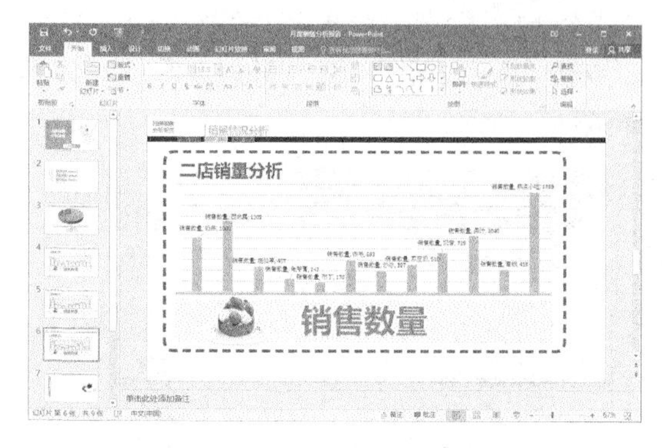

第 5 步　选择“颜色 3”选项

❶ 再次选中图表，单击“设计”选项卡，在“图表样式”面板中，单击“更改颜色”下三角按钮；❷ 展开列表框，选择“颜色 3”选项。

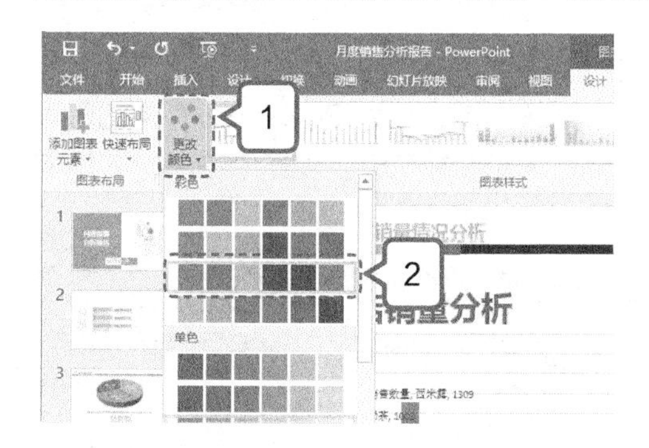

第 6 步　更改图表颜色

完成上述操作即可更改柱形图图表的颜色。

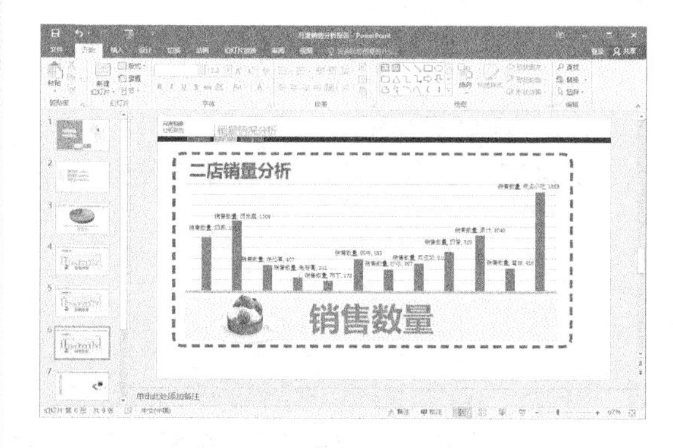

13.3.3　使用“条形图”制作图表

条形图是指在水平方向绘出的长条图，同柱形图相似，也可以包含多组数据系列，但其分类名称在 *y* 轴，数值在 *x* 轴，用来强调不同分类之间的差别。

1. 制作一店销售金额分析条形图表

下面将根据一店的销售金额的业绩情况，介绍制作条形图图表具体的操作方法。

第1步 单击“图表”按钮

选择第7张幻灯片，单击“插入”选项卡，在“插图”面板中，单击“图表”按钮。

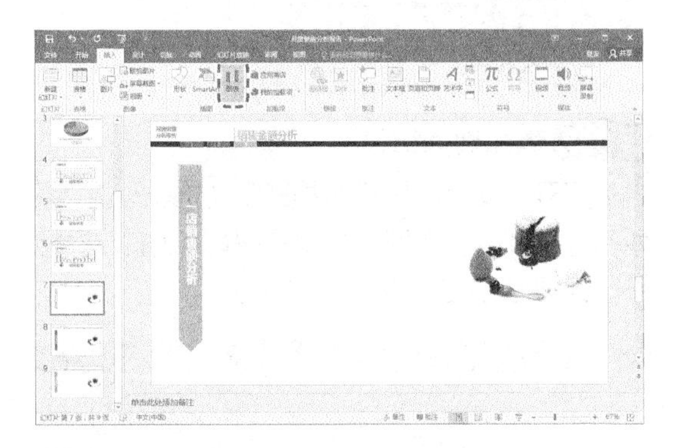

第2步 选择“簇状条形图”选项

❶ 打开“插入图表”对话框，在左侧列表框中，选择“条形图”选项；❷ 在右侧列表框中，选择“簇状条形图”选项。

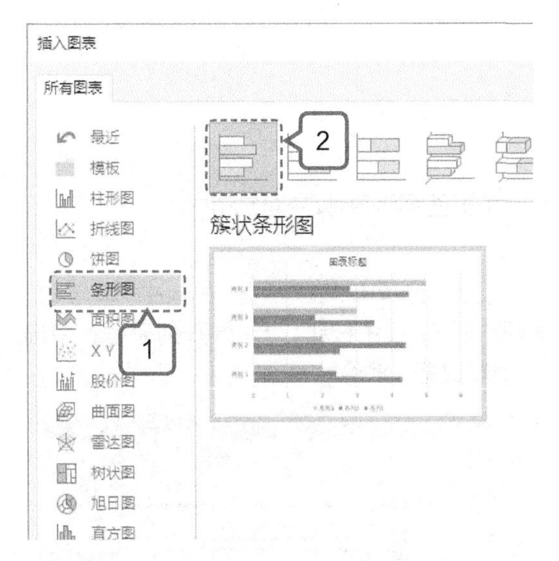

第3步 输入相应的数据

单击“确定”按钮，插入一个簇状柱形图图表，同时会出现一个单独的“Microsoft PowerPoint 中的图表”的电子表格，在电子表格中输入相应的数据。

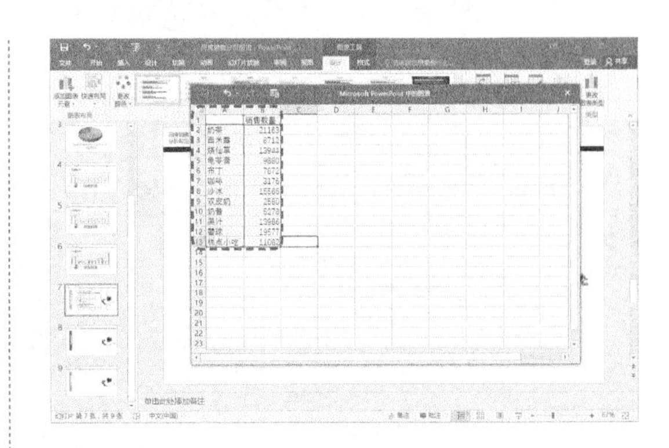

第4步 插入条形图图表

❶ 关闭电子表格，完成条形图图表的插入，在“格式”选项卡的“大小”面板中，修改“形状高度”为14，“形状宽度”为25；❷ 调整图表的位置。

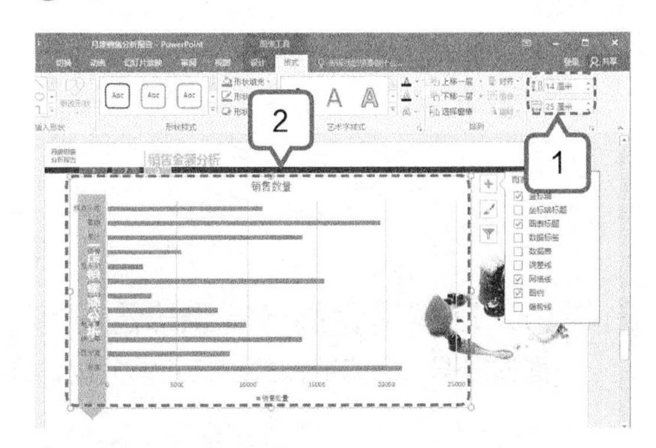

第5步 隐藏图表元素

选择图表，并单击其右侧的按钮 + ，取消勾选“坐标轴”“图表标题”“网格线”和“图例”复选框，隐藏图表元素。

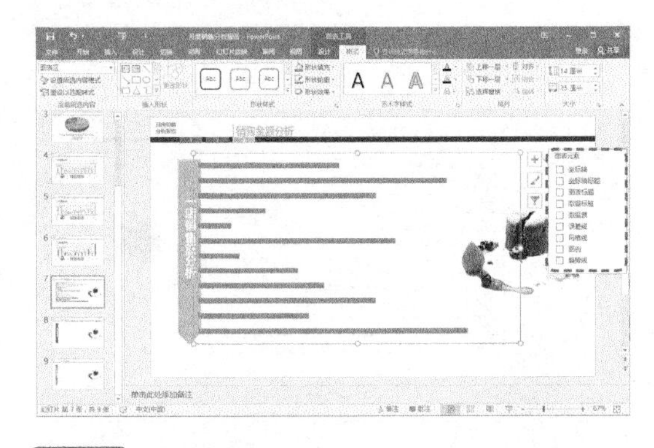

第6步 放置图表位置

选择图表，单击鼠标右键，打开快捷菜单，

单击“置于底层”→“置于底层”命令，将图表置于底层放置。

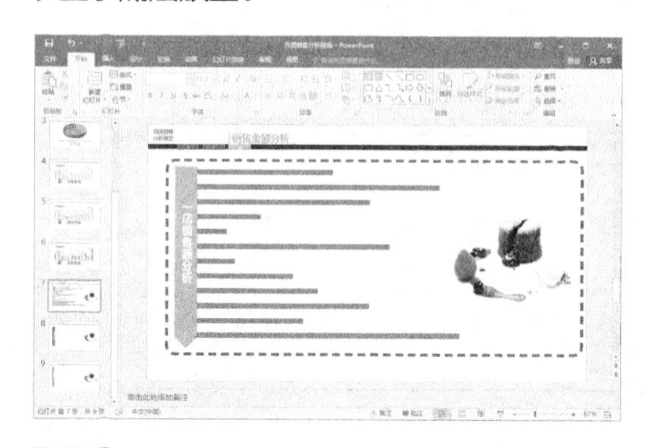

第 7 步 单击相应的命令

❶ 单击“设计”选项卡，在“图表布局”面板中，单击“添加图表元素”下三角按钮；❷ 展开列表框，单击“数据标签”命令；❸ 再次展开列表框，单击“其他数据标签选项”命令。

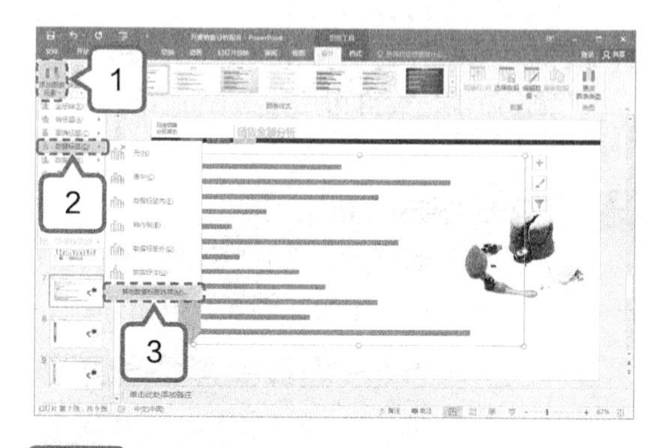

第 8 步 添加数据标签

打开“设置数据标签格式”窗格，勾选“系列名称”和“类别名称”复选框，添加数据标签，并调整相应数据标签的大小。

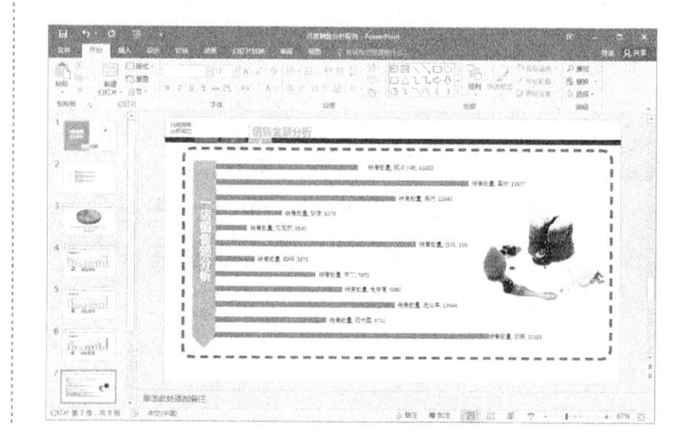

2. 制作二店销售金额分析条形图表

下面将根据二店的销售金额的业绩情况，介绍制作条形图图表具体的操作方法。

第 1 步 复制图表

选择第 7 张幻灯片中的条形图表，将其复制到第 8 张幻灯片中，并将新复制的图表置于底层。

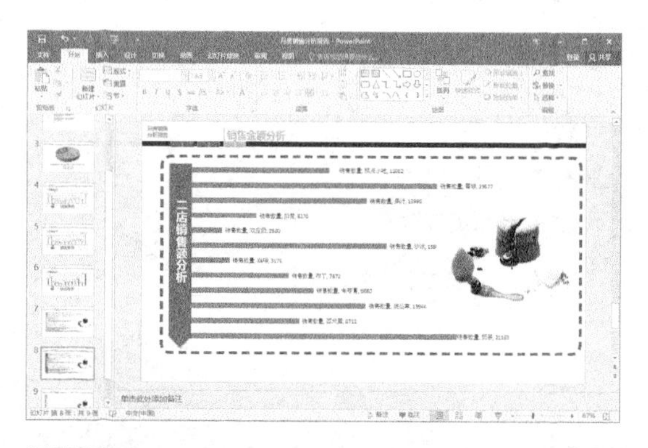

第 2 步 单击“编辑数据”命令

❶ 选择第 8 张幻灯片中的图表对象，单击“设计”选项卡，在“数据”面板中，单击“编辑数据”下三角按钮；❷ 展开列表框，单击“编辑数据”命令。

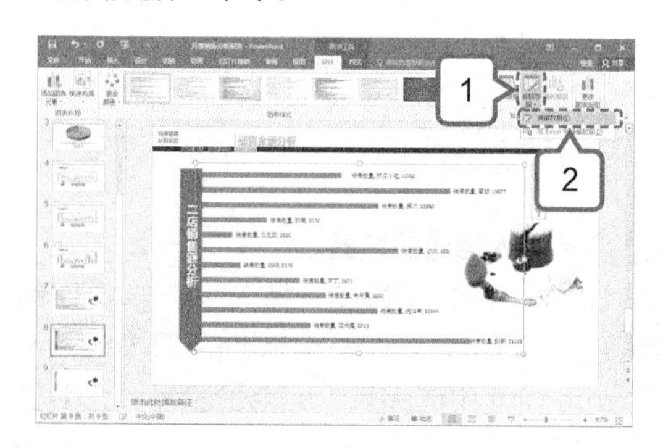

第 3 步 输入相应的数据

打开“Microsoft PowerPoint 中的图表”的电子表格，并在电子表格中重新输入相应的数据。

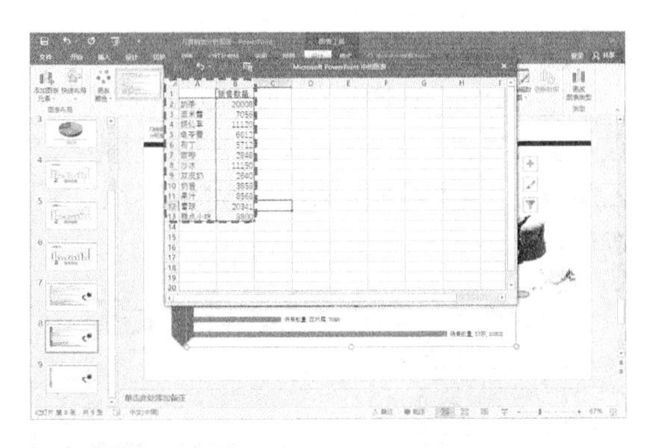

第 4 步 更改图表数据

关闭电子表格，完成图表数据的更改。

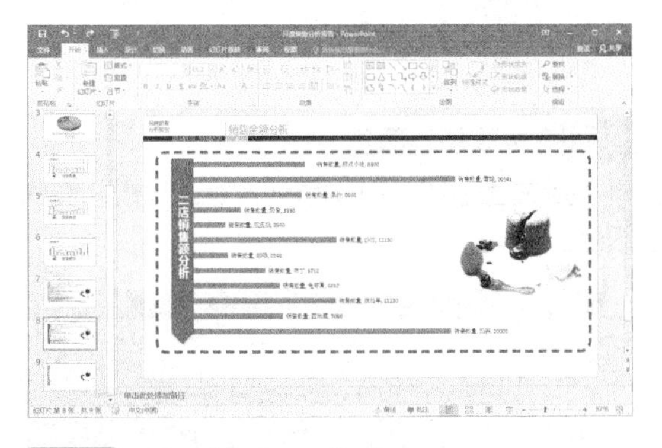

第 5 步 选择“颜色 15”选项

❶ 再次选中图表，单击“设计”选项卡，在“图表样式”面板中，单击“更改颜色”下三角按钮；❷ 展开列表框，选择“颜色 15”选项。

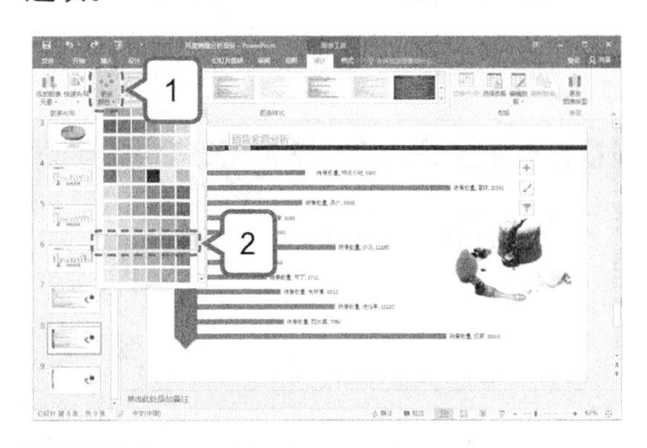

第 6 步 更改图表颜色

完成上述操作即可更改条形图图表的颜色。

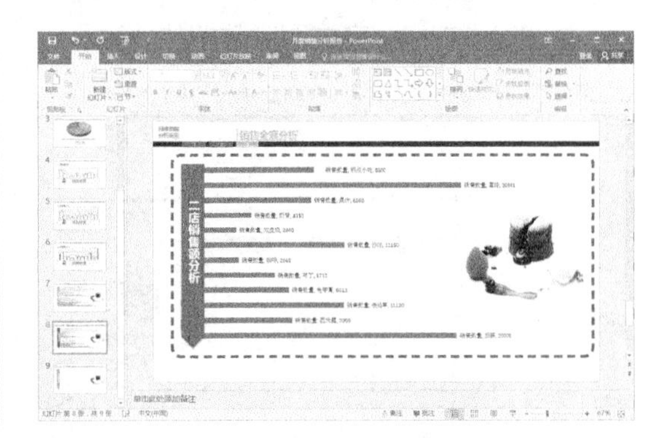

3. 制作三店销售金额分析条形图表

下面将根据三店的销售金额的业绩情况，介绍制作条形图图表具体的操作方法。

第 1 步 复制图表

选择第 8 张幻灯片中的条形图表，将其复制到第 9 张幻灯片中，并将新复制的图表置于底层放置。

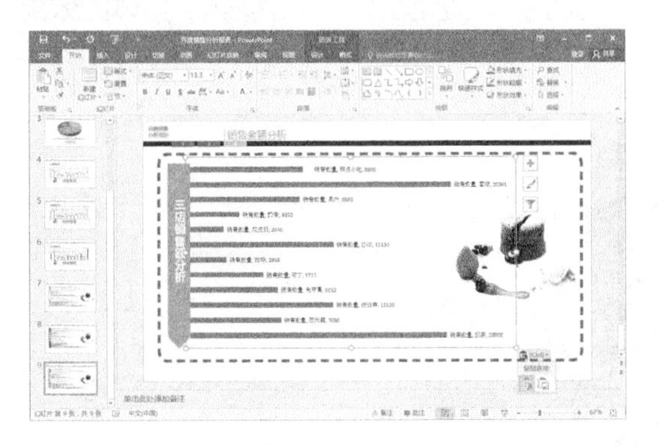

第 2 步 单击“编辑数据”命令

❶ 选择第 9 张幻灯片中的图表对象，单击“设计”选项卡，在“数据”面板中，单击“编辑数据”下三角按钮；❷ 展开列表框，单击“编辑数据”命令。

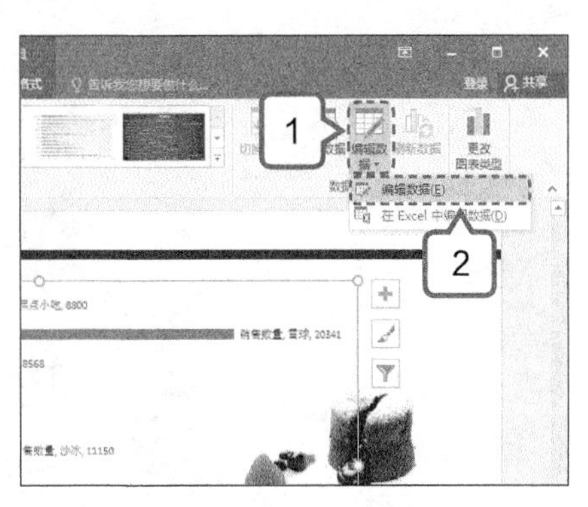

第 3 步 **输入相应的数据**

打开“Microsoft PowerPoint 中的图表”的电子表格，并在电子表格中重新输入相应的数据。

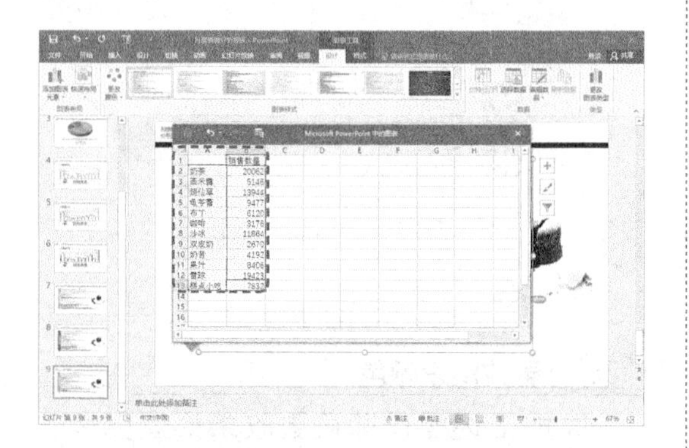

第 4 步 **更改图表数据**

关闭电子表格，完成图表数据的更改。

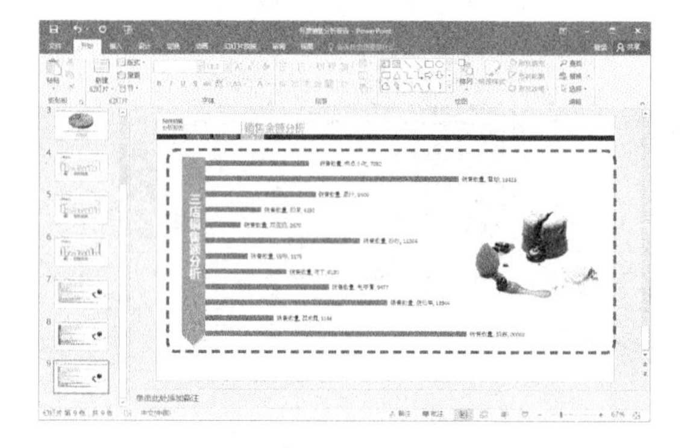

第 5 步 **选择“颜色 13”选项**

❶ 再次选中图表，单击“设计”选项卡，在“图表样式”面板中，单击“更改颜色”下三角按钮；❷ 展开列表框，选择“颜色 13”选项。

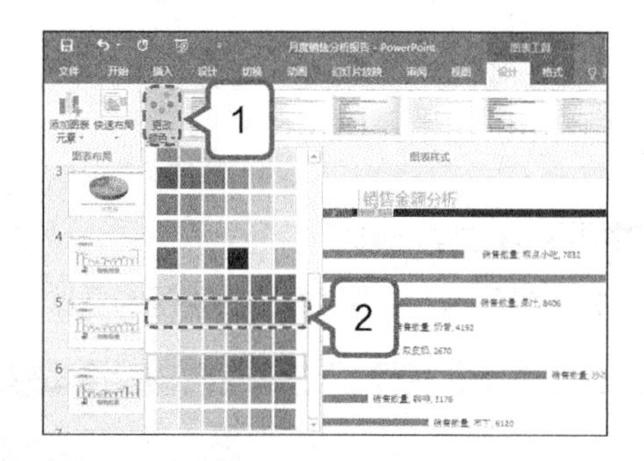

第 6 步 **更改图表颜色**

完成上述操作即可更改条形图图表的颜色。

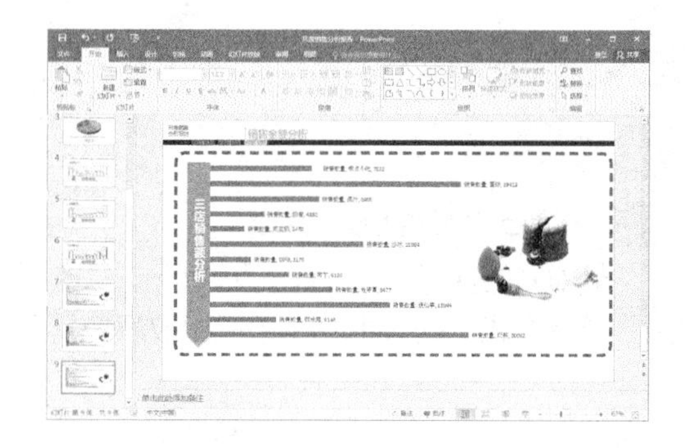

13.3.4 其他财务图表

除了本节介绍的图表外，平时常用的还有很多种图表。读者可以根据以下思路，结合实际需要进行制作。

1. 圆环图——《办公用品费用图表》

办公用品费用图表通过圆环图图表表示出办公用品中某一项在整体费用中所占的份额大小。在进行办公用品费用图表的制作时，会使用插入圆环图图表、添加图表元素等操作。具体的效果如下图所示。

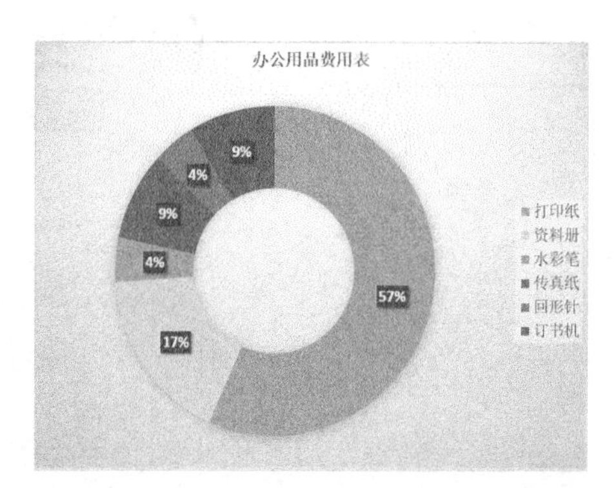

2. 曲面图——《各个分店销售数量》

各个分店销售数量图表通过曲面图图表来显示出不同平面上每个分店的销售数量数据变化情况和趋势。在进行各个分店销售数量图表的制作时，会使用插入曲面图图表、添加图表元素等操作。具体的效果如下图所示。

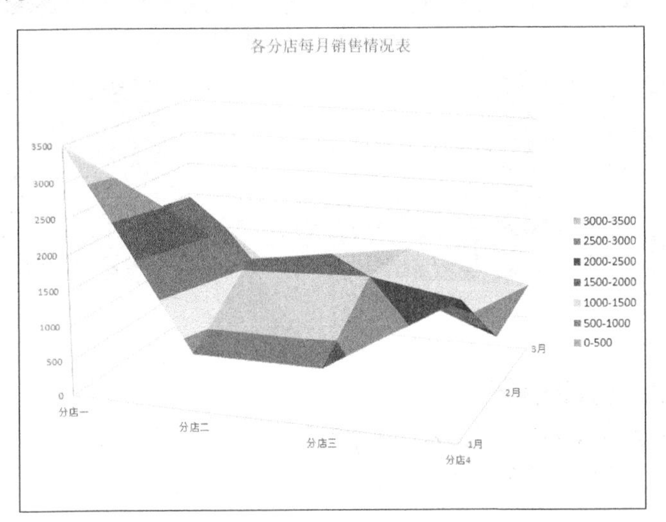

举一反三

本节视频教学时间 / 19 分钟

本章所选择的案例均为常见的演示文稿，主要利用 PowerPoint 进行演示文稿中母版版式的设计、自选图形的添加、SmartArt 图形添加与编辑、表格的添加与编辑以及图表的制作等操作。演示文稿类别很多，本书配套资源中赠送了若干演示文稿，读者可以根据不同要求将模板改编成自己需要的形式。以下将列举 2 个典型演示文稿的制作思路。

1. 制作《营销战略上升型图解》

营销战略上升型图解类演示文稿，会涉及添加形状、修改形状样式、组合形状以及宣传形状等内容，制作营销战略上升型图解演示文稿可以按照以下思路进行。

第 1 步 添加形状

使用“形状”功能，依次添加矩形、直线等形状。

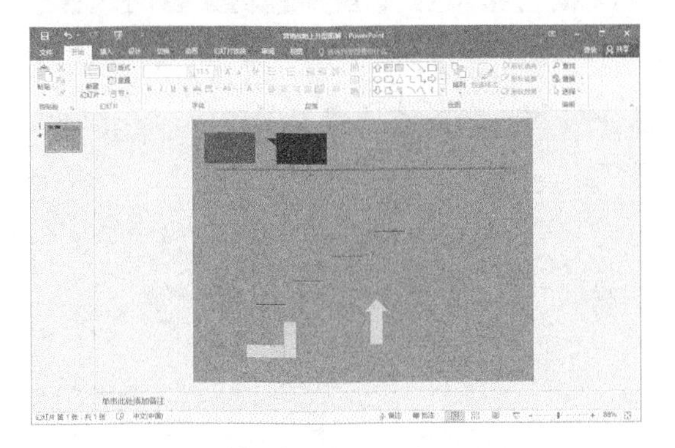

第 2 步 复制和旋转形状

选择合适的图形形状，对其进行复制和旋转操作。

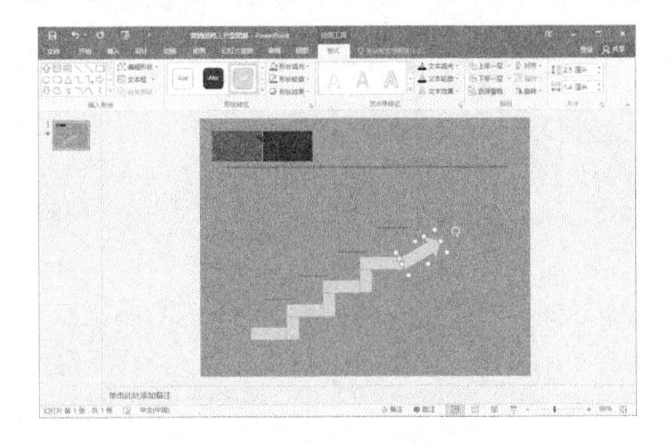

第 3 步 美化形状效果

在“格式”选项卡中，依次对形状进行编辑和美化操作。

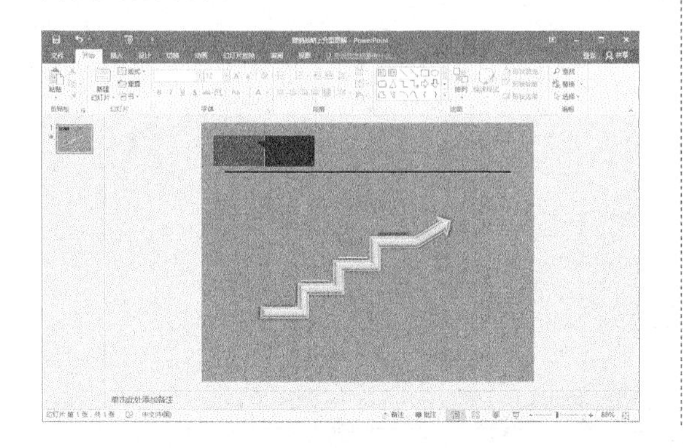

第 4 步 添加文本

使用“文本框”功能依次在幻灯片中添加文本对象。

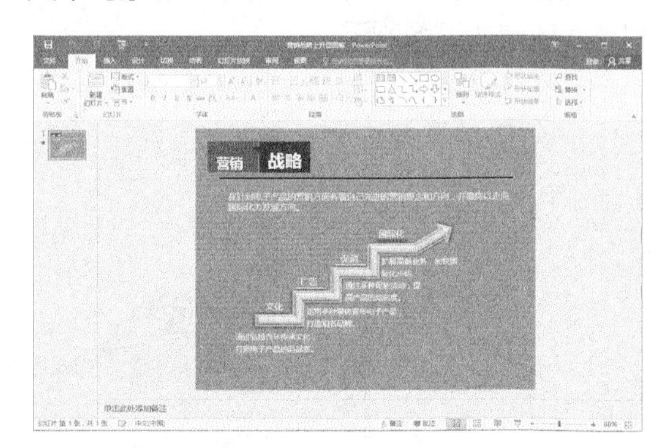

2. 制作《年度生产量图表》

年度生产量图表类演示文稿，会涉及形状的添加与编辑、文本框的插入以及图表的制作等内容，制作年度生产量图表文稿可以按照以下思路进行。

第 1 步 绘制形状

使用“形状”功能，绘制圆形和圆角矩形。

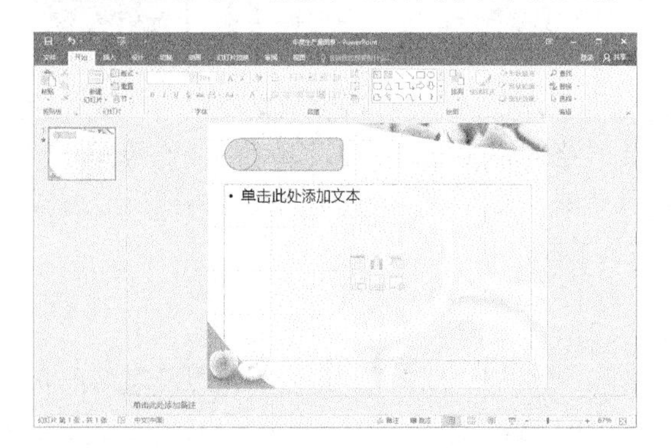

第 2 步 美化形状效果

在“格式”选项卡中，依次对形状进行编辑和美化操作，并在形状中添加文本。

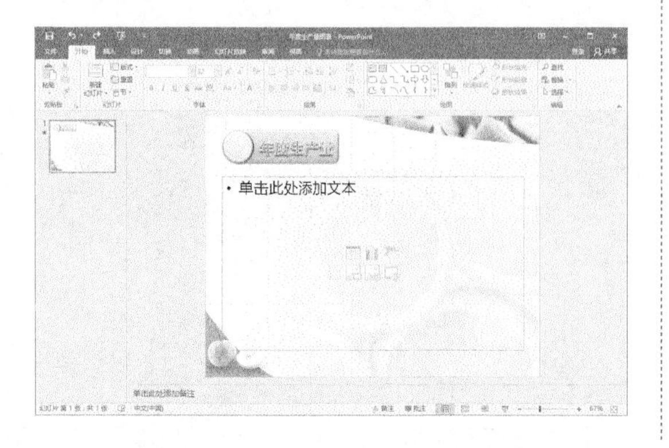

第 3 步 添加图表

使用“图表”功能，在幻灯片中添加图表。

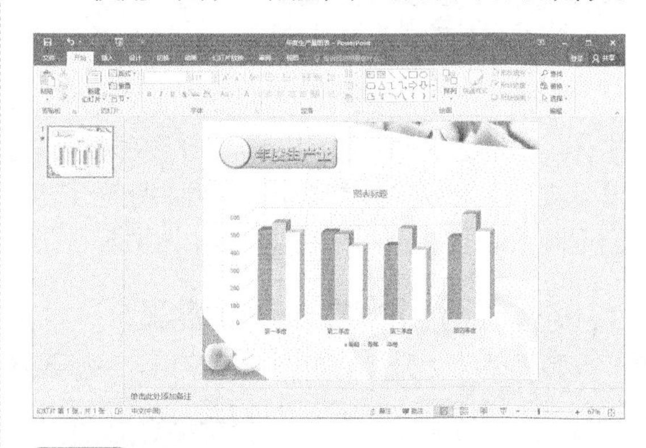

第 4 步 编辑图表

在“设计”和“格式”选项卡中，依次对图表进行编辑操作。

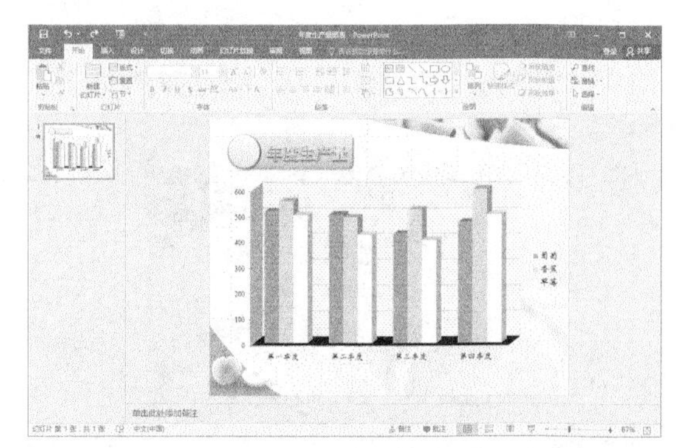

高手支招

1. 为 SmartArt 图形添加形状

创建 SmartArt 图形后，有时会出现 SmartArt 图形中的形状不够用的情况。此时，用户可以使用“添加形状”功能，在 SmartArt 图形中添加新的形状。

第 1 步 单击“在后面添加形状”命令

打开“素材 \ 第 13 章 \ 服务礼仪 .pptx”演示文稿，选择 SmartArt 图形，单击“设计”选项卡，在“创建图形”面板中，单击“添加形状”下三角按钮，展开列表框，单击“在后面添加形状”命令。

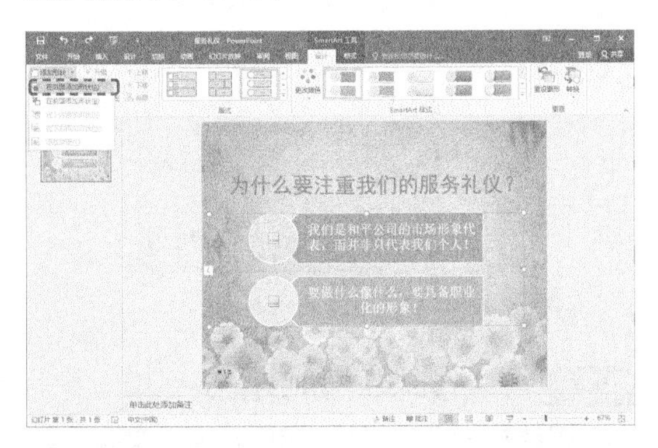

第 2 步 添加形状

完成上述操作即可在 SmartArt 图形的下方，再次添加一个形状。

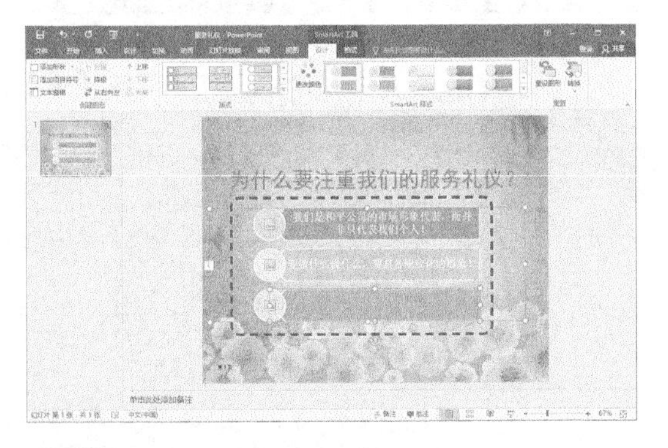

第 3 步 单击“编辑文字”命令

选择新添加的形状，单击鼠标右键，打开快捷菜单，单击“编辑文字”命令。

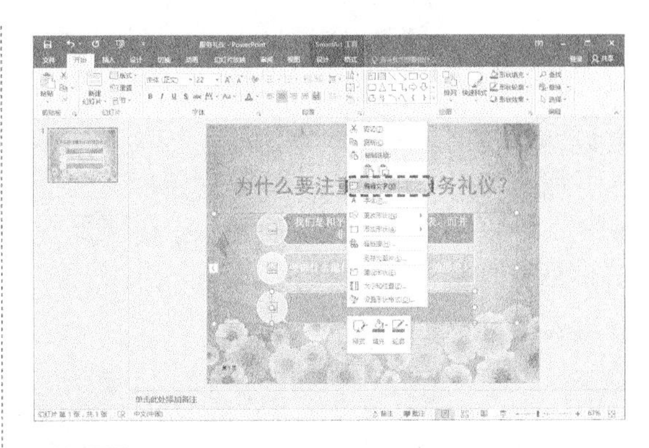

第 4 步 添加文本

显示文本输入框，输入文本即可。

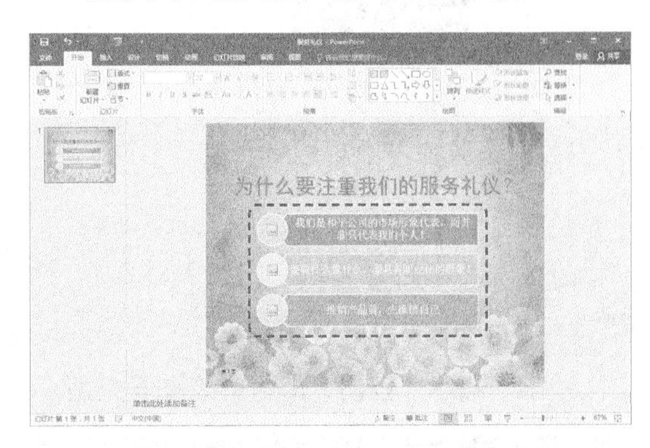

2. 更改图表类型

创建好图表后，有时会发现新创建的图表不能很好地展示出图表中的数据，可是重新创建图表又很浪费时间。此时，用户可以使用“更改图表类型”功能，对图表类型进行更改。

第 1 步 单击“更改图表类型”按钮

打开“素材 \ 第 13 章 \ 市场竞争分析 .pptx”演示文稿，选择图表，单击“设计”选项卡，在“类型”面板中，单击“更改图表类型”按钮。

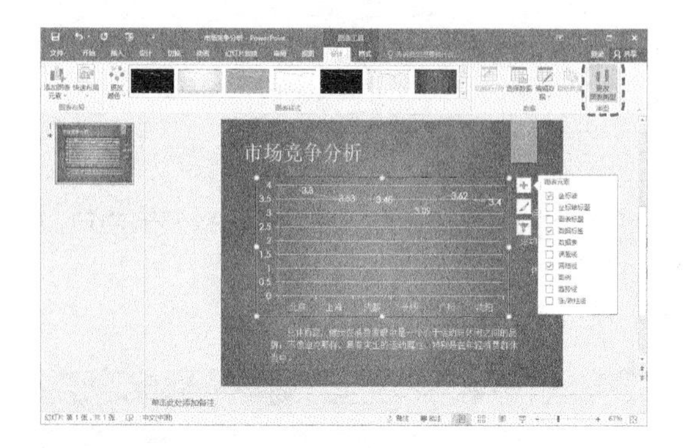

第 2 步 选择“簇状条形图”选项

❶ 打开“更改图表类型”对话框，在左侧的列表框中，选择“条形图”选项；❷ 在右侧列表框中，选择“簇状条形图”选项。

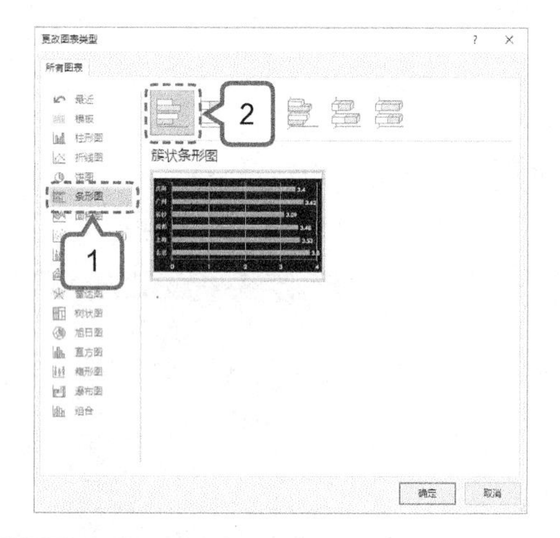

第 3 步 更改图表类型

单击“确定”按钮，即可更改图表类型。

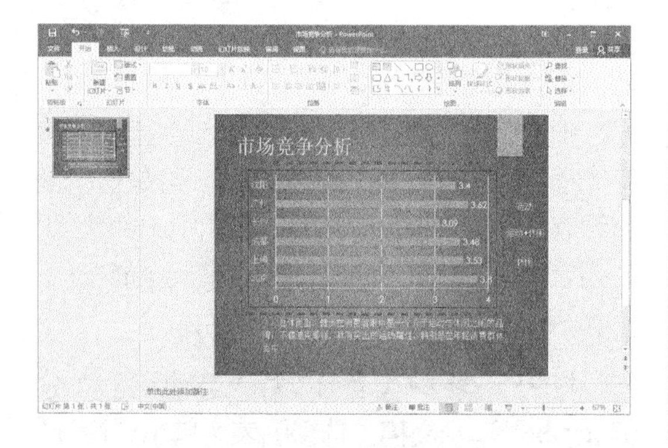

3. 将 SmartArt 图形转换为文本

创建好 SmartArt 图形后，有时需要将 SmartArt 图形转换成文本显示，以便更加直观地显示文本。此时用户可以使用“转换为文本”功能，将 SmartArt 图形转换为文本。

第 1 步 单击“转换为文本”命令

❶ 打开“素材 \ 第 13 章 \ 南北小吃区别 .pptx”演示文稿，选择 SmartArt 图形，单击“设计”选项卡，在“重置”面板中，单击“转换”下三角按钮；❷ 展开列表框，单击“转换为文本”命令。

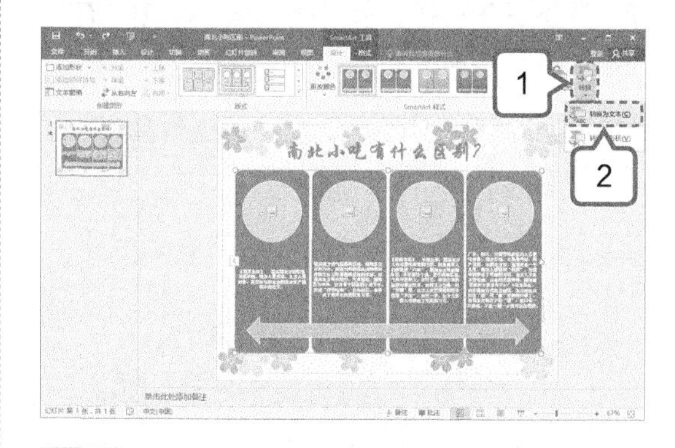

第 2 步 将 SmartArt 图形转换为文本

将选择的 SmartArt 图形转换为文本，并在“开始”选项卡的“段落”面板中，单击“左对齐”按钮，将文本左对齐显示。

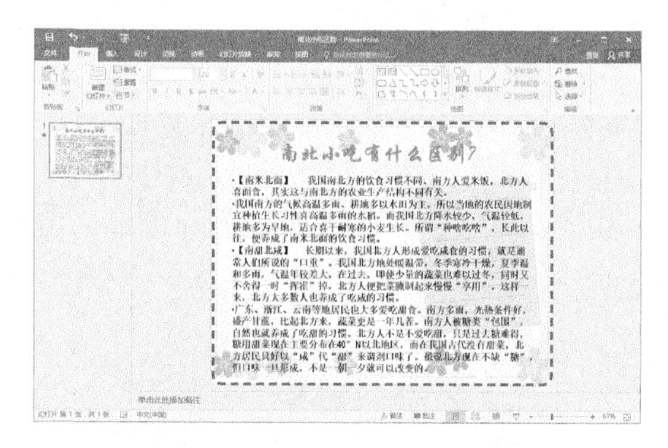

Chapter 14

PPT幻灯片的动画制作和放映

本章视频教学时间 / 34 分钟

技术分析

动画是各类演示文稿中不可缺少的元素，它可以使演示文稿更富有活力、更具有吸引力，同时增强幻灯片的视觉效果。动画效果要通过放映才能体现，演示文稿的放映是设置幻灯片的最终环节，也是最重要的环节，优秀的演示文稿只有加上完美的放映才能给观众带来难忘的视觉享受。一般来说，在 PowerPoint 中添加动画和放映演示文稿的操作主要涉及以下知识点。

（1）为幻灯片添加动画效果。

（2）设置添加的动画。

（3）为幻灯片添加背景音乐。

（4）使用“形状”为幻灯片添加交互功能。

（5）使用“放映”功能放映幻灯片。

（6）使用“排练计时”放映幻灯片。

思维导图

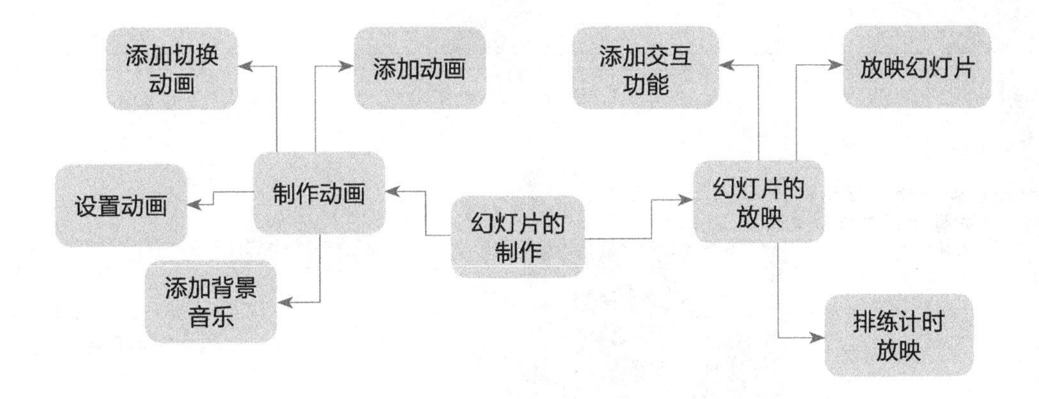

 14.1 制作“礼仪文稿”——《日常公务礼仪》

本节视频教学时间 / 18 分钟

案例名称	日常公务礼仪
素材文件	素材 \ 第 14 章 \ 日常公务礼仪 .pptx
结果文件	结果 \ 第 14 章 \ 日常公务礼仪 .pptx
扩展模板	扩展模板 \ 第 14 章 \ 礼仪文稿类模板

礼仪是在人际交往中，以一定的约定俗成的方式来表现的律己敬人的过程，是在生活中不可缺少的一种能力。日常公务礼仪文稿就是针对礼仪中的仪容仪表、着装、服饰搭配、化妆以及日常交际等方面，来进行礼仪讲解的演示文稿。在本实例中，我们要制作日常公务礼仪演示文稿中的动画效果。

最后的效果如下图所示。

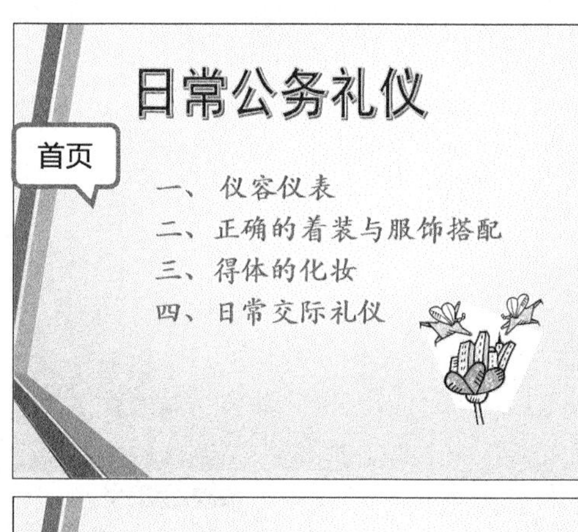

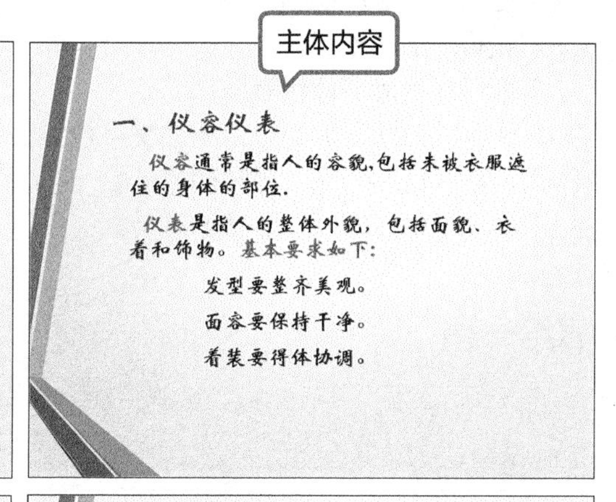

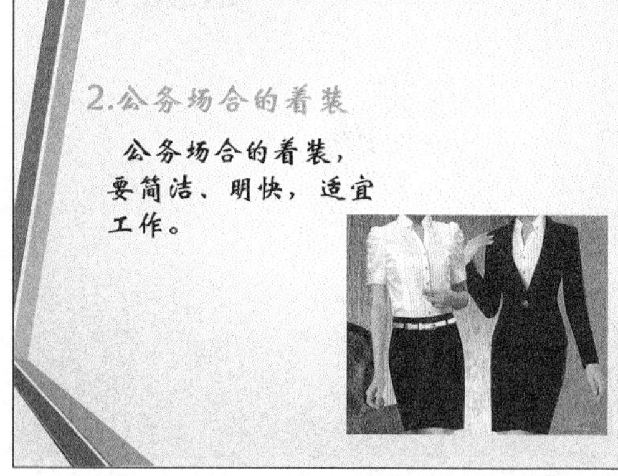

/ 日常公务礼仪文稿的组成要素

名称	是否必备	要求
首页	必备	该页面中需要包含主题和目录索引
主体内容	必备	该页面中需要包含对仪容、仪表、着装、服饰搭配以及化妆等内容的详细讲解
结尾内容	可选	该页面中需要包含结束语、感谢语等

/ 技术要点

（1）为幻灯片添加切换动画。

（2）为幻灯片内容添加动画。

（3）设置添加的动画。

（4）为幻灯片添加背景音乐。

/ 操作流程

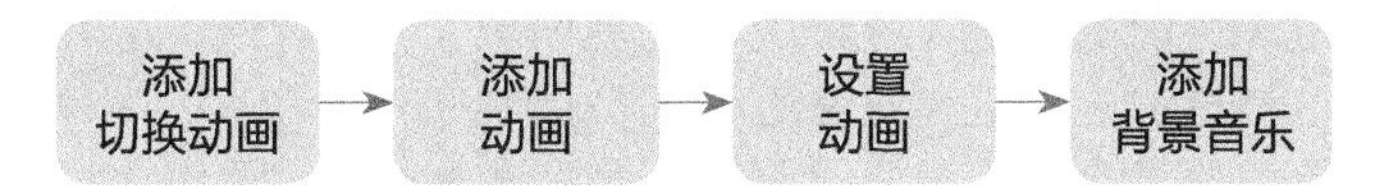

14.1.1 为幻灯片添加切换动画

切换动画是指放映幻灯片时，一张幻灯片放映结束，下一张幻灯片显示在屏幕上的方式。它是为了实现从一张幻灯片到另一张幻灯片的动态转换。

第 1 步 选择第 1 张幻灯片

打开“素材 \ 第 14 章 \ 日常公务礼仪 .pptx”演示文稿，选择第 1 张幻灯片。

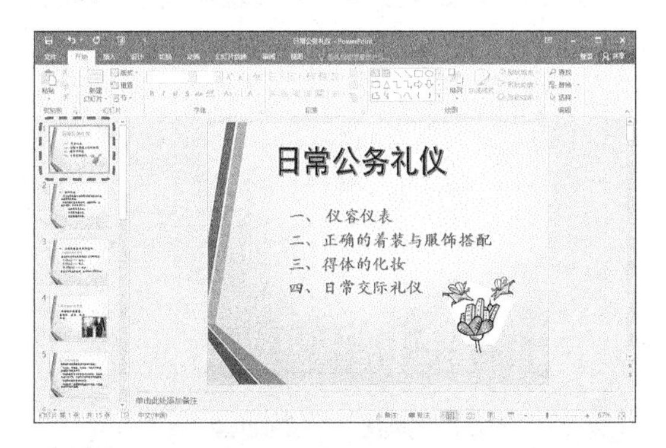

第 2 步 选择“显示”切换效果

单击“切换”选项卡，在“切换到此幻灯片”面板中，单击“其他”按钮，展开列表框，选择“显示”切换效果。

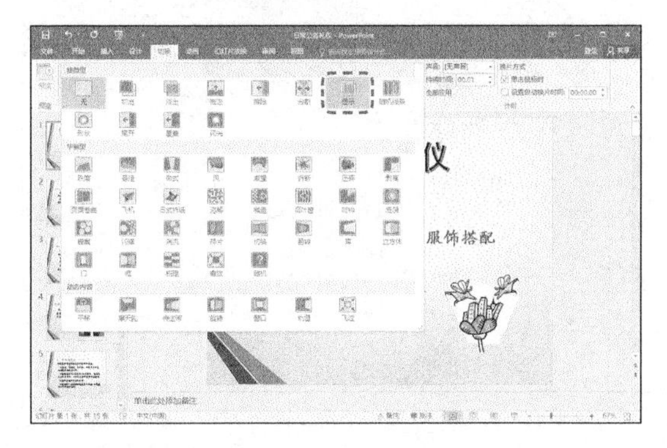

第 3 步 添加“显示”切换动画

完成上述操作即可为幻灯片添加“显示”切换动画。

第 4 步 选择“帘式”切换效果

选择第 2 张幻灯片，在“切换”选项卡的“切换到此幻灯片”面板中，单击“其他”按钮，展开列表框，选择“帘式”切换效果，添加“帘式”切换动画。

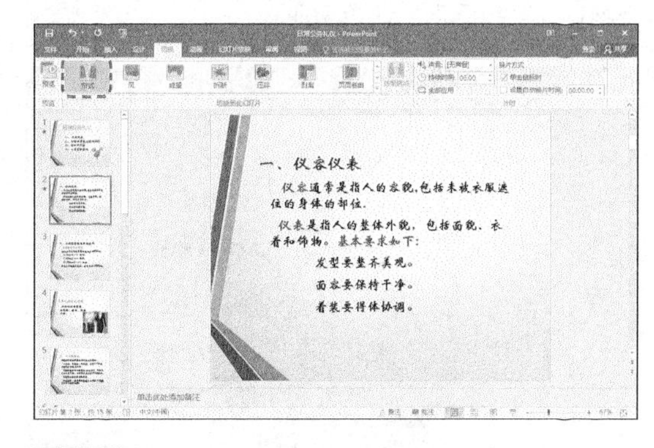

第 5 步 添加“擦除”切换动画

选择第 3 张幻灯片，在“切换”选项卡的“切换到此幻灯片”面板中，单击“其他”按钮，展开列表框，选择“擦除”切换效果，添加“擦除”切换动画。

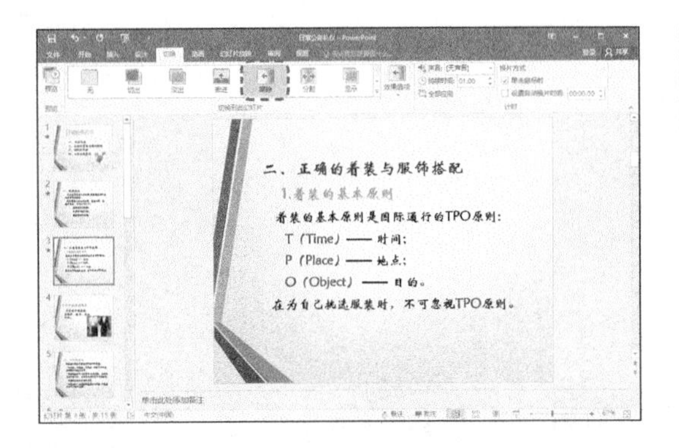

第 6 步 添加“页面卷曲”切换动画

选择第 4 张幻灯片，在“切换”选项卡的“切换到此幻灯片”面板中，单击“其他”按钮，展开列表框，选择“页面卷曲”切换效果，添加“页面卷曲”切换动画。

第 7 步 添加“日式折纸”切换动画

选择第 5 张幻灯片，在“切换”选项卡的“切换到此幻灯片”面板中，单击“其他”按钮，展开列表框，选择“日式折纸”切换效果，添加“日式折纸”切换动画。

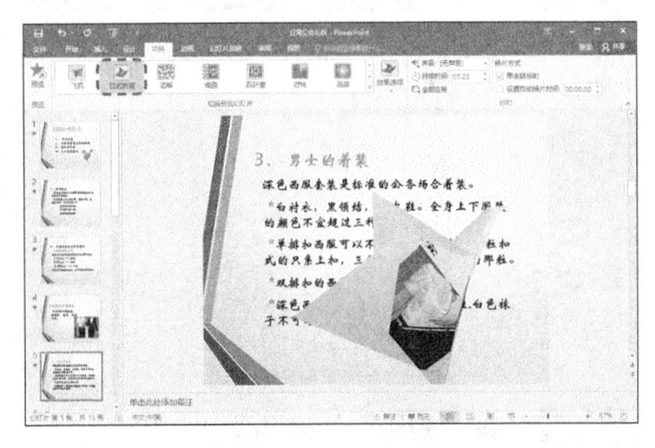

第 8 步 添加“溶解”切换动画

选择第 6 张幻灯片，在“切换”选项卡的“切换到此幻灯片”面板中，单击“其他”按钮，展开列表框，选择“溶解”切换效果，添加“溶解”切换动画。

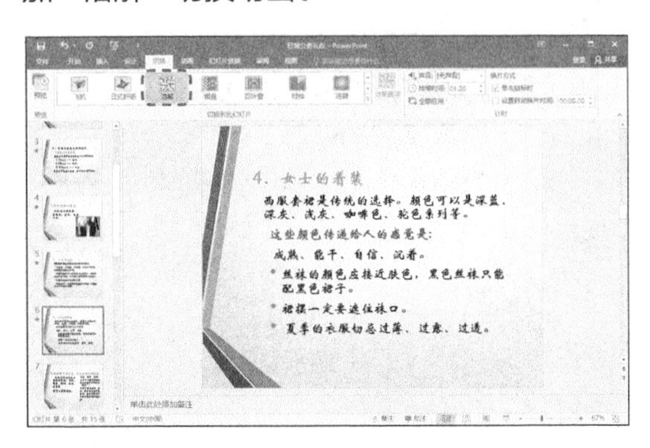

第 9 步 添加“分割”切换动画

选择第 7 张幻灯片，在“切换”选项卡的“切换到此幻灯片”面板中，单击“其他”按钮，展开列表框，选择“分割”切换效果，添加“分割”切换动画。

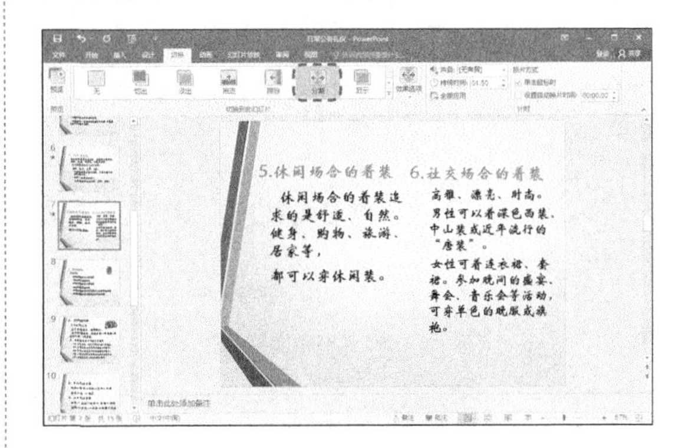

第 10 步 添加“棋盘”切换动画

选择第 8 张幻灯片，在“切换”选项卡的“切换到此幻灯片”面板中，单击“其他”按钮，展开列表框，选择“棋盘”切换效果，添加“棋盘”切换动画。

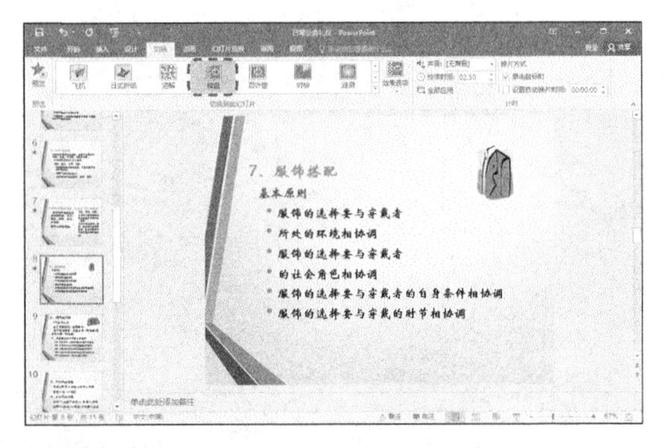

第 11 步 添加“百叶窗”切换动画

选择第 9 张幻灯片，在“切换”选项卡的“切换到此幻灯片”面板中，单击“其他”按钮，展开列表框，选择“百叶窗”切换效果，添加“百叶窗”切换动画。

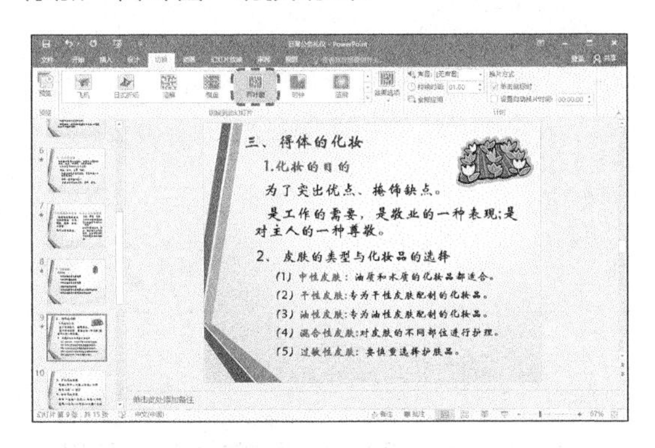

第 12 步 添加“蜂巢”切换动画

选择第 10 张幻灯片，在“切换”选项卡的“切换到此幻灯片”面板中，单击“其他”按钮，展开列表框，选择“蜂巢”切换效果，添加“蜂巢”切换动画。

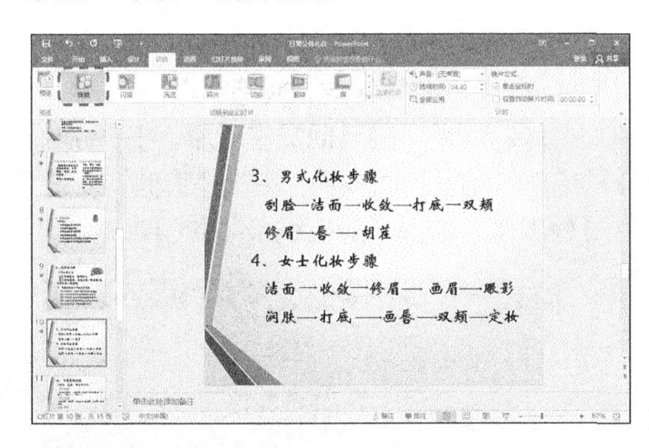

第 13 步 添加“漩涡”切换动画

选择第 11 张幻灯片，在“切换”选项卡的“切换到此幻灯片”面板中，单击“其他”按钮，展开列表框，选择“漩涡”切换效果，添加“漩涡”切换动画。

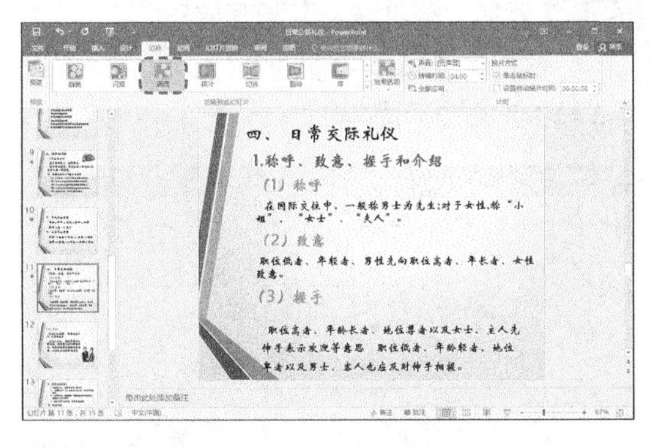

第 14 步 添加“切换”切换动画

选择第 12 张幻灯片，在“切换”选项卡的“切换到此幻灯片”面板中，单击“其他”按钮，展开列表框，选择“切换”切换效果，添加“切换”切换动画。

第 15 步 添加“门”切换动画

选择第 13 张幻灯片，在“切换”选项卡的“切换到此幻灯片”面板中，单击“其他”按钮，展开列表框，选择“分割”切换效果，添加“门”切换动画。

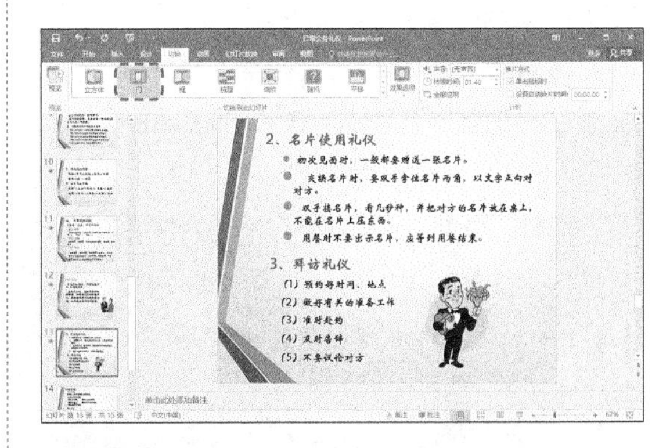

第 16 步 添加“摩天轮”切换动画

选择第 14 张幻灯片，在“切换”选项卡的“切换到此幻灯片”面板中，单击“其他”按钮，展开列表框，选择“摩天轮”切换效果，添加“摩天轮”切换动画。

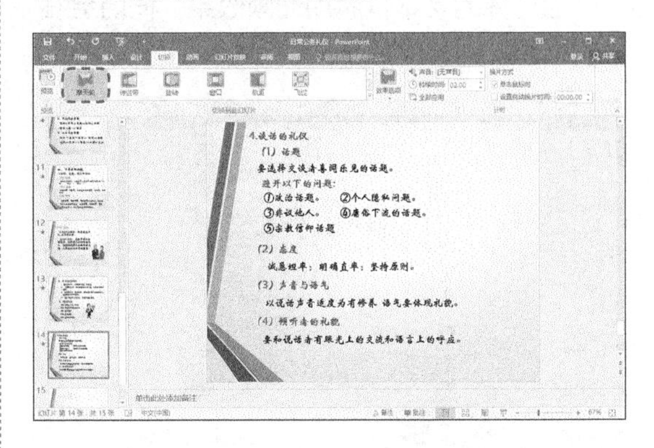

第 17 步 添加“淡出”切换动画

选择第 15 张幻灯片，在“切换”选项卡的“切换到此幻灯片”面板中，单击“其他”按钮，展开列表框，选择“淡出”切换效果，添加“淡出”切换动画。

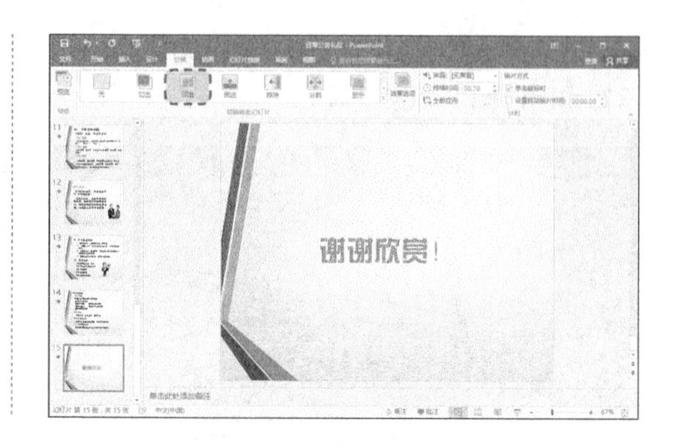

14.1.2 为幻灯片添加动画效果

完成幻灯片之间的切换动画添加后，还需要为幻灯片中的文本、图片等内容添加动画效果，动画包含进入、强调、退出和路径动画等。

1. 添加进入动画

进入动画是幻灯片对象依次出现时的动画效果，是幻灯片中最基本的动画效果。下面介绍其具体的操作方法。

第 1 步 选择“飞入”动画效果

❶ 选择第 1 张幻灯片中最上方的文本；❷ 单击“动画”选项卡，在“动画”面板中，选择“飞入”动画效果。

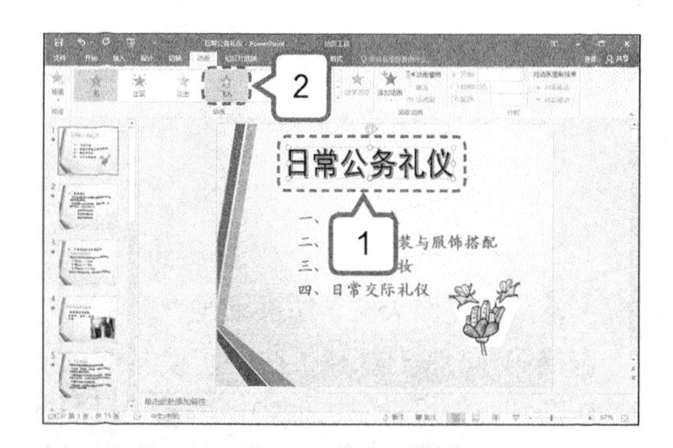

第 2 步 添加“飞入”动画效果

为选择的文本框添加动画效果，同时会在文本框的左侧显示数字 1。

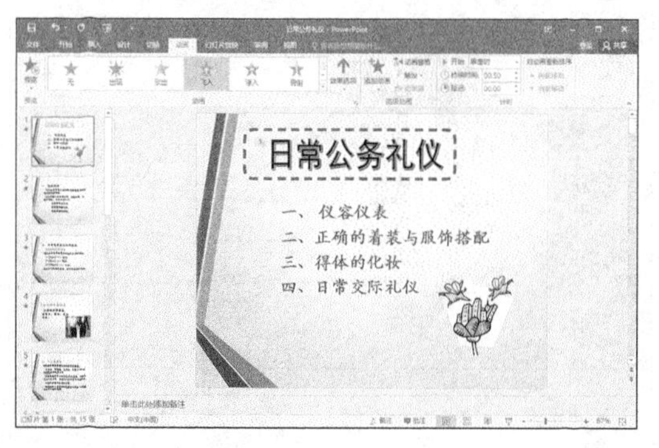

第 3 步 选择“随机线条”动画效果

选择幻灯片中的其他文本对象，在“动画”选项卡的“动画”面板中，单击“其他”按钮，展开列表框，选择“随机线条”动画效果。

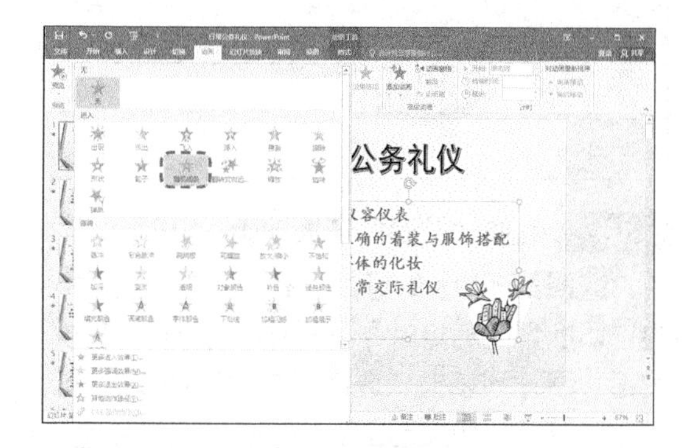

第 4 步 添加“随机线条”动画效果

为选择的文本框添加动画效果，同时会在文本框的左侧显示数字。

第 5 步 单击“更多进入效果”命令

选择第 2 张幻灯片中的文本对象，在“动画”选项卡的“动画”面板中，单击“其他”按钮，展开列表框，单击“更多进入效果”命令。

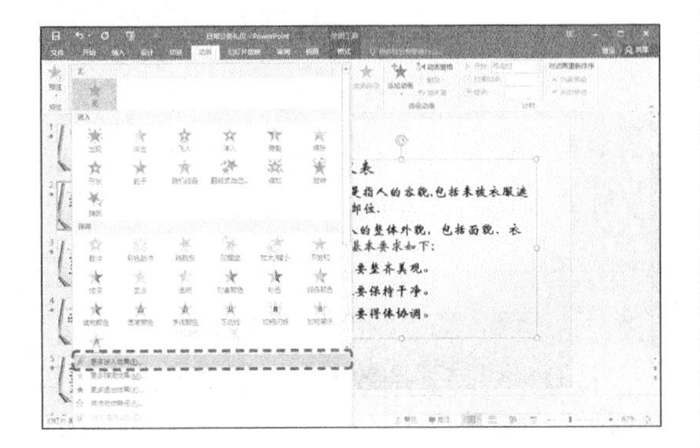

第 6 步 选择相应动画效果

打开“更改进入效果”对话框，选择“十字形扩展”动画效果。

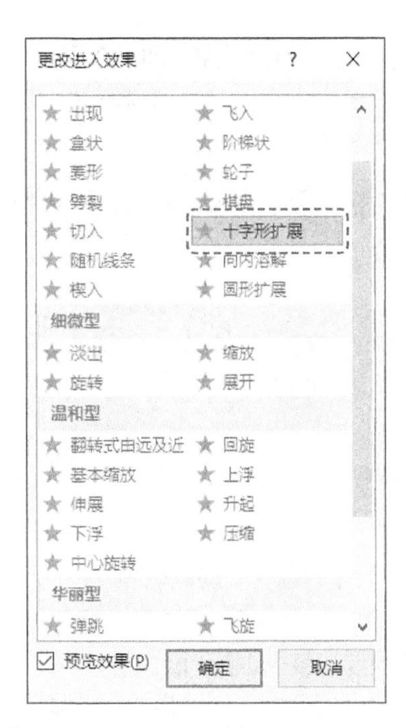

第 7 步 添加“十字形扩展”动画效果

单击“确定”按钮，为选择的文本框添加动画效果，同时会在文本框的左侧显示数字。

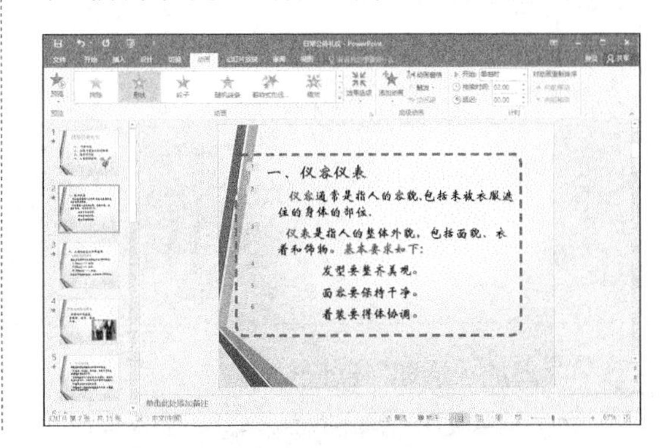

2. 添加强调动画

强调动画是幻灯片在放映过程中，吸引观众注意的一类动画，但是强调动画的 4 种动画类型不如进入动画的动画效果明显，并且动画种类也比较少。下面介绍其具体的操作方法。

第 1 步 选择“彩色脉冲”动画效果

选择第 3 张幻灯片中的文本，单击“动画”选项卡，在“动画”面板中，单击“其他”按钮，展开列表框，在“强调”选项区中，选择“彩色脉冲”动画效果。

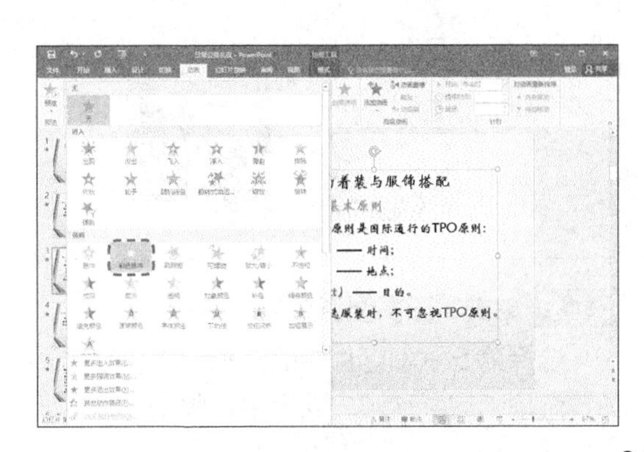

第 2 步 添加“彩色脉冲”动画效果

为选择的文本框添加动画效果，同时会在文本框的左侧显示数字。

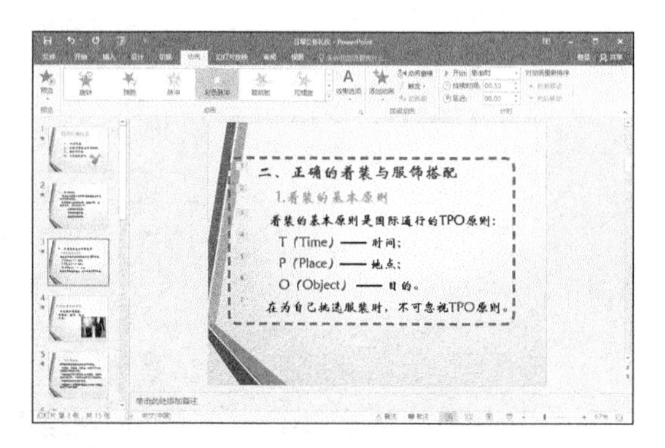

第 3 步 选择“透明”动画效果

选择第 4 张幻灯片中的图片效果，单击“动画”选项卡，在“动画”面板中，单击“其他”按钮，展开列表框，在“强调”选项区中，选择“透明”动画效果。

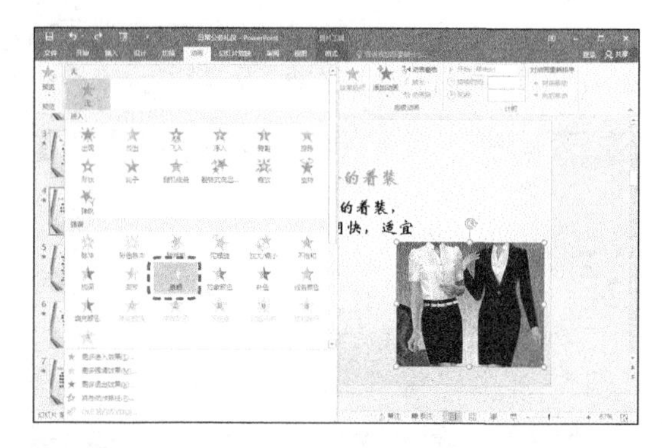

第 4 步 添加“透明”动画效果

为选择的图片添加动画效果，同时会在文本框的左侧显示数字。

第 5 步 单击“更多强调效果”命令

选择第 5 张幻灯片中的文本对象，在“动画”选项卡的“动画”面板中，单击“其他”按钮，展开列表框，单击“更多强调效果”命令。

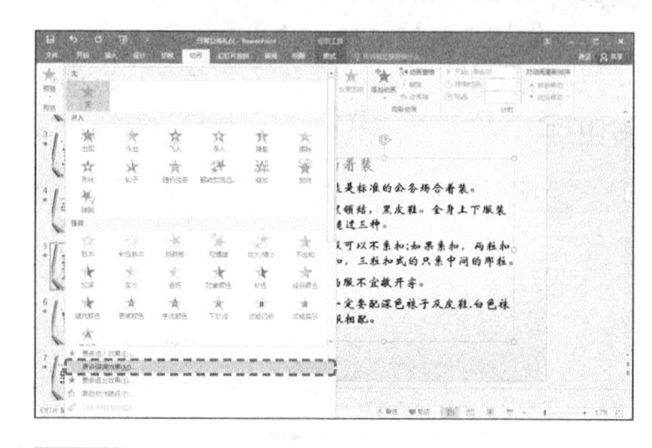

第 6 步 选择“画笔颜色”动画效果

打开“更改强调效果”对话框，选择“画笔颜色”动画效果。

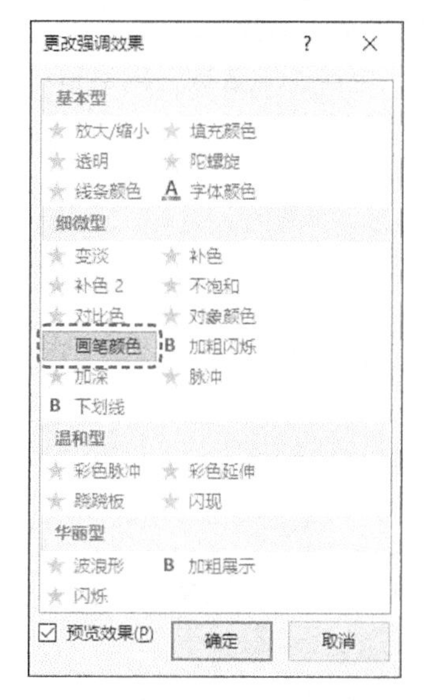

第 7 步 添加“画笔颜色”动画效果

单击“确定”按钮，为选择的文本框添加动画效果，同时会在文本框的左侧显示数字。

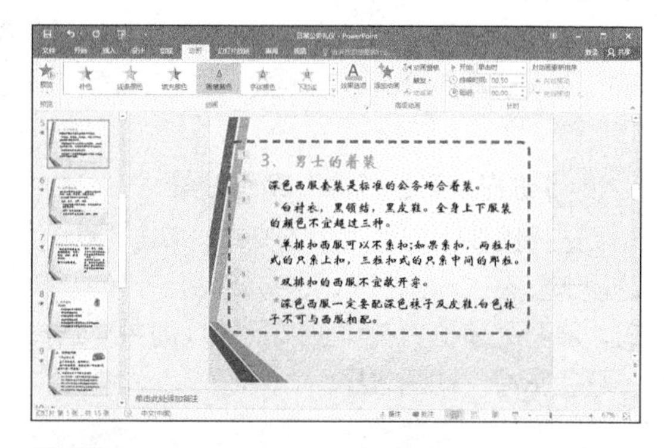

第 8 步 选择“下划线”动画效果

选择第 9 张幻灯片中的文本，单击“动画”

选项卡，在“动画”面板中，单击“其他”按钮，展开列表框，在“强调”选项区中，选择“下划线”动画效果。

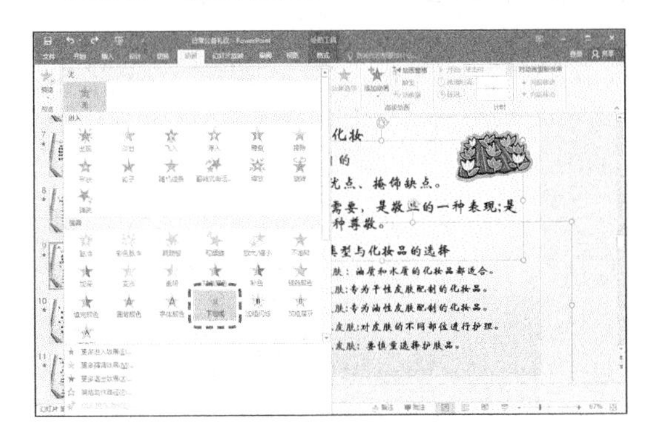

第 9 步 添加“填充颜色”动画效果

为选择的文本添加动画效果，同时会在文本框的左侧显示数字。

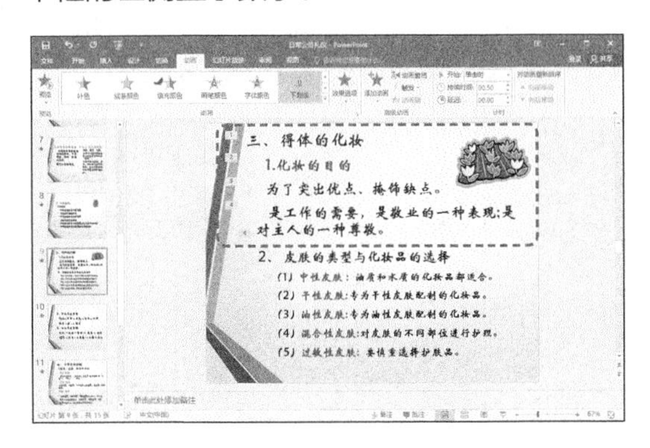

3. 添加退出动画

退出动画是对象消失的动画效果。不过退出动画一般是与进入动画相对应的，即对象是按哪种效果进入的，就会按照同样的效果退出。下面介绍其具体的操作方法。

第 1 步 选择“消失”动画效果

选择第 10 张幻灯片中的文本和形状对象，单击“动画”选项卡，在“动画”面板中，单击“其他”按钮，展开列表框，在“淡出”选项区中，选择“消失”动画效果。

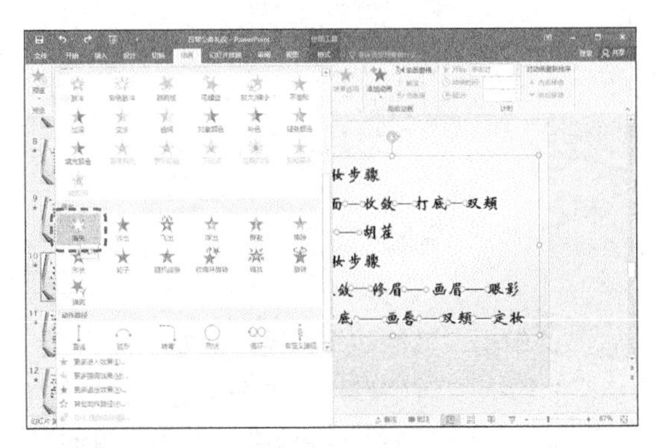

第 2 步 添加“消失”动画效果

为选择的文本和形状添加动画效果，同时会在文本框的左侧显示数字。

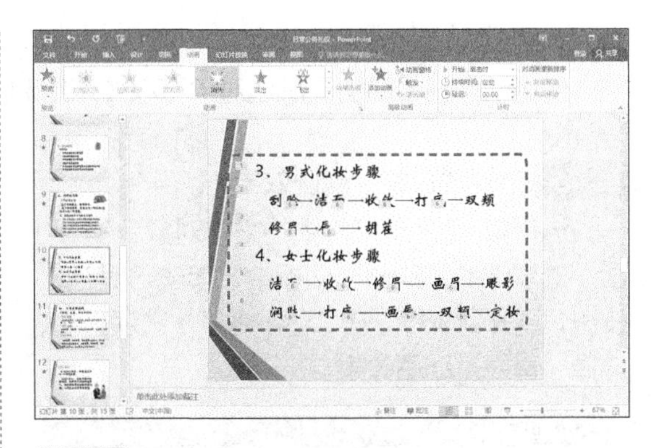

第 3 步 单击“更多退出效果”命令

选择第 11 张幻灯片中的文本内容，在“动画”选项卡的“动画”面板中，单击“其他”按钮，展开列表框，单击“更多退出效果”命令。

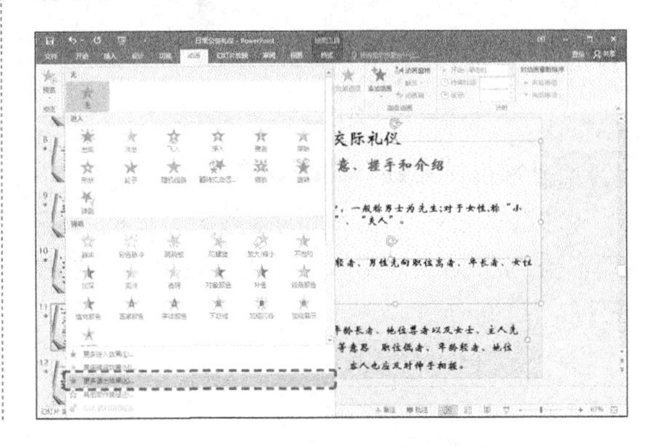

第 4 步 选择“层叠”选项

打开“更改退出效果”对话框，在“温和型”选项区中，选择“层叠”选项。

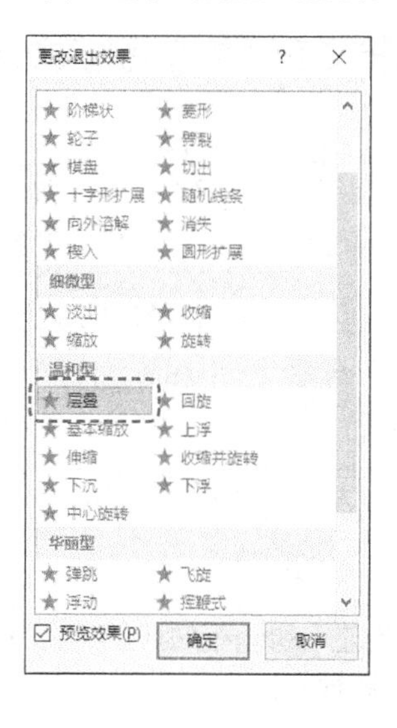

第 5 步 添加“层叠”动画效果

单击“确定”按钮，为选择的文本添加动画效果，同时会在文本框的左侧显示数字。

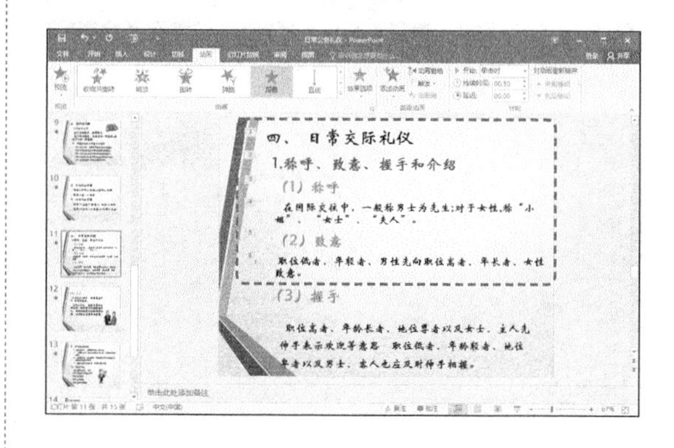

4. 添加路径动画

使用动作路径动画，所选对象可以按照绘制的路径进行移动。下面介绍其具体的操作方法。

第 1 步 选择“直线”动画效果

选择第 12 张幻灯片中的文本对象，在“动画”选项卡的“动画”面板中，单击“其他”按钮，展开列表框，在“动作路径”选项区中，选择“直线”动画效果。

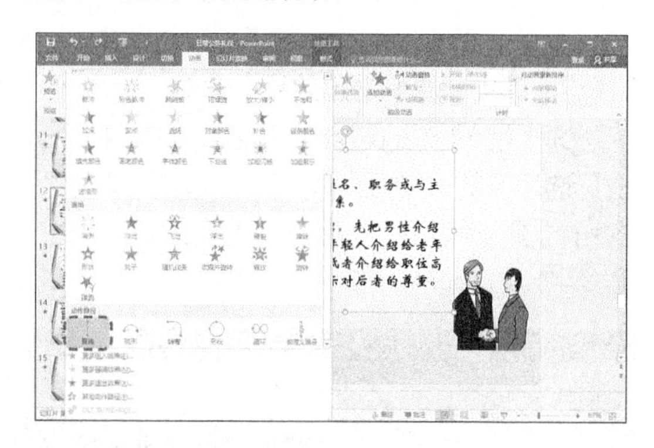

第 2 步 添加“直线”动画效果

为选择的文本框添加动画效果，同时会在文本框的左侧显示数字，并显示动画的直线路径。

第 3 步 单击“其他动作路径”命令

选择第 12 张幻灯片中的图片对象，在“动画”选项卡的“动画”面板中，单击“其他”按钮，展开列表框，单击“其他动作路径”命令。

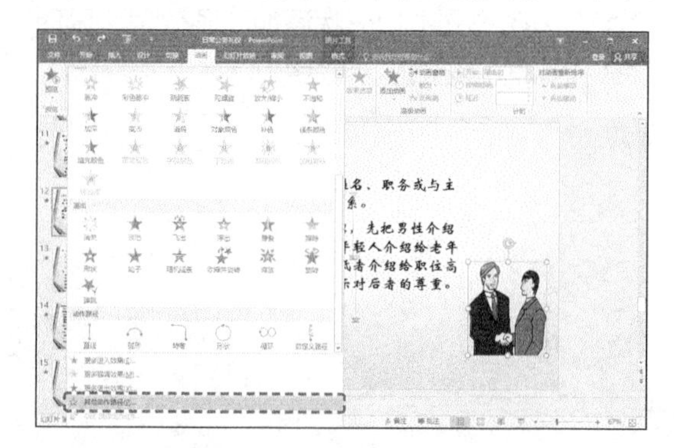

第 4 步 选择“向上”动画效果

打开“更改动作路径”对话框，在“直线和曲线”选项区中，选择“向上”动画效果。

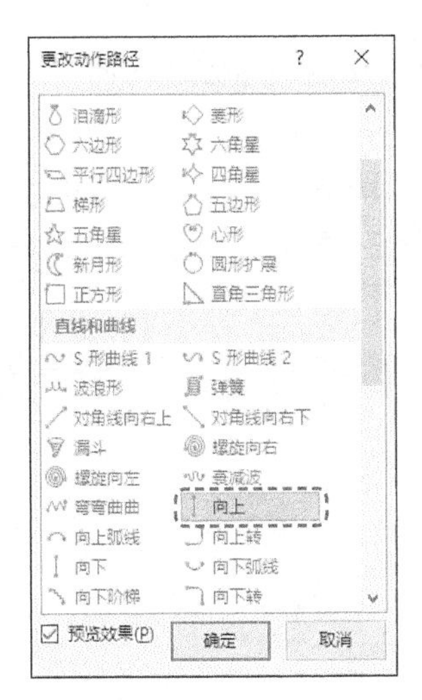

第 5 步 添加“向上”动画效果

单击“确定”按钮，为选择的图片添加动画效果，同时会在文本框的左侧显示数字，并显示动画的直线路径。

第 6 步 单击“其他动作路径”命令

选择第 13 张幻灯片中的所有文本对象，在“动画”选项卡的“动画”面板中，单击“其他”按钮，展开列表框，单击“其他动作路径”命令。

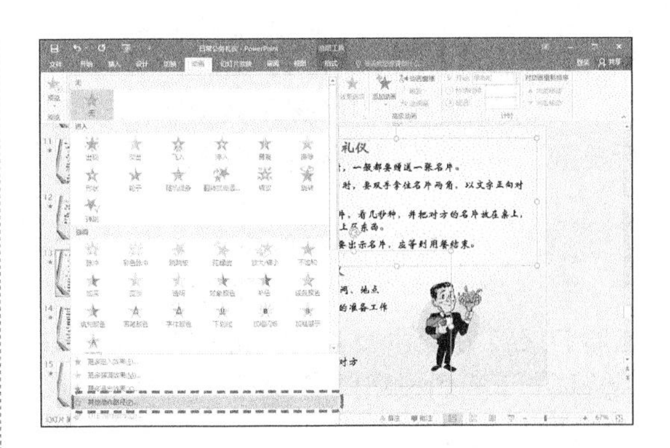

第 7 步 选择“新月形”动画效果

打开“更改动作路径”对话框，在“基本”选项区中，选择“新月形”动画效果。

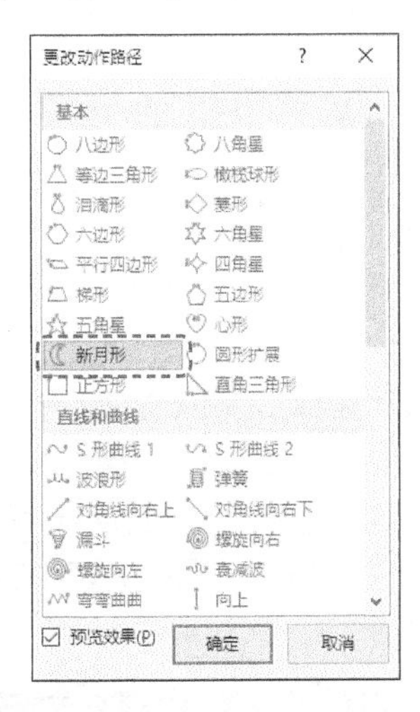

第 8 步 添加“新月形”动画效果

单击“确定”按钮，为选择的文本添加动画效果，同时会在文本框的左侧显示数字，并显示动画的直线路径。

14.1.3 设置添加的动画

完成动画效果的添加后，用户还可以对添加的动画进行各种设置操作，包括设置切换动画效果选项、设置切换动画播放时间、调整动画播放顺序以及为同一个对象添加多个动画效果等。本节将对动画的设置操作进行介绍。

1. 设置切换动画效果选项

为幻灯片选择好切换动画效果后，用户可以使用“效果选项”功能对切换动画效果的选项进行设置。下面介绍其具体的操作方法。

第 1 步 修改切换动画效果选项

❶ 选择第 3 张幻灯片；❷ 单击“切换”选项卡，在“切换到此幻灯片”面板中，单击“效果选项”下三角按钮；❸ 展开列表框，选择“自顶部”选项。

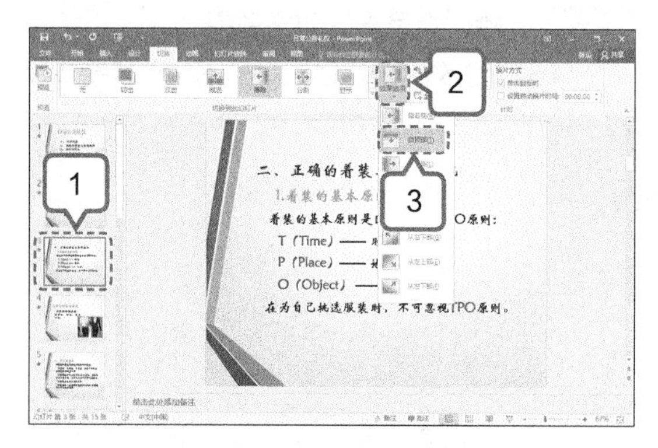

第 2 步 修改切换动画效果选项

❶ 选择第 5 张幻灯片；❷ 单击“切换”选项卡，在“切换到此幻灯片”面板中，单击“效果选项”下三角按钮；❸ 展开列表框，选择“向左”选项。

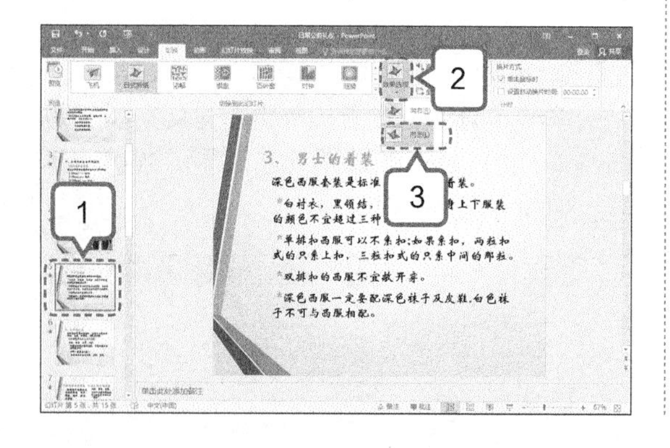

第 3 步 修改切换动画效果选项

❶ 选择第 7 张幻灯片；❷ 单击“切换”选项卡，在“切换到此幻灯片”面板中，单击“效果选项”下三角按钮；❸ 展开列表框，选择“中央向上下展开”选项。

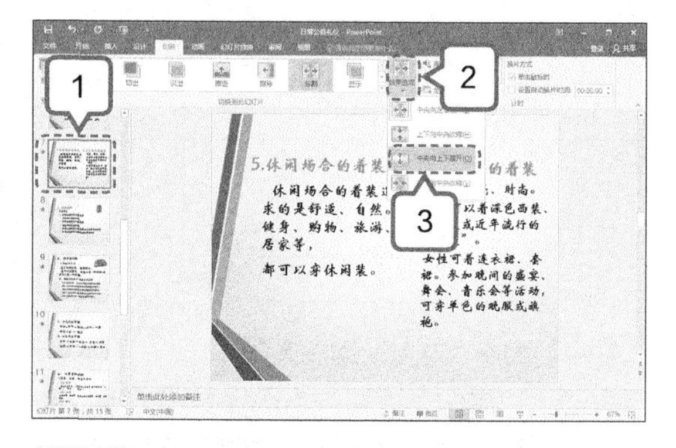

第 4 步 修改切换动画效果选项

❶ 选择第 9 张幻灯片；❷ 单击“切换”选项卡，在“切换到此幻灯片”面板中，单击“效果选项”下三角按钮；❸ 展开列表框，选择“水平”选项。

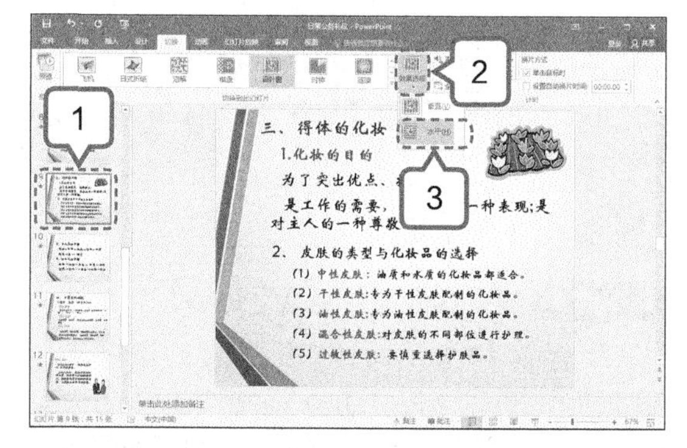

2. 设置切换动画播放时间

在“计时”面板中，可以对切换动画的播放持续时间重新进行设置。下面介绍其具体的操作方法。

第 1 步 修改时间参数

❶ 选择第 1 张幻灯片，在“切换”选项卡的“计时”面板中，修改“持续时间”为 04.05；❷ 单击“全部应用”按钮。

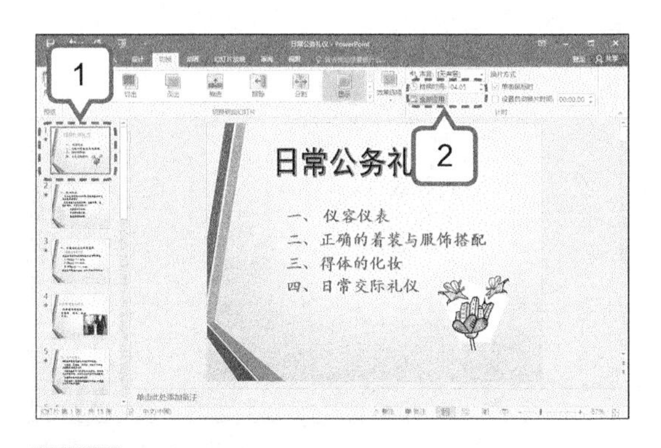

第 2 步 全部修改播放时间

为所有的幻灯片应用新修改的持续时间，任选一张幻灯片，查看播放时间的设置效果。

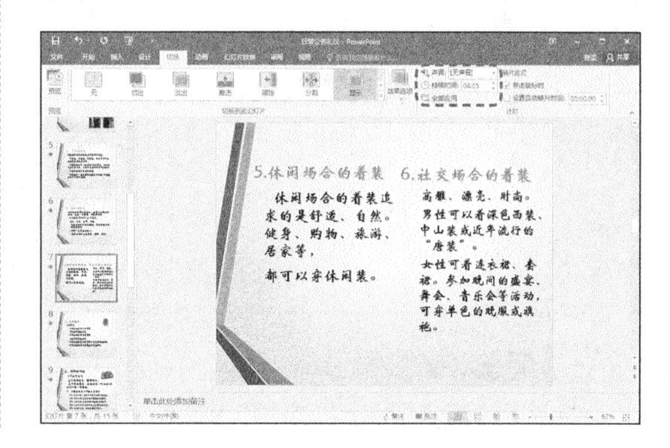

3. 调整动画播放顺序

动画效果设置完成后，还可以调整动画的顺序。下面介绍其具体的操作方法。

第 1 步 单击“动画窗格”按钮

❶ 选择第 5 张幻灯片；❷ 单击“动画”选项卡，在“高级动画”面板中，单击“动画窗格”按钮。

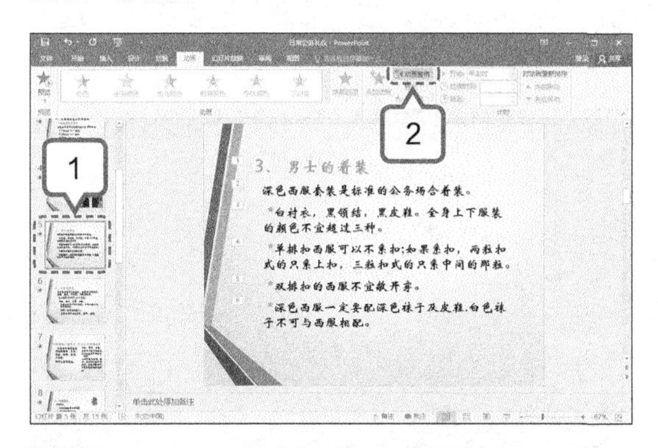

第 2 步 单击“单击展开内容”按钮

打开“动画窗格”窗格，单击“单击展开内容”按钮。

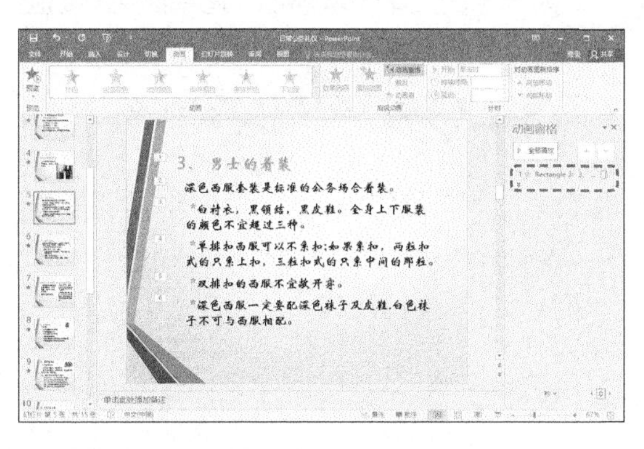

第 3 步 单击“上移”按钮

❶ 展开列表框，选择第 3 个选项；❷ 单击“上移”按钮 ▲ 。

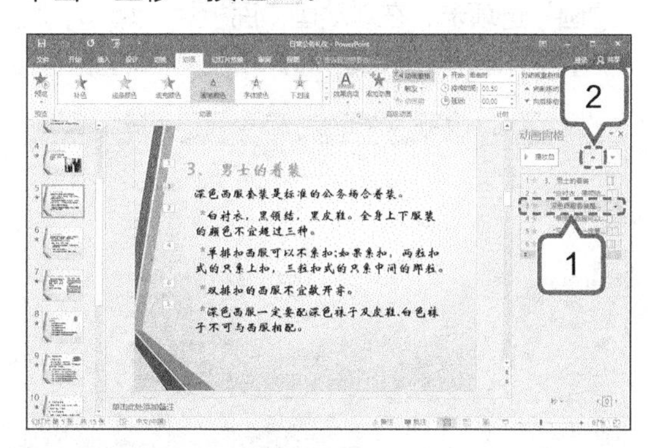

第 4 步 调整动画顺序

将选择的选项上移 1 个位置。

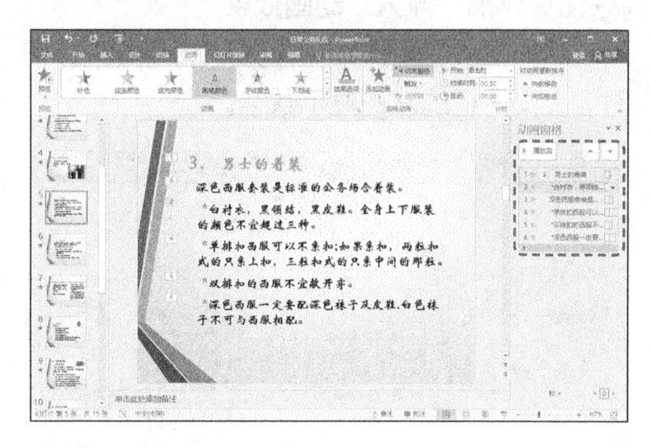

第 5 步 单击“下移”按钮

❶ 选择第 5 个选项；❷ 单击“下移”按钮 ▼ 。

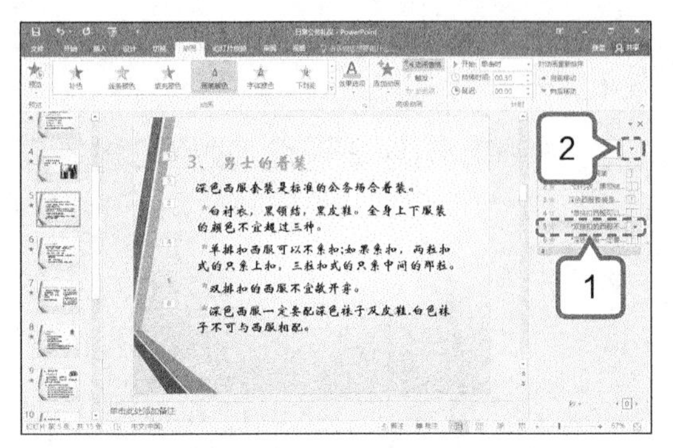

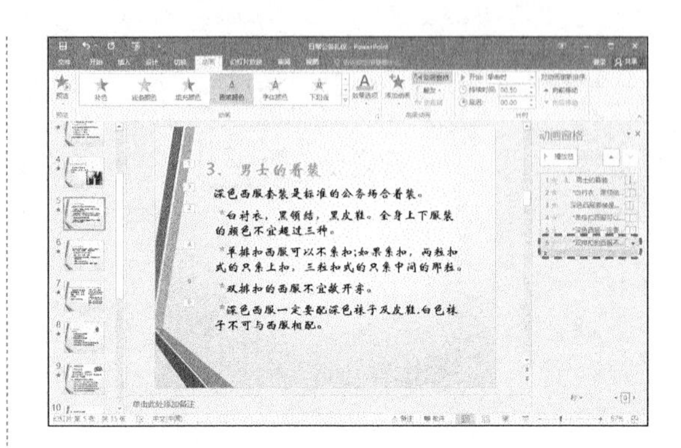

第 6 步 调整动画顺序

将选择的选项移至最末尾的位置。

4. 为同一个对象添加多个动画效果

在幻灯片中，为了制作出逼真的效果，往往需要为同一个对象添加多个动画效果。下面介绍其具体的操作方法。

第 1 步 选择“浮入”动画效果

选择第 7 章幻灯片中的所有文本框，单击“动画”选项卡，在“动画”面板中，单击“其他”按钮，展开列表框，选择“浮入”动画效果。

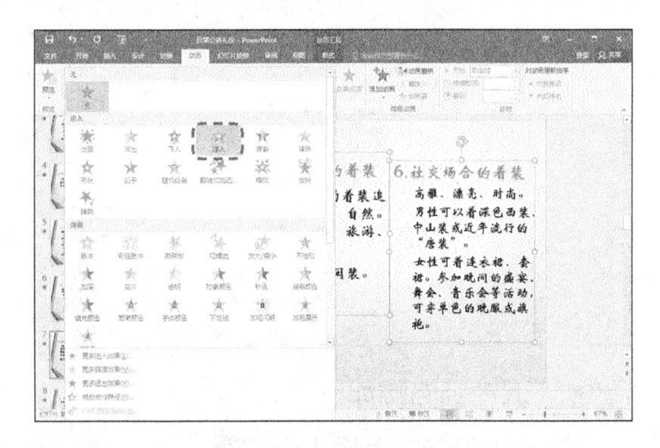

第 2 步 添加“浮入”动画效果

为选择的文本添加“浮入”动画效果，同时会在文本框的左侧显示数字。

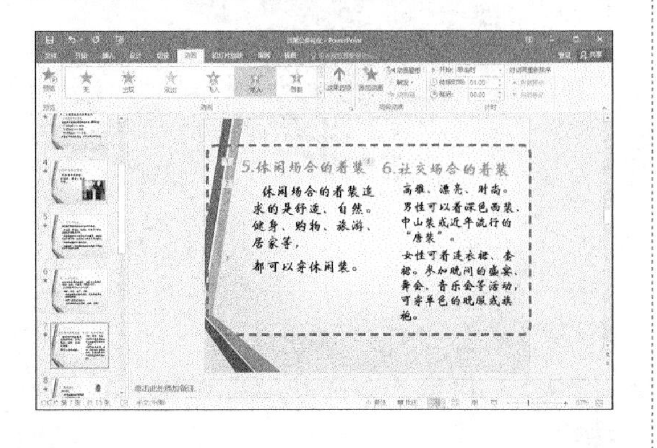

第 3 步 选择“画笔颜色”动画效果

再次选中文本，在“动画”选项卡的“高级动画”面板中，单击“添加动画”下三角按钮，展开列表框，在“强调”选项区中，选择“画笔颜色”动画效果。

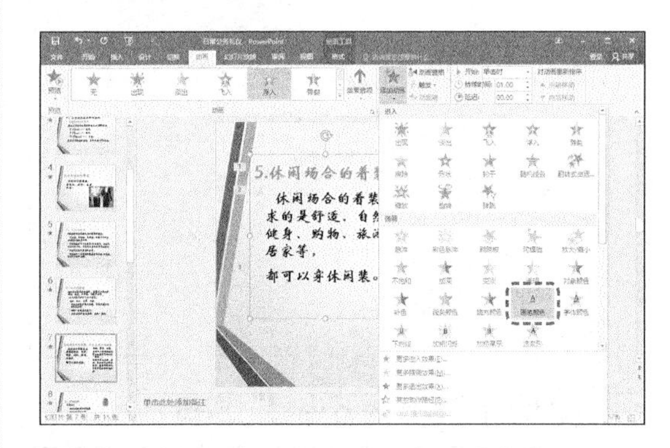

第 4 步 添加“画笔颜色”动画效果

为选择的文本再次添加“画笔颜色”动画效果，同时会在文本框的左侧显示数字。

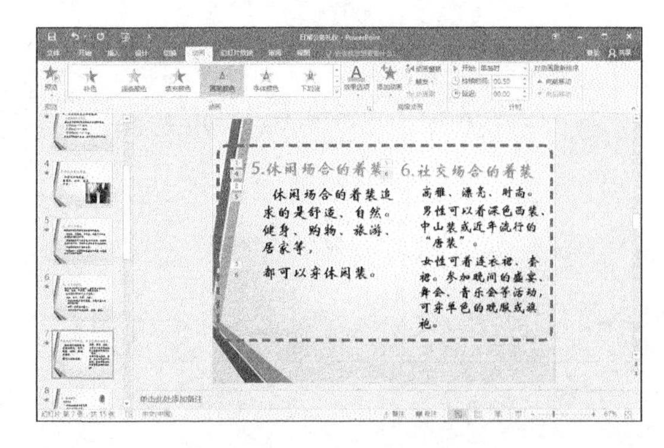

第 5 步 单击“效果选项”命令

❶ 在“动画”选项卡“高级动画”面板中，单击“动画窗格”按钮；❷ 打开“动画窗格”窗格，选择第 4 个选项，单击鼠标右键，打开快捷菜单，单击“效果选项”命令。

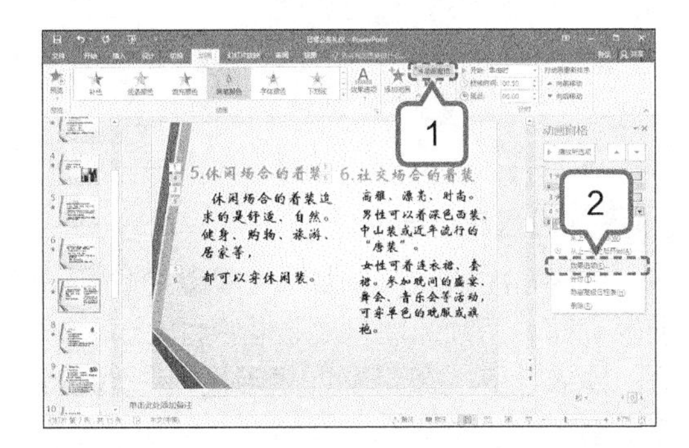

第 6 步 选择“其他颜色”选项

打开“画笔颜色”对话框，在“设置”选项区中，单击“颜色”右侧的下三角按钮，展开列表框，选择“其他颜色”选项。

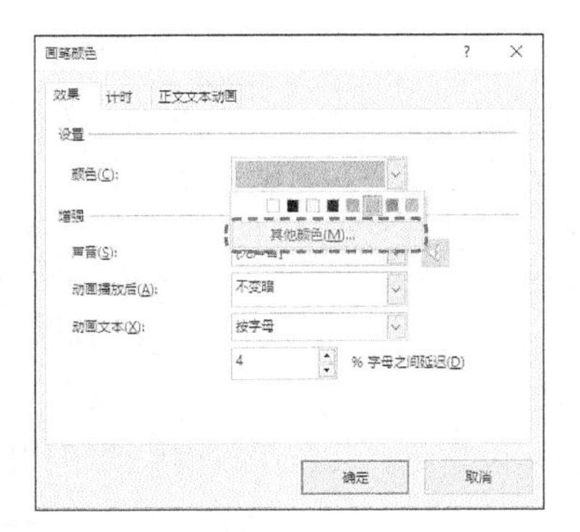

第 7 步 修改颜色参数

❶ 打开“颜色”对话框，修改“红色”“绿色”和“蓝色”参数分别为 219、55、176；❷ 单击“确定”按钮。

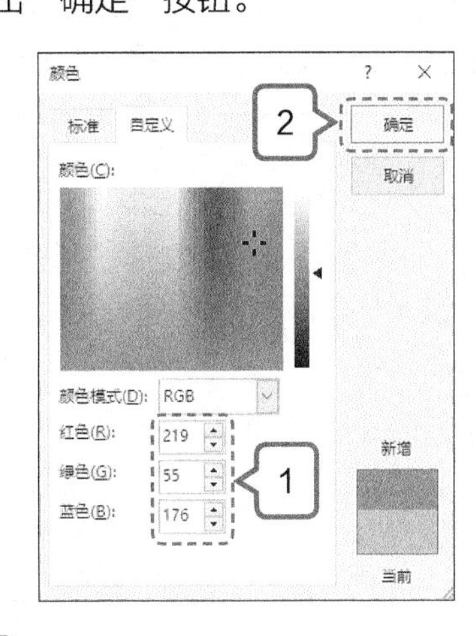

第 8 步 设置计时选项

返回到“画笔颜色”对话框，切换至“计时”选项卡，单击“开始”右侧的下三角按钮，展开列表框，选择“与上一动画同时”选项，单击“确定”按钮。

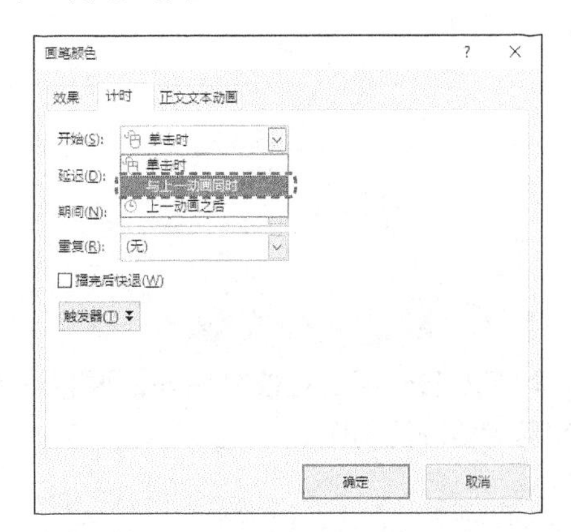

14.1.4 为幻灯片添加背景音乐

完成动画效果的添加和设置后，用户还可以为幻灯片添加一些合适的声音配合图文、动画，使演示文稿变得有声有色，更具有感染力。

第 1 步 单击“PC 上的音频”命令

❶ 选择第 1 张幻灯片；❷ 单击“插入”选项卡，在“媒体”面板中，单击“音频”下三角按钮；❸ 展开列表框，单击“PC 上的音频”命令。

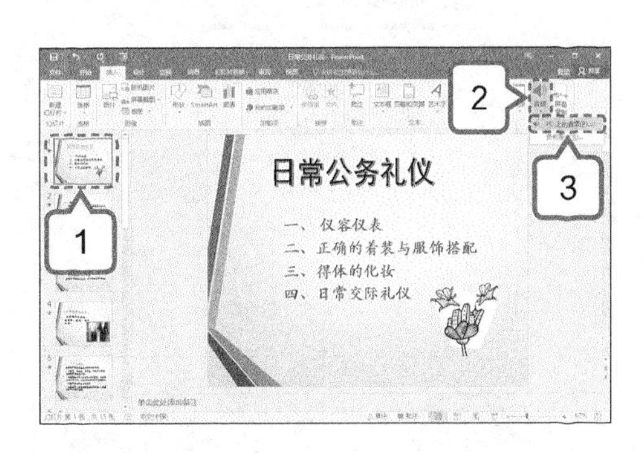

第 2 步 选择音频文件

❶ 打开“插入音频”对话框，选择需要插入的音频文件；❷ 单击“插入”按钮。

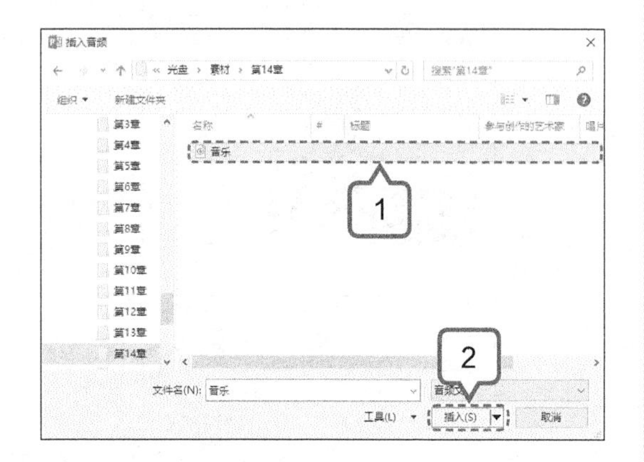

第 3 步 添加音频文件

将选中的音频插入到幻灯片中，然后将声音图标移动到合适的位置。

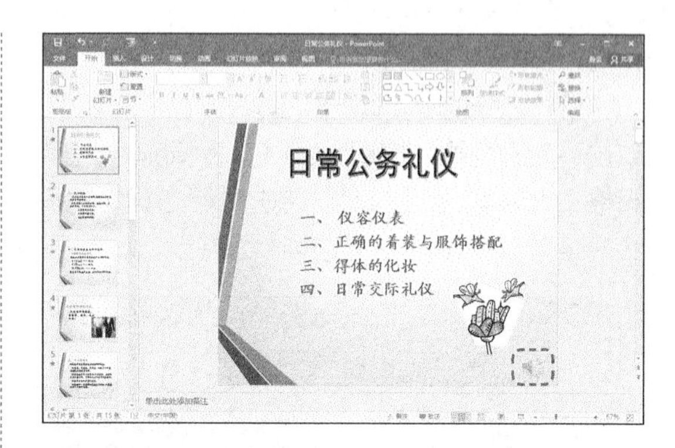

第 4 步 设置音频选项

选择新添加的背景音乐，单击“播放”选项卡，在“音频选项”复选框中，勾选“跨幻灯片播放”和“循环播放，直到停止”复选框，完成音频选项的设置。

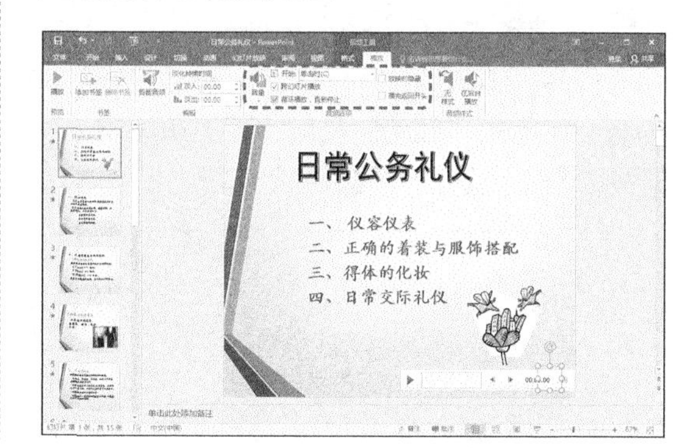

14.1.5 其他礼仪文稿

除了本节介绍的礼仪文稿外，平时常用的还有很多种礼仪文稿。读者可以根据以下思路，结合实际需要进行制作。

1.《差旅礼仪文稿》

差旅礼仪文稿是用来对个人在公共场所、乘坐交通工具以及下榻宾馆时所需要注意的礼仪进行培训的文稿。在进行差旅礼仪文稿的制作时，会使用切换动画的添加、动画效果的添加与设置等操作。具体的效果如下图所示。

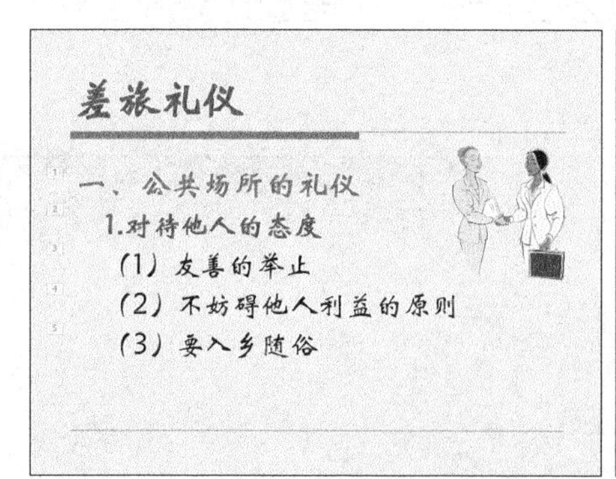

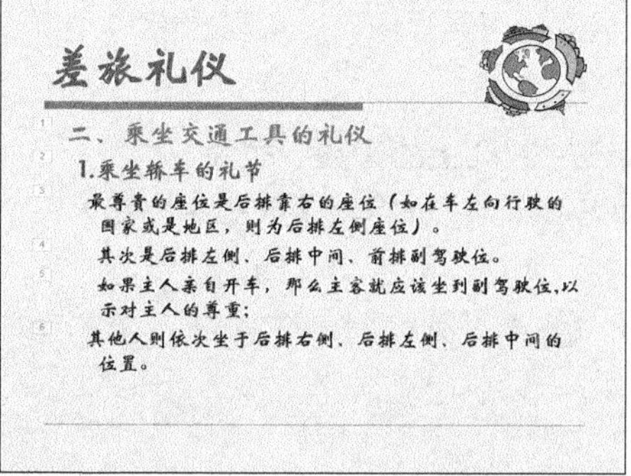

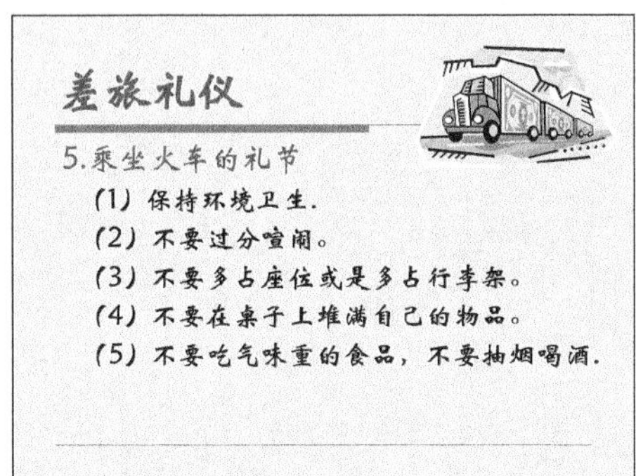

2.《企业礼仪文稿》

企业礼仪文稿是用来对企业礼仪的意义、类型、功用和养成等知识进行礼仪培训的文稿。在进行企业礼仪文稿的制作时，会使用切换动画的添加、动画效果的添加与设置等操作。具体的效果如下图所示。

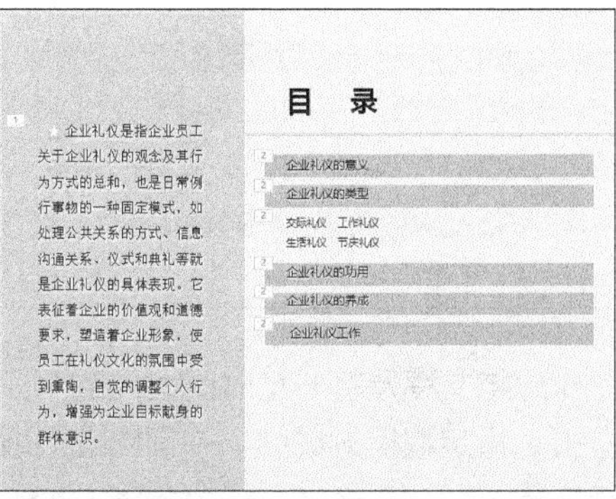

企业礼仪的意义

企业礼仪是企业的精神风貌。它包括企业的待客礼仪、经营作风、员工风度、环境布置风格以及内部的信息沟通方式等内容。企业礼仪往往形成传统与习俗，体现企业的经营理念。它赋予企业浓厚的人情味，对培育企业精神和塑造企业形象起着潜移默化的作用。

当与礼仪相关的行为成为习惯时，企业礼仪就成为了企业习俗。企业习俗是指企业员工在长期的共同劳动中形成的习惯做法。这种做法沿袭日久，是全体员工默认的、心理的、自觉遵守的规范，而不是强迫的、书面制度式的规定；是一种“软约束”。许多公司都有着非常好的员工交流沟通习俗，如总经理座谈会、恳谈会、对话会和业绩报告会，员工可以和公司决策层、经理层等进行直接沟通。

制作“总结”——《个人工作总结》

本节视频教学时间 / 9 分钟

案例名称	个人工作总结
素材文件	素材 \ 第 14 章 \ 个人工作总结 .pptx
结果文件	结果 \ 第 14 章 \ 个人工作总结 .pptx
扩展模板	扩展模板 \ 第 14 章 \ 总结类模板

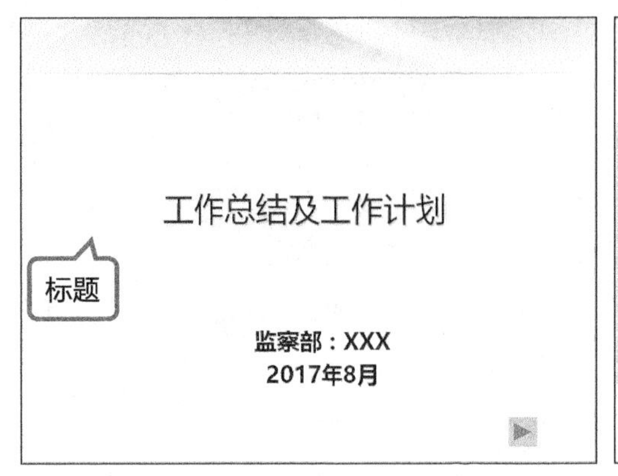

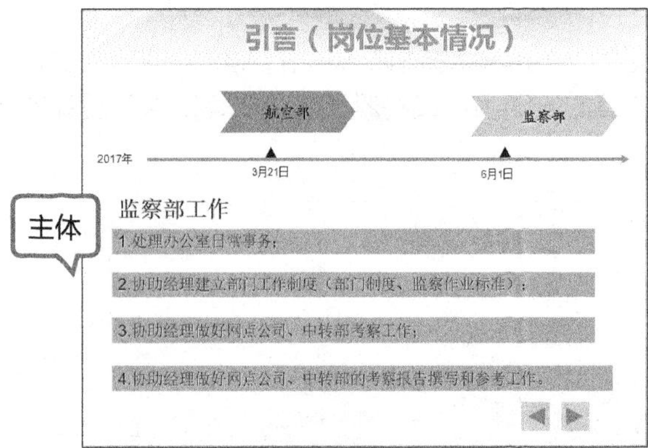

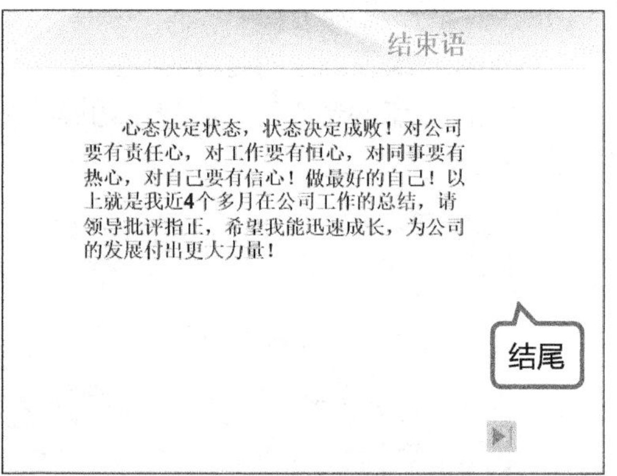

个人工作总结文稿是将一个时间段内的个人工作情况进行一次全面总结，对已做过的工作进行回顾、分析，肯定取得的成绩，并指出应汲取的教训的演示文稿。在本实例中，我们要制作个人工作总结文稿。

最后的效果如上图所示。

/ 个人工作总结的组成要素

名称	是否必备	要求
标题	必备	包含个人总结的名称，有时也可以将主要内容、性质作为标题
目录	必备	包含该总结中主要内容的目录索引
主体	必备	该内容是总结的核心部分，其内容包含做法和体会、成绩和问题、经验和教训等
结尾	必备	包含可以概述全文的内容，例如提出今后努力方向或改进意见

/ 技术要点

（1）使用“形状”为幻灯片添加交互功能。

（2）使用“放映”功能放映幻灯片。

（3）使用“排练计时”放映文件。

/ 操作流程

14.2.1 使用“形状”为幻灯片添加交互功能

PowerPoint 2016 中提供了一组动作按钮，用户可以在幻灯片中添加动作按钮，轻松地实现幻灯片的跳转，或者激活其他的文档和网页等交互功能。

第 1 步 单击动作按钮

❶ 打开“素材 \ 第 14 章 \ 个人工作总结 .pptx”演示文稿，选择第 1 张幻灯片，单击“插入”选项卡，在“插图”面板中，单击“形状”下三角按钮；❷ 展开列表框，单击“动作按钮：前进或下一项”按钮▷。

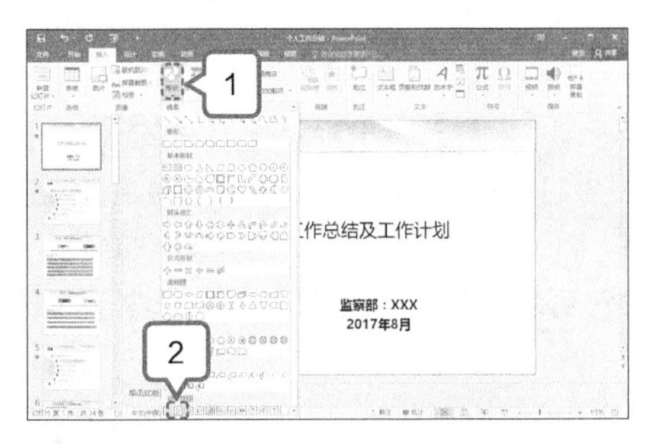

第 2 步 拖曳鼠标

将鼠标指针移至幻灯片中，此时鼠标指针呈十字形状，单击鼠标左键并拖曳。

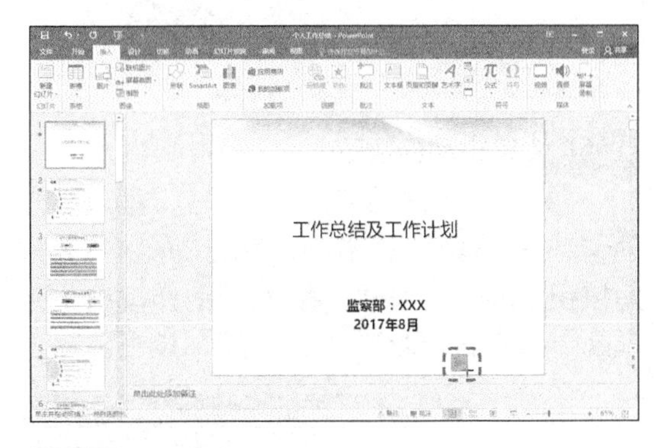

第 3 步 设置动作操作

至合适位置后，释放鼠标左键，打开“操作设置”对话框，单击“确定”按钮。

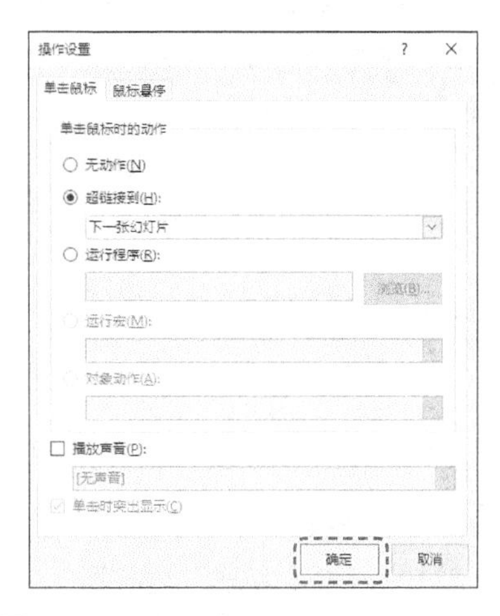

第 4 步 添加动作按钮

完成动作按钮的添加，并在“格式”选项卡的“形状样式”面板中，修改动作按钮的“形状填充”和“形状轮廓”颜色均为“浅绿”，并调整动作按钮的位置。

第 5 步 复制动作按钮

选择新绘制的动作按钮，将其复制在第 2 张幻灯片中，并调整复制后动作按钮的位置。

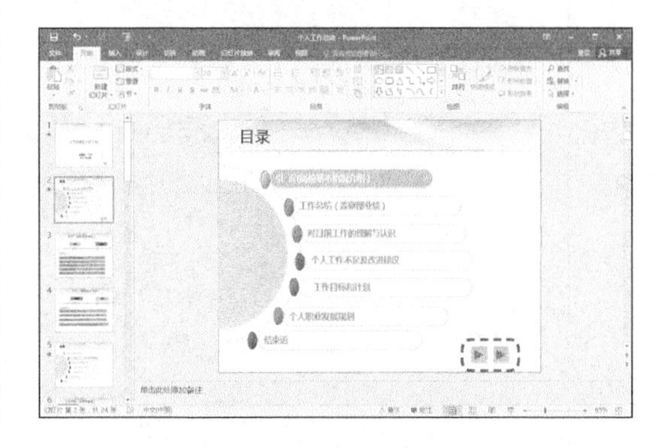

第 6 步 单击“编辑形状”下三角按钮

❶ 在第 2 张幻灯片中，选择左侧的动作按钮；❷ 在“格式”选项卡的“插入形状”面板中，单击“编辑形状”下三角按钮。

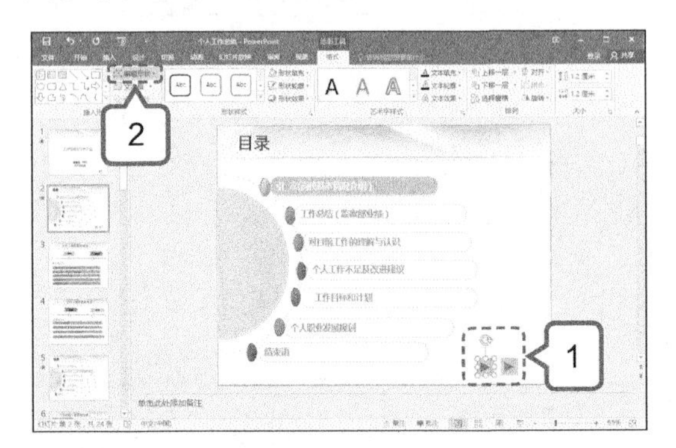

第 7 步 单击动作按钮

❶ 展开列表框，单击“更改形状”命令；❷ 再次展开列表框，单击“动作按钮：后退或前一项”按钮。

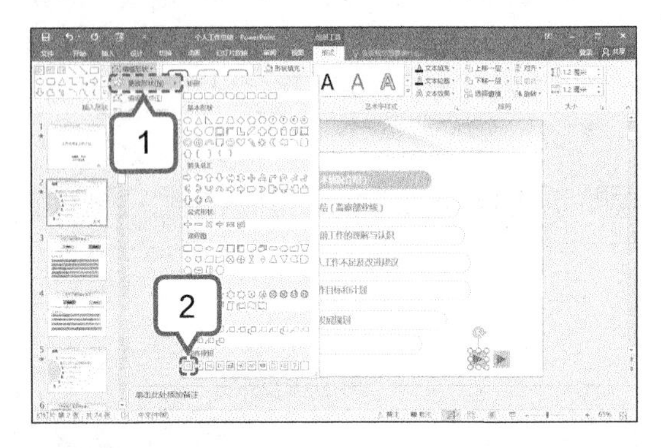

第 8 步 设置动作操作

打开“操作设置”对话框，保持默认选项设置，单击“确定”按钮。

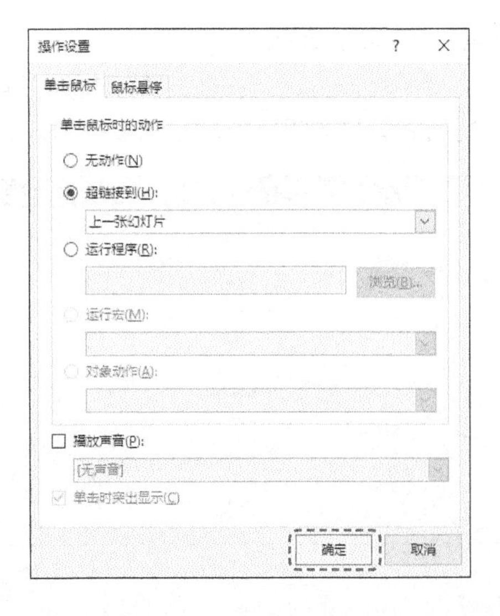

第 9 步 更改动作按钮形状

完成动作按钮形状的更改。

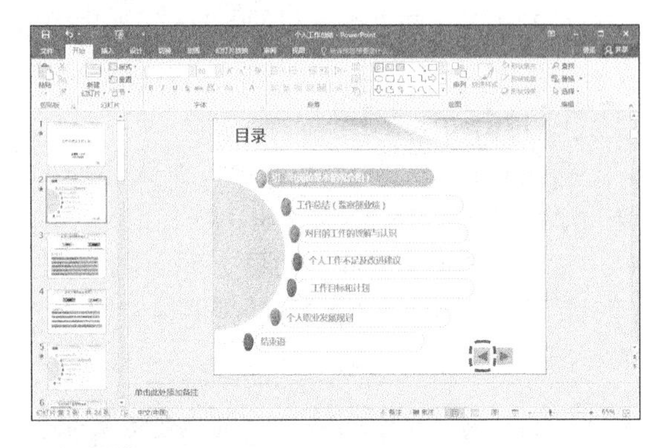

第 10 步 复制动作按钮

选择第 2 张幻灯片中的动作按钮，依次将其复制到第 3 ~ 23 张幻灯片中，并在各个幻灯片中调整复制后的动作按钮位置。

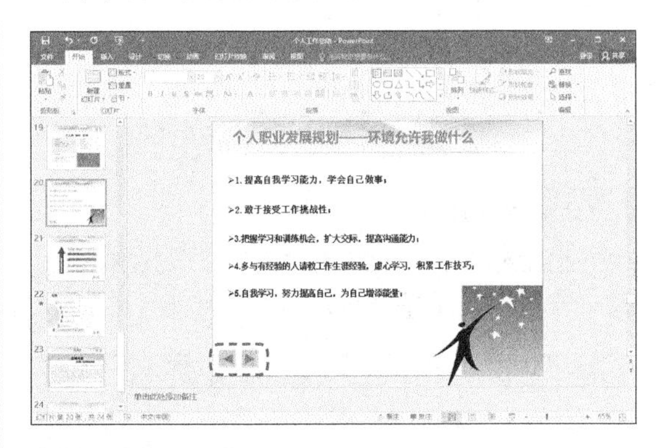

第 11 步 单击动作按钮

❶ 选择第 24 张幻灯片，单击“插入”选项卡，在“插图”面板中，单击“形状”下三角按钮，展开列表框；❷ 在“动作按钮”选项区中，单击“动作按钮：结束”按钮。

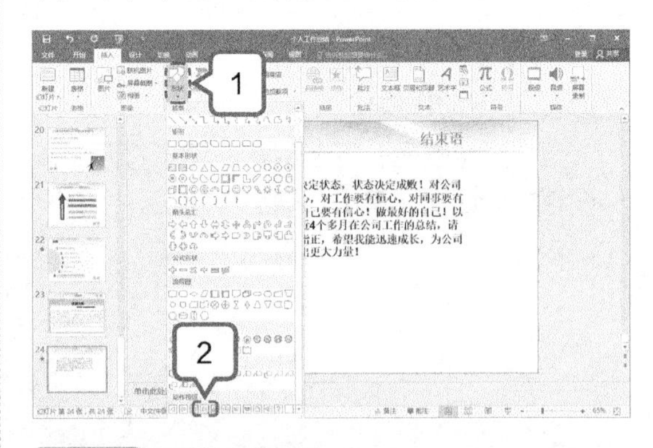

第 12 步 设置动作操作

在幻灯片中的相应位置，单击鼠标左键并拖曳，绘制一个动作按钮，然后打开“操作设置”

对话框，保持默认设置，单击“确定”按钮。

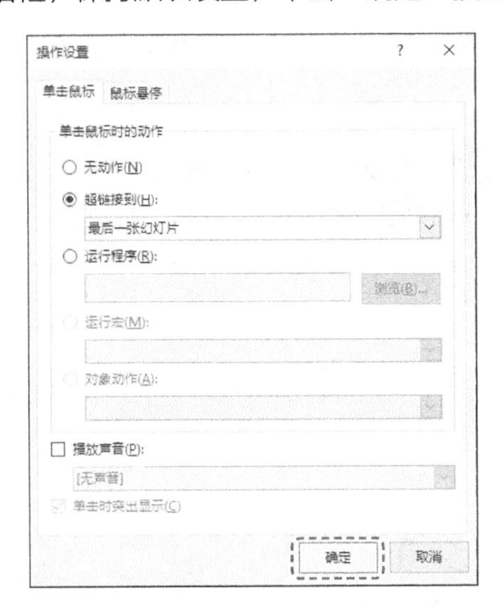

第 13 步 添加动作按钮

完成动作按钮的添加操作，并在“格式”选项卡中，修改“形状填充”和“形状”颜色均为“浅绿”，“形状高度”和“形状宽度”均为 1.2，并调整动作按钮位置。

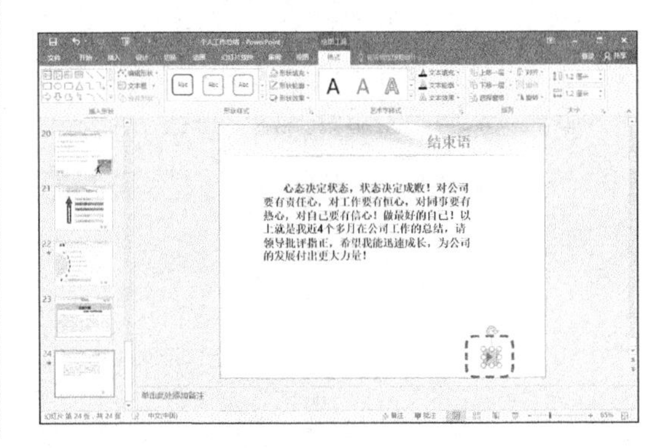

14.2.2 使用“放映”功能放映幻灯片

完成交互功能的添加后，接下来需要使用“放映”功能，对幻灯片进行放映操作。在放映幻灯片时，可以通过从头开始放映、从当前幻灯片开始放映或者自定义放映 3 种方法来进行放映。

1. 从头开始放映幻灯片

使用“从头开始”功能，可以将幻灯片从第 1 张开始放映。下面介绍其具体的操作方法。

第 1 步 单击“从头开始”按钮

单击“幻灯片放映”选项卡，在“开始放映幻灯片”面板中，单击“从头开始”按钮。

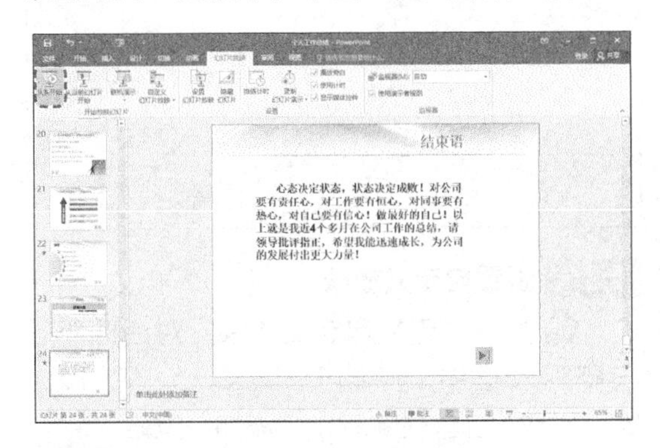

第 2 步 从第一张幻灯片开始放映

从第一张幻灯片开始放映。

第 3 步 切换至下一张幻灯片

单击幻灯片中的动作按钮即可切换至下一张幻灯片。

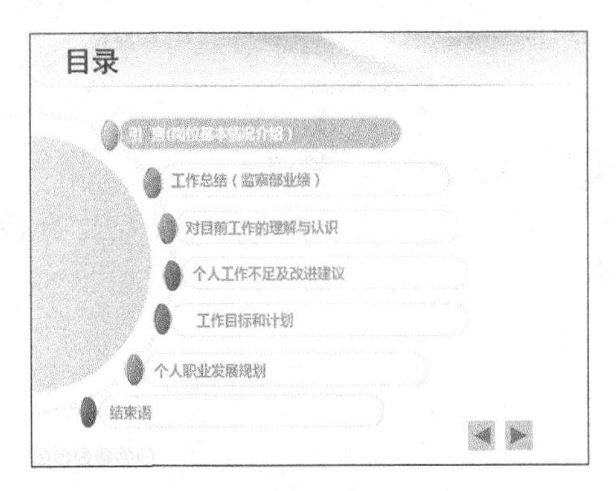

2. 从当前幻灯片开始放映

使用“从当前幻灯片开始”功能可以将演示文稿从当前选择的幻灯片开始进行放映操作。下面介绍其具体的操作方法。

第 1 步 单击相应的按钮

❶ 选择第 5 张幻灯片；❷ 单击“幻灯片放映”选项卡，在“开始放映幻灯片”面板中，单击“从当前幻灯片开始”按钮。

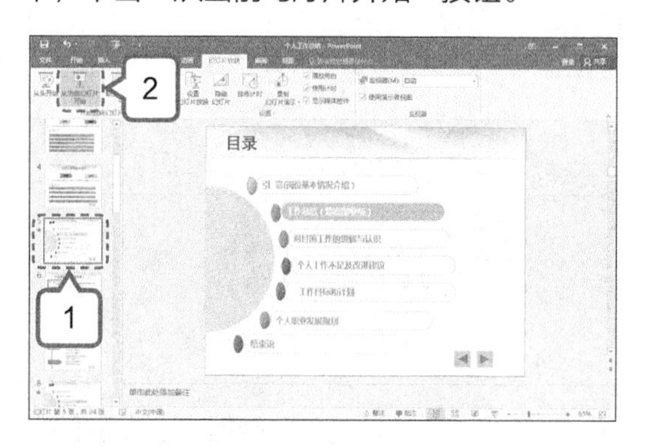

第 2 步 从当前幻灯片开始放映

从选择的第 5 张幻灯片开始放映。

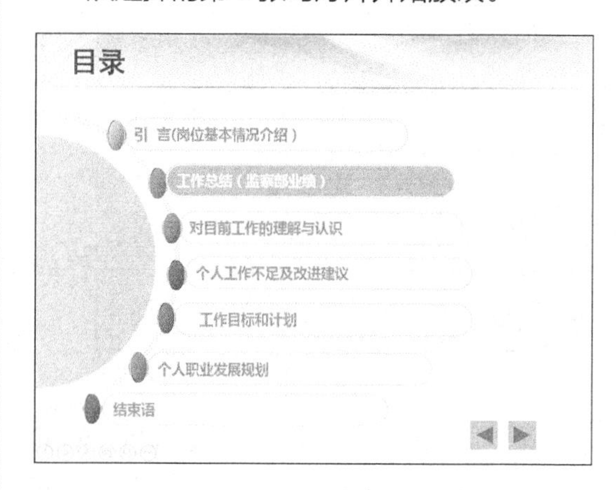

3. 自定义放映幻灯片

使用“自定义放映”功能，可以在放映幻灯片时，针对不同的场合或者观众设置演示文稿的放映顺序或者放映张数。下面介绍其具体的操作方法。

第 1 步 单击“自定义放映”命令

❶ 在“幻灯片放映”选项卡的“开始放映幻灯片”面板中，单击“自定义幻灯片放映”下三角按钮；❷ 展开列表框，单击“自定义放映”命令。

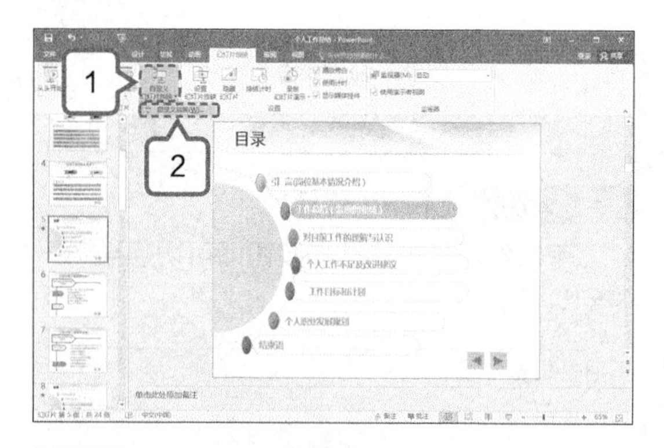

第 2 步 单击“新建”按钮

打开“自定义放映”对话框，单击“新建”按钮。

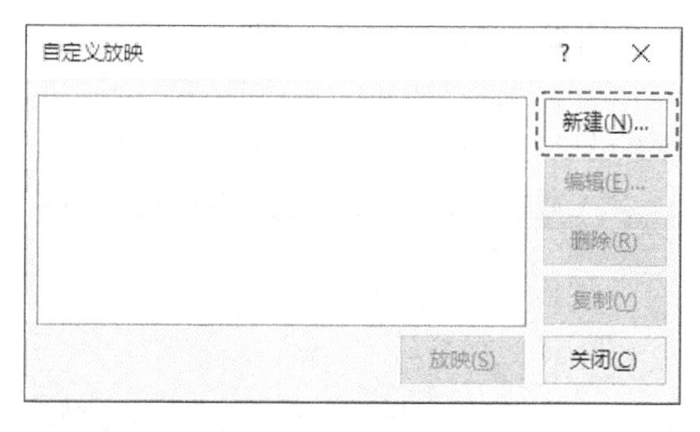

第 3 步 设置自定义放映

❶ 打开“定义自定义放映”对话框，在左侧列表框中，勾选 1、2、3、6、9、19、20、21 复选框；❷ 单击“添加”按钮。

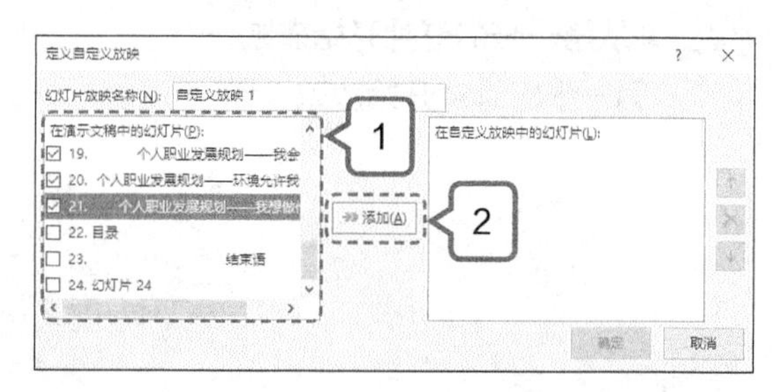

第 4 步 添加放映的幻灯片

❶ 添加需要放映的幻灯片，显示在右侧的列表框中；❷ 单击“确定”按钮。

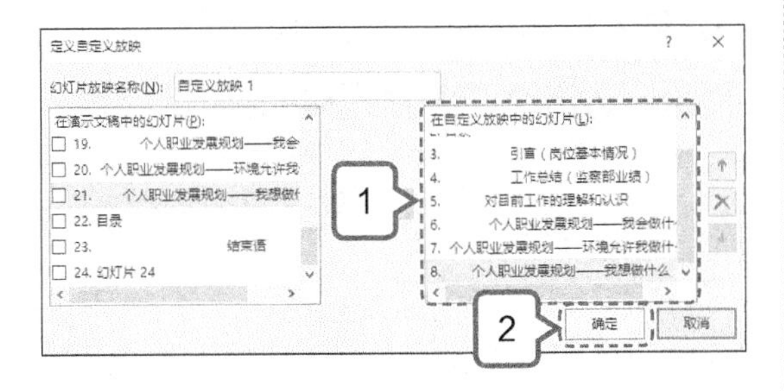

第 5 步 单击“放映”按钮

返回到“自定义放映”对话框，单击“放映”按钮。

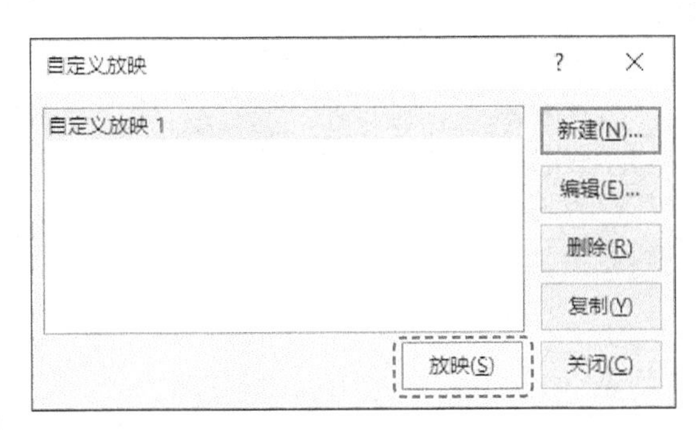

第 6 步 开始放映添加的幻灯片

开始放映添加的幻灯片对象。

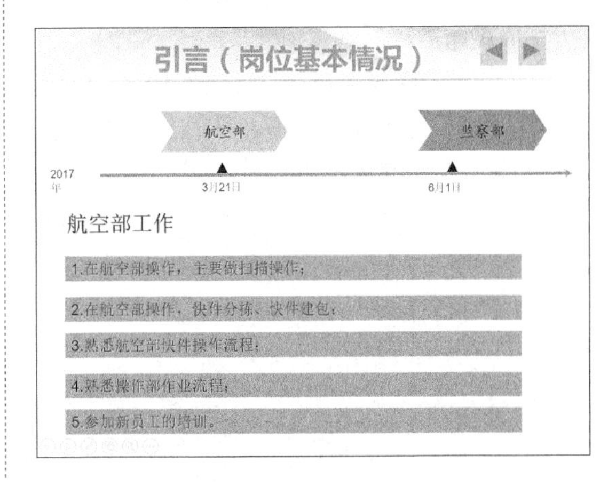

14.2.3 使用“排练计时”放映幻灯片

在放映幻灯片时，使用“排练计时”功能可以自动播放整个演示文稿，且每张幻灯片都将根据排练计时设置的播放时间来放映。

第 1 步 单击“排练计时”按钮

❶ 选择第 1 张幻灯片；❷ 切换至“幻灯片放映”选项卡，在“设置”面板中，单击“排练计时”按钮。

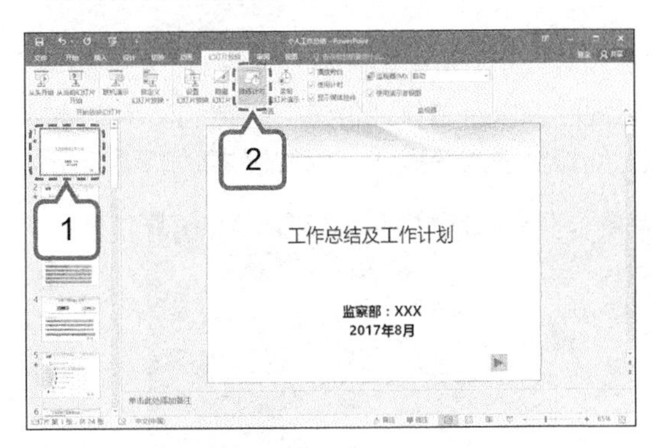

第 2 步 显示放映时间

进入幻灯片放映状态，在“录制”对话框中显示了当前幻灯片的放映时间。

第 3 步 设置放映时间

在“录制”对话框中，单击“下一项”按钮，切换到其他的幻灯片中，按照同样的方法，设置其放映时间。

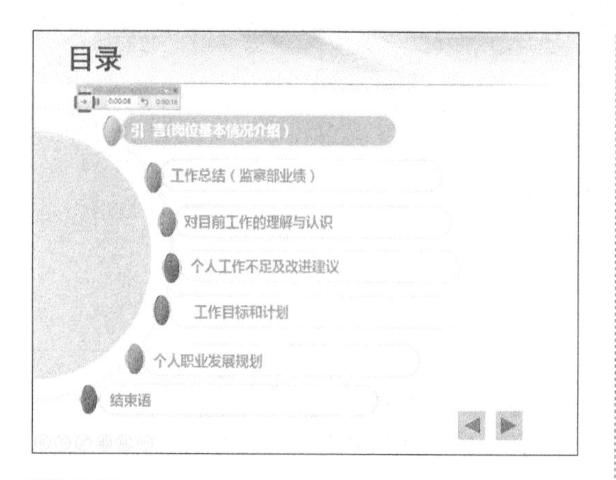

第 4 步 设置放映时间

幻灯片排练完成后，按【Esc】键，打开提示对话框，提示用户幻灯片放映工序时间以及是否保留幻灯片新的幻灯片计时。

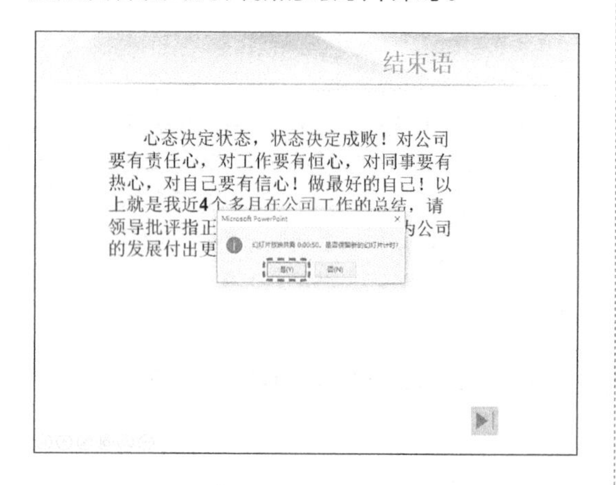

第 5 步 单击“幻灯片浏览”按钮

单击“是”按钮，返回到演示文稿，切换至“视图”选项卡，在“演示文稿视图”面板中，单击“幻灯片浏览”按钮。

第 6 步 显示播放所需时间

进入“幻灯片浏览”视图，在该视图中显示了每张幻灯片的播放所需时间。

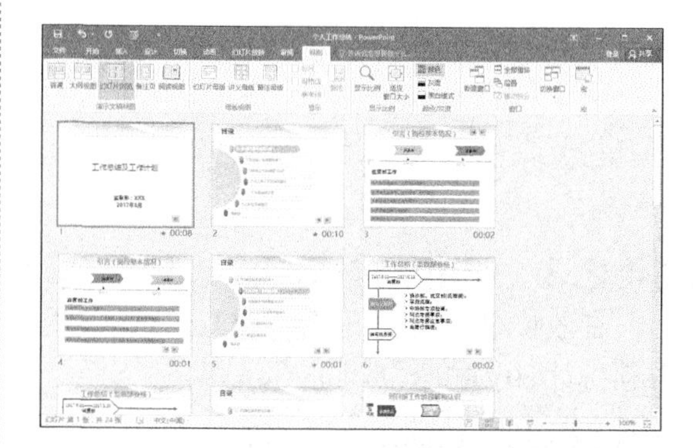

14.2.4 其他总结

除了本节介绍的总结外，平时常用的还有很多种总结文稿。读者可以根据以下思路，结合实际需要进行制作。

1.《项目总结报告》

项目总结报告是用来对信息化管理项目的实施历程回顾以及总体评价进行总结的演示文稿。在进行项目总结报告的制作时，会使用交互功能添加、幻灯片放映等操作。具体的效果如下图所示。

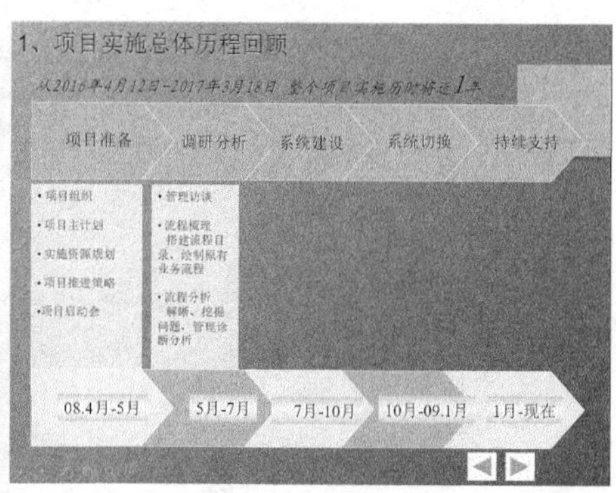

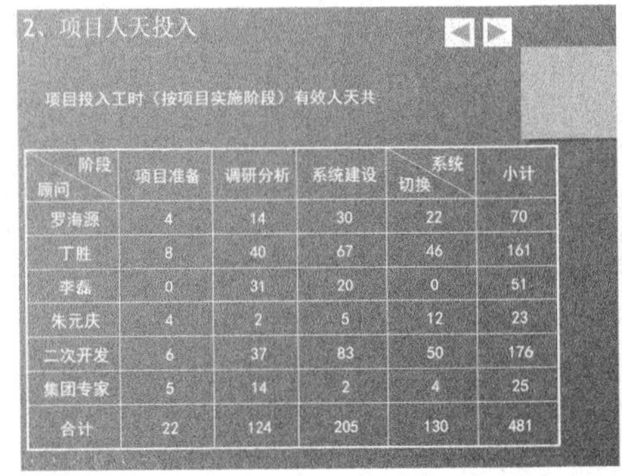

阶段 / 顾问	项目准备	调研分析	系统建设	系统切换	小计
罗海源	4	14	30	22	70
丁胜	8	40	67	46	161
李磊	0	31	20	0	51
朱元庆	4	2	5	12	23
二次开发	6	37	83	50	176
集团专家	5	14	2	4	25
合计	22	124	205	130	481

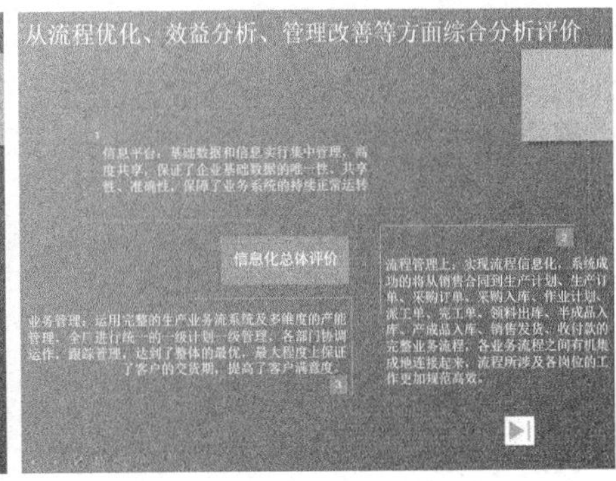

2.《培训总结报告》

培训总结报告是公司的人事部门对该公司的新员工进行培训后的工作总结演示文稿。在进行培训总结报告的制作时，会使用交互功能添加、幻灯片放映等操作。具体的效果如下图所示。

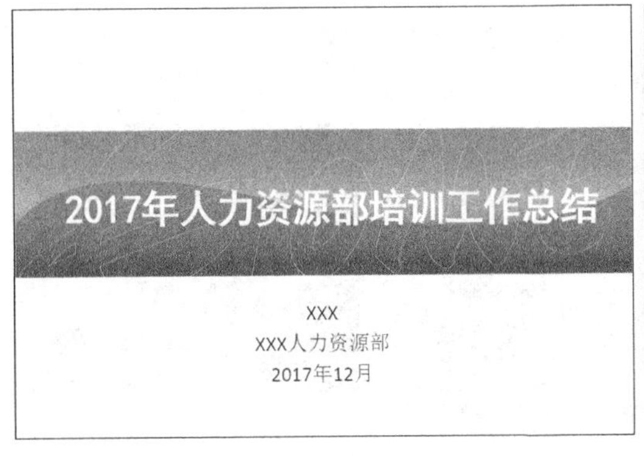

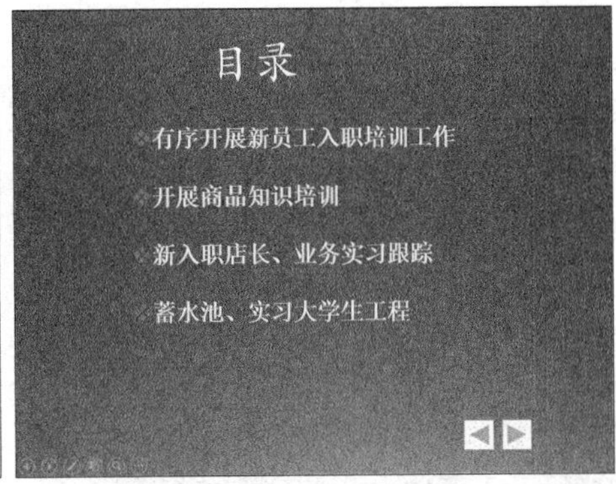

本节视频教学时间 / 7 分钟

本章所选择的案例均为常见的演示文稿，主要介绍了利用 PowerPoint 进行演示文稿中切换动画添加、动画效果添加与设置、背景音乐添加、交互功能添加以及幻灯片放映等操作。演示文稿类别很多，本书配套资源中赠送了若干演示文稿，读者可以根据不同要求将模板改编成自己需要的形式。以下将列举 2 个典型演示文稿的制作思路。

1.《礼仪培训》中的动画制作

礼仪培训类演示文稿，会涉及添加切换动画、添加动画效果等内容，制作礼仪培训类演示文稿的动画可以按照以下思路进行。

第 1 步 添加切换动画

在“切换”选项卡中，依次为每张幻灯片添加切换动画。

第 2 步 添加动画效果

依次选择幻灯片中的文本内容，在“动画”选项卡中，为文本添加动画效果。

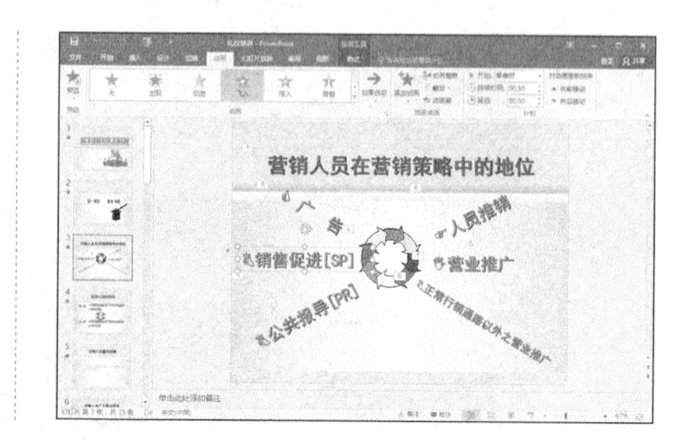

2. 放映《论文答辩》

设置论文答辩类演示文稿放映效果，会涉及幻灯片的从头开始放映、从当前幻灯片开始放映、排练计时等内容，设置论文答辩演示文稿放映效果可以按照以下思路进行。

第 1 步 从头开始放映幻灯片

单击“从头开始”按钮，即可从头开始放映幻灯片。

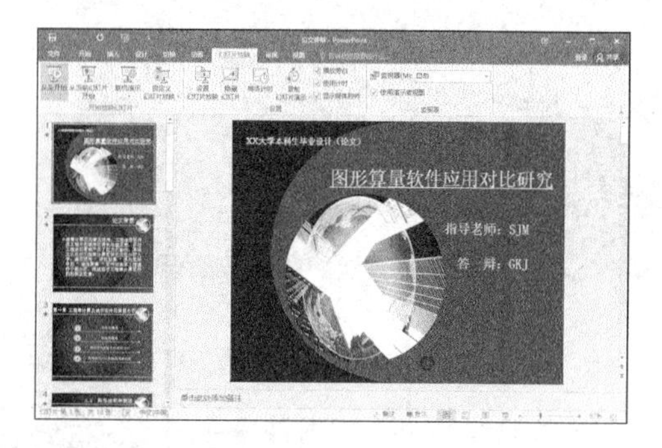

第 2 步 从当前幻灯开始放映

选择第 5 张幻灯片，单击“从当前幻灯片开始放映”按钮，即可从当前幻灯片开始放映。

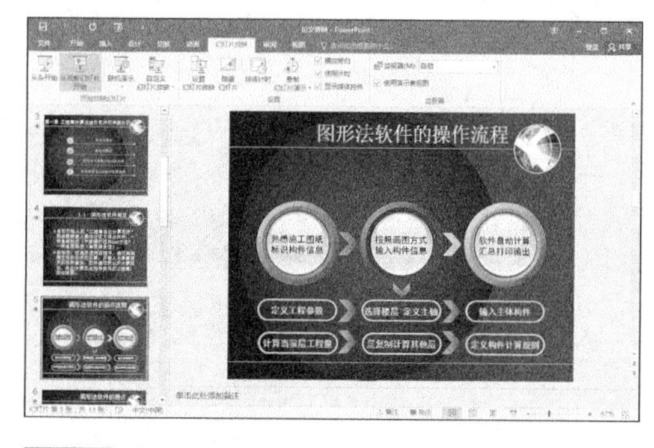

第 3 步 录制放映时间

使用“排练计时”功能，开始放映幻灯片，并录制放映时间。

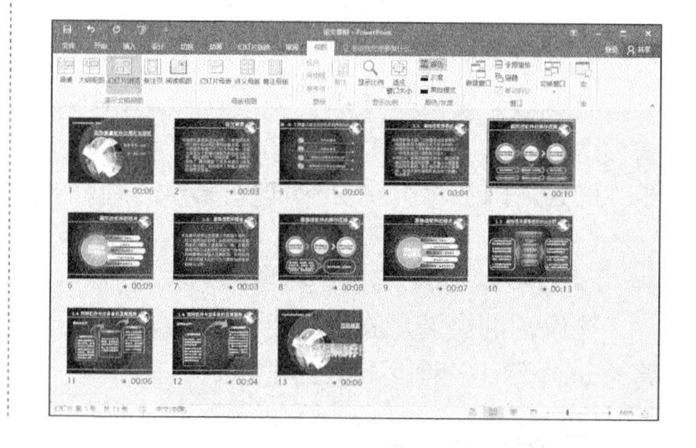

高手支招

1. 动画效果的快速复制技巧

完成动画的添加后，如果遇到相同的动画效果，可以使用“动画刷”功能对动画进行复制操作。

第 1 步 双击“动画刷”按钮

❶ 打开“素材 \ 第 14 章 \ 水能规划 .pptx”演示文稿，选择第 1 张幻灯片中最上方的文本框；❷ 单击“动画”选项卡，在“高级动画”面板中，双击“动画刷”按钮。

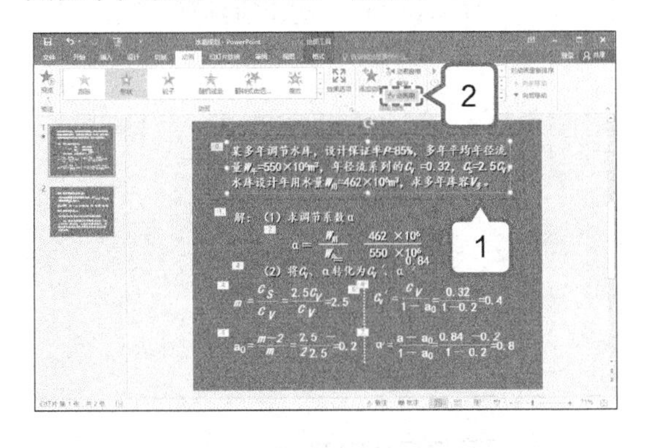

第 2 步 复制动画效果

在第 2 张幻灯片中的文本框上，依次单击鼠标左键，完成动画效果的复制操作。

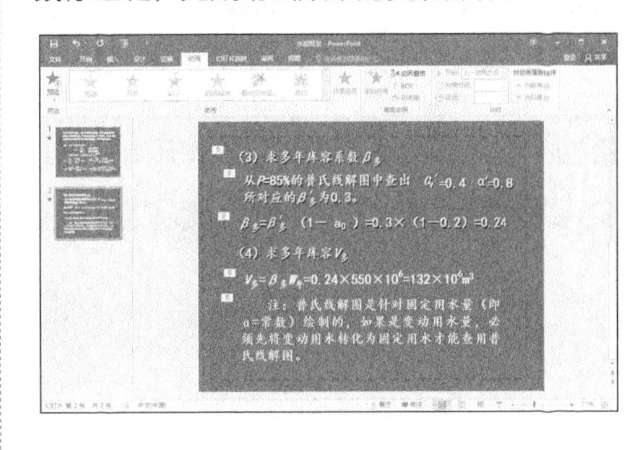

2. 放映幻灯片时的定位技巧

在放映幻灯片时，使用“幻灯片浏览”功能定位放映的幻灯片。

第 1 步 单击“从头开始”按钮

打开“素材 \ 第 14 章 \ 实施原则 .pptx”演示文稿，单击“幻灯片放映”选项卡，在“开始放映幻灯片”面板中，单击“从头开始”按钮。

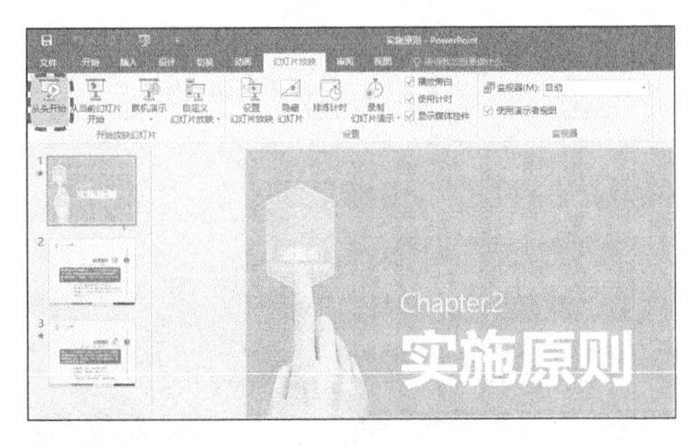

第 2 步 单击“幻灯片浏览”按钮

进入幻灯片的放映状态，在幻灯片的左下角，单击“幻灯片浏览”按钮。

第 3 步 选择第 3 张幻灯片

进入幻灯片浏览状态，选择第 3 张幻灯片。

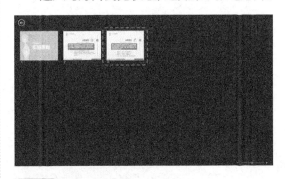

第 4 步 定位至第 3 张幻灯片

放映中的幻灯片快速定位至第 3 张幻灯片。

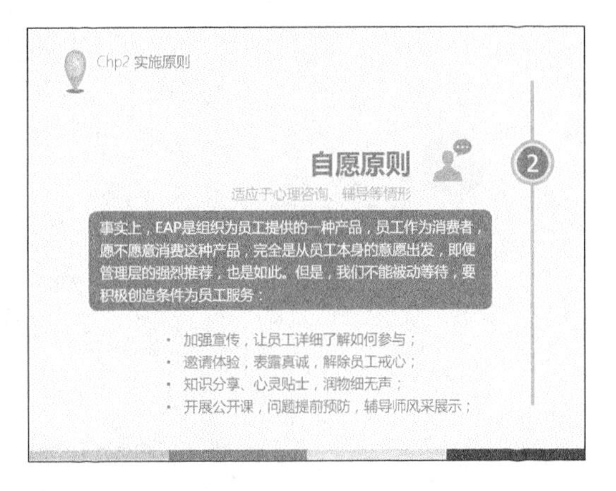

3. 在放映时屏蔽幻灯片内容

在放映幻灯片时，使用“屏幕”功能可以将幻灯片中内容屏蔽掉。

第 1 步 单击“从头开始”按钮

打开“素材 \ 第 14 章 \ 劳动合同 .pptx”演示文稿，单击“幻灯片放映”选项卡，在“开始放映幻灯片”面板中，单击“从头开始”按钮。

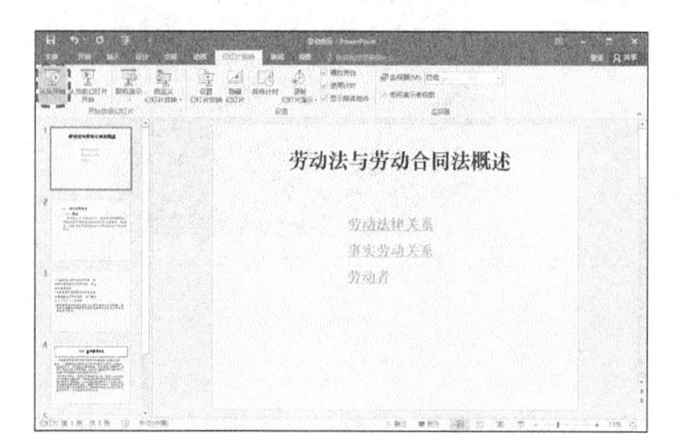

第 2 步 单击“白屏”命令

❶ 开始放映幻灯片，并在幻灯片中单击鼠标右键，打开快捷菜单，单击“屏幕”命令；❷ 展开列表框，单击“白屏”命令。

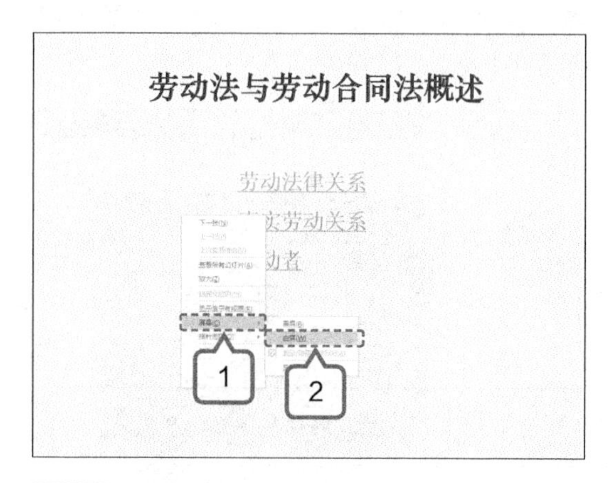

第 3 步 屏蔽幻灯片内容

使用白色屏幕屏蔽幻灯片内容。

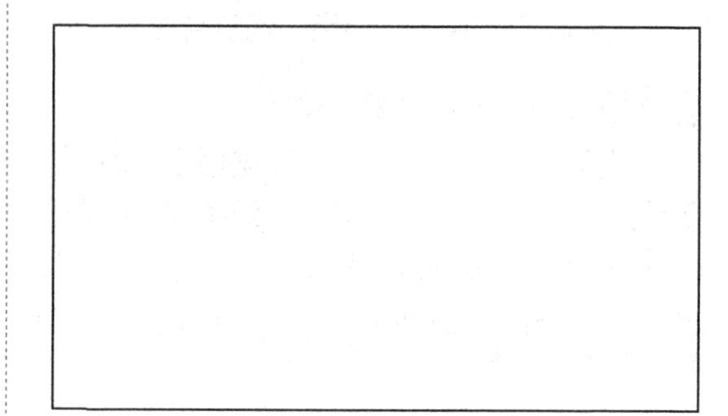

Chapter 15

PPT 模板与超链接的应用

本章视频教学时间 / 13 分钟

技术分析

在制作演示文稿时，若能熟练掌握模板与主题的使用方法，将会为演示文稿增色不少。用户还可以将图片、Word 文档或 Excel 数据源等对象，采用超链接的方法与幻灯片链接在一起，以方便查看。PPT 模板与超链接的应用包含以下知识点。

（1）通过联机模板创建演示文稿。

（2）修改模板中的幻灯片内容。

（3）通过主题模板创建演示文稿。

（4）在模板中添加文本内容。

（5）更改主题的颜色、字体和效果。

（6）添加以及删除超链接。

思维导图

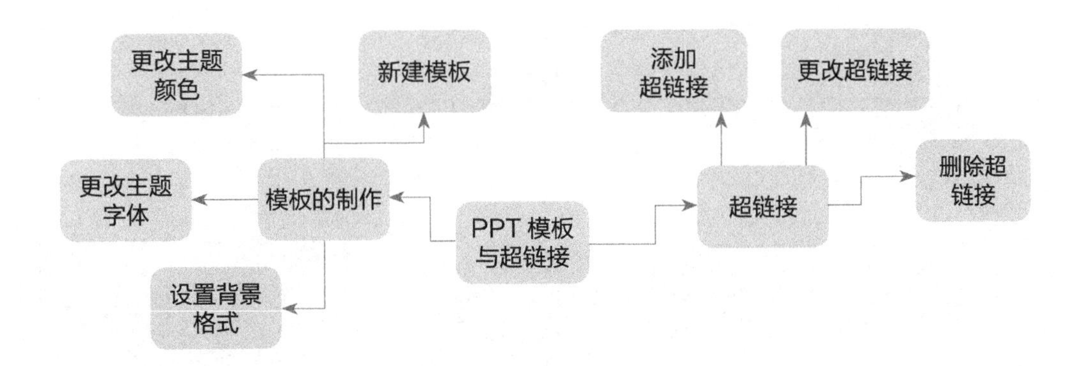

15.1 通过“营销计划”模板制作演示文稿

本节视频教学时间 / 3 分钟

案例名称	营销计划
素材文件	无
结果文件	结果 \ 第 15 章 \ 营销计划 .pptx

营销计划是指在对企业市场营销环境进行调研分析的基础上，制定企业及各业务单位对营销目标以及实现这一目标所应采取的策略、措施和步骤的明确规定和详细说明。在本实例中，我们要制作出营销计划效果。

最后的效果如下图所示。

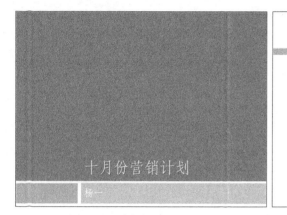

15.1.1 通过联机模板创建演示文稿

使用联机模板可以直接创建出相应的演示文稿，从而节省依次创建和修改的时间。

第 1 步 **输入搜索名称**

❶ 在 PPT 演示文稿中，单击“文件”选项卡，进入“文件”界面，单击“新建”命令；❷ 进入“新建”界面，在“搜索”文本框中输入“业务”，单击“搜索”按钮。

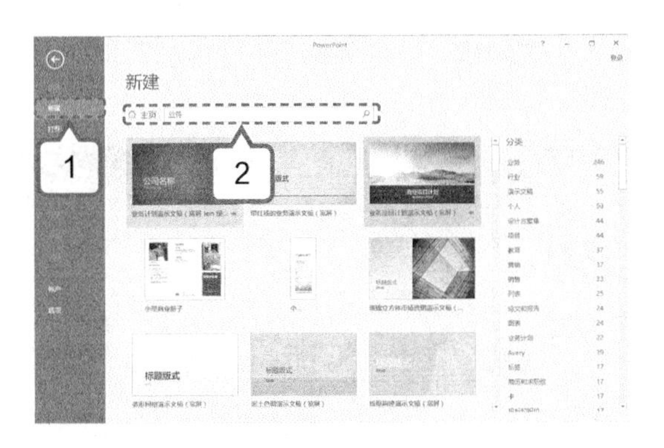

第 2 步 选择相应的图标

开始搜索联机模板，稍后将显示出搜索结果，选择“营销计划”图标。

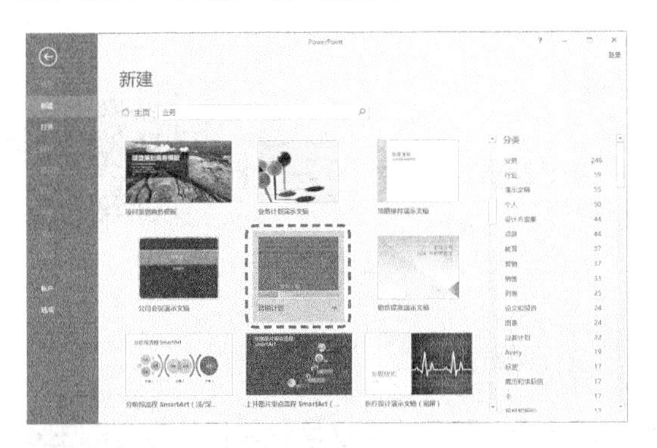

第 3 步 单击“创建”按钮

打开“营销计划”对话框，单击“创建”按钮。

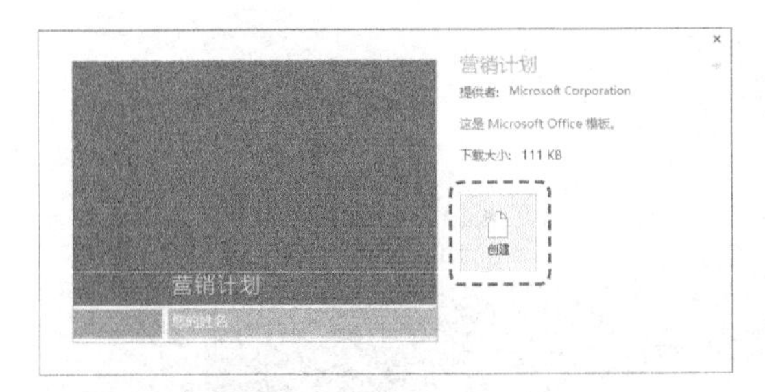

第 4 步 新建模板文件

开始下载模板文件，并显示下载进度，稍后将自动完成模板演示文稿的创建操作。

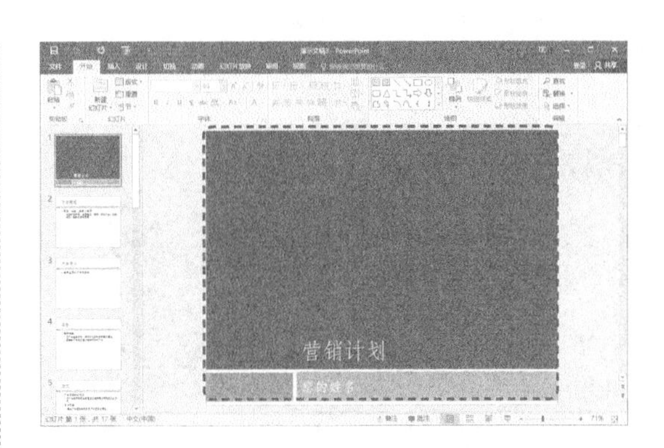

第 5 步 单击“浏览”命令

❶ 单击“文件”选项卡，进入“文件”界面，单击“另存为”命令；❷ 在右侧的界面中，单击“浏览”命令。

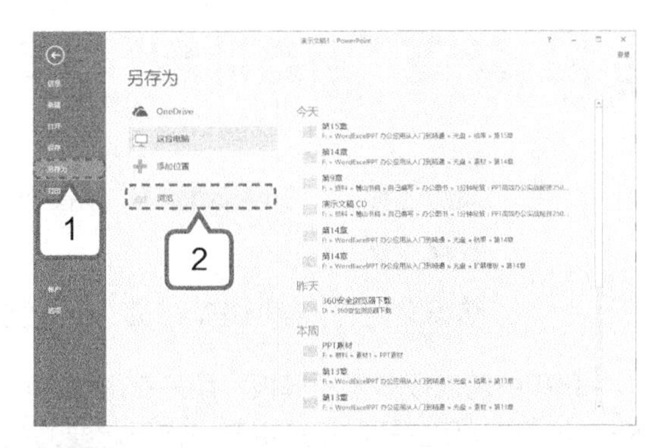

第 6 步 另存为演示文稿

❶ 打开“另存为”对话框，设置文件名和保存路径；❷ 单击“保存”按钮即可。

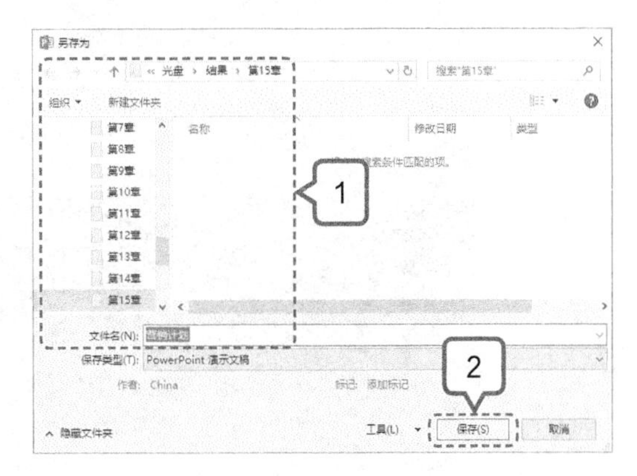

15.1.2 修改模板中的幻灯片内容

通过联机模板创建演示文稿后，用户还需要对模板中的幻灯片内容一一进行修改。

第 1 步 输入文本内容

选择第 1 张幻灯片，选择相应的文本框，依次输入修改后的文本内容。

第 2 步 修改其他幻灯片

用同样的方法，依次选择其他幻灯片，修改幻灯片中的文本内容，并将多余的幻灯片删除。

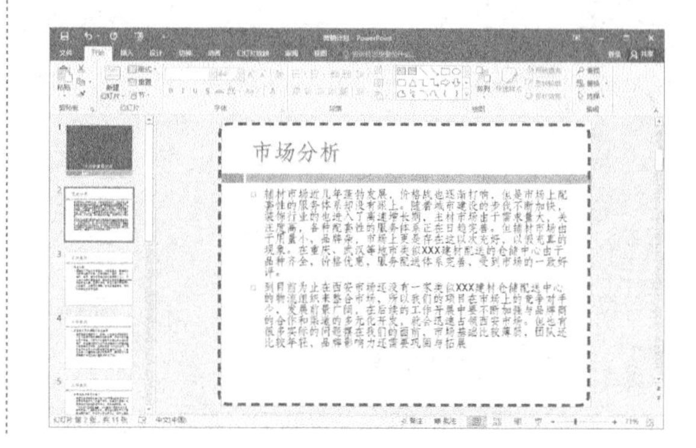

15.2 新建“财务计划”主题模板

本节视频教学时间 / 5 分钟

案例名称	“财务计划”主题模板
素材文件	无
结果文件	结果 \ 第 15 章 \ “财务计划”主题模板 .pptx

PPT 中包含很多主题模板，用户在 PowerPoint 2016 中，除了可以使用软件程序内置的主题外，也可以借用主题模板来更改出自己想要的主题模板。在本实例中，我们要制作出“财务计划”主题。

最后的效果如下图所示。

15.2.1 通过主题模板创建演示文稿

使用 PowerPoint 中的“新建”功能可以通过选择的主题模板创建出新的演示文稿。下面介绍其具体的操作方法。

第 1 步 选择“柏林”图标

❶ 单击“文件”选项卡，进入“文件”界面，单击“新建”命令；❷ 在右侧的“新建”界面中，选择“柏林”图标。

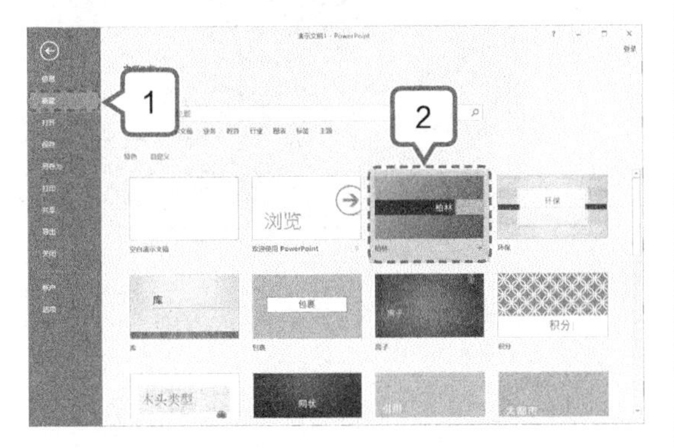

第 2 步 单击“创建”按钮

打开“柏林”对话框，单击“创建”按钮。

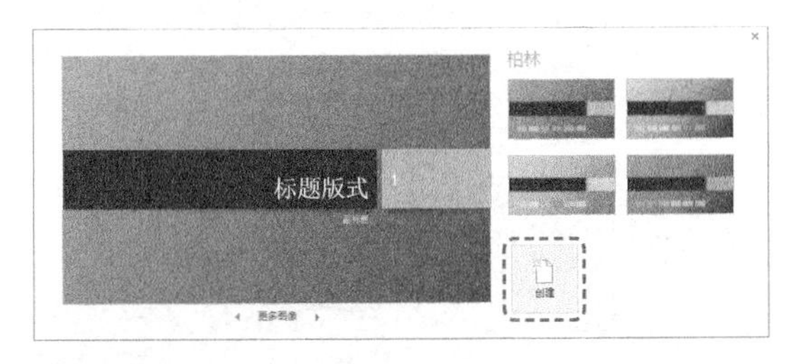

第 3 步 新建演示文稿

通过选择的“柏林”主题模板创建出新的演示文稿。

第 4 步 单击“浏览”命令

❶ 单击“文件”选项卡，进入“文件”界面，单击“另存为”命令；❷ 在右侧的界面中，单击“浏览”命令。

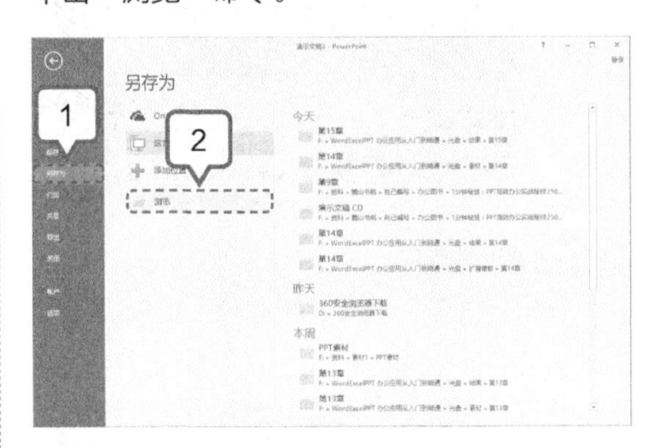

第 5 步 另存为演示文稿

❶ 打开“另存为”对话框，设置文件名和保存路径；❷ 单击“保存”按钮即可。

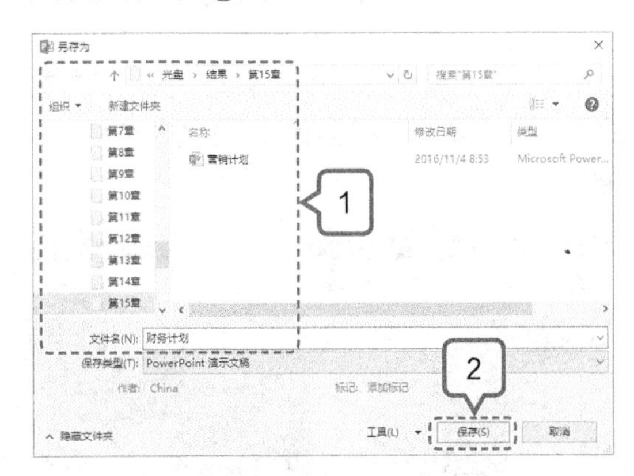

15.2.2 在模板中添加文本内容

通过主题模板创建演示文稿后，还需要在模板中添加相应的文本内容。

第 1 步 输入文本

在幻灯片中，单击“标题”占位符，输入文本“财务计划”。

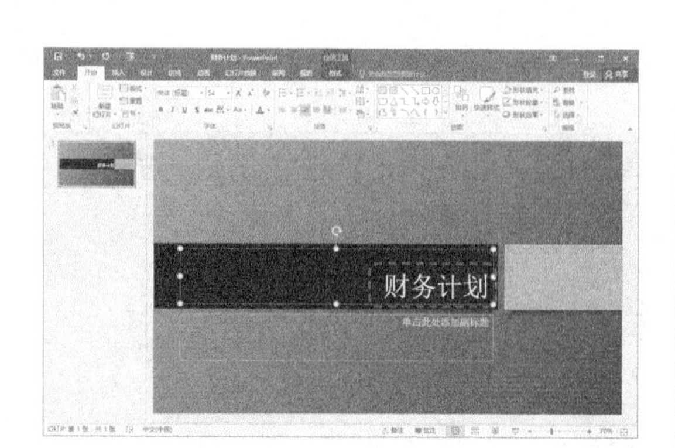

第 2 步 输入文本

在幻灯片中，单击“副标题”占位符，输入文本“XXX 股份有限公司”。

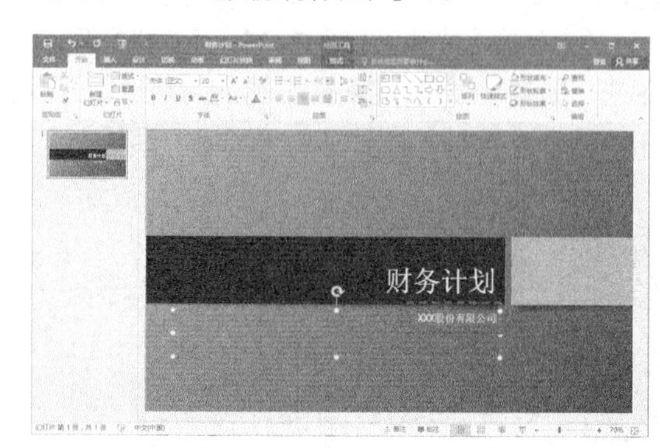

15.2.3 更改主题的颜色

使用“颜色”命令，可以对模板的主题颜色进行更改。下面介绍其具体的操作方法。

第 1 步 单击“自定义颜色”命令

❶ 单击“设计”选项卡，在“变体”面板中，单击“其他”按钮，展开列表框，单击“颜色”命令；❷ 再次展开列表框，单击“自定义颜色”命令。

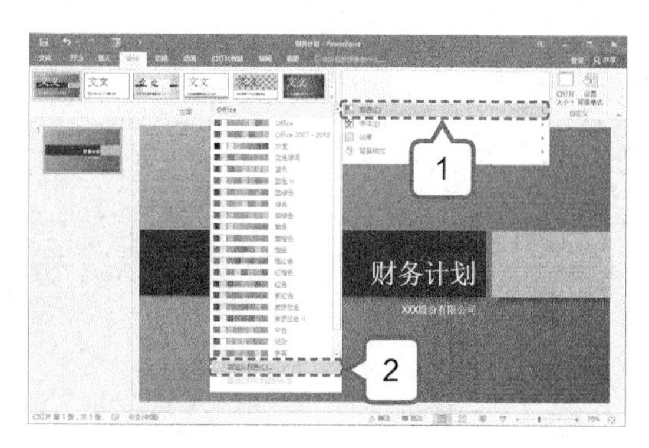

第 2 步 设置新主题颜色

❶ 打开“新建主题颜色”对话框，修改“名称”为“主题颜色”；❷ 依次修改相应着色和背景的颜色。

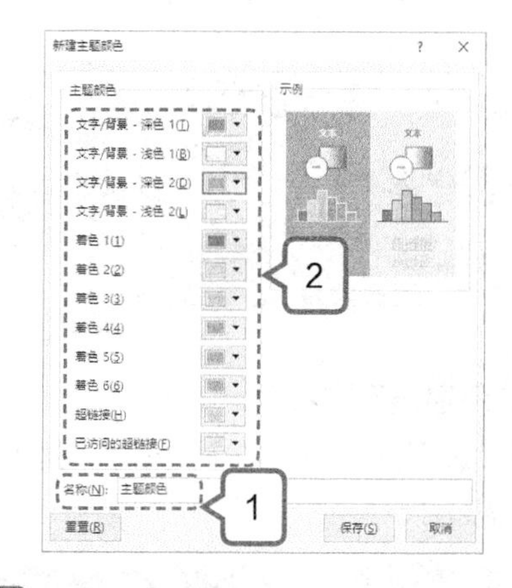

第 3 步 更改主题颜色

单击“保存”按钮，完成主题颜色的更改。

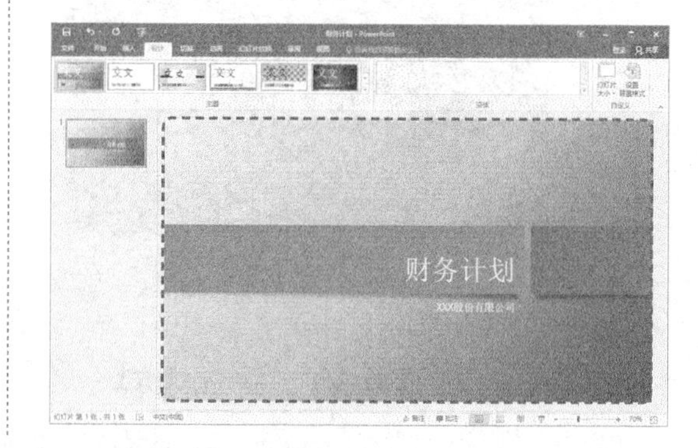

15.2.4 更改主题的字体

使用“字体”命令，可以对模板的主题的字体进行更改。下面介绍其具体的操作方法。

第 1 步 单击“自定义字体”命令

❶ 单击“设计”选项卡，在“变体”面板中，单击“其他”按钮，展开列表框，单击“字体”命令；❷ 再次展开列表框，单击“自定义字体”命令。

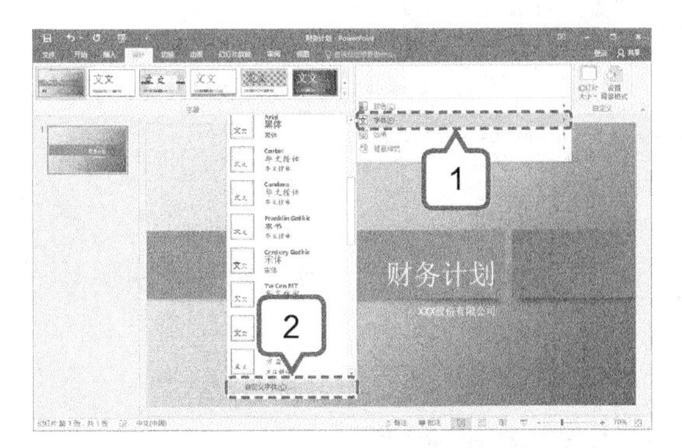

第 2 步 设置新主题字体

❶ 打开“新建主题字体”对话框，修改“名称”为“主题字体”；❷ 依次修改标题字体和正文字体。

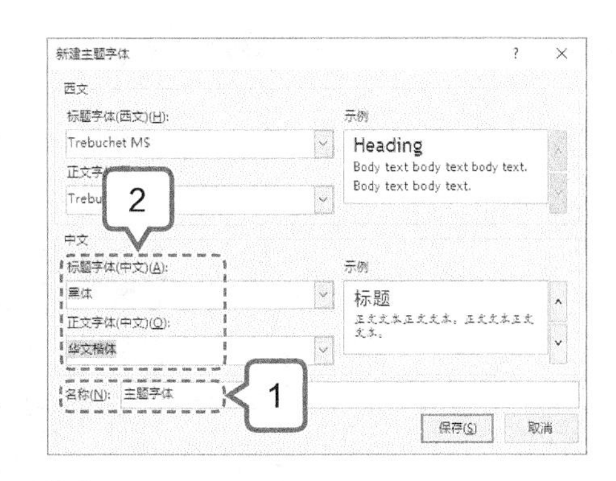

第 3 步 更改主题的字体

单击“保存”按钮，完成主题字体的更改。

15.2.5 设置背景格式

使用“背景样式”命令，可以对模板的背景样式进行更改。下面介绍其具体的操作方法。

第 1 步 单击“设置背景格式”命令

❶ 单击“设计”选项卡，在“变体”面板中，单击“其他”按钮，展开列表框，单击“背景样式”命令；❷ 再次展开列表框，单击“设置背景格式”命令。

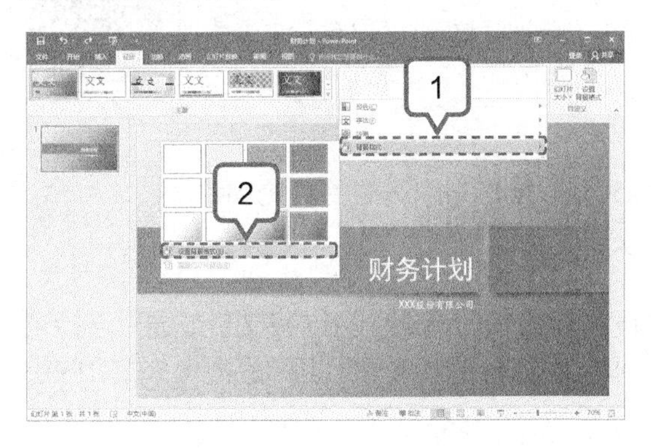

第 2 步 设置背景颜色

❶ 打开“设置背景格式”窗格，勾选“纯色填充”单选按钮，单击“颜色”下三角按钮；❷ 展开列表框，选择合适的颜色。

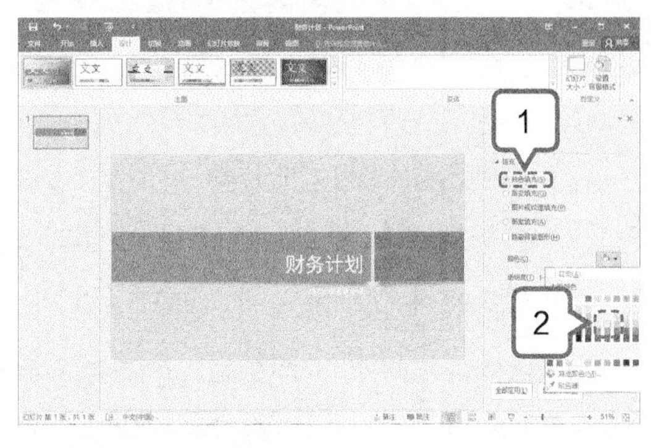

第 3 步 设置背景格式

完成背景格式的设置。

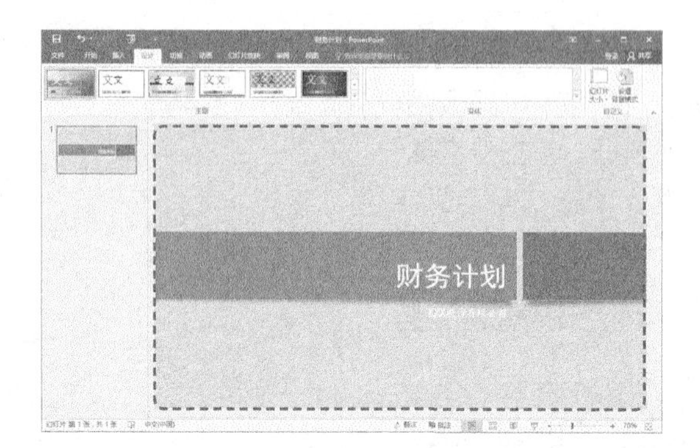

15.2.6 保存当前主题

完成主题模板的更改后，可以将主题模板保存起来，以便日后使用。下面介绍其具体的操作方法。

第 1 步 单击“保存当前主题”命令

在“设计”选项卡的“主题”面板中，单击“其他”按钮，展开列表框，单击“保存当前主题”命令。

第 2 步 保存当前主题

❶ 打开“保存当前主题”对话框，设置文件名和保存路径；❷ 单击“保存”按钮即可。

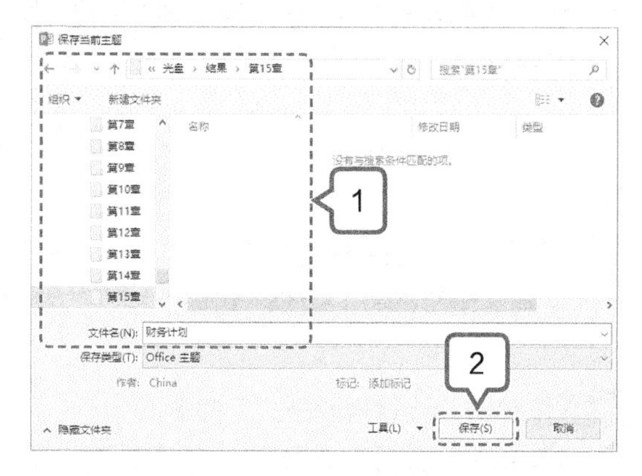

15.3 超链接的使用

本节视频教学时间 / 5 分钟

案例名称	四边形分类
素材文件	素材 \ 第 15 章 \ 四边形分类 .pptx、梯形与四边形关系 .pptx
结果文件	结果 \ 第 15 章 \ 四边形分类 .pptx

超链接是一种允许用户与其他的网页或站点之间进行连接的元素，可以将文字或图形连接到网页、图形、文件、邮箱或其他的网站上。在本实例中，我们要制作出四边形分类演示文稿的超链接效果。

最后的效果如下图所示。

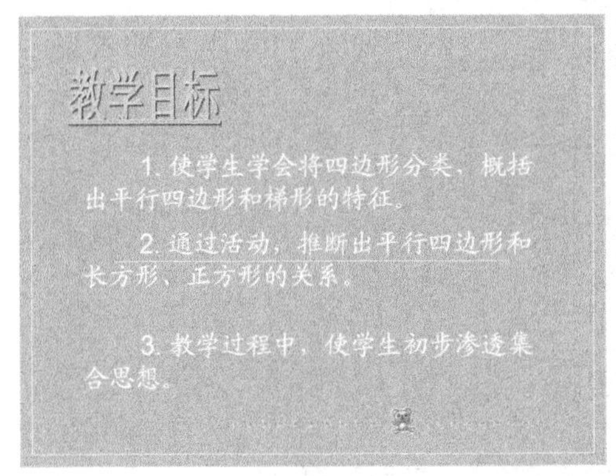

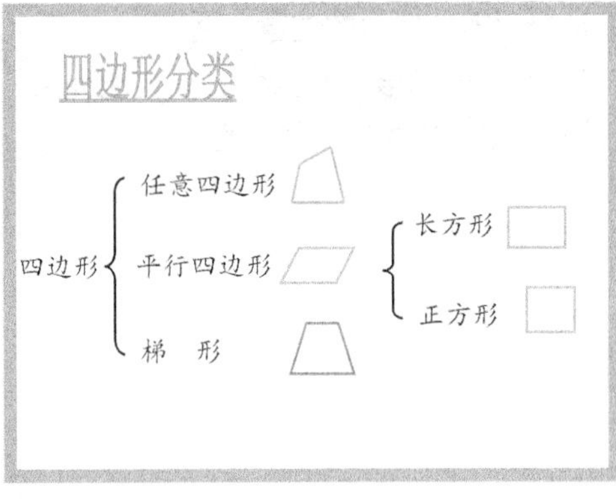

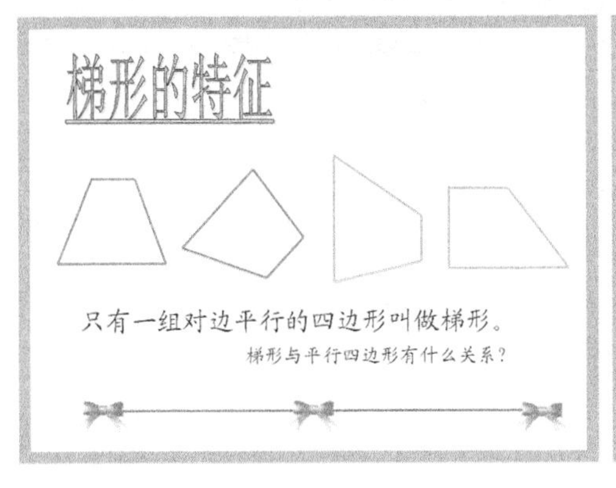

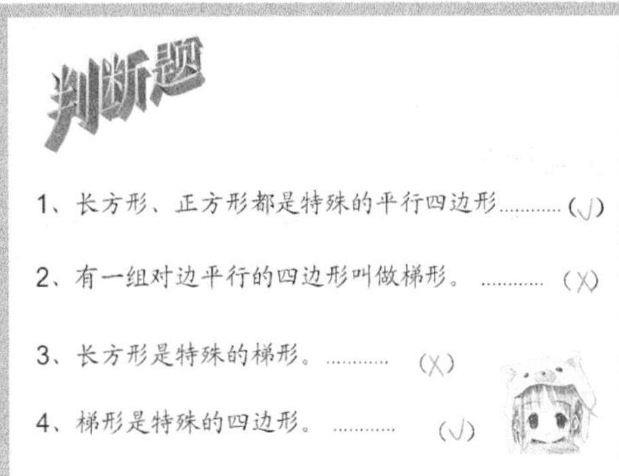

15.3.1　添加超链接

超链接是指从一张幻灯片到另一张幻灯片、网页、文件或自定义放映的链接。在进行超链接的添加时，可以链接同一张演示文稿中的幻灯片，也可以链接其他演示文稿中的幻灯片，还可以链接到网页、电子邮件等。

1. 添加同一演示文稿的超链接

使用“超链接”功能，可以链接同一个演示文稿中的幻灯片。下面介绍其具体的操作方法。

第 1 步 选择文本

打开“素材 \ 第 15 章 \ 四边形分类 .pptx”演示文稿，选择第 3 张幻灯片中的文本对象。

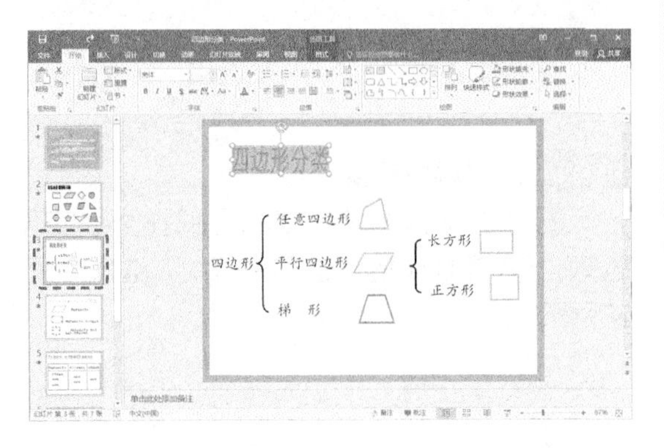

第 2 步 单击“超链接”命令

单击鼠标右键，打开快捷菜单，单击“超链接”命令。

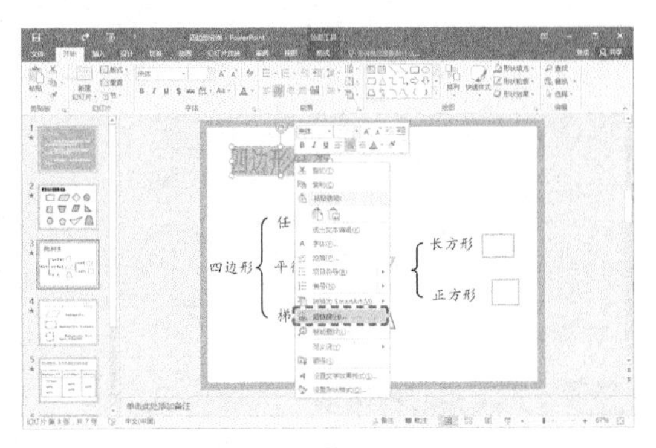

第 3 步 **选择“本文档中的位置”选项**

打开“插入超链接”对话框，在左侧列表框中，选择“本文档中的位置”选项。

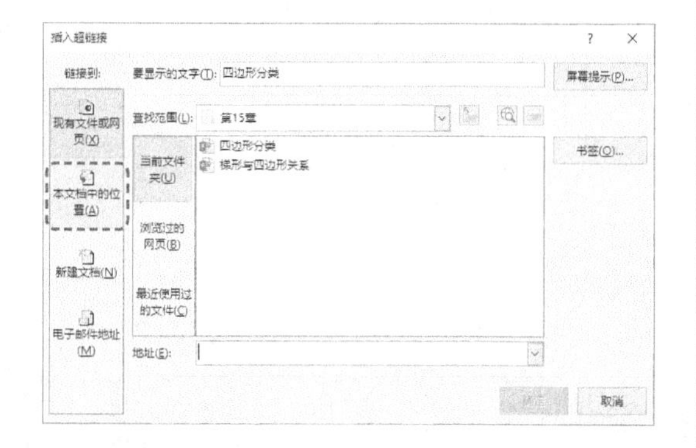

第 4 步 **设置插入超链接的文稿**

❶ 在对话框右侧的下拉列表框中，选择“幻灯片 4”选项；❷ 单击“确定”按钮。

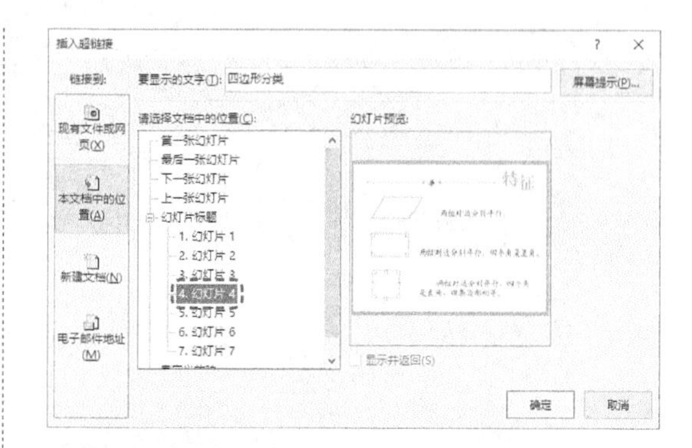

第 5 步 **添加超链接**

完成超链接的添加操作，同时会在选择的文本下显示下划线。

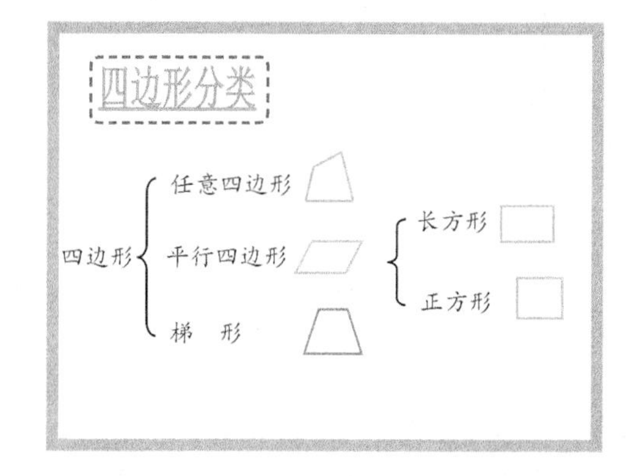

2. 为幻灯片添加网页超链接

在添加超链接时，用户可以为幻灯片添加网页链接。下面介绍其具体的操作方法。

第 1 步 **单击“超链接”按钮**

❶ 选择第 2 张幻灯片中的文本；❷ 单击“插入”选项卡，在“链接”面板中，单击“超链接”按钮。

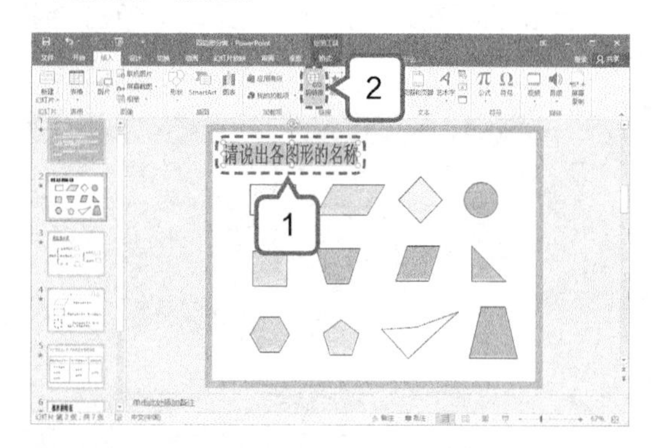

第 2 步 **选择相应的选项**

打开“插入超链接”对话框，在左侧列表框中，选择“现有文件或网页”选项。

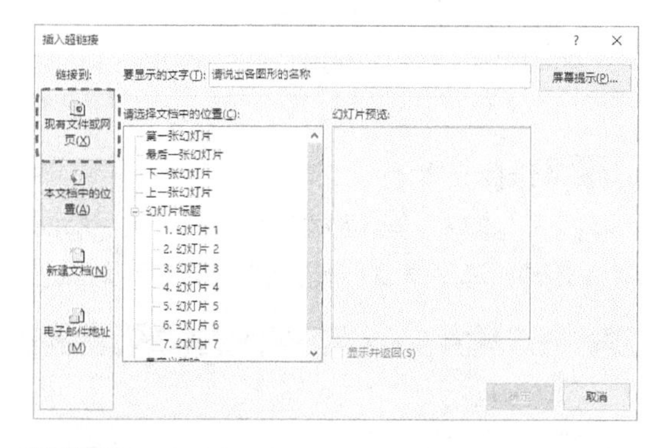

第 3 步 **选择网页链接**

❶ 在右侧列表框中，选择“浏览过的网页”选项；❷ 在显示的下拉列表框中，选择合适的网页链接。

第 4 步 添加网页超链接

单击“确定”按钮，完成网页超链接的添加操作，同时会在选择的文本下显示下划线。

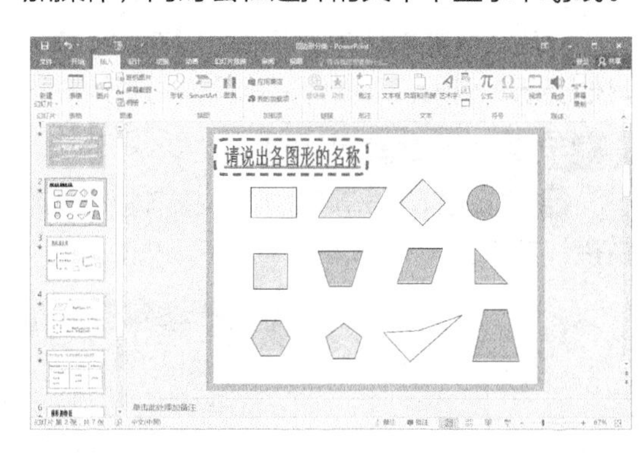

3. 为幻灯片添加电子邮件超链接

使用超链接中的“电子邮件地址”功能，可以将幻灯片链接到电子邮件中，以便自动启动电子邮件软件进行发送。下面介绍其具体的操作方法。

第 1 步 单击“超链接”按钮

❶ 选择第 1 张幻灯片中的文本；❷ 单击“插入”选项卡，在“链接”面板中，单击“超链接”按钮。

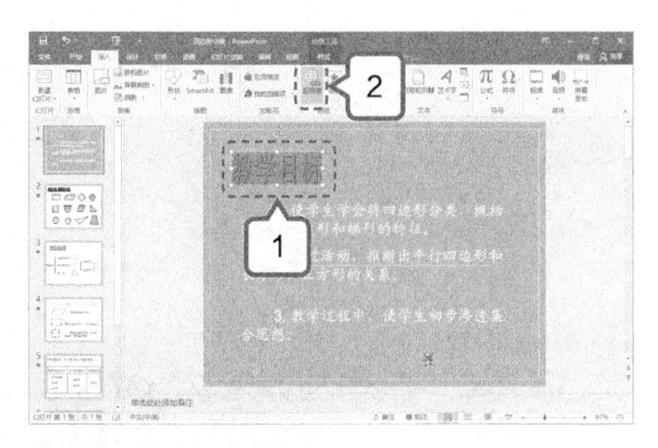

第 2 步 选择“电子邮件地址”选项

打开“插入超链接”对话框，在左侧的列表框中，选择“电子邮件地址”选项。

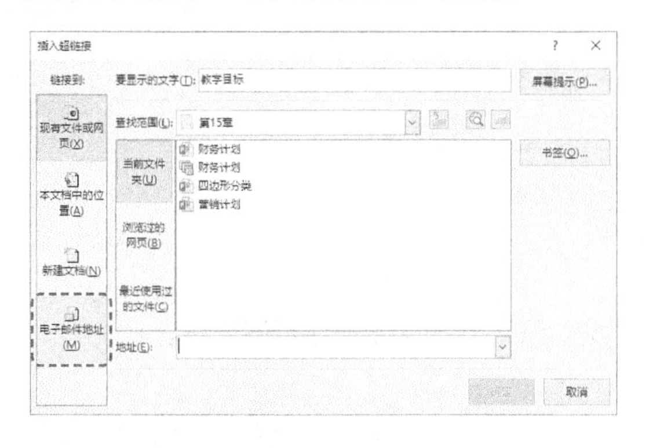

第 3 步 输入内容

❶ 在右侧列表框中，依次输入邮件地址和主题；❷ 单击“确定”按钮。

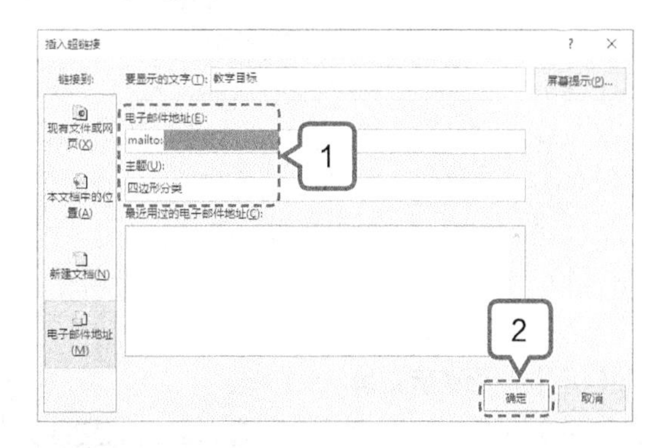

第 4 步 完成操作

完成电子邮件超链接的添加操作，同时会在选择的文本下显示下划线。

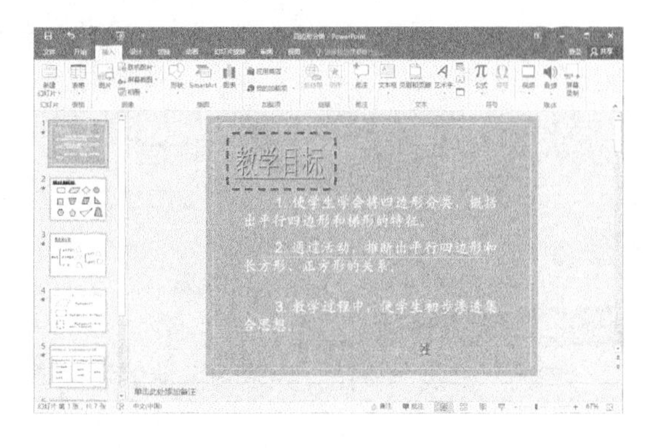

4. 添加不同演示文稿中的超链接

使用“超链接”功能不仅可以在同一演示文稿中创建超链接，还可以将当前演示文稿链接到其他演示文稿中。下面介绍其具体的操作方法。

第 1 步 单击“超链接”按钮

❶ 选择第 6 张幻灯片中的文本对象；❷ 单击“插入”选项卡，在“链接”面板中，单击“超链接”按钮。

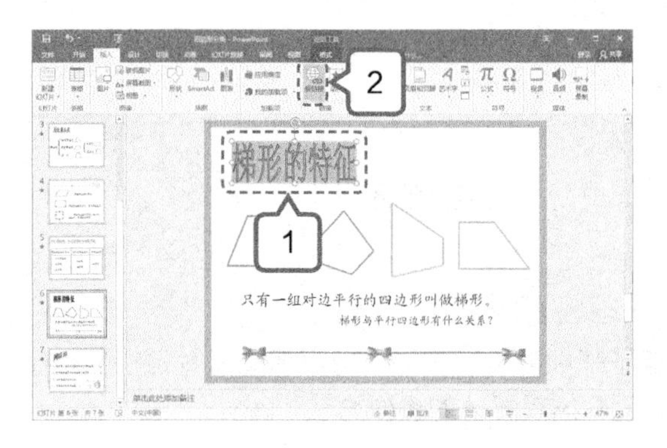

第 2 步 选择相应的选项

打开“插入超链接”对话框，在左侧列表框中，选择“现有文件或网页”选项。

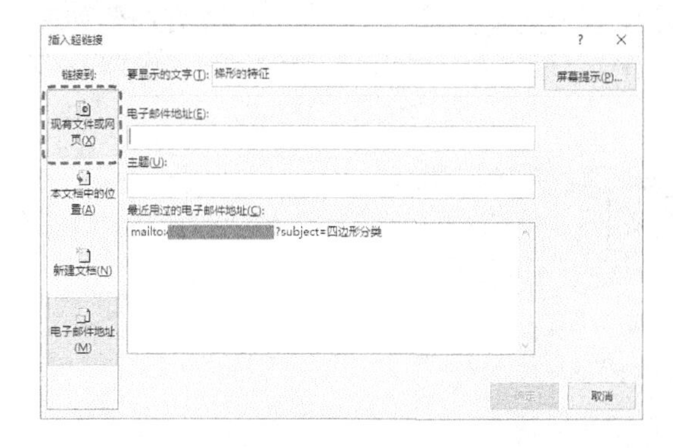

第 3 步 选择演示文稿

❶ 在右侧的列表框中，选择“当前文件夹”选项；❷ 选择“梯形与四边形关系”演示文稿。

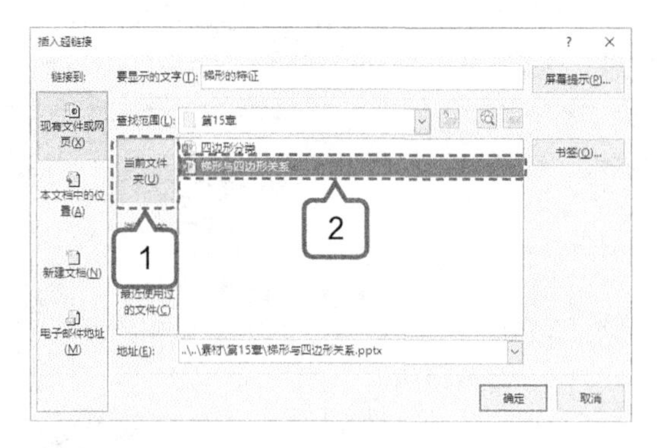

第 4 步 添加超链接

单击“确定”按钮，完成超链接的添加操作，同时会在选择的文本下显示下划线。

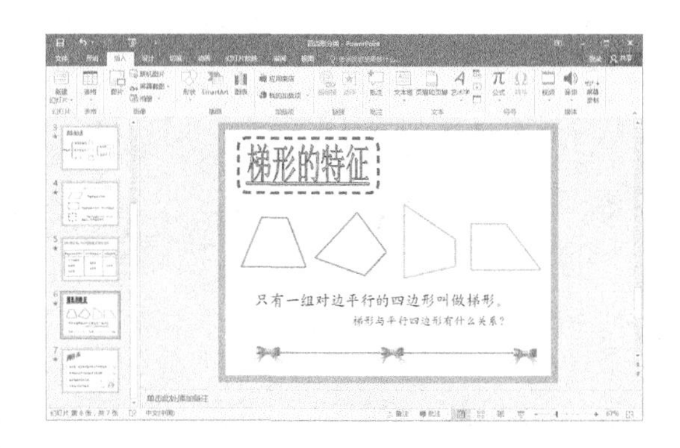

15.3.2 更改与删除超链接

用户创建好超链接对象后，可以根据需要更改超链接，或者删除多余的超链接对象等。

1. 编辑超链接

使用“编辑超链接”功能，可以为演示文稿中的超链接文本添加屏幕提示信息。下面介绍其具体的操作方法。

第 1 步 单击“编辑超链接”命令

选择第 1 张幻灯片中的超链接文本，单击鼠标右键，打开快捷菜单，单击“编辑超链接”命令。

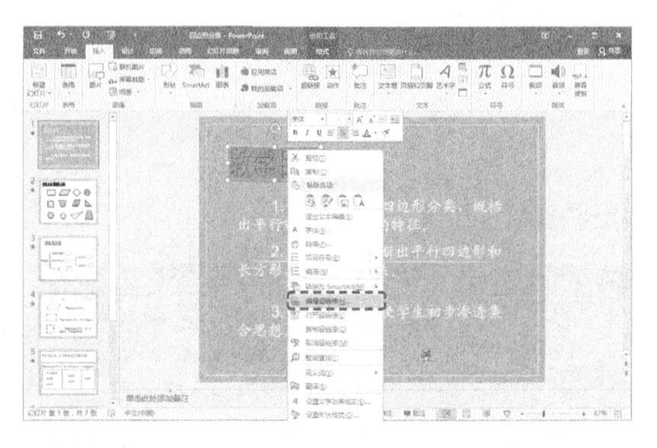

第 2 步 单击“屏幕提示”按钮

打开“编辑超链接”对话框，单击“屏幕提示”按钮。

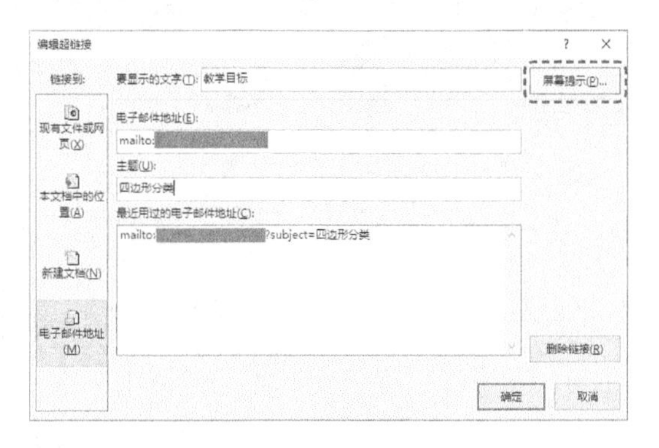

第 3 步 设置屏幕提示文字

❶ 打开“设置超链接屏幕提示”对话框，在“屏幕提示文字”文本框中输入内容；❷ 依次单击“确定”按钮即可。

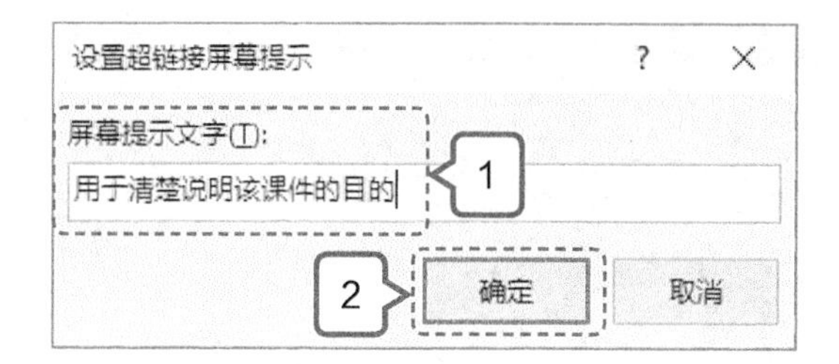

2. 删除超链接

使用“取消超链接”功能，可以将演示文稿中的超链接删除。下面介绍其具体的操作方法。

第 1 步 单击“取消超链接”命令

选择第 2 张幻灯片中的超链接文本，单击鼠标右键，打开快捷菜单，单击“取消超链接”命令。

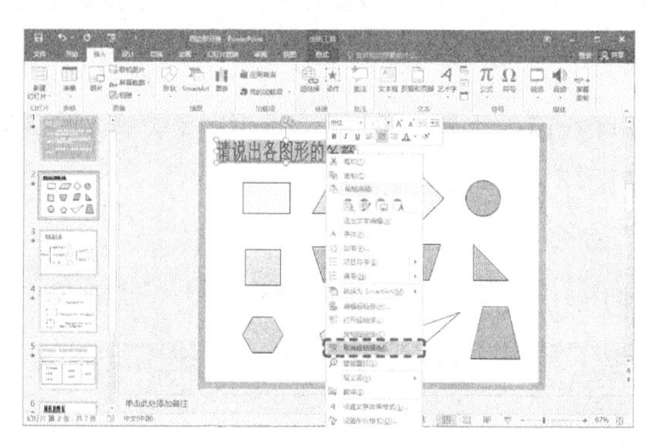

第 2 步 删除超链接文本

完成幻灯片中的超链接删除操作。

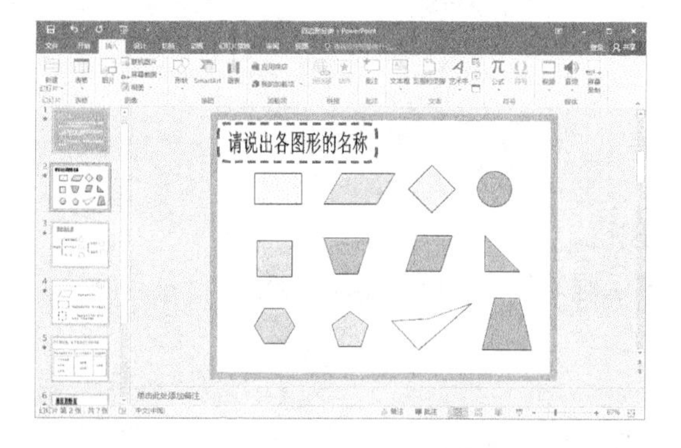

第五篇

网络及移动办公篇

- **第 16 章** 使用网络高效办公
- **第 17 章** 轻松实现移动高效办公

Chapter 16

使用网络高效办公

本章视频教学时间 / 26 分钟

➲ 技术分析

随着科学技术的发展，网络给人们的生活、工作带来了极大的方便。要实现网络化协同办公和局域网内资源的共享，就需要搭建局域网办公平台。因此，用户需要先对网络办公的相关知识进行了解，本章主要介绍以下内容。

（1）网络办公的硬件设备。

（2）局域网办公环境的搭建。

（3）共享局域网内的办公资源。

（4）使用 OneDrive 共享文件。

（5）利用电子邮件办公。

➲ 思维导图

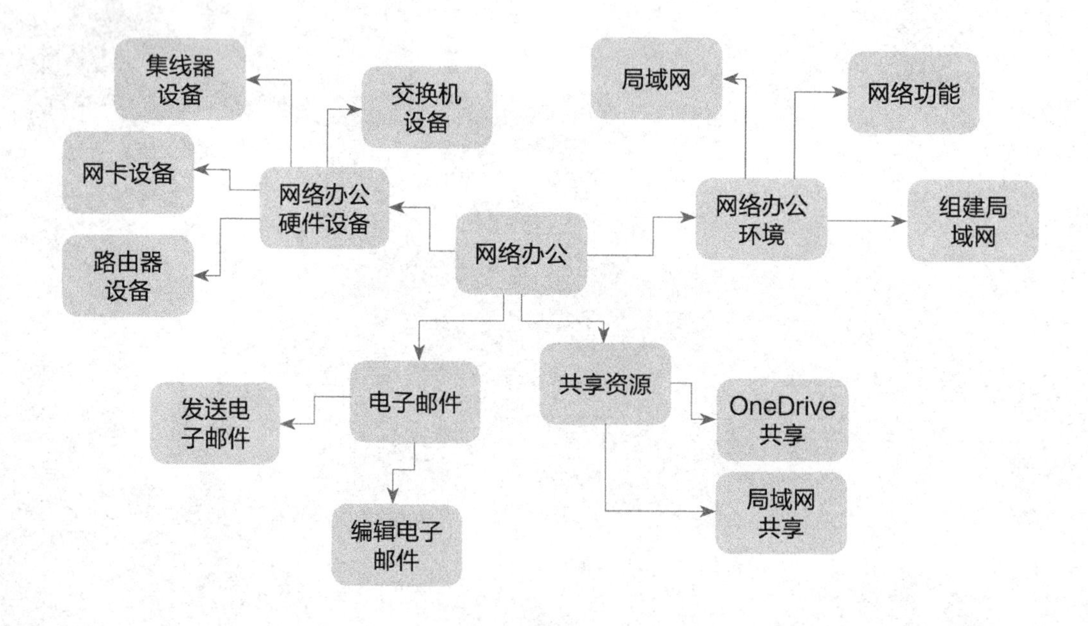

16.1 网络办公的硬件设备

在进行网络办公之前，首先需要对网络办公的各种硬件设备有一定的了解。这些硬件设备的选购与安装将直接影响整个网络运行的稳定性。

组建局域网的第一步就是准备各种硬件设备，包括网卡、集线器、交换机等，下面将分别进行介绍。

16.1.1 网卡设备

网卡是物理上连接电脑与网络的硬件设备，是局域网最基本的组成部分之一，可以说是必备的。它插在电脑的主板扩展槽中或集成在主板上，还有通过 USB 接口连接的无线网卡，通过各种网络介质（如双绞线、同轴电缆、无线电波等）与网络共享资源、交换数据。对于局域网用户而言，如何选择一款网卡是一件很关键的事情。网卡设备如下图所示。

网卡在网络数据传输过程中发挥着重要的作用，具体来说主要有以下几点。

- 接收数据：接收由其他网络设备（如其他网卡、集线器、交换机或路由器等）传输过来的数据包，经过拆包，将其变成电脑可直接识别的数据，通过主板上的总线将数据传输到所需设备中（如 CPU、RAM 等）。
- 发送数据：将电脑中要发送的数据，打包后输送至其他网络设备中。
- 地址识别：每一块网卡都有一个编号，用来标识这块网卡，这个编号称为 MAC 地址，即网卡的物理地址。MAC 地址由 48bit 组成，一般由 6 位 00 ~ FF 之间的十六进制数组成，中间用“-”号隔开表示，如 00-0D-61-81-F8-C9。每一块网卡的 MAC 地址在全世界范围内都是唯一的。网卡在接收数据时，读出数据包中的目标 MAC 地址并和自身的 MAC 地址核对，只有目标 MAC 地址和自身的 MAC 地址相一致才确定接收该数据包。

16.1.2 集线器设备

集线器是一个多端口的中继器，它有一个端口与主干网相连，并有多个端口连接一组工作站。在以太网中，集线器通常是支持星形或混合形拓扑结构的。在星形结构的网络中，集线器被称为多址访问单元（MAU），利用环输入端口和环输出端口在内部形成环形拓扑结构。除了连接 Macintosh 和个人工作站外，集线器还能与网络中的打印服务器、交换器、文件服务器或其他设备连接。

集线器的主要功能就是将其接收到的信号进行再生放大，将信号传递给其他网络设备。上图所示即为一个常见的以太网集线器。

16.1.3 交换机设备

交换机是交换式集线器的简称，其英文名称为 Switch HUB，如下图所示。从字面意思理解，交换机可以看成是集线器的一种，不过交换机与普通的共享式集线器不同，交换机只将收到的数据包根据目的地址转发到相应的端口，而集线器则是将数据转发到所有端口，而且交换机可以在同一时刻与多个端口相互通信，因此没有共享式网络连接的级联个数的限制。

16.1.4 路由器设备

路由器是一种多端口设备，它可以连接不同传输速率并运行于各种环境的局域网和广域网，也可以采用不同的协议。路由器属于 OSI 模型的第三层（网络层），网络层指导从一个网段到另一个网段的数据传输，也能指导从一种网络向另一种网络的数据传输，路由器是依赖于协议的，在使用某种协议转发数据前，它们必须要被设计或配置成能识别该协议。

路由器是一种智能型的网络节点设备，它具有以下 3 个基本功能。

- 互连网络功能

路由器可以互连局域网，并且不要求这些局域网采用相同的技术、具有相同的速率，也不要求采用相同的协议。例如，使用路由器可以连接以太网和令牌环网及 FDDI 网络。路由器可以将局域网接入广域网以及完成广域网到广域网的互连，在连接广域网时，路由器提供了多种接口，例如 X.25、FDDI、帧中继、ATM 等。除此之外，路由器可在不同的网段之间定义网络的逻辑边界，将网络分成各自独立的广播网域。

- 最佳路径选择、数据包处理功能

如果有几个网络通过各自的路由器连在一起，一个网络中的节点要与另一个网络的节点通信时，它们之间可能存在多条可用的路径，路由器会根据链路速率、传输开销、延迟、链路拥堵情况等参数来确定最佳的数据包转发路径。在数据包处理方面，如果数据包过大，有时在转发过程中，由于网络带宽等因素，很容易造成网络堵塞，这时路由器就要把大的数据包根据对方网络带宽的状况拆分成小的数据包。到了目的网络的路由器后，目的网络的路由器会再把拆分的数据包重组成一个原来大小的数据包，再根据源网络路由器的转发信息获取目的节点的 MAC 地址，发给本地网络的节点。

● 协议转换、防火墙功能

路由器往往支持多种通信协议，这样就可以连接两个使用不同通信协的议网络系统的设备。例如，常用 Microsoft Windows 操作平台所使用的通信协议主要是 TCP / IP 协议，但是 NetWare 系统所采用的通信协议主要是 IPX / SPX 协议。连接这些网络的路由器就必须要支持 TCP / IP 协议和 IPX / SPX 协议，在数据包经过路由器时完成协议转换的工作，这样双方才能正常通信。目前许多路由器还具有防火墙功能，它能够屏蔽内部网络的 IP 地址，自由设定 IP 地址、通信端口过滤，使网络更加安全。

16.2 局域网办公环境的搭建

搭建办公环境的局域网需要进行布线、网卡安装、连线、安装协议和设置网卡等步骤。本节将详细讲解搭建局域网办公环境的方法。

16.2.1 局域网基础知识

局域网（Local Area Network，LAN）由互联的电脑、打印机和其他在短距离内共享硬件、软件资源的电脑设备组成，其服务区域可以是一间小型办公室、建筑的一层或整个写字楼。

1. 局域网的优点

局域网实现了一定范围内的电脑互连，在不同场合发挥着不同的作用，下面介绍局域网在办公应用中的优点。

● 文件的共享

在公司内部的局域网内，电脑之间的文件共享可以使日常办公更加方便。通过文件共享，可以把局域网内每台电脑都需要的资料集中存储，不仅方便资料的统一管理，节省存储空间，有效利用资源，还可以将重要的资料备份到其他电脑中。

● 外部设备的共享

通过建立局域网，可以共享局域网内的任何一台外部设备，如打印机、复印机、扫描仪等，减少了不必要的拆卸、移动的麻烦。

● 提高办公自动化水平

通过建立局域网，公司的管理人员可以登录到企业内部的管理系统，如 OA 系统，查看每个员工的工作状况，或者用局域网内部的电子邮件传递信息，大大提高了工作效率。

● 连接 Internet

局域网内的 Internet 共享，可以使网络内的所有电脑接入 Internet，随时上网查询信息。

2. 局域网的分类

局域网可以从下面 4 个方面进行划分。

- **拓扑结构**：根据局域网采用的拓扑结构，可分为总线型局域网、环型局域网、星型局域网和混合型局域网等。这种分类方法比较常用。
- **传输介质**：局域网上常用的传输介质有同轴电缆、双绞线、光缆等，因此可以将局域网分为同轴电缆局域网、双绞线局域网和光缆局域网。如果采用的是无线电波、微波，则可称为无线局域网。
- **访问传输介质的方法**：传输介质提供了两台或多台电脑互连并进行信息传输的通道。在局域网上，经常是在一条传输介质上连有多台电脑（如总线型和环型局域网），即所有用户共享同一传输介质。而一条传输介质在某一时间内只能被一台电脑所使用，此时就需要有一个共同遵守的准则来控制、协调各电脑对传输介质的同时访问，这种准则就是协议或称为媒体访问控制方法。据此可以将局域网分为以太网、令牌环网等。
- **网络操作系统**：可以将局域网按使用的操作系统进行分类，如 Novell 公司的 Netware 网、Microsoft 公司的 Windows Server 2008 网、IBM 公司的 LAN Manager 网等。

3. 局域网的结构演示

组建一般的小型局域网，接入的电脑并不多，搭建起来并不复杂，下面介绍一下局域网的结构构成。

局域网主要由交换机或路由器作为转发媒介，提供大量的端口，供多台电脑和外部设备接入，实现电脑间的连接和共享。

其实构建局域网就是将 1 个点转发为多个点，下面将具体介绍不同的接入方式，以及其连接结构的不同。

- ADSL 上网的接入方式

ADSL 是 Asymmetrical Digital Subscriber Loop（非对称数字用户回路）的缩写，它使用世界上用得最多的普通电话线作为传输介质，下行信号（从端局到用户）的最高速率为 9Mbit/s，上行信号（从用户到端局）的最高速率为 1Mbit/s。

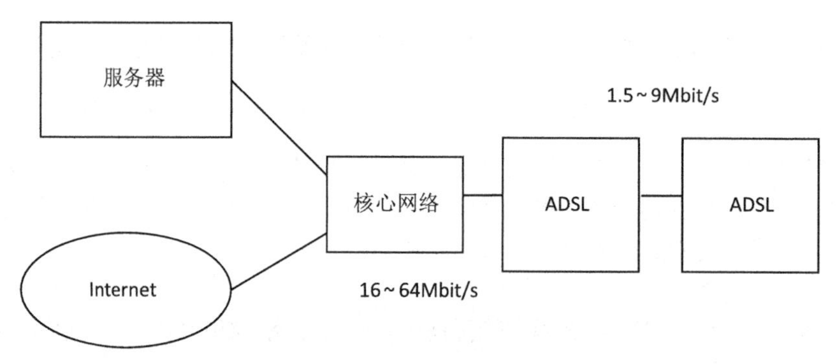

- 小区宽带的接入方式

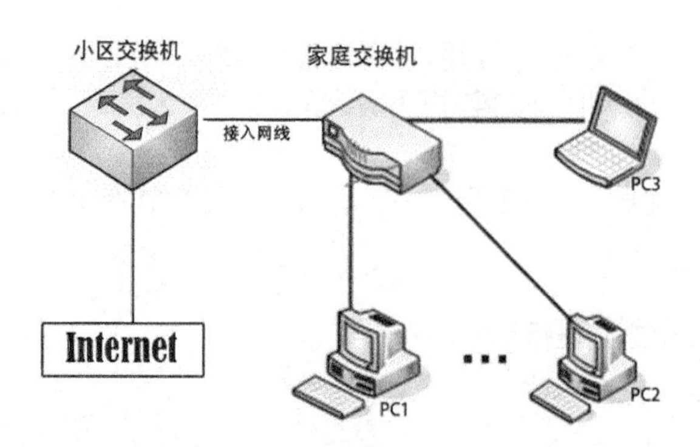

现在很多小区都安装了小区宽带，它在速度上得到了很大的提高，其设置的方式也比较简单。在使用小区宽带上网时，需要有一个内置网卡的电脑和一条接入小区宽带的网线，以及小区宽带分配的 IP 地址和 DNS 地址。

16.2.2 网络的功能及主要应用

网络提供的功能常被称为服务，网络最基础的服务是通信，以及打印、文件共享、Internet 访问、远程控制、主机通信等。在大型组织中，可能会使用多台服务器分别实现各种功能。在只有少数用户和少量网络流量的办公室内，可能会只使用一台服务器来实现这些功能。

网络的主要应用包括以下 5 个方面。

1. 资源共享

资源共享指使用文件服务器提供的数据文件、应用（如文字处理程序或电子表格）和磁盘空间共享的功能。资源共享是网络的最初应用，因为许多原因，资源共享至今仍是网络的应用基础。在一个中心位置存放共享数据比把文件复制到磁盘上，然后通过磁盘传送文件的处理方式要更容易和更快捷。数据保存在中心位置也会更安全，原因是网络管理员可以很容易地实现数据备份，而不需要依靠单个用户分别做备份。而且，使用文件服务器来运行多个用户需要的应用程序只需购买很少的应用程序，并减少网络管理员的维护工作。

2. 数据通信

随着现代社会信息量的增加，信息交换也日益增多，利用电脑网络传递信件是一种安全、高速的电子传递方式，另外通过电脑网络还可以传递声音、图像和视频等，实现多媒体通信。

3. 邮件服务

邮件服务可以保证网络上的用户间电子邮件的保存和传送。用户借助于电子邮件可以实现组织内外快捷方便的通信。邮件服务除了提供发送、接收和存储电子邮件的功能外，还可以包含智能的电子邮件路由能力（例如，收件者没有在邮件接收后 15 分钟内打开邮件，则邮件自动转发给其他相应人员）、提示、规划、文档管理和到其他邮件服务器的网关（网关是个硬件和软件的整体，能够在两种不同类型的网络间交换数据）。邮件服务可以运行在数种系统之上，也可以连接到 Internet，还可以被隔离在组织内。

4.Internet 网站

全球通信和数据交换非常关键，作为全球覆盖面最广的网络，Internet 已经成为生活和商业活动中不可或缺的工具。一旦与 Internet 建立连接，工作站和配套的服务器必须运行标准协议，这样才能使用 Internet 服务。

5. 统一管理

当网络规模较小时，一位网络管理员借助于网络操作系统的内部功能就可以很容易地管理网络。

16.2.3 电脑网络的分类

按照网络覆盖的地理范围的大小，电脑网络可以分为局域网（LAN）、区域网（MAN）、广域网（WAN）、互联网（Internet）四种，每一种网络的覆盖范围和分布距离标准都不一样，如下表所示。

网络种类	分布距离	覆盖范围	特点
局域网	10m	房间	物理范围小 具有高数据传输效率（10 ~ 1000Mbit/s）
	100m	建筑物	
	1000m	校园	
区域网 （又称为城域网）	10km	城市	规模较大，可覆盖一个城市 支持数据和语音传输 工作范围为160km之内，传输速率为44.736Mbit/s
广域网	100km	国家	物理跨度较大，如一个国家
互联网	1000km	洲或洲际	将局域网通过广域网连接起来，形成互联网

16.2.4 组建无线局域网

随着笔记本电脑、手机、平板电脑等便携式电子设备的日益普及和发展，有线连接已不能满足工作和生活需要，此时就需要用到无线局域网将几台设备连接到一起。本节将讲解组建无线局域网的操作方法。

1. 安装硬件设备

在组建无线局域网之前，首先需要搭建好硬件设备。下面介绍其具体步骤。

- 通过网线将电脑与路由器相连接，将网线一端插入电脑主机后的网孔内，另一端接入路由器的任一 LAN 口内。
- 通过网线将 ADSL Modem 与路由器相连接，将网线一端接入 ADSL Modem 的 LAN 口内，另一端接入路由器的 WAN 口内。
- 将路由器自带的电源插头连接至电源，完成硬件设备的搭建工作。

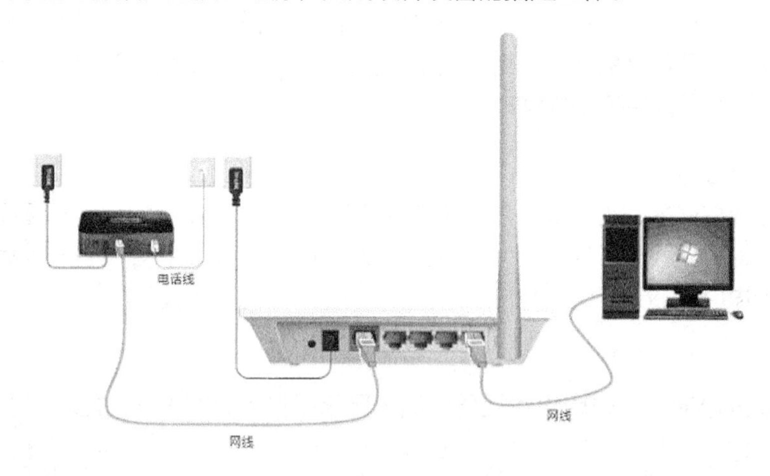

2. 设置路由器

在完成硬件设备的安装操作后，就需要对路由器进行设置。路由器设置主要是指在电脑或便携设备端，为路由器配置上网账号，设置无线网络名称和密码等信息。

第 1 步 输入网络地址

完成硬件搭建后，启动浏览器，在地址栏中输入“192.168.1.1”，按【Enter】键。

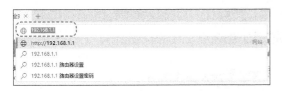

第 2 步 输入管理员密码

❶ 进入“无线路由器”页面，在“请输入管理员密码”文本框中输入密码；❷ 单击“确认”按钮。

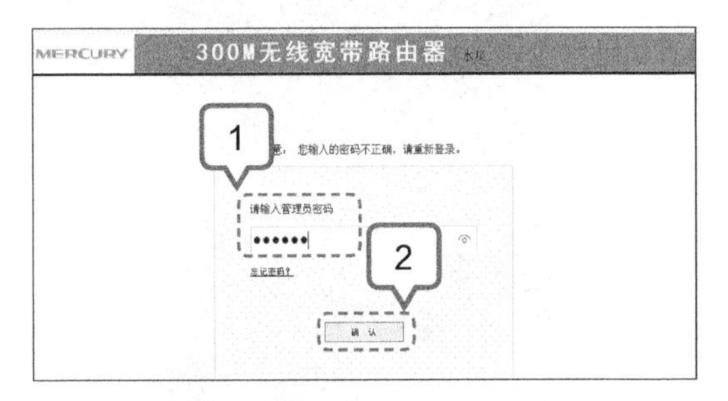

第 3 步 选择“设置向导”选项

进入“无线宽带路由器”设置页面，在左侧的列表框中，选择“设置向导”选项。

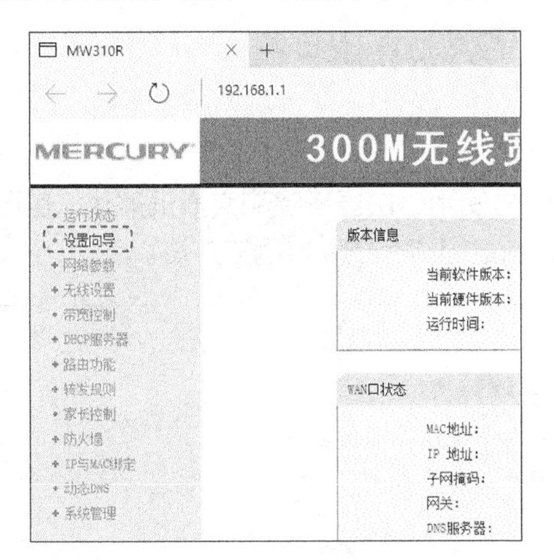

第 4 步 单击“下一步”按钮

进入“设置向导”页面，在右侧的“设置向导 - 开始”对话框中，单击“下一步”按钮。

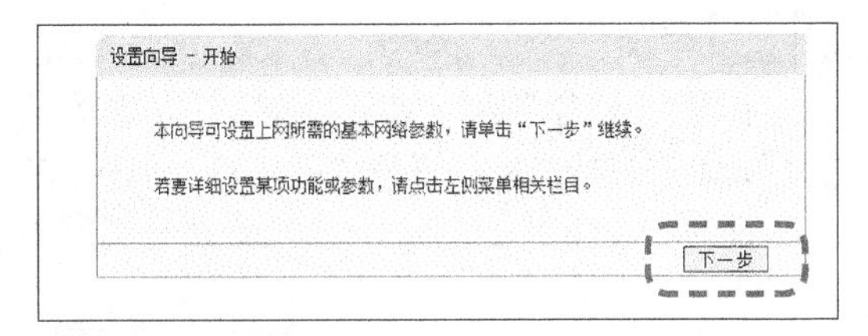

第 5 步 设置以太网接入方式

❶ 打开“设置向导 - 以太网接入方式”对话框，勾选“PPPoE（DSL 虚拟拨号）”单选按钮；❷ 单击“下一步”按钮。

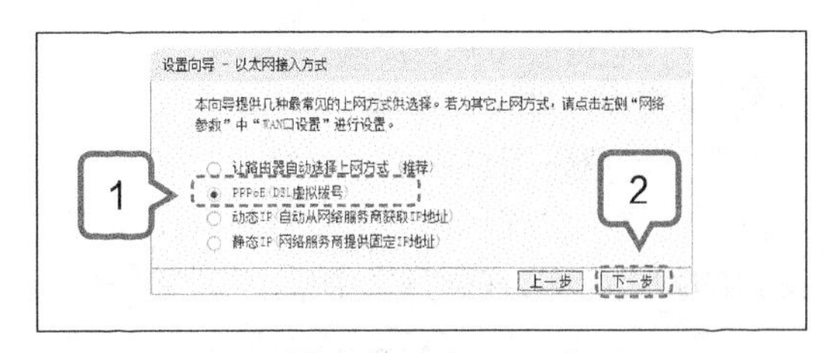

第 6 步 输入用户名和密码

❶ 打开“设置向导 -PPPoE”对话框，依次输入相应的用户名和密码；❷ 单击“下一步”按钮。

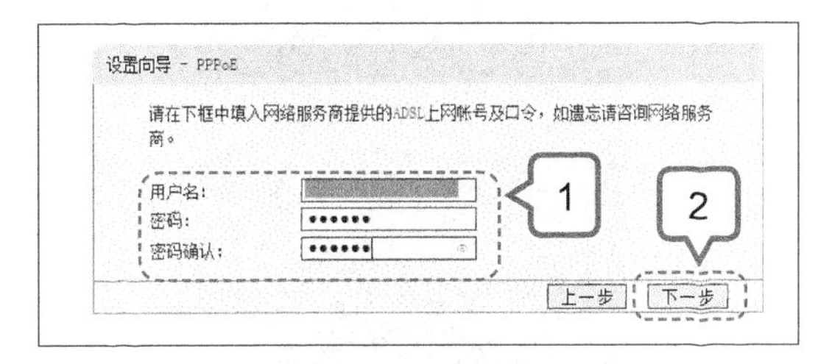

第 7 步 设置无线密码

❶ 打开“设置向导 - 无线式”对话框，设置无线密码；❷ 单击“下一步”按钮。

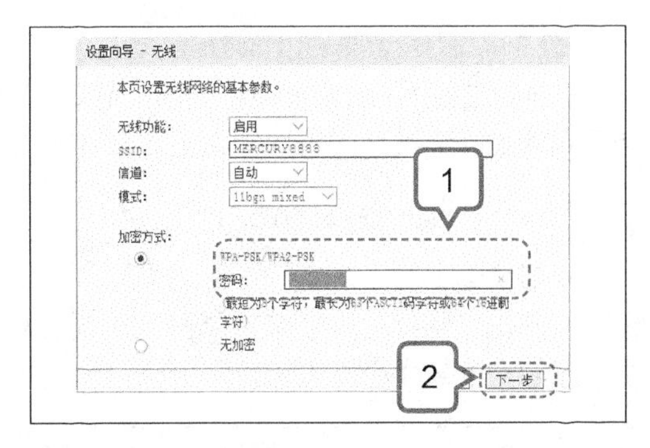

第 8 步 设置向导已完成

打开“设置向导 - 保存”对话框，提示用户设置向导已完成，单击“保存”按钮即可。

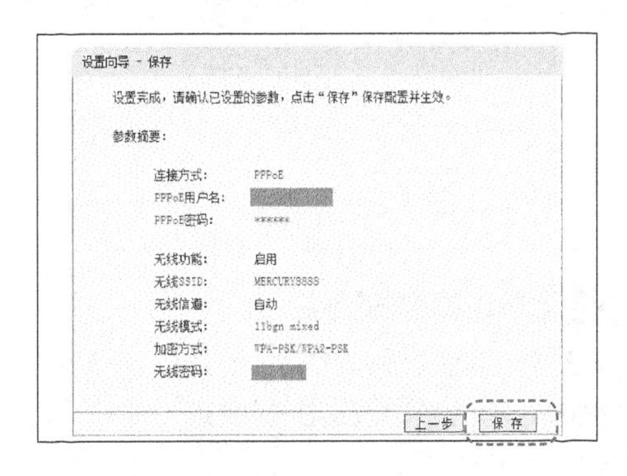

3. 连接上网

无线网络开启并设置成功后，需要搜索设置的无线网络名称，然后输入密码，进行连接。

第 1 步 单击“连接”按钮

单击电脑任务栏中的“网络”图标，在弹出的对话框中会显示无线网络列表，单击需要连接的网络名称，在展开项中单击“连接”按钮。

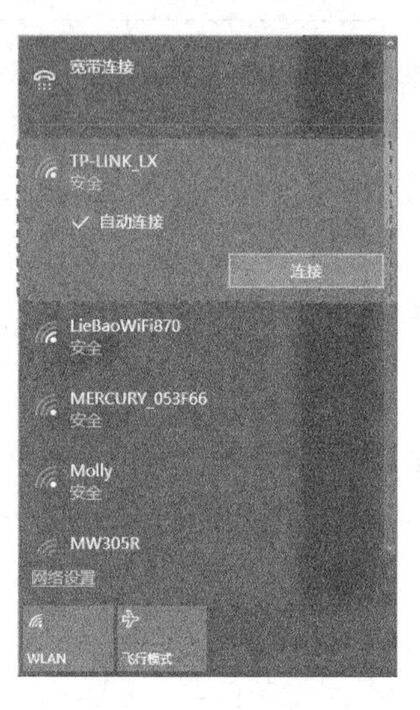

第 2 步 输入无线密码

打开“输入网络安全密钥”文本框，输入无线密码，单击“下一步”按钮，连接网络。

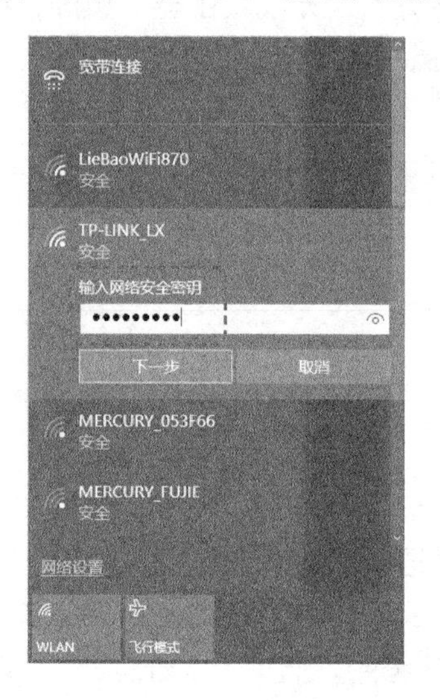

16.2.5 组建有线局域网

在日常生活和工作中，组建有线局域网的常用方法是使用路由器搭建和交换机搭建，也可以使用双网卡网络共享的方法搭建。本节主要介绍使用路由器组建有线局域网的方法。

第 1 步 单击“网络和共享中心”按钮

双击桌面上的“网络”图标，打开“网络”窗口，单击“网络”选项卡，展开列表框，单击“网络和共享中心”按钮。

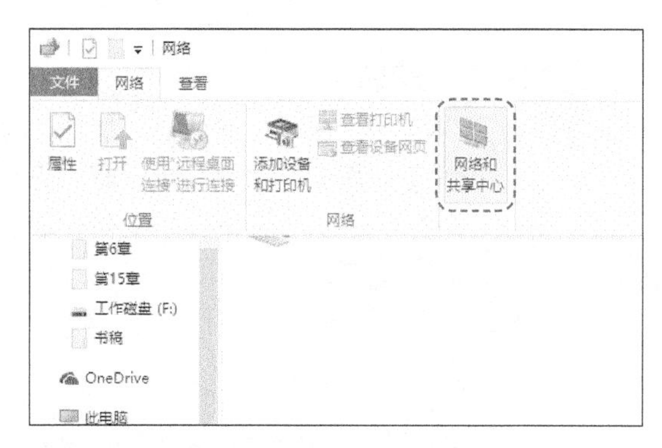

第 2 步 单击相应的链接

打开“网络和共享中心”窗口，在左侧列表框中，单击“更改适配器设置”命令。

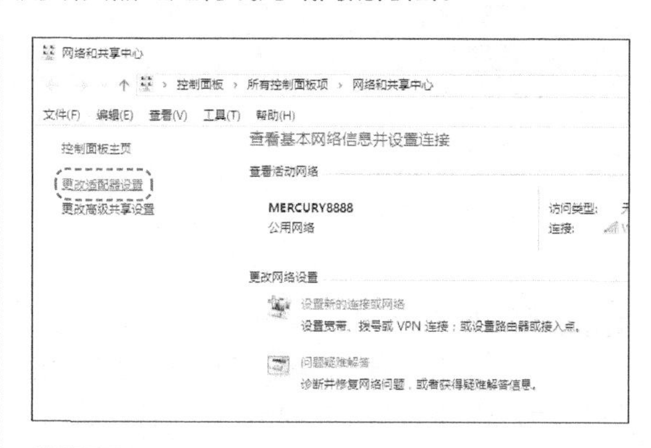

第 3 步 单击“属性”命令

打开“网络连接”窗口，选择“以太网”图标，单击鼠标右键，打开快捷菜单，单击“属性”命令。

第 4 步 单击“属性”按钮

❶ 打开“以太网属性”对话框，在下拉列表框中，选择合适的协议选项；❷ 单击“属性”按钮。

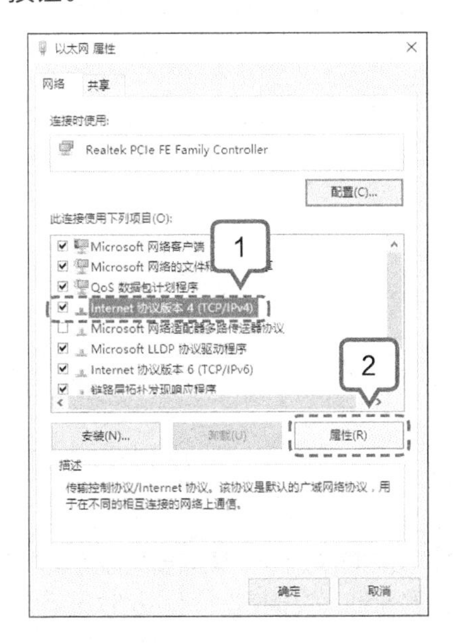

第 5 步 完成设置

❶ 打开“协议版本”对话框，勾选“自动获得 IP 地址”和“自动获得 DNS 服务器地址”单选按钮；❷ 单击“确定”按钮即可。

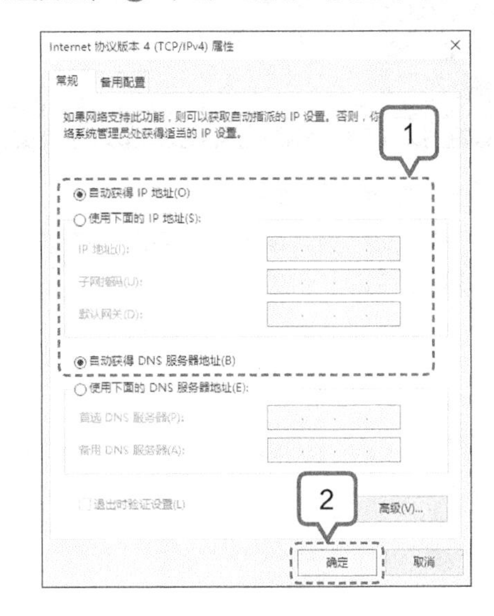

16.3 共享局域网内的办公资源

本节视频教学时间 / 6 分钟

资源共享极大地方便了用户，也有效地利用了资源，避免了资源的重复性存储。通过电脑网络，不仅可以使用近距离的网络资源，还可以访问远程网络上的资源。

16.3.1 共享公用文件夹

在安装系统时，系统会自动创建一个“公用”的用户，公用文件夹主要用于不同用户间的文件共享，以及网络资源的共享。开启文件夹的共享后，用户可以在同一个局域网内，查看公用文件夹内的文件。

第 1 步 单击相应的命令

单击鼠标右键电脑桌面右下角的“网络”图标，打开快捷菜单，单击“打开网络和共享中心”命令。

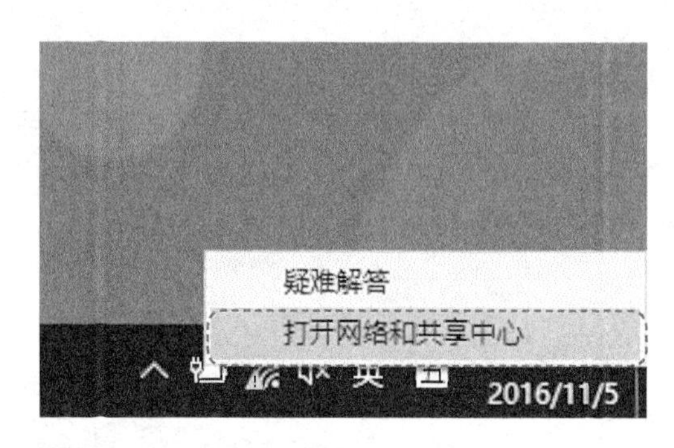

第 2 步 **单击相应的命令**

打开“网络和共享中心”窗口，单击“更改高级共享设置”命令。

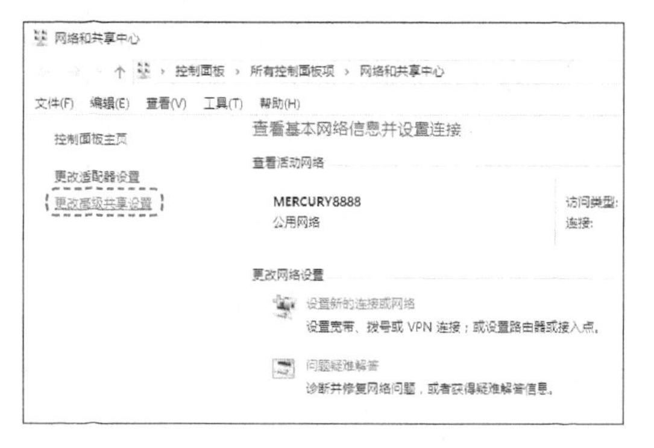

第 3 步 **单击“保存更改”按钮**

❶ 打开“高级共享设置”窗口，勾选“启用网络发现”和“启用文件和打印机共享”单选按钮；❷ 单击“保存更改”按钮。

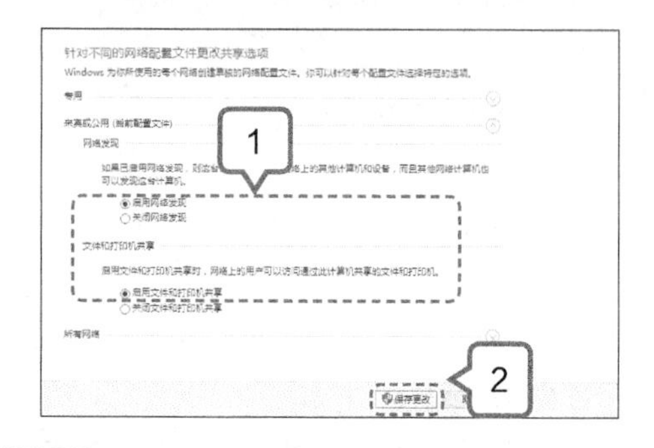

第 4 步 **查看局域网共享电脑**

双击桌面上的“网络”图标，打开“网络”窗口，可以看到局域网内共享的电脑。

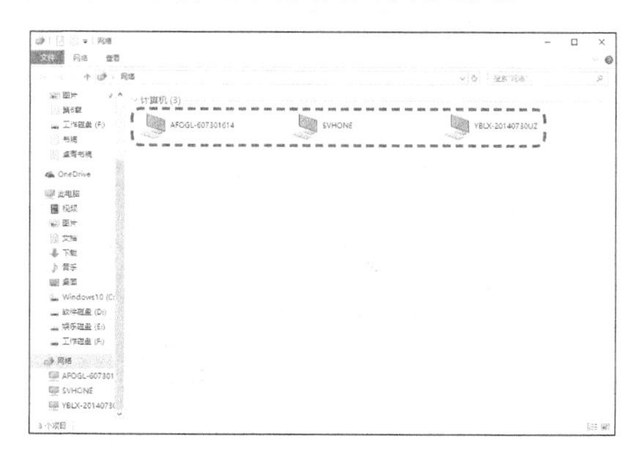

16.3.2 共享任意文件夹

公用文件夹的共享设置完成后，用户只能共享公用文件夹内的文件，如果需要共享其他文件，用户需要将文件复制到公用文件夹下，供其他人访问，既操作烦琐又浪费时间。此时，用户可以将某个文件夹设置为共享文件夹。

第 1 步 **选择“娱乐磁盘（E）”选项**

双击桌面上的“此电脑”图标，打开“此电脑”窗口，选择“娱乐磁盘（E）”选项。

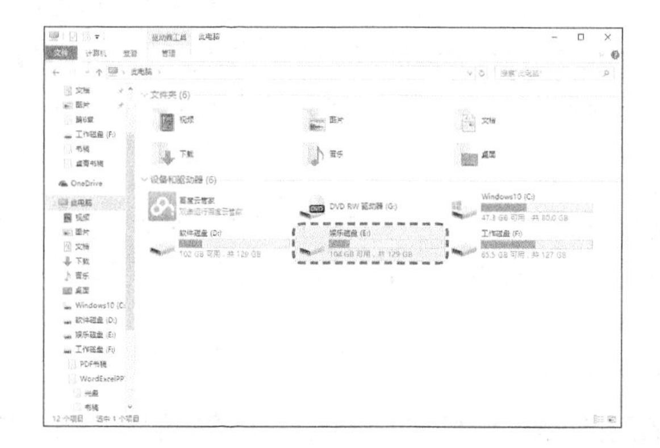

第2步 单击“属性”命令

双击选择的选项，打开磁盘窗口，选择需要共享的文件夹，单击鼠标右键，打开快捷菜单，单击“属性”命令。

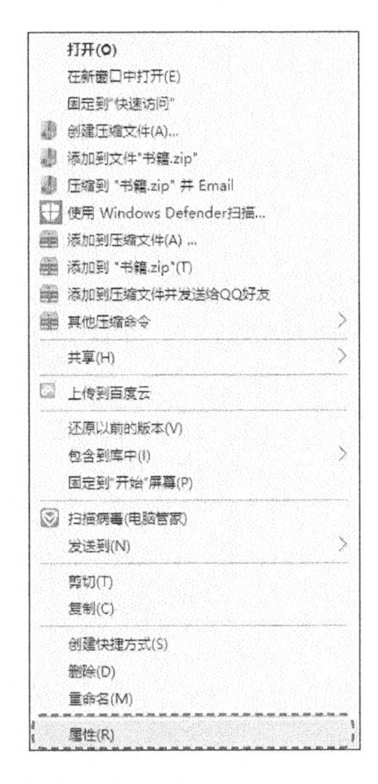

第3步 单击“共享”按钮

打开“书籍 属性”对话框，切换至“共享”选项卡，单击“共享”按钮。

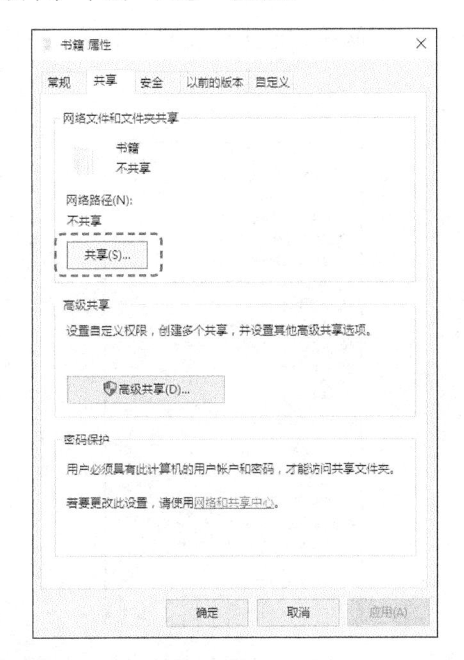

第4步 单击“添加”按钮

❶ 打开“文件共享”对话框，单击“添加”左侧的下三角按钮，展开列表框，选择“Everyone”选项；❷ 单击“添加”按钮。

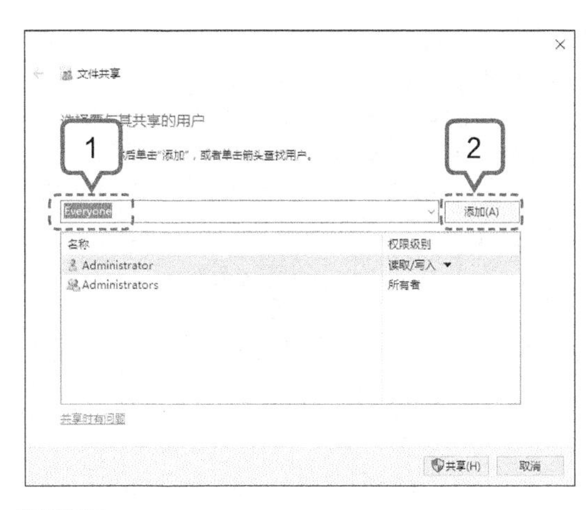

第5步 单击相应的按钮

单击“共享”按钮，打开“网络发现和文件共享”对话框，单击“是，启用所有公用网络的网络发现和文件共享”按钮。

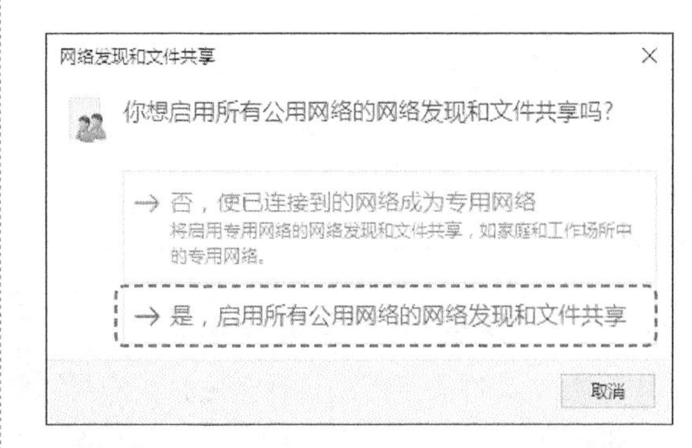

第6步 显示共享项目进度

进入“文件共享”对话框，显示共享项目的进度。

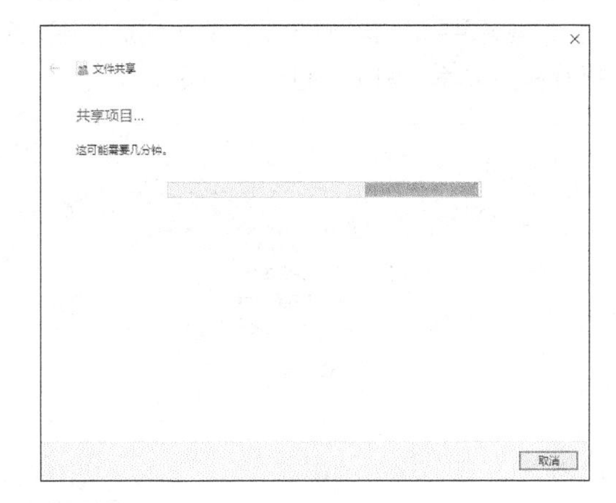

第7步 单击“完成”按钮

稍后将进入“你的文件夹已共享”界面，提示文件夹已共享信息，单击“完成”按钮。

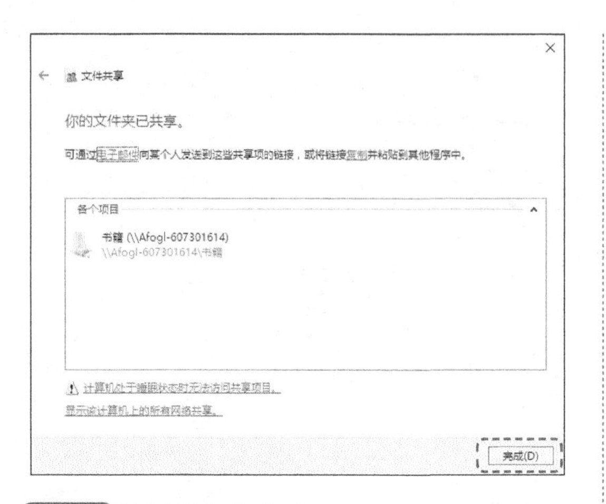

第 8 步 选择共享的电脑

双击桌面上的“网络”图标，打开“网络”窗口，选择共享的电脑选项。

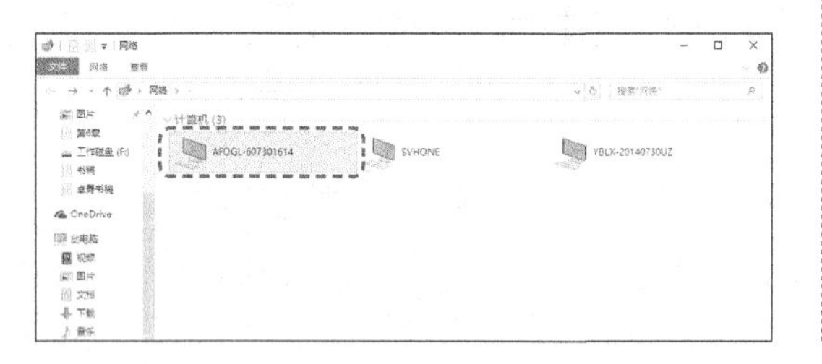

第 9 步 查看已共享文件夹

打开共享的电脑窗口，在打开的窗口中，可以查看到已经共享的文件夹。

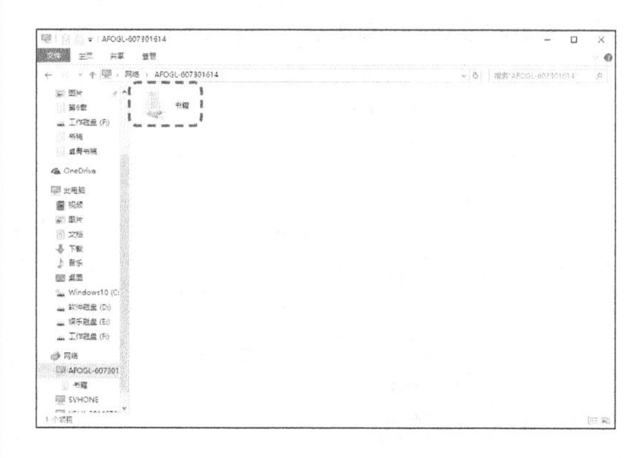

16.3.3 设置共享文件夹的属性

对任意文件夹进行共享操作后，用户可以对共享文件的权限等属性进行设置。下面介绍其具体的操作方法。

第 1 步 单击“打开”命令

双击桌面上的“网络”图标，打开“网络”窗口，选择共享的电脑选项，单击鼠标右键，打开快捷菜单，单击“打开”命令。

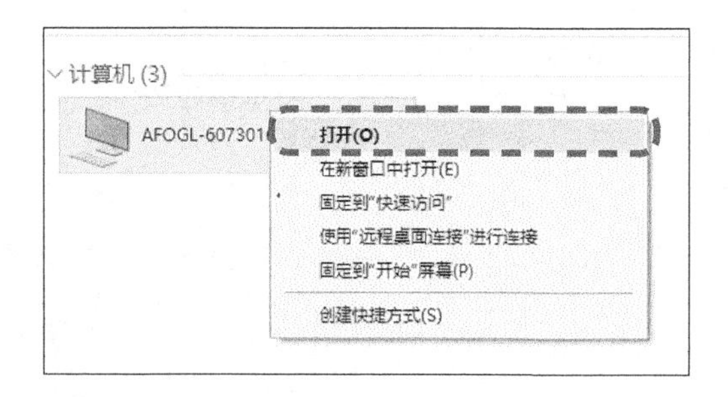

第 2 步 单击“属性”命令

打开共享的电脑窗口，选择文件夹，单击鼠标右键，打开快捷菜单，单击“属性”命令。

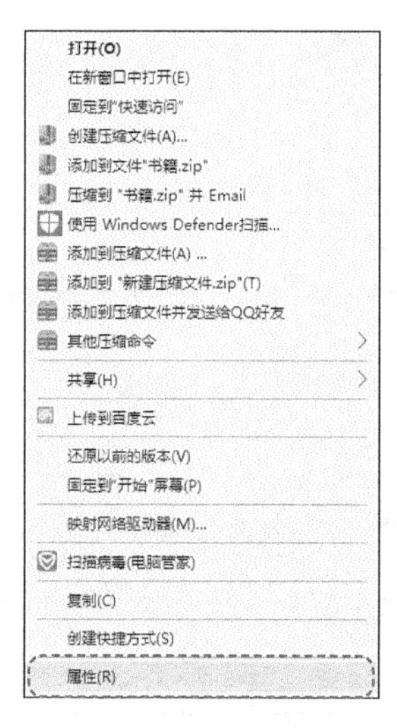

第 3 步 单击“高级共享”按钮

打开“书籍 属性”对话框，单击“共享”选项卡，在“高级共享”选项区中，单击“高级共享”按钮。

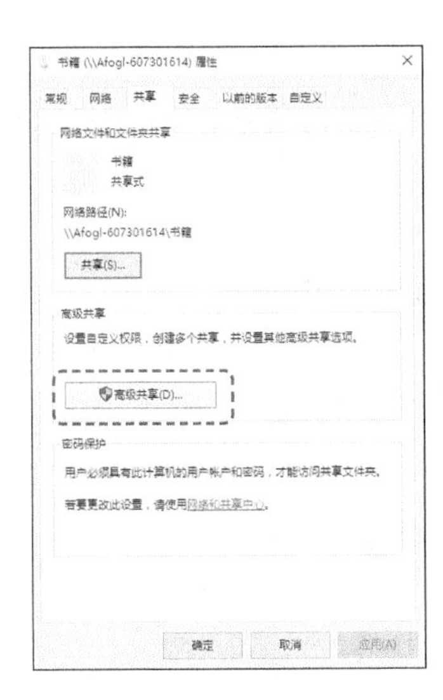

第 4 步 单击“添加”按钮

打开“高级共享”对话框，单击“添加”按钮。

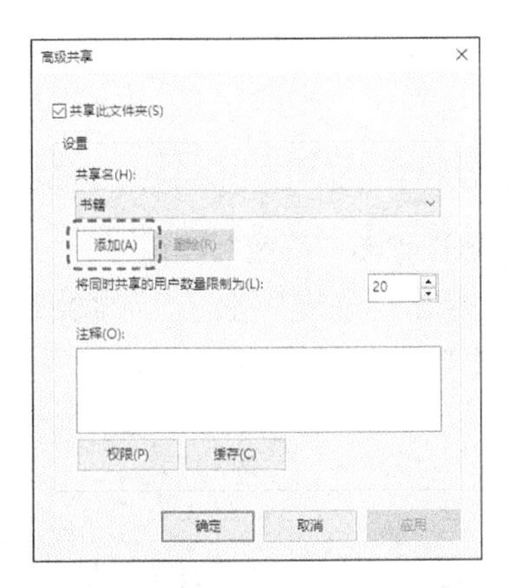

第 5 步 设置新建共享

❶ 打开“新建共享”对话框，依次修改“共享名”和“描述”选项，勾选“允许此数量的用户”单选按钮，❷ 修改其参数为 10。

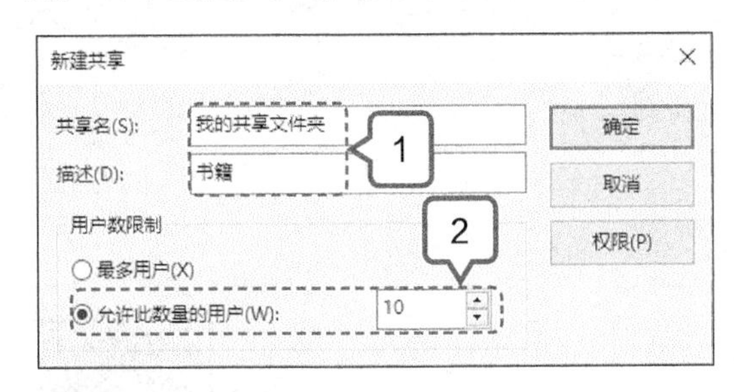

第 6 步 添加新共享文件夹

单击“确定”按钮，返回到“高级共享”对话框，显示新添加的文件夹，单击“权限”按钮。

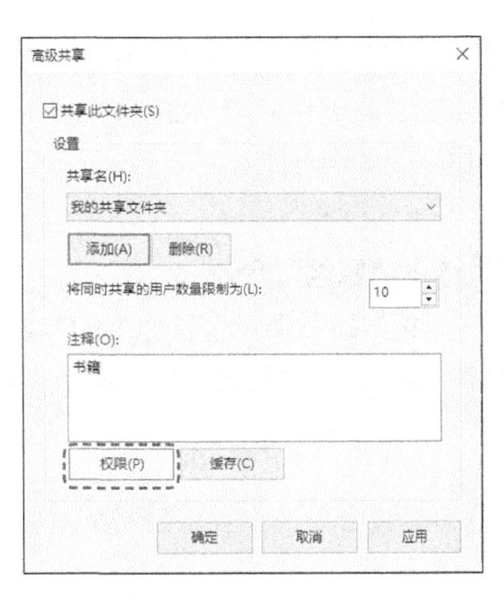

第 7 步 设置高级共享权限

打开“我的共享文件夹的权限”对话框，在“Everyone 的权限”列表框中，勾选“完全控制”右侧的“允许”复选框。

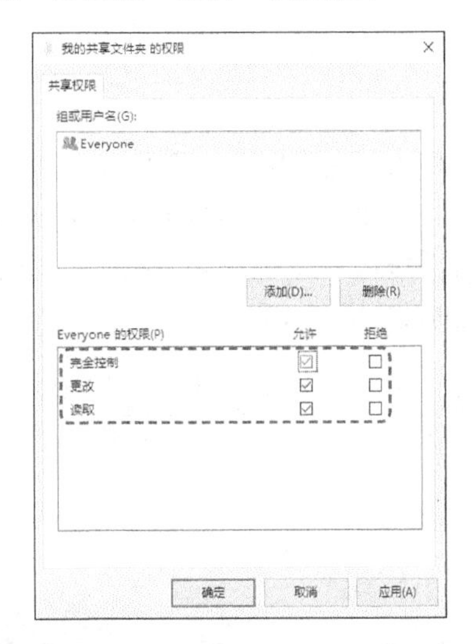

第 8 步 查看更改的设置

依次单击“确定”按钮，保存设置，打开电脑的共享文件夹，可以看到所更改的设置。

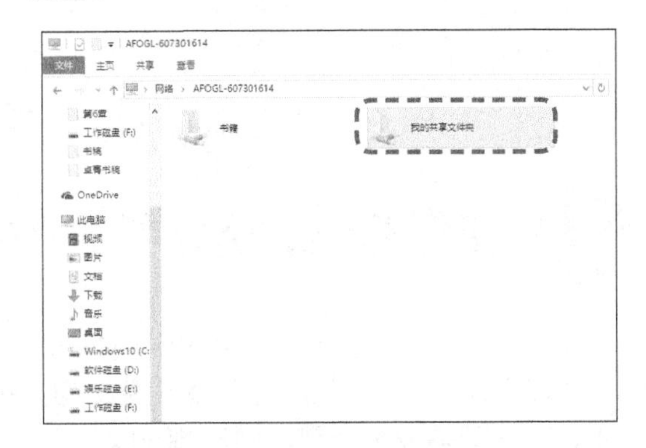

16.3.4 关闭文件夹资源的共享

共享完文件夹资源后，如果其他用户不再需要该文件夹，则可以将该文件夹取消共享。下面介绍其具体的操作方法。

第 1 步 单击“属性”命令

在“网络”窗口中，选择已共享的文件夹，单击鼠标右键，打开快捷菜单，单击“属性”命令。

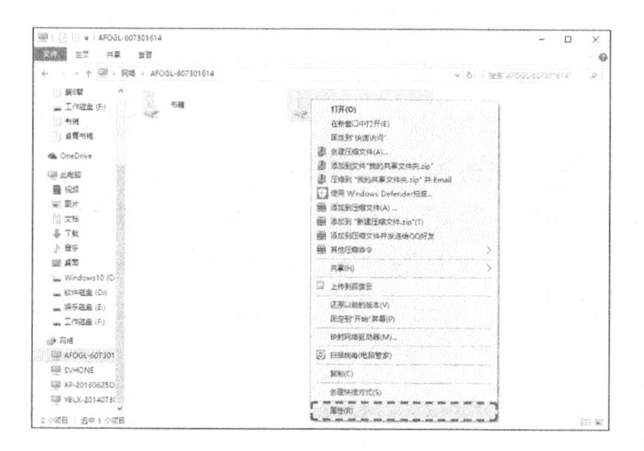

第 2 步 单击“高级共享”按钮

打开“我的共享文件夹属性”对话框，单击“文件”选项卡，在“高级共享”选项区中，单击“高级共享”按钮。

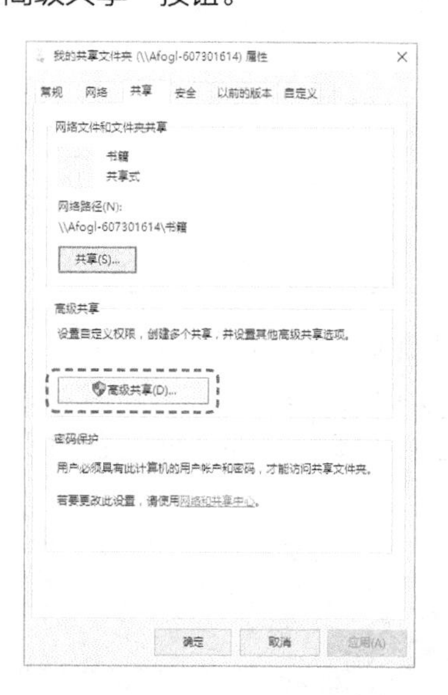

第 3 步 取消勾选复选框

打开“高级共享”对话框，取消勾选“共享此文件夹”复选框。

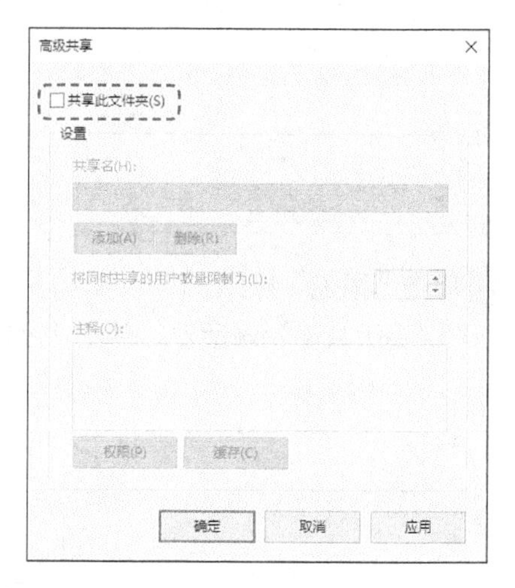

第 4 步 依次单击“确定”按钮

依次单击“确定”按钮，完成共享文件夹的关闭操作。

16.4 使用 OneDrive 共享文件

本节视频教学时间 / 12 分钟

OneDrive 是可以从任意位置访问的联机文件存储。使用它可以便捷地将 Office 文档和其他文件保存到云中，方便用户从任意设备访问。利用 OneDrive，用户可以共享文档、照片以及更多内容，而无需发送大量电子邮件附件。

16.4.1 将文件上传到 OneDrive

用户可以将 Office 2016 文档上传到 OneDrive 中，以实现资源的共享。

1. 登录 OneDrive 账户

在上传 Office 文档到 OneDrive 之前，需要先登录 OneDrive 账户，下面介绍其具体步骤。

第 1 步 单击“OneDrive”命令

❶ 在Windows10系统的左下角，单击“开始”按钮；❷ 在展开的“开始”程序菜单中，单击“OneDrive”命令。

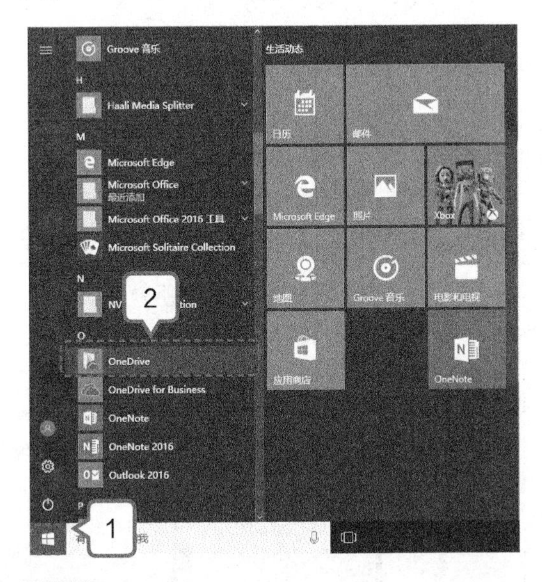

第 2 步 单击“登录”按钮

打开“Microsoft OneDrive”对话框，在“输入你的电子邮件地址”文本框中，输入电子邮件地址，单击“登录”按钮。

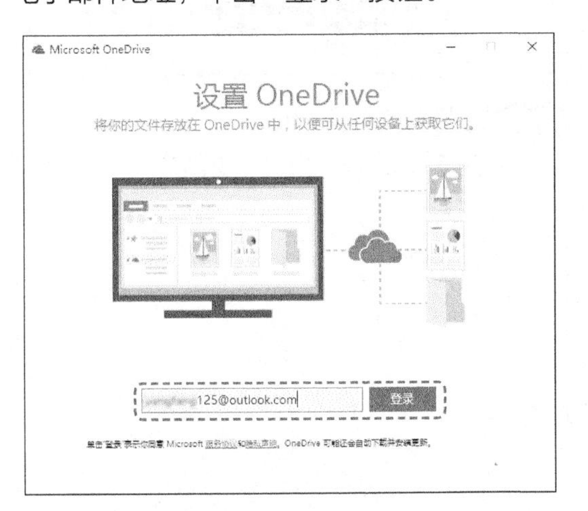

第 3 步 输入密码

❶ 稍后将进入“输入密码”界面，输入密码；❷ 单击“登录”按钮。

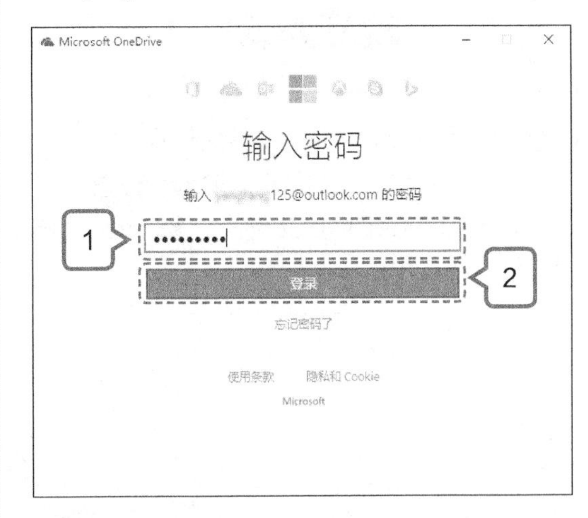

第 4 步 显示登录进度

开始登录 OneDrive 账户，并显示登录进度。

第 5 步 单击“更改设置”

稍后将进入“这是你的 OneDrive 文件夹”界面，单击“更改设置”。

第 6 步 设置 OneDrive 文件夹位置

❶ 打开“选择你的 OneDrive 位置”对话框，选择 OneDrive 文件夹；❷ 单击“选择文件夹”按钮。

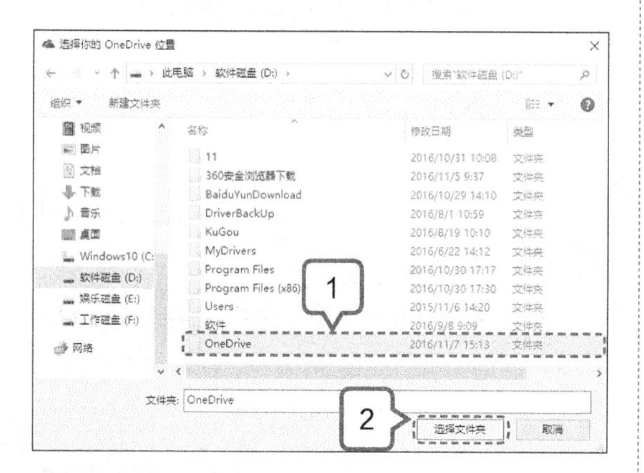

第 7 步 单击“下一步”按钮

❶ 返回到“这是你的 OneDrive 文件夹”界面，完成 OneDrive 文件夹的设置；❷ 单击“下一步”按钮。

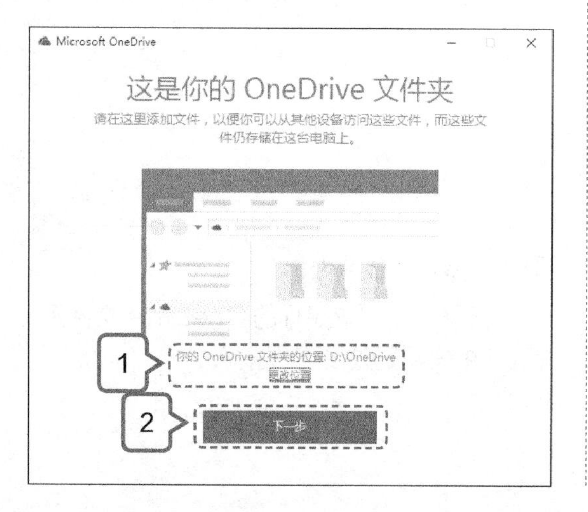

第 8 步 设置同步的 OneDrive 文件

❶ 进入“同步你的 OneDrive 中的文件”界面，设置同步的 OneDrive 文件；❷ 单击“下一步”按钮。

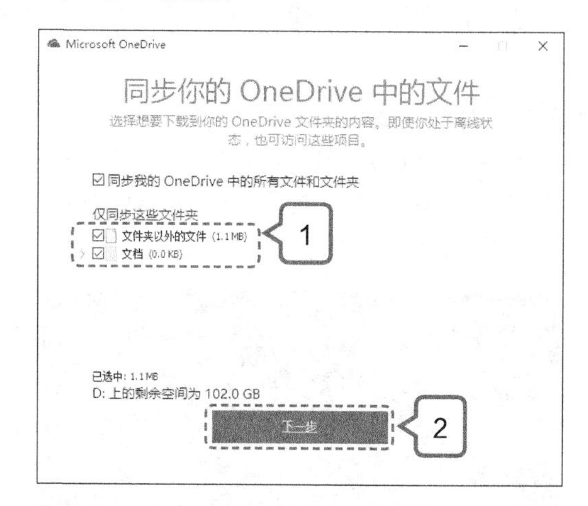

第 9 步 单击相应的按钮

进入“你的 OneDrive 已准备就绪”界面，单击“打开我的 OneDrive 文件夹”按钮。

第 10 步 打开文件夹窗口

打开 OneDrive 的文件夹窗口。

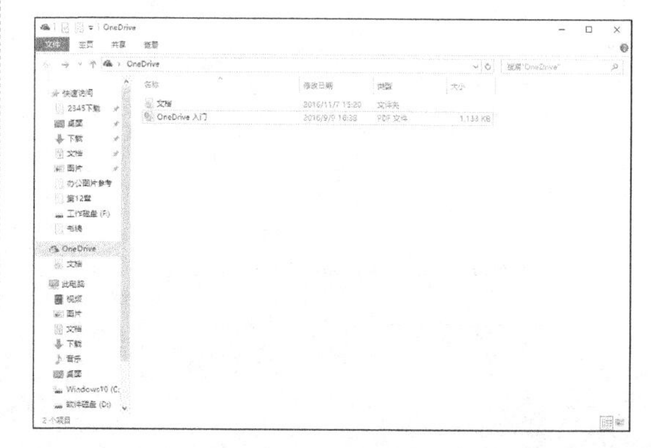

2. 使用电脑上传文件

用户要将文件上传到 OneDrive 中，最快的方法就是将电脑中的文件、文档等直接添加到 OneDrive 文件夹中。下面介绍其具体步骤。

第 1 步 单击“复制”命令

打开电脑的“本地磁盘”窗口，选择需要添加的演示文稿，单击鼠标右键，打开快捷菜单，单击“复制”命令。

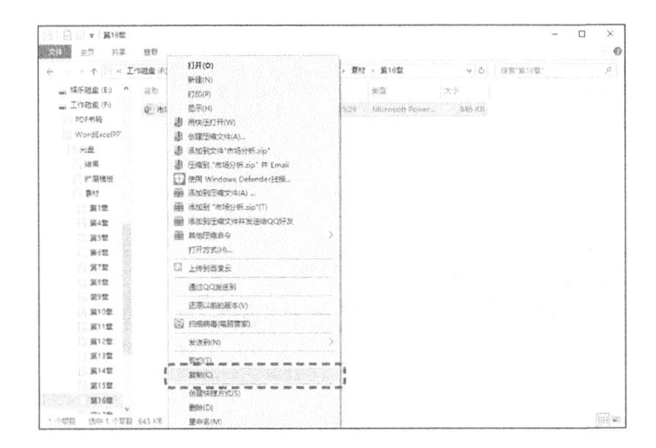

第 2 步 单击“粘贴”命令

在“OneDrive 文件夹”窗口中，单击鼠标右键，打开快捷菜单，单击“粘贴”命令。

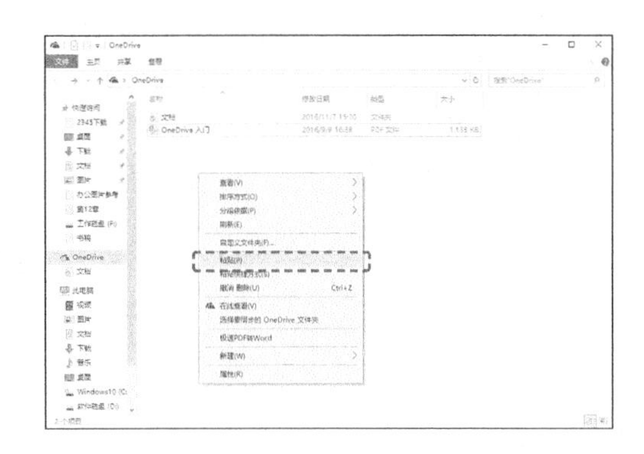

第 3 步 添加文件

完成上述操作即可将电脑中的文件添加到 OneDrive 文件夹中。

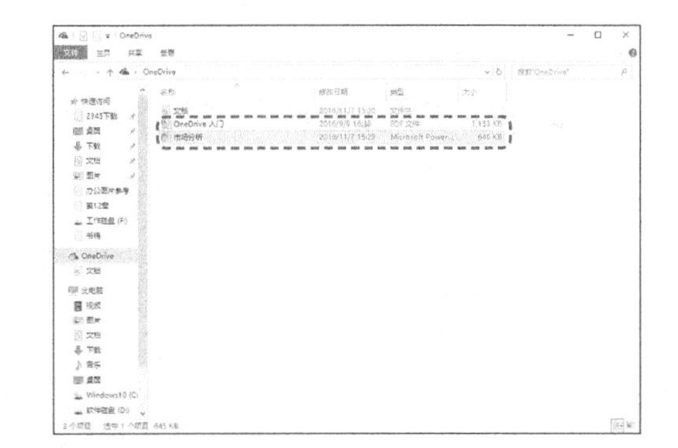

3. 使用 OneDrive 网站添加文件

在 OneDrive 网站中，用户可以从任何电脑、平板电脑或手机中添加文件或文件夹。下面介绍其具体步骤。

第 1 步 进入 OneDrive 官网首页

启动浏览器，进入 OneDrive 官网首页，单击“登录”按钮。

第 2 步 单击“文件”命令

依次输入账户的电子邮件地址和和密码，进入 OneDrive 账户页面，在页面的左上方，单击“上载”按钮，展开列表框，单击“文件”命令。

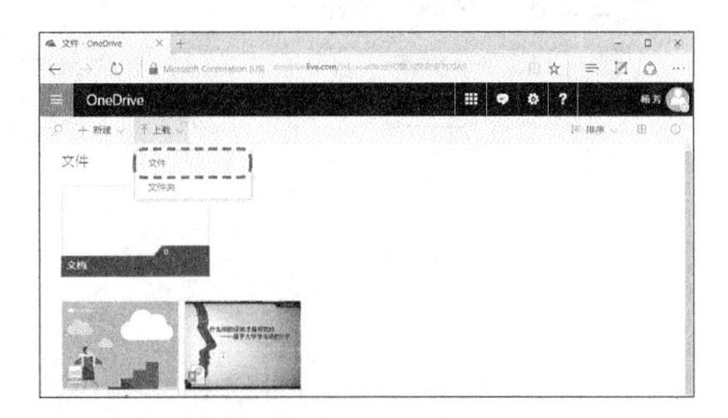

第 3 步 选择需要上传的文件

❶ 打开“打开”对话框，选择需要上传的文件；❷ 单击“打开”按钮。

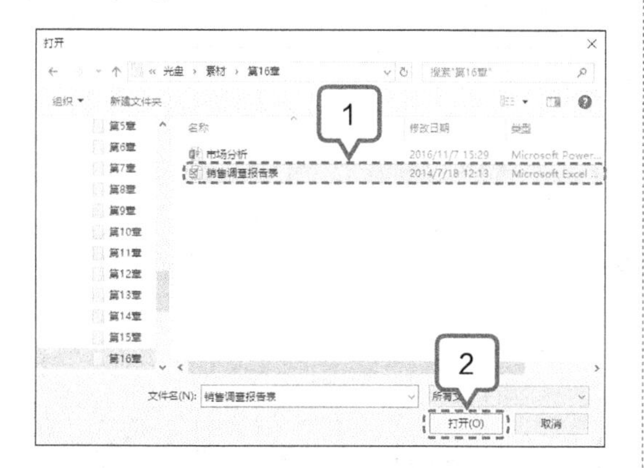

第 4 步 单击相应的按钮

开始将选择的文件上传到 OneDrive 中，单击“正在上载 1 个项目”按钮。

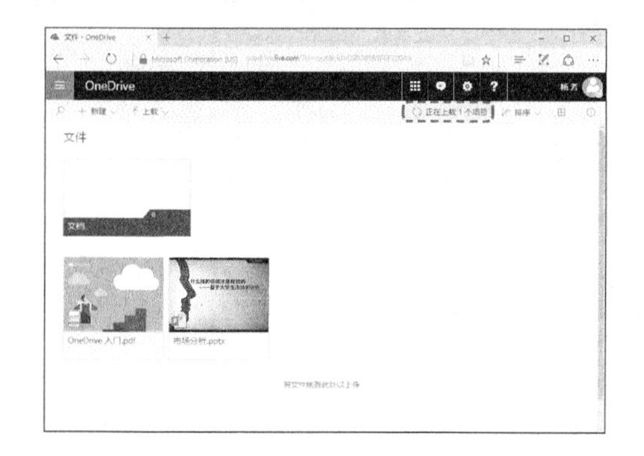

第 5 步 开始上传文件

打开“进度”对话框，开始上传文件，并显示上传进度。

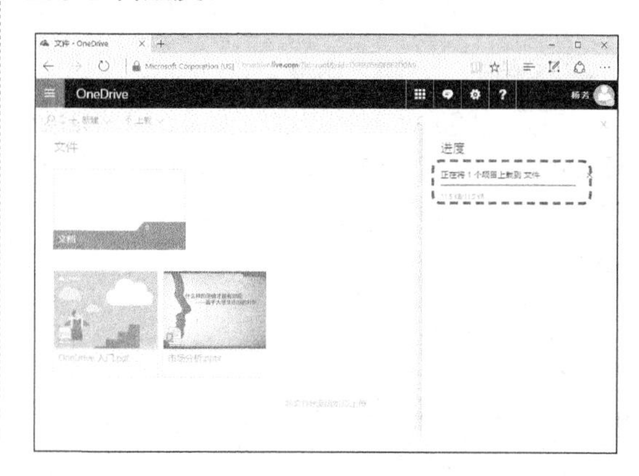

第 6 步 完成文件上传

稍后将完成文件的上传操作，并在页面中显示新上传的文件。

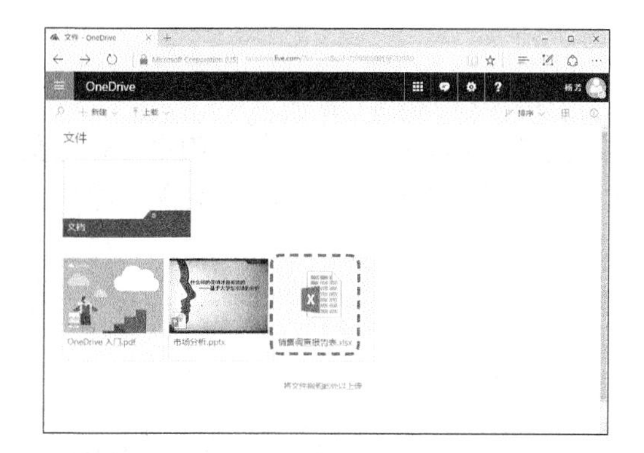

16.4.2 通过 OneDrive 实现文件共享

将文件上传到 OneDrive 之后，用户可以通过电子邮件或者获取链接两种方式将文件共享给其他用户。

1. 通过电子邮件实现文件共享

在共享文件时，使用“电子邮件”功能可以对 OneDrive 中的文件进行共享操作。下面介绍其具体步骤。

第 1 步 单击“共享”按钮

❶ 在 OneDrive 页面中，选择需要共享文件；❷ 在页面上方，单击“共享”按钮。

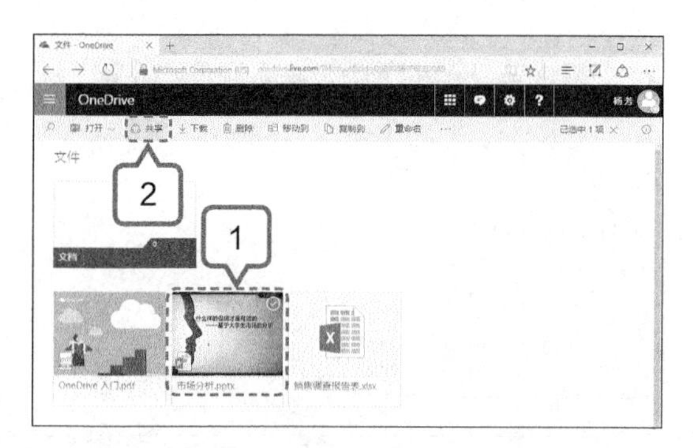

第 2 步 **选择“电子邮件”选项**

打开“共享‘市场分析’”对话框，选择“电子邮件”选项。

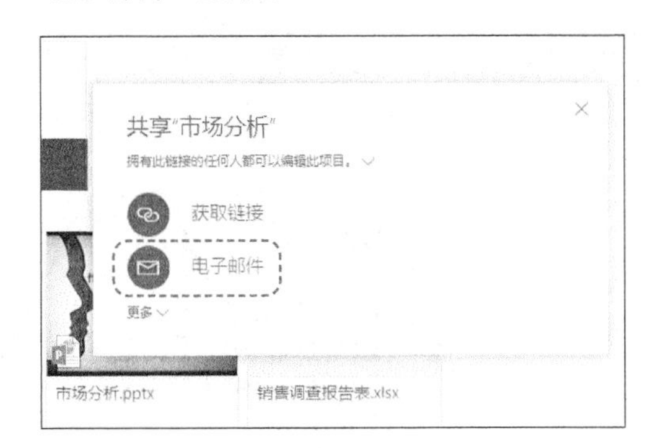

第 3 步 **输入电子邮件和说明**

❶ 打开相应的对话框，在对话框的文本框中，依次输入电子邮件和说明信息；❷ 输入完成后，单击“共享”按钮。

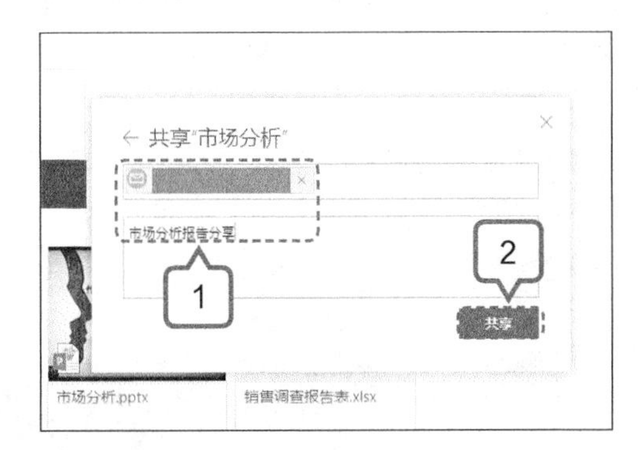

第 4 步 **单击相应的按钮**

开始更新一个项目，单击“正在更新 1 个项目”按钮。

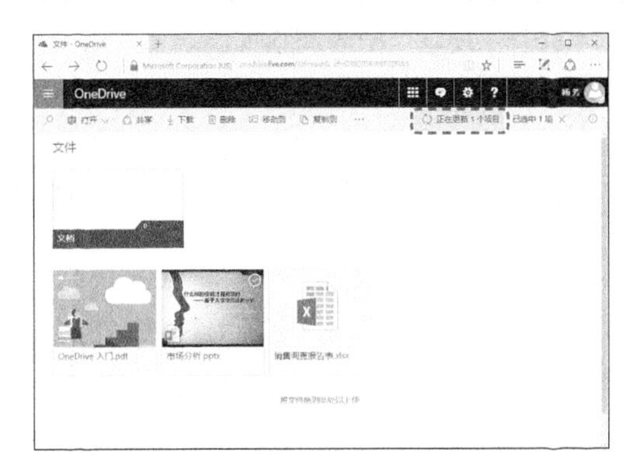

第 5 步 **完成文件共享**

打开“进度”对话框，显示正在更新项目的进度，稍后将完成文件的共享，该电子邮件将会收到文件共享信息，其他用户单击该信息即可查看。

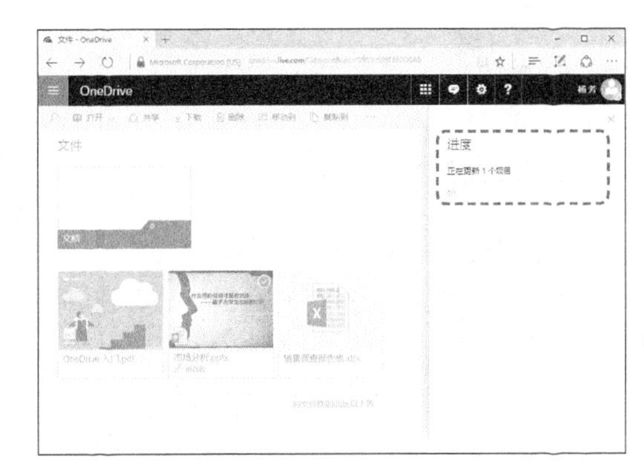

2. 通过获取链接实现文件共享

在共享文件时，使用“获取链接”功能可以对 OneDrive 中的文件进行共享操作。下面介绍其具体步骤。

第 1 步 **单击“共享”按钮**

❶ 在 OneDrive 页面中，选择需要共享的文件；❷ 在页面上方，单击“共享”按钮。

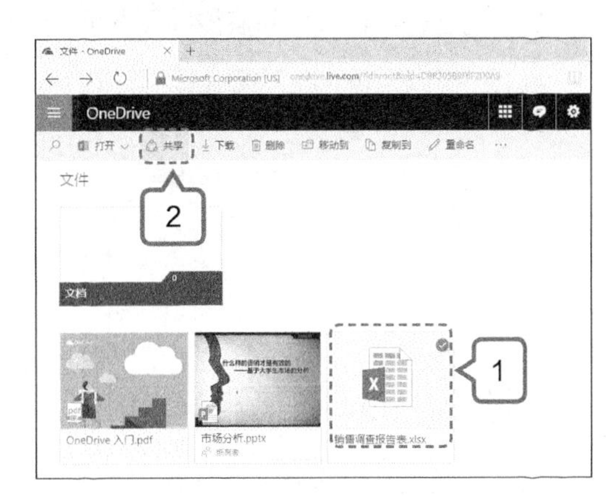

第 2 步 选择“获取链接”选项

打开“共享‘销售调查报告表’”对话框，选择“获取链接”选项。

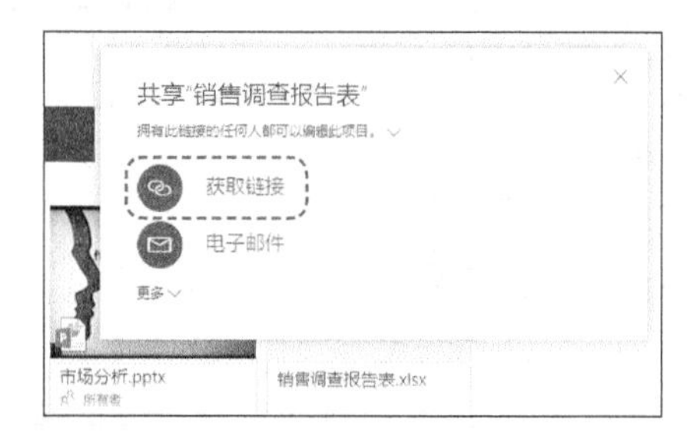

第 3 步 单击“复制”按钮

显示网络链接文本框，单击其右侧的“复制”按钮。

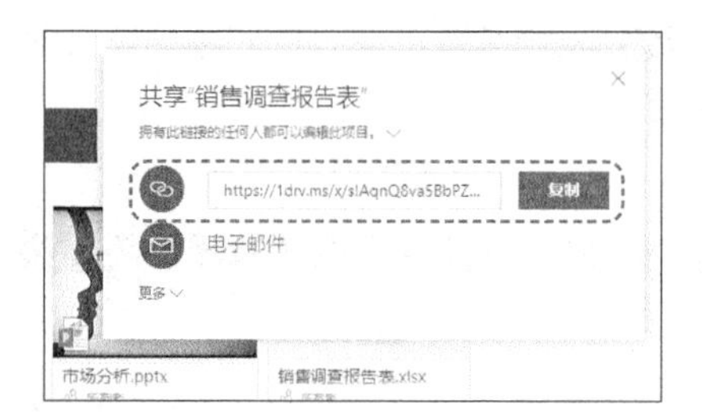

第 4 步 单击“更多”按钮

复制网址链接，并在对话框中，单击“更多”按钮。

第 5 步 选择“新浪微博”选项

展开对话框，选择“新浪微博”选项。

第 6 步 输入账号和密码

❶ 打开“新浪微博”登录页面，依次输入账号和密码；❷ 单击“登录”按钮。

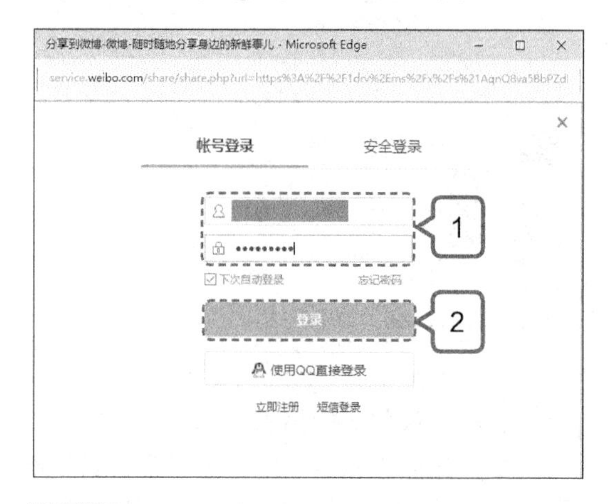

第 7 步 输入微博分享信息

❶ 登录新浪微博，并在“分享到微博”文本框中，输入复制好的网址链接 ❷ 单击“分享”链接。

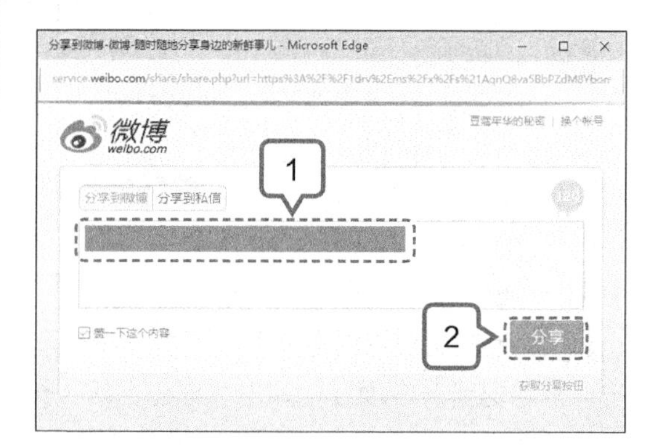

第 8 步 共享文件

显示分享成功信息。

16.5 利用 Outlook 电子邮件办公

本节视频教学时间 / 8 分钟

Microsoft Office Outlook 是微软办公软件套装的组件之一，它对 Windows 自带的 Outlook express 的功能进行了扩充。Outlook 的功能很多，可以收发电子邮件、管理联系人信息、记日记、安排日程、分配任务等。

16.5.1 发送电子邮件

电子邮件是Outlook 2016最主要的功能，使用“电子邮件”功能，可以很方便地发送电子邮件。

第 1 步 单击“Outlook 2016”命令

❶ 在Windows10系统的左下角，单击“开始”按钮；❷ 在展开的“开始”程序菜单中，单击“Outlook 2016”命令。

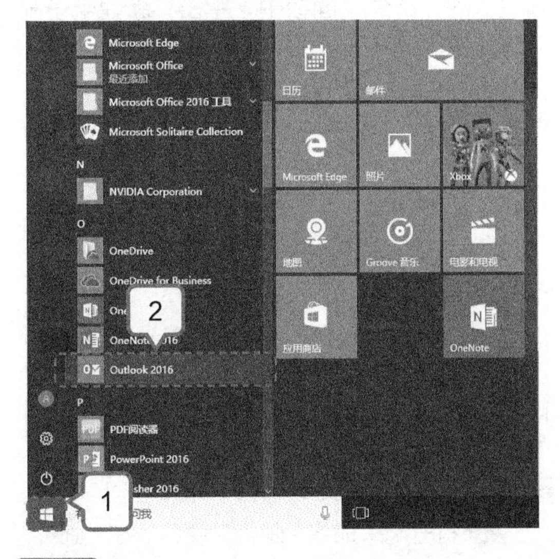

第 2 步 单击“下一步”按钮

打开“欢迎使用 Microsoft Outlook 2016”对话框，单击“下一步”按钮。

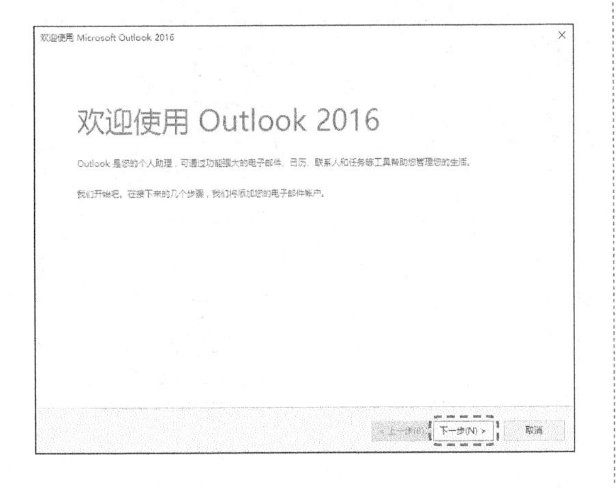

第 3 步 设置 Outlook 账户

❶ 打开“Microsoft Outlook 账户设置”对话框，勾选“是”单选按钮；❷ 单击“下一步”按钮。

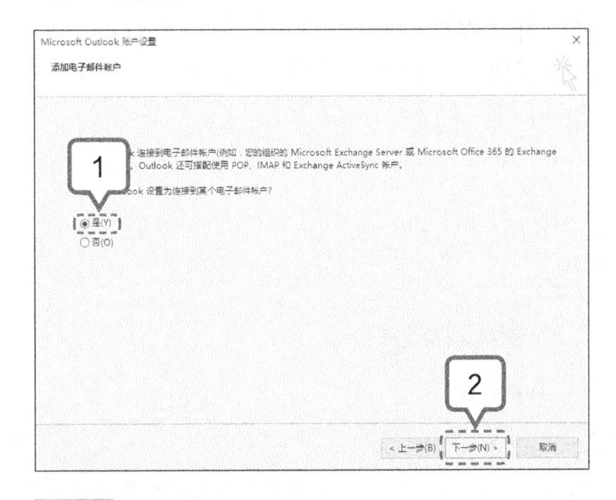

第 4 步 填写账户信息

打开“添加帐户”对话框，依次在“电子邮件帐户”选项区中，填写对应的账户信息。

第 5 步 显示正在配置进度

填写完成后，单击“下一步”按钮，进入

“正在搜索您的邮件服务器设置”界面，显示正在配置的进度。

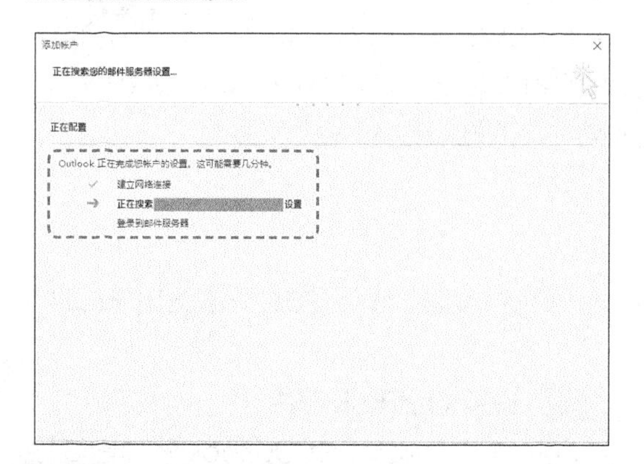

第 6 步 输入账号和密码

❶在配置电子邮件服务器设置的过程中，会打开“Windows 安全性”对话框，需要输入电子邮件的账号和密码；❷单击“确定”按钮。

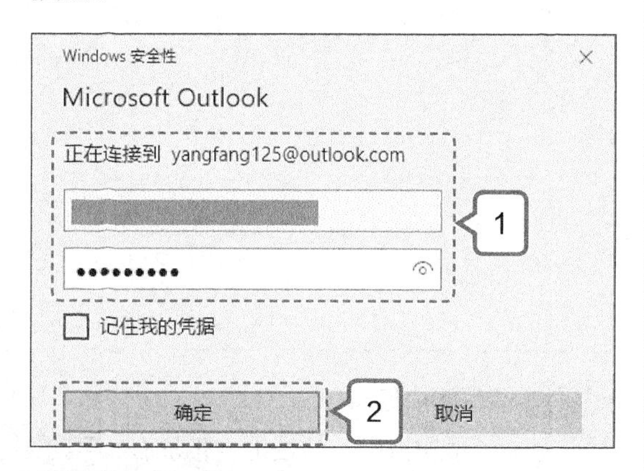

第 7 步 完成配置

再次返回到“正在搜索您的邮件服务器设置”界面，稍后将显示配置完成信息，单击“完成”按钮。

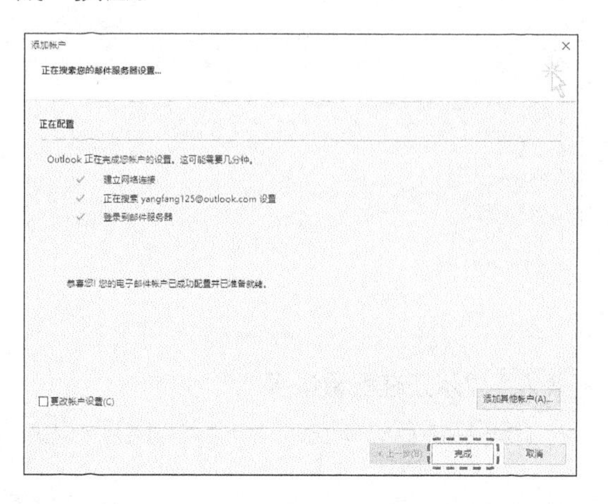

第 8 步 显示程序加载进度

显示 Outlook 启动界面，并显示程序加载进度。

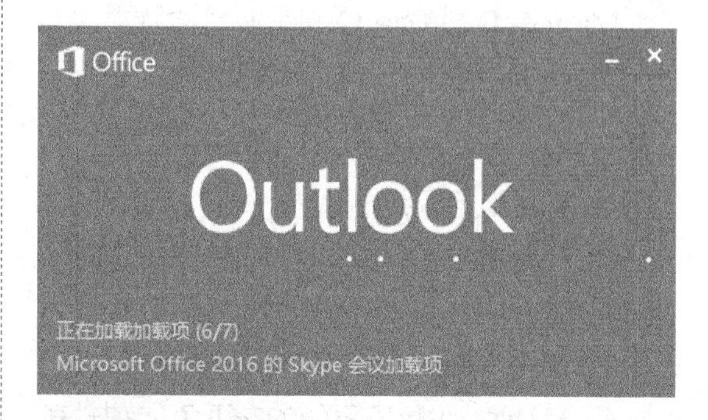

第 9 步 单击“新建电子邮件”按钮

稍后将进入“收件箱”窗口，在“开始”选项卡的“新建”面板中，单击“新建电子邮件”按钮。

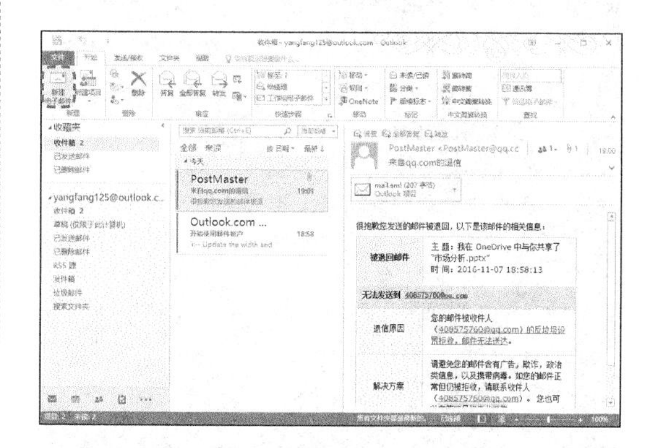

第 10 步 单击“浏览此电脑”命令

❶打开“未命名 - 邮件”窗口，在“邮件”选项卡的“添加”面板中，单击“添加文件”下三角按钮；❷展开列表框，单击“浏览此电脑”命令。

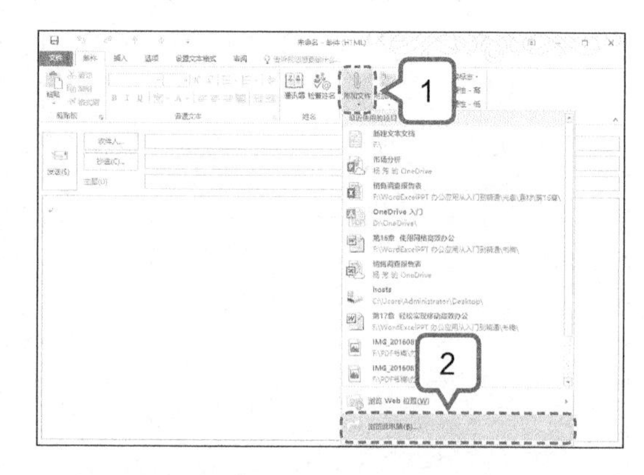

第 11 步 选择需要发送的文件

❶ 打开“插入文件”对话框，选择需要发送的文件；❷ 单击“插入”按钮。

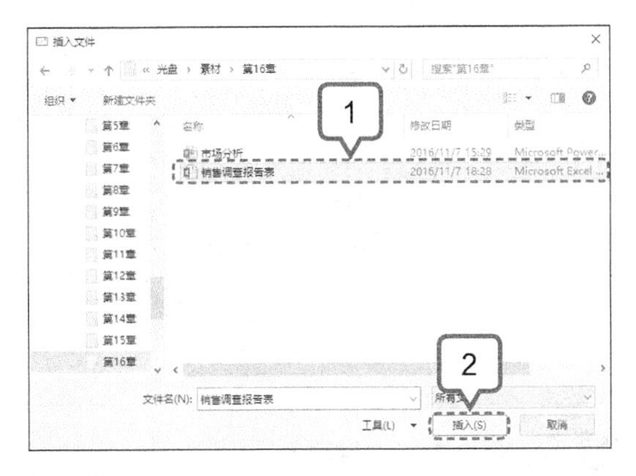

第 12 步 输入文本

返回到“未命名 - 邮件”窗口，完成附件的添加，依次在“收件人”和“主题”文本框中输入文本。

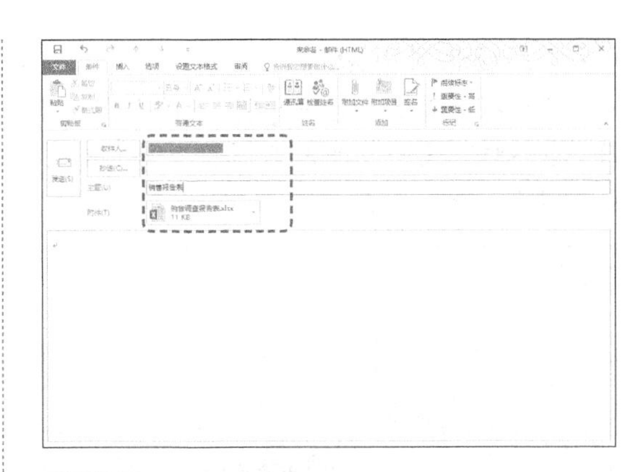

第 13 步 完成邮件发送

单击“发送”按钮，完成电子邮件的发送，并查看已经发送的邮件。

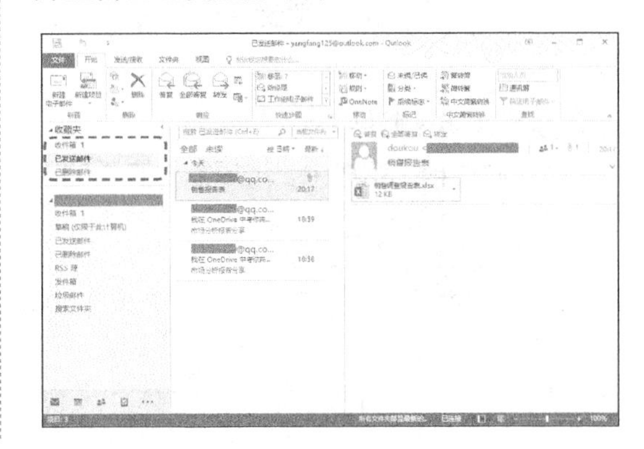

16.5.2 编辑电子邮件

在 Outlook 2016 中，除了可以发送电子邮件以外，还可以对电子邮件进行编辑，包括接收、回复、转发以及管理等。

1. 接收电子邮件

使用“收件箱”功能，可以对电子邮件进行接收操作。下面介绍其具体步骤。

第 1 步 选择“收件箱”选项

在 Outlook 2016 程序界面的左侧“收藏夹”窗格中，选择“收件箱”选项。

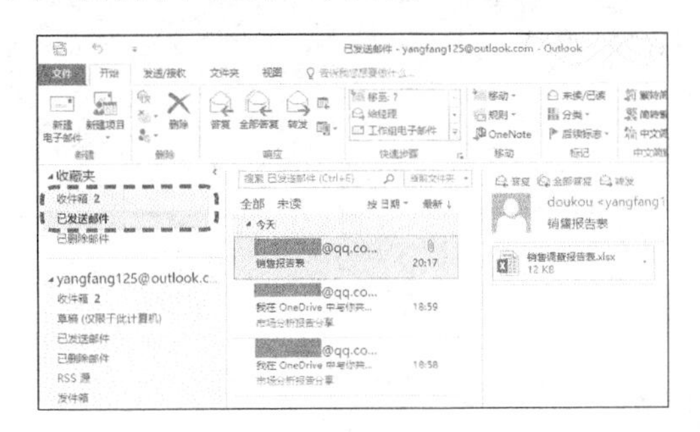

第 2 步 单击相应的按钮

显示“收件箱”窗格，单击“发送 / 接收”选项卡，在“发送和接收”面板中，单击“发送 / 接收所有文件夹”按钮。

第 3 步 显示收件箱信息

稍后将完成所有电子邮件的接收操作，并在“收件箱”窗格中显示收件箱收到的邮件数量和邮件的基本信息。

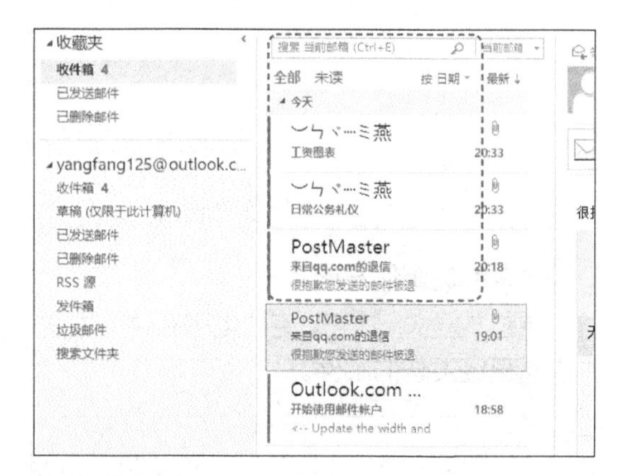

第 4 步 选择电子邮件

在“收件箱”窗格中，选择需要查看的电子邮件。

第 5 步 单击“另存为”命令

在右侧的窗格中，将显示邮件信息，单击需要查看的附件，展开列表框，单击“另存为”命令。

第 6 步 接收电子邮件附件

❶ 打开“保存附件”对话框，设置保存路径；❷ 单击“保存”按钮，即可完成电子邮件中附件的接收。

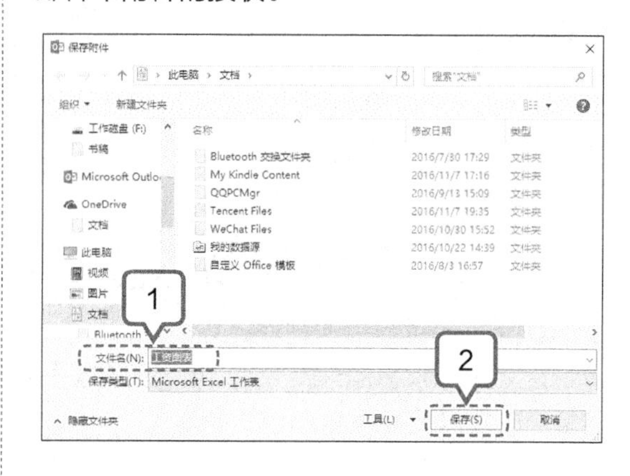

2. 回复电子邮件

回复电子邮件是邮件操作中必不可少的一项。下面介绍其具体步骤。

第 1 步 单击“答复”按钮

❶ 选择需要回复的电子邮件；❷ 在“开始”选项卡的“响应”面板中，单击“答复”按钮。

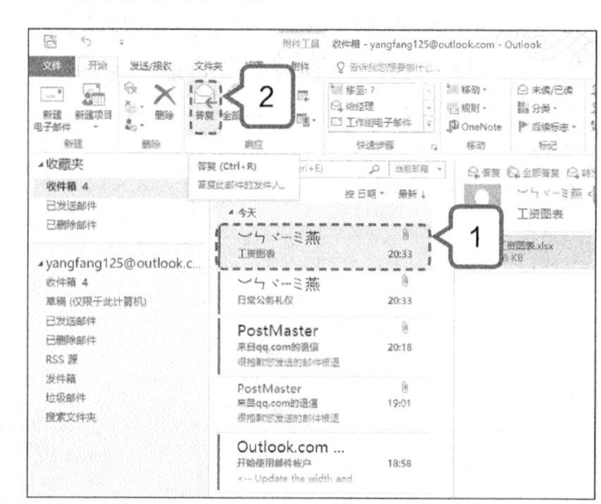

第2步 输入回复内容

❶ 打开“回复”界面，在“主题”下方的邮件正文区中输入需要回复的内容；❷ 单击“发送”按钮。

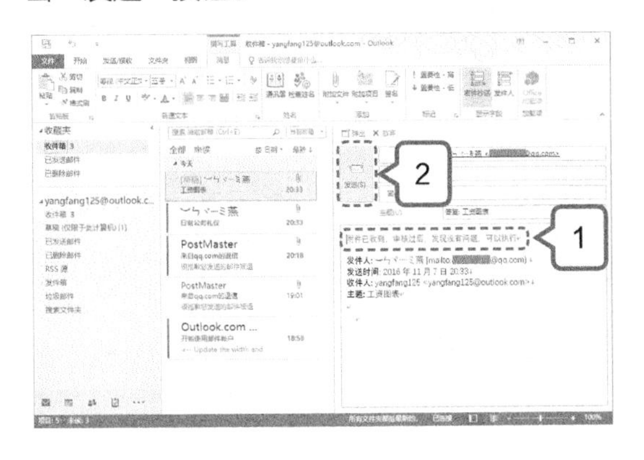

第3步 回复邮件

完成上述操作即可回复该邮件，并显示回复该邮件的时间。

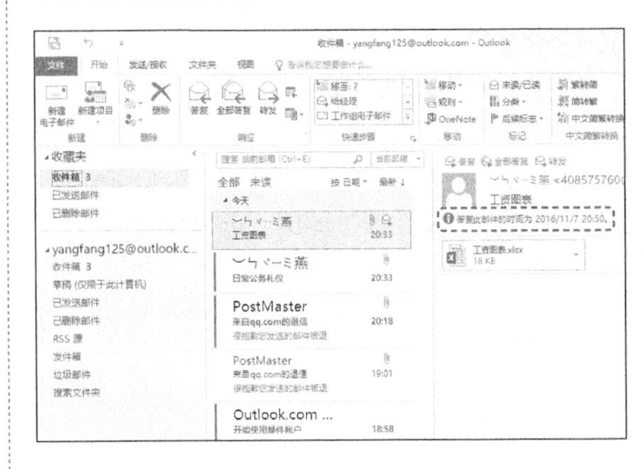

3. 转发电子邮件

在使用电子邮件时，有时也要将收到的邮件转发给其他人，此时可以使用“转发”功能实现。下面介绍其具体步骤。

第1步 单击“转发”按钮

❶ 选择要转发的邮件；❷ 在“开始”选项卡的“响应”面板中，单击“转发”按钮。

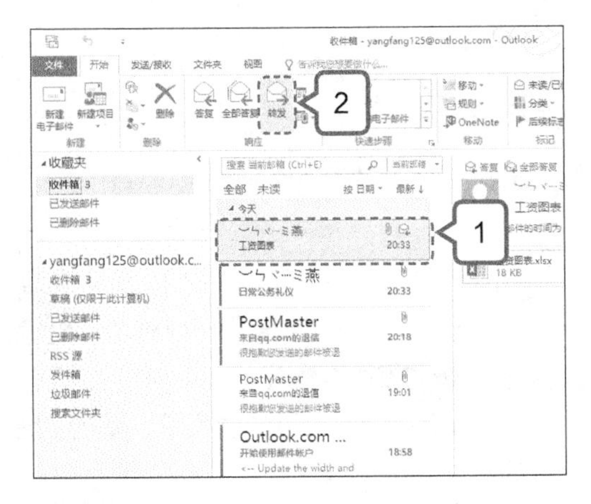

第2步 输入内容

打开“转发”界面，依次在“收件人”和“主题”等文本区中输入内容。

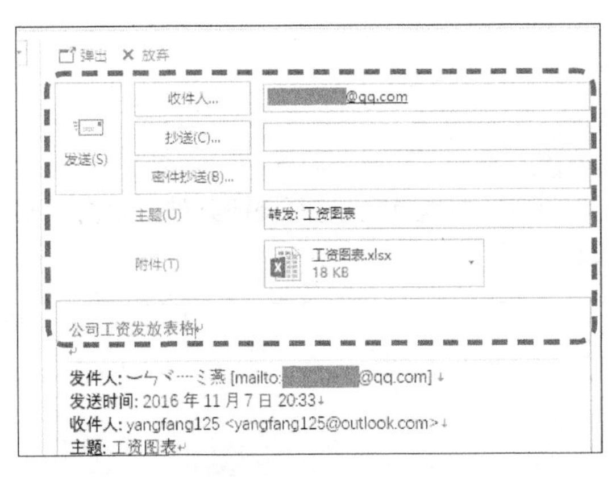

第3步 显示转发进度

单击“发送”按钮，转发电子邮件，并在窗口下方的状态栏中，显示转发进度。

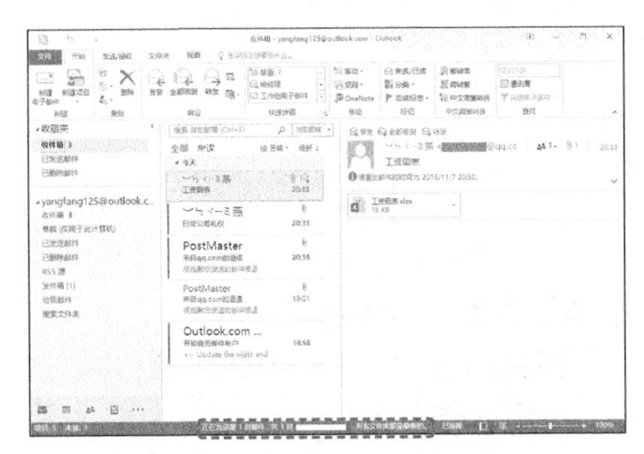

4. 管理电子邮件

当收件箱里的邮件过多时，想要找到所需的邮件不是一件很容易的事情，此时可以对邮件进行删除和分类管理操作。下面介绍其具体步骤。

第 1 步 选择需要删除的电子邮件

❶ 在 Outlook 2016 程序界面的左侧“收藏夹”窗格中，选择“收件箱”选项；❷ 在右侧将显示“收件箱”窗格，选择需要删除的电子邮件。

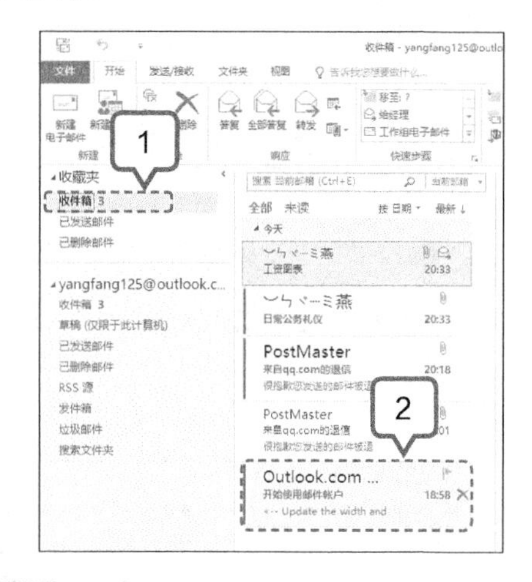

第 2 步 单击“删除”命令

单击鼠标右键，打开快捷菜单，单击“删除”命令。

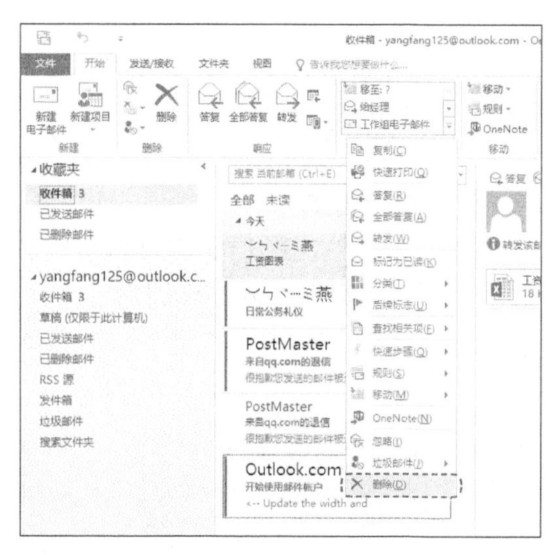

第 3 步 选择“已删除邮件”选项

删除电子邮件，在“收藏夹”窗格中，选择“已删除邮件”选项。

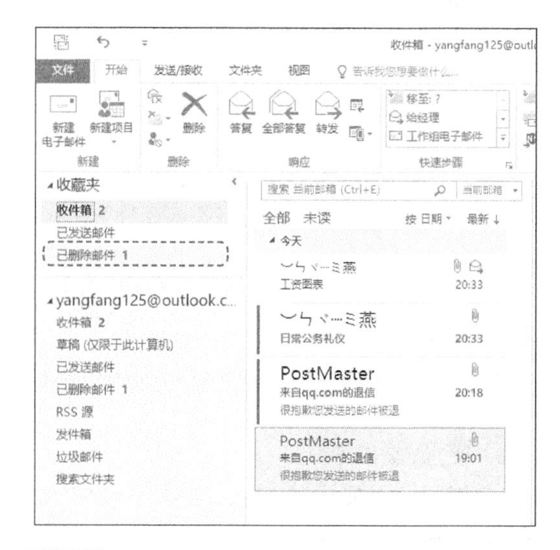

第 4 步 选择已删除邮件

进入“已删除邮件”窗格，选择已经删除的邮件。

第 5 步 单击“删除”命令

单击鼠标右键，打开快捷菜单，单击“删除”命令。

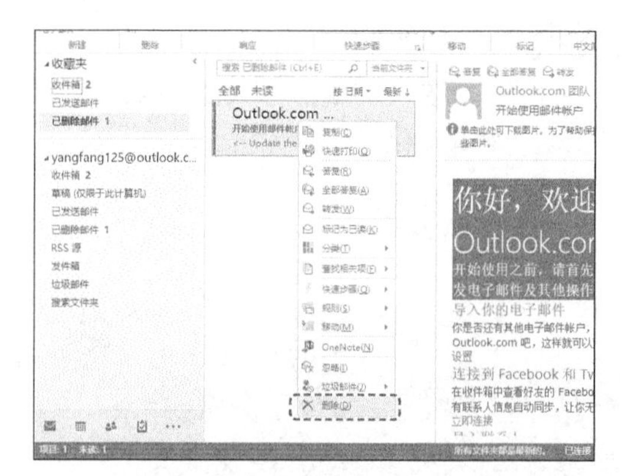

第 6 步 单击“是”按钮

打开提示对话框，提示是否永久删除电子邮件，单击“是”按钮。

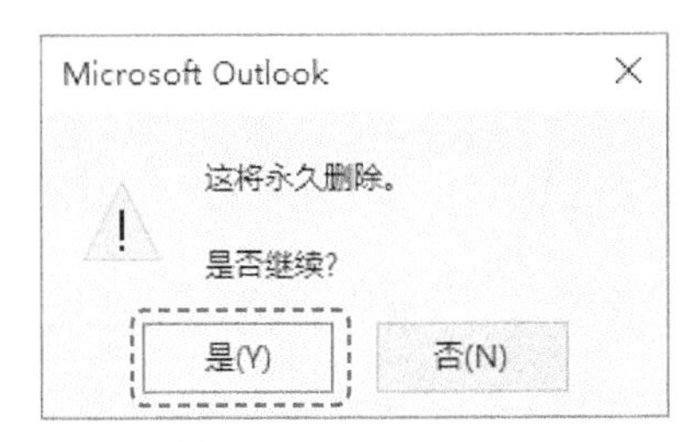

第 7 步 彻底删除电子邮件

完成上述操作即可彻底删除电子邮件，在“已删除邮件”窗格中将不显示电子邮件。

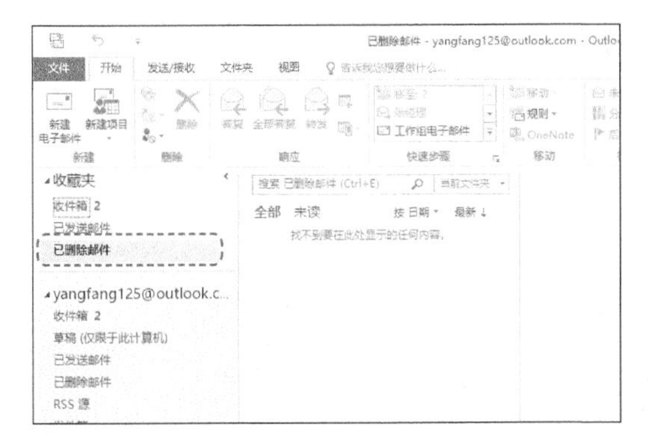

第 8 步 单击“新建文件夹”命令

在“收藏夹”窗格中，选择“收件箱”选项，单击鼠标右键，打开快捷菜单，单击“新建文件夹”命令。

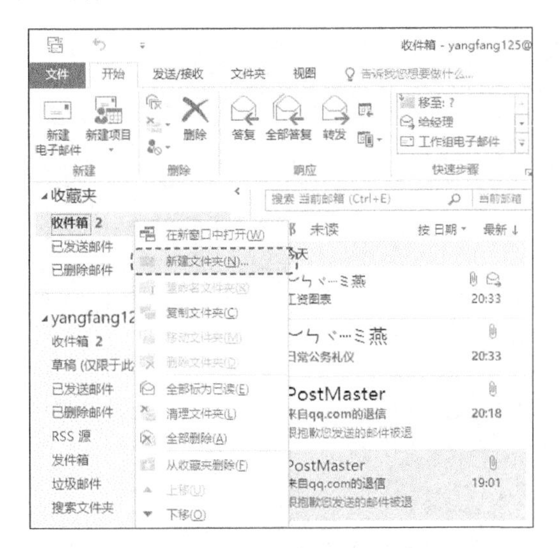

第 9 步 设置新文件夹名称

❶ 打开“新建文件夹”对话框，在“名称”文本框中输入“工作邮件”；❷ 单击“确定”按钮。

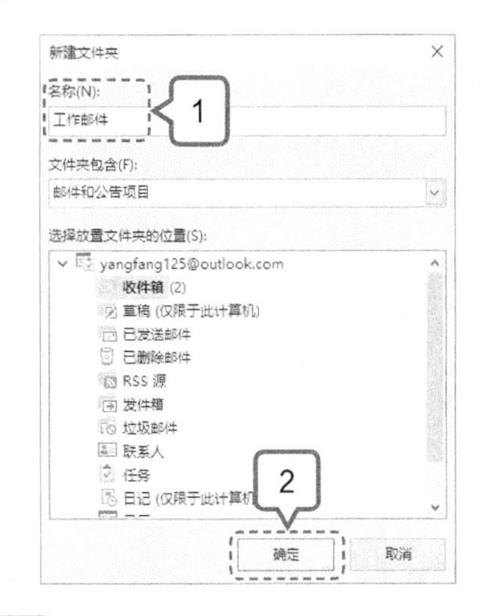

第 10 步 创建新文件夹

完成新文件夹的创建，并在“收件箱”下方显示。

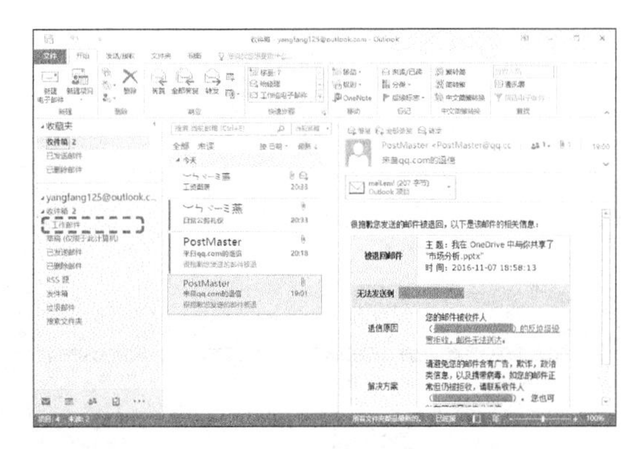

第 11 步 创建其他新文件夹

用同样的方法，完成其他新文件夹的创建操作。

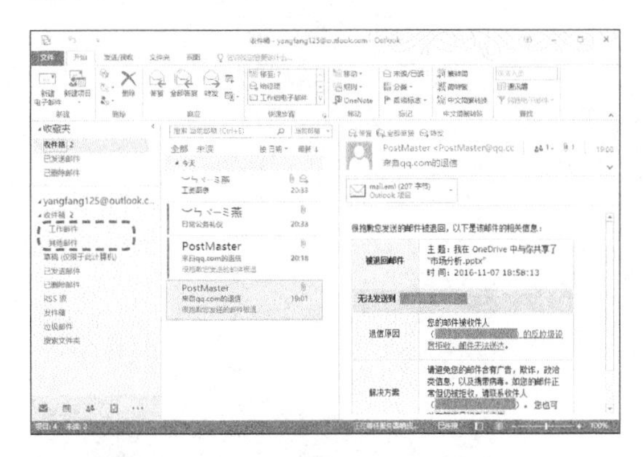

第 12 步 单击“工作邮件”命令

❶ 在“收件箱”窗口中，选择“工资图

表”邮件，单击鼠标右键，打开快捷菜单，单击“移动”命令；❷ 再次展开列表框，单击“工作邮件”命令。

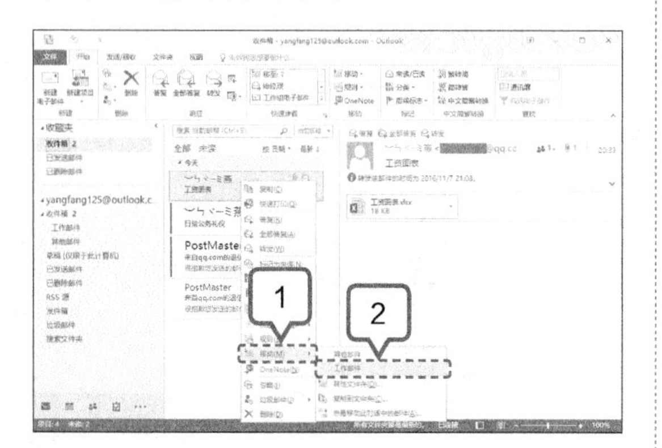

第 13 步 移动电子邮件

将选择的邮件移至“工作邮件”文件夹中，并查看移动后的电子邮件。

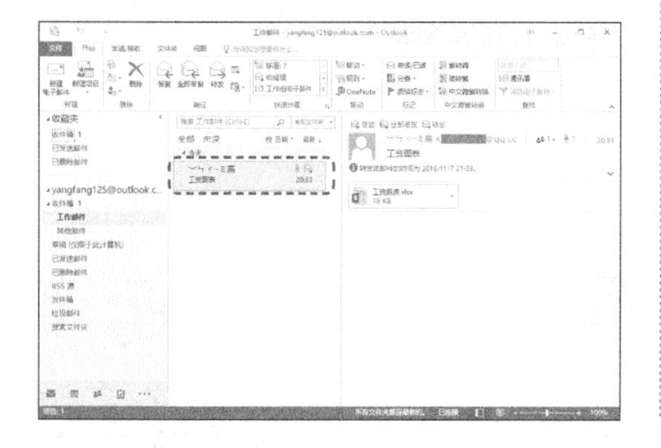

第 14 步 移动其他电子邮件

用同样的方法，将其他的电子邮件移至相应的文件夹中。

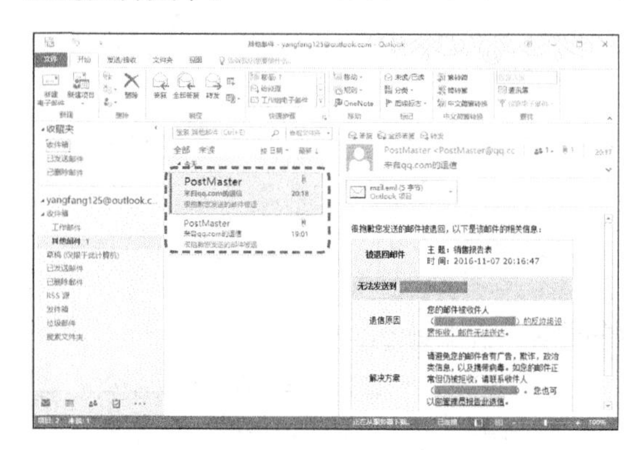

Chapter 17

轻松实现移动高效办公

技术分析

移动办公可以帮助用户在任何时间、任何地点完成工作。这是一种全新的办公模式，让办公人员摆脱了时间和空间的束缚，大大提高了工作效率。在进行移动办公之前，首先需要对移动办公的相关知识进行了解，本章主要介绍以下内容。

（1）搭建移动办公环境。

（2）使用手机制作工资报表。

（3）使用手机协助办公。

思维导图

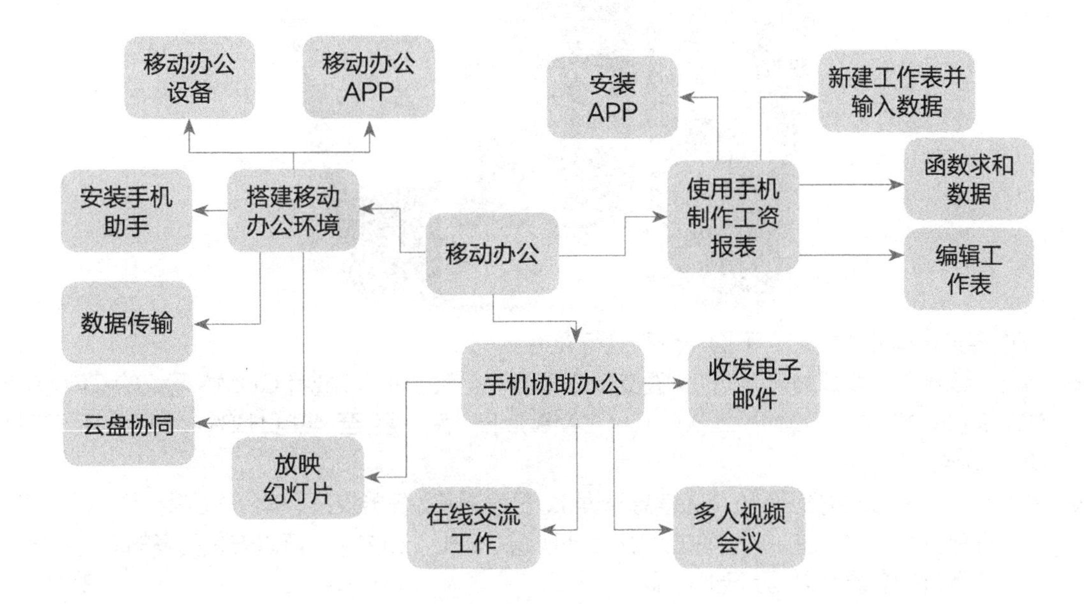

17.1 搭建移动办公环境

伴随着无线网络的发展，移动办公在企业当中得到大范围的推广。移动办公并不是简单地拥有一个笔记本电脑，还需要系统的架构和应用软件以及硬件的共同配合才能达到最佳的效果。因此，移动办公环境的搭建至关重要。本节将详细讲解搭建移动办公环境的相关知识和方法。

17.1.1 移动办公的必备设备

虽然移动办公为各企业的用户带来了很大的便捷，但是如果没有移动设备的辅助，移动办公也只能成为空谈。因此，在进行移动办公之前，需要对移动办公的各种硬件设备有一定的了解。移动办公的必备设备包括智能手机、平板电脑、笔记本电脑等，下面将分别进行介绍。

1. 智能手机

智能手机是具有独立的操作系统、独立的运行空间，可以由用户自行安装软件、游戏、导航等第三方服务商提供的程序，并可以通过移动通讯网络实现无线网络接入的手机类型的总称。下图所示即为智能手机。

智能手机具有 6 大特点，下面将分别进行介绍。

- **具备无线接入互联网的能力**：即需要支持 GSM 网络下的 GPRS 或者 CDMA 网络的 CDMA1X 或 3G（WCDMA、CDMA-2000、TD-CDMA）网络，甚至 4G（HSPA+、FDD-LTE、TDD-LTE）网络。
- **具有 PDA 的功能**：包括 PIM（个人信息管理）、日程记事、任务安排、多媒体应用、浏览网页等。
- **具有开放性的操作系统**：拥有独立的核心处理器（CPU）和内存，可以安装更多的应用程序，使智能手机的功能可以得到无限扩展。
- **人性化**：可以根据个人需要实时扩展机器内置功能并进行软件升级，能够智能识别软件兼容性，实现软件市场同步的人性化功能。
- **功能强大**：扩展性能强，第三方软件支持多。
- **运行速度快**：随着半导体业的发展，核心处理器（CPU）发展迅速，智能手机的运行越来越快速。

2. 平板电脑

平板电脑也叫便携式电脑，是一种小型、方便携带的个人电脑，通常以触摸屏作为基本的输入设备。它拥有的触摸屏（利用数位板技术）允许用户通过触控笔或数字笔来进行作业，而不是传统的键盘或鼠标。用户可以通过内建的手写识别、屏幕上的软键盘、语音识别或者一个真正的键盘（如果该机型配备的话）实现输入。下图所示即为平板电脑。

平板电脑具有以下 6 大特点，下面将分别进行介绍。

- 外观：平板电脑在外观上，具有与众不同的特点。有的平板电脑看上去就像一个单独的液晶显示屏，只是比一般的显示屏要厚一些，并在上面配置了硬盘等必要的硬件设备；有的外观和笔记本电脑相似，但是它的显示屏可以随意旋转。
- 便携移动：平板电脑像笔记本电脑一样体积小且重量轻，可以随时转移它的使用场所，比台式机具有更高的移动灵活性。
- 操作系统特殊：平板电脑特有的操作系统，不仅兼容 PC 应用程序，而且还增加了手写输入功能。
- 扩展使用 PC 的方式：使用专用的“笔”在平板电脑上操作，就像使用纸和笔一样简单，同时也支持键盘和鼠标，可以像普通电脑一样进行操作。
- 数字化笔记：与 PDA、掌上电脑一样，可以随时记事，创建自己的文本、图表和图片。
- 全球化的业务解决方案：平板电脑支持多国语言，拥有英文、德文、法文、日文、中文（简体和繁体）和韩文等的本地化版本。

3. 笔记本电脑

笔记本电脑，亦称笔记型、手提或膝上电脑，是一种小型、方便携带的个人电脑。其发展趋势是体积越来越小，重量越来越轻，而功能却越来越强大。下图所示即为笔记本电脑。

笔记本电脑具有以下 6 大特点，下面将分别进行介绍。

- 携带方便：笔记本电脑最大的优点之一，基本上不受地域限制，可以在任何地方使用，如在飞机和火车上使用。因此，对于经常移动办公的商务人士而言，笔记本电脑是必不可少的办公设备。
- 体积小巧：笔记本电脑体积很小，其质量通常只有 1 ~ 3kg，而且还会向更轻和更薄的方向发展。
- 节能环保：笔记本电脑与台式机相比，其功耗和辐射量都小了很多。另外，笔记本电脑的噪声也很小，不会影响用户和其他人的正常工作、学习或生活。目前市场上出现了许多“绿色”笔记本电脑，通过调整屏幕高度、倾斜度以及旋转屏幕等，可以保证用户使用时的最佳视角和舒适性；同时多个超静音散热风扇，可以及时将笔记本电脑散发的热量带走，使笔记本电脑的辐射量降到最低。
- 性能高效：笔记本电脑的高效性主要表现在相关技术的运用上，如 Intel 公司开发的迅驰移动计算技术等，是专门为笔记本电脑设计的，这些技术可以提升笔记本电脑的安全性、多任务处理、移动性、可靠性以及灵活性等多种性能。

➢ 安全性高：除了外观设计、内部配置以及机体重量以外，安全性已经开始成为众多品牌笔记本电脑的核心概念。现在市场上很多笔记本电脑都拥有指纹识别、多身份认证管理、人脸识别、防盗警报系统、硬盘保护系统以及 TPM 安全芯片等安全技术。

➢ 娱乐性强：笔记本电脑不仅可以实现各种娱乐功能，如听音乐、观看电影以及玩游戏等，还可以将使用数码相机、数码摄像机拍摄和录制的图片与视频及时传输到硬盘中，以便随时查看。

17.1.2 移动办公必备的 APP

随着智能化时代的来临，现在只需要使用一台智能手机和平板电脑，就可以享受到轻便移动的办公体验。但在移动办公之前，需要先了解职场办公人员必备的手机 APP，它们能为办公人员提供移动办公帮助。移动办公的必备 APP 可以从工作计划、文档编辑、安全保护等方面进行介绍。

1. 工作计划管理 APP

在移动互联网大潮风起云涌的时代，网络会议逐渐从 PC 端转移到移动端，无论在办公室还是在路上，无论是在拜访客户还是在海边度假，办公人员都需要随时随地与公司保持紧密联系。使用工作计划管理类 APP，可以帮助办公人员方便地制订出自己的工作计划，并通过信息推送让上级领导看到；在工作过程中，可以对相关人员进行任务指派和任务分解，以实现团队成员的高度协同；还可以时刻了解员工工作进度、调阅最新业务报表、监督计划执行情况、跟踪项目进展，随时随地自由办公。常见的工作计划管理 APP 有北森 iTalent、计划管理等，如下图所示。

2. 文件处理 APP

报表、规划、文案等日常办公文件的处理都离不开相关 APP 的支持。使用此类 APP 可以制作出财务、人事等工作表，也可以制作出办公文档和演示文稿，还可以查看 PDF 或者其他格式的文档等。常见的文件处理 APP 有 WPS Office 办公软件、福昕 PDF 等，如下图所示。

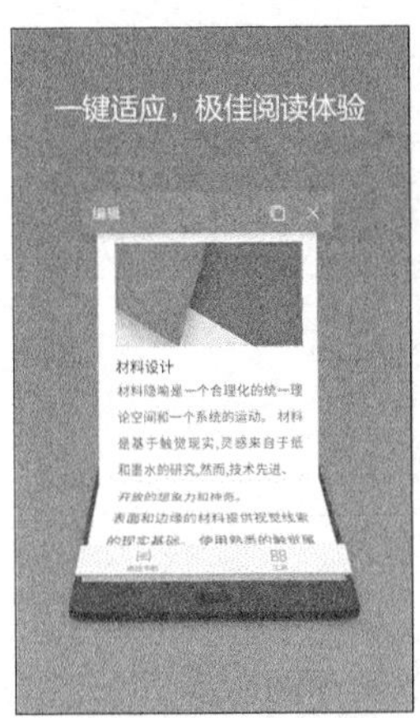

3. 手机安全防护 APP

智能终端作为另一个“办公桌”，必将存放大量的机密文件，一旦发生问题必将为企业带来损失。因此，对于经常通过手机传输文件的职场人员来说，安全防护类 APP 至关重要，它不仅可以为手机启用防病毒、防骚扰、防泄密、防盗号、防扣费等防护功能，还可以对手机内任何可疑的文件进行全面查杀。常见的手机安全防护 APP 有手机管家、360 手机卫士等，如上图所示。

4. 名片录入管理 APP

名片对于职场人士来说并不陌生，但名片的录入过程却十分烦琐。这时，用户可以使用名片录入管理类 APP，通过手机摄像头拍摄名片，软件会自动扫描并提取名片上的所有信息，同时，用户也可手动修改已录入的信息。录入完毕的名片信息，用户可保存至本地联系人、SIM、Phone 等。常见的名片录入管理 APP 有名片全能王、脉可寻名片等，如下图所示。

5. 网页浏览 APP

在进行移动办公时，也经常需要浏览网页、搜索信息，因此浏览器是非常必要的。移动端浏览器往往具有上网快速、省流量等特点。常见的网页浏览 APP 有 UC 浏览器、QQ 浏览器等，如下图所示。

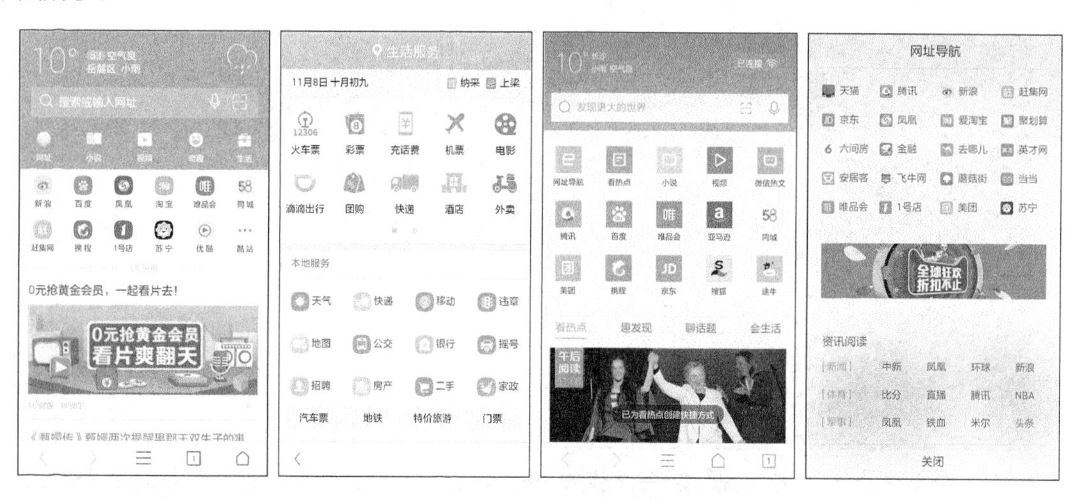

6. 沟通交流 APP

在移动办公时，会经常需要使用沟通交流类 APP 与客户、员工等人员进行交流。常见的沟通交流 APP 有微信手机版、腾讯 QQ 手机版等，如上图所示。

7. 邮箱应用 APP

大部分职场人士每天都需要在移动端处理许多邮件。一款好用的邮箱 APP，可以帮我们解决很多问题。常见的邮箱 APP 有 QQ 邮箱、189 邮箱等，如下图所示。

17.1.3 安装手机助手 APP

在进行移动办公之前，可以先安装手机助手 APP，以便通过该 APP 进一步下载各种办公 APP。下面以安装应用宝 APP 为例，向用户介绍其具体的操作方法。

第 1 步 打开 UC 浏览器界面

在手机上单击“UC 浏览器”图标，打开 UC 浏览器界面。

第 2 步 输入搜索名称

单击浏览器界面中的“搜索或输入网址”文本框，打开输入法，输入“应用宝”。

第 3 步 显示搜索结果

单击文本框右侧的“搜索”按钮，将显示出搜索结果。

第 4 步 单击“立即下载”按钮

单击第二个网页选项的“立即下载”按钮，打开“下载提示”对话框。

第 5 步 打开“应用宝”安装界面

下载完成后，将自动打开“应用宝”安装界面，单击界面右侧的“安装”按钮。

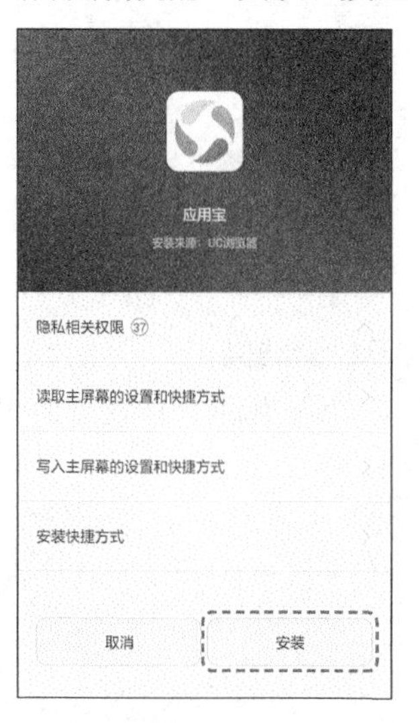

第 6 步 显示正在安装进度

进入“正在安装”界面，开始安装应用宝 APP，并显示正在安装的进度。

第 7 步 完成应用宝 APP 安装

安装完成后，进入“应用已安装”界面，单击“完成”按钮即可。

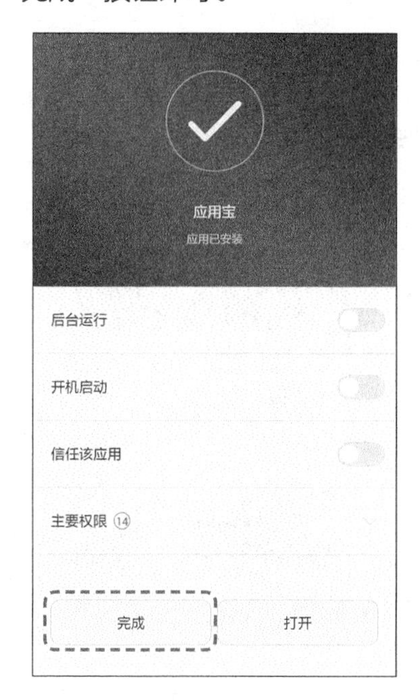

17.1.4 实现电脑与手机的数据传输

如今移动互联网的迅猛发展，速度和便捷是主要功臣。因为日常生活工作需要，手机、iPad、笔记本等之间的数据传输越发频繁。

1. 实现电脑与手机的无线连接

在电脑与手机进行数据传输之前，首先需要将电脑与手机通过无线进行连接。下面介绍其具体的操作方法。

第1步 单击“我的手机”按钮

在电脑的通知任务栏中，单击“手机管家”图标，打开“手机管家”窗口，在窗口的右上角，单击“我的手机”按钮。

第2步 单击“点击连接手机”按钮

打开“我的手机”窗口，在窗口的左上角，单击“点击连接手机”按钮。

第3步 单击“我没有数据线”按钮

打开“连接手机”对话框，单击“我没有数据线”按钮。

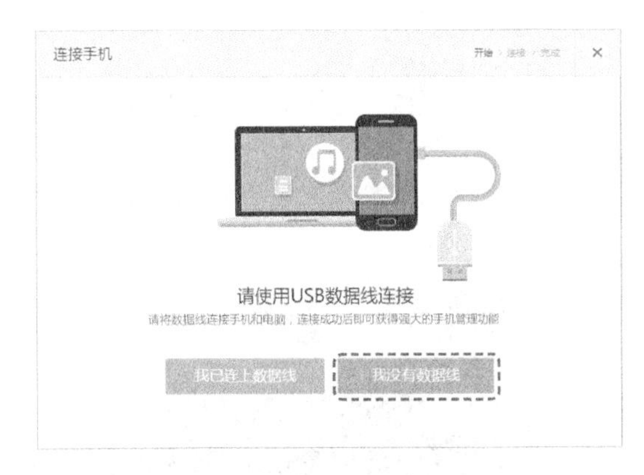

第4步 单击“连接手机”按钮

进入相应的界面，单击“连接手机”按钮。

第5步 显示提示信息

进入相应的界面，提示用户打开手机应用宝。

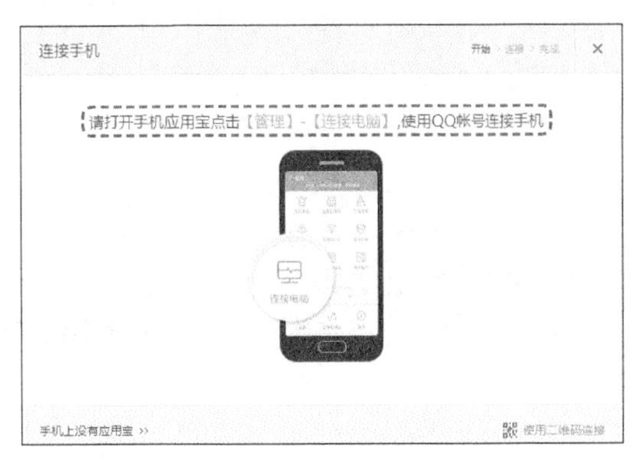

第 6 步 单击“管理”图标

打开手机，单击“应用宝”图标，进入“应用宝”界面，在搜索栏的右侧，单击“管理”图标 。

第 7 步 单击“连接电脑”图标

进入“管理”界面，单击“连接电脑”图标。

第 8 步 单击“立即连接”按钮

进入“连接电脑”界面，单击“立即连接”按钮。

第 9 步 显示已连接电脑信息

开始进行手机和电脑的互相连接，稍后将显示已连接电脑信息。

第 10 步 显示已成功连接信息

在电脑上，打开“应用宝”窗口，同样将显示已成功连接信息。

2. 实现电脑与手机的照片传输

完成电脑与手机的无线连接后，用户可以使用“备份照片”功能，将手机中的照片复制到电脑中。下面介绍其具体的操作方法。

第 1 步 单击“照片管理”按钮

在电脑的“应用宝”窗口中，单击“照片管理”按钮。

第 2 步 全选所有照片

❶ 自动打开“我的照片”窗格，勾选“全选”复选框，全选手机中的所有照片；❷ 单击“导出”按钮。

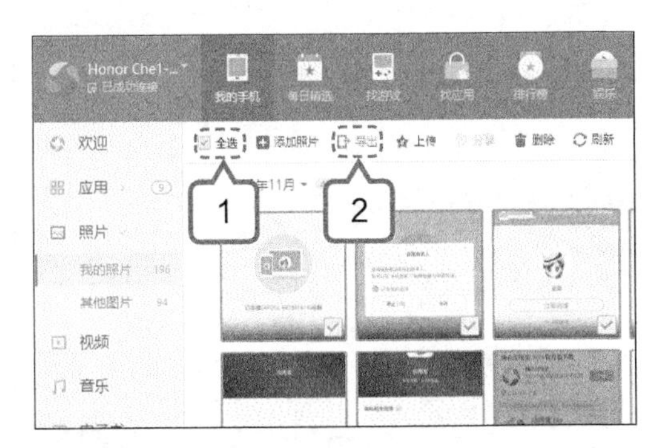

第 3 步 设置导出文件夹

❶ 打开“浏览文件夹”对话框，选择相应的文件夹，❷ 单击“确定”按钮。

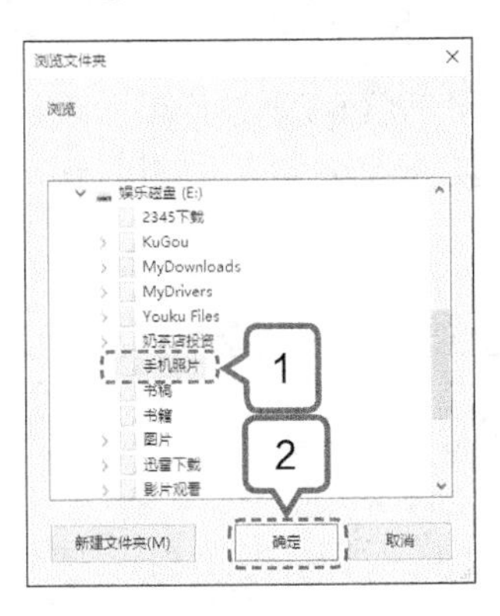

第 4 步 单击“任务查看”按钮

开始导出手机中的照片，在“应用宝”窗口的上方，单击“任务查看”按钮。

第 5 步 显示照片导出进度

打开“任务查看”对话框，显示照片的导出进度。

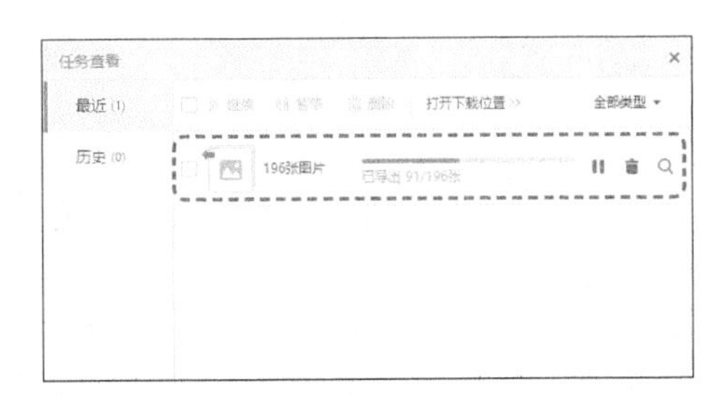

第 6 步 查看导出后的任务

稍后将完成照片的导出操作，可以在“任务查看”对话框中，查看导出后的任务。

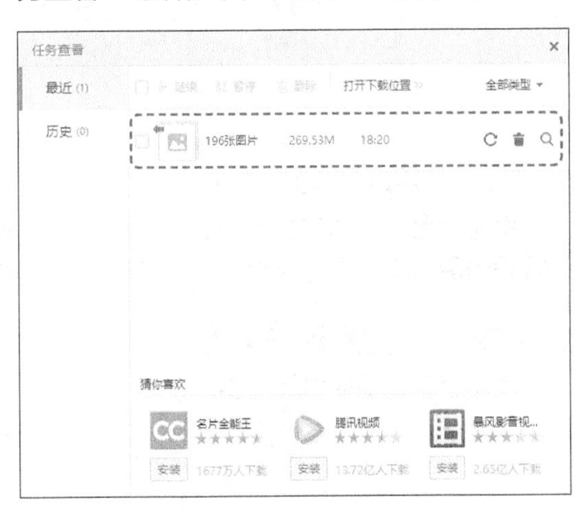

3. 实现电脑与手机的文件传输

使用“文件管理”功能，可以将电脑中的文件传输到手机中。下面介绍其具体的操作方法。

第 1 步 **单击“文件管理”按钮**

在“应用宝”窗口中，单击“文件管理”按钮。

第 2 步 **单击“导入文件”命令**

打开“文件管理”对话框，在左侧列表框中，选择“手机内存”选项，在右侧的窗格中，单击“导入”按钮，展开列表框，单击“导入文件”命令。

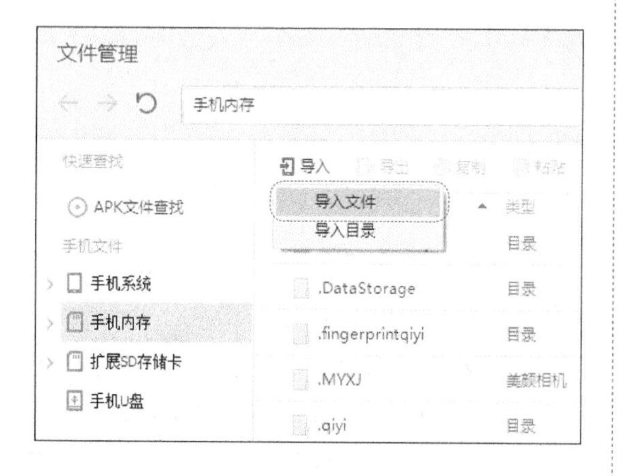

第 3 步 **选择需要导入的文件**

❶ 打开“打开”对话框，选择需要导入的文件对象；❷ 单击“打开”按钮。

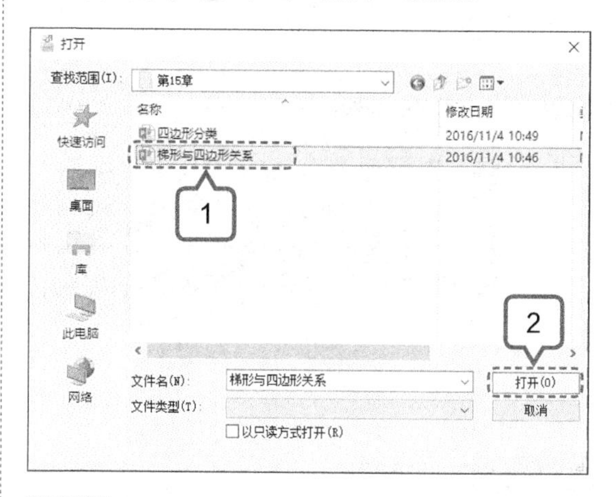

第 4 步 **完成文件传输**

完成文件的传输操作，并在“文件管理”对话框中显示传输后的文件。

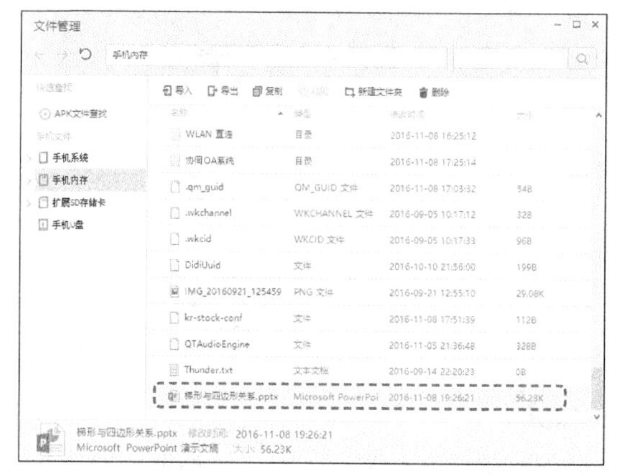

17.1.5 实现电脑与手机云盘的协同

使用云盘可以对文档资料进行实时共享，只要有网络，用户就可以通过手机、电脑和平板电脑等设备随时随地访问云盘，查看文档资料，并随时随地掌握办公文件动态，并进行办公。

1. 将文件上传到百度云盘

使用百度云盘中的“上传”功能，可以将电脑中的文件上传到百度云盘中。下面介绍其具体的操作方法。

第1步 选择“百度云管家”选项

在电脑上安装好百度云盘，打开“此电脑”窗口，选择“百度云管家”选项。

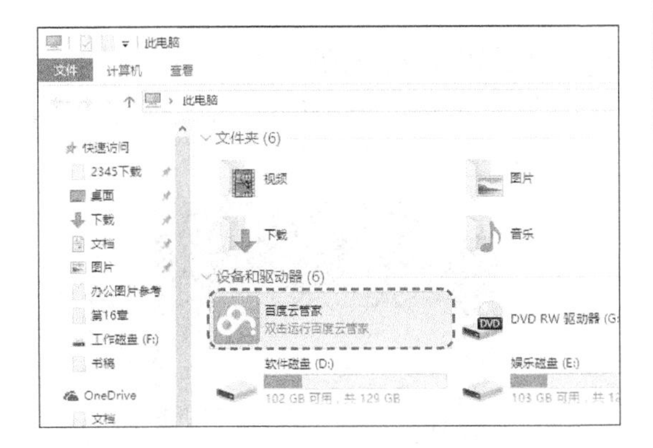

第2步 单击“上传”按钮

打开“百度云管家”窗口，单击“上传”按钮。

第3步 选择文件夹

❶ 打开“请选择文件 / 文件夹”对话框，选择需要上传的文件夹；❷ 单击“存入百度云”按钮。

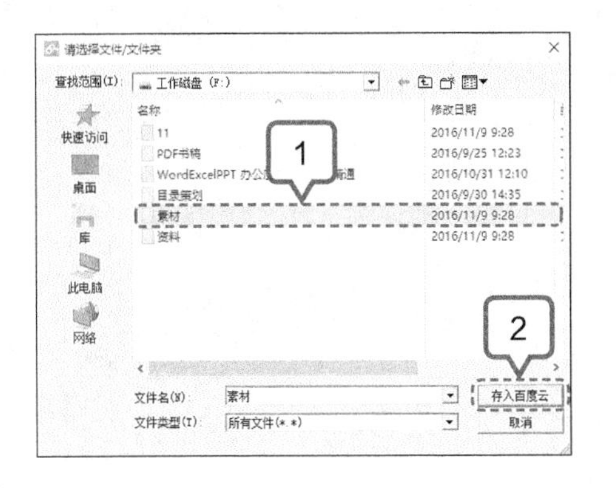

第4步 单击相应的按钮

❶ 返回到“百度云管家”窗口，显示新添加的文件夹；❷ 单击“正在加入传输列表”按钮。

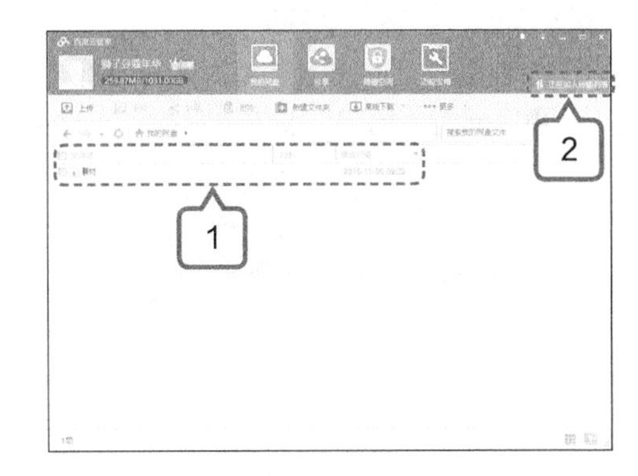

第5步 开始上传文件

进入“传输列表”界面，开始上传文件，并显示文件的上传进度。

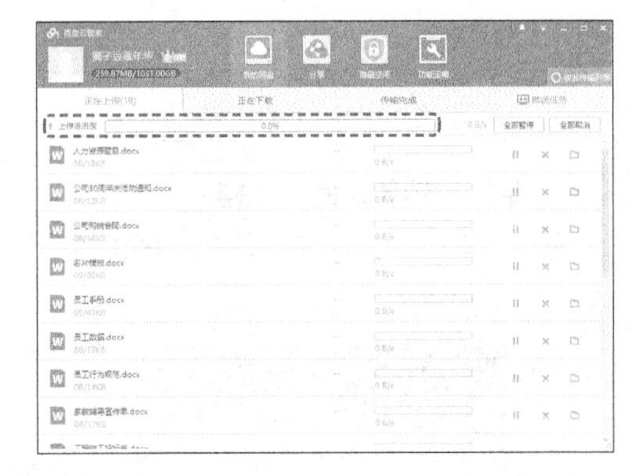

第6步 查看上传的文件

稍后将完成文件的上传，在“百度云管家”窗口中，单击文件夹链接，可以看到上传的文件。

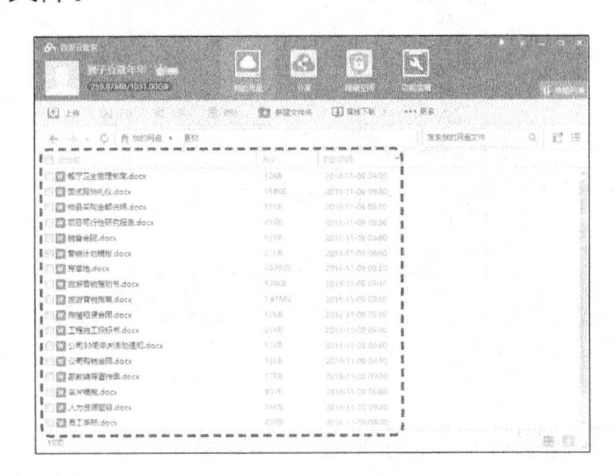

2. 使用手机协同云盘查看文件

将电脑中的文件上传到百度云盘后，可以使用手机协同云盘进行文件的查看和编辑等操作。下面介绍其具体的操作方法。

第 1 步 单击“素材”文件夹

在手机桌面上，单击“百度网盘”图标，打开“百度网盘”窗口，点击“素材”文件夹。

第 2 步 单击“销售合同”文档

进入“素材”文件夹，单击“销售合同”文档。

第 3 步 选择打开的应用

打开“选择打开的应用”对话框，勾选“Office 阅读”单选按钮。

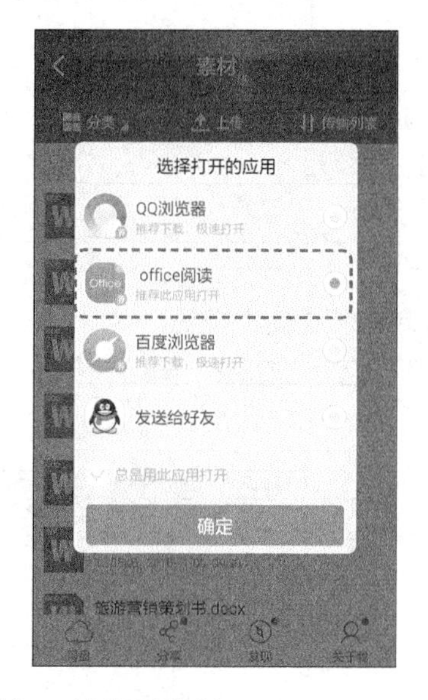

第 4 步 打开选择的文档

单击“确定”按钮，打开选择的销售合同的文档，并对该文档进行阅读和编辑。

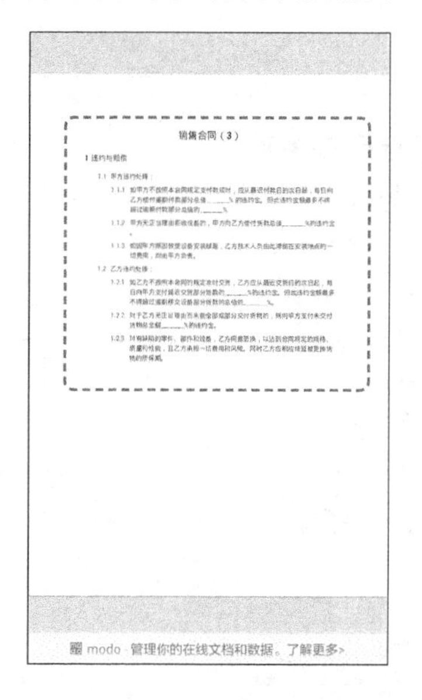

3. 使用手机分享百度云盘文件

在手机里，用户还可以将百度云盘中的文件分享给添加的好友或同事，让他们也随时使用。下面介绍其具体的操作方法。

第 1 步 **单击“素材”文件夹**

在手机桌面单击“百度网盘”图标，打开“百度网盘”窗口，单击“素材”文件夹。

第 2 步 **单击两个文档**

进入“素材”文件夹，单击“销售合同”和“项目可行性研究报告”文档。

第 3 步 **勾选“好友分享”按钮**

在界面的下方，单击“分享”按钮，打开“分享”对话框，单击“好友分享”按钮。

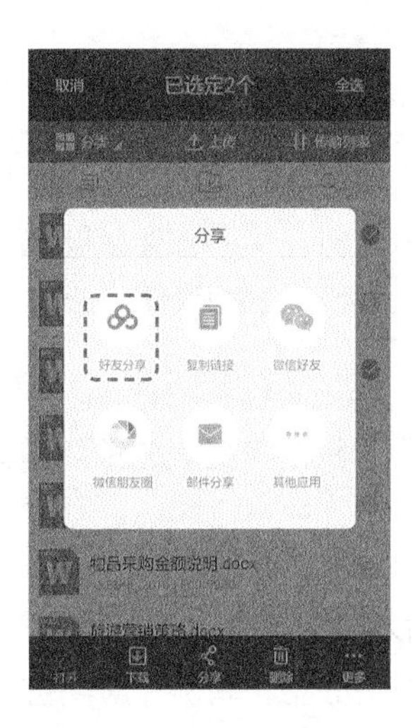

第 4 步 **选择最下方联系人**

进入“选择”界面，选择最下方的联系人。

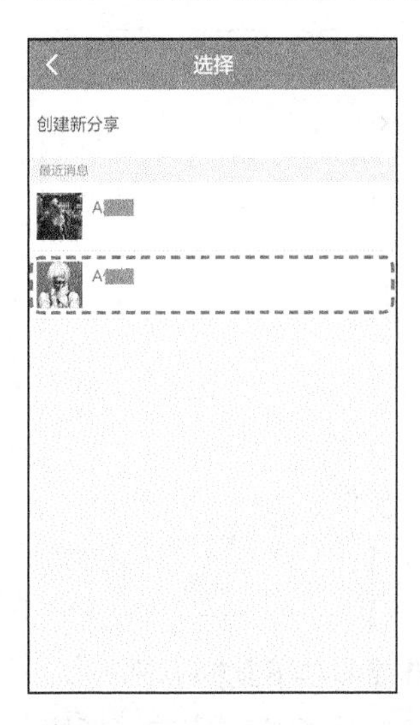

第 5 步 **分享文件**

进入好友联系界面，即可分享文件。

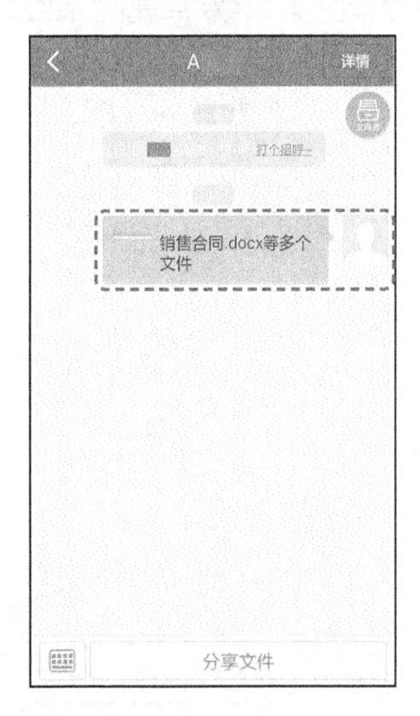

17.2 使用手机制作工资报表

出门办业务，又不方便带电脑，此时用户可以使用手机制作、编辑报表文件。本节将详细介绍使用手机制作报表的操作方法。

17.2.1 安装 Office APP

在使用手机制作报表之前，首先需要将 Office 的 APP 安装在手机上。下面介绍其具体的操作方法。

第 1 步 输入搜索名称

在手机桌面上，单击“应用宝”图标，打开“应用宝”窗口，单击搜索栏，打开输入法，输入“office”。

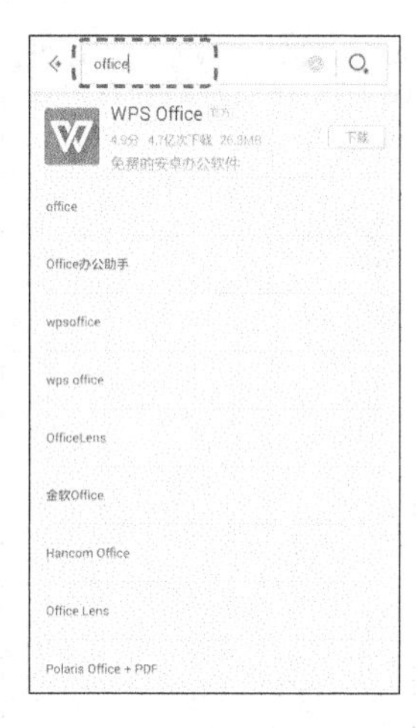

第 2 步 选择需要下载的 APP

❶ 点击搜索栏右侧的“搜索”按钮，即可开始搜索 Office APP，并显示搜索结果，选择合适搜索结果；❷ 单击“下载”按钮。

第 3 步 显示下载进度

开始下载 Office APP，并显示出下载进度。

第 4 步 点击“安装”按钮

下载完成后，将打开安装界面，单击其右侧的“安装”按钮。

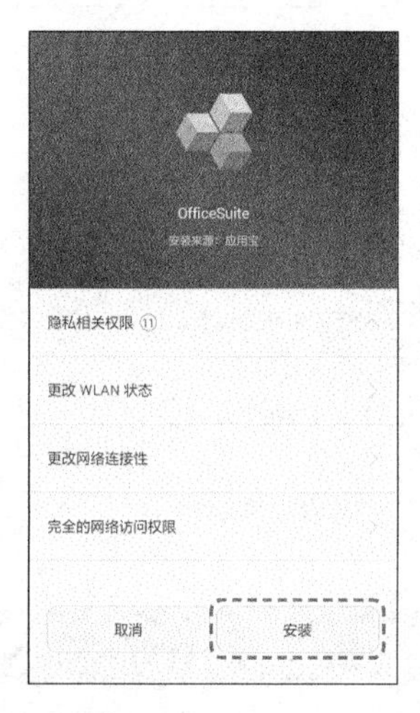

第 5 步 显示安装进度

进入“正在安装”界面，开始安装 APP，并显示安装进度。

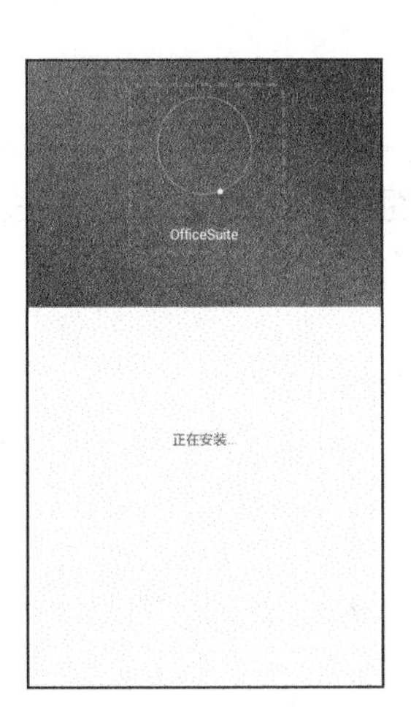

第6步 完成安装

安装完成后，显示应用已安装信息，单击“打开”按钮。

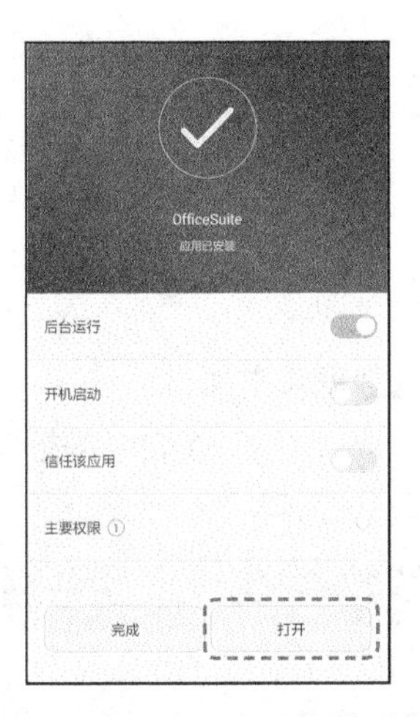

第7步 点击“下一步”按钮

稍后将打开 Office APP 界面，依次单击“下一步”按钮。

第8步 点击“开始”按钮

稍后将进入“条款和条件”界面，勾选复选框，并单击“开始”按钮。

第9步 点击“跳过”按钮

进入“登录”界面，提示用户登录账号，单击“跳过”按钮。

第10步 进入程序界面

进入 Office APP 的程序界面，完成 Office APP 的下载与安装。

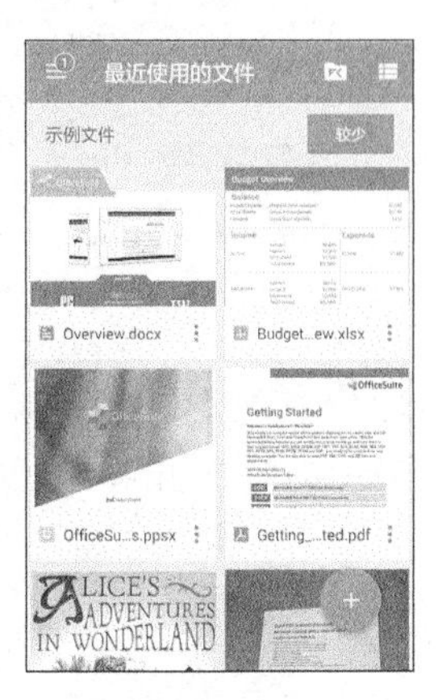

17.2.2 新建工作表并输入数据

安装好 Office APP 后，就可以通过该应用程序制作报表。Office APP 只能对新创建的工作表进行编辑等操作，因此在制作报表前，需要新建工作表。下面介绍其具体的操作方法。

第 1 步 单击加号图标

在手机桌面上，单击“OfficeSuite”图标，打开“OfficeSuite”窗口，单击加号图标。

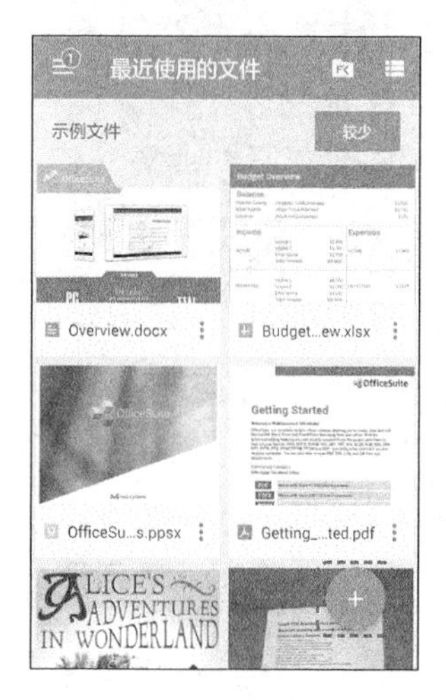

第 2 步 单击“空白”图标

进入“创建文档”界面，在“电子表格”选项区中，单击“空白”图标。

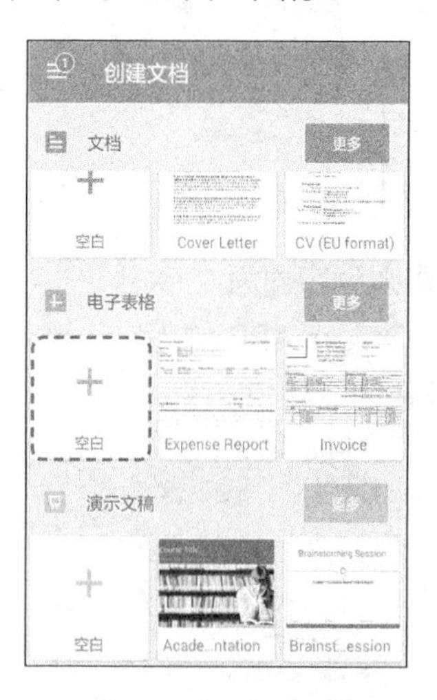

第 3 步 新建空白工作表

新建一个空白的工作表，并进入新工作表界面，选择 A1 单元格。

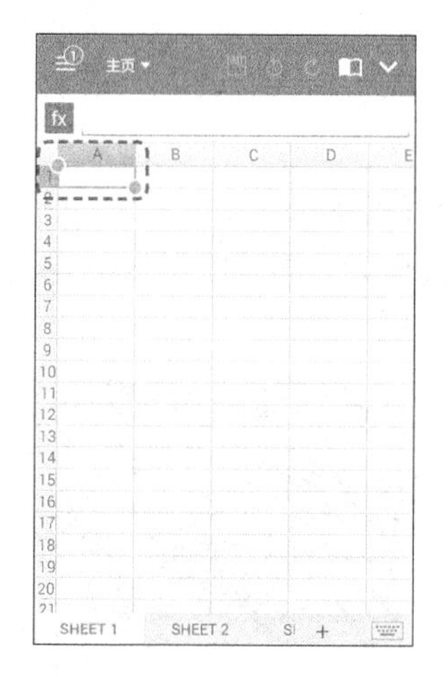

第 4 步 输入数据和文本

打开输入法，在工作表中的相应单元格内依次输入数据和文本。

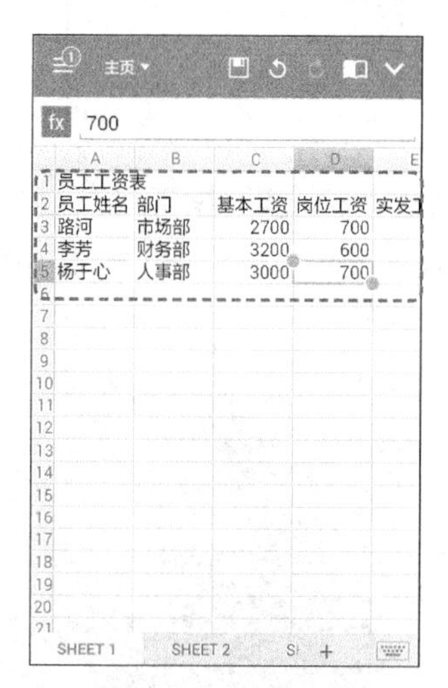

17.2.3 使用函数求和数据

使用“自动合计”功能，可以对工作表中的数据进行求和运算。下面介绍其具体的操作方法。

第1步 单击“自动合计”按钮

❶ 选择 E3 单元格，单击展开按钮，展开面板；❷ 单击“自动合计”按钮。

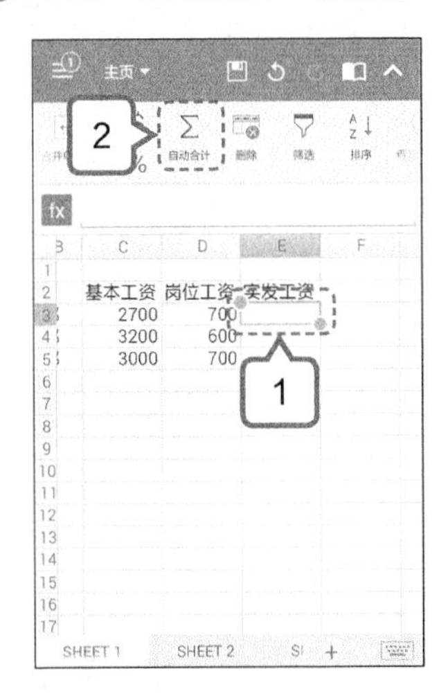

第2步 自动求和实发工资

❶ 自动显示出函数公式；❷ 自动求出实发工资总额。

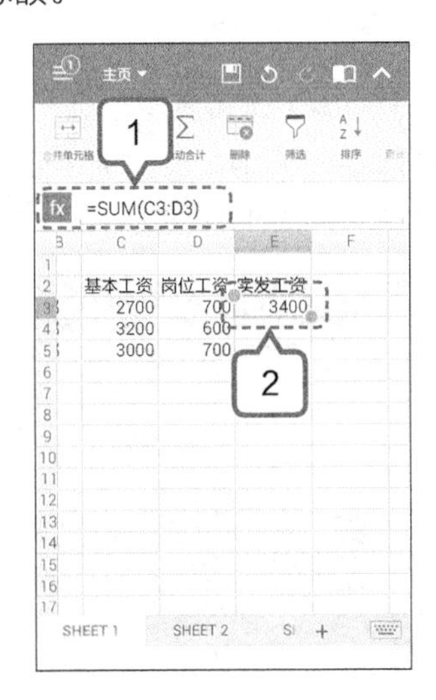

第3步 求和 E4 单元格数据

❶ 选择E4单元格，单击“自动合计”按钮，显示求和函数公式；❷ 对求和函数公式进行修改。

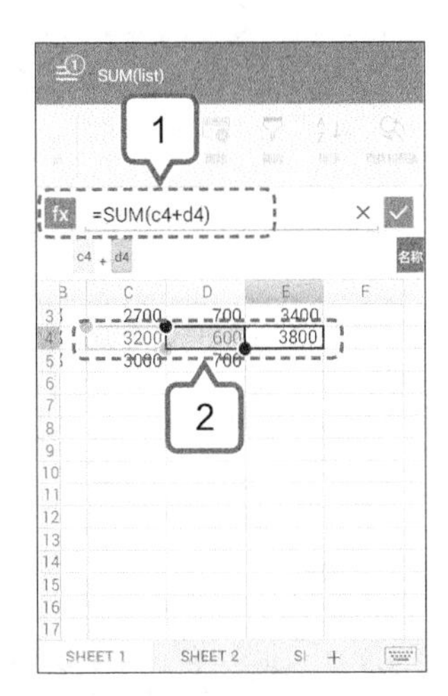

第4步 求和 E5 单元格数据

❶ 选择 E5 单元格，单击“自动合计”按钮，显示求和函数公式；❷ 对求和函数公式进行修改。

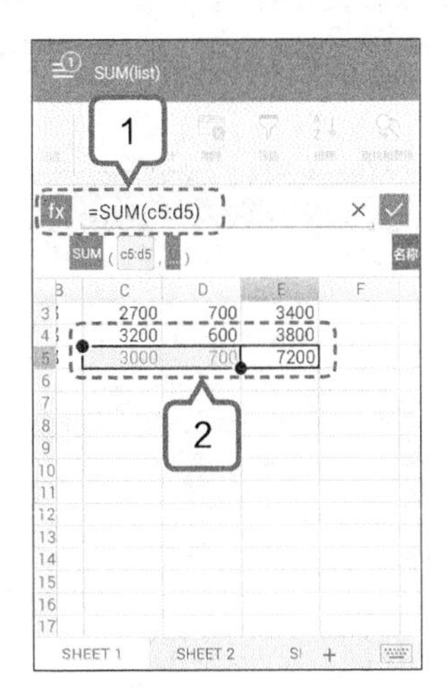

17.2.4 合并工作表中的单元格

在工作表中输入数据后，用户也可以使用“合并单元格”功能对工作表单元格进行合并操作。下面介绍其具体的操作方法。

第1步 单击“合并单元格”按钮

❶ 单击单元格并拖曳，选择单元格区域；❷ 单击“合并单元格”按钮。

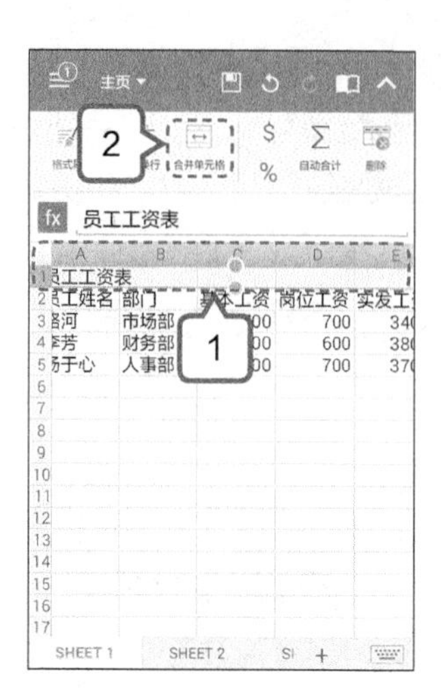

第 2 步 **合并单元格**

完成工作表中单元格的合并操作。

17.2.5 居中对齐工作表中的数据

输入数据后，可以使用“居中”功能对齐工作表数据，以使其更加美观，下面介绍其具体的操作方法。

第 1 步 **选择单元格区域**

在工作表中单击并移动，选择合适的单元格区域。

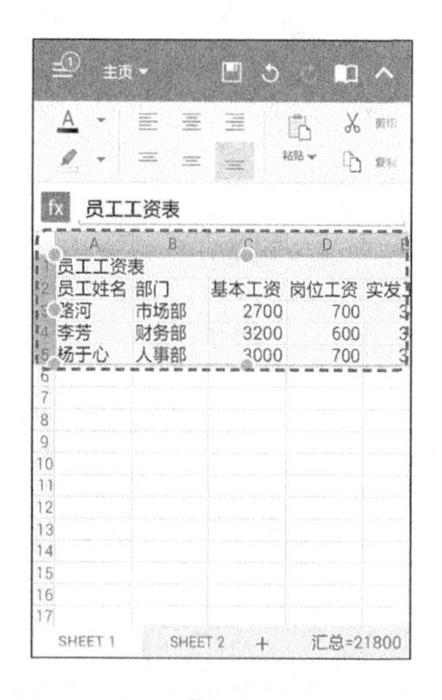

第 2 步 **居中对齐工作表数据**

❶ 依次在面板中，单击上下两个居中按钮；❷ 居中对齐工作表数据。

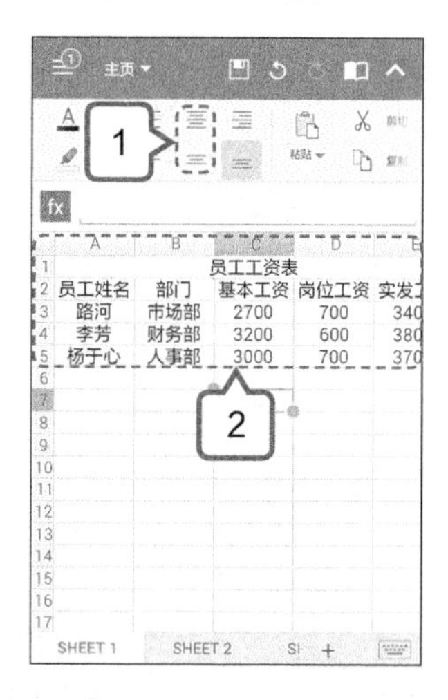

17.2.6 保存工作表

完成工作表的编辑操作后，用户可以使用“保存”功能，将新创建的工作表保存在手机的存储卡里。下面介绍其具体的操作方法。

第 1 步 **单击“保存”按钮**

在工作表界面中，单击“保存”按钮。

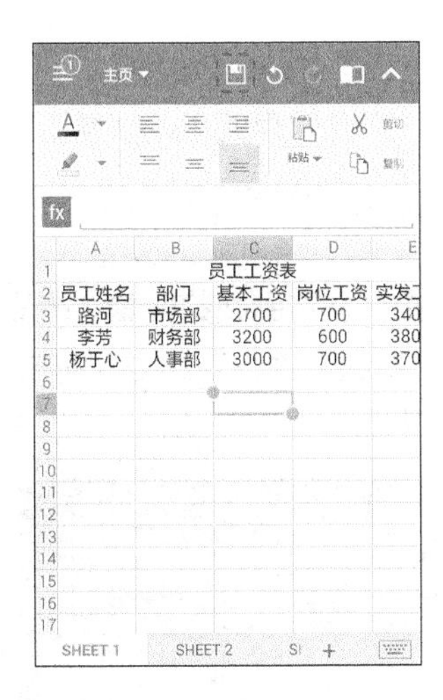

第 2 步 选择相应的选项

打开“另存为”对话框，选择“Excel 工作簿（*.xlsx）”选项。

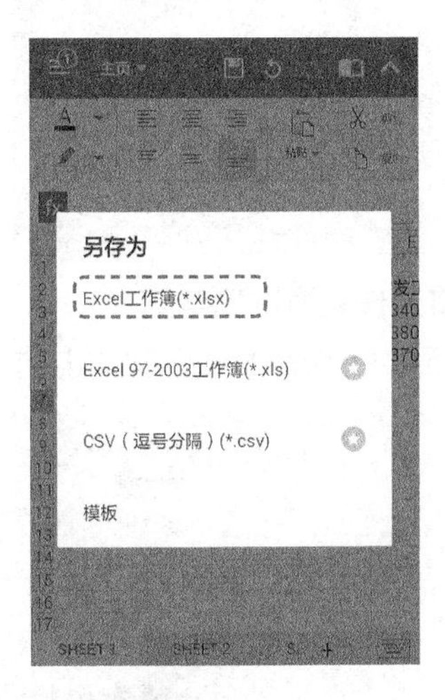

第 3 步 输入工作表名称

进入“另存为我的设备”界面，并打开输入法，输入工作表名称“员工工资表”。

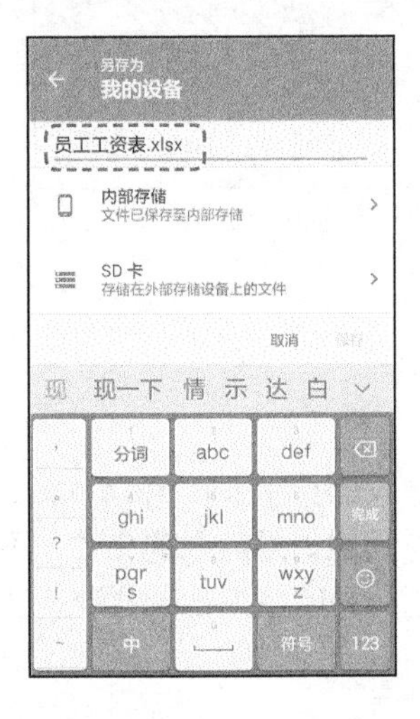

第 4 步 设置保存路径

输入完成后，在“另存为我的设备”界面中，选择“我的文档”选项，设置保存路径。

第 5 步 保存工作表

进入“我的文档”界面，并单击界面右下方的“保存”按钮，即可将新创建的工作表保存到设置好的路径中。

17.2.7 将创建好的工作表发送到电脑

为了防止手机中的工作表丢失，用户可以使用“发送”功能，将已保存的工作表发送到电脑中。下面介绍其具体的操作方法。

第 1 步 单击相应按钮

在工作表中，单击相应的按钮⋮。

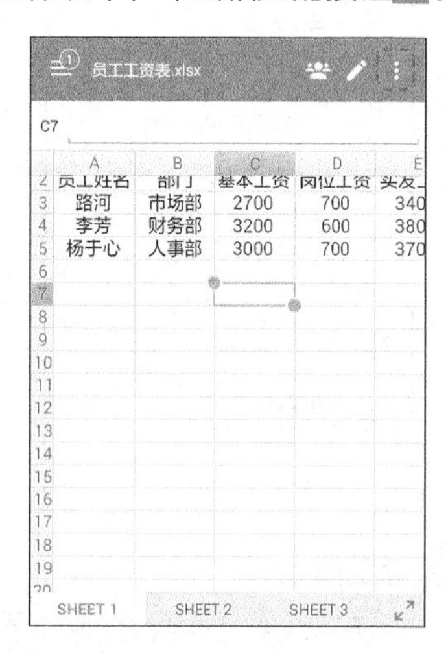

第 2 步 单击“发送”选项

展开列表框，单击“发送”选项。

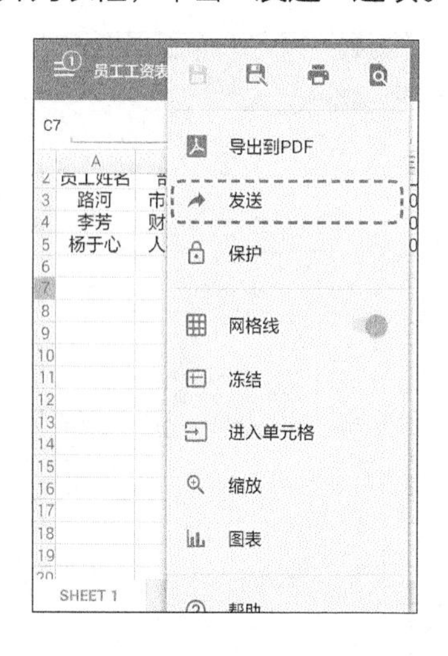

第 3 步 单击“发送到我的电脑”图标

打开“发送文件”对话框，单击“发送到我的电脑”图标。

第 4 步 将工作表发送到电脑

将选择的工作表发送到我的电脑中。

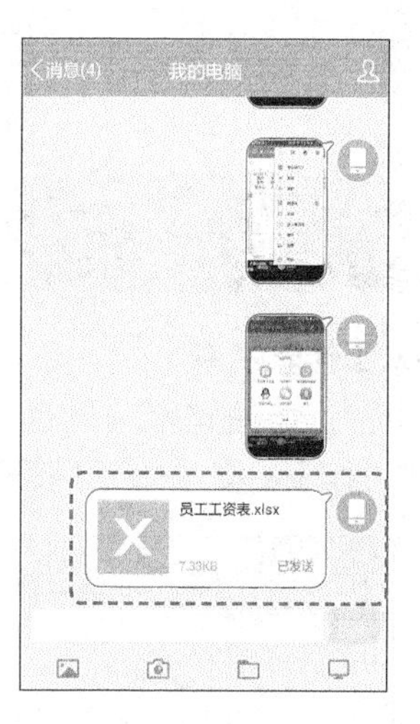

17.3 使用手机协助办公

随着智能化时代的来临，目前 QQ、邮箱、网盘、浏览器等都具有 iPhone/iPad、Android 等平台客户端。用户在手机上安装这些平台 APP，就可以随时随地访问自己的文件，不受时间和地域的限制，也可以随时随地和客户、同事沟通交流工作问题，开启多人视频会议，还可以随时随地收发电子邮件。

17.3.1 使用 189 邮箱收发电子邮件

189 邮箱是面向所有互联网用户的新型邮箱，注册用户达 3.8 亿。该邮箱用户可以通过短信、彩信、WAP 上网、手机客户端等方式，随时随地处理邮件。

1. 安装 189 邮箱 APP

在使用 189 邮箱收发电子邮件之前，首先需要将该邮箱的 APP 安装到手机上。下面介绍其具体的操作方法。

第 1 步 输入搜索名称

在手机桌面上，单击“应用宝”图标，打开“应用宝”窗口，单击搜索栏，打开输入法，输入“189 邮箱”。

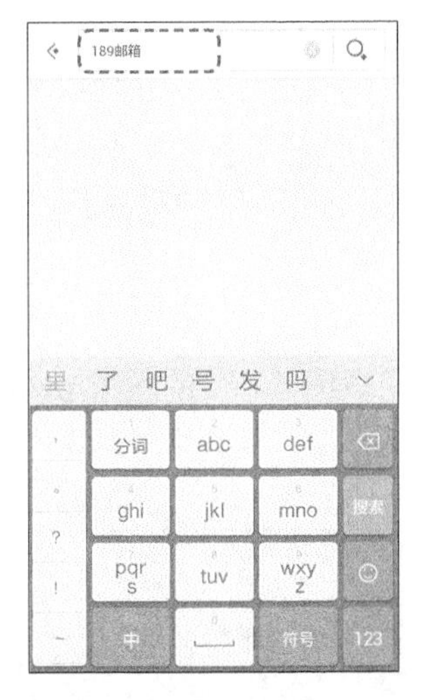

第 2 步 选择需要下载的选项

❶ 单击搜索栏右侧的“搜索”按钮，开始搜索 APP，并显示搜索结果；❷ 单击第一个选项右侧的“下载”按钮。

第 3 步 显示下载进度

开始下载 APP 安装程序，并显示下载进度。

第 4 步 单击“安装”按钮

下载完成后，打开“189 邮箱安装”界面，单击右侧的“安装”按钮。

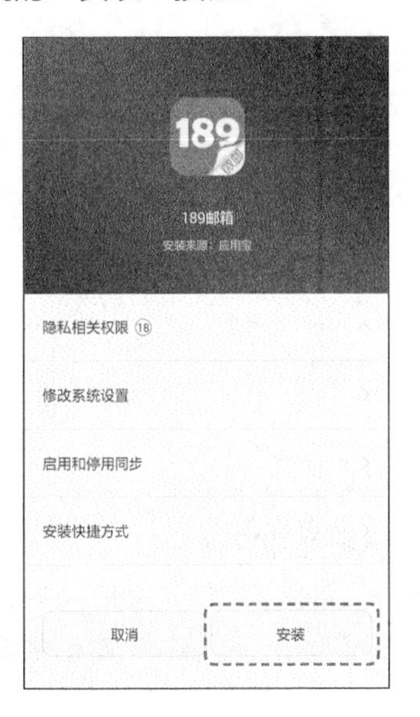

第 5 步 显示安装进度

进入“正在安装”界面，开始安装应用，并显示安装进度。

第 6 步 完成安排

稍等片刻后，会打开“189 邮箱应用已安装”界面，提示应用已经安装完成信息，单击“完成”按钮即可。

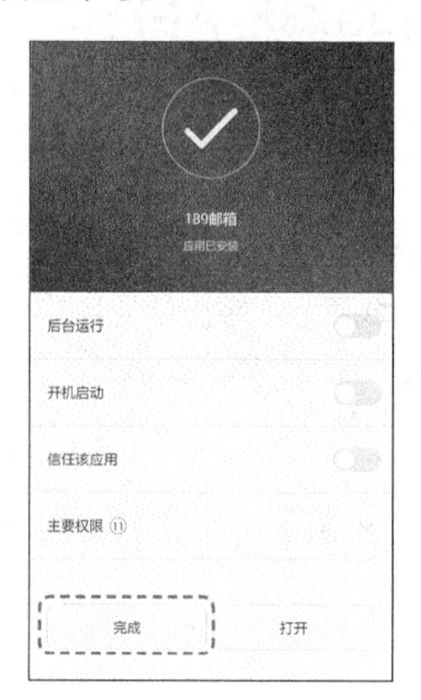

2. 登录 189 邮箱

完成 189 邮箱 APP 的安装操作后，用户需要登录邮箱，才可以进行邮件的发送与接收等操作。下面介绍其具体的操作方法。

第 1 步 单击“Outlook 邮箱”选项

在手机桌面上，单击“189”图标，打开“添加帐号”窗口，单击“Outlook 邮箱”选项。

第 2 步 输入账号和密码

进入“Outlook 邮箱”界面，打开输入法，依次在“帐号”和“密码”文本框中输入账号和密码。

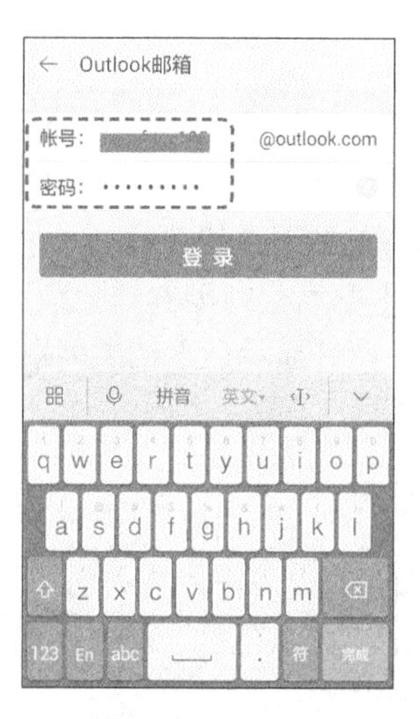

第 3 步 显示正在登录进度

单击“登录”按钮，即可开始登录邮箱，并显示正在登录进度。

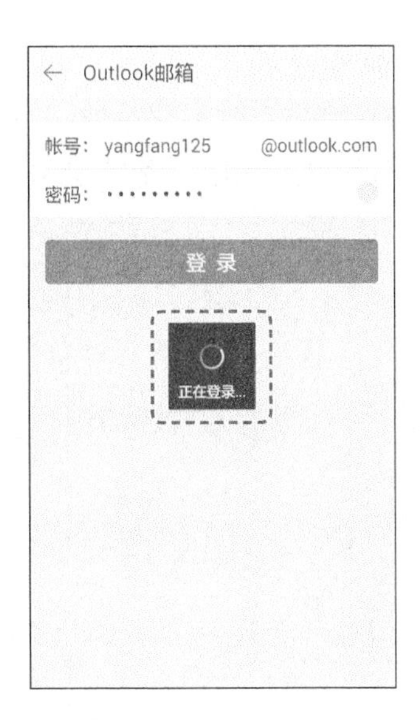

第4步 登录邮箱

稍后将进入“收件箱”界面，完成邮箱的登录操作。

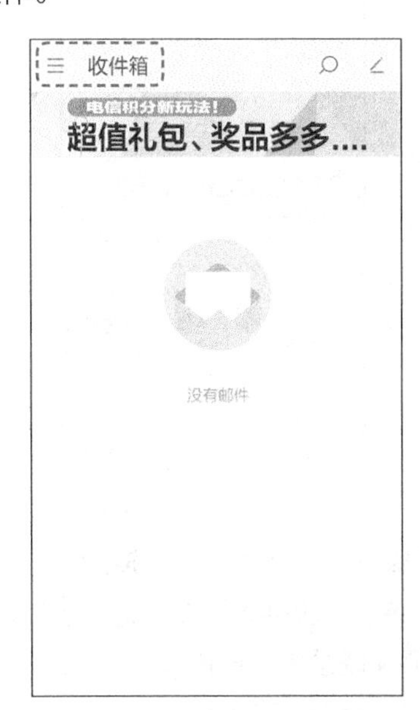

3. 撰写并发送电子邮件

登录邮箱后，用户可以使用“撰写”功能，撰写并发送邮件。下面介绍其具体的操作方法。

第1步 单击“撰写”按钮

在“收件箱”界面中，单击“撰写”按钮∠。

第2步 单击“写邮件”选项

展开列表框，单击“写邮件”选项。

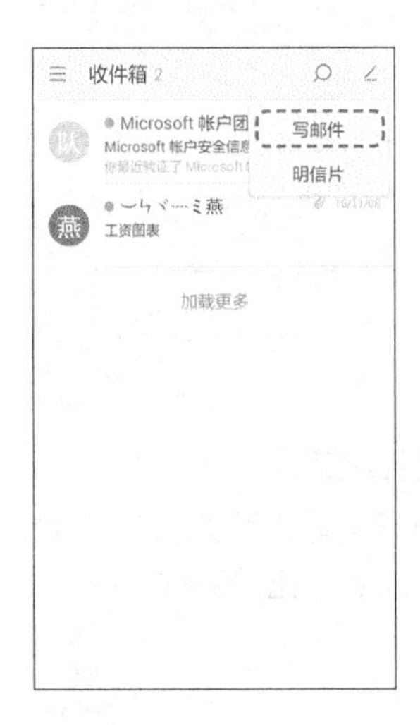

第3步 输入文本内容

进入“撰写”界面，打开输入法，依次在“主题”文本框和其下方的文本框中输入文本内容。

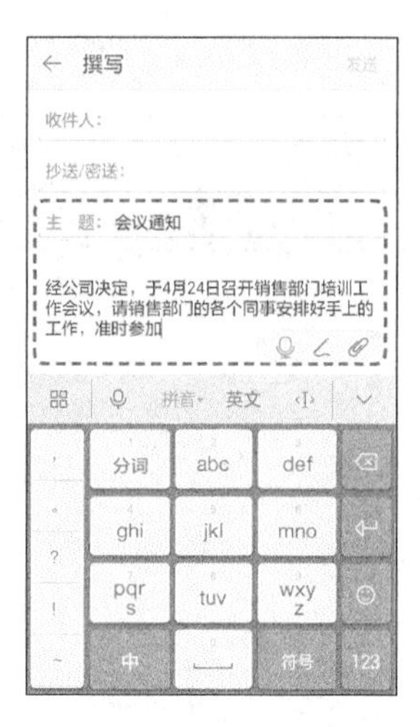

第 4 步 单击“添加联系人”按钮

❶ 单击“收件人”文本框；❷ 单击其右侧的“添加联系人”按钮 。

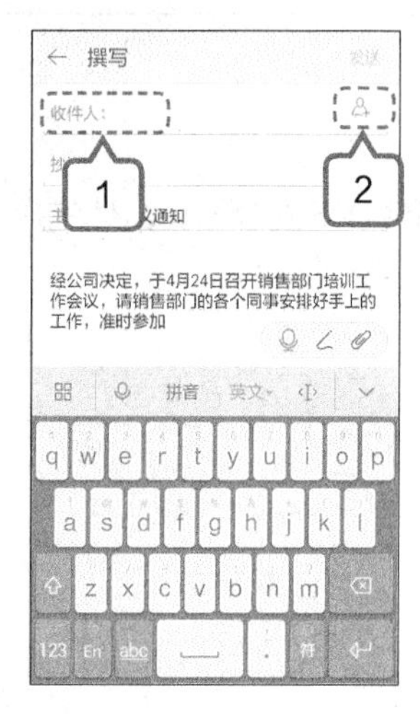

第 5 步 选择联系人

❶ 打开“最近联系人”界面，勾选合适的联系人；❷ 单击“完成”按钮。

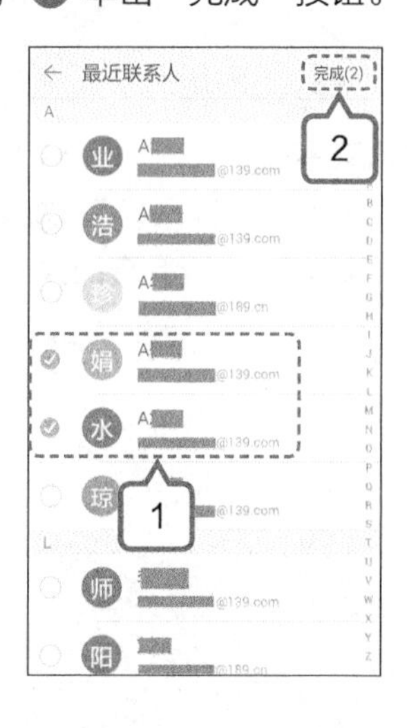

第 6 步 添加联系人

返回到“撰写”界面，完成联系人的添加，在界面的右下方，单击“附件”按钮 。

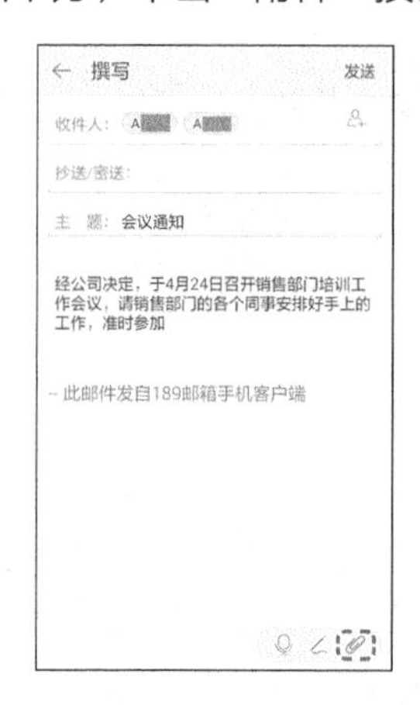

第 7 步 选择“本机附件”选项

打开相应的界面，选择“本机附件”选项。

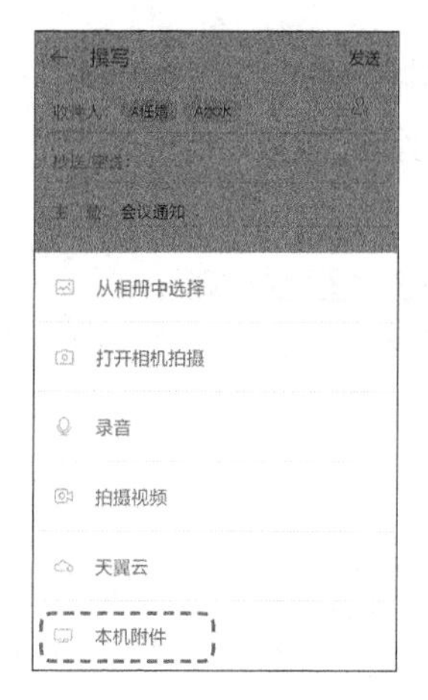

第 8 步 勾选“培训会议通知”文档

打开“选择文件”界面，勾选“培训会议通知”文档。

第9步 单击“发送”按钮

❶ 返回到“撰写”界面，完成附件的添加；❷ 单击“发送”按钮。

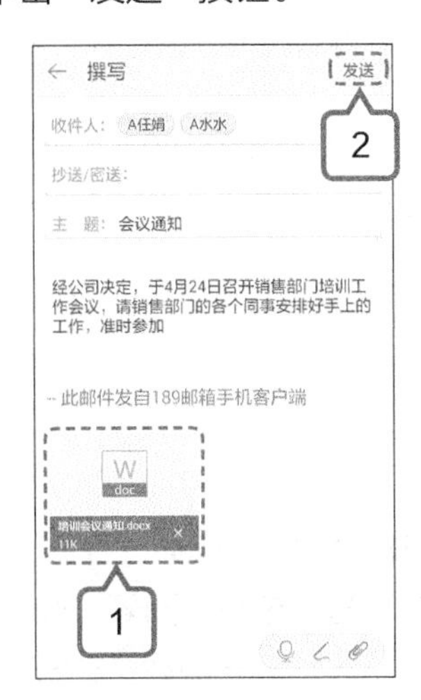

第10步 勾选“已发送”选项

发送邮件，单击“展开列表框”按钮 ☰，展开列表框，勾选“已发送”选项。

第11步 查看已发送邮件

进入“已发送”界面，即可查看到已发送的两封邮件。

4. 查看并回复电子邮件

在手机中使用189邮箱时，除了可以撰写与发送电子邮件外，还可以接收、查看并回复邮件。下面介绍其具体的操作方法。

第1步 单击“展开列表框”按钮

在“已发送”界面中，单击“展开列表框”按钮 ☰ 。

第 2 步 单击“收件箱”选项

稍后将展开列表框，单击“收件箱”选项。

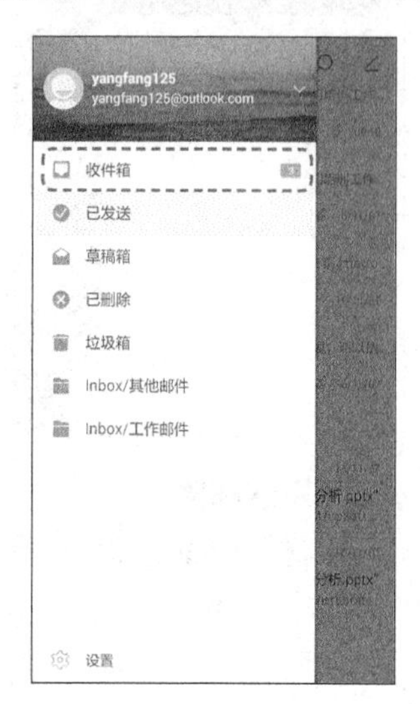

第 3 步 选择第一封电子邮件

进入“收件箱”界面，选择第一封电子邮件选项。

第 4 步 查看邮件内容

❶ 打开电子邮件，并进入阅读界面，查看邮件内容，❷ 单击相应的按钮 ↩ 。

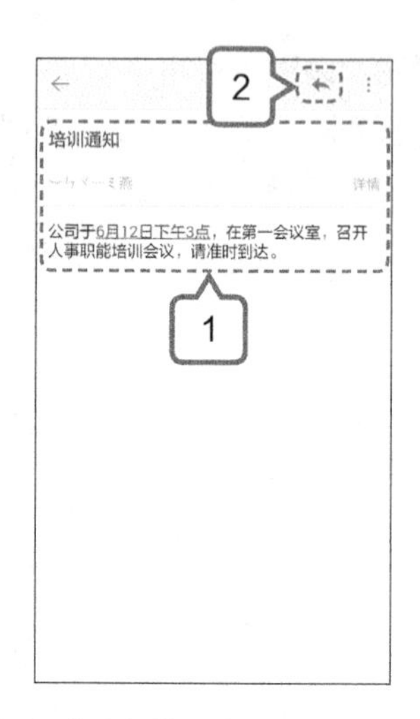

第 5 步 单击“回复”选项

展开列表框，单击“回复”选项。

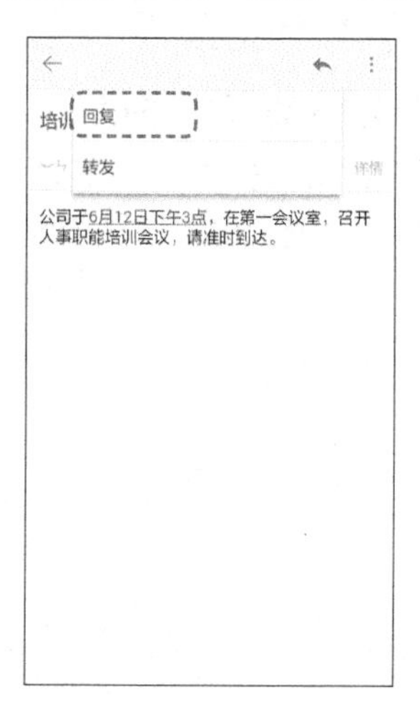

第 6 步 回复电子邮件

❶ 进入“撰写”界面，在“主题”下方的文本框中输入回复内容；❷ 单击“发送”按钮即可。

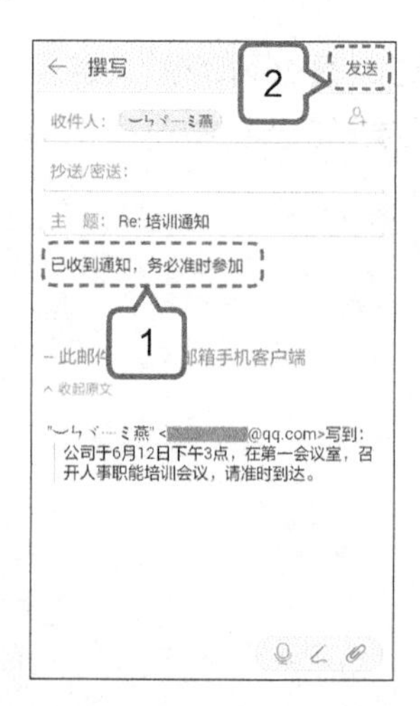

17.3.2 使用 QQ 在线交流工作问题

腾讯 QQ 支持在线聊天、视频通话、点对点断点续传文件、共享文件、网络硬盘、自定义面板、QQ 邮箱等多种功能，并可与多种通信终端相连。目前 QQ 已经覆盖 Microsoft Windows、OS X、Android、iOS、Windows Phone 等多种主流平台。

1. 安装并登录 QQ APP

在使用 QQ 进行在线交流之前，首先需要将其安装到手机上。下面介绍其具体的操作方法。

第 1 步 输入搜索名称

在手机桌面上，单击“应用宝”图标，打开“应用宝”窗口，单击搜索栏，打开输入法，输入“qq”。

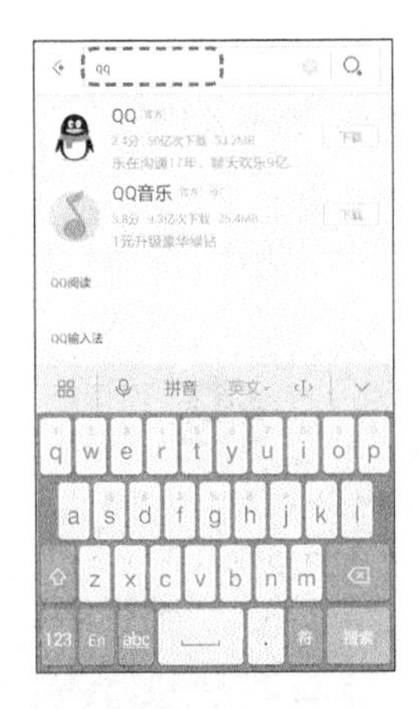

第 2 步 选择需要下载的 APP

❶ 单击搜索栏右侧的“搜索”按钮，开始搜索 APP，并显示搜索结果；❷ 单击第一个选项右侧的“下载”按钮。

第 3 步 显示下载进度

开始下载 APP 程序，并显示下载进度。

第 4 步 单击“安装”按钮

下载完成后，打开“QQ 安装”界面，单击右侧的“安装”按钮。

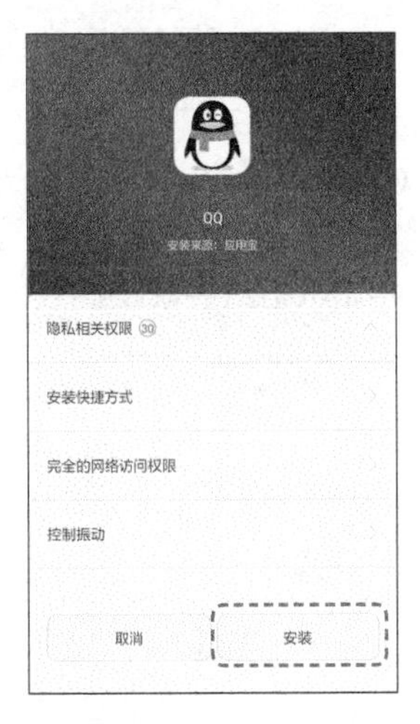

第 5 步 显示安装进度

进入“正在安装”界面，开始安装程序，并显示安装进度。

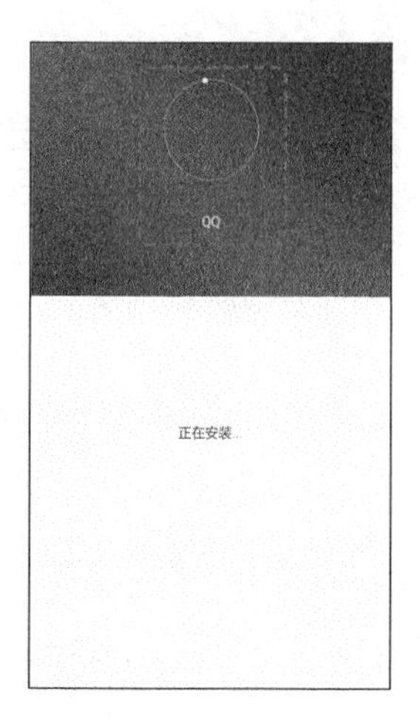

第 6 步 完成 QQ APP 安装

稍后将进入“QQ 应用已安装”界面，提示用户 APP 已安装完成，单击“打开”按钮。

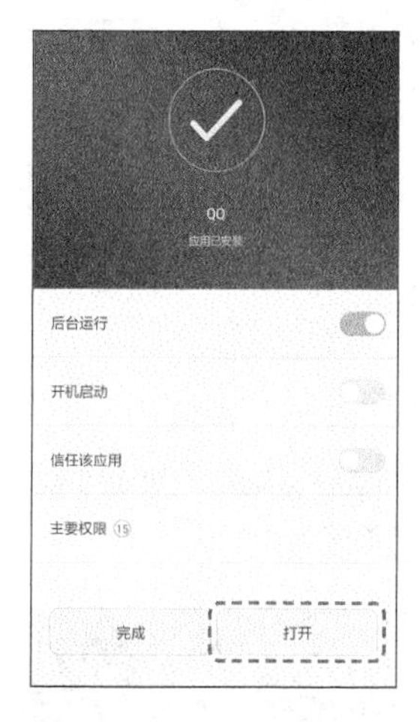

第 7 步 显示更新进度

进入“正在更新数据”界面，开始更新 QQ 数据，并显示更新进度。

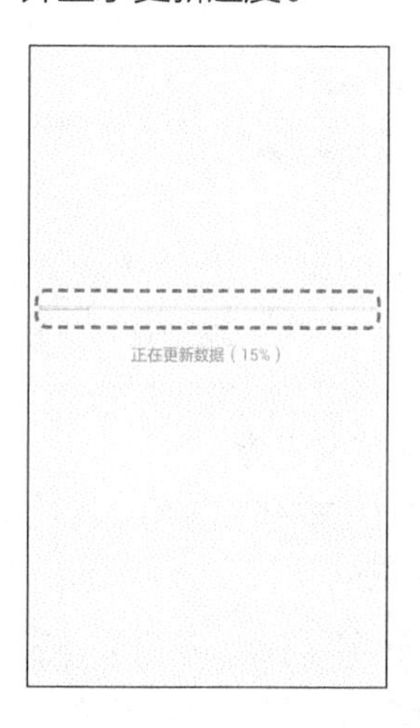

第 8 步 单击“登录”按钮

更新完成后，进入 QQ 登录界面，单击“登录”按钮。

第 9 步 输入 QQ 账号和密码

进入登录界面，单击文本框，依次输入 QQ 账号和密码，单击“登录”按钮。

第 10 步 登录 QQ

登录 QQ，并进入 QQ 的“消息”界面。

2. 使用 QQ 在线交流工作

完成 QQ 的安装与登录后，用户可以使用 QQ 与同事、客户等人员进行在线交流、传送文件等操作。下面介绍其具体的操作方法。

第 1 步 单击“联系人”选项

在 QQ“消息”界面中，单击“联系人”选项。

第 2 步 单击“我的好友”选项

进入“联系人”界面，单击“我的好友”选项。

第 3 步 选择联系人

展开选择的选项，显示联系人信息，单击“狮子座”联系人。

第 4 步 单击“发消息”按钮

打开“狮子座”的联系人界面，单击“发消息”按钮。

第 5 步 单击文本框

打开“聊天窗口”界面，单击界面最下方的文本框。

第 6 步 输入文本内容

❶ 打开输入法，在文本框中输入文本内容；❷ 单击“发送”按钮。

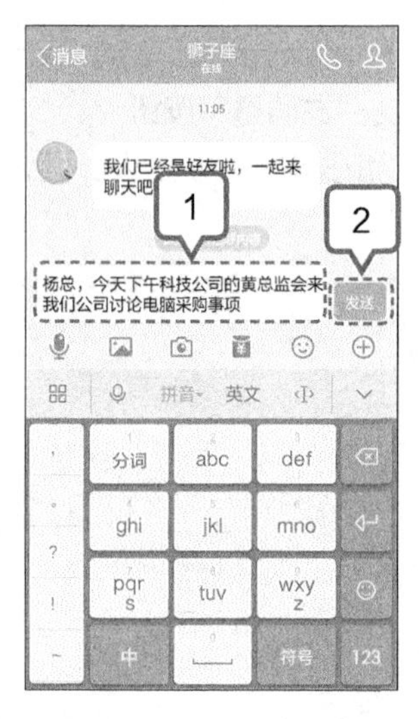

第 7 步 发送信息

完成上述操作即可将输入的文本发送出去，并在“聊天窗口”界面中显示已发送的信息。

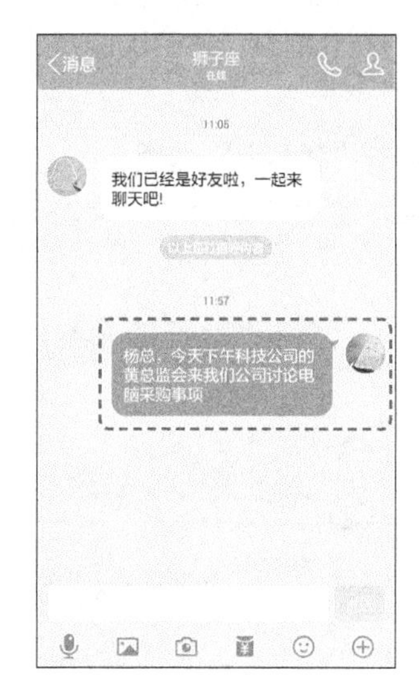

第 8 步 显示回复的信息

稍等片刻后，对方将回复信息，并在“聊天窗口”界面中显示回复的信息。

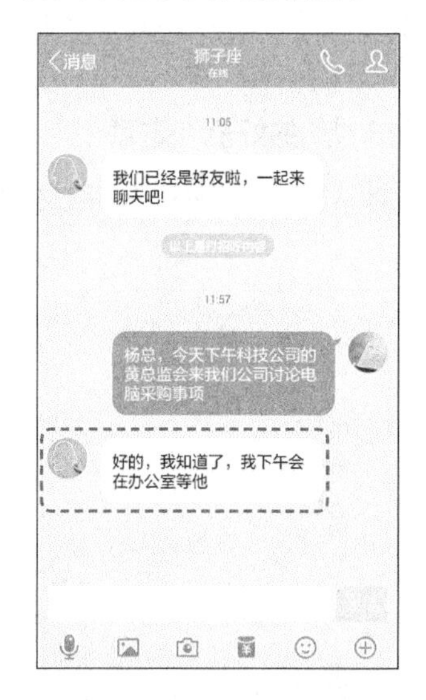

17.3.3 使用 QQ 实现多人视频会议

视频会议是指位于两个或多个地点的用户，通过通信设备和网络，在线进行面对面交谈的会议。使用 QQ 可以很方便地实现多人视频会议。下面介绍其具体的操作方法。

第 1 步 单击“添加”按钮

在“聊天窗口”界面的最下方，单击“添加”按钮⊕。

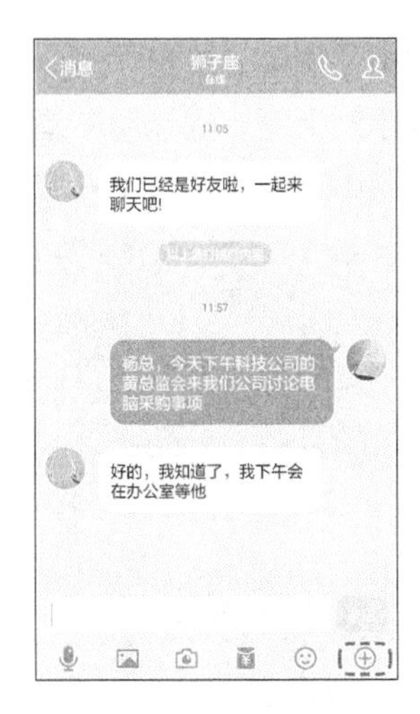

第 2 步 单击“视频电话”图标

展开面板，在展开的面板中单击“视频电话”图标。

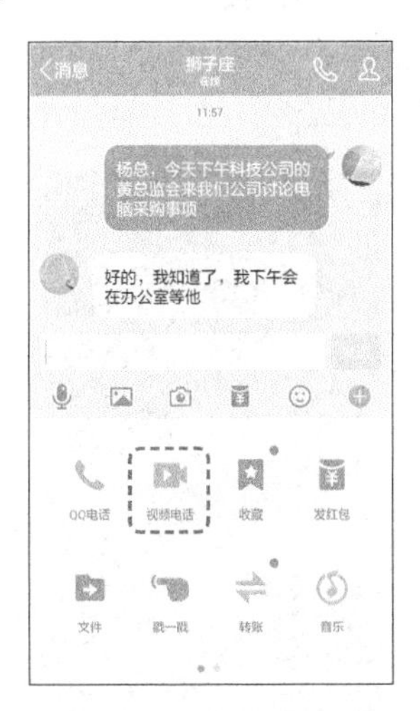

第 3 步 单击“跳过”选项

打开提示对话框，提示使用美颜相机美化，单击“跳过”选项。

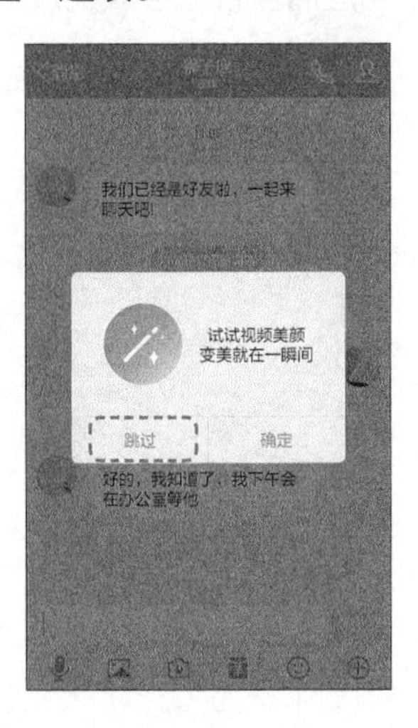

第 4 步 呼叫对方

进入“视频聊天”界面，开始呼叫对方，等待对方接听。

第 5 步 开始视频会议

当对方接听后，将显示出对方的视频聊天界面，开始进行视频会议。

第 6 步 单击“邀请成员”按钮

在视频聊天界面中单击，展开隐藏的面板，再单击“邀请成员”按钮。

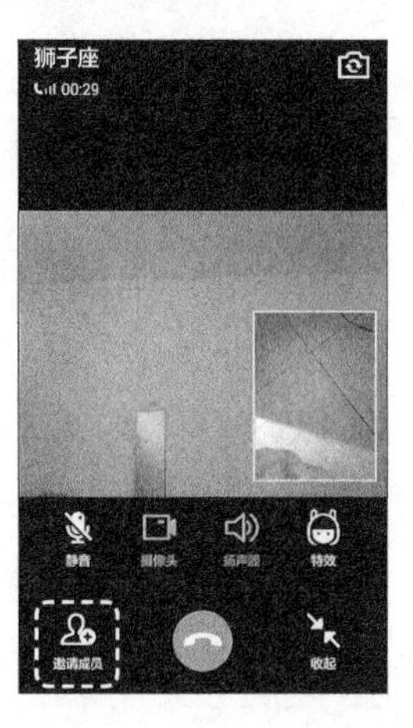

第 7 步 单击“QQ 好友”选项卡

进入“邀请成员”界面，单击“QQ 好友”选项卡。

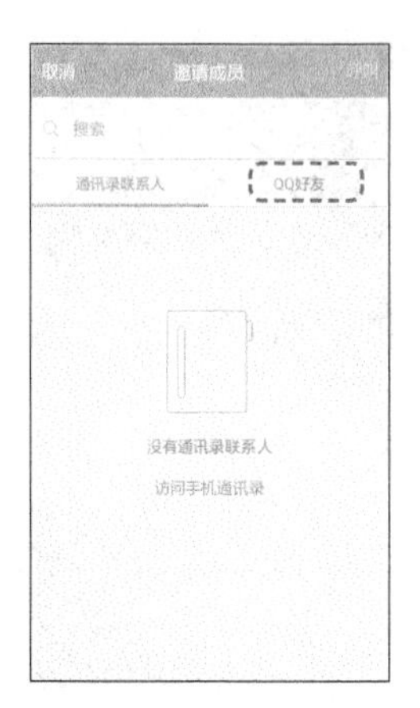

第 8 步 单击“我的好友”选项

进入“QQ 好友”选项卡，单击“我的好友”选项。

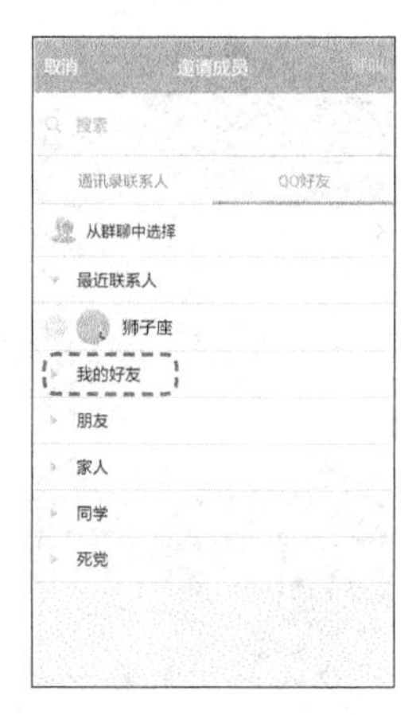

第 9 步 单击联系人

展开“我的好友”列表框，单击“杨杨”联系人。

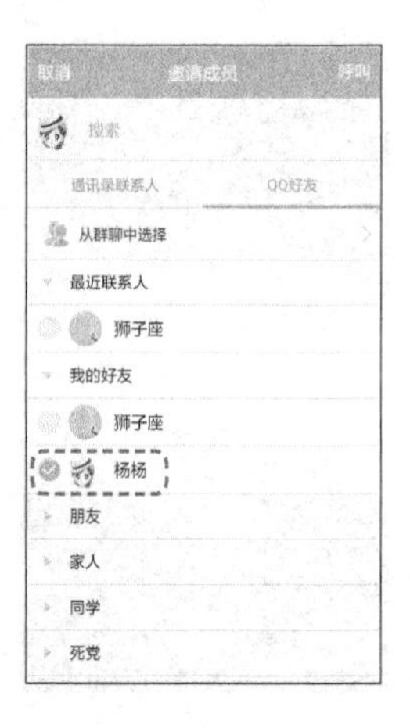

第 10 步 单击“继续”按钮

打开提示对话框，提示用户是否邀请多人加入聊天，单击“继续”按钮。

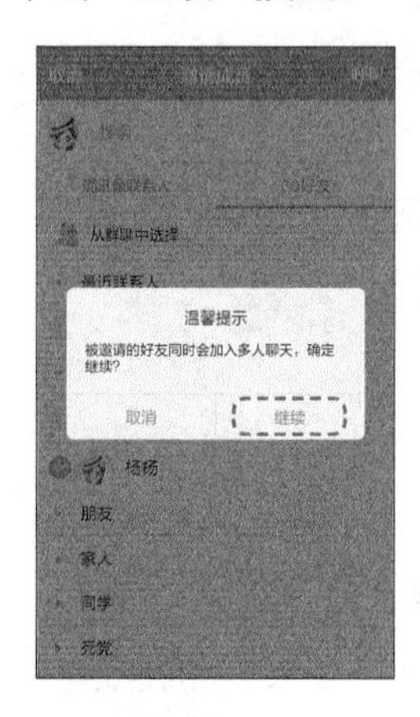

第 11 步 等待对方回应

进入视频聊天界面，完成多人的邀请，开始等待对方回应。

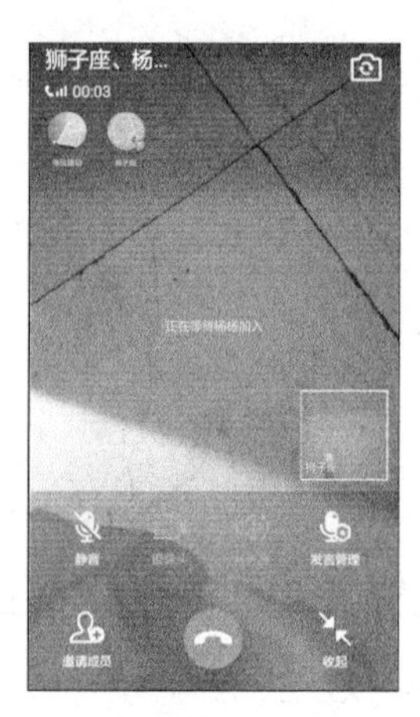

第 12 步 多人会议

当对方回应后，视频会议的成员就变成了 3 个人。

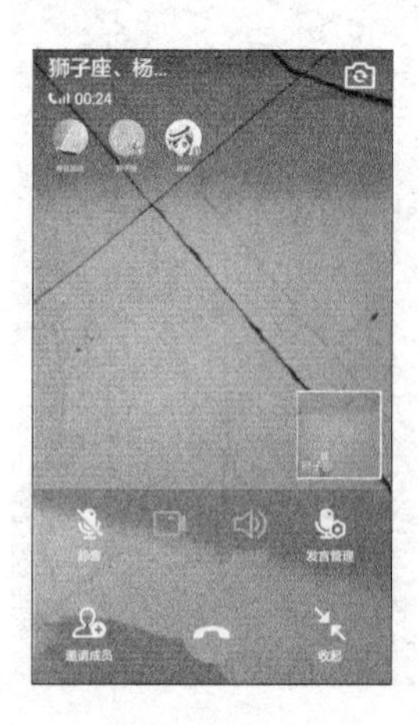

17.3.4 使用手机放映幻灯片

如果需要演示幻灯片，但又没有电脑。此时用户可以用手机将云盘里的幻灯片放映出来。下面介绍其具体的操作方法。

第1步 单击相应的按钮

在手机桌面上，单击“OfficeSuite”图标，打开“OfficeSuite”窗口，单击相应的按钮 ☰。

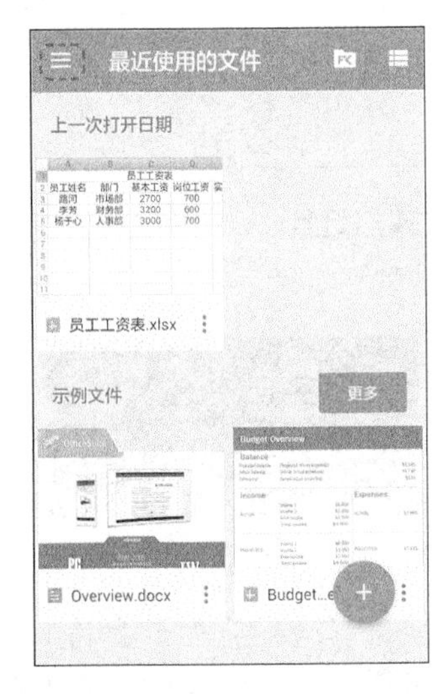

第2步 单击“打开”选项

展开列表框，单击“打开”选项。

第3步 单击“内部存储”选项

进入“选择文件 我的设备”界面，单击“内部存储”选项。

第4步 选择演示文稿

进入内部存储中的文件夹界面，选择“工作总结与计划”演示文稿。

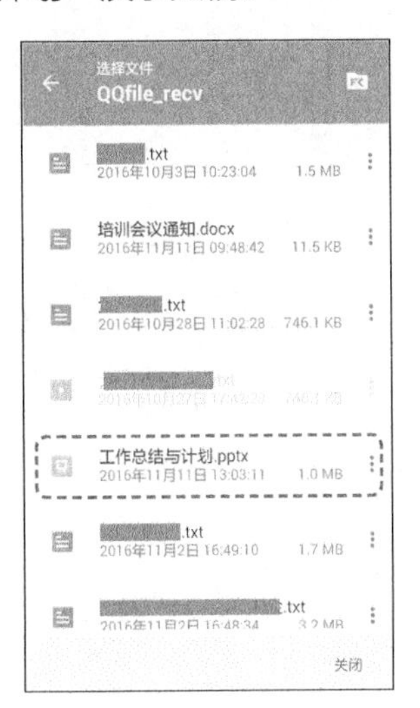

第 5 步 **打开演示文稿**

稍等片刻后，将打开选择的演示文稿，并在演示文稿界面中，单击相应的按钮⋮。

第 6 步 **单击相应的选项**

展开列表框，单击“开始幻灯片放映”选项。

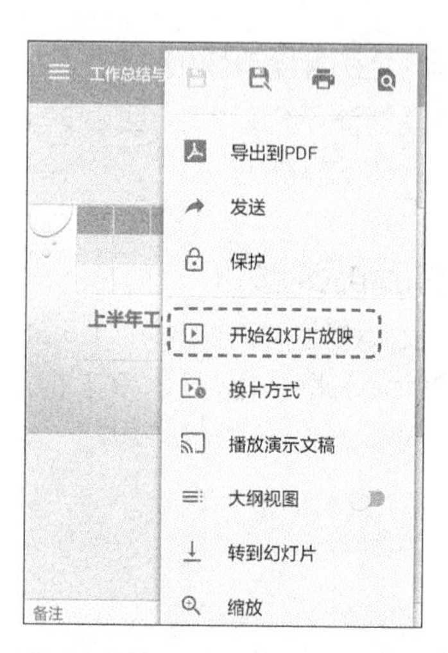

第 7 步 **放映幻灯片**

开始放映幻灯片。

第六篇

高级应用篇

- 第 18 章 Office 各组件间的协同应用
- 第 19 章 办公设备的使用
- 第 20 章 Office 的安全和保护技巧

Chapter 18

Office 各组件间的协同应用

本章视频教学时间 / 21 分钟

技术分析

前面的章节已经介绍了 Word、Excel、PowerPoint 的相关功能与使用方法。实际上这几款办公软件还可以相互协作，例如导入其他文件中的数据等。本章主要介绍以下内容。

（1）在 Word 中插入演示文稿。

（2）在 Word 中创建 Excel 工作表。

（3）在 Excel 中新建 PowerPoint 演示文稿。

（4）在 Excel 中导入 Access 数据。

（5）在 Excel 中导入 Word 文档。

（6）将 PowerPoint 转换为 Word 文档。

（7）在 PowerPoint 中调用 Excel 工作表。

（8）在 PowerPoint 中调用 Excel 图表。

（9）在 Access 中导入 Excel 数据。

思维导图

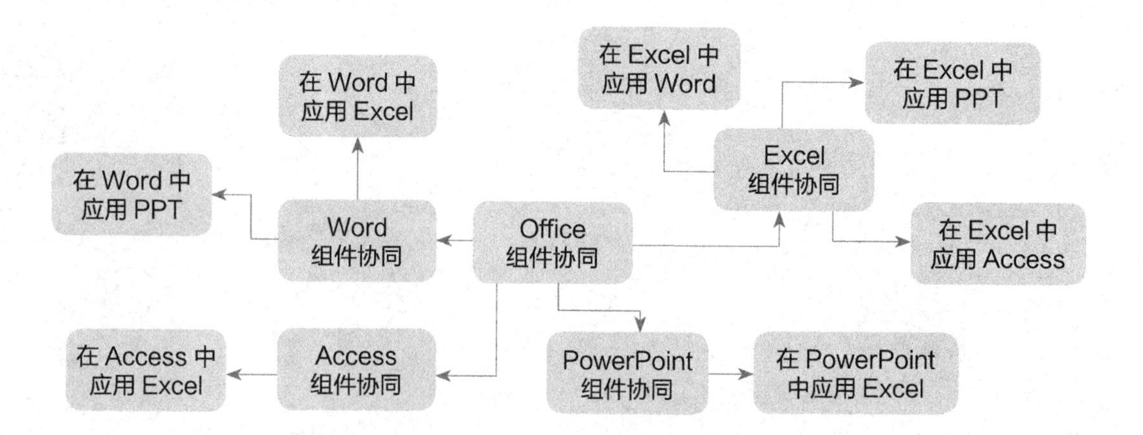

18.1 在 Word 中插入演示文稿

本节视频教学时间 / 3 分钟

素材文件	素材 \ 第 18 章 \ 服务知识培训 .pptx
结果文件	结果 \ 第 18 章 \ 服务知识培训 .pptx

在 Word 文档中，可以将 PowerPoint 演示文稿插入进来，然后进行编辑和放映。下面介绍其具体的操作方法。

第 1 步 单击“对象”命令

新建一个空白文档，单击“插入”选项卡，在“文本”面板中，单击“对象”下三角按钮，展开列表框，单击“对象”命令。

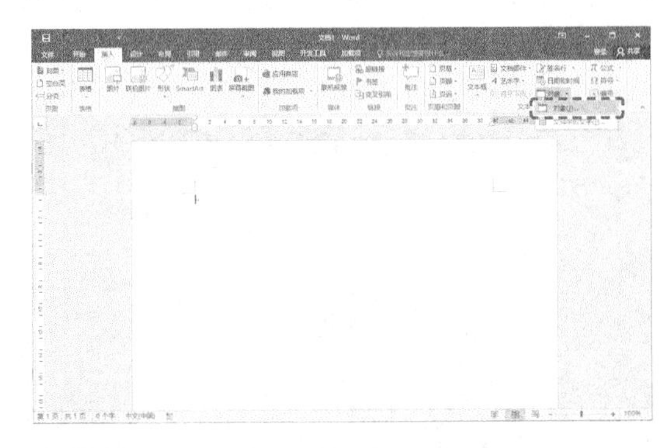

第 2 步 单击“浏览”按钮

打开“对象”对话框，单击“由文件创建”选项卡，在“文件名”的文本框右侧，单击“浏览”按钮。

第 3 步 选择演示文稿

❶ 打开“浏览”对话框，选择需要打开的演示文稿；❷ 单击“插入”按钮。

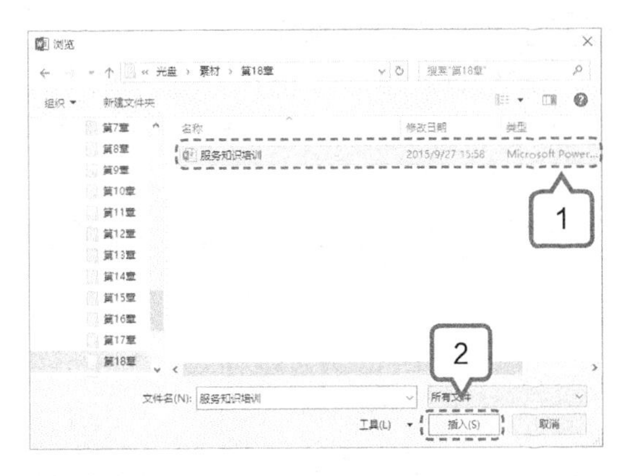

第 4 步 单击“确定”按钮

返回到“对象”对话框，完成文件的选择，单击“确定”按钮。

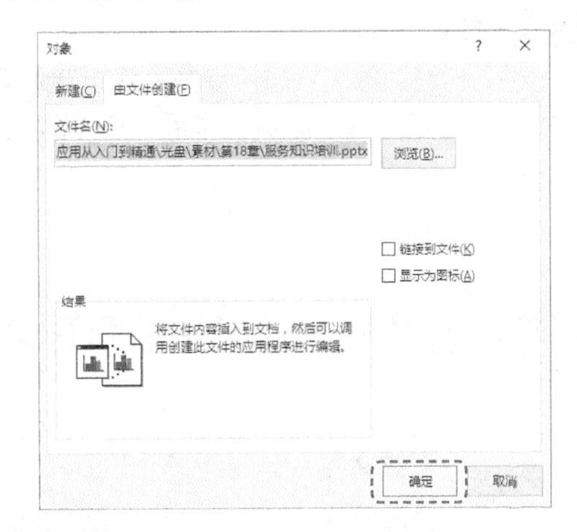

第 5 步 插入幻灯片

完成上述操作即可将演示文稿中的幻灯片插入到 Word 文档中。

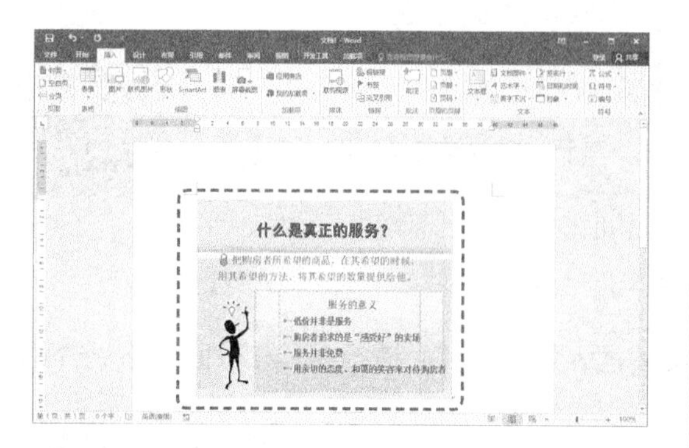

第 6 步 单击“显示”命令

选择文档中新插入的幻灯片，单击鼠标右键，打开快捷菜单，依次单击“‘演示文稿’对象”→“显示”命令。

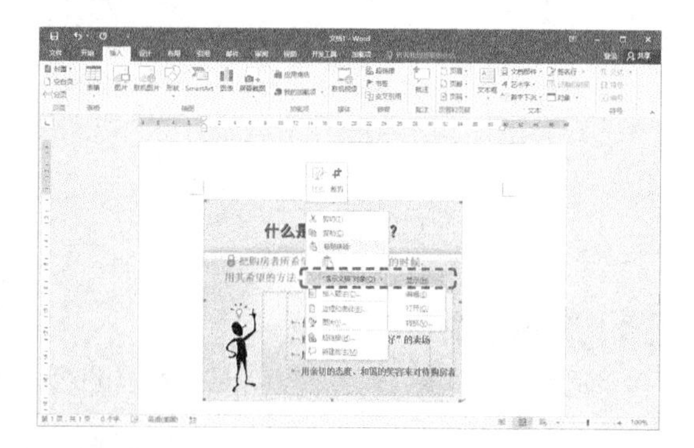

第 7 步 放映幻灯片

进入幻灯片放映状态，单击鼠标左键即可浏览下一张幻灯片。浏览完毕后，按【Esc】键退出。

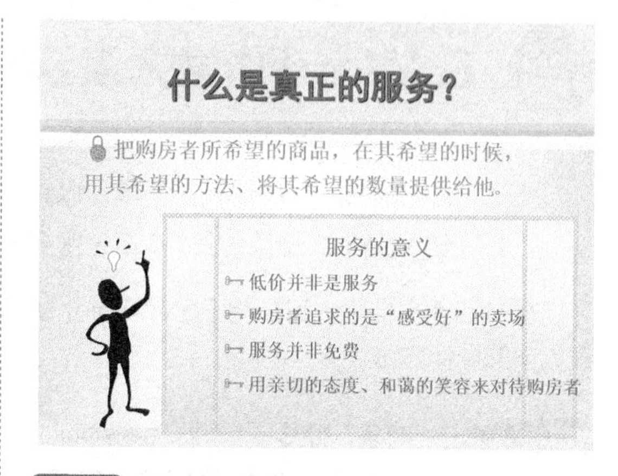

第 8 步 编辑演示文稿

打开 PowerPoint 程序窗口，并进入该演示文稿的编辑状态，调整幻灯片中各文本框的位置和文本大小。

第 9 步 完成演示文稿编辑

编辑完毕后，在文档的空白区域单击鼠标左键，即可完成演示文稿的编辑。

18.2 在 Word 中创建 Excel 工作表

本节视频教学时间 / 2 分钟

素材文件	素材 \ 第 18 章 \ 工作表数据 .txt
结果文件	结果 \ 第 18 章 \ 回收期法投资分析表 .docx

在 Word 文档中，用户可以直接创建 Excel 工作表，从而避免在两个软件中来回切换了。下面介绍其具体的操作方法。

第 1 步 单击相应的命令

❶ 新建一个空白文档，单击“插入”选项卡，在“表格”面板中，单击“表格”下三角按钮；❷ 展开列表框，单击“Excel 电子表格”命令。

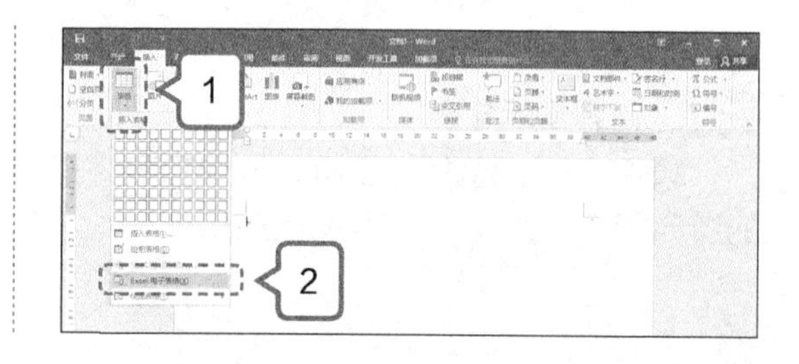

第 2 步 新建电子表格

在文档中新建一个 Excel 电子表格，打开素材文件夹中“工作表数据 .txt”文本文档，将该文本文档中的内容复制到 Excel 电子表格中。

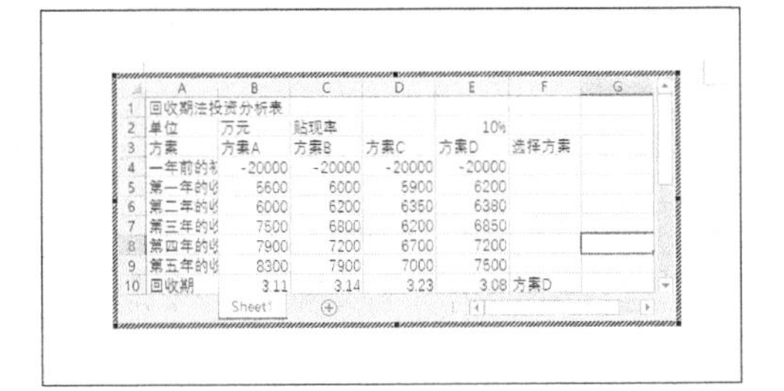

第 3 步 合并单元格

❶ 选择电子表格中的相应单元格，在“开始”选项卡的“对齐方式”面板中，单击“合并后居中”按钮 ；❷ 合并单元格。

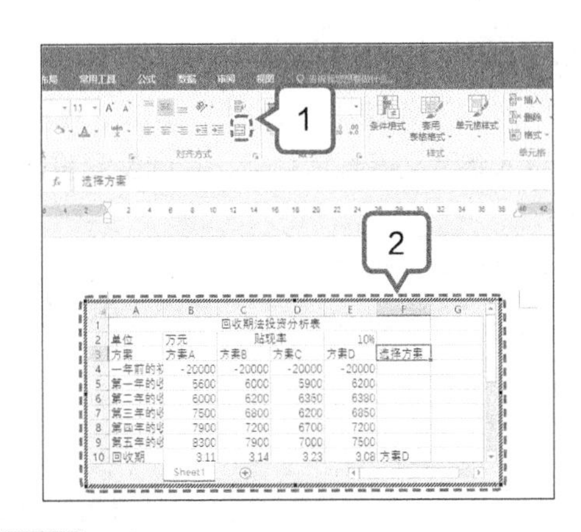

第 4 步 编辑工作表数据

修改新输入的工作表数据的字号为 14，并调整其列宽的宽度，编辑完毕后，在 Word 文档的空白处单击鼠标左键即可。

回收期法投资分析表

单位	万元	贴现率		10%	
方案	方案A	方案B	方案C	方案D	选择方案
一年前的初期投资	-20000	-20000	-20000	-20000	
第一年的收益	5600	6000	5900	6200	
第二年的收益	6000	6200	6350	6380	
第三年的收益	7500	6800	6200	6850	
第四年的收益	7900	7200	6700	7200	
第五年的收益	8300	7900	7000	7500	
回收期	3.11	3.14	3.23	3.08	方案D

18.3 在 Excel 中新建 PowerPoint 演示文稿

本节视频教学时间 / 4 分钟

素材文件	无
结果文件	结果 \ 第 18 章 \ 课程安排表 .xlsx

在 Excel 工作表中，也可以将 PowerPoint 演示文稿插入进来，并进行编辑和放映。下面介绍其具体的操作方法。

第 1 步 单击“对象”按钮

❶ 新建工作簿，单击“插入”选项卡，在“文本”面板中，单击“文本”下三角按钮；❷ 展开列表框，单击“对象”按钮。

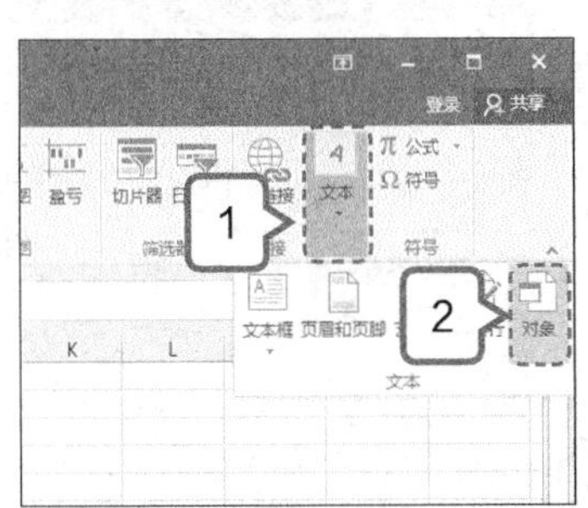

第 2 步 选择对象类型

❶ 打开“对象”对话框，在“新建”选项卡的“对象类型”列表框中，选择“Microsoft PowerPoint 演示文稿”选项；❷ 单击“确定”按钮。

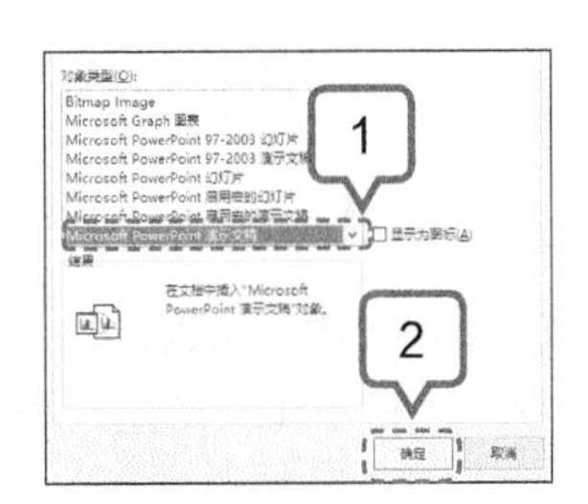

第 3 步 在工作簿中新建演示文稿

完成在工作簿中新建一个演示文稿的操作，进入演示文稿编辑状态，并调整编辑区域的大小。

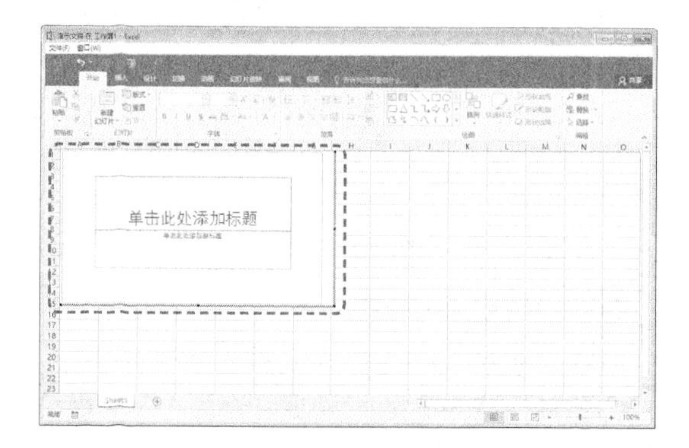

第 4 步 选择“标题和内容”版式

❶ 在“开始”选项卡的“幻灯片”面板中，单击“版式”下三角按钮；❷ 展开列表框，选择“标题和内容”版式。

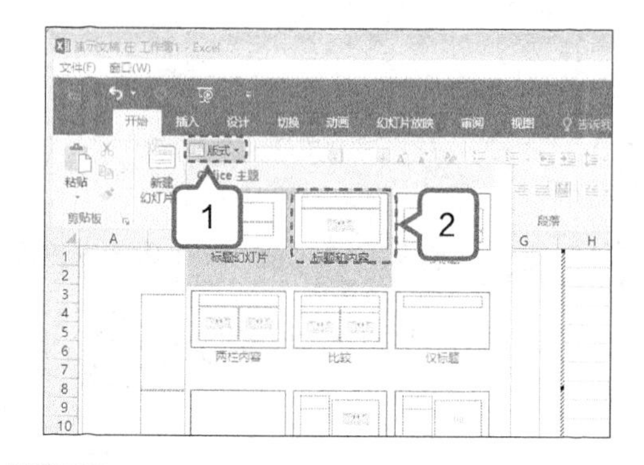

第 5 步 输入标题

更改演示文稿的版式，单击标题占位符，输入“课程安排表”。

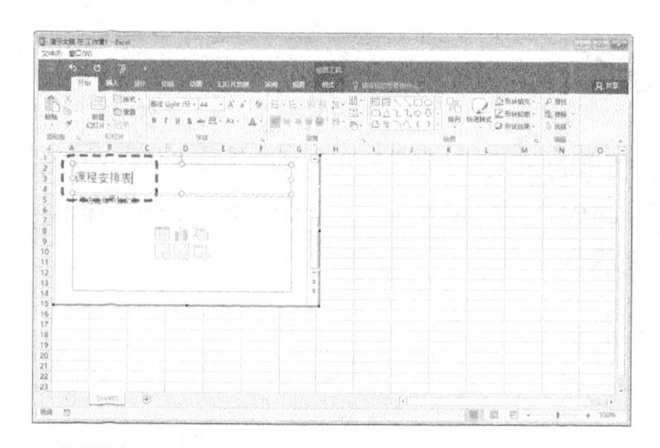

第 6 步 单击“插入表格”按钮

在“内容”占位符中，单击“插入表格”按钮。

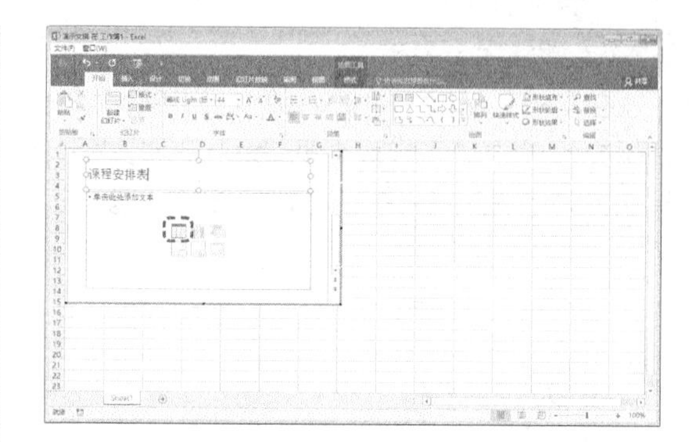

第 7 步 修改插入表格参数

打开“插入表格”对话框，修改“列数”为 7，“行数”为 8。

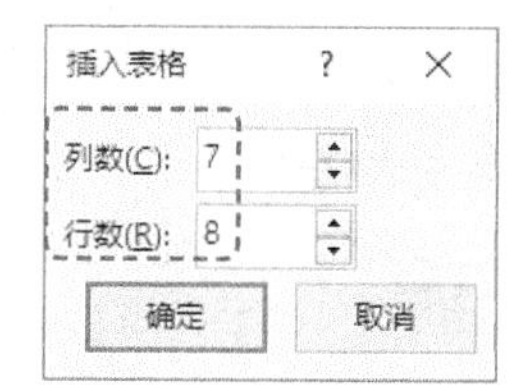

第 8 步 插入表格

单击“确定”按钮，插入表格，并在新插入的表格中输入文本。

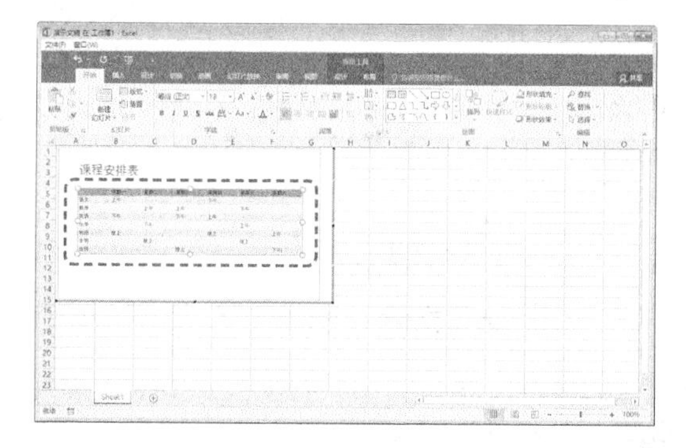

第 9 步 完成演示文稿插入

选择表格中新输入的文本，修改其“字号”为 31，并在工作表的空白处，单击鼠标左键，完成新演示文稿的插入操作。

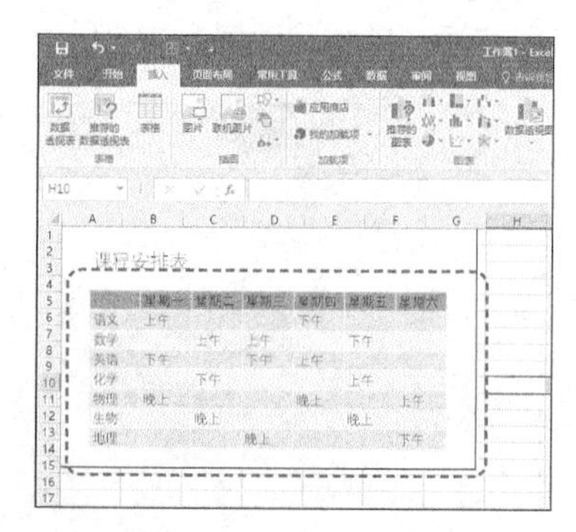

18.4 在 Excel 中导入 Access 数据

本节视频教学时间 / 2 分钟 

素材文件	素材 \ 第 18 章 \ 数据库文件 .accdb
结果文件	结果 \ 第 18 章 \ 课程数据表 .xlsx

在 Excel 工作表中，也可以将所需的 Access 数据表中的数据导入到工作表中。下面介绍其具体的操作方法。

第 1 步 单击“自 Access”命令

❶ 新建一个空白工作簿，单击“数据”选项卡，在“获取和转换”面板中，单击“获取外部数据”下三角按钮；❷ 展开列表框，单击“自 Access”命令。

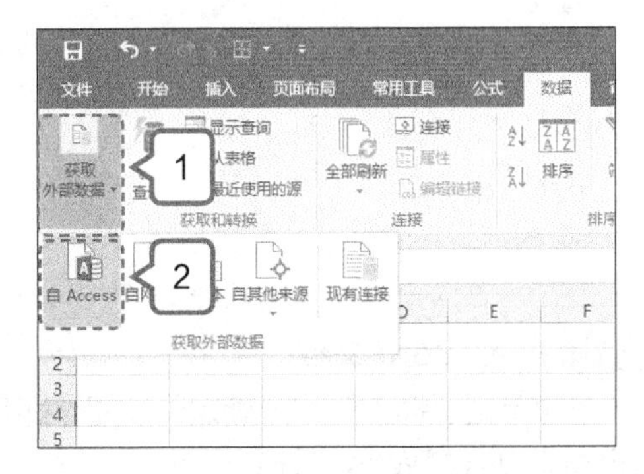

第 2 步 选择数据库文件

❶ 打开“选择数据源”对话框，选择合适的文件；❷ 单击“打开”按钮。

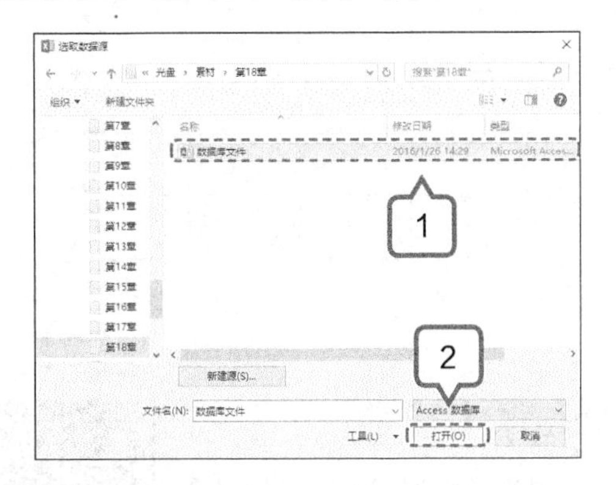

第 3 步 选择“课程”工作表

❶ 打开“选择表格”对话框，选择“课程”工作表；❷ 单击“确定”按钮。

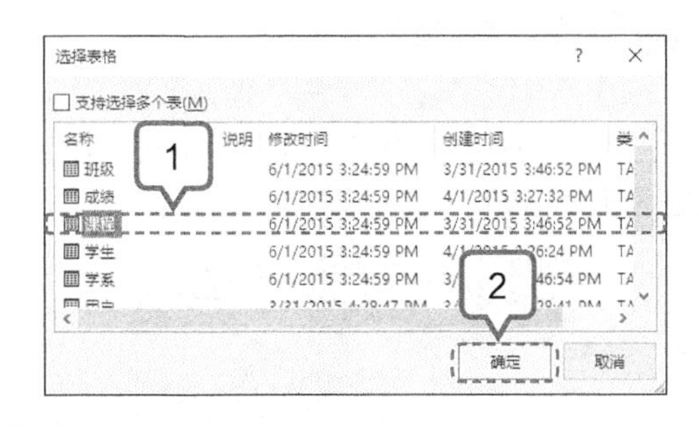

第 4 步 选择单元格

❶ 打开“导入数据”对话框，勾选“现有工作表”单选按钮，并选择 A1 单元格；❷ 单击“确定”按钮。

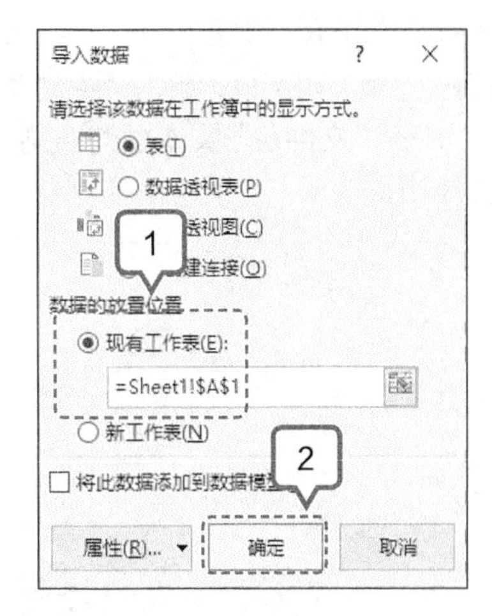

第 5 步 导入 Access 数据表

完成上述操作即可在 Excel 中导入 Access 数据表，并查看工作表效果。

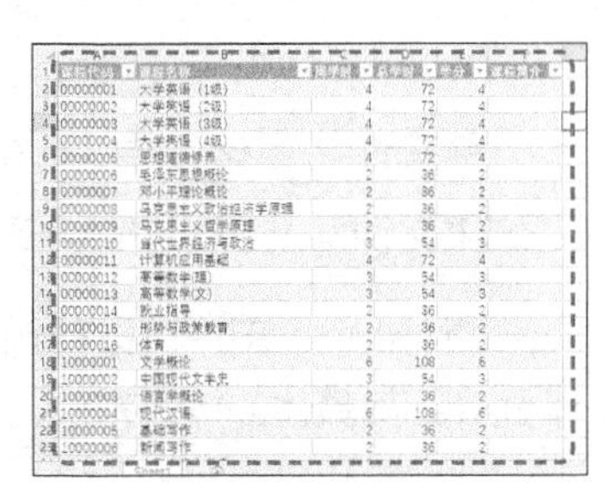

18.5 在 Excel 中导入 Word 文档

本节视频教学时间 / 1 分钟

素材文件	素材 \ 第 18 章 \ 工程出勤表 .docx
结果文件	结果 \ 第 18 章 \ 工程出勤表 .docx

在 Excel 工作表中，使用“对象”功能可以将 Word 文档中的表格数据插入到 Excel 中。下面介绍其具体的操作方法。

第 1 步 单击“对象”按钮

❶ 新建工作簿，单击“插入”选项卡，在“文本”面板中，单击“文本”下三角按钮；❷ 展开列表框，单击“对象”按钮。

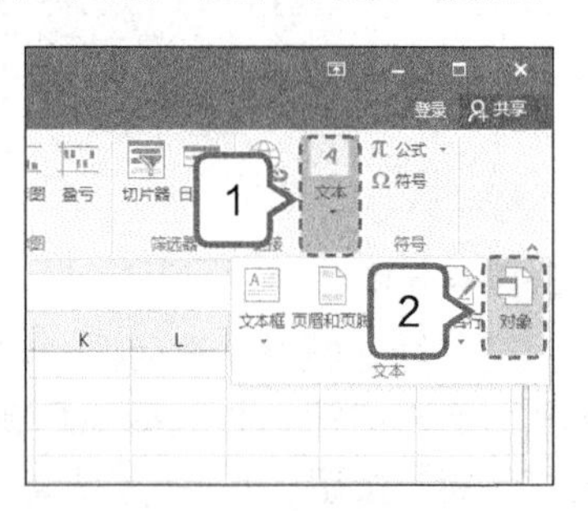

第 2 步 单击“浏览”按钮

打开“对象”对话框，单击“由文件创建”选项卡，并在“文件名”文本框的右侧，单击“浏览”按钮。

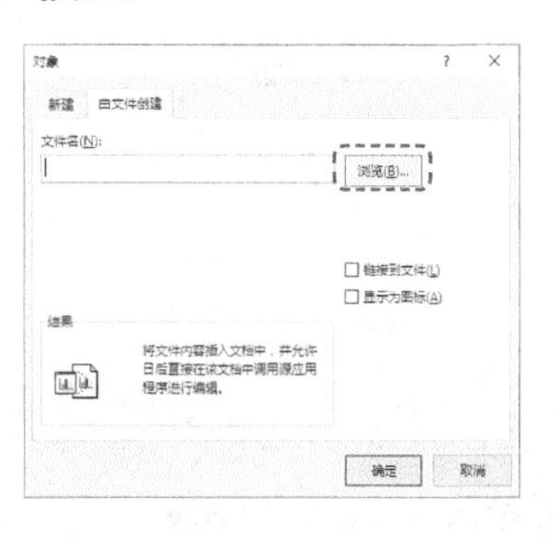

第 3 步 选择需要插入的文档

打开“浏览”对话框，选择需要插入的“工程出勤表”文档。

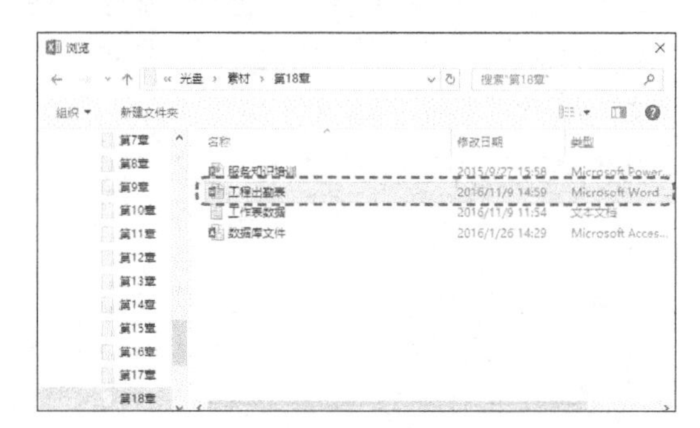

第 4 步 插入 Word 文档

依次单击“插入”和“确定”按钮，即可在 Excel 中插入 Word 文档。

平安小学学生食堂和教师周转房工程出勤表

时间：2017 年

时间	天气情况	工程代表签字	备注
月 日			
月 日			
月 日			
月 日			
月 日			
月 日			
月 日			
月 日			

18.6 将 PowerPoint 转换为 Word 文档

本节视频教学时间 / 2 分钟

素材文件	素材 \ 第 18 章 \ 口头表达技巧 .pptx
结果文件	结果 \ 第 18 章 \ 口头表达技巧 .docx

在 PowerPoint 中，用户可以使用“创建讲义”功能，将演示文稿中的内容转换为 Word 文档内容。下面介绍其具体的操作方法。

第 1 步 打开演示文稿

打开“素材\第 18 章\口头表达技巧 .pptx”演示文稿。

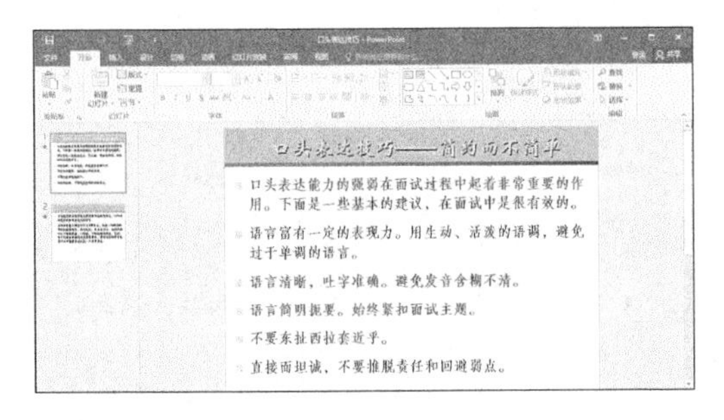

第 2 步 单击“导出”命令

单击“文件”选项卡，进入“文件”界面，单击“导出”命令。

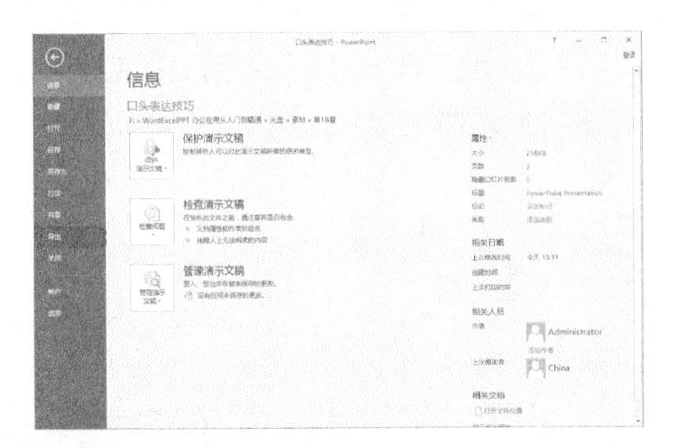

第 3 步 单击“创建讲义”按钮

❶ 进入“导出”界面，单击“创建讲义”命令；❷ 再次展开界面，单击“创建讲义”按钮。

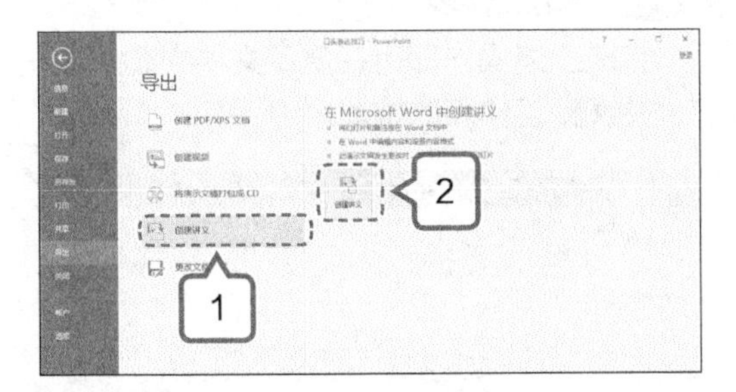

第 4 步 单击“确定”按钮

❶ 打开“发送到 Microsoft Word”对话框，勾选“备注在幻灯片旁”和“粘贴”单选按钮；❷ 单击“确定”按钮。

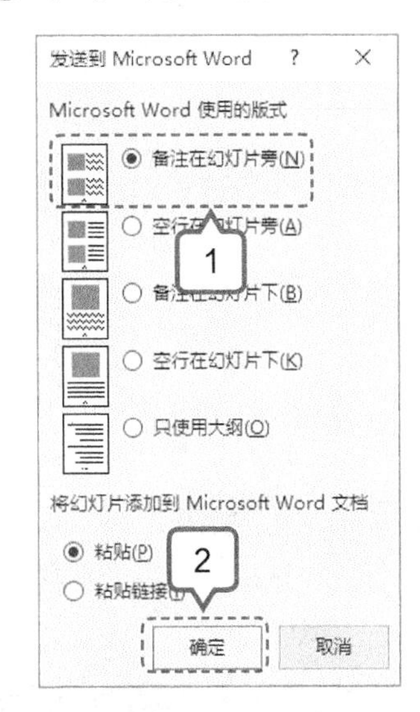

第 5 步 将幻灯片放置在文档中

新建一个 Word 文档，并将演示文稿中的幻灯片内容放置在 Word 文档中。

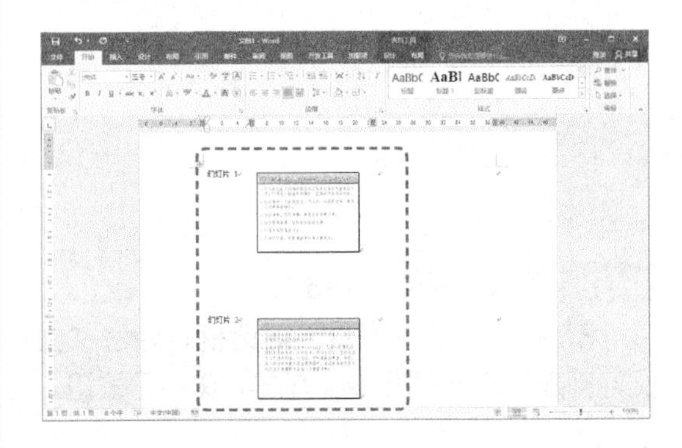

18.7 在 PowerPoint 中调用 Excel 工作表

本节视频教学时间 / 2 分钟

素材文件	素材\第 18 章\员工工资表 .xlsx
结果文件	结果\第 18 章\员工工资表 .pptx

用户可以将制作完成的工作表调用到 PowerPoint 中进行放映，这样可以为讲解演示文稿省去许多麻烦。下面介绍其具体的操作方法。

第 1 步 新建演示文稿

新建一个空白演示文稿，在“标题”占位符中输入“员工工资表”，调整其字体格式和位置，并删除其他占位符。

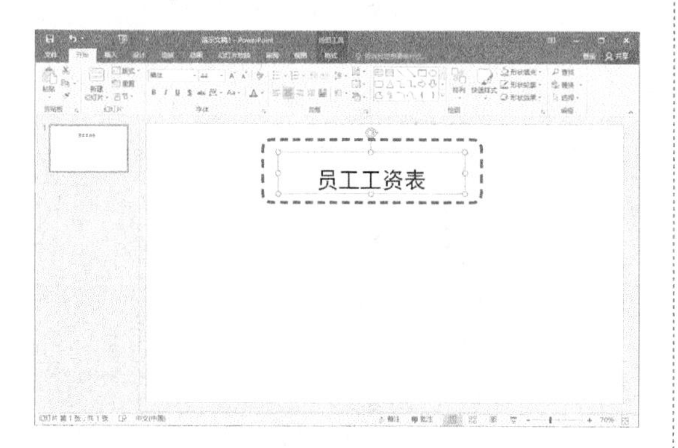

第 2 步 单击“对象”按钮

单击“插入”选项卡，在“文本”面板中，单击“对象”按钮。

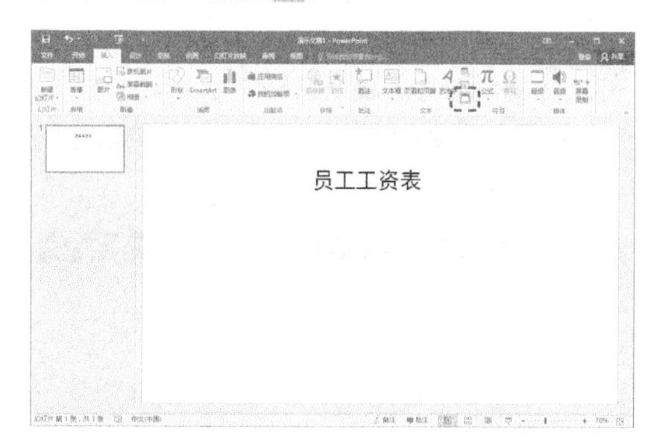

第 3 步 单击“浏览”按钮

❶ 打开“插入对象”对话框，勾选“由文件创建”单选按钮；❷ 单击“浏览”按钮。

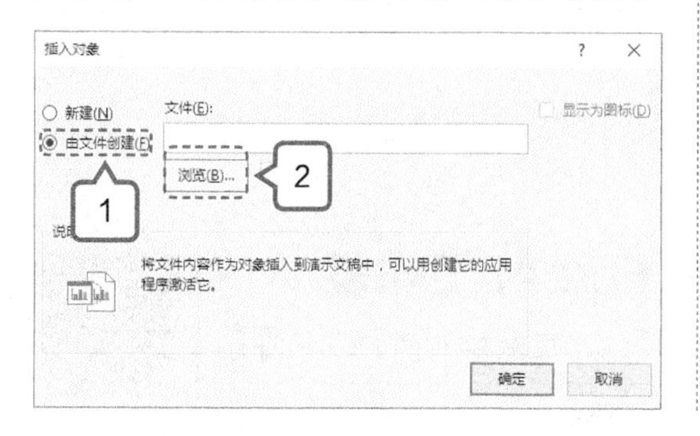

第 4 步 选择工作表

❶ 打开“浏览”对话框，选择“员工工资表”工作表；❷ 单击“确定”按钮。

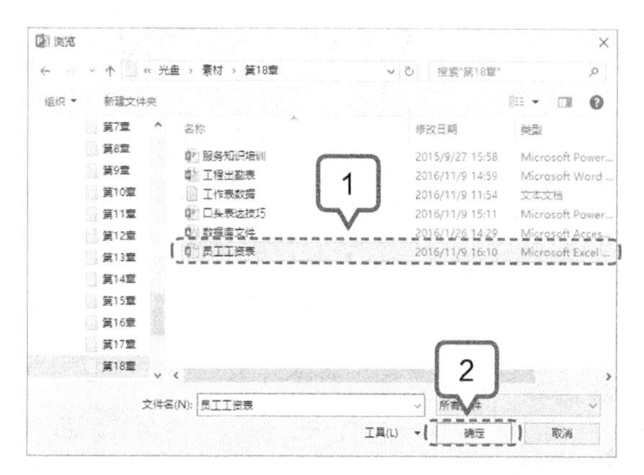

第 5 步 单击“确定”按钮

❶ 返回到“插入对象”对话框，勾选“链接”复选框；❷ 单击“确定”按钮。

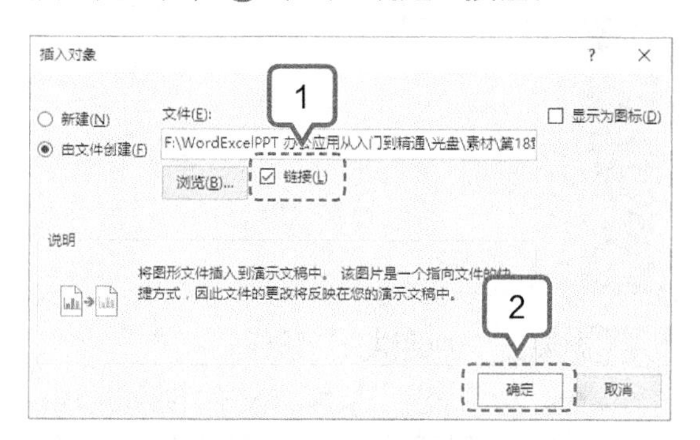

第 6 步 调用工作表

完成上述操作即可在演示文稿中调用工作表，并调整工作表的位置。

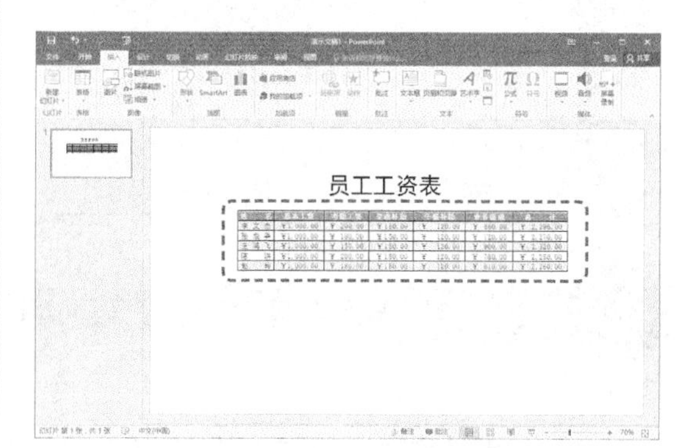

18.8 在 PowerPoint 中调用 Excel 图表

本节视频教学时间 / 3 分钟

素材文件	素材 \ 第 18 章 \ 投资计划表 .txt
结果文件	结果 \ 第 18 章 \ 投资计划表 .pptx

在 PowerPoint 中，用户也可以直接调用 Excel 图表。下面介绍其具体的操作方法。

第 1 步 新建演示文稿

新建一个空白演示文稿，在“标题”占位符中输入“投资计划表”，调整其字体格式和位置，并删除其他占位符。

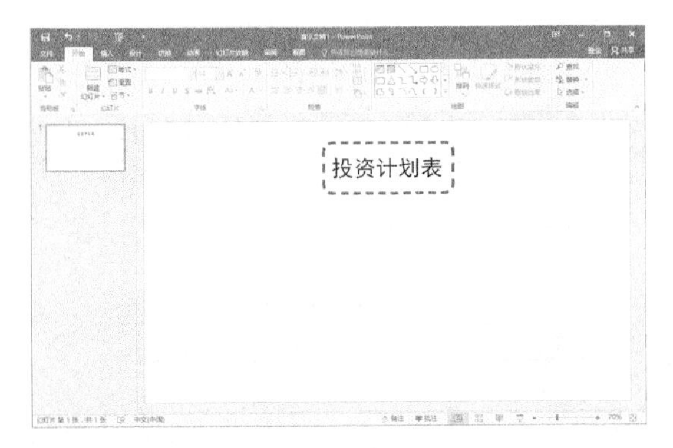

第 2 步 单击“对象”按钮

单击“插入”选项卡，在“文本”面板中，单击“对象”按钮。

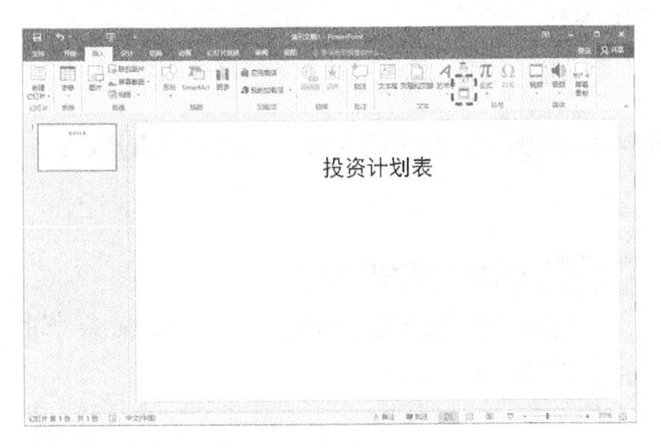

第 3 步 选择相应选项

❶ 打开“插入对象”对话框，勾选“新建”单选按钮；❷ 在右侧的下拉列表框中，选择“Microsoft Excel 图表”选项。

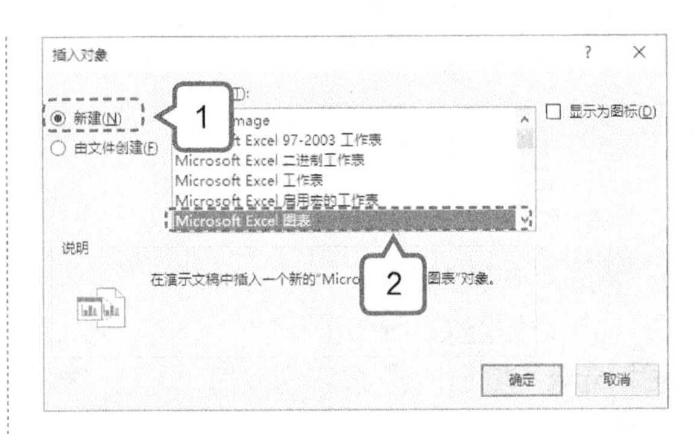

第 4 步 删除工作表数据

单击“确定”按钮，打开 Excel 工作表编辑窗口，切换至 Sheet1 工作表，选择工作表中的数据，将其删除。

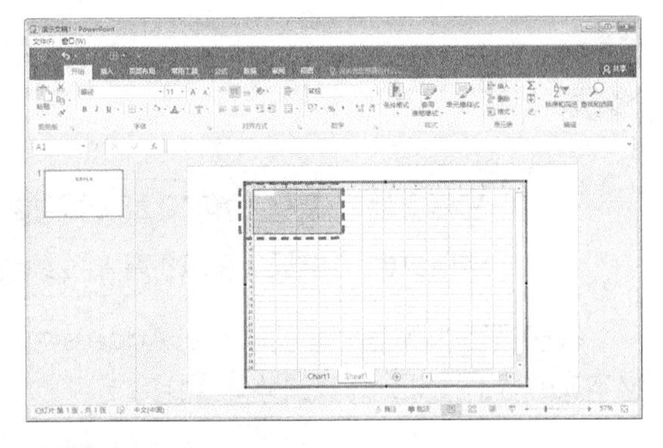

第 5 步 复制文本内容

打开“素材”文件夹中的“投资计划表”文本文档，选择所有内容，单击鼠标右键，打开快捷菜单，单击“复制”命令。

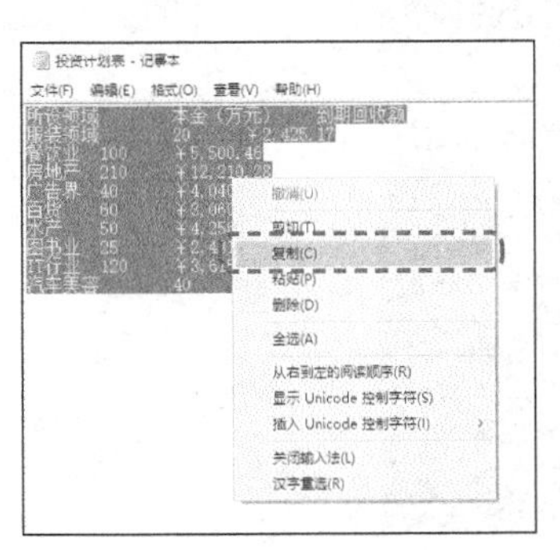

第 6 步 粘贴数据

在 Excel 工作表编辑窗口中，按组合键【Ctrl + V】，粘贴数据。

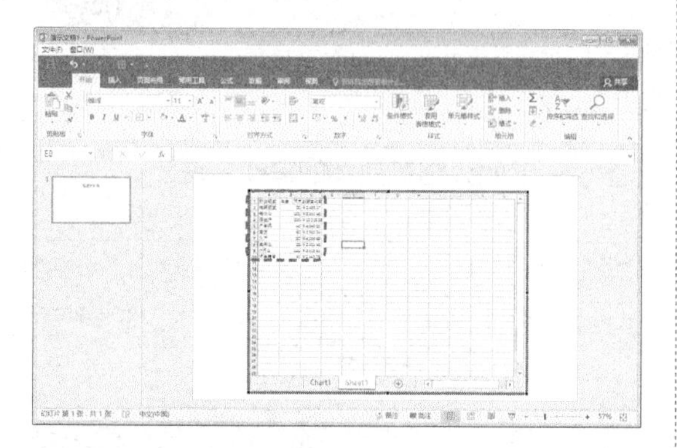

第 7 步 添加图表元素

❶ 切换至 Chart1 工作表，单击“添加图标元素”按钮；❷ 展开列表框，勾选“数据表”复选框。

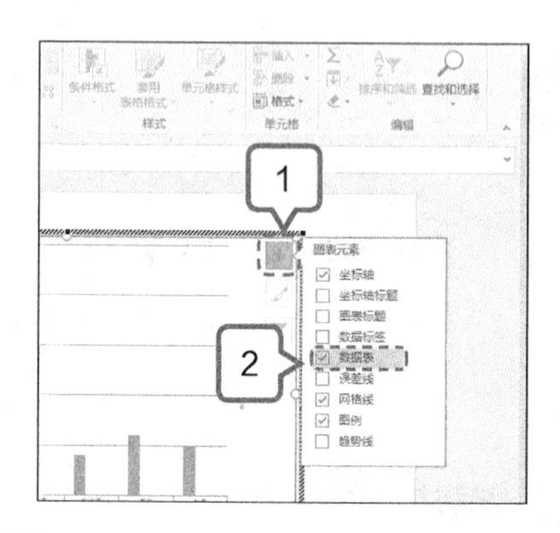

第 8 步 调用 Excel 图表

在演示文稿的空白处，单击鼠标左键，完成 Excel 图表的调用。

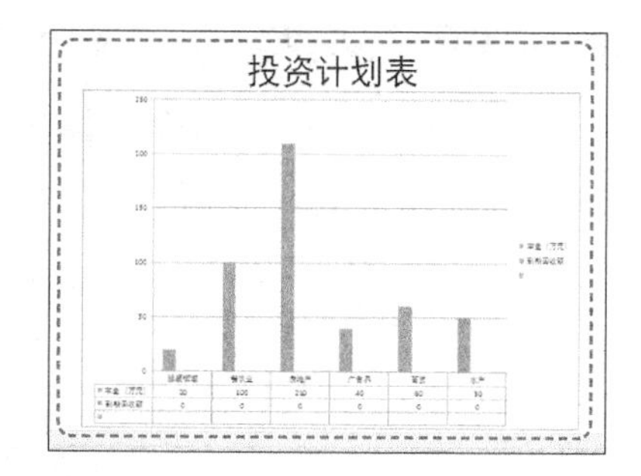

18.9 在 Access 中导入 Excel 数据

本节视频教学时间 / 2 分钟

素材文件	素材 \ 第 18 章 \ 成绩统计表 .xlsx
结果文件	结果 \ 第 18 章 \ 成绩统计表数据库 .accdb

很多类型的数据都可以导入到 Access 中，如其他数据库文件中的数据、Excel 中的数据、文本文件等。下面介绍其具体的操作方法。

第 1 步 单击“空白桌面数据库”图标

启动 Access 2016，在其界面中，单击“空白桌面数据库”图标。

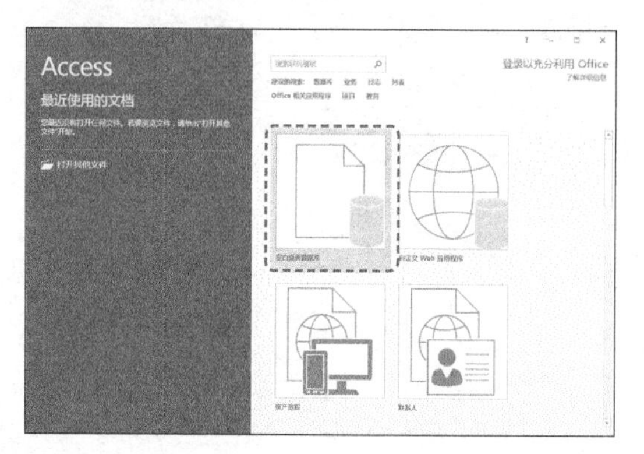

第 2 步 单击“浏览”按钮

打开“空白桌面数据库”对话框，单击“创建”按钮。

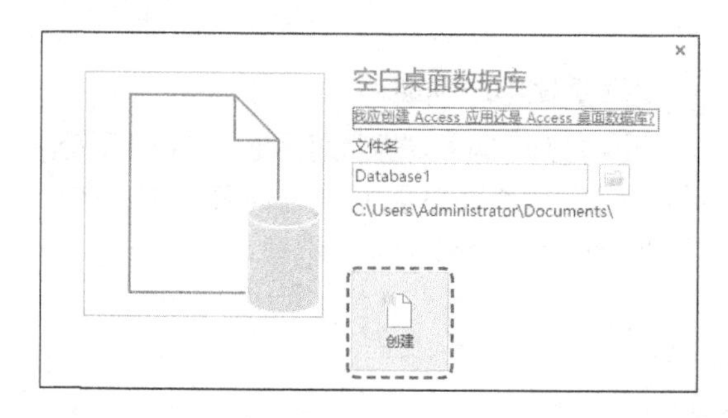

第 3 步 单击“Excel”按钮

创建一个空白数据库，单击“外部数据”选项卡，在“导入并链接”面板中，单击“Excel”按钮。

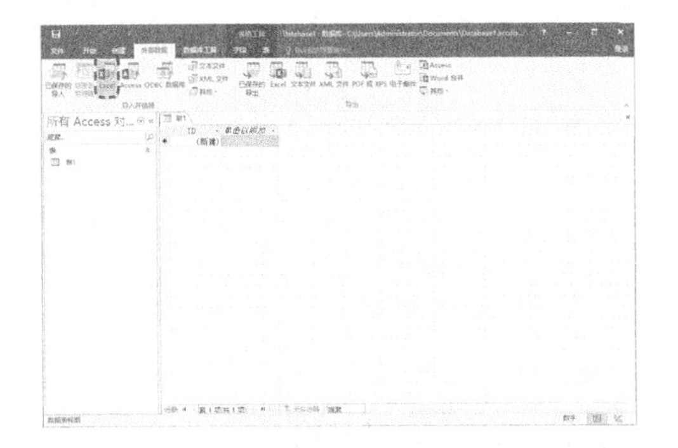

第 4 步 单击“浏览”按钮

打开“获取外部数据 -Excel 电子表格”对话框，单击“浏览”按钮。

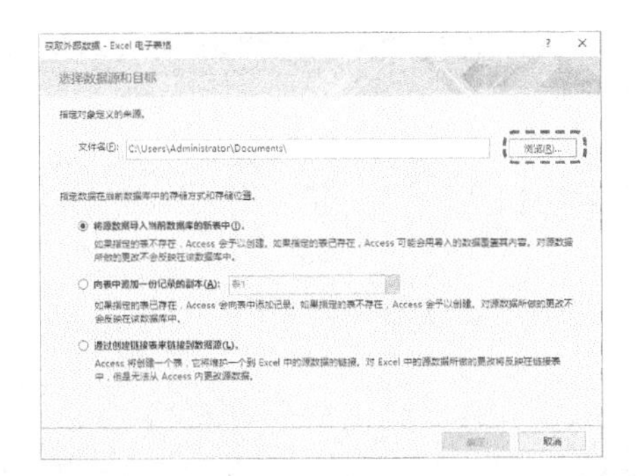

第 5 步 选择工作表

❶ 打开“打开”对话框，选择 Excel 工作表；❷ 单击“打开”按钮。

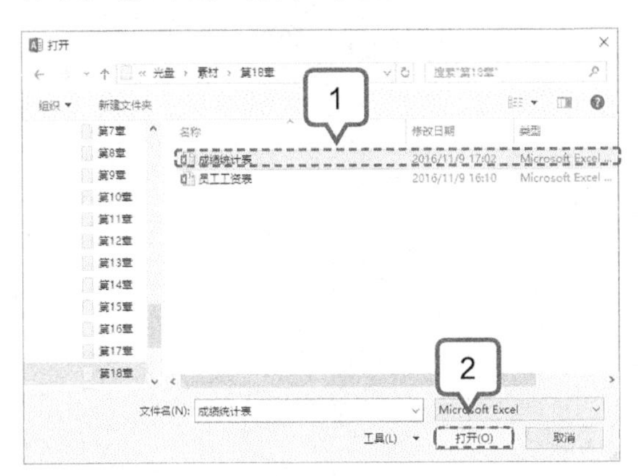

第 6 步 单击“下一步”按钮

返回到“获取外部数据 -Excel 电子表格”对话框，单击“确定”按钮，打开“导入数据表向导”对话框，单击“下一步”按钮。

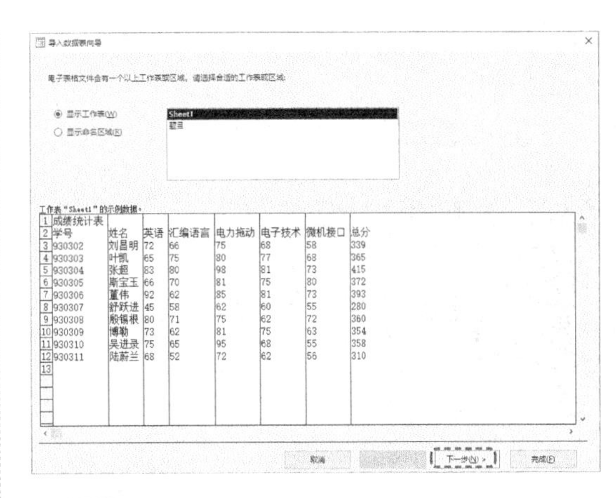

第 7 步 单击“下一步”按钮

进入下一个界面，保持默认设置，单击“下一步”按钮。

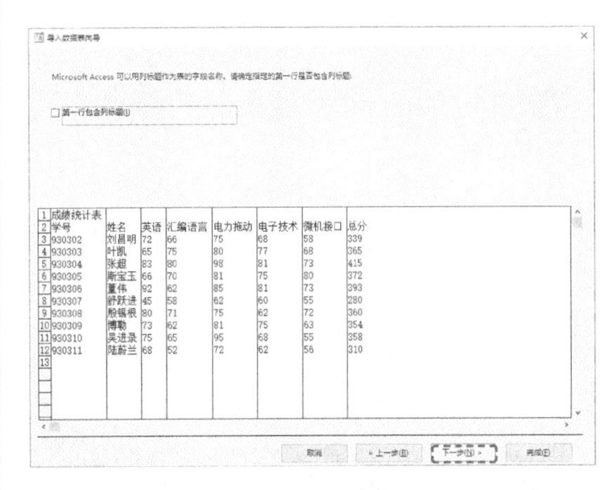

第 8 步 单击“下一步”按钮

进入下一个界面，保持默认设置，单击“下一步”按钮。

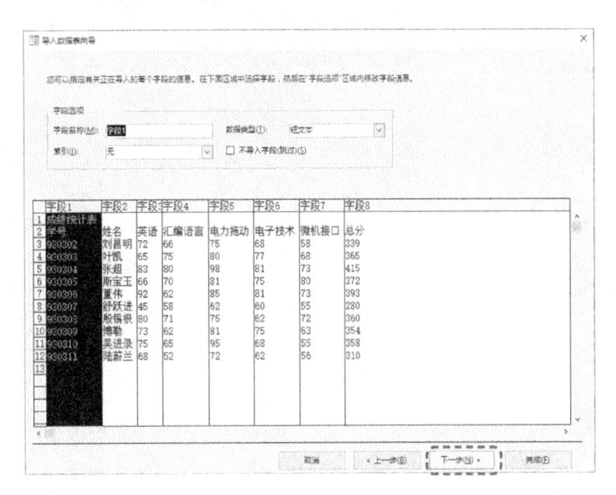

第 9 步 单击“下一步”按钮

进入下一个界面，保持默认设置，单击“下一步”按钮。

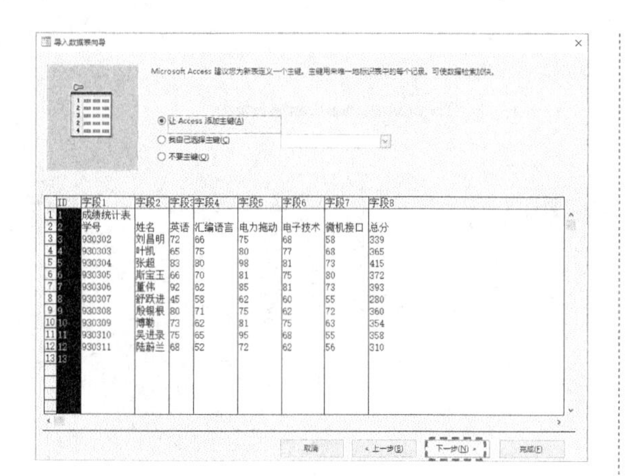

第 10 步 单击“完成”按钮

进入下一个界面，保持默认设置，单击“完成”按钮。

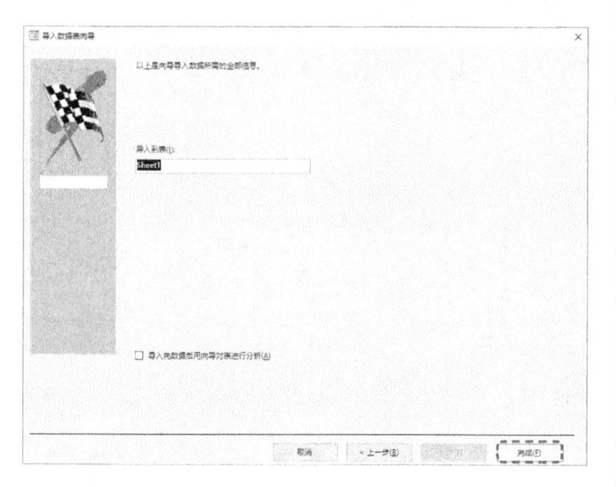

第 11 步 单击“关闭”按钮

返回到“获取外部数据 -Excel 电子表格”对话框，单击“关闭”按钮。

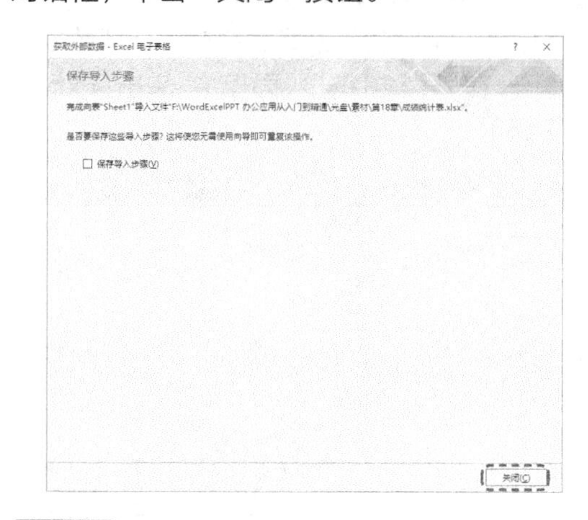

第 12 步 导入 Excel 数据

完成上述操作即可在 Access 中导入 Excel 数据。在左侧的窗格中，双击“Sheet1”工作表，即可查看数据。

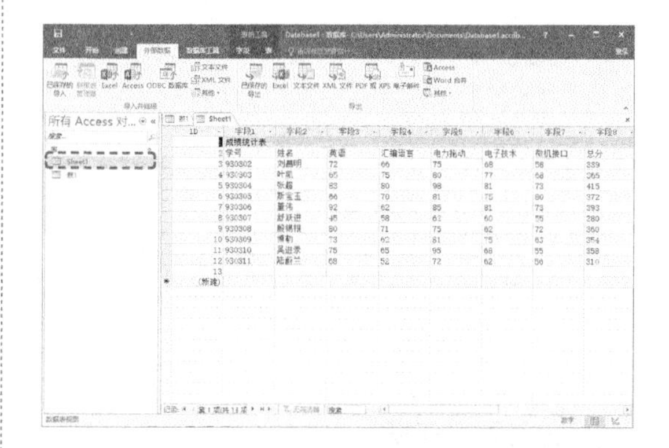

Chapter 19

办公设备的使用

本章视频教学时间 / 12 分钟

技术分析

办公设备是自动化办公不可缺少的组成部分，熟练操作常用办公设备可以有效提高工作效率。本章主要介绍以下内容。

（1）安装与使用打印机。

（2）安装与使用扫描仪。

（3）安装与使用投影仪。

（4）移动存储器的使用。

思维导图

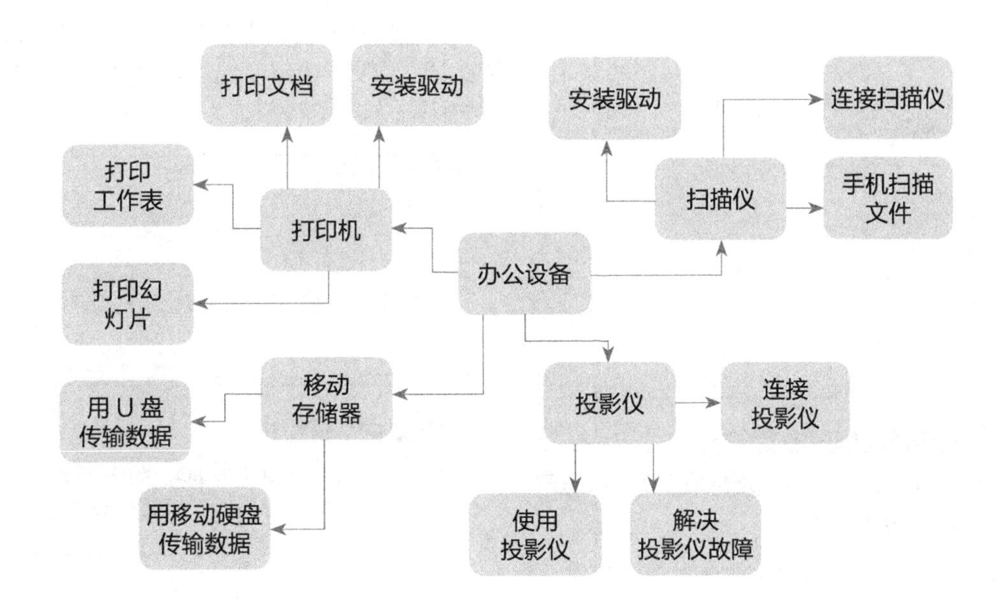

19.1 安装与使用打印机

本节视频教学时间 / 6 分钟

素材文件	素材 \ 第 19 章 \ 实习就业协议书 .docx、现金流量表 .xlsx、企业文化 .pptx

打印机是自动化办公中不可缺少的一个组成部分，是重要的输出设备之一。通过打印机，用户可以将电脑中编辑好的文档、图片等资料打印输出到纸上，便于将资料进行存档、报送及作其他用途。

1. 安装打印机驱动程序

在使用打印机打印文件之前，首先需要安装打印机的驱动程序。下面以爱普生打印机为例介绍其具体的操作方法。

第 1 步 单击“打开”命令

将打印机通过 USB 接口连接至电脑。在“此电脑”窗口中，选择打印机驱动程序，单击鼠标右键，打开快捷菜单，单击“打开”命令。

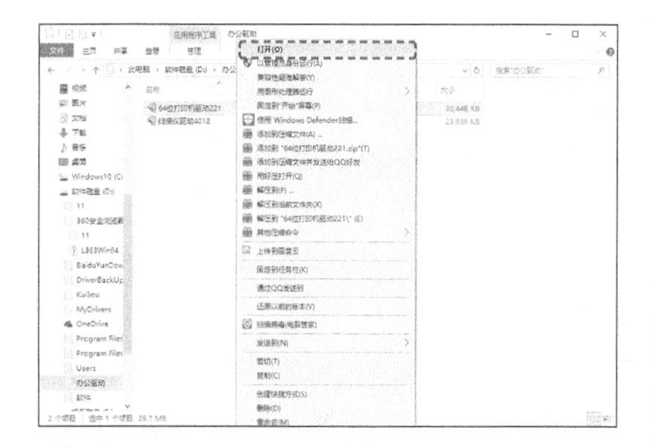

第 2 步 显示驱动解压进度

打开“打印机驱动”安装对话框，将显示驱动程序解压进度。

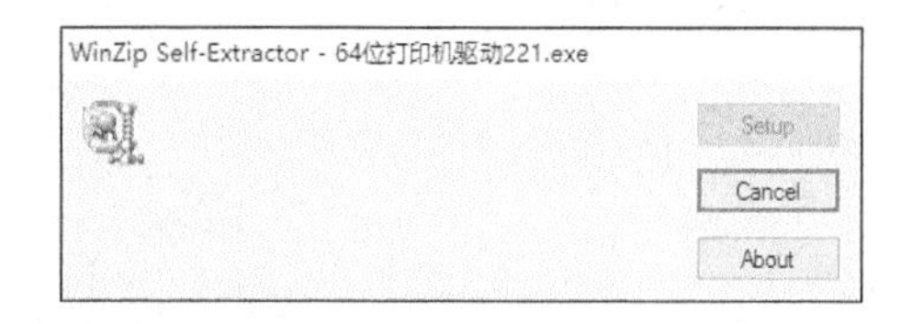

第 3 步 单击“确定”按钮

稍后将打开“安装爱普生打印机工具”对话框，单击“确定”按钮。

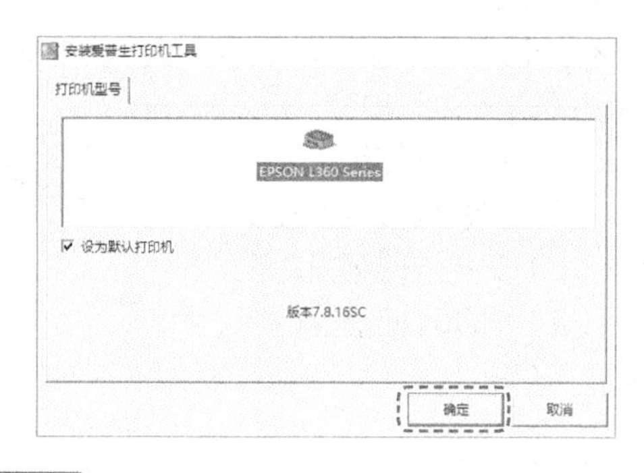

第 4 步 选择安装语言

❶ 打开“安装爱普生打印机工具”对话框，选择“中文（简体）”语言；❷ 单击“确定”按钮。

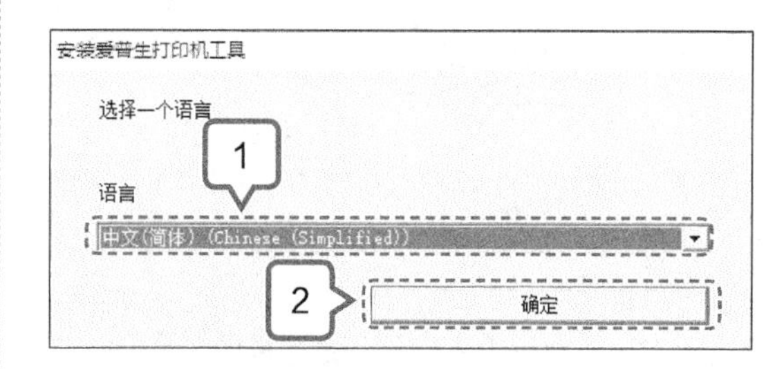

第 5 步 同意许可协议

❶ 打开“Epson Eula”对话框，勾选“同意”单选按钮；❷ 单击“OK”按钮。

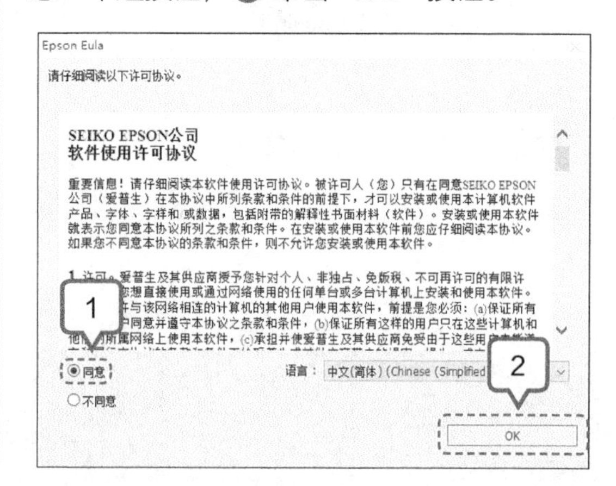

第 6 步 显示安装进度

开始安装打印机驱动程序，并显示安装进度。

第 7 步 单击“手动”按钮

稍等片刻后，将打开相应的对话框，提示用户确认打印机已打开并连接至电脑 USB 端口的信息，单击“手动”按钮。

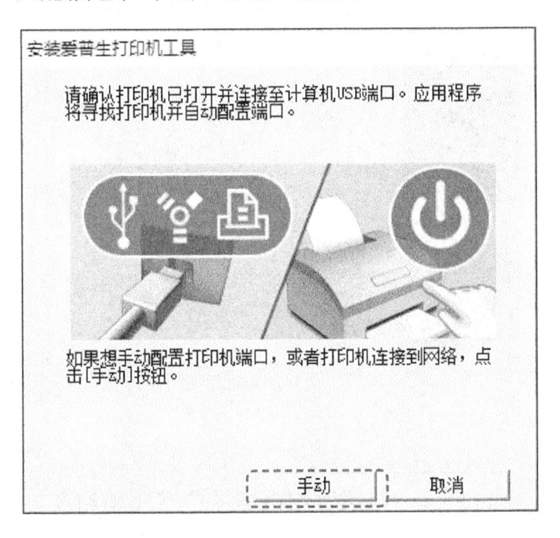

第 8 步 选择打印机端口

❶ 进入“选择打印机端口”界面，选择第 3 个端口；❷ 单击“确定”按钮。

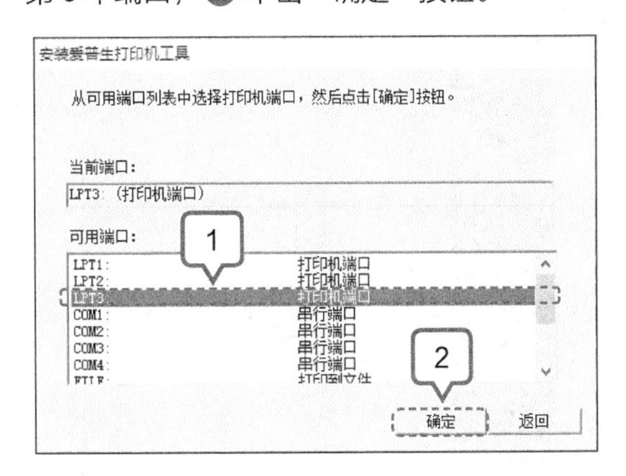

第 9 步 安装和配置成功

继续进行安装，稍后将打开相应的对话框，提示打印机驱动程序安装和配置成功信息，单击“确定”按钮即可。

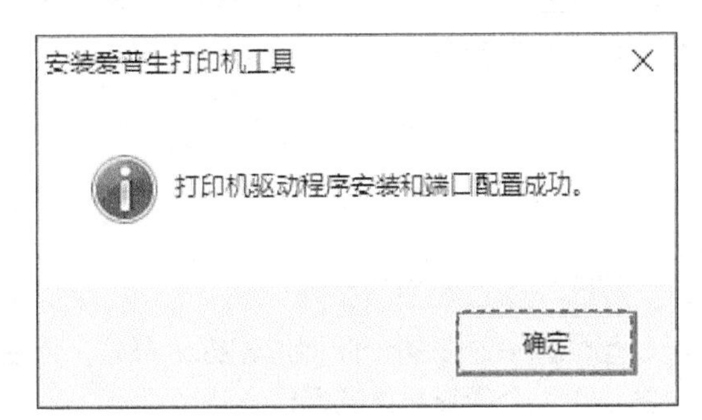

2. 打印 Word 文档

完成 Word 文档的制作后，有时需要使用“打印”功能将文档打印出来。下面介绍其具体的操作方法。

第 1 步 打开文档

打开“素材 \ 第 19 章 \ 实习就业协议书 .docx”文档。

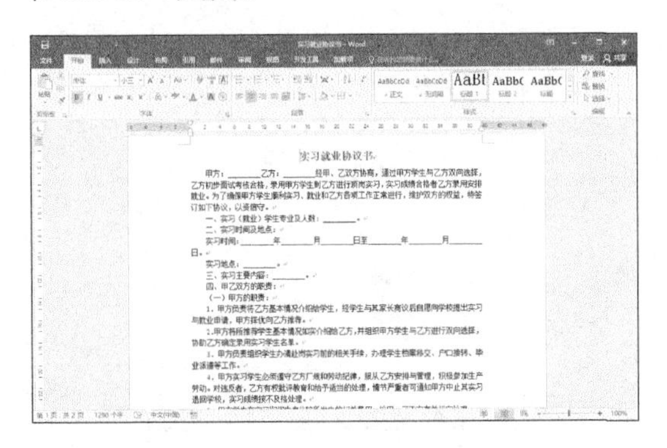

第 2 步 单击“打印”命令

单击“文件”命令，进入“文件”选项卡，单击“打印”命令。

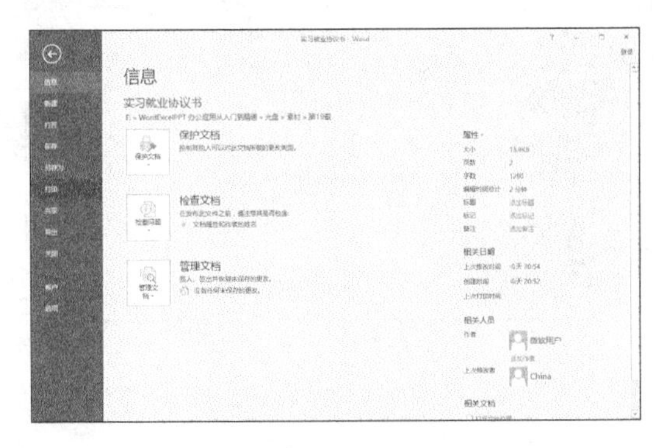

第 3 步 选择打印机

❶ 在“打印”界面中，单击“打印机状态”下三角按钮；❷ 展开列表框，选择合适的打印机。

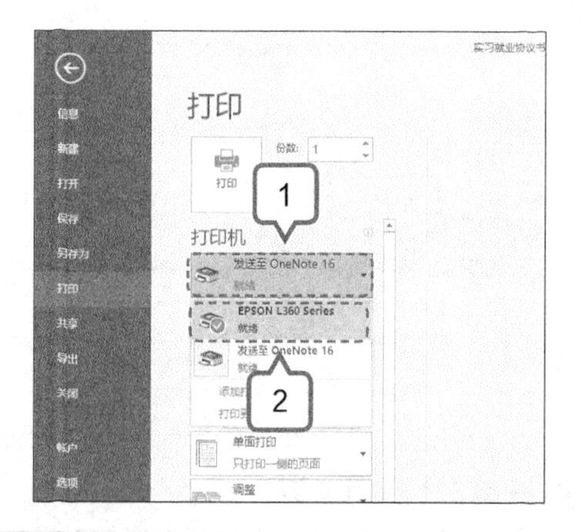

第 4 步 单击“每版打印 2 页”命令

❶ 在“打印”界面中，单击“每版打印 1 页”下三角按钮；❷ 展开列表框，单击“每版打印 2 页”命令。

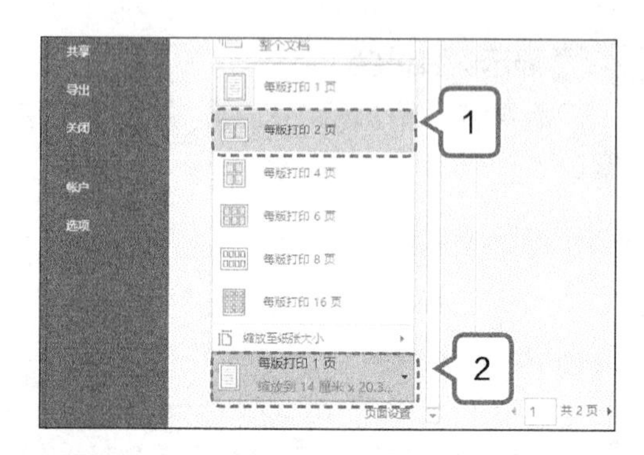

第 5 步 设置打印参数

❶ 在“打印方向”列表框中，单击“横向”命令，在“份数”右侧的数值框中输入 4；❷ 单击“打印”按钮，即可打印 4 份文档。

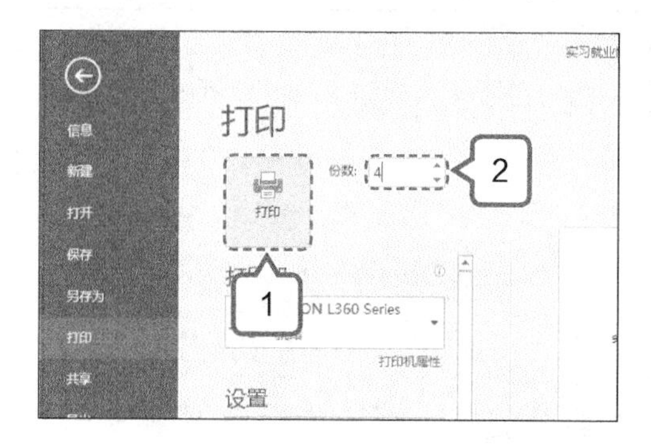

3. 打印 Excel 工作表

虽然越来越多的企业提倡无纸化办公，但是在很多时候，还是需要将创建的电子表格打印出来的。下面介绍其具体的操作方法。

第 1 步 单击“页面设置”按钮

打开“素材 \ 第 19 章 \ 现金流量表 .xlsx”工作簿，单击“页面布局”选项卡，在“页面设置”面板中，单击“页面设置”按钮 。

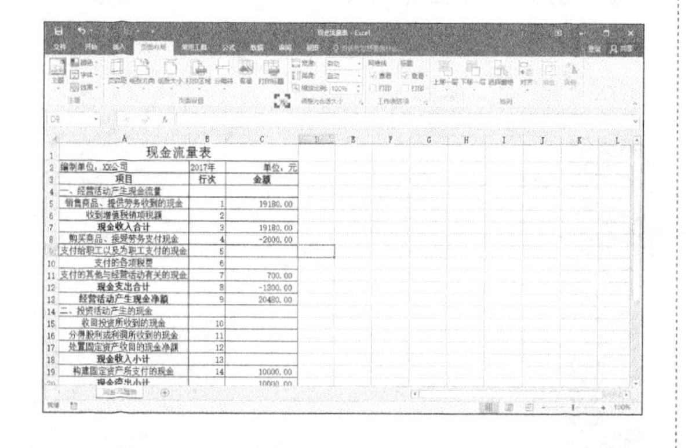

第 2 步 设置打印参数

❶ 打开“页面设置”对话框，单击“工作表”选项卡，勾选“单色打印”复选框；❷ 为“顶端标题行”引用单元格区域，选择第 1 行单元格。

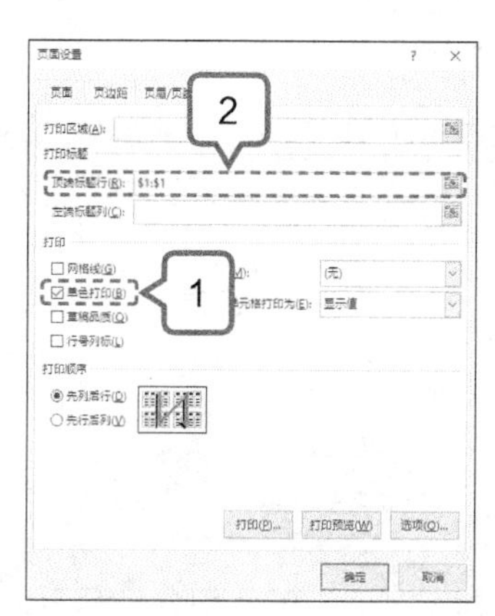

第 3 步 设置居中方式

单击“页边距”选项卡，在“居中方式”选项区中，勾选“水平”和“居中”单选按钮。

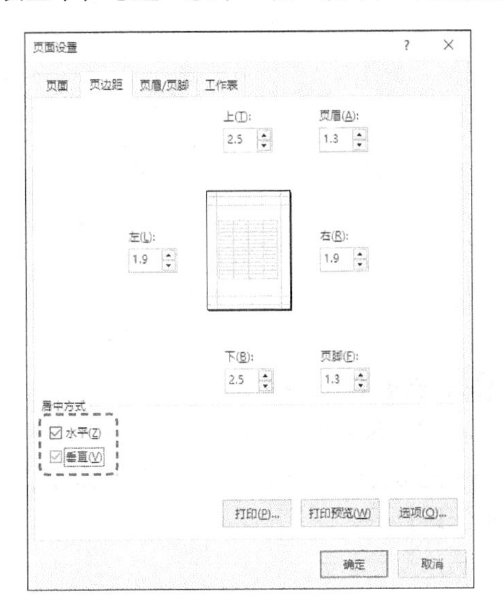

第 4 步 设置缩放比例

单击“页面”选项卡，在“缩放”选项区中，修改“缩放比例”为 80，然后单击“确定”按钮。

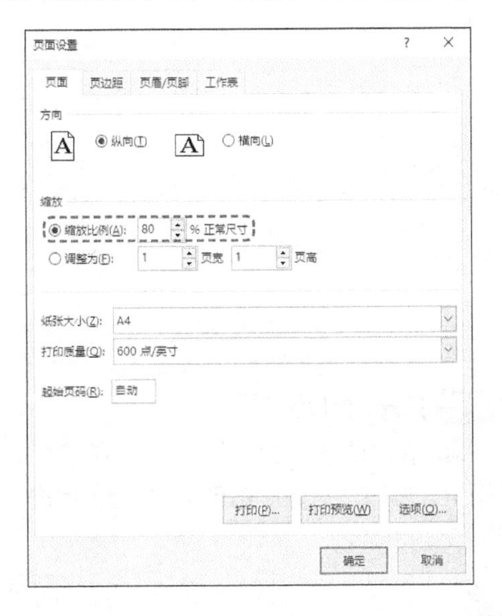

第 5 步 单击“打印”命令

单击“文件”选项卡，进入“文件”界面，单击“打印”命令。

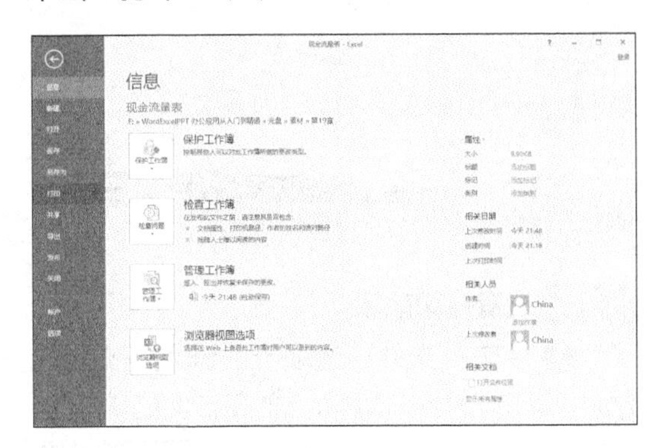

第 6 步 设置打印比例

❶ 进入“打印”界面，选择合适的打印机，在“份数”数值框中输入 5；❷ 单击“打印”按钮即可。

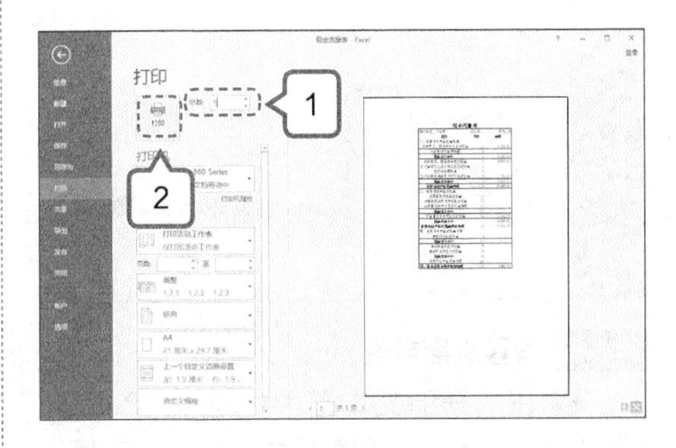

4. 打印 PowerPoint 幻灯片

使用“打印”功能，也可以将演示文稿中的幻灯片打印出来。下面介绍其具体的操作方法。

第 1 步 打开演示文稿

打开“素材 \ 第 19 章 \ 企业文化 .pptx”演示文稿。

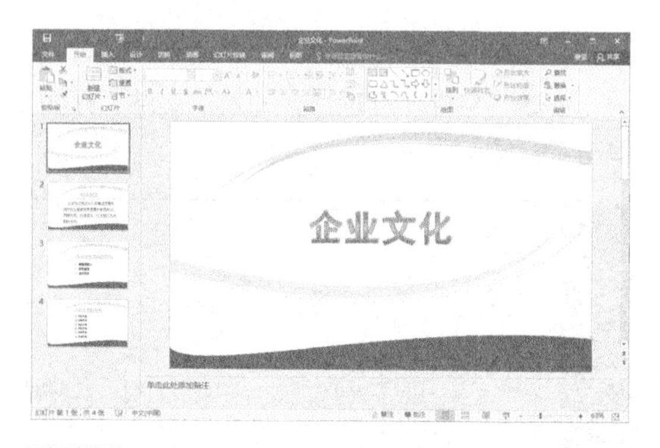

第 2 步 设置打印范围

❶ 单击“文件”选项卡，进入“文件”界面，单击“打印”命令；❷ 在右侧的“打印”界面中，单击“打印全部幻灯片”下三角按钮；❸ 展开列表框，单击“打印所选幻灯片”命令。

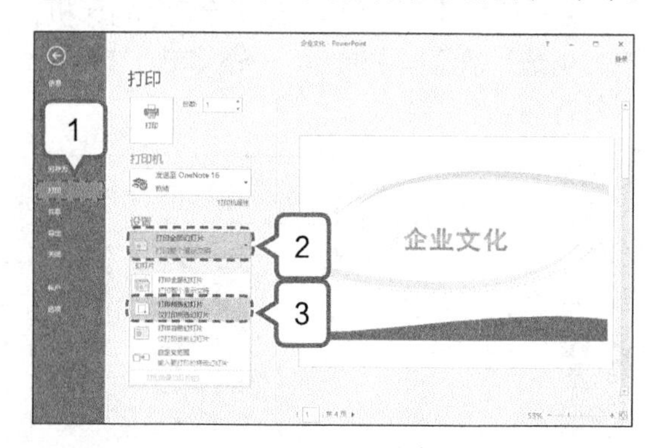

第 3 步 设置灰度参数

❶ 在展开的文本框中，输入“2-3”；❷ 在“打印颜色”列表框中，单击“灰度”命令。

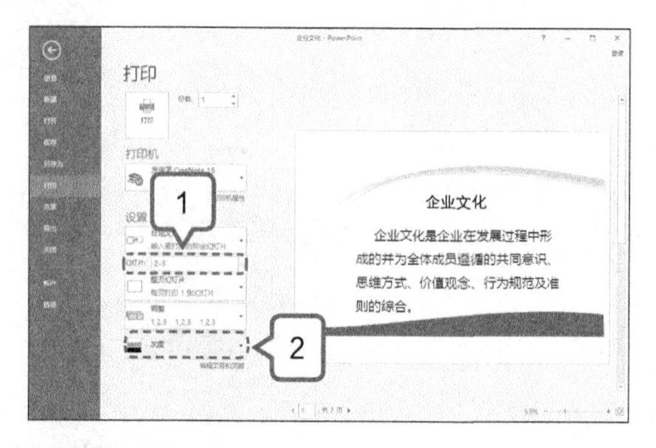

第 4 步 设置打印方向

❶ 单击“打印机属性”链接，打开“发送至 OneNote 16 文档 属性”对话框，设置“方向”为“纵向”；❷ 单击“高级”按钮。

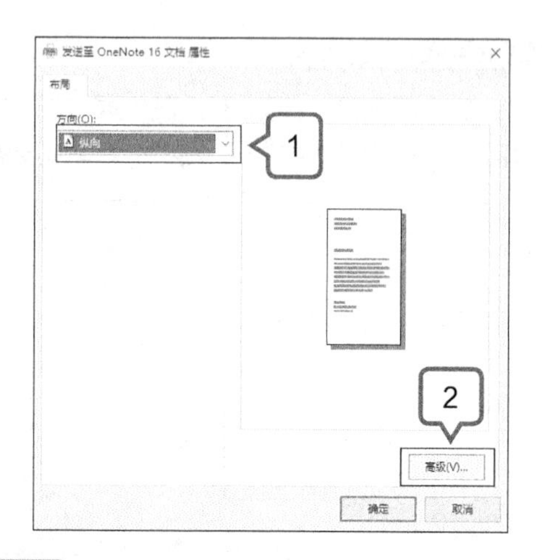

第 5 步 设置纸张规格

打开“Send to Microsoft OneNote 16 Driver 高级选项”对话框，在“纸张规格”列表框，选择 A3。

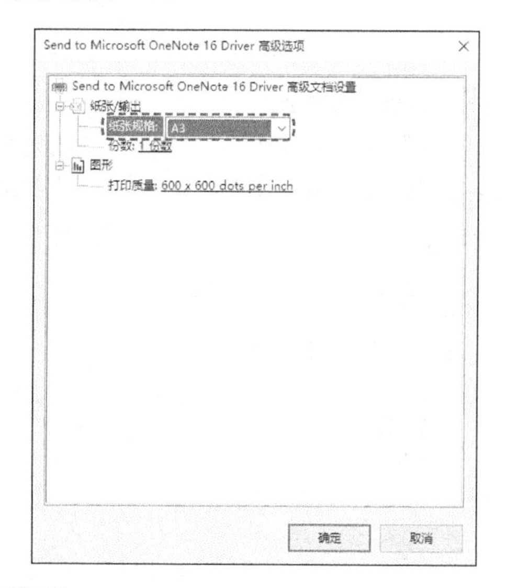

第 6 步 打印幻灯片

❶ 依次单击“确定”按钮，在“打印”界面中，修改“份数”数值为 2；❷ 单击“打印”按钮即可。

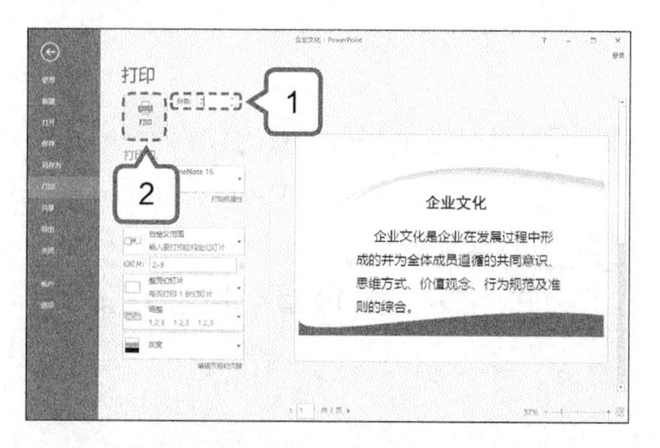

19.2 安装与使用扫描仪

本节视频教学时间 / 2 分钟

在日常办公中，使用扫描仪可以很方便地把纸上的文件扫描至电脑中，从而节省了把字符输入电脑的时间，大大提高办公效率。

1. 安装扫描仪驱动程序

在扫描文件之前，首先要安装扫描仪，然后再安装扫描仪的驱动程序。下面介绍其具体的操作方法。

第 1 步 单击相应的命令

将扫描仪通过USB接口连接至电脑。在“此电脑”窗口中，选择扫描仪的驱动程序，单击鼠标右键，打开快捷菜单，单击“打开”命令。

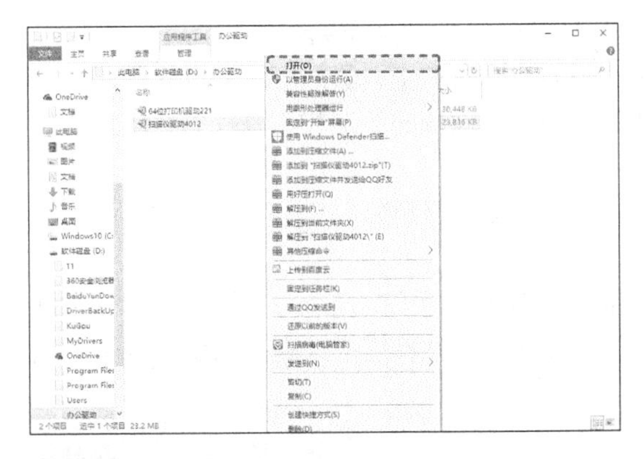

第 2 步 解压缩驱动程序

开始解压缩驱动程序，并在解压缩的过程中，会依次打开提示对话框，全部单击“是”按钮即可。

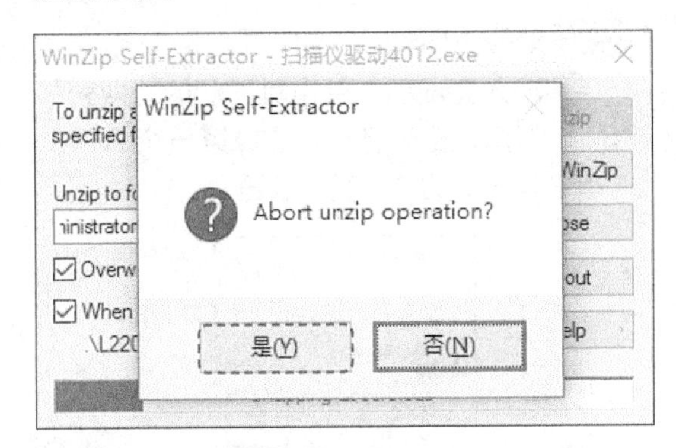

第 3 步 单击“下一步”按钮

稍等片刻后，将打开“EPSON Scan 安装”对话框，单击“下一步”按钮。

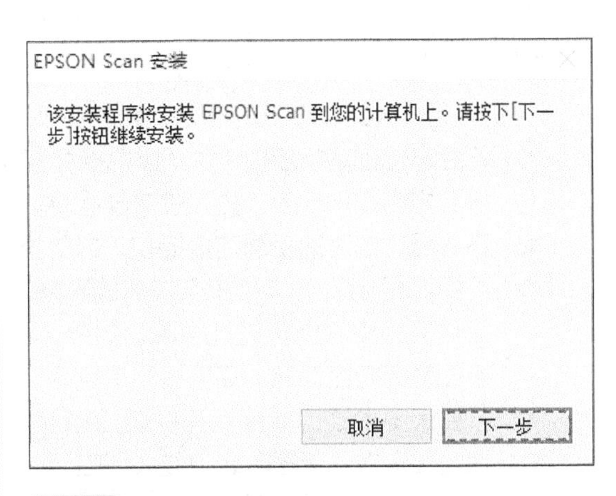

第 4 步 接受许可协议

❶ 进入“许可协议”界面，勾选“我接受协议的各项条款和条件”复选框；❷ 单击“下一步”按钮。

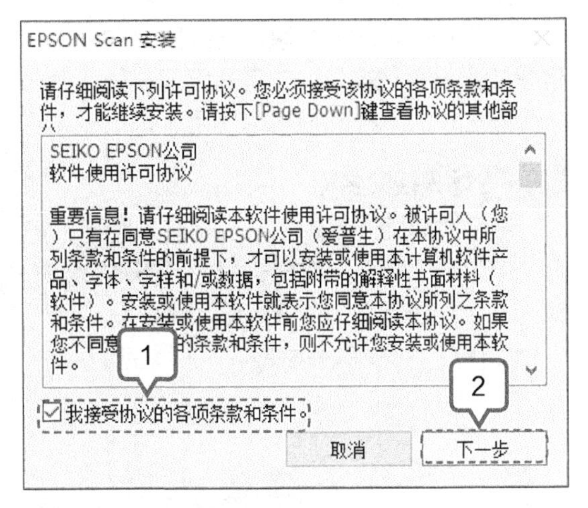

第 5 步 显示安装进度

进入“正在安装”界面，开始安装扫描仪驱动程序，并显示安装进度。

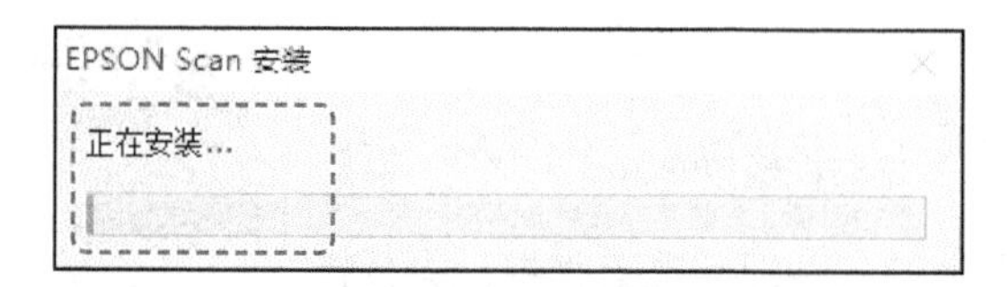

第 6 步 完成扫描仪驱动安装

稍等完成后，进入“安装成功”界面，提示用户扫描仪驱动已安装成功，单击“完成”按钮即可。

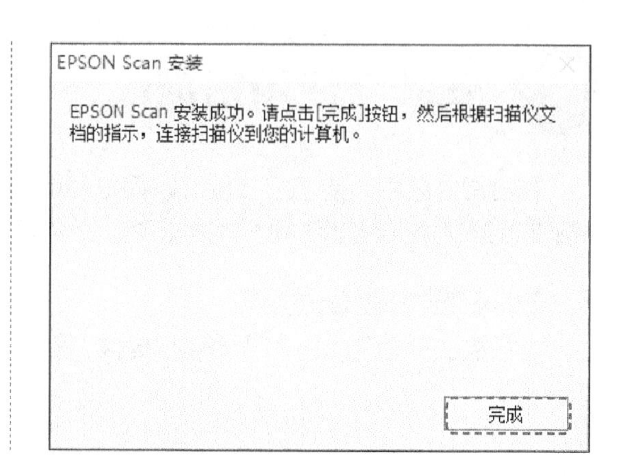

2. 扫描仪连接时的注意事项

扫描仪是一种比较精密的设备，用户在平时连接使用时，需要注意以下几点。

- 不要忘记锁定扫描仪。为了避免损坏光学组件，扫描仪通常都设有专门的锁定 / 解锁结构，移动扫描仪前，应该先锁住光学组件。
- 不要用有机溶剂来清洁扫描仪，以防损坏扫描仪的外壳和光学组件。
- 不要让扫描仪工作在灰尘较多的环境之中，如果上面有灰尘，最好能用平常给照相机镜头除尘的皮老虎来进行清除。另外，务必保持扫描仪玻璃的清洁和不受损害，因为它直接关系到扫描仪的扫描精度和识别率。
- 不要带电接插扫描仪。在安装扫描仪时，特别是安装采用 EPP 并口的扫描仪时，为了防止烧毁主板，接插时必须先关闭电源。
- 不要忽略扫描仪驱动程序的更新。驱动程序直接影响扫描仪的性能，并涉及各种软、硬件系统的兼容性，为了让扫描仪更好地工作，应该经常到其生产厂商的网站下载驱动程序并更新。

3. 使用手机扫描文件

在设备齐全的办公室，把纸质文字扫描到电脑中进行编辑，可以节省大量的打字录入时间。但是如果没有扫描仪，或者是出门在外，怎么办？此时用户可以使用具有拍照功能的手机，下载一个扫描仪的 APP，就可以使用手机扫描文件。下面介绍其具体的操作方法。

第 1 步 输入搜索名称

在手机桌面上，单击“应用宝”图标，打开“应用宝”窗口，单击搜索栏，打开输入法，输入“全能扫描王”。

第 2 步 选择 APP

❶ 输入完成后，单击其右侧的“搜索”按钮，显示出搜索结果，选择第一个 APP；

❷ 单击其右侧的“下载”按钮。

第3步 显示下载进度

开始下载扫描仪的 APP 程序，并显示下载进度。

第4步 单击“安装”按钮

下载完成后，将自动打开“扫描全能王”安装界面，单击“安装”按钮。

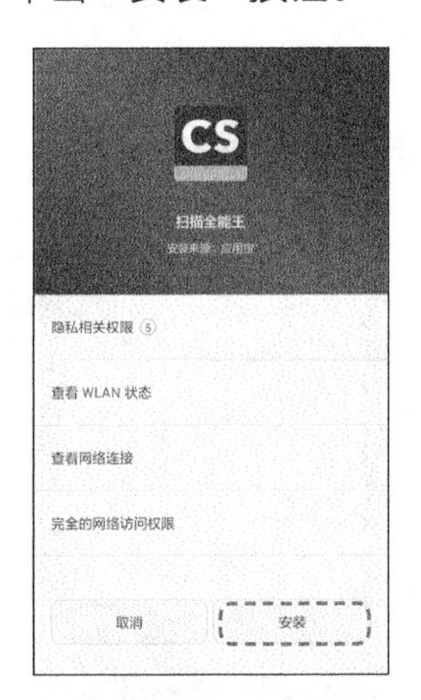

第5步 显示安装进度

进入“正在安装”界面，开始安装扫描仪APP，并显示安装进度。

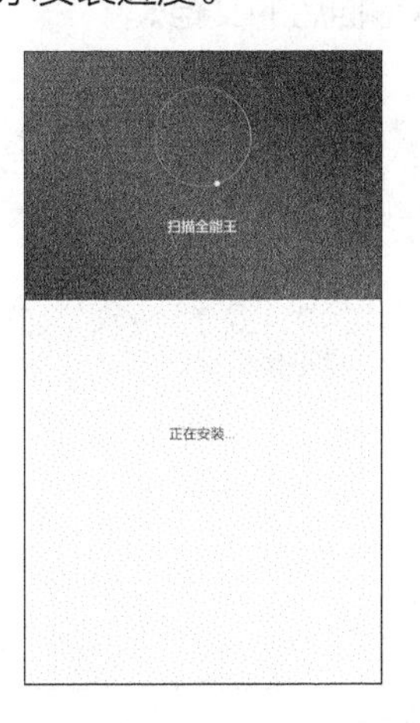

第6步 完成安装

稍后将进入“应用已安装”界面完成扫描仪 APP 的安装，单击“打开”按钮。

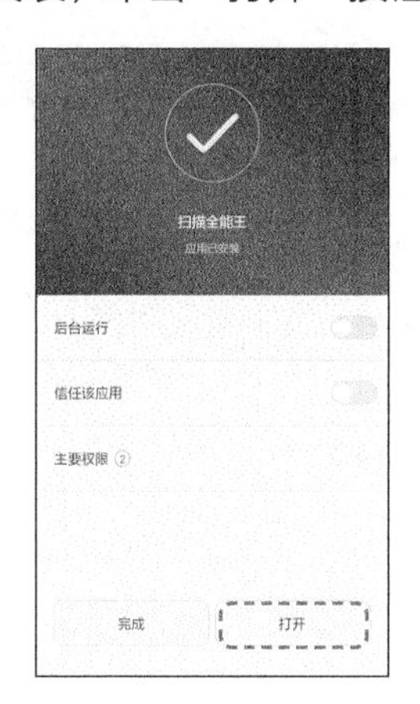

第7步 单击“开始使用”按钮

打开“扫描全能王”界面，单击“开始使用”按钮。

第8步 输入手机号码和验证码

❶ 进入“验证码登录”界面，输入手机号码和验证码；❷ 单击“登录”按钮。

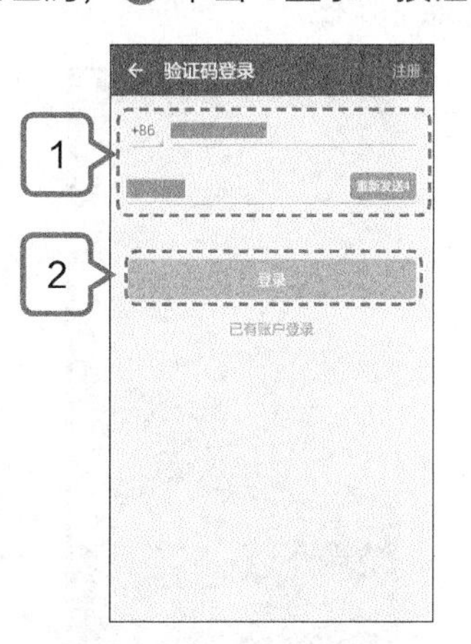

第 9 步 设置密码

❶ 进入“设置密码”界面，输入新密码；❷ 单击“完成”按钮。

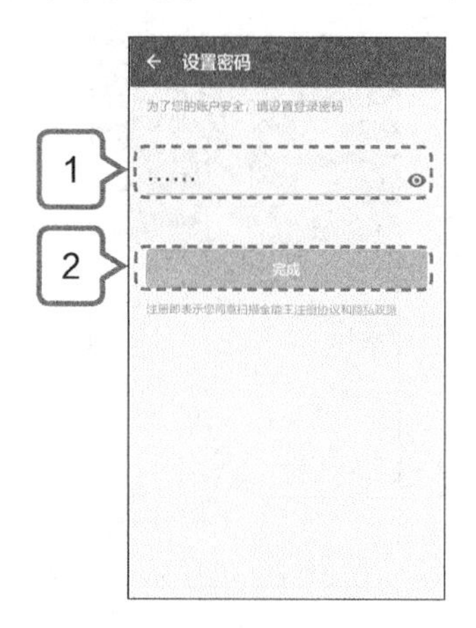

第 10 步 单击“开始扫描”按钮

进入“我的文档”界面，单击“开始扫描”按钮。

第 11 步 单击“拍照”按钮

打开文档扫描界面，并显示出扫描区域，单击“拍照”按钮。

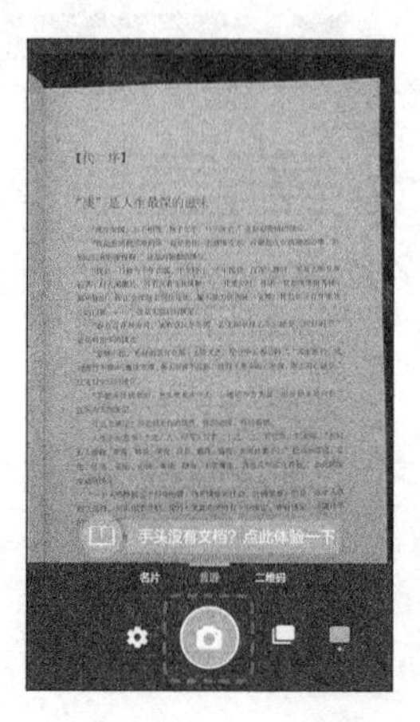

第 12 步 调整扫描区域

❶ 进入编辑界面，调整好文档的扫描区域；❷ 并单击其右侧的“完成”按钮。

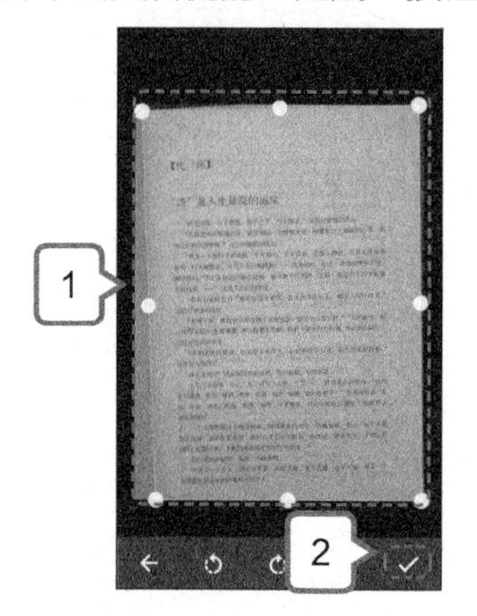

第 13 步 调整扫描文档的亮度、灰度

再次进入编辑界面，调整好扫描文档的亮度、灰度等，并单击其右侧的“完成”按钮。

第 14 步 完成文档扫描

进入“新文档”界面，完成文档的扫描操作，并显示扫描后的文档。

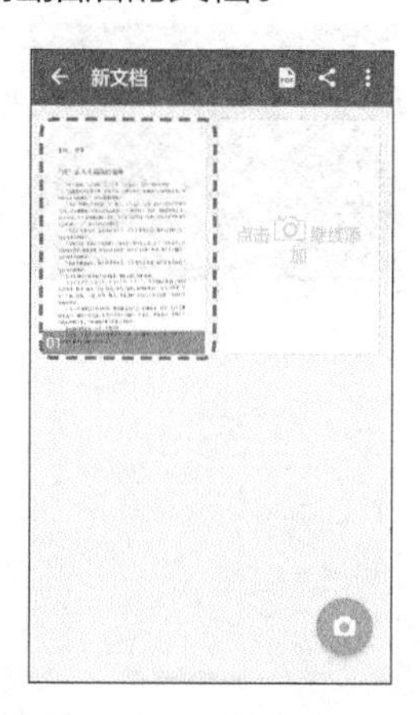

19.3 安装与使用投影仪

投影仪在办公中的应用也很广泛。在使用投影仪之前，首先需要将其连接到电脑上，正确的连接能够使投影的效果更好。

1. 电脑和投影仪的连接

电脑和投影仪的连接可以按照以下步骤进行。

- 连接投影仪和电脑前一定要将电脑和投影仪关闭，以防烧坏电脑和投影仪的接口。
- 将机箱上的蓝色插头（APG）插入电脑上对应的 APG 接口上，务必要插紧。如果需要声音输出，则将音频线插入相应的接口，绿色为音频接口，红色为麦克风接口。
- 将所有接口连接好后，打开电源。先开投影仪，再打开电脑，以便投影仪接收电脑信号。
- 完成后，电脑和投影仪可以一起关闭，然后在断电的情况下将接头拔掉。

2. 使用投影仪

将投影仪与笔记本电脑连接后就可以使用投影仪了，具体操作步骤如下。

- 连接好笔记本电脑和投影仪，在投影仪的后面板上，启动主电源开关，此时主板操作面板上的【ON】指示灯呈橙色显示，表示进入待机模式。
- 按下投影仪操作面板上的【ON/STANDBY】按钮。电源接通后【ON】【LAMP】【FAN】3 个指示灯会变为绿色。
- 稍等片刻，出现起始画面，适当地调整镜头的角度，使播放画面投到投影屏的正中央。然后按下笔记本电脑上的电源开关，启动操作系统，此时笔记本电脑液晶屏上的画面会同步到投影屏上。
- 打开一个幻灯片，单击“幻灯片放映”选项卡，在“开始放映幻灯片”面板中，单击“从头开始”按钮，就可以开始演示幻灯片了。如下图所示。

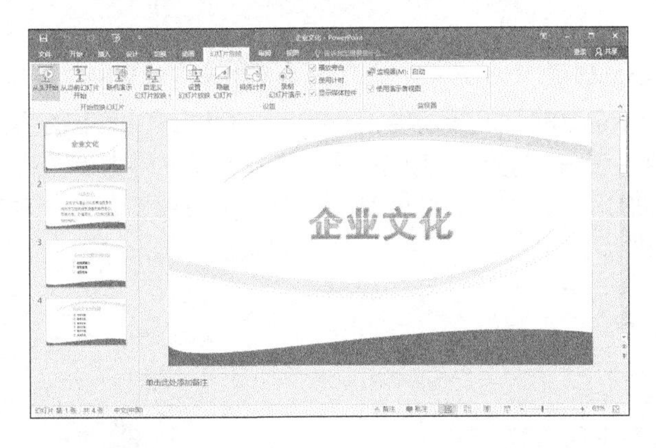

3. 投影仪常见故障及解决方法

在使用投影仪时，常常会遇到很多的故障问题，这时应该采取对应的解决方法，下面将分别进行介绍。

- 投影仪在接通电源后无任何反应

如果投影仪在接通电源后没有任何反应，说明电源供电部分很可能发生了问题，不过，是投影仪内部的电源还是外接电源有问题呢？为此，用户应该先检查一下投影仪的外接电源规格是否与投影仪所要求的标准相同，例如外接电源插座没有接地或者投影仪使用的电源连接线不是投影仪随机配备的，这都有可能造成投影仪电源输入不正常。如果外接电源正常，就可以断定投影仪内部供电电路发生损坏，此时就只能重新更换新的投影仪内部供电电源了。

- 投影仪在工作中突然关机

如果投影仪在工作过程中突然关机，一种可能是用户在操作时不小心切断了投影仪的电源，因此应该先检查一下是不是人为因素导致投影仪关闭，在排除这种情况后，就说明投影仪本身有问题，而且很有可能是热保护引起的。现在有许多高档投影仪为了延长投影仪寿命，常采用一种自我热保护功能，遇到投影仪内部有太大热量产生时，就会将投影仪自动关闭掉，而在这个状态下，投影仪对任何外界的输入控制是不作任何应答的。因此出现这种情况时，用户不要担心投影仪是否突然发生故障，只要在投影仪自动关机后大约半个小时，再按照普通的开机顺序来打开投影仪，就能让投影仪恢复正常工作了。

- 投影仪产生变形失真现象

投影仪投影出来的内容变形失真，很有可能是投影仪与投影屏幕之间的位置没有摆正，要想消除这种变形失真现象，可以调整投影仪的升降脚座，或者调整投影屏幕的位置高度，确保投影在屏幕上的图像呈矩形状。

19.4 移动存储器的使用

本节视频教学时间 / 4 分钟

移动存储指便携式的数据存储装置，带有存储介质且（一般）自身具有读写介质的功能，不需要或很少需要其他装置（例如电脑）等的协助。现代的移动存储主要有移动硬盘、USB 盘和各种记忆卡。本节将对各移动存储器的使用方法进行介绍。

1. 使用 U 盘传输数据

U 盘全称为“USB 闪存盘”，连接电脑后，可以很方便地与电脑进行数据交换。下面介绍其具体的操作方法。

第 1 步 查看新增的可移动磁盘

将 U 盘连接到笔记本电脑的 USB 接口中，系统将自动识别新的硬件设备，打开“此电脑”窗口，可以查看新增加的可移动磁盘，此处 U 盘的名称为“三生万物”。

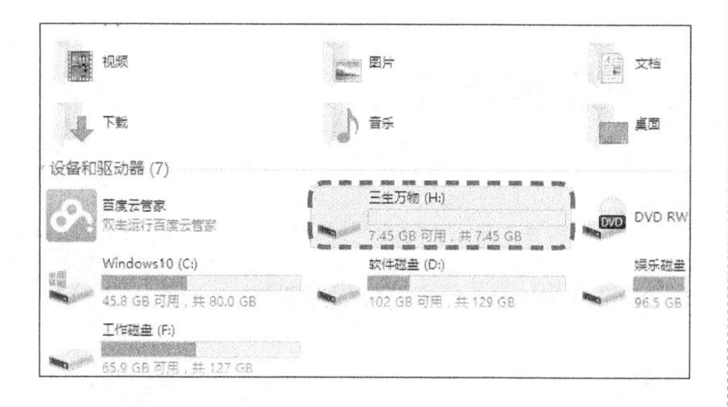

第 2 步 传输文件

❶ 打开“此电脑”窗口中相应文件夹窗口，选择合适文件为传输对象，单击鼠标右键，打开快捷菜单，单击“发送到”命令；❷ 展开列表框，单击“三生万物（H）”命令。

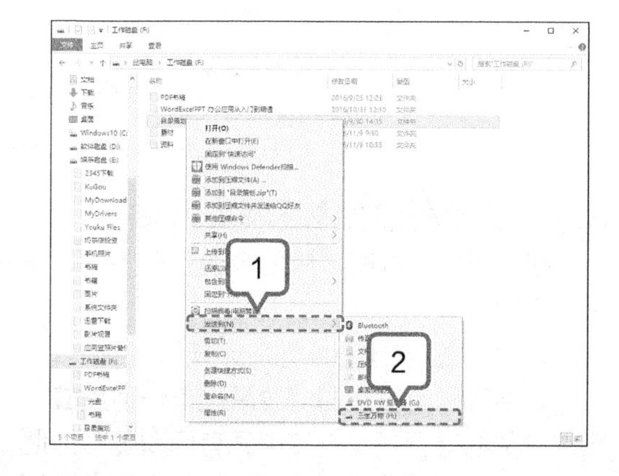

第 3 步 显示复制进度

打开“已完成”对话框，开始复制文件，并显示复制进度。

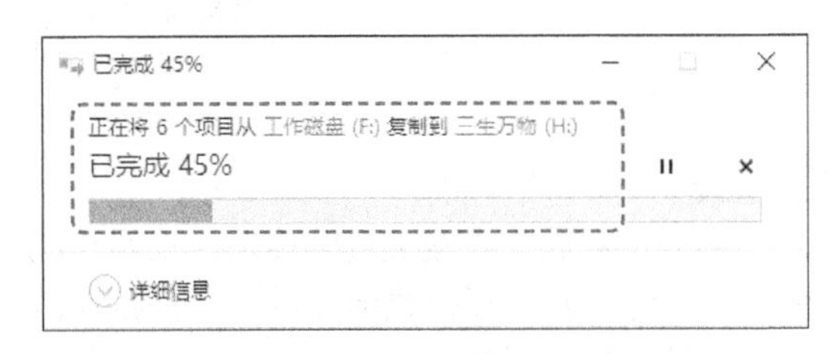

第 4 步 传输文件

稍等片刻后，完成文件的传输，双击鼠标左键打开相应的窗口，即可查看传输后的文件对象。

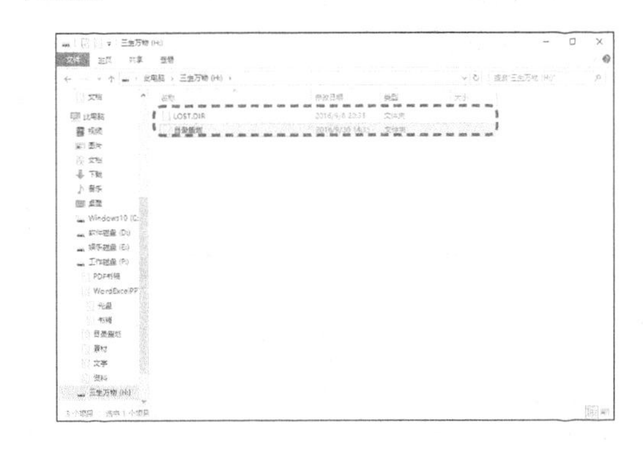

2. 使用移动硬盘复制文件

移动硬盘凭借其容量大、传输速度快以及便于携带等优势，成为广大用户进行数据资料互换的重要设备。下面介绍其具体的操作方法。

第 1 步 打开文档

将移动硬盘的 USB 连接线插到笔记本电脑的 USB 接口中，系统将打开“正在扫描”对话框，开始扫描移动硬盘，并显示扫描进度。

第 2 步 查看新增可移动磁盘

打开“此电脑”窗口，查看新增的可移动磁盘，此处可移动磁盘的名称为“世外桃源”。

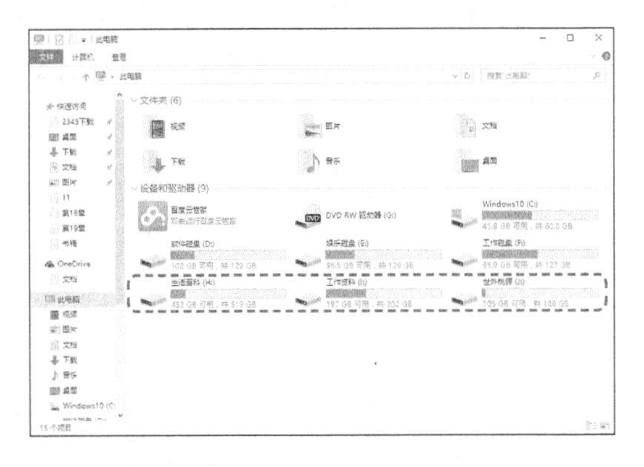

第 3 步 选择需要复制的文件夹

双击“世外桃源（J）”可移动磁盘，打开该磁盘窗口，选择需要复制的文件夹，单击鼠标右键，打开快捷菜单，单击“复制”命令。

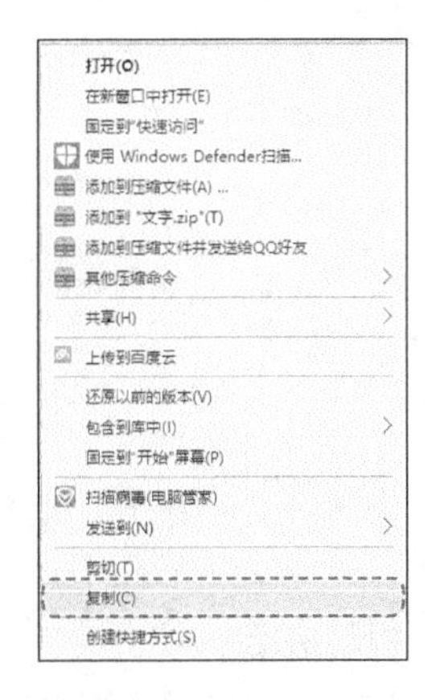

第 4 步 单击“粘贴”命令

打开“工作磁盘（F）”窗口，单击鼠标右键，打开快捷菜单，单击“粘贴”命令。

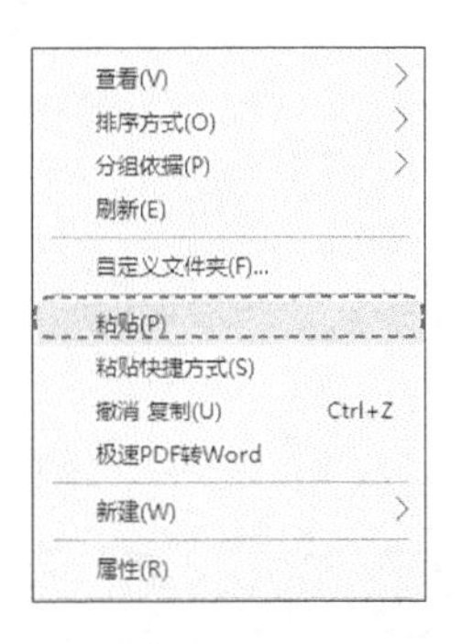

第 5 步 复制粘贴文件夹

将移动硬盘中的文件复制到电脑中，并查看复制后的文件夹。

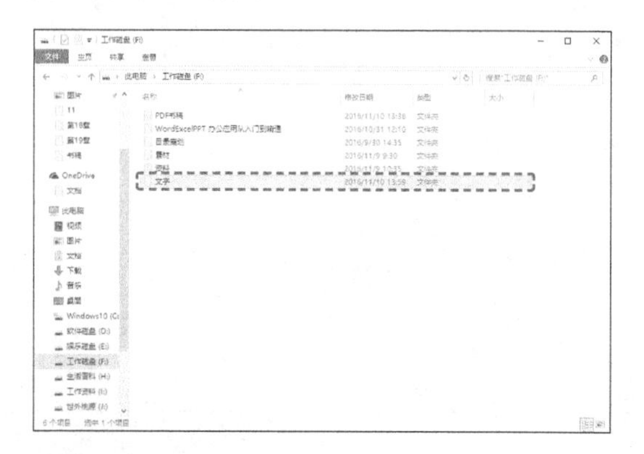

第 6 步 发送文件夹

❶ 在“工作磁盘（F）”窗口中，选择“素材”文件夹，单击鼠标右键，打开快捷菜单，单击“发送到”命令；❷ 展开列表框，单击“工作资料（I）”命令。

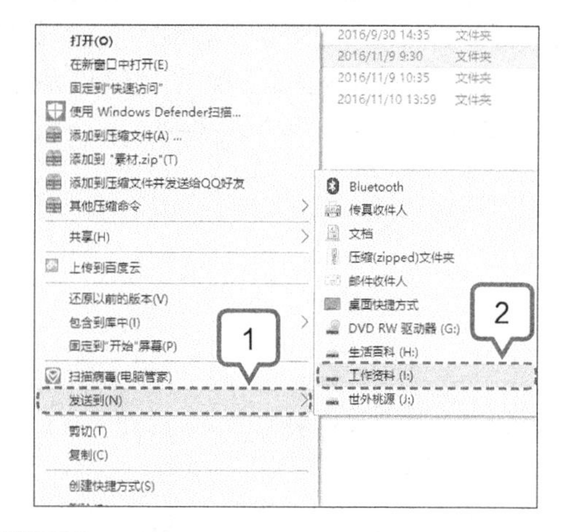

第 7 步 显示复制进度

打开“已完成”对话框，开始复制文件，并显示复制进度。

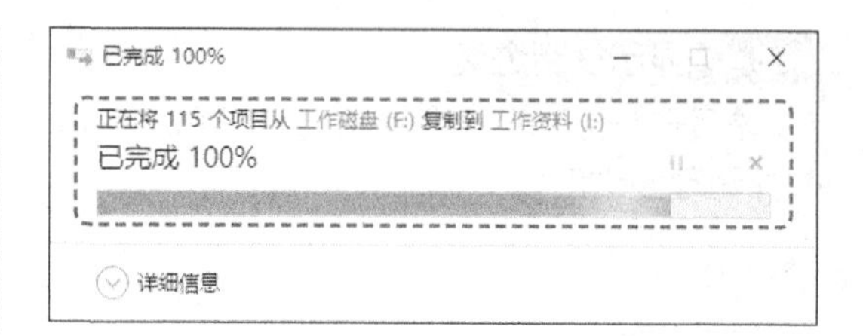

第 8 步 完成文件传输

稍等片刻后，完成文件的传输，在可移动磁盘 I 盘盘符上，双击鼠标左键，打开相应的窗口，查看传输后的文件对象。

第 9 步 退出可移动磁盘

完成文件的传输后，在通知栏中，单击鼠标右键“移动硬盘”的 USB 接口图标，打开快捷菜单，单击“弹出 Elements 10B8”命令，即可退出可移动磁盘。

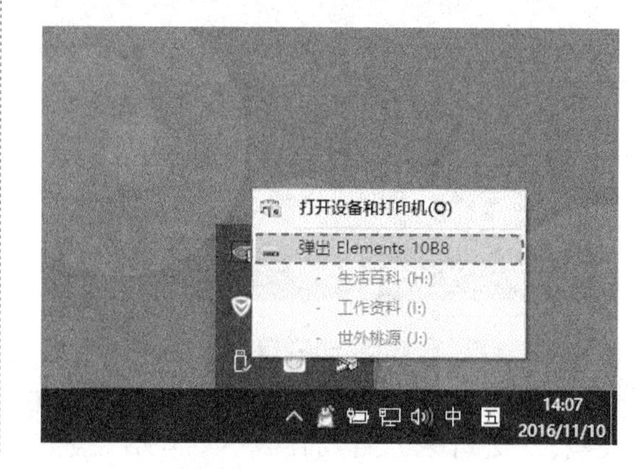

Chapter 20

Office 的安全和保护技巧

本章视频教学时间 / 12 分钟

➲ 技术分析

在使用 Office 组件进行电脑办公时，常常需要制作出大量的人事文档、财务报表以及策划文稿类文件。这些文件多半都涉及了公司机密，不想让其他人随意查看和更改。这时，用户可以使用 Office 组件自带的安全功能，对已经制作好的文档、报表和演示文稿进行加密保护。本章主要介绍以下内容。

（1）将 Word 文档标记为最终状态。

（2）重新修改文档密码。

（3）清除文档中的隐私内容。

（4）设置工作表的可编辑区域和权限。

（5）阻止工作表中的外部内容。

（6）设置宏安全性。

（7）保护工作簿结构。

（8）对 PPT 演示文稿进行密码保护。

➲ 思维导图

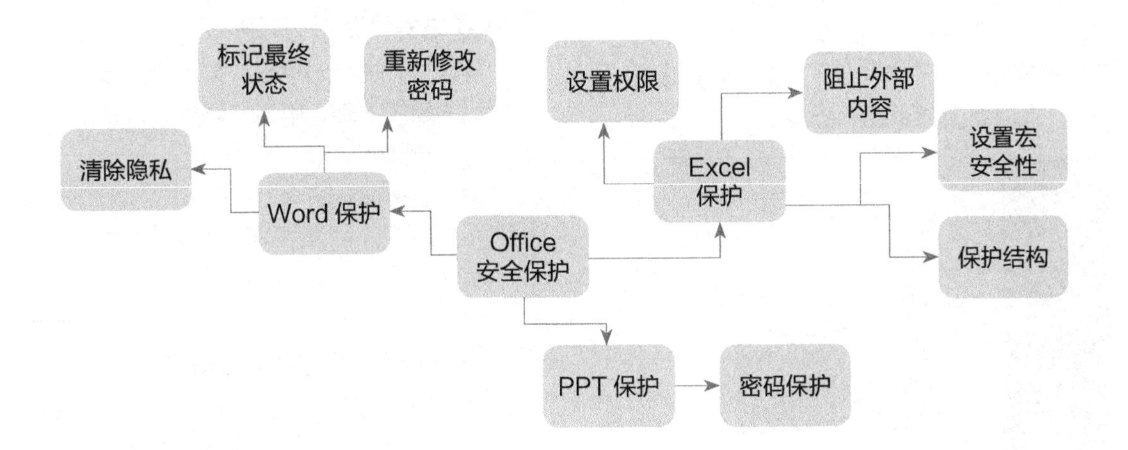

20.1 将 Word 文档标记为最终状态

本节视频教学时间 / 2 分钟

素材文件	素材 \ 第 20 章 \ 会议邀请函 .docx
结果文件	结果 \ 第 20 章 \ 会议邀请函 .docx

使用“保存为最终状态”命令，可以将文档保存为“只读”模式，这样可以使其他用户只能阅读该文档，而不能编辑该文档。下面介绍其具体的操作方法。

第 1 步 打开文档

打开“素材 \ 第 20章 \ 会议邀请函 .docx”文档。

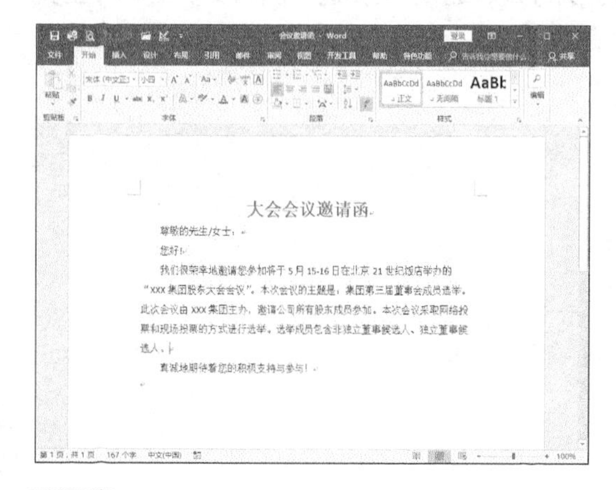

第 2 步 单击“标记为最终状态”命令

❶ 单击“文件”选项卡，进入“文件”界面，单击“信息”命令，在“信息”界面中，单击“保护文档”下三角按钮；❷ 展开列表框，单击“标记为最终状态”命令。

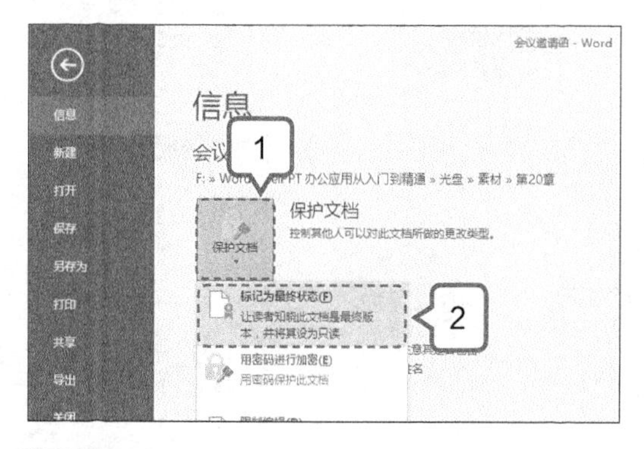

第 3 步 选择演示文稿

❶ 打开“浏览”对话框，选择需要打开的演示文稿；❷ 单击“插入”按钮。

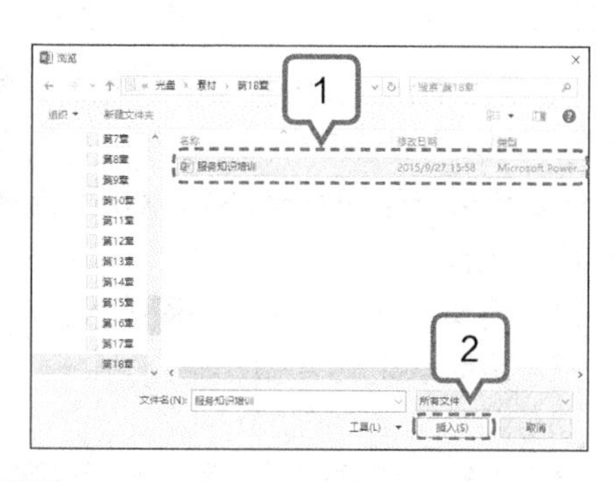

第 4 步 单击“确定”按钮

打开提示对话框，提示用户是否将该文档标记为终稿，并单击“确定”按钮。

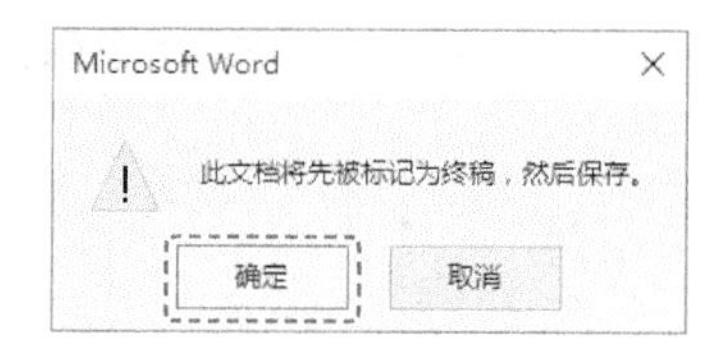

第 5 步 单击“确定”按钮

再次打开提示对话框，提示用户该文档已被标记为最终状态，单击“确定”按钮。

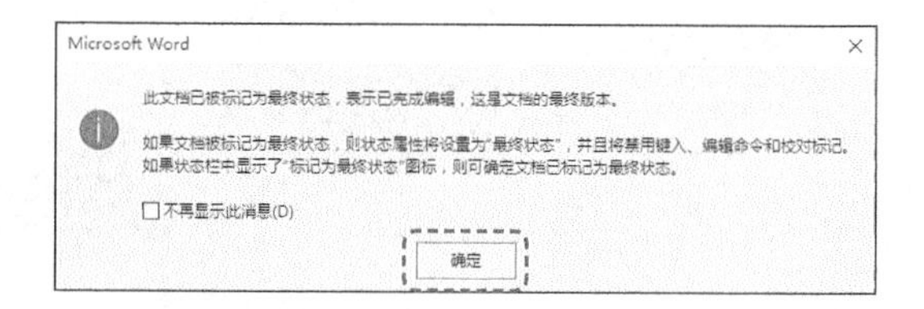

第 6 步 显示标记为最终状态信息

返回到“信息”界面，将显示文档已被标记为最终状态信息，并在标题栏上显示为“只读”文本。

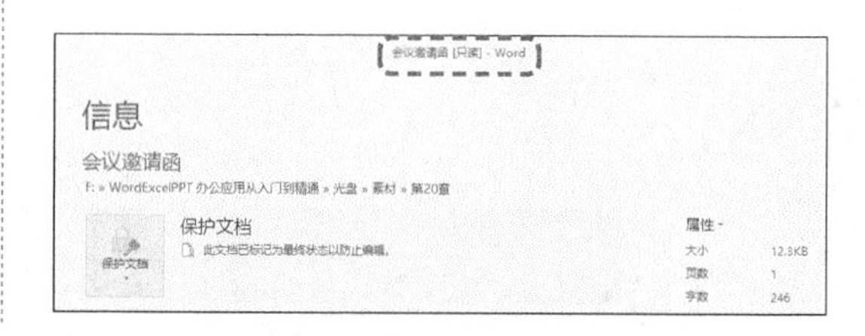

20.2 重新修改文档密码

本节视频教学时间 / 2 分钟

素材文件	素材 \ 第 20 章 \ 销售合同 .docx
结果文件	结果 \ 第 20 章 \ 销售合同 .docx

为 Word 文档创建密码后，如果发现密码外泄了，可以对已经加密过的 Word 文档的密码进行更改。下面介绍其具体的操作方法。

第 1 步 打开文档

输入密码（123456），打开“素材 \ 第 20 章 \ 销售合同 .docx”文档。

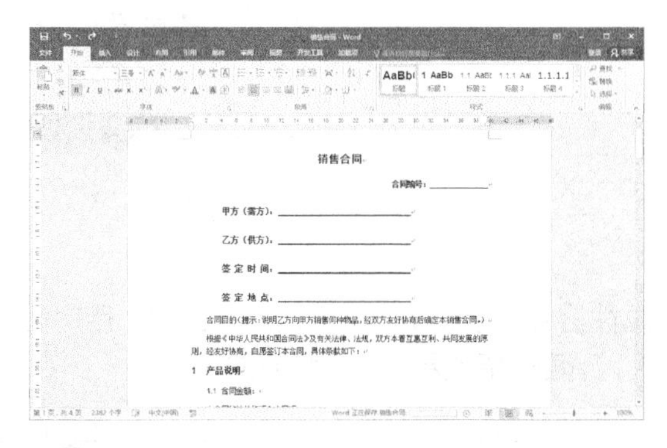

第 2 步 单击“浏览”命令

❶ 单击“文件”选项卡，进入“文件”界面，单击“另存为”命令；❷ 在“另存为”界面中，单击“浏览”命令。

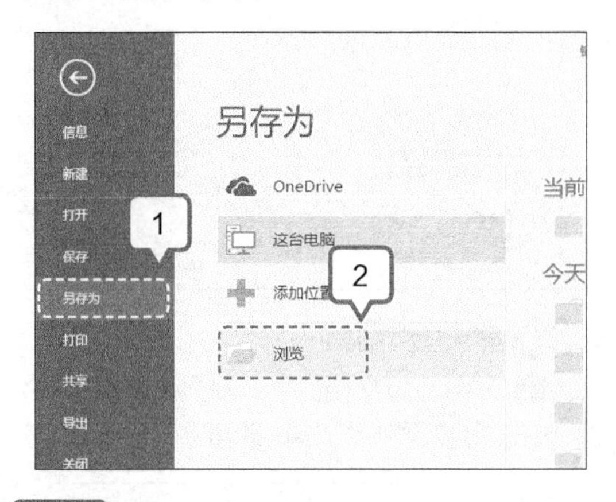

第 3 步 单击“常规选项”命令

❶ 打开“另存为”对话框，在对话框底部，单击“工具”下三角按钮；❷ 展开列表框，单击“常规选项”命令。

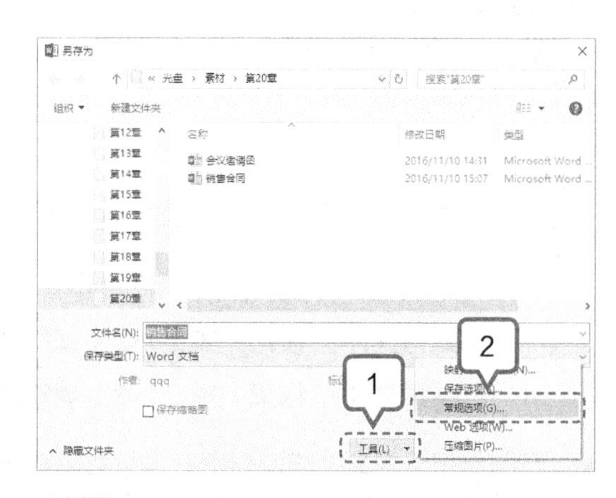

第 4 步 输入新密码

❶ 打开“常规选项”对话框，在“修改文件时的密码”文本框中输入新密码；❷ 单击“确定”按钮。

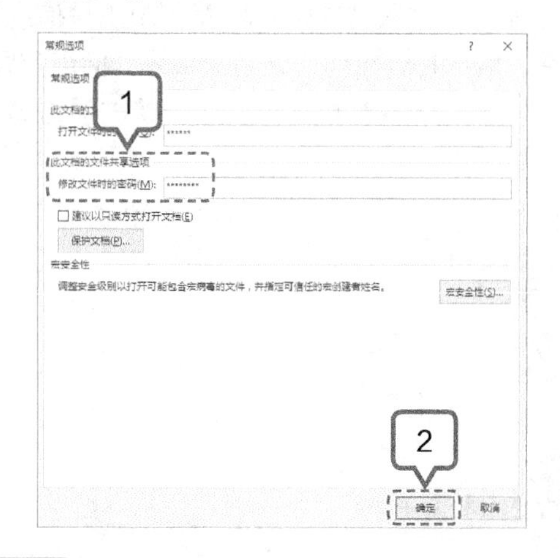

第 5 步 确认修改后的密码

❶ 打开“确认密码”对话框，再次输入修改后的密码；❷ 单击“确定”按钮。

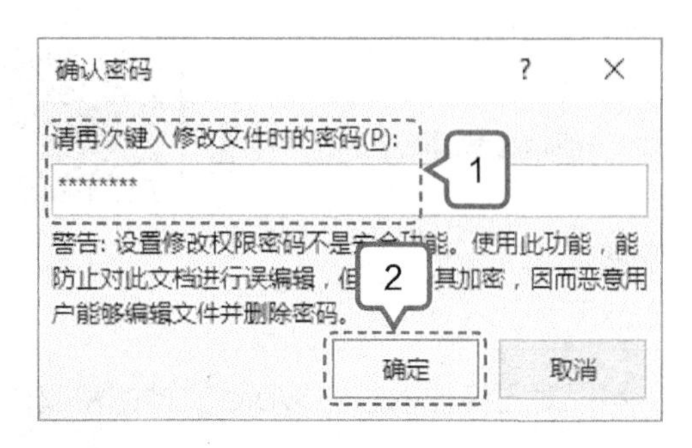

第 6 步 另存为文档

❶ 返回到“另存为”对话框，设置文件名和保存路径；❷ 单击“保存”按钮。

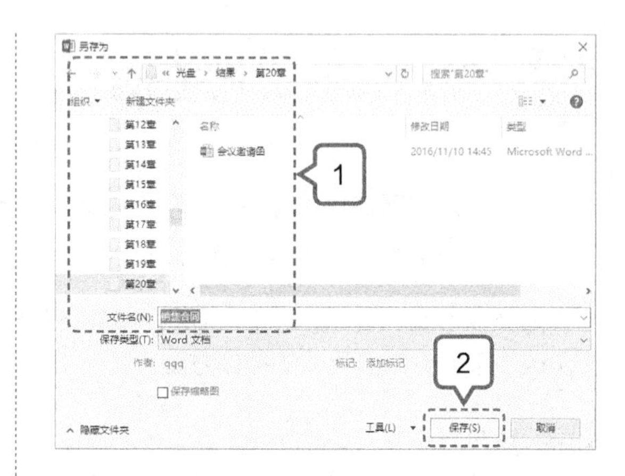

20.3 清除文档中的隐私内容

本节视频教学时间 / 1 分钟

素材文件	素材 \ 第 20 章 \ 销售合同 .docx
结果文件	结果 \ 第 20 章 \ 销售合同 .docx

在制作和编辑文档的过程中，常常会添加很多属性信息，造成了隐私的泄漏。因此，用户可以使用“检查文档”功能，将文档中的隐私内容清除。下面介绍其具体的操作方法。

第 1 步 单击“检查文档”命令

❶ 打开“销售合同 .docx”文档，单击“文件”命令，进入“文件”界面，单击“信息”命令；❷ 进入“信息”界面，单击“检查问题”下三角按钮；❸ 展开列表框，单击“检查文档”命令。

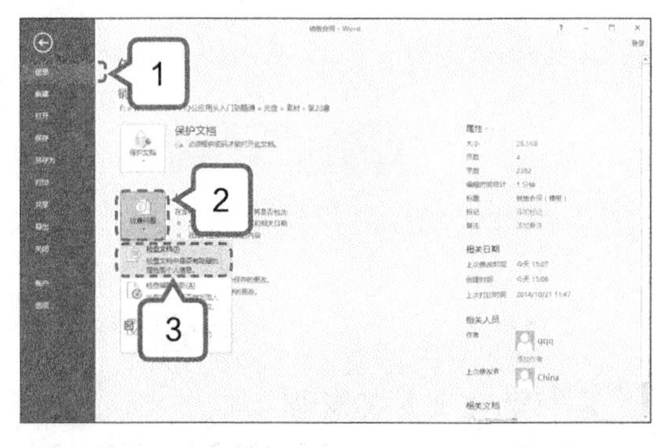

第 2 步 单击“检查”按钮

打开“文件检查器”对话框，单击“检查”按钮。

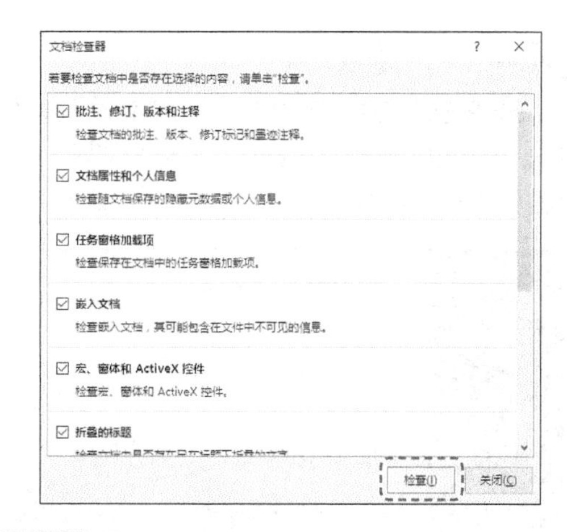

第 3 步 显示检查结果

❶ 开始检查文档信息，并显示检查结果；❷ 单击“全部删除”按钮即可。

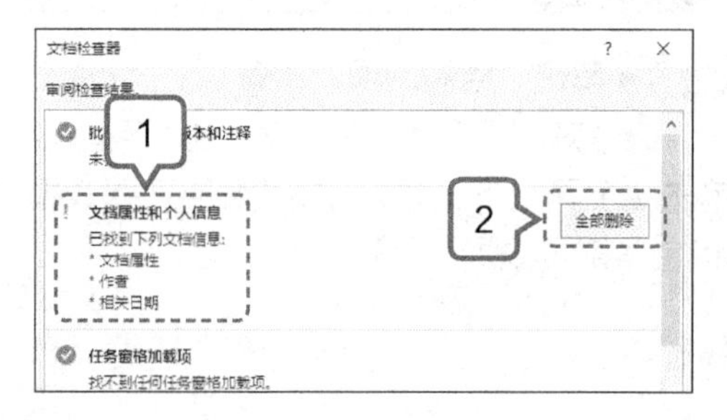

20.4 设置工作表的可编辑区域和权限

本节视频教学时间 / 3 分钟

素材文件	素材 \ 第 20 章 \ 公司上班排班表 .xlsx
结果文件	结果 \ 第 20 章 \ 公司上班排班表 .xlsx

当使用数据保护功能对工作表进行保护时，可以将工作表中的某一个特定区域设为用户的可编辑区域，而其余区域被锁定不能进行编辑。设置可编辑区域后，还可以对可编辑区域设置权限，指定哪些用户无需输入密码即可对指定的可编辑区域进行编辑。下面介绍其具体的操作方法。

第 1 步 选择单元格区域

打开“素材 \ 第 20 章 \ 公司上班排班表 .xlsx”工作簿，选择 E3:F12 单元格区域。

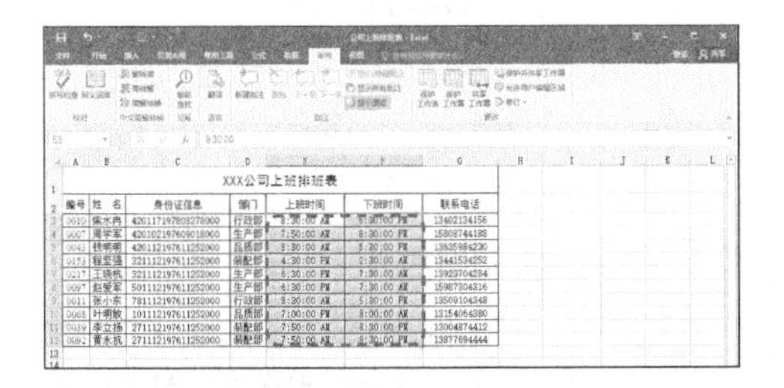

第 2 步 单击相应的按钮

单击“审阅”选项卡，在“更改”面板中，单击“允许用户编辑区域”按钮。

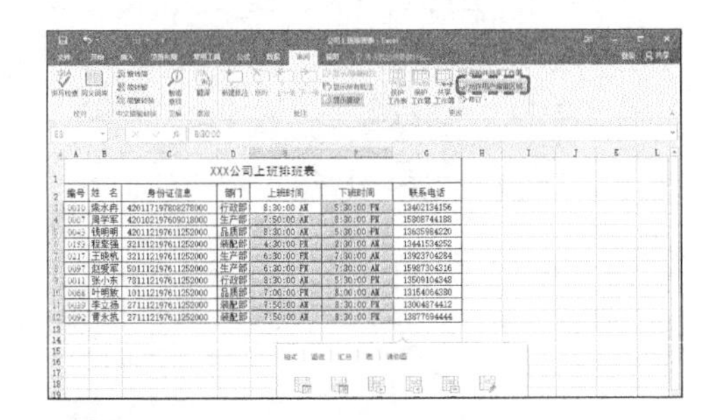

第 3 步 单击“新建”按钮

打开“允许用户编辑区域”对话框，单击“新建”按钮。

第 4 步 设置区域

❶ 打开“新区域”对话框，输入标题为“区域 1”；❷ 在“区域密码”文本框中输入密码；❸ 单击“权限”按钮。

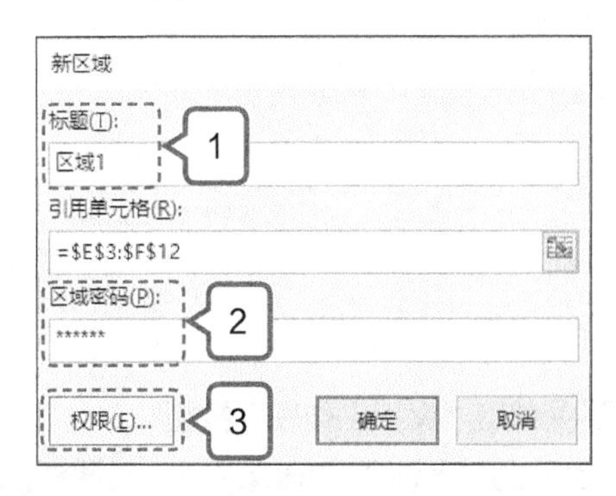

第 5 步 单击“添加”按钮

打开“区域 1 的权限”对话框，单击“添加”按钮。

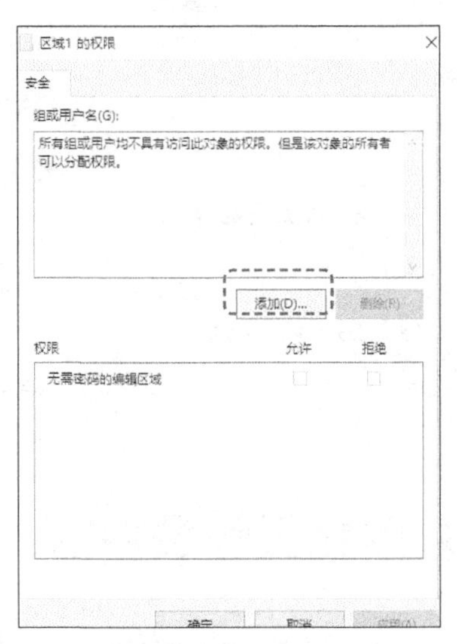

第 6 步 输入对象名称

打开“选择用户或组”对话框，在“输入

对象名称来选择（示例）（E）”文本框中输入“administrator”。

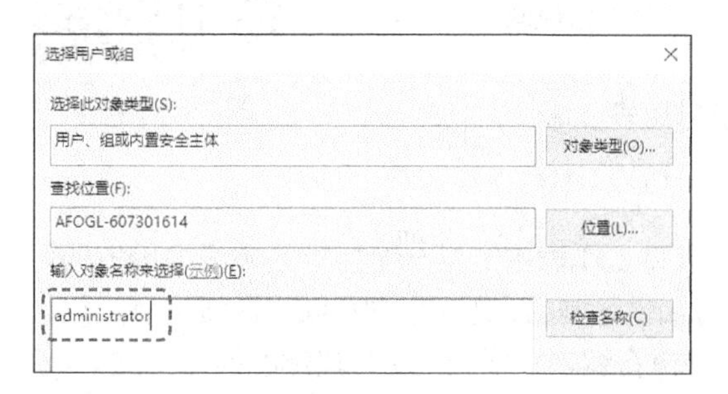

第 7 步 重新输入密码

❶ 依次单击“确定”按钮，打开“确认密码”对话框，在文本框中重新输入密码；❷ 单击“确定”按钮。

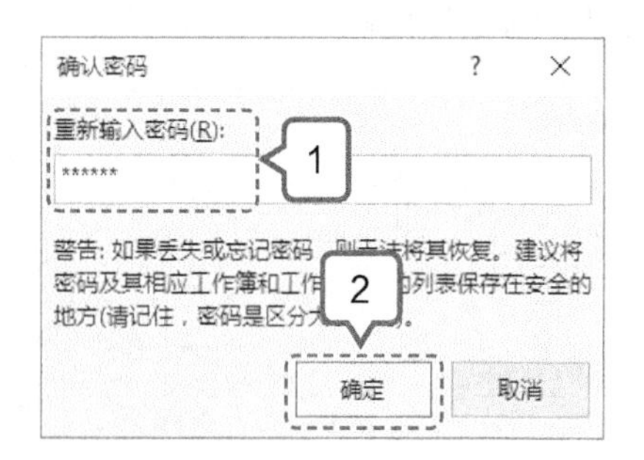

第 8 步 单击“保护工作表”按钮

返回到“允许用户编辑区域”对话框，单击“保护工作表”按钮。

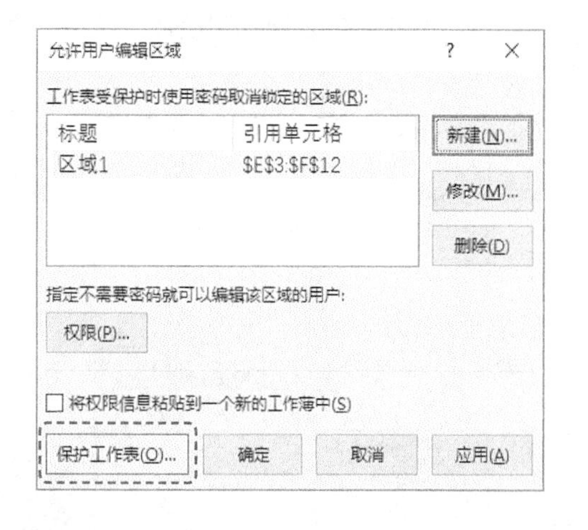

第 9 步 输入保护工作表密码

❶ 打开“保护工作表”对话框，在文本框中输入密码；❷ 单击“确定”按钮。

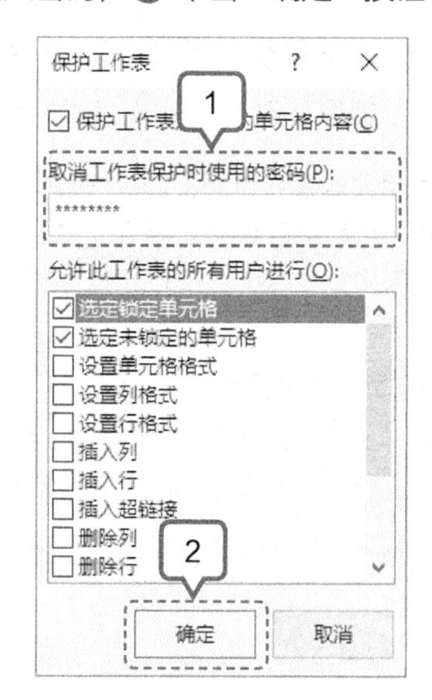

第 10 步 重新输入密码

❶ 打开“确认密码”对话框，在文本框中重新输入密码；❷ 单击“确定”按钮。

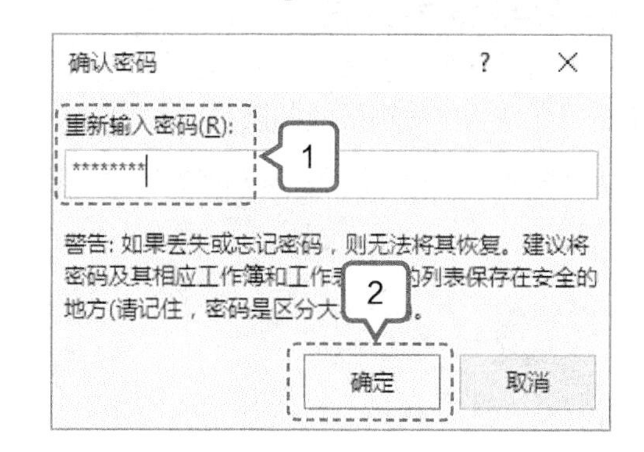

20.5 阻止工作表中的外部内容

本节视频教学时间 / 1 分钟

素材文件	素材 \ 第 20 章 \ 公司上班排班表 .xlsx
结果文件	结果 \ 第 20 章 \ 公司上班排班表 .xlsx

在编辑Excel工作表时，常常会用到外部内容，如来自Access、网站或文本等其他来源的数据。这些内容经常会被黑客利用，侵犯用户的个人隐私。因此，为了保护工作表，有时需要阻止工作表中的外部内容。下面介绍其具体的操作方法。

第1步 单击“选项”命令

打开“公司上班安排表”工作簿，单击“文件”选项卡，进入“文件”界面，单击“选项”命令。

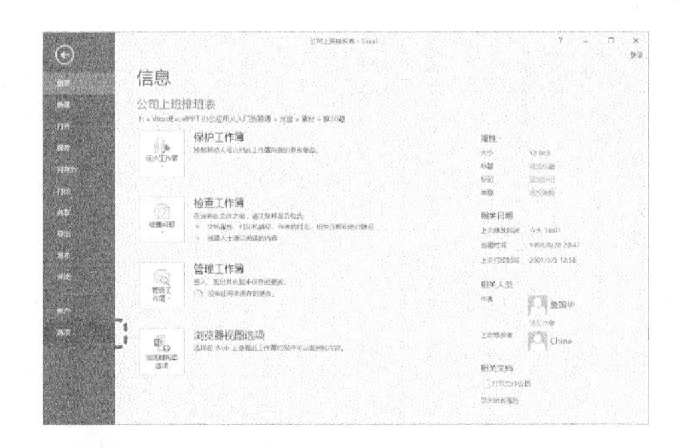

第2步 单击“信任中心设置”按钮

❶ 打开“Excel 选项”对话框，在左侧列表框中，选择“信任中心”选项；❷ 在右侧列表框中，单击“信任中心设置”按钮。

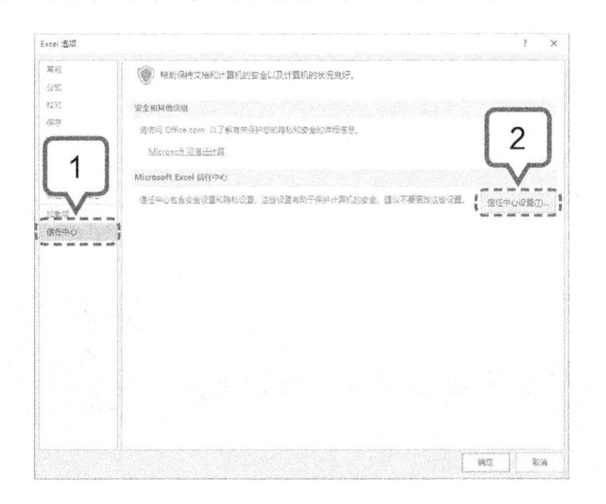

第3步 设置“外部内容”选项

❶ 打开“信任中心”对话框，在左侧列表框中，选择“外部内容”选项；❷ 在右侧“数据选项的安全设置”选项区中，勾选“提示用户数据连接的相关信息”单选按钮；❸ 在“工作簿链接的安全设置”选项区中，勾选“提示用户工作簿链接的自动更新”单选按钮；❹ 单击“确定”按钮即可。

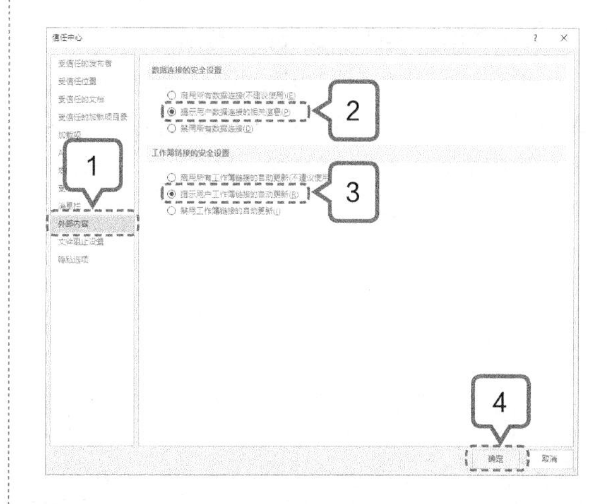

20.6 设置宏安全性

本节视频教学时间 / 1 分钟

素材文件	素材 \ 第 20 章 \ 资产负债表 .xlsx
结果文件	结果 \ 第 20 章 \ 资产负债表 .xlsx

在 Excel 工作表中使用宏时，应该考虑它的安全性，因为有些黑客会利用宏进行病毒的传播。为了预防电脑遭受宏病毒的侵害，Excel 中提供了可对宏的安全性进行设置的功能，下面介绍其具体的操作方法。

第 1 步 打开工作簿

打开“素材 \ 第 20 章 \ 资产负债表 .xlsx”工作簿。

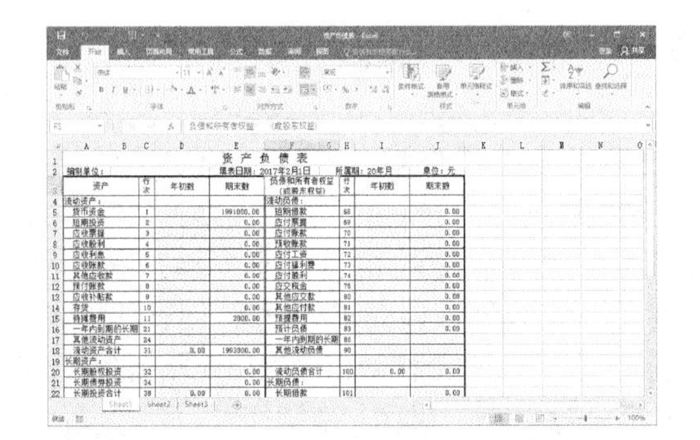

第 2 步 单击“信任中心设置”按钮

❶ 单击“文件”选项卡，进入“文件”界面，单击“选项”命令，打开“Excel 选项”对话框，在左侧列表框中，选择“信任中心”选项；❷ 在右侧列表框中，单击“信任中心设置”按钮。

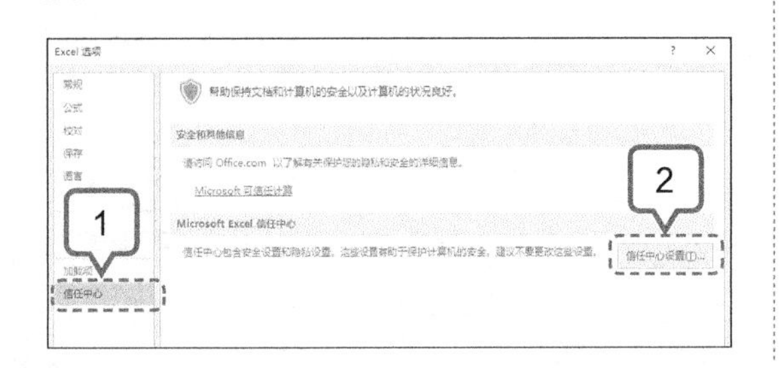

第 3 步 设置宏

❶ 打开“信任中心”对话框，在左侧列表框中，选择“宏设置”选项；❷ 在右侧的“宏设置”选项区中，勾选“禁用所有宏，并发出通知”单选按钮；❸ 单击“确定”按钮即可。

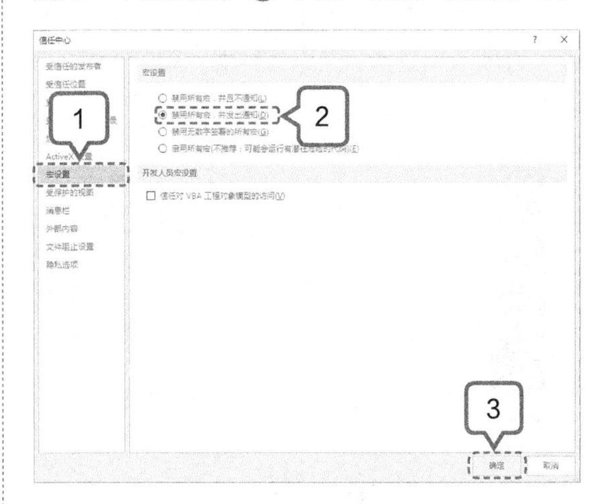

20.7 保护工作簿结构

本节视频教学时间 / 1 分钟

素材文件	素材 \ 第 20 章 \ 资产负债表 .xlsx
结果文件	结果 \ 第 20 章 \ 资产负债表 .xlsx

使用“保护工作簿结构”功能可以保护工作簿的整体结构，使其他用户不能对工作簿中的工作表进行添加、删除等操作。下面介绍其具体的操作方法。

第 1 步 单击“保护工作簿结构”命令

❶ 打开“资产负债表”工作簿，单击“文件”选项卡，进入“文件”界面，单击“信息”命令；❷ 在“信息”界面中，单击“保护工作簿”下三角按钮；❸ 展开列表框，单击“保护工作簿结构”命令。

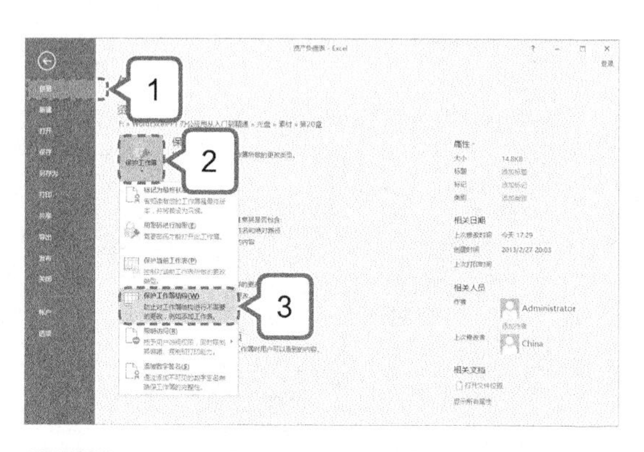

第 2 步 输入密码

❶ 打开“保护结构和窗口”对话框，勾选“结构”复选框；❷ 在“密码（可选）”文本框中输入密码；❸ 单击“确定”按钮。

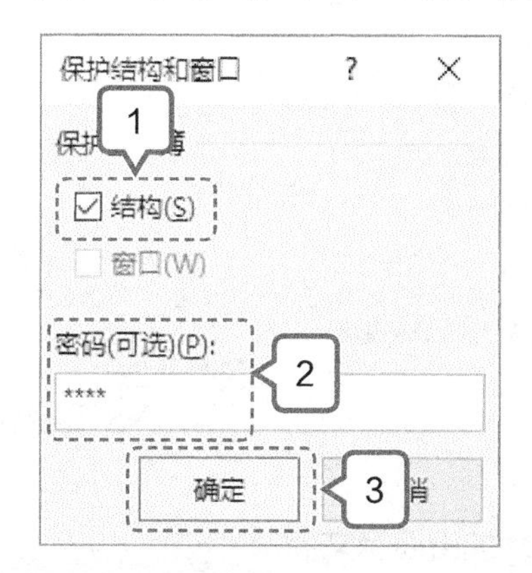

第 3 步 重新输入密码

❶ 打开“确认密码”对话框，重新输入相同的密码；❷ 单击“确定”按钮。

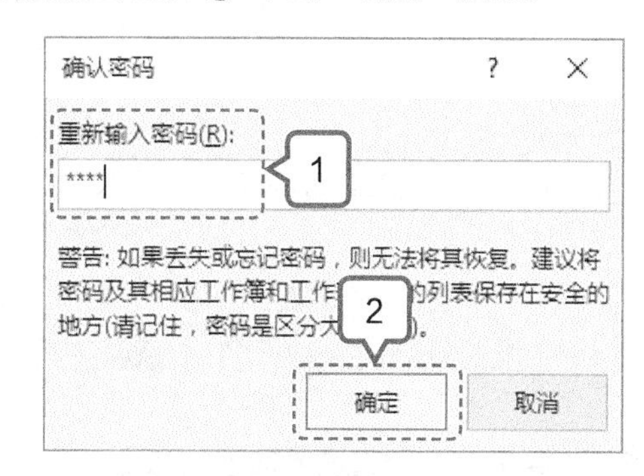

第 4 步 保护工作簿结构

完成上述操作即可加密保护工作簿结构，并显示工作簿的结构已锁定信息。

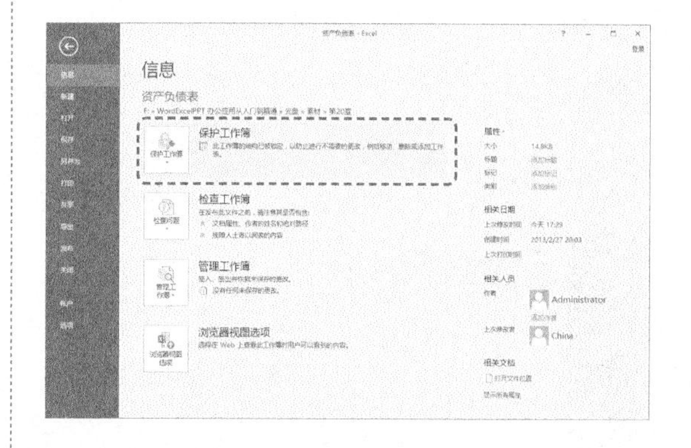

20.8 对 PPT 演示文稿进行密码保护

本节视频教学时间 / 1 分钟

素材文件	素材 \ 第 20 章 \ 员工培训总结 .pptx
结果文件	结果 \ 第 20 章 \ 员工培训总结 .pptx

使用“用密码保护”功能可以为演示文稿添加密码，其他用户在打开该演示文稿之前，需要输入正确的密码，才能浏览、编辑与修改。下面介绍其具体的操作方法。

第 1 步 打开演示文稿

打开“素材 \ 第 20 章 \ 员工培训总结 .pptx”演示文稿。

第 2 步 单击“用密码进行加密”命令

❶ 单击“文件”选项卡，进入“文件”界面，单击“信息”命令；❷ 进入“信息”界面，单击“保护演示文稿”下三角按钮；❸ 展开列表框，单击“用密码进行加密”命令。

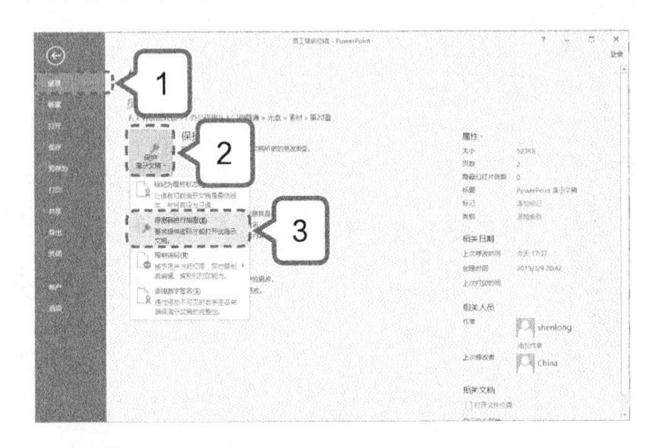

第 3 步 输入密码

❶ 打开“加密文档”对话框，在“对此文件的内容进行加密”文本框中输入密码；❷ 单击“确定”按钮。

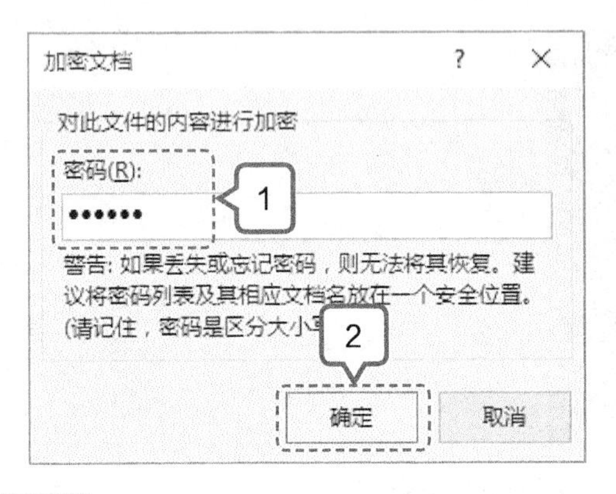

第 4 步 再次输入密码

❶ 打开“确认密码”对话框，再次输入密码；❷ 单击“确定”按钮。

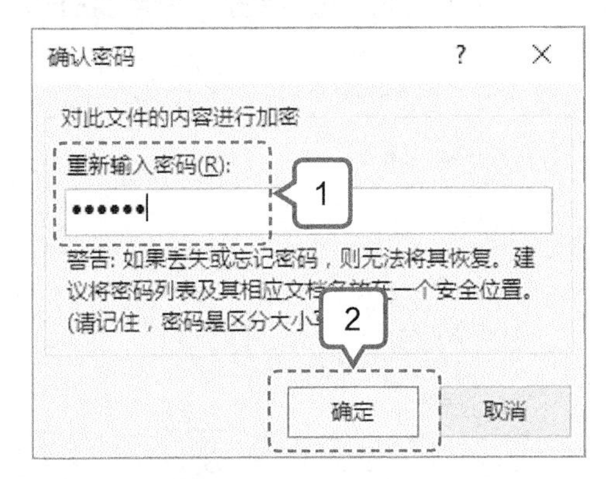

第 5 步 加密演示文稿

完成上述操作即可为演示文稿进行密码加密，并显示保护演示文稿信息。

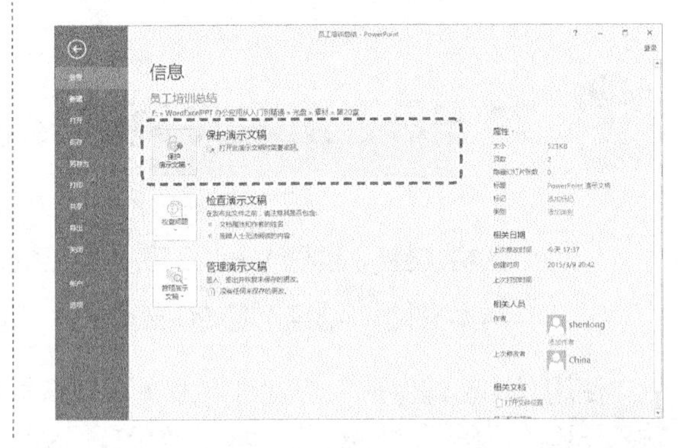